www.kuhminsa.com

#604, Mullaebuk-ro 116, Yeongdeungpo-gu
Seoul, Republic of Korea

T. 02 701 7421
F. 02 3273 9642

Email kuhminsa@kuhminsa.co.kr

자격증 시험 접수부터 자격증 수령까지

필기원서접수

큐넷 회원 가입 후
(www.q-net.or.kr)
인터넷 접수만 가능
사진 파일, 접수비
(인터넷 결제) 필요
응시자격 요건
반드시 확인할것

필기시험

입실 시간 미준수 시
시험 응시 불가
준비물 : 수험표,
신분증, 필기구 지참

합격여부확인

큐넷 사이트에서 확인
(www.q-net.or.kr)

실기원서접수

큐넷 회원 가입 후
(www.q-net.or.kr)
응시 자격 서류는
실기시험 접수기간
(4일 내) 에 제출
해야만 접수 가능

실기시험

필답형과 작업형으로 분류. 원서 접수 시 선택한 장소와 시간에 맞게 시험을 봅니다.
준비물 : 수험표, 신분증, 필기구 지참!

합격여부확인

큐넷 사이트에서 확인 (www.q-net.or.kr)

자격증신청

방문 or 인터넷 신청 가능. 방문 신청 시 **신분증, 발급 수수료** 지참할 것

자격증수령

방문 or 등기 우편 수령 가능. 등기비용을 추가하면 우편으로 받을 수 있습니다.

산업위생특강

카페 이용방법

STEP 01 무료 동영상+핸드북까지 주는 최쌤의 산업위생 필기책을 구입한다

STEP 02 최쌤과 함께하는 **[산업위생특강] 네이버 카페**에 가입한다

STEP 03 카페에서 도서인증 후 무료동영상을 마음껏 시청한다

STEP 04 궁금한 점은 **[산업위생특강] 네이버 카페**를 통해 질의응답 한다

STEP 05 시험장을 갈 때에는 꼭 핸드북을 가져가도록 한다

cafe.naver.com/sanupanjeon

100

100 DAY PLAN

D-35

기출문제 풀이와 복습 (15~16년)

- **D-50** 1과목 산업위생학 개론 내용 복습(3회)
- **D-49** 1과목 산업위생학 개론 기출문제 풀이(15~16년) (15~16년 2회 복습
- **D-46** 2과목 작업위생 측정 및 평가 내용 복습(3회)
- **D-45** 2과목 작업위생 측정 및 평가 기출문제 풀이(15~16년) (15~16년 2회
- **D-42** 3과목 작업환경관리대책 내용 복습(3회)
- **D-41** 3과목 작업환경관리대책 기출문제 풀이(15~16년) (15~16년 2회 복습
- **D-39** 4과목 물리적유해인자관리 내용 복습(3회)
- **D-38** 4과목 물리적유해인자관리 기출문제 풀이(15~16년) (15~16년 2회 복
- **D-36** 5과목 산업독성학 내용 복습(3회)
- **D-35** 5과목 산업독성학 기출문제 풀이(15~16년) (15~16년 2회 복습)

+ 전과목 3회 복습, 18~21년 기출 2회 복습

D-74

내용이해와 기출문제 풀이 (17~18년)

- D-97 1과목 산업위생학 개론 내용이해
- D-96 1과목 산업위생학 개론 기출문제 풀이(17~18년)
- D-91 2과목 작업위생 측정 및 평가 내용이해
- D-90 2과목 작업위생 측정 및 평가 기출문제 풀이(17~18년)
- D-85 3과목 작업환경관리대책 내용이해
- D-84 3과목 작업환경관리대책 기출문제 풀이(17~18년)
- D-80 4과목 물리적 유해인자관리 내용이해
- D-79 4과목 물리적 유해인자관리 기출문제 풀이(17~18년)
- D-75 5과목 산업독성학 내용이해
- D-74 5과목 산업독성학 기출문제 풀이(17~18년)

+ 전과목 1회 복습

D-52

기출문제 풀이 (19~20년)

- D-71 1과목 산업위생학 개론 내용 복습(2회)
- D-70 1과목 산업위생학 개론 기출문제 풀이(19~20년)
- D-66 2과목 작업위생 측정 및 평가 내용 복습(2회)
- D-65 2과목 작업위생 측정 및 평가 기출문제 풀이(19~20년)
- D-61 3과목 작업환경관리대책 내용 복습(2회)
- D-60 3과목 작업환경관리대책 기출문제 풀이(19~20년)
- D-57 4과목 물리적유해인자관리 내용 복습(2회)
- D-56 4과목 물리적 유해인자관리 기출문제 풀이(19~20년)
- D-53 5과목 산업독성학 내용 복습(2회)
- D-52 5과목 산업독성학 기출문제 풀이(19~20년)

+ 전과목 2회 복습

D-31

기출문제 풀이와 복습 (19~20년)

- D-34 2017년 기출문제 풀이(전과목)
- D-33 2018년 기출문제 풀이(전과목)
- D-32 2019년 기출문제 풀이(전과목)
- D-31 2020년 기출문제 풀이(전과목)

+ 17~20년 기출문제 3회 복습

D-21

전체과년도 기출문제 풀이와 복습

- D-30 1과목 산업위생학 개론 내용 복습(4회)
- D-29 1과목 산업위생학 개론 2013~2014년 기출문제 풀이
- D-28 2과목 작업위생 측정 및 평가 내용 복습(4회)
- D-27 2과목 작업위생 측정 및 평가 2013~2014년 기출문제 풀이
- D-26 3과목 작업환경관리대책 내용 복습(4회)
- D-25 3과목 작업환경관리대책 2013~2014년 기출문제 풀이
- D-24 4과목 물리적유해인자관리 내용 복습(4회)
- D-23 4과목 물리적유해인자관리 2013~2014년 기출문제 풀이
- D-22 5과목 산업독성학 내용 복습(4회)
- D-21 5과목 산업독성학 2013~2014년 기출문제 풀이

+ 전과목 4회 복습

100 DAY PLAN

D-17

전체 핵심정리

D-20 2017년 기출문제 풀이(전과목)(2회)

2016년 기출문제 풀이(전과목)(2회)

D-19 2015년 기출문제 풀이(전과목)(2회)

2014년 기출문제 풀이(전과목)(2회)

D-18 2013년 기출문제 풀이(전과목)(2회)

2012년 기출문제 풀이(전과목)(2회)

D-17 2016~17년 기출문제 풀이(전과목)(3회)

2014~15년 기출문제 풀이(전과목)(3회)

2012~13년 기출문제 풀이(전과목)(3회)

+ 2012~17년 기출문제 3회 복습

D-5

기출문제 풀이

- **D-16** 1과목, 2과목 내용정리(5회 복습)
- **D-15** 3과목 내용정리(5회 복습)
- **D-14** 4과목, 5과목 내용정리(5회 복습)
- **D-13** 2019~2020년 기출문제풀이(4회 복습)
- **D-12** 2017~2018년 기출문제 풀이(4회 복습)
- **D-11** 2015~2016년 기출문제 풀이(4회 복습)
- **D-10** 2013~2014년 기출문제 풀이(4회 복습)
- **D-9** 2012~2013년 기출문제 풀이(4회 복습)
- **D-8** 2019~2020년 기출문제풀이(5회 복습)
- **D-7** 2018~2019년 기출문제풀이(5회 복습)
- **D-6** 2016~2017년 기출문제풀이(5회 복습)
- **D-5** 2014~2015년 기출문제풀이(5회 복습)
  2012~2013년 기출문제풀이(5회 복습)
  2019~2020년 틀린문제 풀이(6회 복습)
  + 전과목, 12~20년 기출 5회 복습

D-DAY

기출문제 오답풀이

- **D-4** 2016~2018년 틀린문제 풀이(6회 복습)
- **D-3** 2012~2015년 틀린문제 풀이(6회 복습)
- **D-2** 전체 틀린문제 풀이(7회 복습)
- **D-1** 전체 틀린문제 풀이(8회 복습)

◆ PREFACE ◆

산업위생관리(기사·산업기사)를 준비하시는 수험생 여러분 안녕하세요.
저자 최윤정입니다.

본 교재는 산업위생관리 자격증을 보다 쉽게 취득할 수 있도록 필기에서부터 실기를 대비하여 교재를 집필하였습니다. 이 책의 주요 특징을 다음과 같이 정리해보았습니다.

◆ 이 책의 주요 특징 ◆

1. 출제기준을 바탕으로 출제된 유형을 단원별, 기출문제로 출제빈도를 구분하였습니다.

   필기, 실기 모두 자주 출제되는 내용은 별(★★★), 실기까지 중요한 내용은 별(★★), 실기에 간혹 출제가 되거나 필기에 출제되는 내용은 별(★)로 구분하였습니다. 실기를 대비해서 별(★★★~★★)내용은 필기에서부터 꼼꼼히 공부하는 것이 좋습니다.

2. 기출문제 중요도 표시하였습니다.

   기출문제 풀이는 "실기에 자주 출제", "실기까지 중요", "필기에 자주 출제"로 문제를 분석하였습니다. 또한, 기출문제를 통해서도 실기까지 자주 출제되는 유형을 파악할 수 있습니다.

3. 암기법을 수록하였습니다.

여러 내용을 요약하여 정리가 필요한 부분, 꼭 암기하여야 하는 내용은 "암기법"을 수록하여 내용의 요약 및 암기를 쉽게 하였습니다.

수년간 온라인을 통해 산업위생을 강의한 경험을 바탕으로 합격하기 쉬운 교재를 만들기 위해 수험생의 입장에서 한 번 더 생각하였습니다.
앞으로도 독자 여러분의 소중한 의견을 귀담아 듣겠습니다.

마지막으로 교재 출판을 위해 적극적으로 후원해 주신 도서출판 구민사 조규백 대표님과 직원 여러분께 깊은 감사를 드립니다.

CONTENTS

PART
01 산업위생학 개론

PART

02 작업환경측정 및 평가

PART

03 작업환경관리

PART

04 산업환기

PART

05 과년도기출문제

PART

06 모의고사

INSTRUCTION MANUAL

이 책의 **사용설명서**

INSTRUCTION MANUAL

01 공학용 계산기 사용법 + 요점이 보이는 본문

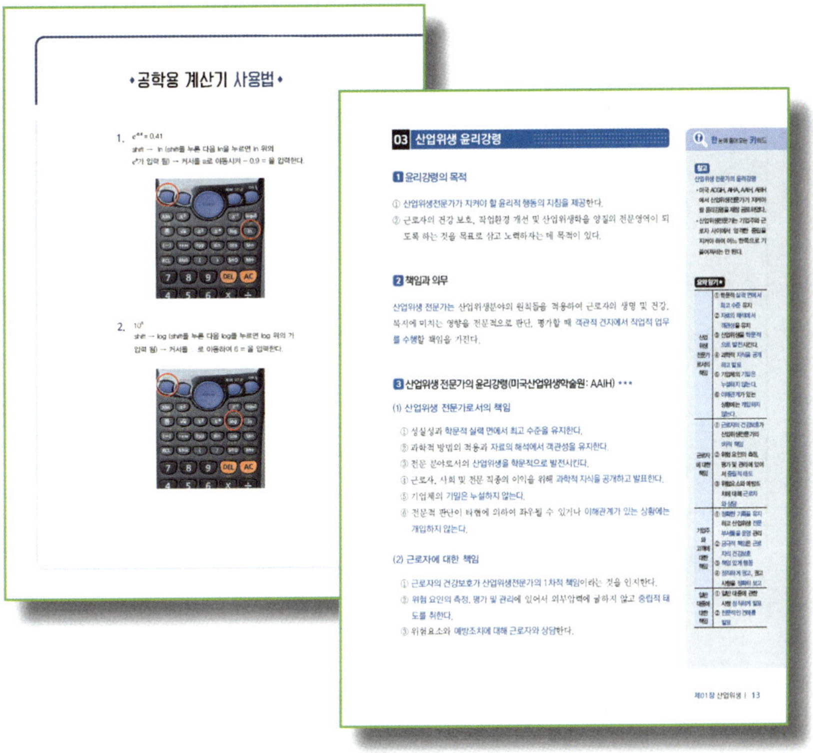

산업위생관리 공부에 필요한 **주요 내용을 수록**하였습니다. 계산식을 어려워하시는 분들을 위해 사용법을 수록하였습니다. 산업위생관리 기사 필기는 산업안전보건법을 기준으로 하였으며, **반드시 알아야 할 법규내용만을 정리하여 편하고 알기 쉽게 설명하였습니다.**

02 디테일한 구성 + 한 눈에 들어오는 키워드

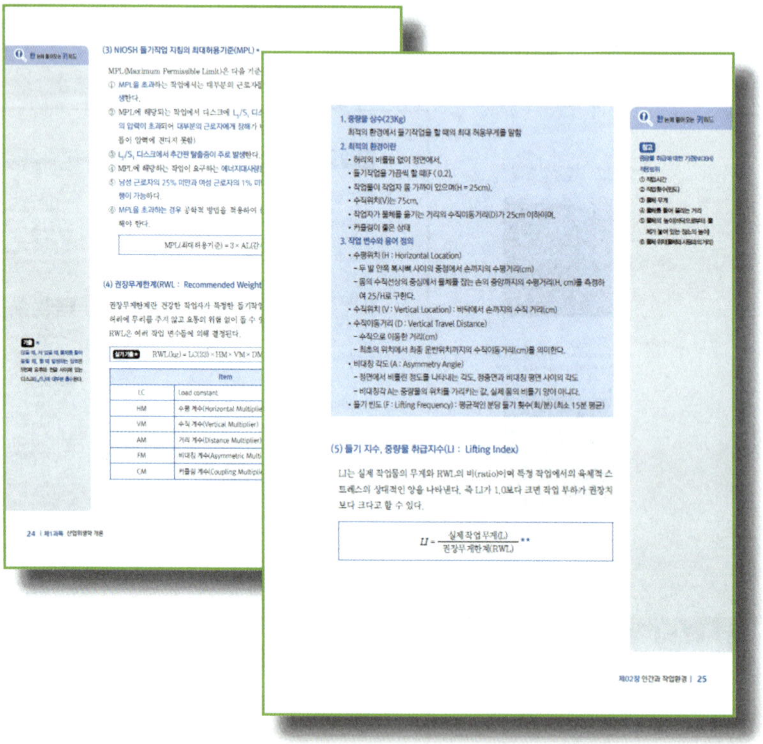

독자의 개념정리와 이해를 돕기 위하여 내용의 **중요도에 따라**(★★★) 표시를 표기하였습니다. **한 눈에 들어오는 키워드**는 이론을 중심으로 이해도와 암기법등을 제시하고 있습니다. 보다 쉽게 공부하실 수 있습니다.

03 기출문제 수록

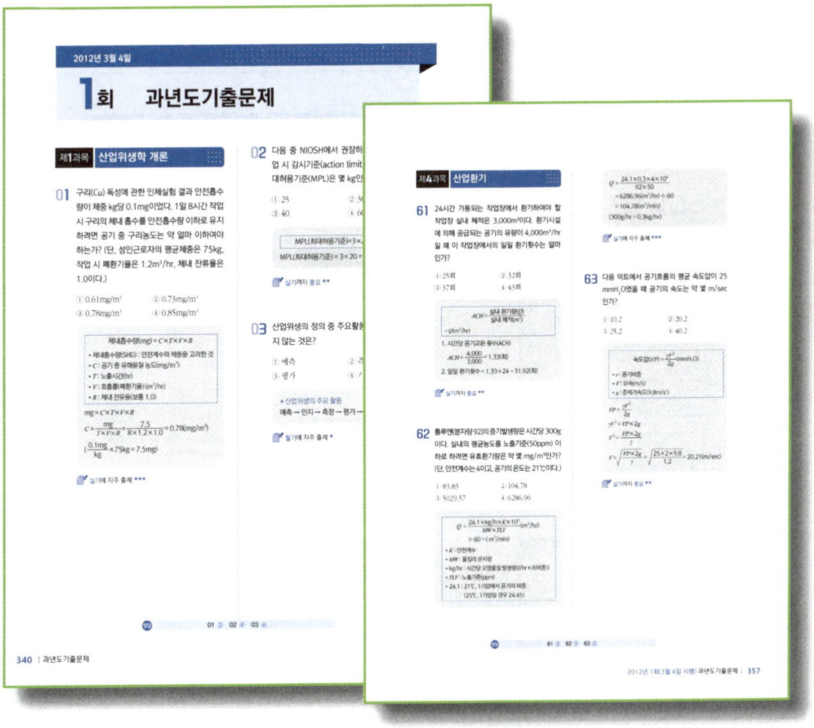

2012년~2020년 기출문제를 수록하였습니다. 이론과 예상문제가 충분히 숙지되셨다면 시험보시기 전 **기출문제를 풀어봄으로써 필기시험에 충분히 대비**할 수 있도록 체계적으로 수록하였습니다.

04 모의고사 수록

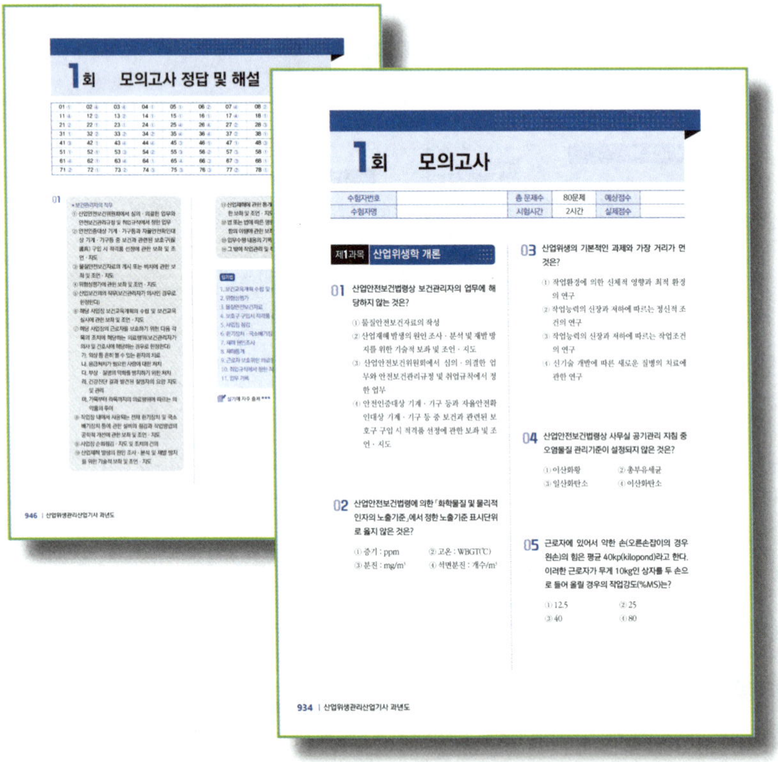

시험에 나올 법한 문제를 기반으로 문제를 구성하였습니다.
또한, 최종적으로 모의고사를 통해 마무리 하실 수 있게 준비하였습니다.
학습 마무리 잘하여 좋은 성과 있으시길 바랍니다.

♦ 산업위생관리산업기사 출제기준 ♦

직무 분야	안전관리	중직무 분야	안전관리	자격 종목	산업위생관리 산업기사	적용 기간	2020.01.01. ~ 2024.12.31

작업장 및 실내 환경의 쾌적한 환경 조성과 근로자의 건강 보호와 증진을 위하여 작업장 및 실내 환경 내에서 발생되는 화학적, 물리적, 생물학적, 그리고 기타 유해요인에 관한 환경 측정, 시료분석 및 평가(작업환경 및 실내 환경)를 통하여 유해 요인의 노출 정도를 분석 · 평가하고, 그에 따른 대책을 제시하며, 산업 환기 점검, 보호구 관리, 공정별 유해 인자 파악 및 유해 물질 관리 등을 실시하며, 보건 교육 훈련, 근로자의 보건 관리 업무를 통하여 환경시설에 대한 보건 진단 및 개인에 대한 건강 진단 관리, 건강증진, 개인위생 관리 업무를 수행하는 직무이다.

필기검정방법	객관식	문제수	80	시험시간	2시간

필기과목명	문제수	주요항목	세부항목
산업위생학 개론	20	1. 산업위생	1. 정의 및 목적 2. 역사 3. 산업위생 윤리강령
		2. 산업피로	1. 산업피로 2. 작업조건 3. 개선대책
		3. 인간과 작업환경	1. 노동생리 2. 인간공학 3. 산업심리 4. 직업성 질환
		4. 실내 환경	1. 산업안전보건법 2. 산업위생 관련 고시에 관한 사항
		5. 산업재해	1. 산업재해 발생원인 및 분석 2. 산업재해 대책
		6. 관련 법규	1. 산업안전보건법 2. 산업위생 관련 고시에 관한 사항

필기과목명	문제수	주요항목	세부항목
작업환경 측정 및 평가	20	1. 측정 원리	1. 시료채취 2. 시료분석
		2. 분진 측정	1. 분진농도 2. 입자크기
		3. 유해 인자 측정	1. 화학적 유해 인자 2. 물리적 유해 인자 3. 측정기기 및 기구 4. 산업위생 통계처리 및 해석
작업환경 관리	20	1. 입자상 물질	1. 종류, 발생, 성질 2. 인체에 미치는 영향 3. 처리 및 대책
		2. 물리적 유해 인자 관리	1. 소음 2. 진동 3. 기압 4. 산소결핍 5. 극한온도 6. 방사선 7. 채광 및 조명
		3. 보호구	1. 각종 보호구
		4.작업공정 관리	1.작업공정개선대책 및 방법
산업환기	20	1. 환기 원리	1. 유체흐름의 기초 2. 기류, 유속, 유량, 기습, 압력, 기온 등 환기인자
		2. 전체 환기	1. 희석, 혼합, 공기 순환 2. 환기량과 환기방법 3. 흡, 배기시스템
		3. 국소 환기	1. 후드 2. 닥트 3. 송풍기 4. 공기정화장치
		4. 환기시스템	1. 성능검사 2. 유지관리

※ 출제기준의 세세항목은 한국산업인력공단 홈페이지(http://www.q-net.or.kr/) 자료실에서 확인하실 수 있습니다.

◆ 산업위생관리산업기사 시험정보 안내 ◆

수수료	
필기 : 19400 원 / 실기 : 20800 원	
출제경향	
필기시험의 내용은 고객만족〉자료실의 출제기준을 참고바랍니다. 실기시험은 필답형으로 시행되며 고객만족〉자료실의 출제기준을 참고바랍니다.	
출제기준	
2020년부터는 산업위생관리기사 출제기준(2020.1.1 ~ 2024.12.31.) 파일을 참고하시기 바랍니다. 메뉴상단 고객지원-자료실-출제기준 에서도 보실 수 있습니다.	
취득방법	
시행처	한국산업인력공단
관련학과	대학 및 전문대학의 보건관리학, 보건위생학 관련학과
시험과목	· 필기 : 1. 산업위생학개론 2. 작업환경측정 및 평가 3. 작업환경관리 4. 산업환기 · 실기 : 작업환경관리 실무
검정방법	· 필기 : 객관식 4지 택일형 과목당 20문항(과목당 30분) · 실기 : 필답형(2시간 30분, 100점)
합격기준	· 필기 : 100점을 만점으로 하여 과목당 40점 이상, 전과목 평균 60점 이상 · 실기 : 100점을 만점으로 하여 60점 이상

♦ 산업위생관리산업기사 기본정보 ♦

개요
업무상 취급하는 원료, 부산물 또는 제품자체의 독성과 작업장의 소음, 먼지, 고열, 가스등에 의해서 난청, 진폐증, 만성중독증 등의 직업병이 발생할 수 있는 작업환경이 늘어나면서 근로자들의 인권보호와 생존권 보호차원에서 작업장의 환경측정 및 개선에 관한 전문적인 지식을 소유한 인력을 양성하고자 자격제도 제정
실시기관 홈페이지
http://www.q-net.or.kr
실시기관명
한국산업인력공단
진로 및 전망
환경 및 보건관련 공무원, 각 산업체의 보건관리자, 작업환경 측정업체 등으로 진출 할 수 있다. – 종래 직업병 발생 등 사회문제가 야기된 후에야 수습대책을 모색하는 사후관리차원 에서 벗어나 사전의 근본적 관리제도를 도입, 산업안전보건사항에 대한 국제적 규제 움직임에 대응하기 위해 안전인증제도의 정착, 질병발생의 원인을 찾아내기 위하여 역학조사를 실시할 수 있는 근거(「산업안전보건법」 제6차 개정)를 신설, 산업인구 의 중 · 고령화와 과중한 업무 및 스트레스 증가 등 작업조건의 변화에 의하여 신체부 담작업 관련 뇌 · 심혈관계질환 등 작업관련성 질병이 점차 증가, 물론 유기용제 등 유해 화학물질 사용 증가에 따른 신종직업병 발생에 대한 예방대책이 필요하는 등 증가 요인으로 인하여 산업위생관리기술사 자격취득자의 고용은 증가할 예정이나 사업주 에 대한 안전 · 보건관련 행정규제를 폐지하거나 완화를 인하여 공공부문 보다 민간부 문에서 인력수요를 증가할 것이다.

♦ 종목별 검정현황 ♦

종목명	연도	필기			실기		
		응시	합격	합격률(%)	응시	합격	합격률(%)
산업위생관리산업기사	2022	2,168	732	33.8%	902	555	61.5%
산업위생관리산업기사	2021	2,032	743	36.6%	890	514	57.8%
산업위생관리산업기사	2020	1,655	736	44.5%	1,010	594	58.8%
산업위생관리산업기사	2019	1,862	775	41.6%	1,288	466	36.2%
산업위생관리산업기사	2018	1,826	763	41.8%	1,308	518	39.6%
산업위생관리산업기사	2017	1,837	805	43.8%	1,289	355	27.5%
산업위생관리산업기사	2016	1,666	688	41.3%	1,029	265	25.8%
산업위생관리산업기사	2015	1,485	519	34.9%	855	229	26.8%

◆공학용 계산기 사용법◆

1. $e^{-0.9} = 0.41$

shift → ln (shift를 누른 다음 ln을 누르면 ln 위의 $e^{\square}$가 입력 됨) → 커서를 a로 이동시켜 − 0.9 = 을 입력한다.

2. 10^{6}

shift → log (shift를 누른 다음 log를 누르면 log 위의 가 입력 됨) → 커서를 □로 이동하여 6 = 을 입력한다.

3. 2^5

$x^{\square}$ →x에 2입력 → 커서를위의 □로이동 → 5 = 을 입력한다.

4. $2^{\frac{3}{10}}$

$x^{\square}$→x에 2입력 → 커서를위의□로이동 → (3÷10) = 을 입력한다.

5. $\log(\frac{1}{0.5})$

$\log_{\square}\square$→ 커서를 아래쪽 네모로 이동 → 아래쪽 네모에 2를 입력

→ 커서를 위의 네모로 이동 → (1÷0.5) = 을 입력한다. " $\log_{\square}\square$ → $\log_2(1\div0.5)$ "

화살표를 이용하여 커서를 이동한다.

6. $10\log(10^{\frac{86}{10}} + 10^{\frac{89}{10}})$

10 × log를 누른다. → 괄호 →$10^{\square}$(shift를 누른 다음 log를 누르면 log 위의 가 입력 됨)를 누르면 커서가 위의 □에 있다. □에 8.6 을 입력 → + → $10^{\square}$(shift를 누른 다음 log를 누르면 log 위의 $10^{\square}$가 입력 됨)를 누르면 커서가 위의 □에 있다. □에 8.9 을 입력한다. → 괄호 = 을 입력한다.

" 10 × → log → ($10^{\square}$8.6 + $10^{\square}$8.9) = "

7. $\dfrac{1.2-1.0}{\sqrt{\dfrac{1.0}{120{,}000} \times 1{,}000{,}000}}$

분자, 분모의 값을 괄호로 구분하고, 루트 안에 포함되는 값도 괄호로 구분한다.

"(1.2 − 1.0) ÷ (√(1.0 ÷120,000×1,000,000)) " 를 차례로 입력한다.

8. $\ln(\frac{10}{50})$

"ln(10÷50)="을 차례로 입력한다.

9. $-\frac{3{,}000}{56.6} \times \left[\ln \frac{600-339.60}{600}\right] = 44.24$

"−3,000÷56.6×(ln((600−339.60)÷600)) =" 을 차례로 입력한다.

01

제1과목 산업위생학개론

CHAPTER 01

산업위생

한 눈에 들어오는 키워드

기출

산업보건학 관련 학문

산업의학	근로자의 건강증진 및 질병의 치료, 재활 등을 연구(산업환경에 있어서 의학의 실천 활동)
산업위생학	건강장해를 초래하는 유해인자들을 평가, 개선하여 근로자의 건강과 쾌적한 작업환경을 위해 공학적으로 연구하는 학문
인간공학	인간과 직업 및 기계, 환경, 노동 등의 관계를 과학적으로 연구
산업간호학	근로자의 건강증진 및 질병예방과 간호를 연구

01 정의 및 목적

1 산업위생의 정의

(1) 산업보건의 정의★

① 작업조건으로 인한 건강장해로부터 근로자를 보호한다.

② 모든 직업에 종사하는 근로자들의 육체적, 정신적, 사회적 건강을 유지 증진한다.

③ 작업조건으로 인한 질병 예방 및 건강에 유해한 취업을 방지한다.

④ 근로자를 생리적, 심리적으로 적합한 작업환경에 배치한다.

⑤ 작업이 인간에게, 또 일하는 사람이 그 직무에 적합하도록 마련하는 것(사람에 대한 작업의 적응과 그 작업에 대한 각자의 적응을 목표로 한다.)

(2) 미국산업위생학회(AIHA)의 산업위생의 정의 ★★

근로자나 일반 대중에게 질병, 건강장애와 안녕방해, 심각한 불쾌감 및 능률 저하 등을 초래하는 작업환경 요인과 스트레스를 예측, 측정, 평가, 관리하는 과학과 기술이다.

비교

산업위생의 정의

- 사회적 건강 유지 및 증진
- 육체적, 정신적 건강 유지 및 증진
- 생리적, 심리적으로 적합한 작업환경에 배치

2 산업위생의 목적

① 작업환경과 근로조건의 개선 및 직업병의 근원적 예방
② 최적의 작업환경 및 작업조건을 개선하여 질병을 예방
③ 근로자의 건강을 유지 · 증진시키고 작업능률을 향상
④ 근로자들의 육체적, 정신적, 사회적 건강 유지 및 증진
⑤ 산업재해의 예방 및 직업성질환 유소견자의 작업 전환

3 산업위생의 범위

(1) 산업위생의 범위

① 노동생리학에 기초를 둔다.
② 산업사회의 질병을 퇴치하고 예방한다.
③ 심리학, 공학, 이학, 통계학, 사회학, 경제학, 법학 등과 협력한다.
④ 작업장 내부의 작업환경 관리를 위주로 한다.

(2) 산업위생의 영역 중 기본과제 ★

① 작업능력의 향상과 저하에 따른 작업조건 및 정신적 조건의 연구
② 최적 작업환경 조성에 관한 연구 및 유해 작업환경에 의한 신체적 영향 연구(작업환경이 미치는 건강장해에 관한 연구)
③ 노동력의 재생산과 사회, 경제적 조건에 관한 연구

(3) 산업위생의 활동

① 예측(anticipation)
② 인지(recognition)
③ 측정(measurement)
④ 평가(evaluation)
⑤ 관리(control)
- 공학적 관리 : 대체, 격리, 포위, 환기
- 행정적 관리 : 작업시간, 작업배치의 조정, 교육 등
- 개인보호구에 의한 관리 : 호흡용 보호구, 보호장갑 등

한 눈에 들어오는 키워드

기출
산업위생의 중요성이 급속하게 대두된 원인
① 산업현장에서 취업하는 근로자수의 급격한 증가
② 근로자의 권익을 보호하고자 하는 시대적인 사회사조 대두
③ 노동생산성 향상을 위하여 인력관리측면에서 근로자 보호가 필요

기출 ★
산업위생의 주요 활동
예측 → (인지) → 측정 → 평가 → 관리

한 눈에 들어오는 키워드

(4) 산업위생관리 업무 ★

① 유해작업환경에 대한 공학적인 조치
② 작업조건에 대한 인간공학적인 평가
③ 작업환경에 대한 정확한 분석기법의 개발

02 역사

1 외국의 산업위생 역사

(1) Hippocrates(B.C 4세기)

① 광산의 납중독 기술(최초의 직업병 : 납중독) ★
② 직업병 발생과 질병의 관계를 제시함

참고

✽ **우리나라에서 학계에 처음으로 보고된 직업병** : 진폐증

(2) Pliny the Elder(A.D. 1세기)

① 황, 아연의 건강 유해성을 주장함
② 먼지 마스크로 동물의 방광막 사용을 주장함 ★

(3) Galen(A.D. 2세기)

구리광산에서의 산 증기(mist)의 유해성 주장 ★

(4) Ulrich Ellenbog(1473년)

납, 수은 중독 증상 및 예방법을 제시

(5) Philippus Paracelsus(1493 ~ 1541년)

① 독성학의 아버지 ★

② "모든 화학 물질은 독물이며 독물이 아닌 화학 물질은 없다."

(6) Georgius Agricola(1494~1555년)

① 저서 "광물에 대하여"에서 광부들의 사고 및 질병, 예방법 등에 대하여 기록 ★

② 광산에서의 규폐증의 유해성 언급 ★

③ 광산의 환기 및 근로자 마스크 작용을 권장

(7) Bernardino Ramazzini(1633~1714년)

① 산업보건의 시조, 산업의학의 아버지 ★

② 저서 "직업인의 질병(De Morbis Artificum Diatriba)"에서 수공업자의 질병을 집대성함

③ Ramazzini가 주장한 직업병의 원인

- 근로자들의 과격한 동작 및 불안전한 작업자세
- 작업장에서 사용하는 유해물질

(8) Sir George Baker(18세기)

사이다 공장에서 납에 의한 복통 발견

(9) Percivall Pott(18세기) ★★

① 영국의 외과의사, 굴뚝청소부에게서 최초의 직업성 암인 "음낭암"을 발견

② 암의 원인 물질은 "검댕"(다핵방향족 화합물 PAH)

③ "굴뚝 청소부법" 제정하는 계기가 됨

(10) Alice Hamilton(20세기)

① 미국의 여의사, 미국 최초의 산업보건학자, 산업의학자 ★

② 최초의 산업위생전문가(최초 산업의학자)

③ 납, 수은, 이황화탄소 중독 및 직업성 질환과의 관계 규명

한 눈에 들어오는 키워드

한 눈에 들어오는 키워드

(11) Bismark

독일에서 근로자 질병보험법과 공장재해보험법 제정 ★

(12) Rudolf Virchow

근대 병리학의 기초확립

(13) 공장법(1833년) ★

① 영국에서 여성과 아동의 노동시간을 규제하는 내용으로 제정한 법령
② 산업보건에 관한 최초의 법률로서 실제로 효과를 거둔 최초의 법이다.

확인

공장법(factory act)의 주요 내용 ★

① 감독관을 임명하여 공장을 감독한다.
② 근로자에게 교육을 시키도록 의무화한다.
③ 18세 미만 근로자의 야간작업을 금지한다.
④ 작업할 수 있는 연령을 13세 이상으로 제한한다.
⑤ 주간 작업시간을 48시간으로 제한한다.

(14) Loriga(1911년)

진동 공구에 의한 수지의 레이노드(Raynaud) 현상을 보고 ★

암기법

1. 납먹은 하마(Hippocrates)의 방광이 풀리니(Pliny) 산 증인(산 증기) 갈렌이 독묻은 파라솔(Paracelsus)에서 콜라(Agricola)는 광물이다 라고 했다.
2. 아 멋진(Ramazzini) 보건시조는 사이다 굽다(Baker) 납 나오면 굴뚝있는 커피포트(Percivall Pott) 로 빼낸다.
3. 해맑은(Hamilton) 최초학자는 비쩍마른(Bismark) 공장 근로자인 루돌프(Rudolf Virchow)가 병났다(병리학)고 레이노(Raynaud)씨 부인 로리가(Loriga)에게 말했다.

참고

1. Turner Thackrah
Ramazzini보다 산업위생을 한 단계 더 발전시킴

2. Robert Peel(1802년)
도덕법 제정에 큰 역할을 함

2 한국의 산업위생 역사

(1) 1926년

공장보건위생법 제정

(2) 1953년 ★

우리나라 산업위생에 관한 최초의 법령인 근로기준법 제정 공포

확인

✽ 근로기준법의 주요 내용

① 근로조건의 최저 기준을 규정한 노동보호법(근로보호법)
② 안전, 위생에 관한 규정 및 산업재해 방지를 위한 사업주의 의무 부여
③ 1962년 위험관리에 관한 규정을 포함한 근로기준법 시행령 제정

(3) 1962년

① 가톨릭의대 산업의학연구소 설립
② 근로기준법 시행령 제정

(4) 1963년

① 대한산업보건협회 창립
② 노동 행정 사무를 나누어 처리했던 노정국을 노동청으로 승격

(5) 1977년

① 근로복지공사 설립, 근로복지공사 부속병원 개설
② 국립노동과학연구소 설립

(6) 1981년 ★

① 산업안전보건법 제정 공포(산업안전보건법의 시행일 : 1982년 7월 1일)
② 노동청을 노동부로 승격

한 눈에 들어오는 키워드

참고

산업안전보건법의 목적

① 근로자의 안전 및 보건을 유지 · 증진
② 산업재해의 예방
③ 쾌적한 작업환경의 조성

한 눈에 들어오는 키워드

(7) 1983년

산업위생관련 자격제도 도입

(8) 1986년

유해물질의 허용농도 제정

(9) 1987년 ★

한국산업안전공단 설립

(10) 1988년 ★

① 문송면 군(15세)의 수은중독 사망 발생
② 공장에서 온도계에 수은을 주입하는 작업을 하다 수은 증기 흡입으로 수은에 중독됨

(11) 1990년 ★

한국 산업위생학회 창립

(12) 1991년 ★

① 우리나라 ILO(국제노동기구) 가입
② 원진레이온(주) 이황화탄소(CS_2) 중독 발생(1998년 집단 중독 발생)

(13) 1992년

작업환경 측정기관에 대한 정도관리 규정 제정

(14) 2002년

대한산업보건협회 12개 산업보건센터 설립, 운영

암기법

26공장, 53근로, 62의학연구, 63보건협회, 77복지공사,
81산안법, 83위생기사, 86허용농도, 87안전공단, 88문송면,
90위생학회, 91원진, 92정도관리, 02보건센터

3 산업위생 관련 기관 ★★

① 미국정부산업위생전문가협의회 : ACGIH
(American Conference of Governmental Industrial Hygienists)
② 미국산업위생학회 : AIHA(American Industrial Hygiene Association)
③ 미국산업안전보건청 : OSHA
(Occupational Safety and Health Administration)
④ 국립산업안전보건연구원 : NIOSH
(National Institute for Occupational Safety and Health)
⑤ 국제암연구소 : IARC(International Agency for Research on Cancer)
⑥ 영국산업위생학회 : BOHS(British Occupational Hygiene Society)
⑦ 영국 산업안전보건청 : HSE(Health Safety Executive)
⑧ 한국산업안전보건공단 : KOSHA
(Korea Occupational Safety & Health Agency)

암기법

ACGIH
A(American 미국) C(Conference 협의회) G(Governmental 정부)
IH(Industrial Hygienists 산업위생)

AIHA
A(American 미국) IH(Industrial Hygiene 산업위생) A(Association 학회)

OSHA
OSH(Occupational Safety and Health 산업안전보건) A(Administration 청)

NIOSH
N(Nationa 국립) I(Institute 연구원) OSH(Occupational Safety and Health 산업안전보건)

BOHS
B(British 영국) OH(Occupational Hygiene 산업위생) S(Society 학회)

한 눈에 들어오는 키워드

기출
미국정부산업위생전문가협의회 (ACGIH)
매년 "화학물질과 물리적 인자에 대한 노출기준 및 생물학적 노출지수"를 발간하여 노출기준 제정에 있어서 국제적으로 선구적인 역할을 담당

4 국가별 산업보건 허용기준 ★★

(1) 미국정부산업위생전문가협의회(ACGIH)

① TLVs(Threshold Limit Values): 허용기준

② 생물학적 노출지수(BEIs: Biological Exposure Indices)

(2) 미국산업안전보건청(OSHA)

PEL(Permissible Exposure Limits) 기준

(3) 미국국립산업안전보건연구원(NIOSH)

REL(Recommended Exposure Limits) 기준

(4) 미국산업위생학회(AIHA)

WEEL(Workplace Environmental Exposure Level) 기준

(5) 독일

MAK(Maximum Concentration Values) 기준

(6) 한국

화학물질 및 물리적 인자의 노출기준

(7) 영국의 보건안전청(HSE : Health and Safety Executive)

WEL 기준(Workplace Exposure Limits)

(8) 스웨덴

OEL(Occupational Exposure Limit) 기준

암기법

ACT, O펠, N렐, A윌, H웰, 독M, 스O, 한노

한 눈에 들어오는 키워드

참고

1. 생물학적 노출지수 (BEIs : Biological Exposure Indices)

근로자의 생체 시료로부터 대사산물을 측정하여 근로자의 유해물질에 대한 노출정도를 파악하는 지표

2. PEL 기준

건강상의 영향과 함께 사업장에 적용할 수 있는 기술 가능성을 고려함

3. REL 기준

오직 근로자의 건강상의 영향을 예방하는 것을 목적으로 함

03 산업위생 윤리강령

1 산업위생 전문가의 윤리강령(미국산업위생학술원 : AAIH) ★★★

(1) 산업위생 전문가로서의 책임

① 성실성과 학문적 실력 면에서 최고 수준을 유지한다.
② 과학적 방법의 적용과 자료의 해석에서 객관성을 유지한다.
③ 전문 분야로서의 산업위생을 학문적으로 발전시킨다.
④ 근로자, 사회 및 전문 직종의 이익을 위해 과학적 지식을 공개하고 발표한다.
⑤ 기업체의 기밀은 누설하지 않는다.
⑥ 전문적 판단이 타협에 의하여 좌우될 수 있거나 이해관계가 있는 상황에는 개입하지 않는다.

(2) 근로자에 대한 책임

① 근로자의 건강보호가 산업위생전문가의 1차적 책임이라는 것을 인지한다.
② 위험 요인의 측정, 평가 및 관리에 있어서 외부압력에 굴하지 않고 중립적 태도를 취한다.
③ 위험요소와 예방조치에 대해 근로자와 상담한다.

(3) 기업주와 고객에 대한 책임

① 결과 및 결론을 뒷받침할 수 있도록 정확한 기록을 유지하고 산업위생사업을 전문가답게 전문부서들을 운영 · 관리한다.
② 궁극적 책임은 기업주와 고객보다는 근로자의 건강보호에 있다.
③ 쾌적한 작업환경을 조성하기 위하여 책임 있게 행동한다.
④ 신뢰를 바탕으로 정직하게 권고하고 결과와 개선점 및 권고사항을 정확히 보고한다.

(4) 일반 대중에 대한 책임

① 일반 대중에 관한 사항은 정직하게 발표한다.
② 적절하고도 확실한 사실을 근거로 전문적인 견해를 발표한다.

한 눈에 들어오는 키워드

요약 암기★

산업위생 전문가로서의 책임	① 학문적 실력 면에서 최고 수준 유지 ② 자료의 해석에서 객관성을 유지 ③ 산업위생을 학문적으로 발전시킨다. ④ 과학적 지식을 공개하고 발표 ⑤ 기업체의 기밀은 누설하지 않는다. ⑥ 이해관계가 있는 상황에는 개입하지 않는다.
근로자에 대한 책임	① 근로자의 건강보호가 산업위생전문가의 1차적 책임 ② 위험 요인의 측정, 평가 및 관리에 있어서 중립적 태도 ③ 위험요소와 예방조치에 대해 근로자와 상담
기업주와 고객에 대한 책임	① 정확한 기록을 유지하고 산업위생 전문부서들을 운영 관리 ② 궁극적 책임은 근로자의 건강보호 ③ 책임 있게 행동 ④ 정직하게 권고, 권고사항을 정확히 보고
일반 대중에 대한 책임	① 일반 대중에 관한 사항 정직하게 발표 ② 전문적인 견해를 발표

한눈에 들어오는 키워드

암기법

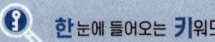

전문가의 윤리는 전문 근로자에게 고기 대접

1. 전문가는 / 실력최고 / 객관적 자료 해석 / 학문 발전 위해 / 지식 공개발표 / 기밀누설 말고 / 개입하지 않는다.
2. 근로자의 / 1차적 책임은 / 중립적 태도로 / 위험예방 상담
3. 고기(고객 · 기업주) / 정확히 기록하는 전문부서 운영하여 / 궁극적으로 근로자 보호 / 책임있게 행동 / 정직하게 보고
4. 대중에게 / 정직하게 / 전문적으로 발표

CHAPTER 02

인간과 작업환경

01 인간공학

1 인간공학의 정의 및 목적

(1) 인간공학의 정의

① 인간의 특성과 한계능력을 공학적으로 분석 · 평가하여 이를 복잡한 체계의 설계에 응용함으로써 효율을 최대로 활용할 수 있도록 하는 학문 분야

② 인간공학은 기계와 그 기계조작 및 환경조건을 인간의 특성에 맞추어 설계하기 위한 수단을 연구하는 학문이다.

(2) 인간공학의 연구목적

가장 궁극적인 목적은 안전성 제고와 능률의 향상이다.

① 안전성의 향상과 사고 방지

② 기계조작의 능률성과 생산성의 향상

③ 쾌적성

(3) 인간공학에서 고려해야 할 인간의 특성 ★

① 인간의 습성

② 신체의 크기와 작업환경

③ 감각과 지각

④ 운동력과 근력

⑤ 기술, 집단에 대한 적응능력

한 눈에 들어오는 키워드

기출

인간공학이 현대산업에서 중요시되는 이유

① 인간존중 사상에서 볼 때 종전의 기계는 개선되어야 할 많은 문제점이 있음

② 생산경쟁이 격심해 짐에 따라 이 분야의 합리화를 통해 생산성을 증대시키고자 함

③ 근로자는 자동화된 생산과정 속에서 일하고 있으므로 기계와 인간과의 관계가 연구되어야 함

④ 시스템이 복잡화, 대규모화되어 인간의 사소한 실수로 막대한 피해가 발생함

한 눈에 들어오는 키워드

기출
조절가능 여부(조절식 설계)
인체측정치를 이용한 작업환경의 설계가 이루어질 때 가장 먼저 고려되어야 한다.

기출 ★
앉을 때, 서 있을 때, 물체를 들어 올릴 때, 뛸 때 발생하는 압력은 5번째 요추와 천골 사이에 있는 디스크(L_5/S_1)에 대부분 흡수된다.

참고
F_{max} (8시간 작업기준)
· V > 75cm : 15회
· V ≤ 75cm : 12회

참고
중량물 취급에 대한 기준(NIOSH) 적용범위
① 작업시간
② 작업횟수(빈도)
③ 물체 무게
④ 물체를 들어 올리는 거리
⑤ 물체의 높이(바닥으로부터 물체가 놓여 있는 장소의 높이)
⑥ 물체 위치(물체와 사람과의 거리)

(4) 인체계측

1) 인체계측자료의 응용 3원칙 ★

① 최대치수와 최소치수 설계(극단치 설계) : 최대 치수 또는 최소 치수를 기준으로 하여 설계한다.

최대치수설계의 예	최소치수설계의 예
• 위험구역의 울타리 높이 • 출입문의 높이 • 그네줄의 인장강도	• 물건을 올리는 선반의 높이 • 조정장치를 조정하는 힘 • 조정장치까지의 조정거리

② 조절(조정)범위(조절식 설계)
- 체격이 다른 여러 사람에 맞도록 설계한다.
- 예) 침대, 의자 높낮이 조절, 자동차의 운전석 위치조정

③ 평균치를 기준으로 한 설계
- 최대치수나 최소치수, 조절식으로 하기가 곤란할 때 평균치를 기준으로 하여 설계한다.
- 예) 은행의 창구 높이

2 들기작업(NIOSH 들기작업 지침)

(1) 감시기준(AL) ★

$$AL(\text{kg}) = 40\left(\frac{15}{H}\right)(1-0.004\mid V-75\mid)\left(0.7+\frac{7.5}{D}\right)\left(1-\frac{F}{F_{max}}\right)$$

H : 대상물체의 수평거리
V : 대상물체의 수직거리(바닥으로부터 물체 중심까지의 거리, 즉 들어올리기 전 물체의 위치
D : 대상물체의 이동거리
F : 분당 중량물 취급작업의 빈도(들어올리는 횟수 : AL에 가장 큰 영향 줌)
F_{max} : 분당 가장 많이 들어올리는 빈도(횟수)

[예제 1]

근로자로부터 40cm 떨어진 물체(9kg)를 바닥으로부터 150cm 들어 올리는 작업을 1분에 5회씩 1일 8시간 실시하였을 때 감시기준(AL, Action Limit)은 얼마인가? (단, H는 수평거리, V는 수직거리, D는 이동거리, F는 작업빈도계수이다.)

$$AL(\text{kg}) = 40\left(\frac{15}{H}\right)(1-0.004\mid V-75\mid)\left(0.7+\frac{7.5}{D}\right)\left(1-\frac{F}{F_{max}}\right)$$

해설

$$AL(kg) = 40 \times \left(\frac{15}{40}\right)(1-0.004\,|\,0-75\,|\,)\left(0.7+\frac{7.5}{150}\right)\left(1-\frac{5}{12}\right) = 4.59(kg)$$

(2) NIOSH 들기작업 지침의 최대허용기준(MPL) ★★

$$MPL(최대허용기준) = 3 \times AL(감시기준)$$

(3) 권장무게한계(RWL : Recommended Weight Limit) 실기 기출★

$$RWL(kg) = LC(23) \times HM \times VM \times DM \times AM \times FM \times CM$$

Item	
LC	중량계수(Load Constant), 23kg
HM	수평 계수(Horizontal Multiplier)
VM	수직 계수(Vertical Multiplier)
DM	거리 계수(Distance Multiplier)
AM	비대칭 계수(Asymmetric Multiplier)
FM	빈도 계수(Frequency Multiplier)
CM	커플링 계수(Coupling Multiplier)

(4) 들기 지수, 중량물 취급지수(LI : Lifting Index) ★★

$$LI = \frac{실제작업 무게(L)}{권장무게한계(RWL)}$$

한 눈에 들어오는 키워드

기출

들기작업의 동작 순서

중량물에 몸을 밀착 → 발을 어깨너비 정도로 벌리고, 몸은 균형을 유지 → 무릎을 굽힌다. → 중량물을 양손으로 잡는다. → 목과 등이 일직선이 되도록 한다. → 등을 펴고 무릎의 힘으로 일어난다.

한 눈에 들어오는 키워드

[예제 2]

무게 8kg의 물건을 근로자가 들어 올리는 작업을 하려고 한다. 해당 작업조건의 권장무게 한계(RWL)가 5kg이고, 이동거리가 20cm일 때에 들기지수(LI : Lifting Index)는 얼마인가? (단, 근로자는 10분씩 2회, 1일 8시간 작업한다.)

해설

$$LI = \frac{8}{5} = 1.6$$

기출

중량물 취급 주의사항

① 허리를 곧게 펴서 작업한다.

② 다릿심을 이용하여 서서히 일어난다.

③ 운반체 가까이 접근하여 운반물을 손 전체로 꽉 쥔다.

(5) 요통 발생의 요인 ★

① 잘못된 작업 방법 및 자세

② 작업습관과 개인적인 생활태도

③ 근로자의 육체적 조건

④ 물리적 환경요인(작업빈도, 물체의 무게 및 크기 등)

⑤ 요통 및 기타 장애(자동차 사고, 넘어짐 등)의 경력

(6) 요통예방을 위한 안전작업수칙

① 중량물을 취급할 때는 허리의 힘보다는 팔, 다리, 복부의 근력을 이용하도록 한다.

② 중량물을 들어올릴 때는 물체를 최대한 몸 가까이에서 잡고 들어 올리도록 한다.

③ 중량물 취급 시 허리는 곧게 펴고 가급적 구부리거나 비틀지 않고 작업하도록 한다.

2 단순 및 반복작업

(1) 수평 작업대 ★★

1) 정상 작업역

① 상완을 자연스럽게 늘어뜨린 채 전완만으로 뻗어 파악 할 수 있는 구역
(팔을 가볍게 몸체에 붙이고 팔꿈치를 구부린 상태에서 자유롭게 손이 닿는 영역)

② 움직이지 않고 전박(前膊)과 손으로 조작할 수 있는 범위

2) 최대 작업역

① 전완과 상완을 곧게 펴서 파악할 수 있는 구역(양팔을 곧게 폈을 때 도달할 수 있는 최대영역)

② 움직이지 않고 상지(上肢)를 뻗어서 닿는 범위

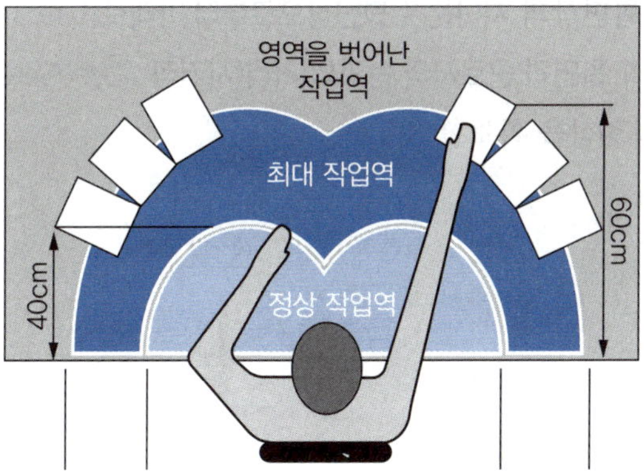

3 VDT 증후군

(1) 영상표시단말기 작업으로 인한 관련 증상(VDT 증후군)

"영상표시단말기 작업으로 인한 관련 증상(VDT 증후군)"이란 영상 표시단말기를 취급하는 작업으로 인하여 발생되는 경견완증후군 및 기타 근골격계 증상 · 눈의 피로 · 피부증상 · 정신신경계증상 등을 말한다.

① 근골격계 증상

- 목, 어깨, 팔꿈치, 손목 및 손가락 등에 나타나는 통증과 저림, 쑤심 등의 증상

② 눈의 피로

③ 피부 증상

- 날씨가 건조할 때 화면에서 발생되는 정전기에 의해 민감한 피부반응이 나타나는 경우가 있다.

④ 정신적 스트레스

- 정서적 불편(초조, 근심, 착란, 긴장, 무기력감)과 생리적 반응(혈압상승, 소화불량, 심박수 증가, 아드레날린 분비 촉진, 두통) 등의 증상

⑤ 전자파 장해

- 컴퓨터 화면으로부터 발생되는 전자기파(EMF)에 의한 장해

한 눈에 들어오는 키워드

한 눈에 들어오는 키워드

(2) 영상표시단말기 작업의 작업자세

영상표시단말기 취급근로자는 다음 각 호의 요령에 따라 의자의 높이를 조절하고 화면 · 키보드 · 서류받침대 등의 위치를 조정하도록 한다.

① 영상표시단말기 취급근로자의 시선은 화면상단과 눈높이가 일치할 정도로 하고 작업 화면상의 시야는 수평선상으로부터 아래로 10도 이상 15도 이하에 오도록 하며 화면과 근로자의 눈과의 거리(시거리 : Eye-Screen Distance)는 40센티미터 이상을 확보할 것

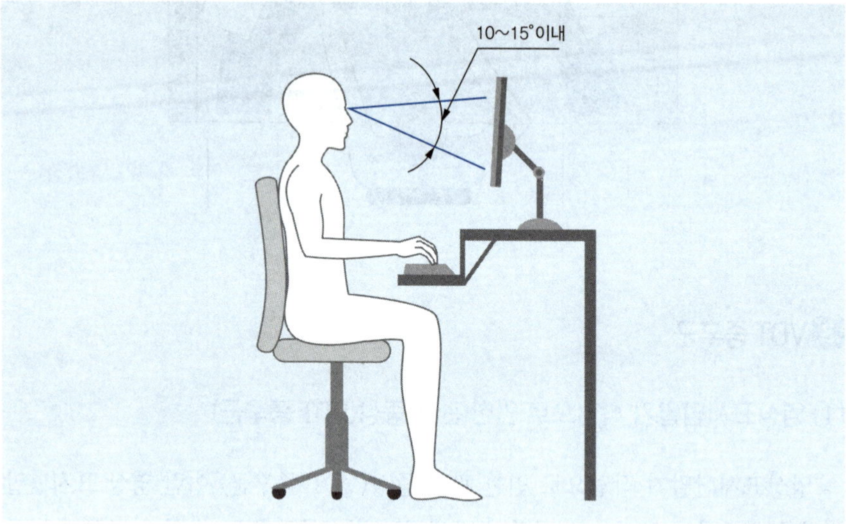

[작업자의 시선범위]

② 위팔(Upper Arm)은 자연스럽게 늘어뜨리고, 작업자의 어깨가 들리지 않아야 하며, 팔꿈치의 내각은 90도 이상이 되어야 하고, 아래팔(Forearm)은 손등과 수평을 유지하여 키보드를 조작할 것, 아래팔은 손등과 일직선을 유지하여 손목이 꺾이지 않도록 한다.

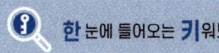

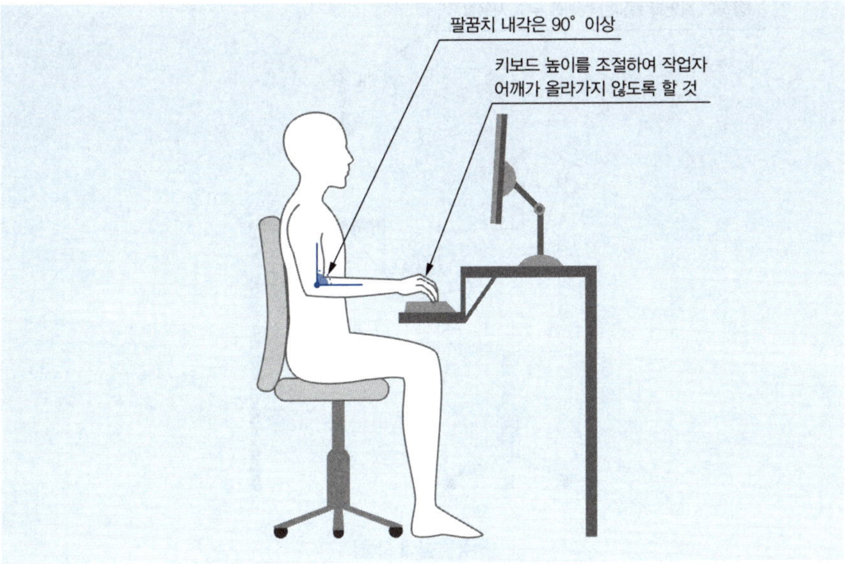

[팔꿈치 내각 및 키보드 높이]

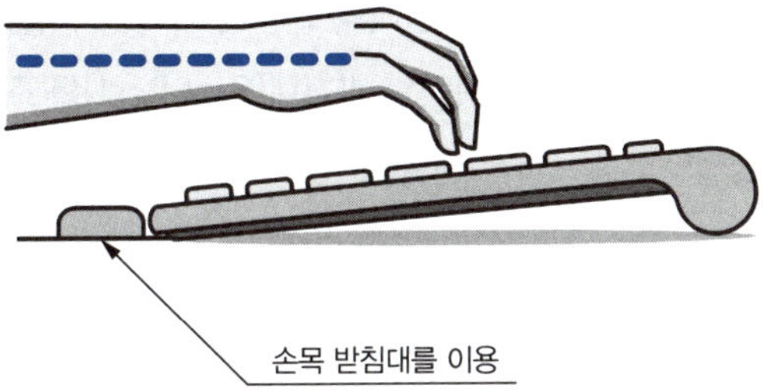

[아래팔과 손등은 수평을 유지]

한 눈에 들어오는 키워드

③ 연속적인 자료의 입력 작업 시에는 서류받침대(Document Holder)를 사용하도록 하고, 서류받침대는 높이 · 거리 · 각도 등을 조절하여 화면과 동일한 높이 및 거리에 두어 작업할 것

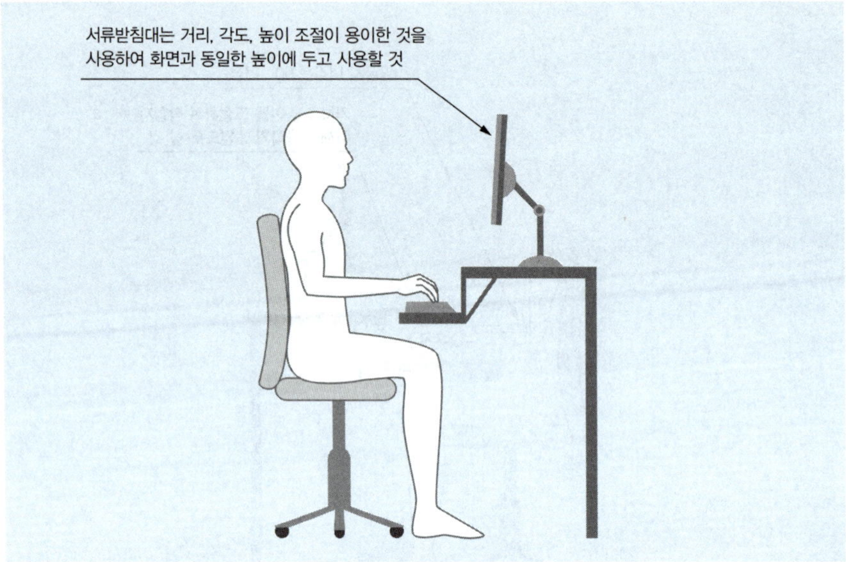

[서류받침대 사용]

④ 의자에 앉을 때는 의자 깊숙히 앉아 의자등받이에 등이 충분히 지지되도록 할 것

⑤ 영상표시단말기 취급근로자의 발바닥 전면이 바닥면에 닿는 자세를 기본으로 하되, 그러하지 못할 때에는 발 받침대(Foot Rest)를 조건에 맞는 높이와 각도로 설치할 것

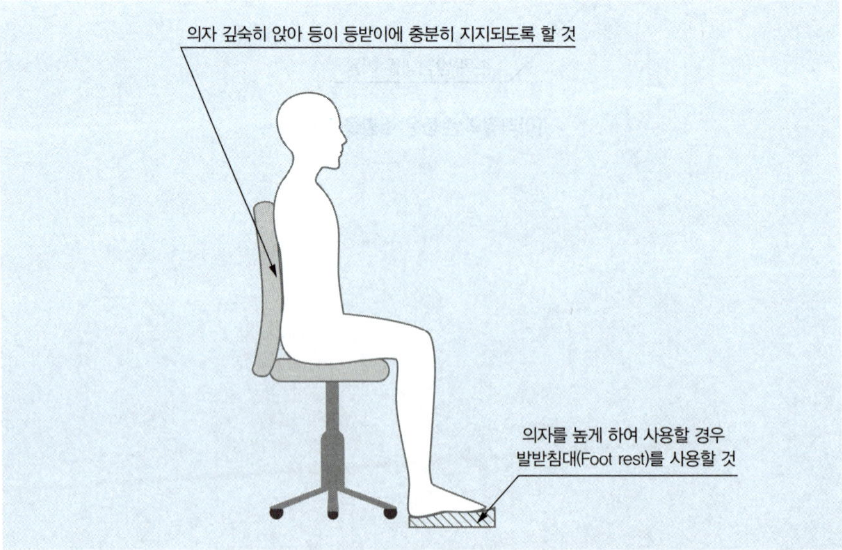

⑥ 무릎의 내각(Knee Angle)은 90도 전후가 되도록 하되, 의자의 앉는 면의 앞 부분과 영상표시단말기 취급근로자의 종아리 사이에는 손가락을 밀어 넣을 정도의 틈새가 있도록 하여 종아리와 대퇴부에 무리한 압력이 가해지지 않도록 할 것 ★

⑦ 키보드를 조작하여 자료를 입력할 때 양 손목을 바깥으로 꺾은 자세가 오래 지속되지 않도록 주의할 것

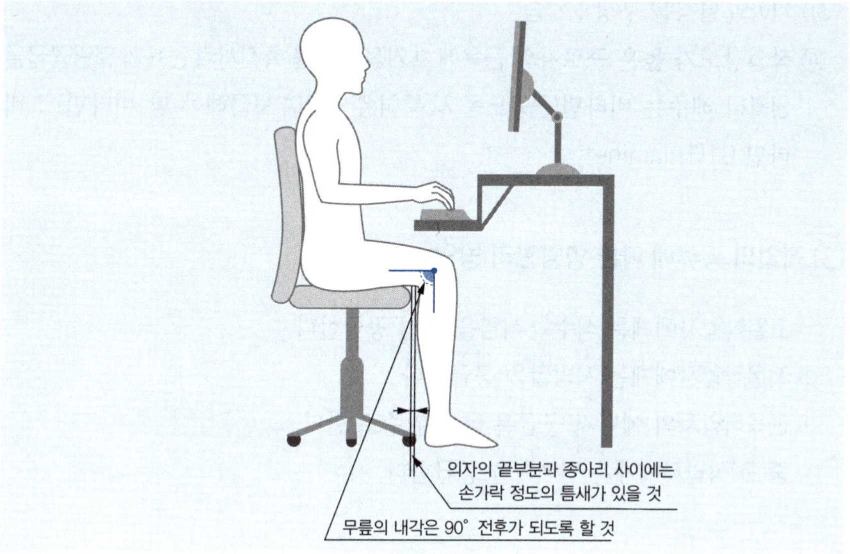

[무릎내각]

4 노동 생리

(1) 근육운동(노동)에 필요한 에너지원(근육의 대사과정) ★★

혐기성 대사(Anaerobic metabolism)	호기성 대사(Aerobic metabolism)
• 근육에 저장된 화학적 에너지 • 혐기성 대사 순서 ★ ATP(아데노신 삼인산) → CP(크레아틴 인산) → Glycogen(글리코겐) or Glucose(포도당)	• 대사과정(구연산 회로)을 거쳐 생성된 에너지 • 호기성 대사 과정 포도당 / 단백질 / 지 방 + 산소 → 에너지원

한 눈에 들어오는 키워드

기출 ★

골격근과 간장

인체 내 열 생산을 주로 담당하고 있는 기관

골격근

체열생산이 가장 많은 기관

한 눈에 들어오는 키워드

기출
건(tendon)
근육과 뼈를 연결하는 섬유조직

(2) 영양소 종류와 그 작용 ★

① 체내에서 산화연소하여 에너지를 공급 : 탄수화물 · 단백질 · 지방(3대 영양소)
② 에너지원은 아니며, 여러 영양소의 영양적 작용의 매개가 되고 생활기능을 조절 : 비타민, 무기질, 물
③ 체내조직을 구성하고, 분해 · 소비되는 물질의 공급원으로 작용 : 단백질, 무기질, 물
④ 치아와 골격을 구성 : 칼슘
⑤ 작업강도가 높은 근로자의 근육에 호기적 산화를 촉진시켜 근육의 열량공급을 원활히 해주는 비타민(근육노동 시 특히 주의하여 보급해야 할 비타민) : 비타민 B1(Thiamine)

(3) 작업의 종류에 따른 영양관리 방안 ★

① 고열작업자에게는 식수와 식염을 우선 공급한다.
② 저온작업자에게는 지방질을 공급한다.
③ 근육작업자의 에너지 공급은 당질 위주로 한다.
④ 중(重)작업자에게는 단백질을 공급한다.

(4) 산소 소비량

1) 산소 소비량 ★

① 휴식 중 산소소비량 : 0.25L/min
② 운동 중 산소소비량(성인 남자 기준) : 5L/min
③ 산소 1L의 에너지 : 5kcal
④ 산소소비량은 작업부하가 증가하면 일정한 비율로 계속 증가하나 작업부하가 일정한계를 초과하면 산소소비량은 더 이상 증가하지 않는다.

2) 산소부채(oxygen debt) 현상 ★

① 작업부하 수준이 최대 산소소비량 수준보다 높아지게 되면, 젖산의 제거속도가 생성속도에 못 미치게 된다.
② 작업이 끝난 후에 남아 있는 젖산을 제거하기 위하여 산소가 더 필요하며, 이때 동원되는 산소소비량을 산소부채(oxygen debt)라 한다.

③ 작업이 끝난 후에도 맥박과 호흡수가 작업개시 수준으로 즉시 돌아오지 않고 서서히 감소하는 산소부채의 보상현상이 발생한다.

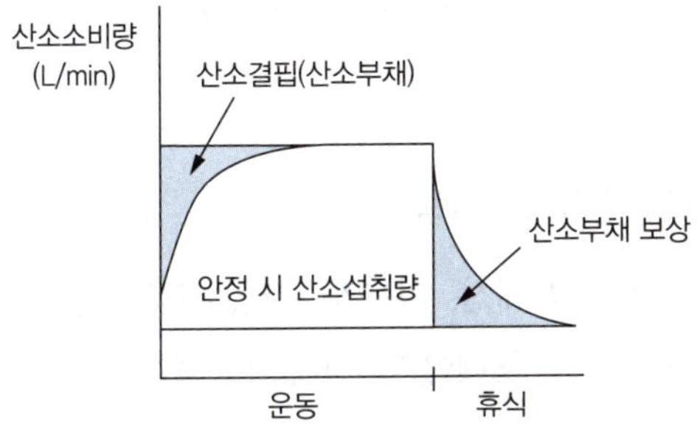

참고

산소부채에 대하여 설명하시오. 실기 기출★

격렬한 운동을 할 때에는 **산소 섭취량이 산소 소모량보다 부족하게 되어** 산소량이 **산소부채(산소 빚)를 일으킨다.** 작업이나 운동 시 **빚진 산소 부족분을 작업이나 운동이 끝난 후에 갚기 위해** 작업이나 운동 후 **호흡이** 즉시 정상으로 회복되지 않고 **서서히 회복되는 산소부채의 보상현상이 발생한다.**

5 근골격계 질환

(1) 정의

1) 근골격계 질환

반복적인 동작, 부적절한 작업자세, 무리한 힘의 사용, 날카로운 면과의 신체접촉, 진동 및 온도 등의 요인에 의하여 발생하는 건강장해로서 목, 어깨, 허리, 팔 · 다리의 신경 · 근육 및 그 주변 신체조직 등에 나타나는 질환을 말한다.

2) 누적외상 질환

① 주로 상지(팔, 上肢)를 반복하여 움직이는 작업(동적부담)이나 상지 및 목을 특정위치로 고정시켜 일하는 작업(정적 부담)에 의해서 주로 발생한다.

② 뒷머리, 목, 어깨, 팔, 손 및 손가락의 어느 부분 또는 전체에 걸쳐 결림, 저림, 아픔 등의 불편함이 나타나는 것을 말한다.

한 눈에 들어오는 키워드

기출

근골격계 질환 관련용어
① 누적외상성 질환
(CTDs ; Cumulative trauma disorders)
② 근골격계 질환
(MSDs ; Musculoskeletal disorders)
③ 반복성 긴장장애
(RSI ; Repetitive strain injuries)
④ 경견완증후군

3) 근골격계 부담작업

단순반복작업 또는 인체에 과도한 부담을 주는 작업으로서 작업량 · 작업속도 · 작업강도 및 작업장 구조 등에 따라 고용노동부장관이 정하여 고시하는 작업을 말한다.

4) 근골격계 질환 예방관리 프로그램

유해요인 조사, 작업환경 개선, 의학적 관리, 교육 · 훈련, 평가에 관한 사항 등이 포함된 근골격계 질환을 예방관리하기 위한 종합적인 계획을 말한다.

(2) 근골격계 질환(누적외상성질환, CTDs)의 발생요인 ★★

① 반복적인 동작
② 부적절한 작업 자세
③ 무리한 힘의 사용
④ 날카로운 면과의 신체접촉
⑤ 진동 및 온도(저온)

(3) 근골격계 질환의 종류

① 점액낭염(윤활낭염 : bursitis) : 관절 사이의 윤활액을 싸고 있는 윤활낭에 염증이 생기는 질병을 말한다.

② 건초염(tenosynovitis) : 건초염은 건막에 염증이 생기는 질환이며 건염(tendonitis)은 건에 염증이 생기는 질환으로 건염과 건초염을 정확히 구분하기 어렵다.

③ 손목뼈터널 증후군(수근관 증후군 : carpal tunnel sysdrome)) : 반복적이고 지속적인 손목의 압박, 무리한 힘 등으로 인해 수근관 내부에 정중신경이 손상되어 발생한다. ★

④ 내외상과염 : 과도한 손목 및 손가락의 사용으로 팔꿈치 내 · 외측에 통증이 발생한다.

⑤ 수완진동증후군 : 진동공구의 진동으로 인해 손가락 혈관이 수축되어 손가락이 하얗게 변하며 감각마비, 저린 증상 등을 일으킨다.

한 눈에 들어오는 키워드

기출
직업성 경견완증후군의 원인이 되는 작업
① 키펀치 작업(컴퓨터 사무작업)
② 전화교환 작업
③ 금전등록기의 계산 작업

기출
근골격계 질환의 위험요인
① 큰 변화가 없는 반복동작일수록 근골격계 질환의 발생위험이 증가한다.
② 동적작업보다 정적작업에서 근골격계 질환의 발생위험이 더 크다.
③ 작업공정에 장애물이 있으면 근골격계 질환의 발생위험이 더 커진다.
④ 21℃ 이하의 저온작업장에서 근골격계 질환의 발생위험이 더 커진다.

(4) 근골격계 질환의 특징 ★

① 노동력 손실에 따른 경제적 피해가 크다.
② 근골격계 질환의 최우선 관리목표는 발생의 최소화이다.
③ 자각증상으로 시작되며 환자발생이 집단적이다.
④ 손상의 정도 측정이 어렵다.
⑤ 단편적인 작업환경개선으로 좋아지지 않는다.
⑥ 회복과 악화가 반복된다.(한번 악화되어도 회복은 가능하다.)

(5) 근골격 질환 예방을 위한 작업방법

① 수공구의 무게는 가능한 한 줄이고 손잡이는 접촉면적을 크게 한다.
② 부자연스러운 자세를 피한다.(손목, 팔꿈치, 허리가 뒤틀리지 않도록 한다)
③ 작업시간을 조절하고 과도한 힘을 주지 않는다.
④ 동일한 자세 작업을 피하고 작업대사량을 줄인다.

(6) 근골격계 부담작업 ★

"근골격계 부담작업"이라 함은 다음 각 호의 1에 해당하는 작업을 말한다. 다만, 단기간 작업 또는 간헐적인 작업은 제외한다.

① 하루에 4시간 이상 집중적으로 자료입력 등을 위해 키보드 또는 마우스를 조작하는 작업
② 하루에 총 2시간 이상 목, 어깨, 팔꿈치, 손목 또는 손을 사용하여 같은 동작을 반복하는 작업
③ 하루에 총 2시간 이상 머리 위에 손이 있거나, 팔꿈치가 어깨 위에 있거나, 팔꿈치를 몸통으로부터 들거나, 팔꿈치를 몸통 뒤쪽에 위치하도록 하는 상태에서 이루어지는 작업
④ 지지되지 않은 상태이거나 임의로 자세를 바꿀 수 없는 조건에서, 하루에 총 2시간 이상 목이나 허리를 구부리거나 비트는 상태에서 이루어지는 작업
⑤ 하루에 총 2시간 이상 쪼그리고 앉거나 무릎을 굽힌 자세에서 이루어지는 작업
⑥ 하루에 총 2시간 이상 지지되지 않은 상태에서 1kg 이상의 물건을 한손의 손가락으로 집어 옮기거나, 2kg 이상에 상응하는 힘을 가하여 한손의 손가락으로 물건을 쥐는 작업
⑦ 하루에 총 2시간 이상 지지되지 않은 상태에서 4.5kg 이상의 물건을 한손으로 들거나 동일한 힘으로 쥐는 작업

한 눈에 들어오는 키워드

⑧ 하루에 10회 이상 25kg 이상의 물체를 드는 작업
⑨ 하루에 25회 이상 10kg 이상의 물체를 무릎 아래에서 들거나, 어깨 위에서 들거나, 팔을 뻗은 상태에서 드는 작업
⑩ 하루에 총 2시간 이상, 분당 2회 이상 4.5kg 이상의 물체를 드는 작업
⑪ 하루에 총 2시간 이상 시간당 10회 이상 손 또는 무릎을 사용하여 반복적으로 충격을 가하는 작업

암기

- 키보드 입력 4시간, 나머지 2시간
- 2시간 4.5kg 한손 쥐기 / 2시간 1kg 손가락 집어 옮기기, 2kg 손가락 쥐기 / 10회 25kg, 25회 10kg 무릎 아래, 2시간 분당 2회 4.5kg 들기 / 2시간 시간당 10회 반복 충격

6 작업 환경의 개선

(1) 부품배치의 원칙 ★

① 중요성의 원칙 : 부품을 작동하는 성능이 체계의 목표 달성에 중요한 정도에 따라 우선순위를 결정한다.
② 사용빈도의 원칙 : 부품을 사용하는 빈도에 따라 우선순위를 결정한다.
③ 기능별 배치의 원칙 : 기능적으로 관련된 부품들(표시장치, 조정장치 등)을 모아서 배치한다.
④ 사용 순서의 원칙 : 사용 순서에 따라 장치들을 가까이에 배치한다.

(2) 동작경제의 3원칙(바안즈 Barnes) ★

① 인체 사용에 관한 원칙
② 작업장의 배치에 관한 원칙
③ 공구 및 설비의 설계에 관한 원칙

02 산업피로

한 눈에 들어오는 키워드

1 피로의 정의 및 종류

(1) 피로(산업피로)의 정의

① 피로는 생체기능의 변화를 가져오는 현상이다.
② 고단하다는 주관적인 느낌이 있다.
③ 작업강도에 반응하는 육체적, 정신적 생체 현상으로 작업능률이 떨어진다.
④ 피로측정 및 판정에 있어 가장 중요한 것은 생체기능의 변화로 객관적으로 측정할 수 있다.

(2) 피로의 특징 ★

① 피로는 질병이 아니며 원래 가역적인 생체반응이고 건강장해에 대한 경고적 반응이다.
② 정신피로는 주로 중추신경계의 피로를, 근육피로는 말초신경계의 피로를 의미한다.
③ 정신피로와 신체피로는 보통 함께 나타나 구별하기 어렵다.(정신피로나 신체피로가 각각 단독으로 나타나는 경우는 매우 희박하다.)
④ 육체적, 정신적 노동부하에 반응하는 생체의 태도이다. (노동수명(turn over ratio)으로서 피로를 판정할 수 있다.)
⑤ 산업피로는 건강장해에 대한 경고반응이라고 할 수 있다.
⑥ 피로 현상은 개인차가 심하므로 작업에 대한 개체의 반응을 수치로 나타내기 어렵다.(객관적 판단이 어렵다)
⑦ 산업피로는 생산성의 저하뿐만 아니라 재해와 질병의 원인이 된다.
⑧ 피로조사는 피로도를 판가름하는 데 그치지 않고 작업방법과 교대제 등을 과학적으로 검토할 필요가 있다.
⑨ 작업시간이 등차 급수적으로 늘어나면 피로회복에 요하는 시간은 등비 급수적으로 증가한다.
⑩ 피로의 자각증상은 피로의 정도와 반드시 일치하지는 않는다.
⑪ 자율신경계의 조절기능이 주간은 교감신경, 야간은 부교감신경의 긴장강화로 주간 수면은 야간 수면에 비해 효과가 떨어진다.

한 눈에 들어오는 키워드

기출

Shimonson의 산업피로현상
① 중간대사물질의 축적
② 활동자원의 소모
③ 체내의 물리화학적 변화
④ 조절기능의 장애

Viteles의 산업피로의 3가지 본질
① 작업량의 감소
② 피로감각
③ 생체의 생리적 변화

기출

피로물질
① 젖산
② 암모니아
③ 크레아틴
④ 초성포도당
⑤ 시스테인
⑥ 잔여 질소 등

(3) 피로의 3단계 ★★

1단계 : 보통피로	• 하룻밤 자고나면 완전히 회복된다.
2단계 : 과로	• 다음날까지도 피로 상태가 지속되며 단기간 휴식으로 회복될 수 있는 단계로 발병단계는 아니다.
3단계 : 곤비	• 과로의 축적으로 단기간 휴식을 통해서는 회복될 수 없는 발병단계 • 심한 노동 후의 피로현상으로 병적인 상태

(4) 피로의 발생기전 ★★

① 산소와 영양소 등의 에너지원의 소모
② 물질대사에 의한 노폐물의 축적(피로물질의 축적)
③ 체내의 항상성 상실(체내 생리대사의 물리 · 화학적 변화)
④ 생체 내 조절기능의 저하

(5) 전신피로와 국소피로

1) 전신피로

신체의 특정한 부위에 특별한 피로감을 느끼지 않는 경우의 피로를 말하며, 초기에는 피로에 대한 의식이 없다.

확인

전신피로의 특징 ★

① 작업강도가 증가하면 근육 내 글리코겐 양이 감소되어 근육피로가 발생된다.
② 작업강도가 높을수록 혈중 포도당 농도는 급속히 저하하며, 이에 따라 피로감이 빨리 온다.
③ 작업대사량의 증가에 따라 산소소비량도 비례하여 증가하나, 작업대사량이 일정한계를 넘으면 산소소비량은 증가하지 않는다.
④ 작업에 의한 근육 내 글리코겐 농도의 변화는 작업자의 훈련유무에 따라 차이를 보인다. (훈련받은 자와 그렇지 않은 자의 근육 내 글리코겐 농도는 차이를 보인다.)

2) 국소피로

목, 어깨, 손목, 등의 근(筋)을 계속 사용하게 되면 젖산(乳酸)이나 그 밖의 대사 산물이 축적되어 통증이 생기는 현상을 말한다.(작은 근육 등에 국한하여 피로가 생기는 현상)

2 피로의 원인 및 증상

(1) 피로의 원인

1) 산업피로의 발생요인 3가지 실기 기출★

① 작업강도
② 작업환경조건
③ 작업시간과 작업편성

2) 피로에 가장 큰 영향을 미치는 요소

작업강도(에너지 소비량) ★

3) 전신피로의 생리학적 원인 ★★

① 산소공급 부족
② 혈중 포도당(글루코오스)농도 저하(가장 큰 원인)
③ 근육 내 글리코겐 양의 감소
④ 혈중 젖산농도의 증가
⑤ 작업강도의 증가

(2) 피로의 증상 ★

① 순환기능 : 맥박이 빨라지고 회복 시까지 시간이 걸린다.
② 혈압 : 혈압은 초기에는 높아지나 피로가 진행되면서 낮아진다.
③ 호흡기능 : 호흡이 얕고 빨라지며 체온이 상승하여 호흡중추를 흥분시키고 혈액 중 이산화탄소량의 증가로 심할 때는 호흡곤란을 일으킨다.
④ 신경기능 : 지각기능이 둔해지고, 반사기능이 낮아지며 판단력 저하, 권태감, 졸음이 발생한다.

한 눈에 들어오는 키워드

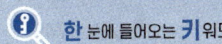

기출
산업피로의 발생요인 중 작업강도(작업부하)에 영향을 미치는 요소
① 작업강도(에너지 소비량)
② 작업의 정밀도
③ 작업 자세
④ 작업 속도
⑤ 작업 시간
⑥ 조작 방법
⑦ 대인접촉 빈도 등

기출
지적속도 ★
산업피로를 가장 적게 하고 생산량을 최고로 올릴 수 있는 경제적인 작업속도

⑤ 혈액 : 혈당치가 낮아지고 젖산과 탄산량이 증가하여 산혈증이 발생한다.

⑥ 소변 : 소변양이 줄고 단백질 또는 교질물질의 배설량이 증가한다.

⑦ 체온 : 체온이 높아지나 피로정도가 심해지면 낮아진다.(체온조절장해, 에너지 소모량 증가)

(3) 피로의 평가

1) 전신피로의 평가

작업종료 후 회복기 심박수(heart rate)를 측정하여 평가한다. ★

암기

심한 전신피로 상태 ★★★

$HR_{30\sim60}$이 110를 초과하고 $HR_{150\sim180}$와 $HR_{60\sim90}$의 차이가 10 미만인 경우

- $HR_{30\sim60}$: 작업 종료 후 30 ~ 60초 사이의 평균 맥박수
- $HR_{60\sim90}$: 작업 종료 후 60 ~ 90초 사이의 평균 맥박수
- $HR_{150\sim180}$: 작업 종료 후 150 ~ 180초 사이의 평균 맥박수

2) 국소피로의 평가

① 국소피로를 평가하는 객관적인 방법으로 근전도(EMG)를 가장 많이 이용한다.

② 근육이 위치한 부위 피부표면에 2개의 전극을 부착하여 측정한다.

암기

국소피로의 평가(피로한 근육에서 측정된 현상) ★★

① 저주파수(0 ~ 40Hz)에서 힘의 증가
② 고주파수(40 ~ 200Hz)에서 힘의 감소
③ 평균주파수의 감소
④ 총 전압의 증가

한 눈에 들어오는 키워드

기출
1. 지적환경(optimum working environment)
일하는 데 가장 적합한 환경
2. 지적환경의 평가방법
① 생산적(productive) 방법
② 생리적(physiological) 방법
③ 정신적(psychological) 방법

지적속도 ★
산업피로를 가장 적게 하고 생산량을 최고로 올릴 수 있는 경제적인 작업속도

기출 ★
근전도
국소피로를 평가하는 객관적인 방법

작업종료 후 회복기의 심박수(heart rate)
전신피로를 측정하는 객관적인 방법

3 에너지 소비량

(1) 육체적 작업능력(PWC)

1) 피로를 느끼지 않고 하루에 4분간 계속할 수 있는 작업강도를 말한다.

$$\text{하루 8시간의 작업강도} = PWC \times \frac{1}{3}$$ ★★

2) 육체적 작업능력(PWC)에 영향을 미치는 요소 ★

① 작업특징 : 강도, 시간, 위치, 계획 등

② 육체적 조건 : 연령, 체격, 성별 등

③ 환경적 요소 : 온도, 압력, 소음 등

④ 정신적 요소 : 동기, 태도

4 작업강도

(1) 에너지 대사율(RMR) ★★★

작업강도는 에너지 대사율로 나타낸다.

$$\text{RMR} = \frac{\text{작업(노동)대사량}}{\text{기초대사량}}$$
$$= \frac{\text{작업 시의 소비 에너지} - \text{안정 시의 소비 에너지}}{\text{기초대사량}}$$
$$= \frac{\text{작업 시의 산소소비량} - \text{안정 시의 산소소비량}}{\text{기초대사량}}$$

[예제 3]

기초대사량이 60kcal/h인 근로자가 시간당 300kcal가 소비되는 작업을 실시할 경우 작업대사율은 약 얼마인가? (단, 안정 시 소비되는 에너지는 기초대사량의 1.5배이다.)

해설

$$\text{RMR} = \frac{\text{작업 시의 소비 에너지} - \text{안정 시의 소비 에너지}}{\text{기초대사량}} = \frac{300 - (60 \times 1.5)}{60} = 3.5$$

한 눈에 들어오는 키워드

한 눈에 들어오는 키워드

암기 ★★

RMR	작업강도
0～1	경작업
1～2	중등작업
2～4	강작업
4～7	중작업
7 이상	격심작업

기출

작업강도가 높아지는 요인

① 작업속도의 증가
② 작업인원의 감소(작업량의 증가)
③ 작업종류의 증가
④ 작업시간의 증가
⑤ 작업변화의 증가

(2) 미국정부 산업위생전문가협의회(ACGIH)에서 구분한 작업강도 ★★

① 경작업 : 200kcal/hr 이하
② 중등작업 : 200～350kcal/hr
③ 중작업 : 350～500kcal/hr 이상

(3) RMR에 의한 작업강도 구분

RMR	작업강도	실노동률 (%)	비고
0～1	경작업	80 이상	• 독서, 사무작업 등 앉아서 하는 일
1～2	중등작업	80～76	• 지적작업, 6시간 이상 쉬지 않고 하는 작업
2～4	강작업	76～67	• 전형적인 지속작업(계속작업한계는 RMR 4) • RMR 4 이상이면 휴식 필요
4～7	중작업	67～50	• 휴식이 필요한 작업(계속작업한계는 RMR 7) • RMR 7 이상이면 수시 휴식 필요 ★
7 이상	격심작업	50 이하	• 격심한 근육작업

(4) 실동률의 계산(사이또 오시마 공식) ★★

$$실노동률(실동률)(\%) = 85 - (5 \times RMR)$$

RMR : 에너지 대사율(작업대사율)

[예제 4]

기초대사량이 80kcal/h, 작업대사량이 240kcal/h인 육체적 작업을 할 때 이 작업의 실동률(%)은 약 얼마인가? (단, 사이또 오시마 공식을 적용한다.)

해설

1. $RMR = \dfrac{작업(노동)대사량}{기초대사량} = \dfrac{240}{80} = 3$
2. 실노동률 $= 85 - (5 \times RMR) = 85 - (5 \times 3) = 70(\%)$

[예제 5]

기초대사량이 1.5kcal/min이고, 작업대사량이 225kcal/h인 작업을 수행할 때, 이 작업의 실동률(%)은 얼마인가? (단, 사이또(薺藤)와 오시마(大島)의 경험식을 적용한다.)

해설

1. $\text{RMR} = \frac{\text{작업(노동)대사량}}{\text{기초대사량}} = \frac{225}{90} = 2.5$

   (1.5kcal/min × 60min = 90kcal/hr)

2. 실노동률 = 85 − (5 × RMR) = 85 − (5 × 2.5) = 72.5(%)

(5) 작업강도(% MS)의 계산 ★★

작업강도가 10% 미만인 경우 국소피로는 발생하지 않는다.

$$\text{작업강도(\%MS)} = \frac{\text{RF}}{\text{MS}} \times 100$$

RF : 작업 시 요구되는 힘(한 손에 요구되는 힘)
MS : 근로자가 가지고 있는 약한 손의 최대 힘

[예제 6]

왼손을 주로 사용하는 근로자의 오른손 평균 힘은 40kp이고, 왼손의 평균 힘은 50kp이다. 이 근로자가 무게 4kg인 상자를 두 손으로 들어 올릴 경우 작업강도(%MS)는 얼마인가?

해설

$\text{작업강도(\%MS)} = \frac{\text{RF}}{\text{MS}} \times 100 = \frac{2}{40} \times 100 = 5(\%)$

* 4kg을 두 손으로 들어 올림 → 한 손에 요구되는 힘은 2kg

한 눈에 들어오는 키워드

한 눈에 들어오는 키워드

5 작업시간과 휴식

(1) 작업강도에 따른 허용작업시간 ★

- $\log T_{end} = 3.720 - 0.1949E$
- $E = \dfrac{PWC}{3}$

E : 작업대사량(kcal/min)
T_{end} : 허용작업시간(min)

[예제 7]

육체적 작업능력(PWC)이 16kcal/min인 근로자가 1일 8시간 동안 물체 운반작업을 하고 있다. 이때의 작업대사량이 7kcal/min이라면, 이 사람이 쉬지 않고 계속 일을 할 수 있는 최대허용시간은 약 얼마인가? (단, $\log T_{end} = 3.720 - 0.1949 \cdot E$이다.)

해설

$\log T_{end} = 3.720 - 0.1949E = 3.720 - 0.1949 \times 7 = 2.356$
$T_{end} = 10^{2.356} = 226.99$(분)

(2) 적정작업시간(sec)의 계산 ★

$$\text{적정작업시간(sec)} = 671{,}120 \times \%MS^{-2.222}$$

$\%MS$: 작업강도(근로자의 근력이 좌우함)

[예제 8]

운반 작업을 하는 젊은 근로자의 약한 손(오른손잡이의 경우 왼손)의 힘은 40kp이다. 이 근로자가 무게 10kg인 상자를 두 손으로 들어 올릴 경우 적정 작업시간은 약 몇 분인가? (단, 공식은 671,120×작업강도$^{-2.222}$를 적용한다.)

해설

1. 작업강도(%MS) $= \dfrac{5}{40} \times 100 = 12.5$
2. 적정작업시간(sec) $= 671{,}120 \times 12.5^{-2.222} = 2451.69$(sec) $\div 60 = 40.86$(분)

* 10kg을 두 손으로 들어 올림 → 한 손에 요구되는 힘은 5kg

참고
단위 kp
(kp = kilopond)
1kp = 1kgf = 9.8 N

기출
국소피로와 관련한 작업강도와 적정 작업시간의 관계
① 힘의 단위는 kp(kilopond)로 표시한다.
② 1kp(kilopond)는 2.2ponds의 중력에 해당한다.
③ 작업강도가 10% 미만인 경우 국소피로는 오지 않는다.

(3) 계속작업 한계시간(CWT)

한 눈에 들어오는 키워드

$$\log(CWT) = 3.724 - 3.25\log(RMR)$$

RMR : 에너지 대사율
CWT : 계속작업 한계시간(분)

[예제 9]

다음 중 RMR이 10인 격심한 작업을 하는 근로자의 실동률과 계속작업의 한계시간으로 옳은 것은? (단, 실동률은 사이토-오시마 식을 적용한다.)

해설

1. 실노동률 $= 85-(5\times RMR) = 85-(5\times 10) = 35(\%)$
2. $\log(CWT) = 3.724 - 3.25\times\log(10) = 0.474$
   $CWT = 10^{0.474} = 2.98$(분)

[예제 10]

기초대사량이 75kcal/hr이고, 작업대사량이 4kcal/min인 작업을 계속하여 수행하고자 할 때, 다음 식을 참고할 경우 계속작업한계시간은 약 얼마인가? (단, T_{end}는 계속작업한계시간, RMR은 작업대사율을 의미한다.)

$$\log T_{end} = 3.724 - 3.25\times\log RMR$$

해설

1. $RMR = \dfrac{\text{작업(노동)대사량}}{\text{기초대사량}} = \dfrac{4\times 60}{75} = 3.2$
2. $\log(CWT) = 3.724 - 3.25\times\log(3.2) = 2.08$
   $CWT = 10^{2.08} = 120.23(\text{분}) \div 60 = 2$시간

한 눈에 들어오는 키워드

(4) 피로예방을 위한 적정 휴식시간비(Hertig식) ★★★

$$\bullet\ T_{rest}(\%) = \left[\frac{E_{max} - E_{task}}{E_{rest} - E_{task}}\right] \times 100$$

• 작업시간 = 60분 − 휴식시간

$T_{rest}(\%)$: 피로예방을 위한 적정 휴식시간 비(60분을 기준하여 산정)
E_{max} : 1일 8시간 작업에 적합한 작업대사량[육체적 작업능력(PWC)의 1/3]
E_{rest} : 휴식 중 소모 대사량
E_{task} : 해당 작업의 작업대사량

[예제 11]

육체적 작업능력(PWC)이 15kcal/min인 근로자가 1일 8시간 물체를 운반하고 있다. 이 때의 작업대사율이 6.5kcal/min일 때 매 시간당 적정 휴식시간은 약 얼마인가? (단, Hertig의 식을 적용한다.)

해설

1. $T_{test} = \left[\frac{5-6.5}{1.5-6.5}\right] \times 100 = 30(\%)$

   $\left(E_{max} = \frac{PWC}{3} = \frac{15}{3} = 5\text{Kcal/min}\right)$

2. 휴식시간 = 60 × 0.3 = 18(분)
3. 작업시간 = 60 − 18 = 42(분)

[예제 12]

어떤 근로자가 물체 운반작업을 하고 있다. 1일 8시간 작업에 적합한 작업대사량이 5.3kcal/분, 해당 작업의 작업대사량은 6kcal/분, 휴식 시의 대사량은 1.3kcal/분이라면 Hertig의 식을 이용한 적절한 휴식시간 비율(%)은?

해설

$T_{test} = \left[\frac{5.3-6}{1.3-6}\right] \times 100 = 14.89(\%)$

[예제 13]

육체적 작업능력(PWC)이 15kcal/min인 근로자가 8시간 동안 물체 운반작업을 하고 있다. 휴식 시 대사량은 1.5kcal/min이고, 작업대사량은 9kcal/min일 때 시간당 휴식시간은 약 얼마인가? (단, Hertig 식을 적용한다.)

해설

1. $T_{rest}(\%) = \left[\frac{E_{\max} - E_{task}}{E_{rest} - E_{task}}\right] \times 100 = \left[\frac{5-9}{1.5-9}\right] \times 100 = 53.33\%$

$(E_{\max} = \frac{PWC}{3} = \frac{15}{3} = 5\text{Kcal/min})$

2. 휴식시간 = 60×0.5333 = 31.998(분)

6 교대작업

(1) 교대근무제 관리원칙(바람직한 교대제) ★★

① 1일 8시간 근무가 바람직하다.(특히, 야간근무시간은 근무시간 중 간이 수면시간을 포함하여 8시간 이내가 바람직함)

② 3조 3교대 근무나 4조 3교대 근무가 바람직하다.(1일 2교대 근무가 불가피한 경우는 연속 2~3일을 초과하지 말아야 함)

③ 긴 근무의 연속일수는 2~3일로 한다.(연속 3일 이상 야간근무를 하는 것은 피하고, 야간근무 후에는 1~2일 정도 휴식을 취하는 것이 바람직함)

④ 야간근무 후 다른 근무조로 가기 전에 최소한 48시간 이상의 휴식을 두어야 한다.

⑤ 야간근무 교대시간은 자정 이전으로 하고, 아침 교대시간은 밤잠이 모자랄 5~6시를 피한다.

⑥ 야간근무 시 가면은 반드시 필요하며 보통 2~4시간(1시간 30분 이상)이 적합하다.

⑦ 중노동, 정신적 노동, 지루한 일 등은 주간에 배치하고, 이른 아침이나 한밤중에는 과도하고 위험한 일이 배치되지 않도록 해야 하며 근무시간이 긴 근무 조는 가벼운 일을 하도록 하는 등 업무내용 및 업무량을 조정해야 한다.

⑧ 근무시간표는 순차적으로 편성하는 것이 바람직하다(정교대가 좋다.)

예) 주간 근무조 → 저녁 근무조 → 야간 근무조 → 주간 근무조 …

(2) Flex Time제 ★

종업원이 자유로운 시간에 출퇴근이 가능하도록 전 근로자가 일하는 중추시간(core time)을 제외하고 출퇴근 시간을 융통성 있게 운영하는 제도를 말한다.

한눈에 들어오는 키워드

기출 ★

교대작업이 생기게 된 배경

① 사회 환경의 변화로 국민생활과 이용자들의 편의를 위한 공공사업의 증가

② 석유화학 및 제철업 등과 같이 공정상 조업중단이 불가능한 산업의 증가

③ 생산설비의 완전가동을 통해 시설투자비용을 조속히 회수하려는 기업의 증가

한 눈에 들어오는 키워드

참고

생체리듬의 변화

① 야간에는 체중이 감소한다.

② 야간에는 말초운동 기능이 저하된다.

③ 체온, 혈압, 맥박수는 주간에 상승하고 야간에 감소한다.

④ 혈액의 수분과 염분량은 주간에 감소하고 야간에 증가한다.

⑤ 야간작업은 수면 부족 및 식사시간의 불규칙으로 위장장애를 유발한다.

⑥ 야간작업은 주간 근무에 비하여 피로를 쉽게 느낀다.

7 산업피로의 예방과 대책

(1) 산업피로의 예방 및 회복대책 ★

① 불필요한 동작을 피하고 에너지 소모를 적게 한다.

② 작업과정에 따라 적절한 휴식시간을 삽입한다.

③ 작업시간 전후에 간단한 체조를 한다.

④ 동적인 작업과 정적인 작업을 적절히 혼합하여 배치한다. (과격한 육체적 노동은 기계화하고, 과도한 정적인 작업은 적정한 동적인 작업으로 전환한다.)

⑤ 휴식은 여러 번 나누어 휴식하는 것이 장시간 휴식하는 것보다 효과적이다.

⑥ 작업의 숙련도를 높인다.

⑦ 작업환경을 정리 · 정돈한다.

⑧ 커피, 홍차, 엽차 및 비타민 B1은 피로회복에 도움이 되므로 공급한다.(산업피로의 회복대책)

⑨ 신체 리듬의 적응을 위하여 야간근무의 연속일수는 2 ~ 3일로 한다.

03 산업심리

1 직무 스트레스 요인 및 관리

(1) 미국산업안전보건연구원(NIOSH)의 직무스트레스 요인 ★

작업요인	• 교대근무 • 작업부하 • 작업속도
환경요인	• 소음 및 진동 • 조명 • 고열 및 한랭 등
조직요인	• 관리유형 • 역할갈등 • 의사결정 참여 • 고용 불확실 등

(2) 직무스트레스 관리 ★

개인차원의 스트레스 관리	집단차원의 스트레스 관리
• 건강검사 • 운동과 취미생활 • 긴장이완훈련	• 직무 재설계 • 사회적 지원의 제공 • 개인의 적응수준 제고 • 작업순환

2 직업과 적성

(1) 적성검사의 분류 및 특성 ★

생리학적 적성검사	심리학적 적성검사	신체검사
① 감각기능검사 ② 심폐기능검사 ③ 체력검사	① 지능검사 : 언어, 기억, 추리에 대한 검사 ② 지각동작검사 : 수족협조, 운동속도, 형태지각검사 ③ 인성검사 : 성격, 태도, 정신상태 검사 ④ 기능검사 : 직무에 관한 기본지식과 숙련도, 사고력 등의 검사	① 체격검사

한 눈에 들어오는 키워드

기출
스트레스에 의한 신체반응 증상
① 혈압의 상승
② 근육의 긴장 증가
③ 소화기관에서의 위산 분비 과다
④ 뇌하수체에서 아드레날린의 분비 증가

기출
집단 간의 갈등이 심한 경우의 해결기법
① 공동경쟁상대의 설정
② 상위의 공동목표 설정
③ 문제의 공동해결법 토의
④ 집단구성원 간의 직무순환

기출
집단갈등 촉진기법
① 조직구조의 변경 : 변경에 반대하는 집단에 의한 견제활동을 통하여 갈등을 조정하는 것으로 갈등해소는 물론 갈등을 조장하는 데에도 효과적이다.
② 외부인사 초빙 : 구성원들과 다른 태도, 가치관, 경험을 가진 외부인사를 영입하여 관점, 참신성, 활력을 확보한다.
③ 커뮤니케이션의 증대 : 커뮤니케이션을 이용, 위협적인 정보를 유출시켜 기능적 갈등을 발생시키고 성과를 올리고자 하는 것
④ 경쟁심 자극 : 높은 성과를 올린 집단에 보상이나 상여금을 지급한다.

한 눈에 들어오는 키워드

기출
직업성 변이 ★
직업에 따라서 신체 형태와 기능에 국소적 변화가 일어나는 것

기출
직업성 질병(직업병)
- 직업병은 직업에 의해 발생된 질병으로서 직업적 노출과 특정 질병 간에 인과관계는 명확하게 반영된다. ★
- 재해에 의하지 않고 유해물질의 노출로 인하여 급성 또는 만성으로 발생한다.
- 저농도 또는 저수준의 상태로 장시간에 걸쳐 반복노출로 생긴 질병을 의미한다.
- 직업병은 일반적으로 단일요인에 의해, 작업관련성 질환은 다수의 원인 요인에 의해서 발병된다.

기출
재해성 질병의 인정 시 종합적으로 판단하는 사항
① 재해의 성질과 강도
② 재해가 작용한 신체부위
③ 재해가 발생할 때까지의 시간적 관계

04 직업성 질환

1 직업성 질환의 정의와 분류

(1) 직업성 질환(작업 관련성 질환)의 정의

① 직업성 질환이란 작업에 의하여 악화되거나 작업과 관련하여 높은 발병률을 보이는 질병을 말한다. ★

② 직무로 인한 유해성 인자가 몸에 장 · 단기간 축적되어 발생하는 질환을 총칭하며 직업관련성 근골격계 질환, 직업관련성 뇌, 심혈관 질환 등이 있다.

③ 직업성 질환(작업 관련성 질환)은 작업환경과 업무수행상의 요인들이 다른 위험요인과 함께 질병발생의 복합적 요인으로서 기여한다. ★

④ 직업성 질환과 일반 질환은 경계가 뚜렷하지 않다.

⑤ 직업성 질환(작업관련성 질환)은 작업에 의하여 악화되거나 작업과 관련하여 높은 발병률을 보이는 질병이다.

(2) 직업성 질환의 범위 ★

① 직업상 업무에 기인하여 1차적으로 발생하는 원발성 질환은 포함한다.

② 원발성 질환과 합병 작용하여 제2의 질환(속발성 질환)을 유발하는 경우를 포함한다.

③ 합병증이 원발성 질환과 불가분의 관계를 가지는 경우를 포함한다.(합병증은 원발성 질환에서 떨어진 다른 부위에 같은 원인에 의한 제2의 질환을 일으키는 경우를 의미한다.)

④ 원발성 질환에 떨어진 다른 부위에 같은 원인에 의한 제2의 질환을 일으키는 경우를 포함한다.

(3) 국내 직업병의 발생현황

1) "문송면"군의 수은 중독(1988년) ★

온도계 제조회사에 입사한 지 3개월 만에 15살의 "문송면" 군이 수은에 중독되어 사망하였다.

2) 원진레이온의 이황화탄소 중독(1989~90년 우리나라 대표적 직업병) ★

레이온(인조견사) 합성에 사용하는 이황화탄소 중독으로 사망, 정신이상, 뇌경색, 협심증 등을 유발하였다.

3) 1994년까지는 직업병 유소견자 현황에 진폐증이 차지하는 비율이 66~80% 정도로 가장 높았고, 여기에 소음성 난청을 합치면 대략 90%가 넘어 직업병 유소견자의 대부분은 진폐증과 소음성 난청이었다.

4) 솔벤트 중독(1995년)

국내의 모 전자부품 업체에서 솔벤트라는 유기용제에 노출되어 생리 중단과 '재생불량성빈혈' 이라는 건강상 장해가 일어나 사회문제가 되었다.

5) 노르말헥산 중독(2004년)

경기도 화성시의 노트북 컴퓨터의 부품 중 프레임을 생산하는 회사에서 태국 노동자 8명이 노르말헥산을 이용해 부품의 얼룩 등 이물질을 제거하는 일을 하던 중 노르말헥산에 중독되어 팔다리가 마비되면서 걷지 못하는 '말초신경병증'을 진단받았다.

2 직업성 질환의 원인

(1) 작업의 종류에 따른 직업병 및 질환발생요인

① 잠수부 : 잠함병 ★
② 도료공 : 빈혈
③ 전기용접공 : 백내장
④ 제빙작업 : 한랭장해
⑤ 도금작업 : 크롬중독(비중격천공증) ★
⑥ 인쇄작업 : 유기용제 중독
⑦ 제강, 요업, 용광로 작업 : 고온장해(열사병 등) ★
⑧ 제강공 : 구내염, 피부염
⑨ 채석작업(채석광, 채광부) : 규폐증 ★
⑩ 타이핑작업 : 경견완증후군

한 눈에 들어오는 키워드

참고
원발성 질환
직업상 업무로 인하여 1차적으로 발생하는 질병

기출
직업성 피부질환의 원인물질
① 색소 감소
- 모노벤질 에테르
- 하이드로퀴논
- 3차 부틸 페놀
② 색소 증가
- 콜타르
③ 피부의 색소변경
- 타르
- 피치
- 페놀

한 눈에 들어오는 **키**워드

기출

직업성 피부질환 ★

작업환경 내 유해인자에 노출되어 피부 및 부속기관에 병변이 발생되거나 악화되는 질환을 직업성 피부질환이라 한다.

① 대부분은 화학물질에 의한 접촉피부염이다.

② 자극에 의한 원발성 피부염이 직업성 피부질환 중 가장 많은 부분을 차지한다.

③ 정확한 발생빈도와 원인물질의 추정은 거의 불가능하다.

④ 직업성 피부질환의 간접요인으로는 인종, 연령, 계절, 아토피, 피부질환, 개인위생 등이 있다.

⑤ 피부종양은 발암물질과 피부의 직접 접촉뿐만 아니라 다른 경로를 통한 전신적인 흡수에 의하여도 발생될 수 있다.

기출

직업병의 예방대책 중 발생원에 대한 대책

① 대치

② 격리 또는 밀폐

③ 공정의 재설계

⑪ 피혁제조, 축산, 제분 : 탄저병, 파상풍

⑫ 갱내 착암작업 : 규폐증, 산소결핍 ★

⑬ 샌드블라스팅(sand blasting) : 규폐증, 폐암 ★

(2) 유해요인별 중독증세 ★

① 수은중독 : 미나마타병

② 크롬중독 : 비중격천공증, 비강암, 폐암

③ 카드뮴중독 : 이타이이타이병

④ 납중독 : 조혈장애, 말초신경장애

⑤ 벤젠중독 : 빈혈, 백혈병, 조혈장애

⑥ 석면 : 악성중피종, 석면폐증, 폐암

⑦ 망간 : 파킨슨증후군, 신장염, 신경염

⑧ 이상기압 : 잠함병, 폐수종

⑨ 국소진동 : 레이노 현상(레이노드씨 병)

암기법

코흘리는(비중격 천공증, 비강암) **크롬아 카**(카드뮴)**드놀이 이따**(이타이이타이병)**하고 수**(수은)**미나 마타**(미나마타병)**라.**

납조, 벤빈, 석중, 망파

(3) 신체적 결함과 부적합한 작업

① 간기능 장해 : 화학 공업(유기용제 취급 작업 등)

② 편평족 : 서서 하는 작업

③ 심계항진 : 격심작업, 고소작업

④ 고혈압 : 이상기온, 이상기압에서의 작업

⑤ 경견완증후군 : 타이핑작업

3 직업성 질환의 진단과 인정 방법

(1) 직업병의 인정요건 ★

① 업무수행 과정에서 유해요인을 취급하거나 이에 폭로된 경력 있을 것
② 작업환경과 그 작업에 종사한 기간 또는 유해 작업의 정도
③ 같은 작업장에서 비슷한 증상을 나타내는 환자의 발생 유무
④ 의학상 특징적으로 나타나는 예상되는 임상검사 소견의 유무
⑤ 의학적인 요양의 필요성이나 보험급여 지급사유가 있다고 인정될 것

(2) 직업병을 판단할 때 참고자료 ★

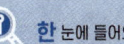

① 업무내용과 종사시간(노출의 추정)
② 발병 이전의 신체이상과 과거력(과거 질병의 유무)
③ 작업환경 측정 자료와 취급물질의 유해성 자료
④ 생물학적 모니터링
⑤ 중독 등 해당 직업병의 특유한 증상과 임상소견의 유무

CHAPTER 03

실내환경

01 실내오염의 원인

1 물리적, 화학적, 생물학적 요인

(1) 화학적 요인

1) 일산화탄소(CO) ★

① 석탄, 목재, 종이, 기름, 유류, 가스 등과 같은 유기성 물질의 불완전 연소에 의하여 일산화탄소(CO)가 생성된다.

② 일산화탄소(CO)는 체내에 산소를 운반하는 역할을 하는 혈액 중의 헤모글로빈(Hb)과 결합하여 일산화탄소-헤모글로빈(COHb)을 만들어 혈액의 산소운반 능력을 저하시켜 그 농도에 따라 사망에 이를 수 있다.

2) 이산화탄소(CO_2)

① 대기의 구성성분이며 탄소나 그 화합물의 완전연소, 인간이나 동물의 대사작용, 발효 과정에서 생성되며 무색, 무미, 무취의 기체이다.

② 독성은 없지만 호흡하는 데 소용이 없을 뿐 아니라 혈액 속에 녹아 있는 이산화탄소 양이 증가하면 폐에서 사라지지 않게 되어 생명이 위험해질 수 있다.

③ 집중력 저하, 졸음, 호흡률 증가 등으로 0.1%는 호흡기, 순환기, 대뇌 등의 기능에 영향을 미치며 8 ~ 10%가 되면 의식혼탁, 경련 등을 일으키고 20%는 중추장해를 일으켜 생명이 위험하게 된다.

④ 실내의 공기질을 관리하는 근거로서 사용된다. ★

⑤ 그 자체는 건강에 큰 영향을 주는 물질이 아니며, 측정하기 어려운 다른 실내오염물질에 대한 지표물질로 사용된다. ★

3) 오존(O_3)

① 대기 중에서 약 0.02ppm 정도로 존재하며 가스상 2ppm 미만에서는 냄새가 나쁘지 않지만 농도가 높아지면 자극적인 냄새가 난다.

한눈에 들어오는 키워드

기출
작업환경 내의 감각온도를 결정하는 요소
① 온도(기온)
② 습도(기습)
③ 대류(공기유동, 기류)

참고
작업환경의 유해요인
① 물리적 요인 : 소음, 진동, 방사선, 고저온, 유해광선 등
② 화학적 요인 : 분진, 미스트, 흄, 독성물질
③ 생물학적 요인 : 세균, 각종 바이러스, 곰팡이
④ 인간공학적 요인 : 작업방법, 작업자세, 작업시간, 작업도구 등
⑤ 사회심리적 요인 : 업무 스트레스 등

기출
실내공기 오염의 주요 원인
① 오염원
② 공조시스템
③ 이동경로

② 실내에서는 복사기, 인쇄기, 정전식 공기청정기 등 생활용품과 전기 아크, 연무 등에서 발생된다.

③ 공기나 물의 소독, 직물, 유지 및 왁스류 표백, 유기합성에 사용되며 강력한 산화제이다.

④ 폐를 침해하는 자극물질로 점막조직, 폐포 및 호흡기능에 영향을 미쳐 기침, 출혈, 부종, 천식 등을 일으키고 만성호흡기계 질환을 악화시킬 수 있다.

3) 석면 ★

① 건축물의 단열재, 절연재, 흡음재 등에 사용되며 청석면, 갈석면 및 백석면으로 구분된다.

② 일반적으로 사용되는 석면 중 독성의 정도는 크로시도라이트(Crocidolite, 청석면), 아모사이트(Amosite, 갈석면), 사문석계열의 크리소타일(Chysolite, 백석면) 순이다.

③ 석면에 노출되면 피부질환, 호흡기 질환은 물론 10 ~ 30년의 잠복기를 거쳐 폐암, 중피종, 석면폐 등을 일으킨다.

4) 포름알데히드 ★

① 물에 잘 녹으며 37% 이상의 포름알데히드 수용액이 포르말린으로 살균제 · 방부제로 이용된다.

② 자극성 강한 냄새를 가지는 가연성 무색 기체로 인화점이 낮아 폭발 위험성이 있다.

③ 페놀수지의 원료로서 자극취가 있는 무색의 수용성 가스로 건축물에 사용되는 각종 합판, 칩보드, 가구, 단열재와 섬유 옷감에서 주로 발생되고, 눈과 코, 목을 자극하며 동물실험결과 발암성이 있는 것으로 나타났다.

④ 접착제 등의 원료로 사용되며 피부나 호흡기에 자극을 주어 새집증후군의 주요한 원인으로 지목되고 있다.

5) 이산화질소(NO_2)

① 자극성 냄새를 가진 적갈색 기체로 취사용 가스 연소, 흡연, 실내 건축자재, 난방용 연료, 가스엔진 또는 디젤엔진 배기가스 등에서 발생된다.

② 일산화질소 가스는 배출 후 산화되어 이산화질소가 되며 대기 중에서 식물의 조직파괴, 괴사, 낙엽 현상을 일으킨다.

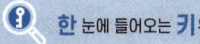

한 눈에 들어오는 **키**워드

확인 ★

석면

길이가 5㎛보다 크고, 길이 대 넓이의 비가 3 : 1 이상인 섬유

- 각섬석계열의 석면 : 청석면, 갈석면
- 사문석계열의 석면 : 백석면

한눈에 들어오는 키워드

③ 눈, 호흡기계 및 점막 자극작용을 하며 호흡 시 체내로 침입해서 폐포까지 도달하여 헤모글로빈의 산소운반능력을 저하시키고 수 시간 내 호흡곤란을 수반한 폐수종 염증을 일으킨다.

6) 라돈 ★

① 라돈은 우라늄(238U)과 토륨(232Th)의 방사성 붕괴에 의해서 만들어진 라듐(226Ra)이 붕괴했을 때에 생성되며, 붕괴를 거치면서 알파, 베타, 감마선이 방출되어 폐암을 유발한다.
② 라돈(Rn-222)은 지각 중의 토양, 모래, 암석, 광물질 및 이들을 재료로 하는 건축자재 등에 미량으로 함유되어 있으며 건축자재로부터 방출되기도 하고, 토양으로부터 벽의 틈새 및 방바닥의 갈라진 부분, 하수도 등을 통해서 실내로 유입되기도 한다.
③ 라돈은 무색, 무미, 무취한 가스상의 물질로 인간의 감각에 의해 감지할 수 없다.
④ 방사성 기체로 폐암 발생의 원인이 되는 실내공기 중 오염물질에 해당한다.

(2) 생물학적 요인

바이러스, 곰팡이, 세균, 진균, 선충류, 아메바, 식물포자, 비듬, 꽃가루(pollen), 진드기 등이 있다.

1) 생물학적 요인인자는 과민성 질환(과민성 폐렴, 가습기열, 알레르기성 비염 등) 같은 알레르기 반응과 레지오넬라증 같은 감염증을 일으키기도 한다.

2) 레지오넬라균 ★

① 주로 여름과 초가을에 흔히 발생되고 강제기류 난방장치 등 공기를 순환시키는 장치들과 냉각탑 등에 기생하여 실내외로 확산되어 호흡기 질환을 유발시킨다.
② 레지오넬라 질환은 주요 호흡기 질병의 원인균 중 하나로서 1년까지도 물속에서 생존할 수 있다.

02 실내오염의 건강장해

1 빌딩증후군(Sick Building Syndrome)

(1) 빌딩증후군의 정의

① 1983년 세계보건기구(WHO) 회의에서 최초로 빌딩과 연관된 새로운 증상들의 복합체를 빌딩증후군이라고 명명하였다.

② 빌딩으로 둘러싸인 밀폐된 공간에서 오염된 공기로 인하여 두통, 피부발진, 눈, 코 등의 점막자극증상, 호흡기 장해 등의 증상을 일으킨다.

③ 특정 오염물질이나 낮은 농도의 오염물질에 대한 개인의 민감성에 영향을 받고 증상은 재실기간과 관련이 있으나 사무실을 떠나면 사라진다.

④ 점유자들이 건물에서 보내는 시간과 관계하여 특별한 증상 없이 건강과 편안함에 영향을 받는 것을 말한다.

(2) 빌딩증후군의 특징

① 증상은 대부분 비특이적이다.

② 강제 환기가 일반적이다.

③ 건물은 에너지 효율이 높다.

④ 호소하는 사람들은 환경이 관리되지 않고 있다고 인식한다.

⑤ 거주밀도가 높은 장소에서 더 많이 호소한다.

⑥ 증상은 아침보다 오후에 잘 나타난다.

(3) 대책(실내 공기질 개선방법)

① 공기청정기 설치(실내공기 정화)

② 실내 오염원 제어

③ 오염물질의 배출정도가 낮은 건축자재 사용

④ 2 ~ 3시간 간격으로 창문을 열어 환기(실내 오염물질 외부로 배출)

⑤ 공기정화 식물 기르기

한 눈에 들어오는 키워드

기출 ★

연돌효과, 굴뚝효과(stack effect)
고층 건물 내에서 **대류현상에 의한 공기의 흐름으로** 따뜻한 공기가 상승하고 찬 공기가 밑에서부터 들어오는 것**을 말한다. 연돌효과에 의한 공기의 흐름은** 계단, 엘리베이터의 통로 등의 수직공간을 통하여 층 사이에 오염물질을 이동시키는 통로가 될 수 있다.

한 눈에 들어오는 키워드

기출

Bake out ★

새로운 건물이나 새로 지은 집에 입주하기 전 실내를 모두 닫고 30℃ 이상으로 5~6시간 유지시킨 후 1시간 정도 환기를 하는 방식을 여러 번 반복하여 실내의 휘발성 유기화합물이나 포름알데히드의 저감 효과를 얻는 방법

2 복합 화학물질 민감 증후군(MCS : Multiple Chemical Sensitivity)

① 오염물질이 많은 건물에서 살다가 몸에 화학물질이 축적된 사람이 다른 곳에서 그와 유사한 물질에 노출만 되어도 심각한 반응을 나타내는 경우이며, 화학물질 과민증이라고도 한다.

② 어느 정도 양의 화학물질에 노출되고, 일단 과민성이 되면 이후 극미량의 화학물질에 노출되기만 해도 두통, 불면 등과 같은 신체 이상을 나타내는 증상을 일으킨다.

③ 자율신경장해, 소화기 장해, 말초신경 장해, 인과적 장해, 면역 장해 등 여러 장해현상을 일으킨다.

3 실내오염 관련 질환

(1) 새집증후군(SHS : Sick House Syndrome)

① 건축물 등의 신축 시 사용하는 건축자재나 벽지 등에서 나오는 유해물질로 인해 거주자들이 느끼는 건강상 문제 및 불쾌감을 이르는 용어이다.

② 주요 원인 물질은 마감재나 건축자재에서 배출되는 휘발성 유기화합물(VOCs) 중 포름알데히드(HCHO)와 벤젠, 톨루엔, 클로로포름, 아세톤, 스티렌 등이 있다.

③ 오염물질에 짧은 기간 노출이 되면 두통, 눈 · 코 · 목의 자극, 기침, 가려움증, 현기증, 피로감, 집중력 저하 등의 증상이 생길 수 있고, 장기간 노출이 되면 호흡기질환, 심장병, 암 등을 일으킬 수도 있다.

(2) 헌집증후군(SHS : Sick House Syndrome)

① 지은 지 오래된 집이 사람들의 건강에 나쁜 영향을 끼치는 현상을 말한다.

② 습기 찬 벽지 등의 곰팡이, 배수관에서 새어 나오는 각종 유해가스, 인테리어 공사 뒤 발생할 수 있는 휘발성 유기화합물 등이 원인이 되며 이들 물질은 거주자들에게 건강에 나쁜 영향을 끼치게 된다.

03 실내오염 평가 및 관리

1 유해인자 조사 및 평가

(1) 사무실 공기질의 측정 등 ★★★

오염물질	측정횟수 (측정시기)	시료채취시간
미세먼지 (PM10)	연 1회 이상	업무시간 동안 (6시간 이상 연속 측정)
초미세먼지 (PM2.5)	연 1회 이상	업무시간 동안 (6시간 이상 연속 측정)
이산화탄소 (CO_2)	연 1회 이상	업무시작 후 2시간 전후 및 종료 전 2시간 전후(각각 10분간 측정)
일산화탄소 (CO)	연 1회 이상	업무시작 후 1시간 전후 및 종료 전 1시간 전후(각각 10분간 측정)
이산화질소 (NO_2)	연 1회 이상	업무시작 후 1시간~종료 1시간 전 (1시간 측정)
포름알데히드 (HCHO)	연 1회 이상 및 신축(대수선 포함) 건물 입주 전	업무시작 후 1시간~종료 1시간 전 (30분간 2회 측정)
총휘발성 유기화합물 (TVOC)	연 1회 이상 및 신축(대수선 포함)건물 입주 전	업무시작 후 1시간~종료 1시간 전 (30분간 2회 측정)
라돈 (Radon)	연 1회 이상	3일 이상~3개월 이내 연속 측정
총부유세균	연 1회 이상	업무시작 후 1시간~종료 1시간 전 (최고 실내온도에서 1회 측정)
곰팡이	연 1회 이상	업무시작 후 1시간~종료 1시간 전 (최고 실내온도에서 1회 측정)

암기법

일(일산화탄소) 1, 1, 10 / 이(이산화탄소) 2, 2, 10 / 포름알(포름알데히드), 휘유(총휘발성유기화합물) 1, 1, 30, 2회 / 부유(총부유세균), 곰팡이 1, 1, 최고1 / 이질(이산화질소) 1, 1, 1시간 / 라돈 3일, 3월 / 초먼(초미세먼지), 미먼(미세먼지) 업무 6시간

한 눈에 들어오는 키워드

기출

포름알데히드(HCHO)

① 자극적인 냄새를 가지며, 메틸알데히드라고도 한다.

② 일반주택 및 공공건물에 많이 사용하는 건축자재와 섬유옷감이 그 발생원이 되고 있다.

③ 산업안전보건법상 사람에게 충분히 발암성 증거가 있는 물질(1A)로 분류되어 있다.

기출 ★

- PM 10이란 입경이 10㎛ 이하인 먼지를 의미한다.
- 총 부유세균의 단위는 CFU/m^3로, $1m^3$ 중에 존재하고 있는 집락형성 세균 개체수를 의미한다.

(2) 시료채취 및 분석방법 ★★

오염물질	시료채취방법	분석방법
미세먼지 (PM10)	**PM10샘플러**(sampler)를 장착한 **고용량 시료채취기**에 의한 채취	중량분석 (천칭의 해독도 : 10μg 이상)
초미세먼지 (PM2.5)	**PM2.5샘플러**(sampler)를 장착한 **고용량 시료채취기**에 의한 채취	중량분석 (천칭의 해독도 : 10μg 이상)
이산화탄소 (CO_2)	**비분산적외선검출기**에 의한 채취	검출기의 연속 측정에 의한 **직독식 분석**
일산화탄소 (CO)	**비분산적외선검출기** 또는 **전기화학검출기**에 의한 채취	검출기의 연속 측정에 의한 **직독식 분석**
이산화질소 (NO_2)	**고체흡착관**에 의한 시료채취	**분광광도계**로 분석
포름알데히드 (HCHO)	2,4-DNPH(2,4-Dinitro phenyl hydrazine)가 코팅된 **실리카겔관(silicagel tube)이 장착된 시료채취기**에 의한 채취	**2,4-DNPH-포름알데히드 유도체를 HPLC UVD**(High Performance Liquid Chromato graphy-Ultraviolet Detector) 또는 GC-NPD(Gas Chromato graphy-Nitrgen Phosphorous Detector)**로 분석**
총휘발성 유기화합물 (TVOC)	**고체흡착관** 또는 **캐니스터**(canister)로 채취	**고체흡착열탈착법** 또는 고체흡착용매추출법**을 이용한 GC로 분석, 캐니스터를 이용한 GC 분석**
라돈 (Radon)	**라돈연속검출기**(자동형), **알파트랙**(수동형), **충전막 전리함**(수동형)측정 등	**3일 이상 3개월 이내 연속 측정 후 방사능감지**를 통한 분석
총부유세균	**충돌법**을 이용한 **부유세균채취기**(bioair sampler)로 채취	채취 · 배양된 균주를 세어 **공기체적당 균주 수로 산출**
곰팡이	**충돌법**을 이용한 **부유진균채취기**(bioair sampler)로 채취	채취 · 배양된 균주를 세어 공기체적당 균주 수로 산출

암기법

일(일산화탄소)**비분산 · 전기 / 이**(이산화탄소) **비분산 / 이질**(이산화질소) **고체흡착 / 휘유 캐니스터 · 고체흡착 / 포름알 실리카겔 / 미먼 PM10시료채취 / 초먼 PM2.5시료채취 / 라돈 라돈연속, 알파충전 / 부유 부유세균 / 곰팡이 부유진균**

(3) 시료채취 및 측정지점 ★★

공기의 측정시료는 사무실 안에서 공기의 질이 가장 나쁠 것으로 예상되는 2곳 이상에서 채취하고, 측정은 사무실 바닥면으로부터 0.9미터 이상 1.5m 이하의 높이에서 한다. 다만, 사무실 면적이 500m^2를 초과하는 경우에는 500m^3당 1곳씩 추가하여 채취한다.

(4) 측정결과의 평가 ★★

사무실 공기질의 측정결과는 측정치 전체에 대한 평균값을 오염물질별 관리기준과 비교하여 평가한다. 다만, 이산화탄소는 각 지점에서 측정한 측정치 중 최고값을 기준으로 비교 · 평가한다.

2 실내오염 관리기준

(1) 사무실 공기관리지침의 오염물질 관리기준 ★★★

사업주는 쾌적한 사무실 공기를 유지하기 위해 사무실 오염물질은 다음 기준에 따라 관리한다.

오염물질	관리기준
미세먼지(PM10)	100$\mu g/m^3$
초미세먼지(PM2.5)	50$\mu g/m^3$
이산화탄소(CO_2)	1,000ppm
일산화탄소(CO)	10ppm
이산화질소(NO_2)	0.1ppm
포름알데히드(HCHO)	100$\mu g/m^3$
총휘발성유기화합물(TVOC)	500$\mu g/m^3$
라돈(radon)	148Bq/m^3
총부유세균	800CFU/m^3
곰팡이	500CFU/m^3

* 라돈은 지상 1층을 포함한 지하에 위치한 사무실에만 적용한다. ★
* 관리기준 : 8시간 시간가중평균농도 기준 ★

한 눈에 들어오는 키워드

한 눈에 들어오는 키워드

암기법

이질 0.1, 일탄 10/ 초먼 50, 포름알 · 미먼 100/ 라돈 148, 휘유, 곰팡이 500/ 부유 800, 이탄 1000(부유 CFU/m^3, 초먼, 미먼 · 포름알 · 휘유 $\mu g/m^3$, 나머지 ppm)

(2) 사무실의 환기기준 ★

공기정화시설을 갖춘 사무실에서 근로자 1인당 필요한 최소 외기량은 0.57m^3/min이며, 환기횟수는 시간당 4회 이상으로 한다.

관련 법규

01 산업안전보건법

1 산업안전보건법, 시행령, 시행규칙에 관한 사항

(1) 안전보건조직

1) 산업보건의

① 사업주는 근로자의 건강관리나 그 밖에 보건관리자의 업무를 지도하기 위하여 사업장에 산업보건의를 두어야 한다. 다만, 「의료법」에 따른 의사를 보건관리자로 둔 경우에는 그러하지 아니하다.

② 산업보건의를 두어야 하는 사업의 종류와 사업장은 보건관리자를 두어야 하는 사업으로서 상시근로자 수가 50명 이상인 사업장으로 한다.

③ 산업보건의는 외부에서 위촉할 수 있다. 산업보건의를 선임하거나 위촉했을 때에는 고용노동부령으로 정하는 바에 따라 선임하거나 위촉한 날부터 14일 이내에 고용노동부장관에게 그 사실을 증명할 수 있는 서류를 제출해야 한다. ★

2) 보건관리자

① 사업주는 사업장의 보건에 관한 기술적인 사항에 관하여 사업주 또는 안전보건관리책임자를 보좌하고 관리감독자에게 지도 · 조언하는 업무를 수행하는 사람("보건관리자")을 두어야 한다.

② 보건관리자의 자격 ★★

보건관리자는 다음 각 호의 어느 하나에 해당하는 사람으로 한다.

- 산업보건지도사 자격을 가진 사람
- 「의료법」에 따른 의사
- 「의료법」에 따른 간호사
- 「국가기술자격법」에 따른 산업위생관리산업기사 또는 대기환경산업기사 이상의 자격을 취득한 사람
- 「국가기술자격법」에 따른 인간공학기사 이상의 자격을 취득한 사람

한 눈에 들어오는 키워드

참고

1. 중대재해
   산업재해 중 사망 등 재해 정도가 심하거나 다수의 재해자가 발생한 경우로서 고용노동부령으로 정하는 재해를 말한다. ★
   ① 사망자가 1인 이상 발생한 재해
   ② 3개월 이상 요양을 요하는 부상자가 동시에 2인 이상 발생한 재해
   ③ 부상자 또는 직업성 질병자가 동시에 10인 이상 발생한 재해.
2. 작업환경측정
   작업환경 실태를 파악하기 위하여 해당 근로자 또는 작업장에 대하여 사업주가 유해인자에 대한 측정계획을 수립한 후 시료(試料)를 채취하고 분석 · 평가하는 것을 말한다. ★
3. 안전 · 보건진단
   산업재해를 예방하기 위하여 잠재적 위험성을 발견하고 그 개선대책을 수립할 목적으로 조사 · 평가하는 것을 말한다. ★

한 눈에 들어오는 **키**워드

참고

산업재해보상 보험법의 용어정의

① "업무상의 재해"란 업무상의 사유에 따른 근로자의 부상 · 질병 · 장해 또는 사망을 말한다.

② "근로자" · "임금" · "평균임금" · "통상임금"이란 각각 「근로기준법」에 따른 "근로자" · "임금" · "평균임금" · "통상임금"을 말한다. 다만, 「근로기준법」에따라 "임금" 또는 "평균임금"을결정하기어렵다고인정되면 고용노동부장관이 정하여 고시하는금액을해당 "임금" 또는 "평균임금"으로 한다.

③ "유족"이란 사망한 자의 배우자(사실상 혼인 관계에 있는 자를 포함한다.) · 자녀 · 부모 · 손자녀 · 조부모 또는 형제자매를 말한다.

④ "치유"란 부상 또는 질병이 완치되거나 치료의 효과를 더 이상 기대할 수 없고 그 증상이 고정된 상태에 이르게 된 것을 말한다.

⑤ "장해"란 부상 또는 질병이 치유되었으나 정신적 또는 육체적 훼손으로 인하여 노동능력이 상실되거나 감소된 상태를 말한다.

⑥ "중증요양상태"란 업무상의 부상 또는 질병에 따른 정신적 또는 육체적 훼손으로 노동능력이 상실되거나 감소된 상태로서 그 부상 또는 질병이 치유되지 아니한 상태를 말한다.

⑦ "진폐"(塵肺)란 분진을 흡입하여 폐에 생기는 섬유증식성(纖維增殖性) 변화를 주된 증상으로 하는 질병을 말한다.

⑧ "출퇴근"이란 취업과 관련하여 주거와 취업장소 사이의 이동 또는 한 취업장소에서 다른 취업장소로의 이동을 말한다.

- 「고등교육법」에 따른 전문대학 이상의 학교에서 산업보건 또는 산업위생 분야의 학위를 취득한 사람(법령에 따라 이와 같은 수준 이상의 학력이 있다고 인정되는 사람을 포함한다)

③ 보건관리자를 두어야 하는 사업의 종류, 사업장의 상시근로자 수, 보건관리자의 수 및 선임방법 ★★

사업의 종류	사업장의 상시근로자 수	보건 관리자의 수	보건관리자의 선임방법
1. 광업(광업 지원 서비스업은 제외한다) 2. 섬유제품 염색, 정리 및 마무리 가공업 3. 모피제품 제조업	상시근로자 50명 이상 500명 미만	1명 이상	보건관리자의 자격을 가진 어느 하나에 해당하는 사람을 선임해야 한다.
4. 그 외 기타 의복액세서리 제조업(모피 액세서리에 한정한다) 5. 모피 및 가죽 제조업(원피가공 및 가죽 제조업은 제외한다) 6. 신발 및 신발부분품 제조업 7. 코크스, 연탄 및 석유정제품 제조업	상시근로자 500명 이상 2천명 미만	2명 이상	보건관리자의 자격을 가진 어느 하나에 해당하는 사람을 선임해야 한다.
8. 화학물질 및 화학제품 제조업 ; 의약품 제외 9. 의료용 물질 및 의약품 제조업 10. 고무 및 플라스틱제품 제조업 11. 비금속 광물제품 제조업 12. 1차 금속 제조업 13. 금속가공제품 제조업 ; 기계 및 가구 제외 14. 기타 기계 및 장비 제조업 15. 전자부품, 컴퓨터, 영상, 음향 및 통신장비 제조업 16. 전기장비 제조업 17. 자동차 및 트레일러 제조업 18. 기타 운송장비 제조업 19. 가구 제조업 20. 해체, 선별 및 원료 재생업 21. 자동차 종합 수리업, 자동차 전문 수리업 22. 제88조 각 호의 어느 하나에 해당하는 유해물질을 제조하는 사업과 그 유해물질을 사용하는 사업 중 고용노동부장관이 특히 보건관리를 할 필요가 있다고 인정하여 고시하는 사업	상시근로자 2천명 이상	2명 이상	보건관리자의 자격을 가진 어느 하나에 해당하는 사람을 선임하되, 의사 또는 간호사에 해당하는 사람이 1명 이상 포함되어야 한다.
23. 제2호부터 제22호까지의 사업을 제외한 제조업	상시근로자 50명 이상 1천명 미만	1명 이상	보건관리자의 자격을 가진 어느 하나에 해당하는 사람을 선임해야 한다.
	상시근로자 1천명 이상 3천명 미만	2명 이상	보건관리자의 자격을 가진 어느 하나에 해당하는 사람을 선임해야 한다.
	상시근로자 3천명 이상	2명 이상	보건관리자의 자격을 가진 어느 하나에 해당하는 사람을 선임하되, 의사 또는 간호사에 해당하는 사람이 1명 이상 포함되어야 한다.

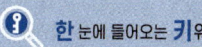

24. 농업, 임업 및 어업 25. 전기, 가스, 증기 및 공기조절공급업 26. 수도, 하수 및 폐기물 처리, 원료 재생업(제20호에 해당하는 사업은 제외한다) 27. 운수 및 창고업 28. 도매 및 소매업 29. 숙박 및 음식점업 30. 서적, 잡지 및 기타 인쇄물 출판업 31. 방송업 32. 우편 및 통신업 33. 부동산업 34. 연구개발업 35. 사진 처리업 36. 사업시설 관리 및 조경 서비스업 37. 공공행정(청소, 시설관리, 조리 등 현업업무에 종사하는 사람으로서 고용노동부장관이 정하여 고시하는 사람으로 한정한다) 38. 교육서비스업 중 초등 · 중등 · 고등 교육기관, 특수학교 · 외국인학교 및 대안학교(청소, 시설관리, 조리 등 현업업무에 종사하는 사람으로서 고용노동부장관이 정하여 고시하는 사람으로 한정한다) 39. 청소년 수련시설 운영업 40. 보건업 41. 골프장 운영업 42. 개인 및 소비용품수리업(제21호에 해당하는 사업은 제외한다) 43. 세탁업	상시근로자 50명 이상 5천명 미만. (다만, 제35호의 경우에는 상시근로자 100명 이상 5천명 미만으로 한다.)	1명 이상	보건관리자의 자격을 가진 어느 하나에 해당하는 사람을 선임해야 한다.
	상시 근로자 5천명 이상	2명 이상	보건관리자의 자격을 가진 어느 하나에 해당하는 사람을 선임하되, **의사 또는 간호사에 해당하는 사람이 1명 이상 포함**되어야 한다.
44. 건설업	공사금액 800억원 이상(「건설산업기본법 시행령」 별표 1의 종합공사를 시공하는 업종의 건설업종란 제1호에 따른 토목공사업에 속하는 공사의 경우에는 1천억 이상) 또는 상시 근로자 600명 이상	1명 이상[공사금액 800억원(「건설산업기본법 시행령」 별표 1의 종합공사를 시공하는 업종의 건설업종란 제1호에 따른 토목공사업은 1천억원)을 기준으로 1,400억원이 증가할 때마다 또는 상시 근로자 600명을 기준으로 600명이 추가될 때마다 1명씩 추가한다]	보건관리자의 자격을 가진 어느 하나에 해당하는 사람을 선임해야 한다.

한 눈에 들어오는 키워드

한 눈에 들어오는 키워드

요약

위험성이 높은 제조업 1. 광업(광업 지원 서비스업은 제외) 2. 섬유제품 염색, 정리 및 마무리 가공업 3. 모피제품 제조업 4. 신발 및 신발부분품 제조업 5. 코크스, 연탄 및 석유정제품 제조업 6. 화학물질 및 화학제품 제조업 ; 의약품 제외 7. 고무 및 플라스틱제품 제조업 8. 비금속 광물제품 제조업 9. 1차 금속 제조업 10. 금속가공제품 제조업 ; 기계 및 가구 제외 등	• 상시근로자 50명 이상 500명 미만 : 1명 이상 • 상시근로자 500명 이상 2천명 미만 : 2명 이상 • 상시근로자 2천명 이상 : 2명 이상 (의사 또는 간호사 중 1명 이상 포함)
그밖의 제조업	• 상시근로자 50명 이상 1천명 미만 : 1명 이상 • 상시근로자 1천명 이상 3천명 미만 : 2명 이상 • 상시근로자 3천명 미만 : 2명 이상
1. 농업, 임업 및 어업 2. 수도, 하수 및 폐기물 처리, 원료 재생업 3. 운수 및 창고업 4. 도매 및 소매업 5. 숙박 및 음식점업 6. 서적, 잡지 및 기타 인쇄물 출판업 7. 우편 및 통신업 8. 공공행정 9. 교육서비스업 중 초등 · 중등 · 고등 교육기관, 특수학교 · 외국인학교 및 대안학교 등	• 상시근로자 50명 이상 5천명 미만 : 1명 이상 (다만, 사진 처리업은 상시근로자 100명 이상 5천명 미만) • 상시 근로자 5천명 이상: 2명 이상 (의사 또는 간호사 중 1명 이상 포함)
건설업	• 공사금액 800억원 이상(토목공사업 : 1천억 이상) 또는 상시 근로자 600명 이상 : 1명 이상 • 공사금액 800억원(토목공사업 : 1천억원)을 기준으로 1,400억원이 증가할 때마다 또는 상시 근로자 600명을 기준으로 600명이 추가될 때마다 1명씩 추가

④ 사업장의 보건관리자는 해당 사업장에서 보건관리 업무만을 전담해야 한다. 다만, 상시근로자 300명 미만을 사용하는 사업장에서는 보건관리자가 보건관리 업무에 지장이 없는 범위에서 다른 업무를 겸할 수 있다. ★

⑤ 보건관리전문기관 지정의 취소 등 ★

- 고용노동부장관은 안전관리전문기관 또는 보건관리전문기관이 다음 각 호의 어느 하나에 해당할 때에는 그 지정을 취소하거나 6개월 이내의 기간을 정하여 그 업무의 정지를 명할 수 있다. 다만, 제1호 또는 제2호에 해당할 때에는 그 지정을 취소하여야 한다.
  1. 거짓이나 그 밖의 부정한 방법으로 지정을 받은 경우
  2. 업무정지 기간 중에 업무를 수행한 경우
  3. 지정 요건을 충족하지 못한 경우
  4. 지정받은 사항을 위반하여 업무를 수행한 경우
  5. 그 밖에 대통령령으로 정하는 사유에 해당하는 경우
- 지정이 취소된 자는 지정이 취소된 날부터 2년 이내에는 각각 해당 안전관리전문기관 또는 보건관리전문기관으로 지정받을 수 없다. ★

3) 안전보건관리담당자

① 사업주는 사업장에 안전보건관리담당자를 두어야 한다. 다만, 안전관리자 또는 보건관리자가 있거나 이를 두어야 하는 경우에는 그러하지 아니하다.

② 사업주는 상시근로자 20명 이상 50명 미만인 사업장에 안전보건관리담당자를 1명 이상 선임하여야 한다.

확인

상시근로자 20명 이상 50명 미만에서 안전보건관리담당자를 선임하여야 하는 사업

① 제조업
② 임업
③ 하수, 폐수 및 분뇨 처리업
④ 폐기물 수집, 운반, 처리 및 원료 재생업
⑤ 환경 정화 및 복원업

암기법

제임!(재 임용하자.)
하.폐수, 분뇨 폐기하고 원료 재생하여 환경 정화.복원 담당자(안전보건관리 담당자)

한 눈에 들어오는 키워드

확인

"보건관리전문기관"에 보건관리자의 업무를 위탁할 수 있는 사업장 ★

① 건설업을 제외한 사업(업종별·유해인자별 보건관리전문기관의 경우에는 고용노동부령으로 정하는 사업을 말한다)으로서 상시근로자 300명 미만을 사용하는 사업장
② 외딴곳으로서 고용노동부장관이 정하는 지역에 있는 사업장

확인

유해인자별 보건관리전문기관에 보건관리 업무를 위탁할 수 있는 사업 ★

① 납 취급 사업
② 수은 취급 사업
③ 크롬 취급 사업
④ 석면 취급 사업
⑤ 제조·사용허가를 받아야 할 물질을 취급하는 사업
⑥ 근골격계 질환의 원인이 되는 단순반복작업, 영상표시단말기 취급작업, 중량물 취급작업 등을 하는 사업

(2) 안전보건 조직의 안전직무

1) 산업보건의의 직무 ★★

① 건강진단 결과의 검토 및 그 결과에 따른 작업 배치, 작업 전환 또는 근로시간의 단축 등 근로자의 건강보호 조치

② 근로자의 건강장해의 원인 조사와 재발 방지를 위한 의학적 조치

③ 그 밖에 근로자의 건강 유지 및 증진을 위하여 필요한 의학적 조치에 관하여 고용노동부장관이 정하는 사항

2) 보건관리자의 직무 ★★★

① 산업안전보건위원회 또는 노사협의체에서 심의 · 의결한 업무와 안전보건관리규정 및 취업규칙에서 정한 업무

② 안전인증대상기계 등과 자율안전확인대상기계 등 중 보건과 관련된 보호구(保護具) 구입 시 적격품 선정에 관한 보좌 및 지도 · 조언

③ 위험성평가에 관한 보좌 및 지도 · 조언

④ 물질안전보건자료의 게시 또는 비치에 관한 보좌 및 지도 · 조언

⑤ 산업보건의의 직무(보건관리자가 「의료법」에 따른 의사인 경우로 한정한다)

⑥ 해당 사업장 보건교육계획의 수립 및 보건교육 실시에 관한 보좌 및 지도 · 조언

⑦ 해당 사업장의 근로자를 보호하기 위한 다음 각 목의 조치에 해당하는 의료행위(보건관리자가 간호사에 해당하는 경우로 한정한다)
- 자주 발생하는 가벼운 부상에 대한 치료
- 응급처치가 필요한 사람에 대한 처치
- 부상 · 질병의 악화를 방지하기 위한 처치
- 건강진단 결과 발견된 질병자의 요양 지도 및 관리
- 위 항의 의료행위에 따르는 의약품의 투여

⑧ 작업장 내에서 사용되는 전체 환기장치 및 국소 배기장치 등에 관한 설비의 점검과 작업방법의 공학적 개선에 관한 보좌 및 지도 · 조언

⑨ 사업장 순회점검, 지도 및 조치 건의

⑩ 산업재해 발생의 원인 · 조사 · 분석 및 재발 방지를 위한 기술적 보좌 및 지도 · 조언

⑪ 산업재해에 관한 통계의 유지 · 관리 · 분석을 위한 보좌 및 지도 · 조언

한 눈에 들어오는 키워드

참고

1. 안전보건총괄책임자의 직무
   ① 산업재해가 발생할 급박한 위험이 있을 때 및 중대재해가 발생하였을 때의 작업의 중지
   ② 도급 시의 안전 · 보건 조치
   ③ 산업안전보건관리비의 관계수급인 간의 사용에 관한 협의 · 조정 및 그 집행의 감독
   ④ 안전인증대상 기계 등과 자율안전확인대상 기계 등의 사용 여부 확인
   ⑤ 위험성평가의 실시에 관한 사항
2. 안전보건관리책임자 직무
   ① 산업재해 예방계획의 수립에 관한 사항
   ② 안전보건관리규정의 작성 및 변경에 관한 사항
   ③ 근로자의 안전 · 보건교육에 관한 사항
   ④ 작업환경 측정 등 작업환경의 점검 및 개선에 관한 사항
   ⑤ 근로자의 건강진단 등 건강관리에 관한 사항
   ⑥ 산업재해의 원인 조사 및 재발 방지대책 수립에 관한 사항
   ⑦ 산업재해에 관한 통계의 기록 및 유지에 관한 사항
   ⑧ 안전장치 및 보호구 구입 시 적격품 여부 확인에 관한 사항
   ⑨ 위험성평가의 실시에 관한 사항
   ⑩ 근로자의 위험 또는 건강장해의 방지에 관한 사항

⑫ 법 또는 법에 따른 명령으로 정한 보건에 관한 사항의 이행에 관한 보좌 및 지도 · 조언
⑬ 업무 수행 내용의 기록 · 유지
⑭ 그 밖에 보건과 관련된 작업관리 및 작업환경관리에 관한 사항으로서 고용노동부장관이 정하는 사항

암기

1. 보건교육계획 수립 및 실시
2. 위험성평가
3. 물질안전보건자료
4. 보호구 구입 시 적격품 선정
5. 사업장 점검
6. 환기장치, 국소배기장치 점검
7. 재해 원인조사
8. 재해통계
9. 근로자 보호위한 의료행위
10. 취업규칙에서 정한 직무
11. 업무 기록

3) 안전보건관리책임자 및 안전보건관리담당자의 직무 ★

안전보건관리책임자의 직무 실기 기출★	안전보건관리담당자의 업무
① 산업재해 예방계획의 수립에 관한 사항 ② 안전보건관리규정의 작성 및 변경에 관한 사항 ③ 근로자의 안전 · 보건교육에 관한 사항 ④ 작업환경 측정 등 작업환경의 점검 및 개선에 관한 사항 ⑤ 근로자의 건강진단 등 건강관리에 관한 사항 ⑥ 산업재해의 원인 조사 및 재발 방지대책 수립에 관한 사항 ⑦ 산업재해에 관한 통계의 기록 및 유지에 관한 사항 ⑧ 안전장치 및 보호구 구입 시 적격품 여부 확인에 관한 사항 ⑨ 위험성평가의 실시에 관한 사항 ⑩ 근로자의 위험 또는 건강장해의 방지에 관한 사항	① 안전 · 보건교육 실시에 관한 보좌 및 조언 · 지도 ② 위험성평가에 관한 보좌 및 조언 · 지도 ③ 작업환경측정 및 개선에 관한 보좌 및 조언 · 지도 ④ 건강진단에 관한 보좌 및 조언 · 지도 ⑤ 산업재해 발생의 원인 조사, 산업재해 통계의 기록 및 유지를 위한 보좌 및 조언 · 지도 ⑥ 산업안전 · 보건과 관련된 안전장치 및 보호구 구입 시 적격품 선정에 관한 보좌 및 조언 · 지도

암기

공통 : 안전보건교육, 작업환경 개선, 건강진단, 재해 원인조사, 재해통계 기록, 안전장치 적격품 선정, 위험성평가
관리책임자 추가 : 재해예방계획, 안전보건관리규정, 위험 · 건강장해 방지

한 눈에 들어오는 키워드

한눈에 들어오는 키워드

4) 관리감독자의 직무 ★

① 기계 · 기구 또는 설비의 안전 · 보건 점검 및 이상 유무의 확인
② 근로자의 작업복 · 보호구 및 방호장치의 점검과 그 착용 · 사용에 관한 교육 · 지도
③ 산업재해에 관한 보고 및 이에 대한 응급조치
④ 작업장 정리 · 정돈 및 통로확보에 대한 확인 · 감독
⑤ 산업보건의, 안전관리자(안전관리전문기관의 해당 사업장 담당자) 및 보건관리자(보건관리전문기관의 해당 사업장 담당자), 안전보건관리담당자(안전관리전문기관 또는 보건관리전문기관의 해당 사업장 담당자)의 지도 · 조언에 대한 협조
⑥ 위험성평가를 위한 유해 · 위험요인의 파악 및 개선조치의 시행에 대한 참여
⑦ 그 밖에 해당 작업의 안전 · 보건에 관한 사항으로서 고용노동부령으로 정하는 사항

5) 산업보건지도사의 직무

① 작업환경의 평가 및 개선 지도
② 작업환경 개선과 관련된 계획서 및 보고서의 작성
③ 산업위생에 관한 조사 · 연구
④ 안전보건개선계획서의 작성
⑤ 위험성평가의 지도
⑥ 그 밖에 산업보건에 관한 사항의 자문에 대한 응답 및 조언

(3) 신규화학물질의 유해성 · 위험성 조사보고서

1) 신규화학물질의 유해성·위험성 조사보고서의 제출

① 대통령령으로 정하는 화학물질 외의 화학물질("신규화학물질")을 제조하거나 수입하려는 자는 신규화학물질에 의한 근로자의 건강장해를 예방하기 위하여 그 신규화학물질의 유해성 · 위험성을 조사하고 그 조사보고서를 고용노동부장관에게 제출하여야 한다. 다만, 다음 각 호의 어느 하나에 해당하는 경우에는 그러하지 아니하다.

확인

유해성 · 위험성 조사 제외 화학물질 ★

1. **원소**
2. **천연으로 산출된 화학물질**
3. 「건강기능식품에 관한 법률」에 따른 **건강기능식품**
4. 「군수품관리법」 및 「방위사업법」에 따른 **군수품**[「군수품관리법」 제3조에 따른 통상품(痛常品)은 제외한다]
5. 「농약관리법」에 따른 **농약 및 원제**
6. 「마약류 관리에 관한 법률」에 따른 **마약류**
7. 「비료관리법」에 따른 **비료**
8. 「사료관리법」에 따른 **사료**
9. 「생활화학제품 및 살생물제의 안전관리에 관한 법률」에 따른 **살생물 물질 및 살생물 제품**
10. 「식품위생법」에 따른 **식품 및 식품첨가물**
11. 「약사법」에 따른 **의약품 및 의약외품(醫藥外品)**
12. 「원자력안전법」에 따른 **방사성물질**
13. 「위생용품 관리법」에 따른 **위생용품**
14. 「의료기기법」에 따른 **의료기기**
15. 「총포 · 도검 · 화약류 등의 안전관리에 관한 법률」에 따른 **화약류**
16. 「화장품법」에 따른 **화장품과 화장품에 사용하는 원료**
17. 고용노동부장관이 명칭, 유해성 · 위험성, 근로자의 건강장해 예방을 위한 조치 사항 및 연간 제조량 · 수입량을 공표한 물질로서 **공표된 연간 제조량 · 수입량 이하로 제조하거나 수입한 물질**
18. 고용노동부장관이 환경부장관과 협의하여 고시하는 화학물질 목록에 기록되어 있는 물질

암기법

비료로 **농 사**지은 **식품, 건강식품, 군수품, 위생용품**에서 **화약, 방사성물질** 나와서 **의료기기, 의약품, 마약, 화장품**으로 치료했더니 **천연 원소인 살생물**의 위험조사 제외됐다.

2) 신규화학물질을 제조하거나 수입하려는 자는 제조하거나 수입하려는 날 30일(연간 제조하거나 수입하려는 양이 100킬로그램 이상 1톤 미만인 경우에는 14일) 전까지 신규화학물질 유해성 · 위험성 조사보고서를 첨부하여 고용노동부장관에게 제출하여야 한다.(다만, 그 신규화학물질을 「화학물질의 등록 및 평가 등에 관한 법률」에 따라 환경부장관에게 등록한 경우에는 고용노동부장관에게 유해성 · 위험성 조사보고서를 제출한 것으로 본다)

한 눈에 들어오는 키워드

한 눈에 들어오는 키워드

(4) 안전보건교육

1) 안전보건관리책임자 등에 대한 직무교육 ★

다음 각 호의 어느 하나에 해당하는 사람은 해당 직위에 선임(위촉의 경우를 포함)되거나 채용된 후 3개월(보건관리자가 의사인 경우는 1년) 이내에 직무를 수행하는 데 필요한 신규교육을 받아야 하며, 신규교육을 이수한 후 매 2년이 되는 날을 기준으로 전후 6개월 사이에 고용노동부장관이 실시하는 안전보건에 관한 보수교육을 받아야 한다.

① 안전보건관리책임자

② 안전관리자(「기업활동 규제완화에 관한 특별조치법」 제30조제3항에 따라 안전관리자로 채용된 것으로 보는 사람을 포함한다)

③ 보건관리자

④ 안전보건관리담당자

⑤ 안전관리전문기관 또는 보건관리전문기관에서 안전관리자 또는 보건관리자의 위탁 업무를 수행하는 사람

⑥ 건설재해예방전문지도기관에서 지도업무를 수행하는 사람

⑦ 안전검사기관에서 검사업무를 수행하는 사람

⑧ 자율안전검사기관에서 검사업무를 수행하는 사람

⑨ 석면조사기관에서 석면조사 업무를 수행하는 사람

2) 사업주가 근로자에게 실시해야 하는 안전보건교육의 교육시간 ★

가. 근로자 안전보건교육

교육과정	교육대상		교육시간
가. 정기교육	1) 사무직 종사 근로자		매반기 6시간 이상
	2) 그 밖의 근로자	가) 판매업무에 직접 종사하는 근로자	매반기 6시간 이상
		나) 판매업무에 직접 종사하는 근로자 외의 근로자	매반기 12시간 이상
나. 채용 시의 교육	1) 일용근로자 및 근로계약기간이 1주일 이하인 기간제근로자		8시간 이상
	2) 근로계약기간이 1주일 초과 1개월 이하인 기간제근로자		1시간 이상
	3) 그 밖의 근로자		2시간 이상

다. 작업내용 변경 시의 교육	1) 일용근로자 및 근로계약기간이 1주일 이하인 기간제근로자	1시간 이상
	2) 그 밖의 근로자	2시간 이상
라. 특별교육	1) 일용근로자 및 근로계약기간이 1주일 이하인 기간제 근로자(타워크레인신호작업에 종사하는 근로자 제외)	2시간 이상
	2) 일용근로자 및 근로계약기간이 1주일 이하인 기간제 근로자 중 타워크레인신호작업에 종사하는 근로자	8시간 이상
	3) 일용근로자 및 근로계약기간이 1주일 이하인 기간제 근로자를 제외한 근로자	가) 16시간 이상(최초 작업에 종사하기 전 4시간 이상 실시하고 12시간은 3개월 이내에서 분할하여 실시 가능) 나) 단기간 작업 또는 간헐적 작업인 경우에는 2시간 이상
마. 건설업 기초안전 · 보건교육	건설 일용근로자	4시간 이상

나. 관리감독자 안전보건교육

교육과정	교육시간
가. 정기교육	연간 16시간 이상
나. 채용 시 교육	8시간 이상
다. 작업내용 변경 시 교육	2시간 이상
라. 특별교육	16시간 이상(최초 작업에 종사하기 전 4시간 이상 실시하고, 12시간은 3개월 이내에서 분할하여 실시 가능)
	단기간 작업 또는 간헐적 작업인 경우에는 2시간 이상

다. 안전보건관리책임자 등에 대한 교육(직무교육)

교육대상	교육시간	
	신규교육	보수교육
가. 안전보건관리책임자	6시간 이상	6시간 이상
나. 안전관리자, 안전관리전문기관의 종사자	34시간 이상	24시간 이상
다. 보건관리자, 보건관리전문기관의 종사자	34시간 이상	24시간 이상
라. 건설재해예방 전문지도기관의 종사자	34시간 이상	24시간 이상

한 눈에 들어오는 키워드

참고

특수형태근로종사자로부터 노무를 제공받는 자 중 안전보건교육을 실시하여야 하는 자

1. 「건설기계관리법」에 따라 등록된 건설기계를 직접 운전하는 사람
2. 「체육시설의 설치 · 이용에 관한 법률」에 따라 직장체육시설로 설치된 골프장 또는 체육시설업의 등록을 한 골프장에서 골프경기를 보조하는 골프장 캐디
3. 한국표준직업분류표의 세분류에 따른 택배원으로서 택배사업(소화물을 집화 · 수송 과정을 거쳐 배송하는 사업을 말한다)에서 집화 또는 배송 업무를 하는 사람
4. 한국표준직업분류표의 세분류에 따른 택배원으로서 고용노동부장관이 정하는 기준에 따라 주로 하나의 퀵서비스업자로부터 업무를 의뢰받아 배송 업무를 하는 사람
5. 고용노동부장관이 정하는 기준에 따라 주로 하나의 대리운전업자로부터 업무를 의뢰받아 대리운전 업무를 하는 사람

마. 석면조사기관의 종사자	34시간 이상	24시간 이상
바. 안전보건관리담당자	-	8시간 이상
사. 안전검사기관, 자율안전검사기관의 종사자	34시간 이상	24시간 이상

라. 특수형태근로종사자에 대한 안전보건교육

교육과정	교육시간
가. 최초 노무제공 시 교육	2시간 이상(단기간 작업 또는 간헐적 작업에 노무를 제공하는 경우에는 1시간 이상 실시하고, 특별교육을 실시한 경우는 면제)
나. 특별교육	16시간 이상(최초 작업에 종사하기 전 4시간 이상 실시하고 12시간은 3개월 이내에서 분할하여 실시가능)
	단기간 작업 또는 간헐적 작업인 경우에는 2시간 이상

마. 검사원 성능검사 교육

교육과정	교육대상	교육시간
성능검사 교육	-	28시간 이상

3) 사업주가 근로자에게 실시해야 하는 안전보건교육의 대상별 교육내용

가. 근로자 정기안전 · 보건교육 ★★★

근로자 정기안전 · 보건교육 내용
• **산업안전 및 사고 예방**에 관한 사항 • **산업보건 및 직업병 예방**에 관한 사항 • **건강증진 및 질병 예방**에 관한 사항 • **유해 · 위험 작업환경 관리**에 관한 사항 • **산업안전보건법령 및 산업재해보상보험 제도**에 관한 사항 • **직무스트레스 예방 및 관리**에 관한 사항 • **직장 내 괴롭힘, 고객의 폭언 등으로 인한 건강장해 예방 및 관리**에 관한 사항 • **건강증진 및 질병 예방**에 관한 사항 • **위험성 평가**에 관한 사항

암기법

공통 내용(관리감독자, 근로자)

1. 근로자는 법, 산재보상제도를 알자!
2. 근로자는 건강을 보존(산업보건)하고 직업병, 스트레스, 괴롭힘 · 폭언 예방하자!
3. 근로자는 유해위험 환경을 관리해서 안전하고 사고예방하자!
4. 근로자는 위험성을 평가하자!

근로자 정기교육의 특징

1. 근로자는 건강증진하고 질병예방하자!

근로자 채용 시 교육 및 작업내용 변경 시 교육내용

- 산업안전 및 사고 예방에 관한 사항
- 산업보건 및 직업병 예방에 관한 사항
- 산업안전보건법령 및 산업재해보상보험제도에 관한 사항
- 직무스트레스 예방 및 관리에 관한 사항
- 직장 내 괴롭힘, 고객의 폭언 등으로 인한 건강장해 예방 및 관리에 관한 사항
- 기계 · 기구의 위험성과 작업의 순서 및 동선에 관한 사항
- 물질안전보건자료에 관한 사항
- 작업 개시 전 점검에 관한 사항
- 정리정돈 및 청소에 관한 사항
- 사고 발생 시 긴급조치에 관한 사항
- 위험성 평가에 관한 사항

암기법

공통 내용(관리감독자, 근로자)

1. 신규자는 법, 산재보상제도를 알자!
2. 신규자는 건강을 보존(산업보건)하고 직업병, 스트레스, 괴롭힘.폭언 예방하자!
3. 신규자는 안전하고 사고예방하자!

신규채용자는 회사에 처음 입사해서 처음 일을 하는 근로자, 안전하게 일하기 위한 기본내용을 교육한다.

1. 신규자는 기계기구 위험성, 작업순서, 동선을 알자!
2. 신규자는 취급물질의 위험성(물질안전보건자료)을 알자!
3. 신규자는 작업 전 점검하자!
4. 신규자는 항상 정리정돈 청소하자!
5. 신규자는 사고 시 조치를 알자!

한 눈에 들어오는 키워드

한 눈에 들어오는 키워드

나. 관리감독자의 정기안전 · 보건교육 ★★★

관리감독자 정기안전 · 보건교육 내용
• **산업안전 및 사고 예방**에 관한 사항 • **산업보건 및 직업병 예방**에 관한 사항 • **유해 · 위험 작업환경 관리**에 관한 사항 • **산업안전보건법령 및 산업재해보상보험 제도**에 관한 사항 • **직무스트레스 예방 및 관리**에 관한 사항 • **직장 내 괴롭힘, 고객의 폭언 등으로 인한 건강장해 예방 및 관리**에 관한 사항 • **위험성평가**에 관한 사항 • **작업공정의 유해 · 위험과 재해 예방대책**에 관한 사항 • **표준안전 작업방법 결정 및 지도 · 감독 요령**에 관한 사항 • **비상시 또는 재해 발생 시 긴급조치**에 관한 사항 • **사업장 내 안전보건관리체제 및 안전 · 보건조치 현황**에 관한 사항 • **현장근로자와의 의사소통능력 및 강의능력 등 안전보건교육 능력 배양**에 관한 사항 • 그 밖의 관리감독자의 직무에 관한 사항

암기법

공통 내용(관리감독자, 근로자)

1. 관리자는 **법, 산재보상제도**를 알자!
2. 관리자는 **건강**을 **보존(산업보건)**하고 **직업병, 스트레스, 괴롭힘 · 폭언 예방**하자!
3. 관리자는 **유해위험 환경을 관리**해서 **안전**하고 **사고예방**하자!
4. 관리자는 **위험성을 평가**하자!

관리감독자 정기교육의 특징

1. 관리자는 **유해위험의 재해예방대책 세우자!**
2. 관리자는 **안전 작업방법 결정해서 감독하자!**
3. 관리자는 **재해발생 시 긴급조치**하자!
3. 관리자는 **안전보건 조치**하자!
4. 관리자는 **안전보건교육 능력 배양**하자!

관리감독자의 채용 시 교육 및 작업내용 변경 시 교육내용
• 산업안전 및 사고 예방에 관한 사항 • 산업보건 및 직업병 예방에 관한 사항 • 산업안전보건법령 및 산업재해보상보험 제도에 관한 사항 • 직무스트레스 예방 및 관리에 관한 사항 • 직장 내 괴롭힘, 고객의 폭언 등으로 인한 건강장해 예방 및 관리에 관한 사항 • 위험성평가에 관한 사항 • 기계 · 기구의 위험성과 작업의 순서 및 동선에 관한 사항 • 작업 개시 전 점검에 관한 사항 • 물질안전보건자료에 관한 사항 • 사업장 내 안전보건관리체제 및 안전 · 보건조치 현황에 관한 사항 • 표준안전 작업방법 결정 및 지도 · 감독 요령에 관한 사항 • 비상시 또는 재해 발생 시 긴급조치에 관한 사항 • 그 밖의 관리감독자의 직무에 관한 사항

암기법

공통 내용
1. 신규자는 법, 산재보상제도를 알자!
2. 신규자는 건강을 보존(산업보건)하고 직업병, 스트레스, 괴롭힘 · 폭언 예방하자!
3. 신규 관리자는 안전하고 사고예방하자!
4. 신규 관리자는 위험성을 평가하자!

채용시 근로자 교육 중 "정리정돈 청소" 제외
1. 신규 관리자는 기계기구 위험성, 작업순서, 동선를 알자!
2. 신규 관리자는 취급물질의 위험성(물질안전보건자료)을 알자!
3. 신규 관리자는 작업 전 점검하자!

신규 관리자 내용 추가
1. 신규 관리자는 안전보건 조치하자!
2. 신규 관리자는 안전 작업방법 결정해서 감독하자!
3. 신규 관리자는 재해시 긴급조치 하자!

다. 건설업 기초안전 · 보건교육에 대한 내용 및 시간 ★

교육 내용	시간
1. 건설공사의 종류(건축, 토목 등) 및 시공 절차	1시간
2. 산업재해 유형별 위험요인 및 안전보건조치	2시간
3. 안전보건관리체제 현황 및 산업안전보건 관련 근로자 권리 · 의무	1시간

한 눈에 들어오는 키워드

(5) 안전보건표지의 종류 및 형태 ★

구분					
1. 금지표지	101 출입금지 	102 보행금지 	103 차량통행금지 	104 사용금지 	
	105 탑승금지 	106 금연 	107 화기금지 	108 물체이동금지 	
2. 경고표지	201 인화성물질 경고 	202 산화성물질 경고 	203 폭발성물질 경고 	204 급성독성물질 경고 	205 부식성물질 경고 
	206 방사성물질 경고 	207 고압전기 경고 	208 매달린 물체 경고 	209 낙하물 경고 	210 고온 경고 
	211 저온 경고 	212 몸균형 상실 경고 	213 레이저광선 경고 	214 발암성 · 변이원성 · 생식독성 · 전신독성 · 호흡기과민성물질 경고 	215 위험장소 경고 
3. 지시표지	301 보안경 착용 	302 방독마스크 착용 	303 방진마스크 착용 	304 보안면 착용 	305 안전모 착용 
	306 귀마개 착용 	307 안전화 착용 	308 안전장갑 착용 	309 안전복 착용 	

<table>
<tr><td rowspan="2">4. 안내 표지</td><td colspan="3">401
녹십자표지
</td><td colspan="3">402
응급구호표지
</td><td colspan="3">403
들것
</td><td colspan="3">404
세안장치
</td></tr>
<tr><td colspan="3">405
비상용기구

</td><td colspan="3">406
비상구
</td><td colspan="3">407
좌측비상구
</td><td colspan="3">408
우측비상구
</td></tr>
<tr><td>5. 관계자 외 출입 금지</td><td colspan="4">501
허가대상물질 작업장
관계자외 출입금지
(허가물질 명칭) 제조/사용/보관 중
보호구/보호복 착용
흡연 및 음식물
섭취 금지</td><td colspan="4">502
석면취급/해체 작업장
관계자외 출입금지
석면 취급/해체 중
보호구/보호복 착용
흡연 및 음식물
섭취 금지</td><td colspan="4">503
금지대상물질의 취급 실험실 등
관계자외 출입금지
발암물질 취급 중
보호구/보호복 착용
흡연 및 음식물
섭취 금지</td></tr>
</table>

한 눈에 들어오는 키워드

기출

상용 근로자 건강진단의 목적

① 근로자가 가진 질병의 조기 발견

② 근로자가 일에 부적합한 인적 특성을 지니고 있는지 여부 확인

③ 일이 근로자 자신과 직장동료의 건강에 불리한 영향을 미치고 있는지 여부의 발견

암기

건강진단의 종류

① 일반건강진단

② 특수건강진단

③ 배치전건강진단

④ 수시건강진단

⑤ 임시건강진단

[암기] 특일 임시 수배

(6) 건강진단

1) 건강진단 결과 건강관리 구분 ★★

건강관리 구분		건강관리구분내용
A		건강관리상 사후관리가 필요 없는 근로자(건강한 근로자)
C	C_1	직업성 질병으로 진전될 우려가 있어 추적검사 등 관찰이 필요한 근로자(직업병 요관찰자)
	C_2	일반질병으로 진전될 우려가 있어 추적관찰이 필요한 근로자(일반질병 요관찰자)
D_1		직업성 질병의 소견을 보여 사후관리가 필요한 근로자(직업병 유소견자)
D_2		일반 질병의 소견을 보여 사후관리가 필요한 근로자(일반질병 유소견자)
R		건강진단 1차 검사결과 건강수준의 평가가 곤란하거나 질병이 의심되는 근로자(제2차 건강진단 대상자)

※ "U"는 2차 건강진단 대상임을 통보하고 10일을 경과하여 해당 검사가 이루어지지 않아 건강관리 구분을 판정할 수 없는 근로자 "U"로 분류한 경우에는 해당 근로자의 퇴직, 기한 내 미실시 등 2차 건강진단의 해당 검사가 이루어지지 않은 사유를 건강진단결과표의 사후관리소견서 검진 소견란에 기재하여야 함★

2) 건강진단의 종류 및 정의

① "일반건강진단"이란 상시 사용하는 근로자의 건강관리를 위하여 사업주가 주기적으로 실시하는 건강진단을 말한다.

암기

일반건강진단 실시시기 ★

① 사무직 종사 근로자(판매업무 종사하는 근로자 제외) : 2년에 1회 이상

② 그 밖의 근로자 : 1년에 1회 이상

② "특수건강진단"이란 다음 각 목의 어느 하나에 해당하는 근로자의 건강관리를 위하여 사업주가 실시하는 건강진단을 말한다.

- 특수건강진단 대상업무에 종사하는 근로자
- 건강진단 실시 결과 직업병 소견이 있는 근로자로 판정받아 작업 전환을 하거나 작업 장소를 변경하여 해당 판정의 원인이 된 특수건강진단 대상업무에 종사하지 아니하는 사람으로서 해당 유해인자에 대한 건강진단이 필요하다는 의사의 소견이 있는 근로자

확인

✿ 특수건강진단 주기를 다음 회에 한정하여 관련 유해인자별로 2분의 1로 단축하여 실시할 수 있는 근로자★

① 작업환경을 측정한 결과 **노출기준 이상인 작업공정에서** 해당 유해인자에 **노출되는 모든 근로자**

② 수시건강진단 또는 임시건강진단을 실시한 결과 **직업병 유소견자가 발견된 작업공정에서** 해당 유해인자에 **노출되는 모든 근로자**(다만, 고용노동부장관이 정하는 바에 따라 특수건강진단 · 수시건강진단 또는 임시건강진단을 실시한 의사로부터 특수건강진단 주기를 단축하는 것이 필요하지 않다는 소견을 받은 경우는 제외)

③ 특수건강진단 또는 임시건강진단을 실시한 결과 **해당 유해인자에 대하여 특수건강진단 실시 주기를 단축해야 한다는 의사의 소견을 받은 근로자**

③ "배치전건강진단"이란 특수건강진단 대상업무에 종사할 근로자에 대하여 배치예정업무에 대한 적합성 평가를 위하여 사업주가 실시하는 건강진단을 말한다.

④ "수시건강진단"이란 특수건강진단 대상업무에 따른 유해인자로 인한 것이라고 의심되는 건강장해 증상을 보이거나 의학적 소견이 있는 근로자 중 보건관리자 등이 사업주에게 건강진단 실시를 건의하는 등 고용노동부령으로 정하는 근로자에 대하여 실시하는 건강진단을 말한다.

⑤ "임시건강진단"이란 같은 유해인자에 노출되는 근로자들에게 유사한 질병의 증상이 발생한 경우 등 고용노동부령으로 정하는 경우에 근로자의 건강을 보호하기 위하여 사업주가 특정 근로자에 대하여 실시하는 건강진단을 말한다.

확인

✿ 임시건강진단을 실시하여야 하는 경우 ★

① **같은 부서에 근무**하는 근로자 또는 **같은 유해인자에 노출되는 근로자에게 유사한 질병의** 자각 · 타각**증상이 발생**한 경우
② **직업병 유소견자가 발생**하거나 **여러 명이 발생할 우려**가 있는 경우
③ 그 밖에 지방고용노동관서의 장이 필요하다고 판단하는 경우

한 눈에 들어오는 키워드

한 눈에 들어오는 키워드

참고

특수건강진단 대상 유해인자 ★

1. 화학적 인자
   ① 유기화합물(109종)
   ② 금속류(20종)
   ③ 산 및 알카리류(8종)
   ④ 가스 상태 물질류(14종)
   ⑤ 허가 대상 유해물질(12종)
   ⑥ 금속가공유 : 미네랄 오일미스트(광물성 오일, Oil mist, mineral)
2. 분진(7종)
   ① 곡물 분진
   ② 광물성 분진
   ③ 면 분진
   ④ 목재 분진
   ⑤ 용접 흄
   ⑥ 유리섬유
   ⑦ 석면분진
3. 물리적 인자(8종)
   ① 소음
   ② 진동
   ③ 방사선
   ④ 고기압
   ⑤ 저기압
   ⑥ 유해광선(자외선, 적외선, 마이크로파 및 라디오파)
4. 야간작업(2종)
   ① 6개월간 밤 12시부터 오전 5시까지의 시간을 포함하여 계속되는 8시간 작업을 월 평균 4회 이상 수행하는 경우
   ② 6개월간 오후 10시부터 다음날 오전 6시 사이의 시간 중 작업을 월 평균 60시간 이상 수행하는 경우

3) 특수건강진단의 시기 및 주기

구분	대상 유해인자	시기(배치 후 첫 번째 특수 건강진단)	주기
1	N,N-디메틸아세트아미드 디메틸포름아미드	1개월 이내	6개월
2	벤젠	2개월 이내	6개월
3	1,1,2,2-테트라클로로에탄 사염화탄소 아크릴로니트릴 염화비닐	3개월 이내	6개월
4	석면, 면 분진	12개월 이내	12개월
5	광물성 분진 목재 분진 소음 및 충격소음	12개월 이내	24개월
6	제1호부터 제5호까지의 대상 유해인자를 제외한 별표22의 모든 대상 유해인자	6개월 이내	

(7) 석면에 대한 조치

1) 기관석면조사 대상 ★

① 건축물(주택은 제외)의 연면적 합계가 50제곱미터 이상이면서, 그 건축물의 철거 · 해체하려는 부분의 면적 합계가 50제곱미터 이상인 경우

② 주택(부속건축물을 포함한다)의 연면적 합계가 200제곱미터 이상이면서, 그 주택의 철거 · 해체하려는 부분의 면적 합계가 200제곱미터 이상인 경우

③ 설비의 철거 · 해체하려는 부분에 다음 각 목의 어느 하나에 해당하는 자재(물질을 포함한다)를 사용한 면적의 합이 15제곱미터 이상 또는 그 부피의 합이 1세제곱미터 이상인 경우

- 단열재
- 보온재
- 분무재
- 내화피복재(耐火被覆材)
- 개스킷(Gasket : 누설방지재)
- 패킹재(Packing material : 틈박이재)

• 실링재(Sealing material : 액상 메움재)
• 그 밖에 가목부터 사목까지의 자재와 유사한 용도로 사용되는 자재로서 고용노동부장관이 정하여 고시하는 자재

④ 파이프 길이의 합이 80미터 이상이면서, 그 파이프의 철거 · 해체하려는 부분의 보온재로 사용된 길이의 합이 80미터 이상인 경우

2) 석면해체 · 제거업자를 통한 석면해체 · 제거 대상

① 철거 · 해체하려는 벽체재료, 바닥재, 천장재 및 지붕재 등의 자재에 석면이 중량비율 1퍼센트를 초과하여 함유되어 있고 그 자재의 면적의 합이 50제곱미터 이상인 경우
② 석면이 중량비율 1퍼센트가 넘게 포함된 분무재 또는 내화피복재를 사용한 경우
③ 석면이 중량비율 1퍼센트가 넘게 포함된 자재의 면적의 합이 15제곱미터 이상 또는 그 부피의 합이 1세제곱미터 이상인 경우
④ 파이프에 사용된 보온재에서 석면이 중량비율 1퍼센트가 넘게 포함되어 있고 그 보온재 길이의 합이 80미터 이상인 경우

3) 석면해체 · 제거작업 완료 후의 석면농도기준

"고용노동부령으로 정하는 기준"이란 1 세제곱센티미터당 0.01개를 말한다.

4) 석면 해체 · 제거작업 계획 수립에 포함하여야 할 사항 실기 기출★

① 석면 해체 · 제거작업의 절차와 방법
② 석면 흩날림 방지 및 폐기방법
③ 근로자 보호조치

5) 석면 작업수칙 실기 기출★

① 진공청소기 등을 이용한 작업장 바닥의 청소방법
② 작업자의 왕래와 외부기류 또는 기계진동 등에 의하여 분진이 흩날리는 것을 방지하기 위한 조치
③ 분진이 쌓일 염려가 있는 깔개 등을 작업장 바닥에 방치하는 행위를 방지하기 위한 조치
④ 분진이 확산되거나 작업자가 분진에 노출될 위험이 있는 경우에는 선풍기 사용 금지

한 눈에 들어오는 키워드

기출

석면농도의 측정
1. 석면해체 · 제거작업장 내의 작업이 완료된 상태를 확인한 후 공기가 건조한 상태에서 측정할 것
2. 작업장 내에 침전된 분진을 흩날린 후 측정할 것
3. 시료채취기를 작업이 이루어진 장소에 고정하여 공기 중 입자상 물질을 채취하는 지역시료채취방법으로 측정할 것

참고

석면해체 · 제거작업의 안전성 평가기준
1. 석면해체 · 제거작업 기준의 준수 여부
2. 장비의 성능
3. 보유인력의 교육이수, 능력개발, 전산화 정도 및 그 밖에 필요한 사항

한 눈에 들어오는 키워드

⑤ 용기에 석면을 넣거나 꺼내는 작업
⑥ 석면을 담은 용기의 운반
⑦ 여과집진방식 집진장치의 여과재 교환
⑧ 해당 작업에 사용된 용기 등의 처리
⑨ 이상사태가 발생한 경우의 응급조치
⑩ 보호구의 사용 · 점검 · 보관 및 청소
⑪ 그 밖에 석면분진의 발산을 방지하기 위하여 필요한 조치

2 산업보건기준에 관한 사항

(1) 관리대상 유해물질 및 허가대상 유해물질에 의한 건강장해의 예방

1) 작업수칙

사업주는 다음 각 호의 사항에 관한 작업수칙을 정하고, 이를 해당 작업근로자에게 알려야 한다.

관리대상 유해물질을 제조 · 사용하는 경우	허가대상 유해물질(베릴륨 및 석면은 제외한다)을 제조 · 사용하는 경우
• 밸브 · 콕 등의 조작(관리대상 유해물질을 내보내는 경우에만 해당한다) • 냉각장치, 가열장치, 교반장치 및 압축장치의 조작 • 계측장치와 제어장치의 감시 · 조정 • 안전밸브, 긴급 차단장치, 자동경보장치 및 그 밖의 안전장치의 조정 • 뚜껑 · 플랜지 · 밸브 및 콕 등 접합부가 새는지 점검 • 시료(試料)의 채취 • 관리대상 유해물질 취급설비의 재가동 시 작업방법 • 이상사태가 발생한 경우의 응급조치 • 그 밖에 관리대상 유해물질이 새지 않도록 하는 조치	• 밸브 · 콕 등의 조작 • 냉각장치, 가열장치, 교반장치 및 압축장치의 조작 • 계측장치와 제어장치의 감시 · 조정 • 안전밸브, 긴급 차단장치, 자동경보장치 및 그 밖의 안전장치의 조정 • 뚜껑 · 플랜지 · 밸브 및 콕 등 접합부가 새는지 점검 • 시료(試料)의 채취 및 해당 작업에 사용된 기구 등의 처리 • 이상 상황이 발생한 경우의 응급조치 • 허가대상 유해물질을 용기에 넣거나 꺼내는 작업 또는 반응조 등에 투입하는 작업 • 그 밖에 허가대상 유해물질이 새지 않도록 하는 조치

2) 명칭 등의 게시

사업주는 관리대상 유해물질을 취급하는 작업장의 보기 쉬운 장소에 다음 각 호의 사항을 게시하여야 한다. 다만, 작업공정별 관리요령을 게시한 경우에는 그러하지 아니하다.

① 관리대상 유해물질의 명칭

② 인체에 미치는 영향

③ 취급상 주의사항

④ 착용하여야 할 보호구

⑤ 응급조치와 긴급 방재 요령

3) 유해성 등의 주지

사업주는 다음 각 호의 사항을 근로자에게 알려야 한다.

관리대상 유해물질을 취급하는 작업에 근로자를 종사하도록 하는 경우	허가대상 유해물질을 제조하거나 사용하는 경우
• 관리대상 유해물질의 명칭 및 물리적 · 화학적 특성 • 인체에 미치는 영향과 증상 • 취급상의 주의사항 • 착용하여야 할 보호구와 착용방법 • 위급상황 시의 대처방법과 응급조치 요령 • 그 밖에 근로자의 건강장해 예방에 관한 사항	• 물리적 · 화학적 특성 • 발암성 등 인체에 미치는 영향과 증상 • 취급상의 주의사항 • 착용하여야 할 보호구와 착용방법 • 위급상황 시의 대처방법과 응급조치 요령 • 그 밖에 근로자의 건강장해 예방에 관한 사항

(2) 밀폐공간에서의 건강장해 예방

1) "산소결핍"이란 공기 중의 산소농도가 18퍼센트 미만인 상태를 말한다. ★★

2) 작업장의 적정공기 수준

암기

작업장의 적정공기 수준 ★★

① 산소농도의 범위가 18% 이상 23.5% 미만

② 탄산가스의 농도가 1.5% 미만

③ 일산화탄소의 농도가 30ppm 미만

④ 황화수소의 농도가 10ppm 미만

한 눈에 들어오는 키워드

한눈에 들어오는 키워드

3) 밀폐공간 작업 프로그램의 수립 · 시행

사업주는 밀폐공간에 근로자를 종사하도록 하는 경우에 다음 각 호의 내용이 포함된 밀폐공간 작업 프로그램을 수립하여 시행하여야 한다.

암기

밀폐공간 작업 프로그램 내용 ★

① 사업장 내 밀폐공간의 위치 파악 및 관리 방안
② 밀폐공간 내 질식 · 중독 등을 일으킬 수 있는 유해 · 위험 요인의 파악 및 관리 방안
③ 밀폐공간 작업 시 사전 확인이 필요한 사항에 대한 확인 절차
④ 안전보건교육 및 훈련
⑤ 그 밖에 밀폐공간 작업 근로자의 건강장해 예방에 관한 사항

4) 산소 및 유해가스 농도의 측정

① 사업주는 밀폐공간에서 근로자에게 작업을 하도록 하는 경우 작업을 시작(작업을 일시 중단하였다가 다시 시작하는 경우를 포함한다)하기 전 다음 각 호의 어느 하나에 해당하는 자로 하여금 해당 밀폐공간의 산소 및 유해가스 농도를 측정하여 적정공기가 유지되고 있는지를 평가하도록 하여야 한다.

확인

밀폐공간의 산소 및 유해가스 농도를 측정하여야 하는 자 ★

① 관리감독자
② 안전관리자 또는 보건관리자
③ 안전관리전문기관
④ 건설재해예방전문지도기관
⑤ 작업환경측정기관
⑥ 한국산업안전보건공단이 정하는 산소 및 유해가스 농도의 측정 · 평가에 관한 교육을 이수한 사람

② 사업주는 산소 및 유해가스 농도를 측정한 결과 적정공기가 유지되고 있지 아니하다고 평가된 경우에는 작업장을 환기시키거나, 근로자에게 공기호흡기 또는 송기마스크를 지급하여 착용하도록 하는 등 근로자의 건강장해 예방을 위하여 필요한 조치를 하여야 한다.

5) 환기

사업주는 밀폐공간에 근로자를 종사하도록 하는 경우에 작업시작 전 및 작업 중에 해당 작업장을 적정공기 상태가 유지되도록 환기하여야 한다. 다만, 폭발이나 산화 등의 위험으로 인하여 환기할 수 없거나 작업의 성질상 환기하기가 매우 곤란한 경우에는 곤란한 경우에는 근로자에게 공기호흡기 또는 송기마스크를 지급하여 착용하도록 하고 환기하지 아니할 수 있다.

6) 출입금지

① 사업주는 밀폐공간에 근로자를 종사하도록 하는 경우에는 그 장소에 근로자를 입장시킬 때와 퇴장시킬 때마다 인원을 점검하여야 한다.

② 사업주는 밀폐공간에서 하는 작업에 근로자를 종사하도록 하는 경우에는 그 밀폐공간에서 작업하는 근로자가 아닌 사람이 그 장소에 출입하는 것을 금지하고, 출입금지 표지를 밀폐공간 근처의 보기 쉬운 장소에 게시하여야 한다.

7) 감시인의 배치

사업주는 근로자가 밀폐공간에서 작업을 하는 동안 작업상황을 감시할 수 있는 감시인을 지정하여 밀폐공간 외부에 배치하여야 한다.

8) 대피용 기구의 비치

사업주는 밀폐공간에 근로자를 종사하도록 하는 경우에 공기호흡기 또는 송기마스크, 사다리 및 섬유로프 등 비상시에 근로자를 피난시키거나 구출하기 위하여 필요한 기구를 갖추어 두어야 한다.

9) 구출 시 공기호흡기 또는 송기마스크의 사용

사업주는 밀폐공간에서 위급한 근로자를 구출하는 작업을 하는 경우 그 구출작업에 종사하는 근로자에게 공기호흡기 또는 송기마스크를 지급하여 착용하도록 하여야 한다.

한 눈에 들어오는 키워드

한 눈에 들어오는 키워드

참고

용어정의

① 고열

열에 의하여 근로자에게 열경련·열탈진 또는 열사병 등의 건강장해를 유발할 수 있는 더운 온도를 말한다.

② 한랭

냉각원(冷却源)에 의하여 근로자에게 동상 등의 건강장해를 유발할 수 있는 차가운 온도를 말한다.

③ 다습

습기로 인하여 근로자에게 피부질환 등의 건강장해를 유발할 수 있는 습한 상태를 말한다.

참고

사업주는 근로자가 다음 각 호의 어느 하나에 해당하는 경우에는 적절하게 휴식하도록 하는 등 근로자 건강장해를 예방하기 위하여 필요한 조치를 해야 한다.

① 고열·한랭·다습 작업을 하는 경우

② 폭염에 노출되는 장소에서 작업하여 열사병 등의 질병이 발생할 우려가 있는 경우

(3) 건강장해 예방조치

안전조치	보건조치 ★
• 기계·기구, 그 밖의 설비에 의한 위험 • 폭발성, 발화성 및 인화성 물질 등에 의한 위험 • 전기, 열, 그 밖의 에너지에 의한 위험	• 원재료·가스·증기·분진·흄(fume)·미스트(mist)·산소결핍·병원체 등에 의한 건강장해 • 방사선·유해광선·고온·저온·초음파·소음·진동·이상기압 등에 의한 건강장해 • 사업장에서 배출되는 기체·액체 또는 찌꺼기 등에 의한 건강장해 • 계측감시(計測監視), 컴퓨터 단말기 조작, 정밀공작 등의 작업에 의한 건 강장해 • 단순반복작업 또는 인체에 과도한 부담을 주는 작업에 의한 건강장해 • 환기·채광·조명·보온·방습·청결 등의 적정기준을 유지하지 아니하여 발생하는 건강장해

02 산업위생 관련 고시에 관한 사항

1 물질안전보건자료(MSDS)에 관한 고시

(1) 물질안전보건자료의 작성 및 제출 ★

① 화학물질 또는 이를 함유한 혼합물로서 "물질안전보건자료대상물질"을 제조하거나 수입하려는 자는 다음 각 호의 사항을 적은 물질안전보건자료를 고용노동부령으로 정하는 바에 따라 작성하여 고용노동부장관에게 제출하여야 한다. 이 경우 고용노동부장관은 고용노동부령으로 물질안전보건자료의 기재 사항이나 작성 방법을 정할 때 「화학물질관리법」 및 「화학물질의 등록 및 평가 등에 관한 법률」과 관련된 사항에 대해서는 환경부장관과 협의하여야 한다.

확인

✿ 물질안전보건자료에 적어야 하는 사항 ★

① **제품명**
② 물질안전보건자료 대상물질을 구성하는 화학물질 중 **유해인자의 분류기준에 해당하는 화학물질의 명칭 및 함유량**
③ **안전 및 보건상의 취급 주의 사항**
④ **건강 및 환경**에 대한 **유해성, 물리적 위험성**
⑤ 물리 · 화학적 특성 등 고용노동부령으로 정하는 사항
- 물리 · 화학적 특성
- 독성에 관한 정보
- 폭발 · 화재 시의 대처방법
- 응급조치 요령
- 그 밖에 고용노동부장관이 정하는 사항

한 눈에 들어오는 키워드

암기

물질안전보건자료의 작성항목(Data Sheet 16가지 항목) ★★

1. 화학제품과 회사에 관한 정보
2. 유해 · 위험성
3. 구성성분의 명칭 및 함유량
4. 응급조치요령
5. 폭발 · 화재 시 대처방법
6. 누출사고 시 대처방법
7. 취급 및 저장방법
8. 노출방지 및 개인보호구
9. 물리화학적 특성
10. 안정성 및 반응성
11. 독성에 관한 정보
12. 환경에 미치는 영향
13. 폐기 시 주의사항
14. 운송에 필요한 정보
15. 법적규제 현황
16. 기타 참고사항

② 물질안전보건자료 작성 제외대상

물질안전보건자료 작성 제외 대상 ★★★

1. 「건강기능식품에 관한 법률」에 따른 **건강기능식품**
2. 「농약관리법」에 따른 **농약**
3. 「마약류 관리에 관한 법률」에 따른 **마약 및 향정신성의약품**
4. 「비료관리법」에 따른 **비료**
5. 「사료관리법」에 따른 **사료**
6. 「생활주변방사선 안전관리법」에 따른 **원료물질**
7. 「생활화학제품 및 살생물제의 안전관리에 관한 법률」에 따른 안전확인대상 **생활화학제품 및 살생물제품 중 일반소비자의 생활용으로 제공되는 제품**
8. 「식품위생법」에 따른 **식품 및 식품첨가물**
9. 「약사법」에 따른 **의약품 및 의약외품**
10. 「원자력안전법」에 따른 **방사성물질**
11. 「위생용품 관리법」에 따른 **위생용품**
12. 「의료기기법」에 따른 **의료기기**

12의2. 「첨단재생의료 및 첨단바이오의약품 안전 및 지원에 관한 법률」에 따른 **첨단바이오의약품**

13. 「총포·도검·화약류 등의 안전관리에 관한 법률」에 따른 **화약류**
14. 「폐기물관리법」에 따른 **폐기물**
15. 「화장품법」에 따른 **화장품**
16. 제1호부터 제15호까지의 규정 외의 화학물질 또는 혼합물로서 일반소비자의 생활용으로 제공되는 것(일반소비자의 생활용으로 제공되는 화학물질 또는 혼합물이 사업장 내에서 취급되는 경우를 포함한다)
17. 고용노동부장관이 정하여 고시하는 연구·개발용 화학물질 또는 화학제품. 이 경우 법 제110조제1항부터 제3항까지의 규정에 따른 자료의 제출만 제외된다.
18. 그 밖에 고용노동부장관이 독성·폭발성 등으로 인한 위해의 정도가 적다고 인정하여 고시하는 화학물질

암기법

비료로 **농 사**지은 **식품, 건강식품, 위생용품 폐기물**에서 **화약, 방사성 원료물질** 나와서 **소비자용 의료기기, 첨단 의약품, 마약, 화장품**으로 치료했다.

(2) 물질안전보건자료의 제공

① 물질안전보건자료 대상물질을 양도하거나 제공하는 자는 이를 양도받거나 제공받는 자에게 물질안전보건자료를 제공하여야 한다.

② 물질안전보건자료 대상물질을 제조하거나 수입한 자는 이를 양도받거나 제공받은 자에게 변경된 물질안전보건자료를 제공하여야 한다.

③ 같은 사업주에게 같은 대상화학물질을 2회 이상 계속하여 양도 또는 제공하는 경우에는 해당 대상화학물질에 대한 MSDS의 변경이 없는 한 2회 이후부터는 MSDS의 양도 또는 제공을 생략할 수 있다.

(3) 물질안전보건자료의 게시 및 교육

① 물질안전보건자료대상물질을 취급하는 사업주는 다음 각 호의 어느 하나에 해당하는 장소 또는 전산장비에 항상 물질안전보건자료를 게시하거나 갖추어 두어야 한다.

확인

물질안전보건자료를 게시 또는 비치하여야 하는 장소 ★

① 물질안전보건자료대상물질을 취급하는 작업공정이 있는 장소
② 작업장 내 근로자가 가장 보기 쉬운 장소
③ 근로자가 작업 중 쉽게 접근할 수 있는 장소에 설치된 전산장비

② 사업주는 물질안전보건자료 대상물질을 취급하는 작업공정별로 고용노동부령으로 정하는 바에 따라 물질안전보건자료 대상물질의 관리요령을 게시하여야 한다.(작업공정별 관리 요령은 유해성 · 위험성이 유사한 물질안전보건자료대상물질의 그룹별로 작성하여 게시할 수 있다)

확인

물질안전보건자료대상물질의 작업공정별 관리요령에 포함사항 ★

① 제품명
② 건강 및 환경에 대한 유해성, 물리적 위험성
③ 안전 및 보건상의 취급주의 사항
④ 적절한 보호구
⑤ 응급조치 요령 및 사고 시 대처방법

한 눈에 들어오는 키워드

비교

물질안전보건자료에 적어야 하는 사항 ★★

① 제품명
② 물질안전보건자료 대상물질을 구성하는 화학물질 중 유해인자의 분류기준에 해당하는 화학물질의 명칭 및 함유량
③ 안전 및 보건상의 취급 주의 사항
④ 건강 및 환경에 대한 유해성, 물리적 위험성
⑤ 물리 · 화학적 특성 등 고용노동부령으로 정하는 사항
- 물리 · 화학적 특성
- 독성에 관한 정보
- 폭발 · 화재 시의 대처방법
- 응급조치 요령
- 그 밖에 고용노동부장관이 정하는 사항

③ 사업주는 다음 각 호의 어느 하나에 해당하는 경우에는 작업장에서 취급하는 물질안전보건자료대상물질의 내용을 근로자에게 교육하고 교육을 실시하였을 때에는 교육시간 및 내용 등을 기록하여 보존해야 한다.

확인

물질안전보건자료대상물질의 내용을 근로자에게 교육하여야 하는 경우 ★

① 물질안전보건자료대상물질을 제조 · 사용 · 운반 또는 저장하는 작업에 근로자를 배치하게 된 경우
② 새로운 물질안전보건자료대상물질이 도입된 경우
③ 유해성 · 위험성 정보가 변경된 경우

확인

물질안전보건자료에 관한 교육내용 ★

① 대상화학물질의 명칭(또는 제품명)
② 물리적 위험성 및 건강 유해성
③ 취급상의 주의사항
④ 적절한 보호구
⑤ 응급조치 요령 및 사고시 대처방법
⑥ 물질안전보건자료 및 경고표지를 이해하는 방법

(4) 물질안전보건자료 대상물질 용기 등의 경고표시 ★

① 물질안전보건자료 대상물질을 양도하거나 제공하는 자는 고용노동부령으로 정하는 방법에 따라 이를 담은 용기 및 포장에 경고표시를 하여야 한다. 다만, 용기 및 포장에 담는 방법 외의 방법으로 물질안전보건자료 대상물질을 양도하거나 제공하는 경우에는 고용노동부장관이 정하여 고시한 바에 따라 경고표시 기재 항목을 적은 자료를 제공하여야 한다.

② 사업주는 사업장에서 사용하는 물질안전보건자료 대상물질을 담은 용기에 고용노동부령으로 정하는 방법에 따라 경고표시를 하여야 한다. 다만, 용기에 이미 경고표시가 되어있는 등 고용노동부령으로 정하는 경우에는 그러하지 아니하다.

(5) 작성원칙

① MSDS는 한글로 작성하는 것을 원칙으로 하되 화학물질명, 외국기관명 등의 고유명사는 영어로 표기할 수 있다.

② 제1항에도 불구하고 실험실에서 시험 · 연구목적으로 사용하는 시약으로서 MSDS가 외국어로 작성된 경우에는 한국어로 번역하지 아니할 수 있다.

③ 시험결과를 반영하고자 하는 경우에는 해당국가의 우량실험기준(GLP)에 따라 수행한 시험결과를 우선적으로 고려하여야 한다.

④ 외국어로 되어있는 MSDS를 번역하는 경우에는 자료의 신뢰성이 확보될 수 있도록 최초 작성기관명 및 시기를 함께 기재하여야 하며, 다른 형태의 관련 자료를 활용하여 MSDS를 작성하는 경우에는 참고문헌의 출처를 기재하여야 한다.

⑤ MSDS 작성에 필요한 용어, 작성에 필요한 기술지침은 한국산업안전보건공단이 정할 수 있다.

⑥ MSDS의 작성단위는 「계량에 관한 법률」이 정하는 바에 의한다.

⑦ 각 작성항목은 빠짐없이 작성하여야 한다. 다만, 부득이 어느 항목에 대해 관련 정보를 얻을 수 없는 경우에는 작성란에 "자료없음"이라고 기재하고, 적용이 불가능하거나 대상이 되지 않는 경우에는 작성란에 "해당없음"이라고 기재한다.

⑧ 구성 성분의 함유량을 기재하는 경우에는 함유량의 ±5%의 범위에서 함유량의 범위(하한값~상한값)로 함유량을 대신하여 표시할 수 있다. 이 경우 함유량이 5% 미만인 경우에는 그 하한값을 1%[발암성 물질, 생식세포 변이원성 물질은 0.1%, 호흡기과민성물질(가스인 경우에 한함) 0.2%, 생식독성 물질은 0.3%] 이상으로 표시한다.

한 눈에 들어오는 키워드

한 눈에 들어오는 키워드

⑨ 사업주가 MSDS를 작성할 때에는 취급근로자의 건강보호목적에 맞도록 성실하게 작성하여야 한다.

(5) 경고표지의 부착 및 작성

1) 경고표지의 부착

① 대상화학물질을 양도 · 제공하는 자는 해당 대상화학물질의 용기 및 포장에 한글경고표지를 부착하거나 인쇄하는 등 유해 · 위험 정보가 명확히 나타나도록 하여야 한다. 다만, 실험실에서 시험 · 연구목적으로 사용하는 시약으로서 외국어로 작성된 경고표지가 부착되어 있거나 수출하기 위하여 저장 또는 운반 중에 있는 완제품은 한글 경고표지를 부착하지 아니할 수 있다.

② 제1항에도 불구하고 국제연합(UN)의 「위험물 운송에 관한 권고」에서 정하는 유해 · 위험성 물질을 포장에 표시하는 경우에는 「위험물 운송에 관한 권고」에 따라 표시할 수 있다.

2) 경고표지의 작성방법

① 대상화학물질의 용량이 100그램(g) 이하 또는 100밀리리터(ml) 이하인 경우에는 경고표지에 명칭, 그림문자, 신호어를 표시하고 그 외의 기재내용은 물질안전보건자료를 참고하도록 표시할 수 있다. 다만, 용기나 포장에 공급자 정보가 없는 경우에는 경고표지에 공급자 정보를 표시하여야 한다.

② 대상화학물질을 해당 사업장에서 자체적으로 사용하기 위하여 담은 반제품용기에 경고표시를 할 경우에는 유해 · 위험의 정도에 따른 "위험" 또는 "경고"의 문구만을 표시할 수 있다. 다만, 이 경우 보관 · 저장장소의 작업자가 쉽게 볼 수 있는 위치에 경고표지를 부착하거나 물질안전보건자료를 게시하여야 한다.

3) 경고표지 기재항목의 작성방법

① 명칭은 물질안전보건자료 상의 제품명을 기재한다.

② 그림문자의 표시 ★

- "해골과 X자형 뼈"와 "감탄부호(!)"의 그림문자에 모두 해당되는 경우에는 "해골과 X자형 뼈"의 그림문자만을 표시한다.
- 피부 부식성 또는 심한 눈 손상성 그림문자와 피부 자극성 또는 눈 자극성 그림문자에 모두 해당되는 경우에는 피부 부식성 또는 심한 눈 손상성 그림문자만을 표시한다.

- 호흡기 과민성 그림문자와 피부 과민성, 피부 자극성 또는 눈 자극성 그림문자에 모두 해당되는 경우에는 호흡기 과민성 그림문자만을 표시한다.
- 5개 이상의 그림문자에 해당되는 경우에는 4개의 그림문자만을 표시할 수 있다.

③ 신호어는 "위험" 또는 "경고"를 표시한다. 다만, 대상화학물질이 "위험"과 "경고"에 모두 해당되는 경우에는 "위험"만을 표시한다.

④ 유해 · 위험 문구는 해당되는 것을 모두 표시한다. 다만, 중복되는 유해 · 위험문구를 생략하거나 유사한 유해 · 위험 문구를 조합하여 표시할 수 있다.

⑤ 예방조치 문구는 해당되는 것을 모두 표시한다. 다만 다음 각 호의 어느 하나에 해당되는 경우에는 이에 따른다.

- 중복되는 예방조치 문구를 생략하거나 유사한 예방조치 문구를 조합하여 표시할 수 있다.
- 예방조치 문구가 7개 이상인 경우에는 예방 · 대응 · 저장 · 폐기 각 1개 이상(해당문구가 없는 경우는 제외한다)을 포함하여 6개만 표시해도 된다. 이때 표시하지 않은 예방조치 문구는 물질안전보건자료를 참고하도록 기재하여야 한다.

4) 경고표지의 색상 및 위치

경고표지전체의 바탕은 흰색으로, 글씨와 테두리는 검정색으로 하여야 한다. ★

한 눈에 들어오는 키워드

CHAPTER 05

산업재해

한 눈에 들어오는 키워드

01 산업재해 발생원인 및 분석

1 산업재해의 개념

(1) 중대재해의 정의 ★

산업재해 중 사망 등 재해 정도가 심하거나 다수의 재해자가 발생한 경우로서 고용노동부령으로 정하는 재해를 말한다.

① 사망자가 1인 이상 발생한 재해

② 3개월 이상 요양을 요하는 부상자가 동시에 2인 이상 발생한 재해

③ 부상자 또는 직업성 질병자가 동시에 10인 이상 발생한 재해

2 산업재해의 원인

(1) 산업재해의 원인

1) 직접원인

① 인적원인(불안전한 행동)

② 물적원인(불안전한 상태)

2) 간접원인

① 기술적 원인

② 교육적 원인

③ 신체적 원인

④ 정신적 원인

⑤ 작업관리상 원인

기출

재해와 상해발생에 관여하는 3가지 요인(Gordon)

① 기계요인

② 개체요인

③ 환경요인

(2) 인간에러(휴먼 에러)의 배후요인(4M) ★

① Man(인간) : 본인외의 사람, 직장의 인간관계 등
② Machine(기계) : 기계, 장치 등의 물적 요인
③ Media(매체) : 작업정보, 작업방법 등
④ Management(관리) : 작업관리, 법규준수, 단속, 점검 등

3 산업재해의 분석

(1) 사고발생 이론

1) 하인리히(H. W. Heinrich)의 사고발생 도미노 5단계 ★

① 1단계 : 선천적 결함(사회, 환경, 유전적 결함)
② 2단계 : 개인적 결함
③ 3단계 : 불안전 행동(인적결함), 불안전한 상태(물적결함)
④ 4단계 : 사고
⑤ 5단계 : 재해(상해)

(2) 사고방지 이론(하인리히의 사고방지 5단계) ★

1단계 안전조직	• 안전목표 설정 • 안전관리자의 선임 • 안전조직 구성 • 안전활동 방침 및 계획수립 • 조직을 통한 안전 활동 전개
2단계 사실의 발견	• 작업분석 • 점검 • 사고조사 • 안전진단
3단계 분석	• 사고원인 및 경향성 분석 • 작업공정 분석 • 사고기록 및 관계자료 분석 • 인적 · 물적 환경 조건 분석

한 눈에 들어오는 키워드

암기 ★
하인리히의 사고방지 5단계
• 1단계 : 안전조직
• 2단계 : 사실의 발견
• 3단계 : 분석
• 4단계 : 시정방법 선정
• 5단계 : 시정책 적용

4단계 시정방법 선정	• 기술적 개선 • 안전운동 전개 • 교육훈련 분석 • 안전행정의 개선 • 배치 조정 • 규칙 및 수칙 등 제도의 개선
5단계 시정책 적용(3E적용)	• 안전교육(Education) • 안전기술(Engineering) • 안전독려(Enforcement)

(3) 사고빈도법칙

1) 하인리히의 사고빈도법칙(1 : 29 : 300의 법칙)

총 330건의 사고를 분석했을 때

① 중상 또는 사망 : 1건

② 경상해 : 29건

③ 무상해사고 : 300건이 발생함을 의미한다.

2) 버드의 사고빈도법칙(1 : 10 : 30 : 600의 법칙)

총 641건의 사고를 분석했을 때

① 중상 또는 폐질 : 1건

② 경상해 : 10건

③ 무상해사고(물적 손실) : 30건

④ 무상해, 무사고(위험 순간) : 600건이 발생함을 의미한다.

(4) 재해율의 계산

1) 연천인율 ★★

근로자 1,000 명 중 재해자수 비율(1년간)을 말한다.

1. $\text{연천인율} = \dfrac{\text{연간재해자 수}}{\text{연평균 근로자 수}} \times 1{,}000$
2. 연천인율 = 도수율 × 2.4

한 눈에 들어오는 키워드

참고

1. 하인리히의 1 : 29 : 300의 원칙은 300건의 무상해 사고의 원인을 제거해야 함을 강조한다.
2. 무상해, 무사고(위험 순간) = Near Accident

확인

1. 총 660건 사고분석시 (2 : 58 : 600)
   - 중상 또는 사망 : 1×2=2
   - 경상해 : 29×2=58
   - 무상해사고 : 300×2=600
2. 총 990건 사고분석시
   - 중상 또는 사망 : 1×3=3
   - 경상해 : 29×3=87
   - 무상해사고 : 300×3=900

기출

경미사고 (경미한 재해: minor accidents) 통원치료할 정도의 상해가 일어난 경우를 말한다.

참고

재해율

$= \dfrac{\text{재해자수}}{\text{전 근로자수}} \times 100$

[예제 1]

연평균 근로자수가 5,000명인 A 사업장에서 1년 동안에 125건의 재해로 인하여 250명의 사상자가 발생하였다면 이 사업장의 연천인율은 얼마인가?

해설

$$연천인율 = \frac{연간재해자수}{연평균근로자수} \times 1,000 = \frac{250}{5,000} \times 1,000 = 50$$

2) 도수율(빈도율 F.R) ★★★

- 100만 근로시간당 재해발생 건수의 비율을 말한다.

$$도수율(빈도율) = \frac{재해\ 건수}{연\ 근로\ 시간\ 수} \times 10^6$$

- 근로자 1인의 1년간 총 근로시간수 계산

$$8시간 \times 300일 = 2,400시간$$

- 1일 근로시간 8시간
- 1년 근로일수 300일

[예제 2]

50명의 근로자가 작업하는 사업장에서 1년 동안 3건의 재해로 인하여 15일의 근로손실일수가 발생하였다면 이 사업장의 도수율은 얼마인가? (단, 근로자는 1일 8시간씩 연간 300일 근무하였다.)

해설

$$도수율 = \frac{재해\ 건수}{연\ 근로\ 시간\ 수} \times 10^6 = \frac{3}{50 \times 8 \times 300} \times 10^6 = 25$$

한 눈에 들어오는 키워드

한 눈에 들어오는 키워드

확인
사망 및 1, 2, 3급의 근로손실일수 계산
25년× 300일 = 7,500일
- 근로손실 연수 : 25년(노동이 가능한 연령을 55세, 재해로 인한 사망자의 평균 연령을 30세로 본다.)

확인
근로자 1인의 평생 근로시간수 계산
(40년×2,400시간) + 4,000시간 = 100,000시간
- 1인의 일평생 근로연수 : 40년
- 1년 총 근로시간수 : 2,400시간
- 일평생 잔업시간 : 4,000시간

3) 강도율(S.R) ★★★

1,000 근로시간당 근로손실일수 비율을 말한다.

$$강도율 = \frac{총요양근로손실일수}{연\ 근로\ 시간\ 수} \times 1,000$$

$$(근로손실일수 = 휴업일수,\ 요양일수,\ 입원일수 \times \frac{300(실제근로일수)}{365})$$

신체장해등급	사망, 1,2,3급	4급	5급	6급	7급	8급
손실일수	7,500일	5,500일	4,000일	3,000일	2,200일	1,500일

신체장해등급	9급	10급	11급	12급	13급	14급
손실일수	1,000일	600일	400일	200일	100일	50일

[예제 3]

연간총근로시간수가 100,000시간인 사업장에서 1년 동안 재해가 50건 발생하였으며, 손실된 근로일수가 100일이었다. 이 사업장의 강도율은 얼마인가?

해설

$$강도율 = \frac{총요양근로손실일수}{연근로시간수} \times 1,000 = \frac{100}{100,000} \times 1,000 = 1$$

4) 종합재해지수 ★★

$$FSI = \sqrt{FR \times SR} = \sqrt{도수율 \times 강도율}$$

5) 환산 강도율(S) ★★

일평생 근로하는 동안의 근로손실일수를 말한다.

$$1.\ 환산\ 강도율 = \frac{총요양근로손실일수}{연\ 근로\ 시간수} \times 평생근로시간수(100,000)$$

$$2.\ 환산\ 강도율 = 강도율 \times 100$$

6) 환산 도수율(F) ★★

일평생 근로하는 동안의 재해건수를 말한다.

1. $\text{환산 도수율} = \dfrac{\text{재해건수}}{\text{연 근로 시간 수}} \times \text{평생근로시간수}(100,000)$
2. 환산 도수율 = 도수율 ÷ 10

한 눈에 들어오는 키워드

02 산업재해 대책

1 산업재해의 보상

(1) 재해손실비의 종류 및 계산

<table>
<tr><td rowspan="2">하인리히 방식 ★</td><td colspan="2">총 재해비용 = 직접비 + 간접비
(1 : 4)</td></tr>
<tr><td>직접비 ★
• 치료비
• 휴업급여
• 요양급여
• 유족급여
• 장해급여
• 간병급여
• 직업재활급여
• 상병(傷病)보상연금
• 장의비 등</td><td>간접비
• 인적 손실비
• 물적 손실비
• 생산 손실비
• 기계 · 기구 손실비 등</td></tr>
<tr><td>시몬즈의 방식</td><td colspan="2">총 재해코스트 = 보험코스트 + 비보험코스트
총 재해코스트 = 산재보험료 + [(A × 휴업상해 건수)
+ (B × 통원상해 건수)
+ (C × 구급조치상해 건수)
+ (D × 무상해 사고 건수)]
* A, B, C, D : 상수(각 재해에 대한 평균 비보험코스트)
① 보험코스트 = 산재보험료
② 비보험코스트
• 휴업상해 • 통원상해
• 구급조치상해 • 무상해 사고</td></tr>
</table>

한 눈에 들어오는 키워드

[예제 4]

산업재해로 인한 직접손실비용이 300만원 발생하였다면, 총재해손실비는 얼마로 추정되는가? (단, 하인리히의 재해손실비 산출기준을 따른다.)

해설

하인리히의 재해손실비용

총 재해비용 = 직접비 + 간접비 (1 : 4)

총 재해비용 = 직접비 + 간접비 = 300 + (300 × 4) = 1,500만원

2 산업재해의 대책

(1) 산업재해 예방의 4원칙 ★

① 예방 가능의 원칙 : 재해는 원칙적으로 원인만 제거되면 예방이 가능하다.

② 손실 우연의 원칙 : 사고의 결과 생기는 상해의 종류와 정도는 사고 발생 시 사고대상의 조건에 따라 우연히 발생한다.

③ 대책 선정의 원칙 : 사고의 원인에 대한 적합한 대책이 선정되어야 한다.

④ 원인 연계의 원칙 : 재해는 직접원인과 간접원인이 연계되어 일어난다.

02

제2과목 작업위생측정 및 평가

CHAPTER 01

측정 및 분석

한 눈에 들어오는 키워드

01 시료채취계획

1 측정의 정의

(1) 산업안전보건법상의 용어정의

① 액체채취방법이란 시료공기를 액체 중에 통과시키거나 액체의 표면과 접촉시켜 용해 · 반응 · 흡수 · 충돌 등을 일으키게 하여 해당 액체에 작업환경측정을 하려는 물질을 채취하는 방법을 말한다.

② 고체채취방법이란 시료공기를 고체의 입자층을 통해 흡입, 흡착하여 해당 고체 입자에 측정하려는 물질을 채취하는 방법을 말한다.

③ 직접채취방법이란 시료공기를 흡수, 흡착 등의 과정을 거치지 아니하고 직접채취대 또는 진공채취병 등의 채취용기에 물질을 채취하는 방법을 말한다.

④ 냉각응축채취방법이란 시료공기를 냉각된 관 등에 접촉 · 응축시켜 측정하려는 물질을 채취하는 방법을 말한다.

⑤ 여과채취방법이란 시료공기를 여과재를 통하여 흡인함으로써 해당 여과재에 측정하려는 물질을 채취하는 방법을 말한다.

⑥ 개인시료채취란 개인시료채취기를 이용하여 가스 · 증기 · 분진 · 흄(fume) · 미스트(mist) 등을 근로자의 호흡위치(호흡기를 중심으로 반경 30cm인 반구)에서 채취하는 것을 말한다. ★★

⑦ 지역시료채취란 시료채취기를 이용하여 가스 · 증기 · 분진 · 흄(fume) · 미스트(mist) 등을 근로자의 작업행동 범위에서 호흡기 높이에 고정하여 채취하는 것을 말한다. ★★

⑧ 노출기준이란 산업안전보건법에서 정한 작업환경 평가기준을 말한다.

⑨ 최고노출근로자란 작업환경측정대상 유해인자의 발생 및 취급원에서 가장 가까운 위치의 근로자이거나 작업환경측정대상 유해인자에 가장 많이 노출될 것으로 간주되는 근로자를 말한다.

⑩ 단위작업장소란 작업환경측정대상이 되는 작업장 또는 공정에서 정상적인 작업을 수행하는 동일 노출집단의 근로자가 작업을 하는 장소를 말한다. ★★

실기 기출★
호흡위치 기준
① 우리나라 : 호흡기를 중심으로 반경 30cm인 반구
② OSHA : 어깨 전방으로 직경 6~9inch인 반구

⑪ 호흡성 분진이란 호흡기를 통하여 폐포에 축적될 수 있는 크기의 분진을 말한다.

⑫ 흡입성 분진이란 호흡기의 어느 부위에 침착하더라도 독성을 일으키는 분진을 말한다.

⑬ 입자상 물질이란 화학적 인자가 공기 중으로 분진 · 흄(fume) · 미스트(mist) 등의 형태로 발생되는 물질을 말한다.

⑭ 가스상 물질이란 화학적 인자가 공기 중으로 가스 · 증기의 형태로 발생되는 물질을 말한다.

⑮ 정도관리란 작업환경측정 · 분석치에 대한 정확성과 정밀도를 확보하기 위하여 지정측정기관의 작업환경측정 · 분석능력을 평가하고, 그 결과에 따라 지도 · 교육 그 밖에 측정 · 분석능력 향상을 위하여 행하는 모든 관리적 수단을 말한다.

⑯ 정확도란 분석치가 참값에 얼마나 접근하였는가 하는 수치상의 표현을 말한다. ★★

⑰ 정밀도란 일정한 물질에 대해 반복측정 · 분석을 했을 때 나타나는 자료 분석치의 변동크기가 얼마나 작은가 하는 수치상의 표현을 말한다. (산업위생통계에서 측정방법의 정밀도는 변이계수로 나타낸다.) ★★

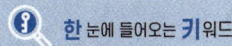

(2) 작업환경측정 대상 작업장

작업환경측정대상 작업장이란 작업환경측정 대상 유해인자에 노출되는 근로자가 있는 작업장을 말한다.

참고

작업환경측정 대상 유해인자

1. 화학적 인자
   - 유기화합물(114종)
   - 금속류(24종)
   - 산 및 알칼리류(17종)
   - 가스 상태 물질류(15종)
   - 허가 대상 유해물질(12종)
   - 금속가공유(Metal working fluids, 1종)
2. 물리적 인자(2종)
   - 8시간 시간가중평균 80dB 이상의 소음
   - 고열

한 눈에 들어오는 키워드

한 눈에 들어오는 키워드

3. 분진(7종)
   - 광물성 분진(Mineral dust)
   - 곡물 분진(Grain dust)
   - 면 분진(Cotton dust)
   - 목재 분진(Wood dust)
   - 석면 분진(Asbestos dusts; 1332-21-4 등)
   - 용접 흄(Welding fume)
   - 유리섬유(Glass fiber dust)
4. 그 밖에 고용노동부장관이 정하여 고시하는 인체에 해로운 유해인자

(3) 작업환경측정 제외대상 작업장 ★

① 임시 작업 및 단시간 작업을 하는 작업장(고용노동부 장관이 정하여 고시하는 물질을 취급하는 작업은 제외한다)

② 관리대상 유해물질의 허용소비량을 초과하지 아니하는 작업장(그 관리대상 유해물질에 관한 작업환경측정만 해당한다)

③ 분진작업의 적용 제외 작업장(분진에 관한 작업환경측정만 해당한다)

④ 그 밖에 작업환경측정 대상 유해인자의 노출 수준이 노출기준에 비하여 현저히 낮은 경우로서 고용노동부장관이 정하여 고시하는 작업장(「석유 및 석유대체연료 사업법 시행령」에 따른 주유소)

(4) 작업환경 측정 횟수

① 사업주는 작업장 또는 작업공정이 신규로 가동되거나 변경되는 등으로 작업환경측정 대상 작업장이 된 경우에는 그 날부터 30일 이내에 작업환경측정을 하고, 그 후 반기(半期)에 1회 이상 정기적으로 작업환경을 측정해야 한다. 다만, 작업환경측정 결과가 다음 각 호의 어느 하나에 해당하는 작업장 또는 작업공정은 해당 유해인자에 대하여 그 측정일부터 3개월에 1회 이상 작업환경측정을 해야 한다. ★

암기

3개월에 1회 이상 작업환경측정을 하여야 하는 경우 ★★

① 화학적 인자(고용노동부장관이 정하여 고시하는 물질만 해당한다)의 측정치가 노출기준을 초과하는 경우
② 화학적 인자(고용노동부장관이 정하여 고시하는 물질은 제외한다)의 측정치가 노출기준의 2배 이상 초과하는 경우

② 사업주는 최근 1년간 작업공정에서 공정 설비의 변경, 작업방법의 변경, 설비의 이전, 사용 화학물질의 변경 등으로 작업환경측정 결과에 영향을 주는 변화가 없는 경우로서 다음 각 호의 어느 하나에 해당하는 경우에는 해당 유해인자에 대한 작업환경측정을 1년에 1회 이상 할 수 있다. 다만, 고용노동부장관이 정하여 고시하는 물질을 취급하는 작업공정은 그러하지 아니하다.

암기

1년 1회 이상 작업환경측정을 할 수 있는 경우 ★★

① 작업공정 내 소음의 작업환경측정 결과가 최근 2회 연속 85데시벨(dB) 미만인 경우
② 작업공정 내 소음 외의 다른 모든 인자의 작업환경측정 결과가 최근 2회 연속 노출기준 미만인 경우

③ 측정 시기는 전회(前回)측정을 완료한 날부터 다음 각 호에서 정하는 간격을 두어야 한다.

암기

측정 시기 ★

① 측정 횟수가 6개월에 1회 이상인 경우 3개월 이상
② 측정 횟수가 3개월에 1회 이상인 경우 45일 이상
③ 측정 횟수가 1년에 1회 이상인 경우 6개월 이상

한 눈에 들어오는 키워드

(5) 작업환경측정 신뢰성 평가 ★

공단은 다음 각 호의 어느 하나에 해당하는 경우에는 작업환경측정 신뢰성평가를 할 수 있다.

① 작업환경측정 결과가 노출기준 미만인데도 직업병 유소견자가 발생한 경우
② 공정설비, 작업방법 또는 사용 화학물질의 변경 등 작업 조건의 변화가 없는데도 유해인자 노출수준이 현저히 달라진 경우
③ 작업환경측정방법을 위반하여 작업환경측정을 한 경우 등 신뢰성 평가의 필요성이 인정되는 경우

2) 공단이 신뢰성 평가를 할 때에는 작업환경측정 결과와 작업환경측정 서류를 검토하고, 해당 작업공정 또는 사업장에 대하여 작업환경측정을 해야 하며, 그 결과를 해당 사업장의 소재지를 관할하는 지방고용노동관서의 장에게 보고해야 한다.

> **한 눈에 들어오는 키워드**
>
> 기출
> mppcf
> (million particle per cubic feet)
> ① 단위 공기 중에 들어 있는 분자량(분진의 질이나 양과는 무관)
> ② 1mppcf = 35.31입자(개)/mL
> 1mppcf = 35.31입자(개)/cm^3
> ③ 우리나라 : 공기(mL) 중의 분자 수로 표시(입자/mL),
> 미국 : $1ft^3$당 몇 백만 개(몇 백만 개/ft^3)로 표시
> ④ OSHA 노출기준(PEL) 중 mica와 graphite는 mppcf로 표시한다.

2 작업환경 측정의 목적

(1) 작업환경 측정의 목표 ★★

① 유해인자에 대한 근로자의 노출정도 파악(허용기준 초과여부를 결정)
- 근로자 노출수준 파악을 위한 간접방법이며 직접방법은 아니다.

② 환기시설 성능 평가
- 환기시설 가동 전과 후의 공기 중 유해물질 농도를 측정하여 환기시설의 성능을 평가한다.

③ 역학조사 시 근로자의 노출량 파악
- 역학조사 시 근로자의 노출량을 파악하여 노출량과 반응과의 관계를 평가한다.

④ 정부 노출기준과의 비교
- 근로자의 노출 정도가 법적 노출기준을 초과하는지 여부를 판단한다.

⑤ 최소의 오차범위 내에서 최소의 시료수를 가지고 최대의 근로자를 보호한다.
⑥ 작업공정, 물질, 노출 요인의 변경으로 인해 근로자에 대한 과대한 노출의 가능성을 최소화한다.
⑦ 과거의 노출농도가 타당한가를 확인한다.
⑧ 노출기준을 초과하는 상황에 근로자가 더 이상 노출되지 않게 보호한다.
⑨ ①~⑧ 중에 가장 큰 목적은 근로자의 노출 정도를 알아내는 것으로 질병에 대한 질병 원인을 규명하는 것은 아니며, 근로자의 노출 수준을 간접적 방법으로 파악하는 것이다. ★

암기

측정 목표는 노출정도 · 노출량 파악하고, 노출기준과 비교하여 환기 성능 평가

한 눈에 들어오는 키워드

3 작업환경 측정의 종류

(1) 개인시료채취

① 개인시료 채취기를 이용하여 가스 · 증기, 흄, 미스트 등을 근로자 호흡위치(호흡기를 중심으로 반경 30cm인 반구)에서 채취하는 것을 말한다. ★★

② 작업환경측정에서는 개인시료 채취를 원칙으로 하며 개인시료 채취가 곤란한 경우 지역시료를 채취를 할 수 있다.

③ 작업자에게 노출되는 정도를 알 수 있다.(유해인자의 노출 양, 강도를 간접적으로 측정하는 방법)

(2) 지역시료채취

① 시료채취기를 이용하여 가스 · 증기, 분진, 흄, 미스트 등을 근로자의 정상 작업위치 또는 작업행동 범위에서 호흡기 높이에 고정하여 채취하는 것을 말한다.

② 특정 공정의 농도분포의 변화 및 환기장치의 효율성 변화 등을 알 수 있다.

③ 특정 공정의 계절별 농도변화 및 공정의 주기별 농도변화 등의 분석이 가능하다.

④ 측정결과를 통해서 근로자에게 노출되는 유해인자의 배경농도와 시간별 변화 등을 평가할 수 있다.

⑤ 지역시료채취는 개인시료 채취를 대신할 수 없으며 근로자의 노출정도를 평가할 수 없다.(개인시료 채취가 곤란한 경우 보조적으로 사용)

4 작업환경 측정 순서

(1) 작업환경 측정 순서 ★★

예비조사 → 작업환경측정계획 및 준비 → 측정 → 시료운반 및 저장 → 시료분석 → 시료평가 → 보고서 작성

한 눈에 들어오는 키워드

5 작업환경측정 방법, 단위작업장소의 측정 설계

(1) 노출기준의 종류별 측정시간 ★★

① 「화학물질 및 물리적 인자의 노출기준」에 시간가중평균기준(TWA)이 설정되어 있는 대상물질을 측정하는 경우에는 1일 작업시간 동안 6시간 이상 연속 측정하거나 작업시간을 등간격으로 나누어 6시간 이상 연속 분리하여 측정하여야 한다. 다만, 다음 각 호의 어느 하나에 해당하는 경우에는 대상물질의 발생시간 동안 측정할 수 있다.

암기

대상물질의 발생시간 동안 측정하여야 하는 경우 ★★

① 대상물질의 발생시간이 6시간 이하인 경우
② 불규칙작업으로 6시간 이하의 작업
③ 발생원에서의 발생시간이 간헐적인 경우

② 노출기준 고시에 단시간 노출기준(STEL)이 설정되어 있는 물질로서 노출이 균일하지 않은 작업특성으로 인하여 단시간 노출평가가 필요하다고 자격자(작업환경측정자의 자격을 가진 자) 또는 작업환경측정기관이 판단하는 경우에는 단시간 측정을 할 수 있다. 이 경우 1회에 15분간 측정하되 유해인자 노출특성을 고려하여 측정횟수를 정할 수 있다.

③ 노출기준 고시에 최고노출기준(Ceiling, C)이 설정되어 있는 대상물질을 측정하는 경우에는 최고노출 수준을 평가할 수 있는 최소한의 시간동안 측정하여야 한다. 다만 시간가중평균기준(TWA)이 함께 설정되어 있는 경우에는 1)에 따른 측정을 병행하여야 한다.

(2) 단위작업장소의 측정 설계 및 시료채취 근로자수

1) 단위작업장소 ★

작업환경측정대상이 되는 작업장 또는 공정에서 정상적인 작업을 수행하는 동일 노출집단의 근로자가 작업을 행하는 장소를 말한다.

2) 시료채취 근로자 수 ★★★

① 단위작업 장소에서 최고 노출근로자 2명 이상에 대하여 동시에 개인 시료채취 방법으로 측정하되, 단위작업 장소에 근로자가 1명인 경우에는 그러하지 아니하며, 동일 작업근로자수가 10명을 초과하는 경우에는 매 5명당 1명 이상 추가하여 측정하여야 한다. 다만, 동일 작업근로자수가 100명을 초과하는 경우에는 최대 시료채취 근로자수를 20명으로 조정할 수 있다.

② 지역 시료채취 방법으로 측정을 하는 경우 단위작업장소 내에서 2개 이상의 지점에 대하여 동시에 측정하여야 한다. 다만, 단위작업 장소의 넓이가 50평방미터 이상인 경우에는 매 30평방미터마다 1개 지점 이상을 추가로 측정하여야 한다.

(3) 작업환경 측정 단위 ★★

① 화학적 인자의 가스, 증기, 분진, 흄(fume), 미스트(mist) 등의 농도는 피피엠(ppm) 또는 세제곱미터당 밀리그램(mg/m^3)으로 표시한다. 다만, 석면의 농도 표시는 세제곱센티미터당 섬유개수(개/cm^3)로 표시한다.

② 피피엠(ppm)과 세제곱미터당 밀리그램(mg/m^3) 간의 상호 농도변환은 다음 계산식과 같다.

암기

ppm과 mg/m^3의 상호 농도변환 ★★★

1. 0℃, 1기압의 경우

$$mg/m^3 = \frac{ppm \times 분자량}{22.4}$$

2. 21℃, 1기압의 경우

$$mg/m^3 = \frac{ppm \times 분자량}{24.1}$$

3. 25℃, 1기압의 경우

$$mg/m^3 = \frac{ppm \times 분자량}{24.45}$$

③ 소음수준의 측정단위는 데시벨[dB(A)]로 표시한다.

④ 고열(복사열 포함)의 측정단위는 습구 · 흑구 온도지수(WBGT)를 구하여 섭씨온도(℃)로 표시한다.

한 눈에 들어오는 키워드

참고

부피보정

$$22.4l \times \frac{(273+℃)(760)}{(273)(P)}$$

(0℃, 1기압에서 공기 1몰의 부피 : 22.4l)

- P : 나중압력
- ℃ : 나중온도

※ 문제

다음 0℃, 1atm에서 H_2 1.0m^3는 273℃, 700mmHg 상태에서 몇 m^3인가?

해설

$$1.0 \times \frac{(273+273) \times 760}{(273+0) \times 700} = 2.17(m^3)$$

(1atm = 1기압 = 760mmHg)

한 눈에 들어오는 키워드

암기

작업환경 측정의 단위 표시 ★★

- 석면 : 개/cm^3(세제곱센티미터당 섬유개수)
- 가스, 증기, 분진, 흄, 미스트 : mg/m^3 또는 ppm
- 고열(복사열 포함) : 습구 · 흑구온도지수를 구하여 ℃로 표시
- 소음 : [dB(A)]

[예제 1]

세척제로 사용하는 트리클로로에틸렌의 근로자 노출농도 측정을 위해 과거의 노출 농도를 조사해 본 결과, 평균 90ppm이었다. 활성탄 관을 이용하여 0.17 ℓ/분으로 채취하고자 할 때 채취하여야 할 최소한의 시간(분)은? (단, 25℃, 1기압 기준, 트리클로로 에틸렌의 분자량은 131.39, 가스크로마토그래피의 정량한계는 시료당 0.4mg)

해설

ppm과 mg/m^3의 상호 농도변환

- 25℃, 1기압의 경우

$$\text{노출기준}(mg/m^3) = \frac{\text{노출기준}(ppm) \times \text{그램분자량}}{24.45}$$

$$mg/m^3 = \frac{90 \times 131.39}{24.45} = 483.64(mg/m^3)$$

$$\frac{483.64mg}{m^3} = \frac{0.4mg}{\dfrac{0.17 \times 10^{-3}m^3}{min} \times x\ min}$$

$$0.4 = 483.64 \times 0.17 \times 10^{-3} \times x$$

$$x = \frac{0.4}{483.64 \times 0.17 \times 10^{-3}} = 4.87(min)$$

$(l = 10^{-3}m^3)$

[예제 2]

어느 작업장의 온도가 18℃이고, 기압이 770mmHg, Methylethyl Ketone(분자량 = 72)의 농도가 26ppm 일 때 mg/m^3 단위로 환산된 농도는?

해설

풀이 1. $mg/m^3 = \dfrac{26 \times 72}{23.57} = 79.42(mg/m^3)$

18℃, 770mmHg의 공기부피

$$22.4 \times \left(\frac{273+18}{273} \times \frac{760}{770}\right) = 23.57(mg/m^3)$$

풀이 2. $mg/m^3 = \dfrac{26 \times 72}{22.4} = 83.57(mg/m^3)$

0℃ → 18℃로 온도보정

$83.57 \times \dfrac{273}{273+18} \times \dfrac{770}{760} = 79.43(mg/m^3)$

[예제 3]

어느 작업장에서 SO_2를 측정한 결과 3ppm을 얻었다. 이를 mg/m^3로 환산하면 얼마인가? (단, 원자량 S = 32, 온도는 24℃, 기압은 730mmHg)

해설

$mg/m^3 = \dfrac{3 \times 64}{25.37} = 7.57(mg/m^3)$

1. 25℃, 1기압(760mmHg) 공기 1몰의 부피를 24℃, 730mmHg로 보정

$24.45 \times (\dfrac{273+24}{273+25} \times \dfrac{760}{730}) = 25.37(mg/m^3)$

2. SO_2의 분자량 = 32 + (16 × 2) = 64(g)

[예제 4]

수동식 시료채취기(Passive Sampler)로 8시간 동안 벤젠을 포집하였다. 포집된 시료를 GC를 이용하여 분석한 결과 20,000ng이었으며 공시료는 0ng이었다. 회사에서 제시한 벤젠의 시료채취량은 35.6mL/분이고 탈착효율은 0.96이라면 공기 중 농도는 몇 ppm인가? (단, 벤젠의 분자량은 78, 25℃, 1기압 기준)

해설

$mg/m^3 = \dfrac{ppm \times 분자량}{24.45}$

$ppm \times 분자량 = 24.45 \times mg/m^3$

$ppm = \dfrac{24.45 \times mg/m^3}{분자량} = \dfrac{24.45 \times 1.17}{78} = 0.37(ppm)$

1. $\dfrac{mg}{m^3} = \dfrac{20{,}000 \times 10^{-6}mg}{\dfrac{35.6 \times 10^{-6}m^3}{min} \times (8 \times 60)min} = 1.17(mg/m^3)$

2. $ng = 10^{-9}g,\ mg = 10^{-3}g \quad \therefore ng = 10^{-6}mg$

$mL = 10^{-3}L,\ L = 10^{-3}m^3 \quad \therefore mL = 10^{-6}m^3$

탈착효율이 0.96(96%)이므로

$0.96 : 0.37 = 1 : x$

$0.96x = 0.37$

$x = \dfrac{0.37}{0.96} = 0.39(ppm)$

한 눈에 들어오는 키워드

[예제 5]

작업장에서 오염물질 농도를 측정하였더니 그 중 일산화탄소(CO)가 0.01%이였다. 이 때 일산화탄소 농도(mg/m³)는 약 얼마인가? (단, 25℃, 1기압 기준)

해설

$$\text{노출기준}(mg/m^3) = \frac{0.01 \times 10^4 ppm \times 28}{24.45} = 114.52(mg/m^3)$$

- $\% : 10^{-2}$, $ppm = 10^{-6}$, $\therefore \% = 10^4 ppm$
- CO의 분자량 $= 12 + 16 = 28(g)$

[예제 6]

접합공정에서 본드를 사용하는 작업장에서 톨루엔을 측정하고자 한다. 노출기준의 10%까지 측정하고자 할 때, 최소 시료채취 시간은 약 몇 분인가? (단, 25℃, 1기압 기준이며 톨루엔의 분자량은 92.14, 기체크로마토그래피의 분석에서 톨루엔의 정량한계는 0.5mg, 노출기준은 100ppm, 채취유량은 0.15L/분이다.)

해설

$$mg/m^3 = \frac{ppm \times \text{분자량}}{24.45}$$

$$mg/m^3 = \frac{100 \times 92.14}{24.45} = 376.85(mg/m^3)$$

$$\text{노출기준의 } 10\% \rightarrow 37.685(mg/m^3)$$

$$\frac{0.5mg}{\frac{0.15 \times 10^{-3} m^3}{min} \times x min} = 37.685$$

$$37.685 \times 0.15 \times 10^{-3} \times x = 0.5$$

$$x = \frac{0.5}{37.685 \times 0.15 \times 10^{-3}} = 88.45(min)$$

$$(0.15L/min = 0.15 \times 10^{-3} m^3/min)$$

[예제 7]

실내공간이 100m³인 빈 실험실에 MEK(Methyl Ethyl Ketone) 2mL가 기화되어 완전히 혼합되었을 때, 이 때 실내의 MEK농도는 약 몇 ppm인가? (단, MEK 비중은 0.805, 분자량은 72.1, 실내는 25℃, 1기압 기준이다.)

해설

$$mg/m^3 = \frac{ppm \times \text{분자량}}{24.45}$$

$$ppm \times \text{분자량} = mg/m^3 \times 24.45$$

$$ppm = \frac{mg/m^3 \times 24.45}{분자량} = \frac{16.10 \times 24.45}{72.1} = 5.46\,ppm$$

$$\left[\begin{array}{l} 1.\ 증발량 = 2mL \times 0.805g/mL = 1.61g \times 1{,}000 = 1{,}610mg \\ 2.\ \frac{1{,}610mg}{100m^3} = 16.10mg/m^3 \end{array}\right]$$

[예제 8]

활성탄관을 연결한 저유량 공기 시료채취펌프를 이용하여 벤젠증기(MW = 78g/mol)를 $0.112m^3$ 채취하였다. GC를 이용하여 분석한 결과 657μg의 벤젠이 검출되었다면 벤젠 증기의 농도(ppm)는? (단, 온도 25℃ 압력 760mmHg)

해설

1. $mg/m^3 = \frac{657 \times 10^{-3}mg}{0.112m^3} = 5.87(mg/m^3)$

   $(\mu g = 10^{-6}g,\ mg = 10^{-3}g,\ \therefore\ \mu g = 10^{-3}mg)$

2. $mg/m^3 = \frac{ppm \times 분자량}{24.45}$

   $ppm = \frac{mg/m^3 \times 24.45}{분자량} = \frac{5.87 \times 24.45}{78} = 1.84(ppm)$

(4) 소음의 측정방법

1) 소음측정 기기 ★★

① 소음측정에 사용되는 기기("소음계")는 누적소음 노출량측정기, 적분형소음계 또는 이와 동등 이상의 성능이 있는 것으로 하되 개인 시료채취 방법이 불가능한 경우에는 지시소음계를 사용할 수 있으며, 발생시간을 고려한 등가소음레벨 방법으로 측정할 것. 다만, 소음발생 간격이 1초 미만을 유지하면서 계속적으로 발생되는 소음("연속음"이라 한다)을 지시소음계 또는 이와 동등 이상의 성능이 있는 기기로 측정할 경우에는 그러하지 아니할 수 있다.

② 소음계의 청감보정회로는 A특성으로 할 것 ★★

③ 소음측정은 다음과 같이 할 것 ★★

- 소음계 지시침의 동작은 느린(Slow) 상태로 한다.
- 소음계의 지시치가 변동하지 않는 경우에는 해당 지시치를 그 측정점에서의 소음수준으로 한다.

한 눈에 들어오는 키워드

한 눈에 들어오는 키워드

④ 누적소음노출량 측정기로 소음을 측정하는 경우에는 Criteria는 90dB, Exchange Rate는 5dB, Threshold는 80dB로 기기를 설정할 것 ★★
⑤ 소음이 1초 이상의 간격을 유지하면서 최대음압수준이 120dB(A) 이상의 소음인 경우에는 소음수준에 따른 1분 동안의 발생횟수를 측정할 것 ★★

2) 측정위치

① 개인 시료채취 방법으로 측정하는 경우에는 소음측정기의 센서 부분을 작업 근로자의 귀 위치(귀를 중심으로 반경 30cm인 반구)에 장착하여야 한다.
② 지역 시료채취 방법으로 측정하는 경우에는 소음측정기를 측정대상이 되는 근로자의 주 작업행동 범위 내에서 작업근로자 귀 높이에 설치하여야 한다.

3) 소음 측정시간 ★★★

① 단위작업 장소에서 소음수준은 규정된 측정위치 및 지점에서 1일 작업시간 동안 6시간 이상 연속 측정하거나 작업시간을 1시간 간격으로 나누어 6회 이상 측정하여야 한다. 다만, 소음의 발생특성이 연속음으로서 측정치가 변동이 없다고 자격자 또는 지정측정기관이 판단한 경우에는 1시간 동안을 등간격으로 나누어 3회 이상 측정할 수 있다.
② 단위작업 장소에서의 소음발생시간이 6시간 이내인 경우나 소음발생원에서의 발생시간이 간헐적인 경우에는 발생시간 동안 연속 측정하거나 등간격으로 나누어 4회 이상 측정하여야 한다.

(5) 고열의 측정방법

기출
시료채취전략을 수립하기 위해 조사하여야 할 항목
① 유해인자의 특성
② 근로자들의 작업특성
③ 작업장과

1) 고열 측정기기

고열은 습구흑구온도지수(WBGT)를 측정할 수 있는 기기 또는 이와 동등 이상의 성능을 가진 기기를 사용한다.

2) 고열 측정방법 ★★★

① 측정은 단위작업 장소에서 측정대상이 되는 근로자의 주 작업 위치에서 측정한다.
② 측정기의 위치는 바닥면으로부터 50센티미터 이상, 150센티미터 이하의 위치에서 측정한다.
③ 측정기를 설치한 후 충분히 안정화시킨 상태에서 1일 작업시간 중 가장 높은 고열에 노출되는 1시간을 10분 간격으로 연속하여 측정한다.

3) 습구흑구온도지수(WBGT)의 산출 ★★★

① 옥외(태양광선이 내리쬐는 장소)

WBGT(℃) = 0.7 × 자연습구온도 + 0.2 × 흑구온도 + 0.1 × 건구온도

② 옥내 또는 옥외(태양광선이 내리쬐지 않는 장소)

WBGT(℃) = 0.7 × 자연습구온도 + 0.3 × 흑구온도

③ 평균 WBGT

$$\text{평균 WBGT(℃)} = \frac{WBGT_1 \times t_1 + WBGT_2 \times t_2 + \cdots + WBGT_n \times t_n}{t_1 + t_2 + \cdots + t_n}$$

$WBGT_n$: 각 습구흑구온도지수의 측정치(℃)
t_n : 각 습구흑구온도지수의 측정시간(분)

[예제 9]

옥내작업장에서 측정한 건구온도가 73℃이고 자연습구온도 65℃, 흑구온도 81℃일 때, WBGT는?

해설

옥내 또는 옥외(태양광선이 내리쬐지 않는 장소)

WBGT(℃) = 0.7 × 자연습구온도 + 0.3 × 흑구온도

WBGT(℃) = 0.7 × 65 + 0.3 × 81 = 69.8℃

(6) 가스상 물질의 측정방법

1) 측정 및 분석방법

작업환경측정 대상 유해인자 중 가스상 물질의 경우 개인시료채취기 또는 이와 동등 이상의 특성을 가진 측정기기를 사용하여 시료를 채취한 후 원자흡광분석, 가스크로마토그래프분석 또는 이와 동등 이상의 분석방법으로 정량분석하여야 한다.

2) 가스상 물질의 측정위치

① 개인 시료채취 방법으로 측정하는 경우에는 측정기기를 작업 근로자의 호흡기 위치에 장착하여야 한다.

한 눈에 들어오는 키워드

한 눈에 들어오는 키워드

② 지역 시료채취 방법으로 측정하는 경우에는 측정기기를 발생원의 근접한 위치 또는 작업근로자의 주 작업행동 범위 내에서 작업근로자 호흡기 높이에 설치하여야 한다.

3) 검지관방식의 측정

① 다음 각 호의 어느 하나에 해당하는 경우에는 검지관방식으로 측정할 수 있다.

암기

검지관방식으로 측정할 수 있는 경우 ★★★

① 예비조사 목적인 경우
② 검지관방식 외에 다른 측정방법이 없는 경우
③ 발생하는 가스상 물질이 단일물질인 경우(다만, 자격자가 측정하는 사업장에 한정한다.)

② 자격자가 해당 사업장에 대하여 검지관방식으로 측정하는 경우 사업주는 2년에 1회 이상 사업장 위탁측정기관에 의뢰하여 측정하여야 한다.

③ 검지관방식의 측정결과가 노출기준을 초과하는 것으로 나타난 경우에는 즉시 재측정하여야 하며, 해당 사업장에 대하여는 측정치가 노출기준 이하로 나타날 때까지는 검지관방식으로 측정할 수 없다.

④ 검지관방식으로 측정하는 경우에는 해당 작업근로자의 호흡기 및 가스상 물질 발생원에 근접한 위치 또는 근로자 작업행동 범위의 주 작업 위치에서의 근로자 호흡기 높이에서 측정하여야 한다. ★★

⑤ 검지관방식으로 측정하는 경우에는 1일 작업시간 동안 1시간 간격으로 6회 이상 측정하되 측정시간마다 2회 이상 반복 측정하여 평균값을 산출하여야 한다. 다만, 가스상 물질의 발생시간이 6시간 이내일 때에는 작업시간 동안 1시간 간격으로 나누어 측정하여야 한다. ★★

(7) 입자상 물질의 측정방법

1) 측정 및 분석방법 ★★

① 석면의 농도는 여과채취방법으로 측정하고 계수방법 또는 이와 동등 이상의 분석방법으로 분석할 것 ★★

② 광물성분진은 여과채취방법으로 측정하고 석영, 크리스토바라이트, 트리디마이트를 분석할 수 있는 적합한 방법으로 분석할 것(다만 규산염과 그 밖의 광물성분진은 중량분석방법으로 분석한다.)

③ 용접 흄은 여과채취방법으로 측정하되 용접보안면을 착용한 경우에는 그 내부에서 시료를 채취하고 중량분석방법과 원자흡광광도계 또는 유도결합프라스마를 이용한 방법으로 분석할 것 ★★

④ 석면, 광물성분진 및 용접 흄을 제외한 입자상 물질은 여과채취방법으로 측정한 후 중량분석방법이나 유해물질 종류에 따른 적합한 방법으로 분석할 것

⑤ 호흡성분진은 호흡성분진용 분립장치 또는 호흡성분진을 채취할 수 있는 기기를 이용한 여과채취방법으로 측정할 것

⑥ 흡입성분진은 흡입성분진용 분립장치 또는 흡입성분진을 채취할 수 있는 기기를 이용한 여과채취방법으로 측정할 것

2) 측정위치 ★★

① 개인 시료채취 방법으로 측정하는 경우에는 측정기기를 작업 근로자의 호흡기 위치에 장착하여야 한다.

② 지역 시료채취 방법으로 측정하는 경우에는 측정기기를 발생원의 근접한 위치 또는 작업근로자의 주 작업행동 범위 내에서 작업근로자 호흡기 높이에 설치하여야 한다.

6 준비작업

(1) 예비조사

① 서류조사와 현장답사로서 추후 정밀한 측정을 하기 전에 하는 사전조사를 말한다.

② 작업장 또는 작업공정이 신규로 가동되거나 변경된 경우에는 작업환경 측정 전에 예비조사를 실시하여야 한다.

1) 예비조사의 순서

예비조사 계획수립 → 채취전략 → 채취 전 보정 → 채취 및 보정 → 분석 및 처리 → 평가

한 눈에 들어오는 키워드

참고

석면농도의 측정방법(NIOSH)

공기 중 석면농도를 측정하는 방법으로 충전식 휴대용펌프를 이용하여 여과지를 통하여 공기를 통과시켜 시료를 채취한 다음 이 여과지에 아세톤 증기를 씌우고 트리아세틴 시약을 가한 후 위상차현미경으로 400~450배의 배율에서 섬유수를 계수한다.

한눈에 들어오는 키워드

실기 기출★

작업환경측정의 예비조사 시에 작성하는 측정계획서에 포함하여야 하는 내용 4가지를 적으시오.

정답
① 원재료의 투입과정부터 최종 제품 생산 공정까지의 주요공정 도식
② 해당 공정별 작업내용 및 화학물질 사용실태, 그 밖에 작업방법·운전조건 등을 고려한 유해인자 노출 가능성
③ 측정대상 공정, 측정대상 유해인자 및 발생주기, 측정대상 공정의 종사 근로자 현황
④ 유해인자별 측정방법 및 측정 소요기간 등 작업환경측정에 필요한 사항

기출

예비조사 시 유해인자 특성파악 시의 조사내용
① 유해인자의 목록 작성
② 유해물질 사용량 조사
③ 유해물질 사용 시기 조사
④ 물질별 유해성 자료 조사

2) 예비조사의 목적 실기 기출★

① 동일노출그룹[유사노출그룹 : HEG(Homogeneous Exposure Group)]의 설정
② 정확한 시료채취 전략 수립

7 유사 노출군의 결정 및 유사 노출군의 설정방법

(1) 동일노출그룹(유사노출그룹 : HEG)

① 유사노출그룹은 노출되는 유해인자의 농도와 특성이 유사하거나 동일한 근로자 그룹을 말하며 유해인자의 특성이 동일하다는 것은 노출되는 유해인자가 동일하고 농도가 일정한 변이 내에서 통계적으로 유사하다는 의미이다.
② 역학조사를 수행할 때 사건이 발생된 근로자가 속한 유사노출그룹의 노출농도를 근거로 노출원인 및 농도를 추정할 수 있다.
③ 유사노출그룹은 모든 근로자의 노출 상태를 측정하는 효과를 가진다.

(2) 동일노출그룹(유사노출그룹) 설정 목적 ★★

① 시료채취 수를 경제적으로 하기 위함이다.
② 모든 근로자를 유사한 노출그룹별로 구분하고 그룹별로 대표적인 근로자를 선택하여 측정하면 측정하지 않은 근로자의 노출농도까지도 추정할 수 있다.(모든 근로자의 노출 정도를 추정하고자 하는 데 있다.)
③ 해당 근로자가 속한 동일노출그룹의 노출농도를 근거로 노출원인 및 농도를 추정할 수 있다.
④ 작업장에서 모니터링하고 관리해야 할 우선적인 그룹을 결정하기 위함이다.

암기

동일 그룹은 경제적으로, 모든 근로자 노출 추정하여, 모니터링 우선 그룹 결정

(3) 유사 노출군의 설정방법 ★

「조직→공정→작업범주→작업내용(유해인자)→업무」 별로 세분하여 분류한다.

02 시료분석기술

1 보정의 원리 및 종류

(1) 1차 표준기구(primary standard)

① 물리적 차원인 공간의 부피를 직접 측정할 수 있는 표준기준(직접 공기량을 측정하는 유량계)

② 기구 자체가 정확한 값(정확도 ±1% 이내)을 제시한다.

③ 모든 유량계를 보정할 때 기본이 되는 장비이다.

④ 온도와 압력에 영향을 받지 않는다.

[1차 표준기구의 종류] ★★★

표준기구	일반사용범위	정확도	사용처
비누거품미터 (Soap bubble meter)	1mL/분~30L/분	±1%	현장, 실험실
폐활량계 (Spirometer)	100~600L	±1%	현장, 실험실
가스치환병 (Mariotte bottle)	10~500mL/분	±0.05~0.25%	실험실
유리피스톤미터 (Glass piston meter)	10~200mL/분	±2%	현장, 실험실
흑연피스톤미터 (Frictionless meter)	1mL/분~50L/분	±1~2%	현장, 실험실
피토튜브 (Pitot tube)	15mL/분 이하	±1%	현장

암기법

1차 비누로 **폐활량** 재고, **가스치환**하여, **유리.흑연** 먹였더니 **피토**했다.

한 눈에 들어오는 키워드

참고

보정(calibration)

측정기기를 사용하기 전에 정확한 측정을 위하여 표시나 눈금을 다시 확인하여 표준상태에 맞추는 것을 말한다.

암기 ★★★

1차 표준 기구
- 비누거품미터
- 폐활량계
- 가스치환병
- 유리피스톤미터
- 흑연피스톤미터
- 피토튜브(Pitot tube)

[암기] 1차 비누로 폐활량 재고, 가스치환하여, 유리. 흑연 먹였더니 피토했다.

2차 표준기구
- 로타미터
- 습식테스트미터
- 건식가스미터
- 오리피스미터
- 열선기류계

[암기] 2 열로 걸어가는 습관 테스트하는 오리

한 눈에 들어오는 키워드

(2) 2차 표준기구(Secondary Standard)

① 공간의 부피를 직접 측정할 수 없으며 주기적으로 1차 표준 기구를 기준으로 보정해서 사용해야 하는 기구들을 말한다.

② 온도와 압력의 영향을 받는다.

③ 유량과 비례 관계가 있는 유속, 압력을 측정하여 유량으로 환산하는 방식이다.

[2차 표준기구의 종류] ★★★

표준기구	일반사용범위	정확도	사용처
로타미터 (Rotameter)	1mL/분 이하	±1 ~ 25%	현장
습식 테스트미터 (Wet-test-meter)	0.5 ~ 230L/분	±0.5%	실험실
건식 가스미터 (Dry-gas-meter)	10 ~ 150L/분	±1%	현장
오리피스미터 (Orifice meter)	직경에 따라 다양	±0.5%	현장, 실험실
열선기류계 (Thermo anemometer)	0.05 ~ 40.6m/초	±0.1 ~ 0.2%	현장

암기법

2열로 걸어가는 습관 테스트하는 오리
2(2차기구) 열(열선기류계)로(로타미터) 걸어가는(건식가스미터) 습관 테스트(습식테스트미터)하는 오리(오리피스미터)

2 화학 및 기기 분석법의 종류

(1) 화학시험의 일반사항

1) 온도 표시 ★

① 온도의 표시는 셀시우스(Celcius) 법에 따라 아라비아 숫자의 오른쪽에 ℃를 붙인다. 절대온도는 °K로 표시하고 절대온도 0°K는 −273℃로 한다.

② 상온은 15 ~ 25℃, 실온은 1 ~ 35℃, 미온은 30 ~ 40℃로 하고, 찬 곳은 따로 규정이 없는 한 0 ~ 15℃의 곳을 말한다.

③ 냉수(冷水)는 15℃ 이하, 온수(溫水)는 60 ~ 70℃, 열수(熱水)는 약 100℃를 말한다.

한 눈에 들어오는 키워드

2) 용기 ★

용기란 시험용액 또는 시험에 관계된 물질을 보존, 운반 또는 조작하기 위하여 넣어두는 것으로 시험에 지장을 주지 않도록 깨끗한 것을 말한다.

① 밀폐용기(密閉容器)란 물질을 취급 또는 보관하는 동안에 이물(異物)이 들어가거나 내용물이 손실되지 않도록 보호하는 용기를 말한다.

② 기밀용기(機密容器)란 물질을 취급하거나 보관하는 동안에 외부로부터의 공기 또는 다른 기체가 침입하지 않도록 내용물을 보호하는 용기를 말한다.

③ 밀봉용기(密封容器)란 물질을 취급 또는 보관하는 동안에 기체 또는 미생물이 침입하지 않도록 내용물을 보호하는 용기를 말한다.

④ 차광용기(遮光容器)란 광선이 투과되지 않는 갈색용기 또는 투과하지 않도록 포장한 용기로서 취급 또는 보관하는 동안에 내용물의 광화학적 변화를 방지할 수 있는 용기를 말한다.

3) 용어 ★

① "항량이 될 때까지 건조한다 또는 강열한다"란 규정된 건조온도에서 1시간 더 건조 또는 강열할 때 전후 무게의 차가 매 g당 0.3mg 이하일 때를 말한다.

② 시험조작 중 "즉시"란 30초 이내에 표시된 조작을 하는 것을 말한다.

③ "감압 또는 진공"이란 따로 규정이 없는 한 15mmHg 이하를 뜻한다.

④ "이상", "초과", "이하", "미만"이라고 기재하였을 때 이(以)자가 쓰여진 쪽은 어느 것이나 기산점(起算點) 또는 기준점(基準點)인 숫자를 포함하며, "미만" 또는 "초과"는 기산점 또는 기준점의 숫자를 포함하지 않는다. 또 "a ~ b"라 표시한 것은 a 이상 b 이하를 말한다.

⑤ "바탕시험(空試驗)을 하여 보정한다"란 시료에 대한 처리 및 측정을 할 때, 시료를 사용하지 않고 같은 방법으로 조작한 측정치를 빼는 것을 말한다.

⑥ 중량을 "정확하게 단다"란 지시된 수치의 중량을 그 자릿수까지 단다는 것을 말한다.

⑦ "약"이란 그 무게 또는 부피에 대하여 ±10% 이상의 차가 있지 아니한 것을 말한다.

⑧ "검출한계"란 분석기기가 검출할 수 있는 가장 작은 양을 말한다. ★★

⑨ "정량한계"란 분석기기가 정량할 수 있는 가장 작은 양을 말한다. ★★

⑩ "회수율"이란 여과지에 채취된 성분을 추출과정을 거쳐 분석 시 실제 검출되는 비율을 말한다. ★

⑪ "탈착효율"이란 흡착제에 흡착된 성분을 추출과정을 거쳐 분석 시 실제 검출되는 비율을 말한다. ★

3 유해물질의 분석절차

(1) 현미경 분석

위상차현미경 ★	• 공기 중 석면을 막여과지에 채취한 후 전처리하여 분석하는 방법 • 다른 방법에 비하여 간편하나 석면의 감별에 어려움이 있다. • 석면 측정에 가장 많이 사용된다.
전자현미경 ★	• 공기 중 석면시료 분석에 가장 정확한 방법이다. • 석면의 성분 분석(감별분석)이 가능하다. • 위상차현미경으로 볼 수 없는 매우 가는 섬유도 관찰할 수 있다. • 분석시간이 길고 값이 비싸다.
편광현미경	• 석면을 감별 분석할 수 있다. • 석면광물의 빛의 편광성을 이용한다.
X-선 회절법 ★	• 값이 비싸고 조작이 복잡하다. • 고형시료 중 크리소타일 분석에 사용한다. • 토석, 암석 및 광물성 분진(석면분진 제외) 중의 유리규산(SIO_2) 함유율 분석에 사용한다. • 석면 포함 물질을 은막 여과지에 놓고 X선을 조사한다.

(2) 흡광광도법(분광광도계)

1) 원리 및 적용범위

① 물질에 흡수되는 빛의 양(흡광도)이 그 물질의 농도에 따라 다른 원리를 이용하여 일정한 파장에서 시료용액의 흡광도를 측정하여 그 파장에서 빛을 흡수하는 물질의 양을 정량하는 분석기기이다.

② 사용하는 파장대는 주로 자외선(180 ~ 320nm)이나 가시광선(320 ~ 800nm) 영역이다.

③ 램버트-비어(Lambert-Beer)의 법칙이 적용된다.

④ 대부분의 분광광도계는 가시광선 범위의 분석에는 텅스텐을 사용하고, 자외선 범위의 분석에는 수소 등을 사용한다.

광원의 가시부, 근적외선 영역	텅스텐 램프(흡수셀 재질 - 플라스틱제) ★
자외선 영역	중수소 방전관(흡수셀 재질 - 석영, 유리) ★

2) 흡광도의 계산

① 흡광도(A) ★

$$A = \log\frac{1}{\text{투과율}}$$

② Lambert-Beer의 식

$$A = \log\left(\frac{I_0}{I}\right) = \epsilon \times c \times d$$

I_0 : 물체에 입사하는 빛의 세기
I : 물체를 투과한 빛의 세기
ϵ : 분자흡광계수
c : 몰농도
d : 흡수층의 두께

[예제 1]

흡광도 측정에서 최초광의 70%가 흡수될 경우 흡광도는 약 얼마인가?

해설

$\text{흡광도}(A) = \log\frac{1}{\text{투과율}} = \log\left(\frac{1}{0.3}\right) = 0.52$

$(\text{투과율} = 1 - \text{흡수율} = 1 - 0.7 = 0.3)$

한 눈에 들어오는 키워드

한 눈에 들어오는 키워드

기출 ★
원자흡광광도계
① 광원, 원자화장치, 단색화장치, 검출기, 기록계 등으로 구성되어 있다.
② 광원은 속빈음극램프를 주로 사용한다.
③ 광원은 분석예상농도를 분석하는 데 가장 적절한 파장을 선택하도록 한다.
④ 단색화 장치는 특정 파장만 분리하여 검출기로 보내는 역할을 한다.
⑤ 원자화장치에서 원자화방법에는 불꽃방식, 흑연로방식(비불꽃방식), 증기화방식이 있다.
⑥ 흑연로장치는 감도가 좋으므로 생물학적 시료분석에 유리하다.

기출 ★
원자흡광광도계의 표준시약은 순도가 1급 이상인 것이 적당하다.

기출 ★
불꽃방식의 원자흡광광도계(원자흡광분석기)의 불꽃에 의한 금속 정량의 특징)
① 가격이 흑연로 장치나 유도결합플라즈마에 비하여 저렴하다.
② 분석시간이 흑연로 장치에 비하여 적게 소요된다.
③ 고체시료의 경우 전처리에 의해 기질(매트릭스)를 제거하여야 한다.
④ 시료량이 많이 소요되며 감도가 낮다.
⑤ 시험 용액중의 납 등 작업환경 중 유해금속 분석(금속 원소의 농도 측정)을 할 수 있다.
⑥ 조작이 쉽고 간편하다.

[예제 2]

흡광광도법으로 시료용액의 흡광도를 측정한 결과 흡광도가 검량선의 영역 밖이었다. 시료용액을 2배로 희석하여 흡광도를 측정한 결과 흡광도가 0.4였을 때, 이 시료용액의 농도는?

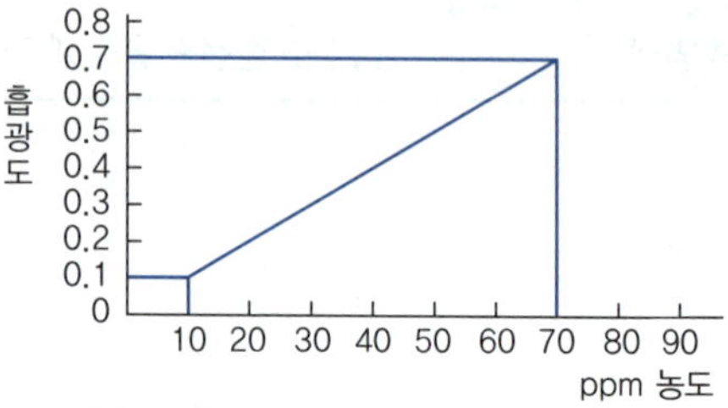

해설

1. 그래프에 의하여
   흡광도 0.1 → 농도 10ppm
   흡광도 0.7 → 농도 70ppm
   ∴ 흡광도 0.4 → 농도 40ppm
2. 시료용액을 2배로 희석하였으므로 농도에 희석배수를 곱해준다.
   $40ppm \times 2 = 80ppm$

(3) 원자흡광광도법

1) 원리 및 적용범위

분석대상 원소에 특정파장의 빛을 투과시킨 후 원자가 흡수하는 빛의 세기를 측정하는 분석기기로서 구리, 산화철, 카드뮴 등의 금속 및 중금속의 분석 방법에 적용한다.(램버트 비어(Lambert-Beer) 법칙 적용)

2) 주요 구성

원자흡광광도계는 광원(속빈음극램프(중공음극램프)가 가장 많이 사용된다), 원자화장치(시료원자화부), 단색화장치(단색화부), 검출부(검출기, 기록계)의 주요 요소로 구성되어 있어야 한다.

(4) 유도결합플라즈마(원자발광분석기, ICP)

1) 원리 및 적용범위

원자가 가장 낮은 에너지 상태인 바닥에서 에너지를 흡수하면 들뜬 상태가 되고 들뜬 상태의 원자들이 낮은 에너지 상태로 돌아올 때 에너지를 방출하게 된다. 이 때 금속마다 고유한 방출스펙트럼을 갖고 있으며 이를 측정하여 중금속을 분석하는 데 이용한다.

2) 유도결합플라즈마의 특징 ★

장점	단점
• 분석의 **정밀도가 높다**.(원자흡광광도계보다 더 좋거나 적어도 같은 정밀도를 갖는다.) • **검량선의 직선성 범위가 넓다.** • **적은 양의 시료로 한꺼번에 많은 금속을 분석**할 수 있다 • **동시에 여러 성분의 분석이 가능**하다. • 비금속을 포함한 **대부분의 금속을 측정**할 수 있다. • **화학물질에 의한 방해로부터 거의 영향을 받지 않는다.**	• 원자들은 높은 온도에서 많은 복사선을 방출하므로 **분광학적 방해 영향이 있을 수 있다.** • 아르곤 가스를 소비하기 때문에 **유지비용이 많이 들고, 기기구입 가격이 높다.** • 컴퓨터 처리과정에서 교정을 요한다. • 이온화 에너지가 낮은 원소들은 검출한계가 높으며 **다른 금속의 이온화에 방해를 준다.**

(5) 크로마토그래피

1) 크로마토그래피의 분리 기전 ★

① 이온 교환(Ion-exchange)

② 분배(Partition)

③ 흡착(Adsorption)

④ 친화(Affinity)

⑤ 크기배제(Size-exclusion)

2) 크로마토그래피의 종류

① 기체 크로마토그래피(Gas Chromatography, GC) : 이동상으로 기체를 사용한다.

② 액체 크로마토그래피(Liquid Chromatography, LC) : 이동상으로 액체를 사용한다.

한 눈에 들어오는 키워드

참고

내부표준물질

① 산내부표준물질은 시료채취 후 분석시 칼럼의 주입손실, 퍼징손실, 또는 점도 등에 영향을 받은 시료의 분석결과를 보정하기 위해 인위적으로 시료 전처리과정에서 더해지는 화학물질을 말한다.

② 산내부표준물질도 각 측정방법에서 정하는 대로 모든 측정시료, 정도관리시료, 그리고 공시료에 가해지며 내부표준물질 분석결과가 수용한계를 벗어난 경우 적절한 대응책을 마련한 후 다시 분석을 실시하여야 한다.

③ 산내부표준물질로 사용되는 물질은 다음의 특성을 갖고 있어야 한다.

- 머무름시간이 분석대상물질과 너무 멀리 떨어져 있지 않아야 한다.
- 피크가 용매나 분석대상물질의 피크와 중첩되지 않아야 한다.
- 내부표준물질 양이 분석대상물질 양보다 너무 많거나 적지 않아야 한다.
- 내부표준물질은 탈착용매 및 표준용액의 용매로 사용되는 물질에 적당 양을 직접 주입한 후 이를 표준용액 조제용 용매와 탈착용매로 사용하는 것이 좋다.

참고

시료의 전처리(회화)

[1단계] 입자상물질의 용해

- 여과지에 채취된 입자상물질을 강산으로 용해한다.

[2단계] 기질의 분해

- 여과지, 다른 입자상물질 등

[3단계] 금속화합물 용해

- 용매인 강산을 모두 증발시킴
- 금속화합물을 용해, 추출

한 눈에 들어오는 키워드

기출
크로마토그래피의 분해능을 높일 수 있는 조작
① 분리관의 길이를 길게 한다.
② 시료의 양을 적게 한다.
③ 고체지지체의 입자크기를 작게 한다.
④ 저온에서 좋은 분해능을 보이므로 온도를 낮춘다.

기출
가스크로마토그래피에서 이동상으로 사용되는 운반기체
① 운반기체는 주로 질소와 헬륨이 사용된다.(일반적인 이동상 가스 : 헬륨)
② 운반기체를 기기에 연결시킬 때 누출부위가 없어야 하고 불순물을 제거할 수 있는 트랩을 장치한다.
③ 운반기체의 선택은 분석기기 지침서나 NIOSH 공정시험법에서 추천하는 가스를 사용하는 것이 바람직하다.
④ 운반가스의 순도는 99.99% 이상의 순도를 유지해야 한다.

4 검출한계, 정량한계, 탈착효율, 회수율

(1) 검출한계(LOD : Limit of Detection)

① 공시료와 통계적으로 다르게 분석될 수 있는 가장 낮은 양
② 분석기기가 검출할 수 있는 가장 작은 양을 말한다. ★★

(2) 정량한계(Limit of Quantity : LOQ)

① 분석결과가 신뢰성을 가질 수 있는 양
② 분석기기가 정량할 수 있는 가장 작은 양을 말한다. ★★
③ 정량한계 = 표준편차의 10배 또는 검출한계의 3 또는 3.3배

(3) 탈착효율

① 탈착효율이란 흡착제를 사용하는 시료채취매체를 이용하여 채취된 분석 대상물질이 탈착용매에 얼마나 탈착되었는지를 나타낸다.
② 탈착효율의 계산 ★

- $\text{탈착효율(DE, desorption efficiency)} = \dfrac{\text{검출량}}{\text{주입량}}$
- $\text{탈착효율(\%)} = \dfrac{\text{검출량}}{\text{주입량}} \times 100$

(4) 회수율

① 회수율이란 여과지를 사용하여 채취된 분석대상물질이 전처리 산 용액에 얼마나 회수되는지를 나타낸다.
② 회수율의 계산 ★

- $\text{회수율(RE, recovery efficiency)} = \dfrac{\text{검출량}}{\text{첨가량}}$
- $\text{회수율(\%)} = \dfrac{\text{검출량}}{\text{첨가량}} \times 100$

CHAPTER
02 유해인자 측정

01 물리적 유해인자 측정

한 눈에 들어오는 키워드

1 노출기준의 종류 및 적용

(1) 시간가중평균노출기준(TWA) ★★

① 1일 8시간 작업을 기준으로 하여 유해인자의 측정치에 발생시간을 곱하여 8시간으로 나눈 값을 말하며, 다음 식에 따라 산출한다.

$$TWA\text{환산값} = \frac{C_1 \cdot T_1 + C_2 \cdot T_2 + \cdots + C_n \cdot T_n}{8} \star$$

C : 유해인자의 측정치(단위 : ppm, mg/m^3 또는 개/cm^3)
T : 유해인자의 발생시간(단위 : 시간)

② 1일 8시간 및 1주일 40시간 동안의 평균 농도로서, 모든 근로자가 나쁜 영향을 받지 않고 노출될 수 있는 농도이다.

[예제 1]

어떤 물질에 대한 작업환경을 측정한 결과 다음과 같은 TWA 결과 값을 얻었다. 환산된 TWA는 약 얼마인가?

농도(ppm)	100	150	250	300
발생시간(분)	120	240	60	60

해설

$$TWA\text{환산 값} = \frac{\left(100 \times \frac{120}{60}\right) + \left(150 \times \frac{240}{60}\right) + \left(250 \times \frac{60}{60}\right) + \left(300 \times \frac{60}{60}\right)}{8} = 168.75(\text{ppm})$$

한 눈에 들어오는 키워드

(2) 단시간노출기준(STEL) ★★

① 15분간의 시간가중평균노출 값(근로자가 1회에 15분간 유해인자에 노출되는 경우의 기준)을 말한다.

② 노출농도가 시간가중평균노출기준(TWA)을 초과하고 단시간노출기준(STEL) 이하인 경우에는 1회 노출 지속시간이 15분 미만이어야 하고, 이러한 상태가 1일 4회 이하로 발생하여야 하며, 각 노출의 간격은 60분 이상이어야 한다.

(3) 최고노출기준(C) ★★

① 근로자가 1일 작업시간동안 잠시라도 노출되어서는 아니 되는 기준을 말한다.

② 노출기준 앞에 “C”를 붙여 표시한다.

(4) 혼합물의 노출기준 ★★★

① 화학물질이 2종 이상 혼재하는 경우에 혼재하는 물질 간에 유해성이 인체의 서로 다른 부위에 작용한다는 증거가 없는 한 유해작용은 가중되므로 노출기준은 다음 식에 따라 산출하되, 산출되는 수치가 1을 초과하지 아니하는 것으로 한다.

- 노출지수

$$\text{노출지수}(EI) = \frac{C_1}{T_1} + \frac{C_2}{T_2} + \dots + \frac{C_n}{T_n}$$

C : 화학물질 각각의 측정치
T : 화학물질 각각의 노출기준
판정 : $EI > 1$인 경우 노출기준을 초과함

- 혼합물의 TLV-TWA

$$\text{TLV} - \text{TWA} = \frac{C_1 + C_2 + \dots + C_n}{EI}$$

- 액체 혼합물의 구성성분(%)을 알 때 혼합물의 허용농도(노출기준)

$$\text{혼합물의 노출기준}(\text{mg/m}^3) = \frac{1}{\frac{f_a}{TLV_a} + \frac{f_b}{TLV_b} + \cdots\cdots + \frac{f_n}{TLV_n}}$$

f_a, f_b, f_n : 액체 혼합물에서의 각 성분 무게(중량) 구성비(%)
TLV_a, TLV_b, TLV_n : 해당 물질의 노출기준(mg/m^3)

② 혼재하는 물질 간에 유해성이 인체의 서로 다른 부위에 유해작용을 하는 경우에 유해성이 각각 작용하므로 혼재하는 물질 중 어느 한 가지라도 노출기준을 넘는 경우 노출기준을 초과하는 것으로 한다.

한 눈에 들어오는 키워드

[예제 2]

작업환경 공기 중 벤젠(TLV 10ppm)이 5ppm, 톨루엔(TLV 100ppm)이 50ppm 및 크실렌(TLV 100ppm)이 60ppm으로 공존하고 있다고 하면 혼합물의 허용농도는? (단, 상가작용 기준)

① 78ppm ② 72ppm
③ 68ppm ④ 64ppm

해설

$$노출지수(EI) = \frac{5}{10} + \frac{50}{100} + \frac{60}{100} = 1.6$$

$$혼합물의\ 허용농도 = \frac{5+50+60}{1.6} = 71.88(ppm)$$

[정답 ②]

[예제 3]

40% 벤젠, 30% 아세톤 그리고 30% 톨루엔의 중량비로 조성된 용제가 증발되어 작업환경을 오염시키고 있다. 이 때 각각의 TLV가 각각 30mg/m^3, 1,780mg/m^3 및 375mg/m^3 이라면 이 작업장의 혼합물의 허용농도(mg/m^3)는? (단, 상가작용 기준)

① 47.9 ② 59.9
③ 69.9 ④ 76.9

해설

$$mg/m^3 = \frac{1}{\frac{0.4}{30} + \frac{0.3}{1,780} + \frac{0.3}{375}} = 69.92(mg/m^3)$$

[정답 ③]

[예제 4]

농약공장의 작업환경 내에는 TLV가 0.1mg/m^{3}인 파라티온과 TLV가 0.5mg/m^{3}인 EPN이 2 : 3의 비율로 혼합된 분진이 부유하고 있다. 이러한 혼합분진의 TLV(mg/m^3)는?

① 0.15 ② 0.17
③ 0.19 ④ 0.21

한 눈에 들어오는 키워드

해설

파라티온과 EPN이 2 : 3의 비율로 혼합되어 있으므로

파라티온 $= \frac{2}{5} \times 100 = 40(\%)$

EPN $= \frac{3}{5} \times 100 = 60(\%)$

혼합분진의 농도 $= \dfrac{1}{\frac{0.4}{0.1} + \frac{0.6}{0.5}} = 0.19(mg/m^3)$

[정답 ③]

2 물리적 유해인자의 노출기준

(1) 고온

1) 고온의 노출기준

(단위 : ℃, WBGT)

작업휴식시간비 \ 작업강도	경작업	중등작업	중작업
계속 작업	30.0	26.7	25.0
매시간 75% 작업, 25% 휴식	30.6	28.0	25.9
매시간 50% 작업, 50% 휴식	31.4	29.4	27.9
매시간 25% 작업, 75% 휴식	32.2	31.1	30.0

주 : 1. 경작업 : 200kcal까지의 열량이 소요되는 작업을 말하며, 앉아서 또는 서서 기계의 조정을 하기 위하여 손 또는 팔을 가볍게 쓰는 일 등을 뜻함
2. 중등작업 : 시간당 200~350kcal의 열량이 소요되는 작업을 말하며, 물체를 들거나 밀면서 걸어다니는 일 등을 뜻함
3. 중작업 : 시간당 350~500kcal의 열량이 소요되는 작업을 말하며, 곡괭이질 또는 삽질하는 일 등을 뜻함

2) 고열의 측정방법

① 고열 측정기기

- 고열은 습구흑구온도지수(WBGT)를 측정할 수 있는 기기 또는 이와 동등 이상의 성능을 가진 기기를 사용한다. ★★

② 고열 측정방법 ★★★

- 측정은 단위작업 장소에서 측정대상이 되는 근로자의 주 작업 위치에서 측정한다.

• 측정기의 위치는 바닥면으로부터 50센티미터 이상, 150센티미터 이하의 위치에서 측정한다.
• 측정기를 설치한 후 충분히 안정화시킨 상태에서 1일 작업시간 중 가장 높은 고열에 노출되는 1시간을 10분 간격으로 연속하여 측정한다.

한 눈에 들어오는 키워드

3) 습구흑구온도지수(WBGT)의 산출 ★★★

① 옥외(태양광선이 내리쬐는 장소)

$$WBGT(℃) = 0.7 \times 자연습구온도 + 0.2 \times 흑구온도 + 0.1 \times 건구온도$$

② 옥내 또는 옥외(태양광선이 내리쬐지 않는 장소)

$$WBGT(℃) = 0.7 \times 자연습구온도 + 0.3 \times 흑구온도$$

③ 평균 WBGT

$$평균\ WBGT(℃) = \frac{WBGT_1 \times t_1 + \cdots + WBGT_n \times t_n}{t_1 + \cdots + t_n}$$

$WBGT_n$: 각 습구흑구온도지수의 측정치(℃)
t_n : 각 습구흑구온도지수의 측정시간(분)

(2) 소음

1) 소음의 노출기준(충격소음제외) ★★★

1일 노출시간(hr)	소음강도[dB(A)]
8	90
4	95
2	100
1	105
1/2	110
1/4	115

주 : 115dB(A)를 초과하는 소음 수준에 노출되어서는 안됨

한눈에 들어오는 키워드

2) 충격소음의 노출기준 ★★

1일 노출회수	충격소음의 강도[dB(A)]
100	140
1,000	130
10,000	120

주 : 1. 최대 음압수준이 140dB(A)를 초과하는 충격소음에 노출되어서는 안 됨
2. **충격소음**이라 함은 **최대음압수준에 120dB(A) 이상인 소음이 1초 이상의 간격으로 발생**하는 것을 말함

3) 소음의 측정방법

① 소음이 1초 이상의 간격을 유지하면서 최대음압수준이 120dB(A) 이상의 소음인 경우에는 소음수준에 따른 1분 동안의 발생횟수를 측정할 것 ★★

② 소음측정 기기 ★

- 소음측정에 사용되는 기기("소음계")는 **누적소음 노출량측정기, 적분형소음계 또는 이와 동등 이상의 성능이 있는 것**으로 하되 **개인 시료채취 방법이 불가능한 경우에는 지시소음계를 사용할 수 있으며**, 발생시간을 고려한 **등가소음레벨 방법으로 측정**할 것.
다만, 소음발생 간격이 1초 미만을 유지하면서 계속적으로 발생되는 소음("**연속음**"이라 한다)을 **지시소음계 또는 이와 동등 이상의 성능이 있는 기기로 측정할 경우에는 그러하지 아니할 수 있다.**
- 소음계의 청감보정회로는 **A특성**으로 할 것
- 소음측정은 다음과 같이 할 것
  - 소음계 지시침의 동작은 **느린(Slow) 상태**로 한다.
  - 소음계의 **지시치가 변동하지 않는 경우**에는 **해당 지시치를 그 측정 점에서의 소음수준**으로 한다.
- 누적소음노출량 측정기로 소음을 측정하는 경우에는 **Criteria는 90dB, Exchange Rate는 5dB, Threshold는 80dB**로 기기를 설정할 것

4) 측정위치 ★

① 개인 시료채취 방법으로 측정하는 경우에는 소음측정기의 센서 부분을 작업 근로자의 귀 위치(귀를 중심으로 반경 30cm인 반구)에 장착하여야 한다.

② 지역 시료채취 방법으로 측정하는 경우에는 소음측정기를 측정대상이 되는 근로자의 주 작업행동 범위 내에서 작업근로자 귀 높이에 설치하여야 한다.

5) 소음 측정시간 ★★★

① 단위작업 장소에서 소음수준은 규정된 측정위치 및 지점에서 1일 작업시간 동안 6시간 이상 연속 측정하거나 작업시간을 1시간 간격으로 나누어 6회 이상 측정하여야 한다. 다만, 소음의 발생특성이 연속음으로서 측정치가 변동이 없다고 자격자 또는 지정측정기관이 판단한 경우에는 1시간 동안을 등간격으로 나누어 3회 이상 측정할 수 있다.

② 단위작업 장소에서의 소음발생시간이 6시간 이내인 경우나 소음발생원에서의 발생시간이 간헐적인 경우에는 발생시간 동안 연속 측정하거나 등간격으로 나누어 4회 이상 측정하여야 한다.

(4) 라돈

1) 라돈의 노출기준

참고

✲ 작업장 농도(Bq/m³) : 600 ★

주 : 1. 단위환산(농도) : 600Bq/m³ = 16pCi/L(※ 1pCi/L = 37.46Bq/m³)

2. 단위환산(노출량) : 600Bq/m³인 작업장에서 연 2,000시간 근무하고, 방사평형인자(Feq) 값을 0.4로 할 경우 9.2mSv/y 또는 0.77WLM/y에 해당
(※ 800Bq/m³(2,000시간 근무, Feq = 0.4) = 1WLM = 12mSv)

2) 라돈 노출이 우려되는 작업장

① 지하 작업공간(지하철 터널 · 지하 공동구 · 광산 · 터널 굴착장소 등)

② 라돈 발생 원료물질의 취급, 유통 · 가공 사업장

③ 우라늄 공장(관련 폐기물 취급 작업을 포함한다), 인산염 비료시설이나 인산염 광물 취급 공장

④ 인산석고를 포함한 건축자재 제조공장

⑤ 정유공장

⑥ 그 밖에 라돈 노출 가능성이 높은 장소

한 눈에 들어오는 키워드

기출

라돈(radon)

① 라돈가스는 호흡하기 쉬운 방사선 물질이다.
② 라돈가스는 공기보다 9배가 무거워 지표에 가깝게 존재한다.
③ 라돈은 폐암의 발생률을 높이고 있는 것으로 보고되었다.
④ 라돈은 공기, 물, 토양에 널리 존재하는 방사성 기체로서 실내에 존재하는 라돈의 80~90%는 토양이나 지반의 암석에서 발생된 라돈 가스가 건물 바닥이나 벽의 갈라진 틈을 통해 들어온다.

한 눈에 들어오는 키워드

3) 사업장 내 라돈 농도 측정주기 ★

사업주는 다음 주기에 따라 라돈농도를 측정하여야 한다. 다만, 라돈농도에 현저한 변화가 있을만한 상황이 발생한 경우에는 1개월 이내에 측정을 실시하여야 한다.

등급	라돈농도	측정주기
Ⅰ(관심)	$100Bq/m^3$	5년 주기
Ⅱ(주의)	$300Bq/m^3$	2년 주기
Ⅲ(위험)	$600Bq/m^3$	1년 주기

* 라돈 발생 물질을 직접 취급하는 사업장은 농도에 관계없이 1년 주기로 측정 ★
* $100Bq/m^3$ 이하인 경우에는 10년 주기로 측정 ★

4) 라돈의 측정 및 평가

① 측정방법 : 단기측정 또는 장기측정 방법을 선택하여 실시한다.

단기측정	• 2~90일의 기간 동안 라돈농도를 측정하는 경우를 말한다. • 단기측정방법으로 측정한 결과가 $300Bq/m^3$을 초과하는 경우에는 장기측정방법으로 추가 측정을 실시한다. • 라돈 발생 물질 취급 작업장은 2~7일 동안 측정
장기측정	• 짧게는 90일에서 길게는 1년간 측정하는 경우를 말한다.

② 측정방법별 측정기기의 선택

단기측정	'충전막 전리함 측정기(E-Perm, Electret-Passive Environmental Radon Monitor)' 또는 이와 동등한 측정기기를 이용하여 측정한다.
장기측정	'알파비적검출기(ATD, Alpha Track Detector)' 또는 이와 동등한 측정기기로 측정

③ 시료채취 수

시료채취 수	중복 측정	공시료
작업장소별 2개 이상	전체 시료수의 10% (최소 1개 이상, 최대 50개 이내)	전체 시료수의 5% (최소 1개 이상, 최대 25개 이내)

참고

1. 작업장소

건축물 등의 구조상 동일한 노출이 이루어진다고 판단되는 공간을 말한다. 예를 들어 지하철의 경우 배수 펌프실, 비상방수문(제어반실), 환기실 및 터널(이동경로)이 각 작업장소로 볼 수 있다.

2. 공시료

측정기기의 제조, 운반, 저장 및 처리과정 중 오염 여부를 확인하기 위한 시료로서 측정 시료와 동일하게 미 개봉상태에서 측정되는 배경농도를 말한다.

02 화학적 유해인자 측정

1 화학적 유해인자의 측정원리

(1) 액체포집방법

1) 시료 공기를 액체 속으로 통과시키거나 또는 액체의 표면과 접촉시켜 용해, 반응, 흡수, 충돌 등을 일으키게 하여 당해 액체에 측정하고자 하는 물질을 포집하는 방법

2) 흡수용액을 이용하여 시료를 포집할 때 흡수효율을 높이는 방법 실기 기출★

① 포집용액의 온도를 낮추어 오염물질의 휘발성을 제한한다.(증기압을 감소시킨다.)

② 흡수액의 양을 늘린다.

③ 두 개 이상의 버블러를 연속적으로 연결(직렬연결)하여 용액의 양을 늘린다.

④ 시료채취속도를 낮춘다.(기포의 체류시간을 길게 한다.)

⑤ 가는 구멍이 많은 Fritted 버블러 등 채취효율이 좋은 기구를 사용한다.(기포와 액체의 접촉면적을 크게 한다.)

⑥ 액체의 교반을 강하게 한다.

⑦ 시료채취 유량을 낮춘다.

(2) 고체포집방법

① 시료공기를 흡착력이 강한 고체의 작은 입자층을 통과시켜 포집하는 방법이다.

② 시료의 채취는 사용하는 고체입자층의 포집효율을 고려하여 일정한 흡입유량으로 한다.

③ 흡착제의 선정 : 대개 극성오염물질이면 극성흡착제를, 비극성오염물질이면 비극성 흡착제를 사용하나 반드시 그러하지는 않다.

④ 고체흡착관은 반데르발스 결합의 원리로 흡착한다.

1) 흡착관(활성탄관, 실리카겔관) 이용 시 고려사항 ★

① 오염물질이 흡착농도 이상 포집(파과)되면 더 이상 흡착되지 않으므로 농도를 과소 평가할 우려가 있다.

② 포집시료 보관 및 저장 시 흡착물질 이동 현상이 일어난다.

한 눈에 들어오는 키워드

실기 기출★

유해가스 흡수 처리 시에 사용하는 흡수액의 구비조건 4가지를 적으시오.

정답
① 용해도가 클 것
② 휘발성이 적을 것
③ 독성이 없고 화학적으로 안정될 것
④ 부식이 없을 것

③ 흡착관은 앞 층이 100mg, 뒷 층이 50mg으로 구성, 오염물질에 따라 다른 크기의 흡착제를 사용한다.

④ 대게 극성오염물질에는 극성흡착제를, 비극성오염 물질에는 비극성 흡착제를 사용한다.

⑤ 채취효율을 높이기 위하여 흡착제에 시약을 처리하여 사용하기도 한다.

⑥ 실리카, 알루미나 흡착제는 탄소의 불포화 결합을 가진 분자를 흡착한다.

2) 흡착제 이용하여 시료 채취 시의 특징 ★

① 흡착제의 크기 : 입자의 크기가 작을수록 표면적이 증가하여 채취효율이 증가하나 압력강하가 심하다.

② 흡착관의 크기(튜브의 내경) : 흡착제 양이 많아지면 채취용량은 증가한다.

③ 습도 : 극성 흡착제 사용 시 수증기를 흡착하여 흡착능력이 떨어진다.(파과가 일어나기 쉽다.)

④ 온도 : 온도가 높을수록 흡착능력이 떨어진다.(흡착대상 물질간 반응속도가 증가하여 흡착능력 떨어지며 파과되기 쉽다.)

⑤ 혼합물 : 혼합기체의 경우 단독성분보다 흡착량이 적어진다.(혼합물 중 흡착제와 결합을 하는 물질에 의하여 치환반응이 일어난다.)

⑥ 오염물질 농도 : 공기 중 오염물질 농도가 높을수록 파과 용량(흡착제에 흡착된 오염물질량)은 증가하나 파과 공기량(파과가 일어날 때까지 채취공기량)은 감소한다.

⑦ 시료채취속도 : 시료채취속도가 빠르고 코팅된 흡착제일수록 파과되기 쉽다.

⑧ 시료채취유량 : 시료채취유량이 높을수록, 코팅된 흡착제일수록 파괴되기 쉽다.

3) 활성탄관(charcoal tube) ★★

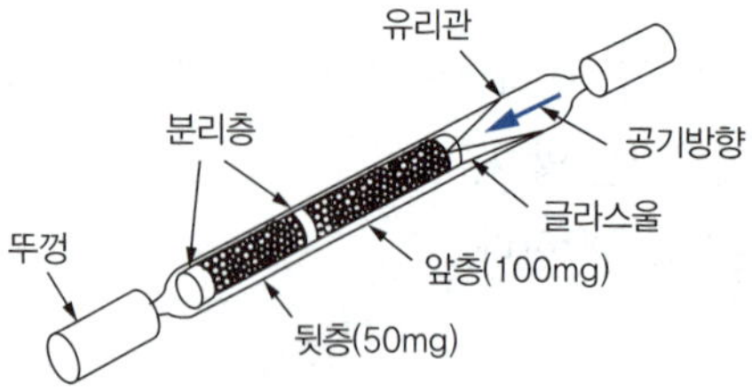

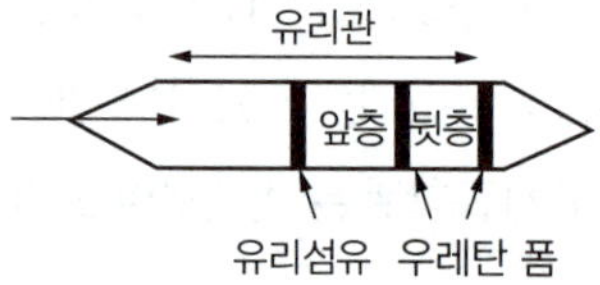

① 탄소함유물질을 탄화 및 활성화하여 만든 흡착능력이 큰 무정형 탄소의 일종이다.

한 눈에 들어오는 키워드

실기 기출 ★

활성탄관의 구조이다. 괄호에 적합한 용어를 적으시오.

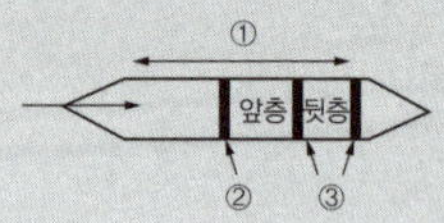

정답
① 유리관
② 유리섬유
③ 우레탄 폼

기출

활성탄관의 구조

① 흡착관은 길이 7cm, 외경 6mm인 것을 주로 사용한다.

② 흡입구 방향으로 가장 앞쪽에는 유리섬유가 장착되어 있다.

③ 활성탄 입자는 크기가 20~40mesh인 것을 선별하여 사용한다.

기출

활성탄관의 제한점 ★

① 휘발성이 매우 큰(증기압이 높다) 저분자량의 탄화수소 화합물의 채취효율이 떨어진다.

② 암모니아, 에틸렌, 염화수소, 포름알데하이드와 같은 저비점 화합물에 효과가 적다.

③ 비교적 높은 습도는 활성탄의 흡착용량을 저하시킨다.(습기 영향이 크다)

④ 케톤의 경우 활성탄 표면에서 물을 포함하는 반응에 의해 파괴되어 탈착률과 안정성에 부적절함

② 유리관 안에 앞 층(공기입구 쪽) 100mg, 뒷 층 50mg의 두 개 층으로 활성탄을 충전하였다.
③ 공기 중 가스상 물질의 고체포집법으로 이용된다.
④ 비극성 유기용제, 방향족 유기용제(방향족 탄화수소류), 할로겐화 지방족 유기용제(할로겐화 탄화수소류), 에스테르류, 알코올류 등의 포집에 사용된다. ★★

암기법

비극성인 알(알코올)에(에스테르) 할로겐 탄(할로겐화탄화수소)지방(지방족유기용제)
방유(방향족 유기용제)하니 활성(활성탄)됐다.

⑤ 탈착용매로 이황화탄소(CS_2)가 사용된다. ★★
(이황화탄소 : 탈착효율 좋으나 독성, 인화성이 크므로 사용 시 주의 및 환기 필요)
⑥ 오염물질이 흡착허용수준 이상으로 포집되면 더 이상 흡착되지 않고 그대로 통과(파과현상)하므로 농도를 과소평가할 우려 있다.
⑦ 유기용제증기, 수은증기 등 무거운 증기는 잘 흡착하고 메탄, 일산화탄소 등은 흡착되지 않고 휘발성이 큰 저분자량의 탄화수소 화합물의 채취효율이 떨어진다.
⑧ 활성탄은 다른 흡착제에 비하여 큰 비표면적을 갖고 있다.
⑨ 케톤의 경우 활성탄 표면에서 물을 포함하는 반응에 의해 파괴되어 탈착률과 안정성에서 부적절하다.
⑩ 탈착된 용출액은 가스크로마토그래프 분석법으로 정량한다.
⑪ 제조과정 중 탄화과정은 약 600℃의 무산소 상태에서 이루어진다.
⑫ 사업장에서 작업 시 발생되는 유기용제를 포집하기 위해 가장 많이 사용된다.

4) 실리카겔관(Silcagel tube) ★★

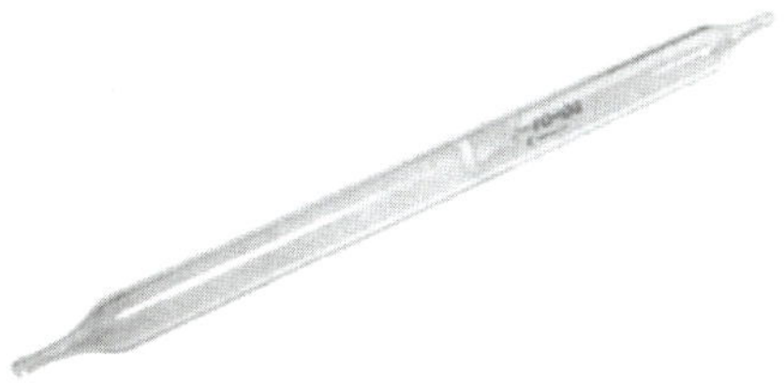

① 실리카겔은 규산나트륨과 황산과의 반응에서 유도된 무정형의 물질이다.
② 극성을 띠고 흡수성이 강하여 습도가 높을수록 파과되기 쉽고 파과용량이 감소한다.

한 눈에 들어오는 키워드

기출
활성탄관의 탈착용매로 사용되는 이황화탄소의 특성 ★
① 이황화탄소는 유해성이 강하다.(인화성이 커서 화재의 우려가 있다.)
② 분석대상 물질에 대해 방해물질로 작용하지 않는다.(분석에 영향을 끼치지 않는다.)
③ 주로 활성탄관으로 비극성유기용제를 채취하였을 때 탈착용매로 사용한다.(탈착효율이 좋다.)
④ 상온에서 휘발성이 강하여 장시간 보관하면 휘발로 인해 분석농도가 정확하지 않다.
⑤ GC의 불꽃이온화검출기에서 반응성이 낮아 피크가 작게 나와 분석에 유리하다.

한 눈에 들어오는 키워드

③ 실리카 및 알루미나 흡착제는 탄소의 불포화결합을 가진 분자를 선택적으로 흡착한다.

④ 실리카 및 알루미나 흡착제는 그 표면에서 물과 같은 극성분자를 선택적으로 흡착한다.

⑤ 극성의 유기용제, 산(무기산 : 불산, 염산), 방향족 아민류, 지방족 아민류, 아닐린, 아미노에탄올, 아마이드류, 니트로벤젠류, 페놀류 등의 포집에 사용된다.

암기법

극성스런 산아(사내아이)는 패서(때려서) 니트럭에 실리까(실을까)?
극성(극성 유기용제)스런 산(산)아(아민, 아닐린, 아마이드)는 페(페놀)서 니트럭(니트로벤젠)에 실리까(실리카겔관)?

⑥ 실리카겔의 친화력(극성이 강한 순서) ★★

물 〉 알코올류 〉 알데하이드류 〉 케톤류 〉 에스테르류 〉 방향족탄화수소류 〉 올레핀류 〉 파라핀류

암기법

실물 알콜 하드 ks 방탄 올핀 파핀

⑦ 실리카겔관의 장 · 단점

장점 ★★	단점 ★
• 극성물질을 채취한 경우 물, 메탄올 등 다양한 용매로 쉽게 탈착된다. • 추출액이 화학분석이나 기기분석에 방해물질로 작용하는 경우가 많지 않다. • 활성탄으로 채취가 어려운 아닐린, 오르쏘-톨루이딘 등의 아민류나 몇몇 무기물질의 채취가 가능하다. • 매우 유독한 이황화탄소를 탈착 용매로 사용하지 않는다.	• 수분을 잘 흡수(친수성)하여 습도의 증가에 따라 흡착용량이 감소된다.

5) 다공성중합체(Porous Polymer) ★

① 스티렌, 에틸비닐벤젠 혹은 디비닐벤젠 중 하나와 극성을 띤 비닐화합물과의 공중합체이다.

② 활성탄보다 비표면적이 작고, 반응할 수 있는 표면적도 작다.(반응성이 작다.)

③ 특별한 물질에 대한 선택성이 좋다.(특수한 물질 채취에 유용하다.)

④ 다공성중합체의 종류

- Tenax 관(Tenax GC)
- XAD관
- Chromsorb
- Porapak
- amberlite

확인

1. 파과 ★

- 공기 중 오염물질이 시료채취매체에 포함되지 않고 빠져나가는 것으로 **오염물질이 흡착관의 앞 층에 포함된 다음 뒷 층에 흡착되기 시작되어 기류를 따라 흡착관을 빠져나가는 현상**을 말한다.
- **파과가 일어나면 유해물질 농도를 과소평가할 우려가 있다.**
- **시료채취유량 : 시료채취유량이 높고 코팅된 흡착제**일수록 **파괴되기 쉽다.**
- **온도 : 고온일수록** 흡착대상 오염물질과 흡착제의 표면 사이 또는 2종 이상의 흡착 대상 물질 간 반응속도가 증가하여 흡착성질이 감소하여 **파과되기 쉽다.**(모든 흡착은 발열반응이므로 온도가 낮을수록 흡착에 좋다.)
- **흡착제의 크기 : 입자의 크기가 작을수록 채취효율이 증가**하나 **압력강하가 심하다.**
- **극성흡착제를 사용할 경우 파과되기 쉽다.**
- **습도가 높을수록 파과되기 쉽다.**(습도가 높으면 파과 공기량이 작아진다.)
- **오염물질농도 : 공기 중 오염물질의 농도가 높을수록 파과공기량은 감소**한다.(공기 중에 오염물질이 많으므로 적은 공기량으로 파과가 일어난다.)

2. 파과에 영향을 미치는 요인 ★

- 포집을 끝마친 후부터 **분석까지의 시간**
- **유속**
- 시료의 **농도**
- 작업장의 **온도**
- 작업장의 **습도**
- 포집된 **오염물질의 종류**

한 눈에 들어오는 키워드

실기 기출 ★

오염물질이 흡착관의 앞 층에 포함된 다음 뒷 층에 흡착되기 시작되어 기류를 따라 흡착관을 빠져나가는 현상을 무엇이라 하는가?

정답
파과

파과를 일으키는 원인 3가지를 적으시오.

정답
① 작업장의 온도가 높을 경우
② 작업장의 습도가 높을 경우
③ 시료채취유량이 높을 경우
④ 공기 중 오염물질의 농도가 높을 경우

한 눈에 들어오는 키워드

(3) 직접포집방법

시료공기를 흡수, 흡착(기체상의 물질이 고체에 붙는 것; 성애) 등의 과정을 거치지 않고, 직접 포집대 또는 진공 포집병 등의 포집용기에 포집하는 방법

(4) 냉각응축 포집방법

시료공기를 냉각된 관 등에 접촉 · 응축시켜 측정하고자 하는 물질을 포집하는 방법

(5) 여과포집방법

시료공기를 여과재(0.3μm의 입자를 95% 이상 포집할 수 있는 성능을 가진 것)를 통하여 흡인함으로써 당해 여과재에 측정하고자 하는 물질을 포집하는 방법

3 입자상 물질의 측정

(1) ACGIH의 입자상 물질의 입자 크기별 분류 ★★★

1) 흡입성 분진(IPM : Inspirable Particulates Mass)

① 호흡기 어느 부위에 침착하더라도 독성을 유발하는 분진

② 평균입경 : 100μm(입경범위 : 0 ~ 100μm)

2) 흉곽성 분진(TPM : Thoracic Particulates Mass)

① 기도나 하기도(가스교환 부위) 또는 폐포나 폐기도에 침착하여 독성을 나타내는 물질

② 평균입경 : 10μm

기출
영국의학연구의원회 (BMRC : British Medical Research Council)의 호흡성 먼지의 입경 : 7.1μm 미만

3) 호흡성 분진(RPM : Respirable Particulates Mass)

① 가스교환 부위(폐포)에 침착하여 독성을 나타내는 물질

② 평균입경 : 4μm

(2) 입자상 물질의 크기 결정방법

한 눈에 들어오는 키워드

1) 가상직경 ★★★

공기역학적 직경 (aero-dynamic diameter)	• **대상 입자와 침강속도가 같고 밀도가 1g/cm^{3}이며**, **구형**인 먼지의 직경으로 환산한 직경 • 입자의 **역학적 특성(침강속도, 종단속도)에 의해 측정되는 먼지 크기**이다. • **직경분립충돌기**(cascade impactor)를 **이용**하여 입자의 크기 및 형태 등을 **분리**한다.
질량 중위 직경 (mass median diameter)	• **입자 크기별로 농도를 측정**하여 **50%의 누적분포에 해당하는 입자크기**를 말한다. • 입자를 밀도, 크기, 형태에 따라 **측정기기의 단계별로 질량을 측정한 것**이다. • **직경분립충돌기**(cascade impactor)**를 이용하여 측정**한다.

암기법

가상 공기는 밀도1, 구형이며
질량중위는 50%

2) 기하학적(물리적) 직경 ★★★

마틴직경 (martin diameter)	• 입자의 **면적을 2등분하는 선의 길이**로 나타내는 직경 • 선의 방향은 항상 일정하여야 하며 **과소 평가될 수 있다.**
페렛직경 (feret diameter)	• **입자의 가장자리를 이등분한 직경(먼지의 한쪽 끝 가장자리에서 다른 쪽 끝 가장자리까지의 거리로 나타내는 직경)** • **과대 평가될 수 있다.**
등면적직경 (projected area diameter)	• 입자의 면적과 **동일한 면적을 가진 원의 직경으로 환산**한 직경 • 가장 정확한 직경이다. • 측정은 현미경 접안경에 porton reticle을 삽입하여 측정한다. 즉, $D=\sqrt{2^n}$ (D(μm)는 입자직경, n은 porton reticle에서 원의 번호)

암기법

기하학적 이(2등분)**마**, **페가**(가장자리~다른 가장자리), **등면적 동원**(동일한 면적을 가진 원)

한 눈에 들어오는 키워드

암기 ★
여과포집 원리(채취기전)
① 직접차단(간섭)
② 관성충돌
③ 확산
④ 중력침강
⑤ 정전기 침강
⑥ 체질

(3) 여과포집 원리(채취기전) ★★

여과지의 공극보다 작은 입자가 여과지에 채취되는 기전은 여과이론으로 설명할 수 있다.

1) 직접차단(간섭 : interception)

기체유선에 벗어나지 않는 크기의 미세입자가 섬유와 접촉에 의해서 포집되는 원리이다.

2) 관성충돌(intertial impaction)

① 공기의 흐름방향이 바뀔 때 입자상물질은 계속 같은 방향으로 유지하려는 원리이다. ★

② 입경이 비교적 크고 입자가 기체유선에서 벗어나 급격하게 진로를 바꾸면 관성 때문에 섬유층에 직접 충돌하여 포집되는 원리이다.

3) 확산(diffusion)

유속이 느릴 때 미세입자의 불규칙적인 운동(브라운 운동)에 의한 포집원리이다.

4) 중력침강(gravitional settling)

입경이 비교적 크고 비중이 큰 입자가 저속기류 중에서 중력에 의하여 침강되어 포집되는 원리이다.

5) 정전기 침강(electrostatic settling)

입자가 정전기를 띠는 경우 이용되는 기전이나 정량화하기가 어렵다.

6) 체질(sieving)

확인

여과포집에 기여하는 3가지 기전 실기 기출 ★	• 직접차단(간섭) • 관성충돌 • 확산
호흡기도(폐)에 침착하는 데 중요한 3가지 기전	• 관성충돌 • 확산 • 중력침강
입자크기별 여과기전 ★	• 입경 0.1㎛ 미만 입자 : 확산 • 입경 0.1 ~ 0.5㎛ : 확산, 직접차단(간섭) • 입경 0.5㎛ 이상 : 관성충돌, 직접차단(간섭) • 가장 낮은 채집효율을 가지는 입경 : 0.3㎛

한 눈에 들어오는 키워드

(4) 입자상 물질의 채취 기구

1) 카세트

① 카세트에 장착된 여과지에 의해 여과한다.

② 총 분진, 금속성 입자상 물질을 측정할 때 이용된다.

2) 사이클론(10mm nylon cyclon) ★★

① 원심력을 이용하여 호흡성 입자상물질을 측정한다.

② 장점 ★

- 사용이 간편하고 경제적이다.
- 호흡성 먼지에 대한 자료를 쉽게 얻을 수 있다.
- 시료의 되튐으로 인한 손실이 없다.
- 매체의 코팅과 같은 별도의 특별한 처리가 필요 없다.

암기법

사이클은 간편 경제적이며 호흡성 먼지가 되튀지 않아 특별 처리 ×

한 눈에 들어오는 키워드

기출

입경분립충돌기(Cascade Impactor)에 의하여 에어로졸을 포집할 때 관여하는 충돌이론에 대한 설명

① 충돌이론에 의하여 차단점 직경(cutpoint diameter)을 예측할 수 있다.

② 충돌이론에 의하여 포집효율 곡선의 모양을 예측할 수 있다.

③ 충돌이론은 스토크 수(stokes number)와 관계되어 있다.

3) 입경분립충돌기(직경분립충돌기 : Cascade impactor, Andersonimpactor) ★★

① 공기 중에 부유하고 있는 분진을 충돌의 원리에 의해 입자크기별로 분리하여 측정할 수 있다.

② 장 · 단점 ★★

장점	단점
• 호흡기에 부분별로 **침착된 입자크기의 자료를 추정**할 수 있다. • 흡입성, 흉곽성, 호흡성 **입자의 크기별 분포와 농도를 계산**할 수 있다. • **입자의 질량크기 분포를 얻을 수 있다.**	• **시료채취가 까다롭다.**(경험이 있는 전문가가 철저한 준비를 통해 측정하여야 한다.) • 시료 채취 **준비시간이 길고 비용이 많이 든다.** • **되튐으로 인한 시료의 손실**이 있다. • 공기가 옆에서 유입되지 않도록 각 충돌기의 철저한 조립과 장착이 필요하다.

암기법

• **충돌기**로 **충돌**시켜 **농도, 질량, 크기별로 분류** 가능

• **전문가**가 **시간**과 **돈** 들여 **까다롭게 채취**해도 **되튐 생김**

(5) 여과지를 이용한 채취

1) 여과지(여과재) 선정 시 고려사항(구비조건) ★

① 채취효율 : 포집효율(채취효율)이 높을 것

② 압력손실 : 포집 시의 흡인저항(흡입저항)은 낮을 것(압력손실이 적을 것)

③ 기계적인 강도 : 접거나 구부리더라도 파손되지 않고 찢어지지 않을 것

④ 흡습성 : 흡습률이 낮을 것

⑤ 가볍고 1매당 무게의 불균형이 적을 것

⑥ 측정대상 물질의 분석상 방해가 되는 불순물을 함유하지 않을 것

2) 막 여과지(membrane filter)와 섬유상 여과지의 특성 ★

막 여과지	섬유상 여과지
• 셀룰로스에스테르, PVC, 니트로아크릴 같은 **중합체를 일정한 조건에서 침착시켜 만든 다공성의 얇은 막 형태**이다. • 막 여과지에서 유해물질은 **여과지 표면이나 그 근처에서 채취된다.** • 여과지 표면에 **채취된 입자들이 이탈되는 경향이 있다.** • 섬유상 여과지에 비하여 **채취입자상 물질이 작다.** • 섬유상 여과지에 비하여 **공기저항이 심하다.**	• 20μm 이하의 직경을 가진 섬유를 압착 제조한 것으로 막 여과지에 비하여 **가격이 비싸다.** • 막여과지에 비해 **물리적 강도가 약하다.** • 막여과지에 비해 **흡습성이 작다.** • 막 여과지에 비해 **열에 강하고 과부하에서도 채취효율이 높다.** • 여과지 표면뿐 아니라 단면 깊게 입자상 물질이 들어가므로 **더 많은 입자상 물질을 채취할 수 있다.**

3) 막여과지의 종류 ★★

① MCE 막 여과지(Mixed Cellulose Ester Membrane Filter)

- 산에 쉽게 용해되므로 입자상 물질 중의 금속을 채취하여 원자흡광광도법으로 분석하는 데 적당하다.
- 유해물질이 여과지의 표면에 주로 침착되어 석면 등 현미경 분석을 위한 시료채취에 유리하다.
- MCE여과지의 원료인 셀룰로오스는 수분을 흡수하는 특성을 가지고 있다. (흡습성이 높아 오차를 유발할 수 있어 중량분석에 적합하지 못함)
- 중금속, 석면, 살충제, 산 · 알칼리미스트, 불소화합물 및 기타 무기물질 채취에 이용된다.

암기법

MC(MCE막여과지) 중(중금속)석(석면)은 산에 약하고 수분 흡수하여 중량분석 못함

한 눈에 들어오는 키워드

한 눈에 들어오는 키워드

② PVC 막 여과지(Polyvinyl Chloride Membrane Filter)

- 수분의 영향이 크지 않고 가벼워 공해성 먼지, 총 먼지 등의 중량분석을 위한 측정에 이용된다.(흡습성이 낮아 분진의 중량분석에 사용)
- 유리규산을 채취하여 X-선 회절법으로 분석하는 데 적절하고 6가 크롬, 산화아연(아연산화물)의 채취에 이용된다.
- 채취 시에 입자를 반발하여 채취효율을 떨어뜨리는 단점이 있어 채취 전 필터를 세정용액으로 세정하여 오차를 줄일 수 있다.

암기법

TV(PVC막여과지)에 **"사내아이(산아)**(산화아연)**6명**(6가크롬)**먼저**(먼지)**유괴**(유리규산)" 라고 나옴

③ PTFE 막 여과지(테프론 : Polytetrafluroethylene Membrane Filter) ★

- 열, 화학물질, 압력 등에 강한 특성을 가지고 있다.
- 압력에 강하여 석탄건류나 증류 등의 고열공정에서 발생되는 다핵방향족탄화수소(PAHs)를 채취하는 데 이용된다.
- 농약, 알칼리성 먼지, 콜타르피치 등을 채취하며 1㎛, 2㎛, 3㎛의 구멍크기를 가지고 있다.

암기법

PTF(PTFE막여과지) **다방**(다핵방향족탄화수소)**을 알면**(알칼리성 먼지) **농약**(농약)탄 **코피**(콜타르피치)**를 주문해라.**

④ 은막 여과지(Silver Membrane Filter)

- 금속은을 소결하여 만든 것으로 열적, 화학적 안정성이 있다.
- 코크스 제조공정에서 발생되는 코크스 오븐 배출물질 또는 다핵방향족탄화수소(PAHs) 등을 채취하는 데 사용한다.
- 결합제나 섬유가 포함되어 있지 않다.

암기법

금속은(은막 여과지) **소결하여 다 탄**(다핵방향족탄화수소) **코크스오븐 채취**

4) 섬유상 여과지의 종류

유리섬유 여과지 (Glass Fiber Filter)	• **흡습성이 적고 열에 강하다.** • **부식성 가스에 강하다.** • **높은 포집용량과 낮은 압력강하 성질**을 가지고 있다. • **다량의 공기시료채취에 적합**하다. • **농약류(벤지딘, 머캅탄류), 다핵방향족탄화수소 화합물 등의 유기화합물 채취**에 사용된다. • **부서지기 쉬운 단점이** 있어 **중량분석에 사용되지 않는다.** • 유해물질이 **여과지의 안층에도 채취된다.** • **결합제 첨가형과 결합제 비첨가형**이 있다.
셀룰로오스섬유 여과지	• 작업환경측정보다는 **실험실 분석에 많이 사용**한다. • 셀룰로오스 펌프로 조재하고 **친수성이며 습식회화가 용이**하다.

한 눈에 들어오는 키워드

(6) 입자상 물질의 농도계산 ★★★

$$C(\mathrm{mg/m^3}) = \frac{(W' - W) - (B' - B)}{V}$$

C : 농도(mg/m³)
W' : 시료채취 후 여과지 무게(mg)
W : 시료채취 전 여과지 무게(mg)
B' : 시료채취 후 공여과지 평균무게(mg)
B : 시료채취 전 공여과지 평균무게(mg)
V : 공기채취량 ⇒ pump 평균유량(m³/min) × 시료채취 시간(min)

• 금속의 농도계산

$$C(\mathrm{mg/m^3}) = \frac{(\text{여과지에서의 금속농도} \times \text{시료의 최종용액부피} - \text{공시료에서의 금속농도} \times \text{공시료의 최종 용액부피})}{\text{공기채취량} \times \text{회수율}}$$

[예제 5]

그라인딩 작업 시 발생되는 먼지를 개인시료 포집기를 사용하여 유리섬유여과지로 포집하였다. 이 때의 먼지농도(mg/m³)는? (단, 포집 전 유속은 1.5L/min, 여과지 무게는 0.436mg, 4시간의 포집하는 동안 유속 1.3L/min, 여과지의 무게는 0.948mg)

해설

$$\frac{\mathrm{mg}}{\mathrm{m^3}} = \frac{(0.948 - 0.436)\mathrm{mg}}{\frac{1.3 \times 10^{-3}\mathrm{m^3}}{\mathrm{min}} \times (4 \times 60)\mathrm{min}} = 1.64(\mathrm{mg/m^3})$$

$(L = 10^{-3}\mathrm{m^3})$

한눈에 들어오는 키워드

[예제 6]

톨루엔(toluene, MW = 92.14) 농도가 100ppm인 사업장에서 채취유량은 0.15L/min으로 가스 크로마토그래피의 정량한계가 0.2mg이다. 채취할 최소시간은 얼마인가? (단, 25℃, 1기압 기준)

해설

1. 100ppm → mg/m^3

$$mg/m^3 = \frac{ppm \times 분자량}{24.45(25℃, 1기압)} = \frac{100 \times 92.14}{24.45} = 376.85(mg/m^3)$$

2. $$\frac{0.2mg}{\frac{0.15 \times 10^{-3}m^3}{min} \times x min} = 376.85(mg/m^3)$$

$$0.15 \times 10^{-3} \times x \times 376.85 = 0.2$$

$$\therefore\ x = \frac{0.2}{0.15 \times 10^{-3} \times 376.85} = 3.54(분)$$

[예제 7]

초기 무게가 1.260g인 깨끗한 PVC 여과지를 하이볼륨(High-volume) 시료 채취기에 장착하여 작업장에서 오전 9시부터 오후 5시까지 2.5L/분의 유량으로 시료 채취기를 작동시킨 후 여과지의 무게를 측정한 결과가 1.280g 이었다면 채취한 입자상 물질의 작업장 내 평균농도(mg/m^3)는?

해설

$$\frac{mg}{m^3} = \frac{(1.280 - 1.260) \times 1000mg}{\frac{2.5 \times 10^{-3}m^3}{min} \times (8 \times 60)min} = 16.67(mg/m^3)$$

$(L = 10^{-3}m^3,\ \ g = 1000mg)$

[예제 8]

공기(10L)로부터 벤젠(분자량 78)을 고체흡착관에 채취하였다. 시료를 분석한 결과 벤젠의 양은 5mg이고 탈착효율은 95%였다. 공기 중 벤젠 농도는? (단, 25℃, 1기압 기준)

해설

1. $$\frac{mg}{m^3} = \frac{5mg}{10 \times 10^{-3}m^3} = 500(mg/m^3)$$

$(L = 10^{-3}m^3)$

2. $mg/m^3 = \dfrac{ppm \times 분자량}{24.45}$

$ppm = \dfrac{mg/m^3 \times 24.45}{분자량} = \dfrac{500 \times 24.45}{78} = 156.73(ppm)$

3. $탈착효율 = \dfrac{검출량}{주입량}$

$주입량 = \dfrac{검출량}{탈착효율} = \dfrac{156.73}{0.95} = 164.98(ppm)$

또는 탈착효율이 95%일 때 156.73(ppm)이므로 100%일 경우의 농도는

$95 : 156.73 = 100 : x$

$95 \times x = 156.73 \times 100$

$x = \dfrac{156.73 \times 100}{95} = 164.98(ppm)$

[예제 9]

아세톤 2,000ppb은 몇 mg/m^3인가? (단, 아세톤 분자량 = 58, 작업장은 25℃, 1기압이다.)

해설

$mg/m^3 = \dfrac{ppm \times 분자량}{24.45(25℃,\ 1기압\ 기준)} = \dfrac{2ppm \times 58}{24.45} = 4.74(mg/m^3)$

$(ppm = \dfrac{1}{10^6},\ ppb = \dfrac{1}{10^9},\ \therefore\ 1{,}000ppb = 1ppm)$

[예제 10]

작업장 내 공기 중 아황산가스(SO_2)의 농도가 40ppm일 경우 이 물질의 농도는? (단, SO_2 분자량 = 64, 용적 백분율(%)로 표시)

① 4% ② 0.4%
③ 0.04% ④ 0.004%

해설

1% = 10,000ppm이므로

$1 : 10{,}000 = x : 40$

$10{,}000 \times x = 40$

$\therefore\ x = \dfrac{40}{10{,}000} = 0.004(\%)$

$(\% = \dfrac{1}{100},\ ppm = \dfrac{1}{1{,}000{,}000})$

[정답 ④]

한 눈에 들어오는 키워드

[예제 11]

1,1,1-Trichloroethane 1,750mg/m^3을 ppm 단위로 환산한 것은? (단, 25℃, 1기압, 1,1,1-Trichloroethane의 분자량은 133 이다.)

해설

$$mg/m^3 = \frac{ppm \times 분자량}{24.45(25℃,\ 1기압)}$$

$$ppm = \frac{mg/m^3 \times 24.45}{분자량} = \frac{1{,}750 \times 24.45}{133} = 321.71(ppm)$$

[예제 12]

벤젠(C_6H_6)을 0.2L/min 유량으로 2시간 동안 채취하여 GC로 분석한 결과 10mg이었다. 공기 중 농도는 몇 ppm 인가? (단, 25℃, 1기압 기준)

해설

1. $$mg/m^3 = \frac{10mg}{\frac{0.2 \times 10^{-3} m^3}{min} \times (2 \times 60)min} = 416.67(mg/m^3)$$

2. $$mg/m^3 = \frac{ppm \times 분자량}{24.45(25℃,\ 1기압\ 기준)}$$

$$ppm = \frac{mg/m^3 \times 24.45}{분자량} = \frac{416.67 \times 24.45}{78} = 130.61(ppm)$$

(벤젠의 분자량 = 12×6 + 1×6 = 78g)

[예제 13]

개인시료 포집기를 사용하여 분당 1L로 6시간 측정한 후 여지를 산 처리하여 시험용액 100mL로 만든 후 시료액 5mL를 취해 정량분석하니 Pb이 2.5μg/5mL이었다면 작업환경 중 Pb의 농도(mg/m^3)는?

해설

$$mg/m^3 = \frac{\frac{(2.5 \times 10^{-3})mg}{5mL} \times 100mL}{\frac{(1 \times 10^{-3})m^3}{min} \times (6 \times 60min)} = 0.139(mg/m^3)$$

[예제 14]

바이오에어로졸을 시료채취하여 2개의 배양접시에 배자를 사용하여 세균을 배양하였으며 시료채취 전의 유량은 28.4L/min, 시료채취 후의 유량은 28.8L/min이었다. 시료채취는 10분(T, min) 동안 시행되었다면 시료채취에 사용된 공기의 부피는?

① 284L ② 285L ③ 286L ④ 288L

해설

$$\frac{28.8+28.4}{2}=28.6(L/\text{min})$$

$$\frac{28.6L}{\text{min}}\times 10\text{min}=286(L)$$

[정답 ③]

[예제 15]

채취시료 10mL를 채취하여 분석한 결과 납(Pb)의 양이 8.5μg이고 Blank 시료도 동일한 방법으로 분석한 결과 납의 양이 0.7μg이다. 총 흡인 유량이 60L일 때 작업환경 중 납의 농도(mg/m^3)는? (단, 탈착효율은 0.95이다.)

① 0.14 ② 0.21 ③ 0.65 ④ 0.70

해설

$$C(\text{mg/m}^3)=\frac{\left(\frac{8.5\mu\text{g}}{10\text{mL}}-\frac{0.7\mu\text{g}}{10\text{mL}}\right)\times 10\text{mL}}{60\text{L}\times 0.95}=0.14(\mu\text{g/L})=0.14(\text{mg/m}^3)$$

$(\mu\text{g}=10^{-3}\text{mg},\ \text{L}=10^{-3}\text{m}^3)$

[정답 ①]

[예제 16]

어떤 작업장에서 하이볼륨 시료채취기(high volume sampler)를 1.1m^3/min의 유속에서 1시간 30분 간 작동시킨 후, 여과지(filter paper)에 채취된 납성분을 전처리과정을 거쳐 산(acid)과 증류수 용액 100mL에 추출하였다. 이 용액의 7.5mL를 취하여 250mL 용기에 넣고 증류수를 더하여 250mL가 되게 하여 분석한 결과 9.80mg/L이었다. 작업장 공기 내에 납 농도는 몇 mg/m^3인가? (단, 납의 원자량은 207, 100% 추출된다고 가정한다.)

① 0.18 ② 0.26 ③ 0.33 ④ 0.48

해설

$$\frac{\text{mg}}{\text{m}^3}=\frac{\frac{9.80\text{mg}}{\text{L}}\times\left(\frac{250\times 10^{-3}\text{L}}{7.5\times 10^{-3}\text{L}}\right)\times 0.1\text{L}}{\frac{1.1\text{m}^3}{\text{min}}\times 90\text{min}}=0.33(\text{mg/m}^3)$$

$(\text{L}=10^{-3}\text{m}^3)$

[정답 ③]

한 눈에 들어오는 키워드

한 눈에 들어오는 키워드

(7) 침강속도 ★★

① 스토크(stokes)법칙에 의한 침강속도

$$V(\text{cm/sec}) = \frac{g \cdot d^2(\rho_1 - \rho)}{18\mu}$$

V : 침강속도(cm/sec)
g : 중력가속도(980cm/sec^2)
d : 입자직경(cm)
ρ_1 : 입자 밀도(g/cm^3)
ρ : 공기밀도(0.0012g/cm^3)
μ : 공기점성계수 (20℃ : 1.81×10^{-4}g/cm · sec, 25℃ : 1.85×10^{-4}g/cm · sec)

② Lippman식에 의한 침강속도(입자크기가 1~50μm 경우 적용)

$$V(\text{cm/sec}) = 0.003 \times \rho \times d^2$$

V : 침강속도(cm/sec)
ρ : 입자 밀도(비중)(g/cm^3)
d : 입자직경(μm)

[예제 17]

입경이 14μm이고, 밀도가 1.5g/cm^{3}인 입자의 침강속도는?

해설

$V = 0.003 \times \rho \times d^2$

$V(\text{cm/sec}) = 0.003 \times 1.5 \times 14^2 = 0.88(\text{cm/sec})$

[예제 18]

종단속도가 0.632m/hr인 입자가 있다. 이 입자의 직경이 3μm라면 비중은?

해설

$V = 0.003 \times \rho \times d^2$

$$\rho = \frac{V}{0.003 \times d^2} = \frac{0.0176}{0.003 \times 3^2} = 0.65$$

$$\left(\frac{0.632\text{m}}{\text{hr}} = \frac{0.632 \times 10^2\text{cm}}{60 \times 60\text{sec}} = 0.0176(\text{cm/sec})\right)$$

(8) 입자상 물질의 측정방법(산업안전보건법 기준)

1) 측정 및 분석방법 ★

① 석면의 농도는 여과채취방법으로 측정하고 계수방법 또는 이와 동등 이상의 분석방법으로 분석할 것

② 광물성분진은 여과채취방법으로 측정하고 석영, 크리스토바라이트, 트리디마이트를 분석할 수 있는 적합한 방법으로 분석할 것(다만 규산염과 그 밖의 광물성분진은 중량분석방법으로 분석한다.)

③ 용접 흄은 여과채취방법으로 측정하되 용접보안면을 착용한 경우에는 그 내부에서 시료를 채취하고 중량분석방법과 원자흡광광도계 또는 유도결합프라스마를 이용한 방법으로 분석할 것

④ 석면, 광물성분진 및 용접 흄을 제외한 입자상 물질은 여과채취방법으로 측정한 후 중량분석방법이나 유해물질 종류에 따른 적합한 방법으로 분석할 것

⑤ 호흡성분진은 호흡성분진용 분립장치 또는 호흡성분진을 채취할 수 있는 기기를 이용한 여과채취방법으로 측정할 것

⑥ 흡입성분진은 흡입성분진용 분립장치 또는 흡입성분진을 채취할 수 있는 기기를 이용한 여과채취방법으로 측정할 것

2) 측정위치 ★

① 개인 시료채취 방법으로 측정하는 경우에는 측정기기를 작업 근로자의 호흡기 위치에 장착하여야 한다.

② 지역 시료채취 방법으로 측정하는 경우에는 측정기기를 발생원의 근접한 위치 또는 작업근로자의 주 작업행동 범위 내에서 작업근로자 호흡기 높이에 설치하여야 한다.

4 가스 및 증기상 물질의 측정

(1) 연속시료채취

1) 연속시료채취를 하여야 하는 경우 ★

① 오염물질의 농도가 시간에 따라 변할 때

② 공기 중 오염물질의 농도가 낮을 때

③ 시간가중평균치를 구하고자 할 때

한 눈에 들어오는 키워드

암기 ★

순간시료채취를 하여야 하는 경우
① 미지의 가스상 물질의 동정을 알고자 할 때 ② 간헐적 공정에서의 순간농도 변화를 알고자 할 때 ③ 오염발생원 확인을 하고자 할 때 ④ 직접 포집해야 되는 메탄, 일산화탄소, 산소 측정에 사용
연속시료채취를 하여야 하는 경우
① 오염물질의 농도가 시간에 따라 변할 때 ② 공기 중 오염물질의 농도가 낮을 때 ③ 시간가중평균치를 구하고자 할 때

한 눈에 들어오는 키워드

2) 연속시료채취법의 종류

능동식 시료채취법	수동식 시료채취법
• 공기 시료채취펌프를 이용하여 흡착튜브, 전처리된 여과지, 임핀저와 같은 시료채취미디어를 통해 공기와 오염물질을 모으는 방법 • 흡착관을 사용한 능동식 시료채취방법의 일반적 시료 채취 유량 기준 : 0.2L/분 이하 • 흡수액을 사용한 능동식 시료채취방법의 일반적 시료 채취 유량 기준 : 1.0L/min 이하 ★	• 가스상 물질의 확산원리를 이용(Fick의 제1법칙 적용) • 수동식 시료채취기로 시료를 채취하는 방법(펌프 이용하지 않음) • 포집원리 - 확산 - 투과 - 흡착 등 • 결핍(starvation)현상 ★ - 수동식 시료채취기 사용 시 최소한의 기류가 있어야 하는 데, 최소기류가 없을 경우 표면에서 오염물질이 제거되어 농도가 없어지거나 감소하는 현상을 말한다. - 결핍현상을 방지하기 위하여 최소한의 기류속도 0.05~0.1m/sec를 유지하여야 한다.

기출
분진광도계
빛의 산란 원리를 이용한 직독식 먼지 측정기

3) 흡수액의 흡수효율을 높이기 위한 방법 ★

① 가는 구멍이 많은 프리티드 버블러 등 채취효율이 좋은 기구를 사용한다. (기포와 액체의 접촉면적을 크게 한다.)
② 시료채취 속도를 낮춘다.(체류시간을 길게 한다.)
③ 용액의 온도를 낮추어 휘발성을 제한시킨다.(증기압을 감소시킨다.)
④ 두 개 이상의 버블러를 연속적으로(직렬) 연결한다.
⑤ 흡수액의 양을 늘린다.
⑥ 액체의 교반을 강하게 한다.

기출
가스상 물질을 직접 포집하는 방법
① 주사통에 의한 포집
② 포집포대에 의한 포집
③ 진공포집병에 의한 포집

기출
piezo-electric 저울식 측정기
압전 결정판이 일정한 주파수로 진동할 때 먼지로 인하여 결정판의 질량이 달라지면 그 변화량에 비례하여 진동주파수가 달라지는 현상을 이용한 직독식 먼지측정기

(2) 순간시료채취(Grab Sampling)

1) 순간시료채취를 하여야 하는 경우 ★

① 미지의 가스상 물질의 동정을 알고자 할 때
② 간헐적 공정에서의 순간농도 변화를 알고자 할 때
③ 오염발생원 확인을 하고자 할 때
④ 직접 포집해야 되는 메탄, 일산화탄소, 산소 측정에 사용

2) 순간시료 채취기(단시간 시료채취기)의 종류

① 검지관
② 직독식 기기
③ 진공플라스크
④ 스테인리스 스틸 캐니스터(수동형 캐니스터)
⑤ 시료채취백
⑥ 액체 치환병
⑦ 주사기

확인

총집진율(직렬설치 시) ★★

$$\eta_T(\%) = \eta_1 + \eta_2(1 - \frac{\eta_1}{100})$$

η_T : 총집진율
η_1 : 1차 집진장치 집진율(%)
η_2 : 2차 집진장치 집진율(%)

$$\eta_T(\%) = 1 - (1 - \eta_c)^n$$

η_T : 집진장치 직렬 설치 시의 총 집진율(%)
η_c : 단위 집진효율
n : 집진장치 개수

[예제 19]

두 개의 버블러를 연속적으로 연결하여 시료를 채취하였다. 첫 번째 버블러의 채취효율이 75%이고, 두 번째 버블러의 채취효율 95%이면 전체 채취효율은?

해설

$$\eta_T(\%) = \eta_1 + \eta_2(1 - \frac{\eta_1}{100})$$

전체 포집효율 $(\eta_T) = 75 + 95 \times (1 - \frac{75}{100}) = 98.75(\%)$

한 눈에 들어오는 키워드

기출

흡수액 측정법에 주로 사용되는 주요 기구
- 프리티드 버블러 (Fritted bubbler)
- 간이 가스 세척병 (Simple gas washing bottle)
- 유리구 충진분리관 (Packed glass bead column)

한 눈에 들어오는 키워드

(3) 검지관 측정법

1) 작업환경측정시에 검지관을 사용하는 경우 ★★

① 예비조사 목적인 경우

② 검지관 방식 외에 다른 측정방법이 없는 경우

③ 발생하는 가스상 물질이 단일물질인 경우

2) 검지관의 장·단점 실기 기출★

장점	단점
• 사용이 간편하다. • 반응시간이 빨라서 빠른 시간에 측정 결과를 알 수 있다.(빠른 측정이 요구될 때 사용) • 숙련된 산업위생전문가가 아니더라도 어느 정도만 숙지하면 사용 할 수 있다. • 맨홀, 밀폐 공간에서의 산소가 부족하거나 폭발성 가스로 인하여 안전이 문제가 될 때 유용하게 사용될 수 있다.	• 민감도가 낮으며 비교적 고농도에 적용이 가능하다. • 특이도가 낮다.(다른 방해물질의 영향을 받기 쉬워 오차가 크다.) • 단시간 측정만 가능하다. • 미리 측정 대상물질의 동정이 되어 있어야 측정이 가능하다. • 색이 시간에 따라 변화하므로 제조자가 정한 시간에 읽어야 한다. • 한 검지관으로 단일 물질만을 측정할 수 있어 각 오염물질에 맞는 검지관을 선정해야 한다. • 색변화가 선명하지 않아 주관적으로 읽을수 있어 판독자에 따라 변이가 심하다.

(4) 가스상 물질의 측정방법(산업안전보건법 기준)

1) 측정 및 분석방법

작업환경측정 대상 유해인자 중 가스상 물질의 경우 개인시료채취기 또는 이와 동등 이상의 특성을 가진 측정기기를 사용하여 시료를 채취한 후 원자흡광분석, 가스크로마토그래프분석 또는 이와 동등 이상의 분석방법으로 정량분석하여야 한다.

2) 가스상 물질의 측정위치 ★

① 개인 시료채취 방법으로 측정하는 경우에는 측정기기를 작업 근로자의 호흡기 위치에 장착하여야 한다.

② 지역 시료채취 방법으로 측정하는 경우에는 측정기기를 발생원의 근접한 위치 또는 작업근로자의 주 작업행동 범위 내에서 작업근로자 호흡기 높이에 설치하여야 한다.

3) 검지관방식의 측정

① 다음 각 호의 어느 하나에 해당하는 경우에는 검지관방식으로 측정할 수 있다.

암기

검지관방식으로 측정할 수 있는 경우 ★★

① 예비조사 목적인 경우
② 검지관방식 외에 다른 측정방법이 없는 경우
③ 발생하는 가스상 물질이 단일물질인 경우(다만, 자격자가 측정하는 사업장에 한정한다.)

② 자격자가 해당 사업장에 대하여 검지관방식으로 측정하는 경우 사업주는 2년에 1회 이상 사업장 위탁측정기관에 의뢰하여 측정하여야 한다.

③ 검지관방식의 측정결과가 노출기준을 초과하는 것으로 나타난 경우에는 즉시 재측정하여야 하며, 해당 사업장에 대하여는 측정치가 노출기준 이하로 나타날 때까지는 검지관방식으로 측정할 수 없다.

④ 검지관방식으로 측정하는 경우에는 해당 작업근로자의 호흡기 및 가스상 물질 발생원에 근접한 위치 또는 근로자 작업행동 범위의 주 작업 위치에서의 근로자 호흡기 높이에서 측정하여야 한다. ★★

⑤ 검지관방식으로 측정하는 경우에는 1일 작업시간 동안 1시간 간격으로 6회 이상 측정하되 측정시간마다 2회 이상 반복 측정하여 평균값을 산출하여야 한다. 다만, 가스상 물질의 발생시간이 6시간 이내일 때에는 작업시간 동안 1시간 간격으로 나누어 측정하여야 한다. ★

한 눈에 들어오는 키워드

실기 기출★

검지관 방식으로 측정할 수 있는 물질 3가지를 적으시오.

(정답)
① 일산화탄소
② 이산화탄소
③ 에탄올
④ 메탄올
⑤ 암모니아
⑥ 톨루엔
⑦ 벤젠 등

CHAPTER 03

평가 및 통계

01 통계학 기본지식

한 눈에 들어오는 키워드

기출
평균차
변량 상호 간의 차이에 의하여 산포도를 측정하는 방법

기출
자료의 정밀도를 나타내는 통계적 방법
① 산포도
② 표준편차
③ 변이계수

1 자료의 분포

(1) 산포도

① 측정치가 평균 가까이에 분포하고 있는지, 흩어져 분포하는지를 나타낸다.
② 표준편차가 클수록 평균에서 떨어진 값이 많이 있음을 나타낸다.
③ 표준편차가 0일 경우 측정치 모두가 같은 크기임을 나타낸다.

(2) 대표치

자료의 중심을 나타내는 값을 말한다.

① 산술평균 : 노출 대수정규분포에서 평균 노출을 가장 잘 나타내는 대푯값
② 가중평균
③ 기하평균
④ 중앙치(중앙값)
⑤ 최빈치(유행치)

(3) 중앙치(중앙값) ★

① N개의 측정치를 크기순서로 배열하였을 때 중앙에 위치하는 값을 말한다.
② 값이 짝수일 때는 중앙에 위치하는 두 개의 값을 평균 내어 중앙 값으로 한다.

[예제 1]

어느 작업장에서 A물질의 농도를 측정한 결과가 각각 23.9ppm, 21.6ppm, 22.4ppm, 24.1ppm, 22.7ppm, 25.4ppm을 얻었다. 측정 결과에서 중앙값(median)은 몇 ppm인가?

해설

1. 측정치를 크기순서로 배열하면
   21.6, 22.4, 22.7, 23.9, 24.1, 25.4
2. 중앙에 위치하는 두 개의 값인 22.7과 23.9의 평균값이 중앙값이 된다.
   $\frac{22.7+23.9}{2}=23.3$

[예제 2]

측정값이 17, 5, 3, 13, 8, 7, 12, 10일 때, 통계적인 대표값 9.0은 다음 중 어느 통계치에 해당되는가?

① 최빈값 ② 중앙값
③ 산술평균 ④ 기하평균

해설

1. 측정값을 크기 순서로 배열하면
   17, 13, 12, 10, 8, 7, 5, 3
2. 측정값이 8개이므로 → 중앙의 2개 값 10과 8의 평균값이 중앙값이 된다.
3. 중앙값$=\frac{10+8}{2}=9$

[정답 ②]

[예제 3]

어느 가구공장의 소음을 측정한 결과 측정치가 다음과 같았다면 이 공장소음의 중앙값(median)은?

82dB(A), 90dB(A), 69dB(A), 84dB(A), 91dB(A), 85dB(A), 93dB(A), 89dB(A), 95dB(A)

해설

1. 값을 크기순서대로 나타내면
   69, 82, 84, 85, 89, 90, 91, 93, 95
2. 중앙에 위치하는 값 89dB(A)이 중앙값이 된다.

한 눈에 들어오는 키워드

한 눈에 들어오는 키워드

(4) 최빈치(유행치)

측정치 중에서 도수가 가장 큰 값을 말한다.

2 평균 및 표준편차의 계산, 지표분포의 이해

(1) 평균

1) 산술평균($M or \overline{M}$)

측정치들의 합의 평균을 말한다. ★

$$M = \frac{X_1 + X_2 + X_3 + \cdots + X_n}{N}$$

M : 산술평균
X_n : 측정치
N : 측정치 개수

2) 가중평균($\overline{X}$)

자료 값의 중요도나 영향을 고려하여 가중치를 반영한 평균을 말한다.

$$\overline{X} = \frac{X_1N_1 + X_2N_2 + X_3N_3 + \cdots + X_nN_k}{N_1 + N_2 + N_3 + \cdots + N_k}$$

$\overline{X}$: 가중평균
X_n : 측정치
k개의 측정치에 대한 각각의 크기를 N_1, $N_2 \cdots N_k$

참고
기하평균(GM)
• 모든 자료를 대수로 변환하여 구한 평균 값을 역대수 취해 구한 값이다. ★★
• 누적분포에서 50%에 해당하는 값을 말한다.

3) 기하평균(GM) ★★

① 곱셈을 사용하여 계산하는 측정치의 평균(n개의 양수가 있을 때, 이들 수의 곱의 n 제곱근의 값)

② 산업위생분야에서는 작업환경 측정결과가 대수정규분포를 이루는 경우 대푯값으로 기하평균을, 산포도로서 기하표준편차를 사용한다. ★

$$\bullet\ \log(GM) = \frac{\log X_1 + \log X_2 + \cdots + \log X_n}{N}$$

$$\bullet\ G.M = \sqrt[N]{X_1 \cdot X_2 \cdots X_n}$$

X_n : 측정치, N : 측정치 개수

[예제 4]

유기용제 작업장에서 측정한 톨루엔 농도는 65, 150, 175, 63, 83, 112, 58, 49, 205, 178 ppm일 때 산술평균과 기하평균값은 약 몇 ppm인가?

해설

1. 산술평균

$$M=\frac{65+150+175+63+83+112+58+49+205+178}{10}=113.8$$

2. 기하평균

$$G.M=\sqrt[10]{(65\times150\times175\times63\times83\times112\times58\times49\times205\times178)}=100.36$$

[예제 5]

화학공장의 작업장 내에 먼지 농도를 측정하였더니 5, 6, 5, 6, 6, 6, 4, 8, 9, 8 ppm이었다. 이러한 측정치의 기하평균(ppm)은?

해설

$$G.M=\sqrt[N]{X_1\cdot X_2\cdots X_n}=\sqrt[10]{5\times6\times5\times6\times6\times6\times4\times8\times9\times8}=6.13$$

[예제 6]

작업환경공기 중의 벤젠농도를 측정한 결과 8mg/m^3, 5mg/m^3, 7mg/m^3, 3ppm, 6mg/m^{3}이었을 때, 기하평균은 약 몇 mg/m^{3}인가? (단, 벤젠의 분자량은 78이고, 기온은 25℃이다.)

해설

1. 3ppm을 mg/m^3 단위로 환산

$$\text{mg/m}^3=\frac{\text{ppm}\times\text{분자량}}{24.45}$$

$$\text{mg/m}^3=\frac{3\times78}{24.45}=9.57(\text{mg/m}^3)$$

2. $G.M=\sqrt[N]{X_1\cdot X_2\cdots X_n}=\sqrt[5]{8\times5\times7\times9.57\times6}=6.94(\text{mg/m}^3)$

한 눈에 들어오는 키워드

한 눈에 들어오는 키워드

※ 문제

두 집단의 어떤 유해물질의 측정값이 아래 도표와 같을 때 두 집단의 표준편차의 크기 비교에 대한 설명 중 옳은 것은?

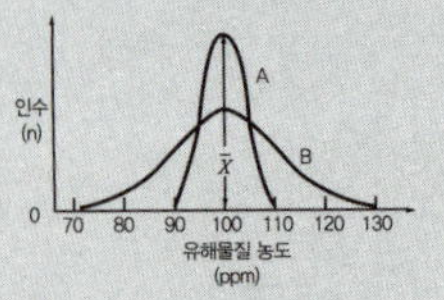

① A집단과 B집단은 서로 같다.
② A집단의 경우가 B집단의 경우보다 크다.
③ A집단의 경우가 B집단의 경우보다 작다.
④ 주어진 도표만으로 판단하기 어렵다.

[해설]
- 표준편차가 작을수록 측정값들이 평균값에 가깝게 분포된다.
- 평균 $\overline{X}$에 측정값들이 가까이 분포하는 A의 표준편차가 B보다 더 작다.

정답 ③

기출

자료의 정밀도를 나타내는 통계적 방법
① 산포도
② 표준차
③ 변이계수

(2) 표준편차(SD)

1) 표준편차 ★

$$SD = \sqrt{\frac{\sum_{i=1}^{N}(X_i - \overline{X})^2}{N-1}}$$

SD : 표준편차
X_i : 측정치
$\overline{X}$: 측정치의 산술평균치
N : 측정치의 수

$$\text{측정횟수 } N\text{이 클 경우 } SD = \sqrt{\frac{\sum_{i=1}^{N}(X_i - \overline{X})^2}{N}}$$

2) 기하표준편차(GSD) ★★

① 그래프를 이용하는 방법

$$GSD = \frac{84.1\%\text{에 해당하는 값}}{50\%\text{에 해당하는 값}} \text{ 또는 } \frac{50\%\text{에 해당하는 값}}{15.9\%\text{에 해당하는 값}}$$

② 계산에 의한 방법 : 모든 자료를 대수로 변환하여 표준편차를 구한 값을 역대수 취해 구한다.

$$\log(GSD) = \left[\frac{(\log X_1 - \log GM)^2 + (\log X_2 - \log GM)^2 + \cdots + (\log X_N - \log GM)^2}{N-1}\right]^{0.5}$$

GSD : 기하표준편차
GM : 기하평균
N : 측정치의 수
X_i : 측정치

[예제 7]

납축전지 제조업체에서의 공기 중의 납 농도가 다음과 같을 때 기하표준편차(GSD)는 약 몇 mg/m^3인가?

[데이터]	(단위 : mg/m^3)
0.01, 0.03, 0.05, 0.025, 0.02	

해설

1. 기하평균

$$G.M=\sqrt[N]{X_1 \cdot X_2 \cdots X_n}=\sqrt[5]{0.01\times0.03\times0.05\times0.025\times0.02}=0.0237$$

2. 기하표준편차

$$\log(GSD)=\left[\frac{(\log X_1-\log GM)^2+(\log X_2-\log GM)^2+\cdots+(\log X_N-\log GM)^2}{N-1}\right]^{0.5}$$

$$=\sqrt{\frac{(\log0.01-\log0.0237)^2+(\log0.03-\log0.0237)^2+(\log0.05-\log0.0237)^2+(\log0.025-\log0.0237)^2+(\log0.02-\log0.0237)^2}{5-1}}$$

$$=\sqrt{\frac{0.1404+0.0105+0.1051+0.0005+0.0054}{4}}=0.2559$$

3. $\text{GSD}=10^{0.2559}=1.8026$

3) 평균편차

$$\text{평균편차}=\frac{\sum_{i=1}^{n}|x_i-\overline{x}|}{n}$$

x_i : 측정치, $\overline{x}$: 산술평균, n : 측정치의 수

(3) 변이계수(CV) : 표준편차의 수치가 평균의 몇 %가 되느냐를 나타낸다. ★

① 통계집단의 측정값들에 대한 균일성, 정밀성 정도를 표현한다.(산업위생통계에서 측정방법의 정밀도는 변이계수로 나타낸다.)

② 평균값의 크기가 0에 가까울수록 변이계수의 의의는 작아진다.

③ 측정단위와 무관하게 독립적으로 산출되며 백분율로 나타낸다.

④ 단위가 서로 다른 집단이나 특성 값의 상호 산포도를 비교하는 데 이용될 수 있다.

⑤ 변이계수가 작을수록 자료들이 평균에 가깝게 분포한다는 것을 의미한다.

$$CV(\%)=\frac{\text{표준편차}}{\text{산술평균}}\times100$$ ★

한 눈에 들어오는 키워드

한눈에 들어오는 키워드

[예제 8]

측정값이 1, 7, 5, 3, 9일 때, 변이 계수는 약 몇 %인가?

해설

1. 산술평균

$$M=\frac{1+7+5+3+9}{5}=5$$

2. 표준편차

$$SD=\sqrt{\frac{(1-5)^2+(7-5)^2+(5-5)^2+(3-5)^2+(9-5)^2}{5-1}}=3.16$$

3. 변이계수

$$CV=\frac{3.16}{5}\times100=63.2(\%)$$

3 측정치의 오차

(1) 오차

측정 값과 참 값의 차이를 말한다.

(2) 계통오차

1) 계통오차의 특징 ★

① 변이의 원인을 찾을 수 있는 오차이다.

② 크기와 부호를 추정할 수 있고 보정이 가능한 오차이다.

③ 계통오차가 작을 때는 측정 값이 정확하다고 할 수 있다.

2) 계통오차의 원인 ★

① 부적절한 표준액의 제조

② 시약의 오염

③ 분석물질의 낮은 회수율

3) 계통오차의 종류 ★

① 외계오차(환경오차) : 측정 및 분석 시 온도나 습도와 같이 알려진 외계의 영향으로 생기는 오차

② 기계오차(기기오차) : 측정 및 분석 기기의 부정확성으로 발생된 오차

③ 개인오차 : 측정하는 개인의 습관이나 선입관으로 발생된 오차

한 눈에 들어오는 키워드

(3) 우발오차(임의오차, 확률오차)

① 한 가지 실험을 반복할 때 측정 값의 변동으로 발생하는 오차를 말한다.

② 보정이 힘들다.

(4) 상대오차

① 측정오차를 참값으로 나눈 값이다.

② 상대오차의 계산

$$상대오차 = \frac{측정\ 값 - 참값}{참값}$$

(5) 누적오차

① 여러 가지 요소에 의해 발생한 오차의 합을 말한다.

② 누적오차의 계산 ★★

$$누적오차(E_c) = \sqrt{E_1^2 + E_2^2 + E_3^2 + \cdots + E_n^2}$$

E_c : 누적오차(%)

E_1, E_2, $E_3 \sim E_n$: 각각 요소의 오차율(%)

[예제 9]

공기흡입유량, 측정시간, 회수율 및 시료분석 등에 의한 오차가 각각 10%, 5%, 11% 및 4%일 때의 누적오차는?

해설

$$누적오차(E_c) = \sqrt{E_1^2 + E_2^2 + E_3^2 + \cdots + E_n^2}$$

E_c : 누적오차(%), E_1, E_2, $E_3 \sim E_n$: 각각 요소의 오차율(%)

누적오차$(E_c) = \sqrt{10^2 + 5^2 + 11^2 + 4^2} = 16.19(\%)$

[예제 10]

유형, 측정시간, 회수율, 분석에 의한 오차가 각각 10%, 5%, 10%, 5%일 때의 누적오차와 회수율에 의한 오차를 10%에서 7%로 감소(유형, 측정시간, 분석에 의한 오차율은 변화 없음)시켰을 때 누적오차와의 차이는?

해설

1. $E_C = \sqrt{10^2 + 5^2 + 10^2 + 5^2} = 15.81(\%)$
2. $E_C = \sqrt{10^2 + 5^2 + 7^2 + 5^2} = 14.11(\%)$
3. 누적오차의 차 $= 15.81 - 14.11 = 1.70(\%)$

(6) 표준오차(σ)

① 각 측정치들의 평균과 전체평균과의 차를 알 수 있다.

② 표준오차의 계산

$$\sigma = \frac{SD}{\sqrt{N}}$$

σ : 표준오차
SD : 표준편차
N : 자료의 수

02 측정자료 평가 및 해석

한 눈에 들어오는 키워드

1 측정 결과에 대한 평가

(1) 입자상 물질 및 가스상 물질의 농도 평가 ★

① 측정한 입자상 물질 농도는 8시간 작업 시의 평균농도로 한다. 다만, 6시간 이상 연속 측정한 경우에 있어 측정하지 아니한 나머지 작업시간 동안의 입자상 물질 발생이 측정기간보다 현저하게 낮거나 입자상 물질이 발생하지 않은 경우에는 측정시간 동안의 농도를 8시간 시간가중 평균하여 8시간 작업 시의 평균농도로 한다.

② 1일 작업시간 동안 6시간 이내 측정한 경우의 입자상 물질 농도는 측정시간 동안의 시간가중평균치를 산출하여 그 기간 동안의 평균농도로 하고 이를 8시간 시간가중평균하여 8시간 작업 시의 평균농도로 한다.

③ 단시간 노출기준(STEL)이 설정되어 있는 물질의 단시간 측정 및 최고노출기준(Ceiling, C)이 설정되어 있는 대상물질의 최고노출 수준을 평가할 수 있는 최소한의 시간 동안 측정을 한 경우에는 측정시간 동안의 농도를 해당 노출기준과 직접 비교 평가하여야 한다. 다만 2회 이상 측정한 단시간 노출농도 값이 단시간 노출기준과 시간가중평균 기준 값 사이의 경우로서 다음 각 호의 어느 하나의 경우에는 노출기준 초과로 평가하여야 한다.

암기

2회 이상 측정한 단시간 노출농도 값이 단시간 노출기준과 시간가중평균 기준 값 사이의 경우 노출기준 초과로 평가할 수 있는 경우 ★★

① 15분 이상 연속 노출되는 경우
② 노출과 노출 사이의 간격이 1시간 미만인 경우
③ 1일 4회를 초과하는 경우

(2) 소음수준의 평가 ★

① 1일 작업시간 동안 연속 측정하거나 작업시간을 1시간 간격으로 나누어 6회 이상 소음수준을 측정한 경우에는 이를 평균하여 8시간 작업 시의 평균소음수준으로 한다. 다만, 1시간 동안을 등간격으로 나누어 3회 이상 측정한 경우에는 이를 평균하여 8시간 작업 시의 평균소음 수준으로 한다.

한 눈에 들어오는 키워드

② 발생시간 동안 연속 측정하거나 등간격으로 나누어 4회 이상 측정한 경우에는 이를 평균하여 그 기간 동안의 평균소음수준으로 하고 이를 1일 노출시간과 소음강도를 측정하여 등가소음레벨방법으로 평가한다.

③ 지시소음계로 측정하여 등가소음레벨방법을 적용할 경우에는 다음 계산식에 따라 산출한 값을 기준으로 평가한다.

- 등가소음레벨(등가소음도 Leq)의 계산

$$\text{leq}[\text{dB(A)}] = 16.61 \times \log \frac{n_1 \times 10^{\frac{LA_1}{16.61}} + n_2 \times 10^{\frac{LA_2}{16.61}} + \cdots + n_N \times 10^{\frac{LA_N}{16.61}}}{\text{각 소음레벨 측정치의 발생시간 합}}$$

LA : 각 소음레벨의 측정치[dB(A)]
n : 각 소음레벨 측정치의 발생시간(분)

참고

합성소음도

$$L = 10 \times \log(10^{\frac{L_1}{10}} + 10^{\frac{L_2}{10}} + \cdots + 10^{\frac{L_n}{10}})(\text{dB})$$

L : 합성소음도(dB)
$L_1 \sim L_2$: 각각 소음원의 소음(dB)

소음도 차이

$$L' = 10 \times \log(10^{\frac{L_1}{10}} - 10^{\frac{L_2}{10}})\ (\text{단, } L_1 > L_2)$$

평균소음도

$$\overline{L} = 10 \times \log\left[\frac{1}{n}(10^{\frac{L_1}{10}} + 10^{\frac{L_2}{10}} + \cdots + 10^{\frac{L_n}{10}})\right](\text{dB})$$

$\overline{L}$: 평균소음도(dB)
n : 소음원의 개수

[예제 11]

작업장에 작동되는 기계 두 대의 소음레벨이 각각 98dB(A), 96dB(A)로 측정되었을 때, 두 대의 기계가 동시에 작동되었을 경우에 소음레벨은 약 몇 dB(A)인가?

해설

$$L = 10 \times \log\left(10^{\frac{L_1}{10}} + 10^{\frac{L_2}{10}} + \cdots + 10^{\frac{L_n}{10}}\right)(\mathrm{dB})$$

L : 합성 소음도

합성 소음도 $= 10 \times \log\left(10^{\frac{98}{10}} + 10^{\frac{96}{10}}\right) = 100.12(\mathrm{dB})$

[예제 12]

어떤 음의 발생원의 음력(sound power)이 0.006W일 때, 음력수준(sound power level)은 약 몇 dB인가?

해설

$$\mathrm{PWL} = 10\log\left(\frac{W}{W_o}\right)(\mathrm{dB})$$

PWL : 음향파워레벨(dB), W : 대상음원의 음력(watt), W_o : 기준음력(10^{-12}watt)

$\mathrm{PWL} = 10 \times \log\left(\frac{0.006}{10^{-12}}\right) = 97.78(\mathrm{dB})$

[예제 13]

공장 내부에 소음(1대당 PWL=85dB)을 발생시키는 기계가 있을 때, 기계 2대가 동시에 가동된다면 발생하는 PWL의 합은 약 몇 dB인가?

해설

$$\mathrm{PWL}\text{의 합} = 10\log\left(10^{\frac{PWL}{10}} \times n\right)(\mathrm{dB})$$

PWL : 음향파워레벨(dB), n : 동일 소음을 발생시키는 기계의 수

PWL의 합 $= 10 \times \log(10^{\frac{85}{10}} \times 2) = 88.01(\mathrm{dB})$

한 눈에 들어오는 키워드

한 눈에 들어오는 키워드

④ 단위작업장소에서 소음의 강도가 불규칙적으로 변동하는 소음 등을 누적소음 노출량측정기로 측정하여 노출량으로 산출되었을 경우에는 시간가중평균 소음수준으로 환산하여야 한다. 다만, 누적소음 노출량측정기에 따른 노출량 산출치가 주어진 값보다 작거나 크면 시간가중평균소음은 다음 계산식에 따라 산출한 값을 기준으로 평가할 수 있다. ★

- 시간가중 평균 소음수준[dB(A)]의 계산

$$TWA = 16.61 \times \log(\frac{D}{100}) + 90$$

TWA : 시간가중평균소음수준[dB(A)],
D : 누적소음노출량(%)

$$D(\%) = (\frac{C_1}{T_1} + \frac{C_2}{T_2} + \ldots + \frac{C_n}{T_n}) \times 100$$

D : 누적소음 폭로량
C : 각각의 소음도에 노출되는 시간(hr)
T : 각각의 소음도에 노출될 수 있는 허용노출시간(hr)

참고

소음을 내는 기계로부터 거리가 d_2만큼 떨어진 곳의 소음 계산

$$dB_2 = dB_1 - 20 \times \log(\frac{d_2}{d_1})$$

dB_1 : 소음기계로부터 d_1 떨어진 곳의 소음
dB_2 : 소음기계로부터 d_2 떨어진 곳의 소음

[예제 14]

공장 내 지면에 설치된 한 기계로부터 10m 떨어진 지점의 소음이 70dB(A)일 때, 기계의 소음이 50dB(A)로 들리는 지점은 기계에서 몇 m 떨어진 곳인가? (단, 점음원을 기준으로 하고, 기타 조건은 고려하지 않는다.)

해설

$$dB_2 = dB_1 - 20 \times \log(\frac{d_2}{d_1})$$

$$20 \times \log(\frac{d_2}{d_1}) = dB_1 - dB_2$$

$$\log(\frac{d_2}{d_1}) = \frac{dB_1 - dB_2}{20}$$

$$\frac{d_2}{d_1} = 10^{\frac{dB_1 - dB_2}{20}}$$

$$d_2 = d_1 \times 10^{\frac{dB_2 - dB_1}{20}} = 10 \times 10^{\frac{70-50}{20}} = 100(\mathrm{m})$$

(4) 고열 수준의 평가

고열 수준은 작업환경 측정의 방법에 따라 측정하여 평가하여야 한다.

2 노출기준의 보정

(1) 1일 작업시간이 8시간을 초과하는 경우에는 보정노출기준을 산출한 후 측정농도와 비교하여 평가하여야 한다.

1) 보정 노출기준 ★★★

① 급성중독 물질인 경우(고용노동부고시 기준)

$$\text{보정노출기준(1일간 기준)} = \text{8시간 노출기준} \times \frac{8}{h}$$

h : 노출시간/일

② 만성중독 물질인 경우(고용노동부고시 기준)

$$\text{보정노출기준(1주간 기준)} = \text{8시간 노출기준} \times \frac{40}{h}$$

h : 작업시간/주

[예제 15]

1일 12시간 작업할 때 톨루엔(TLV-100ppm)의 보정노출기준은 약 몇 ppm인가? (단, 고용노동부 고시를 기준으로 한다.)

① 25 ② 67 ③ 75 ④ 150

해설

$$\text{보정노출기준} = \text{8시간 노출기준} \times \frac{8}{h} = 100 \times \frac{8}{12} = 66.67(\mathrm{ppm})$$

[정답 ②]

한 눈에 들어오는 키워드

한 눈에 들어오는 키워드

비교

Brief와 Scala의 보정방법 ★★★

- $RF = \left(\frac{8}{H}\right) \times \frac{24-H}{16}$ [일주일 ; $RF = \left(\frac{40}{H}\right) \times \frac{168-H}{128}$]
- 보정된 노출기준 = RF × 노출기준(허용농도)

H : 비정상적인 작업시간(노출시간/일) ; 노출시간/주
16 : 휴식시간 의미(128 ; 일주일 휴식시간 의미)

[예제 16]

허용농도가 50ppm인 트리클로로에틸렌을 취급하는 작업장에 하루 10시간 근무한다면 그 조건에서의 허용 농도치는? (단, Brief-Scala보정방법 기준)

① 47ppm ② 42ppm
③ 39ppm ④ 35ppm

해설

$$RF = \left(\frac{8}{H}\right) \times \frac{24-H}{16}$$

$$RF = \left(\frac{8}{10}\right) \times \frac{24-10}{16} = 0.7$$

보정된 노출기준 $= 0.7 \times 50 = 35(\text{ppm})$

[정답 ④]

(2) 1일 작업시간이 8시간을 초과하는 경우에는 다음 계산식에 따라 보정노출기준을 산출한 후 측정치와 비교하여 평가하여야 한다.

$$\text{소음의 보정노출기준[dB(A)]} = 16.61 \times \log\left(\frac{100}{12.5 \times h}\right) + 90$$

h : 노출시간/일

3 작업환경 유해위험성 평가

(1) 측정한 유해인자의 시간가중평균값 및 단시간 노출 값을 구한다. ★

① X_1(시간가중평균값)

$$X_1 = \frac{C_1 \cdot T_1 + C_2 \cdot T_2 + \cdots + C_n \cdot T_n}{8}$$

C : 유해인자의 측정농도(단위 : ppm, mg/m^3 또는 $개/cm^3$)
T : 유해인자의 발생시간(단위 : 시간)

② X_2(단시간 노출값)

STEL 허용기준이 설정되어 있는 유해인자가 작업시간 내 간헐적(단시간)으로 노출되는 경우에는 15분간씩 측정하여 단시간 노출 값을 구한다.

※ 단, 시료채취시간(유해인자의 발생시간)은 8시간으로 한다.

[예제 17]

하루 8시간 작업하는 근로자가 200ppm 농도에서 1시간, 100ppm 농도에서 2시간, 50ppm에 3시간 동안 TCE에 노출되었을 때, 이 근로자가 8시간 동안 TWA 농도는?

해설

$$TWA농도 = \frac{200 \times 1 + 100 \times 2 + 50 \times 3}{8} = 68.75(\text{ppm})$$

(2) X_1(X_2)을 허용기준으로 나누어 Y(표준화 값)를 구한다. ★

$$Y(\text{표준화값}) = \frac{\text{TWA 또는 STEL}}{\text{허용기준}}$$

(3) 95%의 신뢰도를 가진 하한치를 계산한다. ★

$$\text{하한치} = Y - \text{시료채취분석오차}$$

한 눈에 들어오는 키워드

한 눈에 들어오는 키워드

(4) 허용기준 초과여부 판정 ★

① 하한치 〉 1일 때 허용기준을 초과한 것으로 판정한다.

② 값을 구한 경우 이 값이 허용기준 TWA를 초과하고 허용기준 STEL 이하인 때에는 다음 어느 하나 이상에 해당되면 허용기준을 초과한 것으로 판정한다.

- 1회 노출지속시간이 15분 이상인 경우
- 1일 4회를 초과하여 노출되는 경우
- 각 회의 간격이 60분 미만인 경우

[예제 18]

제관 공장에서 오염물질 A를 측정한 결과가 다음과 같다면, 노출농도에 대한 설명으로 옳은 것은?

- 오염물질 A의 측정값 : $5.9mg/m^3$
- 오염물질 A의 노출기준 : $5.0mg/m^3$
- SAE(시료채취 분석오차) : 0.12

해설

1. $Y(\text{표준화 값}) = \dfrac{TWA \text{ 또는 } STEL}{\text{허용기준}}$
2. 95%의 신뢰도를 가진 하한치를 계산
   하한치 = Y－시료채취 분석오차
3. 허용기준 초과여부 판정
   하한치 〉 1일 때 허용기준을 초과

1. $Y(\text{표준화 값}) = \dfrac{5.9}{5.0} = 1.18$
2. 하한치 = 1.18 － 0.12 = 1.06
3. 하한치 〉 1이므로 허용기준을 초과함

[예제 19]

근로자의 납 노출을 측정한 결과 8시간 TWA가 0.065mg/m^{3}이었다. 미국 OSHA의 평가 방법을 기준으로 신뢰하한 값(LCL)과 그에 따른 판정으로 적절한 것은? (단, 시료채취 분석오차는 0.132이고 허용기준은 0.05mg/m^{3}이다.)

해설

1. $Y(\text{표준화 값}) = \dfrac{TWA \text{ 또는 } STEL}{\text{허용기준}}$
2. 95%의 신뢰도를 가진 하한치를 계산
   하한치 = Y－시료채취 분석오차
3. 허용기준 초과여부 판정
   하한치 〉 1일 때 허용기준을 초과

1. $Y(\text{표준화 값}) = \dfrac{0.065}{0.05} = 1.3$
2. 95%의 신뢰도를 가진 하한치를 계산
   하한치 = 1.3 − 0.132 = 1.168
3. 허용기준 초과여부 판정
   하한치 〉 1이므로 허용기준을 초과함

[예제 21]

수은(알킬수은 제외)의 노출기준은 0.05mg/m^{3}이고 증기압은 0.0029mmHg이라면 VHR(Vapor Hazard Ratio)은? (단, 25℃, 1기압 기준, 수은 원자량 200.6)

해설

$$VHR = \frac{C}{TLV}$$

C : 발생 농도, TLV : 노출기준

$$VHR = \frac{C}{TLV} = \frac{0.0029\text{mmHg} \times \dfrac{1}{760\text{mmHg}}}{\dfrac{0.05\text{mg}}{\text{m}^3} \times \dfrac{24.45 \times 10^{-3}\text{m}^3}{200.6 \times 10^3\text{mg}}} = 626.13$$

$(g = 10^3\text{mg},\ L = 10^{-3}\text{m}^3)$

[예제 22]

Hexane의 부분압이 100mmHg(OEL 500ppm)이었을 때 VHR_{Hexane}은?

해설

$$VHR = \frac{C}{TLV} = \frac{100\text{mmHg} \times \dfrac{1}{760\text{mmHg}}}{500\text{ppm}} \times 10^6 = 263.16$$

한 눈에 들어오는 키워드

[예제 23]

특정 상황에서는 측정기구 없이 수학적인 모델링 또는 공식을 이용하여 공기 중 해당물질의 농도를 추정할 수 있다. 온도가 25℃(1기압)인 밀폐된 공간에서 수은증기가 포화상태에 도달했을 때의 공기 중의 수은의 농도는(mg/m^3)? (단, 수은(원자량 201)의 증기압은 25℃, 1기압에서 0.002mmHg이다.)

해설

$$\text{포화농도(ppm)} = \frac{\text{물질의 증기압(mmHg)}}{\text{대기압(760mmHg)}} \times 10^6$$

1. $\text{포화농도(ppm)} = \frac{0.002}{760} \times 10^6 = 2.63(\text{ppm})$
2. $mg/m^3 = \frac{\text{ppm} \times \text{분자량}}{24.45(25℃,\ 1\text{기압 기준})} = \frac{2.63 \times 201}{24.45} = 21.62(mg/m^3)$

[예제 24]

작업장 내 공기 중 아황산가스(SO_2)의 농도가 40ppm일 경우 이 물질의 농도는? (단, SO_2 분자량 = 64, 용적 백분율(%)로 표시)

해설

1% = 10,000ppm이므로

$1 : 10,000 = x : 40$

$10,000 \times x = 40$

$\therefore\ x = \frac{40}{10,000} = 0.004(\%)$

$(\% = \frac{1}{100},\ \text{ppm} = \frac{1}{1,000,000})$

[예제 25]

100ppm을 %로 환산하면 몇 %인가?

해설

1% = 10,000ppm이므로

$1 : 10,000 = x : 100$

$10,000 \times x = 100$

$\therefore\ x = \frac{100}{10,000} = 0.01(\%)$

$(\% = \frac{1}{100},\ \text{ppm} = \frac{1}{1,000,000})$

[예제 26]

어떤 작업장에서 오염물질 농도를 측정하였더니 그 중 일산화탄소(CO)가 0.01%였다. 이때 일산화탄소 농도(mg/m^3)는? (단, 25℃, 1기압 기준)

해설

1. 1% = 10,000ppm이므로

$1 : 10,000 = 0.01 : x$

$1 \times x = 10,000 \times 0.01 = 100(\text{ppm})$

$(\% = \frac{1}{100},\ \text{ppm} = \frac{1}{1,000,000})$

2. $mg/m^3 = \frac{\text{ppm} \times \text{분자량}}{24.45} = \frac{100 \times 28}{24.45} = 114.52(mg/m^3)$

[예제 27]

0.01M-NaOH 용액의 농도(mg/L)는? (단, Na 원자량 : 23)

해설

$$\text{몰농도}(M/L) = \frac{\text{용질의 몰수}}{\text{용액의 } L\text{수}}$$

몰 농도 : 용액 1L 속에 녹아 있는 용질의 몰수

1. 1몰 : 용액 1L 속에 NaOH가 40g 녹아 있음
   (NaOH의 분자량 = 23 + 16 + 1 = 40g)
2. 0.01몰 : 용액 1L 속에 NaOH가 0.4g(400mg) 녹아 있음 → 400mg/L

∴ 0.01M − NaOH 용액의 농도 = 400(mg/L)

[예제 28]

순수한 물의 몰(M)농도는? (단, 표준상태 기준)

해설

$$\text{몰농도}(M/L) = \frac{\text{용질의 몰수}}{\text{용액의 } L\text{수}}$$

몰 농도 : 용액 1L 속에 녹아 있는 용질의 몰수

- 물의 밀도 = $\frac{1g}{mL} = \frac{1,000g}{L}$
- 물의 몰질량 = $\frac{18g}{mol}$

$1\text{몰} : 18g = x\text{몰} : 1,000g$

$18 \times x = 1 \times 1,000$

$x = \frac{1,000}{18} = 55.56(M)$

한 눈에 들어오는 키워드

한 눈에 들어오는 키워드

[예제 28]

0.05M NaOH 용액 500mL를 준비하는 데 NaOH는 몇 g이 필요한가? (단, Na의 원자량은 23)

해설

몰 농도: 용액1 L 속에 녹아 있는 용질의 몰수(M 또는 mol/L)

1. 1몰 : 용액 1L 속에 NaOH가 40g 녹아있음
   (NaOH의 분자량 = 23 + 16 + 1 = 40g)
2. 0.05몰에 필요한 NaOH의 g수
   $1몰 : 40g = 0.05몰 : x$
   $1 \times x = 40 \times 0.05$
   $\therefore x = 2(g)$
3. 용액 1L 속에 NaOH가 2g 필요하므로 500mL에는
   $2 \times 0.5 = 1.0(g)$

[예제 29]

다음 20℃, 1기압에서 에틸렌글리콜의 증기압이 0.1mmHg이라면 공기 중 포화농도(ppm)는?

해설

$$포화농도(ppm) = \frac{물질의\ 증기압(mmHg)}{대기압(760mmHg)} \times 10^6$$

$$포화농도 = \frac{0.1}{760} \times 10^6 = 131.58(ppm)$$

03

제3과목 작업환경관리

CHAPTER 01

온열조건

한눈에 들어오는 키워드

01 고온

1 온열요소와 지적온도

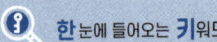

(1) 온열요소(열 교환에 영향을 미치는 요소) 실기 기출★

① 기온(온도)

② 기습(습도)

③ 기류(대류, 풍속)

④ 복사열

(2) 기습(습도)

① 포화습도

- 공기 중의 수증기의 포화정도를 나타내는 것으로 일정 기온에서 공기 속에 최대량의 수증기가 함유된 상태를 말한다.

② 절대습도(수증기밀도 또는 수증기농도)

- 공기 $1m^3$ 중에 포함된 수증기의 양을 g으로 나타낸 것을 말한다.

③ 상대습도(비교습도)

- 현재 공기 중에 포함된 수증기량과 포화수증기량의 비를 퍼센트(%)로 나타낸 것을 말한다.

$$상대습도(\%) = \frac{현재\ 수증기압(절대습도)}{포화\ 수증기압} \times 100$$

- 상대습도가 높으면 불쾌감을 느낀다.(사람이 활동하기 가장 좋은 상대습도는 40 ~ 60%)

[예제 1]

작업장의 습도를 측정한 결과 절대습도는 4.57mmHg, 포화습도는 18.25mmHg이었다. 이 작업장의 습도 상태에 대한 설명으로 맞는 것은?

① 적당하다. ② 너무 건조하다.
③ 습도가 높은 편이다. ④ 습도가 포화상태이다.

해설

$$상대습도(\%) = \frac{현재\ 수증기압(절대습도)}{포화\ 수증기압} \times 100$$

1. $상대습도(\%) = \frac{4.57}{18.25} \times 100 = 25.04(\%)$
2. 사람이 활동하기 가장 좋은 상대습도는 40 ~ 60%로 너무 건조하다.

[정답 ②]

(3) 열평형 방정식(인체의 열교환) ★★

$$S(열축적) = M(대사열) - E(증발) \pm R(복사) \pm C(대류) - W(한일)$$

S : 열이득 및 열손실량이며, 열평형 상태에서는 0이다.

(4) 지적온도(optimum temperature : 적정온도)

1) 지적온도의 정의

① 환경온도를 감각온도로 표시한 것을 지적온도라 한다.
② 생활하는 데 가장 적절한 온도를 말하며 보통 16~20℃를 지적온도라고 한다.

2) 지적온도의 종류

① 주관적 지적온도
② 생리적 지적온도
③ 생산적 지적온도

3) 지적온도의 영향인자 ★

① 작업량이 클수록 체열생산량이 많아 지적온도는 낮아진다.
② 여름철이 겨울철보다 지적온도가 높다.
③ 더운 음식물, 알코올, 기름진 음식 등을 섭취하면 지적온도는 낮아진다.
④ 젊은 사람보다 노인들에게 지적온도가 높다.

한 눈에 들어오는 키워드

기출
카타(Kata)온도계
실내 불감기류의 측정

기출
안정된 상태에서의 열발산 순서
전도 및 대류 〉 피부증발 〉 호기증발 〉 배뇨

실기 기출★
한랭환경에서의 열평형 방정식
S(열축적)
= M(대사열) – E(증발) – R(복사) – C(대류) – W(한일)

실기 기출★
유효온도는 기온(온도), 기습(습도), 기류(대류, 공기유동)의 다양한 조건에 노출되었을 때 따뜻함의 정도를 정해놓은 것이다.

기출
지적환경(potimum working environment)을 평가하는 방법
① 생산적(productive) 방법
② 생리적(physiological) 방법
③ 정신적(psychological) 방법

한눈에 들어오는 키워드

기출
지적환경(potimum working environment)을 평가하는 방법
① 생산적(productive) 방법
② 생리적(physiological) 방법
③ 정신적(psychological) 방법

확인
불감발한
땀이 나지 않더라도 피부표면과 호흡기를 통하여 수분이 증발하는 현상(0.6L/day)

요약 ★
열경련(heat cramp)
고온환경에서 심한 육체적인 노동을 할 때 체내 수분 및 혈중 염분농도 저하가 원인이 되어 발생한다.

(5) 감각온도(실효온도, 유효온도)

① 온도, 습도 및 공기 유동이 인체에 미치는 열 효과를 하나의 수치로 통합한 경험적 감각지수를 감각온도라 한다.
② 상대습도 100%일 때의 온도에서 느끼는 것과 동일한 온감(溫感)을 말한다.
③ 감각온도의 근사치로 습구흑구온도지수(WBGT)가 사용된다.

2 고열장해와 생체영향

(1) 고온에서의 생리적 변화

고온의 일차적 생리적 현상 ★	고온의 이차적 생리적 현상
• 발한(땀) • 불감발한 • 피부혈관의 확장 • 체표면적 증가 • 호흡증가 • 근육이완	• 심혈관 장해 • 신장 장해 • 위장 장해 • 신경계 장해 • 피부기능 변화 • 수분 및 염분 부족

(2) 고열장해 분류 ★★

1) 열성발진(heat rashes), 열성 혈압증 ★

① 가장 흔히 발생하는 피부장해로서 땀띠(plickly heat)라고도 한다.
② 한선(땀샘)에 염증이 생기고 피부에 작은 수포가 형성된다.(범위가 넓어지면 발한에 장해를 줌)

2) 열쇠약(heat prostration)

① 고열작업장에서의 만성적인 건강장해
② 전신권태, 위장장해, 불면, 빈혈 등의 증상이 있다.

3) 열경련(heat cramp) ★★

① 전형적인 열 중증의 형태로 고온환경에서 심한 육체적인 노동을 할 때 혈중 염분농도 저하가 원인이 된다.
② 근육경련, 현기증, 이명, 두통, 구역, 구토 등의 증상이 있다.

③ 수분 및 NaCl 보충(생리식염수 0.1% 공급)한다.(일시에 염분농도가 높으면 흡수 저하가 일어나므로 식염정제를 공급해서는 안 된다)

4) 열피로(heat exhaustion), 열탈진, 열피비 ★

① 고온 환경에서 장시간 힘든 노동을 할 때 고열에 순환되지 않은 작업자에게 많이 발생한다.
② 과다 발한으로 인한 수분과 염분손실 및 탈수로 인한 혈장량 감소가 원인이다.
③ 심할 경우 허탈로 빠져 의식을 잃을 수도 있다.
④ 휴식 후 5% 포도당을 정맥주사 한다.

5) 열허탈(heat collapse), 열실신(heat synoope) ★

① 고열작업장에 순화되지 못한 작업자가 고열작업을 수행(중근작업을 2시간 이상 하였을 때)하는 경우에 혈액순환 장해로 인하여 신체말단부에 혈액이 과다하게 저류되며 뇌의 혈액흐름이 좋지 못하여 대뇌피질의 혈류량이 부족(뇌의 산소부족)하여 발생한다.
② 저혈압, 뇌의 산소부족으로 실신, 현기증을 느낀다.
③ 시원한 그늘에서 휴식시키고 염분과 수분을 경구로 보충한다.

6) 열사병 ★★

① 태양의 복사열에 직접 노출 시에 뇌의 온도 상승으로 체온조절 중추기능 장해(중추신경 마비)를 일으켜서 체내에 열이 축적되어 발생한다.
② 중추신경계의 장해 : 신체내부의 체온조절계통이 기능을 잃어 발생한다.
③ 전신적인 발한정지 : 피부는 땀이 나지 않아 건조하다.
④ 직장온도 상승(40℃ 이상의 직장온도) : 체열방산을 하지 못하여 체온이 41℃에서 43℃까지 상승할 수 있으며 혼수상태에 이를 수 있다.
⑤ 대사열의 증가는 작업부하와 작업환경에서 발생하는 열부하가 원인이 되어 발생하며 열사병을 일으키는 데 크게 관여하고 있다.
⑥ 초기에 조치가 취해지지 못하면 사망에 이를 수도 있다.
⑦ 응급처치법 : 체온을 급히 하강(얼음물에 몸을 담가서 체온을 39℃ 이하로 유지)시킨 후 체열생산 억제를 위하여 항신진대사제를 투여한다.

암기

- 열성발진(땀띠) → 열쇠약 → 열경련(혈중 염분농도 저하) → 열피로, 열탈진(탈수로 인한 혈장량 감소) → 열허탈(대뇌피질의 혈류량 부족)
- 열사병 : 체온조절 중추기능 장해

한 눈에 들어오는 키워드

요약 ★

열피로(heat exhaustion), 열탈진, 열피비
고온환경에서 장시간 힘든 노동을 할 때 과다 발한으로 인한 수분과 염분손실 및 탈수로 인한 혈장량이 감소되어 발생한다.

열쇠약(heat prostration)
고열작업장에서의 만성적인 건강장해로 전신권태, 위장장해, 불면, 빈혈 등의 증상이 발생한다.

열성발진(heat rashes)
가장 흔한 피부장해로서 땀띠라고도 한다.

열허탈, 열실신
고열작업장에 순화되지 못한 작업자가 고열작업을 수행하는 경우에 혈액순환 장해로 인하여 신체말단부에 혈액이 과다하게 저류되어 뇌의 혈액흐름이 좋지 못하여 대뇌피질의 혈류량이 부족(뇌의 산소부족)하여 발생한다.

열사병
태양의 복사열에 직접 노출 시 뇌의 온도 상승으로 체온조절 중추기능 장해(중추신경 마비)를 일으켜서 체내에 열이 축적되어 발생한다.

기출

물리적 체온 조절작용 (physical thermo regulation)
체온의 상승에 따라 체온조절중추인 시상하부에서 혈액온도를 감지하거나 신경망을 통하여 정보를 받아 들여 체온 방산작용이 활발해지는 작용
① 정신적 조절작용 (spiritual thermo regulation)
② 화학적 조절작용 (chemical thermo regulation)
③ 생물학적 조절작용 (biological thermo regulation)

한 눈에 들어오는 키워드

3 고열 측정 및 평가

(1) 고열의 측정 및 평가

1) 고열 측정기기

고열은 습구흑구온도지수(WBGT)를 측정할 수 있는 기기 또는 이와 동등 이상의 성능을 가진 기기를 사용한다.

2) 고열 측정방법 ★★★

① 측정은 단위작업 장소에서 측정대상이 되는 근로자의 주 작업 위치에서 측정한다.
② 측정기의 위치는 바닥면으로부터 50센티미터 이상, 150센티미터 이하의 위치에서 측정한다.
③ 측정기를 설치한 후 충분히 안정화시킨 상태에서 1일 작업시간 중 가장 높은 고열에 노출되는 1시간을 10분 간격으로 연속하여 측정한다.

3) 고열의 평가

① 습구흑구온도지수(WBGT)의 산출 ★★★

- 옥외(태양광선이 내리쬐는 장소)

$$WBGT(℃) = 0.7 \times 자연습구온도 + 0.2 \times 흑구온도 + 0.1 \times 건구온도$$

- 옥내 또는 옥외(태양광선이 내리쬐지 않는 장소)

$$WBGT(℃) = 0.7 \times 자연습구온도 + 0.3 \times 흑구온도$$

② 평균 습구흑구온도지수의 산출

연속작업에 대한 60분 평균 및 간헐작업에 대한 120분 평균 습구흑구온도지수를 각각 다음 식으로 구한다.

$$평균\ WBGT(℃) = \frac{WBGT_1 \times t_1 + WBGT_2 \times t_2 + \cdots + WBGT_n \times t_n}{t_1 + t_2 + \cdots + t_n}$$

$WBGT_n$: 각 습구흑구온도지수의 측정치(℃)
t_n : 각 습구흑구온도지수의 측정시간(분)

③ 고열작업장의 노출기준(WBGT, ℃)

시간당 작업과 휴식비율	작업 강도		
	경작업	중등작업	중(힘든)작업
연속 작업	30.0	26.7	25.0
75% 작업, 25% 휴식 (45분 작업, 15분 휴식)	30.6	28.0	25.9
50% 작업, 50% 휴식 (30분 작업, 30분 휴식)	31.4	29.4	27.9
25% 작업, 75% 휴식 (15분 작업, 45분 휴식)	32.2	31.1	30.0

※ 1. 경작업 : 시간당 200kcal까지의 열량이 소요되는 작업을 말하며, 앉아서 또는 서서 기계의 조정을 하기 위하여 손 또는 팔을 가볍게 쓰는 일 등이 해당됨
2. 중등작업 : 시간당 200~300kcal의 열량이 소요되는 작업을 말하며 물체를 들거나 밀면서 걸어다니는 일 등이 해당됨
3. 중(격심)작업 : 시간당 350~500kcal의 열량이 소요되는 작업을 뜻하며, 곡괭이질 또는 삽질하는 일과 같이 육체적으로 힘든 일 등이 해당됨

[예제 2]

시간당 150kcal 열량이 소모되는 작업을 하는 실내 작업장이다. 다음 온도 조건에서 시간당 작업휴식 시간비로 가장 적절한 것은?

- 흑구온도 : 32℃
- 건구온도 : 27℃
- 자연습구온도 : 30℃

작업휴식시간비 \ 작업강도	경작업	중등작업	중작업
계측작업	30.0	26.7	25.0
매시간 75% 작업, 25% 휴식	30.6	28.0	25.9
매시간 50% 작업, 50% 휴식	31.4	29.4	27.9
매시간 25% 작업, 75% 휴식	32.2	31.1	30.0

해설

습구흑구온도지수(WBGT)의 산출

1. 옥외(태양광선이 내리쬐는 장소)
WBGT(℃) = 0.7×자연습구온도 + 0.2×흑구온도 + 0.1×건구온도
2. 옥내 또는 옥외(태양광선이 내리쬐지 않는 장소)
WBGT(℃) = 0.7×자연습구온도 + 0.3×흑구온도

1. WBGT(℃) = 0.7×자연습구온도 + 0.3×흑구온도 = 0.7×30 + 0.3×32 = 30.6(℃)
2. 시간당 150kcal를 소비하므로 경작업이며, 30.6(℃)이므로 매시간 75% 작업, 25% 휴식

한 눈에 들어오는 키워드

기출

작업장 내 고열부하에 대한 관리 대책
① 습도와 기류의 속도를 낮춘다.
② 작업복은 열을 잘 흡수하는 복장을 피하고 흡습성, 환기성이 좋은 복장을 착용시킨다.
③ 기온이 35℃ 이상이면 피부에 닿는 기류를 줄이고 옷을 입어야 한다.
④ 한 번에 길게 휴식하는 것보다는 노출시간을 짧게 자주 휴식하는 것이 바람직하다.

기출

고온작업장의 열중증 예방대책
① 열원의 차폐
② 근로시간 및 작업강도의 조정
③ 수분 및 염분의 보충
④ 근로자 보호구의 착용

한 눈에 들어오는 키워드

참고
한랭환경에 의한 건강장해
① 전신체온강하(저체온증) : 장시간의 한랭 노출과 체열상실에 따라 발생하는 급성 중증장해
② 동상 : 조직의 동결을 말하며, 피부의 이론상 동결온도는 약 −1℃ 정도이다.
③ 참호족(참수족) : 한랭환경에 장기간 노출됨과 동시에 발이 지속적으로 습기나 물에 잠길 경우 발생한다.

참고
지단 자람증(지단 가사증)
울혈로 손(발)가락이 차고 파리해지는 증상으로 한랭환경에서 발생한다.

02 저온

1 한랭의 생체영향

(1) 저온(한랭환경)에서의 생리적 변화 ★

저온환경의 일차적인 생리적 변화	저온환경의 이차적인 생리적 반응
• 근육긴장의 증가 및 떨림(전율) • 피부혈관의 수축 • 말초혈관의 수축 • 화학적 대사작용의 증가(갑상선 호르몬 분비 증가) • 체표면적의 감소	• 말초냉각 : **말초혈관의 수축으로 표면조직의 냉각**이 진행된다. • 식욕변화 : 저온에서는 **근육활동, 조직대사의 증진으로 식욕이 항진**된다. • 혈압변화 : 피부혈관 수축으로 **혈압은 일시적으로 상승**한다. • 순환기능 : 피부혈관의 수축으로 **순환기능이 감소**된다.

(2) 한랭환경에 의한 건강장해

1) 전신체온강하(저체온증 ; general hypothermia)

① 전신 체온강하는 장시간의 한랭 노출과 체열상실에 따라 발생하는 급성 중증장해이다.

② 저체온증은 몸의 심부온도가 35℃ 이하로 내려간 것을 말한다.

2) 동상(frostbite)

① 동상은 조직의 동결을 말하며, 피부의 이론상 동결온도는 약 −1℃ 정도이다.

② 저온작업에서 손가락, 발가락 등의 말초부위는 피부온도 저하가 가장 심한 부위이다.

③ 발가락은 12℃에서 시린 느낌이 생기고 6℃에서는 아픔을 느낀다. ★

④ 피부 빙상온도(동결온도)는 0℃~−2℃(−1℃)이다.

⑤ 동상의 구분 ★★

제1도 동상 (발적)	가려우며 **혈관확장으로 국소 발적**이 생긴다.
제2도 동상 (수포형성과 염증)	**수포**와 함께 **광범위한 삼출성 염증**이 생긴다.
제3도 동상 (조직괴사 및 괴저)	**심부조직까지 동결**되어 **조직의 괴사로 인한 괴저**가 발생한다.

3) 참호족(참수족, 침수족; trench foot, immersion foot) ★

① 한랭환경에 장기간 노출됨과 동시에 발이 지속적으로 습기나 물에 잠길 경우 발생한다.(침수족이 참호족보다 노출시간이 길 때 발생)

② 지속적인 국소의 산소결핍이 원인이며, 모세혈관 벽이 손상되어 부종, 작열감, 가려움, 심한 동통 등이 나타나며 수포, 궤양이 형성되기도 한다.

③ 침수족과 참호족은 발생조건이 유사하며 임상증상과 징후가 거의 같다.

한 눈에 들어오는 **키**워드

기출
한랭작업 근로자의 관리
① 한랭에 대한 순화는 고온순화보다 느리다.
② 노출된 피부나 전신의 온도가 떨어지지 않도록 온도를 높이고 기류의 속도를 낮추어야 한다.
③ 필요하다면 작업을 자신이 조절하게 한다.
④ 외부 액체가 스며들지 않도록 방수 처리된 의복을 입는다.

CHAPTER 02

이상기압

한 눈에 들어오는 키워드

참고

용어 정의

① 이상기압

압력이 제곱센티미터당 1킬로그램 이상인 기압을 말한다.

② 고압작업

이상기압에서 잠함공법(潛函工法)이나 그 외의 압기공법(壓氣工法)으로 하는 작업을 말한다.

③ 잠수작업

물속에서 공기압축기나 호흡용 공기통을 이용하여 하는 작업을 말한다.

④ 기압조절실

고압작업에 종사하는 근로자가 작업실에 출입할 때 가압 또는 감압을 받는 장소를 말한다.

⑤ 압력

게이지 압력을 말한다. ★

참고

절대압

대기의 압력을 포함한 압력

게이지압

대기압을 포함하지 않은 압력

기출

정상적인 공기 중의 산소함유량은 21vol%이며 그 절대량, 즉 산소분압은 해면에 있어서는 약 160mmHg이다.

01 이상기압

1 이상기압의 정의

(1) 기압의 단위

1) 1기압 ★

$$1기압(1atm) = 1.0336kg/cm^2 = 760mmHg = 760torr$$
$$= 10,332mmH_2O = 1,013mbar = 1013.25hPa$$
$$= 101325Pa = 14.7psi$$

2) 수면 하에서의 기압 ★

수면 하에서의 압력은 수심이 10m 깊어질 때마다 1기압씩 더해진다.

예) 수심 10m에서의 압력 : 게이지압 1기압, 절대압 2기압

수심 45m에서의 압력 : 게이지압(작용압) 4.5기압, 절대압 5.5기압

2 고압환경에서의 생체영향

(1) 1차적 가압현상

① 생체와 환경 사이의 압력(기압)차이로 인한 기계적 작용을 말한다.

② 울혈, 부종, 출혈, 동통이 생기며 기압 증가에 따른 부비강, 치아의 압박 장해를 일으킨다.

(2) 2차적 가압현상

고압 하의 대기가스의 독성 때문에 나타나는 현상을 말한다. ★★

1) 질소의 마취작용

① 질소가스는 정상기압에서는 비활성이지만 4기압 이상에서는 마취작용을 나타낸다. ★★

② 질소 마취증세는 후유증이나 별도의 치료가 필요하지 않으며 대기압 조건으로 복귀(얕은 수심으로 상승)하면 사라진다. ★

③ 수심 90 ~ 120m에서 질소의 마취작용으로 환청, 환시, 조울증, 기억력 감퇴 등이 나타나며 작업능력 저하, 다행증이 생긴다.

④ 질소는 물보다 지방에 5배 더 많이 용해된다.

⑤ 예방으로는 고압환경에서 작업하는 근로자에게 질소를 헬륨으로 대치한 공기를 호흡시킨다. ★★

2) 산소중독 증세

① 산소분압이 2기압을 넘으면 산소중독 증세가 나타난다. ★★

② 산소중독 증세는 가역적인 증세로 고압산소에 대한 노출이 중지되면 증상은 즉시 멈춘다. ★

③ 시력장해, 정신혼란, 근육경련, 수지와 족지의 작열통 등을 일으킨다.

3) 이산화탄소의 작용

① 산소의 독성과 질소의 마취작용을 증가시킨다. ★★

② 고압환경에서 이산화탄소의 농도는 0.2%를 초과하지 않아야 한다.

③ 동통성 관절장해(bends)도 이산화탄소의 분압 증가로 많이 발생한다.

3 감압환경에서의 생체영향

(1) 감압병(decompression ; 잠함병, 케이슨병) ★

급격한 감압 시에 혈액 속의 질소가 혈액과 조직에 기포를 형성하여(종격기종, 기흉)을 혈액순환 장해와 조직 손상을 일으킨다.

① 증상에 따른 진단은 매우 용이하다.

② 감압병의 치료는 재가압 산소요법이 최상이다.

③ 중추신경계 감압병은 고공비행사는 뇌에, 잠수사는 척수에 더 잘 발생한다.

한눈에 들어오는 키워드

요약

고압환경의 2차적 가압현상 ★★

① 질소의 마취작용 : 공기 중의 질소 가스는 4기압 이상에서 마취작용을 일으킨다.

② 산소중독 증세 : 산소분압이 2기압을 넘으면 산소중독 증세가 나타난다.

③ 이산화탄소의 작용 : 이산화탄소의 증가는 산소의 독성과 질소의 마취작용을 촉진시킨다.

(2) 감압 시에 조직 내 질소기포 형성량에 영향을 주는 요인 ★★

① 조직에 용해된 가스량
② 혈류를 변화시키는 상태
③ 감압속도
④ 고기압의 노출정도

비교

조직에 용해된 가스량을 결정하는 요인

- 고기압의 노출정도
- 고기압의 노출시간
- 체내 지방량

4 저기압(저압환경)에서의 인체영향

(1) 저기압(저압환경)에서의 인체영향 ★

1) 고공증상

신경장해, 동통성 관절장해, 항공치통, 항공이염, 항공부비감염 등

2) 폐수종 ★

① 진해성 기침과 호흡곤란이 나타나고 폐동맥 혈압이 상승하다 산소공급과 해면으로의 귀환으로 급속히 소실된다.
② 어른보다 순화적응속도가 느린 어린이에게 많이 발생한다.

3) 고산병

극도의 우울증, 두통, 식욕상실을 보이는 임상 증세군이며 가장 특징적인 것은 흥분성이다.

4) 저산소증(Hypoxia : 산소결핍증) ★

① 저기압에서 가장 문제가 되는 것은 저산소증(산소결핍증)이다.
② 체내 조직의 산소가 결핍된 상태를 저산소증이라 한다.
③ 산소결핍에 가장 민감한 조직은 뇌(대뇌피질)이다.

한 눈에 들어오는 키워드

참고
질소의 마취작용
물 속의 수압이 높아지면서 상대적으로 압축된 공기를 마시게 되며, 압력이 높아진 질소를 호흡하여 환각적인 마취효과를 일으키는 것을 질소의 마취작용이라고 한다.

참고
깊은 물에서 올라오거나 감압실 내에서 감압을 하는 도중에 폐 압박의 경우와는 반대로 폐 속에 공기가 팽창한다. 이때는 감압에 의한 가스팽창과 질소기포 형성의 두 가지 건강상의 문제가 발생한다.

④ 생체 내에서 산소공급정지가 2분 이상이 되면 활동성이 회복되지 않는 비가역적인 파괴가 일어난다.

⑤ 고산지대나 지역이 높은 곳에서 발생하며 판단력장해, 행동장해, 권태감 등을 일으킨다.

(2) 저기압의 작업환경에 대한 인체의 영향 ★

① 고도 18,000ft(5,468m) 이상이 되면 21% 이상의 산소가 필요하게 된다.

② 고도 1,0000ft(3,048m)까지는 시력, 협조운동의 가벼운 장해 및 피로를 유발한다.

③ 고도의 상승으로 기압이 저하되면 공기의 산소분압이 감소되고 동시에 폐포 내 산소분압도 감소된다.

④ 산소결핍을 보충하기 위하여 호흡수, 맥박수가 증가된다.

5 이상기압에 대한 대책

(1) 고압시간의 제한

① 고압시간은 고압실내작업자에게 가압을 시작한 때부터 감압을 시작하는 때까지의 시간을 말한다.

② 고압시간은 1일 6시간, 1주 34시간을 초과하지 아니할 것 ★

(2) 잠수시간

① 잠수작업자가 잠수를 시작한 때부터 부상을 시작하는 때까지의 시간을 말한다.

② 잠수시간은 1일 6시간, 1주 34시간을 초과하지 아니할 것 ★

③ 감압의 속도는 매분 매제곱센티미터당 0.8킬로그램 이하로 할 것

(3) 감압병 예방 및 치료 ★

① 고압환경에서의 작업시간을 제한(1일 6시간, 주 34시간)하고 고압실내의 작업에서는 탄산가스 분압이 증가하지 않도록 신선한 공기를 송기시킨다.

② 감압이 끝날 무렵에 순수한 산소를 흡입시키면 감압시간을 25% 가량 단축시킬 수 있다. ★

한 눈에 들어오는 키워드

기출

저압환경의 영향

① 30,000ft(약 9km) 이상 고공에서 비행업무에 종사하는 사람에게 가장 큰 문제는 산소부족으로 의식을 잃게 되는 것이다.

② 비교적 고도가 높지 않는 경우에도 산소부족으로 판단력장해, 행동장해, 권태감이 일어날 수 있다.

③ 고공성 폐수종이 생기기도 하는데 이 증세는 반복해서 발병하는 경향이 있다.

기출

고압 및 고압산소요법의 질병 치료기전

① 체내에 형성된 기포의 크기를 감소시키는 압력효과

② 혈장 내 용존산소량을 증가시키는 산소분압 상승효과

③ 모세혈관 신생촉진 및 백혈구의 살균능력 항진 등 창상 치료효과

한눈에 들어오는 키워드

기출

고압에 의한 장해를 방지하기 위하여 인공적으로 만든 헬륨 – 산소 혼합가스의 특징

① 헬륨은 고압 하에서 마취작용이 약하다.
② 헬륨은 분자량이 작아서 호흡저항이 적다.
③ 비활성 기체인 헬륨은 체내에서 불필요한 반응이 없고 혈액에 대한 용해도가 작다.
④ 헬륨은 질소보다 확산속도가 크며 체외로 배출되는 시간이 질소에 비하여 50% 정도 밖에 걸리지 않는다.

③ 헬륨은 호흡저항이 작고, 질소보다 확산속도가 크며, 체외로 배출되는 시간이 질소에 비하여 50% 정도 밖에 걸리지 않아 고압환경에서 작업하는 근로자에게 질소를 헬륨으로 대치한 공기를 호흡시켜 감압병을 예방한다. ★★

④ 특별히 잠수에 익숙한 사람을 제외하고는 10m/min 속도 정도로 잠수하는 것이 안전하다.

⑤ 감압병이 발생하면 환자를 원래의 고압환경 상태로 바로 복귀시키거나, 인공고압실에 넣어 혈관 및 조직 속에 발생한 질소의 기포를 용해시킨 후 서서히 감압한다.

⑥ 정상기압보다 1.25기압을 넘지 않는 고압환경에는 아무리 오랫동안 폭로되거나 아무리 빨리 감압하더라도 기포를 형성하지 않는다.

⑦ 적성검사로 부적합자를 색출한다.(비만자의 작업 금지)

⑧ 귀 등의 장해를 예방하기 위해서는 압력을 가하는 속도를 매분당 0.8kg/cm^2 이하가 되도록 한다.

02 산소결핍

1 산소결핍의 개념

(1) 산소결핍

공기 중의 산소농도가 18% 미만인 상태를 말한다. ★★

(2) 산소결핍증

산소가 결핍된 공기를 들여 마심으로써 생기는 증상을 말한다.

2 산소결핍의 노출기준

(1) 적정공기

암기

작업장의 적정공기 수준 ★★

① 산소농도의 범위가 18% 이상 23.5% 미만
② 탄산가스의 농도가 1.5% 미만
③ 일산화탄소의 농도가 30ppm 미만
④ 황화수소의 농도가 10ppm 미만

3 산소결핍의 인체장해

(1) 산소분압의 계산 ★

$$\text{산소분압(mmHg)} = \text{기압(mmHg)} \times \frac{\text{산소농도(\%)}}{100}$$

[예제 1]

해면 기준에서 정상적인 대기 중의 산소분압은 약 얼마인가?

① 80mmHg　　② 160mmHg
③ 300mmHg　　④ 760mmHg

해설

$\text{산소분압(mmHg)} = 760 \times \frac{21}{100} = 159.6\text{(mmHg)}$

* 정상적인 대기 중의 산소는 21%이다.

[정답 ②]

한 눈에 들어오는 키워드

기출

이산화탄소의 농도와 건강영향

- 700ppm 이하 : 장기간 있어도 건강에 문제가 없음
- 700～1,000ppm : 건강영향은 없으나 불쾌감을 느낌
- 1,000～2,000ppm : 피로와 졸림 현상
- 2,000ppm 이상 : 두통과 어깨 결림
- 3,000ppm 초과 : 현기증을 일으킴

4 산소결핍 위험 작업장의 작업 환경 측정 및 관리 대책

(1) 밀폐공간에서의 건강장해 예방

1) 밀폐공간 작업 프로그램의 수립 · 시행

사업주는 밀폐공간에 근로자를 종사하도록 하는 경우에 다음 각 호의 내용이 포함된 밀폐공간 작업 프로그램을 수립하여 시행하여야 한다.

확인

✽ 밀폐공간 작업 프로그램 내용 ★★

① 사업장 내 **밀폐공간의 위치 파악 및 관리 방안**
② **밀폐공간 내** 질식 · 중독 등을 일으킬 수 있는 **유해 · 위험 요인의 파악 및 관리 방안**
③ 밀폐공간 작업 시 **사전 확인이 필요한 사항에 대한 확인 절차**
④ **안전보건교육 및 훈련**
⑤ 그 밖에 밀폐공간 작업 근로자의 건강장해 예방에 관한 사항

2) 사업주는 근로자가 밀폐공간에서 작업을 하는 경우에 작업을 시작할 때마다 사전에 다음 각 호의 사항을 작업근로자(감시인을 포함한다)에게 알려야 한다. ★

① 산소 및 유해가스농도 측정에 관한 사항
② 환기설비의 가동 등 안전한 작업방법에 관한 사항
③ 보호구의 착용과 사용방법에 관한 사항
④ 사고 시의 응급조치 요령
⑤ 구조요청을 할 수 있는 비상연락처, 구조용 장비의 사용 등 비상시 구출에 관한 사항

3) 산소 및 유해가스 농도의 측정

사업주는 밀폐공간에서 근로자에게 작업을 하도록 하는 경우 작업을 시작(작업을 일시 중단하였다가 다시 시작하는 경우를 포함한다)하기 전 다음 각 호의 어느 하나에 해당하는 자로 하여금 해당 밀폐공간의 산소 및 유해가스 농도를 측정하여 적정공기가 유지되고 있는지를 평가하도록 하여야 한다.

한 눈에 들어오는 키워드

기출

밀폐공간에서의 산소결핍 원인 (산소결핍의 원인을 소모(consumption), 치환(displacement), 흡수(absorption)로 구분할 때 소모의 원인)
① 용접, 절단, 불 등에 의한 연소
② 금속의 산화, 녹 등의 화학 반응
③ 제한된 공간 내에서 사람의 호흡

밀폐공간에서 작업할 때 관리 방법
① 비상 시 탈출할 수 있는 경로를 확인 후 작업을 시작한다.
② 작업장에 들어가기 전에 산소 농도와 유해물질의 농도를 측정한다.
③ 환기는 급기량이 배기량보다 약 10% 많게 한다.

확인

밀폐공간의 산소 및 유해가스 농도를 측정하여야 하는 자 ★

① 관리감독자
② 안전관리자 또는 보건관리자
③ 안전관리전문기관
④ 건설재해예방전문지도기관
⑤ 작업환경측정기관
⑥ 한국산업안전보건공단이 정하는 산소 및 유해가스 농도의 측정 · 평가에 관한 교육을 이수한 사람

4) 환기

① 사업주는 밀폐공간에 근로자를 종사하도록 하는 경우에 작업 시작 전 및 작업 중에 해당 작업장을 적정공기 상태가 유지되도록 환기하여야 한다. 다만, 폭발이나 산화 등의 위험으로 인하여 환기할 수 없거나 작업의 성질상 환기하기가 매우 곤란한 경우에는 근로자에게 공기호흡기 또는 송기마스크를 지급하여 착용하도록 하고 환기하지 아니할 수 있다.
② 근로자는 지급된 보호구를 착용하여야 한다.

5) 출입금지

① 사업주는 밀폐공간에 근로자를 종사하도록 하는 경우에는 그 장소에 근로자를 입장시킬 때와 퇴장시킬 때마다 인원을 점검하여야 한다.
② 사업주는 밀폐공간에서 하는 작업에 근로자를 종사하도록 하는 경우에는 그 밀폐공간에서 작업하는 근로자가 아닌 사람이 그 장소에 출입하는 것을 금지하고, 출입금지 표지를 밀폐공간 근처의 보기 쉬운 장소에 게시하여야 한다.

6) 감시인의 배치

① 사업주는 근로자가 밀폐공간에서 작업을 하는 동안 작업상황을 감시할 수 있는 감시인을 지정하여 밀폐공간 외부에 배치하여야 한다.
② 감시인은 밀폐공간에 종사하는 근로자에게 이상이 있을 경우에 구조요청 등 필요한 조치를 한 후 이를 즉시 관리감독자에게 알려야 한다.
③ 사업주는 근로자가 밀폐공간에서 작업을 하는 동안 그 작업장과 외부의 감시인 간에 항상 연락을 취할 수 있는 설비를 설치하여야 한다.

한 눈에 들어오는 키워드

요약

산소결핍 위험 작업장의 작업관리 대책 ★
① 환기
② 작업 전 산소 및 유해가스 농도 측정
③ 보호구 착용 – 공기호흡기, 송기마스크(호스마스크)
④ 작업 장소에 근로자를 입장시킬 때와 퇴장시킬 때마다 인원 점검
⑤ 관계근로자 외 출입금지 조치
⑥ 감시인 배치 및 외부와의 연락 설비 설치
⑦ 비상시 구출기구 비치

7) 사고 시의 대피 등

① 사업주는 근로자가 밀폐공간에서 작업을 하는 경우에 산소결핍이나 유해가스로 인한 질식 · 화재 · 폭발 등의 우려가 있으면 즉시 작업을 중단시키고 해당 근로자를 대피하도록 하여야 한다.

② 사업주는 근로자를 대피시킨 경우 적정공기 상태임이 확인될 때까지 그 장소에 관계자가 아닌 사람이 출입하는 것을 금지하고, 그 내용을 해당 장소의 보기 쉬운 곳에 게시하여야 한다.

③ 근로자는 출입이 금지된 장소에 사업주의 허락 없이 출입하여서는 아니 된다.

8) 안전대 등 보호구 지급

① 사업주는 밀폐공간에서 작업하는 근로자가 산소결핍이나 유해가스로 인하여 추락할 우려가 있는 경우에는 해당 근로자에게 안전대나 구명밧줄, 공기호흡기 또는 송기마스크를 지급하여 착용하도록 하여야 한다.

② 사업주는 안전대나 구명밧줄을 착용하도록 하는 경우에 이를 안전하게 착용할 수 있는 설비 등을 설치하여야 한다.

③ 근로자는 지급된 보호구를 착용하여야 한다.

9) 대피용 기구의 비치

사업주는 밀폐공간에 근로자를 종사하도록 하는 경우에 공기호흡기 또는 송기마스크, 사다리 및 섬유로프 등 비상시에 근로자를 피난시키거나 구출하기 위하여 필요한 기구를 갖추어 두어야 한다.

10) 구출 시 공기호흡기 또는 송기마스크의 사용

사업주는 밀폐공간에서 위급한 근로자를 구출하는 작업을 하는 경우 그 구출작업에 종사하는 근로자에게 공기호흡기 또는 송기마스크를 지급하여 착용하도록 하여야 한다.

CHAPTER 03

소음 · 진동

01 소음

1 소음의 정의와 단위

(1) 소음의 정의

1) 소음

① 원하지 않는 소리
② 심리적으로 불쾌감을 주고 신체에 장해를 일으키는 소리를 말한다.

2) 소음작업(산업안전보건법의 정의) ★★

하루 8시간 동안 85dB 이상의 소음이 발생하는 작업을 말한다.

3) 강렬한 소음작업 ★★

① 하루 8시간 동안 90dB 이상의 소음이 발생하는 작업
② 하루 4시간 동안 95dB 이상의 소음이 발생하는 작업
③ 하루 2시간 동안 100dB 이상의 소음이 발생하는 작업
④ 하루 1시간 동안 105dB 이상의 소음이 발생하는 작업
⑤ 하루 30분 동안 110dB 이상의 소음이 발생하는 작업
⑥ 하루 15분 동안 115dB 이상의 소음이 발생하는 작업

4) 충격소음 ★★

최대음압수준이 120dB(A) 이상인 소음이 1초 이상의 간격으로 발생하는 것을 말한다.

한 눈에 들어오는 키워드

기출
정상인이 들을 수 있는 가장 낮은 이론적 음압 : 0dB
3.5microbar = 85dB

비교
소음의 노출기준 ★★

1일 노출시간 (hr)	소음강도 dB(A)
8	90
4	95
2	100
1	105
1/2	110
1/4	115

한눈에 들어오는 키워드

기출
작업환경에서 노출되는 소음의 종류

① 연속음(continuous noise) : 하루 종일 같은 크기의 소리가 발생되는 음으로, 1초 1회 이상의 음 발생을 말한다.
② 단속음(interrupted noise) : 1일 작업 중 노출되는 소음이 여러 가지 음압수준으로 나타나는 음을 말한다.
③ 충격소음: 최대음압수준이 120 dB(A)이상인 소음이 1초 이상의 간격으로 발생하는 것을 말한다.
④ 폭발음

(2) 소음의 종류

① 연속음 : 1초 이내 간격으로 발생하는 음
② 단속음 : 1초 이상 간격으로 발생하는 음
③ 충격음 : 120dB 이상 음이 1초 이상 간격으로 일시적으로 발생하는 음

(3) 소음의 단위

1) dB(decibel)

음압수준을 나타낸다.

2) sone ★

① 감각적인 음의 크기를 나타낸다.
② 1Sone : 1,000Hz, 40dB 음의 크기

3) phon ★

① 1phon : 1,000Hz, 1dB 음의 크기
② 1,000Hz에서의 음압수준(dB)을 기준으로 하여 등청감곡선을 나타내는 단위

4) sone과 phon의 관계 ★

- $S(\text{sones}) = 2^{\frac{(L_L - 40)}{10}}$
- $L_L(\text{phons}) = 33.33 \times \log S + 40$

S : 음의 크기(sone)
L_L : 음의 크기 레벨(phon)

(4) 소음의 계산

한 눈에 들어오는 키워드

1) 소음도의 계산

① 합성소음도 ★★★

$$L(\text{dB}) = 10 \times \log(10^{\frac{L_1}{10}} + 10^{\frac{L_2}{10}} + \cdots + 10^{\frac{L_n}{10}})$$

L : 합성소음도(dB)
$L_1 \sim L_2$: 각각 소음원의 소음(dB)

② 소음도 차이 ★★

$$L'(\text{dB}) = 10\log(10^{\frac{L_1}{10}} - 10^{\frac{L_2}{10}})\ (\text{단, } L_1 > L_2)$$

③ 평균소음도 ★★

$$\overline{L}(\text{dB}) = 10 \times \log\left[\frac{1}{n}(10^{\frac{L_1}{10}} + 10^{\frac{L_2}{10}} + \ldots + 10^{\frac{L_n}{10}})\right]$$

$\overline{L}$: 평균소음도(dB)
n : 소음원의 개수

[예제 1]

각각 90dB, 90dB, 95dB, 100dB의 음압수준을 발생하는 소음원이 있다. 이 소음원들이 동시에 가동될 때 발생되는 음압수준은?

① 99dB
② 102dB
③ 105dB
④ 108dB

해설

합성소음도

$$L = 10 \times \log(10^{\frac{L_1}{10}} + 10^{\frac{L_2}{10}} + \cdots + 10^{\frac{L_n}{10}})(\text{dB})$$

L : 합성소음도(dB), $L_1 \sim L_2$: 각각 소음원의 소음(dB)

$L = 10 \times \log(10^{\frac{90}{10}} + 10^{\frac{90}{10}} + 10^{\frac{95}{10}} + 10^{\frac{100}{10}}) = 101.81(\text{dB})$

[정답 ②]

한 눈에 들어오는 키워드

[예제 2]

B 공장 집진기용 송풍기의 소음을 측정한 결과, 가동 시는 90dB(A)이었으나, 가동 중지 상태에서는 85dB(A)이었다. 이 송풍기의 실제 소음도는?

① 86.2dB(A)
② 87.1dB(A)
③ 88.3dB(A)
④ 89.4dB(A)

해설

소음도 차이 $L' = 10\log(10^{\frac{L_1}{10}} - 10^{\frac{L_2}{10}})(\text{dB})$ (단, $L_1 > L_2$)

$L' = 10 \times \log(10^{\frac{90}{10}} - 10^{\frac{85}{10}}) = 88.35\,\text{dB(A)}$

[정답 ③]

2) 음압수준(SPL) ★★★

음의 압력 수준으로 단위는 Pa(N/m²)이다.

$$SPL(\text{dB}) = 20 \times \log\left(\frac{P}{P_o}\right)$$

SPL : 음압수준(음압도, 음압레벨) (dB)
P : 대상음의 음압(음압 실효치) (N/m^2)
P_o : 기준음압 실효치($2\times10^{-5}N/m^2$, $2\times10^{-4}dyne/cm^2$)

[예제 3]

음압실효치가 $0.2N/m^2$일 때 음압수준(SPL : Sound Pressure Level)은 얼마인가? (단, 기준음압은 $2\times10^{-5}N/m^2$으로 계산한다.)

① 40dB
② 60dB
③ 80dB
④ 100dB

해설

$SPL(\text{dB}) = 20 \times \log\left(\frac{P}{P_o}\right)$

$SPL = 20 \times \log\left(\frac{0.2}{2\times10^{-5}}\right) = 80(\text{dB})$

[정답 ③]

[예제 4]

음압이 100배 증가하면 음압 수준은 몇 dB 증가하는가?

① 10dB ② 20dB
③ 30dB ④ 40dB

해설

$SPL(\mathrm{dB}) = 20 \times \log\left(\frac{P}{P_o}\right)$

$SPL = 20 \times \log 100 = 40(\mathrm{dB})$

[정답 ④]

[예제 5]

음압도(SPL ; Sound Pressure Level)가 80dB인 소음과 음압도가 40dB인 소음과의 음압(Sound Pressure) 차이는 몇 배인가?

① 2배 ② 20배
③ 40배 ④ 100배

해설

$$SPL = 20 \times \log\left(\frac{P}{P_o}\right)(\mathrm{dB})$$

SPL : 음압수준(음압도, 음압레벨) (dB), P : 대상음의 음압(음압 실효치) ($\mathrm{N/m^2}$)

P_o : 기준음압 실효치, $2\times10^{-5}\mathrm{N/m^2}$, $2\times10^{-4}\mathrm{dyne/cm^2}$)

1. $80 = 20 \times \log\left(\frac{P}{2\times10^{-5}}\right)$

$\log\left(\frac{P}{2\times10^{-5}}\right) = \frac{80}{20} = 4$

$\left(\frac{P}{2\times10^{-5}}\right) = 10^4$

$P = 2\times10^{-5}\times10^4 = 0.2(\mathrm{N/m^2})$

2. $40 = 20 \times \log\left(\frac{P}{2\times10^{-5}}\right)$

$\log\left(\frac{P}{2\times10^{-5}}\right) = \frac{40}{20} = 2$

$\left(\frac{P}{2\times10^{-5}}\right) = 10^2$

$P = 2\times10^{-5}\times10^2 = 2\times10^{-3}(\mathrm{N/m^2})$

3. $\frac{0.2}{2\times10^{-3}} = 100$(배)

[정답 ④]

한 눈에 들어오는 키워드

한 눈에 들어오는 키워드

3) 음의 세기레벨(Sound Inten sity : SIL) ★★

① 음의 진행방향에 수직하는 단위면적을 단위시간에 통과하는 음에너지를 음의 세기라 하며 단위는 watt/m^2이다.

② 음의 세기는 데시벨(dB) 단위를 사용하며 기준음의 세기와의 비를 대수 값으로 변환한 것이다.

$$SIL(dB) = 10\log\left(\frac{I}{I_o}\right) = 20\log\left(\frac{P}{P_0}\right) = SPL$$

SIL : 음의 세기레벨(dB)
I : 대상음의 세기(w/m^2)
I_o : 최소가청음 세기(10^{-12}w/m^2)
SPL : 음압수준(음압도, 음압레벨) (dB)
P : 대상음의 음압(음압 실효치) (N/m^2)
P_o : 기준음압 실효치(2×10^{-5}N/m^2, 2×10^{-4}dyne/cm^2)

[예제 6]

음의 세기레벨이 80dB에서 85dB로 증가하면 음의 세기는 약 몇 배가 증가하겠는가?

① 1.5배 ② 1.8배
③ 2.2배 ④ 2.4배

해설

음의 세기레벨(Sound Inten sity: SIL)

$$SIL = 10\times\log\left(\frac{I}{I_o}\right)(\text{dB})$$

SIL : 음의 세기레벨(dB), I : 대상음의 세기(w/m^2), I_o : 최소가청음 세기(10^{-12}w/m^2)

$SIL = 10\times\log\left(\frac{I}{I_o}\right)$

$\log\left(\frac{I}{I_o}\right) = \frac{SIL}{10}$

$\frac{I}{I_o} = 10^{\frac{SIL}{10}}$

$I = I_0\times10^{\frac{SIL}{10}}$

1. $I_{80} = 10^{-12}\times10^{\frac{80}{10}} = 1\times10^{-4}$

2. $I_{85} = 10^{-12}\times10^{\frac{85}{10}} = 3.16\times10^{-4}$

3. 증가율 $= \frac{(3.16\times10^{-4})-(1\times10^{-4})}{1\times10^{-4}} = 2.16$(배)

[정답 ③]

[예제 7]

음향출력이 1000W인 음원이 반자유공간(반구면파)에 있을 때 20m 떨어진 지점에서의 음의 세기는 약 얼마인가?

① 0.2W/m²　　② 0.4W/m²
③ 2.0W/m²　　④ 4.0W/m²

해설

1. $PWL = 10\log\left(\frac{W}{W_o}\right) = 10 \times \log\left(\frac{1000}{10^{-12}}\right) = 150(\text{dB})$
2. $SPL = PWL - 20\log r - 8 = 150 - 20 \times \log 20 - 8 = 115.98(\text{dB})$
3. $SIL(\text{dB}) = 10\log\left(\frac{I}{I_o}\right) = 20\log\left(\frac{P}{P_0}\right) = SPL$

$SIL(\text{dB}) = 10\log\left(\frac{I}{I_o}\right) = 115.98$

$\log\left(\frac{I}{I_o}\right) = \frac{115.98}{10} = 11.598$

$\frac{I}{I_o} = 10^{11.598}$

$I = I_o \times 10^{11.598} = 10^{-12} \times 10^{11.598} = 0.40(\text{W/m}^2)$

[정답 ②]

4) 음향파워레벨(PWL, 음력수준) ★★★

음향출력(음향파워, 음력)은 음원으로부터 단위시간당 방출되는 총 음에너지(음원이 발산하는 모든 에너지)를 말하며 단위는 watt이다.

$$PWL(\text{dB}) = 10\log\left(\frac{W}{W_o}\right)$$

PWL : 음향파워레벨 (dB)
W : 대상음원의 음력(watt)
W_o : 기준음력(10^{-12}watt)

$$PWL\text{의 합}(\text{dB}) = 10\log\left(10^{\frac{PWL}{10}} \times n\right)$$

PWL : 음향파워레벨(dB)
n : 동일 소음을 발생시키는 기계의 수

한 눈에 들어오는 키워드

한 눈에 들어오는 키워드

[예제 8]

작업기계에서 음향파워레벨(PWL)이 110dB인 소음이 발생되고 있다. 이 기계의 음향파워는 몇 W(Watt)인가?

① 0.05　　② 0.1　　③ 1　　④ 10

해설

$$PWL = 10\log\left(\frac{W}{W_o}\right)$$

PWL : 음향파워레벨 (dB), W : 대상음원의 음력(watt), W_o : 기준음력(10^{-12}watt)

$$PWL = 10\log\left(\frac{W}{W_o}\right)$$

$$\log\left(\frac{W}{W_o}\right) = \frac{PWL}{10}$$

$$\frac{W}{W_o} = 10^{\frac{PWL}{10}}$$

$$W = W_0 \times 10^{\frac{PWL}{10}} = 10^{-12} \times 10^{\frac{110}{10}} = 0.1(\text{Watt})$$

[정답 ②]

[예제 9]

어떤 음의 발생원의 Sound Power가 0.006W이면 이때 음향 파워레벨은?

① 92dB　　② 94dB　　③ 96dB　　④ 98dB

해설

$$PWL = 10 \times \log\left(\frac{W}{W_o}\right)$$

W_o : 기준음력(10^{-12}watt)

$$PWL = 10 \times \log\left(\frac{0.006}{10^{-12}}\right) = 97.78(\text{dB})$$

[정답 ④]

[예제 10]

공장 내부에 소음(대당 PWL = 85dB)을 발생시키는 기계가 있다. 이 기계 2대가 동시에 가동될 때 발생하는 PWL의 합은?

① 86dB　　② 88dB　　③ 90dB　　④ 92dB

해설

$$\text{PWL의 합} = 10 \times \log\left(10^{\frac{PWL}{10}} \times n\right)$$

PWL : 음향파워레벨 (dB), n : 동일 소음을 발생시키는 기계의 수

PWL의 합 $= 10 \times \log(10^{\frac{85}{10}} \times 2) = 88.01(\text{dB})$

[정답 ②]

5) 소음을 내는 기계로부터 거리가 d_2만큼 떨어진 곳의 소음 계산 ★

$$dB_2 = dB_1 - 20 \times \log\left(\frac{d_2}{d_1}\right)$$

dB_1 : 소음기계로부터 d_1 떨어진 곳의 소음
dB_2 : 소음기계로부터 d_2 떨어진 곳의 소음

[예제 11]

공장 내 지면에 설치된 한 기계로부터 10m 떨어진 지점의 소음이 70dB(A)일 때, 기계의 소음이 50dB(A)로 들리는 지점은 기계에서 몇 m 떨어진 곳인가? (단, 점음원을 기준으로 하고, 기타 조건은 고려하지 않는다.)

① 50 ② 100 ③ 200 ④ 400

해설

$dB_2 = dB_1 - 20 \times \log(\frac{d_2}{d_1})$

$20 \times \log(\frac{d_2}{d_1}) = dB_1 - dB_2$

$\log(\frac{d_2}{d_1}) = \frac{dB_1 - dB_2}{20} = \frac{70-50}{20} = 1$

$\frac{d_2}{d_1} = 10^1 = 10$

$d_2 = d_1 \times 10 = 10 \times 10 = 100(\text{m})$

[정답 ②]

한 눈에 들어오는 키워드

한 눈에 들어오는 키워드

실기 기출★
소음 전파과정에서 나타나는 물리적 현상(5가지)
① 반사
② 흡수
③ 굴절
④ 투과
⑤ 회절

2 소음의 물리적 특성

(1) 음속 실기 기출★

음파의 전달속도를 말한다.

$$음속(C) = f \times \lambda$$ ★

C : 음속(m/sec)
f : 주파수(1/sec = Hz)
λ : 파장(m)

$$음속(C) = 331.42 + 0.6 \times t$$ ★

C : 음속(m/sec)
t : 음전달 매질의 온도(℃)

[예제 12]

상온에서 음속은 약 344m/s이다. 주파수가 2kHz인 음의 파장은 얼마인가?

해설

$c = f \times \lambda$

$\lambda = \frac{c}{f} = \frac{344}{2{,}000} = 0.172(\text{m})$

[예제 13]

0℃, 1기압의 공기 중에서 파장이 2m인 음의 주파수는 약 얼마인가?

① 132Hz　　② 154Hz
③ 166Hz　　④ 178Hz

해설

1. 음속$(C) = 331.42 + 0.6 \times t = 331.42 + (0.6 \times 0) = 331.42$(℃)
2. 음속$(C) = f \times \lambda$

$f = \frac{C}{\lambda} = \frac{331.42}{2} = 165.71(\text{Hz})$

[정답 ③]

[예제 14]

25℃, 공기 중에서 1,000Hz인 음의 파장은 약 몇 m인가?

① 0.035　　② 0.35　　③ 3.5　　④ 35

해설

1. 음속$(C) = 331.42 + (0.6 \times 25) = 346.42$(℃)
2. 음속$(C) = f \times \lambda$

$$\lambda = \frac{C}{f} = \frac{346.42}{1,000} = 0.35(\mathrm{m})$$

[정답 ②]

(2) 음의 지향성

음원에서 방출되는 음의 강도가 방향에 따라 변화하는 상태를 말한다.

1) 지향계수(Q : directivity factor)

① 특정 방향에 대한 음의 방향성(지향성)을 나타내는 수치를 말한다.
② 특정방향의 에너지와 평균에너지의 비로서 나타낸다.
③ 음원의 형태, 크기와 주파수에 따라 지향성이 변화한다.

2) 지향지수(DI : directivity index)

① 임의의 음원의 지향성을 dB단위로 표현한 것을 말한다.
② 지향계수를 dB단위로 나타낸 것이다.
③ 지향성이 큰 경우 특정방향 음압레벨과 평균음압레벨과의 차이로 정의한다.

3) 지향계수와 지향지수와의 관계 ★★

$$DI(dB) = 10 \times \log Q$$

DI : 지향지수(directivity index)
Q : 지향계수(directivity factor)

음원이 자유공간에 떠 있는 경우 (음의 전파가 완전 구체인 경우)	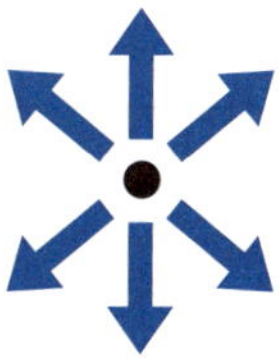	$Q=1$ $DI= 10 \times \log 1 = 0$(dB)

한 눈에 들어오는 키워드

음원이 반 자유공간 또는 바닥 위에 있는 경우 (음의 전파가 반구인 경우)	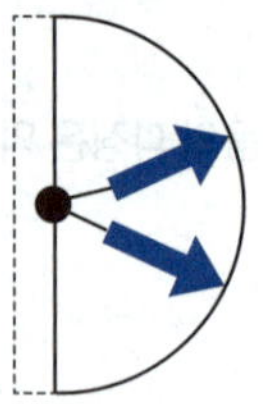	$Q=2$ $DI=10\times\log2=3$(dB)
음원이 두면이 만나는 구석 또는 벽 근처 바닥에 있는 경우 (음의 전파가 1/4 구체인 경우)	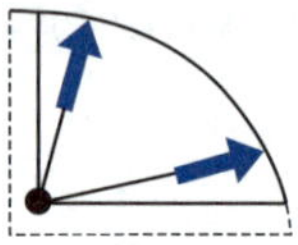	$Q=4$ $DI=10\times\log4=6$(dB)
음원이 세면이 만나는 구석 또는 각진 모퉁이 바닥에 있는 경우 (음의 전파가 1/8 구체인 경우)	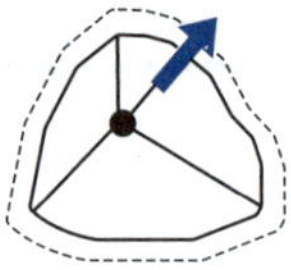	$Q=8$ $DI=10\times\log8=9$(dB)

Q(지향계수) : 음의 방향성(지향성)을 나타내는 수치
DI(지향지수) : 임의의 음원의 지향성을 dB단위로 표현한 것

(3) 음원에 따른 SPL과 PWL의 관계식

PWL은 거리에 따라 변화되지 않는 절대적인 값이고 SPL은 거리에 따라 변화하는 상대적인 값을 나타낸다.

무지향성 점음원 ★★	무지향성 선음원 ★
• 자유공간(공중, 구면파)에 위치할 때 $SPL(\text{dB})=PWL-20\log r-11$ • 반자유공간(바닥, 벽, 천장, 반구면파)에 위치할 때 $SPL(\text{dB})=PWL-20\log r-8$	• 자유공간(공중, 구면파)에 위치할 때 $SPL(\text{dB})=PWL-10\log r-8$ • 반자유공간(바닥, 벽, 천장, 반구면파)에 위치할 때 $SPL(\text{dB})=PWL-10\log r-5$
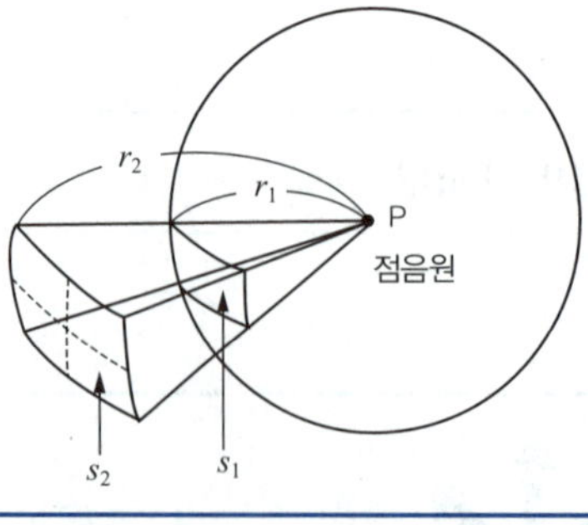	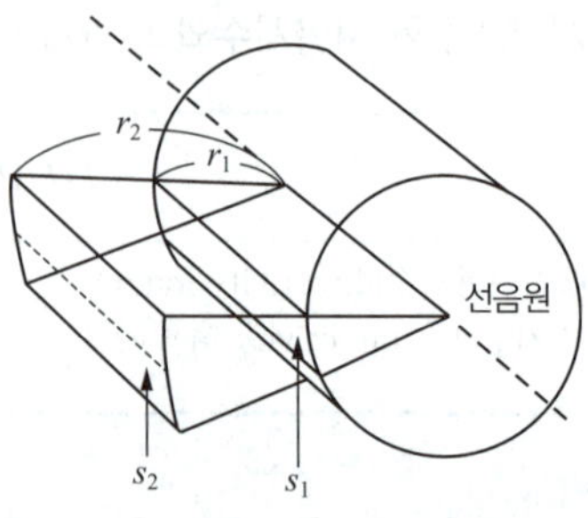

r : 소음원으로부터의 거리(m)

[예제 15]

자유공간에 위치한 점음원의 음향 파워레벨(PWL)이 110dB일 때, 이 점음원으로부터 100m 떨어진 곳의 음압레벨(SPL)은?

① 49dB　② 59dB
③ 69dB　④ 79dB

해설

$SPL = PWL - 20\log r - 11$

$SPL = 110 - 20 \times \log 100 - 11 = 59\,(\text{dB})$

[정답 ②]

[예제 16]

지상에서 음력이 10W인 소음원으로부터 10m 떨어진 곳의 음압수준은 약 얼마인가? (단, 무지향성 점음원, 자유공간)

① 96dB　② 99dB
③ 102dB　④ 105dB

해설

1. $\text{PWL} = 10\log\left(\frac{W}{W_o}\right) = 10 \times \log\frac{10}{10^{-12}} = 130\,(\text{dB})$
2. $SPL = PWL - 20\log r - 11 = 130 - 20 \times \log 10 - 11 = 99\,(\text{dB})$

[정답 ②]

[예제 17]

음원에서 10m 떨어진 곳에서 음압수준이 89dB(A)일 때, 음원에서 20m 떨어진 곳에서의 음압수준은 약 몇 dB(A)인가? (단, 점음원이고 장해물이 없는 자유공간에서 구면상으로 전파한다고 가정한다.)

① 77　② 80
③ 83　④ 86

해설

1. 10m 떨어진 곳에서의 PWL
   $SPL = PWL - 20 \times \log r - 11$
   $PWL = SPL + 20 \times \log r + 11 = 89 + 20 \times \log 10 + 11 = 120\,(\text{dB})$
2. 20m 떨어진 곳에서의 음압수준
   $SPL = 120 - 20 \times \log 20 - 11 = 82.98\,(\text{dB})$

[정답 ③]

한 눈에 들어오는 키워드

한 눈에 들어오는 키워드

[예제 18]

출력이 0.01W의 점음원으로부터 100m 떨어진 곳의 음압수준은? (단, 무지향성 음원, 자유공간의 경우)

① 49dB ② 53dB
③ 59dB ④ 63dB

해설

1. $PWL = 10\log\left(\frac{W}{W_o}\right) = 10 \times \log\frac{0.01}{10^{-12}} = 100(dB)$

2. $SPL = PWL - 20\log r - 11 = 100 - 20 \times \log 100 - 11 = 49(dB)$

[정답 ①]

(4) 주파수 분석

참고
소음의 주파수 특성을 파악하여 공학적인 소음관리대책을 세우고자 할 때에는 옥타브밴드분석 소음계를 사용한다.

소음의 특성을 정확히 평가하기 위해 실시하며 옥타브 밴드 분석기가 가장 많이 사용된다.

1/1 옥타브 밴드 분석기 ★★★	1/3 옥타브 밴드 분석기
$\frac{f_U}{f_L} = 2^{\frac{1}{1}},\ f_{u=} 2f_L$	$\frac{f_U}{f_L} = 2^{\frac{1}{3}},\ f_{u=} 1.26f_L$
중심주파수(f_c) $= \sqrt{f_L \times f_U} = \sqrt{f_L \times 2f_L} = \sqrt{2}\, f_L$	중심주파수(f_c) $= \sqrt{f_L \times f_U} = \sqrt{f_L \times 1.26f_L} = \sqrt{1.26}\, f_L$

f_L : 중심주파수 보다 낮은 쪽 주파수
f_U : 중심주파수 보다 높은 쪽 주파수
f_C : 중심주파수

[예제 19]

옥타브밴드로 소음의 주파수를 분석하였다. 낮은 쪽의 주파수가 250Hz이고, 높은 쪽의 주파수가 2배인 경우 중심주파수는 약 몇 Hz인가?

① 250 ② 300 ③ 354 ④ 375

해설

1. 높은 쪽의 주파수(f_U) = $2 \times$ 낮은 쪽의 주파수(f_L) $= 2 \times 250 = 500(H_Z)$

2. 중심주파수(f_C) $= \sqrt{f_U \times f_L} = \sqrt{500 \times 250} = 353.55(H_Z)$

[정답 ③]

[예제 20]

1/1 옥타브밴드의 중심주파수가 500Hz일 때, 하한과 상한 주파수로 가장 적합한 것은? (단, 정비형 필터 기준으로 한다.)

① 354Hz, 707Hz ② 362Hz, 724Hz
③ 373Hz, 746Hz ④ 382Hz, 764Hz

해설

1. 중심주파수(f_C) = $\sqrt{2} f_L$

$$f_L = \frac{f_C}{\sqrt{2}} = \frac{500}{\sqrt{2}} = 353.55(H_Z)$$

2. 높은 쪽의 주파수(f_U) = 2 × 낮은 쪽의 주파수(f_L) = 2 × 353.55 = 707.1(H_Z)

[정답 ①]

한 눈에 들어오는 키워드

3 소음의 생체작용

(1) 소음이 인체에 미치는 영향(생리적 영향) ★

① 혈압 증가
② 맥박수 증가
③ 위분비액 감소
④ 집중력 감소
⑤ 청력손실(소음성 난청)

(2) 청력손실

1) 영구성 청력손실(영구성 난청, 소음성 난청)

① 영구적으로 회복되지 않는 청력 손실을 말한다.
② 심한 소음에 반복 노출되면 코르티기관의 손상으로 일시적인 청력 변화가 영구적 청력변화로 변하게 된다.
③ 내이의 세포변성이 주요한 원인이다.
④ 전음계(외이 · 중이의 장해)가 아니라 감음계(내이 및 신경경로의 장해)의 장해를 말한다.
⑤ 소음성 난청은 4,000~6,000Hz 정도에서 가장 많이 발생한다.(주로 주파수 4,000Hz 영역에서 시작하여 전 영역으로 파급된다.)

⑥ 소음성 난청은 대부분 양측성이며, 감각 신경성 난청에 속한다.

⑦ 강한 소음은 달팽이관 주변의 모세혈관 수축을 일으켜 이 부근에 저산소증을 유발한다.

⑧ 일주일 정도가 지나도록 회복되지 않는 청력치의 감소부분은 영구적 난청에 해당된다.

한눈에 들어오는 키워드

기출

소음의 강도가 같은 경우 청력손실에 가장 큰 영향을 미치는 주파수는 3,000～4,000Hz이다.

2) C_5-dip 현상 실기 기출★

소음성 난청의 초기단계로서 4,000Hz 부근의 음에 대한 청력저하가 심하게 생기게 되는 현상을 말한다.

(3) 소음성 난청(청력손실)에 영향을 미치는 요소 ★

① 개인의 감수성 : 개인의 감수성에 따라 소음반응이 다양하다.

② 음의 강도 : 음압수준이 높을수록 유해하다.

③ 폭로시간(노출시간) : 계속적 노출이 간헐적 노출보다 더 유해하다.

④ 음의 물리적 특성

- 고주파음이 저주파음보다 더 유해하다.
- 충격음 및 연속음의 유해성이 더 크다.

⑤ 심한 소음에 반복하여 노출되면 일시적 청력변화는 영구적 청력변화로 변한다.

(4) 평균청력손실의 계산 ★★

4분법	6분법
평균청력손실(dB)$=\dfrac{a+2b+c}{4}$	평균청력손실(dB)$=\dfrac{a+2b+2c+d}{6}$

a : 옥타브밴드 중심주파수 500Hz에서의 청력손실(dB)
b : 옥타브밴드 중심주파수 1,000Hz에서의 청력손실(dB)
c : 옥타브밴드 중심주파수 2,000Hz에서의 청력손실(dB)
d : 옥타브밴드 중심주파수 4,000Hz에서의 청력손실(dB)

[예제 21]

청력 손실치가 다음과 같을 때, 6분법에 의하여 판정하면 청력손실은 얼마인가?

- 500Hz에서 청력 손실치는 8
- 1,000Hz에서 청력 손실치는 12
- 2,000Hz에서 청력 손실치는 12
- 4,000Hz에서 청력 손실치는 22

① 12　　② 13
③ 14　　④ 15

해설

$$\text{청력손실} = \frac{a+2b+2c+d}{6} = \frac{8+2\times12+2\times12+22}{6} = 13(\text{dB})$$

[정답 ②]

4 소음에 대한 노출기준

(1) 국내의 소음 노출기준(OSHA의 연속소음에 대한 노출기준)(소음변화율 : 5dB) ★★

1일 노출시간(hr)	소음수준[dB(A)]
8	90
4	95
2	100
1	105
1/2	110
1/4	115

주 : 115dB(A)를 초과하는 소음 수준에 노출되어서는 안 됨 ★

한 눈에 들어오는 키워드

확인 ★

1. 우리나라의 소음 노출기준은 8시간 기준 90dB이며, 노출시간이 반으로 감소하면 소음기준은 5dB 증가한다.
2. 미국 ACGIH 및 ISO의 소음노출 기준은 8시간 기준 85dB, 노출시간이 반으로 감소하면 소음기준은 3dB 증가한다.

한 눈에 들어오는 키워드

(2) ACGIH 노출기준(소음변화율 : 3dB)

1일 노출시간(hr)	소음수준[dB(A)]
8	85
4	88
2	91
1	94
1/2	97
1/4	100

(3) 충격소음의 노출기준 ★★

1일 노출회수	충격소음의 강도[dB(A)]
100	140
1,000	130
10,000	120

주 : 1. **최대 음압수준이 140dB(A)를 초과하는 충격소음에 노출되어서는 안 됨** ★
2. **충격소음**이라 함은 **최대음압수준에 120dB(A) 이상인 소음이 1초 이상의 간격으로 발생**하는 것을 말함

※ 문제

소음계와 누적소음노출량측정기(소음 노출량계)를 설명하시오.

[해설]
(1) **소음계** : 주파수에 따른 사람의 느낌을 감안하여 **A, B, C의 세 가지 특성에서 음압을 측정할 수 있도록 보정되어 있는 기기**를 말한다.
(2) **누적소음 노출량 측정기** : 작업자가 여러 작업장소를 이동하면서 작업하는 경우, **근로자에게 직접 부착하여 작업시간(8시간) 동안 작업자가 노출되는 소음 노출량을 측정하는 기기**를 말한다.

참고

지시소음계

소음계의 일종으로서, 마이크로폰으로 수용한 소음을 증폭하여 계기에 직접 폰 또는 데시벨 눈금으로 지시하는 소음계를 말한다.

5 소음의 측정 및 평가

(1) 소음의 측정

1) 개인의 노출량을 측정하는 기기로는 누적소음노출량측정기(noise dose meter)를 사용하며 노출량(dose)은 노출기준에 대한 백분율(%)로 나타낸다.

2) 누적소음 노출량측정기의 법정 설정기준 ★★

① Criteria : 90dB

② Exchange rate : 5dB

③ Threshold : 80dB

(2) 소음계

1) 등청감곡선

① 주파수에 따른 사람의 느낌을 감안하여 A, B, C의 세 가지 특성에서 음압을 측정할 수 있도록 보정되어 있다.

② A, B, C 세 가지 값이 거의 일치하기 시작하는 주파수는 1,000Hz이다.(1,000Hz에서 값은 0이다.) ★

③ A특성치와 C특성치의 차이가 크면 저주파음이고 차이가 작으면 고주파음이라고 할 수 있다. ★

(2) 소음의 평가

1) 등가소음레벨(등가소음도 ; Leq)

임의의 측정시간 동안 발생한 변동소음의 총에너지를 같은 시간 내의 정상소음의 에너지로 등가하여 얻어진 소음도를 등가소음도라고 한다.

① 등가소음도(Leq) ★★

$$\mathrm{Leq} = 16.61\log\frac{n_1 \times 10^{\frac{L_{A1}}{16.61}} + \cdots + n_n \times 10^{\frac{L_{An}}{16.61}}}{\text{각 소음레벨 측정치의 발생시간 합}}$$

Leq : 등가소음레벨[dB(A)]
L_A : 각 소음레벨의 측정치[dB(A)]
n : 각 소음레벨 측정치의 발생시간(분)

② 일정시간간격 등가소음도(Leq) ★★

$$\mathrm{Leq} = 10\log\frac{1}{n}\sum_{i=1}^{n} 10^{\frac{L_i}{10}}$$

n : 소음레벨측정치의 수
L_i : 각 소음레벨의 측정치[dB(A)]

한 눈에 들어오는 키워드

기출
소음 측정결과
- dB(A)의 값과 dB(C)의 값이 서로 별 차이가 없을 때 : 1,000Hz 이상의 고주파가 주성분이다.
- dB(A)의 값이 dB(C)의 값보다 작을 때 : 저주파 성분이 많다.

한 눈에 들어오는 키워드

확인 ★

① A특성 : 40phon의 등청감곡선과 비슷하게 주파수에 따른 반응을 보정하여 측정한 음압수준
② B특성 : 70phon의 등청감곡선과 비슷하게 주파수에 따른 반응을 보정하여 측정한 음압수준
③ C특성 : 100phon의 등청감곡선과 비슷하게 주파수에 따른 반응을 보정하여 측정한 음압수준

2) 누적소음폭로량

단위작업장소에서 **소음의 강도가 불규칙적으로 변동하는 소음 등을 누적소음노출량 측정기로 측정**하여 평가한다.

$$\text{누적소음 폭로량}(D) = \left(\frac{C_1}{T_1} + \frac{C_2}{T_2} + \cdots + \frac{C_n}{T_n}\right) \times 100(\%)$$ ★★

D : 누적소음 폭로량(%)
C : 각각의 소음도에 노출되는 시간(hr)
T : 각각의 소음도에 노출될 수 있는 허용노출시간(hr)

$$\text{TWA}[\text{dB(A)}] = 16.61 \times \log\left[\frac{D(\%)}{100}\right] + 90$$ ★★

TWA : 시간가중 평균 소음수준[dB(A)], D : 누적소음 폭로량(%)
100 : (12.5× T ; T =노출시간)

비교

$$La = 16.61 \times \log\left(\frac{D}{12.5 \times h}\right) + 90$$

La : A특성 등가소음레벨[dB(A)], D : 누적소음 폭로량(%), h : 포집시간(hr)

1일 작업시간이 8시간을 초과하는 경우에는 다음 계산식에 따라 보정노출기준을 산출한 후 측정치와 비교하여 평가하여야 한다.

$$\text{소음의 보정노출기준}[\text{dB(A)}] = 16.61 \times \log\left(\frac{100}{12.5 \times h}\right) + 90$$

h : 노출시간/일

[예제 22]

근로자가 단위작업장소에서 소음의 강도가 불규칙적으로 변동하는 소음을 누적소음노출량 측정기로 측정한 결과 소음 노출량 95%에 노출되었다면 이를 TWA dB(A)로 환산하면 약 얼마인가?

① 80 ② 85
③ 90 ④ 95

해설

$$TWA = 16.61 \times \log\left[\frac{95}{100}\right] + 90 = 89.63[\text{dB(A)}]$$

[정답 ③]

(4) 소음의 노출정도 평가 ★★★

한 눈에 들어오는 키워드

1) 노출지수

$$EI = \frac{C_1}{T_1} + \frac{C_2}{T_2} + \dots + \frac{C_n}{T_n}$$

C : 소음의 측정치
T : 소음의 노출기준

2) 평가

① EI 〉 1 : 노출기준을 초과함

② EI 〈 1 : 노출기준을 초과하지 않음

[예제 23]

어떤 환경에서 8시간 작업 중 95dB(A)인 단속음의 소음이 3시간, 90dB(A)의 소음이 3시간 발생하고 그 외 2시간은 기준 이하의 소음이 발생되었을 경우에 이 환경에서의 허용기준에 관한 설명으로 옳은 것은?

① 1.125로 허용기준을 초과하였다.
② 1.50로 허용기준을 초과하였다.
③ 0.75로 허용기준 이하였다.
④ 0.50으로 허용기준 이하였다.

해설

노출지수(EI) $= \frac{C_1}{T_1} + \frac{C_2}{T_2} + \cdots + \frac{C_n}{T_n}$

1. 노출지수(EI) $= \frac{3}{4} + \frac{3}{8} = 1.125$
2. $EI > 1$: 노출기준을 초과함
(95dB에서의 노출기준 4시간, 90dB에서의 노출기준 8시간)

[정답 ①]

한 눈에 들어오는 키워드

6 청력보호구

(1) 귀마개

1) 귀마개(Ear plug)의 구분

종류	등급	기호	성능
귀마개	1종	EP-1	저음부터 고음까지 차음하는 것
	2종	EP-2	주로 고음을 차음하여 회화음 영역인 저음은 차음하지 않는 것
귀덮개		EM	

2) 귀마개의 장 · 단점 실기 기출★

장점	단점
• 부피가 작아서 **휴대하기 편하다.** • **보안경과 안전모 사용에 구애받지 않는다.** • **고온작업, 좁은 공간에서도 사용**할 수 있다. • **가격이 저렴**하다.	• 귀에 **질병이 있을 경우 착용이 불가능**하다. • **제대로 착용하는데 시간이 걸리며 요령을 습득해야 한다.** • **착용 여부 파악이 곤란**하다. • **차음효과가** 일반적으로 귀덮개보다 떨어지며 **사람에 따라 차이가 있을 수 있다.** • 귀마개 **오염에 따른 감염 가능성이** 있다. • 땀이 많이 날 때는 **외이도에 염증유발** 가능성이 있다. • 착용여부 파악이 곤란하다.

기출
NRR(Noise Reduction Rating)
미국의 차음률 단위(차음평가지수, 소음 감소율)

SNR(Single Noise Rating)
유럽연합의 차음률 단위

NRN(noise-rating number)
소음 평가치의 단위

(2) 귀덮개(Ear muff)

1) 귀덮개의 장 · 단점 실기 기출★

장점	단점
• **고음영역에서 차음효과가 탁월**하다. • **귀마개보다 차음효과가 일반적으로 크며 차음효과의 개인차가 적다.** • 귀 안에 **염증이 있어도 사용이 가능**하다. • **착용이 쉽고 착용법이 틀리거나 분실할 염려가 적다.** • 동일한 크기의 귀덮개를 대부분의 근로자가 사용할 수 있다. • 멀리서도 **착용 유무를 확인할 수 있다.**	• 고온에서 사용 시에는 **땀이 나서 불편하다.** • **보안경과 동시 착용 시에는 불편**하며 차음효과가 감소한다. • **가격이 비싸고 운반과 보관이 쉽지 않다.** • 오래 사용하여 귀걸이의 탄력성이 줄었을 때나 **귀걸이가 휘었을 때는 차음효과가 떨어진다.**

실기 기출★
작업장에서 90dB(A)의 소음이 발생할 경우의 대책
① 공학적 대책
• 흡음 및 차음
• 차폐 및 격리
② 작업관리 대책
• 순환근무
• 작업방법 변경
③ 근로자 대책
• 귀마개 착용
• 귀덮개 착용

2) 차음효과 계산 ★★

$$차음효과 = (NRR - 7) \times 0.5$$

NRR : 차음평가지수

[예제 24]

어떤 작업장의 음압 수준이 86dB(A)이고, 근로자는 귀덮개를 착용하고 있다. 귀덮개의 차음평가수는 NRR = 19이다. 근로자가 노출되는 음압(예측)수준(dB(A))은? (단, OSHA 기준)

① 74　　② 76　　③ 78　　④ 80

해설

차음효과 = $(NRR - 7) \times 0.5 = (19 - 7) \times 0.5 = 6$(dB)

근로자가 노출되는 음압수준 = $86 - 6 = 80$(dB)(A)

[정답 ④]

7 소음관리 및 예방대책

(1) 소음관리대책(방음대책)

음원(소음발생원)대책	전파경로대책	수음대책
• **발생원 제거** • **소음기 설치** • 소음 발생기구에 방진고무 설치 • **방음커버 설치** • 흡음덕트 설치	• **흡음 및 차음처리** • **방음벽 설치** • **거리감쇠** • 지향성 변환(음원방향 변경) 등	• 마스킹 효과 • **귀마개 착용** • 이중창 설치 등

(2) 청력보존 프로그램 시행 실기 기출★

사업주는 다음 각 호의 어느 하나에 해당하는 경우에 청력보존 프로그램을 수립하여 시행하여야 한다.

① 소음의 작업환경 측정 결과 소음수준이 유해인자 노출기준에서 정하는 소음의 노출기준을 초과하는 사업장

② 소음으로 인하여 근로자에게 건강장해가 발생한 사업장

한 눈에 들어오는 키워드

기출

소음대책

① 고주파음은 저주파음보다 격리 및 차폐로써의 소음감소 효과가 크다.

② 넓은 드라이브 벨트는 가는 드라이브 벨트로 대치하여 벨트 사이에 공간을 두는 것이 소음 발생을 줄일 수 있다.

③ 원형 톱날에는 고무 코팅재를 톱날측면에 부착시키면 소음의 공명현상을 줄일 수 있다.

④ 차음효과는 밀도가 큰 재질일수록 좋다.

⑤ 흡음효과에 방해를 주지 않기 위해서 다공질 재료 표면에 종이를 입혀서는 안 된다.

⑥ 흡음효과를 높이기 위해서는 흡음재를 실내의 틈이나 가장자리에 부착하는 것이 좋다.

한 눈에 들어오는 키워드

기출
실내 음향수준을 결정하는 데 필요한 요소
① 방의 크기와 모양
② 밀폐 정도
③ 벽이나 실내장치의 흡음도

기출
흡음재 중 다공질 재료
① 암면
② 펠트(felt)
③ 발포 수지재료
④ 유리면
⑤ 섬유

(3) 흡음대책에 따른 실내소음 저감량

1) 감음량(NR) ★★★

$$NR(\text{dB}) = 10\log\left(\frac{A_2}{A_1}\right)$$

NR : 감음량(dB)
A_1 : 흡음처리 전 실내의 총 흡음력(sabin)
A_2 : 흡음처리 후 실내의 총 흡음력(sabin)

- 벽체 단위 표면적에 대하여 벽체무게가 2배 될 때마다 차음효과는 6dB씩 증가한다.

2) 총 흡음력 및 평균흡음률

- 총 흡음력(sabin, m²)

$$\text{A} = \text{평균흡음률}(\bar{\alpha}) \times \text{실내면적}(S)$$

- 평균흡음률

$$\frac{S_1\alpha_1 + S_2\alpha_2 + \ldots}{S_1 + S_2 + \ldots}$$

S_i : 사용 재료의 면적(m²)
α_i : 사용 재료의 흡음률

[예제 25]

전체 면적이 450m³인 작업장의 벽체면적은 250m³, 흡음률 0.3이며, 바닥과 천장의 흡음률은 0.2이다. 작업장의 총 흡음력을 계산하시오.

해설

$$\text{총 흡음력} = \text{평균흡음률}(\bar{\alpha}) \times \text{실내면적}(S) = \frac{S_1\alpha_1 + S_2\alpha_2 + \ldots}{S_1 + S_2 \ldots} \times S$$

$$= \frac{(0.3 \times 250) \times (0.2 \times 100) \times (0.2 \times 100)}{450} \times 450 = 115(\text{sabin, m}^2)$$

$$\left[\ \text{바닥면적(천장면적)} = \frac{\text{전체 면적} - \text{벽 면적}}{2} = \frac{450 - 250}{2} = 100\text{m}^2\ \right]$$

[예제 26]

현재 총 흡음량이 1,200sabins인 작업장의 천장에 흡음물질을 첨가하여 2,800sabins을 더할 경우 예측되는 소음감소량(dB)은 약 얼마인가?

① 3.5 ② 4.2
③ 4.8 ④ 5.2

해설

$$NR = 10 \times \log\left(\frac{A_2}{A_1}\right) = 10 \times \log\left(\frac{1,200 + 2,800}{1,200}\right) = 5.23(\text{dB})$$

[정답 ④]

[예제 27]

작업장의 소음을 낮추기 위한 방안으로 천장과 벽에 흡음재를 처리하여 개선 전 총 흡음량 1,170sabins이, 개선 후 2,950sabins이 되었다. 개선 전 소음수준이 95dB이었다면 개선 후의 소음수준은?

① 93dB ② 91dB
③ 89dB ④ 87dB

해설

1. 실내소음 저감량

$$NR = 10 \times \log\left(\frac{2,950}{1,170}\right) = 4.02(\text{dB})$$

2. 개선 후의 소음수준 = 95 − 4.02 = 90.98(dB)

[정답 ②]

[예제 28]

가로 10m, 세로 7m, 높이 4m인 작업장의 흡음률이 바닥은 0.1, 천정은 0.2, 벽은 0.15이다. 이 방의 평균 흡음률은 얼마인가?

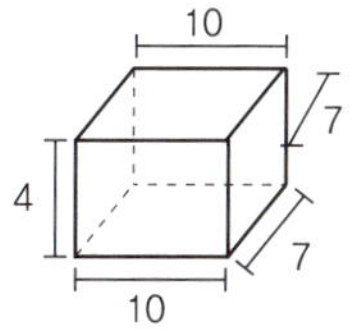

① 0.10 ② 0.15
③ 0.20 ④ 0.25

한 눈에 들어오는 키워드

해설

$$\text{평균흡음률}=\frac{S_1\alpha_1+S_2\alpha_2+\dots}{S_1+S_2+\dots}$$

S_i : 사용 재료의 면적(m^2), α_i: 사용 재료의 흡음률

$$\text{평균흡음률}=\frac{S_{\text{바닥}}\times\alpha_{\text{바닥}}+S_{\text{벽}}\times\alpha_{\text{벽}}+S_{\text{천정}}\times\alpha_{\text{천정}}}{S_{\text{바닥}}+S_{\text{벽}}+S_{\text{천정}}}$$

$$=\frac{(10\times7)\times0.1+[(10\times4)\times2+(7\times4)\times2]\times0.15+(10\times7)\times0.2}{(10\times7)+[(10\times4)\times2+(7\times4)\times2]+(10\times7)}=0.15$$

[정답 ②]

(4) 잔향시간

① 음원이 정지된 후에 음의 에너지가 $\frac{1}{1,000,000}$ 까지 감쇄될 때까지 걸리는 시간

② 잔향시간은 실내에서 음원을 끈 순간부터 음압레벨이 60dB 감소되는 데 소요되는 시간을 말한다.

실기 기출★

$$T(\text{초})=K\frac{V}{A}=\frac{0.161\,V}{A}=\frac{0.161\,V}{S\bar{\alpha}}$$

T : 잔향시간(초)
K : 비례상수(0.161)
A : 실내의 총 흡음력(sabin)
V : 실의 용적(m^3)
S : 실내의 전 표면적(m^2)
$\bar{\alpha}$: 평균 흡음률

[예제 29]

가로 15m, 세로25m, 높이 3m인 작업장에 음의 잔향 시간을 측정해보니 0.238sec였을 때, 작업장의 총 흡음력을 30% 증가시키면 잔향시간은 약 몇 sec인가?

① 0.217 ② 0.196 ③ 0.183 ④ 0.157

해설

1. $T=\frac{0.161\,V}{A}$

$$A=\frac{0.161\,V}{T}=\frac{0.161\times(15\times25\times3)}{0.238}=761.03(\text{sabin})$$

2. 흡음력을 30% 증가시켰을 때의 잔향시간

$$T=\frac{0.161\times(15\times25\times3)}{761.03\times1.3}=0.183(\text{sec})$$

[정답 ③]

02 진동

1 진동의 물리적 성질

(1) 진동의 단위 : dB

(2) 진동의 강도를 표현하는 방법(진동의 크기를 나타내는 3요소)

① 속도(velocity)
② 가속도(acceleration)
③ 변위(displacement)

3 진동의 생체 작용

(1) 전신진동에 의한 생체영향

1) 전신진동의 특징

① 신체 전신에 전파되는 진동을 말한다.
② 비행기와 선박, 트럭과 같은 교통차량, 트랙터 및 흙파는 기계와 같은 각종 영농기계에 탑승하였을 때 발생하는 진동 등이 해당된다.
③ 전신진동은 2 ~ 100Hz(저주파)에서 장해를 유발한다.
④ 진동수가 클수록, 가속도가 클수록 장해와 진동감각이 증가한다.

2) 전신진동이 인체에 미치는 영향

3Hz 이하	• 급성적 증상으로 **상복부의 통증과 팽만감 및 구토** 등이 있을 수 있다. • 3Hz 이하에서는 신체가 함께 움직여 motion sickness와 같은 동요감을 느낀다. • 1~3Hz에서 호흡이 힘들고 산소소비가 증가한다.
4 ~ 10Hz	• **압박감과 동통감**을 받게 된다. • 6Hz 정도에서 허리, 가슴 및 등 쪽에 매우 심한 통증을 느낀다.
20 ~ 30Hz	• **시력 및 청력장해**가 나타나기 시작한다.
60 ~ 90Hz	• **안구의 공명현상으로 시력장해**가 온다.

한 눈에 들어오는 키워드

한 눈에 들어오는 키워드

3) 전신진동에 의한 생체반응에 관여하는 인자 실기 기출★

① 진동의 강도
② 진동수
③ 진동방향
④ 폭로시간(노출시간)

(2) 국소진동에 의한 생체영향

1) 국소진동의 특징

① 국소적으로 손, 발 등 신체의 특정 부위로 전달되는 진동을 말한다.
② 착암기, 분쇄기(그라인더), 연마기 등 진동공구 작업 등에서 발생한다.
③ 국소진동은 8 ~ 1,500Hz(고주파)에서 장해를 유발한다.
④ 진동이 심한 기계조작 등으로 혈관신경계장해를 초래하며 손가락 마비, 근육통, 관절통, 관절운동 장해를 초래한다.

2) 레이노(Raynaud's phenonmenon) 현상 ★

국소진동으로 인하여 말초혈관운동 장해가 발생하여 수지가 창백해지고 손이 차며 통증이 오는 현상으로 추운 환경에서 더 잘 발생한다.

(3) 인체에 영향을 주는 진동범위

① 전신진동 : 2 ~ 100Hz(공해진동 : 1 ~ 90Hz) ★
② 국소진동 : 8 ~ 1,500Hz ★
③ 수직진동 : 4,000 ~ 8,000Hz
④ 수평진동 : 1,000 ~ 2,500Hz
⑤ 사람이 느끼는 최소 진동치 : 55 ± 5dB
⑥ 전신은 4Hz, 두부와 견부는 20 ~ 30Hz, 안구는 60 ~ 90Hz 진동에 공명한다. ★

기출
전신진동이 인체의 영향을 미치는 주파수의 범위
• 수직방향 : 4 ~ 8Hz
• 수평방향 : 1 ~ 2Hz

(4) 진동증후군(HAVS)에 대한 스톡홀름 워크숍의 분류

단계	증상 및 징후
0단계	• 증상 없음
1단계	• 가벼운 증상 • 하나 또는 그 이상의 손가락 끝부분이 하얗게 변하는 증상이 나타나는 단계
2단계	• 하나 혹은 그 이상의 손가락의 중간부위 이상에 때때로 증상이 나타나는 단계
3단계	• 심각한 증상 • 대부분의 수지들 전체에 빈번하게 증상이 발생하는 단계
4단계	• 매우 심각한 증상 • 대부분의 손가락이 하얗게 변하는 증상과 함께 손끝에서 땀의 분비가 제대로 일어나지 않는 등의 변화가 나타나는 단계

4 방진 보호구 및 방진 대책

(1) 방진재료

1) 금속스프링

① 공진 시에 전달률이 매우 좋다.

② 환경요소에 대한 저항이 크다.

③ 저주파 차진에 좋으며 감쇠가 거의 없다.

④ 다양한 형상으로 제작이 가능하며 내구성이 좋다.

⑤ 최대변위가 허용된다.

2) 방진고무

① 여러 가지 형태로 철물에 부착할 수 있다.

② 고무 자체의 내부 마찰로 적당한 저항을 가지고 고주파 진동의 차진에 양호하다.

③ 공진 시 진폭이 지나치게 커지지 않는다.

④ 내부마찰에 의한 발열 때문에 열화되고 내구성, 내약품성, 내유성, 내열성이 약하다.

⑤ 공기 중의 오존에 의해 산화된다.

⑥ 설계 자료가 잘 되어 있어서 용수철 정수를 광범위하게 선택할 수 있다.

⑦ 소형, 중형 기계에 많이 사용하며, 적절한 방진설계를 하면 높은 효과를 얻을 수 있다.

한 눈에 들어오는 키워드

확인

방진재료
① 금속스프링
② 방진고무
③ 코르크
④ 펠트(felt)
⑤ 공기용수철(공기스프링)

기출

진동장해 관리대책
① 진동의 발생원을 격리, 진동전파 경로를 차단한다.
② 완충물 등 방진재료를 사용한다.
③ 진동을 최소화하기 위하여 공학적으로 설계 및 관리한다.(공진을 감소시켜 진동을 최소화)
④ 진동의 노출시간을 최소화시킨다.(작업시간의 단축 및 교대제 실시)

국소진동 장해 예방대책
① 공구를 잡는 힘(악력)을 감소시켜야 한다.
② 14℃ 이하의 옥외작업에서는 보온대책이 필요하다.
③ 가능한 공구를 기계적으로 지지(支持)해주어야 한다.
④ 진동공구를 사용하는 작업은 1일 2시간을 초과하지 말아야 한다.

무거운 저속연장 사용으로 발생하는 진동에 의한 손의 장해
① 뼈의 퇴행성 변화가 발생한다.
② 부종이 때때로 발생할 수 있다.
③ 손가락의 창백 현상이 특징적이다.
④ 동통은 통상적으로 주증상이 아니다.

3) 코르크

① 재질이 일정하지 않아 정확한 설계가 곤란하고 처짐을 크게 할 수 없다.
② 고유진동수가 10Hz 전후밖에 되지 않아 진동방지보다 고체음의 전파방지에 사용된다.

4) 펠트(felt)

방진재료보다는 강체간의 고체음 전파방지에 쓰인다.

5) 공기용수철(공기스프링) ★

① 부하능력이 광범위하다.
② 압축기 등 부대시설이 필요하다.
③ 하중부하 변화에 따라 고유진동수를 일정하게 유지한다.
④ **구조가 복잡하고 시설비가 많이 든다.**(성능은 우수하다.)
⑤ 사용 진폭이 적어 별도의 damper가 필요하다.

(2) 진동방지(방진) 대책 ★

발생원 대책	• **기초중량을 부가 및 경감**한다. • **진동원을 제거**한다.(가장 적극적인 방법) • 방진재를 이용하여 **탄성지지**한다. • **기진력을 감쇠**시킨다.(**동적 흡진**) • 불평형력의 평형을 유지한다.
전파경로 대책	• **거리감쇠를 크게** 한다. • 수진점 부근에 **방진구를 설치**하여 **전파경로를 차단**한다.
수진측 대책	• **수진측에 탄성지지**를 한다. • 수진점의 기초중량을 부가 및 경감한다. • 근로자 **작업시간 단축 및 교대제를 실시**한다. • 근로자 보건교육을 실시한다.

CHAPTER 04

방사선

01 전리방사선

1 전리방사선의 개요

(1) 용어정의

1) 방사선

① 전자기파의 형태로, 한 위치에서 다른 위치로 이동하는 에너지를 말한다.
② 인간 생체에서 이온화시키는 데 필요한 최소에너지를 기준으로 전리방사선과 비전리방사선으로 구분한다.

2) 광자에너지 ★

① 생체를 이온화시키는 최소에너지를 방사선을 구분하는 에너지 경계선으로 한다.
② 전리방사선과 비전리방사선의 경계 에너지의 강도는 12eV이다.
③ 광자에너지(12eV) 이하의 에너지를 가지는 방사선을 비전리방사선(전자파)이라 한다.
④ 광자에너지 이상의 에너지를 가지는 방사선을 전리방사선(이온화방사선)이라 한다.

(2) 파장으로서 방사선의 특징

① 빛의 속도로 이동한다.
② 직진한다.
③ 물질과 만나면 흡수, 산란된다.
④ 물질과 만나면 반사, 굴절, 확산될 수도 있다.
⑤ 자장이나 전장에 영향을 받지 않는다.
⑥ 간섭을 일으킨다.
⑦ filtering 형태로 극성화 될 수 있다.

한 눈에 들어오는 키워드

기출
방사선을 전리방사선과 비전리방사선으로 분류하는 인자
① 파장
② 주파수
③ 진동수
④ 이온화하는 성질(이온화에너지)

참고
생물학적 효과비(RBE ; (Relative Biological Effectiveness)
① X선, γ선, β선 : 1
② 에너지 2MeV 이상의 양성자 : 5
③ α선 : 20
④ 중성자 : 에너지에 따라 5 ~ 20

⑧ 작업자의 실질적인 방사선 폭로량을 위해 사용하는 것은 필름배지이다.

⑨ 방사선 피폭으로 인한 체내조직의 위험정도인 유효선량을 구하기 위해서 곱하는 조직가중치가 가장 높은 조직은 생식선이다.

⑩ 원자력 산업 등에서 내부 피폭장해를 일으킬 수 있는 위험핵종 : ^{3}H, ^{54}Mn, ^{59}Fe

2 전리방사선의 종류 및 물리적 특성

(1) 전리방사선(이온화 방사선)의 종류

① 전자기 방사선(X-Ray, γ선)

② 입자 방사선(α, β입자, 중성자)

(2) 방사선의 인체투과력 및 전리작용 ★★

1) 인체의 투과력 순서

중성자 〉 X선 or γ 〉 β 〉 α

2) 전리작용(REB : 생물학적 효과) 순서

중성자 〉 α 〉 β 〉 X선 or γ

(3) 방사선의 단위 ★

1) 방사성물질의 양(단위시간에 일어나는 방사선 붕괴율)의 단위

① 베크렐(Bq)

- 1초에 한 번의 방사성 붕괴가 일어나는 경우, 즉 1초에 하나의 방사선 붕괴가 일어나는 방사능의 세기를 1베크렐(Bq)이라고 한다.

② 큐리(Curie : Ci) ★

- 단위시간에 일어나는 방사선 붕괴율을 나타내며, 초당 3.7×10^{10}개의 원자붕괴가 일어나는 방사능물질의 양을 뜻한다.
- $1Ci = 3.7 \times 10^{10}Bq$

2) 방사선량(조사선량, 노출선량)의 단위

① 뢴트겐(Roentgen : R) ★

- X선, 감마선의 조사선량(방사선량)의 단위로서 공기 중 생성되는 이온의 양을 나타낸다.
- 1R(뢴트겐) : 전리작용에 의하여 건조한 공기 1kg당 2.58×10^{-4} 쿨롱의 전기량을 만들어내는 γ선 혹은 엑스선의 세기를 말한다.
- 1R(뢴트겐) = 2.58×10^{-4}(C/kg)

3) 흡수선량의 단위

① 래드(Rad) ★

- 1rad : 피조사체 1g당 100erg의 에너지 흡수를 일으키는 방사선량을 말한다.

② Gy(Gray)

- 1Gy = 100rad = 1J/kg ★

4) 선당량(생체실효선량)의 단위

① 렘(rem : Roentgen Equivalent Man) ★

- 1뢴트겐의 X선이 인체에 조사되었을 때 이것을 피폭한 사람의 선량당(생체실효선량)을 나타낸다.
- rem = rad × RBE(상대적 생물학적 효과)

② Sv(Sievert) ★

- 인체가 흡수한 방사선 때문에 일어나는 영향 정도를 수치화한 단위를 말한다.
- 1Sv = 100rem

5) 자속밀도의 단위

- 테슬라(T) : 단위면적을 통과하는 자속(磁束)의 양을 나타낸다.

한 눈에 들어오는 키워드

참고

흡수선량
방사선에 피폭되는 물질의 단위 질량당 인체에 흡수된 방사선 에너지량(방사선량)을 말한다.

선당량(생체실효선량)
어떤 종류의 방사선에 대해서도 1rad의 X선 또는 γ선과 동등한 생물학적 위험도를 나타내는 방사선량을 말한다.

노출선량
공기 1kg당 1쿨롱의 전하량을 갖는 이온을 생성하는 X선 or감마선량

참고

- 1rad = 0.01Gy(1Gy = 100rad) = 0.01J/kg = 100erg/g
- 1rem = 0.01Sv
- 1Bq = $2.7 \times 10^{-11} C_i$ ($C_i = 3.7 \times 10^{10}$Bq)

한 눈에 들어오는 키워드

요약★

구분	단위	비고
방사성물질의 양 : 시간당(초) 방사능 붕괴횟수	베크렐(Bq), 큐리(Ci)	$1Ci = 3.7 \times 10^{10}Bq$
흡수선량 : 질량(kg)당 흡수한 방사선 에너지(J)	그레이(Gy), 라드(rad)	1rad = 0.01Gy
방사선량 : 방사선이 물질을 전리시킨 정도(생성되는 이온의 양)	뢴트겐(R)	$1R(\text{뢴트겐})=2.58 \times 10^{-4}(C/kg)$
선당량(생체실효선량) : 방사선의 생물학적 손상 정도	시버트(Sv), 렘(rem)	1rem = 0.01Sv
자속 밀도(자기장의 밀도)	테슬라(T)	

3 전리방사선(이온화방사선)의 생물학적 작용

(1) 전리방사선에 대한 감수성이 큰 신체조직 ★

① 세포핵 분열이 계속적인 조직
② 증식력과 재생기전이 왕성한 조직
③ 형태와 기능이 미완성된 조직
④ 유아나 어린이에게 가장 위험

(2) 전리방사선에 대한 인체 내의 감수성 순서 ★★

골수, 임파선, 흉선 및 림프조직(조혈기관), 눈의 수정체 〉 피부 등 상피세포 〉 혈관 등 내피세포 〉 결합조직, 지방조직 〉 뼈, 근육조직 〉 폐 등 내장기관 〉 신경조직

암기법

골인(임파선) 수 상 내 결지 뼈근육 폐내장 신경

(3) 생체성분의 손상이 일어나는 순서

분자수준에서의 손상 〉 세포수준의 손상 〉 조직, 기관의 손상 〉 발암현상

4 관리대책

(1) 방사선 피폭의 방호 대책(3대 기본 요소 : 거리, 시간, 차폐)

① 방사선을 차폐한다.
② 노출시간을 줄인다.
③ 가급적 거리를 멀게 한다.

(2) 국제방사선방호위원회(ICRP)의 방사선 노출을 최소화하기 위한 3원칙

① 작업의 최적화(최소화) : 피폭 가능성, 피폭자 수, 개인 선량의 크기 등을 경제 사회적 인자를 고려하여 합리적으로 최소화하여야 함
② 작업의 정당성(정당화) : 피폭상황의 변화가 있는 경우 관련 행위가 손해(위해) 보다 이익이 커야 함
③ 개개인의 노출량의 한계(선량한도 적용) : 관리되는 선원들로 부터 받는 특정 개인의 총 선량은 ICRP가 권고하는 선량한도를 초과하지 않아야 함(의료 피폭은 제외)

02 비전리방사선

1 비전리방사선의 개요

(1) 비전리방사선(비이온화방사선)

① 긴 파장을 가지고 있어 원자를 이온화시키지 못하여(전리시키지 못함) 비이온화방사선이라고도 한다.
② 주파수가 감소하는 순서에 따라 자외선, 가시광선, 적외선, 마이크로파, 라디오파, 초저주파, 극저주파가 있다.

(2) 비전리방사선의 종류 및 파장 ★

① 자외선(화학선) : 100 ~ 400nm(1,000 ~ 4,000Å)
② 적외선(열선) : 750 ~ 1,200nm(7,500 ~ 12,000Å)

한 눈에 들어오는 키워드

기출
의료용 진단에서 가장 널리 사용되는 개인용 방사선 측정기 : X-선 필름

기출
$Å = 10^{-10}m$

③ 가시광선 : 400 ~ 760nm(4,000 ~ 7,600Å)
④ 마이크로파 : 1 ~ 300cm

2 비전리방사선의 물리적 특성, 생물학적 작용

(1) 자외선(화학선)

① 가시광선과 전리복사선 사이의 파장을 가짐(100 ~ 400nm, 1,000 ~ 4,000Å)
② 일명 화학선이라고 하며 광화학반응으로 단백질과 핵산분자의 파괴, 변성 작용을 한다.
③ 태양광선, 고압 수은 증기등, 전기용접 등이 배출원이다.
④ 구름이나 눈에 반사되며, 고층구름이 낀 맑은 날에 가장 많다.
⑤ 대기오염의 지표로도 사용된다.

1) 자외선의 종류 ★★

근자외선 (UV-A)	• 파장 : 315(300) ~ 400nm[3,150 ~ 4,000Å] • 피부의 색소침착
도르노선 (UV-B)	• 파장 : 280(290) ~ 315(320)nm[2,800 ~ 3,150Å] • 소독작용, 비타민 D형성 등 인체에 유익한 영향(건강선, 생명선) • 피부노화, 홍반, 각막염, 피부암 유발
UV-C	• 파장 : 100 ~ 280nm[1,000 ~ 2,800Å] • 살균작용(살균효과가 있어 수술용 램프로 사용)

2) 자외선의 인체영향(생물학적 작용) ★

화학선	• 눈과 피부 등에 화학변화를 일으킨다.
광화학적 반응	• 산소분자를 해리하여 오존을 생성하고, 공기 중의 염화탄화수소와 결합하여 포스겐($COCl_2$)을 생성한다. • 트리클로로에틸렌(TCE)을 독성이 강한 포스겐으로 전환시킬 수 있는 광화학적 작용을 한다. (예 : 공기 중에 트리클로로에틸렌(trichloroethylene)이 고농도로 존재하는 작업장에서 아크 용접을 실시하는 경우 트리클로로에틸렌이 포스겐으로 전환된다)

한 눈에 들어오는 키워드

요약 ★
자외선의 인체영향(생물학적 작용)
① 화학선 : 눈과 피부 등에 화학변화를 일으킴
② 광화학적 반응 : 산소분자를 해리하여 오존을 생성
③ 피부작용
• 피부암, 피부 홍반 형성 및 색소 침착, 피부 비후를 일으킴
• 옥외작업을 하면서 콜타르의 유도체, 벤조피렌, 안트라센 화합물과 상호작용하여 피부암을 유발시킨다.
④ 눈에 대한 영향 : 결막염, 백내장, 급성 각막염 발생시킴
⑤ 비타민 D 생성
⑥ 살균작용
⑦ 전신 건강장해

피부작용	• 피부암 발생 – 280(290) ~ 315(320)nm의 파장에서 피부암이 발생할 수 있다.(자외선 노출에 의한 가장 심각한 만성영향) – 옥외작업을 하면서 콜타르의 유도체, 벤조피렌, 안트라센 화합물과 상호작용하여 피부암을 유발시킨다. • 피부 홍반 형성 및 색소 침착 : 200 ~ 290nm에서 홍반작용이 강하다. • 피부의 비후 : 자외선에 의해 진피 두께가 증가한다. • 자외선 조사량이 너무 많을 경우 모세혈관 벽의 투과성 증가한다.
눈에 대한 영향	• 240 ~ 310nm 파장에서 결막염, 백내장을 일으킨다. • 급성각막염 발생 : 전기용접, 자외선 살균취급자 등에서 자외선에 의한 전광성 안염(전기성 안염)이 발생된다.(일반적으로 6 ~ 12시간에 증상이 최고에 달함)
비타민 D 생성	• 280 ~ 320nm의 파장에서는 비타민 D의 생성이 활발해진다. • 광화학적 작용을 일으켜 진피 층에서 비타민 D가 형성된다.
살균작용	• 254 ~ 280nm의 파장에서는 강한 살균작용을 나타낸다. • 254nm 파장 정도에서 살균작용이 가장 강하며, 핵단백을 파괴하여 이루어진다.
전신 건강장해	• 자극작용이 있고 적혈구, 백혈구, 혈소판이 증가한다. • 2차적인 증상으로 두통, 흥분, 피로, 불면, 체온 상승이 나타난다.

(2) 적외선(열선) : 750 ~ 1,200nm(7,500 ~ 12,000Å)

1) 적외선의 특성 ★

① 태양복사에너지의 52%를 차지한다.

② 열선이라고도 하며 절대온도 이상의 모든 물체는 적외선을 복사한다.

③ 제강, 용접, 야금공정, 초자제조공정, 레이저, 가열램프 작업 등에서 발생된다.

④ 피부조직 온도를 상승시켜 충혈, 혈관확장, 각막손상, 두부장해를 일으킨다.

2) 적외선의 구분

① 국제 조명위원회(CIE)의 구분)

IR-A	700nm ~ 1,400nm(0.7μm ~ 1.4μm)
IR-B	1,400nm ~ 3,000nm(1.4μm ~ 3μm)
IR-C	3,000nm ~ 1mm(3μm ~ 1,000μm)

한 눈에 들어오는 키워드

기출
Welder's flash
전기용접, 자외선 살균취급자 등에서 발생되는 자외선 노출에 의한 전광성 안염을 말한다.

※ 문제
자외선으로부터 눈을 보호하기 위한 차광보호구를 선정하고자 하는데 차광도가 큰 것이 없어 두 개를 겹쳐서 사용하였다. 각각의 차광도가 6과 3이었다면 두 개를 겹쳐서 사용한 경우의 차광도는 얼마인가?

① 6 ② 8
③ 9 ④ 18

[해설]
• 차광도 = (A보호구의 차광도 + B보호구의 차광도) – 1
• 차광도 = (6 + 3) – 1 = 8
정답 ②

② 적외선의 분류

- 근적외선 : 750nm ~ 1,400nm(0.75 ~ 1.4μm)
- 단적외선 : 1,400nm ~ 3,000nm(1.4 ~ 3.0μm)
- 중적외선 : 3,000nm ~ 8,000mm(3.0 ~ 8.0μm)
- 원적외선 : 8,000nm ~ 15,000mm(8.0 ~ 15μm)
- 극원적외선(극적외선) : 15,000nm 초과(15μm보다 긴 파장)

3) 적외선의 인체영향(생물학적 작용) ★

적외선이 흡수되면 화학반응을 일으키는 것이 아니라 구성분자의 운동에너지를 증가시키므로 조직온도가 상승한다. ★

피부장해	• 적외선의 **피부투과성은 700~760nm 파장 범위에서 가장 강하다.** • 급성 피부화상, 색소침착 등을 일으킨다. • 부위의 온도가 오르면 **홍반**이 생기고, **혈관 확장, 암 변성을 유발**하며 강력한 조직 조사는 피부와 심부조직에 화상을 일으킨다.
안장해	• **1,400nm(14000Å) 이상의 적외선은 각막손상**을 일으킨다. • **1,400nm(14000Å) 이하**의 적외선에 만성 폭로되면 **적외선 백내장**을 일으킨다. • 적외선 **백내장을 초자공, 대장공 백내장**이라 한다.(초자공, 용광로의 근로자들과 대장공들에게 백내장이 수정체의 뒷부분에서 발병)
두부장해	• 장기간 조사 시 두통, 자극작용이 있으며, **강력한 적외선은 뇌막자극 증상(의식상실, 열사병) 등을 유발**할 수 있다.

(3) 가시광선 : 400 ~ 760nm(4,000 ~ 7,600Å)

조명부족	• **조명부족 하에서 장시간 작업하면 근시, 안정피로, 안구 진탕증**을 일으킨다. • **녹내장, 백내장, 망막변성 등 기질적 안질환은 조명부족과 무관**하다.
조명과잉	• 장시간에 걸쳐 강렬한 광선에 노출되면 시력장애, 시야협착, 암순응의 저하 등을 일으킨다.

(4) 마이크로파(Microwave)

1) 마이크로파의 인체영향(생물학적 작용)

① 마이크로파의 파장은 1 ~ 300cm이며 파장에 따라 신체투과력이 달라진다.

- 3cm 이하 파장은 외피에 흡수된다.

- 3 ~ 10cm 파장은 1mm ~ 1cm 정도 피부 내로 투과한다.
- 25 ~ 200cm 파장은 세포 조직과 신체기관까지 투과한다.

② 인체에 흡수된 마이크로파는 기본적으로 열로 전환된다. 마이크로파의 열작용에 가장 많은 영향을 받는 기관은 생식기과 눈이다. ★

③ 마이크로파의 생물학적 작용은 파장뿐만 아니라 출력, 노출시간, 노출된 조직에 따라 다르다. ★

④ 광선의 주파수와 특정 조직의 광선 흡수 능력에 따라 장해 출현 부위가 달라진다.

⑤ 혈액의 변화 : 백혈구 증가, 망상적혈구의 출현, 혈소판 감소 등을 보인다.

⑥ 콜린에스테라제의 활성치가 저하된다.

⑦ 생식기능에 미치는 영향 : 생식기능상의 장해를 유발할 가능성이 기록되고 있다.

⑧ 열작용 : 일반적으로 150MHz 이하의 마이크로파는 신체에 흡수되어도 감지되지 않는다.

2) 마이크로파의 주파수별 인체영향 ★

10,000MHz	피부에 온감각을 준다.
1,000 ~ 10,000MHz (파장 : 3 ~ 10cm)	백내장을 일으킨다.
150 ~ 1,200MHz	내장조직 손상을 일으킨다.
300 ~ 1,200MHz	중추신경(대뇌 측두엽 표면부위)에 대한 작용이 민감하다.

(5) 레이저 광선(light amplification by stimulated emission of radiation)

1) 레이저 광선의 특성 ★

① 광선증폭을 뜻한다.

② 단일파장으로 단색성이 뛰어나며 강력하고 예리한 지향성을 지닌 광선이다.

③ 레이저광은 출력이 대단히 강력하고 극히 좁은 파장범위(직사광)를 갖기 때문에 쉽게 산란하지 않는다.(위상이 고르고 간섭 현상이 일어나기 쉽다.)

④ 집광성과 방향조정이 용이하다.

⑤ 각막 표면에서의 조사량(J/cm^2) 또는 폭로량을 측정한다.

⑥ 조사량의 서한도는 1mm 구경에 대한 평균치이다.

⑦ 눈의 허용량(노출기준)은 파장에 따라 다르다.

⑧ 위험정도는 광선의 강도와 파장, 노출기간, 노출된 신체부위에 따라 달라진다.

한 눈에 들어오는 키워드

한 눈에 들어오는 키워드

2) 레이저 광선의 종류

① 지속파
② 맥동파 : 레이저광 중 에너지의 양을 지속적으로 축적하여 강력한 파동을 발생시키는 것으로 지속파보다 장해정도가 크다.
③ Q-Switch파 : 에너지를 축적하여 강력한 맥동파를 발생하게 한 것

(6) 극저주파 방사선(Extremely Low Frequency Fields)

① 전기장은 전압(Voltage)에 의해 발생하고, 자기장은 전류(Current)에 의해 발생한다.(극저주파 전기장, 극저주파 자기장으로 구분)
② 작업장에서 발전, 송전, 전기 사용에 의해 발생되며 이들 경로에 있는 발전기에서 전력선, 전기설비, 기계, 기구 등도 잠재적인 노출원이다.
③ 주파수가 1 ~ 3,000Hz에 해당되는 것으로 정의되며, 이 범위 중 50 ~ 60Hz의 전력선과 관련한 주파수의 범위가 건강과 밀접한 연관이 있다.
④ 특히 교류전기는 1초에 60번씩 극성이 바뀌는 60Hz의 저주파를 나타내므로 이에 대한 노출평가, 생물학적 및 인체영향 연구가 많이 이루어져 왔다.
⑤ 장기노출 시 두통, 불면증 등의 신경장해와 순환기장해가 발생되는 것으로 알려져 있다.

03 조명

1 빛과 밝기의 단위

(1) 조도

1) 조도의 정의 ★

① 단위 면적에 입사하는 빛의 세기(광량)을 말한다.

$$조도(Lux) = \frac{광도}{(거리)^2}$$

② 지상에서의 태양조도는 약 100,000lux, 창 내측에서는 약 2,000lux 정도이다.

2) 단위 ★

① fc(foot – candle)

- 1촉광의 점광원으로부터 1foot 떨어진 곡면에 비추는 광 밀도
- 1루멘의 빛이 1ft^2의 평면상에 수직방향으로 비칠 때 그 평면의 빛의 양을 말한다.(1lumen/ft^2)
- 1fc = 10lux

② lux(meter – candle) ★

- 1촉광의 점광원으로부터 1m 떨어진 곡면에 비추는 광밀도
- 1루멘의 빛이 1m^2의 평면상에 수직방향으로 비칠 때의 빛의 양을 말한다.(1lumen/m^2)

(2) 광도

1) 광도의 정의 ★

광원으로부터 나오는 빛의 세기를 광도라고 한다.

2) 단위 ★

① 칸델라(candela ; cd)

- 101,325N/m^2 압력 하에서 백금의 응고점 온도에 있는 흑체의 1m^2인 평평한 표면에서 수직방향의 광도(밝기는 광원으로부터의 거리 제곱에 반비례한다)

② 촉광(candle)

- 지름이 1인치(2.54cm)되는 촛불이 수평방향으로 비칠 때 빛의 밝기(빛의 광도를 나타내는 단위로 국제촉광을 사용한다)
- 1촉광 = 4π루멘

(3) 광속

1) 광속의 정의 ★

광원으로부터 방출되는 빛의 전체 양을 말한다.

2) 단위 ★

루멘(Lumen; lm) : 1촉광의 광원으로부터 한 단위입체각으로 나가는 광속의 단위

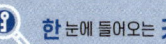

한 눈에 들어오는 키워드

한 눈에 들어오는 키워드

참고

광원으로부터 직사휘광 처리법 ★

① 광원의 휘도를 줄이고 광원 수를 늘인다.
② 광원을 시선에서 멀게 한다.
③ 휘광원 주위를 밝게하여 광속발산비(휘도)를 줄인다.
④ 가리개, 갓, 차양을 사용한다.

창문으로부터 직사휘광 처리법

① 창문을 높이 단다.
② 외부에 드리우개(overhang)를 설치한다.
③ 창 안쪽에 수직날개(fin)를 설치한다.
④ 차양, 발을 사용한다.

반사휘광 처리법

① 발광체의 휘도를 줄인다.
② 일반 조명수준을 높인다.
③ 산란광, 간접광, 조절판을 사용, 창문에 차양을 사용한다.
④ 반사광이 비치지 않게 광원을 위치시킨다.
⑤ 무광택 도료, 빛을 산란시키는 표면색을 한 가구, 윤기 없앤 종이를 사용한다.

* 휘광 : 눈부심

(4) 광속발산도(휘도)

1) 광속발산도의 정의

단위 표면적에서 발산 또는 반사되는 빛의 양을 광속발산도라 한다.

2) 단위

① 램버트(Lambert) : 평면 $1ft^2(1cm^2)$에서 1Lumen의 빛을 발하거나 반사시킬 때의 밝기($1Lambert = 3.18candle/m^2$)
② 니트(Nit) : $1nt = 1cd/m^2$

(5) 반사율

반사광의 에너지와 입사광의 에너지의 비율을 말한다.

$$반사율(\%) = \frac{광속발산도(fL)}{조명(fc)} \times 100$$

(6) 대비

$$대비(\%) = \frac{배경반사율(Lb) - 표적물체반사율(Lt)}{배경반사율(Lt)} \times 100$$

2 채광 및 조명방법

(1) 채광방법

1) 창의 방향 ★

① 많은 채광을 요구할 경우 : 남향
② 조명의 평등을 요하는 작업실 : 북향 or 동북향

2) 창의 높이와 면적

① 조도는 창을 크게 하는 것보다 창의 높이를 증가시키는 것이 효과적이다.
② 창의 면적은 방바닥 면적의 15~20%(1/5~1/7)가 적당하다. ★

3) 개각과 입사각(앙각)

① 실내 각점의 개각은 4 ~ 5° 가 좋으며, 개각이 클수록 실내는 밝다. ★

② 입사각은 28° 이상이 좋으며, 입사각이 클수록 실내는 밝다. ★

③ 개각 1° 가 감소했을 때 입사각으로 2 ~ 5° 증가가 필요하다.

(2) 조명방법

1) 직접조명과 간접조명

① 직접조명과 간접조명의 정의

간접조명	직접조명
등기구에서 발산되는 **광속의 90% 이상을 천장이나 벽에 투사시켜 이로부터 반사 확산된 광속을 이용**하는 조명방식 	등기구에서 **발산되는 광속의 90% 이상을 직접 작업면에 투사**하는 조명방식 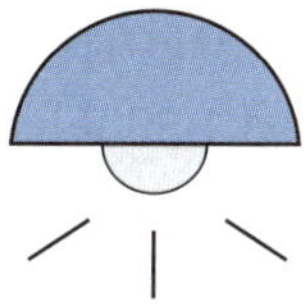

2) 전반조명과 국부조명

① 전반조명

- 조명 기구를 일정한 높이와 간격으로 배치하여 작업장 전체를 균일하게 밝히는 조명방식을 말한다.
- 눈부심이 없고 부드러운 빛을 얻을 수 있다.

② 국부조명

- 필요한 곳만을 강하게 조명하는 조명법으로 정밀한 작업 또는 시력을 집중시켜 줄 수 있는 일에 사용하는 조명방식이다.
- 밝고 어둠의 차이가 많아 눈부심을 일으켜 눈을 피로하게 한다.
- 국부조명과 전반조명이 병용되는 경우 작업장의 조도를 균일하게 하기 위하여 전반조명의 조도는 국부조명의 $\frac{1}{10} \sim \frac{1}{5}$ 정도가 적당하다.

한 눈에 들어오는 키워드

참고

- 입사각(앙각) : 지면과 태양과의 각도
- 개각 : 실내채광의 각도

기출

작업장 내 조명방법

① 나트륨등은 황색광이기 때문에 색을 식별하는 작업장에는 적합하지 않다.(교량 · 고속도로 · 일반도로 · 터널 내의 조명으로 사용된다)

② 백열전구와 고압수은등을 적절히 혼합시켜 주광에 가까운 빛을 얻는다.

③ 천장, 마루, 기계, 벽 등의 반사율을 크게 하면 조도를 일정하게 얻을 수 있다.

④ 천장에 바둑판형 형광등의 배열은 음영을 약하게 할 수 있다.

한 눈에 들어오는 키워드

3) 인공조명 시 고려하여야 할 사항 실기 기출★

① 광색은 주광색에 가깝게 한다.
② 가급적 간접 조명이 되도록 한다.
③ 조도는 작업상 충분히 유지시킨다.
④ 조명도는 균등히 유지할 수 있어야 한다.
⑤ 경제적이며 취급이 용이해야 한다.
⑥ 폭발성 또는 발화성이 없으며 유해가스를 발생하지 않아야 한다.
⑦ 광원은 좌상방에 위치시킨다.

3 적정 조명수준

(1) 법적 조도 기준(산업안전보건법) ★★

① 초정밀 작업 : 750Lux 이상
② 정밀 작업 : 300Lux 이상
③ 보통 작업 : 150Lux 이상
④ 기타 작업 : 75Lux 이상

4 조명의 생물학적 작용

(1) 조명의 인체영향

① 안구진탕증은 조명부족으로 발생할 수 있다.
② 망막변성은 염증성 질환으로 조명부족에 의한 영향이 적다.
③ 조명부족 하에서 작은 대상물을 장시간 직시하면 근시를 유발할 수 있다.
④ 조명과잉은 망막을 자극해서 잔상을 동반한 시력장해 또는 시력 협착을 일으킨다.

04

제4과목 산업환기

CHAPTER 01

산업환기

한 눈에 들어오는 키워드

실기 기출★

산업환기의 목적(실내환기시설을 설치하는 통상적인 목적)

① 유해물질의 농도를 허용농도 이하로 낮춘다.(오염물질로 부터 건강 보호)

② 온도와 습도를 조절한다.(불필요한 고열 제거)

③ 화재나 폭발을 방지한다.

④ 작업생산능률을 향상시킨다.

01 환기 원리

1 산업 환기의 의미와 목적

(1) 전체 환기(희석 환기)

1) 정의 실기 기출★

① 작업장 전체를 환기시키는 방식(공기를 희석하여 유해인자의 농도를 낮춘다.)을 말한다.

② 작업장의 개구부를 통하여 바람 및 작업장 내외의 온도, 압력 차이에 의한 대류작업으로 행해지는 환기를 말한다.

2) 자연환기와 강제환기의 비교 ★

자연환기	강제 환기(기계 환기)
• 실내외의 온도차와 바람에 의한 자연 통풍 방식 • 기계환기에 비해 소음 · 진동이 적다. • 운전에 따른 에너지 비용이 없다. • 냉방비 절감효과를 가진다. • 계절, 온도, 압력 등의 기상조건, 작업장 내부조건 등에 따라 환기량 변화가 크다. • 실내외 온도차가 높을수록 환기효율은 증가한다. • 건물이 높을수록 환기효율이 증가한다. • 환기량 예측 자료를 구하기 어렵다.	• 송풍기(fan)를 사용하여 강제적으로 환기하는 방식 • 외부 조건에 관계없이 작업환경을 일정하게 유지할 수 있다. • 소음 · 진동의 발생과 운전에 따른 에너지 비용이 소요된다.

(3) 국소 환기(국소 배기)

1) 정의

발생된 유해물질이 공기 중에 확산되기 전에 국소적으로 공기를 흡입하고 처리하는 방법을 말한다.

2 유체흐름의 기본개념

한 눈에 들어오는 키워드

(1) 압력 ★

단위면적에 작용하는 수직방향의 힘을 말한다.

$$1기압(atm) = 760mmHg = 10332.2676mmH_2O$$
$$= 101325Pa(101.325kPa) = 1013.25밀리바(mb)$$
$$= 1.033227kg_f/cm^2$$

[예제 1]

1기압에서 혼합기체가 질소(N_2) 66%, 산소(O_2) 14%, 탄산가스 20%로 구성되어 있을 때 질소 가스의 분압은? (단, 단위 : mmHg)

① 501.6　② 521.6
③ 541.6　④ 560.4

해설

- 1기압 = 760mmHg
- 공기 중의 질소는 66%이므로

760×0.66=501.6(mmHg)

[정답 ①]

[예제 2]

분압이 1.5mmHg인 물질이 표준상태의 공기 중에서 도달할 수 있는 최고 농도(용량농도)는 약 얼마인가?

① 0.2%　② 1.1%
③ 2%　④ 11%

해설

$100\% : 760 = X : 1.5$

$760 \times X = 100 \times 1.5$

$X = \frac{100 \times 1.5}{760} = 0.2(\%)$

* 표준상태 : 21℃, 1기압(760mmHg)

[정답 ①]

한눈에 들어오는 키워드

기출

공기밀도

① 온도가 상승하면 공기가 팽창하여 밀도가 작아진다.

② 고공으로 올라갈수록 압력이 낮아져 공기는 팽창하고 밀도는 작아진다.

③ 다른 모든 조건이 일정할 경우 공기밀도는 절대온도에 반비례하고, 압력에 비례한다.

④ 공기 1m³와 물 1m³의 무게는 다르다.

참고

21℃, 1기압의 공기밀도

1.2kg/m³

(2) 밀도(Density : ρ)

단위체적당 유체의 질량을 말한다.

$$밀도(\rho) = \frac{질량}{부피}(g/cm^3,\ kg/m^3)$$

- 0℃, 1기압에서의 공기 밀도 : 1.293kg/m³
- 21℃, 1기압에서의 공기밀도 : 1.203kg/m³

$$보정된\ 밀도 = 보정\ 전의\ 밀도 \times \frac{(273+t_1)(P_2)}{(273+t_2)(P_1)}\ (0℃,\ 1기압\ 기준)$$

t_1 : 처음 온도 t_2 : 나중 온도

P_1 : 처음 압력 P_2 : 나중 압력

[예제 3]

0℃, 1기압인 표준상태에서 공기의 밀도가 1.293kg/Sm³라고 할 때 25m³, 1기압에서의 공기밀도는 몇kg/m³인가?

① 0.903kg/m³ ② 1.085kg/m³

③ 1.185kg/m³ ④ 1.411kg/m³

해설

$$보정된\ 밀도 = 보정\ 전의\ 밀도 \times \frac{(273+t_1)(P_2)}{(273+t_2)(P_1)} = 1.293 \times \frac{273+0}{273+25} = 1.185(kg/m^3)$$

*Sm³ : 표준상태의 기체 체적

[정답 ③]

[예제 4]

온도 3℃, 기압 705mmHg인 공기의 밀도보정계수는 약 얼마인가?

① 0.948 ② 0.956

③ 0.965 ④ 0.988

해설

$$밀도보정계수 = \frac{(273+t_1)(P_2)}{(273+t_2)(P_1)} = \frac{(273+21)\times(705)}{(273+3)\times(760)} = 0.9881$$

[정답 ④]

[예제 5]

해발고도가 1220m인 곳에서 대기압이 656mmHg이다. 이때 작업장에서 배출되는 공기의 온도가 200℃라면 이 공기의 밀도는 약 얼마인가? (단, 표준상태의 공기의 밀도는 $1.203kg/m^3$이다.)

① $0.25kg/m^3$ ② $0.45kg/m^3$
③ $0.65kg/m^3$ ④ $0.85kg/m^3$

해설

밀도의 온도 압력 보정

$$1.203 \times \frac{(273+21)\times 656}{(273+200)\times 760} = 0.6454(kg/m^3)$$

[정답 ③]

[예제 6]

1,830m 고도에서의 압력이 608mmHg일 때, 공기밀도는 약 몇 kg/m^3인가? (단, 1기압, 21℃일 때 공기의 밀도는 $1.2kg/m^3$이다.)

① 0.66 ② 0.76
③ 0.86 ④ 0.96

해설

$$1.2 \times \frac{608}{760} = 0.96(kg/m^3)$$

* 온도 압력이 주어지지 않을 경우 산업환기의 표준상태(21℃, 760mmHg)를 기준으로 한다.

[정답 ④]

한 눈에 들어오는 키워드

한눈에 들어오는 키워드

(4) 비중(specific gravity ; S)

① 표준물질의 밀도와 실제 물질에 대한 밀도의 비

② 표준물질과 비교한 질량의 비

$$\text{비중}(S)\times\frac{\text{어떤 대상물질의 밀도}}{\text{표준물질의 밀도}}$$

- 기체 : 0℃, 1기압의 공기밀도(1.293kg/m^3)를 기준
- 고체, 액체 : 4℃, 1기압의 물의 밀도(1,000kg/m^3)를 표준물질로 한다.

$$\text{비중}(S)\times\frac{\text{어떤 대상물질의 분자량}}{\text{표준물질의 분자량}}$$

- 공기의 분자량 : 28.96g

③ 비중의 보정

$$\text{보정된 비중}=\text{보정 전의 비중}\times\frac{(273+t_2)(P_1)}{(273+t_1)(P_2)}$$

t_1 : 처음 온도　　t_2 : 나중 온도

P_1 : 처음 압력　　P_2 : 나중 압력

[예제 7]

이산화탄소 가스의 비중은? (단, 0℃, 1기압 기준)

① 1.34　　② 1.41

③ 1.52　　④ 1.63

해설

$$\text{비중}(S)=\frac{\text{어떤 대상물질의 분자량}}{\text{표준물질의 분자량}}=\frac{44}{28.96}=1.52$$

CO_2의 분자량 $=12+(16\times2)=44$g

공기의 분자량 $=28.96$g

[정답 ③]

[예제 8]

벤젠 2kg이 모두 증발하였다면 벤젠이 차지하는 부피는? (단, 벤젠 비중 0.88, 분자량 78g, 21℃ 1기압)

① 약 521L　　② 약 618L
③ 약 736L　　④ 약 871L

해설

부피 $(L) = \frac{2{,}000g \times 24.1L}{78g} = 617.95L$

[정답 ②]

[예제 9]

표준상태(21℃, 1기압)에서 벤젠 2L가 증발할 때 공기 중에서 차지하는 부피는? (단, 벤젠(C_6H_6)의 비중은 0.879)

① 442L　　② 543L
③ 638L　　④ 724L

해설

부피 $(L) = \frac{(2{,}000 \times 0.879)g \times 24.1L}{78g} = 543.18(L)$

- 벤젠(C_6H_6)의 분자량 = 12×6 + 1×6 = 78(g)
- L×비중 = kg　∴ 2L×0.879 = (2×0.879)kg = (2,000×0.879)g

[정답 ②]

(4) 부피보정 ★

- 보일-샤를의 법칙

$$\frac{P_1V_1}{T_1} = \frac{P_2V_2}{T_2},\quad T_1P_2V_2 = T_2P_1V_1 \quad \therefore\ V_2 = V_1 \times \frac{T_2P_1}{T_1P_2}$$

1. $22.4 \times \frac{(273+t_2)(760)}{(273+0)(P_2)}$ [0℃, 1기압(760mmHg) 기준]
2. $24.1 \times \frac{(273+t_2)(760)}{(273+21)(P_2)}$ [21℃, 1기압(760mmHg) 기준]
3. $24.45 \times \frac{(273+t_2)(760)}{(273+25)(P_2)}$ [25℃, 1기압(760mmHg) 기준]

T_1 : 처음 온도($273+t_1$)　　T_2 : 나중 온도($273+t_2$)
P_1 : 처음 압력　　P_2 : 나중 압력

한 눈에 들어오는 키워드

한 눈에 들어오는 키워드

[예제 10]

용융로 상부의 공기 용량은 200m^3/min, 온도는 400℃ 1기압이다. 이것을 21℃, 1기압의 상태로 환산하면 공기의 용량은 약 몇 m^3/min가 되겠는가?

① 82.6 ② 87.4
③ 93.4 ④ 116.6

해설

온도보정

$$200 \times \frac{(273+21)}{(273+400)} = 87.37(m^3/min)$$

[정답 ②]

[예제 11]

온도 120℃, 기압 650mmHg 상태에서 47m^3/min의 기체가 관내를 흐르고 있다. 이 기체가 21℃, 1기압일 때 유량(m^3/min)은 약 얼마인가?

① 15.1 ② 28.4
③ 30.1 ④ 52.5

해설

온도, 압력보정

$$\frac{P_1 V_1}{T_1} = \frac{P_2 V_2}{T_2}$$

$$T_1 P_2 V_2 = T_2 P_1 V_1$$

$$V_2 = V_1 \times \frac{T_2 P_1}{T_1 P_2}$$

$$V_2 = 47 \times \frac{(273+21) \times 650}{(273+120) \times 760} = 30.07(m^3/min)$$

(1기압 = 760mmHg)

[정답 ③]

(5) 표준상태(STP) 실기 기출★

① 순수자연과학(물리 · 화학 등)분야의 표준상태 : 0℃, 1atm (1기압), 기체 1몰(mol)의 부피 22.4L

② 산업환기 분야의 표준상태 : 21℃, 1atm(1기압), 기체 1몰(mol)의 부피 24.1L

③ 산업위생(작업환경) 분야의 표준상태 : 25℃, 1atm(1기압), 기체 1몰(mol)의 부피 24.45L

3 유체의 역학적 원리

한 눈에 들어오는 키워드

(1) 유체역학적 원리의 전제조건 실기 기출★

작업환경에서 환기시설 내 기류에는 유체역학적 원리가 적용된다.

① 공기는 건조하다고 가정한다.

② 공기의 압축과 팽창은 무시한다.

③ 환기시설 내외의 열교환은 무시한다.

④ 공기 중에 포함된 유해물질의 무게와 용량은 무시한다.

⑤ 공기는 상대습도를 기준으로 한다.

(2) 연속 방정식(질량보존의 법칙 적용)

정상류로 흐르는 한 단면의 유체 질량은 다른 단면을 통과하는 질량과 같아야 한다.

1) 유량의 계산 ★★★

$$Q = 60 \times A \times V$$

$Q(m^3/min)$: 유체의 유량
$A(m^2)$: 유체가 통과하는 단면적
$V(m/sec)$: 유체의 유속

$$Q = A \times V$$

$Q(m^3/min)$: 유체의 유량
$A(m^2)$: 유체가 통과하는 단면적
$V(m/min)$: 유체의 유속

$$Q = A_1 V_1 = A_2 V_2$$

$Q(m^3/min)$: 유체의 유량
A_1, $A_2(m^2)$: 각각 유체가 통과하는 단면적
V_1, $V_2(m/min)$: 각각 유체의 유속

[예제 12]

관(管)의 안지름이 200mm인 직관을 통하여 가스유량이 55m³/분의 표준공기를 송풍할 때 관내 평균유속(m/sec)은?

① 약 21.8
② 약 24.5
③ 약 29.2
④ 약 32.3

해설

$Q = 60 \times A \times V$

$V = \dfrac{Q}{60 \times A} = \dfrac{55}{60 \times 0.0314} = 29.19(\mathrm{m/sec})$

$\left[A = \dfrac{\pi d^2}{4} = \dfrac{\pi \times 0.2^2}{4} = 0.0314(\mathrm{m^2}) \right]$

[정답 ③]

[예제 13]

원형 덕트의 송풍량이 24m³/min이고, 반송 속도가 12m/s일때 필요한 덕트의 내경은 약 몇 m인가?

① 0.151
② 0.206
③ 0.303
④ 0.502

해설

1. $Q = A \times V$

$A = \dfrac{Q}{V} = \dfrac{24 \div 60(\mathrm{m^3/s})}{12(\mathrm{m/s})} = 0.0333(\mathrm{m^2})$

2. $A = \dfrac{\pi \times d^2}{4}$

$\pi \times d^2 = 4 \times A$

$d^2 = \dfrac{4 \times A}{\pi}$

$d = \sqrt{\dfrac{4 \times A}{\pi}} = \sqrt{\dfrac{4 \times 0.0333}{\pi}} = 0.206(\mathrm{m})$

[정답 ②]

[예제 14]

국소배기장치에서 송풍량이 30m³/min이고 덕트의 직경이 200mm이면 이때 덕트 내의 속도는 약 몇 m/s인가?

① 13
② 16
③ 19
④ 21

해설

- $Q = 60 \times A \times V$
- $A = \dfrac{\pi \cdot d^2}{4}$

Q(m^3/min) : 유체의 유량, A(m^2) : 유체가 통과하는 단면적, V(m/sec) : 유체의 유속 ,
d : 덕트의 직경(m)

$Q = 60 \times A \times V$

$$V = \frac{Q}{60 \times A} = \frac{Q}{60 \times \frac{\pi d^2}{4}} = \frac{30}{60 \times \frac{\pi \times 0.2^2}{4}} = 15.92(\text{m/sec})$$

[정답 ②]

(3) 레이놀즈 수

무차원계수로서 유체운동의 특성을 표시한다.

1) 유체의 운동특성 실기 기출★

① 층류(Laminar flow)

- 유체가 관내를 아주 느린 속도로 흐를 때는 소용돌이나 선회운동을 일으키지 않고 관 벽에 평행으로 유동한다. 이와 같은 흐름을 층류라고 한다.
- 레이놀즈 수가 2100 이하이면 층류에 해당한다.
- 관성력이 점성력의 2,000배 미만인 공기흐름 상태이다.

② 난류(Turbulent flow)

- 유체의 속도가 빨라지면 관내흐름은 크고 작은 소용돌이가 혼합된 형태로 변하며 혼합상태로 흐른다. 이런 모양의 흐름은 난류라 한다.
- 레이놀즈 수가 4000 이상이면 난류에 해당한다.
- 관성력이 점성력의 4,000배 이상인 공기흐름 상태이다.

2) 레이놀즈 수(Re)의 계산 ★★★

$$Re = \frac{\rho V d}{\mu} = \frac{Vd}{\nu} = \frac{\text{관성력}}{\text{점성력}}$$

Re : 레이놀즈 수(무차원)
ρ : 유체밀도(kg/m^3)
d : 관경(m) (상당직경 $D = \frac{2ab}{a+b}$)
V : 유체의 유속(m/sec)
μ : 점성계수(kg/m · s (= 10Poise))
ν : 동점성계수(m^2/sec)

한 눈에 들어오는 키워드

기출
일반적인 산업환기 배관 내 기류 흐름의 레이놀즈 수의 범위
$10^5 \sim 10^6$

참고
층류
소용돌이나 선회운동을 일으키지 않고 관 벽에 평행으로 유동

난류
크고 작은 소용돌이가 혼합된 형태 흐름

참고
poise = 1g/cm · sec

한 눈에 들어오는 키워드

① 레이놀즈 수에 따른 구분★

- $Re < 2100$: 층류
- $2100 < Re < 4000$: 천이영역
- $Re > 4000$: 난류

[예제 15]

관내유속이 1.25m/sec, 관직경이 0.05m 일 때 Reynolds 수는? (단, 20℃, 1기압, 동점성계수=$1.5\times10^{-5}m^2/sec$)

① 3257 ② 4167 ③ 5387 ④ 6237

해설

$$Re = \frac{Vd}{\nu} = \frac{1.25\times0.05}{1.5\times10^{-5}} = 4166.67$$

[정답 ②]

[예제 16]

1기압 동점성계수(20℃)는 $1.5\times10^{-5}(m^2/sec)$이고 유속은 10m/sec, 관반경은 0.125m 일 때 Reynolds 수는?

① 1.67×10^5 ② 1.87×10^5 ③ 1.33×10^4 ④ 1.37×10^5

해설

$$Re = \frac{Vd}{\nu} = \frac{10\times(0.125\times2)}{1.5\times10^{-5}} = 1.67\times10^5$$

* 관직경 = 관반경 × 2

[정답 ①]

[예제 17]

덕트 직경이 30cm 이고 공기유속이 5m/sec일 때 레이놀드수(Re)는? (단, 공기의 점성계수는 20℃에서 $1.85\times10^{-5}kg/sec \cdot m$, 공기밀도는 20℃에서 $1.2kg/m^3$)

① 97300 ② 117500 ③ 124400 ④ 135200

해설

$$Re = \frac{\rho Vd}{\mu} = \frac{1.2\times5\times0.3}{1.85\times10^{-5}} = 97297.30$$

[정답 ①]

[예제 18]

관경이 200mm인 직관 속을 공기가 흐르고 있다. 공기의 동점성계수가 $1.5\times10^{-5}m^2/sec$이고 레이놀즈 수가 20,000이라면 직관의 풍량(m^3/hr)은?

① 약 160
② 약 150
③ 약 170
④ 약 190

해설

1. $Re=\frac{Vd}{\nu}$

$V\times d=Re\times\nu$

$V=\frac{Re\times\nu}{d}=\frac{20,000\times(1.5\times10^{-5})}{0.2}=1.5(m/sec)$

2. $Q=60\times A\times V=60\times\frac{\pi\times0.2^2}{4}\times1.5=2.83(m^3/min)\times60=169.80(m^3/hr)$

$(A=\frac{\pi\cdot d^2}{4})$

[정답 ③]

한 눈에 들어오는 키워드

4 공기의 성질과 오염물질

(1) 포화농도 ★★

$$\text{포화농도}=\frac{\text{물질의 증기압(mmHg)}}{\text{대기압(760mmHg)}}\times10^2(\%)$$
$$=\frac{\text{물질의 증기압(mmHg)}}{\text{대기압(760mmHg)}}\times10^6(ppm)$$

참고

$\%=10^{-2}$, $ppm=10^{-6}$

$\therefore$ 10,000ppm = 1%

[예제 19]

A물질의 증기압이 50mmHg일 때, 포화증기농도(%)는? (단, 표준상태를 기준으로 한다.)

① 4.8
② 6.6
③ 10.0
④ 12.2

해설

$$\text{포화농도}(\%)=\frac{\text{물질의 증기압(mmHg)}}{\text{대기압(760mmHg)}}\times10^2=\frac{50}{760}\times100=6.58(\%)$$

[정답 ②]

[예제 20]

공기 중의 포화증기압이 1.52mmHg인 유기용제가 공기 중에 도달할 수 있는 포화농도는 약 몇 ppm인가?

① 2000　② 4000
③ 6000　④ 8000

해설

$$\text{포화농도(ppm)} = \frac{\text{물질의 증기압(mmHg)}}{\text{대기압(760mmHg)}} \times 10^6 = \frac{1.52}{760} \times 10^6 = 2000(\text{ppm})$$

[정답 ①]

(2) 유효비중 ★★

사염화탄소 10,000ppm, 사염화탄소의 증기비중 5.7일 때 유효비중의 계산

사염화탄소 10,000ppm은 1%이므로 공기는 99%, 공기비중 1

$$\text{유효비중} = 0.01 \times 5.7 + 0.99 \times 1 = 1.047$$

[예제 21]

화학공장에서 작업환경을 측정하였더니 TCE농도가 10,000ppm이었을 때 오염공기의 유효비중은? (단, TCE의 증기비중은 5.7, 공기비중은 1.0이다.)

① 1.028　② 1.047
③ 1.059　④ 1.087

해설

1. 작업환경 중의 TCE가 10,000ppm=1%이므로 공기는 99%가 된다.
2. TCE 1%(증기비중 5.7), 공기 99%(공기비중 1.0)이므로
   $\text{유효비중} = 0.01 \times 5.7 + 0.99 \times 1 = 1.047$

[정답 ②]

(3) 보일-샤를의 법칙

① 보일의 법칙 : 일정한 온도에서 부피와 압력은 반비례한다. ★

암기법

보일(보일의 법칙)러의 **온도는 일정, 부압**(부피, 압력)**에 반비례**

② 샤를의 법칙 : 일정한 압력에서 온도와 부피는 비례한다. ★

암기법

밥할 때 **쌀을**(샤를) **일정 압력**에서, **부온**(부피, 온도)**에 비례**

③ 보일-샤를의 법칙

$$\frac{P_1 V_1}{T_1} = \frac{P_2 V_2}{T_2}$$

T_1 : 처음 온도($273+t_1$)　　T_2 : 나중 온도($273+t_2$)

P_1 : 처음압력　　P_2 : 나중압력

V_1 : 처음부피　　V_2 : 나중부피

참고

게이-루삭의 법칙 ★

일정한 부피조건에서 압력과 온도는 비례한다.

암기법

일부(일정 부피) **이삭**(게이루삭)**은 온압**(온도, 압력)**에 비례**

한 눈에 들어오는 키워드

02 전체환기

1 전체 환기의 개념

(1) 전체환기의 개념

"전체환기장치" 라 함은 자연적 또는 기계적인 방법에 의하여 작업장 내의 열 수증기 및 유해물질을 희석, 환기시키는 장치 또는 설비를 말한다.

(2) 전체 환기의 목적 ★★

① 작업장 전체를 환기시키는 방식으로 공기를 희석하여 유해인자의 농도를 낮춘다.
② 유해물질의 농도를 감소시켜 건강을 유지 · 증진한다.
③ 화재나 폭발을 예방한다.
④ 실내의 온도와 습도를 조절한다.

(3) 환기방식의 결정 ★★

① 오염이 높은 작업장 : 주변에 오염물질의 확산을 방지하기 위하여 실내압을 음압(-)으로 유지하여야 한다.
② 청정공기를 필요로 하는 작업장(전자공업 등) : 오염물질이 포함된 외부공기가 유입되지 않도록 실내압을 양압(+)으로 유지하여야 한다.

(3) 전체환기(희석환기)가 필요한 경우(적용 조건) ★★

① 유해물질의 독성이 비교적 낮은 경우
② 유해물질의 발생량이 적은 경우
③ 발생원이 이동하는 경우
④ 유해물질이 시간에 따라 균일하게 발생될 경우
⑤ 오염원이 근무자가 근무하는 장소로부터 멀리 떨어져 있는 경우
⑥ 동일한 작업장에 다수의 오염원이 분산되어 있는 경우
⑦ 국소배기로 불가능한 경우
⑧ 가연성 가스의 농축으로 폭발의 위험이 있는 경우
⑨ 유해물질이 증기나 가스일 경우

한 눈에 들어오는 키워드

기출 ★
전체환기의 효율
풍압과 실내 · 외 온도 차이에 의해 결정된다.

참고
공기의 흐름
(+) → (-)

실기 기출 ★
중성대
전체환기에서 유입되는 공기측과 배출되는 공기측의 실내외 압력차가 0이 되는 지점, 즉, 공기의 유출입이 없는 면이 형성되는데 이를 중성대라고 하며, 높을수록 환기효과가 증대된다.

비교

국소환기장치 설치가 필요한 경우 ★★

- 유해물질 **독성이 강한 경우**(TLV가 낮을 때)
- 유해물질 **발생량이 많은 경우**
- **발생원이 고정되어 있는 경우**
- **발생주기가 균일하지 않은 경우**
- 유해물질 **발생원과 작업위치가 근접해 있는 경우**
- 높은 증기압의 유기용제
- 법적의무 설치사항의 경우

2 전체 환기의 종류

(1) 자연환기와 강제환기 ★

자연환기	강제 환기(기계 환기)
• 실내외의 **온도차와 바람에 의한 자연 통풍** 방식 • 장점 – **소음 · 진동이 없다.** – 운전에 따른 **에너지 비용이 없다.** – **냉방비 절감효과 가짐** • 단점 – 계절, 기상조건, 작업장 **내부조건 등에 따라 환기량 변화가 크다.**	• **송풍기(fan)를 사용하여 강제적으로 환기**하는 방식 • 장점 – **작업환경을 일정하게 유지**할 수 있다. – 기상조건에 영향을 받지 않는다. • 단점 – **소음 · 진동의 발생** – 운전에 따른 **에너지 비용이 소요된다.(설치비, 유지비가 많이 든다.)**

(2) 전체환기의 기본원칙(강제환기를 실시할 때 환기효과를 제고시킬 수 있는 방법) ★★

① 오염물질 사용량을 조사하여 **필요 환기량을 계산**한다.

② 필요 환기량은 **오염물질이 충분히 희석될 수 있는 양으로 설계**한다.

③ 오염물질 **배출구는 가능한 한 오염원으로부터 가까운 곳에 설치**하여 '**점 환기**'**의 효과**를 얻는다.

④ 배출공기를 보충하기 위하여 청정공기를 공급한다.

⑤ **공기배출구와 근로자 작업위치 사이에 오염원이 위치**하여야 한다.
(근로자 작업위치 – 오염원 – 배출구 : 오염원이 근로자를 통과하지 않고 배출되어야 한다.)

한 눈에 들어오는 키워드

기출
자연환기의 가장 큰 원동력이 될 수 있는 것은 **실내외 공기의 온도에 기인**한다.

한 눈에 들어오는 키워드

⑥ 공기가 급기구를 통하여 들어와서 오염물질이 있는 영역을 통과하여 배기구로 빠져나가도록 설계해야 한다.(공기가 배출되면서 오염장소를 통과하도록 공기배출구와 유입구의 위치를 선정한다.)

⑦ 건물 밖으로 배출된 오염공기가 다시 건물 안으로 유입되지 않도록 배출구 높이를 적절히 설계하고 창문이나 문 근처에 위치하지 않도록 한다.

⑧ 오염된 공기는 작업자가 호흡하기 전에 충분히 희석되도록 한다.

⑨ 오염원 주위에 다른 작업 공정이 있으면 공기배출량을 공급량보다 약간 크게 하여(음압을 형성) 주위 근로자에게 오염물질이 확산되지 않도록 한다.

3 건강보호를 위한 전체 환기

(1) 필요환기량의 산정

유해물질이 발생원으로부터 작업장 내에서 확산되어 이동하는 경우, 유해물질의 농도가 노출기준 미만으로 유지되도록 적정한 필요환기량을 산정하여야 한다.

(2) 전체환기량(평형상태일 경우)

1) 실제환기량의 계산

$$1.\ Q(\mathrm{m^3/min}) = Q' \times K$$

$$2.\ Q' = \frac{G}{C}$$

Q : 실제환기량($\mathrm{m^3/min}$)
Q' : 유효환기량($\mathrm{m^3/min}$)
K : 안전계수(여유계수 ; 무차원)
G : 유해물질 발생률
C : 공기 중 유해물질 농도

2) 필요환기량의 계산

$$Q(\mathrm{m^3/min}) = \frac{G}{TLV} \times K$$

Q : 필요환기량($\mathrm{m^3/min}$)
G : 유해물질의 발생률($\mathrm{m^3/min}$)
TLV : 허용기준
K : 안전계수(여유계수)

3) 안전계수(K) 실기 기출★

① 불안정 혼합을 보정하기 위한 여유계수를 말하며, K=1일 경우 전체환기로도 환기가 충분한 상태이다.

② 유해물질의 TLV를 고려(유해물질의 독성 고려)하여 결정한다.

③ 환기방식의 효율성을 고려하여 결정한다.

④ 유해물질의 발생률을 고려하여 결정한다.

⑤ 근로자 위치와 발생원과의 거리를 고려하여 결정한다.

⑥ 유해물질 발생점의 위치와 수를 고려하여 결정한다.

(3) 전체환기량(유해물질 농도 증가 시)

1) 농도 C에 도달하는 데 걸리는 시간(t)

$$t(\text{min}) = -\frac{V}{Q'}\left[\ln\left(\frac{G-Q'\times C}{G}\right)\right]$$

V : 작업장의 기적(m^3)
Q' : 환기량(m^3/min)
G : 유해물질의 발생량(m^3/min)
C : 유해물질농도(ppm)

2) 처음농도 0인 상태에서 t시간 후의 농도(C)

$$C(\text{ppm}) = \frac{G\left(1-e^{-\frac{Q'}{V}t}\right)}{Q'}\times 10^6$$

V : 작업장의 기적(m^3)
Q' : 유효환기량(m^3/min)
G : 유해물질의 발생량(m^3/min)
t : 시간(min)

한 눈에 들어오는 키워드

실기 기출★
안전계수(K) 값
① 작업장 내 공기혼합이 원활한 경우 : K=1
② 작업장 내 공기혼합이 보통인 경우 : K=2
③ 작업장 내 공기혼합이 불완전한 경우 : K=3

한눈에 들어오는 키워드

(4) 전체환기량(유해물질 농도 감소 시) ★★

1) 유해물질을 나중농도(노출농도 이하)로 환기하는 데 소요되는 시간

$$t(\text{min}) = -\frac{V}{Q'} \times \ln\left(\frac{C_2}{C_1}\right)$$

V : 작업장의 기적(m^3)
Q' : 환기량(m^3/min)
C_1 : 유해물질 처음농도(ppm)
C_2 : 유해물질 노출기준(ppm)

2) 농도 C_1에서 t(min)시간 후의 농도

$$C_2 = C_1 \times e^{\left(-\frac{Q'}{V}t\right)}$$

(5) 전체환기량(이산화탄소 기준)

1) 이산화탄소를 노출기준으로 유지하기 위한 환기량 ★

$$Q(m^3/\text{min}) = \frac{G \times 10^6}{C} \times K$$

G : CO_2 발생량(m^3/min)
C : 노출기준(ppm)
K : 여유계수(보통 10)

2) 이산화탄소에 기인한 환기량 ★

$$Q(m^3/\text{min}) = \frac{G}{C - C_o} \times 100$$

G : CO_2 발생률(m^3/min)
C : 이산화탄소의 허용농도(%)
C_o : 외부공기중 이산화탄소 농도(%)

$$Q(m^3/\text{min}) = \frac{G}{C_s - C_o} \times 10^6$$

G : CO_2 발생률(m^3/min)
C_s : 실내 이산화탄소의 농도(ppm)
C_o : 외부공기중 이산화탄소의 농도(약 330ppm)

3) 시간당 공기교환 횟수(ACH) ★★

$$ACH = \frac{\text{실내환기량}(m^3/min)}{\text{실내 체적}(m^3)} \times 60$$

$$ACH = \frac{\text{실내환기량}(m^3/hr)}{\text{실내 체적}(m^3)}$$

$$ACH(\text{회}) = \frac{\ln(C_1 - C_o) - \ln(C_2 - C_o)}{hr}$$

C_1 : 처음 측정한 이산화탄소 농도
C_2 : 시간경과 후 측정한 이산화탄소 농도
C_o : 외부공기 중 이산화탄소 농도(약 330ppm)

[예제 22]

작업장의 크기가 세로 20m, 가로 10m, 높이 6m 이고, 필요환기량이 60m³/min일 때 1 시간당 공기교환횟수는 몇 회인가?

① 1회　　② 2회
③ 3회　　④ 4회

해설

$$ACH = \frac{\text{실내 환기량}(m^3/min)}{\text{실내 체적}(m^3)} \times 60$$

$$ACH = \frac{60}{20 \times 10 \times 6} \times 60 = 3(\text{회})$$

[정답 ③]

한 눈에 들어오는 키워드

한 눈에 들어오는 키워드

[예제 23]

24시간 가동되는 작업장에서 환기하여야 할 작업장 실내의 체적은 3,000m^{3}이다. 환기시설에 의해 공급되는 공기의 유량이 4,000m^3/hr일 때, 이 작업장에서의 시간당 환기횟수는 얼마인가?

① 1.2회　② 1.3회
③ 1.4회　④ 1.5회

해설

$$ACH = \frac{\text{실내 환기량}(m^3/hr)}{\text{실내 체적}(m^3)}$$

$$ACH = \frac{4000}{3000} = 1.33(\text{회})$$

[정답 ②]

[예제 24]

길이, 폭, 높이가 각각 30m, 10m, 4m인 실내공간을 1시간당 12회의 환기를 하고자 한다. 이 실내의 환기를 위한 유량(m^3/min)은?

① 240　② 290
③ 320　④ 360

해설

$$ACH = \frac{\text{실내 환기량}(m^3/hr)}{\text{실내 체적}(m^3)}$$

$$\text{실내 환기량}(m^3/hr) = ACH \times m^3 = 12 \times (30 \times 10 \times 4) = 14400 \div 60 = 240(m^3/min)$$

[정답 ①]

[예제 25]

어느 실내의 길이, 폭, 높이가 각각 25m, 10m, 3m이며 실내에 1시간당 18회의 환기를 하고자 한다. 직경 50cm의 개구부를 통하여 공기를 공급하고자 하면 개구부를 통과하는 공기의 유속 (m/sec)은?

① 13.7　② 15.3
③ 17.2　④ 19.1

해설

1. 1회 환기량 $= 25 \times 10 \times 3 = 750(\text{m}^3/\text{hr})$

18회 환기량 $= 750 \times 18 = 13500(\text{m}^3/\text{hr})$

$$\frac{13500\text{m}^3}{\text{hr}} = \frac{13500\text{m}^3}{3600\,\text{sec}} = 3.75(\text{m}^3/\text{sec})$$

2. $Q = A \cdot V$

$$V = \frac{Q}{A} = \frac{Q}{\frac{\pi d^2}{4}} = \frac{3.75}{\frac{\pi \times 0.5^2}{4}} = 19.10(\text{m/sec})$$

[정답 ④]

한 눈에 들어오는 키워드

[예제 26]

사무실에서 일하는 근로자의 건강장해를 예방하기 위해 시간당 공기교환횟수는 6회 이상 되어야 한다. 사무실의 체적이 150m³일 때 최소 필요한 환기량(m³/min)은?

① 9 ② 12
③ 15 ④ 18

해설

$$ACH = \frac{\text{실내 환기량}(\text{m}^3/\text{min})}{\text{실내 체적}(\text{m}^3)} \times 60$$

실내 환기량 $\times 60 = ACH \times$ 실내 체적

$$\text{실내 환기량} = \frac{ACH \times \text{실내 체적}}{60} = \frac{6 \times 150}{60} = 15(\text{m}^3/\text{min})$$

[정답 ③]

[예제 27]

사무실 직원이 모두 퇴근한 6시 30분에 CO_2농도는 1,700ppm이였다. 4시간이 지난 후 다시 CO_2농도를 측정한 결과 CO_2농도는 800ppm이었다면, 사무실의 시간당 공기 교환 횟수는? (단, 외부공기 중 CO_2농도는 330ppm)

① 0.11 ② 0.19
③ 0.27 ④ 0.35

해설

$$ACH(\text{회}) = \frac{\ln(C_1 - C_o) - \ln(C_2 - C_o)}{\text{hr}}$$

$$ACH = \frac{\ln(1{,}700 - 330) - \ln(800 - 330)}{4} = 0.2675(\text{회})$$

[정답 ③]

한 눈에 들어오는 키워드

4) 급기 중 외부공기 함량 ★★

$$\% Q_A = \frac{C_r - C_s}{C_r - C_o} \times 100$$

C_r : 재순환 공기 중 이산화탄소 농도
C_s : 급기중 이산화탄소 농도
C_o : 외부 공기 중 이산화탄소 농도(약 330ppm)

[예제 28]

재순환 공기의 CO_2농도는 900ppm이고 급기의 CO_2농도는 700ppm일 때, 급기 중의 외부공기 포함량은 약 몇 %인가? (단, 외부공기의 CO_2농도는 330ppm이다.)

① 30% ② 35%
③ 40% ④ 45%

해설

$$\%Q_A = \frac{C_r - C_s}{C_r - C_o} \times 100$$

$$\%Q_A = \frac{900-700}{900-330} \times 100 = 35.09(\%)$$

[정답 ②]

4 화재 및 폭발방지를 위한 전체 환기

(1) 화재 및 폭발방지를 위한 환기량 ★★★

$$Q = \frac{24.1 \times \mathrm{kg/h} \times C \times 10^2}{MW \times LEL \times B}(\mathrm{m^3/hr}) \div 60 = (\mathrm{m^3/min})$$

C : 안전계수(LEL의 25%로 유지할 경우 $C=4$)
MW : 물질의 분자량
LEL : 폭발농도 하한치(%)
B : 온도에 따른 보정상수(120℃ 미만 $B=1.0$, 120℃ 이상 $B=0.7$)
kg/hr : 시간당 오염물질 발생량(kg/hr = l/hr × 비중)
24.1 : 21℃, 1기압에서 공기의 비중(25℃, 1기압일 경우 24.45)

기출
1. 0℃, 1기압에서 1몰(mole)의 공기부피(공기비중) : 22.4L
2. 21℃, 1기압에서 1몰(mole)의 공기부피(공기비중) : 24.1L
3. 25℃, 1기압에서 1몰(mole)의 공기부피(공기비중) : 24.45L

(2) 노출기준(TLV)에 따른 전체환기량 ★★★

한 눈에 들어오는 키워드

$$Q = \frac{24.1 \times kg/h \times K \times 10^6}{MW \times TLV}(m^3/hr) \div 60 = (m^3/min)$$

K : 안전계수
MW : 물질의 분자량
kg/hr : 시간당 오염물질 발생량(kg/hr = l/hr × 비중)
TLV : 노출기준(ppm)
24.1 : 21℃, 1기압에서 공기의 비중(25℃, 1기압일 경우 24.45)

1) 온도에 따른 환기량의 보정

$$Q_2 = Q_1 \times \frac{273 + t_2}{273 + t_1}$$

Q_1 : 처음 온도(t_1)에서의 환기량(m^3/min)
Q_2 : 나중 온도(t_2)에서의 환기량(m^3/min)
t_1 : 처음 온도(℃)
t_2 : 나중 온도(℃)

[예제 29]

작업장에서 Methyl Ethyl Ketone을 시간당 1.5리터 사용할 경우 작업장의 필요한 환기량(m^3/min)은? (단, MEK의 비중은 0.805, TLV는 200ppm, 분자량은 72.1이고, 안전계수 K는 7로 하며 1기압 21℃기준임)

① 약 235　　② 약 465
③ 약 565　　④ 약 695

해설

$$Q(m^3/hr) = \frac{24.1 \times kg/h \times K \times 10^6}{MW \times TLV} \quad (21℃,\ 1기압\ 기준)$$

$$Q = \frac{24.1 \times (1.5 \times 0.805) \times 7 \times 10^6}{72.1 \times 200} = 14126.58(m^3/hr) \div 60 = 235.44(m^3/min)$$

(kg/hr = l/hr × 비중)

[정답 ①]

[예제 30]

A작업장에서는 1시간에 0.5L의 메틸에틸케톤(MEK)이 증발되고 있다. MEK의 TLV가 100ppm 이라면 이 작업장 전체를 환기시키기 위한 필요환기량(m^3/min)은 약 얼마인가? (단, 주위온도는 25℃, 1기압 상태이며, MEK의 분자량은 72.1, 비중은 0.805, 안전계수는 3이다.)

① 17.06　　② 34.12
③ 68.25　　④ 83.56

해설

$$Q(m^3/hr) = \frac{24.45 \times kg/h \times K \times 10^6}{MW \times TLV} \text{ (21℃, 1기압 기준)}$$

$$Q = \frac{24.45 \times (0.5 \times 0.805) \times 3 \times 10^6}{72.1 \times 100} = 4094.78(m^3/hr) \div 60 = 68.25(m^3/min)$$

(kg/hr = l/hr × 비중)

[정답 ③]

[예제 31]

벤젠의 증기발생량이 400g/h일 때, 실내 벤젠의 평균농도를 10ppm 이하로 유지하기 위한 필요 환기량은 약 몇 m^3/min인가? (단, 벤젠 분자량은 78, 25℃, 1기압 상태 기준, 안전계수는 1이다.)

① 130　　② 150
③ 180　　④ 210

해설

$$Q(m^3/hr) = \frac{24.45 \times kg/h \times K \times 10^6}{MW \times TLV} \text{ (25℃, 1기압 기준)}$$

$$Q = \frac{24.45 \times 0.4 \times 1 \times 10^6}{78 \times 10} = 12538.46(m^3/hr) \div 60 = 208.97(m^3/min)$$

[정답 ④]

[예제 32]

1시간 동안 균일하게 유해물질(A) 0.95L가 공기 중으로 증발되는 작업장에서 A 물질의 공기 중 노출기준(TLV-TWA : 100ppm)의 50%로 유지하기 위한 전체환기의 필요환기량은 약 얼마인가? (단, 21℃, 1기압, A 물질의 비중은 0.866, 분자량은 92.13, 안전계수는 5로 하며, ACGIH의 공식을 활용한다.)

① 164m^3/min　　② 259m^3/min
③ 359m^3/min　　④ 459m^3/min

해설

$$Q(m^3/hr)=\frac{24.1\times kg/h\times K\times 10^6}{MW\times TLV}$$ (21℃, 1기압 기준)

$$Q=\frac{24.1\times(0.95\times 0.866)\times 5\times 10^6}{92.13\times 100\times 0.5}=21520.75(m^3/hr)\div 60=358.68(m^3/min)$$

($kg/hr=l/hr\times$ 비중)

[정답 ③]

[예제 33]

작업장에서 Methyl alcohol(비중 = 0.792, 분자량 = 32.04, 허용농도 = 200ppm)을 시간당 2리터 사용하고 있다. 안전계수가 6, 실내온도가 20℃일 때 필요 환기량(m^3/min)은 약 얼마인가?

① 400 ② 600
③ 800 ④ 1000

해설

$$Q(m^3/hr)=\frac{24.1\times kg/h\times K\times 10^6}{MW\times TLV}$$ (21℃, 1기압 기준)

풀이 1.

1. $$Q=\frac{24.1\times(2\times 0.792)\times 6\times 10^6}{32.04\times 200}=35743.82(m^3/hr)\div 60=595.73(m^3/min)$$

   ($kg/hr=l/hr\times$ 비중)

2. 온도보정

$$Q_a=Q\times\frac{273+t}{273+21}=595.73\times\frac{273+20}{273+21}=593.70(m^3/min)$$

풀이 2.

1. 21℃ 1기압 기준 기체 1몰의 부피 24.1L를 20℃로 온도보정

$$V_2=V_1\times\frac{T_2P_1}{T_1P_2}=24.1\times\frac{273+20}{273+21}=24.02(m^3)$$

2. $$Q=\frac{24.02\times kg/h\times K\times 10^6}{MW\times TLV}=\frac{24.02\times(2\times 0.792)\times 6\times 10^6}{32.04\times 200}$$

$$=35625.17(m^3/hr)\div 60=593.75(m^3/min)$$

   ($kg/hr=l/hr\times$ 비중)

[정답 ②]

한 눈에 들어오는 키워드

한 눈에 들어오는 키워드

5 혼합물질 발생 시의 전체 환기

(1) 혼합물질 발생 시의 전체환기량

① 상가작용일 경우 : 각각 유해물질의 환기량을 모두 합하여 필요환기량으로 결정

$$Q = Q_1 + Q_2 + \cdots + Q_n$$

② 독립작용일 경우 : 유해물질 환기량 중 가장 큰 값을 선택하여 필요환기량으로 결정

[예제 34]

접착제를 사용하는 A공정에서는 메틸에틸케톤(MEK)과 톨루엔이 발생, 공기 중으로 완전 혼합된다. 두 물질은 모두 마취작용을 하므로 상가효과가 있다고 판단되며, 각 물질의 사용 정보가 다음과 같을 때 필요환기량(m^3/min)은 약 얼마인가? (단, 주위는 25℃, 1기압 상태이다.)

〈MEK〉	〈톨루엔〉
- 안전계수 : 4	- 안전계수 : 5
- 분자량 : 72.1	- 분자량 : 92.13
- 비중 : 0.805	- 비중 : 0.866
- TLV : 200ppm	- TLV : 50ppm
- 사용량 : 시간당 2L	- 사용량 : 시간당 2L

① 182 ② 558
③ 765 ④ 946

해설

$$Q(m^3/hr) = \frac{24.45 \times kg/h \times K \times 10^6}{MW \times TLV}$$ (25℃, 1기압 기준)

1. MEK

$$Q = \frac{24.45 \times (2 \times 0.805) \times 4 \times 10^6}{72.1 \times 200} = 10919.42(m^3/hr) \div 60 = 181.99(m^3/min)$$

(kg/hr = l/hr × 비중)

2. $$Q = \frac{24.45 \times (2 \times 0.866) \times 5 \times 10^6}{92.13 \times 50} = 45964.83(m^3/hr) \div 60 = 766.08(m^3/min)$$

3. $181.99 + 766.08 = 948.07(m^3/min)$

[정답 ④]

6 온열관리와 환기

(1) 발열 시 필요환기량 ★★

$$Q(\mathrm{m^3/hr}) = \frac{H_s}{0.3\Delta t}$$

Δt : 급배기(실내, 외)의 온도차(℃), H_s : 작업장 내 열부하량(kcal/hr)
0.3 : 정압비열($\mathrm{kcal/m^3℃}$)

[예제 35]

작업장 내 열부하량이 15,000kcal/hr이며, 외기온도는 22℃, 작업장 내의 온도는 32℃이다. 이때 전체환기를 위한 필요환기량은 얼마인가?

① $83\mathrm{m^3/hr}$ ② $833\mathrm{m^3/hr}$ ③ $4,500\mathrm{m^3/hr}$ ④ $5,000\mathrm{m^3/hr}$

해설

$$Q = \frac{15,000}{0.3 \times (32-22)} = 5,000(\mathrm{m^3/hr})$$

[정답 ④]

(2) 열평형 방정식 ★★

$$\Delta S = M \pm C \pm R - E$$

ΔS : 인체의 열축적 또는 열손실, M : 작업대사량(체내열생산량)
C : 대류에 의한 열교환, R : 복사에 의한 열교환
E : 증발에 의한 열손실

(3) 환경요소지수(온열지수)

1) 습구흑구 온도지수(WBGT)(℃) ★★★

① 옥외(태양광선이 내리쬐는 장소)

WBGT(℃) = 0.7 × 자연습구온도 + 0.2 × 흑구온도 + 0.1 × 건구온도

② 옥내 또는 태양광선이 내리쬐지 않는 옥외

WBGT(℃) = 0.7 × 자연습구온도 + 0.3 × 흑구온도

한 눈에 들어오는 **키**워드

참고

열 배출 시 필요 환기량

$$Q = \frac{H_s}{C_p \times \Delta t}$$

여기서

C_p : 공기의 비열($kcal/h \cdot ℃$)
Δt : 외부공기와 작업장 내 온도차(℃)
H_s : 작업장 내 열부하량(kcal/hr)

수증기 부하량에 따른 필요환기량

$$Q = \frac{W}{1.2 \times \Delta G} \times 100$$

여기서

Q : 필요환기량($\mathrm{m^3/h}$)
W : 수증기 부하량(kg/h)
ΔG : 작업장내 공기와 급기의 절대 습도 차(kg/kg)

03 국소환기

1 국소배기 시설의 개요

(1) 국소배기장치

"국소배기장치"라 함은 발생원에서 발생되는 유해물질을 후드, 덕트, 공기정화장치, 배풍기 및 배기구를 설치하여 배출하거나 처리하는 장치를 말한다.

(2) 국소배기장치를 반드시 설치해야 하는 경우 ★★

① 유해물질 발생량이 많은 경우
② 유해물질 독성이 강한 경우(TLV가 낮은 물질 취급)
③ 근로자의 작업위치가 유해물질 발생원에 근접해 있는 경우
④ 높은 증기압의 유기용제
⑤ 오염물질의 발생주기가 균일하지 않은 경우
⑥ 발생원이 고정되어 있는 경우
⑦ 법적으로 국소배기장치를 설치해야 하는 경우

2 국소배기 시설의 구성

(1) 국소배기시설의 구성

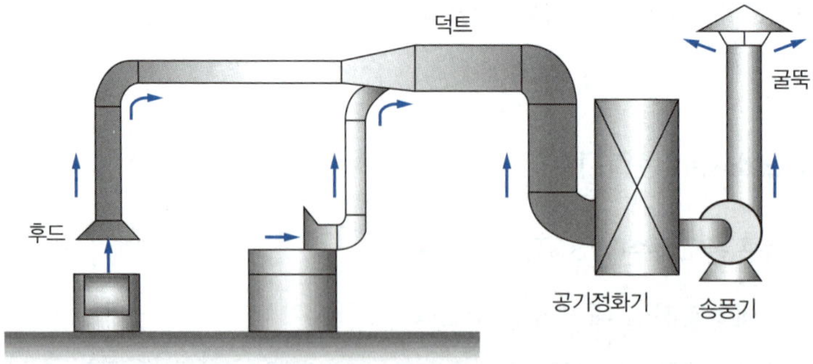

후드(Hood) → 덕트(Duct) → 공기정화기(Air cleaner equipment) → 송풍기(Fan), 배출구로 구성되어 있다. ★★

한 눈에 들어오는 키워드

비교

전체환기(희석환기)를 설치해야 하는 경우★★

① 유해물질의 독성이 비교적 낮은 경우
② 동일한 작업장에 다수의 오염원이 분산되어 있는 경우
③ 유해물질이 시간에 따라 균일하게 발생될 경우
④ 유해물질의 발생량이 적은 경우
⑤ 발생원이 이동하는 경우
⑥ 오염원이 근무자가 근무하는 장소로부터 멀리 떨어져 있는 경우

암기법

후(후드)덕(덕트)한 공기를 송풍해서 배출

(2) 국소배기장치의 설계순서 ★★

후드형식 선정 → 제어속도 결정 → 소요풍량 계산 → 반송속도 결정

3 공기압력

(1) 압력의 종류 ★★

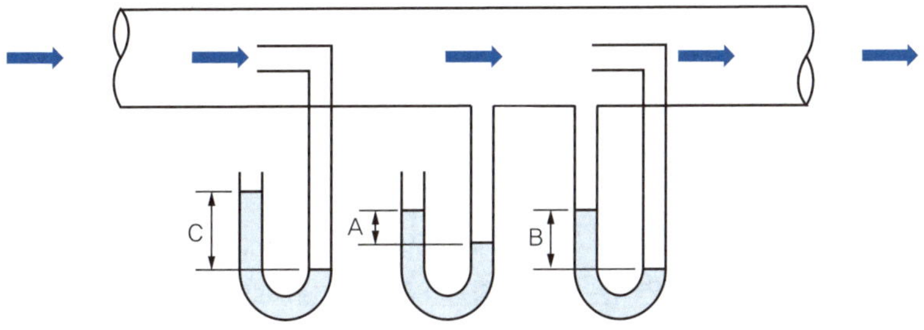

정압 (SP : Static Pressure)	• 공기의 유동이 없을 때 발생하는 압력, 덕트 내의 공기가 주위에 미치는 압력 • 잠재적인 에너지, 모든 방향에서 같은 크기를 나타내는 압력으로 정지하고 있는 유체뿐만 아니라 운동하고 있는 유체 중에도 존재한다. • 대기압보다 낮을 때는 음압(정압 < 대기압이면 (-)압력), 대기압보다 높을 때는 양압(정압 > 대기압이면 (+)압력)이 된다. • 송풍기 앞에서는 음압, 송풍기 뒤에서는 양압이 된다.(국소배기장치의 배출구 압력은 항상 대기압보다 높아야 한다.) • 송풍기 저항에 대항하는 압력으로 저항압력, 또는 마찰압력이라고 한다.

한 눈에 들어오는 키워드

기출 ★

국소배기장치의 투자비용과 전력 소모비를 적게 하기 위하여 최우선으로 고려하여야 할 사항 → 후드의 필요송풍량을 최소화한다.

기출

국소배기장치의 설계 시 주의사항

① 유독물질의 경우에는 굴뚝에 흡인장치를 보강할 것
② 흡인되는 공기가 근로자의 호흡기를 거치지 않도록 할 것
③ 배기관은 유해물질이 발산하는 부위의 공기를 모두 흡입할 수 있는 성능을 갖출 것
④ 먼지를 제거할 때에는 공기속도를 조절하여 배기관 안에서 먼지가 일어나지 않도록 할 것

한 눈에 들어오는 키워드

참고

양압(Positive pressure)
작업장 내 압력이 외기보다 높은 상태를 말한다.

음압(Negative pressure)
작업장 내 압력이 외기보다 낮은 상태를 말한다.

동압 (속도압, VP : Velocity Pressure)	• 공기의 흐름이 있을 때 발생하는 압력, **공기 흐름 방향의 속도에 의해 생기는 압력** • 속도압은 **공기가 이동하는 힘으로 항상 양압**(0 이상의 압력)이다.(공기의 운동에너지에 비례한다.)
전압 (TP : total pressure)	• 전압 = 동압(VP) + 정압(SP)

1) 속도압(동압) ★★★

• 속도압 $(VP) = \dfrac{\gamma V^2}{2g}(\text{mmH}_2\text{O})$

• $V = 4.043\sqrt{VP}(\text{m/sec})$ (21℃, 1기압에서만 적용가능)

r : 공기비중
V : 유속(m/s)
g : 중력가속도(9.8m/s^2)

[예제 36]

관을 흐르는 유체의 양이 220m^3/min일 때 속도압은 약 몇 mmH$_2$O인가? (단, 유체의 밀도는 1.21kg/m^3, 관의 단면적은 0.5m^2, 중력가속도는 9.8m/s^{2}이다.)

① 2.1　　② 3.3
③ 4.6　　④ 5.9

해설

속도압 $(VP) = \dfrac{\gamma V^2}{2g}(\text{mmH}_2\text{O})$

$VP = \dfrac{1.21 \times 7.33^2}{2 \times 9.8}(\text{mmH}_2\text{O})$

$\left[\begin{array}{l} Q = 60 \times A \times V \\ V = \dfrac{Q}{60 \times A} = \dfrac{220}{60 \times 0.5} = 7.33(\text{m/sec}) \end{array}\right]$

[정답 ②]

[예제 37]

어느 관내의 속도압이 3.5mmH_2O일 때, 유속은 약 몇 m/min인가? (단, 공기의 밀도 1.21kg/m^3이고 중력가속도는 9.8m/s^2이다.)

① 352　　② 381
③ 415　　④ 452

해설

$$VP=\frac{\gamma\times V^2}{2g}$$

$$\gamma\times V^2=VP\times 2g$$

$$V^2=\frac{VP\times 2g}{\gamma}$$

$$V=\sqrt{\frac{VP\times 2g}{\gamma}}=\sqrt{\frac{3.5\times 2\times 9.8}{1.21}}=7.5296(\mathrm{m/sec})$$

$$\frac{7.5296\mathrm{m}}{\mathrm{sec}}=\frac{7.5296\mathrm{m}}{\frac{1}{60}\mathrm{min}}=451.78(\mathrm{m/min})$$

[정답 ④]

[예제 38]

20℃의 송풍관 내부에 480m/min으로 공기가 흐르고 있을 때, 속도압은 약 몇 mmH_2O인가? (단, 0℃ 공기 밀도는 1.296kg/m^3로 가정한다.)

① 2.3　　② 3.9
③ 4.5　　④ 7.3

해설

1. 공기밀도의 온도보정(0℃ → 20℃)

$$1.296\times\frac{273+0}{273+20}=1.208(\mathrm{kg/m^3})$$

2. $VP=\frac{1.208\times 8^2}{2\times 9.8}=3.94(\mathrm{mmH_2O})$

$$\left[\frac{480\mathrm{m}}{\mathrm{min}}=\frac{480\mathrm{m}}{60\mathrm{sec}}=8(\mathrm{m/sec})\right]$$

[정답 ②]

한 눈에 들어오는 키워드

한 눈에 들어오는 키워드

참고

1. 0℃, 1기압에서 공기밀도
: 1.293(kg/m³)
2. 21℃, 1기압에서 공기밀도
: 1.203(kg/m³)

[예제 39]

0℃, 1기압에서 공기의 비중량은 1.293kg_f/m^3이다. 65℃의 공기가 송풍관 내를 15m/s의 유속으로 흐를 때 속도압은 약 몇 mmH_2O인가?

① 9 ② 10
③ 12 ④ 14

해설

1. 공기 비중량의 온도보정

$$1.293 \times \frac{273+0}{273+65} = 1.044 kg_f/m^3$$

2. $VP = \frac{1.044 \times 15^2}{2 \times 9.8} = 11.98(mmH_2O)$

[정답 ③]

[예제 40]

직경 40cm인 덕트 내부를 유량 $120m^3/min$의 공기가 흐르고 있을 때, 덕트 내의 풍압은 약 몇 mmH_2O인가? (단, 덕트 내의 공기는 21℃, 1기압으로 가정한다.)

① 11.5 ② 15.5
③ 23.5 ④ 26.5

해설

$$VP = \frac{1.2 \times 15.92^2}{2 \times 9.8} = 15.52(mmH_2O)$$

$$\left[\begin{array}{l} Q = 60 \times A \times V \\ V = \frac{Q}{60 \times A} = \frac{Q}{60 \times \frac{\pi \times d^2}{4}} = \frac{120}{60 \times \frac{\pi \times 0.4^2}{4}} = 15.92(m/sec) \end{array} \right]$$

[정답 ②]

[예제 41]

어느 유체관의 동압(velocity pressure)이 $20mmH_2O$이고 관의 직경이 25cm일 때 유량(m^3/hr)은? (단, 21℃, 1기압 기준)

① 약 3,000 ② 약 3,200
③ 약 3,500 ④ 약 3,800

해설

$$Q = 60 \times A \times V$$

Q(m^3/min) : 유체의 유량, A(m^2) : 유체가 통과하는 단면적, V(m/sec) : 유체의 유속

$$\text{속도압}(VP) = \frac{\gamma V^2}{2g}(\text{mmH}_2\text{O})$$

r : 공기비중, V : 유속(m/s), g : 중력가속도(9.8m/s^2)

$$Q = 60 \times A \times V = 60 \times \frac{\pi d^2}{4} \times V = 60 \times \frac{\pi \times 0.25^2}{4} \times 18.07 = 53.22(\text{m}^3/\text{min}) \times 60 = 3193(\text{m}^3/\text{hr})$$

$$VP = \frac{\gamma V^2}{2g}$$

$$\gamma V^2 = VP \times 2g$$

$$V^2 = \frac{VP \times 2g}{\gamma}$$

$$V = \sqrt{\frac{VP \times 2g}{\gamma}} = \sqrt{\frac{20 \times 2 \times 9.8}{1.2}} = 18.07(\text{m/sec})$$

[정답 ②]

2) 정압 ★★

$$\text{후드정압}(SP_h) = VP + \Delta P = VP + (F_h \times VP)$$
$$= VP(1 + F_h)(\text{mmH}_2\text{O})$$

VP : 속도압(동압)(mmH$_2$O)
F_h : 압력손실계수(= $\frac{1}{Ce^2} - 1$)
Ce : 유입계수
ΔP : 압력손실(mmH$_2$O)

[예제 42]

후드의 정압이 50mmH$_2$O 이고 덕트 속도압이 20mmH$_2$O일 때, 후드의 압력손실계수는?

① 1.5 ② 2.0
③ 2.5 ④ 3.0

해설

$$\text{후드정압}(SP_h) = VP(1 + F_h)$$

$$(1 + F_h) = \frac{SP_h}{VP}$$

$$F_h = \frac{SP_h}{VP} - 1 = \frac{50}{20} - 1 = 1.5$$

[정답 ①]

한 눈에 들어오는 키워드

암기 ★★
후드정압(SP_h)
= $VP(1+F_h)$(mmH$_2$O)
• VP : 속도압(동압)(mmH$_2$O)
• F_h : 압력손실계수(= $\frac{1}{Ce^2-1}$)
• Ce : 유입계수

한눈에 들어오는 키워드

[예제 43]

후드의 정압이 12.00mmH_2O이고 덕트의 속도압이 0.80mmH_2O일 때, 유입계수는 얼마인가?

0.129 ② 0.194

③ 0.258 ④ 0.387

해설

1. $SPh = VP(1+F_h)$

$(1+F_h) = \dfrac{SPh}{VP}$

$F_h = \dfrac{SPh}{VP} - 1 = \dfrac{12}{0.8} - 1 = 14$

2. $F_h = \dfrac{1}{Ce^2} - 1$

$F_h + 1 = \dfrac{1}{Ce^2}$

$Ce^2 = \dfrac{1}{F_h + 1}$

$Ce = \sqrt{\dfrac{1}{F_h+1}} = \sqrt{\dfrac{1}{14+1}} = 0.258$

[정답 ③]

[예제 44]

유입계수 Ce = 0.82인 원형 후드가 있다. 덕트의 원 면적이 0.0314m^2이고 필요환기량 Q는 30m^3/min 이라고 할 때 후드정압은? (단, 공기밀도 1.2kg/m^3 기준)

① 16mmH_2O ② 23mmH_2O

③ 32mmH_2O ④ 37mmH_2O

해설

1. $VP = \dfrac{\gamma V^2}{2g} = \dfrac{1.2 \times 15.92^2}{2 \times 9.8} = 15.52(\text{mmH}_2\text{O})$

$$\left[\begin{array}{l} Q = AV \\ V = \dfrac{Q}{A} = \dfrac{30 \div 60(\text{m}^3/\text{sec})}{0.0314(\text{m}^2)} = 15.92(\text{m/sec}) \end{array}\right]$$

2. 정압$(SPh) = VP(1+F_h) = 15.52 \times (1+0.49) = 23.12(\text{mmH}_2\text{O})$

$$\left[F_h = \dfrac{1}{Ce^2} - 1 = \dfrac{1}{0.82^2} - 1 = 0.49 \right]$$

[정답 ②]

[예제 45]

유입계수가 0.6인 플랜지 부착 원형후드가 있다. 덕트의 직경은 10cm이고, 필요환기량이 $20m^3/min$라고 할 때, 후드정압(SP_h)은 약 몇 mmH_2O인가? (단, 공기밀도 $1.2kg/m^3$ 기준)

① -448.2　　② -306.4　　③ -236.4　　④ -110.2

해설

$$SP_h = VP(1+F_h) = \frac{\gamma V^2}{2g} \times (1 + \frac{1}{Ce^2} - 1) = \frac{1.2 \times 42.44^2}{2 \times 9.8} \times \left[1 + (\frac{1}{0.6^2} - 1)\right]$$

$$= 306.32\,(mmH_2O)$$

$$\left[\begin{array}{l} Q = 60 \times A \times V \\ V = \dfrac{Q}{60 \times A} = \dfrac{Q}{60 \times \dfrac{\pi \times d^2}{4}} = \dfrac{20}{60 \times \dfrac{\pi \times 0.1^2}{4}} = 42.44(m/sec) \end{array}\right]$$

[정답 ②]

3) 후드의 정압과 동압(속도압)의 측정 ★

후드에서 정압과 동압(속도압)을 동시에 측정하고자 할 때 측정공의 위치는 후드 또는 덕트의 연결부로부터 덕트 직경의 4 ~ 6배 떨어진 지점에서 측정한다.

4 후드

"후드"라 함은 유해물질을 포집 · 제거하기 위해 해당 발생원의 가장 근접한 위치에 다양한 형태로 설치하는 구조물로서 국소배기장치의 개구부를 말한다.

(1) 후드선택 지침(필요 환기량을 감소시키기 위한 방법) 실기 기출★

① 가급적 공정의 포위를 최대화한다.

② 포집형이나 레시버형 후드를 사용할 때에는 후드를 배출 오염원에 가깝게 설치한다.

③ 주위 방해기류를 최소화하여 후드 개구면에서 기류가 균일하게 분포되도록 설계한다.

④ 오염물질 발생특성을 고려하여 설계한다.

⑤ 작업조건을 고려하여 적정하게 제어속도를 선정한다.

⑥ 공정에서 발생 또는 배출되는 오염물질의 절대량을 감소시킨다.

⑦ 플랜지 등을 설치하여 후드 유입 기류를 조절한다.

한 눈에 들어오는 키워드

실기 기출★

플레넘(공기충만실)(Plenum)
공기의 흐름을 균일하게 유지시켜주기 위한 후드나 덕트의 큰 공간을 말한다.

기출

슬로트형 후드에서 후드와 덕트사이에 충만실(Plenum Chamber)을 설치하면 후드로부터의 유입 압력이 일정하게 되어 배기효율을 높일 수 있다.

(2) 후드의 선정요령(후드 선정시 고려사항) 실기 기출★

① 필요 환기량을 최소화 할 것

② 작업자의 호흡영역을 보호할 것

- 후드 내로 유입되는 공기흐름이 작업자의 호흡영역에 들어오지 않도록 후드를 위치시킨다.

③ 추천된 설계사양을 사용할 것

④ 작업자가 사용하기 편리하도록 만들 것

⑤ 후드 설계 시 일반적인 오류를 범하지 말 것

(3) 후드의 형식 및 종류

형식		특징	비고
포위식 (Enclosing type)	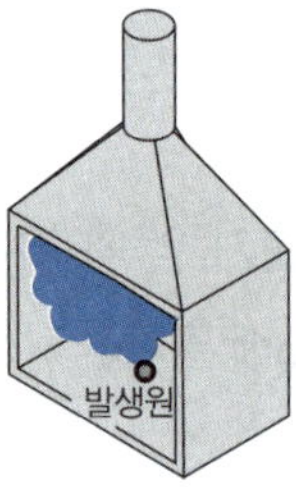	유해물질의 발생원을 전부 또는 부분적으로 포위하는 후드	• 포위형 (Enclosing type) • 장갑부착상자형 (Glove box hood) • 드래프트 챔버형 (Draft chamber hood) • 건축부스형 등
외부식 (Exterior type)		유해물질의 발생원을 포위하지 않고 발생원 가까운 위치에 설치하는 후드	실기 기출★ • 슬로트형 (Slot hood) • 그리드형 (Grid hood) • 푸쉬-풀형 (Push-pull hood) 등
레시버식 (Receiver type)	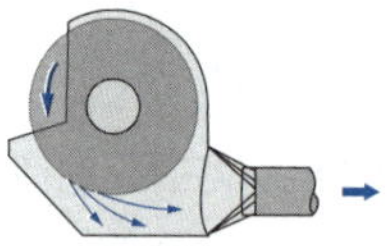 (a) 유해물질이 일정방향으로 비산하는 경우 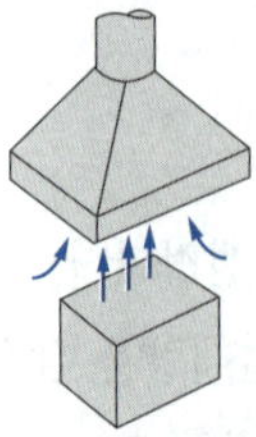 (b) 열상승 기류가 있는 경우	유해물질이 발생원에서 상승기류, 관성기류 등 **일정방향의 흐름을 가지고 발생할 때** 설치하는 후드	• 그라인더커버형 (Grinder cover hood) • 캐노피형 (Canopy hood)

1) 포위식(포위형, 부스식) 후드의 특징(장점) 및 종류 **실기 기출★**

① 발생원을 완전히 감싸는 형태로 유해물질을 외부로 나가지 못하게 한다.(오염물질 발생원이 후드 내에 있음)

② 외부기류(난기류)의 영향을 받지 않아 효율이 높다.

③ 필요환기량을 최소한으로 줄일 수 있어 경제적이며 효율적이다.

④ 고농도 분진의 비산, 유기용제, 맹독성물질 등을 취급하는 작업장에 적합하다.

* 후드 개방면에서 측정한 면속도가 제어속도가 된다.

2) 외부식 후드(포집형 후드)의 특징 및 종류

① 작업 특성상 유해물질의 외부에 설치한 후드, 외부의 오염물질까지 흡인하도록 설계한 후드의 형태이다.

② 송풍기의 규격이 커지고 설치, 운전비용이 많이 든다.

③ 외부 난기류의 영향이 클 경우 포착효율이 떨어진다.

슬롯형 후드	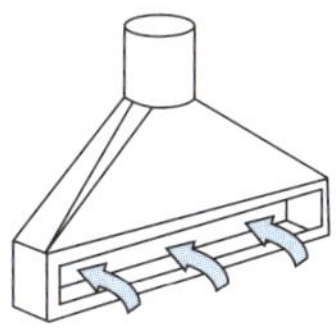	• 후드의 개구면이 좁고 길어서 **폭 : 길이 비율이 0.2 이하인 것**을 슬롯형이라 한다. • 슬롯의 역할 : 공기의 균일한 흡입을 돕는다. • 도금조, 용해, 분무도장 작업 등에 사용된다. • **충만실(플래넘)** : 슬롯 후드 뒤쪽에 위치하여 **압력을 균일화시킨다.** ★ • 플래넘 속도를 슬롯속도의 이하로 하는 것이 좋다.
루프형 후드	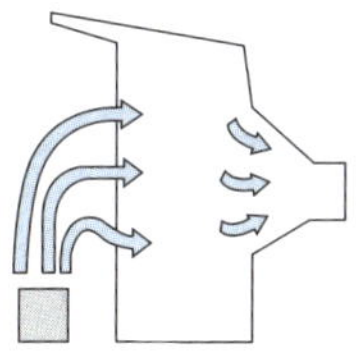	• 주물의 해체작업 등에 사용된다.
그리드형 후드	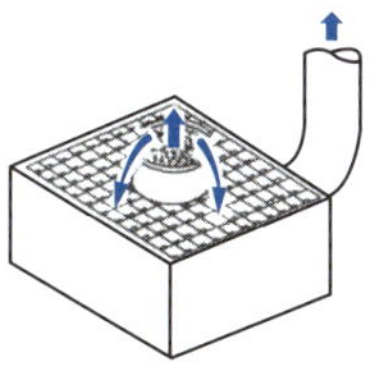	• 분무도장, 주형털기 등의 작업에 사용된다.
장방형 후드	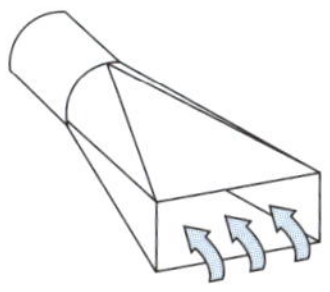	• 용접, 혼합, 분쇄작업 등에 사용된다. • 개구부의 형상에 따라 원형, 장방형으로 구분한다.

한 눈에 들어오는 키워드

기출
포위식후드가 외부식에 비하여 효과적인 이유
① 유해물질 발생원이 전부 또는 일부 포위된다.
② 영향을 미치는 외부기류를 사방면에서 차단한다.
③ 제어풍량이 적다.

기출
포위식 후드
후드의 개방 면에서 측정한 속도로서 면속도가 제어속도가 되는 형태의 후드

기출
외부식 후드에서 필요환기량 산출시 가장 큰 영향을 주는 인자
후드로부터 오염원까지의 거리

기출
외부식 후드(포집형 후드)의 단점
① 포위식 후드보다 일반적으로 필요송풍량이 많다.
② 외부 난기류의 영향을 받아서 흡인효과가 떨어진다.
③ 송풍기의 규격이 커지고 설치, 운전비용이 많이 든다.
④ 기류속도가 후드 주변에서 매우 빠르므로 쉽게 흡인되는 물질의 손실이 크다.

기출
같은 수치의 등속선이 가장 멀리까지 영향을 줄 수 있는 방형 후드의 가로와 세로의 비(제어속도와 단면적은 일정하다.) → 1 : 4

한 눈에 들어오는 키워드

기출

공기를 후드로 끌어당기고(흡입기류) 불어주고(취출기류) 하는 과정에서의 공기의 이동특성

① 흡입기류는 취출기류에 비해서 거리에 따른 감소속도가 크다.
② 흡입기류가 취출기류에 비해서 거리에 따른 감소속도가 크므로 후드는 가능하면 오염원에 가까이 설치해야 한다.
③ 후드의 포착거리가 일정거리 이상일 경우 푸시-풀(push-pull)형 환기장치가 필요하다.

PUSH-PULL형 후드

실기 기출★

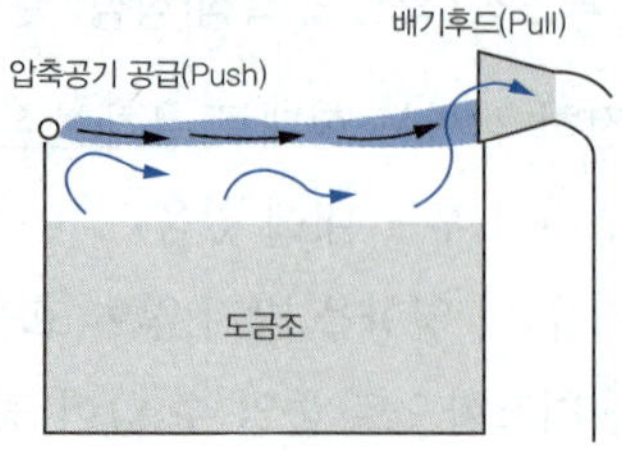

- **개방조 한 변에서** 압축공기를 이용하여 **오염물질이 발생하는 표면에 공기를 불어 반대쪽에 오염물질이 도달하게 한다.**(공기를 불어주고 당겨주는 장치로 구성)
- 후드로부터 **멀리 떨어져서 발생하는 유해물질을 후드 가까이 가도록 밀어준다.**
- **도금조와 같이 폭이 넓은 경우**(오염물질 발생 면적이 넓어 한쪽 방향에 후드를 설치하는 것으로 충분한 흡인력이 발생되지 않는 경우)에 사용하면 **포집효율을 증가시키면서 필요유량을 감소시킬 수 있다.** ★
- **제어속도는 푸쉬 제트기류에 의해 발생**한다.
- 공정에서 **작업물질을 처리조에 넣거나 꺼내는 중에 오염물질이 발생할 수 있다.**
- 효율적인 조(tank)의 길이 : 1.2 ~ 2.4m
- 외부식 후드가 문제가 되는 경우 공기를 불어주고 당겨주는 장치로 되어있어 **작업자 방해가 적고 적용이 쉽다.**

장점	단점
• 유해물질 발생 작업장의 작업자에게 신선한 공기 공급 • **개방면적이 큰 작업공정에서 필요유량을 대폭 감소시킴**	• **설비 및 운전비용 많이 소요** • 설계방법 어려움 • **설계 잘못 시 유해물질을 비산시킬 위험**

참고

측방 흡인형	측방 흡인형(슬롯형)	하방흡인형	상방흡인형
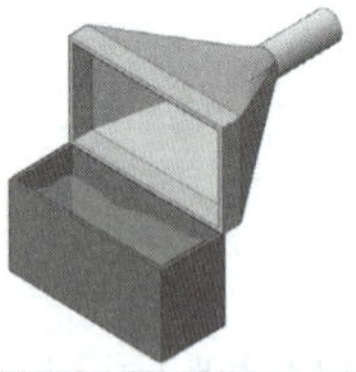		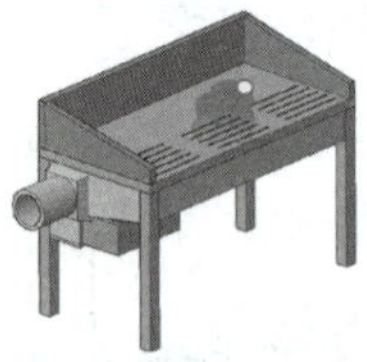	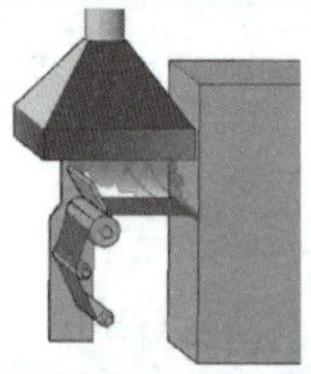

3) 리시버식 후드

① 리시버식 후드의 종류

캐노피형 후드	커버형 후드	원형 후드
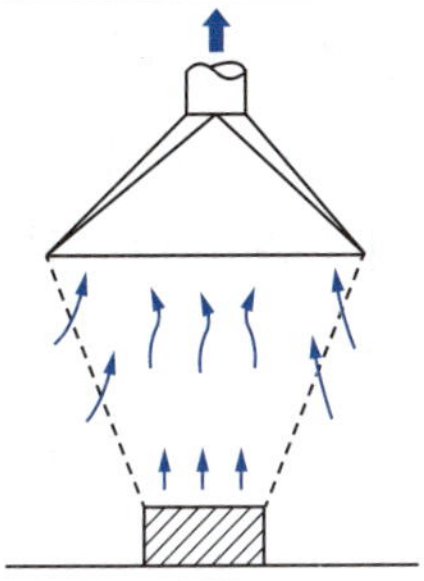	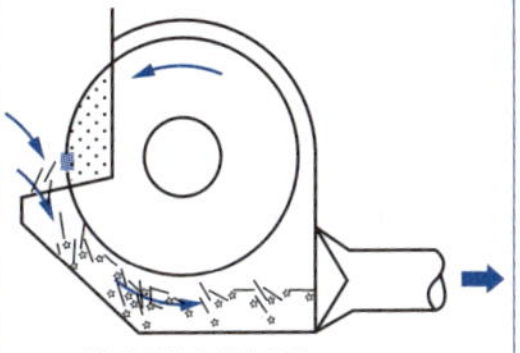	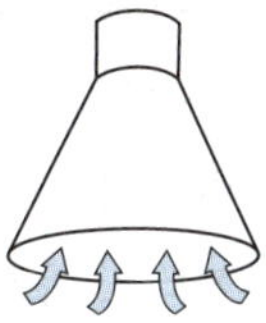
• 열상승기류가 있는 경우 사용 • 용해로, 열처리로, 배소로 등의 가열로에서 가장 많이 사용	• 유해물질이 일정한 방향으로 비산하는 경우 • 연마작업 등에 사용	• 연마작업 등에 사용

② 캐노피형 후드의 후드직경 ★★

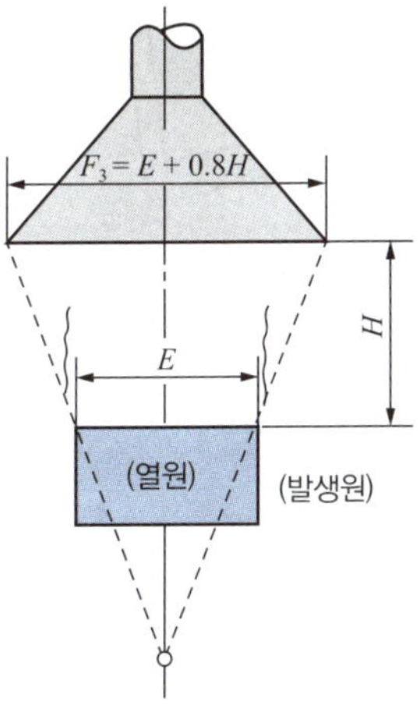

$$F_3 = E + 0.8H$$

$$\frac{H}{E} = 0.7$$

F_3 : 후드직경
E : 열원의 직경(사각형은 단변)
H : 후드높이

한 눈에 들어오는 키워드

(2) 제어풍속

1) 제어속도(포착속도)의 정의 ★

① 후드 전면 또는 후드 개구면에서 유해물질이 함유된 공기를 당해 후드로 흡입시킴으로써 그 지점의 유해물질을 제어할 수 있는 공기속도를 말한다. (오염물질을 후드 안쪽으로 흡인하기 위하여 필요한 최소풍속)

② 포위식 및 부스식 후드에서는 후드의 개구면에서 흡입되는 기류의 풍속을 말하며, 외부식 및 레시버식 후드에서는 후드의 개구면으로부터 가장 먼 거리의 유해물질 발생원 또는 작업위치에서 후드 쪽으로 흡인되는 기류의 속도를 말한다.

③ 외부식 후드에서 후드와 작업지점과의 거리를 줄이면 제어속도가 증가한다.

④ 발생하는 오염물질을 후드로 끌어들이는데 요구되는 제어속도는 오염원에서 뿐만 아니라 오염원에서 후드 반대쪽으로 비산하는 오염물질의 초기 속도가 0이 되는 지점까지 도달해야 제대로 오염물질을 처리할 수 있다.

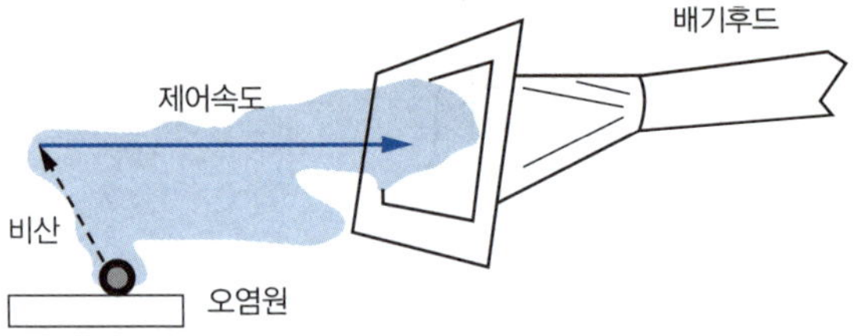

> 🔍 **한 눈에 들어오는 키워드**
>
> **※ 문제**
>
> **국소배기장치로 외부식 측방형 후드를 설치할 때, 제어 풍속을 고려하여야 할 위치는?**
>
> ① 후드의 개구면
> ② 작업자의 호흡 위치
> ③ 발산되는 오염 공기 중의 중심위치
> ④ 후드의 개구면으로 부터 가장 먼 작업 위치
>
> [해설]
> "제어풍속" 이라함은 후드 전면 또는 후드 개구면에서 유해물질이 함유된 공기를 당해 후드로 흡입시킴으로써 그 지점의 유해물질을 제어할 수 있는 공기속도를 말한다. 다만, 포위식 및 부스식 후드에서는 후드의 개구면에서 흡입되는 기류의 풍속을 말하며, 외부식 및 레시버식 후드에서는 후드의 개구면으로 부터 가장 먼 거리의 유해물질 발생원 또는 작업위치에서 후드 쪽으로 흡인되는 기류의 속도를 말한다.
>
> 정답 ④
>
> **※ 문제**
>
> **후드 제어속도에 대한 내용 중 틀린 것은?**
>
> ① 제어속도는 오염물질의 증발속도와 후드 주위의 난기류 속도를 합한 것과 같아야 한다.
> ② 포위식 후드의 제어속도를 결정하는 지점은 후드의 개구면이 된다.
> ③ 외부식 후드의 제어속도를 결정하는 지점은 유해물질이 흡인되는 범위 안에서 후드의 개구 면으로부터 가장 멀리 떨어진 지점이 된다.
> ④ 오염물질의 발생상황에 따라서 제어속도는 달라진다.
>
> [해설]
> ① 제어속도는 오염물질을 후드 안쪽으로 흡인하기 위하여 필요한 최소 풍속(공기속도)를 말한다.
>
> 정답 ①

2) 제어속도 결정 시 고려사항(제어속도에 영향을 주는 인자) 실기 기출★

① 후드의 모양

② 후드에서 오염원까지의 거리

③ 오염물질(유해물질)의 종류 및 확산상태

④ 오염물질(유해물질)의 비산방향 및 비산거리

⑤ 오염물질(유해물질)의 사용량 및 독성 정도

⑥ 작업장 내 방해기류

3) 무효점(제로점, null pooint) 이론 실기 기출★

① 무효점 : 입자가 운동에너지를 상실하여 비산속도가 0이 되는 한계점을 의미

② 무효점이론 : 환기시설의 제어속도 결정 시 발생원뿐만 아니라 무효점까지 흡인할 수 있는 지점이 확대되어야 한다는 이론

4) 제어속도범위(ACGIH) ★★

작업조건	작업공정사례	제어속도 (m/sec)
• **움직이지 않은 공기 중**에서 속도없이 배출되는 작업조건 • **조용한 대기 중**에 실제 **거의 속도가 없는 상태로 발산**하는 경우의 작업조건	• 액면에서 발생하는 가스나 증기 흄 • 탱크에서 증발, 탈지시설	0.25 ~ 0.5
• **비교적 조용한**(약간의 공기 움직임) **대기 중에서 저속으로 비산**하는 작업조건	• **용접, 도금** 작업 • **스프레이도장**	0.5 ~ 1.0
• **발생기류가 높고**(빠른기동) 유해물질이 **활발히 발생**하는 작업조건	• **스프레이도장**, 용기충전 • 컨베이어 적재 • **분쇄기**	1.0 ~ 2.5
• **초고속기류**(대단히 빠른 기동)가 있는 작업장소에 **초고속으로 비산**하는 경우	• **회전연삭**작업 • **연마작업** • **블라스트** 작업	2.5 ~ 10

한 눈에 들어오는 키워드

참고

제어속도 범위의 하한치를 적용하는 경우

• 작업장 내 기류가 낮거나 포착하기 좋을 때
• 유해물질이 저 독성일 때
• 물품생산이 간헐적이고 생산량이 적을 때
• 대형 후드로 유동 공기량이 많을 때

실기 기출★

제어속도 범위의 상한치를 적용하는 경우

• 작업장 내에 방해기류가 존재할 때
• 유해물질이 고독성일 때
• 생산량이 많고 유해물질 사용량이 많을 때
• 소형 후드로 국소적일 때

🔍 **한** 눈에 들어오는 **키**워드

실기 기출★

후드의 분출기류

① 잠재중심부 : 분출속도를 일정하게 유지하는 지점까지 거리, 배출구직경의 약 5배정도 까지

② 천이부 : 분출속도가 작아지기 시작하여, 50%까지 줄어드는 지점, 약 5~30배 정도까지

③ 완전개구부 : 위치변화에 관계없이 분출속도분포가 유사한 형태를 보이는 영역

실기 기출★

제어속도

오염물질을 후드 안으로 흡인하기 위한(제어하기 위한) 속도

면속도(개구면속도)

후드 개구면에서 측정한 유체의 속도(후드 앞 오염원의 기류속도)

실기 기출★

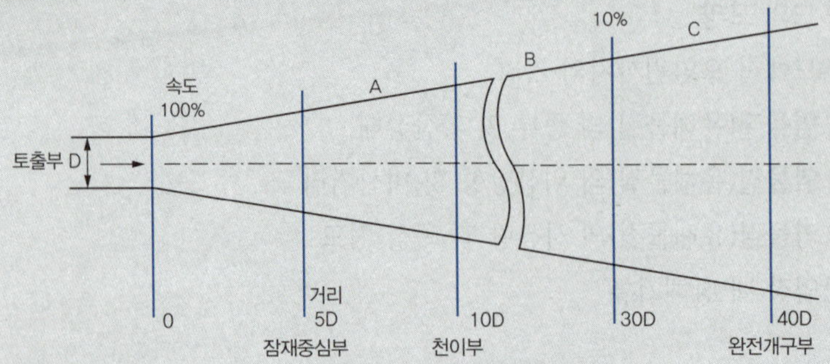

- 송풍기로 **공기를 불어줄 때, 공기속도가 덕트 직경의 30배(30D) 지점에서 유속이 10%로 감소**하나, **공기를 흡인할 때**는 기류의 방향과 관계없이 **덕트 직경과 같은 거리에서 10%로 감소**한다.
- **A구간**의 유속비율은 **80%**, **B구간**의 유속비율은 **50%**, **C구간**의 유속비율은 **40%**이다.

(3) 방해기류 영향 억제

1) 작업장 내 교차기류의 영향 ★

① 작업장 내의 오염된 공기를 다른 곳으로 분산시킨다.

② 침강된 먼지를 비산, 이동시켜 다시 오염되는 결과를 야기한다.

③ 국소배기장치의 제어속도가 영향을 받는다.

④ 작업장의 음압으로 인해 형성된 높은 기류는 근로자에게 불쾌감을 준다.

2) 후드 개구면의 유속을 균일하게 분포시키는 방법(개구면 면속도를 균일하게 분포시키는 방법) 실기 기출★

① 테이퍼(taper) 부착 : 경사각 60° 이내로 설치

② 슬롯(slot) 사용 : 도금조와 같이 길이가 긴 탱크에 사용

③ 차폐막(차폐덕) 사용

④ 분리날개(spliter vanes) 설치

5 후드의 필요 환기량의 설계 및 계산

(1) 유해물질발생에 따른 전체환기 필요환기량(후드의 필요 송풍량)

후드형태	명칭	개구면의 세로/가로 비율 (W/L)	배풍량 (m^3/min)
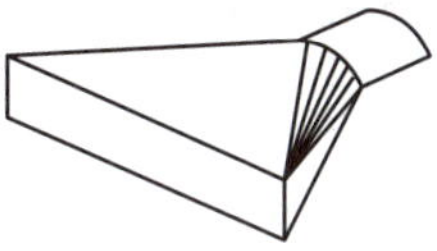	외부식 슬로트형	0.2 이하	$Q=60\times3.7LVX$
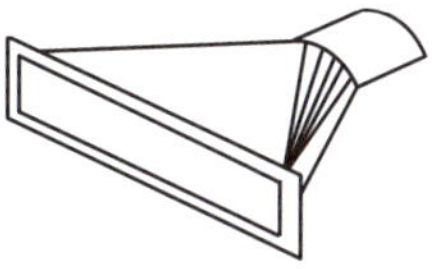	외부식 플렌지부착 슬로트형	0.2 이하	$Q=60\times2.6LVX$
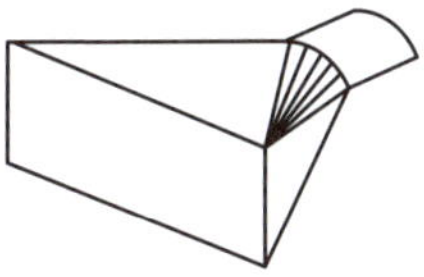	외부식 장방형	0.2 이상 또는 원형	$Q=60\times V(10X^2+A)$
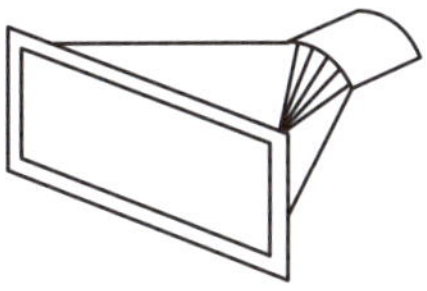	외부식 플렌지부착 장방형	0.2 이상 또는 원형	$Q=60\times0.75V(10X^2+A)$
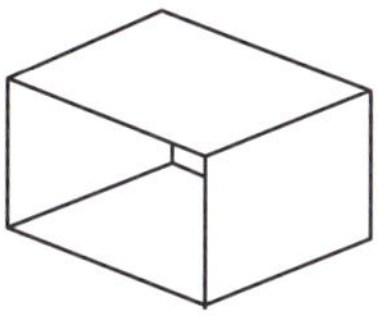	포위식 부스형	-	$Q=60\times VA=60VWH$
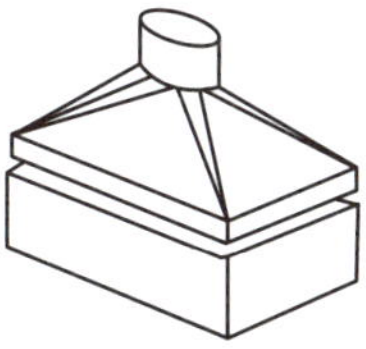	레시버식 캐노피형	-	$Q=60\times1.4PVD$
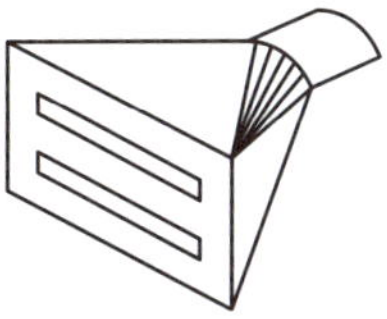	외부식 다단 슬로트형	0.2 이상	$Q=60\times V(10X^2+A)$

한 눈에 들어오는 키워드

후드형태	명칭	개구면의 세로/가로 비율 (W/L)	배풍량 (m^3/min)
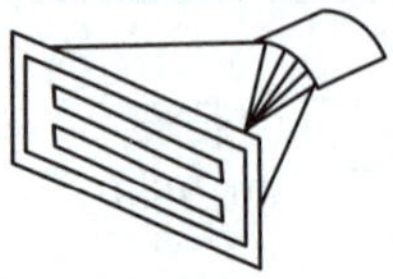	외부식 플렌지부착 다단 슬로트형	0.2 이상	$Q=60\times0.75V(10X^2+A)$

Q : 배풍량(m^3/min), L : 슬로트길이(m), W : 슬로트폭(m), V : 제어풍속(m/s), A : 후드 단면적(m^2)
X : 제어거리(m), H : 높이(m), P : 작업대의 주변길이(m), D : 작업대와 후드 간의 거리(m)

(2) 후드의 종류별 필요환기량

1) 포위식(부스식) 후드

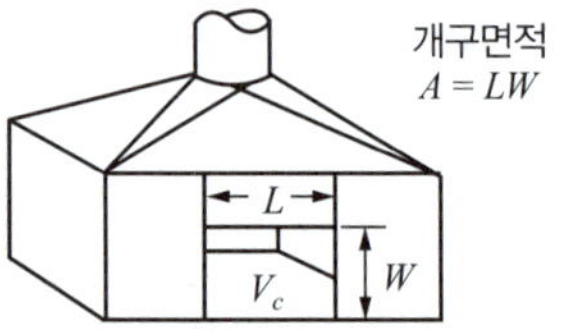

$$Q=60\cdot A\cdot V_c=(60\cdot K\cdot A\cdot V)$$

Q : 필요송풍량(m^3/min)
A : 후드 개구면적(m^2)($A=\frac{\pi d^2}{4}$)
V : 제어속도(m/sec)
K : 불균일에 대한 계수
(개구면 평균유속과 제어속도의 비, 기류분포가 균일할 때 K =1로 본다.)

2) 외부식 후드(포집형 후드) ★★★

① 외부식 후드(자유공간 위치한 원형 및 장방형 후드, 플랜지 미부착) ★★★

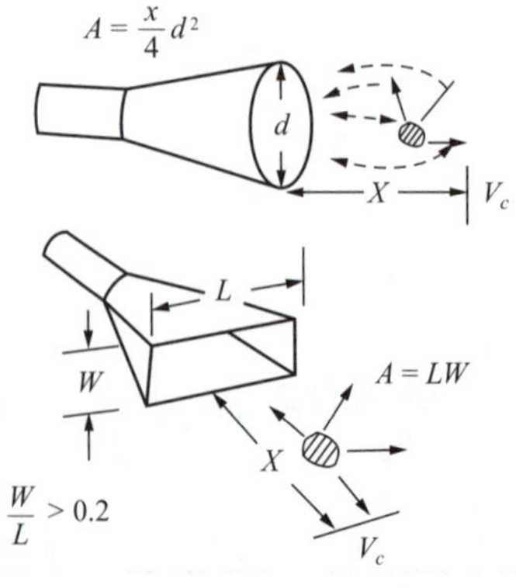

한 눈에 들어오는 키워드

기출
외부식 후드에서 방해기류의 방지를 위해 설치하는 설비
① 칸막이
② 플랜지
③ 풍향관

후드에 플랜지 (flange)를 부착하였을 때의 효과
① 후드 전면의 포집 범위가 넓어진다.
② 동일한 흡인속도를 얻는데 필요 송풍량이 감소한다.(필요송풍량 25% 감소)
③ 등속흡인곡선에서 덕트 직경만큼떨어진부위의유속이덕트유속의 7.5%를 초과한다.

참고
• 정방향 : 정사각형 형태
• 장방향 : 직사각형 형태

Dall valle식 $Q = 60 \cdot Vc(10X^2 + A)$

Q : 필요송풍량(m^3/min)
Vc : 제어속도(m/sec)
A : 개구면적(m^2)
X : 후드중심선으로부터 발생원까지의 거리(m)
(오염원과 후드 간 거리가 덕트 직경의 1.5배 이내일 때만 유효)

한 눈에 들어오는 키워드

기출
점흡인 시의 필요송풍량
$Q = 4\pi \times X^2 \times V_c$
- Q : 필요송풍량(m^3/min)
- V : 제어풍속(m/s)
- X : 제어거리(m)

[예제 46]

후드로부터 0.25m 떨어진 곳에 있는 공정에서 발생되는 먼지를 제어속도가 5m/s, 후드 직경이 0.4m인 원형 후드를 이용하여 제거하고자 한다. 이때 필요환기량(m^3/min)은? (단, 플랜지 등 기타 조건은 고려하지 않음)

① 약 205 ② 약 215
③ 약 225 ④ 약 235

해설

$Q = 60 \times Vc(10X^2 + A) = 60 \times 5 \times (10 \times 0.25^2 + 0.1257) = 225.21(m^3/min)$

$\left[A = \frac{\pi d^2}{4} = \frac{\pi \times 0.4^2}{4} = 0.1257(m^2) \right]$

[정답 ③]

[예제 47]

후드로부터 0.25m 떨어진 곳에 있는 금속제품의 연마공정에서 발생되는 금속먼지를 제거하기 위해 원형 후드를 설치하였다면 환기량(m^3/sec)은? (단, 제어속도 2.5m/sec, 후드 직경은 0.4m)

① 약 1.9 ② 약 2.3
③ 약 3.2 ④ 약 4.1

해설

외부식 후드(자유공간 위치한 원형 및 장방형 후드, 플랜지 미부착)
$Q = Vc(10X^2 + A) = 2.5 \times (10 \times 0.25^2 + 0.1257) = 1.88(m^3/sec)$

$\left[A = \frac{\pi d^2}{4} = \frac{\pi \times 0.4^2}{4} = 0.1257(m^2) \right]$

* 환기량의 단위가 m^3/sec이므로 공식에서 60을 곱할 필요가 없다.

[정답 ①]

[예제 48]

직경이 10cm인 원형 후드가 있다. 관내를 흐르는 유량이 $0.2m^3/s$라면 후드 입구에서 20cm 떨어진 곳에서의 제어속도(m/s)는?

① 0.29　　② 0.39
③ 0.49　　④ 0.59

해설

$$Q = V_C(10^2 + A)$$

$$V_C = \frac{Q}{10X^2 + A} = \frac{0.2}{10 \times 0.2^2 + 0.0079} = 0.49(\text{m/sec})$$

$$\left[A = \frac{\pi d^2}{4} = \frac{\pi \times 0.1^2}{4} = 0.0079(\text{m}^2) \right]$$

[정답 ③]

[예제 49]

자유 공간에 떠 있는 직경 20cm인 원형 개구후드의 개구면으로부터 20cm 떨어진 곳의 입자를 흡인하려고 한다. 제어풍속을 0.8m/s로 할 때, 덕트에서의 속도(m/s)는 약 얼마인가?

① 7　　② 11
③ 15　　④ 18

해설

$$Q = A \times V$$

$$V = \frac{Q}{A} = \frac{Q}{\frac{\pi d^2}{4}} = \frac{0.35}{\frac{\pi \times 0.2^2}{4}} = 11.14(\text{m/s})$$

$$\left[Q = V_C(10X^2 + A) = 0.8 \times (10 \times 0.2^2 + \frac{\pi \times 0.2^2}{4}) = 0.35(\text{m}^3/\text{s}) \right]$$

[정답 ②]

[예제 50]

자유공간에 떠 있는 직경 30cm인 원형개구 후드의 개구면으로부터 30cm 떨어진 곳의 입자를 흡인하려고 한다. 제어풍속을 0.6m/s으로 할 때 후드정압 SPh는 약 몇 mmH_2O인가? (단, 원형개구 후드의 유입손실계수 F_h는 0.93이다.)

① -14.0　　② -12.0
③ -10.0　　④ -8.0

해설

$$\text{후드정압}(SP_h) = VP(1+F_h)(\text{mmH}_2\text{O})$$

VP : 속도압(동압)(mmH_2O), F_h : 압력손실계수($=\frac{1}{Ce^2}-1$), Ce : 유입계수

외부식 후드(자유공간, 플랜지 미부착)

$$Q = 60 \cdot Vc(10X^2 + A)$$

Q : 필요송풍량(m^3/min), Vc : 제어속도(m/sec) A : 개구면적(m^2)
X : 후드중심선으로부터 발생원까지의 거리(m)

$$\text{정압}(SPh) = VP(1+F_h) = \frac{\gamma V^2}{2g}\times(1+F_h) = \frac{1.2\times 8.21^2}{2\times 9.8}\times(1+0.93) = 7.96(\text{mmH}_2\text{O})$$

$$\text{정압}(SPh) = -7.96(\text{mmH}_2\text{O})$$

1. $Q = V_C\times(10X^2+A) = 0.6\times(10\times0.3^2+\frac{\pi\times0.3^2}{4}) = 0.58(m^3/sec)$
2. $Q = A \cdot V$

$$V = \frac{Q}{A} = \frac{Q}{\frac{\pi\times d^2}{4}} = \frac{0.58}{\frac{\pi\times0.3^2}{4}} = 8.21(m/sec)$$

* 환기량의 단위가 m^3/sec이므로 공식에서 60을 곱할 필요가 없다.

[정답 ④]

[예제 51]

전자부품을 납땜하는 공정에 외부식 국소배기장치를 설치하려고 한다. 후드의 규격은 400mm×400mm, 제어거리(X)를 20cm, 제어속도(V_C)를 0.5m/sec로 하고자 할 때의 소요풍량(m^3/min)보다 후드에 플랜지를 부착하여 공간에 설치하면 소요풍량(m^3/min)은 얼마나 감소하는가?

① 1.2
② 2.2
③ 3.2
④ 4.2

해설

1. $Q = 60\times0.5\times[10\times0.2^2+(0.4\times0.4)] = 16.8(m^3/min)$
2. $Q = 60\times0.75\times0.5\times[10\times0.2^2+(0.4\times0.4)] = 12.6(m^3/min)$
3. $16.8 - 12.6 = 4.2(m^3/min)$

[정답 ④]

한 눈에 들어오는 키워드

한 눈에 들어오는 키워드

확인 ★

1. $Q=60\times0.75\times Vc\times(10X^2+A)$
(Q : m^3/min, Vc : m/sec)
2. $Q=0.75\times Vc\times(10X^2+A)$
(Q : m^3/sec, Vc : m/sec)

확인 ★

- 플랜지를 부착할 경우 송풍량을 25% 감소시킬 수 있다.
- 후드를 작업대에 부착할 경우 송풍량을 25% 감소시킬 수 있다.
- 플랜지 부착+후드를 작업대에 부착할 경우 송풍량을 50% 감소시킬 수 있다.

확인 ★

1. $Q=60\times Vc\times(5X^2+A)$
(Q : m^3/min, Vc : m/sec)
2. $Q=Vc\times(5X^2+A)$
(Q : m^3/sec, Vc : m/sec)

② 외부식 후드(자유공간에 위치한 플랜지가 부착된 원형, 장방형 후드) ★★★

- 플랜지를 부착하면 송풍량을 25% 감소시킬 수 있다. ★

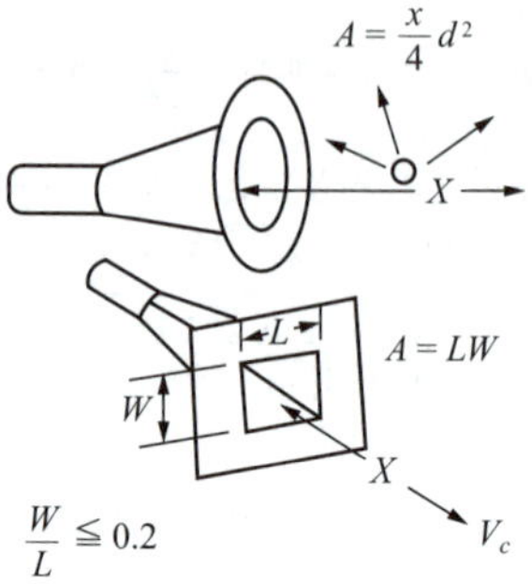

$$Q=60\times0.75\times Vc\times(10X^2+A)$$

Q : 필요송풍량(m^3/min)
Vc : 제어속도(m/sec)
A : 개구면적(m^2)
X : 후드중심선으로부터 발생원까지의 거리(m)
(오염원과 후드 간 거리가 덕트 직경의 1.5배 이내일 때만 유효)

③ 외부식 후드(작업대 위, 플랜지가 부착된 장방형 후드) ★★★

- 플랜지 부착+후드를 작업대에 부착할 경우 송풍량을 50% 감소시킬 수 있다.

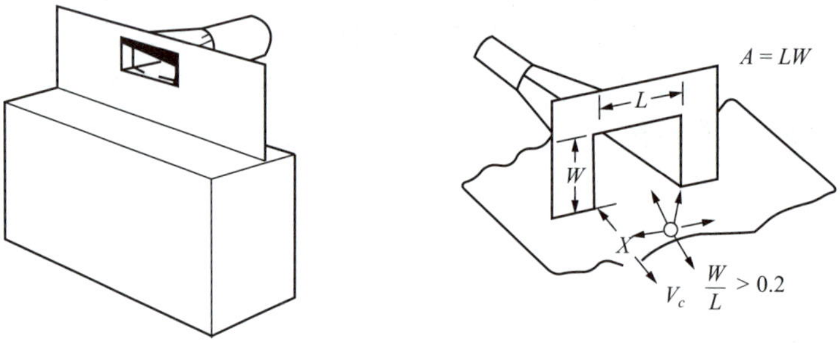

$$Q=60\times0.5\times Vc(10X^2+A)$$

Q : 필요송풍량(m^3/min)
Vc : 제어속도(m/sec)
A : 개구면적(m^2)
X : 후드중심선으로부터 발생원까지의 거리(m)
(오염원과 후드 간 거리가 덕트 직경의 1.5배 이내일 때만 유효)

[예제 52]

작업대 위에서 용접할 때 흄을 포집 제거하기 위해 작업면에 고정된 플랜지가 붙은 외부식 사각형 후드를 설치하였다면 소요 송풍량은 약 몇 m^3/min인가? (단, 개구면에서 작업 지점까지의 거리는 0.25m, 제어속도는 0.5m/s, 후드 개구면적은 $0.5m^2$이다.)

① 0.281　　② 8.430　　③ 16.875　　④ 26.425

해설

$Q=60\times0.5\times Vc(10X^2+A)=60\times0.5\times0.5(10\times0.25^2+0.5)=16.875(m^3/min)$

[정답 ③]

④ 외부식 후드(작업대 위의 바닥면에 접하며, 플랜지가 미부착된 장방형 후드) ★★★

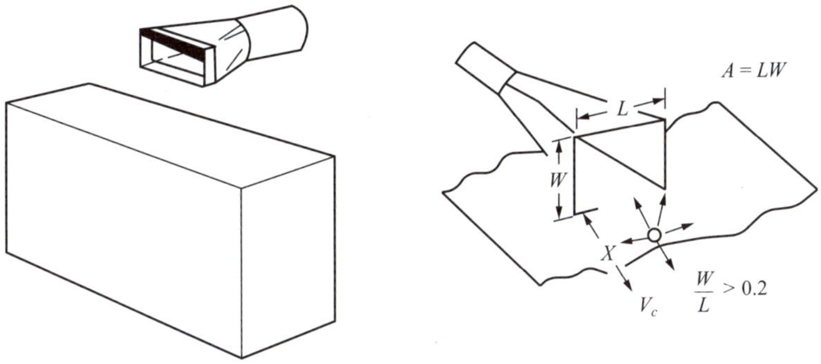

$$Q=60\cdot Vc(5X^2+A)$$

Q : 필요송풍량(m^3/min)
Vc : 제어속도(m/sec)
A : 개구면적(m^2)
X : 후드중심선으로부터 발생원까지의 거리(m)
(오염원과 후드 간 거리가 덕트 직경의 1.5배 이내일 때만 유효)

[예제 53]

용접 흄을 포집 제거하기 위해 작업대에 측방 외부식 테이블상 장방형 후드를 설치하고자 한다. 개구면에서 포착점까지의 거리는 0.7m, 제어속도가 0.30m/s, 개구면적이 $0.7m^2$일 때 필요 송풍량(m^3/min)은? (단, 작업대에 붙여 설치하며 플랜지 미부착)

① 35.3　　② 47.8　　③ 56.7　　④ 68.5

해설

$Q=60\cdot Vc(5X^2+A)=60\times0.30\times(5\times0.7^2+0.7)=56.70(m^3/min)$

[정답 ③]

한 눈에 들어오는 키워드

한 눈에 들어오는 키워드

[예제 54]

외부식 후드에서 플렌지가 붙고 공간에 설치된 후드와 플렌지가 붙고 면에 고정 설치된 후드의 필요 공기량을 비교할 때 플렌지가 붙고 면에 고정 설치된 후드는 플렌지가 붙고 공간에 설치된 후드에 비하여 필요공기량을 약 몇 % 절감할 수 있는가? (단, 후드는 장방형 기준)

① 12%　② 20%
③ 25%　④ 33%

해설

1. 외부식 후드(자유공간, 플랜지 부착)
   $Q = 60 \cdot 0.75 \cdot Vc(10X^2 + A)$
   (플랜지(flange)를 부착하면 송풍량을 약 25% 감소시킬 수 있다.)
2. 외부식 후드(작업대 위 바닥면 위치, 플랜지 부착)
   $Q = 60 \cdot 0.5 \cdot Vc(10X^2 + A)$

필요공기량 절감율 $= \frac{0.75 - 0.5}{0.75} \times 100 = 33.33(\%)$

[정답 ④]

[예제 55]

작업공정에서는 이상이 없다고 가정할 때, 보기의 후드를 효율이 가장 우수한 것부터 나쁜 순으로 나열한 것은? (단, 제어속도는 1m/sec, 제어거리는 0.5m, 개구면적은 $2m^2$으로 동일하다.)

㉠ 포위식 후드
㉡ 테이블에 고정된 플랜지가 붙은 외부식 후드
㉢ 자유공간에 설치된 외부식 후드
㉣ 자유공간에 설치된 플랜지가 붙은 외부식 후드

① ㉠-㉢-㉡-㉣　② ㉡-㉠-㉢-㉣
③ ㉠-㉡-㉣-㉢　④ ㉡-㉠-㉣-㉢

해설

1. 포위식 후드
   $Q = 60 \cdot A \cdot V_c = 60 \times 2 \times 1 = 120(m^3/min)$
2. 테이블에 고정된 플랜지가 붙은 외부식 후드
   $Q = 60 \cdot 0.5 \cdot Vc(10X^2 + A) = 60 \times 0.5 \times 1 \times (10 \times 0.5^2 + 2) = 135(m^3/min)$
3. 자유공간에 설치된 플랜지가 붙은 외부식 후드
   $Q = 60 \cdot 0.75 \cdot Vc(10X^2 + A) = 60 \times 0.75 \times 1 \times (10 \times 0.5^2 + 2) = 202.5(m^3/min)$
4. 자유공간에 설치된 외부식 후드
   $Q = 60 \cdot Vc(10X^2 + A) = 60 \times 1 \times (10 \times 0.5^2 + 2) = 270(m^3/min)$

[정답 ③]

⑤ 외부식 슬롯형 후드 ★★★

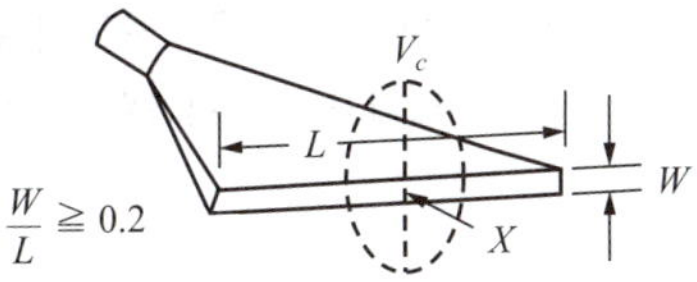

$$Q = 60 \cdot C \cdot L \cdot Vc \cdot X$$

Q : 필요송풍량(m^3/min)
Vc : 제어속도(m/sec)
L : slot 개구면의 길이(m)
X : 포집점까지의 거리(m)
C : 형상계수

* 형상계수

- 전원주
  - ACGIH 기준, 산업환기에 관한 기술지침 : 3.7 / 일반적인 경우 : 5.0
- $\frac{3}{4}$ 원주 : 4.1
- $\frac{1}{2}$ 원주(플랜지 부착과 동일) : 2.6
  - ACGIH 기준, 산업환기에 관한 기술지침 : 2.6 / 일반적인 경우 : 2.8
- $\frac{1}{4}$ 원주(플랜지 부착+바닥설치) : 1.6

후드형태	명칭	개구면의 세로/가로 비율 (W/L)	배풍량 (m^3/min)
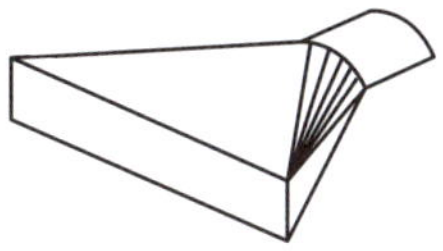	외부식 슬로트형	0.2 이하	$Q = 60 \times 3.7LVX$

Q : 배풍량(m^3/min), L : 슬로트길이(m), V : 제어풍속(m/s), X : 제어거리(m)

[예제 56]

슬롯 길이 3m, 제어속도 2m/sec인 슬롯 후드가 있다. 오염원이 2m 떨어져 있을 경우 필요환기량(m^3/min)은? (단, 공간에 설치하며 플랜지는 부착되어 있지 않음)

① 1,434 ② 2,664
③ 3,734 ④ 4,864

해설

$Q = 60 \cdot C \cdot L \cdot V_c \cdot X$

$Q = 60 \times 3.7 \times 3 \times 2 \times 2 = 2,664(m^3/min)$

[정답 ②]

한 눈에 들어오는 키워드

기출

슬롯(slot)형 후드에서 제어풍속은 슬롯 속도에 영향을 받지 않는다.

참고

슬로트 후드의 종류

① 전 원주 : 후드의 개구부가 자유 공간에 위치한 경우
② 3/4 원주 : 작업대 가장자리에 설치한 경우
③ 1/2 원주 : 작업대 중간(바닥)에 설치한 경우
④ 1/4 원주 : 작업대 중간(바닥)에 설치하고 플랜지를 부착한 경우

한눈에 들어오는 키워드

[예제 57]

슬롯의 길이가 2.4m, 폭이 0.4m인 플랜지부착 슬롯형 후드가 설치되어 있을 때, 필요 송풍량은 약 몇 m^3/min인가? (단, 제어거리가 0.5m, 제어속도가 0.75m/s이다.)

① 135 ② 140
③ 145 ④ 150

해설

$Q = 60 \cdot C \cdot L \cdot Vc \cdot X = 60 \times 2.6 \times 2.4 \times 0.75 \times 0.5 = 140.4(m^3/min)$

[정답 ②]

⑥ 리시버식 캐노피형 후드 ★★

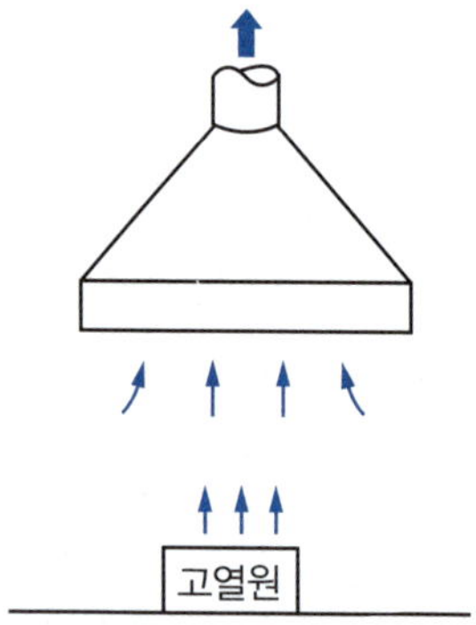

• 난기류가 있는 경우

$$Q_T = Q_1 \times \{1 + (m \times K_L)\} = Q_1 \times (1 + K_D)$$

Q_1 : 열상승기류량(m^3/min)
m : 누출안전계수(난기류 없을 때 : 1)
K_L : 누입한계유량비
K_D : 설계유량비($K_D = m \times K_L$)

• 난기류가 없는 경우

$$Q_T = Q_1 + Q_2 = Q_1 \times (1 + \frac{Q_2}{Q_1}) = Q_1 \times (1 + K_L)$$

Q_T : 필요송풍량(m^3/min)
Q_1 : 열상승기류량(m^3/min)
Q_2 : 유도기류량(m^3/min)
K_L : 누입한계유량비

참고

✲ 「산업환기설비 기술지침」 기준

후드형태	명칭	개구면의 세로/가로 비율(W/L)	배풍량(m^3/min)
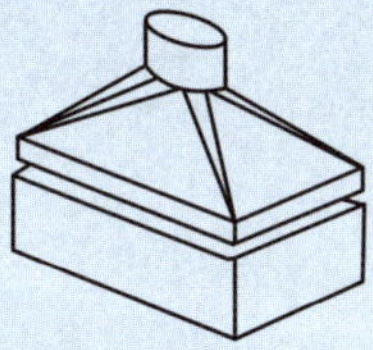	레시버식 캐노피형	-	$Q=60\times1.4PVD$

P: 작업대의 주변길이(m)
V: 제어속도(m/sec)
Q: 배풍량(m^3/min)
D: 작업대와 후드 간의 거리(m)

[예제 58]

후드의 열상승기류량이 10m^3/min이고, 유도기류량이 15m^3/min일 때 누입한계유량비(K_L)는 얼마인가? (단, 기타 조건은 무시한다.)

① 0.67 ② 1.5
③ 2.0 ④ 2.5

해설

$$Q_1+Q_2=Q_1\times(1+K_L)$$

$$1+K_L=\frac{Q_1+Q_2}{Q_1}$$

$$K_L=\frac{Q_1+Q_2}{Q_1}-1=\frac{10+15}{10}-1=1.5$$

[정답 ②]

한 눈에 들어오는 키워드

한 눈에 들어오는 키워드

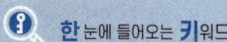

실기 기출 ★
덕트의 배기효율
원형덕트 〉 직사각형 덕트 〉 신축형 덕트

6 덕트

(1) 덕트

오염물질이 함유된 공기를 우송하는 관

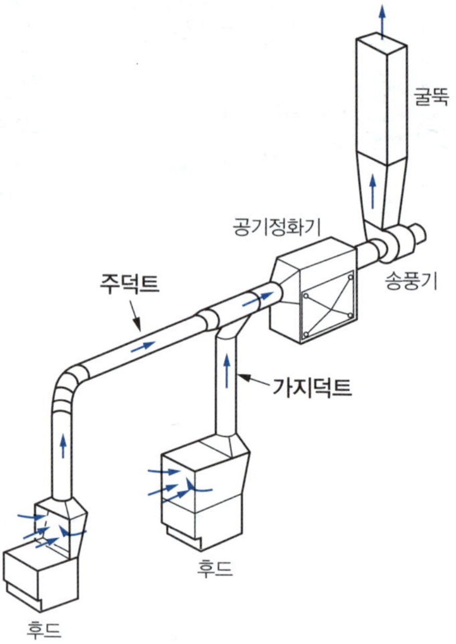

(2) 덕트 설치기준(산업안전보건법 기준) ★

① 가능하면 길이는 짧게 하고 굴곡부의 수는 적게 할 것
② 접속부의 안쪽은 돌출된 부분이 없도록 할 것
③ 청소구를 설치하는 등 청소하기 쉬운 구조로 할 것
④ 덕트 내부에 오염물질이 쌓이지 않도록 이송속도를 유지할 것
⑤ 연결 부위 등은 외부 공기가 들어오지 않도록 할 것

(3) 덕트 설치의 주요원칙 ★

① 밴드 수는 가능한 적게 한다.
② 구부러짐 전 · 후에는 청소구를 만든다.
③ 덕트는 가급적 짧게 배치한다.
④ 공기 흐름은 하향구배를 원칙으로 한다.

⑤ 가급적 원형 덕트를 사용, 사각 덕트 사용 시에는 정방형을 사용한다.
⑥ 수분이 응축될 경우 덕트 내로 들어가지 않도록 하며 경사나 배수구를 마련한다.
⑦ 덕트와 송풍기 연결부위는 진동을 고려하여 유연한 재질로 한다.
⑧ 후드는 덕트보다 두꺼운 재질을 선택한다.
⑨ 직경이 다른 덕트 연결 시에는 경사 30도 이내의 테이퍼를 부착한다.
⑩ 송풍기를 연결할 때에는 최소 덕트 직경의 6배는 직선구간으로 한다.
⑪ 곡관은 직관보다 0.76mm 정도 두꺼운 재질을 선택한다.
⑫ 가능한 한 곡관의 곡률반경을 크게 한다.(곡률반경은 최소 덕트직경의 1.5배 이상, 주로 2.0으로 한다.)

(4) 덕트의 접속 ★

① 접속부의 내면은 돌기물이 없도록 할 것
② 곡관(Elbow)은 5개 이상의 새우등 곡관으로 연결하거나, 곡관의 중심선 곡률 반경이 덕트지름의 2.5배 내외가 되도록 할 것 ★
③ 주덕트와 가지덕트의 접속은 30° 이내가 되도록 할 것 ★★
④ 확대 또는 축소되는 덕트의 관은 경사각을 15° 이하로 하거나, 확대 또는 축소 전후의 덕트 지름 차이가 5배 이상 되도록 할 것
⑤ 접속부는 덕트 소용돌이(Vortex)기류가 발생하지 않는 구조로 할 것
⑥ 가지덕트가 2개 이상인 경우 주덕트와의 접속은 각각 적절한 방향과 간격을 두고 접속하여 저항이 최소화되는 구조로 하고, 2개 이상의 가지덕트를 확대관 또는 축소관의 동일한 부위에 접속하지 않도록 할 것

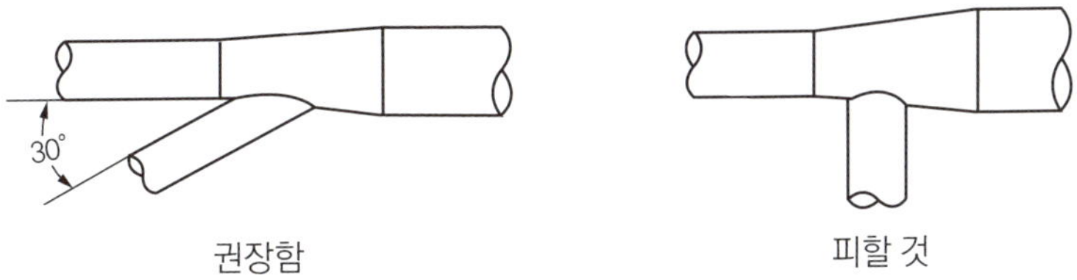

[덕트의 연결방식]

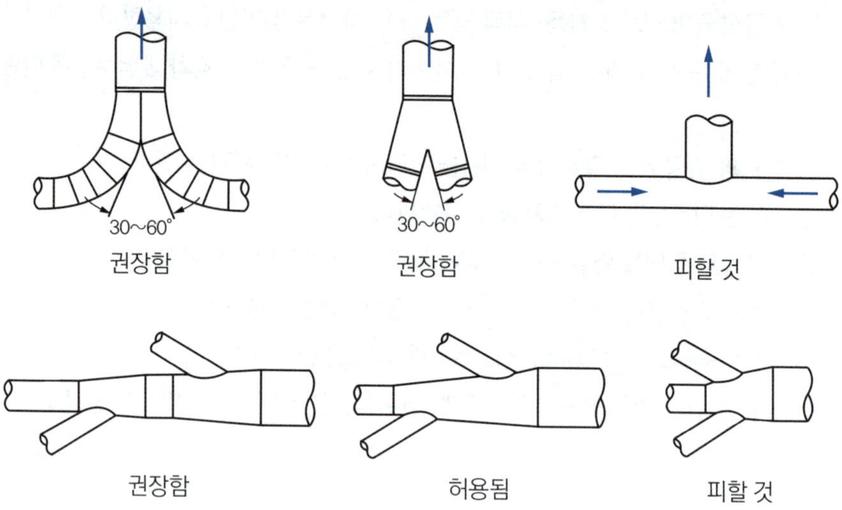

[덕트의 합류방법]

(7) 반송속도 결정 실기 기출★

① "반송속도"라 함은 덕트를 통하여 이동하는 유해물질이 덕트 내에서 퇴적이 일어나지 않는 상태로 이동시키기 위하여 필요한 최소 속도를 말한다.(오염물질을 운반하는 속도)

② 덕트에서의 반송속도는 국소배기장치의 성능향상 및 덕트 내 퇴적을 방지하기 위하여 유해물질의 발생형태에 따라 정하는 기준에 따라야 한다.

[산업환기설비에 관한 기술지침-2019] ★★★

유해물질 발생형태	유해 물질 종류	반송속도 (m/sec)
증기 · 가스 · 연기	모든 증기, 가스 및 연기	5.0 ~ 10.0
흄	아연흄, 산화알미늄 흄, 용접흄 등	10.0 ~ 12.5
미세하고 가벼운 분진	미세한 면분진, 미세한 목분진, 종이분진 등	12.5 ~ 15.0
건조한 분진이나 분말	고무분진, 면분진, 가죽분진, 동물털 분진 등	15.0 ~ 20.0
일반 산업분진	그라인더 분진, 일반적인 금속분말분진, 모직물분진, 실리카분진, 주물분진, 석면분진 등	17.5 ~ 20.0

한 눈에 들어오는 키워드

비교
제어속도
오염물질을 후드 안으로 흡인하기 위한 속도

실기 기출★
덕트의 반송속도를 결정할 때 고려해야 할 요소
① 유해물질의 발생형태
② 유해물질의 비중
③ 유해물질의 입경
④ 유해물질의 수분함량
⑤ 덕트의 모양

비교
일반적인 반송속도

유해물질	예	반송속도 (m/sec)
가스, 증기, 흄 및 극히 가벼운 물질	각종 가스, 증기, 산화아연 및 산화알루미늄 등의 흄, 목재분진, 솜먼지, 고무분, 합성수지분	10
가벼운 건조먼지	원면, 곡물분, 고무, 플라스틱, 경금속 분진	15
일반 공업 분진	털, 나무부스러기, 대패부스러기, 샌드블라스트, 글라인더 분진, 내화벽돌분진	20
무거운 분진	납분진, 주조 후 모래털기 작업시 먼지, 선반작업 시 먼지	25
무겁고 비교적 큰 입자의 젖은 먼지	젖은 납 분진, 젖은 주조작업 발생 먼지	25 이상

유해물질 발생형태	유해 물질 종류	반송속도 (m/sec)
무거운 분진	젖은 톱밥분진, 입자가 혼입된 금속분진, 샌드블라스트분진, 주철보링분진, 납분진	20.0 ~ 22.5
무겁고 습한 분진	습한 시멘트분진, 작은 칩이 혼입된 납분진, 석면덩어리 등	22.5 이상

7 압력손실

(1) HOOD의 압력손실 ★★★

$$\text{압력손실}(\triangle P) = F_h \times VP = (\frac{1}{Ce^2} - 1) \times \frac{\gamma V^2}{2g} (\text{mmH}_2\text{O})$$

F_h : 압력손실계수(유입손실계수)
Ce : 유입계수
VP : 속도압(동압)(mmH_2O)
r : 공기비중
V : 유속(m/s)
g : 중력가속도($9.8m/s^2$)

$$F_h = \frac{1}{Ce^2} - 1$$

Ce : 유입계수

$$VP = \frac{rV^2}{2g}$$

r : 공기비중
V : 유속(m/s)
g : 중력가속도($9.8m/s^2$)

한 눈에 들어오는 키워드

기출
덕트의 반송속도
① 분진의 경우 반송속도가 낮으면 덕트 내에 분진이 퇴적될 우려가 있다.
② 가스상 물질의 반송속도는 분진의 반송속도보다 늦다.
③ 덕트의 반송속도는 송풍기 용량에 맞춰 가능한 낮게 설정한다.
④ 같은 공정에서 발생되는 분진이라도 수분이 있는 것은 반송속도를 높여야 한다.

기출
덕트 내의 반송속도를 추정할 때 필요한 자료
① 횡단측정 지점에서의 덕트 면적
② 횡단지점에서 지점별로 측정된 속도압
③ 횡단측정 지점과 측정시간에서 공기의 온도

기출
덕트 내 공기에 의한 마찰손실에 영향을 주는 요소
① 덕트 직경
② 공기 점도
③ 덕트 면의 조도(가장 큰 영향)
④ 덕트 길이
⑤ 공기 속도

한 눈에 들어오는 키워드

실기 기출★

덕트의 상대조도

절대표면조도를 덕트 직경으로 나눈 값

$$덕트의\ 상대조도 = \frac{절대표면조도}{덕트직경}$$

기출

유입계수(Ce)

- 실제 후드 내로 유입되는 유량과 이론상 후드 내의 유입되는 유량의 비로서 Ce가 1에 가까울수록 압력손실이 작은 후드이다.
- 후드에서의 유입손실이 전혀 없는 이상적인 후드의 유입계수 : 1.0

참고

상당직경(등가직경) ★

장방형관과 동일한 유체역학적인 특성을 갖는 원형관의 직경

- 폭 a, 길이 b인 각 관(장방형 관)의 등가직경

$$D = \frac{2ab}{a+b}$$

실기 기출★

곡관덕트의 압력손실에 영향을 주는 요인

① 반송속도
② 관경 및 곡률반경비
③ 덕트의 모양, 크기
④ 연결된 송풍관의 상태

[예제 59]

덕트의 속도압이 35mmH_2O, 후드의 압력 손실이 15mmH_2O일 때, 후드의 유입계수는 약 얼마인가?

① 0.54
② 0.68
③ 0.75
④ 0.84

해설

$$압력손실(\Delta P) = F_h \times VP = (\frac{1}{Ce^2} - 1) \times VP$$

F_h : 압력손실계수$(\frac{1}{Ce^2}-1)$, VP : 속도압(동압)(mmH_2O), Ce : 유입계수

$$\Delta P = F_h \times VP = (\frac{1}{Ce^2} - 1) \times VP$$

$$(\frac{1}{Ce^2} - 1) = \frac{\Delta P}{VP}$$

$$\frac{1}{Ce^2} = \frac{\Delta P}{VP} + 1 = \frac{\Delta P + VP}{VP}$$

$$Ce^2 = \frac{VP}{\Delta P + VP}$$

$$Ce = \sqrt{\frac{VP}{\Delta P + VP}} = \sqrt{\frac{35}{15+35}} = 0.84$$

[정답 ④]

[예제 60]

후드의 유입계수가 0.86일 때, 압력 손실계수는 약 얼마인가?

① 0.25
② 0.35
③ 0.45
④ 0.55

해설

$$압력손실계수(F_h) = \frac{1}{Ce^2} - 1 = \frac{1}{0.86^2} - 1 = 0.35$$

[정답 ②]

[예제 61]

후드의 유입계수가 0.86, 속도압이 25mmH_2O일 때 후드의 압력손실(mmH_2O)은?

① 8.8
② 12.2
③ 15.4
④ 17.2

해설

$$\triangle P = F_h \times VP = (\frac{1}{Ce^2} - 1) \times VP = (\frac{1}{0.86^2} - 1) \times 25 = 8.80(mmH_2O)$$

[정답 ①]

[예제 62]

후드의 유입손실계수가 0.8, 덕트 내의 공기흐름속도가 20m/s 일 때 후드의 유입압력손실은 약 몇 mmH_2O인가? (단, 공기의 비중량은 $1.2Kg_f/m^3$이다.)

① 14 ② 6
③ 20 ④ 24

해설

$$\triangle P = F_h \times VP = F_h \times \frac{\gamma V^2}{2g} = 0.8 \times \frac{1.2 \times 20^2}{2 \times 9.8} = 19.59(mmH_2O)$$

[정답 ③]

[예제 63]

공기 온도가 50℃인 덕트의 유속이 4m/sec일 때, 이를 표준 공기로 보정한 유속(V_c)은 얼마인가? (단, 표준상태에서 밀도 $1.2kg/m^3$)

① 3.19m/sec ② 4.19m/sec
③ 5.19m/sec ④ 6.19m/sec

해설

1. 밀도보정(21℃의 밀도 1.2를 50℃로 보정)

$$\text{보정된 밀도} = \text{보정 전 밀도} \times \frac{(273+t_1)(P_2)}{(273+t_2)(P_1)} = 1.2 \times \frac{273+21}{273+50} = 1.0923(kg/m^3)$$

2. 21℃에서의 유속

$$V_2 = V_1 \times \sqrt{\frac{\rho_2}{\rho_1}} = 4 \times \sqrt{\frac{1.2}{1.0923}} = 4.19(m/sec)$$

(ρ_1 : 보정 전 밀도, ρ_2 : 보정 후 밀도)

[정답 ②]

한 눈에 들어오는 키워드

한 눈에 들어오는 키워드

[예제 64]

도금공정에서 벽에 고정된 외부식 국소배기장치가 설치되어 있다. 소요풍량이 10.5m³/min, 덕트의 직경이 10cm, 후드의 유입손실계수가 0.4일 때 후드의 유입손실(mmH_2O)은 약 얼마인가? (단, 덕트 내의 온도는 표준상태로 가정한다.)

① 12.15　　② 14.18
③ 16.27　　④ 18.25

해설

$$\text{압력손실}(\Delta P) = F_h \times VP = \left(\frac{1}{Ce^2} - 1\right) \times \frac{\gamma V^2}{2g} (mmH_2O)$$

F_h : 압력손실계수(유입손실계수), Ce : 유입계수, VP : 속도압(동압)(mmH_2O)
r : 공기비중, V : 유속(m/s), g : 중력가속도(9.8m/s²)

$$Q = 60 \times A \times V$$

Q(m³/min) : 유체의 유량, A(m²) : 유체가 통과하는 단면적, V(m/sec) : 유체의 유속

$$\text{압력손실}(\Delta P) = F_h \times VP = F_h \times \frac{\gamma V^2}{2g} = 0.4 \times \frac{1.2 \times 22.28^2}{2 \times 9.8} = 12.16(mmH_2O)$$

$$Q = 60 \times A \times V$$

$$V = \frac{Q}{60 \times A} = \frac{Q}{60 \times \left(\frac{\pi \times d^2}{4}\right)} = \frac{10.5}{60 \times \left(\frac{\pi \times 0.1^2}{4}\right)} = 22.28(m/sec)$$

[정답 ①]

(2) 덕트의 압력손실

1) 덕트 내에서 압력손실이 발생되는 원인

① 덕트 내부면과의 마찰
② 가지 덕트 단면적의 변화
③ 곡관이나 관의 확대에 따른 공기속도 변화

2) 직선 덕트의 압력손실 ★★★

$$\text{압력손실}(\Delta P) = F \times VP = \lambda \times \frac{L}{D} \times \frac{\gamma V^2}{2g} (mmH_2O)$$

$$F(\text{압력손실계수}) = \lambda \times \frac{L}{D}$$

λ : 관마찰계수(무차원)

D : 덕트 직경(m)(원형관일 경우)(장방형 덕트일 경우 : 상당직경(등가직경 $= \frac{2ab}{a+b}$)

L : 덕트 길이(m)

$$\text{속도압}(VP) = \frac{\gamma \times V^2}{2g}$$

γ : 비중(kg/m^3)

V : 공기속도(m/sec)

g : 중력가속도(m/sec^2)

[예제 65]

각형 직관에서 장변이 0.3m, 단변이 0.2m 일 때, 상당직경(equivalent diameter)은 약 몇 m 인가?

해설

$$\text{상당직경(등가직경)} = \frac{2ab}{a+b} = \frac{2 \times 0.3 \times 0.2}{0.3 + 0.2} = 0.24\,(\text{m})$$

[예제 66]

1 기압, 온도 15℃ 조건에서 속도압이 37.2mmH_2O일 때 기류의 유속(m/sec)은? (단, 15℃, 1기압에서 공기의 밀도는 1.225kg/m^3이다.)

① 24.4
② 26.1
③ 28.3
④ 29.6

해설

$$VP = \frac{\gamma \times V^2}{2g}$$

$$\gamma \times V^2 = VP \times 2g$$

$$V^2 = \frac{VP \times 2g}{\gamma}$$

$$V = \sqrt{\frac{VP \times 2g}{\gamma}} = \sqrt{\frac{37.2 \times 2 \times 9.8}{1.225}} = 24.40(\text{m/sec})$$

[정답 ①]

한 눈에 들어오는 키워드

한 눈에 들어오는 키워드

[예제 67]

후드의 압력 손실계수가 0.45이고 속도압이 $20mmH_2O$일 때 압력손실(mmH_2O)은?

① 9 ② 12 ③ 20.45 ④ 42.25

해설

$\Delta P = F \times VP = 0.45 \times 20 = 9(mmH_2O)$

[정답 ①]

[예제 68]

90° 곡관의 곡류반경이 2.0일 때 압력손실 계수는 0.27이다. 속도압이 $15mmH_2O$일 때 덕트 내 유속은 약 몇 m/s인가? (단, 표준상태이며, 공기의 밀도는 $1.2kg/m^3$이다.)

① 20.7 ② 15.7 ③ 18.7 ④ 28.7

해설

$$VP = \frac{\gamma \times V^2}{2g}$$

$$\gamma \times V^2 = VP \times 2g$$

$$V^2 = \frac{VP \times 2g}{\gamma}$$

$$V = \sqrt{\frac{VP \times 2g}{\gamma}} = \sqrt{\frac{15 \times 2 \times 9.8}{1.2}} = 15.65(m/s)$$

[정답 ②]

[예제 69]

직경이 200mm인 직관을 통하여 $100m^3/min$의 표준공기를 송풍할 때 10m당 압력손실(mmH_2O)은 약 얼마인가? (단, 배기 덕트의 마찰손실계수는 0.005, 공기의 비중량은 $1.2kg/m^3$이다.)

① 43 ② 48 ③ 53 ④ 58

해설

$$\Delta P = \lambda \times \frac{L}{D} \times \frac{\gamma V^2}{2g} = 0.005 \times \frac{10}{0.2} \times \frac{1.2 \times 53.05^2}{2 \times 9.8} = 43.08(mmH_2O)$$

$$\left[\begin{array}{l} Q = 60 \times A \times V \\ V = \dfrac{Q}{60 \times A} = \dfrac{Q}{60 \times \dfrac{\pi \times d^2}{4}} = \dfrac{100}{60 \times \dfrac{\pi \times 0.2^2}{4}} = 53.05(m/sec) \end{array}\right]$$

[정답 ①]

[예제 70]

표준공기 21℃(비중량 r = 1.2kg/m^3)에서 800m/min의 유속으로 흐르는 공기의 속도압은 몇 mmH_2O인가?

① 10.9　　② 24.6　　③ 35.6　　④ 53.2

해설

$$VP=\frac{\gamma\times V^2}{2g}$$

$$VP=\frac{1.2\times(800/60)^2}{2\times9.8}=10.88(mmH_2O)$$

[정답 ①]

[예제 71]

국소배기장치의 원형덕트의 직경은 0.173m이고, 직선 길이는 15m, 속도압은 $20mmH_2O$, 관마찰계수가 0.016일 때, 덕트의 압력손실(mmH_2O)은 약 얼마인가?

① 12　　② 20　　③ 26　　④ 28

해설

$$\Delta P=\lambda\times\frac{L}{D}\times VP=0.016\times\frac{15}{0.173}\times20=27.75(mmH_2O)$$

[정답 ④]

[예제 72]

직경 150mm인 덕트 내 정압은 $-64.5mmH_2O$이고, 전압은 $-31.5mmH_2O$ 이다. 이 때 덕트 내의 공기속도(m/s)는 약 얼마인가?

① 23.23　　② 32.09　　③ 32.47　　④ 39.61

해설

1. 전압 = 정압 + 동압
   동압(속도압) = 전압 − 정압 = −31.5 − (−64.5) = 33(mmH_2O)
2. $VP=\dfrac{\gamma\times V^2}{2g}$

   $\gamma\times V^2=VP\times2g$

   $V^2=\dfrac{VP\times2g}{\gamma}$

   $V=\sqrt{\dfrac{VP\times2g}{\gamma}}=\sqrt{\dfrac{33\times2\times9.8}{1.2}}=23.22(m/sec)$

[정답 ①]

한 눈에 들어오는 키워드

3) 곡관의 연결

① 곡관의 덕트직경(*D*)과 곡률반경(*R*)의 비(반경비(*R*/*D*))를 크게 할수록 압력손실이 적어진다. ★

② 곡관의 구부러지는 경사는 가능한 한 완만하게 하고 구부러지는 관의 중심선의 반지름이 송풍관 직경의 2.5배 이상이 되도록 한다.

③ 새우등 곡관의 직경이 ($d \leq$ 15cm) 경우에 새우등은 3개 이상, (d〉15cm) 경우에는 새우등 5개 이상을 사용한다. ★★

④ 후드가 곡관 덕트로 연결되는 경우 덕트직경의 4~6배 되는 지점에서 속도압을 측정한다. ★

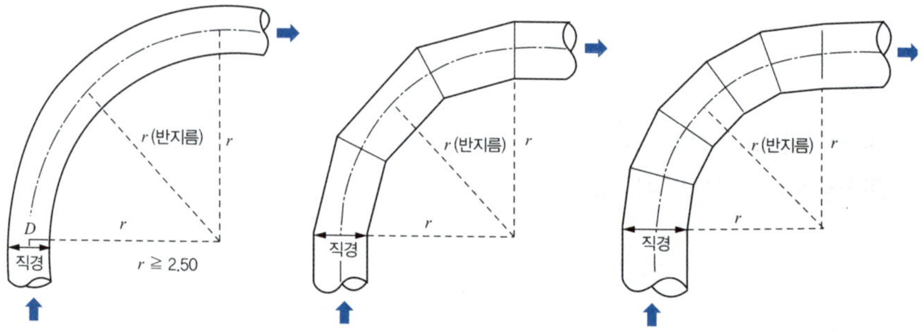

4) 곡관의 압력손실 ★★★

$$압력손실(\Delta P) = \left(\xi \times \frac{\theta}{90°}\right) \times VP(mmH_2O)$$

ξ : 압력손실계수
θ : 곡관의 각도
VP : 속도압(동압)(mmH_2O)

[예제 73]

90℃곡관의 반경비가 2.0일 때 압력손실계수는 0.27이다. 속도압이 $14mmH_2O$라면 곡관의 압력손실(mmH_2O)은?

① 7.6　　② 5.5
③ 3.8　　④ 2.7

해설

$$압력손실(\Delta P) = \left(\xi \times \frac{\theta}{90°}\right) \times VP = \left(0.27 \times \frac{90}{90}\right) \times 14 = 3.78(mmH_2O)$$

[정답 ③]

[예제 74]

반경비가 2.0인 90° 원형곡관의 속도압은 20mmH_2O이고, 압력손실계수가 0.27이다. 이 곡관의 곡관각을 65° 로 변경하면, 압력손실은 얼마인가?

① 3.0mmH_2O ② 3.9mmH_2O
③ 4.2mmH_2O ④ 5.4mmH_2O

해설

$$\Delta P = \left(\xi \times \frac{\theta}{90°}\right) \times VP$$

$$\Delta P = \left(0.27 \times \frac{65°}{90°}\right) \times 20 = 3.9(mmH_2O)$$

[정답 ②]

5) 합류관의 연결 실기 기출★

① 분지관을 주관에 연결하고자 할 때 30° 에 가깝게 한다. ★
② 분지관과 분지관 사이 거리는 덕트 지름의 6배 이상으로 한다.
③ 분지관이 연결되는 주관의 확대각은 15° 이내로 한다. ★
④ 분지관의 수를 가급적 적게하여 압력손실을 줄인다.
⑤ 확대 or 축소되는 원형관의 길이는 확대부 직경과 축소부 직경차의 5배 이상이어야 한다.

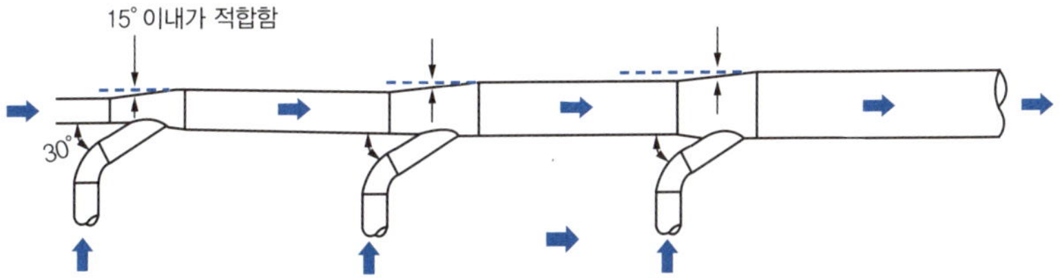

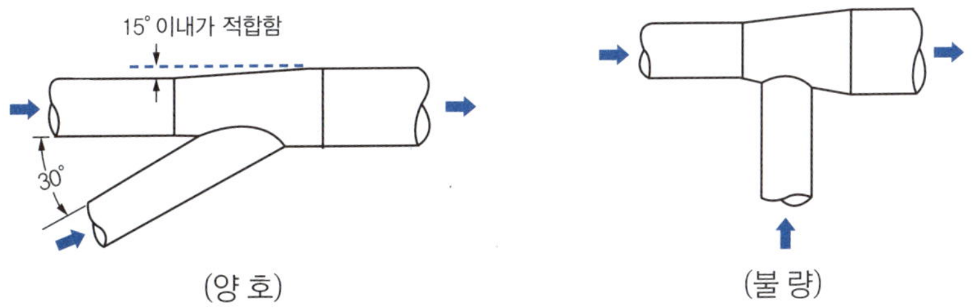

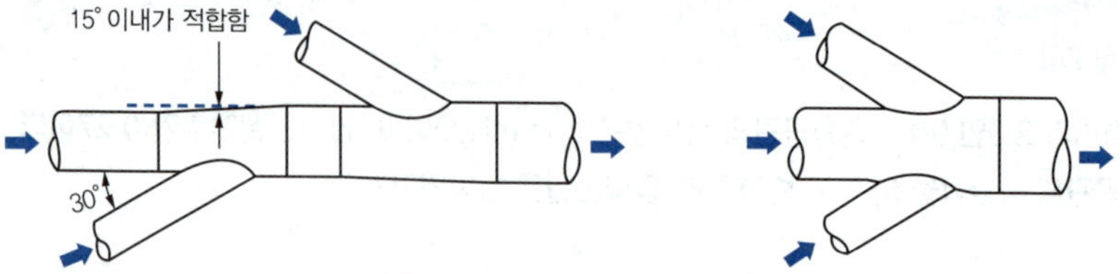

(양 호) (불 량)

6) 두 개의 덕트가 합류 시 정압 개선사항

두 개의 덕트가 합류될 때 정압 차이가 없는 것이 이상적이다.

① $\dfrac{\text{낮은 } SP}{\text{높은 } SP} < 0.8$: 정압이 낮은 덕트 직경 재설계

② $0.8 \leq \dfrac{\text{낮은 } SP}{\text{높은 } SP} < 0.95$: 정압이 낮은 덕트의 유량 조정

③ $0.95 \leq \dfrac{\text{낮은 } SP}{\text{높은 } SP}$: 차이를 무시

7) 합류관의 압력손실 ★★

$$\text{합류관의 압력손실}(\Delta P) = \Delta P_1 + \Delta P_2 = (\xi_1 \times VP_1) + (\xi_2 \times VP_2)$$

ΔP_1 : 주관의 압력손실
ΔP_2 : 분지관의 압력손실
ξ : 압력손실계수
VP : 속도압(동압)(mmH_2O)

8) 확대관의 압력손실 ★★

속도압이 감소한 만큼 정압이 증가되어야 하나 속도압 중 정압으로 변환하지 않은 나머지는 압력손실로 나타난다.

$$\text{압력손실}(\Delta P) = \xi \times (VP_1 - VP_2)$$

VP_1 : 확대 전의 속도압(mmH_2O)
VP_2 : 확대 후의 속도압(mmH_2O)
ξ : 압력손실계수

9) 확대관의 정압 ★

$$확대측\ 정압(SP_2) = SP_1 + [(1-\xi)\times(VP_1 - VP_2)]$$

- 정압회복계수$(R) = 1-\xi$
- 정압회복량$(SP_2 - SP_1) = (VP_1 - VP_2) - \Delta P$

SP_2 : 확대 후의 정압(mmH_2O)
SP_1 : 확대 전의 정압(mmH_2O)
VP_1 : 확대 전의 속도압(mmH_2O)
VP_2 : 확대 후의 속도압(mmH_2O)
ξ : 압력손실계수

[예제 75]

확대각이 10° 인 원형 확대관에서 입구직관의 정압은 $-15mmH_2O$, 속도압은 $35mmH_2O$이고, 확대된 출구직관의 속도압은 $25mmH_2O$이다. 확대 측의 정압은? (단, 확대각이 10° 일 때 압력손실계수 $\xi = 0.28$이다.)

① $-1.4mmH_2O$ ② $-2.8mmH_2O$
③ $-5.4mmH_2O$ ④ $-7.8mmH_2O$

해설

확대측 정압$(SP_2) = SP_1 + [(1-\zeta)\times(VP_1 - VP_2)]$

확대측 정압$(SP_2) = -15 + [(1-0.28)\times(35-25)] = -7.8(mmH_2O)$

[정답 ④]

[예제 76]

정압회복계수가 0.72이고 정압회복량이 $7.2mmH_2O$인 원형 확대관의 압력손실(mmH_2O)은?

① 4.2 ② 3.6 ③ 2.8 ④ 1.3

해설

정압회복량$(SP_2 - SP_1) = (VP_1 - VP_2) - \Delta P$

압력손실$(\Delta P) = (VP_1 - VP_2) - (SP_2 - SP_1)$

$\Delta P = (VP_1 - VP_2) - (7.2) = (\frac{\Delta P}{0.28}) - (7.2)$

$\Delta P - \frac{\Delta P}{0.28} = -7.2$

$\frac{0.28\Delta P - \Delta P}{0.28} = -7.2$

한 눈에 들어오는 키워드

$$\frac{-0.72\Delta P}{0.28} = -7.2$$

$$-0.72\Delta P = -7.2\times0.28$$

$$\Delta P = \frac{-7.2\times0.28}{-0.72} = 2.8(mmH_2O)$$

$$\left[\begin{array}{l} R = 1-\xi \\ \xi = 1-R = 1-0.72 = 0.28 \\ \Delta P = \xi\times(VP_1 - VP_2) \\ (VP_1 - VP_2) = \dfrac{\Delta P}{\xi} = \dfrac{\Delta P}{0.28} \end{array}\right]$$

[정답 ③]

[예제 77]

주관에 45° 로 분지관이 연결되어 있다. 주관 입구와 분지관의 속도압은 20mmH_2O로 같고 압력손실계수는 각각 0.2 및 0.28이다. 주관과 분지관이 합류에 의한 압력손실(mmH_2O)은?

① 약 6　　② 약 8
③ 약 10　　④ 약 12

해설

합류관의 압력손실$(\Delta P) = \Delta P_1 + \Delta P_2 = (\zeta_1\times VP_1) + (\zeta_2\times VP_2)$

$= (0.2\times20) + (0.28\times20) = 9.6(mmH_2O)$

[정답 ③]

[예제 78]

덕트 주관에 45° 로 분지관이 연결되어 있다. 주관과 분지관의 반송속도는 모두 18m/s이고, 주관의 압력손실계수는 0.2이며, 분지관의 압력손실계수는 0.28이다. 주관과 분지관의 합류에 의한 압력손실(mmH_2O)은? (단, 공기밀도=1.2kg/m^3)

① 9.5　　② 8.5
③ 7.5　　④ 6.5

해설

합류관의 압력손실$(\Delta P) = \Delta P_1 + \Delta P_2 = (\zeta_1\times VP_1) + (\zeta_2\times VP_2)$

$= (0.2\times19.84) + (0.28\times19.84) = 9.52(mmH_2O)$

$$\left[VP = \frac{rV^2}{2g} = \frac{1.2\times18^2}{2\times9.8} = 19.84(mmH_2O)\right]$$

[정답 ①]

8 송풍기

(1) 송풍기의 풍량 조절방법 ★

① 회전수 조절법(회전수 변환법) : 풍량을 크게 바꾸려고 할 때 가장 적절한 방법
② 안내익 조절법(Vane control법) : 송풍기 흡입구에 부착한 방사상 blade의 각도를 변경함으로써 풍량을 조절하는 방법
③ 댐퍼 부착법(Damper 조절법) : 배관 내에 댐퍼를 설치하여 송풍량을 조절하는 방법으로 송풍량 조절이 가장 쉽다.

(2) 송풍기 특성곡선, 성능곡선, 시스템 요구곡선, 동작점 ★

1) 특성곡선

① 송풍기의 종류별 특성을 하나의 선도로 나타낸 것을 말한다.
② 일정한 회전수에서 횡축을 풍량, 종축을 압력, 효율, 소요동력으로 하여 풍량에 따른 이들의 변화 과정을 나타낸 것이다.

2) 성능곡선

송풍기에 부하되는 송풍기 정압에 따라 송풍량이 변하는 경향을 나타내는 곡선을 말한다.

3) 시스템 요구곡선

송풍량에 따라 송풍기 정압이 변하는 경향을 나타내는 곡선을 말한다.

4) 동작점 ★★

① 송풍기 성능곡선과 시스템 요구곡선이 만나는 점을 말한다.
② 송풍기의 압력손실에 따라 송풍량이 변하는 경향을 나타낸다.

한 눈에 들어오는 키워드

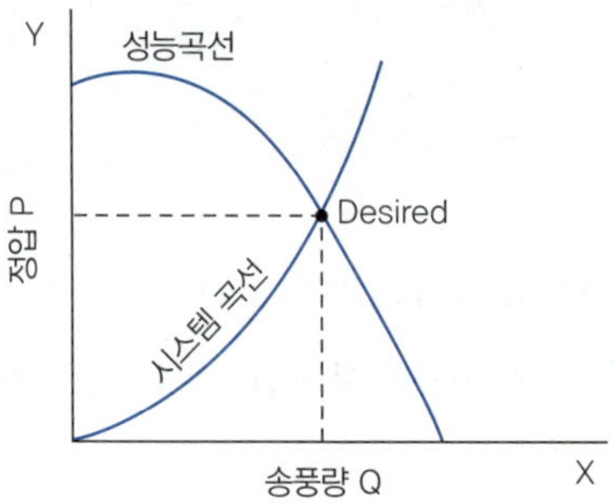

[설계 및 Fan 선정 양호]

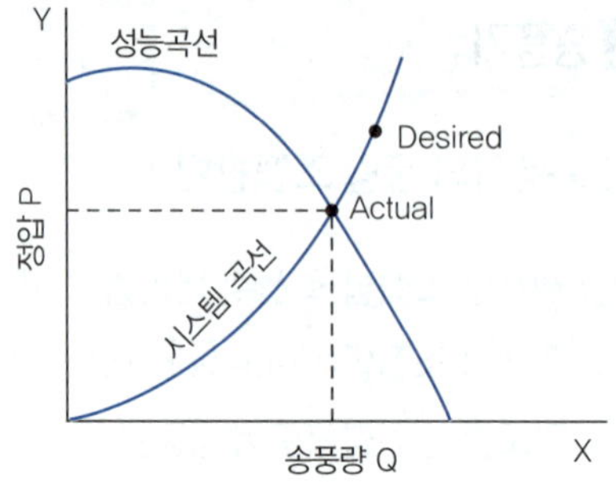

[성능이 낮은 송풍기 선정]

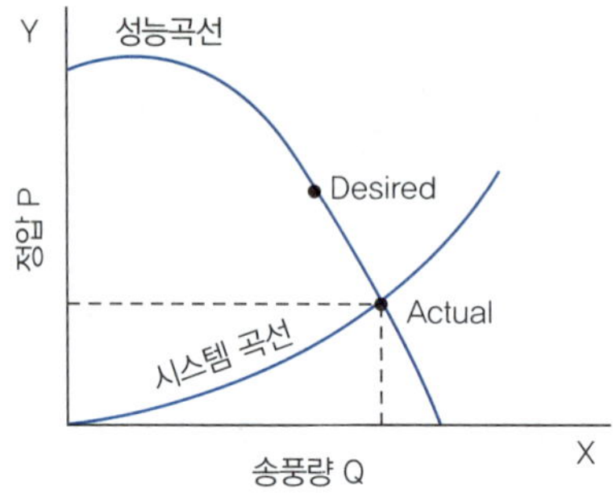

[설계 시 과대평가]

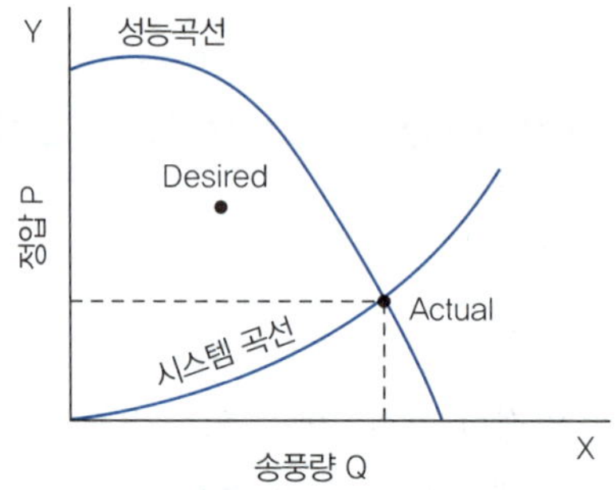

[설계 시 과대평가, 높은 송풍기 선정]

(4) 송풍기의 정압이 변화되는 원인

송풍기의 정압이 감소되는 원인	송풍기의 정압이 증가되는 원인 실기 기출★
• 송풍기의 능력저하 • 송풍기와 덕트의 연결부위 풀림 • 송풍기 점검 뚜껑의 열림	• 공기정화장치에 분진 퇴적 • 덕트계통의 분진 퇴적 • 후드와 덕트의 연결부위가 풀림 • 후드의 댐퍼 닫힘 • 공기정화장치의 분진 취출구 열림

(5) 송풍기 종류 및 특성

축류 송풍기	원심력 송풍기	프로펠러형	덕트연결형
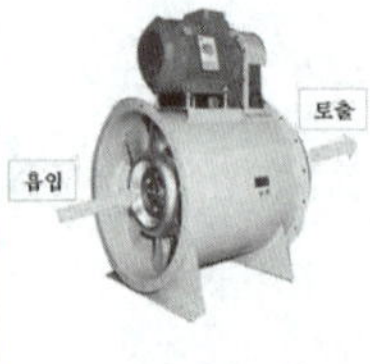			

한 눈에 들어오는 키워드

실기 기출★
송풍기의 기류 흐름방향에 따른 분류
① 원심식 송풍기
② 축류 송풍기

기출
송풍기 선정에 반드시 필요한 요소
① 송풍량
② 소요동력
③ 송풍기 정압

실기 기출★
송풍기의 효율
터보송풍기 > 평판(방사형)송풍기 > 다익송풍기

1) 원심력 송풍기 ★

원심력 송풍기는 달팽이 모양으로 생겼으며, 임펠러의 날개 깃(Balde)의 모양에 따라 전향날개형(시로코팬), 익형(에어호일팬), 후향날개형(터보팬), 평판형(래디얼팬) 등으로 분류된다.

전향날개형 (다익형) 송풍기	• 송풍기의 **임펠러가 다람쥐 쳇바퀴 모양**으로 생겼다. • 송풍기의 **회전날개가 회전방향과 동일한 방향**으로 설치되어 있다. • 임펠러 **회전속도가 상대적으로 낮기 때문에 소음이 작다.**(구조상 고속회전이 어렵고, 큰 동력의 용도에서 적합하지 않다.) • **저가**로 제작이 가능하다. • **큰 압력손실에서 송풍량이 급격하게 떨어지는 단점**이 있다. • **전체환기, 공기조화용**으로 사용된다. • 소형이므로 제한된 장소에 사용이 가능하다.(분지관의 송풍에 적합) • 분진이 많이 함유된 공기 이송 시 임펠러의 불균형을 초래하여 소음, 진동이 발생한다. **암기법** **다람쥐** 날개는 **회전방향과 동일**한 **앞쪽(전향)**에 **많지만(다익형) 속도 느리고 송풍량 떨어져 저가**이다.
방사 날개형 (평판형, 플레이트형) 송풍기	• **날개(깃)가 평판 모양**으로 강도 높게 설계되어 있다. • **깃의 구조가 분진을 자체를 정화**할 수 있다. • 시멘트, 미분탄, 곡물, 모래 등의 **고농도 분진함유 공기, 부식성이 강한 공기를 이송**시키는 데 많이 이용된다. • 습식 집진장치의 배기에 적합하며 소음은 중간정도이다. **암기법** **분진 자체정화** 위해 **고농도 분진**을 **평판**(평판형)에 **방사**(방사날개형)
후향 날개형 (터보형, 한계부하형) 송풍기 실기 기출★	• 팬의 **날이 회전방향에 반대되는 쪽으로 기울어진 형태**이다. • **송풍량이 증가해도 동력이 증가하지 않는다.** • 압력 변동이 있어도 **풍량의 변화가 비교적 작다.**(하향구배 특성으로 **풍압이 바뀌어도 풍량의 변화가 적다.**) • **소음은 비교적 낮으나 구조가 가장 크다.** • 소요정압이 떨어져도 동력은 크게 상승하지 않으므로 시설저항 및 운전상태가 변하여도 과부하가 걸리지 않는다. • **고농도 분진함유 공기를 이송시킬 경우 깃 뒷면에 분진이 퇴적**되어 효율이 떨어진다.

한 눈에 들어오는 키워드

실기 기출★
원심력 송풍기의 회전날개 각도에 따른 분류
① 전향날개형
② 후향날개형
③ 방사날개형

기출
송풍관 설계에 있어 압력손실을 줄이는 방법
① 마찰계수를 작게 한다.
② 분지관의 수를 가급적 적게 한다.
③ 곡관의 반경비(r/d)를 크게 한다.
④ 분지관을 주관에 접속할 때 30°에 가깝도록 한다.

후향 날개형 (터보형, 한계부하형) 송풍기 실기 기출★	• 분진농도가 낮은 공기나 **고농도 분진함유 공기 이송 시 집진기 후단에 설치**해야 한다. • 송풍기 중 **효율이 가장 좋다.** 암기법 **날이 반대로 기울어진 터보형**의 **한계**(한계부하형)는 **깃 뒤에 분진쌓여 집진 후**(집진기 후단)에 설치, **동풍**(동력, 풍량)에 **변화적고 효율좋다.**

2) 축류식 송풍기

프로펠러형	• 전향날개형 송풍기와 유사한 특징을 가진다. • 전동기와 직결할 수 있고, 축 방향 흐름이기 때문에 **관로 도중에 설치**할 수 있다. • 원통형으로 되어 있다.
튜브형	• **가볍고, 구조가 가장 간단하고, 설치비용이 저렴**하다. • **많은 양의 공기를 값싸게 이송**시킬 수 있다. • 국소배기용보다는 압력손실이 비교적 작은 **전체 환기량으로 사용**해야 한다. • 최대 송풍량의 70% 이하가 되도록 압력손실이 걸릴 경우 서징현상으로 인한 소음 · 진동이 발생한다.

(6) 송풍기 전압 및 정압 ★★

① 송풍기 전압(FTP) : 배출구 전압(TP_{out})과 흡입구 전압(TP_{in})의 차

$$FTP = TP_{out} - TP_{in} = (SP_{out} + VP_{out}) - (SP_{in} + VP_{in})$$

② 송풍기 정압(FSP) : 송풍기 전압(FTP)과 속도압(VP_{out})의 차

$$\begin{aligned} FSP &= FTP - VP_{out} \\ &= (SP_{out} - SP_{in}) + (VP_{out} - VP_{in}) - VP_{out} \\ &= (SP_{out} - SP_{in}) - VP_{in} \\ &= (SP_{out} - TP_{in}) \end{aligned}$$

[예제 79]

송풍기 배출구의 총합정압은 20mmH_2O이고, 흡입구의 총전압은 −90mmH_2O이며 송풍기 전후의 속도압은 20mmH_2O이다. 이 송풍기의 실효정압(mmH_2O)은?

① −130 ② −110
③ +130 ④ +110

해설

송풍기 정압(FSP) : 송풍기 전압(FTP)과 속도압(VP_{out})의 차

$$\begin{aligned} FSP &= FTP - VP_{out} \\ &= (SP_{out} - SP_{in}) + (VP_{out} - VP_{in}) - VP_{out} \\ &= (SP_{out} - SP_{in}) - VP_{in} \\ &= (SP_{out} - TP_{in}) \end{aligned}$$

$FSP = (SP_{out} - TP_{in}) = 20 - (-90) = 110(\text{mmH}_2\text{O})$

[정답 ④]

(7) 송풍기 법칙(상사법칙 ; Law of similarity) ★★★

송풍기의 회전수와 송풍기 풍량, 송풍기 풍압, 송풍기 동력과의 관계이며 송풍기의 성능 추정에 매우 중요한 법칙이다.

① 풍량은 송풍기 직경의 세제곱, 회전수에 비례한다.

$$\frac{Q_2}{Q_1} = \left(\frac{D_2}{D_1}\right)^3, \quad \frac{Q_2}{Q_1} = \frac{N_2}{N_1} \rightarrow Q_2 = Q_1\left(\frac{D_2}{D_1}\right)^3\left(\frac{N_2}{N_1}\right)$$

② 풍압(정압)은 송풍기 직경의 제곱, 회전수의 제곱에 비례한다.

$$\frac{P_2}{P_1} = \left(\frac{D_2}{D_1}\right)^2, \quad \frac{P_2}{P_1} = \left(\frac{N_2}{N_1}\right)^2, \quad \frac{P_2}{P_1} = \frac{\rho_2}{\rho_1}$$

$$\rightarrow P_2 = P_1\left(\frac{D_2}{D_1}\right)^2\left(\frac{N_2}{N_1}\right)^2\left(\frac{\rho_2}{\rho_1}\right)$$

한 눈에 들어오는 키워드

한 눈에 들어오는 키워드

③ 동력(축동력)은 송풍기 직경의 다섯 제곱, 회전수의 세제곱에 비례한다.

$$\frac{HP_2}{HP_1} = (\frac{N_2}{N_1})^3, \quad \frac{HP_2}{HP_1} = (\frac{D_2}{D_1})^5, \quad \frac{HP_2}{HP_1} = \frac{\rho_2}{\rho_1}$$

$$\rightarrow HP_2 = HP_1(\frac{D_2}{D_1})^5(\frac{N_2}{N_1})^3(\frac{\rho_2}{\rho_1})$$

Q_1 : 회전수 변경 전 풍량(m^3/min)
Q_2 : 회전수 변경 후 풍량(m^3/min)
N_1 : 변경 전 회전수(rpm)
N_2 : 변경 후 회전수(rpm)
P_1 : 변경 전 풍압(mmH_2O)
P_2 : 변경 후 풍압(mmH_2O)
HP_1 : 변경 전 동력(kW)
HP_2 : 변경 후 동력(kW)
D_1 : 변경 전 직경(m)
D_2 : 변경 후 직경(m)
ρ_1 : 변경 전 효율
ρ_2 : 변경 후 효율

암기 ★★★

• 풍량은 송풍기 직경의 세제곱, 회전수에 비례한다.

$$Q_2 = Q_1(\frac{D_2}{D_1})^3(\frac{N_2}{N_1})$$

• 풍압(정압)은 송풍기 직경의 제곱, 회전수의 제곱에 비례한다.

$$P_2 = P_1(\frac{D_2}{D_1})^2(\frac{N_2}{N_1})^2(\frac{\rho_2}{\rho_1})$$

• 동력(축동력)은 송풍기 직경의 다섯 제곱, 회전수의 세제곱에 비례한다.

$$HP_2 = HP_1(\frac{D_2}{D_1})^5(\frac{N_2}{N_1})^3(\frac{\rho_2}{\rho_1})$$

(8) 송풍기의 소요 축동력 산정

1) 송풍기 소요동력의 계산 ★★★

$$HP(\text{kW}) = \frac{Q \times P}{6120 \times \eta} \times K$$

Q : 송풍량(m^3/min)
P : 유효전압(풍압)(mmH_2O)
η : 송풍기 효율
K : 안전여유

[예제 80]

송풍기의 송풍량이 $2m^3$/sec이고, 전압이 $100mmH_2O$일 때, 송풍기의 소요동력은 약 몇 kW인가? (단, 송풍기의 효율이 75%이다.)

① 1.7　　② 2.6
③ 4.4　　④ 5.3

해설

$$HP(\text{kW}) = \frac{Q \times P}{6120 \times \eta} \times K = \frac{(2 \times 60) \times 100}{6120 \times 0.75} = 2.61(\text{kW})$$

[정답 ②]

[예제 81]

흡인 풍량이 $200m^3$/min, 송풍기 유효전압이 $150mmH_2O$, 송풍기 효율이 80%, 여유율이 1.2인 송풍기의 소요 동력은? (단, 송풍기 효율과 여유율을 고려함)

① 4.8kW　　② 5.4kW
③ 6.7kW　　④ 7.4kW

해설

$$HP(\text{kW}) = \frac{Q \times P}{6120 \times \eta} \times K = \frac{200 \times 150}{6120 \times 0.8} \times 1.2 = 7.35(\text{kW})$$

[정답 ④]

한 눈에 들어오는 키워드

한 눈에 들어오는 키워드

[예제 82]

어떤 송풍기가 송풍기 유효전압 $100mmH_2O$이고 풍량은 $16m^3/min$의 성능을 발휘한다. 전압효율이 80%일 때 축동력(kW)은?

① 약 0.13 ② 약 0.26
③ 약 0.33 ④ 약 0.57

해설

$$HP(kW) = \frac{Q \times P}{6120 \times \eta} \times K = \frac{16 \times 100}{6120 \times 0.8} = 0.33(kW)$$

[정답 ③]

[예제 83]

송풍기의 송풍량이 $200m^3/min$이고, 송풍기 전압이 $150mmH_2O$이다. 송풍기의 효율이 0.8이라면 소요동력은 약 몇 kW인가?

① 4 ② 6
③ 8 ④ 10

해설

$$HP(kW) = \frac{Q \times P}{6120 \times \eta} \times K = \frac{200 \times 150}{6120 \times 0.8} = 6.13(kW)$$

[정답 ②]

[예제 84]

유효전압이 $120mmH_2O$, 송풍량이 $306m^3/min$인 송풍기의 축동력이 7.5kW일 때 이 송풍기의 전압 효율은? (단, 기타 조건은 고려하지 않음)

① 65% ② 70%
③ 75% ④ 80%

해설

$$HP(kW) = \frac{Q \times P \times K}{6120 \times \eta}$$

$$HP \times 6120 \times \eta = Q \times P \times K$$

$$\eta = \frac{Q \times P \times K}{HP \times 6120} = \frac{306 \times 120}{7.5 \times 6120} = 0.8 \times 100 = 80(\%)$$

[정답 ④]

[예제 85]

송풍기 전압이 125mmH$_2$O이고, 송풍기의 총 송풍량이 20,000m^3/hr일 때 소요동력은? (단, 송풍기 효율 80%, 안전율 50%)

① 8.1kW ② 10.3kW
③ 12.8kW ④ 14.2kW

해설

$$HP(\text{kW}) = \frac{Q \times P}{6120 \times \eta} \times K = \frac{(20{,}000 \div 60) \times 125}{6120 \times 0.8} \times 1.5 = 12.77(\text{kW})$$

$$\left[20{,}000\text{m}^3/\text{hr} = \frac{20{,}000\text{m}^3}{60\text{min}} \right]$$

[정답 ③]

9 공기정화장치(집진장치)

① "공기정화장치"라 함은 후드 및 덕트를 통해 반송된 유해물질을 정화시키는 고정식 또는 이동식의 제진, 집진, 흡수, 흡착, 연소, 산화, 환원방식 등의 처리장치를 말한다.
② 입자상물질을 처리하는 집진장치와 가스상 물질을 처리하는 집진장치로 구분된다.

(1) 집진장치의 선정 시 반드시 고려해야 할 사항(집진장치의 선정 및 설계에 영향을 미치는 인자) ★

① 총 에너지 요구량
② 요구되는 집진효율
③ 오염물질의 함진농도와 입경
④ 처리가스의 흐름특성과 용량 및 온도

(2) 입자상 물질의 처리를 위한 집진장치의 종류

1) 중력 집진장치

① 중력에 의한 자연침강(stoke의 법칙)을 이용하여 분리, 포집하는 장치
② 다른 집진장치에 비해 압력손실이 적다.

한 눈에 들어오는 키워드

기출
공기정화장치 입구 및 출구의 정압이 동시에 감소되는 원인
송풍기의 능력 저하 또는 송풍기와 덕트의 연결부위 풀림

기출
중력집진장치에서 집진효율을 향상시키는 방법
① 침강높이를 낮게, 수평도달거리를 길게 한다.
② 처리가스 배기속도를 작게 한다.
③ 침강실 내의 배기기류를 균일하게 한다.

③ 설치 유지비가 낮고 유지 관리가 용이하다.

④ 전처리 장치로 이용되며 고온가스 처리가 용이하다.

⑤ 넓은 설치면적이 요구되며 집진효율이 낮다.

- 침강속도(stoke의 법칙) ★★

$$V(\mathrm{cm/sec})=\frac{gd^2(\rho_1-\rho)}{18\mu}$$

d_p : 입자의 직경(cm)
ρ_1 : 입자의 밀도(g/cm^3)
ρ : 가스(공기)의 밀도(g/cm^3)
g : 중력가속도($980cm/sec^2$)
μ : 점성계수(g/cm · sec)

- Lippman식에 의한 침강속도(입자크기가 1~50μm 경우 적용) ★★★

$$V(\mathrm{cm/sec})=0.003\times\rho\times d^2$$

V : 침강속도(cm/sec)
ρ : 입자 밀도(비중)(g/cm^3)
d : 입자직경(μm)

[예제 86]

80μm인 분진 입자를 중력 침강실에서 처리하려고 한다. 입자의 밀도는 $2g/cm^3$, 가스의 밀도는 $1.2kg/m^3$, 가스의 점성계수는 2.0×10^{-3}g/cm · s일 때 침강속도는? (단, Stokes' s 식 적용)

① 3.49×10^{-3}m/sec ② 3.49×10^{-2}m/sec
③ 4.49×10^{-3}m/sec ④ 4.49×10^{-2}m/sec

해설

$$V(\mathrm{cm/sec})=\frac{gd^2(\rho_1-\rho)}{18\mu}$$

$$V=\frac{980\mathrm{cm/sec^2}\times(80\times10^{-4})^2\mathrm{cm}\times(2-0.0012)\mathrm{g/cm^3}}{18\times(2.0\times10^{-3})\mathrm{g/cm\cdot s}}$$

$$=3.4824(\mathrm{cm/sec})=3.4824\times10^{-2}(\mathrm{m/sec})$$

- $\frac{1.2\mathrm{kg}}{\mathrm{m^3}}=\frac{1200\mathrm{g}}{(10^2\mathrm{cm})^3}=0.0012\mathrm{g/cm^3}$
- $\mu\mathrm{m}=10^{-6}\mathrm{m},\ \mathrm{Cm}=10^{-2}\mathrm{m},\ \therefore\ \mu=10^{-4}\mathrm{Cm}$

[정답 ②]

[예제 87]

직경이 5μm이고 밀도가 2g/cm^{3}인 입자의 종단속도는 약 몇 cm/sec인가?

① 0.07 ② 0.15
③ 0.23 ④ 0.33

해설

$V = 0.003\rho d^2 = 0.003 \times 2 \times 5^2 = 0.15(\text{cm/sec})$

[정답 ②]

[예제 88]

높이가 3.3m인 곳에서 비중이 2.0, 입경이 10μm인 분진입자가 발생하였다. 신장이 170cm인 작업자의 호흡영역은 바닥으로부터 대략 150cm로 본다. 이 분진입자가 작업자의 호흡영역까지 다가오는 시간은 대략 몇 분이 소요되겠는가?

① 2분 ② 5분
③ 8분 ④ 11분

해설

1. 침강속도 $V(\text{cm/sec}) = 0.003\rho d^2 = 0.003 \times 2.0 \times 10^2 = 0.6(\text{cm/sec})$
2. 침강속도가 0.6cm/sec → 1초당 0.6cm 침강
   침강높이$= 3.3 - 1.5 = 1.8(\text{m}) \times 100 = 180(\text{cm})$
3. $\frac{1}{60}$분 : 0.6cm $= x$분 : 180cm

   $\frac{1}{60} \times 180 = 0.6 \times x$

   $x = \frac{\frac{1}{60} \times 180}{0.6} = 5(\text{분})$

[정답 ②]

[예제 89]

작업장에 직경이 5μm이면서 비중이 3.5인 입자와 직경이 6μm이면서 비중이 2.2인 입자가 있다. 작업장 높이가 6m일 때 모든 입자가 가라앉는 최소시간은?

① 약 42분 ② 약 72분
③ 약 102분 ④ 약 132분

한 눈에 들어오는 키워드

해설

1. 직경이 5μm, 비중이 3.5인 입자의 침강시간
   - 침강속도 $V(\text{cm/sec}) = 0.003\rho d^2 = 0.003 \times 3.5 \times 5^2 = 0.26(\text{cm/sec})$
   - 침강속도가 0.26cm/sec → 1초당 0.26cm 침강

   침강높이는 6m이므로

   $1초 : 0.26\text{cm} = x초 : 600\text{cm}$

   $1 \times 600 = 0.26 \times x$

   $$x = \frac{1 \times 600}{0.26} = 2307.69(초) \div 60 = 38.46(\text{min})$$
2. 직경이 6μm, 비중이 2.2인 입자의 침강시간
   - 침강속도 $V(\text{cm/sec}) = 0.003\rho d^2 = 0.003 \times 2.2 \times 6^2 = 0.24(\text{cm/sec})$
   - 침강속도가 0.24cm/sec → 1초당 0.24cm 침강

     침강높이는 6m이므로

   $1초 : 0.24\text{cm} = x초 : 600\text{cm}$

   $1 \times 600 = 0.24 \times x$

   $$x = \frac{1 \times 600}{0.24} = 2\,500(초) \div 60 = 41.67(\text{cm/min})$$
3. 모든 입자가 가라앉는 최소시간 : 41.67(min)

[정답 ①]

2) 관성력 집진장치

① 기류의 방향을 급격하게 전환시켰을 때 입자의 관성력에 의하여 분리 포집하는 장치

② 충돌 전의 처리가스 속도를 적당히 빠르게 하면 미세입자를 포집할 수 있다.

3) 원심력 집진장치(사이클론) ★

① 함진가스에 선회류를 일으키는 원심력을 이용하여 분진을 분리, 포집한다.

② 사이클론에는 접선 유입식과 축류 유입식이 있다.

③ 가동부분이 적고 구조가 간단하여 설치비 및 유지, 보수비용이 저렴하다.

④ 비교적 적은 비용으로 집진이 가능하다.

⑤ 현장에서 전처리용 집진장치로 널리 이용된다.

⑥ 고온에서 운전이 가능하다.

⑦ 직렬 또는 병렬로 연결하여 사용이 가능하다.

⑧ 미세한 먼지가 재 비산되기도 한다.

한 눈에 들어오는 키워드

기출

원심력 집진장치(사이클론)의 특징

① 사이클론 원통의 길이가 길어지면 선회류수가 증가하여 집진율이 증가한다.

② 원심력과 중력을 동시에 이용하기 때문에 입자 입경과 밀도가 클수록 집진율이 증가한다.(입자의 크기가 크고 모양이 구체에 가까울수록 집진효율이 증가한다)

③ 사이클론 원통의 직경이 클수록 집진율이 감소한다.(성능에 큰 영향을 미치는 것은 사이클론의 직경이다.)

④ 유입구의 공기속도가 빠를수록 분진제거 효율은 좋아진다

확인

블로다운(blow-down) ★★

- 사이클론의 **집진효율을 증대시키기 위한 방법**
- **더스트 박스 및 호퍼부에서 처리가스의 5 ~ 10%를 흡인하여 난류현상의 억제** 및 원심력을 증대시켜 **집진효율을 증대시키는 운전방식**을 말한다.

블로다운(blow-down)의 효과 ★

- 사이클론 내의 **난류현상 억제(원심력 증대), 집진먼지 비산을 방지**한다.
- 사이클론의 **집진효율을 증대**시킨다.
- **관내 분진부착으로 인한 장치의 폐쇄현상을 방지**한다.(가교현상 억제)

4) 세정식 집진장치(스크러버)

① 세정식 집진장치(스크러버)의 특징

- 액체를 분사시켜 분진을 수반하는 유해가스를 세정하여 입자의 부착 또는 응집을 일으켜 입자를 분리 포집하는 장치를 말한다.
- 분진과 가스를 동시에 제거할 수 있는 이점을 가지고 있다.
- 분진메커니즘이 관성충돌(inertial impaction)에 크게 의존하기 때문에 입자 크기가 1m에 근접하게 되면 집진효율이 급격히 감소하여 입자를 거의 제거하지 못하는 단점을 가지고 있다.
- 설치면적이 작아 협소한 장소에 설치가 가능하며 초기비용이 적게 든다.
- 상승 확산력이 감소되어 분진의 비산 염려가 없다.
- 고온가스의 처리가 가능하다.(가스상 물질을 가장 효과적으로 처리한다.)
- 인화성, 가열성, 폭발성 입자를 처리할 수 있다.
- 한랭기에 동결의 우려 있다.(주위에 안개연무 형성)
- 수질 오염원이 된다.(폐수가 발생)

② 세정식 집진장치의 분진포집 원리 실기 기출★

- 충돌
- 차단
- 확산
- 응집

한 눈에 들어오는 키워드

기출

원심력 집진기(사이클론)의 절단입경(cut-size)

50% 처리효율로 제거되는 입자크기

분리계수

사이클론의 잠재적인 능력(분리능력)을 나타낸다.

① 분리계수 = $\frac{\text{원심력}}{\text{중력}}$

② 원심력이 클수록 분리계수가 커지며 집진효율이 증대한다.

③ 사이클론의 원추하부의 반경이 클수록 분리계수는 작아진다.

④ 분리계수는 중력가속도에 반비례하고 입자의 접선방향 속도의 제곱에 비례한다.

한눈에 들어오는 키워드

5) 여과 집진장치(백 필터)

① 함진가스를 여과재에 통과시켜 관성충돌, 직접 차단, 확산, 정전기력에 의하여 입자를 분리 포집한다.

② 여과 집진장치의 장 · 단점 ★

장점 실기 기출★	단점
• 집진효율이 높다.(99% 이상) (미세입자의 집진효율이 비교적 높은 편이다.) • 다양한 용량을 처리할 수 있다. • 탈진방법과 여과재의 사용에 따른 설계상의 융통성이 있다. • 집진효율이 처리가스의 양과 밀도 변화에 영향이 적다. • 설치 적용범위가 광범위하다.	• 고온 및 산 · 알칼리 등의 부식성물질의 경우 여과재의 수명이 단축된다. • 습한 가스를 취급할 수 없다. • 집진장치 중 압력손실이 가장 크다. • 여과재 교체비용이 들고, 작업방법이 어렵다.

암기법

여과지(필터)는 다양한 용량을 융통성 있게 설계하여 광범위하게 적용, 효율 높으나 부식성, 습한가스에 압력손실 커서 교체해야 한다.

③ 여과 집진장치의 분진포집 원리 실기 기출★

- 충돌
- 차단
- 확산
- 체거름 효과

④ 여과속도 ★

$$U_f(\mathrm{cm/sec}) = \frac{Q}{A} \times 100$$

Q : 총처리 가스량($\mathrm{m^3/sec}$)
A : 총여과면적($\mathrm{m^2}$) (여과포 1개 면적×여과포개수)

[예제 90]

여포집진기에서 처리할 배기 가스량이 $2m^3/sec$이고 여포집진기의 면적이 $6m^2$일 때 여과속도는 약 몇 cm/sec인가?

① 25 ② 30 ③ 33 ④ 36

해설

$$U_f = \frac{Q}{A} \times 100$$

$$U_f = \frac{2}{6} \times 100 = 33.33\,(cm/sec)$$

[정답 ③]

[예제 91]

유량이 $600m^3/min$인 배기가스 중의 분진을 2m/min의 여과속도로 bag filter에서 처리하고자 할 때 필요한 여포집진기의 면적은 얼마인가?

① $100m^2$ ② $200m^2$ ③ $300m^2$ ④ $400m^2$

해설

$$U_f = \frac{Q}{A} \times 100$$

$$A = \frac{Q \times 100}{U_f} = \frac{10 \times 100}{3.33} = 300.30\,(m^2)$$

$$\left(\frac{600m^3}{min} = \frac{600m^3}{60sec} = 10m^3/s,\ \ \frac{2m}{min} = \frac{200cm}{60sec} = 3.33cm/s\right)$$

[정답 ③]

[예제 92]

직경이 38cm, 유효높이 2.5m의 원통형 백 필터를 사용하여 $60m^3/min$의 함진 가스를 처리할 때 여과속도(cm/s)는?

① 25 ② 32 ③ 50 ④ 64

해설

여과속도

$$U_f\,(cm/sec) = \frac{Q}{A} \times 100$$

Q : 총처리 가스량(m^3/sec)

A : 총여과면적(m^2) (여과포 1개 면적×여과포개수)

한 눈에 들어오는 키워드

$$U_f = \frac{Q}{A} \times 100 = \frac{Q}{\pi DL} \times 100 = \frac{1}{\pi \times 0.38 \times 2.5} \times 100 = 33.51\,(\text{cm/sec})$$

$$(\frac{60\text{m}^3}{\text{min}} = \frac{60\text{m}^3}{60\text{sec}} = 1\text{m}^3/\text{sec})$$

[정답 ②]

6) 전기 집진장치

① 정전력을 이용하여 입자를 집진하는 장치

② 전기 집진장치의 장 · 단점 ★

장점 실기 기출★	단점
• 광범위한 온도범위에서 적용이 가능하다. • 고온의 입자상물질, 폭발성가스 처리는 가능하나, 가연성 입자의 처리는 곤란하다. • 고온 가스를 처리할 수 있어 보일러와 철강로 등에 설치할 수 있다. • 압력손실이 낮으므로 대용량의 가스처리가 가능하며, 송풍기의 운전 및 유지비용이 저렴하다. • 넓은 범위의 입경과 분진농도에 집진효율이 높다. • 습식으로 집진할 수 있다. • 0.01μm정도의 미세 입자의 포집이 가능하여 높은 집진효율을 얻을 수 있다.(집진장치 중 가장 작은 입자를 처리할 수 있다)	• 초기 설치비용이 많이 들며 설치공간이 커야 한다. • 운전조건의 변화에 유연성이 적다.(전압변동과 같은 조건변동에 쉽게 적응이 곤란하다.) • 먼지성상에 따라 전처리시설이 요구된다. • 분진포집에 적용되며 가스상의 오염물질(기체상의 오염물질) 처리는 곤란하다.

확인

집진율

$$\eta(\%) = (1 - \frac{C_o \cdot Q_o}{C_i \cdot Q_i}) \times 100 = (1 - \frac{C_o}{C_i}) \times 100$$

C_i : 집진장치 입구 분진농도(g/m^3)
C_o : 집진장치 출구 분진농도(g/m^3)
Q_i : 집진장치 입구 가스유량(m^3/hr)
Q_o : 집진장치 출구 가스유량(m^3/hr)

✿ 집진장치 직렬조합 시 총 집진율 ★

$$총\ 집진율(\eta_T) = \eta_1 + \eta_2(1 - \eta_1)$$

η_1 : 1차 집진장치 집진율, η_2 : 2차 집진장치 집진율

$$총\ 집진율(\eta_T) = \eta_1 + \eta_2(1 - \frac{\eta_1}{100})$$

η_1 : 1차 집진장치 집진율(%), η_2 : 2차 집진장치 집진율(%)

✿ 동일 효율의 집진장치를 직렬 설치 시 총 집진율 ★

$$총\ 집진율(\eta_T) = 1 - (1 - \eta_c)^n$$

η_c : 집진장치 집진율, η : 집진장치 개수

[예제 93]

임핀저(impinger)로 작업장 내 가스를 포집하는 경우, 첫 번째 임핀저의 포집효율이 90%이고 두 번째 임핀저의 포집효율은 50%이었다. 두 개를 직렬로 연결하여 포집하면 전체 포집효율은?

① 93%　② 95%　③ 97%　④ 99%

해설

풀이1. 전체 포집효율$(\eta_T) = \eta_1 + \eta_2(1 - \eta_1)$

전체 포집효율$(\eta_T) = 0.9 + 0.5 \times (1 - 0.9) = 0.95 \times 100 = 95(\%)$

풀이2. 전체 포집효율$(\eta_T) = \eta_1 + \eta_2(1 - \frac{\eta_1}{100})$

전체 포집효율$(\eta_T) = 90 + 50 \times (1 - \frac{90}{100}) = 95(\%)$

[정답 ②]

[예제 94]

각각의 포집효율이 80%인 임핀저 2개를 직렬로 연결하여 시료를 채취하는 경우 최종 얻어지는 포집효율은?

① 90%　② 92%　③ 94%　④ 96%

해설

$\eta_T = 1 - (1 - \eta_c)^n = 1 - (1 - 0.8)^2 = 0.96 \times 100 = 96(\%)$

[정답 ④]

한 눈에 들어오는 키워드

기출

원심력 집진장치(사이클론)
함진가스에 선회류를 일으키는 원심력을 이용하여 분진을 분리, 포집한다.

관성력 집진장치
기류의 방향을 급격하게 전환시켰을 때 입자의 관성력에 의하여 분리 포집한다.

세정식 집진장치(스크러버)
액체를 분사시켜 분진을 수반하는 유해가스를 세정하여 입자의 부착 또는 응집을 일으켜 입자를 분리 포집한다.

여과 집진장치(백 필터)
함진가스를 여과재에 통과시켜 관성충돌, 직접 차단, 확산, 정전기력에 의하여 입자를 분리 포집한다.

기출

흡착탑
도장부스에서 발생된 유기용제 증기를 처리하기 위한 공기정화장치로 가장 적당한 것

확인

세정집진장치의 효율을 향상시키기 위한 방안
① 충진탑은 공탑 내의 배기속도를 느리게 한다.
② 체류시간을 길게 한다.
③ 분무되는 물방울의 입경을 작게 한다.
④ 충진제의 표면적과 충진밀도를 크게 한다.

한 눈에 들어오는 키워드

실기 기출★
흡수탑 충전물의 구비조건
① 표면적이 클 것
② 공극률이 클 것
③ 압력손실이 작을 것
④ 내구성이 클 것
⑤ 내식성, 내열성이 클 것

실기 기출★
유해가스의 처리방법
① 흡수법
② 흡착법
③ 연소법

실기 기출★
유해가스 제거위한 흡착장치 설계할 때 고려사항
① 대상가스의 특성
② 흡착장치의 처리효율
③ 압력손실

실기 기출★
유해가스 처리를 위해 연소법을 적용할 수 있는 경우(적용하기 위한 조건)
① 배출하는 가스량이 많은 경우
② 유해가스의 농도가 낮은 경우
③ 가연성 가스, 악취를 제거하는 경우

(6) 가스상 물질의 처리를 위한 집진장치의 종류

1) 흡수법

① 유해가스를 흡수액과 접촉시켜 용해도에 따른 용해 제거법이다.
(가스의 용해도가 중요한 요인이 된다.)

② 제거효율에 미치는 인자
- 접촉시간(체류시간)
- 기액 접촉 면적
- 흡수제의 농도
- 반응속도

③ 흡수액의 요건
- 용해도가 높을 것
- 화학적으로 안정될 것
- 휘발성이 낮을 것
- 착화성이 없고 무독성일 것
- 가격이 저렴하고 구하기 쉬울 것

2) 흡착법

기체가 고체 표면에 달라붙는 성질(흡착성)을 이용하여 오염기체를 제거한다.
(회수가치가 있는 불연성 희박농도가스의 처리에 가장 적합)

3) 연소법

① 가연성가스, 악취 등을 연소시켜 제거하는 방법

② 연소법의 종류 실기 기출★
- **직접연소(불꽃연소)** : 가연성 가스를 직접 불꽃 중에서 연소시킨다.
- **간접연소(가열연소)** : 가연성 물질의 농도가 낮아 직접 연소가 불가능할 때 사용되는 방법
- **촉매연소** : 가스 중의 가연성성분을 Pt, Co, Ni 등의 촉매를 사용하여 300~400℃ 정도의 저온에서 산화 제거하는 방법

10 배기구

오염된 공기를 포집하여 외부로 배출하는 통로를 말한다.

(1) 배기구 설치기준(산업환기설비 설치에 관한 기술지침)

① 옥외에 설치하는 배기구는 지붕으로부터 1.5m 이상 높게 설치하고, 배출된 공기가 주변 지역에 영향을 미치지 않도록 상부 방향으로 10m/s 이상 속도로 배출하는 등 배출된 유해물질이 당해 작업장으로 재유입되거나 인근의 다른 작업장으로 확산되어 영향을 미치지 않는 구조로 하여야 한다.

② 배기구는 내부식성, 내마모성이 있는 재질로 설치하고, 배기구의 하단에 배수밸브를 설치하여야 한다.

04 환기 시스템 설계

1 단순 국소배기시설의 설계

(1) 국소배기장치의 설계순서 ★

후드형식 선정 → 제어속도 결정 → 소요풍량 계산 → 반송속도 결정 → 배관내경 산출 → 후드 크기 결정 → 배관의 배치와 설치장소 선정 → 공기정화장치 선정 → 국소배기 계통도와 배치도 작성 → 총 압력손실량 계산 → 송풍기 선정

암기

형제 소풍 단속, 배경 크기결정, 배치 장소 선정, 공정한 배치도 작성, 손실 계산 후 소풍 선정

형(형식) **제**(제어속도) **소풍**(소요풍량) **단속**(반송속도), **배경**(배관내경) **크기결정, 배치 장소 선정, 공정**(공기정화장치)**한 배치도 작성, 손실 계산 후 송풍**(송풍기) **선정**

한 눈에 들어오는 키워드

실기 기출 ★

배기규칙 "15－3－15"

- 15 : 공기 흡입구와 배출구는 15m 이상 떨어져야 한다.
- 3 : 배출구 높이는 지붕꼭대기 및 공기유입구보다 3m 이상 높아야 한다.
- 15 : 배출되는 공기는 배출속도를 15m/s 이상 유지하여 재 유입되지 않도록 한다.

참고

합류점에서의 정압균형조절법

1. $\frac{\text{높은정압}}{\text{낮은정압}} \geq 1.2$
   - 압력손실이 작은 분지관(정압의 절대 값이 작은 분지관)을 재설계한다.
   - 덕트의 직경을 더 작은 것으로 줄인다.

2. $\frac{\text{높은정압}}{\text{낮은정압}} < 1.2$
   - 저항이 작은 분지관을 재설계한다.
   - 정압의 절대 값이 작은 분지관의 유량을 증가시킨다.
   - 보정 후의 유량의 계산

$$Q' = Q\sqrt{\frac{SP_2}{SP_1}}$$

Q' : 보정 후의 유량(m^3/min)
Q : 보정 전의 유량(m^3/min)
SP_1 : 압력손실이 낮은 쪽의 정압(mmH_2O)
SP_2 : 압력손실이 높은 쪽의 정압(mmH_2O)

3. $\frac{\text{높은정압}}{\text{낮은정압}} < 1.05$
   - 정압의 차가 크지 않으므로 특별한 조치를 필요로 하지 않는다.

한 눈에 들어오는 키워드

참고

합류점에서의 정압균형조절법

1. 낮은 정압과 높은 정압의 비가 20% 이상 ($\frac{높은\ 정압}{낮은\ 정압} \geq 1.2$)인 경우
   - 압력손실이 낮은 분지관(정압의 절대 값이 작은 분지관)을 재설계한다.
   - 덕트의 직경을 더 작은 것으로 줄여 정압을 높인다.

2. 낮은 정압과 높은 정압의 비가 5% 이상 20% 미만 ($0.5 \leq \frac{높은\ 정압}{낮은\ 정압} < 1.2$) 인 경우
   - 압력손실이 낮은 분지관(정압의 절대 값이 작은 분지관)의 유량을 증가시킨다.
   - 저항이 작은 분지관을 재설계한다.

3. 낮은 정압과 높은 정압의 비가 5% 미만 ($\frac{높은\ 정압}{낮은\ 정압} < 0.5$)인 경우
   - 정압의 차가 크지 않으므로 특별한 조치를 필요로 하지 않는다.

$$Q' = Q\sqrt{\frac{SP_2}{SP_1}}$$

Q' : 보정 후의 유량(m^3/min)
Q : 보정 전의 유량(m^3/min)
SP_1 : 압력손실이 낮은 쪽의 정압(mmH_2O)
SP_2 : 압력손실이 높은 쪽의 정압(mmH_2O)

2 다중 국소배기시설의 설계

후드가 두 개 이상인 다중 후드 시스템은 후드 합류점에서의 정압을 동일하게 조정하여야 각각의 후드에서 원하는 양의 공기를 흡인할 수 있게 된다.

(1) 합류점에서의 압력평형

1) 설계방법에 의한 평형법(Balance by Design Method) : 정압조절평형법(유속조절평형법) ★

저항에 따라 덕트 직경을 크게 하거나 감소시켜 저항을 줄이거나 증가시키는 방법으로 합류점의 정압이 같아지도록 하는 방법

실기 기출 ★

장점	단점
• 침식, 부식, 분진 퇴적에 의한 덕트 폐쇄가 없다. • 설계 시 잘못 설계된 분지관 또는 저항이 가장 큰 분지관을 쉽게 발견할 수 있다. (최대 저항 경로 선정이 잘못되어도 설계 시 쉽게 발견할 수 있음) • 설계가 정확할 때에는 가장 효율적인 시설이다.	• 설계 시 잘못된 유량을 고치기 어렵다. (임의로 유량을 조절하기 어려움) • 송풍량은 근로자나 운전자의 의도대로 쉽게 변경되지 않는다. • 설계유량 산정이 잘못될 경우 수정은 덕트의 크기 변경을 요한다. • 설계가 복잡하고 시간이 많이 걸린다. • 설치된 후의 개조 및 변경이나 확장에 대한 유연성이 낮다. • 효율 개선 시 전체를 수정해야 한다. • 경우에 따라 전체 필요한 최소유량보다 더 초과될 수 있다.

2) 댐퍼를 이용한 평형법(Blast Gate Method) : 저항조절평형법(댐퍼조절평형법, 덕트균형유지법) ★

① 덕트에 댐퍼를 부착하여 압력을 조정하여 평형을 유지하는 방법을 말한다.

② 시스템을 설치해 놓고 각각의 분지관에 설치되어 있는 댐퍼를 조절하여 압력평형을 맞추는 방법으로 설계계산이 간편하다.

③ 여러 개의 후드 중에서 일부만 사용할 때가 많은 경우에 사용하지 않는 덕트를 댐퍼로 막아 다른 곳에 필요한 정압을 보낼 수 있어 압력 균형방법으로 현장에서 가장 편리하게 사용할 수 있다.

④ 오염물질 배출원이 많아 여러 개의 가지 덕트를 주 덕트에 연결할 필요가 있는 경우(분지관의 수가 많고 덕트의 압력손실이 클 때) 사용한다.

⑤ 작업자들이 댐퍼를 임의로 조절하여 기능을 발휘할 수 없게 만들 수도 있다.(덕트에 분진이 퇴적되어 관 막힘(Plugging)현상을 초래)

실기 기출★

장점	단점
• 시설설치 후 송풍량의 조절, 덕트위치 변경이 어렵지 않다.(임의의 유량 조절 가능) • 최소 설계풍량으로 평형유지가 가능하다. • 설계계산이 상대적으로 간단하고, 고도의 지식을 요하지 않는다. • 덕트 크기를 바꿀 필요가 없어 반송속도를 그대로 유지한다.	• 평형상태시설에 댐퍼를 잘못 설치하게 되면 평형상태 파괴를 유발한다. • 임의로 댐퍼 조정 시 평형상태가 파괴 될 수 있다. • 부분적 폐쇄댐퍼는 침식, 분진퇴적의 원인이 된다. • 최대 저항경로 선정이 잘못되어도 설계 시 쉽게 발견하기 어렵다. • 댐퍼가 노출되어 누구나 쉽게 조절할 수 있어 정상기능을 저해할 우려있다.

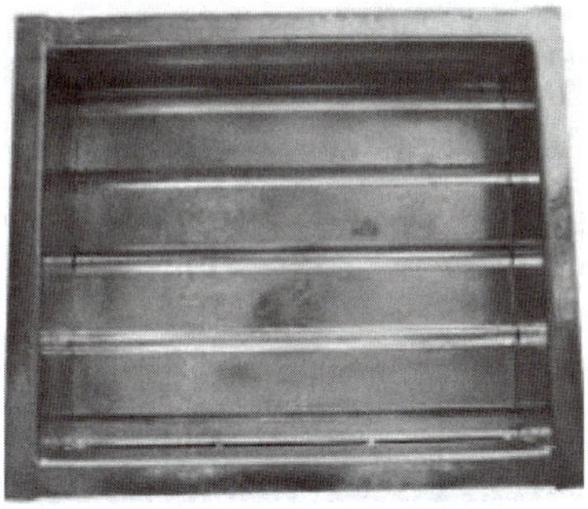

[사각댐퍼]

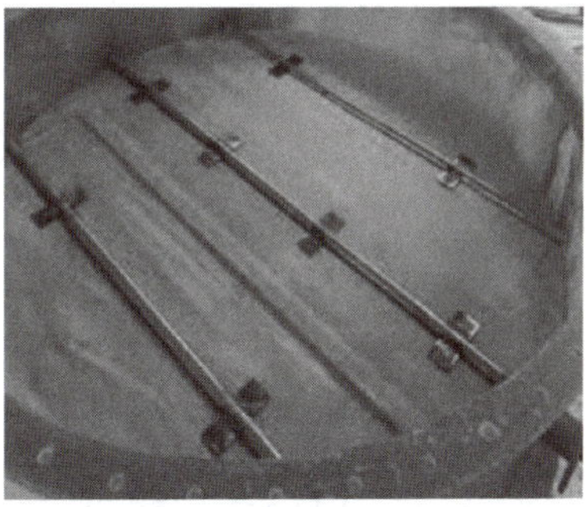

[원형댐퍼]

3 공기공급 시스템 실기 기출★

(1) 신선한 공기 공급

① 국소배기장치를 설치할 때에는 배기량과 같은 양의 신선한 공기가 작업장 내부로 공급될 수 있도록 공기유입부 또는 급기시설을 설치하여야 한다.

② 신선한 공기의 공급방향은 유해물질이 없는 가장 깨끗한 지역에서 유해물질이 발생하는 지역으로 향하도록 하여야 하며, 가능한 한 근로자의 뒤쪽에 급기구가 설치되어 신선한 공기가 근로자를 거쳐서 후드방향으로 흐르도록 하여야 한다.

③ 신선한 공기의 기류속도는 근로자 위치에서 가능한 한 0.5m/sec를 초과하지 않도록 하고, 작업공정이나 후드의 근처에서 후드의 성능에 지장을 초래하는 방해기류를 일으키지 않도록 하여야 한다.

한 눈에 들어오는 키워드

한 눈에 들어오는 키워드

(2) 공기공급시스템(make-up air)

1) "보충용 공기(make-up air)" 란 배기로 인하여 부족해진 공기를 작업장에 공급하는 공기를 말한다.

2) 국소배기장치가 효과적인 기능을 발휘하기 위해서는 후드를 통해 배출되는 것과 같은 양의 공기가 외부로부터 보충되어야 한다. 이것을 공기공급시스템(make-up air)라고 한다.

3) 공기공급시스템의 목적 실기 기출★

① 국소배기장치를 적절하게 가동시키기 위하여
② 국소배기장치의 효율 유지를 위하여
③ 작업장 내의 안전사고 예방을 위하여
④ 연료를 절약하기 위하여(에너지 절약)
⑤ 작업장 내의 방해기류(교차기류) 생성 방지를 위하여
⑥ 외부공기가 정화되지 않은 채로 건물 내로 유입되는 것을 막기 위하여

05 성능검사 및 유지관리

1 점검 사항과 방법

(1) 국소배기장치의 점검

사업주는 국소배기장치를 처음으로 사용하는 경우나 국소배기장치를 분해하여 개조하거나 수리를 한 후 처음으로 사용하는 경우에 다음 각 호에서 정하는 바에 따라 사용 전에 점검하여야 한다.

국소배기장치 ★★	공기정화장치
• 덕트와 배풍기의 분진 상태 • 덕트 접속부가 헐거워졌는지 여부 • 흡기 및 배기 능력 • 그 밖에 국소배기장치의 성능을 유지하기 위하여 필요한 사항	• 공기정화장치 내부의 분진상태 • 여과제진장치(濾過除塵裝置)의 여과재 파손 여부 • 공기정화장치의 분진 처리능력 • 그 밖에 공기정화장치의 성능 유지를 위하여 필요한 사항

2 검사 및 측정장비

(1) 국소배기장치 성능시험 시 필수장비 ★★

① 발연관(연기발생기 ; smoke tester)
② 청음기 또는 청음봉
③ 절연저항계
④ 표면온도계 및 초자온도계
⑤ 줄자
⑥ 열선풍속계(선택장비)

(2) 송풍관 내의 풍속측정 계기 실기 기출★

① 피토관 : 풍속이 3m/sec를 초과하는 경우에 사용
② 풍차 풍속계 : 풍속이 1m/sec를 초과하는 경우에 사용
③ 열선식 풍속계
④ 그네 날개형 풍속계

(3) 공기의 유속(기류) 측정기기

① 피토관(pitot tube)
② 회전 날개형 풍속계(rotating vane anemometer)
③ 그네 날개형 풍속계(swining vane anemometer ; 벨로미터)
④ 열선 풍속계(thermal anemometer) : 가장 많이 사용
⑤ 카타온도계(kata thermometer)
⑥ 풍향 풍속계
⑦ 풍차 풍속계

(4) 국소배기장치의 압력측정 장비 실기 기출★

① 피토관
② U자 마노미터
③ 경사 마노미터
④ 아네로이드 게이지
⑤ 마크네헬릭 게이지

한 눈에 들어오는 키워드

기출

카타온도계
옥내 기류측정에 사용
'카타(kata)'는 그리스어로 '내려 간다'의 뜻으로 기기 내의 알코올이 위의 눈금에서 아래 눈금까지 하강하는 데 소요되는 시간을 측정하여 기류를 측정한다.

흑구온도계
열복사량을 측정

열선풍속계
후드의 제어풍속을 측정

덕트의 배풍량 측정기기
① 피토관
② 열선풍속계
③ 마노미터

송풍기 축의 회전수 측정기기
타코미터(Tachometer)

CHAPTER 02

작업 공정 관리

한 눈에 들어오는 키워드

기출
- 물질대치
  경우에 따라서 지금까지 알려지지 않았던 전혀 다른 장애를 줄 수 있음
- 장비 대치
  적절한 대치방법 개발이 어려움
- 환기
  설계, 시설설치, 유지보수가 필요
- 격리
  쉽게 적용할 수 있고 효과도 좋다.

기출
아크 용접 작업을 하는 용접작업자의 근로자 건강보호를 위한 작업환경관리 방안
① 용접 흄 노출농도가 적절한지 살펴보고 특히 망간 등 중금속의 노출정도를 파악하는 것이 중요하다.
② 자외선의 노출여부 및 노출강도를 파악하고 적절한 보안경 착용여부를 점검한다.
③ 용접작업 주변에 TCE세척작업 등 TCE의 노출이 있는지 확인한다.

01 작업 공정 관리

1 작업 공정 관리

(1) 작업환경 개선대책

1) 대치(대체 ; Substitution) ★

공정의 변경	• 분진 비산 작업에 습식공법을 채택한다. • 두들겨 자르던 공정을 톱 절단으로 변경한다. • 고속회전식 그라인더 작업을 저속 연마작업으로 변경한다. • 작은 날개로 고속 회전시키는 것을 큰 날개 저속 회전으로 변경한다. • 페인트 분사 방식에서 합침 방식으로 변경한다. • 유기용제 세척공정을 스팀세척이나 비눗물 사용 공정으로 변경한다. • 압축공기식 임팩트 렌치 작업을 저소음 유압식 렌치로 대치한다. • 소음이 많은 리벳팅 작업을 볼트, 너트 작업으로 대치 한다. • 용제를 사용하는 분무도장을 에어스프레이 도장으로 변경한다. • 광산에서는 습식 착암기를 사용하여 파쇄, 연마작업을 한다. • 주물공정에서 쉘 몰드법을 채용한다.
유해물질 변경 (물질의 대체)	• 아조염료의 합성에서 벤지딘을 디클로로벤지딘으로 대신 사용한다. • 금속제품의 탈지(세척작업)에 트리클로로에틸렌을 사용하던 것을 계면활성제로 전환한다. • 성냥제조 시에 황린(백린) 대신 적린을 사용한다. • 단열재(보온재)로 석면을 사용하던 것을 유리섬유, 암면 또는 스티로폼 등을 사용한다. • 분체의 원료를 입자가 작은 것에서 큰 것으로 변경한다. • 분말로 출하되는 원료를 고형상태의 원료로 출하한다. • 유기합성용매로 방향족화합물을 사용하던 것을 지방족화합물로 전환한다. • 세탁 시 세정제로 사용하는 벤젠을 1,1,1-트리클로로에탄으로 변경한다. • 금속제품 도장용으로 유기용제를 수용성 도료로 전환한다. • 세탁 시 화재예방을 위하여 석유나프타 대신 퍼클로로에틸렌(트리-클로로에틸렌)을 사용한다.

유해물질 변경 (물질의 대체)	• 야광시계의 자판을 라듐 대신 인을 사용한다. • 세척작업에서 사염화탄소 대신 트리클로로에틸렌을 사용한다. • 주물공정에서 실리카모래 대신 그린모래로 주형을 채우도록 한다. • 금속표면을 블라스팅 할 때 사용재료로서 모래 대신 철구슬을 사용한다. • 유연 휘발유를 무연 휘발유로 대체한다. • 페인트 내에 들어 있는 납을 아연 성분으로 전환 한다. • 페인트 희석제를 석유나프타에서 사염화탄소로 대치한다.
시설의 변경	• 고소음 송풍기를 저소음 송풍기로 교체한다. • 작은 날개 고속 회전의 송풍기 대신 큰 날개 저속 회전하는 송풍기를 사용한다. • 가연성 물질을 저장할 경우 유리병보다는 철제통을 사용한다. • 페인트 도장 시 분사 대신 담금 도장으로 변경한다. • 금속제품 이송 시 롤러의 재질을 철제에서 고무나 플라스틱을 사용한다. • 염화탄화수소 취급장에서 네오프렌 장갑대신 폴리비닐알코올 장갑을 사용한다. • 흄 배출 후드의 창을 안전유리로 교체한다.

2) 격리(Isolation)

작업자와 유해요인 사이에 물리적, 거리적, 시간적인 격리를 의미하며 쉽게 적용할 수 있고 효과도 좋다.

저장물질의 격리	• 인화성이 강한 물질 등 저장 시 저장탱크 사이에 도랑을 파고 제방을 만들어 격리한다.
시설의 격리	• 방사능물질의 경우 원격조정, 자동화 감시체제로 변경한다. • 시끄러운 기계류에 방음커버 등을 씌워 격리한다.
공정의 격리	• 자동차의 도장 공정, 전기도금 공정을 타공정과 격리한다.
작업자의 격리	• 위생보호구를 착용한다.

3) 환기(Ventilation)

국소환기와 전체환기

4) 교육(Education)

올바른 작업방법에 대한 교육과 습관화

한 눈에 들어오는 키워드

기출

주물작업 시 발생되는 유해인자
① 용해공정 : 원자재 용해 시 금속 흄(Cu, Pb 등) 발생
② 조형공정 및 형 해체 및 탈사(주물사처리)공정 : 주물사분진에 폭로, 요통, 근골격계질환 발생
③ 주입공정 : 금속 흄 및 고열에 폭로, 요통, 화상재해 위험
④ 후처리(사상, 연마)공정 : 금속 분진, 소음 발생

암기 ★

작업환경대책 중 작업환경개선의 공학적인 대책(작업환경관리의 원칙)
① 대치(대체)
- 공정의 변경
- 유해물질 변경
- 시설의 변경

② 격리(Isolation)
- 저장물질의 격리
- 시설의 격리
- 공정의 격리
- 작업자의 격리

③ 환기
- 국소환기
- 전체환기

CHAPTER 03

개인 보호구

한 눈에 들어오는 키워드

참고
호흡용 보호구에는 방진마스크, 방독마스크, 송기마스크(호스마스크 및 에어라인 마스크), 공기호흡기, 산소호흡기 등이 있다.

실기기출★
보호구 구비 조건
① 사용 목적에 적합해야 한다.
② 착용이 간편해야 한다.
③ 작업에 방해되지 않아야 한다.
④ 품질이 우수해야 한다.
⑤ 구조, 끝마무리가 양호해야 한다.
⑥ 겉모양, 보기가 좋아야 한다.
⑦ 유해, 위험에 대한 방호가 완전할 것
⑧ 금속성 재료는 내식성일 것

01 호흡용 보호구

1 보호구의 개요

(1) 보호구의 지급 등 ★★ 실기 기출★

사업주는 다음 각 호에서 정하는 바에 따라 그 작업조건에 적합한 보호구를 동시에 작업하는 근로자의 수 이상으로 지급하고 이를 착용하도록 하여야 한다.

작업조건에 적합한 보호구	
물체가 떨어지거나 날아올 위험 또는 근로자가 추락할 위험이 있는 작업	안전모
높이 또는 깊이 2미터 이상의 추락할 위험이 있는 장소에서 하는 작업	안전대(安全帶)
물체의 낙하 · 충격, 물체에의 끼임, 감전 또는 정전기의 대전(帶電)에 의한 위험이 있는 작업	안전화
물체가 흩날릴 위험이 있는 작업	보안경
용접 시 불꽃이나 물체가 흩날릴 위험이 있는 작업	보안면
감전의 위험이 있는 작업	절연용 보호구
고열에 의한 화상 등의 위험이 있는 작업	방열복
선창 등에서 분진(粉塵)이 심하게 발생하는 하역작업	방진마스크
섭씨 영하 18도 이하인 급냉동어창에서 하는 하역작업	방한모 · 방한복 · 방한화 · 방한장갑
물건을 운반하거나 수거 · 배달하기 위하여 이륜자동차를 운행하는 작업	안전모

2 호흡용 보호구

(1) 방진마스크

1) 방진마스크의 등급

등급	특급	1급	2급
사용 장소	• **베릴륨** 등과 같이 독성이 강한 물질들을 함유한 분진 등 발생장소 • **석면** 취급장소	• 특급마스크 착용장소를 제외한 분진 등 발생장소 • **금속흄 등과 같이 열적으로 생기는 분진** 등 발생장소 • **기계적으로 생기는 분진 등 발생**장소(**규소** 등과 같이 2급 방진마스크를 착용하여도 무방한 경우는 **제외**한다)	• 특급 및 1급 마스크 착용장소를 제외한 분진 등 발생 장소
	배기밸브가 없는 안면부여과식 마스크는 특급 및 1급 장소에 사용해서는 안 된다.		

2) 방진마스크의 형태

<table>
<tr><th rowspan="2">종류</th><th colspan="2">분리식</th><th rowspan="2">안면부여과식</th></tr>
<tr><th>격리식</th><th>직결식</th></tr>
<tr><td rowspan="2">형태</td><td>전면형
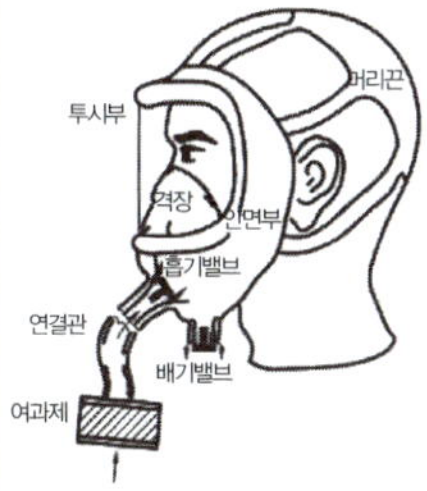
</td><td>전면형
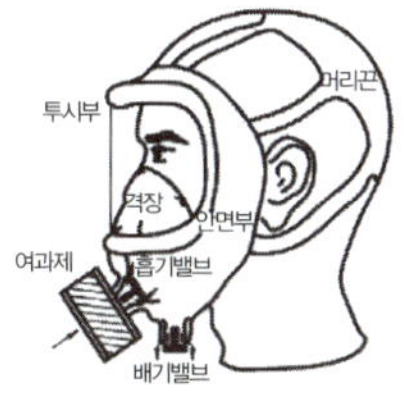
</td><td rowspan="2">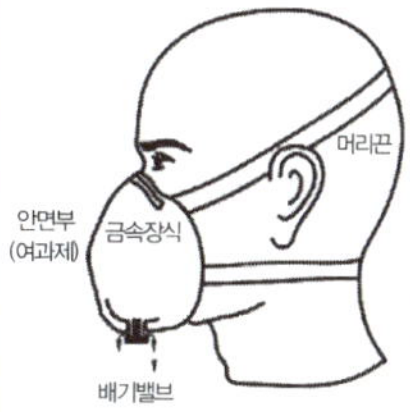
</td></tr>
<tr><td>반면형
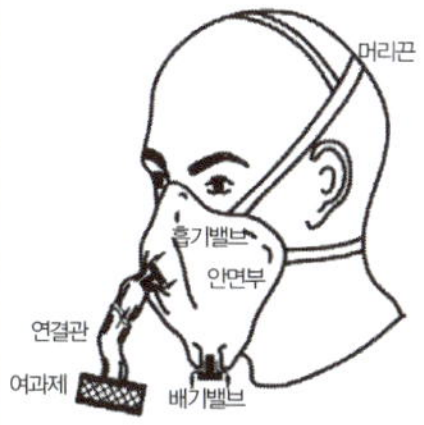
</td><td>반면형
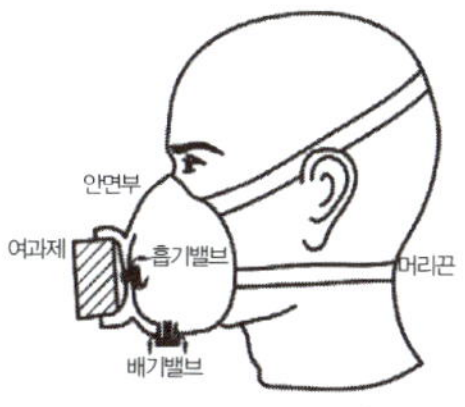
</td></tr>
<tr><td>사용조건</td><td colspan="3">산소농도 18% 이상인 장소에서 사용하여야 한다.</td></tr>
</table>

한 눈에 들어오는 키워드

참고

1. 안전인증 대상 보호구의 종류★
   ① 추락 및 감전 위험방지용 안전모
   ② 안전화
   ③ 안전장갑
   ④ 방진마스크
   ⑤ 방독마스크
   ⑥ 송기마스크
   ⑦ 전동식 호흡보호구
   ⑧ 보호복
   ⑨ 안전대
   ⑩ 차광 및 비산물 위험방지용 보안경
   ⑪ 용접용 보안면
   ⑫ 방음용 귀마개 또는 귀덮개

암기

머리 : 안전모(추락 및 감전 위험방지용)
눈 : 차광 및 비산물 위험방지용 보안경
코, 입 : 방진마스크, 방독마스크, 송기마스크, 전동식 호흡보호구
얼굴 : 용접용 보안면
귀 : 방음용 귀마개 또는 귀덮개
손 : 안전장갑
허리 : 안전대
발 : 안전화
몸 : 보호복

2. 자율안전 확인 대상 보호구의 종류
   ① 안전모(안전인증 대상 제외)
   ② 보안경(안전인증 대상 제외)
   ③ 보안면(안전인증 대상 제외)

한 눈에 들어오는 키워드

기출
방진마스크의 여과효율을 검정할 때 국제적으로 사용하는 먼지의 크기 : 0.3(㎛)

3) 방진마스크의 일반구조

① 착용 시 이상한 압박감이나 고통을 주지 않을 것
② 전면형 : 호흡 시에 투시부가 흐려지지 않을 것
③ 분리식 마스크 : 여과재, 흡기밸브, 배기밸브 및 머리끈을 쉽게 교환할 수 있고 착용자 자신이 안면부와의 밀착성 여부를 수시로 확인할 수 있을 것
④ 안면부여과식 : 여과재로 된 안면부가 사용 중 심하게 변형되지 않을 것
⑤ 안면부여과식 : 여과재를 안면에 밀착시킬 수 있을 것

4) 방진마스크의 선정조건(구비조건) ★

① 흡,배기 저항이 낮을 것(흡,배기 저항 상승률이 낮을 것)
② 포집효율이 높을 것
③ 시야가 확보될 것
④ 중량이 가벼울 것
⑤ 안면 밀착성이 좋을 것
⑥ 피부접촉부 고무질이 좋을 것
⑦ 비휘발성 입자에 대한 보호가 가능할 것
⑧ 여과효율이 우수하려면 필터에 사용되는 섬유의 직경이 작고 조밀하게 압축되어야 한다.

5) 방진마스크의 특징 ★

① 방진마스크는 인체에 유해한 분진, 연무, 흄, 미스트, 스프레이 입자를 작업자가 흡입하지 않도록 하는 보호구이다.
② 비휘발성 입자에 대한 보호만 가능하며, 가스 및 증기로부터의 보호는 안 된다.
③ 방진마스크의 종류에는 격리식과 직결식, 면체여과식이 있다.
④ 형태별로 전면형 마스크와 반면형 마스크가 있다.
④ 필터의 재질은 면, 모, 합성섬유, 유리섬유, 금속섬유 등이다.

(2) 방독마스크

1) 방독마스크의 종류

종류	시험가스
유기화합물용	시클로헥산(C_6H_{12}), 디메틸에테르(CH_3OCH_3), 이소부탄(C_4H_{10})
할로겐용	염소가스 또는 증기(Cl_2)
황화수소용	황화수소가스(H_2S)
시안화수소용	시안화수소가스(HCN)
아황산용	아황산가스(SO_2)
암모니아용	암모니아가스(NH_3)

2) 방독마스크의 등급

등급	사용장소
고농도	가스 또는 증기의 농도가 100분의 2(암모니아에 있어서는 100분의 3) 이하의 대기 중에서 사용하는 것
중농도	가스 또는 증기의 농도가 100분의 1(암모니아에 있어서는 100분의 1.5) 이하의 대기 중에서 사용하는 것
저농도 최저농도	가스 또는 증기의 농도가 100분의 0.1 이하의 대기 중에서 사용하는 것으로서 긴급용이 아닌 것

※ 비고 : 방독마스크는 산소농도가 18% 이상인 장소에서 사용하여야 하고, 고농도와 중농도에서 사용하는 방독마스크는 전면형(격리식, 직결식)을 사용해야 한다.

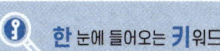

한 눈에 들어오는 키워드

한 눈에 들어오는 키워드

※ 문제

방독마스크에 대한 설명으로 옳지 않은 것은?

① 흡착제가 들어있는 카트리지나 캐니스터를 사용해야 한다.

② 산소결핍장소에서는 사용해서는 안 된다.

③ IDLH(Immediately Dangerous to Life and Health) 상황에서 사용한다.

④ 가스나 증기를 제거하기 위하여 사용한다.

[해설]

③ IDLH(Immediately Dangerous to Life and Health) 상황에서 사용해서는 안 된다.

정답 ③

3) 방독마스크의 형태 및 구조

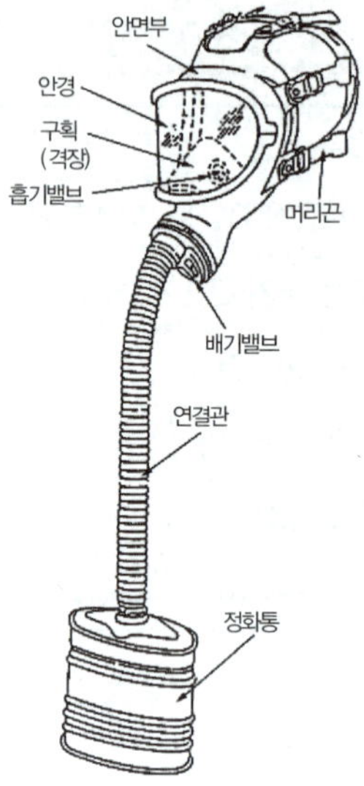

[격리식 전면형]

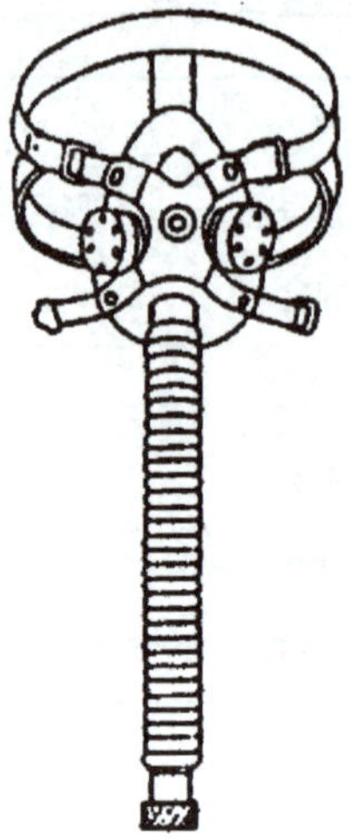

[격리식 반면형]

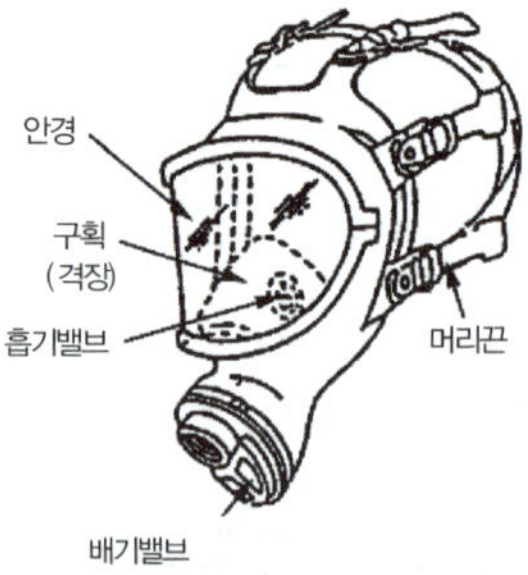

[직결식 전면형(1안식)]

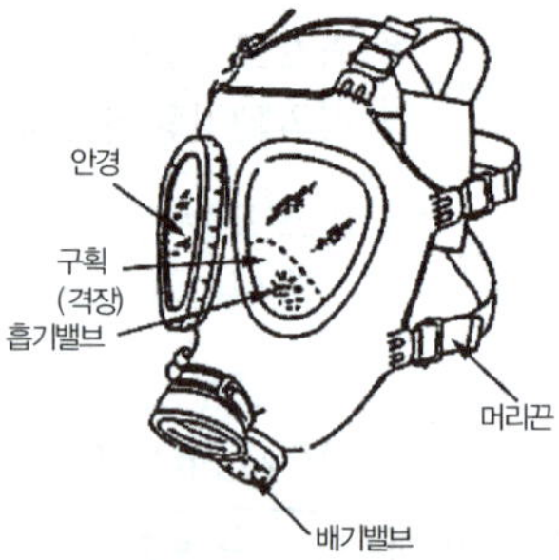

[직결식 전면형(2안식)]

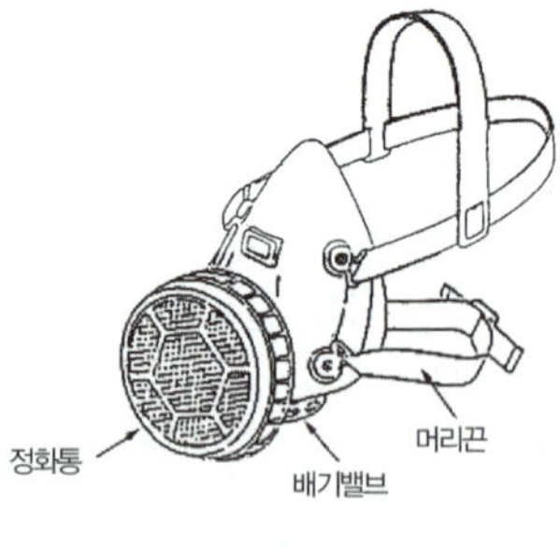

[반면형]

4) 방독마스크 흡수제의 종류 ★

① 활성탄
② 큐프라마이트
③ 호프칼라이트
④ 실리카겔
⑤ 소다라임
⑥ 알칼리제재
⑦ 카본

5) 방독마스크 정화통의 유효시간 계산 ★

$$\text{유효시간(파과시간)} = \frac{\text{시험가스농도} \times \text{표준유효시간}}{\text{작업장 공기중 유해가스 농도}}(\text{분})$$

[예제 1]

공기 중의 사염화탄소 농도가 0.2%일 때, 방독면의 사용 가능한 시간은 몇 분인가? (단, 방독면 정화통의 정화능력이 사염화탄소 0.5%에서 60분간 사용 가능하다.)

① 110　　② 130
③ 150　　④ 180

해설

$$\text{유효시간} = \frac{\text{시험가스농도} \times \text{표준유효시간}}{\text{작업장 공기 중 유해가스 농도}}$$

$$\text{유효시간} = \frac{0.5 \times 60}{0.2} = 150(\text{분})$$

[정답 ③]

한 눈에 들어오는 키워드

기출

방독마스크의 사용 용도
① 산소결핍장소에서는 사용해서는 안 된다.
② 흡착제가 들어있는 카트리지나 캐니스터를 사용해야 한다.
③ 흡착제로는 비극성의 유기증기에는 활성탄을, 극성 물질에는 실리카겔을 사용한다.

방독마스크 카트리지 수명에 영향을 미치는 요소
① 흡착제의 질과 양
② 상대습도
③ 온도
④ 유해물질농도
⑤ 착용자의 호흡률
⑥ 다른 가스 증기와의 혼합여부

사염화탄소(CCl_4)
방독마스크 정화통의 성능 시험에 사용하는 물질

※ 문제

호흡기 보호구의 사용 시 주의사항과 가장 거리가 먼 것은?
① 보호구의 능력을 과대평가 하지 말아야 한다.
② 보호구 내 유해물질 농도는 허용기준 이하로 유지해야 한다.
③ 보호구를 사용할 수 있는 최대 사용가능농도는 노출기준에 할당보호계수를 곱한 값이다.
④ 유해물질의 농도가 즉시 생명에 위태로울 정도인 경우는 공기 정화식 보호구를 착용해야 한다.

[해설]
④ 유해물질의 농도가 즉시 생명에 위태로울 정도인 IDLH에 해당되는 경우 공기호흡기, 에어라인/호스마스크 등을 사용한다.

정답 ④

한 눈에 들어오는 키워드

기출 ★
산소 결핍장소에서 착용하여야 하는 보호구
① 송기마스크
- 호스마스크
- 에어라인 마스크
- 복합식 에어라인마스크
② 공기호흡기

(3) 송기마스크(호스마스크 및 에어라인마스크)

유독가스와 분진으로 오염되지 않는 신선한 외부공기를 호스를 통하여 호흡하는 형식이기 때문에 산소결핍장소에서도 사용 가능하다.

1) 송기마스크의 종류 및 등급

종류	등급		구분
호스 마스크	폐력흡인형		안면부
	송풍기형	전동	안면부, 페이스실드, 후드
		수동	안면부
에어라인마스크	일정유량형		안면부, 페이스실드, 후드
	디맨드형		안면부
	압력디맨드형		안면부
복합식 에어라인마스크	디맨드형		안면부
	압력디맨드형		안면부

2) 할당보호계수(APF; Assigend Protection Factor) ★

① 보호구 바깥쪽 공기 중 오염물질 농도와 보호구 안쪽 오염물질 농도의 비를 나타낸다.

② APF를 이용하여 보호구에 대한 최대사용농도(MUC; Maximum Use Concentration)를 구할 수 있다.

③ 적절히 밀착된 호흡기보호구를 훈련된 일련의 착용자들이 작업장에서 착용하였을 때 기대되는 최소 보호 정도치(착용자 보호 정도)를 말한다.

④ APF가 100인 보호구를 착용하고 작업장에 들어가면 착용자는 외부 유해물질로부터 적어도 100배 만큼의 보호를 받을 수 있다는 의미이다.

⑤ 호흡용 보호구 선정 시 위해비(HR)보다 할당보호계수(APF)가 큰 보호구를 선택해야 한다.

★★

$$\text{할당보호계수(APF)} = \frac{\text{발생농도(최대사용농도 : MUC)}}{\text{노출기준(TLV)}}$$

$$\text{할당보호계수} = \frac{\text{방독마스크 바깥쪽 오염물질 농도}(C_o)}{\text{방독마스크 안쪽 오염물질 농도}(C_i)}$$

3) 보호구의 최대사용농도(MUC ; Maximum Use Concentration)

$$\text{최대사용농도} = TLV \times PF$$

TL : 허용기준(노출기준)
PF : 보호계수(할당 보호계수)

4) 보호구의 위해비(HR : Hazardous Ratio)

공기 중의 오염물질의 농도가 노출기준의 몇 배에 해당하는지를 나타낸다.

$$HR = \frac{C}{TLV}$$

C : 공기 중 유해물질의 농도
TLV : 노출기준

[예제 2]

A분진의 노출기준은 10mg/m^{3}이며 일반적으로 반면형 마스크의 할당보호계수(APF)는 10일 때, 반면형 마스크를 착용할 수 있는 작업장 내 A분진의 최대 농도는 얼마인가?

① 1mg/m^3 ② 10mg/m^3
③ 50mg/m^3 ④ 100mg/m^3

해설

$$\text{할당보호계수} = \frac{\text{발생농도}}{\text{노출기준}}$$

$$\text{발생농도} = \text{할당보호계수} \times \text{노출기준} = 10 \times 10 = 100(\text{mg/m}^3)$$

[정답 ④]

[예제 3]

톨루엔을 취급하는 근로자의 보호구 밖에서 측정한 톨루엔 농도가 30ppm이었고 보호구 안의 농도가 2ppm으로 나왔다면 보호계수(Protection factor, PF) 값은? (단, 표준 상태 기준)

① 15 ② 30
③ 60 ④ 120

해설

$$\text{할당보호계수} = \frac{\text{방독마스크 바깥쪽 오염물질 농도}(C_0)}{\text{방독마스크 안쪽 오염물질 농도}(C_i)} = \frac{30}{2} = 15$$

[정답 ①]

한 눈에 들어오는 키워드

참고
만능형 캐니스터
페인트 도장이나 농약 살포와 같이 공기 중에 가스 및 증기상 물질과 분진이 동시에 존재하는 경우 호흡보호구에 이용되는 가장 적절한 공기정화기

한눈에 들어오는 키워드

※ 문제

호흡기 보호구의 사용 시 주의 사항과 가장 거리가 먼 것은?

① 보호구의 능력을 과대평가 하지 말아야 한다.
② 보호구 내 유해물질 농도는 허용기준 이하로 유지해야 한다.
③ 보호구를 사용할 수 있는 최대 사용가능농도는 노출기준에 할당보호계수를 곱한 값이다.
④ 유해물질의 농도가 즉시 생명에 위태로울 정도인 경우는 공기 정화식 보호구를 착용해야 한다.

[해설]
④ 유해물질의 농도가 즉시 생명에 위태로울 정도인 IDLH에 해당되는 경우 공기호흡기, 에어라인/호스마스크 등을 사용한다.

정답 ④

[예제 4]

할당보호계수가 25인 반면형 호흡기보호구를 구리 흄이 존재하는 작업장에서 사용한다면 최대사용농도는 몇 mg/m^3인가? (단, 허용농도는 $0.3mg/m^3$이다.)

① 3.5 ② 5.5
③ 7.5 ④ 9.5

해설

$$\text{할당보호계수} = \frac{\text{발생농도}}{\text{노출기준}}$$

발생농도(최대 사용농도) = 할당보호계수 × 노출기준 = $25 \times 0.3 = 7.5(mg/m^3)$

[정답 ③]

(5) 호흡기 보호구의 밀착도 검사(fit test)

1) 밀착도 검사

밀착도 검사란 얼굴피부 접촉면과 보호구 안면부가 적합하게 밀착되는지를 측정하는 것이다.

2) 정성 밀착도 검사

① 호흡용 보호구를 착용하고 있는 사람이 자극, 냄새 또는 미각을 쉽게 감지할 수 있도록 자극성의 연기, 냄새가 나는 초산이소아밀 증기 또는 기타 적당한 시험환경에 폭로시킨다.
② 공기정화식 호흡용 보호구에는 여과재 또는 정화통을 부착시킨다.
③ 호흡용 보호구 착용자가 호흡용 보호구 내부로 자극성 또는 냄새성 시험제를 감지할 수 없다면 호흡용 보호구의 밀착도는 좋은 상태이다.

3) 정량 밀착도 검사(QNFT)

착용자의 감각과 무관하게 입자 계측기를 활용하여 안면 밀착부 주변의 새는 곳을 측정하고 데이터(밀착도 = Fit Factor)를 산출한 뒤, 기준과 비교하여 '합격/불합격'을 시험한다.

02 기타 보호구

한 눈에 들어오는 키워드

1 눈 보호구

(1) 차광보안경(안전인증 대상)

1) 사용구분에 따른 차광보안경의 종류(안전인증 대상) ★

종류	사용구분
자외선용	자외선이 발생하는 장소
적외선용	적외선이 발생하는 장소
복합용	자외선 및 적외선이 발생하는 장소
용접용	산소용접작업 등과 같이 자외선, 적외선 및 강렬한 가시광선이 발생하는 장소

(2) 자율안전확인 대상 보안경의 사용구분에 따른 종류

종류	사용구분
유리보안경	비산물로부터 눈을 보호하기 위한 것으로 렌즈의 재질이 유리인 것
플라스틱보안경	비산물로부터 눈을 보호하기 위한 것으로 렌즈의 재질이 플라스틱인 것
도수렌즈보안경	비산물로부터 눈을 보호하기 위한 것으로 도수가 있는 것

2 피부 보호구

(1) 피부보호용 도포제

① 피막형 피부보호제(피막형 크림) : 분진, 유리섬유 등에 대한 장해 예방
- 분진, 전해약품 제조, 원료 취급 작업에서 주로 사용한다.
- 적용 화학물질 : 정제 벤드나이겔, 염화비닐 수지
- 작업완료 후 즉시 닦아내야 한다.(피부 장해 우려됨)

② 광과민성 물질차단 피부보호제
- 대상 작업장 : 자외선 발생 작업(자외선 예방)

한눈에 들어오는 키워드

③ 지용성 물질차단 피부보호제
- 대상 작업장 : 지용성 물질 취급 작업(지용성 장해 예방)

④ 수용성 물질차단 피부보호제
- 대상 작업장 : 수용성 물질 취급 작업(수용성 장해 예방)

⑤ 소수성 피부보호제(소수성 크림)
- 내수성 피막을 만들고 소수성으로 산을 중화한다.
- 적용 화학물질 : 밀랍, 탈수라노린, 파라핀, 유동파라핀, 탄산마그네슘
- 대상 작업장 : 광산류, 유기산, 염류 및 무기염류 취급 작업장

⑥ 차광성 물질차단 피부보호제
- 적용 화학물질 : 글리세린, 산화제이철
- 대상 작업장 : 타르, 피치, 용접작업

(2) 보호장구 재질에 따른 적용물질 ★

① Neoprene 고무 : 비극성용제, 산, 부식성물질에 사용
② Vitron : 비극성용제에 사용
③ Nitrile : 비극성용제에 사용
④ 천연고무(latex) : 극성용제 및 수용성 용액에 사용
⑤ Butyl 고무 : 극성용제(알코올, 알데하이드 등)에 사용
⑥ 면 : 고체상물질에 사용(용제에는 사용 못함)
⑦ 가죽 : 찰과상 예방(용제에는 사용 못함)
⑧ Ethylene Vinyl Alcohol : 화학물질 취급 작업에 사용
⑨ Polyvinyl Chloride(PVC) : 수용성 용액에 사용

3 기타 보호구

(1) 방음 보호구★

① 귀마개는 25 ~ 35dB(A) 정도, 귀덮개는 35 ~ 45dB(A) 정도의 차음효과가 있으며 두 개를 동시에 착용하면 추가로 3 ~ 5dB(A) 차음 효과가 있다.
② 귀마개는 고주파수영역(4,000Hz)에서 감음효과가 가장 크다.

1) 귀마개(Ear plug)의 구분

종류	등급	기호	성능
귀마개	1종	EP-1	저음부터 고음까지 차음하는 것
	2종	EP-2	주로 고음을 차음하여 회화음 영역인 저음은 차음하지 않는 것
귀덮개		EM	

2) 귀마개의 장 · 단점 ★

장점	단점
• 부피가 작아서 휴대하기 편하다. • 보안경과 안전모 사용에 구애받지 않는다. • 고온작업, 좁은 공간에서도 사용할 수 있다. • 가격이 저렴하다.	• 귀에 질병이 있을 경우 착용이 불가능하다. • 제대로 착용하는 데 시간이 걸리며 요령을 습득해야 한다. • 착용 여부 파악이 곤란하다. • 차음효과가 일반적으로 귀덮개보다 떨어지며 사람에 따라 차이가 있을 수 있다. • 귀마개 오염에 따른 감염 가능성이 있다. • 땀이 많이 날 때는 외이도에 염증유발 가능성이 있다.

3) 귀덮개(Ear muff)

① 귀전체를 덮는 형식으로 저음영역에서 20dB 이상, 고음영역에서 45dB 이상 차음 효과가 있다.

② 간헐적 소음 노출 시에 적합하다. ★

4) 귀덮개의 장 · 단점 ★

장점	단점
• 고음영역에서 차음효과가 탁월하다. • 귀마개보다 차음효과가 일반적으로 크며 차음효과의 개인차가 적다. • 귀 안에 염증이 있어도 사용이 가능하다. • 착용이 쉽고 착용법이 틀리거나 분실할 염려가 적다. • 동일한 크기의 귀덮개를 대부분의 근로자가 사용할 수 있다. • 멀리서도 착용 유무를 확인할 수 있다.	• 고온에서 사용 시에는 땀이 나서 불편하다. • 보안경과 동시 착용 시에는 불편하며 차음효과가 감소한다. • 가격이 비싸고 운반과 보관이 쉽지 않다. • 오래 사용하여 귀걸이의 탄력성이 줄었을 때나 귀걸이가 휘었을 때는 차음효과가 떨어진다.

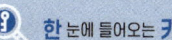

한 눈에 들어오는 키워드

참고

귀마개

외이도에 삽입하여 소음을 차단하는 보호구

기출

청력보호구의 차음효과를 높이기 위한 방법

① 귀덮개 형식의 보호구는 머리카락이 길 때와 안경테가 굵거나 잘 부착되지 않을 때에는 사용하지 않는다.

② 청력보호구를 잘 고정시켜서 보호구 자체의 진동을 최소한으로 한다.

③ 청력보호구는 머리의 모양이나 귓구멍에 잘 맞는 것을 사용한다.

한 눈에 들어오는 키워드

5) 차음효과 계산 ★★

$$\text{차음효과} = (NRR - 7) \times 0.5$$

NRR : 차음평가수

[예제 5]

어떤 작업장의 음압 수준이 86dB(A)이고, 근로자는 귀덮개를 착용하고 있다. 귀덮개의 차음평가수는 NRR = 19이다. 근로자가 노출되는 음압(예측)수준(dB(A))은? (단, OSHA 기준)

① 74　　② 76
③ 78　　④ 80

해설

$$\text{차음효과} = (\text{NRR} - 7) \times 0.5$$

차음효과 = (19 − 7) × 0.5 = 6(dB)
근로자가 노출되는 음압수준 = 86 − 6 = 80(dB)(A)

[정답 ④]

4 손 보호구

(1) 작업용도에 따른 손 보호구의 종류

① 일반작업용 장갑
② 용접용 보호장갑 : 용접작업 시 화상을 방지한다.
③ 전기용 고무장갑, 가죽장갑 : 전기작업 시 착용하여 감전을 방지한다.
④ 내열장갑(방열장갑) : 복사열로부터 손을 보호한다.
⑤ 위생보호장갑 : 산, 알칼리, 화학약품 등으로부터 손을 보호한다.
⑥ 방진장갑 : 진동공구 취급 시 사용한다.

05

과년도기출문제

2012년 1회 / 2회 / 3회
2013년 1회 / 2회 / 3회
2014년 1회 / 2회 / 3회
2015년 1회 / 2회 / 3회
2016년 1회 / 2회 / 3회
2017년 1회 / 2회 / 3회
2018년 1회 / 2회 / 3회
2019년 1회 / 2회 / 3회
2020년 1 · 2회 통합 / 3회

2012년 3월 4일

1회 과년도기출문제

제1과목 산업위생학 개론

01 구리(Cu) 독성에 관한 인체실험 결과 안전흡수량이 체중 kg당 0.1mg이었다. 1일 8시간 작업 시 구리의 체내 흡수를 안전흡수량 이하로 유지하려면 공기 중 구리농도는 약 얼마 이하여야 하는가? (단, 성인근로자의 평균체중은 75kg, 작업 시 폐환기율은 $1.2m^3/hr$, 체내 잔류율은 1.0이다.)

① $0.61mg/m^3$　② $0.73mg/m^3$
③ $0.78mg/m^3$　④ $0.85mg/m^3$

체내흡수량(mg) = $C \times T \times V \times R$

- 체내흡수량(SHD) : 안전계수와 체중을 고려한 것
- C : 공기 중 유해물질 농도(mg/m^3)
- T : 노출시간(hr)
- V : 호흡률(폐환기율) (m^3/hr)
- R : 체내 잔류율(보통 1.0)

mg = $C \times T \times V \times R$

$$C = \frac{mg}{T \times V \times R} = \frac{7.5}{8 \times 1.2 \times 1.0} = 0.78(mg/m^3)$$

$$\left(\frac{0.1mg}{kg} \times 75kg = 7.5mg\right)$$

실기에 자주 출제★★★

02 다음 중 NIOSH에서 권장하는 중량물 취급작업 시 감시기준(action limit)이 20kg일 때 최대허용기준(MPL)은 몇 kg인가?

① 25　② 30
③ 40　④ 60

MPL(최대허용기준)=3×AL(감시기준)

MPL(최대허용기준) = 3×20 = 60(kg)

실기까지 중요★★

03 산업위생의 정의 중 주요활동 4가지에 해당하지 않는 것은?

① 예측　② 측정
③ 평가　④ 기여

★산업위생의 주요 활동
예측 → 인지 → 측정 → 평가 → 관리

필기에 자주 출제★

정답 01 ③ 02 ④ 03 ④

04 다음 중 물질안전보건자료(MSDS)에 포함되어야 하는 항목이 아닌 것은? (단, 그 밖의 참고사항은 제외한다.)

① 응급조치 요령
② 물리화학적 특성
③ 운송에 필요한 정보
④ 최초 작성일자

★ 물질안전보건자료의 작성항목 (Data Sheet 16가지 항목)
1. 화학제품과 회사에 관한 정보
2. 유해 · 위험성
3. 구성성분의 명칭 및 함유량
4. 응급조치 요령
5. 폭발 · 화재시 대처방법
6. 누출사고시 대처방법
7. 취급 및 저장방법
8. 노출방지 및 개인보호구
9. 물리화학적 특성
10. 안정성 및 반응성
11. 독성에 관한 정보
12. 환경에 미치는 영향
13. 폐기 시 주의사항
14. 운송에 필요한 정보
15. 법적규제 현황
16. 기타 참고사항

실기까지 중요 ★★

05 다음 중 생리적 기능검사에 해당되지 않는 것은?

① 감각기능검사
② 심폐기능검사
③ 체력검사
④ 지각동작검사

생리학적 적성검사	① 감각기능검사 ② 심폐기능검사 ③ 체력검사
심리학적 적성검사	① 지능검사 : 언어, 기억, 추리에 대한 검사 ② 지각동작검사 : 수족협조, 운동속도, 형태지각검사 ③ 인성검사 : 성격, 태도, 정신상태 검사 ④ 기능검사 : 직무에 관한 기본지식과 숙련도, 사고력 등의 검사

필기에 자주 출제 ★

06 우리나라에서 산업위생관리를 관장하는 정부 행정부처는?

① 환경부　② 고용노동부
③ 보건복지부　④ 행정자치부

우리나라에서 산업위생관리를 관장하는 정부 행정부처 → 고용노동부

정답 04 ④ 05 ④ 06 ②

07 다음 중 산업피로를 측정할 때 국소피로를 평가하는 객관적인 방법은?

① 심전도
② 근전도
③ 부정맥지수
④ 작업종료 후 회복 시의 심박수

국소피로를 평가하는 객관적인 방법으로 근전도(EMG)를 가장 많이 이용한다.

* 참고
국소피로의 평가(피로한 근육에서 측정된 현상)
① 저주파수(0~40Hz)에서 힘의 증가
② 고주파수(40~200Hz)에서 힘의 감소
③ 평균주파수의 감소
④ 총 전압의 증가

필기에 자주 출제 ★

08 다음 중 노출기준(TWA, ppm)이 가장 낮은 것은?

① 오존(O_3) ② 암모니아(NH_3)
③ 일산화탄소(CO) ④ 이산화탄소(CO_2)

① 오존(O_3) : 0.08ppm
② 암모니아(NH_3) : 25ppm
③ 일산화탄소(CO) : 30ppm
④ 이산화탄소(CO_2) : 5,000ppm

09 다음 중 생물학적 원인에 의한 직업성 질환을 유발하는 직종으로 볼 수 없는 것은?

① 제지 제조 ② 농부
③ 수의사 ④ 피혁 제조

① 제지 제조 → 화학적 원인에 의한 직업성 질환을 유발하는 직종

* 참고
직업성 질병
업무수행 과정에서 물리적 인자, 화학물질, 분진, 병원체, 신체에 부담을 주는 업무 등 근로자의 건강에 장해를 일으킬 수 있는 요인을 취급하거나 그에 노출되어 발생한 질병

10 미국산업위생학술원(AAIH)에서는 산업위생분야에 종사하는 사람들이 반드시 지켜야 할 윤리강령을 채택하였는데 다음 중 해당하지 않는 것은?

① 전문가로서의 책임
② 근로자에 대한 책임
③ 검사기관으로서의 책임
④ 일반 대중에 대한 책임

* 산업위생 전문가의 윤리강령
① 산업위생 전문가로서의 책임
② 근로자에 대한 책임
③ 기업주와 고객에 대한 책임
④ 일반 대중에 대한 책임

실기에 자주 출제 ★★★

정답 07 ② 08 ① 09 ① 10 ③

11 다음 약어의 용어들은 무엇을 평가하는 데 사용되는가?

OWAS, RULA, REBA, SI

① 작업장 국소 및 전체 환기효율 비교
② 직무스트레스 정도
③ 누적외상성 질환의 위험요인
④ 작업강도의 정량적 분석

* 근골격계 질환(누적외상성 질환)의 유해요인 평가기법
OWAS, RULA, REBA, SI

12 다음 중 작업대사율(RMR)에 관한 설명으로 옳은 것은?

① 기초대사량을 작업대사량으로 나눈 값이다.
② 작업에 소모된 열량에서 기초대사량을 나눈 값이다.
③ 작업에 소모된 열량에서 안정 시의 열량을 나눈 값이다.
④ 작업에 소모된 열량에서 안정 시의 열량을 뺀 값에서 기초대사량을 나눈 값이다.

$$RMR = \frac{\text{작업(노동)대사량}}{\text{기초대사량}} = \frac{\text{작업 시의 소비 에너지} - \text{안정 시의 소비 에너지}}{\text{기초대사량}}$$

실기까지 중요 ★★

13 다음 중 NIOSH의 권고중량물한계기준(RWL ; Recommended Weight Limit)을 산정할 때 고려되는 인자가 아닌 것은?

① 수평계수 ② 수직계수
③ 작업강도계수 ④ 비대칭계수

RWL(kg) = LC(23) × HM × VM × DM × AM × FM × CM

- LC : 중량상수(Load Constant) - 23kg
- HM : 수평 계수(Horizontal Multiplier)
- VM : 수직 계수(Vertical Multiplier)
- DM : 거리 계수(Distance Multiplier)
- AM : 비대칭 계수(Asymmetric Multiplier)
- FM : 빈도 계수(Frequency Multiplier)
- CM : 커플링 계수(Coupling Multiplier)

필기에 자주 출제 ★

14 다음 중 도수율에 관한 설명으로 틀린 것은?

① 산업재해의 발생빈도를 나타낸다.
② 재해의 경중, 즉 강도를 나타내는 척도이다.
③ 연근로시간 합계 100만 시간당의 발생건수를 나타낸다.
④ 연근로시간수의 정확한 산출이 곤란한 경우 연간 2,400시간으로 한다.

② 재해의 경중, 즉 강도를 나타내는 척도이다.
→ 강도율

* 참고

1. $\text{도수율(빈도율)} = \frac{\text{재해 건수}}{\text{연 근로 시간 수}} \times 10^6$
2. $\text{강도율} = \frac{\text{총요양 근로 손실 일수}}{\text{연 근로 시간 수}} \times 1{,}000$

(근로손실일수 = 휴업일수, 요양일수, 입원일수 $\times \frac{300(\text{실제근로일수})}{365}$)

필기에 자주 출제 ★

정답 11 ③ 12 ④ 13 ③ 14 ②

15 다음 중 교대근무의 운용방법으로 가장 적절한 것은?

① 신체의 적응을 위하여 야간근무는 5 ~ 7일 연속하여 실시한다.
② 야간근무 후 다음 반으로 가는 간격은 최소 48시간 이상을 가지도록 하여야 한다.
③ 근무의 연속성을 고려하여 가능한 한 3조 3교대로 한다.
④ 교대방식은 피로의 회복을 위하여 정교대보다 역교대방식으로 한다.

> ① 야간근무의 연속일수는 2 ~ 3일로 한다.
> ③ 근무의 연속성을 고려하여 가능한 한 4조 3교대로 한다.
> ④ 교대방식은 낮 근무, 저녁 근무, 밤 근무 순으로 한다.(정교대가 좋다)

필기에 자주 출제★

16 다음 중 산업안전보건법상 보건관리자의 자격기준에 해당하지 않는 자는?

① '의료법'에 의한 의사
② '의료법'에 의한 간호사
③ '위생사에 관한 법률'에 의한 위생사
④ '고등교육법'에 의한 전문대학에서 산업보건 관련 학과를 졸업한 자

> ⋆ 보건관리자의 자격
> ① 산업보건지도사 자격을 가진 사람
> ② 「의료법」에 따른 의사
> ③ 「의료법」에 따른 간호사
> ④ 「국가기술자격법」에 따른 산업위생관리산업기사 또는 대기환경산업기사 이상의 자격을 취득한 사람
> ⑤ 「국가기술자격법」에 따른 인간공학기사 이상의 자격을 취득한 사람
> ⑥ 「고등교육법」에 따른 전문대학 이상의 학교에서 산업보건 또는 산업위생 분야의 학위를 취득한 사람(법령에 따라 이와 같은 수준 이상의 학력이 있다고 인정되는 사람을 포함한다)

필기에 자주 출제★

17 다음 중 피로에 관한 설명으로 틀린 것은?

① 피로의 자각증상은 피로의 정도와 반드시 일치하지는 않는다.
② 산업피로는 주로 작업강도와 양, 속도, 작업시간 등 외부적 요인에 의해서만 좌우된다.
③ 피로는 그 정도에 따라 보통피로, 과로, 곤비상태로 나눌 수 있다.
④ 피로의 본태는 에너지원의 소모, 피로물질의 체내 축적, 신체조절기능의 저하 등에서 기인한다.

> ② 산업피로는 작업강도와 양, 속도, 작업시간 등의 요인 외에 작업환경조건, 생활조건, 개인조건 등도 영향을 미친다.

필기에 자주 출제★

18 다음 중 육체적 근육노동 시 특히 주의하여 보급해야 할 비타민의 종류는?

① 비타민 B1 ② 비타민 B2
③ 비타민 B6 ④ 비타민 B12

> ⋆ 비타민 B1(Thiamine)
> 작업강도가 높은 근로자의 근육에 호기적 산화를 촉진시켜 근육의 열량공급을 원활히 해주는 비타민(근육노동 시 특히 주의하여 보급해야 할 비타민)

필기에 자주 출제★

정답 15 ② 16 ③ 17 ② 18 ①

19 화학적 유해인자에 대한 노출을 평가하는 방법은 크게 개인시료와 생물학적 모니터링(biological monitoring)이 있는데 다음 중 생물학적 모니터링에 이용되는 시료로 볼 수 없는 것은?

① 소변 ② 유해인자의 노출량
③ 혈액 ④ 인체조직이나 세포

* 생물학적 모니터링(biological monitoring)
① 근로자의 생체시료로부터 유해물질의 대사산물, 유해물질 자체 및 생화학적 변화산물을 분석하여 유해물질의 체내흡수정도 및 건강영향 가능성을 평가하기 위하여 실시한다.
② 시료는 소변, 호기 및 혈액 등이 주로 이용된다.

실기까지 중요 ★★

20 다음 중 산업안전보건법상 보관하여야 할 서류와 그 보존기간이 잘못 연결된 것은?

① 건강진단 결과를 증명하는 서류 : 5년간
② 작업환경측정 결과를 기록한 서류 : 3년간
③ 보건관리 업무대행에 관한 서류 : 3년간
④ 발암성 확인물질을 취급하는 근로자에 대한 건강진단 결과의 서류 : 30년간

작업환경측정 결과를 기록한 서류는 보존(전자적 방법으로 하는 보존을 포함한다)기간을 5년으로 한다. 다만, 고용노동부장관이 정하여 고시하는 물질에 대한 기록이 포함된 서류는 그 보존기간을 30년으로 한다.

필기에 자주 출제 ★

제2과목 작업위생 측정 및 평가

21 nucleopore 여과지에 관한 설명으로 옳지 않은 것은?

① 폴리카보네이트로 만들어진다.
② 강도는 우수하나 화학물질과 열에는 불안정하다.
③ 구조가 막 여과지처럼 여과지 구멍이 겹치는 것이 아니고 체(sieve)처럼 구멍이 일직선으로 되어 있다.
④ TEM 분석을 위한 석면의 채취에 이용된다.

* nucleopore 여과지
① 폴리카보네이트 재질에 레이저빔을 쏘아 만들며 막 여과지처럼 여과지 구멍이 겹치는 것이 아니고 체(sieve)처럼 구멍(공극)이 일직선으로 되어 있다.
② TEM(전자현미경)분석을 위한 석면의 채취에 이용된다.
③ 화학물질과 열에 안정적이다.

정답 19 ② 20 ② 21 ②

22 벤젠(C_6H_6)을 0.2L/min 유량으로 2시간 동안 채취하여 GC로 분석한 결과 10mg이었다. 공기 중 농도는 몇 ppm 인가? (단, 25℃, 1기압 기준)

① 약 75 ② 약 96
③ 약 118 ④ 약 131

1. $mg/m^3 = \dfrac{10mg}{\dfrac{0.2\times10^{-3}m^3}{min}\times(2\times60)min}$

$= 416.67(mg/m^3)$

2. $mg/m^3 = \dfrac{ppm\times 분자량}{24.45(25℃,\ 1기압\ 기준)}$

$ppm = \dfrac{mg/m^3\times24.45}{분자량} = \dfrac{416.67\times24.45}{78}$

$= 130.61(ppm)$

[벤젠의 분자량 = 12×6 + 1×6 = 78g]

실기에 자주 출제 ★★★

23 공기흡입유량, 측정시간, 회수율 및 시료분석 등에 의한 오차가 각각 10%, 5%, 11% 및 4%일 때의 누적오차는?

① 11.8% ② 18.4%
③ 16.2% ④ 22.6%

누적오차(E_c) = $\sqrt{E_1^2+E_2^2+E_3^2+\cdots+E_n^2}$

- E_c : 누적오차(%)
- $E_1, E_2, E_3 \sim E_n$: 각각 요소의 오차율(%)

$E_c = \sqrt{10^2+5^2+11^2+4^2} = 16.19(\%)$

실기까지 중요 ★★

24 40%(W/V%) NaOH 용액의 농도는 몇 N인가? (단, Na 원자량은 23)

① 5.0N ② 10.0N
③ 15.0N ④ 20.0N

1. 40%(W/V%) : 용질 40g이 용액 100 mL에 존재하는 용액

2. 노르말농도(N) = $\dfrac{용질의\ 당량수(eq)}{용액의\ L\ 수}$

$= \dfrac{40\times\dfrac{1eq}{40g}}{100\times\dfrac{1}{1,000}L} = 10(N)$

[$NaOH = Na^+ + OH^-$
NaOH의 당량수 = $\dfrac{1eq(원자수)}{1mol} = \dfrac{1eq}{40g}$
(NaOH의 분자량 = 23 + 16 + 1 = 40g)]

* 참고
① 노르말 농도(N) : 용액 1L 속에 포함된 용질의 g당량수
② 당량수(eq) : 1몰의 전자, 수소이온(H^+), 수산화이온(OH^-)과 반응하거나 이를 생성하는 물질의 양(분자량)

25 어느 오염원에서 perchloroethylene 20% (TLV = 670mg/m³, 1mg/m³ = 0.15ppm), methylenechloride 30%(TLV = 720mg/m³, 1mg/m³ = 0.28ppm), heptane 50%(TLV = 1,600mg/m³, 1mg/m³ = 0.25ppm)의 중량비로 조성된 용제가 증발되어 작업환경을 오염시켰을 경우 혼합물의 허용농도는?

① 673mg/m³ ② 794mg/m³
③ 881mg/m³ ④ 973mg/m³

정답 22 ④ 23 ③ 24 ② 25 ④

* 액체 혼합물의 구성성분(%)을 알 때 혼합물의 허용농도(노출기준)

혼합물의 노출기준(mg/m³)

$$= \frac{1}{\frac{f_a}{TLV_a} + \frac{f_b}{TLV_b} + \cdots + \frac{f_n}{TLV_n}}$$

- f_a, f_b, f_n : 액체 혼합물에서의 각 성분 무게(중량) 구성비(%)
- TLV_a, TLV_b, TLV_n : 해당 물질의 노출기준(mg/m³)

$$mg/m^3 = \frac{1}{\frac{0.2}{670} + \frac{0.3}{720} + \frac{0.5}{1,600}}$$

$= 973.07(mg/m^3)$

실기까지 중요 ★★

26 흡착제 중 실리카겔이 활성탄에 비해 갖는 장 · 단점으로 옳지 않은 것은?

① 활성탄에 비해 수분을 잘 흡수하여 습도에 민감하다.
② 매우 유독한 이황화탄소를 탈착용매로 사용하지 않는다.
③ 활성탄에 비해 아닐린, 오르토-톨루이딘 등 아민류의 채취가 어렵다.
④ 추출액이 화학분석이나 기기분석에 방해물질로 작용하는 경우가 많지 않다.

* 실리카겔관의 장 · 단점

장점	① 극성물질을 채취한 경우 물, 메탄올 등 다양한 용매로 쉽게 탈착된다. ② 추출액이 화학분석이나 기기분석에 방해물질로 작용하는 경우가 많지 않다. ③ 활성탄으로 채취가 어려운 아닐린, 오르쏘-톨루이딘 등의 아민류나 몇몇 무기물질의 채취가 가능하다. ④ 매우 유독한 이황화탄소를 탈착 용매로 사용하지 않는다.
단점	① 수분을 잘 흡수(친수성)하여 습도의 증가에 따라 흡착용량이 감소된다.

필기에 자주 출제 ★

27 표준가스에 관한 법칙 중 일정한 부피조건에서 압력과 온도가 비례한다는 것을 나타내는 것은?

① 게이-뤼삭의 법칙
② 라울트의 법칙
③ 보일의 법칙
④ 하인리히의 법칙

* 게이-뤼삭의 법칙
일정한 부피조건에서 압력과 온도가 비례한다.

암기법

일부(일정 부피) 이삭(게이루삭)은 온압(온도, 압력)에 비례

28 고유량 공기채취펌프를 수동 무마찰거품관으로 보정하였다. 비눗방울이 450cm³의 부피(*V*)까지 통과하는 데 12.6초(*T*)가 걸렸다면 유량(*Q*)은 몇 L/min인가?

① 2.1 ② 3.2
③ 7.8 ④ 32.3

$$L/min = \frac{450 \times 10^{-3}L}{12.6 \div 60min} = 2.14(L/min)$$

- $cm^3 = (10^{-2}m)^3 = (10^{-6})m^3$
- $L = (10^{-3})m^3$

$\therefore cm^3 = (10^{-3})L$

필기에 자주 출제 ★

정답 26 ③ 27 ① 28 ①

29 다음 옥외(태양광선이 내리쬐는 장소)에서 WBGT(습구흑구온도지수, ℃)를 산출하는 공식은? (단, T_{nwb} : 자연습구온도, T_g : 흑구온도, T_{db} : 건구온도)

① $WBGT = 0.7T_{nwb} + 0.3T_{db}$
② $WBGT = 0.7T_{nwb} + 0.3T_g$
③ $WBGT = 0.7T_{nwb} + 0.2T_{db} + 0.1T_g$
④ $WBGT = 0.7T_{nwb} + 0.2T_g + 0.1T_{db}$

* 습구흑구온도지수(WBGT)의 산출

1. 옥외(태양광선이 내리쬐는 장소)
WBGT(℃) = 0.7×자연습구온도 + 0.2×흑구온도 + 0.1×건구온도
2. 옥내 또는 옥외(태양광선이 내리쬐지 않는 장소)
WBGT(℃) = 0.7×자연습구온도 + 0.3×흑구온도
3. 평균 WBGT(℃)
$$= \frac{WBGT_1 \times t_1 + \cdots + WBGT_n \times t_n}{t_1 + \cdots + t_n}$$
• $WBGT_n$: 각 습구흑구온도지수의 측정치(℃)
• t_n : 각 습구흑구온도지수치의 발생시간(분)

실기에 자주 출제 ★★★

30 포름알데히드(CH_2O) 15g은 몇 mmole인가?

① 0.5 ② 15
③ 200 ④ 500

1. 포름알데히드의 분자량 = 12 + (1 × 2) + 16 = 30(g)
2. 1몰 : 30g = x몰 : 15g
$30 \times x = 15$
$$\therefore x = \frac{15}{30} = 0.5(몰) \times 1,000 = 500(mmol)$$
* 몰농도 = 용액 1l 속에 녹아있는 용질의 양
* $mmol = \frac{1}{1,000} mol$

31 가스상 물질의 순간시료 채취에 사용되는 기구로 가장 거리가 먼 것은?

① 진공플라스크
② 미젯 임핀저
③ 플라스틱 백
④ 검지관

* 순간시료 채취기의 종류
① 검지관
② 직독식 기기
③ 진공플라스크
④ 스테인리스 스틸 캐니스터(수동형 캐니스터)
⑤ 시료채취 백

필기에 자주 출제 ★

32 정량한계(LOQ)에 관한 내용으로 옳은 것은?

① 표준편차의 3배
② 표준편차의 10배
③ 검출한계의 5배
④ 검출한계의 10배

* 정량한계
표준편차의 10배 또는 검출한계의 3 또는 3.3배

필기에 자주 출제 ★

정답 29 ④ 30 ④ 31 ② 32 ②

33 알고 있는 공기 중 농도 만드는 방법인 dynamic method에 관한 설명으로 옳지 않은 것은?

① 희석공기와 오염물질을 연속적으로 흘려주어 연속적으로 일정한 농도를 유지하면서 만드는 방법이다.
② 다양한 농도범위의 제조가 가능하다.
③ 소량의 누출이나 벽면에 의한 손실은 무시할 수 있다.
④ 만들기가 간단하고 가격이 저렴하다.

*Dynamic method
① 알고 있는 공기 중의 농도를 만드는 방법을 말한다.(오염물질을 희석공기와 연속적으로 혼합하여 일정 농도를 유지하도록 만드는 방법)
② 농도변화를 줄 수 있고, 온습도 조절이 가능하다.
③ 다양한 농도범위에서 제조가 가능하다.
④ 만들기가 복잡하고 가격이 고가이다.
⑤ 소량의 누출이나 벽면에 의한 손실은 무시할 수 있다.
⑥ 다양한 실험을 할 수 있으며 가스, 증기, 에어로졸 실험도 가능하다.
⑦ 지속적인 모니터링이 필요하다.

필기에 자주 출제★

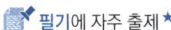

34 불꽃방식의 원자흡광광도계의 일반적인 장 · 단점으로 옳지 않은 것은?

① 가격이 흑연로장치에 비하여 저렴하다.
② 분석시간이 흑연로장치에 비하여 길게 소요된다.
③ 시료량이 많이 소요되며 감도가 낮다.
④ 고체시료의 경우 전처리에 의하여 매트릭스를 제거하여야 한다.

*불꽃방식의 원자흡광광도계(원자흡광분석기의 불꽃에 의한 금속정량의 특징)
① 가격이 흑연로 장치나 유도결합플라즈마에 비하여 저렴하다.
② 분석시간이 흑연로 장치에 비하여 적게 소요된다.
③ 고체시료의 경우 전처리에 의해 기질(매트릭스)를 제거하여야 한다.
④ 시료량이 많이 소요되며 감도가 낮다.
⑤ 시험 용액중의 납 등 작업환경 중 유해금속 분석(금속 원소의 농도 측정)을 할 수 있다.
⑥ 조작이 쉽고 간편하다.

필기에 자주 출제★

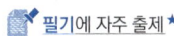

35 원자흡광분석기에서 빛의 강도가 I_0인 단색광이 어떤 시료용액을 통과할 때 그 빛의 85%가 흡수될 경우 흡광도는?

① 0.64 ② 0.79
③ 0.82 ④ 0.91

*흡광도(A)

$$A = \log \frac{1}{\text{투과율}}$$

$$A = \log\left(\frac{1}{0.15}\right) = 0.82$$

(투과율 = 1 − 흡수율 = 1 − 0.85 = 0.15)

필기에 자주 출제★

정답 33 ④ 34 ② 35 ③

36 '1차 표준' 에 관한 설명으로 옳지 않은 것은?

① wet-test meter(용량측정용)는 용량측정을 위한 1차 표준으로 2차 표준용량 보정에 사용된다.
② 폐활량계는 과거에 폐활량을 측정하는 데 사용되었으나 오늘날 1차 용량 표준으로 자주 사용된다.
③ 펌프의 유량을 보정하는 데 1차 표준으로 비누거품미터가 널리 사용된다.
④ 물리적 크기에 의해서 공간의 부피를 직접 측정할 수 있는 기구를 말한다.

1차 표준 기구	2차 표준기구
1. 비누거품미터 2. 폐활량계 3. 가스치환병 4. 유리피스톤미터 5. 흑연피스톤미터 6. 피토튜브(Pitot tube)	1. 로타미터 2. 습식테스트미터 (Wet-test-meter) 3. 건식가스미터 (Dry-gas-meter) 4. 오리피스미터 5. 열선기류계
암기법 1차비누로 폐활량재고, 가스치환하여, 유리, 흑연 먹였더니 피토했다.	암기법 2 열로 걸어가는 습관 테스트하는 오리

★ 참고
1차 표준기구(primary standard)
① 물리적 차원인 공간의 부피를 직접 측정할 수 있는 표준기준(직접 공기량을 측정하는 유량계)
② 기구 자체가 정확한 값(정확도 ±1% 이내)을 제시한다.
③ 모든 유량계를 보정할 때 기본이 되는 장비이다.
④ 온도와 압력에 영향을 받지 않는다.

실기까지 중요 ★★

37 어떤 공장의 진동을 측정한 결과 측정대상 진동의 가속도 실효치가 0.03198m/sec²이었다. 이때 진동가속도레벨(*VAL*)은? (단, 주파수 = 18Hz, 정현진동 기준)

① 65dB ② 70dB
③ 75dB ④ 80dB

$$진동가속도레벨(VAL)(dB) = 20 \times \log(\frac{Arms}{Ar})$$

• $Arms$: 측정대상 진동의 가속도 실효치(m/s²)
• Ar : 기준 진동의 가속도 실효치(10^{-5}m/s²)

$$진동가속도레벨(VAL)(dB) = 20 \times \log(\frac{0.03198}{10^{-5}}) = 70.1(dB)$$

★ 참고
진동가속도레벨
(vibration acceleration level : VAL)
진동의 물리량을 dB로 나타낸 것

38 흡착제 중 다공성 중합체에 관한 설명으로 옳지 않은 것은?

① 활성탄보다 비표면적이 작다.
② 활성탄보다 흡착용량이 크며 반응성도 높다.
③ 테낙스 GC(Tenax GC)는 열안정성이 높아 열탈착에 의한 분석이 가능하다.
④ 특별한 물질에 대한 선택성이 좋다.

★ 다공성중합체(Porous Polymer)
① 스티렌, 에틸비닐벤젠 혹은 디비닐벤젠 중 하나와 극성을 띤 비닐화합물과의 공중합체이다.
② 활성탄보다 비표면적이 작고, 반응할 수 있는 표면적도 작다.(반응성이 작다.)
③ 특별한 물질에 대한 선택성이 좋다.(특수한 물질 채취에 유용하다.)
④ 열안정성이 높아 열탈착에 의한 분석이 가능하다.

필기에 자주 출제 ★

정답 36 ① 37 ② 38 ②

39 부탄올용액(흡수액)을 이용하여 시료를 채취한 후 분석된 시료량이 75μg이며, 공시료에 분석된 평균 시료량이 0.5μg, 공기채취량은 10L, 탈착효율이 92.5%일 때 이 가스상 물질의 농도는?

① 8.1mg/m³　② 10.4mg/m³
③ 12.2mg/m³　④ 14.8mg/m³

$$mg/m^3 = \frac{(75+0.5)\times 10^{-3}mg}{10\times 10^{-3}m^3} = 7.5(mg/m^3)$$

탈착효율이 92.5%이므로

$92.5 : 7.5 = 100 : x$

$92.5 \times x = 7.5 \times 100$

$$x = \frac{7.5\times 100}{92.5} = 8.11(mg/m^3)$$

- $L = 10^{-3}m^3$
- $\mu g = 10^{-3}mg$

실기에 자주 출제★★★

40 pH 2, pH 5인 두 수용액의 수산화나트륨으로 각각 중화시킬 때 중화제 NaOH의 투입량은 어떻게 되는가?

① pH 5인 경우보다 pH 2가 3배 더 소모된다.
② pH 5인 경우보다 pH 2가 9배 더 소모된다.
③ pH 5인 경우보다 pH 2가 30배 더 소모된다.
④ pH 5인 경우보다 pH 2가 1,000배 더 소모된다.

1. pH 2 : $-\log(H^+) = 2$, $H^+ = 10^{-2}$
2. pH 5 : $-\log(H^+) = 5$, $H^+ = 10^{-5}$
3. pH 2의 수소이온(H^+)이 1,000배 더 많으므로 중화에 필요한 NaOH도 1,000배 더 필요하다.

* 참고
1. pH : 수소이온(H^+)의 농도지수
 $pH = -\log(H^+)$
2. pOH : 수산화이온(OH^-)의 농도지수
 $pOH = -\log(OH^-)$
3. 중성용액 : pH = pOH = 7

제3과목 작업환경관리

41 질소의 마취작용에 관한 설명으로 옳지 않은 것은?

① 예방으로는 질소 대신 마취현상이 적은 수소 또는 헬륨 같은 불활성 기체들로 대치한다.
② 대기압조건으로 복귀 후에도 대뇌장애 등 후유증이 발생된다.
③ 수심 90 ~ 120m에서 환청, 환시, 조울증, 기억력 감퇴 등이 나타난다.
④ 질소가스는 정상기압에서는 비활성이지만 4기압 이상에서는 마취작용을 나타낸다.

* 질소의 마취작용
① 질소가스는 정상기압에서는 비활성이지만 4기압 이상에서는 마취작용을 나타낸다.
② 질소 마취증세는 후유증이나 별도의 치료가 필요하지 않으며 대기압 조건으로 복귀(얕은 수심으로 상승)하면 사라진다.
③ 수심 90 ~ 120m에서 질소의 마취작용으로 환청, 환시, 조울증, 기억력 감퇴 등이 나타나며 작업능력 저하, 다행증이 생긴다.
④ 예방으로는 고압환경에서 작업하는 근로자에게 질소를 헬륨으로 대치한 공기를 호흡시킨다.

필기에 자주 출제★

정답 39 ① 40 ④ 41 ②

42 유해성이 적은 재료의 대치에 관한 설명으로 옳지 않은 것은?

① 아조염료 합성원료를 벤젠 대신 벤지딘으로 대치한다.
② 분체의 원료는 입자가 큰 것으로 대치한다.
③ 야광시계의 자판을 라듐 대신 인을 사용한다.
④ 금속제품의 탈지(脫脂)에 트리클로로에틸렌을 사용하던 것을 계면활성제로 대치한다.

① 아조염료의 합성에서 벤지딘을 디클로로벤지딘으로 대신 사용한다.

필기에 자주 출제 ★

43 작업장에서 발생된 분진에 대한 작업환경 관리 대책과 가장 거리가 먼 것은?

① 국소배기장치의 설치
② 발생원의 밀폐
③ 방독마스크의 지급 및 착용
④ 전체환기

③ 분진이 발생되는 작업장에서는 방진마스크를 지급 및 착용하여야 한다.

필기에 자주 출제 ★

44 전리방사선인 β 입자에 관한 설명으로 옳지 않은 것은?

① 외부조사도 잠재적 위험이 되나 내부조사가 더욱 큰 건강상의 문제를 일으킨다.
② 선원은 방사선 원자핵이며 형태는 고속의 전자(입자)이다.
③ α(알파)입자에 비해서 무겁고 속도가 느리다.
④ RBE는 1이다.

* β선
① β입자는 방사성 원자핵이 내뿜는 전자의 흐름이다.(선원은 방사선 원자핵이며 형태는 고속의 전자(입자)이다.)
② 외부조사도 잠재적 위험이 되나 내부조사가 더욱 큰 건강상의 문제를 일으킨다.
③ 전리 작용은 약하지만 투과력은 강하다.
④ 생물학적 효과비(Relative Biological Effectiveness, RBE)는 1이다.

필기에 자주 출제 ★

45 고온다습한 환경에 노출될 때 체온조절중추 특히 발한중추의 장애로 인하여 발생하는 건강장애는?

① 열경련 ② 열사병
③ 열쇠약 ④ 열피로

* 열사병
태양의 복사열에 직접 노출 시 뇌의 온도 상승으로 체온조절 중추기능 장해(중추신경 마비)를 일으켜서 체내에 열이 축적되어 발생한다.

* 참고
① 열경련(heat cramp) : 고온환경에서 심한 육체적인 노동을 할 때 체내 수분 및 혈중 염분농도 저하가 원인이 되어 발생한다.
② 열피로(heat exhaustion), 열탈진, 열피비 : 고온환경에서 장시간 힘든 노동을 할 때 과다 발한으로 인한 수분과 염분손실 및 탈수로 인한 혈장량이 감소되어 발생한다.
③ 열쇠약(heat prostration) : 고열작업장에서의 만성적인 건강장해로 전신권태, 위장장해, 불면, 빈혈 등의 증상이 발생한다.

실기까지 중요 ★★

정답 42 ① 43 ③ 44 ③ 45 ②

46 자외선에 관한 설명으로 옳지 않은 것은?

① 인체에 유익한 건강선은 290 ~ 315nm 정도이다.
② 구름이나 눈에 반사되지 않아 대기오염의 지표로도 사용된다.
③ 일명 화학선이라고 하며 광화학반응으로 단백질과 핵산분자의 파괴, 변성작용을 한다.
④ 피부암은 주로 UV-B에 영향을 받는다.

* 자외선(화학선)
① 가시광선과 전리복사선 사이의 파장을 가짐 (100 ~ 400nm, 1000 ~ 4000 Å)
② 일명 화학선이라고 하며 광화학반응으로 단백질과 핵산분자의 파괴, 변성작용을 한다.
③ 태양광선, 고압 수은 증기등, 전기용접 등이 배출원이다.
④ 구름이나 눈에 반사되며, 고층구름이 낀 맑은 날에 가장 많다.
⑤ 대기오염의 지표로도 사용된다.

필기에 자주 출제★

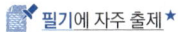

47 소음을 측정한 결과 dB(A)의 값과 dB(C)의 값이 서로 별 차이가 없을 때 이 소음의 특성은?

① 100Hz 이하의 저주파이다.
② 500Hz 정도의 중 · 저주파이다.
③ 100 ~ 500Hz 범위의 저주파이다.
④ 1,000Hz 이상의 고주파이다.

① dB(A)의 값과 dB(C)의 값이 별 차이가 없을 때 : 1,000Hz 이상의 고주파가 주성분이다.
② dB(A)의 값이 dB(C)의 값보다 작을 때 : 저주파 성분이 많다.

48 1foot candle의 정의는?

① 1루멘의 빛이 $1ft^2$의 평면상에 수식방향으로 비칠 때 그 평면의 밝기
② 1루멘의 빛이 $1cm^2$의 평면상에 수식방향으로 비칠 때 그 평면의 밝기
③ 1루멘의 빛이 $1m^2$의 평면상에 수식방향으로 비칠 때 그 평면의 밝기
④ 1루멘의 빛이 $1in^2$의 평면상에 수식방향으로 비칠 때 그 평면의 밝기

* 조도의 단위
① fc(foot-candle)
  - 1촉광의 점광원으로부터 1foot 떨어진 곡면에 비추는 광 밀도
  - 1루멘의 빛이 $1ft^2$의 평면상에 수직방향으로 비칠 때 그 평면의 빛의 양을 말한다.(1lumen/ft^2)
  - 1fc = 10 lux
② lux(meter-candle)
  - 1촉광의 점광원으로부터 1m 떨어진 곡면에 비추는 광밀도
  - 1루멘의 빛이 $1m^2$의 평면상에 수직방향으로 비칠 때의 빛의 양을 말한다.(1lumen/m^2)

필기에 자주 출제★

정답 46 ② 47 ④ 48 ①

49 지적온도에 미치는 인자에 관한 설명으로 옳지 않은 것은?

① 작업량이 클수록 체열생산량이 많아 지적온도가 높아진다.
② 여름철이 겨울철보다 높다.
③ 젊은 사람보다 노인들에게 지적온도가 높다.
④ 더운 음식, 알코올 섭취 시 지적온도는 낮아진다.

① 작업량이 클수록 체열생산량이 많아 지적온도는 낮아진다.

* 참고
지적온도
① 환경온도를 감각온도로 표시한 것을 지적온도라 한다.
② 생활하는 데 가장 적절한 온도를 말하며 보통 16 ~ 20℃를 지적온도라고 한다.

필기에 자주 출제★

50 할당보호계수(APF)가 25인 반면형 호흡기 보호구를 구리흄(노출기준(허용농도) 0.3mg/m³)이 존재하는 작업장에서 사용한다면 최대 사용 농도(MUC, mg/m³)는?

① 3.5　② 5.5
③ 7.5　④ 9.5

$$\text{할당보호계수} = \frac{\text{발생농도}}{\text{노출기준}}$$

$$\text{할당보호계수} = \frac{\text{방독마스크 바깥쪽 오염물질 농도}(C_o)}{\text{방독마스크 안쪽 오염물질 농도}(C_i)}$$

발생농도 = 할당보호계수 × 노출기준
= 25 × 0.3 = 7.5(mg/m³)

필기에 자주 출제★

51 산업위생의 관리적 측면에서 대치방법인 공정 또는 시설의 변경내용으로 옳지 않은 것은?

① 가연성 물질을 저장할 경우 유리병보다는 철제통을 사용
② 페인트 도장 시 분사 대신 담금 도장으로 변경
③ 금속제품 이송 시 롤러의 재질을 철제에서 고무나 플라스틱을 사용
④ 큰 날개로 저속 회전하는 송풍기 대신 작은 날개로 고속 회전하는 송풍기를 사용

④ 작은 날개로 고속 회전하는 송풍기 대신 큰 날개로 저속 회전하는 송풍기를 사용

필기에 자주 출제★

52 용접방법과 조건은 흄과 가스 발생에 영향을 준다. 아크용접에서 용접 흄 발생량을 증가시키는 원인으로 옳지 않은 것은?

① 봉 극성이(-) 극성인 경우
② 아크 전압이 낮은 경우
③ 아크 길이가 긴 경우
④ 토치의 경사각도가 큰 경우

② 아크 전압이 높은 경우 용접 흄 발생량이 증가한다.

정답 49 ① 50 ③ 51 ④ 52 ②

53 진동에 의한 국소장애인 레이노씨 현상에 관한 설명과 가장 거리가 먼 것은?

① 압축공기를 이용한 진동공구를 사용하는 근로자들의 손가락에서 발생한다.
② 진동공구의 진동수가 4~12Hz 범위에서 발생되며 심한 경우 오한과 혈당치 변화가 초래된다.
③ 손가락에 있는 말초혈관운동의 장애로 인해 손가락이 창백해지고 동통을 느낀다.
④ 추위에 폭로되면 증상이 악화되며 dead finger 또는 white finger라고 부른다.

⋆ 레이노(Raynaud' s phenonmenon) 현상
국소진동으로 인하여 말초혈관운동 장해가 발생하여 수지가 창백해지고 손이 차며 통증이 오는 현상으로 추운 환경에서 더 잘 발생한다.

필기에 자주 출제 ★

54 다음 중 소음의 물리적 특성으로 옳지 않은 것은?

① 음의 높낮이는 음의 강도로 결정된다.
② 건강한 사람의 가청주파수는 20 ~ 20,000Hz 이다.
③ 같은 크기의 에너지를 가진 소리라도 주파수에 따라 크기를 다르게 느낀다.
④ 회화음역은 250 ~ 3,000Hz 정도이다.

① 음의 높낮이는 음의 주파수로 결정된다.

필기에 자주 출제 ★

55 피조사체 1g에 대하여 100erg의 방사선에너지가 흡수되는 선량단위의 약자를 나타낸 것은?

① R ② Ci
③ rem ④ rad

⋆ 흡수선량의 단위
① 래드(Rad)
• 1rad : 피조사체 1g당 100erg의 에너지 흡수를 일으키는 방사선량을 말한다.
② Gy(Gray)
• 1Gy = 100rad = 0.01J/kg

필기에 자주 출제 ★

56 진동방지대책 중 발생원 대책으로 가장 옳은 것은?

① 수진점 근방의 방진구
② 수진측의 탄성 지지
③ 기초중량의 부가 및 경감
④ 거리 감쇠

⋆ 진동방지(방진) 대책

발생원 대책	① 기초중량을 부가 및 경감한다. ② 진동원을 제거한다.(가장 적극적인 방법) ③ 방진재를 이용하여 탄성지지한다. ④ 기진력을 감쇠시킨다.(동적 흡진) ⑤ 불평형력의 평형을 유지한다.
전파경로 대책	① 거리감쇠를 크게 한다. ② 수진점 부근에 방진구를 설치하여 전파경로를 차단한다.
수진측 대책	① 수진측에 탄성지지를 한다. ② 수진점의 기초중량을 부가 및 경감한다. ③ 근로자 작업시간 단축 및 교대제를 실시한다. ④ 근로자 보건교육을 실시한다.

필기에 자주 출제 ★

정답 53 ② 54 ① 55 ④ 56 ③

57 귀덮개와 비교하여 귀마개에 대한 설명으로 옳지 않은 것은?

① 부피가 작아서 휴대하기가 편리하다.
② 좁은 장소에서 머리를 많이 움직이는 작업을 할 때 사용하기 편리하다.
③ 제대로 착용하는 데 시간이 적게 소요되며 용이하다.
④ 일반적으로 차음효과는 떨어진다.

* 귀마개의 장 · 단점

장점	• 부피가 작아서 휴대하기 편하다. • 보안경과 안전모 사용에 구애받지 않는다. • 고온작업, 좁은 공간에서도 사용할 수 있다. • 가격이 저렴하다.
단점	• 귀에 질병이 있을 경우 착용이 불가능하다. • 제대로 착용하는데 시간이 걸리며 요령을 습득해야 한다. • 착용 여부 파악이 곤란하다. • 차음효과가 일반적으로 귀덮개보다 떨어지며 사람에 따라 차이가 있을 수 있다. • 귀마개 오염에 따른 감염 가능성이 있다. • 땀이 많이 날 때는 외이도에 염증유발 가능성 있다.

실기까지 중요 ★★

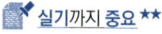

58 귀마개에 NRR = 30이라고 적혀 있었다면 이 귀마개의 차음효과는? (단, 미국 OSHA의 산정기준에 따름)

① 23.0dB ② 15.0dB
③ 13.5dB ④ 11.5dB

$$\text{차음효과} = (NRR - 7) \times 0.5$$

• NRR : 차음평가수

차음효과 $= (30 - 7) \times 0.5 = 11.5(\text{dB})$

실기까지 중요 ★★

59 소음의 흡음재 특성과 가장 거리가 먼 것은?

① 차음 재료로도 널리 사용된다.
② 음에너지를 소량의 열에너지로 변환시킨다.
③ 잔향음의 에너지를 저감시킨다.
④ 공기에 의하여 전파되는 음을 저감시킨다.

* 흡음재의 특성
① 음에너지를 소량의 열에너지로 변환시킨다.
② 잔향음의 에너지를 저감시킨다.
③ 공기에 의하여 전파되는 음을 저감시킨다.

60 방독마스크의 흡수제 재질로 적당하지 않은 것은?

① fiber glass ② silica gel
③ activated carbon ④ soda lime

* 방독마스크 흡수제의 종류
① 활성탄
② 큐프라마이트
③ 호프칼라이트
④ 실리카겔
⑤ 소다라임
⑥ 알칼리제재
⑦ 카본

필기에 자주 출제 ★

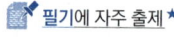

정답 57 ③ 58 ④ 59 ① 60 ①

61 24시간 가동되는 작업장에서 환기하여야 할 작업장 실내 체적은 3,000m³이다. 환기시설에 의해 공급되는 공기의 유량이 4,000m³/hr일 때 이 작업장에서의 일일 환기횟수는 얼마인가?

① 25회 ② 32회
③ 37회 ④ 43회

$$ACH = \frac{\text{실내 환기량}(Q)}{\text{실내 체적}(m^3)}$$

• $Q(m^3/hr)$

1. 시간당 공기교환 횟수(ACH)

$$ACH = \frac{4,000}{3,000} = 1.33(\text{회})$$

2. 일일 환기횟수 = 1.33×24 = 31.92(회)

실기까지 중요 ★★

62 톨루엔(분자량 92)의 증기발생량은 시간당 300g이다. 실내의 평균농도를 노출기준(50ppm) 이하로 하려면 유효환기량은 약 몇 m³/min인가? (단, 안전계수는 4이고, 공기의 온도는 21℃이다.)

① 83.83 ② 104.78
③ 5029.57 ④ 6286.96

$$Q = \frac{24.1 \times kg/h \times K \times 10^6}{MW \times TLV}(m^3/hr)$$
$$\div 60 = (m^3/min)$$

• K : 안전계수
• MW : 물질의 분자량
• kg/hr : 시간당 오염물질 발생량(l/hr×S(비중))
• TLV : 노출기준(ppm)
• 24.1 : 21℃, 1기압에서 공기의 비중
(25℃, 1기압일 경우 24.45)

$$Q = \frac{24.1 \times 0.3 \times 4 \times 10^6}{92 \times 50}$$
$$= 6286.96(m^3/hr) \div 60$$
$$= 104.78(m^3/min)$$

(300g/hr = 0.3kg/hr)

실기에 자주 출제 ★★★

63 다음 덕트에서 공기흐름의 평균 속도압이 25 mmH_2O였을 때 공기의 속도는 약 몇 m/sec인가?

① 10.2 ② 20.2
③ 25.2 ④ 40.2

$$\text{속도압}(VP) = \frac{\gamma V^2}{2g}(mmH_2O)$$

• r : 공기비중
• V : 유속(m/s)
• g : 중력가속도(9.8m/s²)

$$VP = \frac{\gamma V^2}{2g}$$
$$\gamma V^2 = VP \times 2g$$
$$V^2 = \frac{VP \times 2g}{\gamma}$$
$$V = \sqrt{\frac{VP \times 2g}{\gamma}} = \sqrt{\frac{25 \times 2 \times 9.8}{1.2}} = 20.21(m/sec)$$

실기까지 중요 ★★

정답 61 ② 62 ② 63 ②

64 다음 중 덕트의 설계에 관한 사항으로 적절하지 않은 것은?

① 다지관의 경우 덕트의 직경을 조절하거나 송풍량을 조절하여 전체적으로 균형이 맞도록 설계한다.
② 사각형 덕트가 원형 덕트보다 덕트 내 유속분포가 균일하므로 가급적 사각형 덕트를 사용한다.
③ 덕트의 직경, 조도, 단면 확대 또는 수축, 곡관 수 및 모양 등을 고려하여야 한다.
④ 정방형 덕트를 사용할 경우 원형 상당직경을 구하여 설계에 이용한다.

> ② 원형 덕트가 사각형 덕트보다 덕트 내 유속분포가 균일하므로 가급적 원형 덕트를 사용한다.

필기에 자주 출제 ★

65 유입계수가 0.6인 플랜지 부착 원형 후드가 있다. 덕트의 직경은 10cm이고, 필요환기량이 $20m^3/min$라고 할 때 후드 정압(sph)은 약 몇 mmH_2O인가?

① -110.2　　② -236.4
③ -306.4　　④ -448.2

> 1. 후드정압$(SP_h) = VP(1+F_h)(mmH_2O)$
>   - VP : 속도압(동압)(mmH_2O)
>   - F_h : 압력손실계수$(=\frac{1}{Ce^2}-1)$
>   - Ce :유입계수
> 2. 속도압$(VP) = \frac{\gamma V^2}{2g}(mmH_2O)$
>   - γ : 공기비중
>   - V : 유속(m/sec)
>   - g : 중력가속도$(9.8m/s^2)$
>
> $$SP_h = VP(1+F_h) = \frac{\gamma V^2}{2g} \times (1+\frac{1}{Ce^2}-1)$$
> $$= \frac{1.2\times 42.44^2}{2\times 9.8}\times\left[1+(\frac{1}{0.6^2}-1)\right]$$
> $$= 306.32(mmH_2O)$$
>
> $$Q(m^3/min) = 60\times A\times V(m/sec)$$
> $$V = \frac{Q}{60\times A} = \frac{Q}{60\times\frac{\pi d^2}{4}} = \frac{20}{60\times\frac{\pi\times 0.1^2}{4}}$$
> $$= 42.44(m/sec)$$

실기에 자주 출제 ★★★

66 공기정화장치인 집진장치의 선정 및 설계에 영향을 미치는 인자로 거리가 먼 것은?

① 오염물질의 회수율
② 요구되는 집진효율
③ 오염물질의 함진 농도와 입경
④ 처리가스의 흐름특성과 용량 및 온도

> * 집진장치의 선정 시 반드시 고려해야 할 사항(선정 및 설계에 영향을 미치는 인자)
>
> ① 총 에너지 요구량
> ② 요구되는 집진효율
> ③ 오염물질의 함진농도와 입경
> ④ 처리가스의 흐름특성과 용량 및 온도

필기에 자주 출제 ★

67 입자의 직경이 $1\mu m$이고, 비중이 2.0인 입자의 침강속도는 얼마인가?

① 0.003cm/sec　　② 0.006cm/sec
③ 0.01cm/sec　　④ 0.03cm/sec

> * Lippman식에 의한 침강속도(입자크기가 $1\sim 50\mu m$ 경우 적용)
>
> $$V(cm/sec) = 0.003\times\rho\times d^2$$
> - V : 침강속도(cm/sec)
> - ρ : 입자 밀도(비중)(g/cm^3)
> - d : 입자직경(μm)
>
> $V = 0.003\times 2.0\times 1^2 = 0.006(cm/sec)$

실기에 자주 출제 ★★★

정답 64 ② 65 ③ 66 ① 67 ②

68 슬롯 후드란 개구변의 폭(W)이 좁고, 길이(L)가 긴 것을 말하며 일반적으로 W/L비가 몇 이하인 것을 말하는가?

① 0.1　　② 0.2
③ 0.3　　④ 0.4

⋆슬롯형 후드

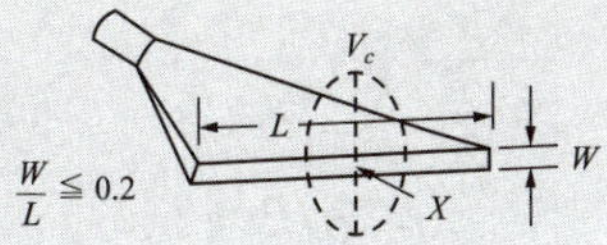

필기에 자주 출제★

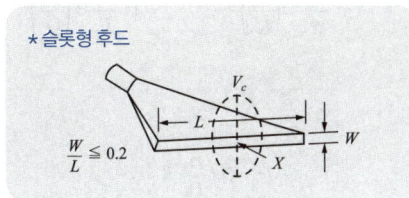

69 다음 중 덕트의 압력손실에 관한 설명으로 틀린 것은?

① 곡관의 반경비(반경/직경)가 클수록 압력손실은 증가한다.
② 합류관에서 합류각이 클수록 분지관의 압력손실은 증가한다.
③ 확대관이나 축소관에서는 확대각이나 축소각이 클수록 압력손실은 증가한다.
④ 비마개형 배기구에서 직경에 대한 높이의 비(높이/직경)가 작을수록 압력손실은 증가한다.

① 곡관의 덕트직경(D)과 곡률반경(R)의 비(반경비(R/D))를 크게 할수록 압력 손실이 적어진다.

필기에 자주 출제★

70 송풍량이 증가해도 동력이 증가하지 않는 장점이 있어 한계부하 송풍기라고도 하는 원심력 송풍기는?

① 프로펠러 송풍기
② 전향 날개형 송풍기
③ 후향 날개형 송풍기
④ 방사 날개형 송풍기

⋆후향 날개형(터보형, 한계부하형) 송풍기
① 팬의 날이 회전방향에 반대되는 쪽으로 기울어진 형태이다.
② 송풍량이 증가해도 동력이 증가하지 않는다.
③ 압력 변동이 있어도 풍량의 변화가 비교적 작다.(하향구배 특성으로 풍압이 바뀌어도 풍량의 변화가 적다.)
④ 소음은 비교적 낮으나 구조가 가장 크다.
⑤ 소요정압이 떨어져도 동력은 크게 상승하지 않으므로 시설저항 및 운전상태가 변하여도 과부하가 걸리지 않는다.
⑥ 고농도 분진함유 공기를 이송시킬 경우 깃 뒷면에 분진이 퇴적되어 효율이 떨어진다.
⑦ 분진농도가 낮은 공기나 고농도 분진함유 공기 이송 시 집진기 후단에 설치해야 한다.
⑧ 송풍기 중 효율이 가장 좋다.

필기에 자주 출제★

71 다음 중 여과집진장치의 입자포집원리와 가장 거리가 먼 것은?

① 관성력　　② 직접 차단
③ 원심력　　④ 확산

⋆여과 집진장치(백 필터)
함진가스를 여과재에 통과시켜 관성충돌, 직접 차단, 확산, 정전기력에 의하여 입자를 분리 포집하는 장치를 말한다.

필기에 자주 출제★

정답 68 ② 69 ① 70 ③ 71 ③

72 덕트 내 단위체적의 유체에 모든 방향으로 동일하게 영향을 주는 압력으로 공기흐름에 대한 저항을 나타내는 압력은?

① 전압 ② 속도압
③ 정압 ④ 분압

모든 방향으로 동일하게 영향을 주는 압력으로 공기흐름에 대한 저항을 나타내는 압력 → 정압

*참고

정압 (SP : Static Pressure)	• 공기의 유동이 없을 때 발생하는 압력(덕트의 한쪽을 막고 한쪽에서 송풍기로 공기를 압입할 때 측정하는 압력으로 이때 덕트 내부에는 공기 움직임이 없다) • 모든 방향에서 같은 크기를 나타내는 압력으로, 정지하고 있는 유체뿐만 아니라 운동하고 있는 유체 중에도 존재한다. • 대기압보다 낮을 때는 음압(정압 < 대기압이면 (–)압력), 대기압보다 높을 때는 양압(정압 > 대기압이면 (+)압력)이 된다.
동압(속도압, VP : Velocity Pressure)	• 바람의 속도에 의해서 생기는 압력이다. • 속도압은 공기가 이동하는 힘으로 항상 양압(0 이상의 압력)이다.(공기의 운동에너지에 비례한다.)
전압 (TP : total pressure)	• 전압 = 동압(VP) + 정압(SP)

실기까지 중요 ★★

73 다음 중 송풍기의 상사법칙에서 회전수(N)와 송풍량(Q), 소요동력(L), 정압(P)과의 관계를 올바르게 나타낸 것은?

① $\frac{Q_1}{Q_2}=\left(\frac{N_1}{N_2}\right)^3$ ② $\frac{Q_1}{Q_2}=\left(\frac{N_1}{N_2}\right)^2$
③ $\frac{P_1}{P_2}=\left(\frac{N_1}{N_2}\right)^2$ ④ $\frac{L_1}{L_2}=\left(\frac{Q_1}{Q_2}\right)^2$

1. $\frac{Q_2}{Q_1}=\frac{N_2}{N_1},\ \frac{Q_2}{Q_1}=(\frac{D_2}{D_1})^3$

$\rightarrow Q_2=Q_1(\frac{D_2}{D_1})^3(\frac{N_2}{N_1})$

2. $\frac{P_2}{P_1}=(\frac{D_2}{D_1})^2,\ \frac{P_2}{P_1}=(\frac{N_2}{N_1})^2,\ \frac{P_2}{P_1}=\frac{\rho_2}{\rho_1}$

$\rightarrow P_2=P_1(\frac{D_2}{D_1})^2(\frac{N_2}{N_1})^2(\frac{\rho_2}{\rho_1})$

3. $\frac{HP_2}{HP_1}=(\frac{N_2}{N_1})^3,\ \frac{HP_2}{HP_1}=(\frac{D_2}{D_1})^5,\ \frac{HP_2}{HP_1}=\frac{\rho_2}{\rho_1}$

$\rightarrow HP_2=HP_1(\frac{D_2}{D_1})^5(\frac{N_2}{N_1})^3(\frac{\rho_2}{\rho_1})$

74 후드의 열상승기류량이 10m³/min이고, 유도기류량이 15m³/min일 누입한계유량비(K_L)는 얼마인가? (단, 기타 조건은 무시한다.)

① 0.67 ② 1.5
③ 2.0 ④ 2.5

*리시버식 캐노피형 후드

난기류가 없는 경우

$$Q_T=Q_1+Q_2=Q_1\times(1+\frac{Q_2}{Q_1})=Q_1\times(1+K_L)$$

- Q_T : 필요송풍량(m³/min)
- Q_1 : 열상승기류량(m³/min)
- Q_2 : 유도기류량(m³/min)
- m : 누출안전계수(난기류 없을 때 : 1)
- K_L : 누입한계유량비

정답 72 ③ 73 ③ 74 ②

$$Q_T = Q_1 \times (1+K_L)$$

$$1+K_L = \frac{Q_1+Q_2}{Q_1}$$

$$K_L = \frac{Q_1+Q_2}{Q_1} - 1 = \frac{10+15}{10} - 1 = 1.5$$

실기까지 중요 ★★

75 복합 환기시설의 합류점에서 각 분지관의 정압의 비가 5 ~ 20%일 때 정압평형이 유지되도록 하는 방법으로 가장 적절한 것은?

① 압력손실이 적은 분지관의 유량을 증가시킨다.
② 압력손실이 적은 분지관의 직경을 작게 한다.
③ 압력손실이 많은 분지관의 유량을 증가시킨다.
④ 압력손실이 많은 분지관의 직경을 작게 한다.

정압의 비가 5% 이상 20% 미만이므로 압력손실이 작은 분지관의 유량을 증가시킨다.

* 참고

합류점에서의 정압균형조절법

1. 낮은 정압과 높은 정압의 비가 20% 이상 ($\frac{\text{높은 정압}}{\text{낮은 정압}} \geq 1.2$)인 경우
   - 압력손실이 낮은 분지관(정압의 절대 값이 작은 분지관)을 재설계한다.
   - 덕트의 직경을 더 작은 것으로 줄여 정압을 높인다.
2. 낮은 정압과 높은 정압의 비가 5% 이상 20% 미만 ($0.5 \leq \frac{\text{높은 정압}}{\text{낮은 정압}} < 1.2$)인 경우
   - 압력손실이 낮은 분지관(정압의 절대 값이 작은 분지관)의 유량을 증가시킨다.
   - 저항이 작은 분지관을 재설계한다.
3. 낮은 정압과 높은 정압의 비가 5% 미만 ($\frac{\text{높은 정압}}{\text{낮은 정압}} < 0.5$)인 경우
   - 정압의 차가 크지 않으므로 특별한 조치를 필요로 하지 않는다.

76 기압의 변화가 없는 상태에서 고열작업장의 건구온도가 40℃라면 이때 그 작업장 내의 공기밀도(kg/m³)는 약 얼마인가? (단, 0℃, 1기압, 1.293kg/m³이다.)

① 1.05 ② 1.13
③ 1.16 ④ 1.20

* 온도 보정

$$1.293 \times \frac{273+0}{273+40} = 1.13(\text{kg/m}^3)$$

실기까지 중요 ★★

77 다음 중 자연환기에 관한 설명으로 틀린 것은?

① 기계환기에 비해 소음이 적다.
② 외부의 대기조건에 상관없이 일정 수준의 환기효과를 유지할 수 있다.
③ 실내외 온도차가 높을수록 환기효율은 증가한다.
④ 건물이 높을수록 환기효율이 증가한다..

* 자연환기

① 기계환기에 비해 소음 · 진동이 적다.
② 운전에 따른 에너지 비용이 없다.
③ 냉방비 절감효과를 가진다.
④ 계절, 온도 압력 등의 기상조건, 작업장 내부조건 등에 따라 환기량 변화가 크다.
⑤ 실내외 온도차가 높을수록 환기효율은 증가한다.
⑥ 건물이 높을수록 환기효율이 증가한다.
⑦ 환기량 예측 자료를 구하기 어렵다.

필기에 자주 출제 ★

정답 75 ① 76 ② 77 ②

78 다음 중 제어속도에 관한 설명으로 틀린 것은?

① 포집속도라고도 한다.
② 유해물질이 후드로 유입되는 최대속도를 말한다.
③ 제어속도는 유해물질의 발생조건과 공기의 난기류속도 등에 의해 결정된다.
④ 같은 유해인자라도 후드의 모양과 방향에 따라 달라진다.

*** 제어속도**
오염물질을 후드 안쪽으로 흡인하기 위하여 필요한 최소풍속(모든 후드를 개방한 경우의 제어풍속)을 말한다.

실기까지 중요 ★★

79 다음 중 국소배기장치의 성능시험 시에 갖추어야 할 필수 측정기구로 볼 수 없는 것은?

① 줄자　② 연기발생기
③ 청음기　④ 피토관

*** 국소배기장치 성능시험시 필수장비**
① 발연관(연기발생기 ; smoke tester)
② 청음기 또는 청음봉
③ 절연저항계
④ 표면온도계 및 초자온도계
⑤ 줄자

*** 참고**
열선풍속계(선택장비)

실기까지 중요 ★★

80 다음 중 보일-샤를의 법칙으로 옳은 것은? (단, T는 절대온도, P는 압력, V는 공기의 부피이다.)

① $\frac{T_1P_1}{V_1} = \frac{T_2P_2}{V_2}$　② $\frac{V_1P_1}{T_1} = \frac{V_2P_2}{T_2}$
③ $\frac{T_1P_1}{V_1} = \frac{T_2P_2}{V_2}$　④ $\frac{T_1P_1}{V_1} = \frac{T_2P_2}{V_2}$

*** 보일-샤를의 법칙**

$$\frac{P_1V_1}{T_1} = \frac{P_2V_2}{T_2}$$

- T_1 : 처음온도
- T_2 : 나중온도
- P_1 : 처음압력
- P_2 : 나중압력
- V_1 : 처음부피
- V_2 : 나중부피

필기에 자주 출제 ★

정답 78 ② 79 ④ 80 ②

2012년 5월 20일

2회 과년도기출문제

제1과목 산업위생학 개론

01 다음 중 일반적으로 근로자가 휴식 중일 때의 산소소비량(oxygen uptake)은 어느 정도인가?

① 0.25L/min ② 0.75L/min
③ 1.5L/min ④ 5.0L/min

* 산소 소비량
① 휴식 중 산소소비량 : 0.25L/min
② 운동 중 산소소비량(성인 남자 기준) : 5L/min

02 다음 중 강도율을 올바르게 나타낸 것은?

① $\frac{\text{총요양근로손실일수}}{\text{연 근로 시간수}} \times 10^3$

② $\frac{\text{재해건수}}{\text{평균종업원수}} \times 10^3$

③ $\frac{\text{재해건수}}{\text{총 근로시간수}} \times 10^6$

④ $\frac{\text{재해건수}}{\text{평균종업원수}} \times 10^6$

$$\text{강도율} = \frac{\text{총요양 근로 손실 일수}}{\text{연 근로 시간 수}} \times 1{,}000$$

(근로손실일수 = 휴업일수, 요양일수, 입원일수 $\times \frac{300(\text{실제근로일수})}{365}$)

실기까지 중요 ★★

03 다음 중 중량물 취급에 있어서 미국 NIOSH에서 중량물 최대허용한계(MPL)를 설정할 때의 기준으로 틀린 것은?

① MPL에 해당하는 작업은 L5/S1 디스크에 6,400N의 압력을 부하
② MPL에 해당하는 작업이 요구하는 에너지대사량은 5.0kcal/min를 초과
③ MPL에 초과하는 작업에서는 대부분의 근로자들에게 근육 · 골격 장애가 발생
④ 남성 근로자의 50% 미만과 여성 근로자의 10% 미만에서만 MPL 수준의 작업수행이 가능

* NIOSH 들기작업 지침의 최대허용기준(MPL)의 설정기준
① MPL을 초과하는 작업에서는 대부분의 근로자들에게 근육 · 골격 장해가 발생한다.
② MPL에 해당되는 작업에서 디스크에 L_5/S_1 디스크에 640Kg(6400N) 정도의 압력이 초과되어 대부분의 근로자에게 장해가 나타난다.(대부분의 근로자들이 압력에 견딜지 못함)
③ L_5/S_1 디스크에서 추간판 탈출증이 주로 발생한다.
④ MPL에 해당하는 작업이 요구하는 에너지대사량은 5.0kcal/min를 초과한다.
⑤ 남성 근로자의 25% 미만과 여성 근로자의 1% 미만에서만 MPL수준의 작업수행이 가능하다.
⑥ MPL을 초과하는 경우 공학적 방법을 적용하여 중량물 취급작업을 다시 설계해야 한다.

필기에 자주 출제★

정답 01 ① 02 ① 03 ④

04 다음 중 중독 시 비중격천공을 일으키는 물질은?

① 수은(Hg) ② 아연(Zn)
③ 카드뮴(Cd) ④ 크롬(Cr)

① 수은중독 : 미나마타병
③ 카드뮴중독 : 이타이이타이병
③ 크롬중독 : 비중격천공증, 비강암, 폐암

필기에 자주 출제 ★

05 1일 12시간 톨루엔(TLV = 50ppm)을 취급할 때 노출기준을 Brief & Scala의 방법으로 보정하면 얼마가 되는가?

① 15ppm ② 25ppm
③ 50ppm ④ 100ppm

* Brief와 Scala의 보정방법

1. $RF = \left(\frac{8}{H}\right) \times \frac{24-H}{16}$
2. [일주일 ; $RF = \left(\frac{40}{H}\right) \times \frac{168-H}{128}$]
3. 보정된 노출기준 = RF × 노출기준(허용농도)
- H : 비정상적인 작업시간(노출시간/일) ; 노출시간/주
- 16 : 휴식시간 의미(128 ; 일주일 휴식시간 의미)

1. $RF = \frac{8}{12} \times \frac{24-12}{16} = 0.5$
2. 보정된 노출기준 = 0.5 × 50 = 25ppm

실기에 자주 출제 ★★★

06 다음 중 산업위생전문가로서의 책임에 대한 내용과 가장 거리가 먼 것은?

① 이해관계가 있는 상황에는 개입하지 않는다.
② 전문 분야로서의 산업위생을 학문적으로 발전시킨다.
③ 궁극적 책임은 기업주 또는 고객의 건강보호에 있다.
④ 과학적 방법의 적용과 자료의 해석에서 객관성을 유지한다.

③ 궁극적 책임은 기업주와 고객보다는 근로자의 건강보호에 있다. → 기업주와 고객에 대한 책임

* 참고
산업위생전문가의 윤리강령

산업위생 전문가로서의 책임	① 성실성과 학문적 실력 면에서 최고 수준을 유지한다. ② 과학적 방법의 적용과 자료의 해석에서 객관성을 유지한다. ③ 전문 분야로서의 산업위생을 학문적으로 발전시킨다. ④ 근로자, 사회 및 전문 직종의 이익을 위해 과학적 지식을 공개하고 발표한다. ⑤ 기업체의 기밀은 누설하지 않는다. ⑥ 전문적 판단이 타협에 의하여 좌우될 수 있거나 이해관계가 있는 상황에는 개입하지 않는다.
근로자에 대한 책임	① 근로자의 건강보호가 산업위생전문가의 1차적 책임이라는 것을 인지한다. ② 위험 요인의 측정, 평가 및 관리에 있어서 외부압력에 굴하지 않고 중립적 태도를 취한다. ③ 위험요소와 예방조치에 대해 근로자와 상담한다.

정답 04 ④ 05 ② 06 ③

기업주와 고객에 대한 책임	① 결과 및 결론을 뒷받침할 수 있도록 정확한 기록을 유지하고 산업위생사업을 전문가답게 전문부서들을 운영 관리한다. ② 궁극적 책임은 기업주와 고객보다는 근로자의 건강보호에 있다. ③ 쾌적한 작업환경을 조성하기 위하여 책임 있게 행동한다. ④ 신뢰를 바탕으로 정직하게 권고하고 결과와 개선점 및 권고사항을 정확히 보고한다.
일반 대중에 대한 책임	① 일반 대중에 관한 사항은 정직하게 발표한다. ② 적절하고도 확실한 사실을 근거로 전문적인 견해를 발표한다.

실기까지 중요 ★★

07 기초대사량이 75kcal/hr이고, 작업대사량이 4kcal/min인 작업을 계속하여 수행하고자 할 때, 다음 식을 참고할 경우 계속작업한계시간은 약 얼마인가? (단, T_{end}는 계속작업한계시간, RMR은 작업대사율을 의미한다.)

$$T_{end} = 3.724 - 3.25 \times \log RMR$$

① 1.5시간 ② 2시간
③ 2.5시간 ④ 3시간

1. $RMR = \frac{\text{작업(노동)대사량}}{\text{기초대사량}} = \frac{\text{작업 시의 소비 에너지} - \text{안정 시의 소비 에너지}}{\text{기초대사량}}$
2. $\log(CWT) = 3.724 - 3.25\log(RMR)$
   - RMR : 에너지 대사율
   - CWT : 계속작업 한계시간(분)

1. $RMR = \frac{\text{작업(노동)대사량}}{\text{기초대사량}} = \frac{(4\times60)kcal/hr}{75kcal/hr} = 3.2$
2. $\log(CWT) = 3.724 - 3.25\times\log(3.2) = 2.08$
   $CWT = 10^{2.08} = 120.23(\text{분}) \div 60 = 2\text{시간}$

08 산업안전보건법에서 정하고 있는 신규 화학물질의 유해성 · 위험성 조사에서 제외되는 화학물질이 아닌 것은?

① 원소
② 방사성 물질
③ 일반 소비자의 생활용이 아닌 인공적으로 합성된 화학물질
④ 고용노동부장관이 환경부장관과 협의하여 고시하는 화학물질 목록에 기록되어 있는 물질

* 신규화학물질의유해성 · 위험성 조사 제외 화학물질
1. 원소
2. 천연으로 산출된 화학물질
3. 「건강기능식품에 관한 법률」에 따른 건강기능식품
4. 「군수품관리법」 및 「방위사업법」에 따른 군수품[「군수품관리법」 제3조에 따른 통상품(痛常品)은 제외한다]
5. 「농약관리법」에 따른 농약 및 원제
6. 「마약류 관리에 관한 법률」에 따른 마약류
7. 「비료관리법」에 따른 비료
8. 「사료관리법」에 따른 사료
9. 「생활화학제품 및 살생물제의 안전관리에 관한 법률」에 따른 살생물 물질 및 살생물 제품
10. 「식품위생법」에 따른 식품 및 식품첨가물
11. 「약사법」에 따른 의약품 및 의약외품(醫藥外品)
12. 「원자력안전법」에 따른 방사성물질
13. 「위생용품 관리법」에 따른 위생용품
14. 「의료기기법」에 따른 의료기기
15. 「총포 · 도검 · 화약류 등의 안전관리에 관한 법률」에 따른 화약류
16. 「화장품법」에 따른 화장품과 화장품에 사용하는 원료
17. 고용노동부장관이 명칭, 유해성 · 위험성, 근로자의 건강장해 예방을 위한 조치 사항 및 연간 제조량 · 수입량을 공표한 물질로서 공표된 연간 제조량 · 수입량 이하로 제조하거나 수입한 물질
18. 고용노동부장관이 환경부장관과 협의하여 고시하는 화학물질 목록에 기록되어 있는 물질

정답 07 ② 08 ③

암기법

비료로 농 사지은 식품, 건강식품, 군수품, 위생용품에서 화약, 방사성물질 나와서 의료기기, 의약품, 마약, 화장품으로 치료했더니 천연 원소인 살생물의 위험조사 제외됐다.

필기에 자주 출제 ★

09 작업환경측정 및 정도관리 규정에 있어 시료채취 근로자수는 단위작업장소에서 최고노출근로자 몇 명 이상에 대하여 동시에 측정하도록 되어있는가?

① 2명　② 3명
③ 5명　④ 10명

★시료채취 근로자 수

① 단위작업 장소에서 최고 노출근로자 2명 이상에 대하여 동시에 개인 시료채취 방법으로 측정하되, 단위작업 장소에 근로자가 1명인 경우에는 그러하지 아니하며, 동일 작업근로자수가 10명을 초과하는 경우에는 매 5명당 1명 이상 추가하여 측정하여야 한다. 다만, 동일 작업근로자수가 100명을 초과하는 경우에는 최대 시료채취 근로자수를 20명으로 조정할 수 있다.

② 지역 시료채취 방법으로 측정을 하는 경우 단위작업장소 내에서 2개 이상의 지점에 대하여 동시에 측정하여야 한다. 다만, 단위작업 장소의 넓이가 50평방미터 이상인 경우에는 매 30평방미터마다 1개 지점 이상을 추가로 측정하여야 한다.

실기에 자주 출제 ★★★

10 1940년대 일본에서 발생한 중금속 중독사건으로, 이른바 이타이이타이(itai-itai)병의 원인 물질에 해당하는 것은?

① 납(Pb)　② 크롬(Cr)
③ 수은(Hg)　④ 카드뮴(Cd)

① 수은중독 : 미나마타병
② 크롬중독 : 비중격천공증, 비강암, 폐암
③ 카드뮴중독 : 이타이이타이병
④ 납중독 : 조혈장해, 말초신경장해

필기에 자주 출제 ★

11 다음 중 산업피로에 관한 설명으로 적절하지 않은 것은?

① 고단하다는 객관적이고 보편적인 느낌이다.
② 작업강도에 반응하는 육체적, 정신적 생체 현상이다.
③ 피로 자체는 질병이 아니라 가역적인 생체 변화이다.
④ 피로가 오래되면 얼굴 부종, 허탈감의 증세가 온다.

① 고단하다는 주관적인 느낌이 있다.

필기에 자주 출제 ★

정답　09 ①　10 ④　11 ①

12 다음 중 산업스트레스 발생요인으로 작용하는 집단 간의 갈등이 심한 경우의 해결기법으로 가장 적절하지 않은 것은?

① 경쟁의 자극
② 상위의 공동목표 설정
③ 문제의 공동해결법 토의
④ 집단구성원 간의 직무순환

* 집단 간의 갈등이 심한 경우의 해결기법
① 상위의 공동목표 설정
② 문제의 공동해결법 토의
③ 집단구성원 간의 직무순환
④ 공동 경쟁상대의 설정

필기에 자주 출제★

13 다음 중 직업성 피부질환에 영향을 주는 간접적 요인으로 볼 수 없는 것은?

① 아토피 ② 마찰 및 진동
③ 인종 ④ 개인위생

직업성 피부질환의 간접요인으로는 인종, 연령, 계절, 아토피, 피부질환, 개인위생 등이 있다.

필기에 자주 출제★

14 다음 중 작업대사율이 7에 해당하는 작업을 하는 근로자의 실동률을 얼마인가? (단, 사이토와 오시마의 식을 활용한다.)

① 30% ② 40%
③ 50% ④ 60%

실노동율(실동률)(%) = 85 − (5 × RMR)
• RMR : 에너지 대사율(작업대사율)

실동률 = 85 − (5 × 7) = 50(%)

실기까지 중요★★

15 NIOSH에서는 권장무게한계(RWL)와 최대허용한계(MPL)에 따라 중량물 취급작업을 분류하고, 각각의 대책을 권고하고 있는데 MPL을 초과하는 경우에 대한 대책으로 가장 적절한 것은?

① 문제 있는 근로자를 적절한 근로자로 교대시킨다.
② 반드시 공학적 방법으로 적용하여 중량물 취급 작업을 다시 설계한다.
③ 대부분의 정상 근로자들에게 적절한 작업조건으로 현 수준을 유지한다.
④ 적절한 근로자의 선택과 적정 배치 및 훈련 그리고 작업방법의 개선이 필요하다.

① MPL을 초과하는 작업에서는 대부분의 근로자들에게 근육 · 골격 장해가 발생한다.
② MPL을 초과하는 경우 공학적 방법을 적용하여 중량물 취급작업을 다시 설계해야 한다.

필기에 자주 출제★

정답 12 ① 13 ② 14 ③ 15 ②

16 다음 중 산업안전보건법에 의한 역학조사의 대상으로 볼 수 없는 것은?

① 건강진단의 실시 결과만으로 직업성 질환에 걸렸는지 여부의 판단이 곤란한 근로자의 질병에 대하여 건강진단기관의 의사가 역학조사를 요청하는 경우
② 근로복지공단이 고용노동부장관이 정하는 바에 따라 업무상 질병 여부의 결정을 위하여 역학조사를 요청하는 경우
③ 건강진단의 실시 결과 근로자 또는 근로자의 가족이 역학조사를 요청하는 경우
④ 직업성 질환에 걸렸는지 여부로 사회적 물의를 일으킨 질병에 대하여 작업장 내 유해요인과의 연관성 규명이 필요한 경우로 지방고용노동관서의 장이 요청하는 경우

* 역학조사의 대상
① 작업환경측정 또는 건강진단의 실시 결과만으로 직업성 질환에 걸렸는지를 판단하기 곤란한 근로자의 질병에 대하여 사업주 · 근로자대표 · 보건관리자(보건관리전문기관을 포함한다) 또는 건강진단기관의 의사가 역학조사를 요청하는 경우
② 「산업재해보상보험법」에 따른 근로복지공단이 고용노동부장관이 정하는 바에 따라 업무상 질병 여부의 결정을 위하여 역학조사를 요청하는 경우
③ 공단이 직업성 질환의 예방을 위하여 필요하다고 판단하여 역학조사평가위원회의 심의를 거친 경우
④ 그 밖에 직업성 질환에 걸렸는지 여부로 사회적 물의를 일으킨 질병에 대하여 작업장 내 유해요인과의 연관성 규명이 필요한 경우 등으로서 지방고용노동관서의 장이 요청하는 경우

필기에 자주 출제 ★

17 화학물질이 2종 이상 혼재하는 경우 다음 공식에 의하여 계산된 *EI* 값이 1을 초과하지 않으면 기준치를 초과하지 않는 것으로 인정할 때 이 공식을 적용하기 위하여 각각의 물질 사이의 관계는 어떤 작용을 하여야 하는가? (단, *C*는 화학물질 각각의 측정치, *T*는 화학물질 각각의 노출기준을 의미한다.)

$$\text{노출지수} = \frac{C_1}{T_1} + \frac{C_2}{T_2} + \cdots + \frac{C_n}{T_n}$$

① 가승작용(potentiation effect)
② 상가작용(additive effect)
③ 상승작용(synergistic effect)
④ 길항작용(antagonistic effect)

각 유해인자의 노출기준은 해당 유해인자가 단독으로 존재하는 경우의 노출기준을 말하며, 2종 또는 그 이상의 유해인자가 혼재하는 경우에는 각 유해인자의 상가작용으로 유해성이 증가할 수 있으므로 산출하는 노출기준을 사용하여야 한다.

필기에 자주 출제 ★

18 다음 중 산업위생의 정의에 있어 4가지 활동에 해당하지 않는 것은?

① 관리(control) ② 평가(evaluation)
③ 기록(record) ④ 예측(anticipation)

* 산업위생의 주요 활동
예측 → (인지) → 측정 → 평가 → 관리

필기에 자주 출제 ★

정답 16 ③ 17 ② 18 ③

19 다음 중 사업장 내에서 발생하는 근골격계질환의 특징으로 틀린 것은?

① 자각증상으로 시작된다.
② 환자의 발생이 집단적이다.
③ 회복과 악화가 반복적이다.
④ 손상정도의 측정이 용이하다.

* 근골격계 질환의 특징
① 노동력 손실에 따른 경제적 피해가 크다.
② 근골격계 질환의 최우선 관리목표는 발생의 최소화이다.
③ 자각증상으로 시작되며 환자발생이 집단적이다.
④ 손상의 정도 측정이 어렵다.
⑤ 단편적인 작업환경개선으로 좋아지지 않는다.
⑥ 회복과 악화가 반복된다.(한번 악화되어도 회복은 가능하다.)

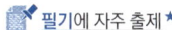

필기에 자주 출제★

20 다음 중 피로측정 및 판정에 있어 가장 중요하며 객관적인 자료에 해당하는 것은?

① 개인적 느낌
② 작업능률 저하
③ 생체기능의 변화
④ 작업자세의 변화

피로측정 및 판정에 있어 가장 중요한 것은 생체기능의 변화로 객관적으로 측정할 수 있다.

필기에 자주 출제★

제2과목 작업위생 측정 및 평가

21 일산화탄소 $2m^3$가 $10,000m^3$의 밀폐된 작업장에 방출되었다면 그 작업장 내의 일산화탄소 농도(ppm)는?

① 2 ② 20
③ 200 ④ 2,000

$$\frac{2m^3}{10,000m^3}\times10^6=200(ppm)$$

* 참고
ppm(parts per million)
10^6을 나타낸다.

필기에 자주 출제★

22 톨루엔(toluene, MW = 92.14)의 농도가 50ppm으로 추정되는 사업장에서 근로자 노출농도를 측정하고자 한다. 시료채취 유량이 0.2L/min, 가스 크로마토그래피의 정량한계가 0.2mg이라면 채취할 최소시간은? (단, 1기압, 25℃ 기준)

① 3.2분 ② 4.1분
③ 5.3분 ④ 7.5분

1. $mg/m^3=\frac{ppm\times\text{분자량}}{24.45(25℃,\ 1\text{기압 기준})}$

$$=\frac{50\times92.14}{24.45}=188.43(mg/m^3)$$

2. $\frac{188.43mg}{m^3}=\frac{0.2mg}{\frac{0.2\times10^{-3}m^3}{min}\times x\,min}$

$$0.2=188.43\times0.2\times10^{-3}\times x$$

$$x=\frac{0.2}{188.43\times0.2\times10^{-3}}=5.31(min)$$

실기에 자주 출제★★★

정답 19 ④ 20 ③ 21 ③ 22 ③

23 소리의 음압수준인 87dB인 기계 10대가 동시에 가동하면 전체 음압수준은?

① 약 93dB ② 약 97dB
③ 약 104dB ④ 약 108dB

★ 합성소음도

$$L(\text{dB}) = 10 \times \log(10^{\frac{L_1}{10}} + 10^{\frac{L_2}{10}} + \cdots + 10^{\frac{L_n}{10}})$$

- L : 합성소음도(dB)
- $L_1 \sim L_2$: 각각 소음원의 소음(dB)

$$L = 10 \times \log\left(10 \times 10^{\frac{87}{10}}\right) = 97(\text{dB})$$

실기까지 중요 ★★

24 원자흡광광도계는 다음 중 어떤 종류의 물질 분석에 널리 작용되는가?

① 금속 ② 용매
③ 방향족 탄화수소 ④ 지방족 탄화수소

★ 원자흡광광도법
분석대상 원소에 특정파장의 빛을 투과시키면 원자가 흡수하는 빛의 세기를 측정하는 분석기기로서 금속 및 중금속의 분석 방법에 적용한다.

필기에 자주 출제 ★

25 물리적 직경 중 등면적 직경에 관한 설명으로 옳은 것은?

① 과대평가할 가능성이 있다.
② 가장 정확한 직경이라 인정받고 있다.
③ 먼지의 한쪽 끝 가장자리와 다른 쪽 끝 가장자리 사이의 거리이다.
④ 먼지의 면적을 2등분하는 선의 길이이다.

★ 기하학적(물리적) 직경

마틴직경 (martin diameter)	① 입자의 면적을 2등분하는 선의 길이로 나타내는 직경 ② 과소 평가될 수 있다.
페렛직경 (feret diameter)	① 입자의 가장자리를 이등분한 직경(먼지의 한쪽 끝 가장자리에서 다른 쪽 끝 가장자리 까지의 거리로 나타내는 직경) ② 과대 평가될 가능성이 있다.
등면적직경 (projected area diameter)	① 입자의 면적과 동일한 면적을 가진 원의 직경으로 환산한 직경 ② 가장 정확한 직경이다.

실기까지 중요 ★★

26 100g의 물에 40g의 NaCl을 가하여 용해시키면 몇 %(W/W%)의 NaCl 용액이 만들어지는가?

① 28.6 ② 32.7
③ 34.5 ④ 38.2

★ %농도
용액 100g 속에 녹아 있는 용질의 질량(g)

$$\%\text{농도}(\%) = \frac{\text{용질의 질량(g)}}{\text{용액의 질량(g)}} \times 100 = \frac{\text{용질의 질량(g)}}{(\text{용매의 질량} + \text{용질의 질량})(\text{g})} \times 100$$

$$\%\text{농도}(\%) = \frac{40}{100+40} \times 100 = 28.57(\%)$$

정답 23 ② 24 ① 25 ② 26 ①

27 석면의 공기 중 농도를 표현하는 표준단위로 사용하는 것은?

① ppm　　② $\mu m/m^3$
③ 개/cm^3　　④ mg/m^3

* 작업환경 측정의 단위 표시
① 석면 : 개/cm^3(세제곱센티미터 당 섬유개수)
② 가스, 증기, 분진, 흄, 미스트 : mg/m^3 또는 ppm
③ 고열(복사열 포함) : 습구 · 흑구온도지수를 구하여 ℃로 표시
④ 소음 : [dB(A)]

실기까지 중요 ★★

28 에틸렌글리콜이 20℃, 1기압에서 증기압이 0.05 mmHg이면 포화농도(ppm)는?

① 약 44　　② 약 66
③ 약 88　　④ 약 102

$$\text{포화농도(ppm)} = \frac{\text{물질의 증기압(mmHg)}}{\text{대기압(760mmHg)}} \times 10^6$$

$$\text{포화농도(ppm)} = \frac{0.05}{760} \times 10^6 = 65.79\text{(ppm)}$$

실기까지 중요 ★★

29 다음 중 1차 표준기구에 해당되는 것은?

① spirometer
② thermo-anemometer
③ rotameter
④ wet-test meter

1차 표준 기구	2차 표준기구
1. 비누거품미터 2. 폐활량계 (spirometer) 3. 가스치환병 4. 유리피스톤미터 5. 흑연피스톤미터 6. 피토튜브(Pitot tube)	1. 로타미터 (rotameter) 2. 습식테스트미터 (wet-test meter) 3. 건식가스미터 4. 오리피스미터 5. 열선기류계 (thermo-anemometer)
암기법 1차비누로폐활량재고, 가스치환하여, 유리, 흑연 먹였더니 피토했다.	암기법 2 열로 걸어가는 습관 테스트하는 오리

실기에 자주 출제 ★★★

30 검지관의 장 · 단점에 대한 설명으로 옳지 않은 것은?

① 사전에 측정대상물질의 동정이 불가능한 경우에 사용한다.
② 다른 방해물질의 영향을 받기 쉬워 오차가 크다.
③ 민감도가 낮아 비교적 고농도에서 적용한다.
④ 다른 측정방법이 복잡하거나 빠른 측정이 요구될 때 사용할 수 있다.

* 검지관의 장 · 단점

장점	① 사용이 간편하다. ② 반응시간이 빨라서 빠른 시간에 측정결과를 알 수 있다.(빠른 측정이 요구될 때 사용) ③ 숙련된 산업위생전문가가 아니더라도 어느 정도만 숙지하면 사용 할 수 있다. ④ 맨홀, 밀폐 공간에서의 산소가 부족하거나 폭발성 가스로 인하여 안전이 문제가 될 때 유용하게 사용될 수 있다.

정답 27 ③ 28 ② 29 ① 30 ①

단점	① 민감도가 낮으며 비교적 고농도에 적용이 가능하다. ② 특이도가 낮다.(다른 방해물질의 영향을 받기 쉬워 오차가 크다.) ③ 단시간 측정만 가능하다. ④ 미리 측정 대상물질의 동정이 되어 있어야 측정이 가능하다. ⑤ 색이 시간에 따라 변화하므로 제조자가 정한 시간에 읽어야 한다. ⑥ 한 검지관으로 단일 물질만을 측정할 수 있어 각 오염물질에 맞는 검지관을 선정해야 한다. ⑦ 색변화가 선명하지 않아 주관적으로 읽을 수 있어 판독자에 따라 변이가 심하다.

실기까지 중요 ★★

31 용광로가 있는 철강 주물공장의 옥내 습구흑구온도지수(WBGT)는? (단, 건구온도 = 32℃, 자연습구온도 = 30℃, 흑구온도 = 34℃)

① 30.5℃ ② 31.2℃
③ 32.5℃ ④ 33.4℃

★ 습구흑구온도지수(WBGT)의 산출

1. 옥외(태양광선이 내리쬐는 장소)
WBGT(℃) = 0.7 × 자연습구온도 + 0.2 × 흑구온도 + 0.1 × 건구온도
2. 옥내 또는 옥외(태양광선이 내리쬐지 않는 장소)
WBGT(℃) = 0.7 × 자연습구온도 + 0.3 × 흑구온도
3. 평균 WBGT(℃)

$$= \frac{WBGT_1 \times t_1 + \cdots + WBGT_n \times t_n}{t_1 + \cdots + t_n}$$

- $WBGT_n$: 각 습구흑구온도지수의 측정치(℃)
- t_n : 각 습구흑구온도지수치의 발생시간(분)

WBGT(℃)
= 0.7 × 자연습구온도 + 0.3 × 흑구온도
= 0.7 × 30 + 0.3 × 34 = 31.20(℃)

실기에 자주 출제 ★★★

32 흡광광도법에서 세기 I_0의 단색광이 시료액을 통과하여 그 광의 50%가 흡수되었을 때 흡광도는?

① 0.6 ② 0.5
③ 0.4 ④ 0.3

★ 흡광도(A)

$$A = \log \frac{1}{투과율}$$

$A = \log \frac{1}{0.5} = 0.30$
(투과율 = 1 − 흡수율 = 1 − 0.5 = 0.5)

필기에 자주 출제 ★

33 다음 중 실리카겔에 대한 친화력이 가장 큰 물질은?

① 케톤류 ② 방향족 탄화수소
③ 올레핀류 ④ 에스테르류

★ 실리카겔의 친화력(극성이 강한 순서)
물 > 알코올류 > 알데하이드류 > 케톤류 > 에스테르류 > 방향족탄화수소류 > 올레핀류 > 파라핀류

암기법
실물 알콜 하드 KS 방탄 올핀 파핀

필기에 자주 출제 ★

정답 31 ② 32 ④ 33 ①

34 통계집단의 측정값들에 대한 균일성, 정밀성 정도를 표현하는 변이계수(%)의 산출식으로 옳은 것은?

① (표준오차÷기하평균)×100
② (표준편차÷기하평균)×100
③ (표준오차÷산술평균)×100
④ (표준편차÷산술평균)×100

★ 변이계수(CV)
통계집단의 측정값들에 대한 균일성, 정밀성 정도를 표현한다.(산업위생통계에서 측정방법의 정밀도는 변이계수로 나타낸다.)

$$CV(\%) = \frac{\text{표준편차}}{\text{산술평균}} \times 100$$

필기에 자주 출제 ★

35 가스상 물질의 시료포집 시 사용하는 액체포집방법의 흡수효율을 높이기 위한 방법으로 옳지 않은 것은?

① 흡수용액의 온도를 낮추어 오염물질의 휘발성을 제한하는 방법
② 두 개 이상의 버블러를 연속적으로 연결하여 채취효율을 높이는 방법
③ 시료채취속도를 높여 채취유량을 줄이는 방법
④ 채취효율이 좋은 프리티드버블러 등의 기구를 사용하는 방법

★ 흡수액의 흡수효율을 높이기 위한 방법
① 가는 구멍이 많은 프리티드버블러 등 채취효율이 좋은 기구를 사용한다.(기포와 액체의 접촉면적을 크게 한다.)
② 시료채취 속도를 낮춘다.(체류시간을 길게 한다.)
③ 용액의 온도를 낮추어 휘발성을 제한시킨다.(증기압을 감소시킨다.)
④ 두 개 이상의 버블러를 연속적으로(직렬) 연결한다.
⑤ 흡수액의 양을 늘린다.
⑥ 액체의 교반을 강하게 한다.

필기에 자주 출제 ★

36 입경이 10μm이고 비중이 1.8인 먼지입자의 침강속도는?

① 0.36cm/sec ② 0.48cm/sec
③ 0.54cm/sec ④ 0.62cm/sec

★ Lippman식에 의한 침강속도
(입자크기가 1 ~ 50μm 경우 적용)

$$V(\text{cm/sec}) = 0.003 \times \rho \times d^2$$

- V : 침강속도(cm/sec)
- ρ : 입자 밀도(비중)(g/cm³)
- d : 입자직경(μm)

$V(\text{cm/sec}) = 0.003 \times 1.8 \times 10^2 = 0.54(\text{cm/sec})$

실기에 자주 출제 ★★★

37 사이클론 분립장치가 관성충돌형 분립장치보다 유리한 장점이 아닌 것은?

① 매체의 코팅과 같은 별도의 특별한 처리가 필요 없다.
② 호흡성 먼지에 대한 자료를 쉽게 얻을 수 있다.
③ 시료의 되튐 현상으로 인한 손실염려가 없다.
④ 입자의 질량크기별 분포를 얻을 수 있다.

★ 사이클론의 장점
① 사용이 간편하고 경제적이다.
② 호흡성 먼지에 대한 자료를 쉽게 얻을 수 있다.
③ 시료의 되튐으로 인한 손실이 없다.
④ 매체의 코팅과 같은 별도의 특별한 처리가 필요 없다.

필기에 자주 출제 ★

정답 34 ④ 35 ③ 36 ③ 37 ④

38 다음은 작업장 소음측정시간 및 횟수 기준에 관한 내용이다. ( ) 안의 내용으로 옳은 것은? (단, 고용노동부 고시 기준)

> 단위작업장소에서 소음수준은 규정된 측정위치 및 지점에서 1일 작업시간 동안 6시간 이상 연속 측정하거나 작업시간을 1시간 간격으로 나누어 6회 이상 측정하여야 한다. 다만, 소음의 발생 특성이 연속음으로서 측정치가 변동이 없다고 자격자 또는 지정측정기관이 판단하는 경우에는 1시간 동안을 등간격으로 나누어 ( ) 측정할 수 있다.

① 2회 이상 ② 3회 이상
③ 4회 이상 ④ 5회 이상

*소음 측정시간
① 단위작업 장소에서 소음수준은 규정된 측정위치 및 지점에서 1일 작업시간 동안 6시간 이상 연속 측정하거나 작업시간을 1시간 간격으로 나누어 6회 이상 측정하여야 한다. 다만, 소음의 발생특성이 연속음으로서 측정치가 변동이 없다고 자격자 또는 지정측정기관이 판단한 경우에는 1시간 동안을 등간격으로 나누어 3회 이상 측정할 수 있다.
② 단위작업 장소에서의 소음발생시간이 6시간 이내인 경우나 소음발생원에서의 발생시간이 간헐적인 경우에는 발생시간동안 연속 측정하거나 등간격으로 나누어 4회 이상 측정하여야 한다.

실기까지 중요 ★★

39 습구온도 측정을 위해 아스만통풍건습계를 사용하는 경우, 측정시간 기준으로 옳은 것은? (단, 고용노동부 고시 기준)

① 25분 이상 ② 20분 이상
③ 15분 이상 ④ 5분 이상

※ 관련 고시의 변경으로 삭제된 내용입니다.

40 여과에 의한 입자의 채취기전 중 공기의 흐름방향이 바뀔 때 입자상 물질은 계속 같은 방향으로 유지하려는 원리는 무엇인가?

① 관성충돌 ② 확산
③ 중력침강 ④ 차단

① 관성충돌 : 공기의 흐름방향이 바뀔 때 입자상 물질은 계속 같은 방향으로 유지하려는 원리
② 확산 : 유속이 느릴 때 미세입자의 불규칙적인 운동(브라운 운동)에 의한 포집원리
③ 중력침강 : 입경이 비교적 크고 비중이 큰 입자가 저속기류 중에서 중력에 의하여 침강되어 포집되는 원리
④ 차단 : 기체유선에 벗어나지 않는 크기의 미세입자가 섬유와 접촉에 의해서 포집되는 원리

필기에 자주 출제 ★

정답 38 ② 39 ① 40 ①

제3과목 작업환경관리

41 공학적 작업환경관리대책 중 격리에 해당하지 않는 것은?

① 저장탱크들 사이에 도랑 설치
② 소음발생작업장에 근로자용 부스 설치
③ 유해한 작업을 별도로 모아 일정한 시간에 처리
④ 페인트 분사공정을 함침작업으로 실시

④ 페인트 분사공정을 함침작업으로 실시 → 공정의 변경

필기에 자주 출제 ★

42 열경련(heat cramps)에 관한 설명으로 옳은 것은?

① 열경련인 환자는 혈중 염분의 농도가 높기 때문에 염분관리가 중요하다.
② 열경련 환자에게 염분을 공급할 때 식염정제가 사용되어서는 안 된다.
③ 더운 환경에서 고된 육체적 작업으로 인한 수분의 고갈로 신체의 염분농도가 상승하여 발생하는 고열장애이다.
④ 통증을 수반하는 경련은 주로 작업 시 사용하지 않는 근육을 갑자기 사용했을 때 발생한다.

* 열경련(heat cramp)
① 전형적인 열 중증의 형태로 고온환경에서 심한 육체적인 노동을 할 때 혈중 염분농도 저하가 원인된다.
② 근육경련, 현기증, 이명, 두통, 구역, 구토 등의 증상이 있다.
③ 수분 및 NaCl 보충(생리식염수 0.1% 공급)한다. (일시에 염분농도가 높으면 흡수 저하가 일어나므로 식염정제를 공급해서는 안 된다.)

필기에 자주 출제 ★

43 저온환경에서 발생하는 2도 동상에 관한 설명으로 옳은 것은?

① 심부조직까지 동결되어 조직의 괴사로 괴저가 발생하는 경우
② 지속적인 저온으로 국소의 산소결핍으로 인해 모세혈관의 벽이 손상된 경우
③ 수포와 함께 광범위한 삼출성 염증이 일어나는 경우
④ 혈관이 확장하여 발적이 발생된 경우

* 동상의 구분

제1도 동상 (발적)	가려우며 혈관확장으로 국소발적이 생긴다.
제2도 동상 (수포형성과 염증)	수포와 함께 광범위한 삼출성 염증이 생긴다.
제3도 동상 (조직괴사 및 괴저)	심부조직까지 동결되어 조직의 괴사인한 괴저가 발생한다.

필기에 자주 출제 ★

44 다음 중 고열작업장의 작업환경관리 대책으로 옳지 않은 것은?

① 작업자에게 개인별로 국소적인 송풍기를 지급한다.
② 작업장 내 낮은 습도를 유지한다.
③ 방수복(water-barrier)을 증발방지복(vapor-barrier)으로 바꾼다.
④ 열차단판인 알루미늄박판에 기름먼지가 묻지 않도록 청결을 유지한다.

③ 작업복은 열을 잘 흡수하는 복장을 피하고 흡습성, 환기성의 좋은 복장을 착용시킨다.

정답 41 ④ 42 ② 43 ③ 44 ③

45 100톤의 프레스공정에서 측정한 음압수준이 93dB(A)이었다. 근로자가 귀마개(NRR = 27)를 착용하고 있을 때 근로자가 노출되는 음압수준은? (단, OSHA 기준)

① 79.0dB(A) ② 81.0dB(A)
③ 83.0dB(A) ④ 85.0dB(A)

> 차음효과 = (NRR − 7) × 0.5
> • NRR : 차음평가수
>
> • 차음효과 = (27 − 7) × 0.5 = 10dB(A)
> • 근로자가 노출되는 음압수준
> = 93 − 10 = 83(dB)(A)

실기까지 중요 ★★

46 감압에 따른 기포형성량을 결정하는 요인과 가장 거리가 먼 것은?

① 조직에 용해된 가스량
② 조직순응 및 변이정도
③ 감압속도
④ 혈류를 변화시키는 상태

> ＊감압 시에 조직 내 질소기포 형성량에 영향을 주는 요인
> ① 조직에 용해된 가스량
> ② 혈류를 변화시키는 상태
> ③ 감압속도
> ④ 고기압의 노출정도

필기에 자주 출제 ★

47 비전리방사선인 극저주파 전자장에 관한 내용으로 옳지 않은 것은?

① 통상 1～300Hz의 주파수범위를 극저주파 전자장이라 한다.
② 직업적으로 지하철 운전기사, 발전소 기사 등 고압전선 가까이서 근무하는 근로자들의 노출이 크다.
③ 장기노출 시 피부장해과 안장해가 발생되는 것으로 알려져 있다.
④ 노출범위와 생물학적 영향 면에서 가장 관심을 갖는 주파수영역은 전력공급계통의 교류와 관련되는 50～60Hz 범위이다

> ③ 장기노출 시 두통, 불면증 등의 신경장해와 순환기장해가 발생되는 것으로 알려져 있다.

48 다음의 전리방사선 중 입자방사선이 아닌 것은?

① α(알파)입자 ② β(베파)입자
③ γ(감마)입자 ④ 중성자

> ＊전리방사선(이온화 방사선)의 종류
> ① 전자기 방사선(X-Ray, γ선)
> ② 입자 방사선(α, β입자, 중성자)

필기에 자주 출제 ★

정답 45 ③ 46 ② 47 ③ 48 ③

49 사업장의 유해물질을 물리적, 화학적 성질과 사용목적을 조사하여 유해성이 보다 작은 물질로 대치한 경우와 가장 거리가 먼 것은?

① 아조염료의 합성원료인 벤지딘을 대신하여 디클로로벤지딘으로 전환한 경우
② 단열재로서 사용하는 석면을 유리섬유로 전환한 경우
③ 금속 세척작업에 사용되는 트리클로로에틸렌을 계면활성제로 전환한 경우
④ 분체의 입자를 작은 입자로 전환한 경우

④ 분체의 원료를 입자가 작은 것에서 큰 것으로 변경

필기에 자주 출제★

50 소음작업장 개인보호구인 귀마개에 관한 설명으로 옳지 않은 것은?

① 귀마개는 좁은 장소에서 머리를 많이 움직이는 작업을 할 때 사용하기 편리하다.
② 오래 사용하여 귀걸이의 탄력성이 줄었을 때는 차음효과가 떨어진다.
③ 외청도에 이상이 없는 경우에 사용이 가능하며 또 이상이 없어도 사용시간에 제한을 받는다.
④ 제대로 착용하는 데 시간이 걸리고 요령을 습득하여야 한다

★ 귀마개의 장 · 단점

장점	• 부피가 작아서 휴대하기 편하다. • 보안경과 안전모 사용에 구애받지 않는다. • 고온작업, 좁은 공간에서도 사용할 수 있다. • 가격이 저렴하다.
단점	• 귀에 질병이 있을 경우 착용이 불가능하다. • 제대로 착용하는데 시간이 걸리며 요령을 습득해야 한다. • 착용 여부 파악이 곤란하다. • 차음효과가 일반적으로 귀덮개보다 떨어지며 사람에 따라 차이가 있을 수 있다. • 귀마개 오염에 따른 감염 가능성이 있다. • 땀이 많이 날 때는 외이도에 염증유발 가능성 있다.

실기까지 중요★★

51 음의 강도(sound intensity, I)와 음의 음압(sound pressure, P)과의 관계를 옳게 설명한 것은?

① 음의 강도는 음의 음압에 정비례한다.
② 음의 강도는 음의 음압의 제곱에 반비례한다.
③ 음의 강도는 음의 음압에 반비례한다.
④ 음의 강도는 음의 음압의 제곱에 정비례한다.

★ 음의 세기(강도)와 음압의 관계

$$I = \frac{P^2}{\rho c}$$

- I : 음의 세기
- P : 음압
- ρ : 매질의 밀도
- c : 음속

정답 49 ④ 50 ② 51 ④

52 다음 방진대책 중 발생원 대책으로 옳지 않은 것은?

① 기진력 증가
② 기초중량의 부가 및 경감
③ 탄성 지지
④ 동적 흡진

* 진동방지 대책

발생원 대책	① 기초중량을 부가 및 경감한다. ② 진동원을 제거한다.(가장 적극적인 방법) ③ 방진재를 이용하여 탄성지지한다. ④ 기진력을 감쇠시킨다.(동적 흡진) ⑤ 불평형력의 평형을 유지한다.
전파경로 대책	① 거리감쇠를 크게 한다. ② 수진점 부근에 방진구를 설치하여 전파경로를 차단한다.
수진측 대책	① 수진측에 탄성지지를 한다. ② 수진점의 기초중량을 부가 및 경감한다. ③ 근로자 작업시간 단축 및 교대제를 실시한다. ④ 근로자 보건교육을 실시한다.

필기에 자주 출제★

53 입경이 10μm이고 비중 1.2인 입자의 침강속도(cm/sec)는?

① 0.28 ② 0.32
③ 0.36 ④ 0.40

* Lippman식에 의한 침강속도
(입자크기가 1 ~ 50μm 경우 적용)

$$V(\text{cm/sec}) = 0.003 \times \rho \times d^2$$

- V : 침강속도(cm/sec)
- ρ : 입자 밀도(비중) (g/cm^3)
- d : 입자직경(μm)

$V = 0.003 \times 1.2 \times 10^2 = 0.36$(cm/sec)

실기에 자주 출제★★★

54 사람이 느끼는 최소진동역치는?

① 25±5dB ② 35±5dB
③ 45±5dB ④ 55±5dB

* 사람이 느끼는 최소 진동치
55±5dB

필기에 자주 출제★

55 저온환경이 인체에 미치는 영향으로 옳지 않은 것은?

① 식욕 감소 ② 혈압변화
③ 피부혈관의 수축 ④ 근육긴장

저온환경의 일차적인 생리적 변화	① 근육긴장의 증가 및 떨림(전율) ② 피부혈관의 수축 ③ 말초혈관의 수축 ④ 화학적 대사작용의 증가(갑상선 호르몬 분비 증가) ⑤ 체표면적의 감소
저온환경의 이차적인 생리적 반응	① 말초냉각 : 말초혈관의 수축으로 표면조직의 냉각이 진행된다. ② 식욕변화 : 저온에서는 근육활동, 조직대사의 증진으로 식욕이 항진된다. ③ 혈압변화 : 피부혈관 수축으로 혈압은 일시적으로 상승한다. ④ 순환기능 : 피부혈관의 수축으로 순환기능이 감소된다.

필기에 자주 출제★

정답 52 ① 53 ③ 54 ④ 55 ①

56 방진마스크에 대한 설명 중 적합하지 않은 것은?

① 고체분진이나 유해성 fume, mist 등의 액체 입자의 흡입방지를 위해서도 사용된다.
② 필터는 여과효율이 높고 흡기저항이 낮은 것이 좋다.
③ 충분한 산소가 있고 유해물의 농도가 규정 이하의 농도일 때 사용할 수 있다.
④ 필터는 활성탄계, 실리카겔계가 가장 많이 사용된다.

④ 방진마스크 필터의 재질은 면, 모, 합성섬유, 유리섬유, 금속섬유 등이 사용된다.

필기에 자주 출제★

57 작업장의 조명관리에 관한 설명으로 옳지 않은 것은?

① 간접조명은 음영과 현휘로 인한 입체감과 조명효율이 높은 것이 장점이다.
② 반간접조명은 간접과 직접조명을 절충한 방법이다.
③ 직접조명은 작업면의 빛의 대부분이 광원 및 반사용 삿갓에서 직접 온다.
④ 직접조명은 기구의 구조에 따라 눈을 부시게 하거나 균일한 조도를 얻기 힘들다.

* 간접조명의 장 · 단점

장점	① 눈부심이 적고 피조면의 조도가 균일하다 ② 그림자가 부드럽다. ③ 등기구의 사용을 최소화하여 조명효과를 얻을 수 있다.
단점	① 밝지 않다. ② 천장 색에 따라 조명 빛깔이 변한다. ③ 효율성이 떨어진다. ④ 설비비가 많이 들고 보수가 쉽지 않다.

* 참고

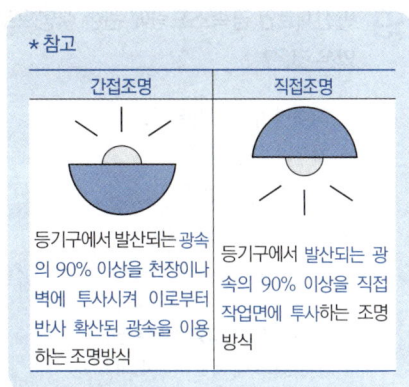

간접조명	직접조명
	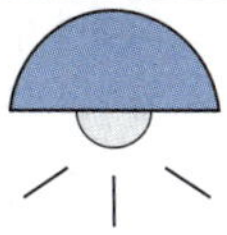
등기구에서 발산되는 광속의 90% 이상을 천장이나 벽에 투사시켜 이로부터 반사 확산된 광속을 이용하는 조명방식	등기구에서 발산되는 광속의 90% 이상을 직접 작업면에 투사하는 조명방식

필기에 자주 출제★

58 다음 중 고온의 영향으로 나타나는 일차적 생리적 영향은?

① 수분과 염분 부족 ② 신경계 장애
③ 피부기능 변화 ④ 발한

고온의 일차적 생리적 현상	고온의 이차적 생리적 현상
① 발한(땀)	① 심혈관 장애
② 불감발한	② 신장 장애
③ 피부혈관의 확장	③ 위장 장애
④ 체표면적 증가	④ 신경계 장애
⑤ 호흡증가	⑤ 피부기능 변화
⑥ 근육이완	⑥ 수분 및 염분 부족

필기에 자주 출제★

정답 56 ④ 57 ① 58 ④

59 방진재료인 금속스프링에 관한 설명으로 옳지 않은 것은?

① 최대변위가 허용된다.
② 저주파 차진에 좋다.
③ 감쇠가 거의 없다.
④ 공진 시 전달률이 작다.

⋆ 금속스프링
① 공진 시에 전달률이 매우 좋다.
② 환경요소에 대한 저항이 크다.
③ 저주파 차진에 좋으며 감쇠가 거의 없다.
④ 다양한 형상으로 제작이 가능하며 내구성이 좋다.
⑤ 최대변위가 허용된다.

필기에 자주 출제 ★

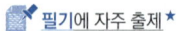

60 다음 빛과 밝기의 단위 중 광도(luminous intensity)의 단위로 옳은 것은?

① 루멘　② 칸델라
③ 럭스　④ 푸트 램버트

⋆ 광도의 단위
① 칸델라(candela ; cd)
- 101,325N/m² 압력 하에서 백금의 응고점 온도에 있는 흑체의 1m²인 평평한 표면 수직 방향의 광도(밝기는 광원으로부터의 거리 제곱에 반비례한다.)

② 촉광(candle)
- 지름이 1인치(2.54cm)되는 촛불이 수평방향으로 비칠 때 빛의 밝기(빛의 광도를 나타내는 단위로 국제촉광을 사용한다.)
- 1촉광 = 4π루멘

필기에 자주 출제 ★

제4과목 산업환기

61 다음 중 약간의 공기 움직임이 있고 낮은 속도로 배출되는 작업조건에서 스프레이 도장작업을 할 때 제어속도(m/sec)로 가장 적절한 것은? (단, 미국산업위생전문가협의회 권고 기준에 따른다.)

① 0.8　② 1.2
③ 2.1　④ 2.8

⋆ 제어속도범위(ACGIH)

작업조건	작업공정사례	제어속도 (m/sec)
• 움직이지않은공기중에서 속도없이 배출되는 작업조건 • 조용한 대기 중에 실제 거의 속도가 없는 상태로 발산하는 경우의 작업조건	• 액면에서 발생하는 가스나 증기 흄 • 탱크에서 증발, 탈지시설	0.25 ~0.5
• 비교적 조용한(약간의 공기 움직임) 대기 중에서 저속으로 비산하는 작업조건	• 용접, 도금 작업 • 스프레이도장	0.5 ~1.0
• 발생기류가 높고(빠른기동) 유해물질이 활발히 발생하는 작업조건	• 스프레이도장, 용기충전 • 컨베이어 적재 • 분쇄기	1.0 ~2.5
• 초고속기류(대단히 빠른 기동)가 있는 작업장소에 초고속으로 비산하는 경우	• 회전연삭작업 • 연마작업 • 블라스트 작업	2.5 ~10

실기까지 중요 ★★

정답 59 ④ 60 ② 61 ①

62 유입계수가 0.6인 플랜지 부착 원형 후드가 있다. 이때 후드의 유입손실계수는 얼마인가?

① 0.52　　② 0.98
③ 1.26　　④ 1.78

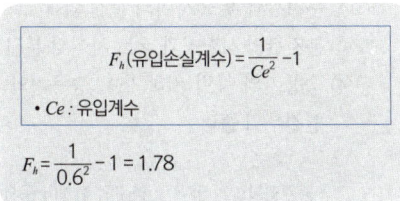

$$F_h(\text{유입손실계수}) = \frac{1}{Ce^2} - 1$$

• Ce : 유입계수

$$F_h = \frac{1}{0.6^2} - 1 = 1.78$$

실기까지 중요 ★★

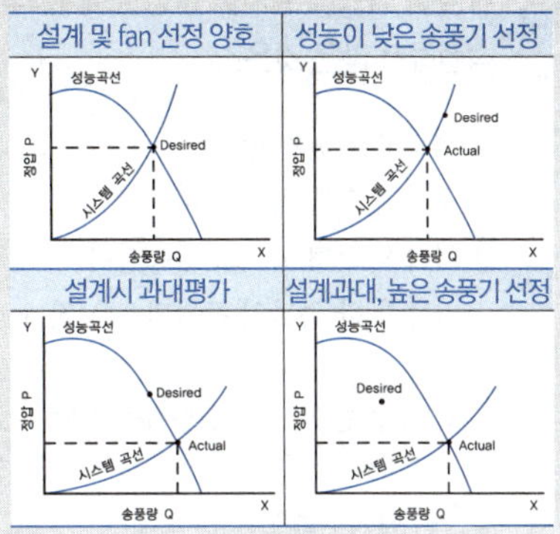

63 다음 중 그림의 송풍기 성능곡선에 설명으로 옳은 것은?

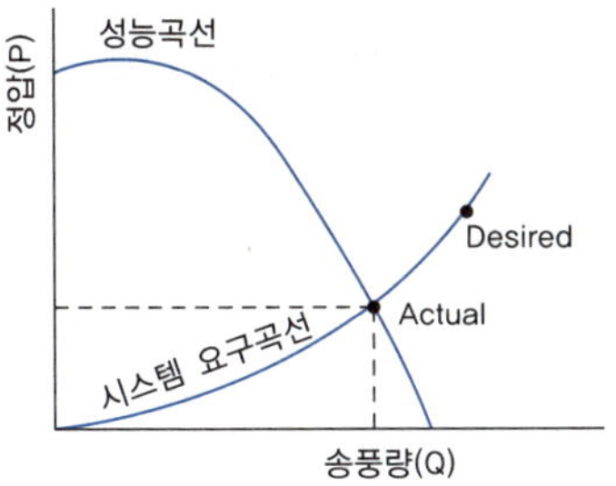

① 설계단계에서 예측했던 시스템 요구곡선이 잘 맞고, 송풍기의 선정도 적절하여 원했던 송풍량이 나오는 경우이다.
② 너무 큰 송풍기를 선정하고 시스템 압력손실도 과대평가된 경우이다.
③ 시스템 곡선의 예측은 적절하나 성능이 약한 송풍기를 선정하여 송풍량이 작게 나오는 경우이다.
④ 송풍기의 선정은 적절하나 시스템의 압력손실 예측이 과대평가되어 실제로는 압력손실이 작게 걸려 송풍량이 예상보다 많이 나오는 경우이다

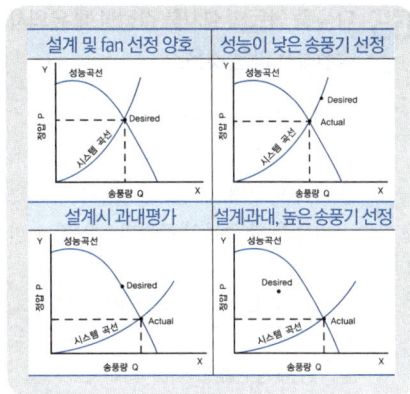

64 다음 중 전체환기를 설치하는 조건과 가장 거리가 먼 것은?

① 오염물질의 독성이 낮은 경우
② 오염물질이 한 곳에 집중되어 있는 경우
③ 유해물질의 발생량이 대체로 균일한 경우
④ 근무자와 오염원의 거리가 먼 경우

국소환기 장치 설치가 필요한 경우	① 유해물질 발생량이 많은 경우 ② 유해물질 독성이 강한 경우(TLV가 낮을 때) ③ 유해물질 발생원과 작업위치가 근접해 있는 경우 ④ 높은 증기압의 유기용제 ⑤ 발생주기가 균일하지 않은 경우 ⑥ 발생원이 고정되어 있는 경우 ⑦ 법적의무 설치사항의 경우
전체환기(희석환기)가 필요한 경우	① 유해물질의 독성이 비교적 낮은 경우 ② 동일한 작업장에 다수의 오염원이 분산되어 있는 경우 ③ 유해물질이 시간에 따라 균일하게 발생될 경우 ④ 유해물질의 발생량이 적은 경우 ⑤ 발생원이 이동하는 경우 ⑥ 오염원이 근무자가 근무하는 장소로부터 멀리 떨어져 있는 경우

실기까지 중요 ★★

정답 62 ④ 63 ③ 64 ②

65 다음 중 덕트의 설치를 결정할 때 유의사항으로 적절하지 않은 것은?

① 청소구를 설치한다.
② 곡관의 수를 적게 한다.
③ 가급적 원형 덕트를 사용한다.
④ 가능한 한 곡관의 곡률반경을 작게 한다.

> ④ 가능한 한 곡관의 곡률반경을 크게 한다.

필기에 자주 출제 ★

66 다음 중 수평의 원형 직관 단면에서 층류의 유체가 흐를 때 유속이 가장 빠른 부분은?

① 관 벽
② 관 중심부
③ 관 중심에서 외측으로 지점
④ 관 중심에서 외측으로 지점

> 수평의 원형 직관 단면에서 층류의 유체가 흐를 때 유속이 가장 빠른 부분 → 관 중심부

67 공기정화장치의 입구와 출구의 정압이 동시에 감소되었다면 국소배기장치(설비)의 이상원인으로 가장 적절한 것은?

① 제진장치 내의 분진 퇴적
② 분지관과 후드 사이의 분진 퇴적
③ 분지관의 시험공과 후드 사이의 분진 퇴적
④ 송풍기의 능력 저하 또는 송풍기와 덕트의 연결부위 풀림

> * 공기정화장치 입구 및 출구의 정압이 동시에 감소되는 원인
> ① 송풍기의 능력 저하
> ② 송풍기와 덕트의 연결부위 풀림

68 자연환기방식에 의한 전체환기의 효율은 주로 무엇에 의해 결정되는가?

① 대기압과 오염물질의 농도
② 풍압과 실내외 온도 차이
③ 오염물질의 농도와 실내외 습도 차이
④ 작업자수와 작업장 내부 시설의 위치

> 전체환기의 효율은 풍압과 실내외의 온도 차이에 의해 결정된다.

필기에 자주 출제 ★

정답 65 ④ 66 ② 67 ④ 68 ②

69 그림과 같은 덕트 Ⅰ과 Ⅱ단면에서 압력을 측정한 결과 Ⅰ단면의 정압(PS_1)은 $-10mmH_2O$였고, Ⅰ과Ⅱ단면의 동압은 각각 $20mmH_2O$와 $15mmH_2O$였다. Ⅱ단면의 정압(PS_2)이 $-20mmH_2O$이었다면 단면 확대부에서의 압력손실(mmH_2O)은 얼마인가?

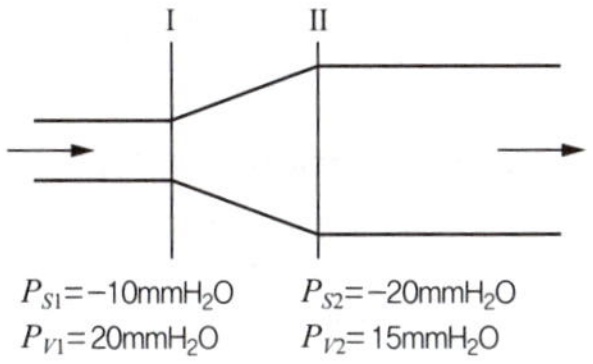

① 5 ② 10
③ 15 ④ 2

관로의 압력손실($\triangle P_s$) = | $\triangle P_v$ | + | $\triangle P_s$ |

- $\triangle P_v$: 동압의 차(속도압의 차)
- $\triangle P_s$: 정압의 차

$\triangle P_s$ = | 20 − 15 | + | 20 − 10 |
= 5 + 10 = 15(mmH_2O)

70 작업장 내 열부하량이 15,000kcal/hr이며, 외기온도는 22℃, 작업장 내의 온도는 32℃이다. 이때 전체환기를 위한 필요환기량은 얼마인가?

① $83m^3/hr$ ② $833m^3/hr$
③ $4,500m^3/hr$ ④ $5,000m^3/hr$

* 발열시 필요환기량

$$Q=\frac{H_s}{0.3\triangle t}(m^3/hr)$$

- $\triangle t$: 급배기(실내, 외)의 온도차(℃)
- H_s : 작업장내 열부하량(kcal/hr)
- 0.3 : 정압비열($kcal/m^3℃$)

$$Q=\frac{15,000}{0.3\times(32-22)}=5,000(m^3/hr)$$

실기에 자주 출제★★★

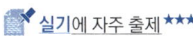

71 플랜지가 붙은 1/4 원주형 슬롯형 후드가 있다. 포착거리가 30cm이고, 포착속도가 1m/sec일 때 필요송풍량(m^3/min)은 약 얼마인가? (단, slot의 폭은 0.1m, 길이는 0.9m이다.)

① 25.9 ② 45.4
③ 66.4 ④ 81.0

* 외부식 슬롯형 후드

$$Q=60\cdot C\cdot L\cdot Vc\cdot X$$

- Q : 필요송풍량(m^3/min)
- Vc : 제어속도(m/sec)
- L : slot 개구면의 길이(m)
- X : 포집점까지의 거리(m)
- C : 형상계수

(전원주 : 3.7, $\frac{3}{4}$ 원주 : 4.1,

$\frac{1}{2}$ 원주(플랜지부착과 동일) : 2.6, $\frac{1}{4}$ 원주 : 1.6)

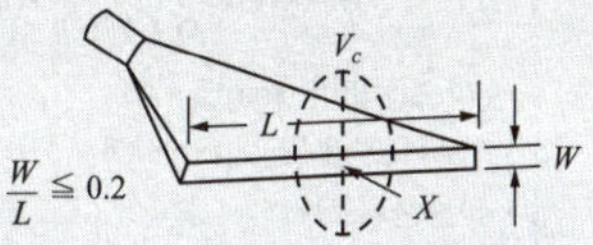

$Q=60\times1.6\times0.9\times1\times0.3=25.92(m^3/min)$

실기에 자주 출제★★★

정답 69 ③ 70 ④ 71 ①

72 다음 중 국소배기장치의 설계 시 송풍기의 동력을 결정할 때 가장 필요한 정보는?

① 송풍기 전압과 필요송풍량
② 송풍기 동압과 가격
③ 송풍기 전압과 크기
④ 송풍기 동압과 효율

⋆ 송풍기에 필요한 소요동력(Horsepower : Hp)
필요 송풍량을 이송하기 위해 요구되는 송풍정압을 만들 수 있도록 송풍기 모터(Motor)가 해야 되는 일이기 때문에 송풍량과 송풍정압에 의해 결정된다.

⋆ 참고
송풍기 소요동력의 계산

$$HP(\text{kW}) = \frac{Q \times P}{6{,}120 \times \eta} \times K$$

- Q : 송풍량(m^3/min)
- P : 유효전압(풍압)(mmH_2O)
- η : 송풍기효율
- K : 안전여유

필기에 자주 출제 ★

73 직경이 300mm인 환기시설을 통해서 150m³/min의 표준상태의 공기를 보낼 때 이 덕트 내의 유속(m/sec)은 약 얼마인가?

① 25.49 ② 31.46
③ 35.37 ④ 41.39

$$Q = 60 \times A \times V$$

- Q : 유체의 유량(m^3/min)
- A : 유체가 통과하는 단면적(m^2)
- V : 유체의 유속(m/sec)

$Q = 60 \times A \times V$

$$V = \frac{Q}{60 \times A} = \frac{Q}{60 \times \frac{\pi d^2}{4}} = \frac{150}{60 \times \frac{\pi \times 0.3^2}{4}}$$

$= 35.37$(m/sec)

실기까지 중요 ★★

74 작업장의 크기가 세로 20m, 가로 10m, 높이 6m이고, 필요환기량이 80m³/min일 때 1시간당 공기교환횟수는 몇 회인가?

① 2회 ② 3회
③ 4회 ④ 5회

$$ACH = \frac{\text{실내 환기량}(Q)}{\text{실내 체적}(m^3)} \times 60$$

- Q(m^3/hr)

$$ACH = \frac{80}{20 \times 10 \times 6} \times 60 = 4(\text{회})$$

실기까지 중요 ★★

정답 72 ① 73 ③ 74 ③

75 다음 중 국소배기장치가 설치된 현장에서 가장 적합한 상황에 해당하는 것은?

① 최종 배출구는 작업장 내에 있다.
② 사용하지 않는 후드는 댐퍼로 차단되어 있다.
③ 증기가 발생하는 도장 작업지점에는 여과식 공기정화장치가 설치되어 있다.
④ 여름철 작업장 내에 대형 선풍기로 작업자에게 바람을 불어주고 있다.

사용하지 않은 후드는 댐퍼로 차단하여 필요유량을 최소화한다.

76 다음 중 전기집진장치의 장점이 아닌 것은?

① 고온가스의 처리가 가능하다.
② 설치면적이 적고, 기체상의 오염물질의 포집에 용이하다.
③ 0.01μm 정도의 미세입자의 포집이 가능하여 높은 집진효율을 얻을 수 있다.
④ 압력손실이 낮고 대용량의 가스를 처리할 수 있다.

* 전기집진장치

장점	① 광범위한 온도범위에서 적용이 가능하다. ② 고온의 입자상물질, 폭발성가스 처리는 가능하나, 가연성 입자의 처리는 곤란하다. ③ 고온 가스를 처리할 수 있어 보일러와 철강로 등에 설치할 수 있다. ④ 압력손실이 낮으므로 대용량의 가스 처리가 가능하며, 송풍기의 운전 및 유지비용이 저렴하다. ⑤ 넓은 범위의 입경과 분진농도에 집진효율이 높다. ⑥ 0.01μm 정도의 미세 입자의 포집이 가능하여 높은 집진효율을 얻을 수 있다.(집진장치 중 가장 작은 입자를 처리할 수 있다)
단점	① 초기 설치비용이 많이 들며 설치공간이 커야 한다. ② 분진포집에 적용되며 가스상의 오염물질(기체상의 오염물질) 처리는 곤란하다. ③ 전압의 변화와 같은 조건의 변동에 적응이 곤란하다.

필기에 자주 출제★

77 다음 중 국소배기장치의 관내 유속이나 압력을 측정하는 기구가 아닌 것은?

① 피토관　② 열선식 풍속계
③ 타코미터　④ 오리피스미터

• 타코미터 : 회전속도계

* 참고

국소배기 장치의 압력 측정 장비	① 피토관 ② U자 마노미터 ③ 경사 마노미터 ④ 아네로이드 게이지 ⑤ 마크네헬릭 게이지
공기의 유속(기류) 측정기기	① 피토관(pitot tube) ② 회전 날개형 풍속계(rotating vane anemometer) ③ 그네 날개형 풍속계(swining vane anemometer ; 벨로미터) ④ 열선 풍속계(thermal anemometer) : 가장 많이 사용 ⑤ 카타온도계(kata thermometer) ⑥ 풍향 풍속계 ⑦ 풍차 풍속계

정답 75 ② 76 ② 77 ③

78 다음 중 공기를 후드로 끌어당기고(흡입기류) 불어주고(취출기류)하는 과정에서의 공기의 이동특성에 대한 설명으로 틀린 것은?

① 흡입기류는 취출기류에 비해서 거리에 따른 감소속도가 적다.
② 흡입기류는 취출기류에 비해서 거리에 따른 감소속도가 크다.
③ 흡입기류가 취출기류에 비해서 거리에 따른 감소속도가 크므로 후드는 가능하면 오염원에 가까이 설치해야 한다.
④ 후드의 포착거리가 일정거리 이상일 경우 푸시-풀(push-pull)형 환기장치가 필요하다.

후드의 유입속도는 개구부에서 덕트의 직경거리 이상 벗어나면 급격히 감소한다.

79 다음 중 속도압, 정압, 전압에 관한 설명으로 틀린 것은?

① 정압과 속도압을 합하면 전압이 된다.
② 속도압은 공기가 이동할 때 항상 발생한다.
③ 정압은 속도압과 관계없이 독립적으로 발생하며 대기압보다 낮을 때를 음압(-), 대기압보다 높을 때를 양압(+)이라 한다.
④ 속도압이란 정지상태의 공기를 일정한 속도로 흐르도록 가속화시키는 데 필요한 압력이며 공기의 운동에너지에 반비례한다.

* 동압(속도압)
① 바람의 속도에 의해서 생기는 압력이다.
② 정지상태의 공기를 일정한 속도로 흐르도록 가속화시키는데 필요한 압력을 말한다.
③ 속도압은 공기가 이동하는 힘으로 항상 양압(0 이상의 압력)이다.(공기의 운동에너지에 비례한다.)

필기에 자주 출제★

80 분압이 1.5mmHg인 물질이 표준상태의 공기 중에서 도달할 수 있는 최고농도(용량농도)는 약 얼마인가?

① 0.2% ② 1.1%
③ 2% ④ 11%

100% : 760 = X : 1.5
760 × X = 100 × 1.5
$$X = \frac{100 \times 1.5}{760} = 0.2(\%)$$
*표준상태 : 21℃, 1기압(760mmHg)

필기에 자주 출제★

정답 78 ① 79 ④ 80 ①

3회 과년도기출문제

제1과목 산업위생학 개론

01 산업안전보건법령상 건강진단기관이 건강진단을 실시하였을 때에 그 결과를 고용노동부장관이 정하는 건강진단 개인표에 기록하고, 건강진단 실시일로부터 며칠 이내에 근로자에게 송부하여야 하는가?

① 15일 ② 30일
③ 60일 ④ 90일

건강진단기관이 건강진단을 실시하였을 때에는 그 결과를 고용노동부장관이 정하는 건강진단개인표에 기록하고, 건강진단 실시일부터 30일 이내에 근로자에게 송부하여야 한다.

*참고
① 건강진단기관은 건강진단을 실시한 결과 질병 유소견자가 발견된 경우에는 건강진단을 실시한 날부터 30일 이내에 해당 근로자에게 의학적 소견 및 사후관리에 필요한 사항과 업무수행의 적합성 여부를 설명하여야 한다.
② 건강진단기관은 건강진단을 실시한 날부터 30일 이내에 건강진단 결과표를 사업주에게 송부하여야 한다.
③ 특수건강진단기관은 근로자에 대한 특수건강진단 · 수시건강진단 또는 임시건강진단을 실시한 경우에는 건강진단을 실시한 날부터 30일 이내에 건강진단 결과표를 지방고용노동관서의 장에게 제출하여야 한다.

필기에 자주 출제 ★

02 다음 중 근골격계 질환을 예방하기 위한 조치로 적절하지 않은 것은?

① 망치의 미끄러짐을 방지하기 위하여 망치자루에 고무밴드 등을 하였다.
② 날카로운 책상 모서리에 팔의 하박부분이 자주 닿아 모서리에 헝겊을 대었다.
③ 작업으로 인해 생긴 체열을 쉽게 발산하기 위하여 작업장의 온도를 약 16℃ 이하로 유지시켰다.
④ 계속하여 왼쪽으로 굽혀 잡는 자세를 오른쪽으로 잡도록 유도하였다.

③ 저온에서 근골격계질환의 위험은 더 높아진다.

*참고
근골격계질환(누적외상성질환, CTDs)의 발생요인
① 반복적인 동작
② 부적절한 작업 자세
③ 무리한 힘의 사용
④ 날카로운 면과의 신체접촉
⑤ 진동 및 온도(저온)

필기에 자주 출제 ★

정답 01 ② 02 ③

03 TLV가 20ppm인 styrene를 사용하는 작업장의 근로자가 1일 11시간 작업했을 때, OSHA 보정방법으로 보정한 허용기준은 약 얼마인가?

① 11.8ppm ② 13.8ppm
③ 14.6ppm ④ 16.6ppm

* OSHA의 보정방법

1. 급성중독을 일으키는 물질

$$\text{보정된 노출기준} = 8\text{시간 노출기준} \times \frac{8\text{시간}}{\text{노출시간/일}}$$

2. 만성중독을 일으키는 물질

$$\text{보정된 노출기준} = 8\text{시간 노출기준} \times \frac{40\text{시간}}{\text{노출시간/주}}$$

$$\text{보정된 노출기준} = 8\text{시간 노출기준} \times \frac{8\text{시간}}{\text{노출시간/주}}$$

$$= 20 \times \frac{8}{11} = 14.55(\text{ppm})$$

실기에 자주 출제 ★★★

04 다음 중 사무실 공기관리지침에 있어 오염물질의 대상에 해당하지 않는 것은?

① 미세먼지(PM 10)
② 포름알데히드(HCHO)
③ 낙하세균(PM 50)
④ 오존(O_3)

* 사무실 공기관리지침의 오염물질 관리기준

오염물질	관리기준
미세먼지(PM10)	100$\mu g/m^3$
초미세먼지(PM2.5)	50$\mu g/m^3$
이산화탄소(CO_2)	1,000ppm
일산화탄소(CO)	10ppm
이산화질소(NO_2)	0.1ppm
포름알데히드(HCHO)	100$\mu g/m^3$
총휘발성유기화합물(TVOC)	500$\mu g/m^3$
라돈(radon)	148Bq/m^3
총부유세균	800CFU/m^3
곰팡이	500CFU/m^3

실기에 자주 출제 ★★★

05 운반작업을 하는 근로자의 약한 손(오른손잡이의 경우 왼손)의 힘은 40kP이다. 이 근로자가 무게 10kg인 상자를 두 손으로 들어 올릴 경우 작업강도(%MS)는 얼마인가?

① 12.5 ② 15.0
③ 17.5 ④ 25.0

$$\text{작업강도}(\%MS) = \frac{RF}{MS} \times 100$$

- RF : 작업 시 요구되는 힘(한 손에 요구되는 힘)
- MS : 근로자가 가지고 있는 약한 손의 최대 힘

$$\text{작업강도} = \frac{5}{40} \times 100 = 12.5(\%)$$

* 10kg을 두 손으로 들어올림
→ 한 손에 요구되는 힘은 5kg

실기까지 중요 ★★

06 다음 중 바람직한 교대제에 대한 설명으로 틀린 것은?

① 2교대 시 최소 3조로 편성한다.
② 각 반의 근무시간은 8시간으로 한다.
③ 야간근무의 연속일수는 4~7일 이내로 한다.
④ 야근 후 다음 반으로 가는 간격은 48시간 이상으로 한다

* 교대근무제 관리원칙(바람직한 교대제)

① 각 반의 근무시간은 8시간씩 교대로 하고 야근은 가능한 짧게 한다.
② 2교대면 최저 3조의 정원을, 3교대면 4조를 편성한다.
③ 야간근무의 연속일수는 2~3일로 한다.
④ 야근 후 다음 반으로 가는 간격은 최저 48시간 이상의 휴식시간을 갖도록 하여야 한다.
⑤ 야근 교대시간은 상호 0시 이전에 하는 것이 좋다.(심야시간을 피함)
⑥ 야근 시 가면은 반드시 필요하며 보통 2~4시간(1시간 30분 이상)이 적합하다.

정답 03 ③ 04 ③ 05 ① 06 ③

⑦ 야근은 가면(假眠)을 하더라도 10시간 이내가 좋다.
⑧ 일반적으로 오전 근무의 개시시간은 오전 9시로 한다.
⑨ 교대방식은 낮 근무, 저녁 근무, 밤 근무 순으로 한다.(정교대가 좋다)

필기에 자주 출제 ★

07 다음 중 작업에 따른 발생 유해인자와 직업병의 연결이 잘못된 것은?

① 탈지작업 - 벤젠 - 간장해
② 초자공 - 적외선 - 백내장
③ 인쇄소 주자공 - 연 - 빈혈
④ 방사선기사 - 방사선 - 암 유발

① 탈지작업-트리클로로에틸렌-중추신경계장해

08 다음 중 역사상 최초로 기록된 직업병은?

① 납중독 ② 음낭암
③ 수은중독 ④ 진폐증

* 최초의 직업병
납중독(Hippocrates)

* 참고
최초의 직업성 암
음낭암(Percivall Pott, 암의 원인 물질은 "검댕")

실기까지 중요 ★★

09 다음 중 재해율 통계방법에 있어 강도율을 나타낸 것은?

① $\frac{\text{연간 총 재해자수}}{\text{연평균근로자수}} \times 1,000$

② $\frac{\text{연간 총 재해자수}}{\text{연평균근로자수}} \times 1,000,000$

③ $\frac{\text{연간 재해발생건수}}{\text{연간 총 근로시간수}} \times 1,000,000$

④ 강 도 율 $= \frac{\text{총요양 근로손실일수}}{\text{연 근로 시간수}} \times 1,000$

강도율 $= \frac{\text{총요양 근로 손실 일수}}{\text{연 근로 시간 수}} \times 1,000$
(근로손실일수 = 휴업일수, 요양일수, 입원일수 $\times \frac{300(\text{실제근로일수})}{365}$)

* 참고
도수율(빈도율) $= \frac{\text{재해 건수}}{\text{연 근로 시간 수}} \times 10^6$

실기까지 중요 ★★

정답 07 ① 08 ① 09 ④

10 다음 중 산업안전보건법령상 기관석면조사 대상으로서 건축물이나 설비의 소유주 등이 고용노동부장관에게 등록한 자로 하여금 그 석면을 해체 · 제거하도록 하여야 하는 함유량과 면적 기준으로 틀린 것은?

① 석면이 1wt%를 초과하여 함유된 분무재 또는 내화피복재를 사용한 경우
② 파이프에 사용된 보온재에서 석면이 1wt%를 초과하여 함유되어 있고, 그 보온재 길이의 합이 25m 이상인 경우
③ 석면이 1wt%를 초과하여 함유된 관련규정에 해당하는 자재의 면적의 합이 $15m^2$ 이상 또는 그 부피의 합이 $1m^3$ 이상인 경우
④ 철거 · 해체하려는 벽체재료, 바닥재, 천장재 및 지붕재 등의 자재에 석면이 1wt%를 초과하여 함유되어 있고 그 자재의 면적의 합이 $50m^2$ 이상인 경우

★ 석면해체 · 제거업자를 통한 석면해체 · 제거 대상
① 철거 · 해체하려는 벽체재료, 바닥재, 천장재 및 지붕재 등의 자재에 석면이 중량비율 1퍼센트를 초과하여 함유되어 있고 그 자재의 면적의 합이 50제곱미터 이상인 경우
② 석면이 중량비율 1퍼센트를 초과하여 함유된 분무재 또는 내화피복재를 사용한 경우
③ 석면이 중량비율 1퍼센트를 초과하여 함유된 자재의 면적의 합이 15제곱미터 이상 또는 그 부피의 합이 1세제곱미터 이상인 경우
④ 파이프에 사용된 보온재에서 석면이 중량비율 1퍼센트를 초과하여 함유되어 있고 그 보온재 길이의 합이 80미터 이상인 경우

필기에 자주 출제 ★

11 다음 중 직업과 적성에 있어 생리적 적성검사에 해당하지 않는 것은?

① 감각기능검사　② 심폐기능검사
③ 체력검사　④ 지각동작검사

생리학적 적성검사	① 감각기능검사 ② 심폐기능검사 ③ 체력검사
심리학적 적성검사	① 지능검사 : 언어, 기억, 추리에 대한 검사 ② 지각동작검사 : 수족협조, 운동속도, 형태지각검사 ③ 인성검사 : 성격, 태도, 정신상태 검사 ④ 기능검사 : 직무에 관한 기본지식과 숙련도, 사고력 등의 검사

필기에 자주 출제 ★

12 다음 중 작업장에서의 소음수준 측정방법으로 틀린 것은?

① 소음계의 청감보정회로는 A 특성으로 한다.
② 소음계 지시침의 동작은 빠른(fast) 상태로 한다.
③ 소음계의 지시치가 변동하지 않는 경우에는 해당 지시치를 그 측정점에서의 소음수준으로 한다.
④ 소음이 1초 이상의 간격을 유지하면서 최대음압수준이 120dB(A) 이상의 소음인 경우에는 소음수준에 따른 1분 동안의 발생횟수를 측정한다.

★ 소음수준 측정방법
① 소음계의 청감보정회로는 A특성으로 할 것
② 소음계 지시침의 동작은 느린(Slow) 상태로 한다.
③ 소음계의 지시치가 변동하지 않는 경우에는 해당 지시치를 그 측정 점에서의 소음수준으로 한다.
④ 누적소음노출량 측정기로 소음을 측정하는 경우에는 Criteria는 90dB, Exchange Rate는 5dB, Threshold는 80dB로 기기를 설정할 것

필기에 자주 출제 ★

정답　10 ②　11 ④　12 ②

13 다음 중 산소결핍장소에서의 관리방법에 관한 내용으로 틀린 것은?

① 생체 중에서 산소결핍에 대하여 가장 민감한 조직은 뇌이다.
② 산소결핍이란 공기 중의 산소농도가 18% 미만인 상태를 말한다.
③ 산소결핍의 우려가 있는 경우에는 산소의 농도를 측정하는 사람을 지명하여 측정하도록 하여야 한다.
④ 맨홀 지하작업 등 산소결핍이 우려되는 장소에서는 근로자에게 구명밧줄과 방독마스크를 착용하게 하여야 한다.

> ④ 맨홀 지하작업 등 산소결핍이 우려되는 장소에서는 근로자에게 구명밧줄과 송기마스크를 착용하게 하여야 한다.

> * 참고
> 사업주는 밀폐공간에서 작업하는 근로자가 산소결핍이나 유해가스로 인하여 추락할 우려가 있는 경우에는 해당 근로자에게 안전대나 구명밧줄, 공기호흡기 또는 송기마스크를 지급하여 착용하도록 하여야 한다.

필기에 자주 출제★

14 개정된 NIOSH의 들기작업 권고기준에 따라 권장무게 한계가 8.5kg이고, 실제작업 무게가 10kg일 때 들기지수(LI)는 약 얼마인가?

① 0.15 ② 0.18
③ 0.85 ④ 1.18

$$LI = \frac{\text{실제 작업 무게}(L)}{\text{권장무게한계}(RWL)}$$

$$LI = \frac{10}{8.5} = 1.18$$

필기에 자주 출제★

15 국소피로를 평가하는 데 근전도(Electromyogram ; EMG)를 가장 많이 이용하고 있다. 피로한 근육에서 측정된 EMG는 정상근육에서 측정된 EMG와 비교할 때 차이가 있는데 다음 중 차이에 대한 설명으로 옳은 것은?

① 총 전압의 증가
② 평균주파수의 증가
③ 0 ~ 200Hz 저주파수에서의 힘의 증가
④ 500 ~ 1,000Hz 고주파수에서의 힘의 감소

> * 국소피로의 평가(피로한 근육에서 측정된 현상)
> ① 저주파수(0 ~ 40Hz)에서 힘의 증가
> ② 고주파수(40 ~ 200Hz)에서 힘의 감소
> ③ 평균주파수의 감소
> ④ 총 전압의 증가

필기에 자주 출제★

16 산업피로는 작업부하, 노동시간, 휴식과 휴양, 개인적 적응조건 등으로 구분할 수 있는데 다음 중 개인적 적응조건과 관계가 가장 적은 것은?

① 영양상태 ② 작업밀도
③ 숙련도 ④ 적응능력

> ② 작업밀도 → 작업부하

정답 13 ④ 14 ④ 15 ① 16 ②

17 다음 중 허용농도(TLV) 적용상 주의할 내용으로 틀린 것은?

① 산업장의 유해조건으로 평가하고 개선하기 위한 지침으로만 사용되어야 한다.
② 산업위생전문가에 의하여 적용되어야 한다.
③ 24시간 노출 또는 정상작업시간을 초과한 노출에 대한 독성평가에는 적용될 수 없다.
④ 대기오염 평가 및 관리에 적용될 수 없으며 단순히 독성의 강도를 비교, 평가할 수 있는 기준이다.

* ACGIH(미국정부산업위생전문가 협의회)의 허용농도(TLV) 적용상 주의 사항
① 대기오염평가 및 지표(관리)에 적용할 수 없다.
② 24시간 노출 또는 정상 작업시간을 초과한 노출에 대한 독성 평가에는 적용할 수 없다.
③ 기존의 질병이나 신체적 조건을 판단(증명 또는 반응자료)하기 위한 척도로 사용될 수 없다.
④ 작업조건이 다른 나라에서 ACGIH-TLV를 그대로 사용할 수 없다.
⑤ 안전농도와 위험농도를 정확히 구분하는 경계선이 아니다.
⑥ 독성의 강도를 비교할 수 있는 지표는 아니다.
⑦ 반드시 산업보건(위생) 전문가에 의하여 설명(해석), 적용되어야 한다.
⑧ 피부로 흡수되는 양은 고려하지 않은 기준이다.
⑨ 산업장의 유해조건을 평가하기 위한 지침이며 건강장해를 예방하기 위한 지침이다.

실기까지 중요 ★★

18 다음 중 감각온도의 3요소로 볼 수 없는 것은?

① 기온 ② 기압
③ 기류 ④ 기습

* 감각온도의 3요소
① 온도(기온)
② 습도(기습)
③ 대류(기류, 공기유동)

필기에 자주 출제 ★

19 다음 중 산업위생(보건) 관련 기관과 그 약어의 연결이 잘못된 것은?

① 국제암연구소 : IARC
② 미국정부산업위생전문가협의회 : ACGIH
③ 미국산업안전보건청 : NIOSH
④ 미국산업위생학회 : AIHA

* 산업위생 관련 기관
① 미국정부산업위생전문가협의회 : ACGIH
② 미국산업위생학회 : AIHA
③ 미국산업안전보건청 : OSHA
④ 국립산업안전보건연구원 : NIOSH
⑤ 국제암연구소 : IARC
⑥ 영국산업위생학회 : BOHS
⑦ 영국 산업안전보건청 : HSE
⑧ 한국산업안전보건공단 : KOSHA

필기에 자주 출제 ★

20 근육운동에 필요한 에너지 중 혐기성 대사에 사용되는 물질이 아닌 것은?

① 단백질
② 글리코겐
③ 크레아틴인산(CP)
④ 아데노신삼인산(ATP)

혐기성 대사 (Anaerobic metabolism)	1. 근육에 저장된 화학적 에너지 2. 혐기성 대사 순서 ATP(아데노신 삼인산) → CP(크레아틴 인산) → Glycogen(글리코겐) or Glucose(포도당)
호기성 대사 (Aerobic metabolism)	1. 대사과정(구연산 회로)을 거쳐 생성된 에너지 2. 호기성 대사 과정 포도당 단백질 + 산소 → 에너지원 지방

실기까지 중요 ★★

정답 17 ④ 18 ② 19 ③ 20 ①

제2과목 작업위생 측정 및 평가

21 다음 중 실리카겔과의 친화력이 가장 큰 유기 용제는?

① 방향적 탄화수소류 ② 케톤류
③ 에스테르류 ④ 파라핀류

* 실리카겔의 친화력(극성이 강한 순서)
물 〉 알코올류 〉 알데하이드류 〉 케톤류 〉 에스테르류 〉 방향족탄화수소류 〉 올레핀류 〉 파라핀류

암기법
실물 알콜 하드 KS 방탄 올핀 파핀

필기에 자주 출제★

22 입자상 물질의 채취에 사용되는 막 여과지 중 화학물질과 열에 저항이 강한 특성을 가지고 있고 코크스 제조공정에서 발생하는 코크스 오븐 배출물질 채취에 사용되는 것은?

① 은막 여과지(silver membrane filter)
② 섬유상 여과지(fiber filter)
③ PTFE 여과지(Polytetrafluroethylene filter)
④ MCE 여과지(mixed cellulose ester membrane filter)

* 은막 여과지(Silver membrane filter)
① 금속은을 소결하여 만든 것으로 열적, 화학적 안정성이 있다.
② 코크스 제조공정에서 발생되는 코크스 오븐 배출물질 또는 다핵방향족탄화수소(PAHs) 등을 채취하는데 사용한다.
③ 결합제나 섬유가 포함되어 있지 않다.

암기법
금속은(은막 여과지) 소결하여 다 탄(다핵방향족탄화수소) 코크스오븐 채취

필기에 자주 출제★

23 23℃ 1기압에서 100L의 공기 중에 벤젠 1mg을 혼합하였다. 이때의 벤젠농도(C_6H_6, V/V)는?

① 약 2.1ppm ② 약 2.7ppm
③ 약 3.1ppm ④ 약 3.7ppm

$$mg/m^3 = \frac{ppm \times 분자량}{24.45(25℃, 1기압\ 기준)}$$

1. 25℃, 1기압일 경우 공기 1몰의 부피 24.45L를 23℃로 보정

$$24.45 \times \frac{273+23}{273+25} = 24.29$$

2. $mg/m^3 = \frac{ppm \times 분자량}{24.29}$

$$ppm \times 분자량 = mg/m^3 \times 24.29$$

$$ppm = \frac{mg/m^3 \times 24.29}{분자량}$$

$$= \frac{\frac{1mg}{(100 \times 10^{-3})m^3} \times 24.29}{78} = 3.11(ppm)$$

- 벤젠분자량 = (12×6) + (1×6) = 78(g)
- L = $10^{-3}(m^3)$

실기에 자주 출제★★★

정답 21 ② 22 ① 23 ③

24 실리카겔 흡착관에 대한 설명으로 옳지 않은 것은?

① 실리카겔은 극성이 강하여 극성물질을 채취한 경우 물과 같은 일반 용매로는 탈착되기 어렵다.
② 추출용액이 화학분석이나 기기분석에 방해물질로 작용하는 경우가 많지 않다.
③ 유독한 이황화탄소를 탈착용매로 사용하지 않는다.
④ 활성탄으로 채취가 어려운 아닐린, 오르토-톨루이딘 등의 아민류 채취가 가능하다.

* 실리카겔관의 장 · 단점

장점	① 극성물질을 채취한 경우 물, 메탄올 등 다양한 용매로 쉽게 탈착된다. ② 추출액이 화학분석이나 기기분석에 방해물질로 작용하는 경우가 많지 않다. ③ 활성탄으로 채취가 어려운 아닐린, 오르쏘-톨루이딘 등의 아민류나 몇몇 무기물질의 채취가 가능하다. ④ 매우 유독한 이황화탄소를 탈착 용매로 사용하지 않는다.
단점	① 수분을 잘 흡수(친수성)하여 습도의 증가에 따라 흡착용량이 감소된다.

필기에 자주 출제★

25 유량, 측정시간, 회수율, 분석에 의한 오차가 각각 15, 3, 5, 9일 때 누적오차는?

① 18.4% ② 19.4%
③ 20.4% ④ 21.4%

누적오차(E_c) $= \sqrt{E_1^2 + E_2^2 + E_3^2 + \cdots + E_n^2}$

- E_c : 누적오차(%)
- $E_1, E_2, E_3 \sim E_n$: 각각 요소의 오차율(%)

$E_c = \sqrt{15^2 + 3^2 + 5^2 + 9^2} = 18.44(\%)$

필기에 자주 출제★

26 물질을 취급 또는 보관하는 동안에 기체 또는 미생물이 침입하지 않도록 내용물을 보호하는 용기는? (단, 고용노동부 고시 기준)

① 밀폐용기 ② 밀봉용기
③ 기밀용기 ④ 차광용기

① 밀폐용기(密閉容器) : 물질을 취급 또는 보관하는 동안에 이물(異物)이 들어가거나 내용물이 손실되지 않도록 보호하는 용기를 말한다.
② 기밀용기(機密容器) : 물질을 취급하거나 보관하는 동안에 외부로부터의 공기 또는 다른 기체가 침입하지 않도록 내용물을 보호하는 용기를 말한다.
③ 밀봉용기(密封容器) : 물질을 취급 또는 보관하는 동안에 기체 또는 미생물이 침입하지 않도록 내용물을 보호하는 용기를 말한다.
④ 차광용기(遮光容器) : 광선이 투과되지 않는 갈색용기 또는 투과하지 않도록 포장한 용기로서 취급 또는 보관하는 동안에 내용물의 광화학적 변화를 방지할 수 있는 용기를 말한다.

암기법
이물질 밀폐, 공기 기밀, 미생물 밀봉, 광선 차광

필기에 자주 출제★

27 고열 측정구분이 습구온도이고, 측정기기가 자연습구온도계인 경우 측정시간기준은? (단, 고용노동부 고시 기준)

① 5분 이상 ② 10분 이상
③ 15분 이상 ④ 25분 이상

※ 관련 고시내용 변경으로 법규에서 삭제된 내용입니다.

정답 24 ① 25 ① 26 ② 27 ①

28 세 개의 소음원 수준을 각각 측정해 보니 86dB, 88dB, 90dB이었다. 세 개의 소음원이 동시에 가동될 때 음압수준(dB)은 약 얼마인가?

① 90 ② 91
③ 92 ④ 93

⋆ 합성소음도

$$L(\text{dB}) = 10 \times \log(10^{\frac{L_1}{10}} + 10^{\frac{L_2}{10}} + \cdots + 10^{\frac{L_n}{10}})$$

- L : 합성소음도(dB)
- $L_1 \sim L_2$: 각각 소음원의 소음(dB)

$$L = 10 \times \log\left(10^{\frac{86}{10}} + 10^{\frac{88}{10}} + 10^{\frac{90}{10}}\right) = 93.07(\text{dB})$$

실기까지 중요 ★★

29 가스상 물질의 분석 및 평가를 위해 '알고 있는 공기 중 농도'를 만드는 방법인 dynamic method에 관한 설명으로 옳지 않은 것은?

① 매우 일정한 농도를 유지하기 용이하다.
② 지속적인 모니터링이 필요하다.
③ 만들기가 복잡하고 가격이 고가이다.
④ 소량의 누출이나 벽면에 의한 손실은 무시할 수 있다.

⋆ Dynamic method
① 알고 있는 공기 중의 농도를 만드는 방법을 말한다.(오염물질을 희석공기와 연속적으로 혼합하여 일정 농도를 유지하도록 만드는 방법)
② 농도변화를 줄 수 있고, 온습도 조절이 가능하다.
③ 다양한 농도범위에서 제조가 가능하다.
④ 만들기가 복잡하고 가격이 고가이다.
⑤ 소량의 누출이나 벽면에 의한 손실은 무시할 수 있다.
⑥ 다양한 실험을 할 수 있으며 가스, 증기, 에어로졸 실험도 가능하다.
⑦ 지속적인 모니터링이 필요하다.

필기에 자주 출제 ★

30 0.05N 수산화나트륨 용액 2,000mL를 만들기 위하여 필요한 NaOH의 그램(g)수는? (단, Na : 23)

① 2.0 ② 4.0
③ 6.0 ④ 8.0

1. $\text{노르말농도(N)} = \frac{\text{용질의 당량수(eq)}}{\text{용액의 } L \text{ 수}}$

 용질의 g당량수 = 노르말농도(N) × 용액의 L 수
 = 0.05 × 2 = 0.1g당량
 [2,000mL = 2L]
2. NaOH의 1g 당량 = 40g
 NaOH의 0.1g 당량 = 4g
 [NaOH의 분자량 = 23 + 16 + 1 = 40g]

⋆ 참고
① 노르말 농도(N) : 용액 1L 속에 포함된 용질의 g당량수
② 당량수(eq) : 1몰의 전자, 수소이온(H^+), 수산화이온(OH^-)과 반응하거나 이를 생성하는 물질의 양(분자량)

정답 28 ④ 29 ① 30 ②

31 검지관의 단점이라 볼 수 없는 것은?

① 민감도와 특이도가 낮다.
② 각 오염물질에 맞는 검지관을 선정해야 하는 불편이 있을 수 있다.
③ 밀폐공간에서의 산소부족, 폭발성 가스로 인한 안전문제가 되는 곳은 사용할 수 없다.
④ 미리 측정대상물질의 동정이 되어 있어야 가능하다.

★ 검지관의 장·단점

장점	① 사용이 간편하다. ② 반응시간이 빨라서 빠른 시간에 측정결과를 알 수 있다.(빠른 측정이 요구될 때 사용) ③ 숙련된 산업위생전문가가 아니더라도 어느 정도만 숙지하면 사용 할 수 있다. ④ 맨홀, 밀폐 공간에서의 산소가 부족하거나 폭발성 가스로 인하여 안전이 문제가 될 때 유용하게 사용될 수 있다.
단점	① 민감도가 낮으며 비교적 고농도에 적용이 가능하다. ② 특이도가 낮다.(다른 방해물질의 영향을 받기 쉬워 오차가 크다.) ③ 단시간 측정만 가능하다. ④ 미리 측정 대상물질의 동정이 되어 있어야 측정이 가능하다. ⑤ 색이 시간에 따라 변화하므로 제조자가 정한 시간에 읽어야 한다. ⑥ 한 검지관으로 단일 물질만을 측정할 수 있어 각 오염물질에 맞는 검지관을 선정해야 한다. ⑦ 색변화가 선명하지 않아 주관적으로 읽을 수 있어 판독자에 따라 변이가 심하다.

실기까지 중요 ★★

32 검출한계와 정량한계에 관한 내용으로 옳지 않은 것은?

① 검출한계는 분석기기가 검출할 수 있는 가장 낮은 양
② 검출한계는 표준편차의 10배에 해당
③ 정량한계는 검출한계의 3 또는 3.3배로 정의
④ 정량한계는 분석기기가 검출할 수 있는, 신뢰성을 가질 수 있는 양

② 검출한계 = 3.143×표준편차

필기에 자주 출제 ★

33 어느 작업장의 벤젠농도를 5회 측정한 결과가 30, 33, 29, 27, 31(P)이었다면 기하평균농도(ppm)는?

① 29.9 ② 30.5
③ 30.9 ④ 31.1

1. $\log(GM) = \dfrac{\log X_1 + \log X_2 + \cdots + \log X_n}{N}$
2. $G.M = \sqrt[N]{X_1 \cdot X_2 \cdots X_n}$
 • X_n: 측정치
 • N: 측정치 개수

$G.M = \sqrt[5]{(30 \times 33 \times 29 \times 27 \times 31)} = 29.93$

실기까지 중요 ★★

정답 31 ③ 32 ② 33 ①

34 총 먼지 채취 전 여과지의 질량은 15.51mg이고 2.0L/min으로 7시간 시료채취 후 여과지의 질량은 19.95mg이었다. 이때 공기 중 총 먼지 농도는? (단, 기타 조건은 고려하지 않음)

① 5.17mg/m³　② 5.29mg/m³
③ 5.62mg/m³　④ 5.93mg/m³

$$mg/m^3 = \frac{(19.95-15.51)mg}{\frac{2.0\times10^{-3}m^3}{min}\times(7\times60)min}$$
$$=5.29(mg/m^3)$$

실기에 자주 출제★★★

35 다음 중 옥외(태양광선이 내리쬐지 않는 장소)에서 습구흑구온도(WBGT)의 산출방법은? (단, NWB : 자연습구온도, DT : 건구온도, GT : 흑구온도)

① WBGT = 0.7NWB + 0.3GT
② WBGT = 0.7NWB + 0.3DT
③ WBGT = 0.7NWB + 0.2D + 0.1GT
④ WBGT = 0.7NWB + 0.2GT + 0.1DT

* 습구흑구온도지수(WBGT)의 산출

1. 옥외(태양광선이 내리쬐는 장소)
WBGT(℃) = 0.7 × 자연습구온도 + 0.2 × 흑구온도 + 0.1 × 건구온도
2. 옥내 또는 옥외(태양광선이 내리쬐지 않는 장소)
WBGT(℃) = 0.7 × 자연습구온도 + 0.3 × 흑구온도

실기에 자주 출제★★★

36 TCE(분자량 = 131.39)에 노출되는 근로자의 노출강도를 측정하고자 한다. 추정되는 농도는 25ppm이고, 분석방법의 정량한계가 시료당 0.5mg일 때, 정량한계 이상의 시료량을 얻기 위해 채취하여야 하는 공기 최소량은? (단, 25℃, 1기압 기준)

① 2.4L　② 3.7L
③ 4.2L　④ 5.3L

1. $mg/m^3 = \frac{ppm\times 분자량}{24.45(25℃, 1기압\ 기준)}$
$= \frac{25\times131.39}{24.45} = 134.35(mg/m^3)$

2. $134.35(mg/m^3) = \frac{0.5mg}{xm^3}$

$134.35\times x = 0.5$

$x = \frac{0.5}{134.35} = 3.72\times10^{-3}(m^3)\times10^3 = 3.72(L)$

$(L = 10^{-3}m^3)$

실기에 자주 출제★★★

정답　34 ②　35 ①　36 ②

37 작업환경측정에 사용되는 사이클론에 관한 내용으로 옳지 않은 것은?

① 공기 중에 부유되어 있는 먼지 중에서 호흡성 입자상 물질을 채취하고자 고안되었다.
② PVC 여과지가 있는 카세트 아래에 사이클론을 연결하고 펌프를 가동하여 시료를 채취하였다.
③ 사이클론과 여과지 사이에 설치된 단계적 분리판으로 입자의 질량크기 분포를 얻을 수 있다.
④ 사이클론은 사용할 때마다 그 내부를 청소하고 검사해야 한다.

입자의 질량크기 분포를 얻을 수 있다.
→ 입경분립충돌기(직경분립충돌기)

* 사이클론(10mm nylon cyclon)
① 원심력을 이용하여 호흡성 입자상물질을 측정한다.
② 공기 중에 부유되어 있는 먼지 중에서 호흡성 입자상물질을 채취하고자 도안되었다.
③ PVC 여과지가 있는 카세트 아래에 사이클론을 연결하고 펌프를 가동하여 시료를 채취한다.
④ 펌프의 채취유량은 1.7L/min이 가장 적절하다.
⑤ 호흡성 먼지 채취 시에 입자의 크기가 10μm 이상인 경우의 채취효율은 0%이다.
⑥ 사이클론은 사용할 때마다 그 내부를 청소하고 검사해야 한다.

필기에 자주 출제 ★

38 가스 크로마토그래피로 이황화탄소, 메르캅탄류, 니트로메탄을 분석할 때 주로 사용하는 검출기는?

① 자외선검출기(FID)
② 열전도도검출기(TCD)
③ 전자화학검출기(ECD)
④ 불꽃광도검출기(FPD)

* 불꽃광전자검출기(FPD)
① 황이나 인을 포함한 화합물이 불꽃에서 연소될 때 특정파장의 빛을 발산하는 원리를 이용한다.
② 황이나 인을 포함한 화합물에 대해 높은 선택성을 나타낸다.
③ 이황화탄소, 메르캅탄류, 니트로메탄을 분석할 때 주로 사용된다.

필기에 자주 출제 ★

39 누적소음노출량 측정기로 소음을 측정하는 경우 소음계의 exchange rate 설정기준은? (단, 고용노동부 고시 기준)

① 1dB ② 3dB
③ 5dB ④ 10dB

누적소음노출량 측정기로 소음을 측정하는 경우에는 Criteria는 90dB, Exchange Rate는 5dB, Threshold는 80dB로 기기를 설정할 것

필기에 자주 출제 ★

정답 37 ③ 38 ④ 39 ③

40 다음의 2차 표준기구 중 주로 실험실에서 사용하는 것은?

① 로터미터 ② 습식 테스트미터
③ 건식 가스미터 ④ 열선기류계

* 2차 표준기구의 종류

표준기구	일반사용범위	정확도	
로타미터 (Rotameter)	1mL/분 이하	±1% ~25%	현장
습식 테스트미터 (Wet-test-meter)	0.5L/분 ~230L/분	±0.5%	실험실
건식 가스미터 (Dry-gas-meter)	10L/분 ~150L/분	±1%	현장
오리피스미터 (Orifice meter)	직경에 따라 다양	±0.5%	현장, 실험실
열선기류계 (Thermo anemometer)	0.05m/초 ~40.6m/초	±0.1% ~0.2%	현장

필기에 자주 출제 ★

제3과목 작업환경관리

41 일반적으로 더운 환경에서 고된 육체적인 작업을 하면서 땀을 많이 흘릴 때 신체의 염분손실을 충당하지 못하여 발생하는 고열장애는?

① 열발진 ② 열사병
③ 열실신 ④ 열경련

* 열경련(heat cramp)
고온환경에서 심한 육체적인 노동을 할 때 체내 수분 및 혈중 염분농도 저하가 원인이 되어 발생한다.

* 참고
① 열사병 : 태양의 복사열에 직접 노출 시 뇌의 온도 상승으로 체온조절 중추기능 장해(중추신경 마비)를 일으켜서 체내에 열이 축적되어 발생한다.
② 열허탈, 열실신 : 고열작업장에 순화되지 못한 작업자가 고열작업을 수행하는 경우에 혈액순환 장해로 인하여 신체말단부에 혈액이 과다하게 저류되어 뇌의 혈액흐름이 좋지 못하여 대뇌피질의 혈류량이 부족(뇌의 산소부족)하여 발생한다.
③ 열성발진(heat rashes) : 가장 흔한 피부장해로서 땀띠라고도 한다.

실기까지 중요 ★★

정답 40 ② 41 ④

42 분진작업장의 작업환경관리대책 중 분진발생방지나 분진비산 억제대책으로 가장 적절한 것은?

① 작업의 강도를 경감시켜 작업자의 호흡량을 감소
② 작업자가 착용하는 방진마스크를 송기마스크로 교체
③ 광석 분쇄 · 연마작업 시 물을 분사하면서 하는 방법으로 변경
④ 분진발생공정과 타공정을 교대로 근무하게 하여 노출시간 감소

> ③ 광석 분쇄 · 연마작업 시 물을 분사하면서 하는 방법으로 변경 → 분진비산 억제대책

43 산소농도가 9~14%일 때 증상과 가장 거리가 먼 것은? (단, 산소분압 60 ~ 105mmHg, 동맥혈 산소분압 40 ~ 55mmHg, 동맥혈 산소포화도 74~87%)

① 경련　　② 체온 상승
③ 청색증　　④ 판단력 둔화

> ★산소결핍에 따른 인체영향
> ① 산소농도 6% 이하 : 순간적인 실신이나 혼수, 6 ~ 8분 후 심장이 정지된다.
> ② 산소농도 6 ~ 10% : 의식상실, 안면 창백(청색증), 전신 근육경련, 중추신경계 장애 등의 증세
> ③ 산소농도 9 ~ 14% : 판단력 저하, 메스꺼움, 기억상실, 안면 창백(청색증),전신 탈진 등의 증세
> ④ 산소농도 12 ~ 16% : 호흡수 증가, 맥박수 증가, 두통, 귀울림, 정신집중 곤란 등의 증세

44 소음의 방향성은 소음원과 작업장 공간의 특성에 따라 결정된다. 다음 중 소음의 방향성(Q : 지향계수) 4를 옳게 설명한 것은?

① 소음원이 작업장 한가운데 바닥에 놓여있을 때
② 소음원이 작업장 두 면이 접하는 구석에 놓여있을 때
③ 소음원이 작업장 세 면이 접하는 구석에 놓여있을 때
④ 소음원이 작업장 네 면이 접하는 구석에 놓여있을 때

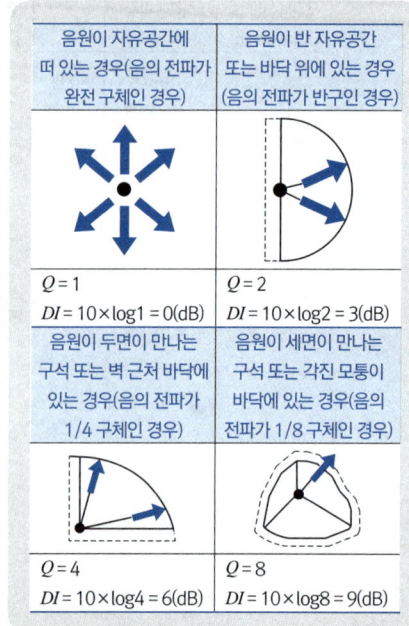

음원이 자유공간에 떠 있는 경우(음의 전파가 완전 구체인 경우)	음원이 반 자유공간 또는 바닥 위에 있는 경우(음의 전파가 반구인 경우)
	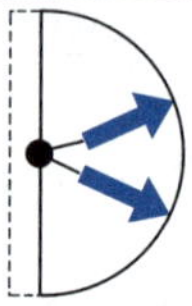
$Q = 1$ $DI = 10 \times \log 1 = 0$(dB)	$Q = 2$ $DI = 10 \times \log 2 = 3$(dB)
음원이 두면이 만나는 구석 또는 벽 근처 바닥에 있는 경우(음의 전파가 1/4 구체인 경우)	음원이 세면이 만나는 구석 또는 각진 모퉁이 바닥에 있는 경우(음의 전파가 1/8 구체인 경우)
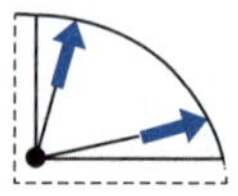	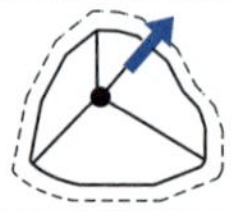
$Q = 4$ $DI = 10 \times \log 4 = 6$(dB)	$Q = 8$ $DI = 10 \times \log 8 = 9$(dB)

필기에 자주 출제★

정답 42 ③ 43 ① 44 ②

45 MUC(Maximum Use Concentration) 계산식으로 옳은 것은? (단, TLV : 허용기준, PF : 보호계수)

① MUC = TLV × PF　② MUC = TLV/PF
③ MUC = PF/TLV　④ MUC = TLV + PF

$$\text{할당보호계수(APF)} = \frac{\text{발생농도(최대사용농도 : MUC)}}{\text{노출기준(TLV)}}$$

발생농도(최대사용농도 : MUC)
=할당보호계수(APF) × 노출기준(TLV)

필기에 자주 출제★

46 전신진동장애에 관한 설명으로 틀린 것은?

① 전신진동 노출 진동원은 교통기관, 중장비 차량, 큰 기계 등이다.
② 60 ~ 90Hz에서 안구가 함께 공명 현상이 일어나 시력장애가 온다.
③ 3 ~ 6Hz에서 흉강, 4 ~ 5Hz에서 두개골이 공명 현상을 유발하여 장애를 일으킨다.
④ 전신진동 노출 시 산소소비량과 폐환기률이 증가하며 내분비계, 심장, 평형감각 등에 영향을 미친다.

* 전신진동이 인체에 미치는 영향

3Hz 이하	• 급성적 증상으로 상복부의 통증과 팽만감 및 구토 등이 있을 수 있다. • 3Hz 이하에서는 신체가 함께 움직여 motion sickness와 같은 동요감을 느낀다.
4~10Hz	압박감과 동통감을 받게 된다.
20 ~ 30Hz	시력 및 청력 장애가 나타나기 시작한다.
60 ~ 90Hz	안구의 공명현상으로 시력장해가 온다.

필기에 자주 출제★

47 피부노화에 주로 영향을 주는 비전리방사선은?

① UV-A　② UV-B
③ UV-C　④ UV-D

근자외선 (UV-A)	• 파장 : 315(300) ~ 400nm [3,150 ~ 4,000Å] • 피부의 색소침착
도르노선 (UV-B)	• 파장 : 280(290) ~ 315(320)nm [2,800 ~ 3,150Å] • 소독작용, 비타민 D형성 등 인체에 유익한 영향(건강선, 생명선) • 피부노화, 홍반, 각막염, 피부암 유발
UV-C	• 파장 : 100 ~ 280nm [1,000 ~ 2,800Å] • 살균작용(살균효과가 있어 수술용 램프로 사용)

실기까지 중요★★

48 전리방사선의 단위 중 생체실효선량으로 옳은 것은?

① rad　② R
③ RBE　④ rem

* 렘(rem : Roentgen Equivalent Man)
① 1뢴트겐의 X선이 인체에 조사되었을 때 이것을 피폭한 사람의 선량당(생체실효선량)을 나타낸다.
② rem = rad × RBE(상대적 생물학적 효과)

필기에 자주 출제★

정답 45 ① 46 ③ 47 ② 48 ④

49 부직포공장의 소음(음압실효치)을 측정한 결과 $4N/m^2$였다. 음압레벨은 몇 dB인가? (단, 사람이 들을 수 있는 최소음압 실효치는 $0.00002N/m^2$이다.)

① 89 ② 92
③ 98 ④ 106

$$SPL = 20 \times \log\left(\frac{P}{P_o}\right)(dB)$$

- SPL : 음압수준(음압도, 음압레벨) (dB)
- P : 대상음의 음압(음압 실효치) (N/m^2)
- P_o : 기준음압 실효치
  ($2\times10^{-5}N/m^2$, $2\times10^{-4}dyne/cm^2$)

$$SPL = 20 \times \log\left(\frac{4}{2\times10^{-5}}\right) = 106.02(dB)$$

실기까지 중요 ★★

50 채광에 관한 설명으로 틀린 것은?

① 균일한 조명을 요하는 작업실은 동북 또는 북창이 좋다.
② 창의 면적은 바닥면적의 15 ~ 20%가 이상적이다.
③ 실내 각 점의 개각은 4 ~ 5°가 좋다.
④ 입사각은 28° 이하가 좋다.

④ 입사각은 28° 이상이 좋으며, 입사각이 클수록 실내는 밝다.

필기에 자주 출제 ★

51 다음 중 전자기 전리방사선은?

① α(알파)-선 ② β(베타)-선
③ 중성자 ④ x선

* 전리방사선(이온화 방사선)의 종류
① 전자기 방사선(X-Ray, γ선)
② 입자 방사선(α, β입자, 중성자)

필기에 자주 출제 ★

52 방진마스크에 관한 설명으로 틀린 것은?

① 필터 재질로는 활성탄과 실리카겔이 주로 사용된다.
② 흡기저항 상승률은 낮은 것이 좋다.
③ 방진마스크의 종류는 격리식과 직결식, 면체여과식이 있다.
④ 비휘발성 입자에 대한 보호만 가능하며 가스 및 증기의 보호는 안 된다.

① 필터의 재질은 면, 모, 합성섬유, 유리섬유, 금속섬유 등이다.

필기에 자주 출제 ★

정답 49 ④ 50 ④ 51 ④ 52 ①

53 고기압환경에서 화학적 장애에 관한 내용으로 틀린 것은?

① 4기압 이상에서 질소가스에 의한 마취작용이 나타난다.
② 질소는 물보다 지방에 5배 더 많이 용해된다.
③ 수중의 잠수자는 폐압착증을 예방하기 위하여 수압과 같은 압력의 압축기체를 호흡하여야 하며 이로 인한 산소분압 증가로 산소중독이 일어난다.
④ 산소중독을 예방하기 위해 산소 외의 가스를 수소 및 헬륨 같은 불활성 기체로 대치한다.

④ 감압병을 예방하기 위하여 고압환경에서 작업하는 근로자에게 질소를 헬륨으로 대치한 공기를 호흡시킨다.

★ 참고
고압환경의 2차적 가압현상
① 질소의 마취작용 : 공기 중의 질소 가스는 4기압 이상에서 마취작용을 일으킨다.
② 산소중독 증세 : 산소분압이 2기압을 넘으면 산소중독 증세가 나타난다.
③ 이산화탄소의 작용 : 이산화탄소의 증가는 산소의 독성과 질소의 마취작용을 촉진시킨다.

필기에 자주 출제★

54 어떤 작업장의 음압수준이 100dB(A)이고 근로자가 *NRR*이 27인 귀마개를 착용하고 있다면 근로자의 실제 음압수준[dB(A)]은?

① 83 ② 85
③ 90 ④ 93

차음효과 = (*NRR* − 7) × 0.5
• *NRR* : 차음평가수

• 차음효과 = (27 − 7) × 0.5 = 10(dB)
• 근로자가 노출되는 음압수준
= 100 − 10 = 90(dB)(A)

실기까지 중요★★

55 화학물질인 알데히드(지방족)를 다루는 작업장에서 사용하는 장갑의 재질로 가장 적절한 것은?

① 네오프랜 ② PVC
③ 니트릴 ④ 부틸

① Neoprene 고무 − 비극성 용제
② Nitrile 고무 − 비극성 용제
③ Butyl − 극성용제(알콜, 알데히드 등)에 사용
④ Polyvinyl Chloride(PVC) − 수용성 용액

필기에 자주 출제★

56 한랭환경에서 발생하는 제2도 동상의 증상으로 가장 적절한 것은?

① 수포를 가진 광범위한 삼출성 염증이 일어난다.
② 따갑고 가려운 감각이 생긴다.
③ 심부조직까지 동결하며 조직의 괴사와 괴저가 일어난다.
④ 혈관이 확장하여 발적이 생긴다.

★ 동상의 구분

제1도 동상 (발적)	가려우며 혈관확장으로 국소발적이 생긴다.
제2도 동상 (수포형성과 염증)	수포와 함께 광범위한 삼출성 염증이 생긴다.
제3도 동상 (조직괴사 및 괴저)	심부조직까지 동결되어 조직의 괴사로 인한 괴저가 발생한다.

필기에 자주 출제★

정답 53 ④ 54 ③ 55 ④ 56 ①

57 작업환경개선대책 중 격리(isolation)에 대한 설명과 가장 거리가 먼 것은?

① 작업자와 유해요인 사이에 물체에 의한 장벽 이용
② 작업자와 유해요인 사이에 거리에 의한 장벽 이용
③ 작업자와 유해요인 사이에 시간에 의한 장벽 이용
④ 작업자와 유해요인 사이에 관리에 의한 장벽 이용

* 격리(Isolation)
작업자와 유해요인 사이에 물리적, 거리적, 시간적인 격리를 의미하며 쉽게 적용할 수 있고 효과도 좋다.

58 청력보호를 위한 귀마개의 감음효과는 주로 어느 주파수영역에서 가장 크게 나타나는가?

① 회화음역주파수(125 ~ 250Hz)
② 가청주파수영역(500 ~ 2,000Hz)
③ 저주파수영역(100Hz 이하)
④ 고주파수영역(4,000Hz)

귀마개는 고주파수영역(4,000Hz)에서 감음효과가 가장 크다.

* 참고

종류	등급	기호	성능
귀마개	1종	EP-1	저음부터 고음까지 차음하는 것
	2종	EP-2	주로 고음을 차음하여 회화음 영역인 저음은 차음하지 않는 것
귀덮개		EM	

59 작업환경의 관리원칙 중 격리와 가장 거리가 먼 것은?

① 인화물질 저장탱크와 탱크 사이에 도랑, 제방 설치
② 블라스팅 재료를 모래에서 철구슬로 전환
③ 고열, 소음작업 근로자용 부스 설치
④ 방사성 동위원소 취급 시 원격장치를 이용

② 블라스팅 재료를 모래에서 철구슬로 전환
→ 작업환경의 관리원칙 중 "대치(대체)"에 해당한다.

* 참고
격리(Isolation)

저장물질의 격리	• 인화성이 강한 물질 등 저장 시 저장탱크 사이에 도랑을 파고 제방을 만들어 격리한다.
시설의 격리	• 방사능물질의 경우 원격조정, 자동화 감시체제로 변경한다. • 시끄러운 기계류에 방음커버 등을 씌워 격리한다.
공정의 격리	• 자동차의 도장공정, 전기도금공정을 타공정과 격리한다.
작업자의 격리	• 위생보호구를 착용한다.

필기에 자주 출제 ★

정답 57 ④ 58 ④ 59 ②

60 귀덮개의 장 · 단점으로 가장 거리가 먼 것은?

① 귀덮개의 크기를 여러 가지로 할 필요가 없다.
② 귀마개보다 차음효과가 일반적으로 크다.
③ 잘못 착용하여 차음효과의 개인차가 크게 되는 경우가 많다.
④ 오래 사용하여 귀걸이의 탄력성이 줄었을 때나 귀걸이가 휘었을 때는 차음효과가 떨어진다.

*귀덮개의 장 · 단점

장점	① 고음영역에서 차음효과가 탁월하다. ② 귀마개보다 차음효과가 일반적으로 크며 차음효과의 개인차가 적다. ③ 귀 안에 염증이 있어도 사용이 가능하다. ④ 착용이 쉽고 착용법이 틀리거나 분실할 염려가 적다. ⑤ 동일한 크기의 귀덮개를 대부분의 근로자가 사용할 수 있다. ⑥ 멀리서도 착용 유무를 확인할 수 있다.
단점	① 고온에서 사용 시에는 땀이 나서 불편하다. ② 보안경과 동시 착용 시에는 불편하며 차음효과가 감소한다. ③ 가격이 비싸고 운반과 보관이 쉽지 않다. ④ 오래 사용하여 귀걸이의 탄력성이 줄었을 때나 귀걸이가 휘었을 때는 차음효과가 떨어진다.

실기까지 중요 ★★

제4과목 산업환기

61 다음 중 후드의 설계 및 선정 시 고려해야 할 사항으로 가장 적절하지 않은 것은?

① 필요유량을 최소화한다.
② 오염원에 가능한 한 가까이 설치한다.
③ 개구부로 유입되는 공기의 속도분포가 균일하도록 한다.
④ 비중이 공기보다 무거운 유해물질은 바닥에 후드를 설치한다.

*후드 설치기준

① 유해물질이 발생하는 곳마다 설치할 것
② 유해인자의 발생형태 및 비중, 작업방법 등을 고려하여 당해 분진 등의 발산원을 제어할 수 있는 구조로 설치할 것
③ 후드형식은 가능한 한 포위식 또는 부스식 후드를 설치할 것
④ 외부식 또는 레시버식 후드를 설치하는 때에는 당해 분진 등의 발산원에 가장 가까운 위치에 설치할 것

정답 60 ③ 61 ④

62 다음 중 화재 · 폭발 방지를 위한 전체환기량 계산에 관한 설명으로 틀린 것은?

① 화재 · 폭발 농도 하한치를 활용한다.
② 온도에 따른 보정계수는 120℃ 이상의 온도에서는 0.3을 적용한다.
③ 공정의 온도가 높으면 실제 필요환기량은 표준환기량에 대해서 절대온도에 따라 재계산한다.
④ 안전계수가 4라는 의미는 화재 · 폭발이 일어날 수 있는 농도에 대해 25% 이하로 낮춘다는 의미이다.

② 온도에 따른 보정상수는 120℃ 미만에서 1.0, 120℃ 이상에서 0,7을 적용한다.

⋆ 참고
화재 및 폭발방지를 위한 환기량

$$Q = \frac{24.1 \times kg/h \times C \times 10^2}{MW \times TLV \times B} (m^3/hr)$$
$$Q = \div 60 = (m^3/min)$$

- C : 안전계수(LEL의 25%로 유지할 경우 $C = 4$)
- MW : 물질의 분자량
- LEL : 폭발농도 하한치(%)
- B : 온도에 따른 보정상수(120℃ 미만 $B = 1.0$, 120℃ 이상 $B = 0.7$)
- kg/hr : 시간당 오염물질 발생량(l/hr × S(비중))

필기에 자주 출제 ⋆

63 크롬도금 작업장에 가로 0.5m, 세로 2.0m인 부스식 후드를 설치하여 크롬산 미스트를 처리하고자 한다. 제어풍속을 0.5m/sec로 하면 필요송풍량(m^3/min)은 약 얼마인가?

① 15　　② 21
③ 30　　④ 84

$$Q = 60 \times A \times V$$

- Q : 유체의 유량(m^3/min)
- A : 유체가 통과하는 단면적(m^2)
- V : 유체의 유속(m/sec)

$Q = 60 \times (0.5 \times 2.0) \times 0.5 = 30(m^3/min)$

실기까지 중요 ⋆⋆

64 다음 중 송풍관 설계에 있어 압력손실을 줄이는 방법으로 적절하지 않은 것은?

① 마찰계수를 작게 한다.
② 분지관의 수를 가급적 적게 한다.
③ 곡관의 반경비(r/d)를 크게 한다.
④ 분지관을 주관에 접속할 때 90°에 가깝도록 한다.

④ 분지관을 주관에 접속할 때 30° 에 가깝도록 한다.

⋆ 참고
주 덕트에 분지관을 연결할 때 손실계수가 가장 큰 각도 → 90°

필기에 자주 출제 ⋆

정답 62 ② 63 ③ 64 ④

65 국소배기장치의 직선 덕트는 가로(a) 0.13m, 세로(b) 0.26m이고, 길이는 15m, 속도압은 20mmH_2O, 관마찰계수가 0.016일 때 덕트의 압력손실(mmH_2O)은 약 얼마인가? (단, 등가직경은 $\frac{2ab}{(a+b)}$으로 구한다.)

① 12　② 20
③ 28　④ 26

압력손실($\triangle P$) = $F \times VP$

$= \lambda \times \frac{L}{D} \times \frac{\gamma V^2}{2g}$(mm$H_2O$)

1. F_h(압력손실계수) = $\lambda \times \frac{L}{D}$
   - λ : 관마찰계수(무차원)
   - D : 덕트 직경(m)(원형관일 경우)
     (장방형 덕트일 경우 :
     상당직경(등가직경)=$\frac{2ab}{a+b}$)
   - L : 덕트 길이(m)
2. 속도압(VP) = $\frac{\gamma V^2}{2g}$
   - r : 비중
   - V : 공기속도(m/sec)
   - g : 중력가속도(m/sec^2)

$\triangle P = \lambda \times \frac{L}{D} \times VP = 0.016 \times \frac{15}{0.17} \times 20$

$= 28.24$(mmH_2O)

$\left[D = \frac{2ab}{a+b} = \frac{2 \times 0.13 \times 0.26}{0.13 + 0.26} = 0.17 \right]$

실기에 자주 출제 ★★★

66 다음 중 국소배기장치의 배기덕트 내 공기에 의한 마찰손실과 관련이 가장 적은 것은?

① 공기속도　② 덕트 직경
③ 공기조성　④ 덕트 길이

압력손실($\triangle P$) = $F \times VP$

$= \lambda \times \frac{L}{D} \times \frac{\gamma V^2}{2g}$(mm$H_2O$)

1. F_h(압력손실계수) = $\lambda \times \frac{L}{D}$
   - λ : 관마찰계수(무차원)
   - D : 덕트 직경(m)(원형관일 경우)
     (장방형 덕트일 경우 :
     상당직경(등가직경)=$\frac{2ab}{a+b}$)
   - L : 덕트 길이(m)
2. 속도압(VP) = $\frac{\gamma V^2}{2g}$
   - r : 비중
   - V : 공기속도(m/sec)
   - g : 중력가속도(m/sec^2)

필기에 자주 출제 ★

67 대기의 이산화탄소 농도가 0.03%, 실내 이산화탄소의 농도가 0.3%일 때 한 사람의 시간당 이산화탄소 배출량이 21L라면, 1인 1시간당 필요환기량(m^3/hr · 인)은 약 얼마인가?

① 5.4　② 7.8
③ 9.2　④ 11.4

$$Q = \frac{G}{C - C_0} \times 100$$

- G : CO_2 발생률(m^3/hr · 인)
- C : 실내 이산화탄소의 허용농도
- C_0 : 외부공기중 이산화탄소 농도

$$Q = \frac{21 \times 10^{-3}\text{m}^3/\text{hr} \cdot \text{인}}{0.003 - 0.0003} = 7.78(\text{m}^3/\text{hr} \cdot \text{인})$$

실기까지 중요 ★★

정답　65 ③　66 ③　67 ②

68 다음 중 후드가 곡관 덕트로 연결되는 경우 속도압의 측정위치로 가장 적절한 것은?

① 덕트 직경의 1/2 ~ 1배 되는 지점
② 덕트 직경의 1 ~ 2배 되는 지점
③ 덕트 직경의 2 ~ 4배 되는 지점
④ 덕트 직경의 4 ~ 6배 되는 지점

후드가 곡관 덕트로 연결되는 경우 덕트직경의 4 ~ 6배 되는 지점에서 속도압을 측정한다.

필기에 자주 출제★

69 직경이 200mm인 관에 유량이 100m³/min인 공기가 흐르고 있을 때 공기의 속도는 약 얼마인가?

① 26m/sec ② 53m/sec
③ 75m/sec ④ 92m/sec

$$Q = 60 \times A \times V$$

- Q : 유체의 유량(m^3/min)
- A : 유체가 통과하는 단면적(m^2)
- V : 유체의 유속(m/sec)

$Q = 60 \times A \times V$

$$V = \frac{Q}{60 \times A} = \frac{Q}{60 \times \frac{\pi d^2}{4}} = \frac{100}{60 \times \frac{\pi \times 0.2^2}{4}}$$

$= 53.05(m/sec)$

실기까지 중요 ★★

70 다음 중 송풍기의 효율이 가장 우수한 형식은?

① 터보형 ② 평판형
③ 축류형 ④ 다익형

*송풍기의 효율
터보송풍기 > 평판(방사형) 송풍기 > 다익송풍기

실기까지 중요 ★★

71 1기압 상태에서 1몰(mole)의 공기부피가 24.1L이었다면 이때의 기온은 약 몇 ℃인가?

① 0℃ ② 18℃
③ 21℃ ④ 25℃

- 0℃, 1기압에서 1몰(mole)의 공기부피(공기비중) → 22.4L
- 21℃, 1기압에서 1몰(mole)의 공기부피(공기비중) → 24.1L
- 25℃, 1기압에서 1몰(mole)의 공기부피(공기비중) → 24.45L

실기까지 중요 ★★

정답 68 ④ 69 ② 70 ① 71 ③

72 직경 150mm인 덕트 내 정압은 $-64.5mmH_2O$이고, 전압은 $-31.5mmH_2O$이다. 이때 덕트 내의 공기속도(m/sec)는 약 얼마인가?

① 23.23　② 32.09
③ 32.47　④ 39.61

1. 전압 = 동압(VP) + 정압(SP)
2. 속도압(VP) = $\frac{\gamma \times V^2}{2g}$($mmH_2O$)
- r : 공기비중
- V : 유속(m/s)
- g : 중력가속도($9.8m/s^2$)

1. 전압 = 동압 + 정압
동압 = 전압 - 정압 = -31.5-(-64.5)
= $33mmH_2O$
2. 속도압(VP) = $\frac{\gamma \times V^2}{2g}$
$\gamma \times V^2 = VP \times 2g$
$V^2 = \frac{VP \times 2g}{\gamma}$
$V = \sqrt{\frac{VP \times 2g}{\gamma}} = \sqrt{\frac{33 \times 2 \times 9.8}{1.2}}$
= 23.22(mmH_2O)

실기까지 중요 ★★

73 다음 중 분사구의 등속점에서 거리가 멀어질수록 기류속도가 작아져 분출기류의 속도가 50%로 줄어드는 부위를 무엇이라 하는가?

① 잠재중심부　② 천이부
③ 완전개방부　④ 흡인부

* 천이부
분사구의 개구면 보다 중심부의 평균유속이 50%로 줄어드는 지점까지의 거리를 말한다.

* 참고
① 잠재중심부
- 분출구 공기가 주변 공기와 혼합되지 않는 영역을 말한다.(분출속도를 유지하는 지점까지 거리)
- 분출구 직경의 2 ~ 6배 이내 형성된다.

② 완전개구부
- 분출기류가 충분하게 혼합, 확산되는 구역을 말한다.(위치변화에 관계없이 분출속도분포가 유사한 형태를 보이는 영역)

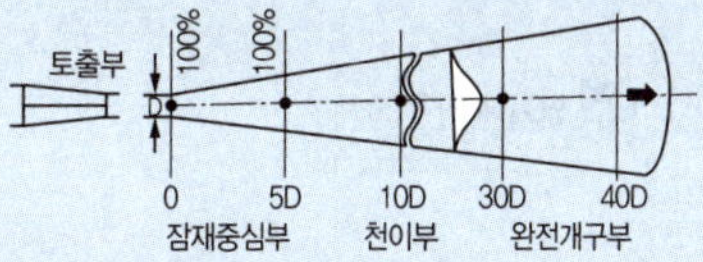

실기까지 중요 ★★

74 다음 중 덕트에서의 배풍량을 측정하기 위해 사용하는 기구가 아닌 것은?

① 피토관　② 열선풍속계
③ 마노미터　④ 스모크테스터

* 덕트의 배풍량 측정기기
① 피토관
② 열선풍속계
③ 마노미터

정답　72 ①　73 ②　74 ④

75 다음 중 여과집진장치의 장점으로 틀린 것은?

① 다양한 용량을 처리할 수 있다.
② 고온 및 부식성 물질의 포집이 가능하다.
③ 여러 가지 형태의 분진을 포집할 수 있다.
④ 가스의 양이나 밀도의 변화에 의해 영향을 받지 않는다.

* 여과 집진장치의 장.단점

장점	① 집진효율이 높다.(99% 이상) (미세입자의 집진효율이 비교적 높은 편이다.) ② 다양한 용량을 처리할 수 있다. ③ 탈진방법과 여과재의 사용에 따른 설계상의 융통성이 있다. ④ 집진효율이 처리가스의 양과 밀도 변화에 영향이 적다. ⑤ 설치 적용범위가 광범위하다.
단점	① 고온 및 산 · 알칼리 등의 부식성물질의 경우 여과재의 수명이 단축된다. ② 습한 가스를 취급할 수 없다. ③ 집진장치 중 압력손실이 가장 크다. ④ 여과재 교체비용이 들고, 작업방법이 어렵다.

필기에 자주 출제★

76 다음 중 송풍기 벨트의 점검사항으로 늘어짐 한계표시를 올바르게 한 것은?

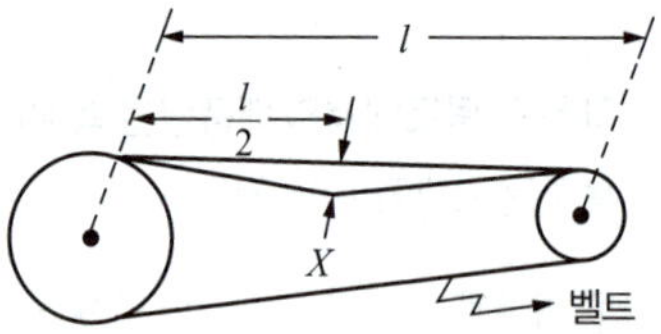

① $0.01l < X < 0.02l$ ② $0.04l < X < 0.05l$
③ $0.07l < X < 0.08l$ ④ $0.10l < X < 0.12l$

* 송풍기 벨트의 늘어짐 한계
$0.01l < X < 0.02l$

77 자유공간에 떠 있는 직경 20cm인 원형 개구 후드의 개구면으로부터 20cm 떨어진 곳의 입자를 흡인하려고 한다. 제어풍속을 0.8m/sec로 할 때 속도압(mmH_2O)은 약 얼마인가?

① 7.4 ② 10.2
③ 12.5 ④ 15.6

1. $Q = 60 \cdot Vc(10X^2 + A)$: Dalla valle 식
 • Q : 필요송풍량(m^3/min)
 • Vc : 제어속도(m/sec)
 • A : 개구면적(m^2)
 • X : 후드중심선으로부터 발생원까지의 거리(m)
2. $Q = 60 \times A \times V$
 • Q : 유체의 유량(m^3/min)
 • A : 유체가 통과하는 단면적(m^2)
 • V : 유체의 유속(m/sec)
3. 속도압$(VP) = \frac{\gamma \times V^2}{2g}(mmH_2O)$
 • r : 공기비중
 • V : 유속(m/s)
 • g : 중력가속도($9.8m/s^2$)

1. $Q = 60 \times 0.8 \times (10 \times 0.2^2 + \frac{\pi \times 0.2^2}{4})$
$= 20.71(m^3/min)$
2. $Q = 60 \times A \times V$
$V = \frac{Q}{60 \times A} = \frac{20.71}{60 \times \frac{\pi \times 0.2^2}{4}} = 10.99(m/sec)$
3. $VP = \frac{1.2 \times 10.99^2}{2 \times 9.8} = 7.39(m/min)$

실기에 자주 출제★★★

정답 75 ② 76 ① 77 ①

78 다음 중 전체환기의 적용대상 작업장으로 가장 적절하지 않은 것은?

① 유해물질의 독성이 작을 때
② 유해물질의 배출량이 대체로 일정할 때
③ 유해물질의 배출원이 소수지역에 집중되어 있을 때
④ 근로자와 유해물질의 배출원이 충분히 멀리 있을 때

국소환기 장치 설치가 필요한 경우	① 유해물질 발생량이 많은 경우 ② 유해물질 독성이 강한 경우(TLV가 낮을 때) ③ 유해물질 발생원과 작업위치가 근접해 있는 경우 ④ 높은 증기압의 유기용제 ⑤ 발생주기가 균일하지 않은 경우 ⑥ 발생원이 고정되어 있는 경우 ⑦ 법적의무 설치사항의 경우
전체환기 (희석환기)가 필요한 경우	① 유해물질의 독성이 비교적 낮은 경우 ② 동일한 작업장에 다수의 오염원이 분산되어 있는 경우 ③ 유해물질이 시간에 따라 균일하게 발생될 경우 ④ 유해물질의 발생량이 적은 경우 ⑤ 발생원이 이동하는 경우 ⑥ 오염원이 근무자가 근무하는 장소로부터 멀리 떨어져 있는 경우

실기까지 중요 ★★

79 흡착제 중에서 현재 가장 많이 사용되고 있으며, 비극성의 유기용제를 제거하는 데 유용한 것은?

① 활성탄 ② 활성알루미나
③ 실리카겔 ④ 합성제올라이트

⋆ 활성탄
비극성 유기용제, 방향족 유기용제, 할로겐화 지방족 유기용제, 에스테르류, 알코올류 등의 포집에 사용된다.

필기에 자주 출제 ★

80 다음 중 너무 큰 송풍기를 선정하여 시스템 압력손실이 과대평가된 경우에 해당하는 것은?

①
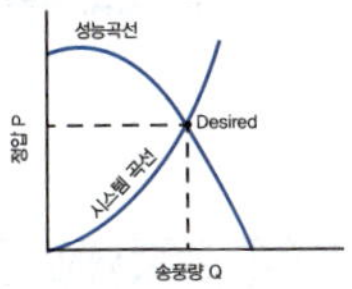

②

③
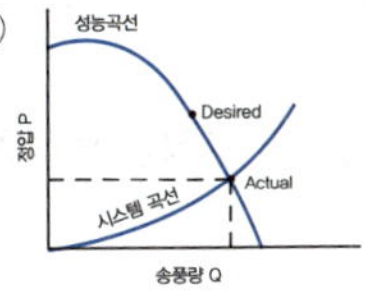

④
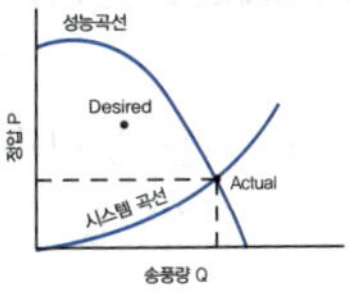

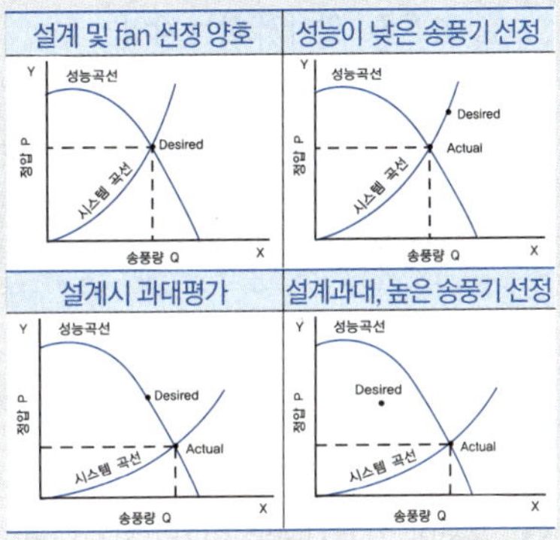

정답 78 ③ 79 ① 80 ④

2013년 3월 10일

1회 과년도기출문제

제1과목 산업위생학 개론

01 다음 중 신체적 결함과 부적합한 작업이 잘못 연결된 것은?

① 간기능 장애 - 화학공업
② 편평족 - 앉아서 하는 작업
③ 심계항진 - 격심작업, 고소작업
④ 고혈압 - 이상기온, 이상기압에서의 작업

② 편평족 - 서서 하는 작업

02 공장의 기계시설을 인간공학적으로 검토함에 있어서 준비단계를 가장 적절하게 설명한 것은?

① 인간 - 기계 관계의 구성인자의 특성을 명확히 알아낸다.
② 공장설계에 있어서의 기능적 특성, 제한점을 고려한다.
③ 인간 - 기계 관계 전반에 걸친 상황을 실험적으로 검토한다.
④ 각 작업을 수행하는 데 필요한 직종 간의 연결성을 고려한다.

★인간공학 활용 3단계

1단계 준비단계	① 인간과 기계 관계의 구성인자 특성을 명확히 알아낸다. ② 인간과 기계가 맡은 역할과 인간과 기계 관계가 어떠한 상태에서 조작될 것인지 명확히 알아낸다.
2단계 선택 단계	① 각 작업을 수행하는데 필요한 직종간의 연결성을 고려한다. ② 공장설계에 있어서의 기능적 특성, 제한점을 고려한다.
3단계 검토 단계	① 인간-기계 관계 전반에 걸친 상황을 실험적으로 검토한다. ② 인간공학적으로 인간과 기계 관계의 비합리적인 면을 수정 · 보완한다.

03 무게 10kg의 물건을 근로자가 들어 올리려고 한다. 해당 작업조건의 권고기준(RWL)이 5kg이고, 이동거리가 20cm일 때 중량물 취급지수(LI)는 얼마인가? (단, 1분 2회씩 1일 8시간을 작업한다.)

① 1 ② 2
③ 3 ④ 4

$$LI = \frac{\text{실제 작업 무게}(L)}{\text{권장무게한계}(RWL)}$$

$$LI = \frac{10}{5} = 2$$

필기에 자주 출제★

정답 01 ② 02 ① 03 ②

04 직업적 노출기준에 피부(skin) 표시가 첨부되는 물질이 있다. 다음 중 피부표시를 첨부하는 경우가 아닌 것은?

① 옥탄올 - 물 분배계수가 낮은 물질인 경우
② 반복하여 피부에 도포했을 때 전신작용을 일으키는 물질인 경우
③ 손이나 팔에 의한 흡수가 몸 전체흡수에 지대한 영향을 주는 물질인 경우
④ 동물의 급성중독 실험결과 피부흡수에 의한 치사량(LD_{50})이 비교적 낮은 물질인 경우

* 노출기준에 피부(Skin)표시를 하여야 하는 물질
① 손이나 팔에 의한 흡수가 몸 전체 흡수에 지대한 영향을 주는 물질
② 반복하여 피부에 도포했을 때 전신작용을 일으키는 물질
③ 급성동물실험 결과 피부 흡수에 의한 치사량이 비교적 낮은 물질
④ 옥탄올 - 물 분배계수가 높아 피부 흡수가 용이한 물질
⑤ 피부 흡수가 전신작용에 중요한 역할을 하는 물질

필기에 자주 출제★

05 1940년대일본에서 '이타이이타이병'으로인하여 수많은 환자가 발생, 사망한 사례가 있었는데 이는 다음 중 어느 물질에 의한 것인가?

① 납　② 크롬
③ 수은　④ 카드뮴

① 납중독 : 조혈장해, 말초신경장해
② 크롬중독 : 비중격천공증, 비강암, 폐암
③ 수은중독 : 미나마타병
④ 카드뮴중독 : 이타이이타이병

필기에 자주 출제★

06 다음 중 피로의 검사 및 측정 방법에 있어 생리적 방법에 해당하지 않는 것은?

① 근력　② 호흡순환기능
③ 연속반응시간　④ 대뇌피질활동

* 피로의 측정방법

생리학적 측정법	① EMG(근전도) : 근력 및 근육활동 전위차의 기록 ② ECG(심전도) : 심장근활동 전위차의 기록 ③ EEG(뇌전도) : 대뇌의 신경활동 전위차의 기록 ④ 산소소비량(호흡순환기능) ⑤ 점멸 융합 주파수(플리커테스트)
생화학적 측정법	① 혈액의 농도 측정 ② 혈액의 수분 측정 ③ 소변의 전해질 측정 ④ 소변의 단백질 측정
심리학적 측정법	① 동작분석 ② 연속반응시간 ③ 집중력

필기에 자주 출제★

07 다음 중 미국산업위생학술원(AAIH)에서 채택한 산업위생전문가가 지켜야 할 윤리강령의 구성이 아닌 것은?

① 전문가로서의 책임
② 국가에 대한 책임
③ 근로자에 대한 책임
④ 기업주와 고객에 대한 책임

* 산업위생 전문가의 윤리강령
① 산업위생 전문가로서의 책임
② 근로자에 대한 책임
③ 기업주와 고객에 대한 책임
④ 일반 대중에 대한 책임

실기에 자주 출제★★★

정답 04 ① 05 ④ 06 ③ 07 ②

08 다음 중 피로를 일으키는 인자에 있어 외적요인에 해당하는 것은?

① 적응능력 ② 영양상태
③ 숙련정도 ④ 작업환경

④ 작업환경 → 외적요인

09 생산성 향상을 위해 기계와 작업대의 높이를 조절하고자 할 때 다음 중 작업자의 신체로부터 일할 수 있는 최대작업역에 관한 설명으로 옳은 것은?

① 작업자가 작업할 때 시선이 닿는 범위
② 작업자가 작업할 때 상지(上肢)를 뻗어서 닿는 범위
③ 작업자가 작업할 때 사지(四肢)를 뻗어서 닿는 범위
④ 작업자가 작업할 때 아래팔과 손으로 조작할 수 있는 범위

* 최대 작업역
① 전완과 상완을 곧게 펴서 파악할 수 있는 구역(양 팔을 곧게 폈을 때 도달할 수 있는 최대영역)
② 움직이지 않고 상지(上肢)를 뻗어서 닿는 범위

* 참고
정상 작업역
① 상완을 자연스럽게 늘어뜨린 채 전완만으로 뻗어 파악 할 수 있는 구역(팔을 가볍게 몸체에 붙이고 팔꿈치를 구부린 상태에서 자유롭게 손이 닿는 영역)
② 움직이지 않고 전박(前膊)과 손으로 조작할 수 있는 범위

필기에 자주 출제 ★

10 다음 중 직업성 질환과 가장 관련이 적은 것은?

① 근골격계 질환 ② 진폐증
③ 노인성 난청 ④ 악성중피종

③ 소음성 난청이 직업성 질환에 해당한다.

11 다음 중 재해통계지수를 잘못 나타낸 것은?

① 종합재해지수 = $\sqrt{\text{도수율} \times \text{강도율}}$

② 연천인율 = $\dfrac{\text{연간재해자수}}{\text{연평균근로자수}} \times 1{,}000$

③ 강도율 = $\dfrac{\text{총요양근로손실일수}}{\text{연근로시간수}} \times 1{,}000$

④ 도수율 = $\dfrac{\text{재해건수}}{\text{연근로시간수}} \times 10^6$

① 종합재해지수 = $\sqrt{\text{도수율} \times \text{강도율}}$

실기까지 중요 ★★

12 다음 중 생물학적 측정(모니터링)의 필요성과 가장 거리가 먼 것은?

① 채용 전 스크리닝 검사
② 노출량에 따른 작업 조정
③ 중독에 의한 치료대책 수립
④ 작업장 내 유해물질의 공기 중 농도 측정

* 생물학적 모니터링의 필요성
① 채용 전 스크리닝 검사
② 노출량에 따른 작업 조정
③ 중독에 의한 치료대책 수립

정답 08 ④ 09 ② 10 ③ 11 ④ 12 ④

13 우리나라 노출기준에 있어 충격소음의 1일 노출횟수가 100회일 때 해당하는 충격소음의 강도기준은 얼마인가?

① 120dB(A) ② 130dB(A)
③ 140dB(A) ④ 150dB(A)

* 충격소음의 노출기준

1일 노출회수	충격소음의 강도 dB(A)
100	140
1,000	130
10,000	120

필기에 자주 출제★

14 다음 중 입자상 물질의 호흡기 내 주요 침착 매커니즘이 아닌 것은?

① 충돌 ② 침강
③ 확산 ④ 흡수

* 입자상 물질의 호흡기계 축적기전(호흡기 침착 매커니즘)
① 충돌(관성충돌)
② 침전(중력침강)(sedimentation)
③ 차단(interception)
④ 확산(diffusion)
⑤ 정전기침강

실기까지 중요★★

15 최대 육체적 작업능력이 16kcal/min인 남성이 8시간 동안 피로를 느끼지 않고 일을 하기 위한 작업강도는 어느 정도인가?

① 12kcal/min ② 5.3kcal/min
③ 4kcal/min ④ 3.4kcal/min

$$\text{하루 8시간의 작업강도} = PWC \times \frac{1}{3}$$

$$\text{하루 8시간의 작업강도} = 16 \times \frac{1}{3}$$
$$= 5.33(\text{kcal/min})$$

필기에 자주 출제★

16 다음 중 피부의 색소변경과 가장 거리가 먼 것은?

① 타르(tar) ② 피치(pitch)
③ 크롬(Cr) ④ 페놀(phenol)

* 직업성 피부질환의 원인물질
① 색소 감소
- 모노벤질 에테르
- 하이드로퀴논
- 3차 부틸 페놀
② 색소 증가
- 콜타르
③ 피부의 색소변경
- 타르
- 피치
- 페놀

정답 13 ③ 14 ④ 15 ② 16 ③

17 다음 중 작업환경 내의 감각온도를 산정하는 경우 온열요소만으로 짝지어진 것은?

① 기온, 기습, 기압
② 기온, 기압, 작업강도
③ 기온, 기습, 기류
④ 기온, 기류, 작업강도

* 작업환경 내의 감각온도를 결정하는 요소
① 온도(기온)
② 습도(기습)
③ 대류(공기유동, 기류)

필기에 자주 출제 ★

18 톨루엔의 노출기준(TWA)이 50ppm일 때 1일 10시간 작업 시의 보정된 노출기준은 얼마인가? (단, Brief와 Scala의 보정방법을 이용한다.)

① 35ppm ② 50ppm
③ 75ppm ④ 100ppm

* Brief와 Scala의 보정방법

1. $RF = \left(\frac{8}{H}\right) \times \frac{24-H}{16}$
2. [일주일 ; $RF = \left(\frac{40}{H}\right) \times \frac{168-H}{128}$]
3. 보정된 노출기준 = RF × 노출기준(허용농도)
   - H : 비정상적인 작업시간(노출시간/일)
     ; 노출시간/주
   - 16 : 휴식시간 의미(128 ; 일주일 휴식시간 의미)

1. $RF = \frac{8}{10} \times \frac{24-10}{16} = 0.7$
2. 보정된 노출기준 = 0.7 × 50 = 35ppm

실기에 자주 출제 ★★★

19 다음 중 산업안전보건법상 보건관리자의 직무에 해당하지 않는 것은? (단, 산업위생관리기사를 취득한 보건관리자에 한한다.)

① 건강장애를 예방하기 위한 작업관리
② 물질안전보건자료의 게시 또는 비치
③ 사업장 순회점검 · 지도 및 조치의 건의
④ 근로자의 건강장애의 원인조사와 재발방지를 위한 의학적 조치

* 보건관리자의 직무
① 산업안전보건위원회 또는 노사협의체에서 심의 · 의결한 업무와 안전보건관리규정 및 취업규칙에서 정한 업무
② 안전인증대상기계 등과 자율안전확인대상기계 등 중 보건과 관련된 보호구(保護具) 구입 시 적격품 선정에 관한 보좌 및 지도 · 조언
③ 위험성평가에 관한 보좌 및 지도 · 조언
④ 물질안전보건자료의 게시 또는 비치에 관한 보좌 및 지도 · 조언
⑤ 산업보건의의 직무(보건관리자가 별표 6 제2호에 해당하는 사람인 경우로 한정한다)
⑥ 해당 사업장 보건교육계획의 수립 및 보건교육 실시에 관한 보좌 및 지도 · 조언
⑦ 해당 사업장의 근로자를 보호하기 위한 다음 각 목의 조치에 해당하는 의료행위(보건관리자가 별표 6 제2호 또는 제3호에 해당하는 경우로 한정한다)
   - 자주 발생하는 가벼운 부상에 대한 치료
   - 응급처치가 필요한 사람에 대한 처치
   - 부상 · 질병의 악화를 방지하기 위한 처치
   - 건강진단 결과 발견된 질병자의 요양 지도 및 관리
   - 위 항목의 의료행위에 따르는 의약품의 투여
⑧ 작업장 내에서 사용되는 전체 환기장치 및 국소 배기장치 등에 관한 설비의 점검과 작업방법의 공학적 개선에 관한 보좌 및 지도 · 조언
⑨ 사업장 순회점검, 지도 및 조치 건의
⑩ 산업재해 발생의 원인 조사 · 분석 및 재발 방지를 위한 기술적 보좌 및 지도 · 조언
⑪ 산업재해에 관한 통계의 유지 · 관리 · 분석을 위한 보좌 및 지도 · 조언
⑫ 법 또는 법에 따른 명령으로 정한 보건에 관한 사항의 이행에 관한 보좌 및 지도 · 조언
⑬ 업무 수행 내용의 기록 · 유지
⑭ 그 밖에 보건과 관련된 작업관리 및 작업환경관리에 관한 사항으로서 고용노동부장관이 정하는 사항

정답 17 ③ 18 ① 19 ④

암기법

1. 보건교육계획 수립 밀 실시
2. 위험성 평가
3. 물질안전보건자료
4. 보호구 구입시 적격품 선정
5. 사업장 점검
6. 환기장치, 국소배기장치 점검
7. 재해 원인 조사
8. 재해통계
9. 근로자 보호위한 의료행위
10. 취업규칙에서 정한 직무
11. 업무 기록

실기까지 중요 ★★

20 다음 중 국제노동기구(ILO)와 세계보건기구(WHO) 공동위원회에서 정한 산업보건의 정의에 포함되어 있지 않은 내용은?

① 근로자의 건강진단 및 산업재해예방
② 근로자들의 육체적, 정신적, 사회적 건강을 유지 증진
③ 근로자를 생리적, 심리적으로 적합한 작업환경에 배치
④ 작업조건으로 인한 질병예방 및 건강에 유해한 취업방지

★산업보건의 정의
① 작업조건으로 인한 건강장해로부터 근로자를 보호한다.
② 모든 직업에 종사하는 근로자들의 육체적, 정신적, 사회적 건강을 유지 증진한다.
③ 작업조건으로 인한 질병 예방 및 건강에 유해한 취업을 방지한다.
④ 근로자를 생리적, 심리적으로 적합한 작업환경에 배치한다.
⑤ 작업이 인간에게, 또 일하는 사람이 그 직무에 적합하도록 마련하는 것(사람에 대한 작업의 적응과 그 작업에 대한 각자의 적응을 목표로 한다.)

필기에 자주 출제 ★

제2과목 작업위생 측정 및 평가

21 다음 중 주로 문제가 되는 전신진동의 주파수 범위로 가장 알맞은 것은?

① 1 ~ 20Hz　② 2 ~ 80Hz
③ 100 ~ 300Hz　④ 500 ~ 1,000Hz

★인체에 영향을 주는 진동범위
① 전신진동 : 2 ~ 100Hz
② 국소진동 : 8 ~ 1,500Hz

필기에 자주 출제 ★

22 음의 실효치가 7.0dynes/cm²일 때 음압수준(SPL)은?

① 87dB　② 91dB
③ 94dB　④ 96dB

$$SPL = 20 \times \log\left(\frac{P}{P_o}\right)(\text{dB})$$

- SPL : 음압수준(음압도, 음압레벨) (dB)
- P : 대상음의 음압(음압 실효치) (N/m²)
- P_o : 기준음압 실효치 (2×10^{-5}N/m², 2×10^{-4}dyne/cm²)

$$SPL = 20\times\log\left(\frac{7.0}{2\times10^{-4}}\right) = 90.88(\text{dB})$$

실기까지 중요 ★★

정답 20 ① 21 ② 22 ②

23 작업환경측정 분석 시 발생하는 계통오차의 원인과 가장 거리가 먼 것은?

① 불안정한 기기반응
② 부적절한 표준액의 제조
③ 시약의 오염
④ 분석물질의 낮은 회수율

* 계통오차의 원인
① 부적절한 표준액의 제조
② 시약의 오염
③ 분석물질의 낮은 회수율

* 참고
1. 계통오차의 종류
① 외계오차(환경오차) : 측정 및 분석 시 온도나 습도와 같이 알려진 외계의 영향으로 생기는 오차
② 기계오차(기기오차) : 측정 및 분석 기기의 부정확성으로 발생된 오차
③ 개인오차 : 측정하는 개인의 습관이나 선입관으로 발생된 오차
2. 우발오차
한가지 실험을 반복할 때 측정 값의 변동으로 발생하는 오차

필기에 자주 출제 *

24 수산화나트륨 4.0g을 0.5L의 물에 녹인 후 2N-HCl 용액으로 중화시킨다면 소요되는 2N-HCl 용액의 부피는? (단, Na 원자량은 23)

① 5mL ② 15mL
③ 25mL ④ 50mL

1. 노르말농도(N) = $\dfrac{\text{용질의 당량수(eq)}}{\text{용액의 } L \text{ 수}}$

$= \dfrac{0.1\text{eq}}{0.5\text{L}} = 0.2N$

NaOH의 1g 당량 = 40g
NaOH의 0.1g 당량 = 4g
[NaOH의 분자량 = 23 + 16 + 1 = 40g]

2. $NaOH + HCl \rightarrow NaCl + H_2O$
NaOH : HCl= 1 : 1로 반응하므로
$0.2N \times 0.5L = 2N \times xL$

$x = \dfrac{0.2 \times 0.5}{2} = 0.05L \times 1{,}000 = 50(\text{mL})$

* 참고
① 노르말 농도(N) : 용액 1L 속에 포함된 용질의 g당량수
② 당량수(eq) : 1몰의 전자, 수소이온(H^+), 수산화이온(OH^-)과 반응하거나 이를 생성하는 물질의 양(분자량)

정답 23 ① 24 ④

25 0.001%는 몇 ppb인가?

① 100 ② 1,000
③ 10,000 ④ 100,000

$0.001\% = 0.00001(=10^{-5})$
$ppb = 10^{-9}$
$\therefore 0.001\% = 10,000(ppb)$

* 참고
ppb(parts per billion) : 10^{-9}

26 다음 중 ( ) 안에 들어갈 내용으로 옳은 것은?

산업위생통계에서 측정방법의 정밀도는 동일집단에 속한 여러 개의 시료를 분석하여 평균치와 표준편차를 계산하고 표준편차를 평균치로 나눈 값, 즉 ( )로 평가한다.

① 분산수 ② 기하평균치
③ 변이계수 ④ 표준오차

산업위생통계에서 측정방법의 정밀도는 변이계수로 나타낸다.

$$변이계수CV(\%) = \frac{표준편차}{산술평균} \times 100$$

필기에 자주 출제★

27 어느 가구공장의 소음을 측정한 결과 측정치가 다음과 같았다면 이 공장소음의 중앙값(median)은?

82dB(A), 90dB(A), 69dB(A),
84dB(A), 91dB(A), 85dB(A),
93dB(A), 89dB(A), 95dB(A)

① 91dB(A) ② 90dB(A)
③ 89dB(A) ④ 88dB(A)

1. 값을 크기순서대로 나타내면
   69, 82, 84, 85, 89, 90, 91, 93, 95
2. 중앙에 위치하는 값 89dB(A)이 중앙 값이 된다.

* 참고
중앙치(중앙값)
① N개의 측정치를 크기순서로 배열하였을 때 중앙에 위치하는 값을 말한다.
② 값이 짝수일 때는 중앙에 위치하는 두 개의 값을 평균 내어 중앙값으로 한다.

필기에 자주 출제★

28 유량, 측정시간, 회수율 및 분석 등에 의한 오차가 각각 15%, 3%, 5% 및 3%일 때 누적오차(%)는?

① 7.4 ② 14.2
③ 16.4 ④ 31.0

$$누적오차(E_c) = \sqrt{E_1^2 + E_2^2 + E_3^2 + \cdots + E_n^2}$$

- E_c : 누적오차(%)
- $E_1, E_2, E_3 \sim E_n$: 각각 요소의 오차율(%)

$$E_c = \sqrt{15^2 + 3^2 + 5^2 + 3^2} = 16.37(\%)$$

필기에 자주 출제★

정답 25 ③ 26 ③ 27 ③ 28 ③

29 압전 결정판이 일정한 주파수로 진동할 때 먼지로 인하여 결정판의 질량이 달라지면 그 변화량에 비례하여 진동주파수가 달라지게 되는데, 이러한 현상을 이용한 직독식 먼지측정기는?

① 틴들(tyndall) 보정식 측정기
② piezo-electric 저울식 측정기
③ 전기장을 이용한 계측기
④ β선 흡수를 이용한 계측기

⋆ piezo-electric 저울식 측정기
압전 결정판이 일정한 주파수로 진동할 때 먼지로 인하여 결정판의 질량이 달라지면 그 변화량에 비례하여 진동주파수가 달라지는 현상을 이용한 직독식 먼지측정기

30 미국 ACGIH에서 정의한 흉곽성 입자상 물질의 평균 입경은?

① 3㎛　　② 4㎛
③ 5㎛　　④ 10㎛

흡입성 분진 (IPM : Inspirable Particulates Mass)	① 호흡기 어느 부위에 침착하더라도 독성을 유발하는 물질 ② 평균입경 : 100㎛ (입경범위 : 0 ~ 100㎛)
흉곽성 분진 (TPM : Thoracic Particulates Mass)	① 기도나 하기도(가스교환 부위)에 침착하여 독성을 나타내는 물질 ② 평균입경 : 10㎛
호흡성 분진 (RPM : Respirable Particulates Mass)	① 가스교환 부위(폐포)에 침착하여 독성을 나타내는 물질 ② 평균입경 : 4㎛

실기에 자주 출제 ★★★

31 음압이 100배 증가하면 음압수준은 몇 dB 증가하는가?

① 10　　② 20
③ 30　　④ 40

$$SPL = 20 \times \log\left(\frac{P}{P_o}\right)(\text{dB})$$

- SPL : 음압수준(음압도, 음압레벨) (dB)
- P : 대상음의 음압(음압 실효치) (N/m²)
- P_o : 기준음압 실효치 (2×10^{-5}N/m², 2×10^{-4}dyne/cm²)

$SPL = 20 \times \log(100) = 40(\text{dB})$

실기까지 중요 ★★

32 입자상 물질 중의 금속을 채취하는 데 사용되는 MCE막 여과지에 관한 설명으로 틀린 것은?

① 산에 쉽게 용해된다.
② 석면, 유리섬유 등 현미경 분석을 위한 시료채취에도 이용된다.
③ 시료가 여과지의 표면 또는 표면 가까운 데 침착된다.
④ 흡습성이 낮아 중량분석에 적합하다.

⋆ MCE 막 여과지
(Mixed cellulose ester membrane filter)
① 산에 쉽게 용해되므로 입자상 물질 중의 금속을 채취하여 원자흡광광도법으로 분석하는 데 적당하다.
② 유해물질이 여과지의 표면에 주로 침착되어 석면 등 현미경 분석을 위한 시료채취에 유리하다.
③ MCE여과지의 원료인 셀룰로오스는 수분을 흡수하는 특성을 가지고 있다. (흡습성이 높아 오차를 유발할 수 있어 중량분석에 적합하지 못함)
④ 중금속, 석면, 살충제, 산 · 알칼리미스트, 불소화합물 및 기타 무기물질 채취에 이용된다.

암기법
MC(MCE막여과지) 중(중금속)석(석면)은 산에 약하고 수분 흡수하여 중량분석 못함

필기에 자주 출제 ★

정답 29 ② 30 ④ 31 ④ 32 ④

33 작업장에 98dB의 소음을 발생시키는 기계 한 대가 있다. 여기에 98dB의 소음을 발생하는 다른 기계 한 대를 더할 경우 소음수준은? (단, 기타 조건은 같다고 가정한다.)

① 99dB ② 101dB
③ 103dB ④ 105dB

★ 합성소음도

$$L(\text{dB}) = 10 \times \log(10^{\frac{L_1}{10}} + 10^{\frac{L_2}{10}} + \cdots + 10^{\frac{L_n}{10}})$$

- L : 합성소음도(dB)
- $L_1 \sim L_2$: 각각 소음원의 소음(dB)

$$L = 10 \times \log\left(10^{\frac{98}{10}} + 10^{\frac{98}{10}}\right) = 101.01(\text{dB})$$

실기까지 중요 ★★

34 직경분립충돌기가 사이클론 분립장치보다 유리한 장점이 아닌 것은?

① 호흡기 부분별로 침착된 입자크기의 자료를 추정할 수 있다.
② 입자의 질량크기 분포를 얻을 수 있다.
③ 채취시간이 짧고 시료의 되튐 현상이 없다.
④ 흡입성, 흉곽성, 호흡성 입자의 크기별로 분포와 농도를 계산할 수 있다.

★ 직경분립충돌기

장점	① 호흡기에 부분별로 침착된 입자크기의 자료를 추정할 수 있다. ② 흡입성, 흉곽성, 호흡성 입자의 크기별 분포와 농도를 계산할 수 있다. ③ 입자의 질량크기 분포를 얻을 수 있다.
단점	① 시료채취가 까다롭다.(경험이 있는 전문가가 철저한 준비를 통해 측정하여야 한다.) ② 시료 채취 준비시간이 길고 비용이 많이 든다. ③ 되튐으로 인한 시료의 손실이 있다. ④ 공기가 옆에서 유입되지 않도록 각 충돌기의 철저한 조립과 장착이 필요하다.

암기법
- 충돌기로 충돌시켜 농도, 질량, 크기별로 분류 가능
- 전문가가 시간, 돈 들여 까다롭게 채취해도 되튐 생김

필기에 자주 출제 ★

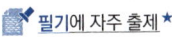

35 섬유상 여과지에 관한 설명으로 틀린 것은? (단, 막 여과지와 비교한다.)

① 비싸다.
② 물리적인 강도가 높다.
③ 과부하에서도 채취효율이 높다.
④ 열에 강하다.

막 여과지	① 셀룰로스에스테르, PVC, 니트로아크릴 같은 중합체를 일정한 조건에서 침착시켜 만든 다공성의 얇은 막 형태이다. ② 막 여과지에서 유해물질은 여과지 표면이나 그 근처에서 채취된다. ③ 여과지 표면에 채취된 입자들이 이탈되는 경향이 있다. ④ 섬유상 여과지에 비하여 채취입자상 물질이 작다. ⑤ 섬유상 여과지에 비하여 공기저항이 심하다.
섬유상 여과지	① 20μm 이하의 직경을 가진 섬유를 압착제조한 것으로 막 여과지에 비하여 가격이 비싸다. ② 막여과지에 비해 물리적 강도가 약하다. ③ 막여과지에 비해 흡습성이 작다. ④ 막 여과지에 비해 열에 강하고 과부하에서도 채취효율이 높다. ⑤ 여과지 표면뿐 아니라 단면 깊게 입자상 물질이 들어가므로 더 많은 입자상 물질을 채취할 수 있다.

필기에 자주 출제 ★

정답 33 ② 34 ③ 35 ②

36 가스상 또는 증기상 물질의 채취에 이용되는 흡착제 중의 하나인 다공성 중합체에 포함되지 않는 것은?

① Tenax GC ② XAD관
③ chromosorb ④ zeolite

* 다공성중합체의 종류
① Tenax 관(Tenax GC)
② XAD관
③ Chromsorb
④ Porapak
⑤ amberlite

* 참고
다공성중합체(Porous Polymer)
① 스티렌, 에틸비닐벤젠 혹은 디비닐벤젠 중 하나와 극성을 띤 비닐화합물과의 공중합체이다.
② 활성탄보다 비표면적이 작고, 반응할 수 있는 표면적도 작다.(반응성이 작다.)
③ 특별한 물질에 대한 선택성이 좋다.(특수한 물질 채취에 유용하다.)

37 작업환경 공기 중의 톨루엔 농도를 측정하였더니 8mg/m³, 5mg/m³, 7mg/m³, 3mg/m³, 4mg/m³이었다. 이들 값의 기하평균치(mg/m³)는?

① 3.07 ② 4.09
③ 5.07 ④ 6.09

1. $\log(GM) = \dfrac{\log X_1 + \log X_2 + \cdots + \log X_n}{N}$
2. $G.M = \sqrt[N]{X_1 \cdot X_2 \cdots X_n}$
- X_n: 측정치
- N: 측정치 개수

$G.M = \sqrt[5]{(8\times5\times7\times3\times4)} = 5.07(\text{mg/m}^3)$

필기에 자주 출제★

38 개인시료채취기(personal air sampler)로 1분당 2L의 유량을 300분간 시료를 채취하였는데 채취 전 시료채취 필터의 무게가 80mg, 채취 후 필터무게가 86mg이었다면 계산된 분진 농도는?

① 10mg/m³ ② 20mg/m³
③ 40mg/m³ ④ 80mg/m³

$$\text{mg/m}^3 = \frac{(86-80)\text{mg}}{\dfrac{(2\times10^{-3})\text{m}^3}{\text{min}}\times300\text{min}} = 10(\text{mg/m}^3)$$

실기에 자주 출제★★★

39 공기(10L)로부터 벤젠(분자량 = 78)을 고체흡착관에 채취하였다. 시료를 분석한 결과 벤젠의 양은 5mg이고, 탈착효율은 95%였다. 공기 중 벤젠 농도는? (단, 25℃, 1기압 기준)

① 약 105ppm ② 약 125ppm
③ 약 145ppm ④ 약 165ppm

1. $\text{mg/m}^3 = \dfrac{5\text{mg}}{(10\times10^{-3})\text{m}^3} = 500(\text{mg/m}^3)$
($\text{L} = 10^{-3}\text{m}^3$)
탈착효율이 95%이므로
$95 : 500 = 100 : x$
$95\times x = 500\times100$
$x = \dfrac{500\times100}{95} = 526.32(\text{mg/m}^3)$
2. $\text{mg/m}^3 = \dfrac{\text{ppm}\times\text{분자량}}{24.45(25℃,\ 1기압\ 기준)}$
$\text{ppm}\times\text{분자량} = \text{mg/m}^3\times24.45$
$\text{ppm} = \dfrac{\text{mg/m}^3\times24.45}{\text{분자량}} = \dfrac{526.32\times24.45}{78}$
$= 164.98(\text{ppm})$

실기에 자주 출제★★★

정답 36 ④ 37 ③ 38 ① 39 ④

40 측정기구의 보정을 위한 2차 표준으로서 유량 측정 시 가장 흔히 사용되는 것은?

① 비누거품미터　② 폐활량계
③ 유리피스톤미터　④ 로터미터

1차 표준 기구	2차 표준기구
1. 비누거품미터 2. 폐활량계 3. 가스치환병 4. 유리피스톤미터 5. 흑연피스톤미터 6. 피토튜브(Pitot tube)	1. 로타미터 2. 습식테스트미터 (Wet-test-meter) 3. 건식가스미터 (Dry-gas-meter) 4. 오리피스미터 5. 열선기류계
암기법 1차비누로 폐활량재고, 가스치환하여, 유리, 흑연 먹였더니 피토했다.	암기법 2 열로 걸어가는 습관 테스트하는 오리

실기에 자주 출제 ★★★

제3과목 작업환경관리

41 고열작업환경에서 발생되는 열경련의 주요원인은?

① 고온순화 미흡에 따른 혈액순환 저하
② 고열에 의한 순환기 부조화
③ 신체의 염분 손실
④ 뇌온도 및 체온 상승

* 열경련(heat cramp)
고온환경에서 심한 육체적인 노동을 할 때 체내 수분 및 혈중 염분농도 저하가 원인이 되어 발생한다.

실기까지 중요 ★★

42 작업환경개선을 위한 공학적인 대책과 가장 거리가 먼 것은?

① 환기　② 평가
③ 격리　④ 대치

* 작업환경개선의 공학적인 대책(작업환경관리의 원칙)
① 대치(대체)
  • 공정의 변경
  • 유해물질 변경
  • 시설의 변경
② 격리(Isolation)
  • 저장물질의 격리
  • 시설의 격리
  • 공정의 격리
  • 작업자의 격리
③ 환기
  • 국소환기
  • 전체환기

실기까지 중요 ★★

43 열사병(heat stroke)이 발생했을 때 가장 적절한 응급처치방법은?

① 통풍이 잘되는 서늘한 곳에 눕히고 포도당 주사를 주입한다.
② 생리식염수를 정맥주사하거나 0.1% 식염수를 마시게 한다.
③ 얼음물에 몸을 담가서 체온을 39℃ 이하로 유지시켜 준다.
④ 스포츠음료나 설탕물을 마시게 한다.

체온을 급히 하강(얼음물에 몸을 담가서 체온을 39℃ 이하로 유지)시킨 후 체열생산 억제 위하여 항신진대사제를 투여한다.

* 참고
열사병
태양의 복사열에 직접 노출시 뇌의 온도 상승으로 체온조절 중추기능 장해(중추신경 마비)를 일으켜서 체내에 열이 축적되어 발생한다.

필기에 자주 출제 ★

정답 40 ④ 41 ③ 42 ② 43 ③

44 기압으로 인한 화학적 장애(2차적인 가압현상) 중 질소로 인한 마취작용는 보통 몇 기압 이상에서 발생하는가?

① 2기압 ② 3기압
③ 4기압 ④ 5기압

공기 중의 질소 가스는 4기압 이상에서 마취작용을 일으킨다.

★ 참고
고압환경의 2차적 가압현상
① 질소의 마취작용 : 공기 중의 질소 가스는 4기압 이상에서 마취작용을 일으킨다.
② 산소중독 증세 : 산소분압이 2기압을 넘으면 산소중독 증세가 나타난다.
③ 이산화탄소의 작용 : 이산화탄소의 증가는 산소의 독성과 질소의 마취작용을 촉진시킨다.

실기까지 중요 ★★

45 어떤 음원에서 10m 떨어진 곳에서의 음의 세기레벨(sound intensity level)은 89dB이다. 음원에서 20m 떨어진 곳에서의 음의 세기레벨은? (단, 점음원이고 장해물이 없는 자유공간에서 구면상으로 전파한다고 가정한다.)

① 77dB ② 80dB
③ 83dB ④ 86dB

★ 점음원의 거리감쇠

$$L_a = 20\log\left(\frac{r_2}{r_1}\right)$$

• r_1, r_2 : 음원으로 부터 떨어진 거리(m)

1. $L_a = 20\times\log\left(\frac{20}{10}\right) = 6.02(\text{dB})$
2. 20m 떨어진 곳에서의 음의 세기레벨
 $= 89 - 6.02 = 82.98(\text{dB})$

46 다음 중 청력보호구인 귀마개의 장점이 아닌 것은?

① 작아서 휴대하기 편리하다.
② 고개를 움직이는 데 불편함이 없다.
③ 고온에서 착용하여도 불편함이 없다.
④ 짧은 시간 내에 제대로 착용할 수 있다.

★ 귀마개의 장 · 단점

장점	• 부피가 작아서 휴대하기 편하다. • 보안경과 안전모 사용에 구애받지 않는다. • 고온작업, 좁은 공간에서도 사용할 수 있다. • 가격이 저렴하다.
단점	• 귀에 질병이 있을 경우 착용이 불가능하다. • 제대로 착용하는데 시간이 걸리며 요령을 습득해야 한다. • 착용 여부 파악이 곤란하다. • 차음효과가 일반적으로 귀덮개보다 떨어지며 사람에 따라 차이가 있을 수 있다. • 귀마개 오염에 따른 감염 가능성이 있다. • 땀이 많이 날 때는 외이도에 염증유발 가능성 있다.

실기까지 중요 ★★

47 보호구 밖의 농도가 300ppm이고 보호구 안의 농도가 12ppm이었을 때 보호계수(protection factor) 값은?

① 200 ② 100
③ 50 ④ 25

$$\text{할당보호계수}(APF) = \frac{\text{발생농도(최대사용농도 : }MUC)}{\text{노출기준}(TLV)}$$

$$\text{할당보호계수} = \frac{\text{방독마스크 바깥쪽 오염물질 농도}(C_o)}{\text{방독마스크 안쪽 오염물질 농도}(C_i)}$$

$$\text{할당보호계수} = \frac{300}{12} = 25$$

정답 44 ③ 45 ③ 46 ④ 47 ④

48 이상기압 환경에 관한 설명 중 적합하지 않은 것은?

① 지구표면에서 공기의 압력은 평균 1kg/cm² 이며 이를 1기압이라고 한다.
② 수면 하에서 압력은 수심이 10m 깊어질 때마다 1기압씩 더 걸린다.
③ 수심 20m에서의 절대압은 2기압이다.
④ 잠함작업이나 해저터널 굴진작업은 고압환경에 해당된다.

수면 하에서의 절대압력은 수심이 10m 깊어질 때마다 1기압씩 더해진다.
예) • 수심 10m에서의 압력 : 게이지압 1기압, 절대압 2기압
• 수심 20m에서의 압력 : 게이지압(작용압) 2기압, 절대압 3기압

필기에 자주 출제★

49 고압에 의한 장애를 방지하기 위하여 인공적으로 만든 호흡용 혼합가스인 헬륨-산소 혼합가스에 관한 설명으로 옳지 않은 것은?

① 호흡저항이 적다.
② 고압에서 체외로 배출되는 시간이 질소에 비하여 50% 정도밖에 걸리지 않는다.
③ 헬륨은 체외로 배출되는 시간이 질소에 비하여 50% 정도밖에 걸리지 않는다.
④ 헬륨은 질소보다 확산속도가 크다.

헬륨은 호흡저항이 작고, 질소보다 확산속도가 크며, 체외로 배출되는 시간이 질소에 비하여 50% 정도 밖에 걸리지 않아 고압환경에서 작업하는 근로자에게 질소를 헬륨으로 대치한 공기를 호흡시켜 감압병을 예방한다.

필기에 자주 출제★

50 저산소증에 관한 설명으로 옳지 않은 것은?

① 저기압으로 인하여 발생하는 신체장애이다.
② 작업장 내 산소농도가 5%라면 혼수, 호흡 감소 및 정지, 6~8분 후 심장이 정지한다.
③ 산소결핍에 가장 민감한 조직은 뇌이며, 특히 대뇌피질이다.
④ 정상공기의 산소함유량은 21% 정도이며 질소가 78%, 탄산가스가 1% 정도를 차지하고 있다.

④ 정상공기의 산소함유량은 21%, 질소가 78%, 나머지 1%는 아르곤, 탄산가스, 수소, 일산화탄소 등이 차지하고 있다.

*참고
저산소증(Hypoxia : 산소결핍증)
① 저기압에서 가장 문제가 되는 것은 저산소증(산소결핍증)이다.
② 체내 조직의 산소가 결핍된 상태를 저산소증이라 한다.
③ 산소결핍에 가장 민감한 조직은 뇌(대뇌피질)이다.
④ 고산지대나 지역이 높은 곳에서 발생하며 판단력장해, 행동장해, 권태감 등을 일으킨다.

필기에 자주 출제★

정답 48 ③ 49 ② 50 ④

51 가동 중인 시설에 대한 작업환경관리를 위하여 공정을 대치하는 경우, 유의할 사항으로 가장 옳은 것은?

① 일반적으로 가장 비용이 많이 드는 대책이라는 것을 유의한다.
② 일반적으로 유지 및 보수에 대해 많은 관심을 가진다.
③ 2-브로모프로판에 의한 생식독성 사례를 고찰한다.
④ 대용할 시설과 안전관계시설에 대한 지식이 필요하다.

공정을 대치하는 경우 대용할 시설과 안전관계시설에 대한 지식이 필요하다.

* 참고
대치(대체)
① 공정의 변경
② 유해물질 변경
③ 시설의 변경

52 방사선량 중 흡수선량에 관한 설명과 가장 거리가 먼 것은?

① 공기가 방사선에 의해 이온화되는 것에 기초를 둠
② 모든 종류의 이온화 방사선에 의한 외부노출, 내부노출 등 모든 경우에 적용함
③ 관용단위는 rad(피조사체 1g에 대하여 100 erg의 에너지가 흡수되는 것)임
④ 조직(또는 물질)의 단위질량당 흡수된 에너지임

* 흡수선량
방사선에 피폭되는 물질의 단위 질량당 인체에 흡수된 방사선 에너지량(방사선량)을 말한다.

* 참고
흡수선량의 단위
① 래드(Rad)
- 1rad : 피조사체 1g당 100erg의 에너지 흡수를 일으키는 방사선량을 말한다.

② Gy(Gray)
- 1Gy = 100rad = 0.01J/kg

필기에 자주 출제 ★

53 자외선에 대한 설명 중 옳지 않은 것은?

① 인체에 유익한 건강선은 290~315nm이다.
② 구름이나 눈에 반사되며, 대기오염의 지표로도 사용된다.
③ 일명 화학선이라고 하며 광화학반응으로 단백질과 핵산분자의 파괴, 변성작용을 한다.
④ 400~500nm의 파장은 주로 피부암을 유발한다.

* 자외선의 종류

근자외선 (UV-A)	• 파장 : 315(300)~400nm [3,150~4,000Å] • 피부의 색소침착
도르노선 (UV-B)	• 파장 : 280(290)~315(320)nm [2,800~3,150Å] • 소독작용, 비타민 D형성 등 인체에 유익한 영향(건강선, 생명선) • 피부노화, 홍반, 각막염, 피부암 유발
UV-C	• 파장 : 100~280nm [1,000~2,800Å] • 살균작용(살균효과가 있어 수술용 램프로 사용)

필기에 자주 출제 ★

정답 51 ④ 52 ① 53 ④

54 한랭장해 예방에 관한 설명으로 틀린 것은?

① 체온을 유지하기 위해 앉아서 장시간 작업한다.
② 금속의자 사용을 금지한다.
③ 외부 액체가 스며들지 않도록 방수 처리된 의복을 입는다.
④ 고혈압, 심혈관질환 및 간장장해가 있는 사람은 한랭작업을 피하도록 한다.

① 추운 곳에서 일하는 근로자들은 가급적 순환근무를 하여 한랭환경에 너무 오래 노출되지 않게 한다.

필기에 자주 출제★

55 단위시간에 일어나는 방사선 붕괴율, 즉 1초 동안에 3.7×10^{10}개의 원자붕괴가 일어나는 방사선 물질량을 나타내는 방사선 단위는?

① R　② Ci
③ rem　④ rad

* 큐리(Curie : Ci)
① 단위시간에 일어나는 방사선 붕괴율을 나타내며, 초당 3.7×10^{10}개의 원자붕괴가 일어나는 방사능물질의 양을 뜻한다.
② $1C_i = 3.7 \times 10^{10}$Bq

필기에 자주 출제★

56 1촉광의 광원으로부터 단위입체각으로 나가는 광속의 단위는?

① 루멘(lumen)
② 풋 캔들(foot-candle)
③ 럭스(lux)
④ 렘버트(lambert)

* 루멘(Lumen; lm)
1촉광의 광원으로부터 한 단위입체각으로 나가는 광속의 단위

필기에 자주 출제★

57 다음 중 전리방사선에 속하는 것은?

① 가시광선　② X선
③ 적외선　④ 라디오파

* 전리방사선(이온화 방사선)의 종류
① 전자기 방사선(X-Ray, γ선)
② 입자 방사선(α, β입자, 중성자)

필기에 자주 출제★

58 전신진동 중 수직진동에 있어서 인체에 가장 큰 피해를 주는 진동수 범위는?

① 0 ~ 2Hz　② 4 ~ 8Hz
③ 18 ~ 52Hz　④ 52 ~ 76Hz

* 전신진동이 인체의 영향을 미치는 주파수의 범위
① 수직방향 : 4 ~ 8Hz
② 수평방향 : 1 ~ 2Hz

필기에 자주 출제★

정답　54 ①　55 ②　56 ①　57 ②　58 ②

59 차음재의 특성과 거리가 먼 것은?

① 상대적으로 고밀도이다.
② 기공이 많고 흡음재료로도 사용할 수 있다.
③ 음에너지를 감쇠시킨다.
④ 음의 투과를 저감하여 음을 억제시킨다.

* 차음재의 특성
① 상대적으로 고밀도이다.
② 음에너지를 감쇠시킨다.
③ 음의 투과를 저감하여 음을 억제시킨다.

* 참고
흡음재의 특성
① 음에너지를 소량의 열에너지로 변환시킨다.
② 잔향음의 에너지를 저감시킨다.
③ 공기에 의하여 전파되는 음을 저감시킨다.

필기에 자주 출제 ★

60 먼지의 한쪽 끝 가장자리와 다른 쪽 끝 가장자리 사이의 거리를 측정함으로써 입자상 물질의 크기를 과대평가할 가능성이 있는 직경은?

① Martin 직경 ② Feret 직경
③ 등면적 직경 ④ 공기역학적 직경

* 기하학적(물리적) 직경

마틴직경 (martin diameter)	① 입자의 면적을 2등분하는 선의 길이로 나타내는 직경 ② 과소 평가될 수 있다.
페렛직경 (feret diameter)	① 입자의 가장자리를 이등분한 직경(먼지의 한쪽 끝 가장자리에서 다른 쪽 끝 가장자리 까지의 거리로 나타내는 직경) ② 과대 평가될 가능성이 있다.
등면적직경 (projected area diameter)	① 입자의 면적과 동일한 면적을 가진 원의 직경으로 환산한 직경 ② 가장 정확한 직경이다.

실기에 자주 출제 ★★★

제4과목 산업환기

61 다음 중 자연환기에 대한 설명으로 적절하지 않은 것은?

① 운전비용이 거의 들지 않는다.
② 에너지비용을 최소화할 수 있다.
③ 계절변화에 관계없이 안정적으로 사용할 수 있다.
④ 지붕 벤틸레이터, 창문, 출입문 등을 통한 환기방식이다.

* 자연환기
실내외의 온도차와 바람에 의한 자연 통풍 방식
① 기계환기에 비해 소음 · 진동이 적다.
② 운전에 따른 에너지 비용이 없다.
③ 냉방비 절감효과를 가진다.
④ 계절, 온도 압력 등의 기상조건, 작업장 내부조건 등에 따라 환기량 변화가 크다.
⑤ 실내외 온도차가 높을수록 환기효율은 증가한다.
⑥ 건물이 높을수록 환기효율이 증가한다.
⑦ 환기량 예측 자료를 구하기 어렵다.

필기에 자주 출제 ★

정답 59 ② 60 ② 61 ③

62 다음 중 국소배기장치에서 후드를 추가로 설치해도 쉽게 정압조절이 가능하고, 사용하지 않는 후드를 막아 다른 곳에 필요한 정압을 보낼 수 있어 현장에서 가장 편리하게 사용할 수 있는 압력균형방법은?

① 댐퍼조절법 ② 회전수 변화
③ 압력조절법 ④ 안내익조절법

* 저항조절평형법(댐퍼조절평형법, 덕트균형유지법)
시스템을 설치해 놓고 각각의 분지관에 설치되어 있는 댐퍼를 조절하여 압력평형을 맞추는 방법으로 설계계산이 간편하다.

* 참고

장점	• 시설설치 후 송풍량의 조절, 덕트위치 변경이 어렵지 않다.(임의의 유량 조절 가능) • 최소 설계풍량으로 평형유지가 가능하다. • 설계계산이 상대적으로 간단하고, 고도의 지식을 요하지 않는다. • 덕트 크기를 바꿀 필요가 없어 반송속도를 그대로 유지한다.
단점	• 평형상태시설에 댐퍼를 잘못 설치하게 되면 평형상태 파괴 유발 • 임의로 댐퍼 조정 시 평형상태가 파괴될 수 있다. • 부분적 폐쇄댐퍼는 침식, 분진퇴적의 원인이 된다. • 최대 저항경로 선정이 잘못되어도 설계시 쉽게 발견하기 어렵다. • 댐퍼가 노출되어 누구나 쉽게 조절할 수 있어 정상기능을 저해할 우려있다.

필기에 자주 출제 *

63 작업장 내 실내 체적은 $1,600m^3$이고, 환기량이 시간당 $800m^3$라고 하면, 시간당 공기교환 횟수는 얼마인가?

① 0.5회 ② 1회
③ 2회 ④ 4회

* 시간당 공기교환 횟수(ACH)

$$ACH = \frac{\text{실내 환기량}(Q)}{\text{실내 체적}(m^3)} \times 60$$

• $Q(m^3/hr)$

$$ACH = \frac{800}{1,600} = 0.5(\text{회})$$

실기까지 중요 **

64 외부식 포집형 후드에 플랜지를 부착하면 부착하지 않은 것보다 약 몇 % 정도의 필요송풍량을 줄일 수 있는가?

① 10% ② 25%
③ 50% ④ 75%

플랜지를 부착할 경우 부착하지 않은 것보다 약 25% 정도의 필요송풍량을 줄일 수 있다.

실기까지 중요 **

정답 62 ① 63 ① 64 ②

65 다음 중 분진 및 유해화학물질이 발생하는 작업장에 설치하는 국소배기장치 후드의 설치상 기본 유의사항으로 가장 적절하지 않은 것은?

① 최대한 발생원 부근에 설치할 것
② 발생원의 상태에 맞는 형태와 크기일 것
③ 발생원 부근에 최대제어속도를 만족하는 정상기류를 만들 것
④ 작업자가 후드에 흡인되는 오염기류 내에 들어가거나 노출되지 않도록 배치할 것

③ 발생원 부근에 최소제어속도를 만족하는 정상기류를 만들 것

* 참고
후드 설치기준
① 유해물질이 발생하는 곳마다 설치할 것
② 유해인자의 발생형태 및 비중, 작업방법 등을 고려하여 당해 분진 등의 발산원을 제어할 수 있는 구조로 설치할 것
③ 후드형식은 가능한 한 포위식 또는 부스식 후드를 설치할 것
④ 외부식 또는 레시버식 에는 당해 분진 등의 발산원에 가장 가까운 위치에 설치할 것

필기에 자주 출제 ★

66 다음 중 B 사업장의 도장부스에서 발생된 유기용제 증기를 처리하기 위한 공기정화장치로 가장 적당한 것은?

① 흡착탑
② 전기집진기
③ 여과집진기
④ 원심력집진기

도장부스에서 발생된 유기용제 증기를 처리
→ 흡착탑

* 참고
흡착법
기체가 고체 표면에 달라붙는 성질을 이용하여 오염기체를 제거한다.

필기에 자주 출제 ★

67 다음 중 슬롯(slot)형 후드에서 슬롯 속도와 제어풍속과의 관계를 설명한 것으로 가장 옳은 것은?

① 제어풍속은 슬롯 속도에 반비례한다.
② 제어풍속은 슬롯 속도의 제곱근이다.
③ 제어풍속은 슬롯 속도의 제곱에 비례한다.
④ 제어풍속은 슬롯 속도에 영향을 받지 않는다.

슬롯(slot)형 후드에서 제어풍속은 슬롯 속도에 영향을 받지 않는다.

68 21℃, 1기압에서 벤젠 1.37L가 증발할 때 발생하는 증기의 용량은 약 몇 L 정도 되겠는가? (단, 벤젠의 분자량은 78.11, 비중은 0.879이다.)

① 298.5 ② 327.5
③ 371.6 ④ 438.4

$$\text{부피(L)} = \frac{1370g \times 0.879 \times 24.1L}{78.11g} = 371.55(L)$$

L = mg × 비중
1.37L = 1370g × 비중

정답 65 ③ 66 ① 67 ④ 68 ③

69 다음 중 송풍기의 상사 법칙에 대한 설명으로 틀린 것은?

① 송풍량은 송풍기의 회전속도에 정비례한다.
② 송풍기 풍압은 송풍기 회전날개의 직경에 정비례한다.
③ 송풍기 동력은 송풍기 회전속도의 세제곱에 비례한다.
④ 송풍기 풍압은 송풍기 회전속도의 제곱에 비례한다.

1. $Q_2 = Q_1(\frac{D_2}{D_1})^3(\frac{N_2}{N_1})$
   : 풍량은 송풍기 직경의 세제곱, 회전수에 비례한다.
2. $P_2 = P_1(\frac{D_2}{D_1})^2(\frac{N_2}{N_1})^2(\frac{\rho_2}{\rho_1})$
   : 풍압(정압)은 송풍기 직경의 제곱, 회전수의 제곱에 비례한다.
3. $HP_2 = HP_1(\frac{D_2}{D_1})^5(\frac{N_2}{N_1})^3(\frac{\rho_2}{\rho_1})$
   : 축동력은 송풍기 직경의 다섯제곱, 회전수의 세제곱에 비례한다.
   - Q_1 : 회전 수 변경 전 풍량(m^3/min)
   - Q_2 : 회전 수 변경 후 풍량(m^3/min)
   - N_1 : 변경 전 회전수(rpm)
   - N_2 : 변경 후 회전수(rpm)
   - P_1 : 변경 전 풍압(mmH_2O)
   - P_2 : 변경 후 풍압(mmH_2O)
   - HP_1 : 변경 전 동력(kW)
   - HP_2 : 변경 후 동력(kW)
   - D_1 : 변경 전 직경(m)
   - D_2 : 변경 후 직경(m)
   - ρ_1 : 변경 전 효율
   - ρ_2 : 변경 후 효율

실기에 자주 출제★★★

70 다음 중 덕트 내 유속에 관한 설명으로 옳은 것은?

① 덕트 내 압력손실은 유속에 반비례한다.
② 같은 송풍량인 경우 덕트의 직경이 클수록 유속은 커진다.
③ 같은 송풍량인 경우 덕트의 직경이 작을수록 유속은 작게 된다.
④ 주물사와 같은 단단한 입자상 물질의 유속을 너무 크게 하면 덕트 수명이 단축된다.

① 압력손실은 유속의 제곱에 비례한다.
②, ③ 같은 송풍량인 경우 덕트의 직경이 작을수록 유속은 커진다.

1. 압력손실($\triangle P$) = $F \times VP$
   $= \lambda \times \frac{L}{D} \times \frac{\gamma V^2}{2g}(mmH_2O)$
   - λ : 관마찰계수(무차원)
   - D : 덕트 직경(m)(원형관일 경우)
     * 장방형 Duct일 경우 :
     상당직경(등가직경)$=\frac{2ab}{a+b}$
   - L : 덕트 길이(m)
   - γ : 비중(kg/m^3)
   - V : 공기속도(m/sec)
   - g : 중력가속도(m/sec^2)
2. $Q = 60 \times A \times V$
   $V = \frac{Q}{60 \times A} = \frac{Q}{60 \times \frac{\pi d^2}{4}}$
   - Q : 유체의 유량(m^3/min)
   - A : 유체가 통과하는 단면적(m^2)
   - V : 유체의 유속(m/sec)

필기에 자주 출제★

정답 69 ② 70 ④

71 다음 중 일반적인 산업환기 배관 내 기류흐름의 레이놀즈 수 범위로 가장 올바른 것은?

① $10^{-3} \sim 10^{-7}$　　② $10^{-7} \sim 10^{-11}$
③ $10^{2} \sim 10^{3}$　　④ $10^{5} \sim 10^{6}$

* 일반적인 산업환기 배관 내 기류흐름의 레이놀즈 수의 범위
$10^{5} \sim 10^{6}$

필기에 자주 출제 ★

72 다음 중 push-pull형 환기장치에 관한 설명으로 틀린 것은?

① 도금조, 자동차 도장공정에 이용할 수 있다.
② 일반적인 국소배기장치 후드보다 동력비가 가장 많이 든다.
③ 한쪽에서는 공기를 불어주고(push) 한쪽에서는 공기를 흡인(pull)하는 장치이다.
④ 공정상 포착거리가 길어서 단지 공기를 제어하는 일반적인 후드로는 효과가 낮을 때 이용하는 장치이다.

* push-pull형 후드
① 개방조 한 변에서 압축공기를 이용하여 오염물질이 발생하는 표면에 공기를 불어 반대쪽에 오염물질이 도달하게 한다.(공기를 불어주고 당겨주는 장치로 구성)
② 후드로부터 멀리 떨어져서 발생하는 유해물질을 후드 가까이 가도록 밀어준다.
③ 도금조와 같이 폭이 넓은 경우(오염물질 발생 면적이 넓어 한쪽 방향에 후드를 설치하는 것으로 충분한 흡인력이 발생되지 않는 경우)에 사용하면 포집효율을 증가시키면서 필요유량을 감소시킬 수 있다.
④ 설비 및 운전비용이 많이 소요된다.

필기에 자주 출제 ★

73 다음 중 축류 송풍기 중 프로펠러 송풍기에 관한 설명으로 틀린 것은?

① 구조가 간단하고 값이 저렴하다.
② 많은 양의 공기를 값싸게 이송시킬 수 있다.
③ 압력손실이 비교적 큰 곳에서도 송풍량의 변화가 적은 장점이 있다.
④ 국소배기용보다는 압력손실이 비교적 작은 전체환기용으로 사용해야 한다.

* 프로펠러 송풍기
① 전향날개형 송풍기와 유사한 특징을 가진다.
② 전동기와 직결할 수 있고, 축 방향 흐름이기 때문에 관로 도중에 설치할 수 있다.
③ 원통형으로 되어 있다.
④ 가볍고, 구조가 가장 간단하고, 설치비용이 저렴하다.
⑤ 많은 양의 공기를 값싸게 이송시킬 수 있다.
⑥ 국소배기용보다는 압력손실이 비교적 작은 전체 환기량으로 사용해야 한다.
⑦ 최대 송풍량의 70% 이하가 되도록 압력손실이 걸릴 경우 서징 현상으로 인한 소음, 진동이 발생한다.

필기에 자주 출제 ★

74 그림에서 $P_{S1} = -30mmH_2O$, $P_{V1} = P_{V2} = 20 mmH_2O$, $P_{S2} = -35mmH_2O$일 때 압력손실은 얼마인가?

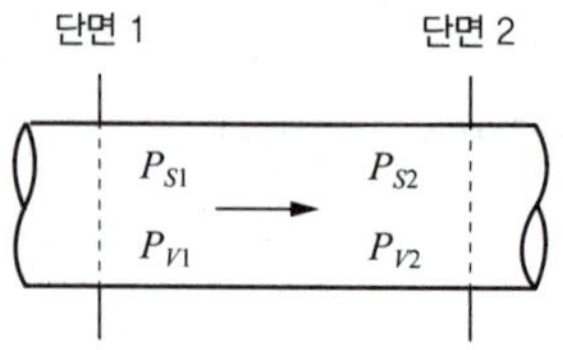

① $65mmH_2O$　　② $45mmH_2O$
③ $15mmH_2O$　　④ $5mmH_2O$

정답 71 ④ 72 ② 73 ③ 74 ④

관로의 압력손실($\triangle P_s$) = | $\triangle P_v$ | + | $\triangle P_s$ |

• $\triangle P_v$: 동압의 차(속도압의 차)
• $\triangle P_s$: 정압의 차

$\triangle P_s$ = | 20 − 20 | + | −30−(−35) |
= 0 + 5 = 5(mmH$_2$O)

75 1시간 동안 균일하게 유해물질(A) 0.95L가 공기 중으로 증발되는 작업장에서 A 물질의 공기 중 노출기준($TLV-TWA$ = 100ppm)의 50%로 유지하기 위한 전체환기의 필요환기량은 약 얼마인가? (단, 21℃, 1기압, A 물질의 비중은 0.866, 분자량은 92.13, 안전계수는 5로 하며, ACGIH의 공식을 활용한다.)

① 164m³/min ② 259m³/min
③ 359m³/min ④ 459m³/min

* 노출기준(TLV)에 따른 전체환기량

$$Q = \frac{24.1 \times kg/h \times K \times 10^6}{MW \times TLV}(m^3/hr) \div 60 = (m^3/min)$$

• K : 안전계수
• MW : 물질의 분자량
• kg/hr : 시간당 오염물질 발생량(l/hr × S(비중))
• TLV : 노출기준(ppm)
• 24.1 : 21℃, 1기압에서 공기의 비중 (25℃, 1기압일 경우 24.45)

$$Q = \frac{24.1 \times (0.95 \times 0.866) \times 5 \times 10^6}{92.13 \times 50}$$
= 21520.75(m³/hr) ÷ 60
= 358.68(m³/min)

* TLV − TWA(100ppm)의 50%로 유지
→ TLV = 50ppm

실기에 자주 출제★★★

76 다음 중 분진을 제거하기 위해 사용되는 사이클론에 관한 설명으로 틀린 것은?

① 주로 원심력이 작용한다.
② 관내경이 작을수록 효율이 좋다.
③ 성능에 큰 영향을 미치는 것은 사이클론의 직경이다.
④ 유입구의 공기속도가 빠를수록 분진제거효율은 나빠진다.

* 사이클론
원심력을 이용하여 분진을 분리, 포집한다.
① 사이클론 원통의 길이가 길어지면 선회류수가 증가하여 집진율이 증가한다.
② 원심력과 중력을 동시에 이용하기 때문에 입자 입경과 밀도가 클수록 집진율이 증가한다.(입자의 크기가 크고 모양이 구체에 가까울수록 집진효율이 증가한다)
③ 사이클론 원통의 직경이 클수록 집진율이 감소한다.(성능에 큰 영향을 미치는 것은 사이클론의 직경이다.)
④ 유입구의 공기속도가 빠를수록 분진제거효율은 좋아진다.

77 다음 중 국소배기장치의 설치 및 에너지비용 절감을 위해 가장 우선적으로 검토해야할 것은?

① 재료비 절감을 위해 덕트 직경을 가능한 줄인다.
② 송풍기 운전비 절감을 위해 댐퍼로 배기유량을 줄인다.
③ 후드 개구면적을 가능한 넓혀서 개방형으로 설치한다.
④ 후드를 오염물질 발생원에 최대한 근접시켜 필요송풍량을 줄인다.

국소배기장치의 설치 및 에너지비용 절감을 위해 가장 우선적으로 검토해야할 것 → 후드의 필요 송풍량을 최소화한다.

필기에 자주 출제★

정답 75 ③ 76 ④ 77 ④

78 다음 중 덕트 내의 풍속측정에 사용되는 측정계기가 아닌 것은?

① 피토관 ② 회전속도측정기
③ 풍차풍속계 ④ 열선식 풍속계

* 송풍관 내의 풍속측정계기
① 피토관
② 풍차풍속계
③ 열선식풍속계

필기에 자주 출제 ★

79 온도 50℃인 관 내부를 15m³/min의 기체가 흐르고 있을 때 0℃에서의 유량은 약 얼마인가? (단, 기압은 760mmHg로 일정하다.)

① 12.68m³/min ② 14.74m³/min
③ 15.05m³/min ④ 17.29m³/min

* 온도 보정

$$15\times\frac{273+0}{273+50}=12.68(m^3/min)$$

$$\frac{P_1V_1}{T_1}=\frac{P_2V_2}{T_2}$$
$$T_1P_2V_2=T_2P_1V_1$$
$$V_2=V_1\times\frac{T_2P_1}{T_1P_2}$$

실기까지 중요 ★★

80 27℃, 1기압에서 2L의 산소기체를 327℃, 2기압으로 변화시키면 그 부피는 몇 L가 되겠는가?

① 0.5 ② 1
③ 2 ④ 4

* 온도, 압력 보정

$$2\times\frac{(273+327)\times1}{(273+27)\times2}=2$$

$$\frac{P_1V_1}{T_1}=\frac{P_2V_2}{T_2}$$
$$T_1P_2V_2=T_2P_1V_1$$
$$V_2=V_1\times\frac{T_2P_1}{T_1P_2}$$

실기까지 중요 ★★

정답 78 ② 79 ① 80 ③

2013년 6월 2일

2회 과년도기출문제

제1과목 산업위생학 개론

01 미국산업안전보건연구원(NIOSH)에 의한 중량물취급작업의 감시기준이 30kg이라면 최대허용기준(MPL)은 몇 kg인가?

① 45kg ② 60kg
③ 75kg ④ 90kg

MPL(최대허용기준)=3×AL(감시기준)

MPL(최대허용기준) = 3×30 = 90(kg)

필기에 자주 출제★

02 다음 중 산소결핍에 대하여 가장 민감한 조직은?

① 폐 ② 말초신경계
③ 대뇌피질 ④ 뇌간척수계

* 대뇌피질
산소결핍에 대하여 가장 민감한 조직

필기에 자주 출제★

03 다음 중 영양소 부족에 의한 결핍증의 연결이 잘못된 것은?

① 비타민 B1 - 구루병
② 비타민 A - 야맹증
③ 단백질 - 전신 부종, 피부 반점
④ 비타민 K - 혈액응고 지연반응

① 비타민 B1 - 각기병

* 참고
구루병
비타민 D 결핍증

04 기초대사량이 75kcal/hr이고, 작업대사량이 225kcal/hr인 작업을 계속 수행할 때, 작업한계시간은 약 얼마인가? (단, log계속작업한계시간 = 3.724 − 3.25×logRMR을 적용한다.)

① 1.5시간 ② 2시간
③ 2.5시간 ④ 3시간

$\log(CWT) = 3.724 - 3.25\log(RMR)$

- RMR : 에너지 대사율
- CWT : 계속작업 한계시간(분)

1. $RMR = \frac{\text{작업(노동)대사량}}{\text{기초대사량}} = \frac{225}{75} = 3$
2. $\log(CWT) = 3.724 - 3.25 \times \log(3) = 2.17$
   $CWT = 10^{2.17} = 147.91(\text{분}) \div 60 = 2.47\text{시간}$

필기에 자주 출제★

정답 01 ④ 02 ③ 03 ① 04 ③

05 산업안전보건법에 의한 '화학물질의분류 · 표시 및 물질안전보건자료에 관한 기준' 에서 정하는 경고표지의 색상으로 적합한 것은?

① 경고표지 전체의 바탕은 흰색으로, 글씨와 테두리는 검정색으로 하여야 한다.
② 경고표지 전체의 바탕은 흰색으로, 글씨와 테두리는 붉은색으로 하여야 한다.
③ 경고표지 전체의 바탕은 노란색으로, 글씨와 테두리는 검정색으로 하여야 한다.
④ 경고표지 전체의 바탕은 노란색으로, 글씨와 테두리는 붉은색으로 하여야 한다.

경고표지전체의 바탕은 흰색으로, 글씨와 테두리는 검정색으로 하여야 한다.

* 참고
산업안전보건법에 의한 경고표지의 색상
1. 화학물질 취급장소 이외의 위험경고 등
  • 바탕 : 노란색
  • 기본모형, 관련부호, 그림 : 검은색
2. 화학물질 취급장소의 경고표지
  • 바탕 : 무색
  • 기본모형 : 빨간색(검은색도 가능)

06 온도 25℃, 1기압 하에서 분당 200mL씩 100분 동안 채취한 공기 중 톨루엔(분자량 92)이 5mg 검출되었다. 톨루엔은 부피단위로 몇 ppm인가?

① 27　　② 66
③ 272　　④ 666

25℃, 1기압일 때
• 노출기준(mg/m³) = $\frac{\text{ppm}\times\text{분자량}}{24.45}$
• ppm = mg/m³ × $\frac{24.45(\text{L})}{\text{분자량}}$

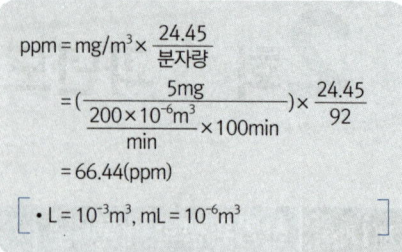

$$\text{ppm} = \text{mg/m}^3\times\frac{24.45}{\text{분자량}}$$
$$= \left(\frac{5\text{mg}}{\frac{200\times10^{-6}\text{m}^3}{\text{min}}\times100\text{min}}\right)\times\frac{24.45}{92}$$
$$= 66.44(\text{ppm})$$

[• $L = 10^{-3}m^3$, $mL = 10^{-6}m^3$]

실기에 자주 출제★★★

07 다음 중 1940년대 일본에서 발생한 질병으로 '이타이이타이병' 이라고도하며,만성중독시 신장기능장애, 뼈 조직의 장애 등을 일으키는 원인물질은?

① 납　　② 망간
③ 수은　　④ 카드뮴

* 카드뮴중독
이타이이타이병

필기에 자주 출제★

08 미국산업위생학술원(American Academy of Industrial Hygiene)은 산업위생 분야 종사하는 사람들이 반드시 지켜야 할 윤리강령을 채택하였다. 다음 설명 중 틀린 것은?

① 근로자, 사회 및 전문 직종의 이익을 위해 과학적 지식을 공개하고 발표한다.
② 전문적 판단이 타협에 좌우될 수 있거나 이해관계가 있는 상황에는 개입하지 않는다.
③ 위험요인의 측정, 평가 및 관리에 있어서 외부의 압력에 굴하지 않고 소신껏 주관적 태도를 취한다.
④ 기업체의 기밀은 누설하지 않는다.

정답 05 ① 06 ② 07 ④ 08 ③

③ 위험요인의 측정, 평가 및 관리에 있어서 외부의 압력에 굴하지 않고 중립적 태도를 취한다.

* 산업위생전문가의 윤리강령

산업위생 전문가로서의 책임	① 성실성과 학문적 실력 면에서 최고 수준을 유지한다. ② 과학적 방법의 적용과 자료의 해석에서 객관성을 유지한다. ③ 전문 분야로서의 산업위생을 학문적으로 발전시킨다. ④ 근로자, 사회 및 전문 직종의 이익을 위해 과학적 지식을 공개하고 발표한다. ⑤ 기업체의 기밀은 누설하지 않는다. ⑥ 전문적 판단이 타협에 의하여 좌우될 수 있거나 이해관계가 있는 상황에는 개입하지 않는다.
근로자에 대한 책임	① 근로자의 건강보호가 산업위생 전문가의 1차적 책임이라는 것을 인지한다. ② 위험 요인의 측정, 평가 및 관리에 있어서 외부압력에 굴하지 않고 중립적 태도를 취한다. ③ 위험요소와 예방조치에 대해 근로자와 상담한다.
기업주와 고객에 대한 책임	① 결과 및 결론을 뒷받침할 수 있도록 정확한 기록을 유지하고 산업위생사업을 전문가답게 전문 부서들을 운영 관리한다. ② 궁극적 책임은 기업주와 고객보다는 근로자의 건강보호에 있다. ③ 쾌적한 작업환경을 조성하기 위하여 책임 있게 행동한다. ④ 신뢰를 바탕으로 정직하게 권고하고 결과와 개선점 및 권고사항을 정확히 보고한다.
일반 대중에 대한 책임	① 일반 대중에 관한 사항은 정직하게 발표한다. ② 적절하고도 확실한 사실을 근거로 전문적인 견해를 발표한다.

실기에 자주 출제 ★★★

09 다음 중 산업위생의 중요성이 급속하게 대두된 원인과 거리가 가장 먼 것은?

① 산업현장에서 취업하는 근로자수의 급격한 증가
② 근로자의 권익을 보호하고자 하는 시대적인 사회사조 대두
③ 노동생산성 향상을 위하여 인력관리측면에서 근로자 보호가 필요
④ 대기오염에 의한 질병으로 비용부담의 급속한 증가

④ 직업성질환으로 인한 비용부담의 급속한 증가

10 산업안전보건법령상 보건에 관한 기술적인 사항에 관하여 사업주를 보좌하고 관리감독자에게 지도 · 조언을 할 수 있는 자는 누구인가?

① 보건관리자
② 관리책임자
③ 관리감독책임자
④ 명예산업안전보건감독관

* 보건관리자
보건에 관한 기술적인 사항에 관하여 사업주를 보좌하고 관리감독자에게 지도 · 조언을 할 수 있는 자

* 참고
보건관리자의 직무
① 산업안전보건위원회 또는 노사협의체에서 심의 · 의결한 업무와 안전보건관리규정 및 취업규칙에서 정한 업무
② 안전인증대상기계 등과 자율안전확인대상기계 등 중 보건과 관련된 보호구(保護具) 구입 시 적격품 선정에 관한 보좌 및 지도 · 조언
③ 위험성평가에 관한 보좌 및 지도 · 조언
④ 물질안전보건자료의 게시 또는 비치에 관한 보좌 및 지도 · 조언

정답 09 ④ 10 ①

⑤ 산업보건의의 직무(보건관리자가 별표 6 제2호에 해당하는 사람인 경우로 한정한다)
⑥ 해당 사업장 보건교육계획의 수립 및 보건교육 실시에 관한 보좌 및 지도 · 조언
⑦ 해당 사업장의 근로자를 보호하기 위한 다음 각 목의 조치에 해당하는 의료행위(보건관리자가 별표 6 제2호 또는 제3호에 해당하는 경우로 한정한다)
- 자주 발생하는 가벼운 부상에 대한 치료
- 응급처치가 필요한 사람에 대한 처치
- 부상 · 질병의 악화를 방지하기 위한 처치
- 건강진단 결과 발견된 질병자의 요양 지도 및 관리
- 위 항목의 의료행위에 따르는 의약품의 투여

⑧ 작업장 내에서 사용되는 전체 환기장치 및 국소 배기장치 등에 관한 설비의 점검과 작업방법의 공학적 개선에 관한 보좌 및 지도 · 조언
⑨ 사업장 순회점검, 지도 및 조치 건의
⑩ 산업재해 발생의 원인 조사 · 분석 및 재발 방지를 위한 기술적 보좌 및 지도 · 조언
⑪ 산업재해에 관한 통계의 유지 · 관리 · 분석을 위한 보좌 및 지도 · 조언
⑫ 법 또는 법에 따른 명령으로 정한 보건에 관한 사항의 이행에 관한 보좌 및 지도 · 조언
⑬ 업무 수행 내용의 기록 · 유지
⑭ 그 밖에 보건과 관련된 작업관리 및 작업환경관리에 관한 사항으로서 고용노동부장관이 정하는 사항

필기에 자주 출제★

11 다음 중 산업스트레스의 반응에 따른 행동적 결과와 가장 거리가 먼 것은?

① 흡연
② 불면증
③ 행동의 격양
④ 알코올 및 약물 남용

*산업 스트레스의 반응에 따른 행동적 결과
① 흡연
② 결근
③ 행동의 격양
④ 카페인, 알코올 및 약물남용
⑤ 생산성 저하

12 다음 중 전신피로에 있어 생리학적 원인에 해당되지 않는 것은?

① 산소공급 부족
② 혈중 포도당 농도의 저하
③ 근육 내 글리코겐 양의 감소
④ 소변 중 크레아틴 양의 감소

*전신피로의 생리학적 원인
① 산소공급 부족
② 혈중 포도당(글루코오스)농도 저하(가장 큰 원인)
③ 근육 내 글리코겐 양의 감소
④ 혈중 젖산농도의 증가
⑤ 작업강도의 증가

실기까지 중요★★

13 근골격계 질환을 예방하기 위한 작업환경 개선의 방법으로 인체측정치를 이용한 작업환경의 설계가 이루어질 때 다음 중 가장 먼저 고려되어야 할 사항은?

① 조절가능 여부
② 최대치의 적용 여부
③ 최소치의 적용 여부
④ 평균치의 적용 여부

인체측정치를 이용한 작업환경의 설계에서 조절 가능 여부(조절식 설계)를 가장 먼저 고려하여야 한다.

*참고
인체계측자료의 응용 3원칙
① 최대치수와 최소치수 설계(극단치 설계)
② 조절(조정)범위(조절식 설계)
③ 평균치를 기준으로 한 설계

필기에 자주 출제★

정답 11 ② 12 ④ 13 ①

14 다음 중 ACGIH의 발암성 분류 및 유해물질을 올바르게 나열한 것은?

① A3 : beryllium, Pb
② A2 : arsenic(As), Cr^{+6}
③ A1 : benzene, asbestos
④ A4 : cadmium, carbon black

③ 벤젠(benzene), 석면(asbestos)
→ A1(인체발암성 확인물질)

*참고
ACGIH의 발암성 물질 구분
① A1 : 인체발암성 확인물질
② A2 : 인체발암성 의심물질(추정물질)
③ A3 : 동물발암성 확인물질, 인체발암성 모름
④ A4 : 인체발암성 미분류 물질(인체 발암가능성이 있으나 자료가 부족한 물질)
⑤ A5 : 인체발암성 미의심 물질

15 다음 중 산업재해의 발생빈도를 나타내는 지표는?

① 강도율 ② 연천인율
③ 유병률 ④ 도수율

*도수율
산업재해의 발생빈도를 나타낸다.

*참고
강도율
산업재해의 발생강도를 나타낸다.

필기에 자주 출제 ★

16 다음 중 소음성 난청에 영향을 미치는 요소에 대한 설명으로 틀린 것은?

① 음압수준이 높을수록 유해한다.
② 고주파음이 저주파음보다 더욱 유해하다.
③ 간헐적인 소음노출이 계속적인 소음노출보다 더 유해하다.
④ 소음에 노출된 모든 사람들이 똑같이 반응하지는 않으며, 감수성이 매우 높은 사람이 극소수 존재한다.

③ 계속적인 소음노출이 간헐적인 소음노출보다 더 유해하다.

필기에 자주 출제 ★

17 다음 중 작업대사율(RMR)에 관한 공식으로 틀린 것은?

① $\frac{\text{작업대사량}}{\text{기초대사량}}$

② $\frac{\text{작업대사량} - \text{기초대사량}}{\text{기초대사량}}$

③ $\frac{\text{작업 시 소모열량} - \text{안정 시 열량}}{\text{기초대사량}}$

④ $\frac{\text{작업 시 산소소비량} - \text{안정 시 산소소비량}}{\text{기초대사량 시 산소소비량}}$

$$RMR = \frac{\text{작업(노동)대사량}}{\text{기초대사량}} = \frac{\text{작업 시의 소비 에너지} - \text{안정 시의 소비 에너지}}{\text{기초대사량}}$$

실기까지 중요 ★★

정답 14 ③ 15 ④ 16 ③ 17 ②

18 다음 중 상용근로자 건강진단의 목적과 가장 거리가 먼 것은?

① 근로자가 가진 질병의 조기발견
② 질병이환 근로자의 질병치료 및 취업제한
③ 근로자가 일부에 부적합한 인적 특성을 지니고 있는지의 여부 확인
④ 일이 근로자 자신과 직장동료의 건강에 불리한 영향을 미치고 있는지의 여부 발견

*상용 근로자 건강진단의 목적
① 근로자가 가진 질병의 조기 발견
② 근로자가 일에 부적합한 인적 특성을 지니고 있는지 여부 확인
③ 일이 근로자 자신과 직장동료의 건강에 불리한 영향을 미치고 있는지 여부의 발견

필기에 자주 출제★

19 사업장에서 건강 영향이나 직업병 발생에 관여하는 것으로 작업요인이 큰 연관성을 갖고 있다. 다음 중 이러한 작업요인에 관한 설명으로 가장 적합하지 않은 것은?

① 작업시간은 하루 8시간, 1주 48시간을 원칙으로 가급적 준수한다.
② 작업요인으로는 적성배치 외에도 작업시간이나 교대제 등의 작업조건도 배려할 필요가 있다.
③ 교대제 근무에 대한 일주기 리듬의 생리적, 심리적 적응은 불완전하므로 생산적 이유 이외의 교대제는 하지 않는다.
④ 적성배치란 근로자의 생리적, 심리적 특성에 적합한 작업에 배치하는 것을 말한다

① 작업시간은 하루 8시간, 1주 40시간을 원칙으로 가급적 준수한다.

필기에 자주 출제★

20 작업환경측정 및 지정측정 기관평가 등에 의한 고시에 의하여 공기 중 석면을 위상차현미경으로 분석할 경우 그 길이가 얼마 이상인 것을 계수하는가?

① 1㎛ ② 5㎛
③ 10㎛ ④ 15㎛

*석면
길이가 5㎛보다 크고, 길이 대 넓이의 비가 3 : 1 이상인 섬유를 말한다.

필기에 자주 출제★

제2과목 작업위생 측정 및 평가

21 허용기준 대상 유해인자의 노출농도 측정 및 분석방법 중 온도표시에 관한 내용으로 틀린 것은?

① 냉수는 15℃ 이하를 말한다.
② 온수는 50 ~ 60℃를 말한다.
③ 찬 곳은 따로 규정이 없는 한 0 ~ 15℃의 곳을 말한다.
④ 미온은 30 ~ 40℃이다.

*온도 표시
① 온도의 표시는 셀시우스(Celcius) 법에 따라 아라비아 숫자의 오른쪽에 ℃를 붙인다. 절대온도는 ° K로 표시하고 절대온도 0° K는 -273℃로 한다.
② 상온은 15 ~ 25℃, 실온은 1 ~ 35℃, 미온은 30 ~ 40℃로 하고, 찬 곳은 따로 규정이 없는 한 0 ~ 15℃의 곳을 말한다.
③ 냉수(冷水)는 15℃ 이하, 온수(溫水)는 60 ~ 70℃, 열수(熱水)는 약 100℃를 말한다.

필기에 자주 출제★

정답 18 ② 19 ① 20 ② 21 ②

22 100ppm을 %로 환산하면 몇 %인가?

① 1.0 ② 0.1
③ 0.01 ④ 0.001

1% = 10,000ppm이므로
1 : 10,000 = x : 100
10,000×x = 100
$\therefore x = \frac{100}{10,000} = 0.01(\%)$

$\% = \frac{1}{100}$, $ppm = \frac{1}{1,000,000}$
∴ 1% = 10,000ppm

필기에 자주 출제 ★

23 2차 표준기구와 가장 거리가 먼 것은?

① 오리피스미터
② 습식 테스트미터
③ 폐활량계
④ 열선기류계

1차 표준 기구	2차 표준기구
1. 비누거품미터 2. 폐활량계 3. 가스치환병 4. 유리피스톤미터 5. 흑연피스톤미터 6. 피토튜브(Pitot tube)	1. 로타미터 2. 습식테스트미터 (Wet-test-meter) 3. 건식가스미터 (Dry-gas-meter) 4. 오리피스미터 5. 열선기류계
암기법 1차비누로 폐활량 재고, 가스치환하여, 유리, 흑연 먹였더니 피토했다.	암기법 2 열로 걸어가는 습관 테스트하는 오리

실기에 자주 출제 ★★★

24 가스상 물질을 순간 시료채취방법으로 사용할 수 없는 경우는?

① 오염물질농도가 시간에 따라 변화되지 않을 때
② 시간가중평균치를 구하고자 할 때
③ 공기 중 오염물질의 농도가 높을 때
④ 검출기의 검출한계보다 공기 중 농도가 높을 때

순간시료 채취를 하여야 하는 경우	① 미지의 가스상 물질의 동정을 알고자 할 때 ② 간헐적 공정에서의 순간농도 변화를 알고자 할 때 ③ 오염발생원 확인을 하고자 할 때 ④ 직접 포집해야 되는 메탄, 일산화탄소, 산소 측정에 사용
연속시료 채취를 하여야 하는 경우	① 오염물질의 농도가 시간에 따라 변할 때 ② 공기 중 오염물질의 농도가 낮을 때 ③ 시간가중평균치를 구하고자 할 때

필기에 자주 출제 ★

정답 22 ③ 23 ③ 24 ②

25 입자상 물질의 채취방법 중 직경분립충돌기의 장점과 가장 거리가 먼 것은?

① 호흡기의 부분별로 침착된 입자크기의 자료를 추정할 수 있다.
② 크기별 동시측정이 가능하여 소요비용이 절감된다.
③ 입자의 질량크기 분포를 얻을 수 있다.
④ 흡입성, 흉곽성, 호흡성 입자의 크기별로 분포와 농도를 계산할 수 있다.

* 직경분립충돌기

장점	① 호흡기에 부분별로 침착된 입자크기의 자료를 추정할 수 있다. ② 흡입성, 흉곽성, 호흡성 입자의 크기별 분포와 농도를 계산할 수 있다. ③ 입자의 질량크기 분포를 얻을 수 있다.
단점	① 시료채취가 까다롭다.(경험이 있는 전문가가 철저한 준비를 통해 측정하여야 한다.) ② 시료 채취 준비시간이 길고 비용이 많이 든다. ③ 되튐으로 인한 시료의 손실이 있다. ④ 공기가 옆에서 유입되지 않도록 각 충돌기의 철저한 조립과 장착이 필요하다.

암기법

- 충돌기로 충돌시켜 농도, 질량, 크기별로 분류 가능
- 전문가가 시간, 돈 들여 까다롭게 채취해도 되튐 생김

실기까지 중요 ★★

26 직경이 7.5cm인 흑구온도계의 측정시간으로 적절한 기준은? (단, 고용노동부 고시 기준)

① 5분 이상 ② 15분 이상
③ 20분 이상 ④ 25분 이상

※ 관련고시의 변경으로 삭제된 내용입니다.

27 소음측정에 관한 설명으로 틀린 것은? (단, 고용노동부 고시 기준)

① 소음수준을 측정할 때에는 측정대상이 되는 근로자의 근접된 위치의 귀높이에서 측정하여야 한다.
② 단위작업장소에서의 소음발생시간이 6시간 이내인 경우에는 발생시간을 등간격으로 나누어 2회 이상 측정하여야 한다.
③ 누적소음노출량 측정기로 소음을 측정하는 경우에는 criteria = 90dB, exchange rate = 5dB, threshold = 80dB로 기기설정을 하여야 한다.
④ 소음이 1초 이상의 간격을 유지하면서 최대음압수준이 120dB(A) 이상의 소음인 경우에는 소음수준에 따른 1분 동안의 발생횟수를 측정하여야 한다.

* 소음 측정시간

① 단위작업 장소에서 소음수준은 규정된 측정위치 및 지점에서 1일 작업시간 동안 6시간 이상 연속 측정하거나 작업시간을 1시간 간격으로 나누어 6회 이상 측정하여야 한다. 다만, 소음의 발생특성이 연속음으로서 측정치가 변동이 없다고 자격자 또는 지정측정기관이 판단한 경우에는 1시간 동안을 등간격으로 나누어 3회 이상 측정할 수 있다.
② 단위작업 장소에서의 소음발생시간이 6시간 이내인 경우나 소음발생원에서의 발생시간이 간헐적인 경우에는 발생시간동안 연속 측정하거나 등간격으로 나누어 4회 이상 측정하여야 한다.

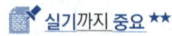

실기까지 중요 ★★

정답 25 ② 26 ① 27 ②

28 활성탄으로 시료채취 시 가장 많이 사용되는 탈착용매는?

① 에탄올 ② 이황화탄소
③ 헥산 ④ 클로로포름

활성탄의 탈착용매 → 이황화탄소

실기까지 중요 ★★

29 검지관에 관한 설명으로 틀린 것은?

① 특이도가 높다.
② 비교적 고농도에만 적용이 가능하다.
③ 다른 방해물질의 영향을 받기 쉽다.
④ 한 검지관으로 단일물질만을 측정할 수 있어 각 오염물질에 맞는 검지관을 선정해야 한다.

★ 검지관

장점	① 사용이 간편하다. ② 반응시간이 빨라서 빠른 시간에 측정결과를 알 수 있다.(빠른 측정이 요구될 때 사용) ③ 숙련된 산업위생전문가가 아니더라도 어느 정도만 숙지하면 사용 할 수 있다. ④ 맨홀, 밀폐 공간에서의 산소가 부족하거나 폭발성 가스로 인하여 안전이 문제가 될 때 유용하게 사용될 수 있다.
단점	① 민감도가 낮으며 비교적 고농도에 적용이 가능하다. ② 특이도가 낮다.(다른 방해물질의 영향을 받기 쉬워 오차가 크다.) ③ 단시간 측정만 가능하다. ④ 미리 측정 대상물질의 동정이 되어 있어야 측정이 가능하다. ⑤ 색이 시간에 따라 변화하므로 제조자가 정한 시간에 읽어야 한다. ⑥ 한 검지관으로 단일 물질만을 측정할 수 있어 각 오염물질에 맞는 검지관을 선정해야 한다. ⑦ 색변화가 선명하지 않아 주관적으로 읽을 수 있어 판독자에 따라 변이가 심하다.

실기까지 중요 ★★

30 다음 출력이 0.4W의 작은 점음원으로부터 500m 떨어진 곳의 SPL(음압레벨)은? (단, $SPL = PWL - 20\log r - 11$)

① 41dB ② 51dB
③ 61dB ④ 71dB

1. $PWL = 10 \times \log\left(\frac{W}{W_o}\right)$(dB)
   - PWL : 음향파워레벨(dB)
   - W : 대상음원의 음력(watt)
   - W_o : 기준음력(10^{-12}watt)
2. $SPL = PWL - 20\log r - 11$(dB)
   - r : 소음원으로 부터의 거리(m)

1. $PWL = 10 \times \log\left(\frac{0.4}{10^{-12}}\right) = 116.02$(dB)
2. $SPL = 116.02 - 20 \times \log 500 - 11$
   $= 51.04$(dB)

실기까지 중요 ★★

31 흡습성이 적고 가벼워 먼지무게 분석, 유리규산 채취, 6가 크롬 채취에 적용되는 여과지는?

① 유리섬유 여과지
② 셀룰로오스에스테르(MCE)막 여과지
③ PVC막 여과지
④ 은막 여과지

★ PVC 막 여과지
(Polyvinyl Chloride membrane filter)
① 수분의 영향이 크지 않고 가벼워 공해성 먼지, 총 먼지 등의 중량분석을 위한 측정에 이용된다.(흡습성이 낮아 분진의 중량분석에 사용)
② 유리규산을 채취하여 X-선 회절법으로 분석하는데 적절하고 6가 크롬, 산화아연(아연산화물)의 채취에 이용된다.
③ 채취 시에 입자를 반발하여 채취효율을 떨어뜨리는 단점이 있어 채취 전 필터를 세정용액으로 세정하여 오차를 줄일 수 있다.

정답 28 ② 29 ① 30 ② 31 ③

암기법

TV(PVC막여과지)에 "산아(산화아연) 6명(6가크롬) 먼저(먼지) 유괴(유리규산)"라고 나옴

필기에 자주 출제 ★

32

25℃, 1atm에서 H_2S를 함유한 공기 500L를 흡수액 20mL에 통과시켰더니 액 중의 H_2S 양은 20mg이었다. 공기 중의 H_2S의 농도(ppm)는?

포집효율 : 75%, S 원자량 : 32

① 19.5　② 24.6
③ 26.7　④ 38.4

- $mg/m^3 = \dfrac{ppm \times 분자량}{24.45(25℃, 1기준)}$
- $ppm = \dfrac{mg/m^3 \times 24.45}{분자량}$

1. $mg/m^3 = \dfrac{20mg}{(500 \times 10^{-3})m^3} = 40(mg/m^3)$
   $(L = 10^{-3}m^3)$
2. 포집효율이 75%이므로
   $75 : 40 = 100 : x$
   $75 \times x = 40 \times 100$
   $x = \dfrac{40 \times 100}{75} = 53.33(mg/m^3)$
3. $ppm = \dfrac{mg/m^3 \times 24.45}{분자량}$
   $= \dfrac{53.33 \times 24.45}{34} = 38.35(ppm)$

[H_2S의 분자량 $= (1 \times 2) + 32 = 34(g)$]

실기에 자주 출제 ★★★

33

입경이 14μm이고, 밀도가 1.5g/cm³인 입자의 침강속도는?

① 0.55cm/sec　② 0.68cm/sec
③ 0.72cm/sec　④ 0.88cm/sec

* Lippman식에 의한 침강속도
(입자크기가 1 ~ 50μm 경우 적용)

$V(cm/sec) = 0.003 \times \rho \times d^2$

- V : 침강속도(cm/sec)
- ρ : 입자 밀도(비중)(g/cm³)
- d : 입자직경(μm)

$V(cm/sec) = 0.003 \times 1.5 \times 14^2 = 0.88(cm/sec)$

실기에 자주 출제 ★★★

34

한 작업장의 분진농도를 측정한 결과 2.3, 2.2, 2.5, 5.2, 3.3(mg/m³)이었다. 이 작업장 분진 농도의 기하평균값은?

① 약 3.43mg/m³　② 약 3.34mg/m³
③ 약 3.13mg/m³　④ 약 2.93mg/m³

* 기하평균

1. $\log(GM) = \dfrac{\log X_1 + \log X_2 + \cdots + \log X_n}{N}$
2. $G.M = \sqrt[N]{X_1 \cdot X_2 \cdots X_n}$
   - X_n : 측정치
   - N : 측정치 개수

$G.M = \sqrt[5]{(2.3 \times 2.2 \times 2.5 \times 5.2 \times 3.3)}$
$= 2.93(mg/m^3)$

실기까지 중요 ★★

35

1,000Hz 순음의 음의 세기레벨 40dB의 음의 크기는?

① 1SPL　② 1sone
③ 1phon　④ 1PWL

정답　32 ④　33 ④　34 ④

① 1Sone : 1000Hz, 40dB 음의 크기
② 1phon : 1000Hz, 1dB 음의 크기

필기에 자주 출제 ★

36 다음 내용은 무슨 법칙에 해당되는가?

일정한 부피조건에서 압력과 온도는 비례함

① 라울트의 법칙 ② 샤를의 법칙
③ 게이-뤼삭의 법칙 ④ 보일의 법칙

* 게이 - 뤼삭의 법칙
일정한 부피조건에서 압력과 온도는 비례한다.

암기법
일부(일정부피) 이삭(게이뤼삭)은 온입(온도, 압력)에 비례

필기에 자주 출제 ★

37 소음수준 측정 시 소음계의 청감보정회로는 어떻게 조정하여야 하는가? (단, 고용노동부 고시 기준)

① A 특성 ② C 특성
③ 빠름 ④ 느림

소음계의 청감보정회로는 A특성으로 할 것

* 참고
소음측정은 다음과 같이 할 것
① 소음계 지시침의 동작은 느린(Slow) 상태로 한다.
② 소음계의 지시치가 변동하지 않는 경우에는 해당 지시치를 그 측정 점에서의 소음수준으로 한다.

필기에 자주 출제 ★

38 주물공장 내에서 비산되는 먼지를 측정하기 위해서 high volume air sampler를 사용하였다. 분당 3L로 60분간 포집하여 여과지를 건조시킨 후, 측량한 결과 2.46mg이었다. 주물공장 내 먼지 농도는? (단, 포집 전 여과지의 무게는 1.66mg, 공실험은 고려하지 않는다.)

① $2.44mg/m^3$ ② $3.54mg/m^3$
③ $4.44mg/m^3$ ④ $5.54mg/m^3$

$$mg/m^3 = \frac{(2.46-1.66)mg}{\frac{3\times10^{-3}m^3}{min}\times60min}$$
$$= 4.44(mg/m^3)$$
$(L = 10^{-3}m^3)$

실기에 자주 출제 ★★★

39 특정 상황에서는 측정기구 없이 수학적인 모델링 또는 공식을 이용하여 공기 중 해당물질의 농도를 추정할 수 있다. 온도가 25℃(1기압)인 밀폐된 공간에서 수은증기가 포화상태에 도달했을 때의 공기 중의 수은의 농도는? (단, 수은(원자량 201)의 증기압은 25℃, 1기압에서 0.002mmHg이다.)

① 26.3ppm ② $26.3mg/m^3$
③ 21.6ppm ④ $21.6mg/m^3$

$$포화농도(ppm) = \frac{물질의\ 증기압(mmHg)}{대기압(760mmHg)}\times10^6$$

1. $포화농도(ppm) = \frac{0.002}{760}\times10^6 = 2.63(ppm)$
2. $mg/m^3 = \frac{ppm\times분자량}{24.45(25℃,\ 1기압\ 기준)}$
$= \frac{2.63\times201}{24.45} = 21.62(mg/m^3)$

실기에 자주 출제 ★★★

정답 35 ② 36 ③ 37 ① 38 ③ 39 ④

40 공기 중 석면의 농도 표시는?

① 개/cc　② ppm
③ mg/m^3　④ 길이/L

＊작업환경 측정의 단위 표시
① 석면 : 개/cm^3(세제곱센티미터 당 섬유개수)
② 가스, 증기, 분진, 흄, 미스트 : mg/m^3 또는 ppm
③ 고열(복사열 포함) : 습구 · 흑구온도지수를 구하여 ℃로 표시
④ 소음 : [dB(A)]

＊참고
$1cc = 1cm^3$

실기까지 중요 ★★

제3과목 작업환경관리

41 B 공장 집진기용 송풍기의 소음을 측정한 결과, 가동 시는 90dB(A)이었으나, 가동 중지상태에서는 85dB(A)이었다. 이 송풍기의 실제 소음도는?

① 86.2dB(A)　② 87.1dB(A)
③ 88.3dB(A)　④ 89.4dB(A)

＊소음도 차이

$$L' = 10\log\left(10^{\frac{L_1}{10}} - 10^{\frac{L_2}{10}}\right)(dB)\ (단, L_1 > L_2)$$

$$L' = 10 \times \log\left(10^{\frac{90}{10}} - 10^{\frac{85}{10}}\right) = 88.35dB(A)$$

필기에 자주 출제 ★

42 방진재의 금속스프링에 관한 내용으로 틀린 것은?

① 뒤틀리거나 오므라들지 않는다.
② 최대변위가 허용된다.
③ 고주파 차진에 좋다.
④ 온도, 부식, 용해 등에 대한 저항성이 크다.

＊금속스프링
① 공진 시에 전달률이 매우 좋다.
② 환경요소에 대한 저항이 크다.
③ 저주파 차진에 좋으며 감쇠가 거의 없다.
④ 다양한 형상으로 제작이 가능하며 내구성이 좋다.
⑤ 최대변위가 허용된다.

필기에 자주 출제 ★

43 다음 [조건]에서 방독마스크의 사용 가능시간은?

[조건]
- 공기 중의 사염화탄소 농도는 0.2%
- 정화통의 정화능력이 사염화탄소 0.7%에서 50분간 사용 가능

① 110분　② 125분
③ 145분　④ 175분

유효시간(파과시간)

$$= \frac{시험가스농도 \times 표준유효시간}{작업장\ 공기\ 중\ 유해가스\ 농도}(분)$$

$$유효시간 = \frac{0.7 \times 50}{0.2} = 175(분)$$

필기에 자주 출제 ★

정답　40 ①　41 ③　42 ③　43 ④

44 적외선에 관한 내용으로 틀린 것은?

① 적외선은 가시광선보다 파장이 길다.
② 적외선은 대부분 화학작용을 수반한다.
③ 태양에너지의 52%를 차지한다.
④ 적외선 백내장은 초자공 백내장이라 불리며, 수정체의 뒷부분에서 시작된다.

적외선이 흡수되면 화학반응을 일으키는 것이 아니라 구성분자의 운동에너지를 증가시키므로 조직온도가 상승한다.

필기에 자주 출제★

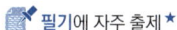

45 귀덮개에 비하여 귀마개 사용상의 단점이라 볼 수 없는 것은?

① 귀마개 오염 시 감염될 가능성이 있다.
② 제대로 착용하는 데 시간이 걸리고 요령을 습득하여야 한다.
③ 외청도에 이상이 없을 때만 사용이 가능하다.
④ 보안경 사용 시 차음효과가 감소한다

＊귀마개의 장 · 단점

장점	• 부피가 작아서 휴대하기 편하다. • 보안경과 안전모 사용에 구애받지 않는다. • 고온작업, 좁은 공간에서도 사용할 수 있다. • 가격이 저렴하다.
단점	• 귀에 질병이 있을 경우 착용이 불가능하다. • 제대로 착용하는데 시간이 걸리며 요령을 습득해야 한다. • 착용 여부 파악이 곤란하다. • 차음효과가 일반적으로 귀덮개보다 떨어지며 사람에 따라 차이가 있을 수 있다. • 귀마개 오염에 따른 감염 가능성이 있다. • 땀이 많이 날 때는 외이도에 염증유발 가능성 있다. • 착용여부 파악이 곤란하다.

실기까지 중요★★

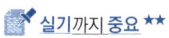

46 저온에 따른 일차적 생리적 영향으로 가장 옳은 것은?

① 식욕 변화　② 혈압 변화
③ 피부혈관 수축　④ 말초냉각

＊저온(한랭환경)에서의 일차적인 생리적 변화
① 근육긴장의 증가 및 떨림(전율)
② 피부혈관의 수축
③ 말초혈관의 수축
④ 화학적 대사작용의 증가(갑상선 호르몬 분비 증가)
⑤ 체표면적의 감소

필기에 자주 출제★

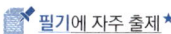

47 잠수부가 수심 20m인 곳에서 작업하는 경우 이 근로자에게 작용하는 절대압은?

① 1기압　② 2기압
③ 3기압　④ 4기압

수면 하에서의 절대압력은 수심이 10m 깊어질 때마다 1기압씩 더해진다.
예) • 수심 10m에서의 압력 : 게이지압 1기압, 절대압 2기압
• 수심 20m에서의 압력 : 게이지압(작용압) 2기압, 절대압 3기압

필기에 자주 출제★

정답 44 ② 45 ④ 46 ③ 47 ③

48 다음 중 자외선의 생물학적 작용과 거리가 가장 먼 것은?

① 피부노화 ② 색소침착
③ 구루병 발생 ④ 피부암 발생

* 자외선의 인체영향(생물학적 작용)
① 화학선 : 눈과 피부 등에 화학변화를 일으킴
② 광화학적 반응 : 산소분자를 해리하여 오존을 생성
③ 피부작용
- 피부암, 피부 홍반 형성 및 색소 침착, 피부 비후를 일으킴
- 옥외작업을 하면서 콜타르의 유도체, 벤조피렌, 안트라센 화합물과 상호작용하여 피부암을 유발시킨다.
④ 눈에 대한 영향 : 결막염, 백내장, 급성 각막염 발생시킴
⑤ 비타민 D 생성
⑥ 살균작용
⑦ 전신 건강장해

필기에 자주 출제 ★

49 저온에서 발생될 수 있는 장애와 가장 거리가 먼 것은?

① 상기도 손상 ② 폐수종
③ 알레르기 반응 ④ 참호족

② 폐수종 → 저기압(저압환경)에서의 인체영향

필기에 자주 출제 ★

50 작업장 내 고열부하에 대한 관리대책으로 옳은 것은?

① 습도와 기류의 속도를 높인다.
② 일반 작업복보다는 증발방지복(vapor barrier)이 적합하다.
③ 기온이 35℃ 이상이면 피부에 닿는 기류를 줄이고 옷을 입어야 한다.
④ 노출시간을 짧게 자주 하는 것보단 한 번에 길게 하고 휴식하는 것이 바람직하다.

① 습도와 기류의 속도를 낮춘다.
② 작업복은 열을 잘 흡수하는 복장을 피하고 흡습성, 환기성의 좋은 복장을 착용시킨다.
④ 한 번에 길게 휴식하는 것보다는 노출시간을 짧게 자주 휴식 하는 것이 바람직하다

필기에 자주 출제 ★

51 감압에 따른 기포형성량을 좌우하는 요인과 가장 거리가 먼 것은?

① 조직에 용해된 가스량
② 혈류를 변화시키는 상태
③ 감압속도
④ 기포순환주기

* 감압 시에 조직 내 질소기포 형성량에 영향을 주는 요인
① 조직에 용해된 가스량
② 혈류를 변화시키는 상태
③ 감압속도
④ 고기압의 노출정도

필기에 자주 출제 ★

정답 48 ③ 49 ② 50 ③ 51 ④

52 작업환경관리 공정의 개선내용으로 틀린 것은?

① 도자기 제조공정에서 건조 전 실시하던 점토 백합을 건조 후에 실시하는 것
② 페인트 도장 시 분무하는 일을 페인트에 담그는 일로 바꾸는 것
③ 송풍기의 작은 날개로 고속 회전시키는 대신 큰 날개로 저속 회전시키는 것
④ 금속을 두르려서 자르는 대신에 톱으로 자르는 것

① 도자기 제조공정에서 건조 후 실시하던 점토백합을 건조 전에 실시하는 것

*참고
공정의 변경
① 분진 비산 작업에 습식공법의 채택
② 두들겨 자르던 공정을 톱 절단으로 변경
③ 고속회전식 그라인더 작업을 저속연마작업으로 변경
④ 작은 날개로 고속 회전시키는 것을 큰 날개 저속 회전으로 변경
⑤ 페인트 분사 방식에서 합침 방식으로 변경
⑥ 유기용제 세척공정을 스팀세척이나 비눗물 사용 공정으로 변경
⑦ 압축공기식 임팩트 렌치 작업을 저소음 유압식 렌치로 대치
⑧ 소음이 많은 리벳팅 작업을 볼트, 너트 작업으로 대치
⑨ 용제를 사용하는 분무도장을 에어스프레이 도장으로 변경
⑩ 광산에서는 습식 착암기를 사용하여 파쇄, 연마작업을 한다.
⑪ 주물공정에서 쉘 몰드법을 채용한다.

필기에 자주 출제★

53 전리방사선의 단위 중 흡수선량의 단위는?

① rad ② ram
③ curie ④ rontgen

*흡수선량의 단위
① 래드(Rad)
- 1rad : 피조사체 1g당 100erg의 에너지 흡수를 일으키는 방사선량을 말한다.

② Gy(Gray)
- 1Gy = 100rad = 0.01J/kg

필기에 자주 출제★

54 고압환경에서의 질소마취는 몇 기압 이상의 작업환경에서 발생하는가?

① 1기압 ② 2기압
③ 3기압 ④ 4기압

공기 중의 질소 가스는 4기압 이상에서 마취작용을 일으킨다.

*참고
고압환경의 2차적 가압현상
① 질소의 마취작용 : 공기 중의 질소 가스는 4기압 이상에서 마취작용을 일으킨다.
② 산소중독 증세 : 산소분압이 2기압을 넘으면 산소중독 증세가 나타난다.
③ 이산화탄소의 작용 : 이산화탄소의 증가는 산소의 독성과 질소의 마취작용을 촉진시킨다.

실기까지 중요★★

정답 52 ① 53 ① 54 ④

55 유해화학물질에 대한 발생원 대책으로 원재료의 대체방법으로 열거한 예이다. 옳은 것만으로 짝지어진 것은?

> ㉠ 아조염료 : 벤지딘 → 디클로로벤지딘
> ㉡ 금속세척작업 : 트리클로로에틸렌 → 계면활성제
> ㉢ 샌드블라스팅 : 모래 → 철가루
> ㉣ 야광시계의 자판 : 인 → 라듐

① ㉠, ㉡, ㉢　　② ㉠, ㉢, ㉣
③ ㉡, ㉢, ㉣　　④ 모두

㉣ 야광시계의 자판을 라듐 대신 인을 사용한다.

필기에 자주 출제 ★

56 채광에 관한 내용으로 틀린 것은?

① 창의 실내 각 점의 개각은 15° 이상이어야 한다.
② 실내 일정지점의 조도와 옥외 조도와의 비율을 %로 표시한 것을 주광률이라고 한다.
③ 창의 면적은 바닥면적의 15 ~ 20%가 이상적이다.
④ 균일한 조명을 요하는 작업실은 동북 또는 북창이 좋다.

① 실내 각점의 개각은 4 ~ 5° 가 좋으며, 개각이 클수록 실내는 밝다.

필기에 자주 출제 ★

57 방진마스크에 관한 설명으로 틀린 것은?

① 방진마스크의 종류에는 격리식과 직결식, 면체여과식이 있으며 형태별로는 전면, 반면 마스크가 있다.
② 대상입자에 맞는 필터재질(비휘발성용, 휘발성용)을 사용한다.
③ 흡기, 배기 저항은 낮은 것이 좋으며 흡기저항 상승률도 낮은 것이 좋다.
④ 여과제의 탈착이 가능하여야 한다

② 필터의 재질은 면, 모, 합성섬유, 유리섬유, 금속섬유 등을 사용한다.

★ 참고
방진마스크의 선정조건(구비조건)
① 흡, 배기 저항이 낮을 것(흡, 배기 저항 상승률이 낮을 것)
② 포집효율이 높을 것
③ 시야가 확보될 것
④ 중량이 가벼울 것
⑤ 안면 밀착성이 좋을 것
⑥ 피부접촉부 고무질이 좋을 것
⑦ 비휘발성 입자에 대한 보호가 가능하다.
⑧ 여과효율이 우수하려면 필터에 사용되는 섬유의 직경이 작고 조밀하게 압축되어야 한다.

필기에 자주 출제 ★

정답 55 ① 56 ① 57 ②

58 고열장해에 관한 설명이다. ( ) 안에 들어갈 내용으로 옳은 것은?

> ( )은/는 고열작업장에 순화되지 못한 근로자가 고열작업을 수행할 경우 신체말단부에 혈액이 과다하게 저류되어 뇌의 혈액흐름이 좋지 못하게 됨에 따라 뇌에 산소부족이 발생한다.

① 열허탈　　② 열경련
③ 열소모　　④ 열소진

★ 열허탈, 열실신
고열작업장에 순화되지 못한 작업자가 고열작업을 수행하는 경우에 혈액순환 장해로 인하여 신체말단부에 혈액이 과다하게 저류되어 뇌의 혈액흐름이 좋지 못하여 대뇌피질의 혈류량이 부족(뇌의 산소부족)하여 발생한다.

★ 참고
① 열경련(heat cramp) : 고온환경에서 심한 육체적인 노동을 할 때 체내 수분 및 혈중 염분농도 저하가 원인이 되어 발생한다.
② 열피로(heat exhaustion), 열탈진, 열피비 : 고온환경에서 장시간 힘든 노동을 할 때 과다 발한으로 인한 수분과 염분손실 및 탈수로 인한 혈장량이 감소되어 발생한다.
③ 열쇠약(heat prostration) : 고열작업장에서의 만성적인 건강장해로 전신권태, 위장장해, 불면, 빈혈 등의 증상이 발생한다.

실기까지 중요★★

59 다음의 음원 위치별 지향성에 관한 그림에서 지향계수는?

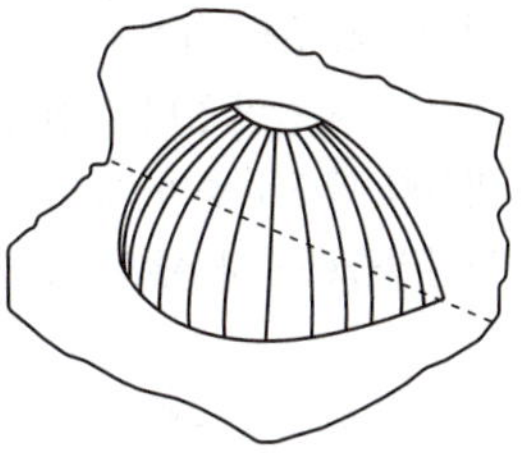

① 1　　② 2
③ 3　　④ 4

두 면이 만나는 구석 : 지향계수(Q) = 4

★ 참고

음원이 자유공간에 떠 있는 경우(음의 전파가 완전 구체인 경우)	음원이 반 자유공간 또는 바닥 위에 있는 경우(음의 전파가 반구인 경우)
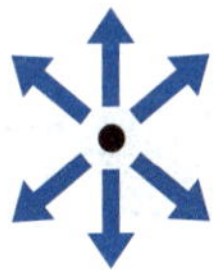	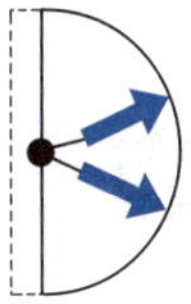
$Q = 1$ $DI = 10 \times \log 1 = 0$(dB)	$Q = 2$ $DI = 10 \times \log 2 = 3$(dB)
음원이 두면이 만나는 구석 또는 벽 근처 바닥에 있는 경우(음의 전파가 1/4 구체인 경우)	음원이 세면이 만나는 구석 또는 각진 모퉁이 바닥에 있는 경우(음의 전파가 1/8 구체인 경우)
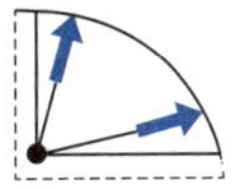	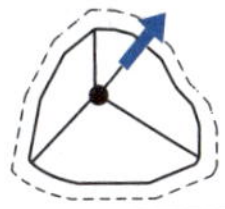
$Q = 4$ $DI = 10 \times \log 4 = 6$(dB)	$Q = 8$ $DI = 10 \times \log 8 = 9$(dB)

필기에 자주 출제★

정답 58 ① 59 ④

60 산소농도가 6~10%인 산소결핍 작업장에서의 증상기준으로 가장 옳은 것은?

① 계산착오, 두통, 매스꺼움
② 의식 상실, 안면 창백, 전신 근육경련
③ 귀울림, 맥박수 증가, 호흡수 증가
④ 정신집중력 저하, 체온 상승, 판단력 저하

* 산소결핍에 따른 인체영향
① 산소농도 6% 이하 : 순간적인 실신이나 혼수, 6~8분 후 심장이 정지된다.
② 산소농도 6~10% : 의식상실, 안면 창백(청색증), 전신 근육경련, 중추신경계 장애 등의 증세
③ 산소농도 9~14% : 판단력 저하, 메스꺼움, 기억 상실, 안면 창백(청색증), 전신 탈진 등의 증세
④ 산소농도 12~16% : 호흡수 증가, 맥박수 증가, 두통, 귀울림, 정신집중 곤란 등의 증세

필기에 자주 출제★

제4과목 산업환기

61 다음 설명에서 ( ) 안의 내용으로 올바르게 나열한 것은?

> 공기속도는 송풍기로 공기를 볼 때 덕트 직경의 30배 거리에서(㉠)로 감소하거나 공기를 흡인할 때는 기류의 방향과 관계없이 덕트 직경과 같은 거리에서(㉡)로 감소한다.

① ㉠ $\frac{1}{30}$, ㉡ $\frac{1}{10}$ ② ㉠ $\frac{1}{10}$, ㉡ $\frac{1}{30}$
③ ㉠ $\frac{1}{30}$, ㉡ $\frac{1}{30}$ ④ ㉠ $\frac{1}{10}$, ㉡ $\frac{1}{10}$

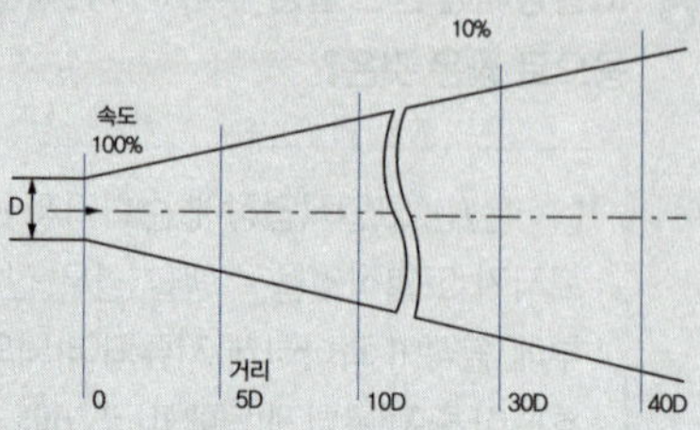

송풍기로 공기를 불어줄 때, 공기속도가 덕트 직경의 30배(30D) 지점에서 유속이 10%로 감소하나, 공기를 흡인할 때는 기류의 방향과 관계없이 덕트 직경과 같은 거리에서 10%로 감소한다

필기에 자주 출제★

62 Della Valle이 제시한 원형이나 정사각형 후드의 필요송풍량 공식'$Q=V(10X^2+A)$'은 오염원에서 후드까지의 거리가 덕트 직경의 얼마 이내일 때에만 유효한가?

① 1.5배 ② 2.5배
③ 3.0배 ④ 5.0배

$Q=60 \cdot Vc(10X^2+A)$: Dalla valle식

- Q : 필요송풍량(m^3/min)
- Vc : 제어속도(m/sec)
- A : 개구면적(m^2)
- X : 후드중심선으로부터 발생원까지의 거리(m)
(오염원과 후드간 거리가 덕트 직경의 1.5배 이내일 때만 유효)

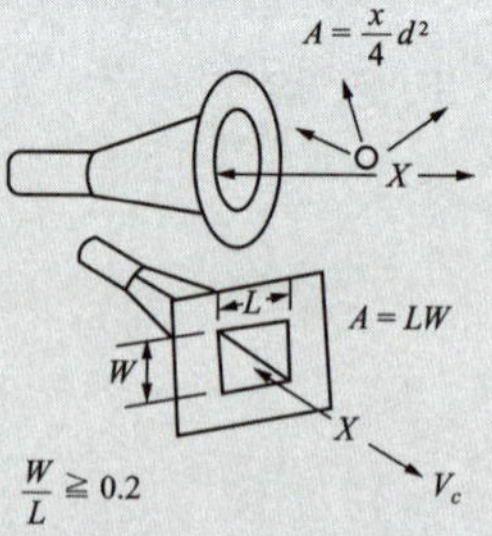

필기에 자주 출제★

정답 60 ② 61 ④ 62 ①

63 1m 이상 분진의 포집은 99%가 관성충돌과 직접차단에 의하여 이루어지고, 0.1m 이하의 분진은 확산과 정전기력에 의하여 포집되는 집진장치로 가장 적절한 것은?

① 관성력집진장치 ② 원심력집진장치
③ 세정집진장치 ④ 여과집진장치

★ 여과 집진장치(백 필터)
함진가스를 여과재에 통과시켜 관성충돌, 직접 차단, 확산, 정전기력에 의하여 입자를 분리 포집한다.

★ 참고
① 원심력 집진장치(사이클론) : 함진가스에 선회류를 일으키는 원심력을 이용하여 분진을 분리, 포집한다.
② 관성력 집진장치 : 기류의 방향을 급격하게 전환시켰을 때 입자의 관성력에 의하여 분리 포집한다.
③ 세정식 집진장치(스크러버) : 액체를 분사시켜 분진을 수반하는 유해가스를 세정하여 입자의 부착 또는 응집을 일으켜 입자를 분리 포집한다.

필기에 자주 출제 ★

64 다음 중 송풍기의 풍량조절법이 아닌 것은?

① 회전수 변환법 ② 안내익 조절법
③ damper 부착법 ④ 송풍기 풍향변경법

★ 송풍기의 풍량 조절방법
① 회전수 조절법(회전수 변환법) : 풍량을 크게 바꾸려고 할 때 가장 적절한 방법
② 안내익 조절법(Vane control법) : 송풍기 흡입구에 부착한 방사상 blade의 각도를 변경함으로써 풍량을 조절하는 방법
③ 댐퍼 부착법(Damper 조절법) : 배관 내에 댐퍼를 설치하여 송풍량을 조절하는 방법으로 송풍량 조절이 가장 쉽다.

필기에 자주 출제 ★

65 유체의 유량이 7,200m³/hr이고, 지름이 50cm인 강관을 흐를 때 유체의 유속은 약 얼마인가?

① 6.9m/sec ② 8.1m/sec
③ 9.6m/sec ④ 10.2m/sec

$$Q = 3{,}600 \times A \times V$$

- Q : 유체의 유량(m^3/hr)
- A : 유체가 통과하는 단면적(m^2)
- V : 유체의 유속(m/sec)

$$Q = 3{,}600 \times A \times V$$

$$V = \frac{Q}{3{,}600 \times A} = \frac{Q}{3{,}600 \times \frac{\pi d^2}{4}}$$

$$= \frac{7{,}200}{3{,}600 \times \frac{\pi \times 0.5^2}{4}} = 10.19(\text{m/sec})$$

실기까지 중요 ★★

66 다음 중 일정 용적을 갖는 작업장 내에서 매 시간 M(m^3)의 CO_2가 발생할 때 필요환기량(m^3/hr) 공식으로 옳은 것은? (단, C_s는 작업환경 실내 CO_2 기준농도(%), C_o는 작업환경 실외 CO_2 농도(%)를 나타낸다.)

① $\left[\frac{M}{C_s - C_o}\right] \times 100$ ② $\left[\frac{C_s - C_o}{M}\right] \times 100$
③ $\left[\frac{C_s}{C_o} \times M\right] \times 100$ ④ $\left[\frac{C_o}{C_s} \times M\right] \times 100$

★ 이산화탄소에 기인한 환기량

$$Q(m^3/\text{min}) = \frac{G}{C - C_0} \times 100$$

- G : CO_2 발생률(m^3/min)
- C : 이산화탄소의 허용농도
- C_0 : 외부공기중 이산화탄소 농도(약 330ppm)

실기까지 중요 ★★

정답 63 ④ 64 ④ 65 ④ 66 ①

67 다음 중 국소배기설비 점검 시 반드시 갖추어야 할 필수장비로 볼 수 없는 것은?

① 청음기 ② 연기발생기
③ 테스트해머 ④ 절연저항계

★ 국소배기장치 성능시험시 필수장비
① 발연관(연기발생기 ; smoke tester)
② 청음기 또는 청음봉
③ 절연저항계
④ 표면온도계 및 초자온도계
⑤ 줄자

실기까지 중요 ★★

68 다음 중 덕트의 조도를 나타내는 상대조도에 대한 설명으로 옳은 것은?

① 절대표면조도를 유체밀도로 나눈 값이다.
② 절대표면조도를 마찰손실로 나눈 값이다.
③ 절대표면조도를 공기유속으로 나눈 값이다.
④ 절대표면조도를 덕트 직경으로 나눈 값이다.

★ 덕트의 상대조도
절대표면조도를 덕트 직경으로 나눈 값

$$\text{덕트의 상대조도} = \frac{\text{절대표면조도}}{\text{덕트직경}}$$

실기까지 중요 ★★

69 다음 중 방형 후드의 가로와 세로의 비를 나타낸 것으로 같은 수치의 등속선이 가장 멀리까지 영향을 줄 수 있는 것은? (제어속도와 단면적은 일정하다.)

① 1 : 4 ② 1 : 3
③ 1 : 2 ④ 1 : 1

같은 수치의 등속선이 가장 멀리까지 영향을 줄 수 있는 방형 후드의 가로와 세로의 비 → 1 : 4

70 다음 중 국소배기시스템 설치 시 고려사항으로 적절하지 않은 것은?

① 가급적 원형 덕트를 사용한다.
② 후드는 덕트보다 두꺼운 재질을 선택한다.
③ 송풍기를 연결할 때에는 최소 덕트 반경의 6배 정도는 직선구간으로 하여야 한다.
④ 곡관의 곡률반경은 최소 덕트 직경의 1.5 이상으로 하며, 주로 2.0을 사용한다.

③ 송풍기를 연결할 때에는 최소 덕트 직경의 6배는 직선구간으로 한다.

필기에 자주 출제 ★

71 주형을 부수고 모래를 터는 장소에서 포위식 후드를 설치하는 경우의 최소제어풍속(m/sec)으로 옳은 것은?

① 0.5 ② 0.7
③ 1.0 ④ 1.2

분진 작업 장소	제어 풍속(m/sec)			
	포위식 후드의 경우	외부식 후드의 경우		
		측방 흡인형	하방 흡인형	상방 흡입형
암석등 탄소원료 또는 알루미늄박을 체로 거르는 장소	0.7	-	-	-
주물모래를 재생하는 장소	0.7	-	-	-
주형을 부수고 모래를 터는 장소	0.7	1.3	1.3	-
그 밖의 분진작업장소	0.7	1.0	1.0	1.2

필기에 자주 출제 ★

정답 67 ③ 68 ④ 69 ① 70 ③ 71 ②

72 각형 직관에서 장변 0.3m, 단면 0.2m일 때 상당직경(equivalent diameter)은 약 몇 m인가?

① 0.24 ② 0.34
③ 0.44 ④ 0.54

* 폭 a, 길이 b인 각 관(장방형 관)의 등가직경(상당직경)

$$D = \frac{2ab}{a+b}$$

$$D = \frac{2\times0.3\times0.2}{0.3+0.2} = 0.24$$

실기까지 중요 ★★

73 다음 중 터보팬형 송풍기의 특징을 설명한 것으로 틀린 것은?

① 소음, 진동이 비교적 크다.
② 통상적으로 최고속도가 높아 효율이 높다.
③ 규정풍량 이외에서는 효율이 갑자기 떨어지는 단점이 있다.
④ 소요정압이 떨어져도 동력은 크게 상승하지 않으므로 시설저항 및 운전상태가 변하여도 과부하가 걸리지 않는다.

* 후향 날개형(터보형, 한계부하형) 송풍기
① 팬의 날이 회전방향에 반대되는 쪽으로 기울어진 형태이다.
② 송풍량이 증가해도 동력이 증가하지 않는다.
③ 압력 변동이 있어도 풍량의 변화가 비교적 작다.(하향구배 특성으로 풍압이 바뀌어도 풍량의 변화가 적다.)
④ 소음은 비교적 낮으나 구조가 가장 크다.
⑤ 소요정압이 떨어져도 동력은 크게 상승하지 않으므로 시설저항 및 운전상태가 변하여도 과부하가 걸리지 않는다.
⑥ 고농도 분진함유 공기를 이송시킬 경우 깃 뒷면에 분진이 퇴적되어 효율이 떨어진다.
⑦ 분진농도가 낮은 공기나 고농도 분진함유 공기 이송 시 집진기 후단에 설치해야 한다.

필기에 자주 출제 ★

74 다음 0℃, 1기압에서 덕트 내의 공기유속이 10 m/sec일 때 속도압(mmH_2O)은 약 얼마인가?

① 5.2 ② 6.6
③ 9.2 ④ 12.4

$$속도압(VP) = \frac{\gamma\times V^2}{2g}$$

- r : 비중(kg/m^3)
- V : 공기속도(m/sec)
- g : 중력가속도(m/sec^2)

1. 비중의 온도보정

$$1.2\times\frac{273+21}{273+0} = 1.29$$

2. $VP = \frac{1.29\times10^2}{2\times9.8} = 6.58(mmH_2O)$

실기까지 중요 ★★

75 사염화에틸렌 2,000ppm이 공기 중에 존재한다면 공기와 사염화에틸렌혼합물의 유효비중(effective specific gravity)은 얼마인가? (단, 사염화에틸렌의 증기비중은 5.7이다.)

① 3.783 ② 2.342
③ 1.823 ④ 1.0094

1. 작업환경 중의 사염화에틸렌 2,000ppm = 0.2%이므로 공기는 99.8%가 된다.
2. 사염화에틸렌 0.2%(증기비중 5.7), 공기 99.8%(공기비중 1.0)이므로 유효비중 = $0.002\times5.7+0.998\times1 = 1.0094$

(10,000ppm = 1%)

실기까지 중요 ★★

정답 72 ① 73 ③ 74 ② 75 ④

76 온도는 3℃, 압력은 705mmHg인 공기의 밀도 보정계수는 약 얼마인가?

① 0.998 ② 0.988
③ 0.978 ④ 0.968

$$밀도(\rho) = \frac{질량}{부피}(g/cm^3, kg/m^3)$$

- 0℃, 1기압에서의 공기 밀도 : $1.293kg/m^3$
- 21℃, 1기압에서의 공기밀도 : $1.203kg/m^3$

$$밀도보정계수 = \frac{T_1P_2}{T_2P_1} = \frac{(273+21)\times(705)}{(273+3)\times(760)}$$
$$= 0.988$$

★ 참고

부피보정 $V_2 = V_1 \times \frac{T_2P_1}{T_1P_2}$

실기까지 중요 ★★

77 다음 중 블로다운(blow down) 효과에 대한 설명으로 틀린 것은?

① 사이클론의 부식방지 효과
② 사이클론의 집진효율을 높이는 효과
③ 사이클론 내의 원심력을 높이는 효과
④ 사이클론 내 집진먼지의 비산을 방지할 수 있는 효과

★ 블로다운(blow-down)의 효과

① 사이클론 내의 난류현상 억제(원심력 증대), 집진먼지 비산을 방지한다.
② 사이클론의 집진효율을 증대시킨다.
③ 관내 분진부착으로 인한 장치의 폐쇄현상을 방지한다.(가교현상 억제)

★ 참고

블로다운(blow-down)

① 사이클론의 집진효율을 증대시키기 위한 방법
② 더스트 박스 및 호퍼부에서 처리가스의 5~10%를 흡인하여 난류현상의 억제 및 원심력을 증대시켜 집진효율을 증대시키는 운전방식을 말한다.

필기에 자주 출제 ★

78 작업장 내의 열부하량이 200,000kcal/hr이며, 외부의 기온은 25℃이고, 작업장 내의 기온은 35℃이다. 이러한 작업장의 전체환기 필요 환기량(m^3/min)은 약 얼마인가?

① 1,100 ② 1,600
③ 2,100 ④ 2,600

★ 발열시 필요환기량

$$Q = \frac{H_s}{0.3\Delta t}(m^3/hr)$$

- Δt : 급배기(실내, 외)의 온도차(℃)
- Hs : 작업장내 열부하량(kcal/hr)
- 0.3 : 정압비열(kcal/m^3℃)

$$Q = \frac{200,000}{0.3\times(35-25)}$$
$$= 66666.67(m^3/hr) \div 60$$
$$= 1111.11(m^3/min)$$

실기까지 중요 ★★

정답 76 ② 77 ① 78 ①

79 다음 중 후드의 개방 면에서 측정한 속도로서 면속도가 제어속도가 되는 형태의 후드는?

① 포위형 후드
② 포집형 후드
③ 푸시-풀형 후드
④ 캐노피형 후드

* 포위식 후드
후드의 개방 면에서 측정한 속도로서 면속도가 제어속도가 되는 형태의 후드

* 참고
면속도
① 후드 근처에서 발생되는 오염물질을 주변의 방해기류를 극복하고 후드 안쪽으로 흡인하기 위한 유체의 속도를 말한다.
② 후드 앞 오염원에서의 기류로써 오염공기를 후드로 흡인하는데 필요하며 방해기류를 극복해야 한다.

필기에 자주 출제 ★

80 다음 중 작업환경개선을 위한 전체 환기시설의 설치조건으로 적절하지 않은 것은?

① 유해물질 발생량이 많아야 한다.
② 유해물질 발생이 비교적 균일해야 한다.
③ 독성이 낮은 유해물질을 사용하는 장소이어야 한다.
④ 공기 중 유해물질의 농도가 허용농도 이하여야 한다.

국소환기 장치 설치가 필요한 경우	① 유해물질 발생량이 많은 경우 ② 유해물질 독성이 강한 경우(TLV가 낮을 때) ③ 유해물질 발생원과 작업위치가 근접해 있는 경우 ④ 높은 증기압의 유기용제 ⑤ 발생주기가 균일하지 않은 경우 ⑥ 발생원이 고정되어 있는 경우 ⑦ 법적의무 설치사항의 경우
전체환기 (희석환기)가 필요한 경우	① 유해물질의 독성이 비교적 낮은 경우 ② 동일한 작업장에 다수의 오염원이 분산되어 있는 경우 ③ 유해물질이 시간에 따라 균일하게 발생될 경우 ④ 유해물질의 발생량이 적은 경우 ⑤ 발생원이 이동하는 경우 ⑥ 오염원이 근무자가 근무하는 장소로부터 멀리 떨어져 있는 경우

실기까지 중요 ★★

정답 79 ① 80 ①

2013년 8월 18일

3회 과년도기출문제

제1과목 산업위생학 개론

01 다음 중 일반적으로 근로자가 휴식 중일 때의 산소소비량(oxygen uptake)으로 가장 적절한 것은?

① 0.01L/min ② 0.25L/min
③ 1.5L/min ④ 3.0L/min

* 산소 소비량
① 휴식 중 산소소비량 : 0.25L/min
② 운동 중 산소소비량(성인 남자 기준) : 5L/min

필기에 자주 출제 ★

02 우리나라 노출기준에서 충격소음의 1일 노출횟수가 1,000회에 해당되는 충격소음의 강도는 얼마인가?

① 110dB(A) ② 120dB(A)
③ 130dB(A) ④ 140dB(A)

* 충격소음의 노출기준

1일 노출회수	충격소음의 강도 dB(A)
100	140
1,000	130
10,000	120

필기에 자주 출제 ★

03 400명의 근로자가 1일 8시간, 연간 300일을 근무하는 사업장이 있다. 1년 동안 30건의 재해가 발생하였다면 도수율은 얼마인가?

① 26.26 ② 28.75
③ 31.25 ④ 33.75

$$\text{도수율} = \frac{\text{재해 건수}}{\text{연 근로 시간 수}} \times 10^6$$

$$\text{도수율} = \frac{30}{400 \times 8 \times 300} \times 10^6 = 31.25$$

실기까지 중요 ★★

04 유기용제의 생물학적 모니터링에서 유기용제와 소변 중 대사산물의 짝이 잘못 이루어진 것은?

① 톨루엔 : o-크레졸
② 크실렌 : 메틸마뇨산
③ 스티렌 : 삼염화초산
④ 노말헥산 : 2, 5-헥산디온

화학물질	생물학적 노출지표물질(체내대사산물)	시료채취 시기
톨루엔	혈액, 호기의 톨루엔, 소변 중 o-크레졸	작업종료 시
크실렌	소변 중 메틸마뇨산	작업종료 시
노말헥산(N-헥산)	소변 중 n-헥산, 소변 중 2.5-hexanedione	작업종료 시
스티렌	소변 중 만델린산	작업종료 시

실기에 자주 출제 ★★★

정답 01 ② 02 ③ 03 ③ 04 ③

05 다음 중 산업위생의 활동에서 처음으로 요구되는 활동은?

① 인지 ② 평가
③ 측정 ④ 예측

* 산업위생의 주요 활동
예측 → (인지) → 측정 → 평가 → 관리

필기에 자주 출제 ★

06 다음 중 주관적 피로를 알아보기 위한 측정방법으로 가장 적절한 것은?

① CMI 검사
② 생리심리적 검사
③ PPR 검사
④ 생리적 기능 검사

* 피로의 자각증상(주관적 피로 측정)
CMI(Cornel Medical Index) 조사

필기에 자주 출제 ★

07 다음 중 ACGIH TLV의 적용상 주의사항으로 옳은 것은?

① 반드시 산업위생전문가에 의하여 적용되어야 한다.
② TLV는 안전농도와 위험농도를 정확히 구분하는 경계선이 된다.
③ TLV는 독성의 강도를 비교할 수 있는 지표가 된다.
④ 기존의 질병이나 육체적 조건을 판단하기 위한 척도로 사용될 수 있다.

* ACGIH(미국정부산업위생전문가 협의회)의 허용농도(TLV) 적용상 주의 사항
① 대기오염평가 및 지표(관리)에 적용할 수 없다.
② 24시간 노출 또는 정상 작업시간을 초과한 노출에 대한 독성 평가에는 적용할 수 없다.
③ 기존의 질병이나 신체적 조건을 판단(증명 또는 반응자료)하기 위한 척도로 사용될 수 없다.
④ 작업조건이 다른 나라에서 ACGIH-TLV를 그대로 사용할 수 없다.
⑤ 안전농도와 위험농도를 정확히 구분하는 경계선이 아니다.
⑥ 독성의 강도를 비교할 수 있는 지표는 아니다.
⑦ 반드시 산업보건(위생) 전문가에 의하여 설명(해석), 적용되어야 한다.
⑧ 피부로 흡수되는 양은 고려하지 않은 기준이다.
⑨ 산업장의 유해조건을 평가하기 위한 지침이며 건강장해를 예방하기 위한 지침이다.

실기까지 중요 ★★

정답 05 ④ 06 ① 07 ①

08 다음 중 산업안전보건법령상 보건관리자의 직무와 가장 거리가 먼 것은?

① 건강장애를 예방하기 위한 작업관리
② 직업성 질환 발생의 원인조사 및 대책수립
③ 근로자의 건강관리, 보건교육 및 건강 증진 지도
④ 전체환기장치 및 국소배기장치 등에 관한 설계 및 시공

④ 작업장 내에서 사용되는 전체 환기장치 및 국소 배기장치 등에 관한 설비의 점검과 작업방법의 공학적 개선에 관한 보좌 및 지도 · 조언

* 참고
보건관리자의 직무
① 산업안전보건위원회 또는 노사협의체에서 심의 · 의결한 업무와 안전보건관리규정 및 취업규칙에서 정한 업무
② 안전인증대상기계 등과 자율안전확인대상기계 등 중 보건과 관련된 보호구(保護具) 구입 시 적격품 선정에 관한 보좌 및 지도 · 조언
③ 위험성평가에 관한 보좌 및 지도 · 조언
④ 물질안전보건자료의 게시 또는 비치에 관한 보좌 및 지도 · 조언
⑤ 산업보건의의 직무(보건관리자가 별표 6 제2호에 해당하는 사람인 경우로 한정한다)
⑥ 해당 사업장 보건교육계획의 수립 및 보건교육 실시에 관한 보좌 및 지도 · 조언
⑦ 해당 사업장의 근로자를 보호하기 위한 다음 각 목의 조치에 해당하는 의료행위(보건관리자가 별표 6 제2호 또는 제3호에 해당하는 경우로 한정한다)
  • 자주 발생하는 가벼운 부상에 대한 치료
  • 응급처치가 필요한 사람에 대한 처치
  • 부상 · 질병의 악화를 방지하기 위한 처치
  • 건강진단 결과 발견된 질병자의 요양 지도 및 관리
  • 위 항목의 의료행위에 따르는 의약품의 투여
⑧ 작업장 내에서 사용되는 전체 환기장치 및 국소 배기장치 등에 관한 설비의 점검과 작업방법의 공학적 개선에 관한 보좌 및 지도 · 조언
⑨ 사업장 순회점검, 지도 및 조치 건의
⑩ 산업재해 발생의 원인 조사 · 분석 및 재발 방지를 위한 기술적 보좌 및 지도 · 조언
⑪ 산업재해에 관한 통계의 유지 · 관리 · 분석을 위한 보좌 및 지도 · 조언
⑫ 법 또는 법에 따른 명령으로 정한 보건에 관한 사항의 이행에 관한 보좌 및 지도 · 조언
⑬ 업무 수행 내용의 기록 · 유지
⑭ 그 밖에 보건과 관련된 작업관리 및 작업환경관리에 관한 사항으로서 고용노동부장관이 정하는 사항

실기까지 중요 ★★

09 다음 중 작업의 종류에 따른 영양관리방안으로 가장 적절하지 않은 것은?

① 근육작업자의 에너지 공급은 당질을 위주로 한다.
② 저온작업자에게는 식수와 식염을 우선 공급한다.
③ 중작업자에게는 단백질을 공급한다.
④ 저온작업자에게는 지방질을 공급한다.

* 작업의 종류에 따른 영양관리 방안
① 고열작업자에게는 식수와 식염을 우선 공급한다.
② 저온작업자에게는 지방질을 공급한다.
③ 근육작업자의 에너지 공급은 당질 위주로 한다.
④ 중(重)작업자에게는 단백질을 공급한다.

필기에 자주 출제 ★

10 다음 중 작업에 소모된 열량이 4,500kcal, 안정 시 열량이 1,000kcal, 기초대사량이 1,500kcal일 때 실동률은 약 얼마인가? (단, 사이토와 오시마의 경험식을 적용한다.)

① 70.0%　　② 73.4%
③ 84.4%　　④ 85.0%

정답 08 ④ 09 ② 10 ②

1. $RMR = \frac{\text{작업(노동)대사량}}{\text{기초대사량}}$

$= \frac{\text{작업시의 소비에너지} - \text{안정시의 소비에너지}}{\text{기초대사량}}$

2. 실노동율(실동률)(%) = 85 − (5 × RMR)

• RMR : 에너지 대사율(작업대사율)

1. $RMR = \frac{4{,}500 - 1{,}000}{1{,}500} = 2.33$

2. 실동률 = 85 − (5 × 2.33) = 73.35(%)

필기에 자주 출제★

11 다음 중 자동차 배터리 공장에서 공기 중 납과 황산이 동시에 발생하여 근로자 체내로 유입될 경우 어떠한 상호작용이 발생하는가?

① 상가작용 ② 독립작용
③ 길항작용 ④ 상승작용

★독립작용

각각의 독성물질이 서로 다른 조직이나 기관에 영향을 미치는 경우로 각 물질의 반응양상이 달라 서로 독립적인 작용을 한다.

예) 톨루엔과 황산, 납과 황산, 질산과 카드뮴, 이산화황과 시안화수소

12 젊은 근로자의 약한 손 힘의 평균은 45kP이고, 작업강도(%MS)가 11.1%일 때 적정작업시간은? (단, 적정작업시간(초) = 671,120 × $\%MS^{-2.2222}$식을 적용한다.)

① 33분 ② 43분
③ 53분 ④ 63분

적정작업시간(sec) = 671120 × $\%MS^{-2.222}$

• %MS : 작업강도(근로자의 근력이 좌우함)

sec = 671120 × $11.1^{-2.222}$ = 3192.22(sec) ÷ 60
= 53.20(분)

필기에 자주 출제★

13 다음 중 개인차원의 스트레스관리에 대한 내용으로 가장 거리가 먼 것은?

① 건강검사 ② 운동과 취미생활
③ 긴장이완 훈련 ④ 직무의 순환

개인차원의 스트레스관리	집단차원의 스트레스관리
① 건강검사 ② 운동과 취미생활 ③ 긴장이완 훈련	① 직무 재설계 ② 사회적 지원의 제공 ③ 개인의 적응수준 제고 ④ 작업순환

필기에 자주 출제★

14 다음 중 '작업환경측정 및 지정측정기관 평가 등에 관한 고시'에서 농도를 mg/m^3으로 표시할 수 없는 것은?

① 가스 ② 분진
③ 흄(fume) ④ 석면

★작업환경 측정의 단위

① 화학적 인자의 가스, 증기, 분진, 흄(fume), 미스트(mist) 등의 농도는 피피엠(ppm) 또는 세제곱미터 당 밀리그램(mg/m^3)으로 표시한다. 다만, 석면의 농도 표시는 세제곱센티미터 당 섬유개수(개/cm^3)로 표시한다.

② 소음수준의 측정단위는 데시벨[dB(A)]로 표시한다.

③ 고열(복사열 포함)의 측정단위는 습구 · 흑구 온도지수(WBGT)를 구하여 섭씨온도(℃)로 표시한다.

실기까지 중요★★

정답 11 ② 12 ③ 13 ④ 14 ④

15 다음 중 어깨, 팔목, 손목, 목 등 상지(upper limb)의 분석에 초점을 두고 있기 때문에 하체보다는 상체의 작업부하가 많이 부과되는 작업의 작업자세에 대한 근육부하를 평가하는 도구로 가장 적합한 것은?

① OWAS　　② RULA
③ REBA　　④ 3DSSPP

* RULA(Rapid Upper Limb Assessment)
어깨, 팔목, 손목, 목 등 상체의 작업부하가 많이 부과되는 작업에 대한 근육부하 평가방법이다.

필기에 자주 출제 ★

16 다음 중 중량물 들기작업의 구분동작을 순서대로 올바르게 나열한 것은?

> ㉠ 발을 어깨너비 정도로 벌리고, 몸은 정확하게 균형을 유지한다.
> ㉡ 무릎을 굽힌다.
> ㉢ 중량물에 몸의 중심을 가깝게 한다.
> ㉣ 목과 등이 거의 일직선이 되도록 한다.
> ㉤ 가능하면 중량물을 양손으로 잡는다.
> ㉥ 등을 반듯이 유지하면서 무릎의 힘으로 일어난다.

① ㉠ → ㉡ → ㉢ → ㉣ → ㉤ → ㉥
② ㉠ → ㉢ → ㉡ → ㉣ → ㉤ → ㉥
③ ㉢ → ㉠ → ㉡ → ㉣ → ㉤ → ㉥
④ ㉢ → ㉠ → ㉡ → ㉤ → ㉣ → ㉥

* 들기작업의 동작 순서
중량물에 몸을 밀착 → 발을 어깨너비 정도로 벌리고, 몸은 균형을 유지 → 무릎을 굽힌다. → 중량물을 양손으로 잡는다. → 목과 등이 일직선이 되도록 한다. → 등을 펴고 무릎의 힘으로 일어난다.

17 다음 중 산업피로의 증상으로 볼 수 없는 것은?

① 혈당치가 높아지고, 젖산이 감소한다.
② 호흡이 빨라지고, 혈액 중 이산화탄소량이 증가한다.
③ 일반적으로 체온이 높아지나 피로 정도가 심해지면 오히려 낮아진다.
④ 혈압은 초기에 높아지나 피로가 진행되면 오히려 낮아진다.

* 피로의 증상
① 순환기능 : 맥박이 빨라지고 회복 시 까지 시간이 걸린다.
② 혈압 : 혈압은 초기에는 높아지나 피로가 진행되면서 낮아진다.
③ 호흡기능 : 호흡이 얕고 빨라지며 체온이 상승하여 호흡중추를 흥분시키고 혈액 중 이산화탄소량의 증가로 심할 때는 호흡곤란을 일으킨다.
④ 신경기능 : 지각기능이 둔해지고, 반사기능이 낮아지며 판단력 저하, 권태감, 졸음이 발생한다.
⑤ 혈액 : 혈당치가 낮아지고 젖산과 탄산량이 증가하여 산혈증이 발생한다.
⑥ 소변 : 소변양이 줄고 단백질 또는 교질물질 배설량이 증가한다.
⑦ 체온 : 체온이 높아지나 피로정도가 심해지면 낮아진다.

필기에 자주 출제 ★

정답 15 ② 16 ④ 17 ①

18 다음중건강진단결과건강관리구분 'D1' 의내용으로 옳은 것은?

① 건강진단결과 질병이 의심되는 자
② 건강관리상 사후관리가 필요없는 자
③ 직업성 질병의 소견을 보여 사후관리가 필요한 자
④ 일반 질병으로 진전될 우려가 있어 추적관찰이 필요한 자

⋆건강진단 결과 건강관리 구분

건강관리 구분		건강관리 구분내용
A		건강관리상 사후관리가 필요 없는 근로자(건강한 근로자)
C	C_1	직업성 질병으로 진전될 우려가 있어 추적검사 등 관찰이 필요한 근로자(직업병 요관찰자)
	C_2	일반질병으로 진전될 우려가 있어 추적관찰이 필요한 근로자(일반질병 요관찰자)
D_1		직업성 질병의 소견을 보여 사후관리가 필요한 근로자(직업병 유소견자)
D_2		일반 질병의 소견을 보여 사후관리가 필요한 근로자(일반질병 유소견자)
R		건강진단 1차 검사결과 건강수준의 평가가 곤란하거나 질병이 의심되는 근로자(제2차 건강진단 대상자)

필기에 자주 출제★

19 현재 우리나라에서 산업위생과 관련 있는 정부부처 및 단체, 연구소 등 관련기관이 바르게 연결된 것은?

① 환경부 - 국립환경연구원
② 고용노동부 - 환경운동연합
③ 고용노동부 - 산업안전보건공단
④ 보건복지부 - 국립노동과학연구소

⋆우리나라 산업위생과 관련 있는 정부부처 및 단체
고용노동부 - 산업안전보건공단

필기에 자주 출제★

20 다음 중 직업성 질환의 발생 원인으로 볼 수 없는 것은?

① 국소적 난방
② 단순 반복작업
③ 격렬한 근육운동
④ 화학물질의 사용

⋆직업성 질환 발생의 직접원인
① 환경요인
- 물리적 요인 : 진동현상, 대기조건의 변화, 방사선 등
- 화학적 요인 : 화학물질의 취급 또는 발생
② 작업요인 : 격렬한 근육운동, 단순 반복작업 등

필기에 자주 출제★

제2과목 작업위생 측정 및 평가

21 아세톤 2,000ppb는 몇 mg/m^3인가? (단, 아세톤 분자량 : 58, 작업장 : 25℃, 1기압)

① 3.7 ② 4.7
③ 5.7 ④ 6.7

$$mg/m^3 = \frac{ppm \times 분자량}{24.45(25℃,\ 1기압\ 기준)}$$
$$= \frac{2ppm \times 58}{24.45} = 4.74(mg/m^3)$$
$$(ppm = \frac{1}{10^6},\ ppb = \frac{1}{10^9},\ \therefore 1000ppb = 1ppm)$$

필기에 자주 출제★

정답 18 ③ 19 ③ 20 ① 21 ②

22 작업환경 공기 중의 헵탄(TLV = 50ppm)이 30ppm이고, 트리클로로에틸렌(TLV = 50ppm)이 10ppm이며, 테트라클로로에틸렌(TLV = 50 ppm)이 25ppm이다. 이러한 공기의 복합노출 지수는? (단, 각 물질은 상가작용을 일으킨다.)

① 0.9　② 1.0
③ 1.3　④ 1.4

1. 노출지수 $EI = \frac{C_1}{T_1} + \frac{C_2}{T_2} + \cdots + \frac{C_n}{T_n}$
   - C : 화학물질 각각의 측정치
   - T : 화학물질 각각의 노출기준
2. 판정 : EI 〉1 경우 노출기준을 초과함

$$EI = \frac{30}{50} + \frac{10}{50} + \frac{25}{50} = 1.3$$

실기에 자주 출제 ★★★

23 0.01%(v/v)은 몇 ppb인가?

① 1,000　② 10,000
③ 100,000　④ 1,000,000

% = 10^7ppb
0.01% = 10^5ppb

* 참고
- ppb(parts per billion) : 10^{-9}, % : 10^{-2}

∴ % = 10^7ppb

필기에 자주 출제 ★

24 다음 중 1차 표준으로 사용되는 기구는?

① wet-test meter　② rotameter
③ orifice meter　④ spirometer

1차 표준 기구	① 비누거품미터(Soap bubble meter) ② 폐활량계(Spirometer) ③ 가스치환병(Mariotte bottle) ④ 유리피스톤미터(Glass piston meter) ⑤ 흑연피스톤미터(Frictionless meter) ⑥ 피토튜브(Pitot tube) 암기법 1차 비누로 폐활량 재고, 가스치환하여, 유리, 흑연 먹였더니 피토했다.
2차 표준 기구	① 로타미터(Rotameter) ② 습식테스트미터(Wet-test-meter) ③ 건식가스미터(Dry-gas-meter) ④ 오리피스미터(Orifice meter) ⑤ 열선기류계(Thermo anemometer) 암기법 2 열로 걸어가는 습관 테스트하는 오리

실기에 자주 출제 ★★★

25 흡착제인 활성탄의 제한점으로 틀린 것은?

① 염화수소와 같은 저비점 화합물에 비효과적임
② 휘발성이 큰 저분자량의 탄화수소화합물의 채취효율이 떨어짐
③ 표면 반응성이 작은 메르캅탄과 알데히드 포집에 부적합함
④ 케톤의 경우 활성탄 표면에서 물을 포함하는 반응에 의해 파괴되어 탈착률과 안정성에 부적절함

* 활성탄관의 제한점
① 휘발성이 매우 큰(증기압이 높다) 저분자량의 탄화수소 화합물의 채취효율이 떨어진다.
② 암모니아, 에틸렌, 염화수소, 포름알데히드와 같은 저비점 화합물에 효과가 적다.

정답 22 ③ 23 ③ 24 ④ 25 ③

③ 비교적 높은 습도는 활성탄의 흡착용량을 저하시킨다.(습기영향이 크다)
④ 케톤의 경우 활성탄 표면에서 물을 포함하는 반응에 의해 파괴되어 탈착률과 안정성에 부적절함

필기에 자주 출제★

26 검지관 사용 시 단점이라 볼 수 없는 것은?

① 밀폐공간에서 산소부족 또는 폭발성 가스 측정에는 측정자 안전이 문제된다.
② 민감도 및 특이도가 낮다.
③ 각 오염물질에 맞는 검지관을 선정해야 하는 불편이 있다.
④ 색 변화가 선명하지 않아 주관적으로 읽을 수 있어 판독자에 따라 변이가 심하다.

★ 검지관의 장 · 단점

장점	① 사용이 간편하다. ② 반응시간이 빨라서 빠른 시간에 측정결과를 알 수 있다.(빠른 측정이 요구될 때 사용) ③ 숙련된 산업위생전문가가 아니더라도 어느 정도만 숙지하면 사용 할 수 있다. ④ 맨홀, 밀폐 공간에서의 산소가 부족하거나 폭발성 가스로 인하여 안전이 문제가 될 때 유용하게 사용될 수 있다.
단점	① 민감도가 낮으며 비교적 고농도에 적용이 가능하다. ② 특이도가 낮다.(다른 방해물질의 영향을 받기 쉬워 오차가 크다.) ③ 단시간 측정만 가능하다. ④ 미리 측정 대상물질의 동정이 되어 있어야 측정이 가능하다. ⑤ 색이 시간에 따라 변화하므로 제조자가 정한 시간에 읽어야 한다. ⑥ 한 검지관으로 단일 물질만을 측정할 수 있어 각 오염물질에 맞는 검지관을 선정해야 한다. ⑦ 색변화가 선명하지 않아 주관적으로 읽을 수 있어 판독자에 따라 변이가 심하다.

실기까지 중요★★

27 석면의 측정방법 중 X선 회절법에 관한 설명으로 틀린 것은?

① 값이 비싸고 조작이 복잡하다.
② 1차 분석에 사용하며, 2차 분석에는 적용하기 어렵다.
③ 석면 포함 물질을 은막 여과지에 놓고 X선을 조사한다.
④ 고형시료 중 크리소타일 분석에 사용한다.

★ X-선 회절법
① 값이 비싸고 조작이 복잡하다.
② 고형시료 중 크리소타일 분석에 사용한다.
③ 토석, 암석 및 광물성 분진(석면분진 제외) 중의 유리규산(SIO_2)함유율 분석에 사용한다.
④ 석면 포함 물질을 은막 여과지에 놓고 X선을 조사한다.

필기에 자주 출제★

28 소음의 음압수준(SPL)의 산정식으로 옳은 것은? (단, P : 대상음의 음압. P_o : 기준음압)

① $10\log\frac{P}{P_o}$ ② $20\log\frac{P}{P_o}$
③ $30\log\frac{P}{P_o}$ ④ $40\log\frac{P}{P_o}$

★ 음압수준(SPL)

$$SPL = 20\times\log\left(\frac{P}{P_o}\right)(\text{dB})$$

- SPL : 음압수준(음압도, 음압레벨) (dB)
- P : 대상음의 음압(음압 실효치) (N/m^2)
- P_o : 기준음압 실효치 ($2\times10^{-5}N/m^2$, $2\times10^{-4}dyne/cm^2$)

실기까지 중요★★

정답 26 ① 27 ② 28 ②

29 변이계수에 관한 설명으로 옳지 않은 것은?

① 통계집단의 측정값들에 대한 균일성, 정밀성 정도를 표현한다.
② 평균값의 크기가 0에 가까울수록 변이계수의 의의는 커진다.
③ 단위가 서로 다른 집단이나 특성값의 상호 산포도를 비교하는 데 이용될 수 있다.
④ 변이계수(%) = (표준편차/산술평균)×100으로 계산된다.

⋆ 변이계수(CV)
① 통계집단의 측정값들에 대한 균일성, 정밀성 정도를 표현한다.(산업위생통계에서 측정방법의 정밀도는 변이계수로 나타낸다.)
② 평균값의 크기가 0에 가까울수록 변이계수의 의의는 작아진다.
③ 측정단위와 무관하게 독립적으로 산출되며 백분율로 나타낸다.
④ 단위가 서로 다른 집단이나 특성 값의 상호 산포도를 비교하는데 이용될 수 있다.

⋆ 참고

$$CV(\%) = \frac{\text{표준편차}}{\text{산술평균}} \times 100$$

필기에 자주 출제 ⋆

30 다음 0℃, 1atm에서 H_2 1.0m³는 273℃, 700 mmHg 상태에서 몇 m³인가?

① 약 2.2　② 약 2.7
③ 약 3.2　④ 약 3.7

$$1.0 \times \frac{(273+273)\times 760}{(273+0)\times 700} = 2.17(m^3)$$

(1atm = 1기압 = 760mmHg)

⋆ 참고

$$\frac{P_1V_1}{T_1} = \frac{P_2V_2}{T_2}$$

$$T_1P_2V_2 = T_2P_1V_1$$

$$V_2 = V_1 \times \frac{T_2P_1}{T_1P_2}$$

실기까지 중요 ⋆⋆

31 개인 시료포집기를 사용하여 분당 1L로 6시간 측정한 후 여지를 산 처리하여 시험용액 100mL로 만든 후 시료액 5mL를 취해 정량분석하니 Pb이 2.5μg/5mL이었다면 작업환경 중 Pb의 농도(mg/m³)는?

① 0.434　② 0.364
③ 0.202　④ 0.139

$$mg/m^3 = \frac{\frac{(2.5\times10^{-3})mg}{5mL}\times 100mL}{\frac{(1\times10^{-3})m^3}{min}\times(6\times60min)}$$

$$= 0.139(mg/m^3)$$

($\mu g = 10^{-3}mg$)

실기까지 중요 ⋆⋆

32 산과 염기에 관한 내용으로 틀린 것은?

① 산 : 양이온을 줄 수 있는 물질
② 염기 : 수소이온을 줄 수 있는 물질
③ 강산 : 수용액에서 거의 다(100%) 이온화하여 수소이온을 내는 물질
④ 강염기 : 수용액에서 거의 다(100%) 이온화하여 수산화이온을 내는 물질

② 염기 : 수산화이온(OH^-)을 줄 수 있는 물질

정답 29 ② 30 ① 31 ④ 32 ②

33 가스상 물질의 시료포집에 사용된 활성탄관의 탈착에 주로 사용하는 탈착용매는? (단, 비극성 물질 기준)

① 질산 ② 노말헥산
③ 사염화탄소 ④ 이황화탄소

활성탄관의 탈착용매 → 이황화탄소

실기까지 중요 ★★

34 입자의 비중이 1.5이고, 직경이 10μm인 분진의 침강속도(cm/sec)는?

① 0.35 ② 0.45
③ 0.55 ④ 0.65

* Lippman식에 의한 침강속도
(입자크기가 1 ~ 50μm 경우 적용)

$$V(\text{cm/sec}) = 0.003 \times \rho \times d^2$$

- V : 침강속도(cm/sec)
- ρ : 입자 밀도(비중) (g/cm³)
- d : 입자직경(μm)

$V(\text{cm/sec}) = 0.003 \times 1.5 \times 10^2 = 0.45(\text{cm/sec})$

실기에 자주 출제 ★★★

35 중심주파수가 500Hz일 때 1/1 옥타브밴드의 주파수범위로 옳은 것은? (단, 하한주파수 ~ 상한주파수)

① 353 ~ 707Hz ② 367 ~ 734Hz
③ 388 ~ 776Hz ④ 397 ~ 794Hz

* 1/1 옥타브 밴드 분석기

1. $\dfrac{f_U}{f_L} = 2^{\frac{1}{1}}$, $f_u = 2f_L$
2. 중심주파수$(f_c) = \sqrt{f_L \times f_U} = \sqrt{F_L \times 2f_L} = \sqrt{2}f_L$

- f_L : 중심주파수보다 낮은 쪽 주파수
- f_U : 중심주파수보다 높은 쪽 주파수
- f_C : 중심주파수

1. 중심주파수$(f_c) = \sqrt{2} \times f_L$

$$f_L = \frac{f_c}{\sqrt{2}} = \frac{500}{\sqrt{2}} = 353.55(\text{Hz})$$

2. 높은 쪽의 주파수(f_U)
$= 2 \times$낮은 쪽의 주파수(f_L)
$= 2 \times 353.55 = 707.1(\text{Hz})$

실기까지 중요 ★★

36 어떤 작업장에서 톨루엔을 활성탄관을 이용하여 0.2L/min으로 30분 동안 시료를 포집하여 분석한 결과 활성탄관의 앞층에서 1.2mg, 뒤층에서 0.1mg씩 검출되었다. 탈착효율이 100%라고 할 때 공기 중 농도는? (단, 파과, 공시료는 고려하지 않음)

① 113mg/m³ ② 138mg/m³
③ 183mg/m³ ④ 217mg/m³

$$\text{mg/m}^3 = \frac{(1.2+0.1)\text{mg}}{\dfrac{(0.2 \times 10^{-3})\text{m}^3}{\text{min}} \times 30\text{min}}$$
$= 216.67(\text{mg/m}^3)$

실기에 자주 출제 ★★★

정답 33 ④ 34 ② 35 ① 36 ④

37 유량, 측정시간, 회수율 및 분석 등에서 의한 오차가 각각 15, 3, 9 및 5(%)일 때 누적오차(%)는?

① 약 18.4　② 약 20.3
③ 약 21.5　④ 약 23.5

누적오차$(E_c)=\sqrt{E_1^2+E_2^2+E_3^2+\cdots+E_n^2}$
- E_c : 누적오차(%)
- $E_1, E_2, E_3 \sim E_n$: 각각 요소의 오차율(%)

$E_c=\sqrt{15^2+3^2+9^2+5^2}=18.4(\%)$

실기까지 중요 ★★

38 ACGIH에서는 입자상 물질을 흡입성, 흉곽성, 호흡성으로 제시하고 있다. 호흡성 입자상 물질의 평균입경(폐포 침착률 50%)은?

① 2μm　② 4μm
③ 10μm　④ 15μm

흡입성 분진 (IPM : Inspirable Particulates Mass)	① 호흡기 어느 부위에 침착하더라도 독성을 유발하는 분진 ② 평균입경 : 100μm (입경범위 : 0~100μm)
흉곽성 분진 (TPM : Thoracic Particulates Mass)	① 기도나 하기도(가스교환 부위)에 침착하여 독성을 나타내는 물질 ② 평균입경 : 10μm
호흡성 분진 (RPM : Respirable Particulates Mass)	① 가스교환 부위(폐포)에 침착하여 독성을 나타내는 물질 ② 평균입경 : 4μm

실기에 자주 출제 ★★★

39 직접포집방법에 사용되는 시료채취백에 대한 설명으로 옳은 것은?

① 시료채취백의 재질은 투과성이 커야 한다.
② 정확성과 정밀성이 매우 높은 방법이다.
③ 이전 시료채취로 인한 잔류효과가 적어야 한다.
④ 누출검사가 필요 없다.

* 시료채취백
① 시료채취 전에 백의 내부를 불활성 가스로 몇 번 치환하여 내부 오염물질을 제거한다.
② 백의 재질과 오염물질 간에 반응성이 없어야 한다.
③ 백의 재질은 오염물질에 대한 투과성이 낮아야 한다.
④ 분석할 때까지 오염물질이 안정하여야 한다.
⑤ 백의 연결부위에 그리스 등을 사용하지 않는다.
⑥ 누출검사가 필요하며, 이전 시료채취로 인한 잔류효과가 적어야 한다.

필기에 자주 출제 ★

40 고유량 공기채취펌프를 수동 무마찰거품관으로 보정하였다. 비눗방울이 300cm³의 부피까지 통과하는 데 12.5초가 걸렸다면 유량(L/min)은?

① 1.4　② 2.4
③ 2.8　④ 3.8

$$\text{L/min}=\frac{(300\times10^{-3})\text{L}}{(12.5\div60)\text{min}}=1.44(\text{L/min})$$

- $\text{cm}^3=(10^{-2}\text{m})^3=(10^{-6})\text{m}^3$
- $\text{L}=(10^{-3})\text{m}^3$
- $\text{cm}^3=(10^{-3})\text{L}$

필기에 자주 출제 ★

정답 37 ① 38 ② 39 ③ 40 ①

41 저온에 의해 일차적으로 나타나는 생리적 영향으로 가장 적절한 것은?

① 말초혈관 확장에 따른 표면조직 냉각
② 근육긴장의 증가
③ 식욕 변화
④ 혈압 변화

* 저온(한랭환경)에서의 일차적인 생리적 변화
① 근육긴장의 증가 및 떨림(전율)
② 피부혈관의 수축
③ 말초혈관의 수축
④ 화학적 대사작용의 증가(갑상선 호르몬 분비 증가
⑤ 체표면적의 감소

* 참고
저온환경의 이차적인 생리적 반응
① 말초냉각 : 말초혈관의 수축으로 표면조직의 냉각이 진행된다.
② 식욕변화 : 저온에서는 근육활동, 조직대사의 증진으로 식욕이 항진된다.
③ 혈압변화 : 피부혈관 수축으로 혈압은 일시적으로 상승한다.
④ 순환기능 : 피부혈관의 수축으로 순환기능이 감소된다.

필기에 자주 출제★

42 작업환경관리 대책 중 대치의 내용으로 적절하지 못한 것은?

① 세탁 시에 화재예방을 위하여 벤젠 대신 1,1,1-클로로에틸렌 사용
② TCE 대신 계면활성제를 사용하여 금속 세척
③ 작은 날개로 고속회전시키던 것을 큰 날개로 저속회전
④ 샌드블라스트 적용 시 모래를 대신하여 철가루 사용

① 세탁 시에 화재예방을 위하여 석유나프타대신 퍼클로로에틸렌(트리-클로로에틸렌) 사용

필기에 자주 출제★

43 전신진동에서 공명 현상이 나타날 수 있는 고유진동수(Hz)가 가장 낮은 신체부위는?

① 안구 ② 흉강
③ 골반 ④ 두개골

전신은 4Hz, 두부와 견부는 20 ~ 30Hz, 안구는 60 ~ 90Hz진동에 공명한다.

필기에 자주 출제★

44 작업환경 중에서 발생되는 분진에 대한 방진대책을 수립하고자 한다. 다음 중 분진발생 방지대책으로 가장 적합한 방법은?

① 밀폐나 격리
② 물 등에 의한 취급물질의 습식화
③ 방진마스크나 송기마스크에 의한 흡입방지
④ 국소배기장치 설치

물 등에 의한 취급물질의 습식화로 분진의 비산을 방지하는 것이 효과적이다,

정답 41 ② 42 ① 43 ③ 44 ②

45 고압환경의 영향은 1차 가압 현상과 2차 가압 현상으로 구분된다. 다음 중 2차 가압 현상과 가장 거리가 먼 것은?

① 산소중독
② 질소기포 형성
③ 이산화탄소중독
④ 질소마취

* 고압환경의 2차적 가압현상
① 질소의 마취작용 : 공기 중의 질소 가스는 4기압 이상에서 마취작용을 일으킨다.
② 산소중독 증세 : 산소분압이 2기압을 넘으면 산소중독 증세가 나타난다.
③ 이산화탄소의 작용 : 이산화탄소의 증가는 산소의 독성과 질소의 마취작용을 촉진시킨다.

실기까지 중요 ★★

46 방진마스크에 관한 설명으로 틀린 것은?

① 흡기, 배기 저항은 낮은 것이 좋다.
② 흡기저항 상승률은 높은 것이 좋다.
③ 무게중심은 안면에 강한 압박감을 주지 않는 위치에 있어야 한다.
④ 안면의 밀착성이 커야 하며, 중량은 가벼운 것이 좋다.

② 흡기저항 상승률은 낮은 것이 좋다.

필기에 자주 출제 ★

47 주물사업장 내 용해공정에서 습구흑구온도를 측정한 결과 자연습구온도 40℃, 흑구온도 42℃, 건구온도 41℃로 확인되었다면 습구흑구온도지수(WBGT)는?

① 41.5℃ ② 40.6℃
③ 40.0℃ ④ 39.6℃

* 습구흑구온도지수(WBGT)의 산출

1. 옥외(태양광선이 내리쬐는 장소)
WBGT(℃) = 0.7 × 자연습구온도 + 0.2 × 흑구온도 + 0.1 × 건구온도
2. 옥내 또는 옥외(태양광선이 내리쬐지 않는 장소)
WBGT(℃) = 0.7 × 자연습구온도 + 0.3 × 흑구온도

WBGT(℃) = 0.7 × 40 + 0.3 × 42 = 40.6℃

실기에 자주 출제 ★★★

48 빛의 양의 단위인 루멘(lumen)에 대한 설명으로 가장 정확한 것은?

① 1lux의 광원으로부터 단위입체각으로 나가는 광도의 단위이다.
② 1lux의 광원으로부터 단위입체각으로 나가는 휘도의 단위이다.
③ 1촉광의 광원으로부터 단위입체각으로 나가는 조도의 단위이다.
④ 1촉광의 광원으로부터 단위입체각으로 나가는 광속의 단위이다.

* 루멘(Lumen; lm)
1촉광의 광원으로부터 한 단위입체각으로 나가는 광속의 단위

필기에 자주 출제 ★

정답 45 ② 46 ② 47 ② 48 ④

49 피조사체 1g에 대하여 100erg의 에너지가 흡수되는 것을 나타내는 흡수선량 단위는?

① rad　　② Ci
③ rem　　④ Sv

① 1rad : 피조사체 1g당 100erg의 에너지 흡수를 일으키는 방사선량을 말한다.
② Ci : 단위시간에 일어나는 방사선 붕괴율을 나타내며, 초당 3.7×10^{10}개의 원자붕괴가 일어나는 방사능물질의 양을 뜻한다.
③ rem : 1뢴트겐의 X선이 인체에 조사되었을 때 이것을 피폭한 사람의 선량당(생체실효선량)을 나타낸다.
④ Sv : 인체가 흡수한 방사선 때문에 일어나는 영향 정도를 수치화한 단위를 말한다.

필기에 자주 출제★

50 방진재인 공기스프링에 관한 설명으로 옳지 않은 것은?

① 부하능력이 광범위하다.
② 구조가 복잡하고, 시설비가 많다.
③ 사용 진폭이 적어 별도의 damper가 필요 없다.
④ 하중의 변화에 따라 고유진동수를 일정하게 유지할 수 있다.

★공기용수철(공기스프링)
① 부하능력이 광범위하다.
② 압축기 등 부대시설이 필요하다.
③ 하중부하 변화에 따라 고유진동수를 일정하게 유지한다.
④ 구조가 복잡하고 시설비가 많이 든다.
⑤ 사용 진폭이 적어 별도의 damper가 필요하다.

필기에 자주 출제★

51 한랭에 의한 건강장해에 관한 설명으로 틀린 것은?

① 저체온증의 발생은 장시간 한랭폭로와 체열상실에 따라 발생하는 급성 중증장애이다.
② 피부의 급성 일과성 염증반응은 한랭에 대한 폭로를 중지하면 2~3시간 내에 없어진다.
③ 3도 동상은 수포를 가진 광범위한 삼출성 염증이 일어나며, 이를 수포성 동상이라고도 한다.
④ 참호족, 침수족은 지속적인 한랭으로 모세혈관벽이 손상되어 국소부위의 산소결핍이 일어나기 때문에 유발된다.

★동상의 구분

제1도 동상 (발적)	가려우며 혈관확장으로 국소발적이 생긴다.
제2도 동상 (수포형성과 염증)	수포와 함께 광범위한 삼출성 염증이 생긴다.
제3도 동상 (조직괴사 및 괴저)	심부조직까지 동결되어 조직의 괴사인한 괴저가 발생한다.

필기에 자주 출제★

정답 49 ① 50 ③ 51 ③

52 음압도(SPL ; Sound Pressure Level)가 80dB인 소음과 음압도가 40dB인 소음과의 음압(sound pressure) 차이는 몇 배인가?

① 2배 ② 20배
③ 40배 ④ 100배

$$SPL = 20 \times \log\left(\frac{P}{P_o}\right)(\text{dB})$$

- SPL : 음압수준(음압도, 음압레벨) (dB)
- P : 대상음의 음압(음압 실효치) (N/m²)
- P_o : 기준음압 실효치 (2×10^{-5}N/m², 2×10^{-4}dyne/cm²)

1. $80 = 20\times\log\left(\frac{P}{2\times10^{-5}}\right)$

$\log\left(\frac{P}{2\times10^{-5}}\right) = \frac{80}{20} = 4$

$\left(\frac{P}{2\times10^{-5}}\right) = 10^4$

$P = 2\times10^{-5}\times10^4 = 0.2(\text{N/m}^2)$

2. $40 = 20\times\log\left(\frac{P}{2\times10^{-5}}\right)$

$\log\left(\frac{P}{2\times10^{-5}}\right) = \frac{40}{20} = 2$

$\left(\frac{P}{2\times10^{-5}}\right) = 10^2$

$P = 2\times10^{-5}\times10^2 = 2\times10^{-3}(\text{N/m}^2)$

3. $\frac{0.2}{2\times10^{-3}} = 100$(배)

필기에 자주 출제★

53 작업장의 근로자가 NRR이 15인 귀마개를 착용하고 있다면 차음효과(dB)는?

① 2 ② 4
③ 6 ④ 8

차음효과 = (NRR − 7) × 0.5

- NRR : 차음평가수

차음효과 = (15 − 7) × 0.5 = 4(dB)

필기에 자주 출제★

54 레이저광선에 의해 주로 장애를 받는 신체부위는?

① 생식기관 ② 조혈기관
③ 중추신경계 ④ 피부 및 눈

레이저광선에 가장 민감한 인체기관은 눈이며 각막염, 백내장, 망막염 등을 일으킨다.

필기에 자주 출제★

55 전리작용의 유무에 따라 전리방사선과 비전리방사선으로 분류가 된다. 다음 중 전리방사선에 해당하는 것은?

① 극저주파 ② 자외선
③ 엑스선 ④ 라디오파

⋆ 전리방사선(이온화 방사선)의 종류

① 전자기 방사선(X-Ray, γ선)
② 입자 방사선(α, β입자, 중성자)

필기에 자주 출제★

56 적외선에 관한 설명으로 틀린 것은?

① 온도에 비례하여 적외선을 복사한다.
② 태양에너지의 52% 정도를 차지한다.
③ 파장범위는 780nm ~ 1mm로 가시광선과 마이크로파 사이에 있다.
④ 대부분 생체의 화학작용을 수반한다.

④ 적외선이 흡수되면 화학반응을 일으키는 것이 아니라 구성분자의 운동에너지를 증가시키므로 조직온도가 상승한다.

필기에 자주 출제★

정답 52 ④ 53 ② 54 ④ 55 ③ 56 ④

57 음압이 2N/m²일 때 음압수준(dB)은?

① 90　② 95
③ 100　④ 105

$$SPL = 20\times\log\left(\frac{P}{P_o}\right)(dB)$$

- SPL : 음압수준(음압도, 음압레벨) (dB)
- P : 대상음의 음압(음압 실효치) (N/m²)
- P_o : 기준음압 실효치 (2×10^{-5}N/m², 2×10^{-4}dyne/cm²)

$$SPL = 20\times\log\left(\frac{2}{2\times10^{-5}}\right) = 100(dB)$$

실기까지 중요 ★★

58 소음관리대책 중 소음발생원 대책과 가장 거리가 먼 것은?

① 소음 발생기구에 방진고무 설치
② 음원방향의 변경
③ 방음커버 설치
④ 흡음덕트 설치

★ 소음관리대책(방음대책)의 방법
① 음원(소음발생원)대책 : 발생원 제거, 소음기 설치, 소음 발생기구에 방진고무 설치, 방음커버 설치, 흡음덕트 설치
② 전파경로대책 : 흡음 및 차음처리, 방음벽 설치, 거리감쇠, 지향성 변환(음원방향 변경) 등
③ 수음대책 : 마스킹 효과, 귀마개 착용, 이중창 설치 등

필기에 자주 출제 ★

59 다음의 증상 시 주로 발생하는 산소결핍 작업장 산소농도로 적절한 것은?

판단력 저하, 두통, 귀울림, 메스꺼움, 기억상실, 전신 탈진, 체온 상승, 안면 창백

① 공기 중 산소농도가 16%인 작업장
② 공기 중 산소농도가 12%인 작업장
③ 공기 중 산소농도가 8%인 작업장
④ 공기 중 산소농도가 6%인 작업장

★ 산소결핍에 따른 인체영향
① 산소농도 6% 이하 : 순간적인 실신이나 혼수, 6~8분 후 심장이 정지된다.
② 산소농도 6~10% : 의식상실, 안면 창백(청색증), 전신 근육경련, 중추신경계 장해 등의 증세
③ 산소농도 9~14% : 판단력 저하, 메스꺼움, 기억상실, 안면 창백(청색증), 전신 탈진 등의 증세
④ 산소농도 12~16% : 호흡수 증가, 맥박수 증가, 두통, 귀울림, 정신집중 곤란 등의 증세

필기에 자주 출제 ★

정답 57 ③ 58 ② 59 ②

60 자외선에 관한 설명으로 틀린 것은?

① 피부암(280 ~ 320nm)을 유발한다.
② 구름이나 눈에 반사되며, 대기오염의 지표이다.
③ 일명 열선이라 하며, 화학적 작용은 크지 않다.
④ 눈에 대한 영향은 270nm에서 가장 크다.

③ 일명 열선이라 하며, 화학적 작용은 크지 않다.
→ 적외선

* 참고
자외선의 종류

근자외선 (UV-A)	• 파장 : 315(300) ~ 400nm [3,150 ~ 4,000 Å] • 피부의 색소침착
도르노선 (UV-B)	• 파장 : 280(290) ~ 315(320)nm [2,800 ~ 3,150 Å] • 소독작용, 비타민 D형성 등 인체에 유익한 영향(건강선, 생명선) • 피부노화, 홍반, 각막염, 피부암 유발
UV-C	• 파장 : 100 ~ 280nm [1,000 ~ 2,800 Å] • 살균작용(살균효과가 있어 수술용 램프로 사용)

필기에 자주 출제 ★

제4과목 산업환기

61 다음 중 중력집진장치에서 집진효율을 향상시키는 방법으로 틀린 것은?

① 침강높이를 높게 한다.
② 수평도달거리를 길게 한다.
③ 처리가스 배기속도를 작게 한다.
④ 침강실 내의 배기기류를 균일하게 한다.

* 중력집진장치에서 집진효율을 향상시키는 방법
① 침강높이를 낮게, 수평도달거리를 길게 한다.
② 처리가스 배기속도를 작게 한다.
③ 침강실 내의 배기기류를 균일하게 한다.

필기에 자주 출제 ★

62 다음 중 덕트 내의 공기흐름 및 속도압에 관한 내용으로 틀린 것은?

① 덕트의 면적이 일정하면 속도압도 일정하다.
② 속도압은 송풍기 앞에서 음의 부호를 갖는다.
③ 덕트 내 공기흐름은 대부분 난류영역에 속한다.
④ 일반적으로 덕트 중심부의 공기속도가 최대이다.

② 속도압은 공기가 이동하는 힘으로 항상 양압(0 이상의 압력)이다.(공기의 운동에너지에 비례한다.)

* 참고
정압은 송풍기 앞에서는 음압, 송풍기 뒤에서는 양압이 된다.

필기에 자주 출제 ★

정답 60 ③ 61 ① 62 ②

63 1,830m 고도에서의 압력이 608mmHg일 때, 공기밀도는 약 몇 kg/m^3인가? (단, 1기압, 21℃일 때 공기의 밀도는 $1.2kg/m^3$이다.)

① 0.66　　② 0.76
③ 0.86　　④ 0.96

$$1.2\times\frac{608}{760}=0.96(kg/m^3)$$

필기에 자주 출제★

64 환기시스템에서 공기유량이 $0.2m^3/sec$, 덕트 직경이 9.0cm, 후드 유입손실계수가 0.40일 때 후드 정압(mmH_2O)은 약 얼마인가?

① 42　　② 55
③ 72　　④ 85

후드정압$(SP_h)=VP(1+F_h)(mmH_2O)$
- VP : 속도압(동압)(mmH_2O)
- F_h : 압력손실계수$(=\frac{1}{Ce^2}-1)$
- Ce :유입계수

1. $VP=\frac{\gamma V^2}{2g}=\frac{1.2\times31.44^2}{2\times9.8}=60.52(mmH^2O)$

$Q=AV$

$V=\frac{Q}{A}=\frac{Q}{\frac{\pi\times d^2}{4}}=\frac{0.2}{\frac{\pi\times0.09^2}{4}}=31.44(m/sec)$

2. 정압$(SP_h)=VP(1+F_h)$
$=60.52\times(1+0.40)$
$=84.73(mmH_2O)$

실기에 자주 출제★★★

65 덕트의 장변이 40cm, 단변이 25cm인 장방형 덕트의 상당직경(cm)은 약 얼마인가?

① 30.8　　② 28.8
③ 35.8　　④ 38.8

★폭 a, 길이 b인 각 관(장방형 관)의 등가직경(상당작경)

$$D=\frac{2ab}{a+b}$$

$$D=\frac{2\times40\times25}{40+25}=30.77(cm)$$

실기까지 중요★★

66 다음 중 송풍기로 공기를 불어줄 때 공기속도가 덕트 직경의 몇 배 정도 거리에서 1/10로 감소하는가?

① 10배　　② 20배
③ 30배　　④ 40배

덕트 직경의 30배 정도 거리에서 공기속도가 1/10로 감소한다.

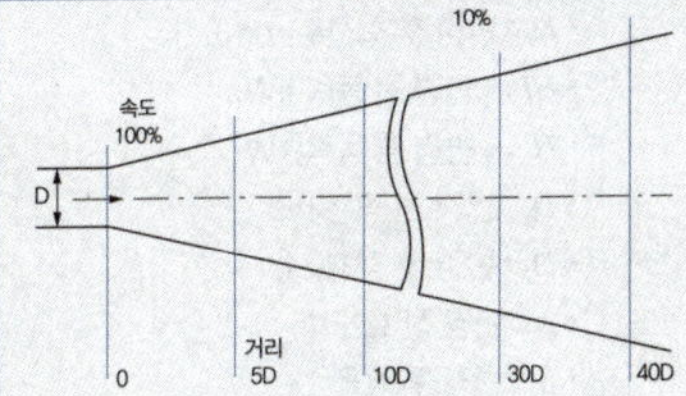

송풍기로 공기를 불어줄 때, 공기속도가 덕트 직경의 30배(30D) 지점에서 유속이 10%로 감소하나, 공기를 흡인할 때는 기류의 방향과 관계없이 덕트 직경과 같은 거리에서 10%로 감소한다

필기에 자주 출제★

정답 63 ④ 64 ④ 65 ① 66 ③

67 다음 중 국소배기장치를 유지 · 관리하기 위한 필수 측정기와 관련이 없는 것은?

① 절연저항계 ② 고도측정계
③ 열선풍속계 ④ 스모크테스터

* 국소배기장치 성능시험시 필수장비
① 발연관(연기발생기 ; smoke tester)
② 청음기 또는 청음봉
③ 절연저항계
④ 표면온도계 및 초자온도계
⑤ 줄자
⑥ 열선풍속계(선택장비)

실기까지 중요 ★★

68 다음 중 송풍기의 회전수를 2배 증가시키면 동력은 몇 배로 증가하는가?

① 2배 ② 4배
③ 8배 ④ 16배

$$HP_2 = HP_1\left(\frac{D_2}{D_1}\right)^5\left(\frac{N_2}{N_1}\right)^3\left(\frac{\rho_2}{\rho_1}\right)$$

- N_1 : 변경 전 회전수(rpm)
- N_2 : 변경 후 회전수(rpm)
- HP_1 : 변경 전 동력(kW)
- HP_2 : 변경 후 동력(kW)
- D_1 : 변경 전 직경(m)
- D_2 : 변경 후 직경(m)
- ρ_1 : 변경 전 효율
- ρ_2 : 변경 후 효율

$$HP_2 = HP_1\left(\frac{D_2}{D_1}\right)^5\left(\frac{N_2}{N_1}\right)^3\left(\frac{\rho_2}{\rho_1}\right)$$

$$HP_2 = HP_1 \times \left(\frac{N_2}{N_1}\right)^3 = (2)^3 = 8(\text{배})$$

실기까지 중요 ★★

69 다음 중 환기장치에서의 압력에 대한 설명으로 틀린 것은?

① 전압은 흐름의 방향으로 작용한다.
② 동압은 단위체적의 유체가 갖고 있는 운동에너지이다.
③ 동압은 때로는 저항압력 또는 마찰압력이라고도 한다.
④ 정압은 단위체적의 유체가 압력이라는 형태로 나타나는 에너지이다.

③ 정압은 송풍기 저항에 대항하는 압력으로 저항압력, 또는 마찰압력이라고 한다.

필기에 자주 출제 ★

70 A 강의실에 학생들이 모두 퇴실한 직후인 오후 5시에 측정한 공기 중 CO_2 농도는 1,200ppm이었고, 강의실이 빈 상태로 2시간이 경과한 오후 7시에 측정한 CO_2 농도는 400ppm이었다면 강의실의 시간당 공기교환횟수는 얼마인가? (단, 이때 외부공기 중의 CO_2 농도는 330ppm이었다.)

① 1.26 ② 1.36
③ 1.46 ④ 1.56

* 시간당 공기교환 횟수(ACH)

$$ACH = \frac{\ln(C_1 - C_0) - \ln(C_2 - C_0)}{\text{hr}}(\text{회})$$

- C_1 : 처음 측정한 이산화탄소 농도
- C_2 : 시간경과 후 측정한 이산화탄소 농도
- C_0 : 외부공기중 이산화탄소 농도(약 330ppm)

$$ACH = \frac{\ln(1{,}200 - 330) - \ln(400 - 330)}{2} = 1.26(\text{회})$$

실기까지 중요 ★★

정답 67 ② 68 ③ 69 ③ 70 ①

71 다음 중 후드에서 포위식이 외부식에 비하여 효과적인 이유로 볼 수 없는 것은?

① 제어풍량이 적기 때문이다.
② 유해물질이 포위되기 때문이다.
③ 플랜지가 부착되어 있기 때문이다.
④ 영향을 미치는 외부기류를 사방면에서 차단하기 때문이다.

* 포위식후드가 외부식에 비하여 효과적인 이유
① 유해물질 발생원이 전부 또는 일부 포위된다.
② 영향을 미치는 외부기류를 사방면에서 차단한다.
③ 제어풍량이 적다.

* 참고

포위식 후드 (Enclosing type)	외부식 후드 (Exterior type)
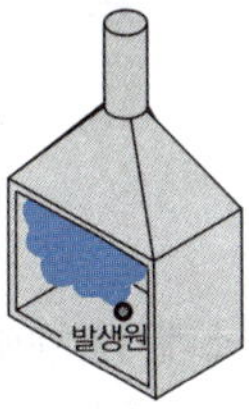	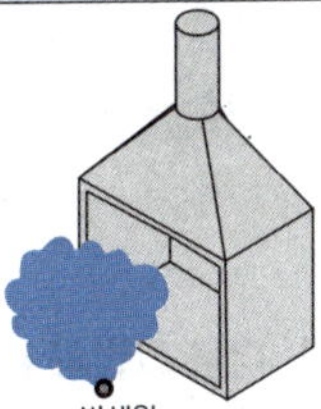
유해물질의 발생원을 전부 또는 부분적으로 포위하는 후드	유해물질의 발생원을 포위하지 않고 발생원 가까운 위치에 설치하는 후드

필기에 자주 출제 *

72 다음 중 전체환기를 적용하기에 가장 적합하지 않은 곳은?

① 오염물질의 독성이 낮은 곳
② 오염물질의 발생원이 이동하는 곳
③ 오염물질 발생량이 많고 널리 퍼져있는 곳
④ 작업공정상 국소배기장치의 설치가 불가능한 곳

국소환기 장치 설치가 필요한 경우	① 유해물질 발생량이 많은 경우 ② 유해물질 독성이 강한 경우(TLV가 낮을 때) ③ 유해물질 발생원과 작업위치가 근접해 있는 경우 ④ 높은 증기압의 유기용제 ⑤ 발생주기가 균일하지 않은 경우 ⑥ 발생원이 고정되어 있는 경우 ⑦ 법적의무 설치사항의 경우
전체환기 (희석환기)가 필요한 경우	① 유해물질의 독성이 비교적 낮은 경우 ② 동일한 작업장에 다수의 오염원이 분산되어 있는 경우 ③ 유해물질이 시간에 따라 균일하게 발생될 경우 ④ 유해물질의 발생량이 적은 경우 ⑤ 발생원이 이동하는 경우 ⑥ 오염원이 근무자가 근무하는 장소로부터 멀리 떨어져 있는 경우

실기까지 중요 **

정답 71 ③ 72 ③

73 관의 내경인 200mm인 직관에 $50m^3/min$의 공기를 송풍할 때 관내 기류의 평균 유속(m/sec)은 약 얼마인가?

① 26.5　　② 47.5
③ 50.4　　④ 60.0

$$Q = 60 \times A \times V$$

- Q : 유체의 유량(m^3/min)
- A : 유체가 통과하는 단면적(m^2)
- V : 유체의 유속(m/sec)

$Q = 60 \times A \times V$

$$V = \frac{Q}{60 \times A} = \frac{50}{60 \times 0.0314} = 26.54(m/sec)$$

$$\left[A = \frac{\pi d^2}{4} = \frac{\pi \times 0.2^2}{4} = 0.0314(m^2) \right]$$

실기까지 중요 ★★

74 21℃, 1기압에서 어떤 유기용제가 시간당 1L씩 증발하고 있다. 이 물질의 분자량이 78이고, 비중이 0.881이며, 허용기준이 100ppm일 때 전체환기 시 필요한 환기량(m^3/min)은 약 얼마인가? (단, 안전계수는 4로 한다.)

① 116　　② 182
③ 235　　④ 274

$$Q = \frac{24.1 \times kg/h \times K \times 10^6}{MW \times TLV}(m^3/hr)$$
$$\div 60 = (m^3/min)$$

- K : 안전계수
- MW : 물질의 분자량
- kg/hr : 시간당 오염물질 발생량(l/hr × S(비중))
- TLV : 노출기준(ppm)
- 24.1 : 21℃, 1기압에서 공기의 비중
  (25℃, 1기압일 경우 24.45)

$$Q = \frac{24.1 \times (1 \times 0.881) \times 4 \times 10^6}{78 \times 100}$$
$= 10888.26(m^3/hr) \div 60$
$= 181.47(m^3/min)$

실기에 자주 출제 ★★★

75 1기압에서 직경 20cm인 덕트에 동점성계수 $2 \times 10^{-4} m^2/sec$인 기체가 10m/sec로 흐를 때 레이놀즈 수는 약 얼마인가?

① 1,000　　② 2,000
③ 4,000　　④ 10,000

* 레이놀즈 수

$$Re = \frac{\rho V d}{\mu} = \frac{Vd}{\nu} = \frac{관성력}{점성력}$$

- Re : 레이놀즈 수(무차원)
- ρ : 유체밀도(kg/m^3)
- d : 관경(m) (상당직경 $D = \frac{2ab}{a+b}$)
- V : 유체의 유속(m/sec)
- μ : 점성계수(kg/m · s(Poise))
- ν : 동점성계수(m^2/sec)

$$Re = \frac{Vd}{\nu} = \frac{10 \times 0.2}{2 \times 10^{-4}} = 10,000$$

실기까지 중요 ★★

76 다음 그림과 같이 국소배기장치에서 공기정화기가 막혔을 경우 정압의 절대 값은 이전에 측정했을 때에 비해 어떻게 변하는가?

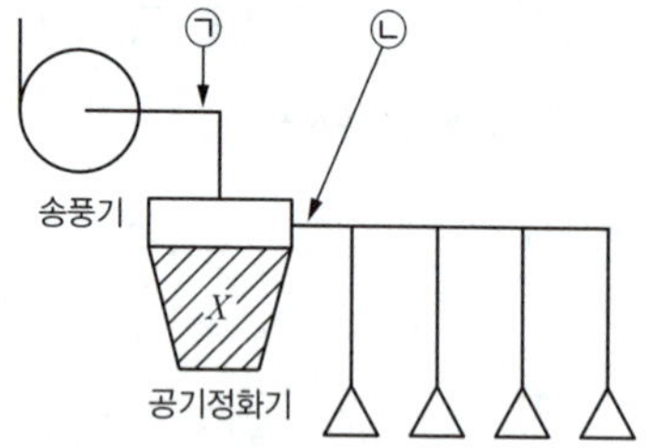

(공기정화장치가 막힘)

① ㉠ 감소, ㉡ 증가
② ㉠ 증가, ㉡ 감소
③ ㉠ 감소, ㉡ 감소
④ ㉠ 거의 정상, ㉡ 증가

공기정화기가 막혔을 경우 정압의 절대 값은 이전에 비해 감소한다.

정답 73 ① 74 ② 75 ④ 76 ②

77 다음 중 오염공기를 후드로 흡인하는 데 필요한 속도를 무엇이라 하는가?

① 반송속도　　② 제어속도
③ 면속도　　④ 슬롯속도

* 제어속도
오염공기를 후드로 흡인하는 데 필요한 속도

* 참고
① 반송속도 : 덕트를 통하여 이동하는 유해물질이 덕트 내에서 퇴적이 일어나지 않는 상태로 이동시키기 위하여 필요한 최소 속도(오염물질을 운반하는 속도)
② 면속도(개구면속도) : 후드 개구면에서 측정한 유체의 속도(후드 앞 오염원의 기류속도)

실기까지 중요 ★★

78 다음 중 후드의 성능불량 원인이 아닌 경우는?

① 제어속도가 너무 큰 경우
② 송풍기의 용량이 부족한 경우
③ 후드 주변에 심한 난기류가 형성된 경우
④ 송풍관 내부에 분진이 과다하게 퇴적되어 있는 경우

* 후드의 성능 불량의 원인
① 송풍기의 용량이 부족한 경우
② 후드 주변에 심한 난기류가 형성된 경우
③ 송풍관 내부에 분진이 과다하게 축적되어 있는 경우

필기에 자주 출제 ★

79 공중에 매달린 직사각형 외부식 후드의 개구면적이 $4m^2$이고, 발생원의 포착속도가 0.3m/sec이다. 발생원은 후드 개구면으로부터 2m 거리에 위치하고 있다면 이때 필요환기량(m^2/min)은 약 얼마인가?

① 132　　② 486
③ 792　　④ 945

* 외부식 후드(자유공간 위치한 원형 및 장방형 후드, 플랜지 미 부착)

$Q = 60 \cdot Vc(10X^2 + A)$: Dalla valle식
- Q : 필요송풍량(m^3/min)
- Vc : 제어속도(m/sec)
- A : 개구면적(m^2)
- X : 후드중심선으로부터 발생원까지의 거리(m) (오염원과 후드간 거리가 덕트 직경의 1.5배 이내일 때만 유효)

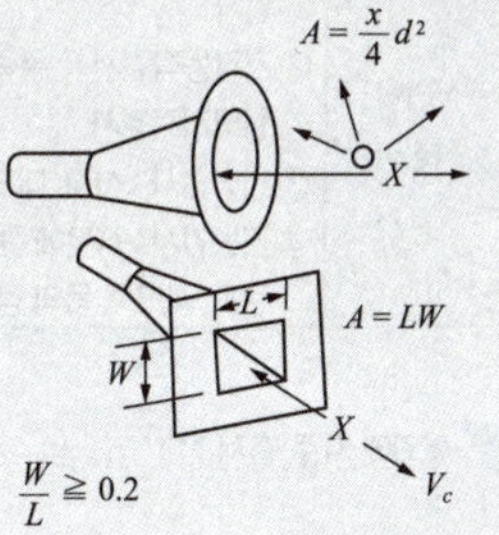

$Q = 60 \times 0.3 \times (10 \times 2^2 + 4) = 792(m^3/min)$

실기에 자주 출제 ★★★

80 다음 중 송풍기의 정압효율이 좋은 것부터 올바르게 나열한 것은?

① 방사형 〉 다익형 〉 터보형
② 터보형 〉 다익형 〉 방사형
③ 방사형 〉 터보형 〉 다익형
④ 터보형 〉 방사형 〉 다익형

* 송풍기의 정압효율
터보형 〉 방사형 〉 다익형

실기까지 중요 ★★

정답 77 ② 78 ① 79 ③ 80 ④

2014년 3월 2일

1회 과년도기출문제

제1과목 산업위생학 개론

01 다음 중 심리학적 적성검사 항목이 아닌 것은?

① 감각기능검사　② 지능검사
③ 지각동작검사　④ 인성검사

생리학적 적성검사	① 감각기능검사 ② 심폐기능검사 ③ 체력검사
심리학적 적성검사	① 지능검사 : 언어, 기억, 추리에 대한 검사 ② 지각동작검사 : 수족협조, 운동속도, 형태지각검사 ③ 인성검사 : 성격, 태도, 정신상태 검사 ④ 기능검사 : 직무에 관한 기본지식과 숙련도, 사고력 등의 검사

필기에 자주 출제 ★

02 다음 중 산소결핍이 우려되고, 증기가 발산되는 유기화합물을 넣었던 탱크 내부에서 세척 및 페인트칠 업무를 하고자 할 때 근로자가 착용하여야 하는 보호구로 가정 적절한 것은?

① 위생마스크　② 방독마스크
③ 송기마스크　④ 방독마스크

산소결핍이 우려되는 장소 → 송기마스크 착용

* 참고
보호구 우선 순위
송기마스크 〉 방독마스크 〉 방진마스크

필기에 자주 출제 ★

03 인간의 능력을 낭비 없이 발휘하면서 편하게 일을 할 수 있도록 동작경제의 원칙에 따라 작업방법을 개선하고자 할 때 다음 중 동작경제의 3원칙에 해당하지 않는 것은?

① 작업비용 산정의 원칙
② 신체에 사용에 관한 원칙
③ 작업장의 배치에 관한 원칙
④ 공구 및 설비의 설계에 관한 원칙

* 동작경제의 3원칙
① 인체 사용에 관한 원칙
② 작업장의 배치에 관한 원칙
③ 공구 및 설비의 설계에 관한 원칙

04 다음 중 산업위생과 관련된 정보를 얻을 수 있는 기관으로 관계가 가장 적은 것은?

① EPA　② AIHA
③ ACGIH　④ OSHA

② AIHA : 미국산업위생학회
③ ACGIH : 미국정부산업위생전문가협의회
④ OSHA : 미국산업안전보건청

* 참고
EPA(Environmental Protection Agency)
미국 환경 보호국

필기에 자주 출제 ★

정답 01 ① 02 ③ 03 ① 04 ①

05 다음 중 영상표시단말기(VDT) 작업으로 인하여 발생되는 질환과 직접적으로 연관이 가장 적은 것은?

① 안(眼)장애
② 청력 저하
③ 정신신경계 증상
④ 경견완 증후군 및 기타 근골격계 증상

* 영상표시단말기 작업으로 인한 관련 증상(VDT 증후군)
① 근골격계 증상
② 눈의 피로
③ 피부 증상 : 정전기에 의해 민감한 피부반응이 나타나는 경우가 있다.
④ 정신적 스트레스
⑤ 전자파 장해

필기에 자주 출제★

06 산업안전보건법령에서 산소결핍이란 공기 중의 산소농도가 얼마 미만인 상태를 말하는가?

① 17%　② 18%
③ 19%　④ 20%

산소결핍이란 공기 중의 산소농도가 18% 미만인 상태를 말한다.

필기에 자주 출제★

07 다음 중 작업환경의 유해요인에 있어 물리적 요인에 해당하지 않는 것은?

① 진동　② 소음
③ 고열　④ 분진

④ 분진 → 화학적 요인

* 참고
작업환경의 유해요인
① 물리적 요인 : 소음, 진공, 방사선, 고저온, 유해광선 등
② 화학적 요인 : 분진, 미스트, 흄, 독성물질
③ 생물학적 요인 : 세균, 각종 바이러스, 곰팡이
④ 인간공학적 요인 : 작업방법, 작업자세, 작업시간, 작업도구 등
⑤ 사회심리적 요인 : 업무스트레스 등

필기에 자주 출제★

08 다음 중 미국산업위생학술원에서 채택한 산업위생전문가 윤리강령의 내용과 거리가 먼 것은?

① 기업체의 비밀은 누설하지 않는다.
② 위험요소와 예방조치에 관하여 근로자와 상담한다.
③ 사업주와 일반 대중의 건강보호가 1차적 책임이다.
④ 전문적 판단이 타협에 의해서 좌우될 수 있으나 이해관계가 있는 상황에서는 개입하지 않는다.

③ 근로자의 건강보호가 산업위생전문가의 1차적 책임이라는 것을 인지한다.

정답 05 ② 06 ② 07 ④ 08 ③

* 참고

산업위생 전문가로서의 책임	① 성실성과 학문적 실력 면에서 최고 수준을 유지한다. ② 과학적 방법의 적용과 자료의 해석에서 객관성을 유지한다. ③ 전문 분야로서의 산업위생을 학문적으로 발전시킨다. ④ 근로자, 사회 및 전문 직종의 이익을 위해 과학적 지식을 공개하고 발표한다. ⑤ 기업체의 기밀은 누설하지 않는다. ⑥ 전문적 판단이 타협에 의하여 좌우될 수 있거나 이해관계가 있는 상황에는 개입하지 않는다.
근로자에 대한 책임	① 근로자의 건강보호가 산업위생 전문가의 1차적 책임이라는 것을 인지한다. ② 위험 요인의 측정, 평가 및 관리에 있어서 외부압력에 굴하지 않고 중립적 태도를 취한다. ③ 위험요소와 예방조치에 대해 근로자와 상담한다.
기업주와 고객에 대한 책임	① 결과 및 결론을 뒷받침할 수 있도록 정확한 기록을 유지하고 산업위생사업을 전문가답게 전문부서들을 운영 관리한다. ② 궁극적 책임은 기업주와 고객보다는 근로자의 건강보호에 있다. ③ 쾌적한 작업환경을 조성하기 위하여 책임 있게 행동한다. ④ 신뢰를 바탕으로 정직하게 권고하고 결과와 개선점 및 권고사항을 정확히 보고한다.
일반 대중에 대한 책임	① 일반 대중에 관한 사항은 정직하게 발표한다. ② 적절하고도 확실한 사실을 근거로 전문적인 견해를 발표한다.

실기까지 중요 ★★

09 10℃, 1기압에서 벤젠(C_6H_6) 10ppm을 mg/m³로 환산할 경우 약 얼마인가?

① 28.7 ② 30.6
③ 33.6 ④ 35.7

0℃, 1기압일 때

• 노출기준(mg/m³) = $\frac{\text{ppm} \times \text{분자량}}{22.4}$

• ppm = mg/m³ × $\frac{22.4(\text{L})}{\text{분자량}}$

1. 0℃ 공기 1몰의 부피 22.4
→ 10℃로 온도보정

$22.4 \times \frac{273+10}{273+0} = 23.22(\text{L})$

2. 노출기준(mg/m³) = $\frac{\text{ppm} \times \text{분자량}}{23.22}$

$= \frac{10 \times 78}{23.22} = 33.59(\text{mg/m}^3)$

[벤젠의 분자량 = (12×6) + (1×6) = 78g]

실기까지 중요 ★★

10 우리나라의 산업위생 역사를 볼 때 1990년대 초반 각종 직업성 질환의 등장은 사회적으로 커다란 반향을 일으켰다. 인조견사를 만드는 데 쓰는 물질로서 특히 중추신경조직에 심각한 영향을 주므로 많은 직업병 환자를 양산하게 되었던 이 물질은 무엇인가?

① 벤젠 ② 톨루엔
③ 이황화탄소 ④ 노말헥산

* 원진레이온의 이황화탄소 중독
(1989 ~ 90년 우리나라 대표적 직업병)
레이온(인조견사) 합성에 사용하는 이황화탄소 중독으로 사망, 정신 이상, 뇌경색, 협심증 등을 유발하였다.

필기에 자주 출제 ★

정답 09 ③ 10 ③

11 산업안전보건법령상 작업환경 측정기관의 지정이 취소된 경우 지정이 취소된 날부터 몇 년 이내에 관련 기관으로 지정받을 수 없는가?

① 1년 ② 2년
③ 3년 ④ 5년

> 지정이 취소된 안전관리전문기관 또는 보건관리전문기관은 지정이 취소된 날부터 2년 이내에는 각각 해당 안전관리전문기관 또는 보건관리전문기관으로 지정받을 수 없다.

필기에 자주 출제★

12 다음 중 NIOSH의 중량물 취급에 관한 기준에 있어 최대허용기준(MPL)과 감시기준(AL)의 관계가 옳은 것은?

① MPL = 3×AL ② AL=3×MPL
③ $MPL = \frac{3 + AL}{AL}$ ④ $AL = \frac{3 + MPL}{MPL}$

> MPL(최대허용기준)=3×AL(감시기준)

필기에 자주 출제★

13 다음 중 호기적 산화를 도와서 근육의 열량공급을 원활하게 해주기 때문에 근육노동에 있어서 특히 주의해서 보충해 주어야 하는 것은?

① 비타민 A ② 비타민 B1
③ 비타민 C ④ 비타민 D4

> ★비타민 B1(Thiamine)
> 작업강도가 높은 근로자의 근육에 호기적 산화를 촉진시켜 근육의 열량공급을 원활히 해주는 비타민(근육노동 시 특히 주의하여 보급해야 할 비타민)

필기에 자주 출제★

14 다음 중 실내공기 오염물질의 지표물질로서 가장 많이 이용되는 것은?

① 부유분진
② 이산화탄소
③ 일산화탄소
④ 휘발성 유기화합물

> ★이산화탄소(CO_2)
> ① 실내의 공기질을 관리하는 근거로서 사용된다.
> ② 그 자체는 건강에 큰 영향을 주는 물질이 아니며, 측정하기 어려운 다른 실내오염물질에 대한 지표물질로 사용된다.

필기에 자주 출제★

15 다음 중 산업피로의 방지대책으로 적당하지 않은 것은?

① 충분한 수면과 영양을 섭취하도록 한다.
② 작업 중 불필요한 동작을 피하고 에너지 소모를 적게 한다.
③ 휴식시간을 자주 갖는 것은 신체리듬에 부담을 주게 되므로 장시간 작업 후 장시간 휴식하는 것이 효과적이다.
④ 너무 정적인 작업은 피로를 가중시키므로 동적인 작업으로 전환한다.

> ③ 휴식은 여러 번 나누어 휴식하는 것이 장시간 휴식하는 것보다 효과적이다.

필기에 자주 출제★

정답 11 ② 12 ① 13 ② 14 ② 15 ③

16 다음 중 산업피로로 인한 생리적 증상과 가장 거리가 먼 것은?

① 맥박이 느려지고, 혈당치가 높아진다.
② 호흡은 얕아지고, 호흡곤란이 오기도 한다.
③ 판단력이 흐려지고 지각기능이 둔해진다.
④ 소변량이 줄고 진한 갈색으로 변하며 심한 경우 단백뇨가 나타난다.

* 피로의 증상
① 순환기능 : 맥박이 빨라지고 회복 시 까지 시간이 걸린다.
② 혈압 : 혈압은 초기에는 높아지나 피로가 진행되면서 낮아진다.
③ 호흡기능 : 호흡이 얕고 빨라지며 체온이 상승하여 호흡중추를 흥분시키고 혈액 중 이산화탄소량의 증가로 심할 때는 호흡곤란을 일으킨다.
④ 신경기능 : 지각기능이 둔해지고, 반사기능 낮아지며 판단력 저하, 권태감, 졸음이 발생한다.
⑤ 혈액 : 혈당치가 낮아지고 젖산과 탄산량이 증가하여 산혈증이 발생한다.
⑥ 소변 : 소변양이 줄고 단백질 또는 교질물질의 배설량 증가한다.
⑦ 체온 : 체온이 높아지나 피로정도가 심해지면 낮아진다.

필기에 자주 출제★

17 다음 중 산업재해의 기본원인인 4M에 해당하지 않는 것은?

① Man ② Management
③ Media ④ Method

* 인간에러(휴먼 에러)의 배후요인(4M)
① Man(인간) : 본인외의 사람, 직장의 인간관계 등
② Machine(기계) : 기계, 장치 등의 물적 요인
③ Media(매체) : 작업정보, 작업방법 등
④ Management(관리) : 작업관리, 법규준수, 단속, 점검 등

18 다음 중 작업강도가 높아지는 요인으로 볼 수 없는 것은?

① 작업속도의 증가 ② 작업인원의 감소
③ 작업종류의 증가 ④ 작업변경의 감소

* 작업강도가 높아지는 요인
① 작업속도의 증가
② 작업인원의 감소(작업량의 증가)
③ 작업종류의 증가
④ 작업시간의 증가
⑤ 작업변화의 증가

19 다음 중 교대제 근무가 생체에 주는 영향에 대한 설명으로 틀린 것은?

① 야간작업 시 주간작업보다 체온 상승이 높으므로 작업능률이 떨어진다.
② 주간수면 시 혈액수분의 증가가 충분치 않고, 에너지대사량이 저하되지 않아 잠이 깊이 들지 않는다.
③ 야간근무를 오래 계속하더라도 습관화되기 어려우며 야간근무를 3일 이상 연속으로 하는 경우에는 피로축적 현상이 나타나게 된다.
④ 주간작업에서 야간작업으로 교대 시 이미 형성된 신체리듬은 즉시 새로운 조건에 맞게 변화되지 않으므로 활동력이 저하된다.

① 체온상승은 주간작업 시에 더 높아진다.

필기에 자주 출제★

정답 16 ① 17 ④ 18 ④ 19 ①

20 다음 물질이 공기 중에 완전 혼합되었다고 가정할 때 혼합물질의 노출지수는 약 얼마인가? (단, 각각의 물질은 서로 상가작용을 한다.)?

- acetone 400ppm(TLV = 500ppm)
- heptane 150ppm(TLV = 400ppm)
- methyl ethyl ketone 100ppm (TLV = 200ppm)

① 1.1　② 1.3
③ 1.5　④ 1.7

1. 노출지수 $EI = \frac{C_1}{T_1} + \frac{C_2}{T_2} + \cdots + \frac{C_n}{T_n}$
   - C : 화학물질 각각의 측정치
   - T : 화학물질 각각의 노출기준
2. 평가 : EI 〉1 : 노출기준을 초과함
   EI 〈1 : 노출기준을 초과하지 않음

$$EI = \frac{400}{500} + \frac{150}{400} + \frac{100}{200} = 1.68$$

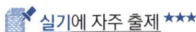

실기에 자주 출제 ★★★

제2과목 작업위생 측정 및 평가

21 직경분립충돌기의 장점으로 틀린 것은?

① 입자의 질량크기 분포를 얻을 수 있다.
② 호흡기의 부분별로 침착된 입자크기의 자료를 추정할 수 있다.
③ 시료채취가 용이하고 비용이 저렴하다.
④ 흡입성, 흉곽성, 호흡성 입자의 크기별로 분포와 농도를 계산할 수 있다.

＊직경분립충돌기

장점	① 호흡기에 부분별로 침착된 입자크기의 자료를 추정할 수 있다. ② 흡입성, 흉곽성, 호흡성 입자의 크기별 분포와 농도를 계산할 수 있다. ③ 입자의 질량크기 분포를 얻을 수 있다.
단점	① 시료채취가 까다롭다.(경험이 있는 전문가가 철저한 준비를 통해 측정하여야 한다.) ② 시료 채취 준비시간이 길고 비용이 많이 든다. ③ 되튐으로 인한 시료의 손실이 있다. ④ 공기가 옆에서 유입되지 않도록 각 충돌기의 철저한 조립과 장착이 필요하다.

실기까지 중요 ★★

정답 20 ④ 21 ③

22 여과지의 종류 중 MCE membrane filter에 관한 내용으로 틀린 것은?

① 산에 쉽게 용해된다.
② 시료가 여과지의 표면 또는 표면 가까운 데에 침착되므로 석면, 유리섬유 등 현미경 분석을 위한 시료채취에 이용된다.
③ 입자상 물질 중의 금속을 채취하여 원자흡광광도법으로 분석하는 데 적당하다.
④ 입자상 물질에 대한 중량분석에 많이 사용된다.

* MCE 막 여과지
(Mixed cellulose ester membrane filter)
① 산에 쉽게 용해되므로 입자상 물질 중의 금속을 채취하여 원자흡광광도법으로 분석하는 데 적당하다.
② 유해물질이 여과지의 표면에 주로 침착되어 석면 등 현미경 분석을 위한 시료채취에 유리하다.
③ MCE여과지의 원료인 셀룰로오스는 수분을 흡수하는 특성을 가지고 있다. (흡습성이 높아 오차를 유발할 수 있어 중량분석에 적합하지 못함)
④ 중금속, 석면, 살충제, 산 · 알칼리미스트, 불소화합물 및 기타 무기물질 채취에 이용된다.

암기법

MC(MCE막여과지) 중(중금속)석(석면)은 산에 약하고 수분 흡수하여 중량분석 못함

필기에 자주 출제 ★

23 알고 있는 공기 중 농도를 만드는 방법인 dynamic method에 관한 내용으로 틀린 것은?

① 만들기 용이하고 가격이 저렴
② 온습도 조절 가능
③ 소량의 누출이나 벽면에 의한 손실을 무시할 수 있음
④ 다양한 농도범위 제조 가능

* Dynamic method
① 알고 있는 공기 중의 농도를 만드는 방법을 말한다.(오염물질을 희석공기와 연속적으로 혼합하여 일정 농도를 유지하도록 만드는 방법)
② 농도변화를 줄 수 있고, 온습도 조절이 가능하다.
③ 다양한 농도범위에서 제조가 가능하다.
④ 만들기가 복잡하고 가격이 고가이다.
⑤ 소량의 누출이나 벽면에 의한 손실은 무시할 수 있다.
⑥ 다양한 실험을 할 수 있으며 가스, 증기, 에어로졸 실험도 가능하다.
⑦ 지속적인 모니터링이 필요하다.

필기에 자주 출제 ★

24 순수한 물 1.0L의 mole 수는?

① 36.5moles ② 45.6moles
③ 55.6moles ④ 65.6moles

* 몰 농도
용액 1L 속에 녹아 있는 용질의 몰수

$$\text{몰농도(M/L)} = \frac{\text{용질의 몰 수(분자량)}}{\text{용액의 L 수}}$$

• 물의 밀도 $= \frac{1g}{mL} = \frac{1,000g}{L}$
• 물의 몰질량 $= \frac{18g}{mol}$
• 순수한 물의 몰농도
1몰 : 18g = x몰 : 1000g
$18 \times x = 1 \times 1,000$
$x = \frac{1,000}{18} = 55.56(M)$

정답 22 ④ 23 ① 24 ③

25 유량, 측정시간, 회수율에 의한 오차가 각각 5%, 3%, 5%일 때 누적오차는?

① 6.2%　　② 7.7%
③ 8.9%　　④ 11.4%

> 누적오차(E_c) = $\sqrt{E_1^2 + E_2^2 + E_3^2 + \cdots + E_n^2}$
> • E_c : 누적오차(%)
> • $E_1, E_2, E_3 \sim E_n$: 각각 요소의 오차율(%)
>
> $E_c = \sqrt{5^2 + 3^2 + 5^2} = 7.68(\%)$

26 입자의 가장자리를 이등분할 때의 직경으로 과대평가의 위험성이 있는 입자상 물질의 실제크기를 측정하는 데 사용되는 직경 이름은?

① 마틴 직경　　② 페렛 직경
③ 등거리 직경　　④ 등면적 직경

* 기하학적(물리적) 직경

마틴직경 (martin diameter)	① 입자의 면적을 2등분하는 선의 길이로 나타내는 직경 ② 과소 평가될 수 있다.
페렛직경 (feret diameter)	① 입자의 가장자리를 이등분한 직경(먼지의 한쪽 끝 가장자리에서 다른 쪽 끝 가장자리 까지의 거리로 나타내는 직경) ② 과대 평가될 가능성이 있다.
등면적직경 (projected area diameter)	① 입자의 면적과 동일한 면적을 가진 원의 직경으로 환산한 직경 ② 가장 정확한 직경이다.

실기까지 중요 ★★

27 다음 중 가스검지관의 특징에 관한 설명으로 틀린 것은?

① 색변화가 선명하지 않아 주관적으로 읽을 수 있다.
② 미리 측정대상물질의 동정이 되어 있어야 측정이 가능하다.
③ 민감도가 높아 비교적 저농도에 적용이 가능하다.
④ 특이도가 낮아 다른 방해물질의 영향을 받기 쉽다.

* 검지관의 장,단점

장점	① 사용이 간편하다. ② 반응시간이 빨라서 빠른 시간에 측정결과를 알 수 있다.(빠른 측정이 요구될 때 사용) ③ 숙련된 산업위생전문가가 아니더라도 어느 정도만 숙지하면 사용 할 수 있다. ④ 맨홀, 밀폐 공간에서의 산소가 부족하거나 폭발성 가스로 인하여 안전이 문제가 될 때 유용하게 사용될 수 있다.
단점	① 민감도가 낮으며 비교적 고농도에 적용이 가능하다. ② 특이도가 낮다.(다른 방해물질의 영향을 받기 쉬워 오차가 크다.) ③ 단시간 측정만 가능하다. ④ 미리 측정 대상물질의 동정이 되어 있어야 측정이 가능하다. ⑤ 색이 시간에 따라 변화하므로 제조자가 정한 시간에 읽어야 한다. ⑥ 한 검지관으로 단일 물질만을 측정할 수 있어 각 오염물질에 맞는 검지관을 선정해야 한다. ⑦ 색변화가 선명하지 않아 주관적으로 읽을 수 있어 판독자에 따라 변이가 심하다.

실기까지 중요 ★★

정답 25 ② 26 ② 27 ③

28 가스상 물질의 측정을 위한 능동식 시료채취 시 흡착관을 이용할 경우, 일반적 시료채취 유량으로 적절한 것은? (단, 연속시료채취 기준)

① 0.2L/min 이하　② 1.0L/min 이하
③ 1.7L/min 이하　④ 2.5L/min 이하

① 흡착관을 사용한 능동식 시료채취방법의 일반적 시료 채취 유량 기준 : 0.2L/분 이하
② 흡수액을 사용한 능동식 시료채취방법의 일반적 시료 채취 유량 기준 : 1.0L/min 이하

29 유기용제 측정매체인 실리카겔에 대한 장 · 단점으로 틀린 것은?

① 활성탄보다는 비극성 물질에 대해 선택적으로 사용된다.
② 추출액이 화학분석이나 기기분석에 방해물질로 작용하는 경우가 많지 않다.
③ 습도가 높은 작업장에서는 다른 오염물질의 파과용량이 작아져 파과를 일으키기 쉽다.
④ 매우 유독한 이황화탄소를 탈착용매로 사용하지 않는다.

⋆실리카겔관의 장 · 단점

구분	내용
장점	① 극성물질을 채취한 경우 물, 메탄올 등 다양한 용매로 쉽게 탈착된다. ② 추출액이 화학분석이나 기기분석에 방해물질로 작용하는 경우가 많지 않다. ③ 활성탄으로 채취가 어려운 아닐린, 오르쏘-톨루이딘 등의 아민류나 몇몇 무기물질의 채취가 가능하다. ④ 매우 유독한 이황화탄소를 탈착 용매로 사용하지 않는다.
단점	① 수분을 잘 흡수(친수성)하여 습도의 증가에 따라 흡착용량이 감소된다.

필기에 자주 출제⋆

30 일정한 온도조건에서 부피와 압력이 반비례한다는 표준가스 법칙은?

① 보일의 법칙　② 샤를의 법칙
③ 게이의 법칙　④ 뤼삭의 법칙

① 보일의 법칙 : 일정한 온도에서 부피와 압력은 반비례한다.
② 샤를의 법칙 : 일정한 압력에서 온도와 부피는 비례한다.
③ 게이-뤼삭의 법칙 : 일정한 부피조건에서 압력과 온도는 비례한다.

필기에 자주 출제⋆

31 유량 및 용량을 보정하는 데 사용되는 1차 표준장비는?

① 가스치환병　② 오리피스미터
③ 로터미터　④ 열선기류계

1차 표준 기구	2차 표준기구
1. 비누거품미터	1. 로타미터
2. 폐활량계	2. 습식테스트미터
3. 가스치환병	3. 건식가스미터
4. 유리피스톤미터	4. 오리피스미터
5. 흑연피스톤미터	5. 열선기류계
6. 피토튜브(Pitot tube)	
암기법 1차비누로 폐활량 재고, 가스치환하여, 유리, 흑연 먹였더니 피토했다.	암기법 2 열로 걸어가는 습관 테스트하는 오리

실기에 자주 출제⋆⋆⋆

정답 28 ① 29 ① 30 ① 31 ①

32 바이오에어로졸을 시료 채취하여 2개의 배양 접시에 배지를 사용하여 세균을 배양하였다. 시료채취 전의 유량은 24.6L/min였으며, 시료채취 후의 유량은 27.6L/min였다. 시료채취가 11분(T, min) 동안 시행되었다면 시료채취에 사용된 공기의 부피는?

① 276L ② 287L
③ 293L ④ 298L

$$\frac{27.6+24.6}{2}=26.1(\text{L/min})$$

$$\frac{26.1\text{L}}{\text{min}}\times 11\text{min}=287.10(\text{L})$$

필기에 자주 출제 ★

33 미국산업위생전문가협의회(ACGIH)의 먼지입경 분류에 관한 설명으로 틀린 것은?

① 흡입성 먼지의 평균 입자크기는 100㎛이다.
② 흡입성 먼지는 호흡기계의 어느 부위에 침착하더라도 독성을 나타내는 입자상 물질이다.
③ 흉곽성 먼지는 가스교환지역인 폐포나 폐기도에 침착되었을 때 독성을 나타내는 입자상 물질의 크기이다.
④ 호흡성 먼지의 평균 입자크기는 10㎛이다.

흡입성 분진 (IPM : Inspirable Particulates Mass)	① 호흡기 어느 부위에 침착하더라도 독성을 유발하는 분진 ② 평균입경 : 100㎛ (입경범위 : 0~100㎛)
흉곽성 분진 (TPM : Thoracic Particulates Mass)	① 기도나 하기도(가스교환 부위)에 침착하여 독성을 나타내는 물질 ② 평균입경 : 10㎛
호흡성 분진 (RPM : Respirable Particulates Mass)	① 가스교환 부위(폐포)에 침착하여 독성을 나타내는 물질 ② 평균입경 : 4㎛

실기에 자주 출제 ★★★

34 500mL 중 $CuSO_4 \cdot 5H_2O$(분자량은 250) 31.2g을 포함한 용액은 몇 M인가?

① 0.12M - $CuSO_4 \cdot 5H_2O$
② 0.25M - $CuSO_4 \cdot 5H_2O$
③ 0.55M - $CuSO_4 \cdot 5H_2O$
④ 0.75M - $CuSO_4 \cdot 5H_2O$

* 몰 농도
용액 1L 속에 녹아 있는 용질의 몰수
(몰질량 = 분자량)

$$\text{몰농도(M/L)} = \frac{\text{용질의 몰 수(분자량)}}{\text{용액의 L 수}}$$

1. $CuSO_4 \cdot 5H_2O$ 1M $=\frac{250\text{g}}{1\text{L}}=\frac{125\text{g}}{0.5\text{L}}$
2. 125g : 1M = 31.2g : xM
$125\times x=31.2$
$x=\frac{31.2}{125}=0.25(\text{M})$
(500mL = 0.5L)

정답 32 ② 33 ④ 34 ②

35 2N-H_2SO_4 용액 800mL 중에 H_2SO_4는 몇 g 용해되어 있는가? (단, 원자량은 S 32)

① 78.4 ② 96.5
③ 139.2 ④ 156.8

1. H_2SO_4의 1g 당량 $= \frac{98}{2} = 49g$
 - $H_2SO_4 \rightarrow 2H^+ + SO_4^{2-}$
 - H_2SO_4의 분자량 $= (1\times2)+32+(16\times4) = 98g$

2. • 노르말농도(N) $= \frac{\text{용질의 당량수(eq)}}{\text{용액의 L 수}}$
 - H_2SO_4 1N $= \frac{49g}{1L}$
 - H_2SO_4 2N $= \frac{2\times49g}{1L} = \frac{98g}{1L}$

 $1L : 98 = 0.8L : x$

 $1\times x = 98\times0.8 = 78.4(g)$

 (800mL = 0.8L)

★참고
① 노르말 농도(N) : 용액 1L 속에 포함된 용질의 g당량수
② 당량수(eq) : 1몰의 전자, 수소이온(H^+), 수산화이온(OH^-)과 반응하거나 이를 생성하는 물질의 양(분자량)

36 허용기준 대상 유해인자의 노출농도 측정 및 분석을 위한 화학시험의 일반사항 중 용어에 관한 내용으로 틀린 것은? (단, 고용노동부 고시 기준)

① '회수율'이란 흡착제에 흡착된 성분을 추출과정을 거쳐 분석 시 실제 검출되는 비율을 말한다.
② '진공'이란 따로 규정이 없는 한 15mmHg 이하를 뜻한다.
③ 시험조작 중 '즉시'란 30초 이내에 표시된 조작을 하는 것을 말한다.
④ '약'이란 그 무게 또는 부피에 대하여 ±10% 이상의 차이가 있지 아니한 것을 말한다.

①"회수율"이란 여과지에 채취된 성분을 추출과정을 거쳐 분석시 실제 검출되는 비율을 말한다.

필기에 자주 출제★

37 습구온도를 측정하기 위한 아스만통풍건습계의 측정시간 기준으로 적절한 것은? (단, 고용노동부 고시 기준)

① 5분 이상 ② 10분 이상
③ 15분 이상 ④ 25분 이상

※ 관련 고시내용 변경으로 삭제된 내용입니다.

정답 35 ① 36 ① 37 ④

38 다음 중 실리카겔에 대한 친화력이 가장 큰 물질은?

① 케톤류　② 에스테르류
③ 알데히드류　④ 올레핀류

* 실리카겔의 친화력(극성이 강한 순서)
물 〉 알코올류 〉 알데하이드류 〉 케톤류 〉 에스테르류 〉 방향족탄화수소류 〉 올레핀류 〉 파라핀류

암기법
실물 알콜 하드 KS 방탄 올핀 파핀

필기에 자주 출제 ★

39 공기 중 벤젠(분자량은 78.1)을 활성탄관에 0.1L/min의 유량으로 2시간 동안 채취하여 분석한 결과 2.5mg이 나왔다. 공기 중 벤젠의 농도는 몇 ppm인가? (단, 공시료에서는 벤젠이 검출되지 않았으며 25℃, 1기압 기준)

① 약 65　② 약 85
③ 약 115　④ 약 135

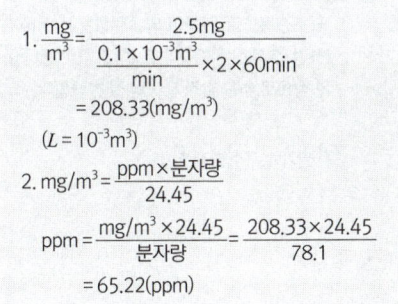

1. $\frac{mg}{m^3} = \frac{2.5mg}{\frac{0.1\times10^{-3}m^3}{min}\times2\times60min}$
$= 208.33(mg/m^3)$
$(L = 10^{-3}m^3)$

2. $mg/m^3 = \frac{ppm\times 분자량}{24.45}$
$ppm = \frac{mg/m^3\times24.45}{분자량} = \frac{208.33\times24.45}{78.1}$
$= 65.22(ppm)$

실기에 자주 출제 ★★★

40 크기가 1 ~ 50μm인 입자의 침강속도의 간편식과 단위로 옳은 것은? (단, V : 종단속도, SG : 입자의 밀도 또는 비중, d : 입자의 직경)

① $V = 0.003\times SG\times d^2$, V(cm/sec), d(μm)
② $V = 0.003\times SG\times d^2$, V(μm/sec), d(μm)
③ $V = 0.03\times SG\times d^2$, V(cm/sec), d(μm)
④ $V = 0.03\times SG\times d^2$, V(μm/sec), d(μm)

* Lippman식에 의한 침강속도
(입자크기가 1 ~ 50μm 경우 적용)

$V(cm/sec) = 0.003\times\rho\times d^2$

- V : 침강속도(cm/sec)
- ρ : 입자 밀도(비중) (g/cm^3)
- d : 입자직경(μm)

실기에 자주 출제 ★★★

제3과목 작업환경관리

41 저온의 영향에 따른 1차적 생리적 영향으로 옳은 것은?

① 말초냉각　② 피부혈관의 수축
③ 혈압변화　④ 식욕변화

저온환경의 일차적인 생리적 변화	① 근육긴장의 증가 및 떨림(전율) ② 피부혈관의 수축 ③ 말초혈관의 수축 ④ 화학적 대사작용의 증가(갑상선 호르몬 분비 증가) ⑤ 체표면적의 감소
저온환경의 이차적인 생리적 반응	① 말초냉각 : 말초혈관의 수축으로 표면조직의 냉각이 진행된다. ② 식욕변화 : 저온에서는 근육활동, 조직대사의 증진으로 식욕이 항진된다. ③ 혈압변화 : 피부혈관 수축으로 혈압은 일시적으로 상승한다. ④ 순환기능 : 피부혈관의 수축으로 순환기능이 감소된다.

필기에 자주 출제 ★

정답 38 ③ 39 ① 40 ① 41 ②

42 다음 전리방사선의 종류 중 투과력이 가장 강한 것은?

① 알파선 ② 감마선
③ X선 ④ 중성자

* 인체의 투과력 순서
중성자 〉 X선 or γ 〉 β 〉 α

* 참고
전리작용(REB : 생물학적 효과) 순서
중성자 〉 α 〉 β 〉 X선 or γ.

필기에 자주 출제★

43 전리방사선의 단위로서 피조사체 1g에 대하여 100erg의 에너지가 흡수되는 것은?

① rad ② Ci
③ R ④ IR

* 1rad
피조사체 1g당 100erg의 에너지 흡수를 일으키는 방사선량을 말한다.

* 참고
① 큐리(Curie : Ci)
  - 단위시간에 일어나는 방사선 붕괴율을 나타내며, 초당 3.7×10^{10}개의 원자붕괴가 일어나는 방사능물질의 양을 뜻한다.
  - $1C_i = 3.7\times10^{10}$Bq
② 뢴트겐(Roentgen : R)
  - X선, 감마선의 조사선량(방사선량)의 단위 공기 중 생성되는 이온의 양을 나타낸다.
  - 1R(뢴트겐) : 전리작용에 의하여 건조한 공기 1kg당 2.58×10^{-4} 쿨롱의 전기량을 만들어내는 γ선 혹은 엑스선의 세기를 말한다.

필기에 자주 출제★

44 방진마스크에 관한 설명으로 옳지 않은 것은?

① 가스 및 증기에 대해 보호가 안 된다.
② 비휘발성 입자에 대한 보호가 가능하다.
③ 필터 재질로는 활성탄이 가장 많이 사용된다.
④ 포집효율이 높고 흡기 · 배기 저항이 낮은 것이 좋다.

③ 필터의 재질은 면, 모, 합성섬유, 유리섬유, 금속섬유 등이 사용된다.

필기에 자주 출제★

45 다음 중 국소진동에 의해 발생되는 레이노드씨 현상(Raynaud' sphenomenon)에 대한설명으로 틀린 것은?

① 압축공기를 이용한 진동공구를 사용하는 근로자들의 손가락에서 주로 발생한다.
② 손가락에 있는 말초혈관운동의 장애로 초래된다.
③ 수근골에서의 탈속회화작용을 유발한다.
④ 추위에 노출되면 현상이 악화된다.

* 레이노(Raynaud' s phenonmenon) 현상
국소진동으로 인하여 말초혈관운동 장해가 발생하여 수지가 창백해지고 손이 차며 통증이 오는 현상으로 추운 환경에서 더 잘 발생한다.

필기에 자주 출제★

정답 42 ④ 43 ① 44 ③ 45 ③

46 자외선이 피부에 미치는 영향에 관한 설명으로 틀린 것은?

① 자외선 노출에 의한 가장 심각한 만성영향은 피부암이다.
② 피부암의 90% 이상은 햇볕에 노출된 신체부위에서 발생한다.
③ 백인과 흑인의 피부암 발생률의 차이는 크지 않다.
④ 대부분의 피부암은 상피세포 부위에서 발생한다

③ 피부암은 자외선에 약한 백인에게서 발생률이 더 높다.

47 출력이 0.01W인 기계에서 나오는 음향파워레벨(PWL)은 몇 dB인가?

① 80dB ② 90dB
③ 100dB ④ 110dB

$$PWL = 10\times\log\left(\frac{W}{W_o}\right)(dB)$$

- PWL : 음향파워레벨(dB)
- W : 대상음원의 음력(watt)
- W_o : 기준음력(10^{-12}watt)

$$PWL = 10\times\log\left(\frac{0.01}{10^{-12}}\right) = 100(dB)$$

실기까지 중요 ★★

48 인공조명 시 고려해야 할 사항으로 틀린 것은?

① 폭발과 발화성이 없을 것
② 광색은 주광색에 가까울 것
③ 유해가스를 발생하지 않을 것
④ 광원은 우상방에 위치할 것

* 인공조명 시 고려하여야 할 사항
① 광색은 주광색에 가깝게 한다.
② 가급적 간접 조명이 되도록 한다.
③ 조도는 작업상 충분히 유지시킨다.
④ 조명도는 균등히 유지할 수 있어야 한다.
② 경제적이며 취급이 용이할 것
④ 폭발성 또는 발화성이 없으며 유해가스를 발생하지 않을 것

필기에 자주 출제★

49 전신진동 장애에 관한 내용으로 틀린 것은?

① 전신진동 노출 진동원은 교통기관, 중장비차량 등이다.
② 전신진동 노출 시에는 산소소비량과 폐환기량이 급감하여 특히 대뇌혈류에 영향을 미친다.
③ 전신진동은 100Hz까지 문제이나 대개는 30Hz에서 문제가 되고 60~90Hz에서는 시력장애가 온다.
④ 외부진동의 진동수와 고유장기의 진동수가 일치하면 공명 현상이 일어날 수 있다.

② 말초혈관이 수축되고, 혈압상승과 맥박이 증가(산소소비량과 폐환기량이 증가)한다.

필기에 자주 출제★

정답 46 ③ 47 ③ 48 ④ 49 ②

50 자외선 영역 중 Dorno선(인체에 유익한 건강선)이라 불리며 비타민 D 형성에 도움을 주는 파장영역으로 가장 적절한 것은?

① 200 ~ 235nm ② 240 ~ 285nm
③ 290 ~ 315nm ④ 320 ~ 395nm

* 자외선의 종류

근자외선 (UV-A)	• 파장 : 315(300) ~ 400nm [3,150 ~ 4,000Å] • 피부의 색소침착
도르노선 (UV-B)	• 파장 : 280(290) ~ 315(320)nm [2,800 ~ 3,150Å] • 소독작용, 비타민 D형성 등 인체에 유익한 영향(건강선, 생명선) • 피부노화, 홍반, 각막염, 피부암 유발
UV-C	• 파장 : 100 ~ 280nm [1,000 ~ 2,800Å] • 살균작용(살균효과가 있어 수술용 램프로 사용)

실기까지 중요 ★★

51 방진재료에 관한 설명으로 틀린 내용은?

① 방진고무는 고무 자체의 내부마찰에 의해 저항을 얻을 수 있어 고주파진동의 차진에 양호하다.
② 금속스프링은 감쇠가 거의 없으며 공진시에 전달률이 매우 크다.
③ 공기스프링은 구조가 간단하고 자동제어가 가능하다.
④ felt는 재질도 여러 가지이며 방진재료라기보다는 강체 간의 고체음 전파 억제에 사용한다.

③ 공기스프링은 구조가 복잡하고 시설비가 많이 든다.

필기에 자주 출제 ★

52 작업환경대책의 기본원리인 '대치' 에 관한 내용으로 틀린 것은?

① 야광시계의 자판을 라듐에서 인으로 대치한다.
② 금속 표면을 블라스팅할 때 사용재료로서 모래 대신 철구슬을 사용한다.
③ 소음이 많은 너트와 볼트 작업을 리벳팅작업으로 전환한다.
④ 보온재로 석면 대신 유리섬유나 암면을 사용한다

③ 소음이 많은 리벳팅 작업을 볼트, 너트 작업으로 대치 한다.

필기에 자주 출제 ★

53 레이저가 다른 광원과 구별되는 특징으로 틀린 것은?

① 단일파장으로 단색성이 뛰어나다.
② 집광성과 방향조정이 용이하다.
③ 단위면적당 빛에너지가 크게 설계되어 있다.
④ 위상이 고르고 간섭 현상이 일어나지 않는다.

* 레이저 광선의 특성
① 광선증폭을 뜻한다.
② 단일파장으로 단색성이 뛰어나며 강력하고 예리한 지향성을 지닌 광선이다.
③ 레이저광은 출력이 대단히 강력하고 극히 좁은 파장범위(직사광)를 갖기 때문에 쉽게 산란하지 않는다.(위상이 고르고 간섭 현상이 일어나지 않는다.)
④ 집광성과 방향조정이 용이하다.
⑤ 각막 표면에서의 조사량(J/cm^2) 또는 폭로량을 측정한다.

필기에 자주 출제 ★

정답 50 ③ 51 ③ 52 ③ 53 ③

54 어떤 근로자가 음압수준이 100dB(A)인 작업장에 *NRR*이 27인 귀마개를 착용하였다. 이 근로자가 노출되는 음압수준은? (단, OSHA 방법으로 계산)

① 73.0dB(A) ② 86.5dB(A)
③ 90.0dB(A) ④ 95.5dB(A)

차음효과 = (NRR - 7) × 0.5
• NRR : 차음평가수

• 차음효과 = (27 - 7) × 0.5 = 10(dB)
• 근로자가 노출되는 음압수준
= 100 - 10 = 90(dB)(A)

실기까지 중요 ★★

55 다음은 소수성 보호크림의 작용기능에 관한 내용이다. ( ) 안에 옳은 내용은?

( )을 만들고 소수성으로 산을 중화한다.

① 내염성 피막 ② 탈수피막
③ 내수성 피막 ④ 내유성 피막

* 소수성 피부보호제(소수성 크림)
① 내수성 피막을 만들고 소수성으로 산을 중화한다.
② 적용 화학물질 : 밀랍, 탈수라노린, 파라핀, 유동파라핀, 탄산마그네슘
③ 대상 작업장 : 광산류, 유기산, 염류 및 무기염류 취급 작업장

56 고온순화 기전과 가장 거리가 먼 것은?

① 체온조절기전의 항진
② 더위에 대한 내성 증가
③ 열생산 감소
④ 열방산 능력 감소

④ 열방산 능력 증가

필기에 자주 출제 ★

57 고압환경에서 2차적인 가압 현상이라 볼 수 없는 것은?

① 질소마취 작용 ② 산소중독 현상
③ 질소기포 형성 ④ 이산화탄소 중독

* 고압환경의 2차적 가압현상
① 질소의 마취작용 : 공기 중의 질소 가스는 4기압 이상에서 마취작용을 일으킨다.
② 산소중독 증세 : 산소분압이 2기압을 넘으면 산소중독 증세가 나타난다.
③ 이산화탄소의 작용 : 이산화탄소의 증가는 산소의 독성과 질소의 마취작용을 촉진시킨다.

실기까지 중요 ★★

정답 54 ③ 55 ③ 56 ④ 57 ③

58 다음 중 귀덮개의 장 · 단점으로 옳지 않은 것은?

① 착용법이 틀리는 일이 적다.
② 귀에 이상이 있을 때에도 사용할 수 있다.
③ 고온작업장에서 착용하기가 어렵다.
④ 귀마개보다 개인차가 크다.

* 귀덮개의 장 · 단점

장점	① 고음영역에서 차음효과가 탁월하다. ② 귀마개보다 차음효과가 일반적으로 크며 차음효과의 개인차가 적다. ③ 귀 안에 염증이 있어도 사용이 가능하다. ④ 착용이 쉽고 착용법이 틀리거나 분실할 염려가 적다. ⑤ 동일한 크기의 귀덮개를 대부분의 근로자가 사용할 수 있다. ⑥ 멀리서도 착용 유무를 확인할 수 있다.
단점	① 고온에서 사용 시에는 땀이 나서 불편하다. ② 보안경과 동시 착용 시에는 불편하며 차음효과가 감소한다. ③ 가격이 비싸고 운반과 보관이 쉽지 않다. ④ 오래 사용하여 귀걸이의 탄력성이 줄었을 때나 귀걸이가 휘었을 때는 차음효과가 떨어진다.

실기까지 중요 ★★

59 열실신(heat syncope)에 관한 설명으로 틀린 것은?

① 열허탈증 또는 운동에 의한 열피비라고도 한다.
② 중근작업을 적어도 2시간 이상 하였을 때 발생한다.
③ 시원한 그늘에서 휴식시키고 염분과 수분을 경구로 보충한다.
④ 심한 경우 중추신경장애로 혼수상태에 이르게 된다.

* 열허탈(heat collapse), 열실신(heat synoope)
① 고열작업장에 순화되지 못한 작업자가 고열작업을 수행(중근작업을 2시간 이상 하였을 때)하는 경우에 혈액순환 장해로 인하여 신체말단부에 혈액이 과다하게 저류되어 뇌의 혈액흐름이 좋지 못하여 대뇌피질의 혈류량이 부족(뇌의 산소부족)하여 발생한다.
② 저혈압, 뇌의 산소부족으로 실신, 현기증을 느낀다.
③ 시원한 그늘에서 휴식시키고 염분과 수분을 경구로 보충한다.

필기에 자주 출제 ★

60 분진흡입에 따른 진폐증 분류 중 유기성 분진에 의한 진폐증은?

① 규폐증　② 용접공폐증
③ 탄소폐증　④ 농부폐증

무기성(광물성) 분진에 의한 진폐증	유기성 분진에 의한 진폐증
① 규폐증 ② 규조토폐증 ③ 탄소폐증 ④ 탄광부 진폐증 ⑤ 용접공폐증 ⑥ 석면폐증 ⑦ 베릴륨폐증 ⑧ 활석폐증 ⑨ 흑연폐증 ⑩ 주석폐증 ⑪ 칼륨폐증 ⑫ 바륨폐증 ⑬ 철폐증	① 농부폐증 ② 연초폐증 ③ 면폐증 ④ 설탕폐증 ⑤ 목재분진폐증 ⑥ 모발분진폐증 암기법 연초 핀 농부의 모발에서 설탕 나오면 면(면폐증) 목(목재분진폐증) 없다.

필기에 자주 출제 ★

정답 58 ④ 59 ④ 60 ④

61 속도압은 P_d, 비중량은 γ, 수두는 h, 중력가속도를 g라 할 때, 유체의 관내 속도를 구하는 식으로 맞는 것은?

① $\dfrac{\gamma \cdot h^2}{2 \cdot g}$　　② $\sqrt{\dfrac{2 \cdot g \cdot P_d}{\gamma}}$

③ $\dfrac{\gamma \cdot P_d^2}{2 \cdot g}$　　④ $\sqrt{\dfrac{4 \cdot g \cdot h}{\gamma}}$

> 속도압$(VP) = \dfrac{\gamma V^2}{2g}(mmH_2O)$
>
> - r : 공기비중
> - V : 유속(m/s)
> - g : 중력가속도(9.8m/s^2)
>
> $VP = \dfrac{\gamma V^2}{2g}$
>
> $\gamma V^2 = VP \times 2g$
>
> $V^2 = \dfrac{VP \times 2g}{\gamma}$
>
> $V = \sqrt{\dfrac{VP \times 2g}{\gamma}}$

실기까지 중요 ★★

62 주관에 45° 로 분지관이 연결되어 있을 때 주관 입구와 분지관의 속도압은 10mmH_2O로 같고, 압력손실계수는 각각 0.2와 0.28이다. 이때 주관과 분지관의 합류로 인한 압력손실은 약 얼마인가?

① 3mmH_2O　　② 5mmH_2O

③ 7mmH_2O　　④ 9mmH_2O

> * 합류관의 압력손실
>
> 압력손실$(\triangle P) = \triangle P_1 + \triangle P_2$
>
> $= (\xi_1 + VP_1) + (\xi_2 + VP_2)$
>
> - $\triangle P_1$: 주관의 압력손실
> - $\triangle P_2$: 분지관의 압력손실
> - ξ : 압력손실계수
> - VP : 속도압(동압)(mmH_2O)
>
> 합류관의 압력손실$(\triangle P) = \triangle P_1 + \triangle P_2$
>
> $= (0.2 \times 10) + (0.28 \times 10) = 4.8(mmH_2O)$

실기까지 중요 ★★

63 국소배기장치의 덕트를 설계하여 설치하고자 한다. 덕트는 직경 200mm의 직관 및 곡관을 사용하도록 하였다. 이때 마찰손실을 감소시키기 위하여 곡관부위의 새우곡관 등을 최소 몇 개 이상이 가장 적당한가?

① 2　　② 3

③ 4　　④ 5

> 새우등 곡관의 직경이(d≤15cm) 경우에 새우등은 3개 이상, (d>15cm) 경우에는 새우등 5개 이상을 사용한다.

필기에 자주 출제 ★

정답　61 ②　62 ②　63 ④

64 1기압, 0℃에서 공기비중량을 1.293kgf/m³라고 할 때 동일 기압에서 23℃일 때 공기의 비중량은 약 얼마인가?

① 0.95kgf/m³　② 1.015kgf/m³
③ 1.193kgf/m³　④ 1.205kgf/m³

$$1.293 \times \frac{273+0}{273+23} = 1.193(kg_f/m^3)$$

실기까지 중요 ★★

65 직경이 250mm인 직선 원형관을 통하여 풍량 100m³/min의 표준상태인 공기를 보낼 때 이 덕트 내의 유속은 약 얼마인가?

① 13.32m/sec　② 17.35m/sec
③ 26.44m/sec　④ 33.95m/sec

$$Q = 60 \times A \times V$$

- Q : 유체의 유량(m³/min)
- A : 유체가 통과하는 단면적(m²)
- V : 유체의 유속(m/sec)

$$Q = 60 \times A \times V$$

$$V = \frac{Q}{60 \times A} = \frac{100}{60 \times 0.0491} = 33.94(m/sec)$$

$$\left[A = \frac{\pi d^2}{4} = \frac{\pi \times 0.25^2}{4} = 0.0491(m^2) \right]$$

실기까지 중요 ★★

66 다음 중 송풍기의 풍량, 풍압 및 동력 간의 관계를 올바르게 나타낸 것은? (단, Q는 풍량, N은 회전속도, P는 풍압, W는 동력이다.)

① $P \propto N^2$　② $W \propto N$
③ $Q \propto N^3$　④ $Q \propto N^2$

1. $Q_2 = Q_1 (\frac{D_2}{D_1})^3 (\frac{N_2}{N_1})$
2. $P_2 = P_1 (\frac{D_2}{D_1})^2 (\frac{N_2}{N_1})^2 (\frac{\rho_2}{\rho_1})$
3. $HP_2 = HP_1 (\frac{D_2}{D_1})^5 (\frac{N_2}{N_1})^3 (\frac{\rho_2}{\rho_1})$

- Q_1 : 회전 수 변경 전 풍량(m³/min)
- Q_2 : 회전 수 변경 후 풍량(m³/min)
- N_1 : 변경 전 회전수(rpm)
- N_2 : 변경 후 회전수(rpm)
- P_1 : 변경 전 풍압(mmH2O)
- P_2 : 변경 후 풍압(mmH2O)
- HP_1 : 변경 전 동력(kW)
- HP_2 : 변경 후 동력(kW)
- D_1 : 변경 전 직경(m)
- D_2 : 변경 후 직경(m)
- ρ_1 : 변경 전 효율
- ρ_2 : 변경 후 효율

$$P_2 = P_1 (\frac{D_2}{D_1})^2 (\frac{N_2}{N_1})^2 (\frac{\rho_2}{\rho_1}) \rightarrow \frac{P_2}{P_1} = (\frac{N_2}{N_1})^2$$

실기까지 중요 ★★

정답 64 ③ 65 ④ 66 ①

67 다음 중 국소배기에서 덕트의 반송속도에 대한 설명으로 틀린 것은?

① 분진의 경우 반송속도가 낮으면 덕트 내에 분진이 퇴적될 우려가 있다.
② 가스상 물질의 반송속도는 분진의 반송속도보다 늦다.
③ 덕트의 반송속도는 송풍기 용량에 맞춰 가능한 높게 설정한다.
④ 같은 공정에서 발생되는 분진이라도 수분이 있는 것은 반송속도를 높여야 한다.

③ 덕트의 반송속도는 송풍기 용량에 맞춰 가능한 낮게 설정한다.

필기에 자주 출제 ★

68 일반적으로 국소배기장치의 기본설계를 위한 다음 과정 중 가장 먼저 실시하여야 하는 것은?

① 제어속도 결정
② 반송속도 결정
③ 후드의 크기 결정
④ 배관의 배치와 설치장소 결정

★ 국소배기장치의 설계순서
후드형식 선정 → 제어속도 결정 → 소요풍량 계산 → 반송속도 결정

암기법
형 제 소풍 단속(반송속도)

실기까지 중요 ★★

69 다음 중 전기집진장치에 관한 설명으로 틀린 것은?

① 운전 및 유지비가 저렴하다.
② 기체상의 오염물질을 포집하는 데 매우 유리하다.
③ 넓은 범위의 입경과 분진농도에 집진효율이 높다.
④ 초기 설치비가 많이 들고, 넓은 설치공간이 요구된다.

★ 전기집진장치

장점	① 광범위한 온도범위에서 적용이 가능하다. ② 고온의 입자상물질, 폭발성가스 처리는 가능하나, 가연성 입자의 처리는 곤란하다. ③ 고온 가스를 처리할 수 있어 보일러와 철강로 등에 설치할 수 있다. ④ 압력손실이 낮으므로 대용량의 가스 처리가 가능하며, 송풍기의 운전 및 유지비용이 저렴하다. ⑤ 넓은 범위의 입경과 분진농도에 집진효율이 높다. ⑥ 0.01μm 정도의 미세 입자의 포집이 가능하여 높은 집진효율을 얻을 수 있다.(집진장치 중 가장 작은 입자를 처리할 수 있다)
단점	① 초기 설치비용이 많이 들며 설치공간이 커야 한다. ② 분진포집에 적용되며 가스상의 오염물질(기체상의 오염물질) 처리는 곤란하다. ③ 전압의 변화와 같은 조건의 변동에 적응이 곤란하다.

필기에 자주 출제 ★

정답 67 ③ 68 ① 69 ②

70 산업안전보건법령에서 규정한 관리대상 유해물질 관련 물질의 상태 및 국소배기장치 후드의 형식에 따른 제어풍속으로 틀린 것은?

① 외부식 측방 흡인형(가스상) : 0.5m/sec
② 외부식 측방 흡인형(입자상) : 1.0m/sec
③ 외부식 상방 흡인형(가스상) : 1.0m/sec
④ 외부식 상방 흡인형(입자상) : 1.0m/sec

*관리대상 유해물질

물질의 상태	후드 형식	제어풍속 (m/sec)
가스상태	포위식 포위형	0.4
	외부식 측방흡인형	0.5
	외부식 하방흡인형	0.5
	외부식 상방흡인형	1.0
입자상태	포위식 포위형	0.7
	외부식 측방흡인형	1.0
	외부식 하방흡인형	1.0
	외부식 상방흡인형	1.2

71 일반적으로 사용하고 있는 흡착탑 점검을 위하여 압력계를 이용하여 흡착탑 차압을 측정하고자 한다. 다음 중 차압의 측정방법과 측정범위로 가장 적절한 것은?

① 차압계 정압측정범위 : 50mmH_2O

② 차압계 정압측정범위 : 50mmH_2O

③ 차압계 정압측정범위 : 500mmH_2O

④ 차압계 정압측정범위 : 500mmH_2O

*차압의 측정방법과 측정범위

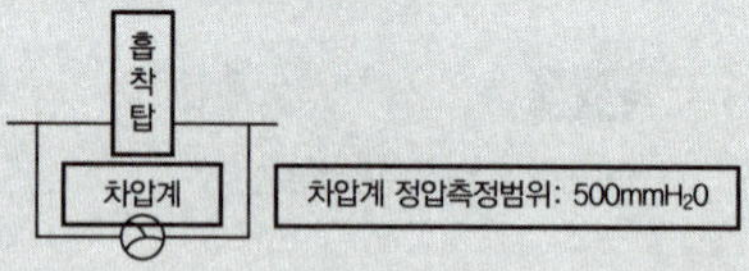

정답 70 ④ 71 ④

72 다음 중 덕트 내에서 피토관으로 속도압을 측정하여 반송속도를 추정할 때 반드시 필요한 자료가 아닌 것은?

① 횡단측정 지점에서의 덕트 면적
② 횡단측정지점에서의 공기 중 유해물질의 조성
③ 횡단지점에서 지점별로 측정된 속도압
④ 횡단측정 지점과 측정시간에서 공기의 온도

* 덕트 내의 반송속도를 추정할 때 필요한 자료
① 횡단측정 지점에서의 덕트 면적
② 횡단지점에서 지점별로 측정된 속도압
③ 횡단측정 지점과 측정시간에서 공기의 온도

필기에 자주 출제 ★

73 유해작용이 다르고, 서로 독립적인 영향을 나타내는 물질 3종류를 다루는 작업장에서 각 물질에 대한 필요환기량을 계산한 결과 120m³/min, 150m³/min, 180m³/min이었다. 이 작업장에서의 필요환기량은 얼마인가?

① 120m³/min ② 150m³/min
③ 180m³/min ④ 450m³/min

* 혼합물질 발생 시의 전체환기량

① 상가작용일 경우 : 각각 유해물질의 환기량을 모두 합하여 필요환기량으로 결정
$Q = Q_1 + Q_2 + \cdots + Q_n$
② 독립작용일 경우 : 유해물질 환기량 중 가장 큰 값을 선택하여 필요환기량으 로 결정

실기까지 중요 ★★

74 국소배기장치가 효과적인 기능을 발휘하기 위해서는 후드를 통해 배출되는 것과 같은 양의 공기가 외부로부터 보충되어야 한다. 이것을 무엇이라 하는가?

① 테이크 오프(take off)
② 충만실(plenum chamber)
③ 메이크업 에어(make up air)
④ 인 앤 아웃 에어(in & out air)

* 공기공급시스템(make-up air)
국소배기장치가 효과적인 기능을 발휘하기 위해서는 후드를 통해 배출되는 것과 같은 양의 공기가 외부로부터 보충되어야 한다. 이것을 공기공급시스템(make-up air)라고 한다.

실기까지 중요 ★★

75 후드의 선택지침으로 적절하지 않은 것은?

① 필요환기량을 최대화할 것
② 작업자의 호흡영역을 보호할 것
③ 추천된 설계사양을 사용할 것
④ 작업자가 사용하기 편리하도록 만들 것

① 필요환기량을 최소화할 것

* 참고
후드선택 지침(필요 환기량을 감소시키기 위한 방법)
① 가급적 공정의 포위를 최대화한다.
② 포집형이나 레시버형 후드를 사용할 때에는 후드를 배출 오염원에 가깝게 설치한다.
③ 주위 방해기류를 최소화하여 후드 개구면에서 기류가 균일하게 분포되도록 설계한다.
④ 오염물질 발생특성을 고려하여 설계한다.
⑤ 작업조건을 고려하여 적정하게 제어속도를 선정한다.
⑥ 공정에서 발생 또는 배출되는 오염물질의 절대량을 감소시킨다.
⑦ 플랜지 등을 설치하여 후드 유입 기류를 조절한다.

필기에 자주 출제 ★

정답 72 ② 73 ③ 74 ③ 75 ①

76 A 사업장에서 적용 중인 후드의 유입계수가 0.8이라면 유입손실계수는 약 얼마인가?

① 0.56　　② 0.73
③ 0.83　　④ 0.93

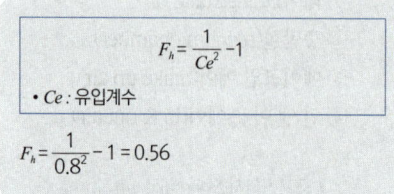

$$F_h = \frac{1}{Ce^2} - 1$$

• Ce : 유입계수

$$F_h = \frac{1}{0.8^2} - 1 = 0.56$$

실기까지 중요 ★★

77 다음 중 전압, 정압, 속도압에 관한 설명으로 틀린 것은?

① 속도압과 정압을 합한 값을 전압이라 한다.
② 속도압은 공기가 정지할 때 항상 발생한다.
③ 속도압이란 정지상태의 공기를 일정한 속도로 흐르도록 가속화시키는 데 필요한 압력을 말하며, 공기의 운동에너지에 비례한다.
④ 정압은 사방으로 동일하게 미치는 압력으로 공기를 압축 또는 팽창시키며, 공기흐름에 대한 저항을 나타내는 압력으로 이용된다

정압 (SP : Static Pressure)	• 공기의 유동이 없을 때 발생하는 압력(덕트의 한쪽을 막고 한쪽에서 송풍기로 공기를 압입할 때 측정하는 압력으로 이때 덕트 내부에는 공기 움직임이 없다) • 모든 방향에서 같은 크기를 나타내는 압력으로, 정지하고 있는 유체뿐만 아니라 운동하고 있는 유체 중에도 존재한다. • 대기압보다 낮을 때는 음압(정압 < 대기압이면 (-)압력), 대기압보다 높을 때는 양압(정압 > 대기압이면 (+)압력)이 된다.
동압(속도압, VP : Velocity Pressure)	• 바람의 속도에 의해서 생기는 압력이다. • 속도압은 공기가 이동하는 힘으로 항상 양압(0 이상의 압력)이다.(공기의 운동에너지에 비례한다.)
전압 (TP : total pressure)	• 전압 = 동압(VP) + 정압(SP)

필기에 자주 출제 ★

78 다음 중 송풍기에 관한 설명으로 옳은 것은?

① 프로펠러 송풍기는 구조가 가장 간단하지만, 많은 양의 공기를 이송시키기 위해서는 그만큼의 많은 비용이 소모된다.
② 후향 날개형 송풍기는 회전날개가 회전방향 반대편으로 경사지게 설계되어 있어 충분한 압력을 발생시킬 수 있고, 전향 날개형 송풍기에 비해 효율이 떨어진다.
③ 저농도 분진 함유 공기나 금속성이 많이 함유된 공기를 이송시키는 데 많이 이용되는 송풍기는 방사 날개형 송풍기(평판형 송풍기)이다.
④ 동일 송풍량을 발생시키기 위한 전향 날개형 송풍기의 임펠러 회전속도는 상대적으로 낮기 때문에 소음문제가 거의 발생하지 않는다

① 프로펠러 송풍기 : 가볍고, 구조가 가장 간단하고, 설치비용이 저렴하며 많은 양의 공기를 값싸게 이송시킬 수 있다.
② 후향 날개형 송풍기 : 팬의 날이 회전방향에 반대되는 쪽으로 기울어진 형태이며, 송풍기 중 효율이 가장 좋다.
③ 방사 날개형 송풍기(평판형 송풍기)는 시멘트, 미분탄, 곡물, 모래 등의 고농도 분진함유 공기, 부식성이 강한 공기를 이송시키는 데 많이 이용된다.

정답 76 ① 77 ② 78 ④

★ 참고

전향날개형(다익형)송풍기

① 송풍기의 임펠러가 다람쥐 쳇바퀴 모양으로 생겼다.

② 송풍기의 회전날개가 회전방향과 동일한 방향으로 설치되어 있다.

③ 임펠러 회전속도가 상대적으로 낮기 때문에 소음이 작다.(구조상 고속회전이 어렵고, 큰 동력의 용도에서 적합하지 않다.)

④ 저가로 제작이 가능하다.

⑤ 큰 압력손실에서 송풍량이 급격하게 떨어지는 단점이 있다.

⑥ 전체환기, 공기조화용으로 사용된다.

⑦ 소형이므로 제한된 장소에 사용이 가능하다.(분지관의 송풍에 적합)

⑧ 분진 많이 함유된 공기 이송 시 임펠러의 불균형을 초래하여 소음, 진동이 발생한다.

필기에 자주 출제 ★

79 신체의 열 생산과 주변 환경 사이의 열교환식(heat balance equation)과 관련이 없는 것은?

① 대류 ② 증발

③ 복사 ④ 전도

★ 열평형 방정식(인체의 열교환)

S(열 축적) = M(대사 열) − E(증발) ± R(복사) ± C(대류) − W(한 일)

• S : 열 이득 및 열손실량이며, 열평형 상태에서는 0이다.

실기까지 중요 ★★

80 자유공간에 떠 있는 직경 20cm인 원형 개구 후드의 개구면으로부터 20cm 떨어진 곳의 입자를 흡인하려고 한다. 제어풍속을 0.8m/sec으로 할 때 필요환기량은 약 얼마인가?

① 5.8m³/min ② 10.5m³/min

③ 20.7m³/min ④ 30.4m³/min

★ 외부식 후드(자유공간 위치한 원형 및 장방형 후드, 플랜지 미 부착)

$Q = 60 \cdot Vc(10X^2 + A)$: Dalla valle식

• Q : 필요송풍량(m³/min)

• Vc : 제어속도(m/sec)

• A : 개구면적(m²)

• X : 후드중심선으로부터 발생원까지의 거리(m) (오염원과 후드간 거리가 덕트 직경의 1.5배 이내일 때만 유효)

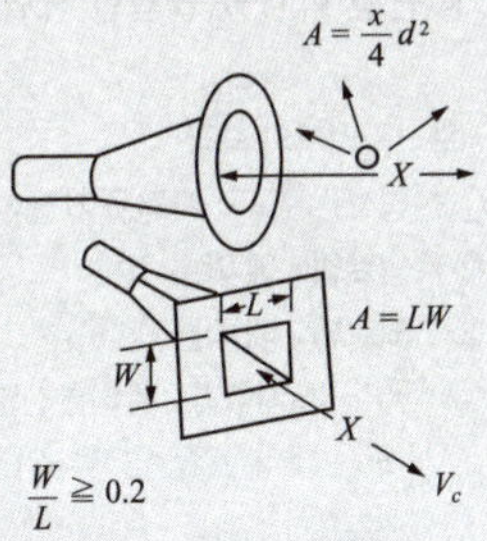

$Q = 60 \times 0.8 \times (10 \times 0.2^2 + 0.0314)$

$= 20.71$(m³/min)

$\left[A = \frac{\pi d^2}{4} = \frac{\pi \times 0.2^2}{4} = 0.0314(\text{m}^2) \right]$

실기에 자주 출제 ★★★

정답 79 ④ 80 ③

2014년 5월 25일

2회 과년도기출문제

제1과목 산업위생학 개론

01 다음 중 산업안전보건법상 보건관리자의 자격에 해당되지 않는 것은?

① 「의료법」에 따른 의사
② 「의료법」에 따른 간호사
③ 「산업안전보건법」에 따른 산업안전지도사
④ 「고등교육법」에 의한 전문대학에서 산업위생 관련 학과를 졸업한 사람

* 보건관리자의 자격
① 산업보건지도사 자격을 가진 사람
② 「의료법」에 따른 의사
③ 「의료법」에 따른 간호사
④ 「국가기술자격법」에 따른 산업위생관리산업기사 또는 대기환경산업기사 이상의 자격을 취득한 사람
⑤ 「국가기술자격법」에 따른 인간공학기사 이상의 자격을 취득한 사람
⑥ 「고등교육법」에 따른 전문대학 이상의 학교에서 산업보건 또는 산업위생 분야의 학위를 취득한 사람(법령에 따라 이와 같은 수준 이상의 학력이 있다고 인정되는 사람을 포함한다)

실기까지 중요 ★★

02 근육운동에 필요한 에너지를 생성하는 방법에는 혐기성 대사와 호기성 대사가 있다. 다음 중 혐기성 대사의 에너지원이 아닌 것은?

① 지방 ② 크레아틴인산
③ 글리코겐 ④ 아데노신삼인산

혐기성 대사 (Anaerobic metabolism)	1. 근육에 저장된 화학적 에너지 2. 혐기성 대사 순서 ATP(아데노신 삼인산) → CP(크레아틴 인산) → Glycogen(글리코겐) or Glucose(포도당)
호기성 대사 (Aerobic metabolism)	1. 대사과정(구연산 회로)을 거쳐 생성된 에너지 2. 호기성 대사 과정 포도당 단백질 + 산소 → 에너지원 지방

실기까지 중요 ★★

03 다음 중 인체의 구조에서 앉을 때, 서 있을 때, 물체를 들어 올릴 때 및 뛸 때 발생하는 압력이 가장 많이 흡수되는 척추의 디스크는?

① L_1/S_9 ② L_2/S_1
③ L_3/S_2 ④ L_5/S_1

앉을 때, 서 있을 때, 물체를 들어 올릴 때, 뛸 때 발생하는 압력은 5번째 요추와 천골사이에 있는 디스크(L_5/S_1)에 대부분 흡수된다.

필기에 자주 출제 ★

정답 01 ③ 02 ① 03 ④

04 다음 중 영상표시단말기(VDT) 작업자의 건강 장애를 예방하기 위한 방법으로 적절하지 않은 것은?

① 서류받침대는 화면과 같은 높이로 맞추어 작업한다.
② 작업자의 발바닥 전면이 바닥면에 닿는 자세를 취하도록 한다.
③ 위 팔(upper arm)은 자연스럽게 늘어뜨리고, 팔꿈치 내각의 90° 이상으로 한다.
④ 작업자의 시선은 수평선상으로 10~15° 위를 바라보도록 한다.

> ④ 시선은 화면상단과 눈높이가 일치할 정도로 하고 작업 화면상의 시야는 수평선상으로부터 아래로 10도 이상 15도 이하에 오도록 하며 화면과 근로자의 눈과의 거리(시거리 : Eye-Screen Distance)는 40센티미터 이상을 확보할 것

필기에 자주 출제★

05 다음 중 산업위생관리담당자의 고유 업무와 가장 거리가 먼 것은?

① 배출되는 폐수가 기준치에 맞는지 확인하고 관리한다.
② 호흡기 보호구(마스크)를 구매하여 지급 · 관리하고, 착용 여부를 확인한다.
③ 새로 사용하는 화학물질에 대한 물리 · 화학적 성상 및 특징 등을 확인한다.
④ 작업장 밖에서 소음을 측정하여 인근 지역 주민에게 과도한 소음이 전파되는지 확인한다.

> ① 배출되는 폐수가 기준치에 맞는지 확인하고 관리한다. → 수질환경담당자의 업무

★ 참고

보건 관리자의 직무	① 산업안전보건위원회 또는 노사협의체에서 심의 · 의결한 업무와 안전보건관리규정 및 취업규칙에서 정한 업무 ② 안전인증대상기계 등과 자율안전확인대상기계 등 중 보건과 관련된 보호구(保護具) 구입 시 적격품 선정에 관한 보좌 및 지도 · 조언 ③ 위험성평가에 관한 보좌 및 지도 · 조언 ④ 물질안전보건자료의 게시 또는 비치에 관한 보좌 및 지도 · 조언 ⑤ 산업보건의의 직무(보건관리자가 별표 6 제2호에 해당하는 사람인 경우로 한정한다) ⑥ 해당 사업장 보건교육계획의 수립 및 보건교육 실시에 관한 보좌 및 지도 · 조언 ⑦ 해당 사업장의 근로자를 보호하기 위한 다음 각 목의 조치에 해당하는 의료행위(보건관리자가 간호사에 해당하는 경우로 한정한다) 가. 자주 발생하는 가벼운 부상에 대한 치료 나. 응급처치가 필요한 사람에 대한 처치 다. 부상 · 질병의 악화를 방지하기 위한 처치 라. 건강진단 결과 발견된 질병자의 요양 지도 및 관리 마. 가목부터 라목까지의 의료행위에 따르는 의약품의 투여 ⑧ 작업장 내에서 사용되는 전체 환기장치 및 국소 배기장치 등에 관한 설비의 점검과 작업방법의 공학적 개선에 관한 보좌 및 지도 · 조언 ⑨ 사업장 순회점검, 지도 및 조치 건의 ⑩ 산업재해 발생의 원인 조사 · 분석 및 재발 방지를 위한 기술적 보좌 및 지도 · 조언 ⑪ 산업재해에 관한 통계의 유지 · 관리 · 분석을 위한 보좌 및 지도 · 조언 ⑫ 법 또는 법에 따른 명령으로 정한 보건에 관한 사항의 이행에 관한 보좌 및 지도 · 조언 ⑬ 업무 수행 내용의 기록 · 유지 ⑭ 그 밖에 보건과 관련된 작업관리 및 작업환경관리에 관한 사항으로서 고용노동부장관이 정하는 사항
안전보건 관리담당자의 직무	① 안전 · 보건교육 실시에 관한 보좌 및 조언 · 지도 ② 위험성평가에 관한 보좌 및 조언 · 지도 ③ 작업환경측정 및 개선에 관한 보좌 및 조언 · 지도 ④ 건강진단에 관한 보좌 및 조언 · 지도 ⑤ 산업재해 발생의 원인 조사, 산업재해 통계의 기록 및 유지를 위한 보좌 및 조언 · 지도 ⑥ 산업안전 · 보건과 관련된 안전장치 및 보호구 구입 시 적격품 선정에 관한 보좌 및 조언 · 지도

정답 04 ④ 05 ①

06 다음 중 인간공학에서 적용하는 정적 치수(static dimensions)에 관한 설명으로 틀린 것은?

① 동적인 치수에 비하여 데이터가 적다.
② 일반적으로 표(table)의 형태로 제시된다.
③ 구조적 치수로 정적 자세에서 움직이지 않는 피측정자를 인체계측기로 측정한 것이다.
④ 골격 치수(팔꿈치와 손목 사이와 같은 관절 중심거리 등)와 외곽치수(머리둘레 등)로 구성된다.

① 동적인 치수에 비하여 데이터가 많다.

★참고
① 정적 인체계측(구조적 인체치수) : 정지 상태에서의 신체를 계측하는 방법으로 표준자세에서 움직이지 않는 피측정자를 인체측정기로 측정한 것이다.
② 동적 인체계측(기능적 인체치수)
- 체위의 움직임에 따른 계측방법
- 각 신체부위가 신체적 기능을 수행(특정 작업 수행)할 때, 독립적으로 움직이는 것이 아니라 조화를 이루어 움직이는 신체치수를 측정한 것이다.

필기에 자주 출제★

07 다음 중 피로의 예방대책으로 가장 적절하지 않은 것은?

① 불필요한 동작을 피하고 에너지소모를 적게 한다.
② 동적작업은 피하고 되도록 정적작업을 수행한다.
③ 작업환경은 항상 정리, 정돈해 둔다.
④ 작업시간 중 적당한 때에 체조를 한다.

② 동적인 작업과 정적인 작업을 적절히 혼합하여 배치한다.(과격한 육체적 노동은 기계화하고, 과도한 정적인 작업은 적정한 동적인 작업으로 전환한다.)

필기에 자주 출제★

08 운반작업을 하는 젊은 근로자의 약한 손(오른손잡이의 경우 왼손)의 힘이 50kP라 할 때 이 근로자가 무게 10kg인 상자를 두 손으로 들어 올릴 경우 작업강도는 얼마인가?

① 5.0%MS ② 10.0%MS
③ 15.0%MS ④ 25.0%MS

$$작업강도(\%MS) = \frac{RF}{MS} \times 100$$

- RF : 작업 시 요구되는 힘(한 손에 요구되는 힘)
- MS : 근로자가 가지고 있는 약한 손의 최대 힘

$$작업강도 = \frac{5}{50} \times 100 = 10.0(\%MS)$$

(두 손으로 10kg을 들어올림 → 한 손의 힘 5kg)

09 1700년대 "직업인의 질병" 을 발간하였으며 직업병의 원인을 작업장에서 사용하는 유해물질과 근로자들의 불안전한 작업자세나 동작으로 크게 두 가지로 구분한 인물은?

① Hippocrates
② Georgius Agricola
③ Percivall Pott
④ Bernardino Ramazzini

★Bernardino Ramazzini(1633~1714년)
① 산업보건의 시조, 산업의학의 아버지
② 저서 "직업인의 질병(De Morbis Artificum Diatriba)"에서 수공업자의 질병을 집대성함
③ Ramazzini가 주장한 직업병의 원인
- 근로자들의 과격한 동작 및 불안전한 작업자세
- 작업장에서 사용하는 유해물질

필기에 자주 출제★

정답 06 ① 07 ② 08 ② 09 ④

10 구리(Cu)의 공기 중 농도가 0.05mg/m³이다. 작업자의 노출시간이 8시간이며, 폐환기율은 1.25m³/hr, 체내 잔류율은 1이라고 할 때, 체내 흡수량은 얼마인가?

① 0.3mg ② 0.4mg
③ 0.5mg ④ 0.6mg

체내흡수량(mg) = $C \times T \times V \times R$

- 체내흡수량(SHD) : 안전계수와 체중을 고려한 것
- C : 공기 중 유해물질 농도(mg/m³)
- T : 노출시간(hr)
- V : 호흡률(폐환기율) (m³/hr)
- R : 체내 잔유율(보통 1.0)

mg = 0.05 × 8 × 1.25 × 1 = 0.5(mg)

실기까지 중요★★

11 다음 중 화학물질의 분류 · 표시 및 물질안전보건자료에 관한 기준상 발암성 물질 구분에 있어 사람에게 충분한 발암성 증거가 있는 물질을 나타내는 것은?

① Ca ② A1
③ 1A ④ C1

* 발암성 정보물질의 표기(화학물질의 분류 · 표시 및 물질안전보건자료에 관한 기준)
① 1A : 사람에게 충분한 발암성 증거가 있는 물질
② 1B : 시험동물에서 발암성 증거가 충분히 있거나, 시험동물과 사람 모두에서 제한된 발암성 증거가 있는 물질
③ 2 : 사람이나 동물에서 제한된 증거가 있지만, 구분1로 분류하기에는 증거가 충분하지 않은 물질

암기법

1A : 사람 충분한 발암
1B : 사람 · 동물 제한된 발암
2 : 사람 · 동물 제한된 증거

실기에 자주 출제★★★

12 다음 중 적성검사에 있어 생리적 기능검사에 속하지 않는 것은?

① 감각기능검사 ② 심폐기능검사
③ 체력검사 ④ 지각동작검사

생리학적 적성검사	① 감각기능검사 ② 심폐기능검사 ③ 체력검사
심리학적 적성검사	① 지능검사 : 언어, 기억, 추리에 대한 검사 ② 지각동작검사 : 수족협조, 운동속도, 형태지각검사 ③ 인성검사 : 성격, 태도, 정신상태 검사 ④ 기능검사 : 직무에 관한 기본지식과 숙련도, 사고력 등의 검사

필기에 자주 출제★

13 다음 중 산업재해지표 사용 시 주의사항으로 적절하지 않은 것은?

① 집계된 재해의 범주를 명시해야 한다.
② 연간근로시간수는 실적에 따라 산출하고 추정은 금물이다.
③ 재해자수는 연간 또는 월간으로 산출할 수 있으나 사업장 규모가 작고 재해발생수가 적을 때는 의미가 거의 없다.
④ 재해자수는 재해발생 양상의 추세로 재해에 대한 원인 분석에 대치될 수 있다.

④ 재해자수는 재해발생 양상의 추세로 재해에 대한 원인 분석에 대치될 수 없다.

정답 10 ③ 11 ③ 12 ④ 13 ④

14 다음 중 국제노동기구(ILO) 협약에 제시된 산업보건관리업무와 가장 거리가 먼 것은?

① 직장에 있어서의 건강 유해요인에 대한 위험성의 확인과 평가
② 작업방법의 개선과 새로운 설비에 대한 건강상 계획의 참여
③ 작업능률 향상과 생산성 재고에 관한 기획
④ 산업보건교육, 훈련과 정보에 관한 협력

* 국제노동기구(ILO) 협약에 제시된 산업보건관리업무
① 산업보건교육, 훈련과 정보에 관한 협력
② 작업방법의 개선과 새로운 설비에 대한 건강상 계획의 참여
③ 직장에 있어서의 건강 유해요인에 대한 위험성의 확인과 평가

필기에 자주 출제★

15 다음 중 산업위생에서 유해인자를 구분할 때 가장 적합하지 않은 것은?

① 생물학적 유해인자
② 인간공학적 유해인자
③ 물리화학적 유해인자
④ 환경과학적 유해인자

* 작업환경의 유해요인
① 물리적 요인 : 소음, 진동, 방사선, 고저온, 유해광선 등
② 화학적 요인 : 분진, 미스트, 흄, 독성물질
③ 생물학적 요인 : 세균, 각종 바이러스, 곰팡이
④ 인간공학적 요인 : 작업방법, 작업자세, 작업시간, 작업도구 등
⑤ 사회심리적 요인 : 업무스트레스 등

필기에 자주 출제★

16 다음 중 산업안전보건법령상 건강진단결과 판정결과 'C1'의 의미로 옳은 것은?

① 경미한 이상소견이 있는 근로자
② 일반 질병의 소견을 보여 사후관리가 필요한 근로자
③ 직업성 질병으로 진전될 우려가 있어 추적검사 등 관찰이 필요한 근로자
④ 건강진단 1차 검사결과 건강수준의 평가가 곤란하거나 질병이 의심되는 근로자

* 건강진단 결과 건강관리 구분

건강관리 구분		건강관리 구분내용
A		건강관리상 사후관리가 필요 없는 근로자(건강한 근로자)
C	C_1	직업성 질병으로 진전될 우려가 있어 추적검사 등 관찰이 필요한 근로자(직업병 요관찰자)
	C_2	일반 질병으로 진전될 우려가 있어 추적관찰이 필요한 근로자(일반질병 요관찰자)
D_1		직업성 질병의 소견을 보여 사후관리가 필요한 근로자(직업병 유소견자)
D_2		일반 질병의 소견을 보여 사후관리가 필요한 근로자(일반 질병 유소견자)
R		건강진단 1차 검사결과 건강수준의 평가가 곤란하거나 질병이 의심되는 근로자(제2차 건강진단 대상자)

필기에 자주 출제★

정답 14 ③ 15 ④ 16 ③

17 다음 중 노출기준 선정의 이론적인 배경과 가장 거리가 먼 것은?

① 동물실험 자료
② 화학적 성질의 안정성
③ 인체실험 자료
④ 산업장 역학조사 자료

* 노출기준 설정의 이론적 배경
① 화학구조상의 유사성과 연계하여 설정
② 동물실험 자료를 근거로 설정
③ 인체실험 자료를 근거로 설정
④ 산업장 역학조사 자료를 근거로 설정

필기에 자주 출제★

18 작업장의 기계화, 생산의 조직화, 기업의 경제성을 고려하여 모든 근로자가 근무를 하지 않으면 안 되는 중추시간(core time)을 설정하고, 지정된 주간 근무시간(예를 들어, 주 40시간) 내에서 자유 출퇴근을 인정하는 제도를 무엇이라 하는가?

① free-time제　② flex-time제
③ exchang-time제　④ variable-time제

* Flex Time제
종업원이 자유로운 시간에 출퇴근이 가능하도록 전 근로자가 일하는 중추시간(core time)을 제외하고 출퇴근 시간을 융통성 있게 운영하는 제도를 말한다.

실기까지 중요★★

19 다음 중 Viteles가 분류한 산업피로의 3가지 본질과 가장 거리가 먼 것은?

① 재해의 유발
② 작업량의 감소
③ 피로감각
④ 생체의 생리적 변화

* Viteles의 산업피로의 3가지 본질
① 작업량의 감소
② 피로감각
③ 생체의 생리적 변화

필기에 자주 출제★

20 소음성 난청에 대한 설명으로 틀린 것은?

① 심한 소음에 노출되면 처음에는 일시적 청력 변화를 초래하며, 이것은 소음 노출을 중지하면 노출 전의 상태로 회복된다.
② 소음성 난청의 청력손실은 처음에 1,000Hz에서 가장 현저하고, 점차 고주파음역과 저주파음역으로 퍼진다.
③ 심한 소음에 반복되어 노출되면 코르티기관에 손상이 발생하여 영구적 청력변화가 일어난다.
④ 소음성 난청에 영향을 미치는 요소 중 음압수준은 높을수록 유해하다

② 소음성 난청은 4,000~6,000Hz 정도에서 가장 많이 발생한다.(주로 4,000Hz 영역에서 시작하여 전 영역으로 파급된다.)

필기에 자주 출제★

정답 17 ② 18 ② 19 ① 20 ②

제2과목 작업위생 측정 및 평가

21 다음 중 검지관측정법의 장 · 단점을 설명한 것으로 틀린 것은?

① 숙련된 산업위생전문가가 아니더라도 어느 정도만 숙지하면 사용할 수 있다.
② 특이도가 낮다. 즉 다른 방해물질의 영향을 받기 쉬워 오차가 크다.
③ 측정대상물질의 동정 없이도 측정이 용이하다.
④ 밀폐공간에서 산소부족 또는 폭발성 가스로 인한 안전이 문제가 될 때 유용하게 사용될 수 있다.

장점	① 사용이 간편하다. ② 반응시간이 빨라서 빠른 시간에 측정결과를 알 수 있다.(빠른 측정이 요구될 때 사용) ③ 숙련된 산업위생전문가가 아니더라도 어느 정도만 숙지하면 사용 할 수 있다. ④ 맨홀, 밀폐 공간에서의 산소가 부족하거나 폭발성 가스로 인하여 안전이 문제가 될 때 유용하게 사용될 수 있다.
단점	① 민감도가 낮으며 비교적 고농도에 적용이 가능하다. ② 특이도가 낮다.(다른 방해물질의 영향을 받기 쉬워 오차가 크다.) ③ 단시간 측정만 가능하다. ④ 미리 측정 대상물질의 동정이 되어 있어야 측정이 가능하다. ⑤ 색이 시간에 따라 변화하므로 제조자가 정한 시간에 읽어야 한다. ⑥ 한 검지관으로 단일 물질만을 측정할 수 있어 각 오염물질에 맞는 검지관을 선정해야 한다. ⑦ 색변화가 선명하지 않아 주관적으로 읽을 수 있어 판독자에 따라 변이가 심하다.

실기까지 중요 ★★

22 작업환경측정 시 공기의 단시간(순간) 시료포집에 이용되지 않는 것은?

① 포집백 ② 주사기
③ 진공포장병 ④ 임핀저

* 순간시료 채취기의 종류
① 검지관
② 직독식 기기
③ 진공플라스크
④ 스테인리스 스틸 캐니스터(수동형 캐니스터)
⑤ 시료채취 백

필기에 자주 출제 ★

23 공기 중 석면 농도를 허용기준과 비교할 때 가장 일반적으로 사용되는 석면측정방법은?

① 광학현미경법 ② 전자현미경법
③ 위상차현미경법 ④ 편광현미경법

* 위상차현미경
① 공기 중 석면을 막여과지에 채취한 후 전처리하여 분석하는 방법
② 다른 방법에 비하여 간편하나 석면의 감별에 어려움이 있다.
③ 석면 측정에 가장 많이 사용된다.

* 참고
편광현미경
① 석면을 감별 분석할 수 있다.
② 석면광물의 빛의 편광성을 이용한다..

필기에 자주 출제 ★

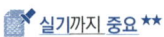

정답 21 ③ 22 ④ 23 ③

24 음의 음압수준단위인 dB의 계산식은? (단, P : 음압, P_o : 기준음압)

① $dB = 10\log\left(\frac{P}{P_o}\right)$　　② $dB = 20\log\left(\frac{P}{P_o}\right)$

③ $dB = 20\log P + \log P_o$　④ $dB = \log\frac{P}{P_o} + 20$

⋆음압수준(SPL)

$$SPL = 20 \times \log\left(\frac{P}{P_o}\right)(dB)$$

- SPL : 음압수준(음압도, 음압레벨) (dB)
- P : 대상음의 음압(음압 실효치) (N/m^2)
- P_o : 기준음압 실효치 (2×10^{-5}N/m^2, 2×10^{-4}dyne/cm^2)

실기까지 중요 ★★

25 옥외작업장(태양광선이 내리쬐는 장소)의 자연습구온도는 29℃, 건구온도는 33℃, 흑구온도는 36℃, 기류속도는 1m/sec일 때 WBGT 지수 값은?

① 약 29.7℃　② 약 30.8℃
③ 약 31.6℃　④ 약 32.3℃

⋆습구흑구온도지수(WBGT)의 산출

1. 옥외(태양광선이 내리쬐는 장소)
   WBGT(℃) = 0.7 × 자연습구온도 + 0.2 × 흑구온도 + 0.1 × 건구온도
2. 옥내 또는 옥외(태양광선이 내리쬐지 않는 장소)
   WBGT(℃) = 0.7 × 자연습구온도 + 0.3 × 흑구온도
3. 평균 WBGT(℃)
   $$= \frac{WBGT_1 \times t_1 + \cdots + WBGT_n \times t_n}{t_1 + \cdots + t_n}$$
   - $WBGT_n$: 각 습구흑구온도지수의 측정치(℃)
   - t_n : 각 습구흑구온도지수치의 발생시간(분)

WBGT(℃)
= 0.7 × 자연습구온도 + 0.2 × 흑구온도 + 0.1 × 건구온도
= 0.7 × 29 + 0.2 × 36 + 0.1 × 33 = 30.8(℃)

실기에 자주 출제 ★★★

26 미국의 ACGIH의 정의에서 가스교환 부위, 즉 폐포에 침착하는 호흡성 먼지(RPM ; Respirable Particulate Mass)의 평균입경(50% 침착되는 평균 입자크기)은?

① 10μm　② 4μm
③ 2μm　④ 1μm

⋆ACGIH의 입자상 물질의 입자 크기별 분류

흡입성 분진 (IPM : Inspirable Particulates Mass)	① 호흡기 어느 부위에 침착하더라도 독성을 유발하는 분진 ② 평균입경 : 100μm (입경범위 : 0 ~ 100μm)
흉곽성 분진 (TPM : Thoracic Particulates Mass)	① 기도나 하기도(가스교환 부위)에 침착하여 독성을 나타내는 물질 ② 평균입경 : 10μm
호흡성 분진 (RPM : Respirable Particulates Mass)	① 가스교환 부위(폐포)에 침착하여 독성을 나타내는 물질 ② 평균입경 : 4μm

실기에 자주 출제 ★★★

27 작업장 내 소음 측정 시 소음계의 청감보정회로는 어떤 특성에 맞추어 작업자의 노출수준을 평가하는가? (단, 고용노동부 고시 기준)

① A　② B
③ C　④ D

소음계의 청감보정회로는 A특성으로 할 것

필기에 자주 출제 ★

정답 24 ② 25 ② 26 ② 27 ①

28 입자상 물질의 채취를 위한 MCE막 여과지에 대한 설명으로 옳지 않은 것은?

① 산에 쉽게 용해된다.
② 입자상 물질 중의 금속을 채취하여 원자흡광법으로 분석하는 데 적정하다.
③ 석면, 유리섬유 등 현미경분석을 위한 시료채취에 이용된다.
④ 원료인 셀룰로오스가 흡습성이 적어 입자상 물질에 대한 중량분석에도 많이 사용된다.

★ MCE 막 여과지
(Mixed cellulose ester membrane filter)
① 산에 쉽게 용해되므로 입자상 물질 중의 금속을 채취하여 원자흡광광도법으로 분석하는 데 적당하다.
② 유해물질이 여과지의 표면에 주로 침착되어 석면 등 현미경 분석을 위한 시료채취에 유리하다.
③ MCE여과지의 원료인 셀룰로오스는 수분을 흡수하는 특성을 가지고 있다. (흡습성이 높아 오차를 유발할 수 있어 중량분석에 적합하지 못함)
④ 중금속, 석면, 살충제, 산 · 알칼리미스트, 불소화합물 및 기타 무기물질 채취에 이용된다.

암기법
MC(MCE막여과지) 중(중금속)석(석면)은 산에 약하고 수분 흡수하여 중량분석 못함

필기에 자주 출제 ★

29 고유량 펌프를 이용하여 0.489m³의 공기를 채취하고, 실험실에서 여과지를 10% 질산 11mL로 용해하였다. 원자흡광광도계로 농도를 분석하고 검량선으로 비교 분석한 결과, 농도가 32.5gPb/mL였다면 채취기간 중 납 먼지의 농도(mg/m³)는?

① 0.58 ② 0.62
③ 0.73 ④ 0.89

$$mg/m^3 = \frac{\frac{32.5\times10^{-3}mg}{mL}\times 11mL}{0.489m^3}$$
$$= 0.73(mg/m^3)$$
$(g = 10^{-3}mg)$

실기까지 중요 ★★

30 탈착용매로 사용되는 이황화탄소에 관한 설명으로 틀린 것은?

① 주로 활성탄관으로 비극성 유기용제를 채취하였을 때 탈착용매로 사용된다.
② 이황화탄소는 유해성이 강하다.
③ 상온에서 휘발성이 약하여 분석에 영향이 적은 장점이 있다.
④ 탈착효율이 좋은 용매이며, 가스 크로마토그래피(FID)에서 피크가 작게 나온다.

★ 활성탄관의 탈착용매로 사용되는 이황화탄소의 특성
① 이황화탄소는 유해성이 강하다.(인화성이 커서 화재의 우려있다.)
② 분석대상 물질에 대해 방해물질로 작용하지 않는다.(분석에 영향을 끼치지 않는다.)
③ 주로 활성탄관으로 비극성유기용제를 채취하였을 때 탈착용매로 사용한다.(탈착효율이 좋다.)
④ 상온에서 휘발성이 강하여 장시간 보관하면 휘발로 인해 분석농도가 정확하지 않다.
⑤ GC의 불꽃이온화검출기에서 반응성이 낮아 피크가 작게 나와 분석에 유리하다.

필기에 자주 출제 ★

정답 28 ④ 29 ③ 30 ③

31 혼합 유기용제의 구성비(중량비)는 다음과 같았다. 이 혼합물의 노출농도(TLV)는?

- 메틸클로로포름 30% (TLV = 1,900mg/m³)
- 헵타 50%(TLV = 1,600mg/m³)
- 퍼클로로에틸렌 20% (TLV = 335mg/m³)

① 937mg/m³ ② 1,087mg/m³
③ 1,137mg/m³ ④ 1,287mg/m³

★ 액체 혼합물의 구성성분(%)을 알 때 혼합물의 허용농도(노출기준)

혼합물의 노출기준(mg/m³)

$$= \frac{1}{\frac{f_a}{TLV_a} + \frac{f_b}{TLV_b} + \cdots + \frac{f_n}{TLV_n}}$$

- f_a, f_b, f_n : 액체 혼합물에서의 각 성분 무게(중량) 구성비(%)
- TLV_a, TLV_b, TLV_n : 해당 물질의 노출기준(mg/m³)

$$mg/m^3 = \frac{1}{\frac{0.3}{1,900} + \frac{0.5}{1,600} + \frac{0.2}{335}} = 936.85(mg/m^3)$$

실기까지 중요 ★★

32 사람들이 일반적으로 들을 수 있는 최대 가청주파수 범위로 가장 적절한 것은?

① 2 ~ 2,000Hz
② 20 ~ 20,000Hz
③ 200 ~ 200,000Hz
④ 2,000 ~ 2,000,000Hz

★ 사람들이 일반적으로 들을 수 있는 최대 가청주파수 범위
20 ~ 20,000Hz

필기에 자주 출제 ★

33 공기 중 납을 막 여과지로 시료포집한 후 분석한 결과 시료 여과지에서는 6g, 공시료 여과지에서는 0.005g이 검출되었다. 회수율은 95%이고 공기 시료채취량은 100L이었다면 공기 중의 납의 농도(mg/m³)는?

① 약 0.028 ② 약 0.045
③ 약 0.063 ④ 약 0.082

- $mg/m^3 = \frac{(6+0.005)\times 10^{-3}mg}{(100\times 10^{-3})m^3} = 0.06(mg/m^3)$
- 회수율이 95%이므로

$95 : 0.06 = 100 : x$

$95\times x = 0.06\times 100$

$x = \frac{0.06\times 100}{95} = 0.063(mg/m^3)$

실기에 자주 출제 ★★★

34 다음 중 순간시료채취방법(가스상 물질)을 적용할 수 없는 경우와 가장 거리가 먼 것은?

① 오염물질의 농도가 시간에 따라 변할 때
② 공기 중 오염물의 농도가 낮을 때
③ 시간가중치평균치를 구하고자 할 때
④ 반응성이 없거나 비흡착성 가스상 물질을 채취할 때

순간시료 채취를 하여야 하는 경우	① 미지의 가스상 물질의 동정을 알고자 할 때 ② 간헐적 공정에서의 순간농도 변화를 알고자 할 때 ③ 오염발생원 확인을 하고자 할 때 ④ 직접 포집해야 되는 메탄, 일산화탄소, 산소 측정에 사용
연속시료 채취를 하여야 하는 경우	① 오염물질의 농도가 시간에 따라 변할 때 ② 공기 중 오염물질의 농도가 낮을 때 ③ 시간가중평균치를 구하고자 할 때

필기에 자주 출제 ★

정답 31 ① 32 ② 33 ③ 34 ④

35 유사노출그룹(SEG ; Similar Exposure Group)을 설정하는 목적과 가장 거리가 먼 것은?

① 시료채취수를 경제적으로 결정하는 데 있다.
② 시료채취시간을 최대한 정확히 산출하는 데 있다.
③ 역학조사를 수행할 때 사건이 발생된 근로자가 속한 유사노출그룹의 노출정도를 근거로 노출원인을 추정할 수 있다.
④ 모든 근로자의 노출정도를 추정하고자 하는 데 있다.

*동일노출그룹(유사노출그룹) 설정 목적
① 시료채취 수를 경제적으로 하기 위함이다.
② 모든 근로자를 유사한 노출그룹별로 구분하고 그룹별로 대표적인 근로자를 선택하여 측정하면 측정하지 않은 근로자의 노출농도까지도 추정할 수 있다.(모든 근로자의 노출 정도를 추정하고자 하는데 있다.)
③ 해당근로자가 속한 동일노출그룹의 노출농도를 근거로 노출원인 및 농도를 추정할 수 있다.
④ 작업장에서 모니터링하고 관리해야 할 우선적인 그룹을 결정하기 위함이다.

실기까지 중요 ★★

36 어떤 유해 작업장에 일산화탄소(CO)가 0℃, 1기압 상태에서 100ppm이라면 이 공기 $1m^3$ 중에 CO는 몇 mg 포함되어 있는가?

① 108 ② 125
③ 153 ④ 186

• $mg/m^3 = \dfrac{ppm \times 분자량}{22.4(0℃,\ 1기압\ 기준)}$

$= \dfrac{100 \times 28}{22.4} = 125mg/m^3$

(CO의 분자량 = 12 + 16 = 28(g))

• 공기 $1m^3$ 중에 일산화탄소가 125mg 들어있다.

실기까지 중요 ★★

37 각각의 포집효율이 80%인 임핀저 2개를 직렬 연결하여 시료를 채취하는 경우 최종 얻어지는 포집효율은?

① 90.0% ② 92.0%
③ 94.0% ④ 96.0%

*총집진율(직렬설치 시)

$$\eta_T(\%) = 1 - (1 - \eta_c)^n$$

• η_T : 집진장치 직렬 설치시의 총 집진율(%)
• η_c : 단위 집진효율
• n : 집진장치 개수

$\eta_T(\%) = 1 - (1 - 0.8)^2 = 0.96 \times 100 = 96(\%)$

*참고

$$\eta_T(\%) = \eta_1 + \eta_2(1 - \frac{\eta_1}{100})$$

• η_T : 총 집진율
• η_1 : 1차 집진장치 집진율(%)
• η_2 : 2차 집진장치 집진율(%)

$\eta_T(\%) = 80 + 80 \times (1 - \frac{80}{100}) = 96(\%)$

※ 두 풀이법 중 편한 방법을 사용하세요.

실기까지 중요 ★★

정답 35 ② 36 ② 37 ④

38 다음 중 1차 표준기구에 해당되는 것은?

① 폐활량계　② 열선기류계
③ 현미경법　④ 로터미터

1차 표준 기구	2차 표준기구
1. 비누거품미터 2. 폐활량계 3. 가스치환병 4. 유리피스톤미터 5. 흑연피스톤미터 6. 피토튜브(Pitot tube)	1. 로타미터 2. 습식테스트미터 3. 건식가스미터 4. 오리피스미터 5. 열선기류계
암기법 1차비누로 폐활량 재고, 가스치환하여, 유리, 흑연 먹였더니 피토했다.	암기법 2 열로 걸어가는 습관 테스트하는 오리

실기에 자주 출제★★★

39 고열측정 구분에 의한 온도측정기기와 측정시간 기준의 연결로 옳지 않은 것은? (단, 고용노동부 고시 기준)

① 습구온도-0.5도 간격의 눈금이 있는 아스만통풍건습계 5분 이상
② 흑구 및 습구흑구온도-직경이 5센티미터 이상 되는 흑구온도계 또는 습구흑구온도를 동시에 측정할 수 있는 기기-직경이 5센티미터일 경우 5분 이상
③ 흑구 및 습구흑구온도-직경이 5센티미터 이상 되는 흑구온도계 또는 습구흑구온도를 동시에 측정할 수 있는 기기-직경이 15센티미터일 경우 25분 이상
④ 흑구 및 습구흑구온도-직경이 5센티미터 이상 되는 흑구온도계 또는 습구흑구온도를 동시에 측정할 수 있는 기기-직경이 7.5센티미터일 경우 5분 이상

※ 관련 고시의 변경으로 삭제된 내용입니다.

*참고
고열 측정기기
고열은 습구흑구온도지수(WBGT)를 측정할 수 있는 기기 또는 이와 동등 이상의 성능을 가진 기기를 사용한다.

40 가스 및 증기 시료채취방법 중 실리카겔에 의한 흡착방법에 관한 설명으로 적합하지 않은 것은?

① 일반적으로 탈착용매로 CS_2를 사용하지 않는다.
② 활성탄으로 채취가 어려운 아닐린, 오르토-톨루이딘 등의 아민류나 몇몇 무기물질의 채취가 가능하다.
③ 추출액이 화학분석이나 기기분석에 방해물질로 작용하는 경우가 있다.
④ 물을 잘 흡수하는 단점이 있다.

*실리카겔관의 장 · 단점

장점	① 극성물질을 채취한 경우 물, 메탄올 등 다양한 용매로 쉽게 탈착된다. ② 추출액이 화학분석이나 기기분석에 방해물질로 작용하는 경우가 많지 않다. ③ 활성탄으로 채취가 어려운 아닐린, 오르쏘-톨루이딘 등의 아민류나 몇몇 무기물질의 채취가 가능하다. ④ 매우 유독한 이황화탄소를 탈착 용매로 사용하지 않는다.
단점	① 수분을 잘 흡수(친수성)하여 습도의 증가에 따라 흡착용량이 감소된다.

필기에 자주 출제★

정답 38 ① 39 ① 40 ③

41 200sones인 음은 몇 phones인가?

① 103.3 ② 108.3
③ 112.3 ④ 116.6

1. $S=2^{\frac{(L_L-40)}{10}}$
2. phon = 33.33×log$S$ + 40
- S : 음의 크기(sone)
- L_L : 음의 크기 레벨(phon)

phon = 33.33×log200 + 40
= 116.69(phones)

42 보호장구의 재질별로 효과적인 적용물질을 연결한 것으로 옳은 것은?

① butyl 고무 - 비극성용제
② 면 - 비극성용제
③ 천연고무(latex) - 극성용제
④ virtron - 극성용제

* 보호장구 재질에 따른 적용물질
① Neoprene 고무 : 비극성용제, 산, 부식성물질에 사용
② Vitron : 비극성용제에 사용
③ Nitrile : 비극성용제에 사용
④ 천연고무(latex) : 극성용제 및 수용성 용액에 사용
⑤ Butyl 고무 : 극성용제(알콜, 알데히드 등)에 사용
⑥ 면 : 고체상물질에 사용(용제에는 사용 못함)
⑦ 가죽 : 찰과상 예방(용제에는 사용 못함)
⑧ Ethylene Vinyl Alcohol : 화학물질 취급 작업에 사용
⑨ Polyvinyl Chloride(PVC) : 수용성 용액

필기에 자주 출제 ★

43 귀마개에 대한 설명으로 옳지 않은 내용은? (단, 귀덮개와 비교 기준)

① 차음효과가 떨어진다.
② 착용시간이 빠르고 쉽다.
③ 외청도에 이상이 없는 경우에 사용이 가능하다.
④ 고온작업장에서 사용이 간편하다.

* 귀마개의 장 · 단점

장점	• 부피가 작아서 휴대하기 편하다. • 보안경과 안전모 사용에 구애받지 않는다. • 고온작업, 좁은 공간에서도 사용할 수 있다. • 가격이 저렴하다.
단점	• 귀에 질병이 있을 경우 착용이 불가능하다. • 제대로 착용하는데 시간이 걸리며 요령을 습득해야 한다. • 착용 여부 파악이 곤란하다. • 차음효과가 일반적으로 귀덮개보다 떨어지며 사람에 따라 차이가 있을 수 있다. • 귀마개 오염에 따른 감염 가능성이 있다. • 땀이 많이 날 때는 외이도에 염증유발 가능성 있다. • 착용여부 파악이 곤란하다.

실기에 자주 출제 ★★★

정답 41 ④ 42 ③ 43 ②

44 감압에 따른 기포형성량을 좌우하는 '조직에 용해된 가스량'을 결정하는 요인과 거리가 먼 것은?

① 고기압의 노출정도 ② 고기압의 노출시간
③ 체내 지방량 ④ 감압속도

*조직에 용해된 가스량을 결정하는 요인
① 고기압의 노출정도
② 고기압의 노출시간
③ 체내 지방량

*참고
감압 시에 조직 내 질소기포 형성량에 영향을 주는 요인
① 조직에 용해된 가스량
② 혈류를 변화시키는 상태
③ 감압속도
④ 고기압의 노출정도

필기에 자주 출제 ★

45 방진재인 공기스프링에 관한 설명으로 옳지 않은 것은?

① 부하능력이 광범위하다.
② 압축기 등의 부대시설이 필요하지 않다.
③ 구조가 복잡하고 시설비가 많이 든다.
④ 사용 진폭이 적은 것이 많아 별도의 댐퍼가 필요한 경우가 많다.

*공기용수철(공기스프링)
① 부하능력이 광범위하다.
② 압축기 등 부대시설이 필요하다.
③ 하중부하 변화에 따라 고유진동수를 일정하게 유지한다.
④ 구조가 복잡하고 시설비가 많이 든다.(성능은 우수하다.)
⑤ 사용 진폭이 적어 별도의 damper가 필요하다.

필기에 자주 출제 ★

46 방독마스크 카트리지에 포함된 흡착제의 수명은 여러 환경요인에 영향을 받는다. 흡착제의 수명에 영향을 주는 환경요인과 가장 거리가 먼 것은?

① 작업장의 온도
② 작업장의 습도
③ 작업장의 유해물질농도
④ 작업장의 체적

*해설
방독마스크 카트리지 수명에 영향을 미치는 요소
① 흡착제의 질과 양
② 상대습도
③ 온도
④ 유해물질농도
⑤ 흡착제의 양과 질
⑥ 착용자의 호흡률
⑦ 다른 가스 증기와의 혼합여부

47 다음의 작업 중에서 적외선에 가장 많이 노출될 수 있는 작업에 해당되는 것은?

① 보석 세공작업 ② 유리 가공작업
③ 전기용접 ④ X선 촬영작업

적외선 백내장 → 초자(유리공)공, 대장공 백내장 → 유리 가공작업에서 노출 가능성이 높다.

필기에 자주 출제 ★

정답 44 ④ 45 ② 46 ④ 47 ②

48 유해작업환경 개선대책 중 대치(substitution)에 해당되는 내용으로 옳지 않은 것은?

① 세탁 시 화재예방을 위하여 4클로로에틸렌 대신 석유나프타 사용
② 수작업으로 페인트를 분무하는 것을 담그는 공정으로 자동화
③ 성냥제조 시 황린 대신 적린 사용
④ 작은 날개로 고속회전시키는 송풍기를 큰 날개로 저속회전시킴

> ① 세탁 시 화재예방을 위하여 석유나프타 대신 퍼클로로에틸렌(트리-클로로에틸렌)을 사용한다.

필기에 자주 출제★

49 고열장애에 관한 설명으로 옳지 않은 것은?

① 열사병은 신체 내부의 체온조절 계통이 기능을 잃어 발생한다.
② 열경련은 땀으로 인한 염분손실을 충당하지 못할 때 발생하며 장애가 발생하면 염분의 공급을 위해 식염정제를 사용한다.
③ 열허탈은 고열작업장에 순화되지 못한 근로자가 고열작업을 수행할 경우 신체말단부에 혈액이 과다하게 저류되어 뇌의 혈액흐름이 좋지 못하게 됨에 따라 뇌에 산소가 부족하여 발생한다.
④ 일시적인 열피로는 고열에 순화되지 않은 작업자가 장시간 고열환경에 정적인 작업을 할 경우 흔히 발생한다.

> * 열경련(heat cramp)
> ① 전형적인 열 중증의 형태로 고온환경에서 심한 육체적인 노동을 할 때 혈중 염분농도 저하가 원인된다.
> ② 근육경련, 현기증, 이명, 두통, 구역, 구토 등의 증상이 있다.
> ③ 수분 및 NaCl 보충(생리식염수 0.1% 공급)한다. (일시에 염분농도가 높으면 흡수 저하가 일어나므로 식염정제를 공급해서는 안 된다.)

필기에 자주 출제★

50 공기 중 입자상 물질은 여러 기전에 의해 여과지에 채취된다. 차단, 간섭기전에 영향을 미치는 요소와 가장 거리가 먼 것은?

① 입자크기
② 입자밀도
③ 여과지의 공경(막 여과지)
④ 여과지의 고형분(solidity)

> * 차단, 간섭기전에 영향을 미치는 요소
> ① 분진 입자의 크기
> ② 여과지의 공경(직경)
> ③ 섬유의 직경
> ④ 여과지의 고형분(solidity)

필기에 자주 출제★

정답 48 ① 49 ② 50 ②

51 실내오염원인 라돈(radon)에 관한 설명으로 옳지 않은 것은?

① 라돈가스는 호흡하기 쉬운 방사선 물질이다.
② 라돈가스는 공기보다 9배가 무거워 지표에 가깝게 존재한다.
③ 라돈은 폐암의 발생률을 높이고 있는 것으로 보고되었다.
④ 핵폐기물장 주변 또는 핵발전소 부근에서 주로 방출되고 있다.

④ 라돈은 공기, 물, 토양에 널리 존재하는 방사성 기체로서 실내에 존재하는 라돈의 80~90%는 토양이나 지반의 암석에서 발생된 라돈 가스가 건물바닥이나 벽의 갈라진 틈을 통해 들어온다.

필기에 자주 출제 ★

52 사업장에서 일하는 근로자가 차음평가수가 27인 귀마개를 착용하고 일하고 있다. 이 귀마개의 차음효과를 미국산업안전보건청(OSHA)에서 제시하고 있는 방법으로 계산하면 차음효과는?

① 5dB　　② 10dB
③ 20dB　　④ 27dB

차음효과 = $(NRR-7)\times 0.5$
• NRR : 차음평가수

차음효과 = $(27-7)\times 0.5 = 10$(dB)

실기까지 중요 ★★

53 고온이 인체에 미치는 영향에서 일차적인 생리적 반응에 해당되지 않는 것은?

① 수분과 염분의 부족
② 피부혈관의 확장
③ 불감발한
④ 호흡 증가

고온의 일차적 생리적 현상	고온의 이차적 생리적 현상
① 발한(땀)	① 심혈관 장애
② 불감발한	② 신장 장애
③ 피부혈관의 확장	③ 위장 장애
④ 체표면적 증가	④ 신경계 장애
⑤ 호흡증가	⑤ 피부기능 변화
⑥ 근육이완	⑥ 수분 및 염분 부족

필기에 자주 출제 ★

54 다음의 성분과 용도를 가진 보호크림은?

- 성분 : 정제 벤드나이드겔, 염화비닐수지
- 용도 : 분진, 전해약품 제조, 원료 취급 작업

① 피막형 크림　　② 차광 크림
③ 소수성 크림　　④ 친수성 크림

* 피막형 피부보호제(피막형 크림)
분진, 유리섬유 등에 대한 장해 예방
① 분진, 전해약품 제조, 원료 취급 작업에서 주로 사용한다.
② 적용 화학물질 : 정제 벤드나이겔, 염화비닐 수지
③ 작업완료 후 즉시 닦아내야 한다.(피부 장해 우려됨)

필기에 자주 출제 ★

정답 51 ④ 52 ② 53 ① 54 ①

55 작업환경개선대책 중 대치의 방법으로 옳지 않은 것은?

① 금속제품 도장용으로 유기용제를 수용성 도료로 전환한다.
② 아조염류의 합성에서 원료로 디클로로벤지딘을 사용하던 것을 방부기능의 벤지딘으로 바꾼다.
③ 분체의 원료는 입자가 큰 것으로 바꾼다.
④ 금속제품의 탈지에 트리클로로에틸렌을 사용하던 것을 계면활성제로 전환한다.

② 아조염료의 합성에서 벤지딘을 디클로로벤지딘으로 대신 사용한다.

필기에 자주 출제★

56 마이크로파가 건강에 미치는 영향에 관한 설명으로 옳지 않은 것은?

① 마이크로파의 생물학적 작용은 파장 뿐만 아니라 출력, 노출시간, 노출된 조직에 따라서 다르다.
② 신체조직에 따른 투과력은 파장에 따라서 다르다.
③ 생화학적 변화로는 콜린에스테라제의 활성치가 증가한다.
④ 혈압은 노출 초기에 상승하다가 곧 억제효과를 내어 저혈압을 초래한다.

③ 생화학적 변화로는 콜린에스테라제의 활성치가 저하된다.

필기에 자주 출제★

57 작업장의 이상적인 채광을 위해서 창의 면적은 바닥면적의 몇 %로 하는 것이 가장 좋은가?

① 5 ~ 10%
② 15 ~ 20%
③ 20 ~ 35%
④ 35 ~ 50%

창의 면적은 방바닥 면적의 15 ~ 20%(1/5 ~ 1/7)가 적당하다.

필기에 자주 출제★

58 시력장애, 환청, 근육경련 등의 산소중독 증세가 나타나고 산소분압은 몇 기압 이상인가?

① 1기압
② 2기압
③ 3기압
④ 4기압

산소분압이 2기압을 넘으면 산소중독 증세가 나타난다.

실기까지 중요★★

정답 55 ② 56 ③ 57 ② 58 ②

59 소음원이 바닥 위(반자유공간)에 있을 때 지향계수(Q)는?

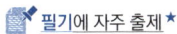

① 1 ② 2
③ 3 ④ 4

음원이 자유공간에 떠 있는 경우(음의 전파가 완전 구체인 경우)	음원이 반 자유공간 또는 바닥 위에 있는 경우(음의 전파가 반구인 경우)
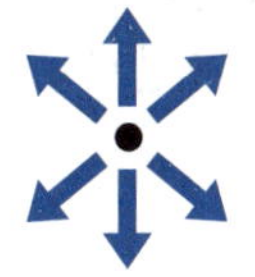	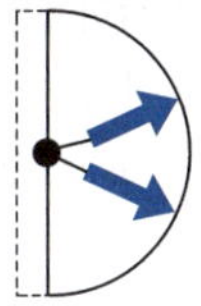
$Q=1$ $DI=10\times\log1=0$(dB)	$Q=2$ $DI=10\times\log2=3$(dB)
음원이 두면이 만나는 구석 또는 벽 근처 바닥에 있는 경우(음의 전파가 1/4 구체인 경우)	음원이 세면이 만나는 구석 또는 각진 모퉁이 바닥에 있는 경우(음의 전파가 1/8 구체인 경우)
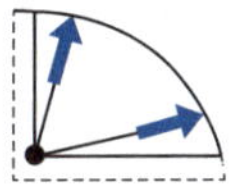	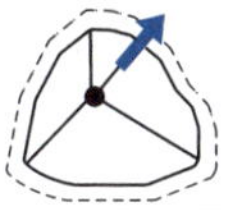
$Q=4$ $DI=10\times\log4=6$(dB)	$Q=8$ $DI=10\times\log8=9$(dB)

필기에 자주 출제★

60 비전리방사선에 속하는 방사선은?

① X선 ② β선
③ 중성자 ④ 마이크로파

⋆ 비전리방사선의 종류 및 파장
① 자외선(화학선) : 100 ~ 400nm (1,000 ~ 4,000Å)
② 적외선(열선) : 750 ~ 1,200nm (7,500 ~ 12,000Å)
③ 마이크로파 : 1 ~ 300cm
④ 가시광선 : 400 ~ 760nm(4,000 ~ 7,600Å)

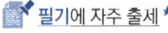

필기에 자주 출제★

제4과목 산업환기

61 다음 중 국소배기장치의 투자비용과 전력소모비를 적게 하기 위하여 최우선으로 고려하여야 할 사항은?

① 덕트의 직경을 최대한 크게 한다.
② 후드의 필요송풍량을 최소화한다.
③ 제어속도를 최대한 증가시킨다.
④ 배기량을 많게 하기 위해 발생원과 후드 사이의 거리를 가능한 한 멀게 유지한다.

국소배기장치의 투자비용과 전력소모비를 적게 하기 위하여 최우선으로 고려하여야 할 사항
→ 후드의 필요송풍량을 최소화한다.

필기에 자주 출제★

62 배출구의 배기시설에 대한 일반적인 설치방법에 있어 '15-3-15규칙' 중 '3'가 의미하는 내용으로 옳은 것은?

① 외기풍속의 3배로
② 배기속도는 10m/sec가 되도록
③ 유입구로부터 3m 떨어지게
④ 배기구의 높이는 지붕 꼭대기나 공기유입구보다 3m 이상 높게

⋆ 배기규칙(15-3-15규칙)
① 15 : 배기구와 공기를 유입하는 흡입구는 15m 이상 떨어지게 설치해야 한다.
② 3 : 배기구의 높이는 지붕 꼭대기나 공기유입구보다 3m 이상 높게 설치한다.
③ 15 : 배출되는 공기는 재 유입되지 않도록 배출속도를 15m/sec 이상 유지한다.

정답 59 ② 60 ④ 61 ② 62 ④

* 참고
산업환기설비에 관한 기술지침
옥외에 설치하는 배기구는 지붕으로부터 1.5m 이상 높게 설치하고, 배출된 공기가 주변 지역에 영향을 미치지 않도록 상부 방향으로 10m/s 이상 속도로 배출하는 등 배출된 유해물질이 당해 작업장으로 재유입되거나 인근의 다른 작업장으로 확산되어 영향을 미치지 않는 구조로 하여야 한다.

63 다음 중 원심력(사이클론)집진장치의 장점이 아닌 것은?

① 점성 분진에 특히 효과적인 제거능력을 가지고 있다.
② 직렬 또는 병렬로 연결하면 사용 폭을 보다 넓힐 수 있다.
③ 비교적 적은 비용으로 큰 입자를 효과적으로 제거할 수 있다.
④ 고온가스, 고농도가스 처리도 가능하며, 설치장소에 구애를 받지 않는다.

* 원심력(사이클론)집진장치
① 함진가스에 선회류를 일으키는 원심력을 이용하여 분진을 분리, 포집한다.
② 사이클론에는 접선 유입식과 축류 유입식이 있다.
③ 가동부분이 적고 구조가 간단하여 설치비 및 유지, 보수비용이 저렴하다.
④ 비교적 적은 비용으로 집진이 가능하다.
⑤ 현장에서 전처리용 집진장치로 널리 이용된다.
⑥ 고온에서 운전이 가능하다.
⑦ 직렬 또는 병렬로 연결하여 사용이 가능하다.
⑧ 미세한 먼지가 재 비산되기도 한다.

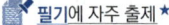

필기에 자주 출제 ★

64 다음 중 산업환기에 관한 설명으로 가장 적절하지 않은 것은?

① 작업장 실내 · 외 공기를 교환하여 주는 것이다.
② 작업환경상의 유해요인인 먼지, 화학물질, 고열 등을 관리한다.
③ 작업자의 건강보호를 위해 작업장 공기를 쾌적하게 하는 것이다.
④ 작업장에서 기계의 힘을 이용한 환기를 자연환기라 한다

④ 자연환기는 실내외의 온도차와 바람에 의한 자연 통풍방식을 말한다.

* 참고
강제환기(기계환기)
송풍기(fan)를 사용하여 강제적으로 환기하는 방식을 말한다.

필기에 자주 출제 ★

정답 63 ① 64 ④

65 다음 중 용해로, 열처리로, 배소로 등의 가열로에서 가장 많이 사용하는 후드는?

① 슬롯형 후드
② 부스식 후드
③ 외부식 후드
④ 레시버식 캐노피형 후드

★ 리시버식 후드의 종류

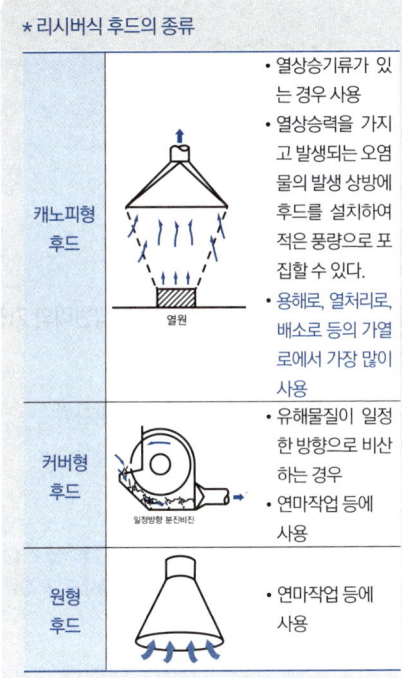

캐노피형 후드	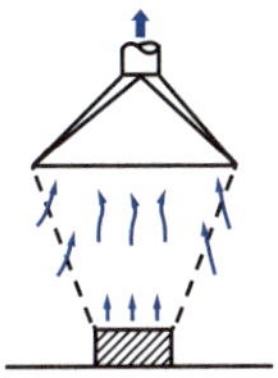	• 열상승기류가 있는 경우 사용 • 열상승력을 가지고 발생되는 오염물의 발생 상방에 후드를 설치하여 적은 풍량으로 포집할 수 있다. • 용해로, 열처리로, 배소로 등의 가열로에서 가장 많이 사용
커버형 후드	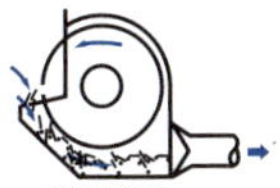	• 유해물질이 일정한 방향으로 비산하는 경우 • 연마작업 등에 사용
원형 후드	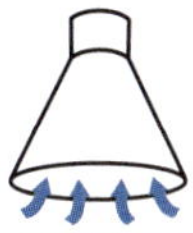	• 연마작업 등에 사용

필기에 자주 출제★

66 다음 중 제어속도의 범위를 선택할 때 고려되는 사항으로 가장 거리가 먼 것은?

① 근로자수
② 작업장 내 기류
③ 유해물질의 사용량
④ 유해물질의 독성

★ 제어속도 결정시 고려사항(제어속도에 영향을 주는 인자)
① 후드의 모양
② 후드에서 오염원까지의 거리
③ 오염물질(유해물질)의 종류 및 확산상태
④ 오염물질(유해물질)의 비산방향 및 비산거리
⑤ 오염물질(유해물질)의 사용량 및 독성 정도
⑥ 작업장 내 방해기류

실기까지 중요★★

67 불필요한 일이 발생하는 작업장을 환기시키려고 할 때 필요환기량(m³/hr)을 구하는 식으로 옳은 것은? (단, 급배기 또는 실내 · 외의 온도차를 $\triangle t$(℃), 작업장 내 열부하를 H_s(kcal/hr)라 한다.)

① $\dfrac{H_s}{1.2\triangle t}$　　② $H_s \times 1.2\triangle t$

③ $\dfrac{H_s}{0.3\triangle t}$　　④ $H_s \times 0.3\triangle t$

★ 발열시 필요환기량

$$Q = \frac{H_s}{0.3\triangle t}(\mathrm{m^3/hr})$$

• $\triangle t$: 급배기(실내, 외)의 온도차(℃)
• H_s : 작업장내 열부하량(kcal/hr)
• 0.3 : 정압비열(kcal/m³℃)

실기까지 중요★★

정답　65 ④　66 ①　67 ③

68 국소배기용 덕트 설계 시 처리물질에 따라 반송속도가 결정된다. 다음 중 반송속도가 가장 느린 물질은?

① 곡분
② 합성수지분
③ 선반작업 발생먼지
④ 젖은 주조작업 발생먼지

* 산업환기설비에 관한 기술지침-2019

유해물질 발생형태	유해 물질 종류	반송속도 (m/sec)
증기 · 가스 · 연기	아연흄, 산화알미늄 흄, 용접흄 등	5.0~10.0
흄	아연흄, 산화알미늄 흄, 용접흄 등	10.0~12.5
미세하고 가벼운 분진	미세한 면분진, 미세한 목분진, 종이분진 등	12.5~15.0
건조한 분진이나 분말	고무분진, 면분진, 가죽분진, 동물털 분진 등	15.0~20.0
일반 산업분진	젖은 톱밥분진, 입자가 혼입된 금속분진, 샌드	17.5~20.0
무거운 분진	블라스트분진, 주철보링분진, 납분진	20.0~22.5
무겁고 습한 분진	습한 시멘트분진, 작은 칩이 혼입된 납분진, 석면덩어리 등	22.5 이상

필기에 자주 출제 ★

69 후드의 유입계수인 0.85인 후드의 압력손실계수는 약 얼마인가?

① 0.38　　② 0.52
③ 0.85　　④ 1.03

* 압력손실계수

$$F_h = \frac{1}{Ce^2} - 1$$

• Ce : 유입계수

$$F_h = \frac{1}{0.85^2} - 1 = 0.38$$

실기까지 중요 ★★

70 다음 중 여과집진장치의 포집원리와 가장 거리가 먼 것은?

① 관성충돌　　② 원심력
③ 직접차단　　④ 확산

* 여과 집진장치(백 필터)
함진가스를 여과재에 통과시켜 관성충돌, 직접 차단, 확산, 정전기력에 의하여 입자를 분리 포집한다.

* 참고
원심력 집진장치(사이클론)
함진가스에 선회류를 일으키는 원심력을 이용하여 분진을 분리, 포집한다.

필기에 자주 출제 ★

정답 68 ② 69 ① 70 ②

71 다음 중 전체환기의 설치조건으로 적합하지 않은 작업장은?

① 금속 흄의 농도가 높은 작업장
② 오염물질이 널리 퍼져있는 작업장
③ 공기 중 오염물질 독성이 적은 작업장
④ 오염물질이 시간에 따라 균일하게 발생되는 작업장

국소환기 장치 설치가 필요한 경우	① 유해물질 발생량이 많은 경우 ② 유해물질 독성이 강한 경우(TLV가 낮을 때) ③ 유해물질 발생원과 작업위치가 근접해 있는 경우 ④ 높은 증기압의 유기용제 ⑤ 발생주기가 균일하지 않은 경우 ⑥ 발생원이 고정되어 있는 경우 ⑦ 법적의무 설치사항의 경우
전체환기 (희석환기)가 필요한 경우	① 유해물질의 독성이 비교적 낮은 경우 ② 동일한 작업장에 다수의 오염원이 분산되어 있는 경우 ③ 유해물질이 시간에 따라 균일하게 발생될 경우 ④ 유해물질의 발생량이 적은 경우 ⑤ 발생원이 이동하는 경우 ⑥ 오염원이 근무자가 근무하는 장소로부터 멀리 떨어져 있는 경우

실기까지 중요 ★★

72 송풍기에 걸리는 전압이 200mmH_2O, 배풍량이 250m^3/min, 송풍기의 효율이 70%이다. 여유율을 20%로 하였을 때 송풍기에 필요한 동력은 약 얼마인가?

① 6.8kW ② 9.8kW
③ 11.7kW ④ 14.1kW

* 송풍기 소요동력의 계산

$$HP(\text{kW}) = \frac{Q \times P}{6{,}120 \times \eta} \times K$$

- Q : 송풍량(m^3/min)
- P : 유효전압(풍압)(mmH_2O)
- η : 송풍기효율
- K : 안전여유

$$HP(\text{kW}) = \frac{250 \times 200}{6{,}120 \times 0.7} \times 1.2 = 14.01(\text{kW})$$

실기에 자주 출제 ★★★

73 다음 중 국소배기장치의 기본설계를 위한 항목에 있어 가장 우선적으로 결정해야 할 항목은?

① 후드 형식 선정
② 소요풍량 계산
③ 반송속도 결정
④ 제어속도 결정

* 국소배기장치의 설계순서
후드형식 선정 → 제어속도 결정 → 소요풍량 계산 → 반송속도 결정

암기법
형 제 소풍(소요, 풍량) 단속(반송속도)

실기까지 중요 ★★

74 다음 중 덕트 설치 시의 주요 원칙으로 틀린 것은?

① 가능한 한 후드의 가까운 곳에 설치한다.
② 곡관의 수는 가능한 한 적게 하도록 한다.
③ 공기는 항상 위로 흐르도록 상향구배로 한다.
④ 덕트는 가능한 한 짧게 배치하도록 한다.

③ 공기 흐름은 하향구배를 원칙으로 한다.

필기에 자주 출제 ★

정답 71 ① 72 ④ 73 ① 74 ③

75 분진을 다량 함유하는 공기를 이송시키고자 할 때 송풍기를 잘못 선정하면 송풍기 날개에 분진이 퇴적되어 효율이 저하되는 경우가 많다. 다음 중 자체 정화기능을 가진 송풍기는?

① 터보 송풍기
② 방사 날개형 송풍기
③ 후향 날개형 송풍기
④ 전향 날개형 송풍기

* 방사 날개형(평판형, 플레이트형) 송풍기
① 날개(깃)가 평판 모양으로 강도 높게 설계되어 있다.
② 깃의 구조가 분진을 자체를 정화할 수 있다.
③ 시멘트, 미분탄, 곡물, 모래 등의 고농도 분진함유 공기, 부식성이 강한 공기를 이송시키는 데 많이 이용된다.
④ 습식집진장치의 배기에 적합하며 소음은 중간 정도이다.

필기에 자주 출제 ★

76 다음 중 압력에 관한 설명으로 틀린 것은?

① 정압이 대기압보다 크면(+) 압력이다.
② 정압이 대기압보다 작은 경우도 있다.
③ 정압은 속도압과 관계없이 독립적으로 발생한다.
④ 속도압은 공기흐름으로 인하여(-) 압력이 발생한다.

④ 속도압은 공기가 이동하는 힘으로 항상 양압(0 이상의 압력)이다.

필기에 자주 출제 ★

77 플랜지가 부착되지 않은 장방형 측방 외부식 후드를 이용하여 연마작업에서 발생되는 분진을 포집 · 제거하고자 할 때 필요송풍량(m^3/min)은? (단, 제어속도는 1m/sec, 오염원에서 후드까지의 거리는 50cm, 덕트 내 오염물질 반송속도는 20m/sec, 후드의 가로 · 세로의 크기는 50cm×70cm이다.)

① 86 ② 128
③ 171 ④ 205

* 외부식 후드(자유공간 위치한 원형 및 장방형 후드, 플랜지 미 부착)

$Q = 60 \cdot Vc(10X^2 + A)$: Dalla valle식

- Q : 필요송풍량(m^3/min)
- Vc : 제어속도(m/sec)
- A : 개구면적(m^2)
- X : 후드중심선으로부터 발생원까지의 거리(m) (오염원과 후드간 거리가 덕트 직경의 1.5배 이내일 때만 유효)

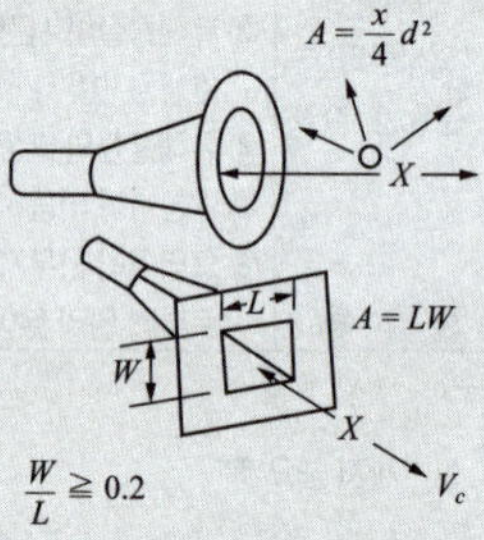

$Q = 60 \times 1 \times [10 \times 0.5^2 + (0.5 \times 0.7)]$
$= 171(m^3/min)$

실기에 자주 출제 ★★★

정답 75 ② 76 ④ 77 ③

78 다음 중 1기압(atm)과 동일한 값은?

① 101.325kPa ② 760mmH$_2$O
③ 1.013kg/m^3 ④ 10332.27bar

1기압(atm) = 760mmHg
= 10332.2676mmH$_2$O
= 101325Pa(101.325kPa)
= 1013.25밀리바(mb)
= 1.033227kgf/cm^2

필기에 자주 출제★

79 150℃, 720mmHg 상태에서의 100m^{3}인 공기는 21℃, 1기압에서는 약 얼마의 부피로 변하는가?

① 47.8m^3 ② 57.2m^3
③ 65.8m^3 ④ 77.2m^3

⋆부피의 온도, 압력 보정

$$100 \times \frac{(273+21)\times 720}{(273+150)\times 760} = 65.85(\text{m}^3)$$

⋆참고

$$\frac{P_1V_1}{T_1} = \frac{P_2V_2}{T_2}$$

$$T_1P_2V_2 = T_2P_1V_1$$

$$V_2 = V_1 \times \frac{T_2P_1}{T_1P_2}$$

실기까지 중요★★

80 다음 중 공기가 직경 30cm, 길이 1m의 원형 덕트를 통과할 때 발생되는 압력손실의 종류로 가장 올바르게 나열한 것은? (단, 21℃, 1기압으로 가정한다.)

① 마찰, 압축 ② 마찰, 난류
③ 압축, 팽창 ④ 난류, 팽창

⋆덕트의 압력손실
① 마찰에 의한 압력손실
② 난류에 의한 압력손실

⋆참고
① 층류 : 소용돌이나 선회운동을 일으키지 않고 관 벽에 평행으로 유동
② 난류 : 크고 작은 소용돌이가 혼합된 형태 흐름

정답 78 ① 79 ③ 80 ②

2014년 8월 17일

3회 과년도기출문제

제1과목 산업위생학 개론

01 다음 중 전신진동을 일으키는 주파수 범위로 가장 적절한 것은?

① 1 ~ 80Hz
② 200 ~ 500Hz
③ 1,000 ~ 2,000Hz
④ 4,000 ~ 8,000Hz

* 인체에 영향을 주는 진동범위
① 전신진동 : 2 ~ 100Hz
② 국소진동 : 8 ~ 1,500Hz

필기에 자주 출제 ★

02 다음 중 산업피로의 증상으로 옳은 것은?

① 체온조절의 장애가 나타나며, 에너지소모량이 증가한다.
② 호흡이 얕고 빨라지며, 근육 내 글리코겐이 증가하게 된다.
③ 혈액 중의 젖산과 탄산량이 감소하여 산혈증을 일으킨다.
④ 소변의 양과 뇨 내 단백질이나 기타 교질 영양물질의 배설량이 줄어든다.

* 피로의 증상
① 순환기능 : 맥박이 빨라지고 회복 시 까지 시간이 걸린다.
② 혈압 : 혈압은 초기에는 높아지나 피로가 진행되면서 낮아진다.
③ 호흡기능 : 호흡이 얕고 빨라지며 체온이 상승하여 호흡중추를 흥분시키고 혈액 중 이산화탄소량의 증가로 심할 때는 호흡곤란을 일으킨다.
④ 신경기능 : 지각기능이 둔해지고, 반사기능 낮아지며 판단력 저하, 권태감, 졸음이 발생한다.
⑤ 혈액 : 혈당치가 낮아지고 젖산과 탄산량이 증가하여 산혈증이 발생한다.
⑥ 소변 : 소변양이 줄고 단백질 또는 교질물질의 배설량 증가한다.
⑦ 체온 : 체온이 높아지나 피로정도가 심해지면 낮아진다.

필기에 자주 출제 ★

03 산업안전보건법령에서 정하고 있는 신규화학물질의 유해성 · 위험성 조사에 제외되는 화학물질이 아닌 것은?

① 원소
② 방사성 물질
③ 일반 소비자의 생활용이 아닌 인공적으로 합성된 화학물질
④ 고용노동부장관이 환경부장관과 협의하여 고시하는 화학물질 목록에 기록되어 있는 물질

정답 01 ① 02 ① 03 ③

* 유해성 · 위험성 조사 제외 화학물질
1. 원소
2. 천연으로 산출된 화학물질
3. 「건강기능식품에 관한 법률」에 따른 건강기능식품
4. 「군수품관리법」 및 「방위사업법」에 따른 군수품[「군수품관리법」 제3조에 따른 통상품(痛常品)은 제외한다]
5. 「농약관리법」에 따른 농약 및 원제
6. 「마약류 관리에 관한 법률」에 따른 마약류
7. 「비료관리법」에 따른 비료
8. 「사료관리법」에 따른 사료
9. 「생활화학제품 및 살생물제의 안전관리에 관한 법률」에 따른 살생물 물질 및 살생물 제품
10. 「식품위생법」에 따른 식품 및 식품첨가물
11. 「약사법」에 따른 의약품 및 의약외품(醫藥外品)
12. 「원자력안전법」에 따른 방사성물질
13. 「위생용품 관리법」에 따른 위생용품
14. 「의료기기법」에 따른 의료기기
15. 「총포 · 도검 · 화약류 등의 안전관리에 관한 법률」에 따른 화약류
16. 「화장품법」에 따른 화장품과 화장품에 사용하는 원료
17. 고용노동부장관이 명칭, 유해성 · 위험성, 근로자의 건강장해 예방을 위한 조치 사항 및 연간 제조량 · 수입량을 공표한 물질로서 공표된 연간 제조량 · 수입량 이하로 제조하거나 수입한 물질
18. 고용노동부장관이 환경부장관과 협의하여 고시하는 화학물질 목록에 기록되어 있는 물질

암기법

비료로 농 사지은 식품, 건강식품, 군수품, 위생용품에서 화약, 방사성물질 나와서 의료기기, 의약품, 마약, 화장품으로 치료했더니 천연 원소인 살생물의 위험조사 제외됐다.

실기까지 중요 ★★

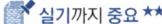

04 다음 중 산업피로의 방지대책으로 가장 적절하지 않은 것은?

① 불필요한 동작을 피하고, 에너지소모를 적게 한다.
② 작업시간 중 또는 작업 전 · 후에 간단한 체조 등의 시간을 갖는다.
③ 너무 정적인 작업은 피로를 더하게 되므로 동작인 작업으로 전환한다.
④ 일반적으로 단시간씩 여러 번 나누어 휴식하는 것보다 장시간 한 번 휴식하는 것이 피로회복에 도움이 된다.

④ 휴식은 여러 번 나누어 휴식하는 것이 장시간 휴식하는 것보다 효과적이다.

필기에 자주 출제 ★

05 작업대사율(RMR)이 4인 작업을 하는 근로자의 실동률은 얼마인가? (단, 사이토와 오시마식을 적용한다.)

① 55% ② 65%
③ 75% ④ 85%

실노동율(실동률)(%) = 85 − (5 × RMR)
• RMR : 에너지 대사율(작업대사율)

실동률(%) = 85 − (5 × 4)=65(%)

필기에 자주 출제 ★

정답 04 ④ 05 ②

06 스트레스는(stress)는 외부의 스트레서(stressor)에 의해 신체에 항상성이 파괴되면서 나타나는 반응이다. 다음 설명에서 (　) 안에 적절한 물질은?

> 인간은 스트레스 상태가 되면 부신피질에서 (　)이라는 호르몬이 과잉분비되어 뇌의 활동 등을 저해하게 된다.

① 도파민(dopamine)
② 코티졸(cortisol)
③ 옥시토신(oxytocin)
④ 아드레날린(adrenalin)

인간은 스트레스 상태가 되면 부신피질에서 코티졸(cortisol)이라는 호르몬이 과잉 분비되어 뇌의 활동 등을 저해하게 된다.

필기에 자주 출제★

07 다음 중 재해의 지표로 이용되는 지수의 산식으로 틀린 것은?

① 도수율 = $\frac{\text{재해발생건수}}{\text{연간평균근로자수}} \times 1,000$

② 강도율 = $\frac{\text{총요양근로손실일수}}{\text{연근로시간수}} \times 1,000$

③ 연천인율 = $\frac{\text{연간재해자수}}{\text{연간평균근로자수}} \times 1,000$

④ 재해율 = $\frac{\text{재해자수}}{\text{산재보험적용근로자수}} \times 100$

① 도수율 = $\frac{\text{재해 건수}}{\text{연근로 시간수}} \times 10^6$

실기까지 중요★★

08 다음 중 NIOSH에서 권장하는 중량물 취급작업 시 감시기준(action limit)이 20kg일 때 최대허용기준(MPL)은 몇 kg인가?

① 25　② 30
③ 40　④ 60

MPL(최대허용기준)=3×AL(감시기준)

MPL(최대허용기준) = 3×20 = 60(kg)

필기에 자주 출제★

09 다음 중 중량물 취급에 있어서 미국 NIOSH에서 중량물 최대허용한계(MPL)를 설정할 때의 기준으로 틀린 것은?

① MPL에 해당하는 작업은 L_5/S_1 디스크에 6,400N의 압력을 부하
② MPL에 해당하는 작업이 요구한 에너지대사량은 5.0kcal/min을 초과
③ MPL을 초과하는 작업에서는 대부분의 근로자들에게 근육 · 골격 장애가 발생
④ 남성근로자의 50% 미만과 여성근로자의 10% 미만에서만 MPL 수준의 작업수행이 가능

＊NIOSH 들기작업 지침의 최대허용기준(MPL)의 설정기준
① MPL을 초과하는 작업에서는 대부분의 근로자들에게 근육 · 골격 장해가 발생한다.
② MPL에 해당되는 작업에서 디스크에 L_5/S_1 디스크에 640Kg(6400N) 정도의 압력이 초과되어 대부분의 근로자에게 장해가 나타난다.(대부분의 근로자들이 압력에 견딜지 못함)
③ L_5/S_1 디스크에서 추간판 탈출증이 주로 발생한다.
④ MPL에 해당하는 작업이 요구하는 에너지대사량은 5.0kcal/min를 초과한다.
⑤ 남성 근로자의 25% 미만과 여성 근로자의 1% 미만에서만 MPL수준의 작업수행이 가능하다.
⑥ MPL을 초과하는 경우 공학적 방법을 적용하여 중량물 취급작업을 다시 설계해야 한다.

필기에 자주 출제★

정답 06 ② 07 ① 08 ④ 09 ④

10 다음 중 혐기성 대사에 혐기성 반응에 의해 에너지를 생산하지 않은 것은?

① 지방
② 포도당
③ 크레아틴인산(CP)
④ 지방아데노신삼인산(ATP)

혐기성 대사 (Anaerobic metabolism)	1. 근육에 저장된 화학적 에너지 2. 혐기성 대사 순서 ATP(아데노신 삼인산) → CP(크레아틴 인산) → Glycogen(글리코겐) or Glucose(포도당)
호기성 대사 (Aerobic metabolism)	1. 대사과정(구연산 회로)을 거쳐 생성된 에너지 2. 호기성 대사 과정 포도당 단백질 + 산소 → 에너지원 지 방

실기까지 중요 ★★

11 다음 중 신체적 결함으로 간기능 장애가 있는 작업자가 취업하고자 할 때 가장 적합하지 않은 작업은?

① 고소작업 ② 유기용제 취급작업
③ 분진발생작업 ④ 고열발생작업

* 신체적 결함과 부적합한 작업
① 간기능 장해 : 화학 공업(유기용제 취급 작업 등)
② 편평족 : 서서 하는 작업
③ 심계항진 : 격심작업, 고소작업
④ 고혈압 : 이상기온, 이상기압에서의 작업
⑤ 경견완증후군 : 타이핑작업

12 산업안전보건법령에 명시된 근로자 건강관리를 위한 건강진단의 종류에 해당되지 않는 것은?

① 배치 전 건강진단
② 수시 건강진단
③ 종합 건강진단
④ 임시 건강진단

* 건강진단의 종류
① 일반건강진단
② 특수건강진단
③ 배치전건강진단
④ 수시건강진단
⑤ 임시건강진단

필기에 자주 출제 ★

13 다음 중 교대작업자의 작업설계를 할 때 고려해야 할 사항으로 적절하지 않은 것은?

① 야간작업은 연속하여 3일을 넘기지 않도록 한다.
② 근무반 교대방향은 아침반 → 저녁반 → 야간반으로 정방향 순환이 되도록 한다.
③ 교대작업자 특히, 야간작업자는 주간작업자보다 연간 쉬는 날이 더 많아야 한다.
④ 야간반 근무를 모두 마친 후 아침반 근무에 들어가기 전 최소한 12시간 이상 휴식을 하도록 한다.

④ 야간반 근무를 모두 마친 후 아침반 근무에 들어가기 전 최소한 48시간 이상 휴식을 하도록 한다.

필기에 자주 출제 ★

정답 10 ① 11 ② 12 ③ 13 ④

⋆참고
교대근무제 관리원칙(바람직한 교대제)

① 각 반의 근무시간은 8시간씩 교대로 하고 야근은 가능한 짧게 한다.
② 2교대면 최저 3조의 정원을, 3교대면 4조를 편성한다.
③ 야간근무의 연속일수는 2 ~ 3일로 한다.
④ 야근 후 다음 반으로 가는 간격은 최저 48시간 이상의 휴식시간을 갖도록 하여야 한다.
⑤ 야근 교대시간은 상호 0시 이전에 하는 것이 좋다.(심야시간을 피함)
⑥ 야근 시 가면은 반드시 필요하며 보통 2 ~ 4시간(1시간 30분 이상)이 적합하다.
⑦ 야근은 가면(假眠)을 하더라도 10시간 이내가 좋다.
⑦ 일반적으로 오전 근무의 개시시간은 오전 9시로 한다.
⑧ 교대방식은 낮 근무, 저녁 근무, 밤 근무 순으로 한다.(정교대가 좋다)

14 다음 중 원인별로 분류한 직업성 질환과 직종이 잘못 연결된 것은?

① 비중격천공 : 도금
② 규폐증 : 채석, 채광
③ 열사병 : 제강, 요업
④ 무뇨증 : 잠수, 항공기 조종

④ 잠함병, 폐수종 : 잠수, 항공기 조종

필기에 자주 출제⋆

15 산업위생전문가가 지켜야 할 윤리강령 중 '기업주와 고객에 대한 책임'에 관한 내용에 해당하는 것은?

① 신뢰를 중요시하고, 결과와 권고사항에 대하여 사전 협의하도록 한다.
② 산업위생전문가의 첫 번째 책임은 근로자의 건강을 보호하는 것임을 인식한다.
③ 건강에 유해한 요소들을 측정, 평가, 관리하는 데 객관적인 태도를 유지한다.
④ 건강의 유해요인에 대한 정보와 필요한 예방대책에 대해 근로자들과 상담한다.

⋆산업위생전문가의 윤리강령

산업위생 전문가로서의 책임	① 성실성과 학문적 실력 면에서 최고 수준을 유지한다. ② 과학적 방법의 적용과 자료의 해석에서 객관성을 유지한다. ③ 전문 분야로서의 산업위생을 학문적으로 발전시킨다. ④ 근로자, 사회 및 전문 직종의 이익을 위해 과학적 지식을 공개하고 발표한다. ⑤ 기업체의 기밀은 누설하지 않는다. ⑥ 전문적 판단이 타협에 의하여 좌우될 수 있거나 이해관계가 있는 상황에는 개입하지 않는다.
근로자에 대한 책임	① 근로자의 건강보호가 산업위생전문가의 1차적 책임이라는 것을 인지한다. ② 위험 요인의 측정, 평가 및 관리에 있어서 외부압력에 굴하지 않고 중립적 태도를 취한다. ③ 위험요소와 예방조치에 대해 근로자와 상담한다.
기업주와 고객에 대한 책임	① 결과 및 결론을 뒷받침할 수 있도록 정확한 기록을 유지하고 산업위생사업을 전문가답게 전문부서들을 운영 관리한다. ② 궁극적 책임은 기업주와 고객보다는 근로자의 건강보호에 있다. ③ 쾌적한 작업환경을 조성하기 위하여 책임 있게 행동한다. ④ 신뢰를 바탕으로 정직하게 권고하고 결과와 개선점 및 권고사항을 정확히 보고한다.

정답 14 ④ 15 ①

일반 대중에 대한 책임	① 일반 대중에 관한 사항은 정직하게 발표한다. ② 적절하고도 확실한 사실을 근거로 전문적인 견해를 발표한다.

실기에 자주 출제 ★★★

16 작업환경측정 및 지정측정기관 평가 등에 관한 고시에서 입자상 물질의 농도 평가에 있어 1일 작업시간이 8시간을 초과하는 경우 노출기준을 비교 · 평가할 수 있는 보정노출기준을 정하는 공식으로 옳은 것은? (단, T는 노출시간/일, 는 작업시간/주를 말한다.)

① 8시간 노출시간 $\times \frac{T}{8}$

② 8시간 노출시간 $\times \frac{45}{T}$

③ 8시간 노출시간 $\times \frac{8}{T}$

④ 8시간 노출시간 $\times \frac{T}{45}$

⋆ OSHA의 보정방법

1. 급성중독을 일으키는 물질
   보정된 노출기준 = 8시간 노출기준 × $\frac{8\text{시간}}{\text{노출시간/일}}$
2. 만성중독을 일으키는 물질
   보정된 노출기준 = 8시간 노출기준 × $\frac{40\text{시간}}{\text{노출시간/일}}$

⋆ 참고
Brief와 Scala의 보정방법

1. $RF = \left(\frac{8}{H}\right) \times \frac{24-H}{16}$
2. [일주일 ; $RF = \left(\frac{40}{H}\right) \times \frac{168-H}{128}$]
3. 보정된 노출기준 = RF × 노출기준(허용농도)
   • H : 비정상적인 작업시간(노출시간/일)
   ; 노출시간/주
   • 16 : 휴식시간 의미(128 ; 일주일 휴식시간 의미)

실기까지 중요 ★★

17 다음 중 산업위생의 정의에서 제시되는 주요 활동 4가지를 올바르게 나열한 것은?

① 예측, 인지, 평가, 치료
② 예측, 인지, 평가, 관리
③ 예측, 책임, 평가, 관리
④ 예측, 평가, 책임, 치료

⋆ 산업위생의 주요 활동
예측 → (인지) → 측정 → 평가 → 관리

필기에 자주 출제 ★

18 1770년대 영국에서 굴뚝청소부로 일하던 10세 미만의 어린이에게서 음낭암을 발견하여 직업성 암을 최초로 보고한 사람은?

① T.M Legge ② Gulen
③ Coriga ④ Percivall Pott

⋆ Percivall Pott(18세기)
① 영국의 외과의사, 굴뚝청소부에게서 최초의 직업성 암인 "음낭암"을 발견
② 암의 원인 물질은 "검댕"(다핵방향족 화합물 PAH)
③ "굴뚝 청소부법" 제정하는 계기가 됨

실기까지 중요 ★★

정답 16 ③ 17 ② 18 ④

19 methyl chloroform(TLV=350ppm)을 1일 12시간 작업할 때 노출기준을 Brief & Scala 방법으로 보정하면 몇 ppm으로 하여야 하는가?

① 150 ② 175
③ 200 ④ 250

*Brief와 Scala의 보정방법

1. $RF = \left(\frac{8}{H}\right) \times \frac{24-H}{16}$
2. [일주일 ; $RF = \left(\frac{40}{H}\right) \times \frac{168-H}{128}$]
3. 보정된 노출기준 = RF × 노출기준(허용농도)
   - H : 비정상적인 작업시간(노출시간/일) ; 노출시간/주
   - 16 : 휴식시간 의미(128 ; 일주일 휴식시간 의미)

1. $RF = \left(\frac{8}{12}\right) \times \frac{24-12}{16} = 0.5$
2. 보정된 노출기준 = 0.5 × 350 = 175(ppm)

실기에 자주 출제★★★

20 인간의 육체적 작업능력을 평가하는 데에는 산소소비량이 활용된다. 산소소비량 1L는 몇 kcal의 작업대사량으로 환산할 수 있는가?

① 1.5 ② 3
③ 5 ④ 8

산소 1L = 5kcal

필기에 자주 출제★

제2과목 작업위생 측정 및 평가

21 공기 중의 석면 시료분석방법 중 가장 정확한 방법으로 석면의 감별분석이 가능하며 위상차 현미경으로 볼 수 없는 매우 가는 섬유도 관찰이 가능하나 값이 비싸고 분석시간이 많이 소용되는 석면측정방법은?

① 편광현미경법 ② X선 회절법
③ 직독식현미경법 ④ 전자현미경법

위상차 현미경	① 공기 중 석면을 막여과지에 채취한 후 전처리하여 분석하는 방법 ② 다른 방법에 비하여 간편하나 석면의 감별에 어려움이 있다. ③ 석면 측정에 가장 많이 사용된다.
전자 현미경	① 공기 중 석면시료 분석에 가장 정확한 방법이다. ② 석면의 성분 분석(감별분석)이 가능하다. ③ 위상차현미경으로 볼 수 없는 매우 가는 섬유도 관찰할 수 있다. ④ 분석시간이 길고 값이 비싸다.
편광 현미경	① 석면을 감별 분석할 수 있다. ② 석면광물의 빛의 편광성을 이용한다.
X-선 회절법	① 값이 비싸고 조작이 복잡하다. ② 고형시료 중 크리소타일 분석에 사용한다. ③ 토석, 암석 및 광물성 분진(석면분진 제외) 중의 유리규산(SiO_2)함유율 분석에 사용한다. ④ 석면 포함 물질을 은막 여과지에 놓고 X선을 조사한다.

필기에 자주 출제★

정답 19 ② 20 ③ 21 ④

22 가장 많이 사용되는 표준형 활성탄관의 경우, 앞층과 뒤층에 들어있는 활성탄의 양은? (단, 앞 층 : 공기 입구 쪽)

① 앞 층 : 50mg, 뒤 층 : 100mg
② 앞 층 : 100mg, 뒤 층 : 50mg
③ 앞 층 : 200mg, 뒤 층 : 300mg
④ 앞 층 : 300mg, 뒤 층 : 200mg

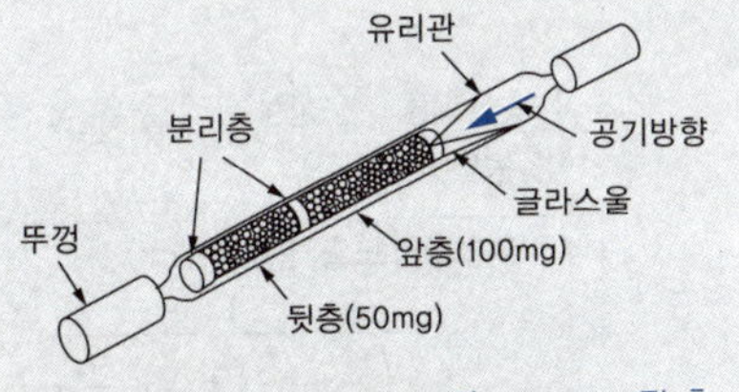

유리관 안에 앞 층(공기입구 쪽) 100mg, 뒷 층 50mg의 두 개 층으로 활성탄을 충전하였다.

필기에 자주 출제★

23 흡착제 중 실리카겔이 활성탄에 비해 갖는 장 · 단점으로 옳지 않은 것은?

① 활성탄에 비해 수분을 잘 흡수하여 습도에 민감한 단점이 있다.
② 매우 유독한 이황화탄소를 탈착용매로 사용하지 않는 장점이 있다.
③ 활성탄에 비해 아닐린, 오르토-톨루이던 등 아민류의 채취가 어려운 단점이 있다.
④ 추출액이 화학분석이나 기기분석에 방해물질로 작용하는 경우가 많지 않은 장점이 있다.

★실리카겔관의 장 · 단점

장점	① 극성물질을 채취한 경우 물, 메탄올 등 다양한 용매로 쉽게 탈착된다. ② 추출액이 화학분석이나 기기분석에 방해물질로 작용하는 경우가 많지 않다. ③ 활성탄으로 채취가 어려운 아닐린, 오르쏘-톨루이딘 등의 아민류나 몇몇 무기물질의 채취가 가능하다. ④ 매우 유독한 이황화탄소를 탈착 용매로 사용하지 않는다.
단점	① 수분을 잘 흡수(친수성)하여 습도의 증가에 따라 흡착용량이 감소된다.

필기에 자주 출제★

24 검지관의 장 · 단점에 대한 설명으로 옳지 않은 것은?

① 다른 방해물질의 영향을 받기 쉬워 오차가 크다.
② 사전에 측정대상물질의 동정이 불가능한 경우에 사용한다.
③ 민감도가 낮아 비교적 고농도에서 적용한다.
④ 다른 측정방법이 복잡하거나 빠른 측정이 요구될 때 사용할 수 있다.

★검지관의 장 · 단점

장점	① 사용이 간편하다. ② 반응시간이 빨라서 빠른 시간에 측정결과를 알 수 있다.(빠른 측정이 요구될 때 사용) ③ 숙련된 산업위생전문가가 아니더라도 어느 정도만 숙지하면 사용 할 수 있다. ④ 맨홀, 밀폐 공간에서의 산소가 부족하거나 폭발성 가스로 인하여 안전이 문제가 될 때 유용하게 사용될 수 있다.
단점	① 민감도가 낮으며 비교적 고농도에 적용이 가능하다. ② 특이도가 낮다.(다른 방해물질의 영향을 받기 쉬워 오차가 크다.) ③ 단시간 측정만 가능하다. ④ 미리 측정 대상물질의 동정이 되어 있어야 측정이 가능하다. ⑤ 색이 시간에 따라 변화하므로 제조자가 정한 시간에 읽어야 한다. ⑥ 한 검지관으로 단일 물질만을 측정할 수 있어 각 오염물질에 맞는 검지관을 선정해야 한다. ⑦ 색변화가 선명하지 않아 주관적으로 읽을 수 있어 판독자에 따라 변이가 심하다.

실기에 자주 출제★★★

정답 22 ② 23 ③ 24 ②

25 공기 흡입유량, 측정시간, 회수율 및 시료분석 등에 의한 오차가 각각 10%, 5%, 11% 및 4%일 때 누적오차는?

① 16.2%　　② 18.4%
③ 20.2%　　④ 22.4%

> 누적오차$(E_c)=\sqrt{E_1^2+E_2^2+E_3^2+\cdots+E_n^2}$
> - E_c : 누적오차(%)
> - $E_1, E_2, E_3 \sim E_n$: 각각 요소의 오차율(%)
>
> $E_c=\sqrt{10^2+5^2+11^2+4^2}=16.19(\%)$

실기까지 중요 ★★

26 부피비로 0.001%는 몇 ppm인가?

① 10ppm　　② 100ppm
③ 1,000ppm　　④ 10,000ppm

> 1% = 10,000ppm이므로
> 1 : 10,000 = 0.001 : x
> 1×x = 10,000×0.001
> ∴ x = 10(ppm)
> ($\% = \frac{1}{100}$, ppm $= \frac{1}{1,000,000}$)

필기에 자주 출제★

27 어떤 분석방법의 검출한계가 0.15mg일 때 정량한계로 가장 적합한 것은?

① 0.30mg　　② 0.45mg
③ 0.90mg　　④ 1.5mg

> ⁎정량한계
> 표준편차의 10배 또는 검출한계의 3 또는 3.3배
> 정량한계 = 0.15×3 = 0.45mg

필기에 자주 출제★

28 어느오염원에서perchloroethylene40%(TLV = 670mg/m³), methylene chloride 40% (TLV = 720mg/m³) 및 heptane 20%(TLV = 1,600mg/m³)의 중량비로 조성된 유기용매가 증발되어 작업장을 오염시키고 있다. 이들 혼합물의 허용농도는 몇 mg/m³인가?

① 약 910mg/m³　　② 약 850mg/m³
③ 약 830mg/m³　　④ 약 780mg/m³

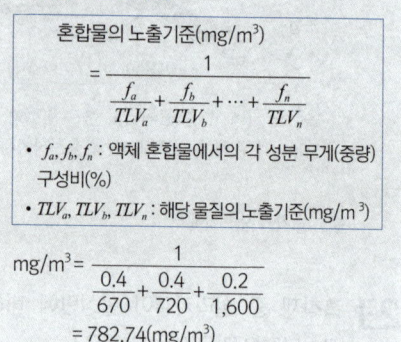

> ⁎액체 혼합물의 구성성분(%)을 알 때 혼합물의 허용농도(노출기준)
>
> 혼합물의 노출기준(mg/m³)
> $=\dfrac{1}{\dfrac{f_a}{TLV_a}+\dfrac{f_b}{TLV_b}+\cdots+\dfrac{f_n}{TLV_n}}$
> - f_a, f_b, f_n : 액체 혼합물에서의 각 성분 무게(중량) 구성비(%)
> - TLV_a, TLV_b, TLV_n : 해당 물질의 노출기준(mg/m³)
>
> $\text{mg/m}^3=\dfrac{1}{\dfrac{0.4}{670}+\dfrac{0.4}{720}+\dfrac{0.2}{1,600}}$
> = 782.74(mg/m³)

실기까지 중요 ★★

29 입경이 18μm이고, 비중이 1.2인 먼지입자의 침강속도는? (단, 산업위생 분야에서 사용하는 간편식 사용)

① 약 0.62cm/sec　　② 약 0.83cm/sec
③ 약 1.17cm/sec　　④ 약 1.45cm/sec

> ⁎Lippman식에 의한 침강속도 (입자크기가 1~50μm 경우 적용)
>
> $V(\text{cm/sec})=0.003\times\rho\times d^2$
> - V : 침강속도(cm/sec)
> - ρ : 입자 밀도(비중) (g/cm³)
> - d : 입자직경(μm)
>
> $V=0.003\times1.2\times18^2=1.17(\text{cm/sec})$

실기에 자주 출제★★★

정답 25 ① 26 ① 27 ② 28 ④ 29 ③

30 산에 쉽게 용해되기 때문에 입자상 물질 중의 금속을 채취하여 원자흡광법으로 분석하는 데 적정하며, 시료가 여과지의 표면 또는 표면 가까운 데에 침착되므로 석면, 유리섬유 등 현미경분석을 위한 시료채취에도 이용되는 막 여과지는?

① MCE ② PVC
③ PTEE ④ glass fiber filter

* MCE 막 여과지
(Mixed cellulose ester membrane filter)
① 산에 쉽게 용해되므로 입자상 물질 중의 금속을 채취하여 원자흡광광도법으로 분석하는 데 적당하다.
② 유해물질이 여과지의 표면에 주로 침착되어 석면 등 현미경 분석을 위한 시료채취에 유리하다.
③ MCE여과지의 원료인 셀룰로오스는 수분을 흡수하는 특성을 가지고 있다. (흡습성이 높아 오차를 유발할 수 있어 중량분석에 적합하지 못함)
④ 중금속, 석면, 살충제, 산 · 알칼리미스트, 불소화합물 및 기타 무기물질 채취에 이용된다.

암기법

MC(MCE막여과지) 중(중금속)석(석면)은 산에 약하고 수분 흡수하여 중량분석 못함

필기에 자주 출제★

31 자유공간(free-field)에서 거리가 5배 멀어지면 소음수준은 초기보다 몇 dB 감소하는가? (단, 점음원 기준)

① 11dB ② 14dB
③ 17dB ④ 19dB

$$SPL = 20\times\log\left(\frac{P}{P_o}\right)(\text{dB})$$

- SPL : 음압수준(음압도, 음압레벨) (dB)
- P : 대상음의 음압(음압 실효치) (N/m²)
- P_o : 기준음압 실효치 (2×10^{-5}N/m², 2×10^{-4}dyne/cm²)

$SPL = 20\times\log5 = 13.98$(dB)

실기까지 중요★★

32 0.5N-H_2SO_4(분자량 98) 1,000mL를 만들 때 H_2SO_4의 필요량(g)은?

① 12.3 ② 16.5
③ 20.3 ④ 24.5

1. H_2SO_4의 1g 당량 $= \frac{98}{2} = 49$g
   - $H_2SO_4 \rightarrow 2H^+ + SO_4^{2-}$
   - H_2SO_4의 분자량 $= (1\times2)+32+(16\times4) = 98$g
2. - 노르말농도(N) $= \frac{\text{용질의 당량수(eq)}}{\text{용액의 L 수}}$
   - H_2SO_4 1N $= \frac{49\text{g}}{1\text{L}}$
   - H_2SO_4 0.5N $= \frac{0.5\times49\text{g}}{1\text{L}} = \frac{24.5\text{g}}{1\text{L}}$

   (1,000mL = 1L)

* 참고
① 노르말 농도(N) : 용액 1L 속에 포함된 용질의 g당량수
② 당량수(eq) : 1몰의 전자, 수소이온(H^+), 수산화이온(OH^-)과 반응하거나 이를 생성하는 물질의 양(분자량)

정답 30 ① 31 ② 32 ④

33 다음 중 알고 있는 공기 중 농도 만드는 방법인 dynamic method에 관한 설명으로 옳지 않은 것은?

① 희석공기와 오염물질을 연속적으로 흘려주어 연속적으로 일정한 농도를 유지하면서 만드는 방법이다.
② 다양한 농도 범위의 제조가 가능하다.
③ 소량의 누출이나 벽면에 의한 손실은 무시할 수 있다.
④ 만들기가 간단하고 가격이 저렴하다.

* Dynamic method
① 알고 있는 공기 중의 농도를 만드는 방법을 말한다.(오염물질을 희석공기와 연속적으로 혼합하여 일정 농도를 유지하도록 만드는 방법)
② 농도변화를 줄 수 있고, 온습도 조절이 가능하다.
③ 다양한 농도범위에서 제조가 가능하다.
④ 만들기가 복잡하고 가격이 고가이다.
⑤ 소량의 누출이나 벽면에 의한 손실은 무시할 수 있다.
⑥ 다양한 실험을 할 수 있으며 가스, 증기, 에어로졸 실험도 가능하다.
⑦ 지속적인 모니터링이 필요하다.

필기에 자주 출제 ★

34 공기 중 톨루엔(TLV = 100ppm)이 50ppm, 크실렌(TLV = 100ppm)이 80ppm, 아세톤(TLV = 750ppm)이 1,000ppm으로 측정되었다면 이 작업환경의 노출지수 및 노출기준 초과 여부는? (단, 상가작용 기준)

① 노출지수 : 2.633, 초과함
② 노출지수 : 2.053, 초과함
③ 노출지수 : 0.633, 초과함
④ 노출지수 : 0.833, 초과하지 않음

1. 노출지수

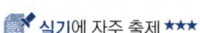

$$EI = \frac{C_1}{T_1} + \frac{C_2}{T_2} + \cdots + \frac{C_n}{T_n}$$

- C : 화학물질 각각의 측정치
- T : 화학물질 각각의 노출기준
- 판정 : EI 〉 1 경우 노출기준을 초과함

2. 혼합물의 TLV-TWA

$$TLV-TWA = \frac{C_1 + C_2 + \cdots + C_n}{EI}$$

1. 노출지수 $EI = \frac{50}{100} + \frac{80}{100} + \frac{1,000}{750} = 2.63$
2. EI 〉1이므로 노출기준을 초과함

실기에 자주 출제 ★★★

35 옥내 작업환경의 자연습구온도를 측정하여 보니 30℃이었고, 흑구온도를 측정하여 보니 20℃이었으며 건구온도를 측정하여 보니 19℃이었다면 습구흑구온도지수(WBGT)는?

① 23℃ ② 25℃
③ 27℃ ④ 29℃

* 습구흑구온도지수(WBGT)의 산출

1. 옥외(태양광선이 내리쬐는 장소)
WBGT(℃) = 0.7 × 자연습구온도 + 0.2 × 흑구온도 + 0.1 × 건구온도
2. 옥내 또는 옥외(태양광선이 내리쬐지 않는 장소)
WBGT(℃) = 0.7 × 자연습구온도 + 0.3 × 흑구온도
3. 평균 WBGT(℃)

$$= \frac{WBGT_1 \times t_1 + \cdots + WBGT_n \times t_n}{t_1 + \cdots + t_n}$$

- $WBGT_n$: 각 습구흑구온도지수의 측정치(℃)
- t_n : 각 습구흑구온도지수치의 발생시간(분)

WBGT(℃) = 0.7 × 30 + 0.3 × 20 = 27(℃)

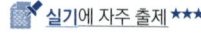

실기에 자주 출제 ★★★

정답 33 ④ 34 ① 35 ③

36 먼지의 직경 중 입자의 면적을 2등분하는 선의 길이로 과소평가의 위험이 있는 것은?

① 등면적 직경 ② Feret 직경
③ Martin 직경 ④ 공기역학적 직경

* 기하학적(물리적) 직경

마틴직경 (martin diameter)	① 입자의 면적을 2등분하는 선의 길이로 나타내는 직경 ② 과소 평가될 수 있다.
페렛직경 (feret diameter)	① 입자의 가장자리를 이등분한 직경(먼지의 한쪽 끝 가장자리에서 다른 쪽 끝 가장자리 까지의 거리로 나타내는 직경) ② 과대 평가될 가능성이 있다.
등면적직경 (projected area diameter)	① 입자의 면적과 동일한 면적을 가진 원의 직경으로 환산한 직경 ② 가장 정확한 직경이다.

실기에 자주 출제 ★★★

37 사이클론 분립장치가 충돌형 분립장치보다 유리한 장점이 아닌 것은?

① 입자의 질량크기 분포를 얻을 수 있다.
② 사용이 간편하고 경제적이다.
③ 시료의 되튐 현상으로 인한 손실염려가 없다.
④ 매체의 코팅과 같은 별도의 특별한 처리가 필요 없다

* 사이클론의 장점
① 사용이 간편하고 경제적이다.
② 호흡성 먼지에 대한 자료를 쉽게 얻을 수 있다.
③ 시료의 되팀으로 인한 손실이 없다.
④ 매체의 코팅과 같은 별도의 특별한 처리가 필요 없다.

실기까지 중요 ★★

38 온도가 27℃인 때의 체적이 1m³인 기체를 온도 127℃까지 상승시켰을 때의 변화된 최종 체적은? (단, 기타 조건은 변화 없음)

① 1.13m³ ② 1.33m³
③ 1.47m³ ④ 1.73m³

* 온도, 압력 보정

$$1\times\frac{273+127}{273+27}=1.33(m^3)$$

실기까지 중요 ★★

39 공기 100L 중에서 A 유기용제(분자량 = 92, 비중 = 0.87) 1mL가 모두 증발하였다면 공기 중 A 유기용제의 농도는 몇 ppm인가? (단, 25℃, 1기압 기준)

① 약 230 ② 약 2,300
③ 약 270 ④ 약 2,700

1. $\frac{1mL}{100L}\times\frac{0.87g}{mL}=\frac{0.87\times1,000mg}{100\times10^{-3}m^3}$
$=8,700mg/m^3$

2. $mg/m^3=\frac{ppm\times분자량}{24.45(25℃, 1기압\ 기준)}$
$ppm\times분자량=24.45\times mg/m^3$
$ppm=\frac{24.45\times mg/m^3}{분자량}=\frac{24.45\times8,700}{92}$
$=2,312(ppm)$

실기까지 중요 ★★

정답 36 ③ 37 ① 38 ② 39 ②

40 다음 중 1차 표준기구로 활용되는 것은?

① 습식 테스트미터 ② 로터미터
③ 폐활량계 ④ 열선기류계

1차 표준 기구	2차 표준기구
1. 비누거품미터 2. 폐활량계 3. 가스치환병 4. 유리피스톤미터 5. 흑연피스톤미터 6. 피토튜브(Pitot tube)	1. 로타미터 2. 습식테스트미터 3. 건식가스미터 4. 오리피스미터 5. 열선기류계
암기법 1차비누로 폐활량 재고, 가스치환하여, 유리, 흑연 먹였더니 피토했다.	암기법 2 열로 걸어가는 습관 테스트하는 오리

실기에 자주 출제★★★

제3과목 작업환경관리

41 어떤 소음의 음압이 20N/m³일 때 음압수준(dB)은?

① 80 ② 100
③ 120 ④ 140

$$SPL = 20 \times \log\left(\frac{P}{P_o}\right)(\text{dB})$$

- SPL : 음압수준(음압도, 음압레벨) (dB)
- P : 대상음의 음압(음압 실효치) (N/m²)
- P_o : 기준음압 실효치 (2×10^{-5}N/m², 2×10^{-4}dyne/cm²)

$$SPL = 20 \times \log\left(\frac{20}{2\times10^{-5}}\right) = 120(\text{dB})$$

실기까지 중요★★

42 감압에 따른 기포형성량을 결정하는 요인과 가장 거리가 먼 것은?

① 조직에 용해된 가스량
② 조직순응 및 변이 정도
③ 감압속도
④ 혈류를 변화시키는 상태

*감압 시에 조직 내 질소기포 형성량에 영향을 주는 요인
① 조직에 용해된 가스량
② 혈류를 변화시키는 상태
③ 감압속도
④ 고기압의 노출정도

필기에 자주 출제★

43 유해성이 적은 재료의 대치에 관한 설명으로 옳지 않은 것은?

① 세척작업에서 트리클로로에틸렌을 사염화탄소로 대치한다.
② 분체의 원료는 입자가 큰 것으로 대치한다.
③ 야광시계의 자판은 라듐 대신 인을 사용한다.
④ 금속제품의 탈지(脫脂)에 트리클로로에틸렌을 사용하던 것을 계면활성제로 대치한다.

① 세척작업에서 사염화탄소 대신 트리클로로에틸렌을 사용한다.

필기에 자주 출제★

정답 40 ③ 41 ③ 42 ② 43 ①

44 1952년 영국 BMRC(British Medical Research Council)에서는 호흡성 먼지를 입경 및 몇 μm 미만으로 정의하였는가?

① 4.0μm　　② 5.5μm
③ 7.1μm　　④ 10.5μm

* 영국의학연구의원회(BMRC : British Medical Research Council)의 호흡성 먼지의 입경
7.1μm 미만

* 참고
ACGIH의 호흡성 분진
(RPM : Respirable Particulates Mass)
① 가스교환 부위(폐포)에 침착하여 하여 독성을 나타내는 물질
② 평균입경 : 4μm

45 소음의 특성을 평가하는데 주파수 분석이 이용된다. 1/1 옥타브밴드의 중심주파수가 500Hz일 때 하한과 상한 주파수로 가장 적합한 것은? (단, 정비형 필터 기준)

① 354Hz, 708Hz　　② 632Hz, 724Hz
③ 373Hz, 746Hz　　④ 382Hz, 764Hz

* 1/1 옥타브 밴드 분석기

1. $\frac{f_U}{f_L}=2^{\frac{1}{1}}$, $f_u=2f_L$
2. 중심주파수(f_c) $=\sqrt{f_L\times f_U}=\sqrt{F_L\times 2f_L}=\sqrt{2}f_L$
   - f_L : 중심주파수보다 낮은 쪽 주파수
   - f_U : 중심주파수보다 높은 쪽 주파수
   - f_C : 중심주파수

1. 중심주파수(f_c) $=\sqrt{2}\times f_L$
   $f_L=\frac{f_c}{\sqrt{2}}=\frac{500}{\sqrt{2}}=353.55$(Hz)
2. 높은 쪽의 주파수(f_U)
   $=2\times$낮은 쪽의 주파수(f_L)
   $=2\times353.55=707.1$(Hz)

실기까지 중요 ★★

46 작업장의 소음을 낮추기 위한 방안으로 천장과 벽에 흡음재를 처리하여 개선 전 총 흡음량 1,170sabins이, 개선 후 2,950sabins이 되었다. 개선 전 소음수준이 95dB이었다면 개선 후의 소음수준은?

① 93dB　　② 91dB
③ 89dB　　④ 87dB

* 흡음대책에 따른 실내소음 저감량

$$NR=10\times\log\left(\frac{A_2}{A_1}\right)$$

- NR : 감음량(dB)
- A_1 : 흡음처리 전 실내의 총 흡음력(sabin)
- A_2 : 흡음처리 후 실내의 총 흡음력(sabin)

1. 실내소음 저감량
   $NR=10\times\log\left(\frac{2,950}{1,170}\right)=4.02$(dB)
2. 개선 후의 소음수준 $=95-4.02=90.98$(dB)

실기까지 중요 ★★

47 100톤의 프레스 공정에서 측정한 음압수준이 93dB(A)이었다. 근로자가 귀마개($NRR=27$)를 착용하고 있을 때, 노출되는 음압수준은? (단, OSHA 기준)

① 83.0dB(A)　　② 85.0dB(A)
③ 87.0dB(A)　　④ 89.0dB(A)

차음효과 $=(NRR-7)\times0.5$
- NRR : 차음평가수

- 차음효과 $=(27-7)\times0.5=10$(dB)
- 근로자가 노출되는 음압수준
  $=93-10=83$(dB)(A)

실기까지 중요 ★★

정답 44 ③ 45 ① 46 ② 47 ①

48 비타민 D를 형성하며, 건강선이라 하는 광선(자외선)의 파장범위로 가장 옳은 것은?

① 200 ~ 250nm ② 280 ~ 320nm
③ 360 ~ 450nm ④ 480 ~ 520nm

★ 자외선의 종류

근자외선 (UV-A)	• 파장 : 315(300) ~ 400nm [3,150 ~ 4,000 Å] • 피부의 색소침착
도르노선 (UV-B)	• 파장 : 280(290) ~ 315(320)nm [2,800 ~ 3,150 Å] • 소독작용, 비타민 D형성 등 인체에 유익한 영향(건강선, 생명선) • 피부노화, 홍반, 각막염, 피부암 유발
UV-C	• 파장 : 100 ~ 280nm [1,000 ~ 2,800 Å] • 살균작용(살균효과가 있어 수술용 램프로 사용)

실기까지 중요 ★★

49 다음 방진대책 중 발생원 대책으로 옳지 않은 것은?

① 기진력 증가
② 기초 중량의 부가 및 경감
③ 탄성지지
④ 동적흡진

★ 진동방지(방진) 대책

발생원 대책	① 기초중량을 부가 및 경감한다. ② 진동원을 제거한다.(가장 적극적인 방법) ③ 방진재를 이용하여 탄성지지한다. ④ 기진력을 감쇠시킨다.(동적 흡진) ⑤ 불평형력의 평형을 유지한다.
전파경로 대책	① 거리감쇠를 크게 한다. ② 수진점 부근에 방진구를 설치하여 전파경로를 차단한다.
수진측 대책	① 수진측에 탄성지지를 한다. ② 수진점의 기초중량을 부가 및 경감한다. ③ 근로자 작업시간 단축 및 교대제를 실시한다. ④ 근로자 보건교육을 실시한다.

필기에 자주 출제 ★

50 할당보호계수(APF)가 25인 반면형 호흡기 보호구를 구리흄[노출기준(허용농도) 0.3mg/m³]이 존재하는 작업장에서 사용한다면 최대사용농도(MUC, mg/m³)는?

① 3.5 ② 5.5
③ 7.5 ④ 9.5

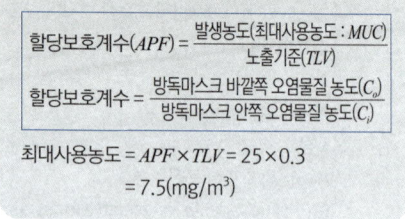

$$\text{할당보호계수}(APF) = \frac{\text{발생농도(최대사용농도}:MUC)}{\text{노출기준}(TLV)}$$

$$\text{할당보호계수} = \frac{\text{방독마스크 바깥쪽 오염물질 농도}(C_o)}{\text{방독마스크 안쪽 오염물질 농도}(C_i)}$$

최대사용농도 $= APF \times TLV = 25 \times 0.3 = 7.5(\text{mg/m}^3)$

실기까지 중요 ★★

51 저온에 의한 생리반응으로 옳지 않은 것은?

① 말초혈관의 수축으로 표면조직에 냉각이 온다.
② 저온환경에서는 근육활동이 감소하여 식욕이 떨어진다.
③ 피부나 피하조직을 냉각시키는 환경온도 이하에서는 감염에 대한 저항력이 떨어지며 회복과정의 장애가 온다.
④ 혈압이 일시적으로 상승한다.

② 저온에서는 근육활동, 조직대사의 증진으로 식욕이 항진된다.

필기에 자주 출제 ★

정답 48 ② 49 ① 50 ③ 51 ②

52 잠수부가 해저 30m에서 작업을 할 때 인체가 받는 절대압은?

① 3기압　② 4기압
③ 5기압　④ 6기압

수면 하에서의 절대압력은 수심이 10m 깊어질 때마다 1기압씩 더해진다.
예) • 수심 10m에서의 압력 : 게이지압 1기압, 절대압 2기압
• 수심 20m에서의 압력 : 게이지압(작용압) 2기압, 절대압 3기압

필기에 자주 출제★

53 입자상 물질이 호흡기 내로 침작하는 작용기전이 아닌 것은?

① 중력침강　② 회피
③ 확산　④ 간섭

* 입자상 물질의 호흡기 내로 침작하는 작용기전
① 직접차단(간섭 : interception)
② 관성충돌(intertial impaction)
③ 확산(diffusion)
④ 중력침강(gravitional settling)
⑤ 정전기 침강(electrostatic settling)

실기에 자주 출제★★★

54 다음 중 진동방지 대책으로 가장 관계가 먼 것은?

① 완충물의 사용
② 공진 진동수의 일치
③ 진동원의 제거
④ 진동의 전파경로 차단

* 진동방지(방진) 대책

발생원 대책	① 기초중량을 부가 및 경감한다. ② 진동원을 제거한다.(가장 적극적인 방법) ③ 방진재를 이용하여 탄성지지한다. ④ 기진력을 감쇠시킨다.(동적 흡진) ⑤ 불평형력의 평형을 유지한다.
전파경로 대책	① 거리감쇠를 크게 한다. ② 수진점 부근에 방진구를 설치하여 전파경로를 차단한다.
수진측 대책	① 수진측에 탄성지지를 한다. ② 수진점의 기초중량을 부가 및 경감한다. ③ 근로자 작업시간 단축 및 교대제를 실시한다. ④ 근로자 보건교육을 실시한다.

필기에 자주 출제★

55 빛과 밝기의 단위에 관한 설명으로 옳지 않은 것은?

① 광원으로부터 나오는 빛의 세기를 광도라 하며 단위로는 칸델라를 사용한다.
② 루멘은 1촉광의 광원으로부터 단위입체각으로 나가는 광속의 단위이다.
③ 단위 평면적에서 발산 또는 반사되는 광량, 즉 눈으로 느끼는 광원 또는 반사체의 밝기를 휘도라고 한다.
④ 조도는 광속의 양에 반비례하고 입사면의 단면적에 비례하며, 단위는 럭스(lux)이다.

① 조도 : 단위 면적에 입사하는 빛의 세기(광량)을 말한다.

$$\text{조도(Lux)} = \frac{\text{광도}}{(\text{거리})^2}$$

② 조도의 단위
• fc(foot-candle) : 1루멘의 빛이 1ft²의 평면상에 수직방향으로 비칠 때 그 평면의 빛의 양을 말한다.(1lumen/ft²)
• lux(meter-candle) : 1루멘의 빛이 1m²의 평면상에 수직방향으로 비칠 때의 빛의 양을 말한다.(1lumen/m²)

필기에 자주 출제★

정답 52 ② 53 ② 54 ② 55 ④

56 뢴트겐(R) 단위 1R의 정의로 옳은 것은?

① 2.58×10^{-4} 쿨롬/kg
② 4.58×10^{-4} 쿨롬/kg
③ 2.58×10^{4} 쿨롬/kg
④ 4.58×10^{4} 쿨롬/kg

* 뢴트겐(Roentgen : R)
① X선, 감마선의 조사선량(방사선량)의 단위 공기 중 생성되는 이온의 양을 나타낸다.
② 1R(뢴트겐) : 전리작용에 의하여 건조한 공기 1kg당 2.58×10^{-4} 쿨롱의 전기량을 만들어내는 γ선 혹은 엑스선의 세기를 말한다.
③ 1R(뢴트겐) = 2.58×10^{-4}(C/kg)

57 고압환경에서 발생되는 2차적인 가압 현상(화학적 장애)에 해당되지 않는 것은?

① 일산화탄소중독 ② 질소마취
③ 이산화탄소중독 ④ 산소중독

* 고압환경의 2차적 가압현상
① 질소의 마취작용 : 공기 중의 질소 가스는 4기압 이상에서 마취작용을 일으킨다.
② 산소중독 증세 : 산소분압이 2기압을 넘으면 산소중독 증세가 나타난다.
③ 이산화탄소의 작용 : 이산화탄소의 증가는 산소의 독성과 질소의 마취작용을 촉진시킨다.

실기까지 중요 ★★

58 밀폐공간에서 산소결핍이 발생하는 원인 중 산소소모에 관한 내용과 가장 거리가 먼 것은?

① 화학반응 - 금속의 산화, 녹
② 연소 - 용접, 절단, 불
③ 사고에 의한 누설 - 저장탱크, 파손
④ 미생물 작용

① 금속의 산화작용에 의한 산소의 소모
② 연소반응에 의한 산소의 소모
④ 미생물의 호흡작용에 의한 산소의 소모

59 다음 중 ( ) 안에 들어갈 수치로 옳은 것은?

(㉠)Hz 순음의 음의 세기레벨(㉡)dB의 음의 크기를 1sone이라 한다.

① ㉠ 4,000, ㉡ 20 ② ㉠ 4,000, ㉡ 40
③ ㉠ 1,000, ㉡ 20 ④ ㉠ 1,000, ㉡ 40

* sone
① 감각적인 음의 크기를 나타낸다.
② 1Sone : 1,000Hz, 40dB 음의 크기

* 참고
phon
① 1phon : 1,000Hz, 1dB 음의 크기
② 1,000Hz에서 음압수준(dB)을 기준으로 하여 등감곡선을 나타내는 단위

필기에 자주 출제 ★

정답 56 ① 57 ① 58 ③ 59 ④

60 일반적으로 저주파 차진에 좋고 환경요소에 저항이 크나 감쇠가 거의 없고, 공진 시에 전달률이 매우 큰 방진재는?

① 금속스프링 ② 방진고무
③ 공기스프링 ④ 전단고무

*금속스프링
① 공진 시에 전달률이 매우 좋다.
② 환경요소에 대한 저항이 크다.
③ 저주파 차진에 좋으며 감쇠가 거의 없다.
④ 다양한 형상으로 제작이 가능하며 내구성이 좋다.
⑤ 최대변위가 허용된다.

필기에 자주 출제★

제4과목 산업환기

61 작업장 실내의 체적은 1,800m³이다. 환기량을 10m³/min라고 하면, 시간당 환기횟수는 약 얼마가 되겠는가?

① 5회 ② 3회
③ 1회 ④ 0.3회

$$ACH = \frac{\text{실내 환기량}(Q)}{\text{실내 체적}(m^3)} \times 60$$

• $Q(m^3/hr)$

$$ACH = \frac{10}{1,800} \times 60 = 0.33(\text{회})$$

필기에 자주 출제★

62 다음 중 전체환기의 직접적인 목적와 가장 거리가 먼 것은?

① 화재나 폭발을 예방한다.
② 온도와 습도를 조절한다.
③ 유해물질의 농도를 감소시킨다.
④ 발생원에서 오염물질을 제거할 수 있다.

*전체 환기의 목적
① 작업장 전체를 환기시키는 방식으로 공기를 희석하여 유해인자의 농도를 낮춘다.
② 유해물질의 농도를 감소시켜 건강을 유지·증진한다.
③ 화재나 폭발을 예방한다.
④ 실내의 온도와 습도를 조절한다.

필기에 자주 출제★

63 다음 중 덕트의 설계에 관한 사항으로 적절하지 않은 것은?

① 덕트가 여러 개인 경우 덕트의 직경을 조절하거나 송풍량을 조절하여 전체적으로 균형이 맞도록 설계한다.
② 사각형 덕트가 원형 덕트보다 덕트 내 유속분포가 균일하므로 가급적 사각형 덕트를 사용한다.
③ 덕트의 직경, 조도, 단면 확대 또는 수축, 곡관 수 및 모양 등을 고려하여야 한다.
④ 정방형 덕트를 사용할 경우, 원형 상당직경을 구하여 설계에 이용한다.

② 원형 덕트가 사각형 덕트보다 덕트 내 유속 분포가 균일하므로 가급적 원형 덕트를 사용한다.

필기에 자주 출제★

정답 60 ① 61 ④ 62 ④ 63 ②

64 테이블에 플랜지가 붙은 1/4 원주형 슬롯 후드가 있다. 제어거리가 30cm, 제어속도가 1m/sec일 때, 필요송풍량(m^3/min)은 약 얼마인가? (단, 슬롯의 폭은 5cm, 길이는 10cm이다.)

① 2.88 ② 4.68
③ 8.64 ④ 12.64

★ 외부식 슬롯형 후드

$$Q = 60 \cdot C \cdot L \cdot Vc \cdot X$$

- Q : 필요송풍량(m^3/min)
- Vc : 제어속도(m/sec)
- L : slot 개구면의 길이(m)
- X : 포집점까지의 거리(m)
- C : 형상계수

(전원주 : 5.0(ACGIH : 3.7, $\frac{3}{4}$ 원주 : 4.1, $\frac{1}{2}$ 원주(플랜지부착과 동일) : 2.6, $\frac{1}{4}$ 원주 : 1.6)

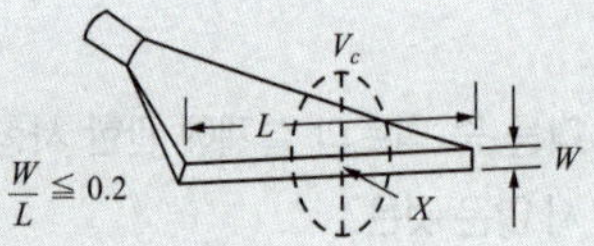

$Q = 60 \times 1.6 \times 0.1 \times 1 \times 0.3 = 2.88(m^3/min)$

★ 참고

외부식 슬로트형

후드형태	
개구면의 세로/가로 비율((W/L)	0.2 이하
배풍량(m^3/min)	$Q = 60 \times 3.7LVX$

외부식 플렌지부착 슬로트형

후드형태	
개구면의 세로/가로 비율((W/L)	0.2 이하
배풍량(m^3/min)	$Q = 60 \times 2.6LVX$

실기에 자주 출제 ★★★

65 다음 중 집진장치 선정 시 반드시 고려해야 할 사항으로 볼 수 없는 것은?

① 총 에너지 요구량
② 요구되는 집진효율
③ 오염물질의 회수효율
④ 오염물질의 함진농도와 입경

★ 집진장치의 선정 시 반드시 고려해야 할 사항(선정 및 설계에 영향을 미치는 인자)
① 총 에너지 요구량
② 요구되는 집진효율
③ 오염물질의 함진농도와 입경
④ 처리가스의 흐름특성과 용량 및 온도

필기에 자주 출제 ★

66 다음 중 공기밀도에 관한 설명으로 틀린 것은?

① 온도가 상승하면 공기가 팽창하여 밀도가 작아진다.
② 고공으로 올라갈수록 압력이 낮아져 공기는 팽창하고 밀도는 작아진다.
③ 다른 모든 조건이 일정할 경우 공기밀도는 절대온도에 비례하고, 압력에 반비례한다.
④ 공기 $1m^3$와 물 $1m^3$의 무게는 다르다.

③ 다른 모든 조건이 일정할 경우 공기밀도는 절대온도에 반비례하고, 압력에 비례한다.

★ 참고

$$밀도(\rho) = \frac{질량}{부피}(g/cm^3, kg/m^3)$$

- 0℃, 1기압에서의 공기 밀도 : 1.293kg/m^3
- 21℃, 1기압에서의 공기밀도 : 1.203kg/m^3

정답 64 ① 65 ③ 66 ③

67 다음 중 스프레이 도장, 용기충진, 분쇄기 등 발생기류가 높고, 유해물질이 활발하게 발생하는 작업조건에 있어 제어속도의 범위로 가장 적절한 것은? (단, ACGIH에서의 권고사항을 기준으로 한다.)

① 0.25 ~ 0.5m/sec　② 0.5 ~ 1.0m/sec
③ 1.0 ~ 2.5m/sec　④ 2.5 ~ 10m/sec

⋆ 제어속도(ACGIH)

작업조건	작업공정사례	제어속도 (m/sec)
• 움직이지않은공기중에서 속도없이 배출되는 작업조건 • 조용한 대기 중에 실제 거의 속도가 없는 상태로 발산하는 경우의 작업조건	• 액면에서 발생하는 가스나 증기 흄 • 탱크에서 증발, 탈지시설	0.25 ~ 0.5
• 비교적 조용한(약간의 공기 움직임) 대기 중에서 저속으로 비산하는 작업조건	• 용접, 도금 작업 • 스프레이도장	0.5 ~ 1.0
• 발생기류가 높고(빠른기동) 유해물질이 활발히 발생하는 작업조건	• 스프레이도장, 용기충전 • 컨베이어 적재 • 분쇄기	1.0 ~ 2.5
• 초고속기류(대단히 빠른 기동)가 있는 작업장소에 초고속으로 비산하는 경우	• 회전연삭작업 • 연마작업 • 블라스트 작업	2.5 ~ 10

실기까지 중요 ★★

68 다음 중 오염물질이 일정한 방향으로 배출되는 연삭기공정에서 일반적으로 사용되는 후드로 가장 적절한 것은?

① 포위식 후드　② 포집형 후드
③ 캐노피 후드　④ 레시버형 후드

⋆ 레시버형 후드
오염물질이 일정한 방향으로 배출되는 연삭기공정

⋆ 참고
리시버식 후드의 종류

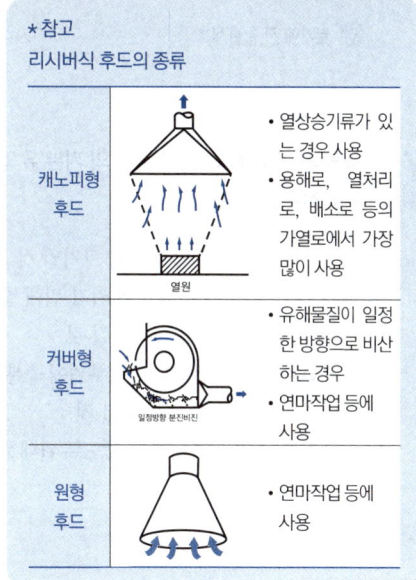

캐노피형 후드		• 열상승기류가 있는 경우 사용 • 용해로, 열처리로, 배소로 등의 가열로에서 가장 많이 사용
커버형 후드	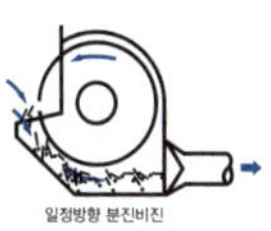	• 유해물질이 일정한 방향으로 비산하는 경우 • 연마작업 등에 사용
원형 후드		• 연마작업 등에 사용

필기에 자주 출제 ★

정답 67 ③ 68 ④

69 자연환기방식에 의한 전체환기의 효율은 주로 무엇에 의해 결정되는가?

① 대기압과 오염물질의 농도
② 풍압과 실내 · 외 온도의 차이
③ 작업자수와 작업장 내부시설의 위치
④ 오염물질의 농도와 실내 · 외 습도의 차이

* 전체환기의 효율
풍압과 실내 · 외 온도 차이에 의해 결정된다.

필기에 자주 출제 ★

70 다음 중 국소배기장치 설치상의 기본 유의사항으로 잘못된 것은?

① 발산원의 상태에 맞는 형과 크기일 것
② 후드의 흡인성능을 만족시키기 위해 발산원의 최소제어풍속을 만족시킬 것
③ 작업자가 후드의 기류 흡인부위에 충분히 들어가서 작업할 수 있도록 할 것
④ 분진이 관내에 축적되지 않도록 관내풍속이 적정 범위 내에 있을 것

필기에 자주 출제 ★

71 자유공간에 떠 있는 직경 20cm인 원형 개구 후드의 개구면으로부터 20cm 떨어진 곳의 입자를 흡인하려고 한다. 제어풍속을 0.8m/sec로 할 때 덕트에서의 속도(m/sec)는 약 얼마인가?

① 7 ② 11
③ 15 ④ 18

1. 외부식 후드(자유공간 위치한 원형 및 장방형 후드, 플랜지 미 부착)의 필요송풍량
$Q = 60 \cdot Vc(10X^2 + A)$: Dalla valle 식
- Q : 필요송풍량(m^3/min)
- Vc : 제어속도(m/sec)
- A : 개구면적(m^2)
- X : 후드중심선으로부터 발생원까지의 거리(m) (오염원과 후드간 거리가 덕트 직경의 1.5배 이내일 때만 유효)

2. 유체의 유량
$Q = 60 \times A \times V$
- Q : 유체의 유량(m^3/min)
- A : 유체가 통과하는 단면적(m^2)
- V : 유체의 유속(m/sec)

1. 필요송풍량
$$Q = 60 \times 0.8 \times (10 \times 0.2^2 + 0.0314) = 20.71(m^3/min)$$
$$\left[A = \frac{\pi d^2}{4} = \frac{\pi \times 0.2^2}{4} = 0.0314(m^2) \right]$$

2. 유체의 유량
$$Q = 60 \times A \times V$$
$$V = \frac{Q}{60 \times A} = \frac{Q}{60 \times (\frac{\pi \times d^2}{4})}$$
$$= \frac{20.71}{60 \times (\frac{\pi \times 0.2^2}{4})} = 10.99(m/sec)$$

실기에 자주 출제 ★★★

정답 69 ② 70 ③ 71 ②

72 작업장 내 열부하량이 15,000kcal/hr이며, 외기온도는 22℃, 작업장 내의 온도는 32℃이다. 이때 전체환기를 위한 필요환기량은 얼마인가?

① $83m^3/hr$　② $833m^3/hr$
③ $4,500m^3/hr$　④ $5,000m^3/hr$

＊발열시 필요환기량

$$Q=\frac{H_s}{0.3\triangle t}(m^3/hr)$$

- $\triangle t$: 급배기(실내, 외)의 온도차(℃)
- H_s : 작업장내 열부하량(kcal/hr)
- 0.3 : 정압비열(kcal/m³℃)

$$Q=\frac{15,000}{0.3\times(32-22)}=5,000(m^3/min)$$

실기까지 중요 ★★

73 송풍기의 소요동력(kW)을 구하는 산식으로 옳은 것은? (단, Q_s는 송풍량(m^3/min), P_{Tf}는 송풍기의 전압(mmH_2O)을 의미한다.)

① $\frac{Q_s\times P_{Tf}}{6,120}$　② $\frac{Q_s}{6,120\times P_{Tf}}$
③ $\frac{6,120\times P_{Tf}}{Q_s}$　④ $\frac{6,120}{Q_s\times P_{Tf}}$

＊송풍기 소요동력의 계산

$$HP(kW)=\frac{Q\times P}{6,120\times\eta}\times K$$

- Q : 송풍량(m^3/min)
- P : 유효전압(풍압)(mmH_2O)
- η : 송풍기효율
- K : 안전여유

실기까지 중요 ★★

74 도금공정에서 벽에 고정된 외부식 국소배기장치가 설치되어 있다. 소요풍량이 $10.5m^3$/min, 덕트의 직경이 10cm, 후드의 유입손실계수가 0.4일 때 후드의 유입손실(mmH_2O)은 약 얼마인가? (단, 덕트 내의 온도는 표준상태로 가정한다.)

① 12.15　② 14.18
③ 16.27　④ 18.25

1. 압력손실($\triangle P$) $=F_h\times VP$

$$=(\frac{1}{Ce^2}-1)\times\frac{\gamma V^2}{2g}(mmH_2O)$$

- F_h : 압력손실계수(유입손실계수)
- Ce : 유입계수
- VP : 속도압(동압)(mmH_2O)
- r : 공기비중
- V : 유속(m/s)
- g : 중력가속도($9.8m/s^2$)

2. $Q=60\times A\times V$

- Q : 유체의 유량(m^3/min)
- A : 유체가 통과하는 단면적(m^2)
- V : 유체의 유속(m/sec)

$$\triangle P=F_h\times VP=F_h\times\frac{\gamma V^2}{2g}$$

$$=0.4\times\frac{1.2\times22.28^2}{2\times9.8}=12.16(mmH_2O)$$

$$Q=60\times A\times V$$

$$V=\frac{Q}{60\times A}=\frac{Q}{60\times(\frac{\pi\times d^2}{4})}$$

$$=\frac{10.5}{60\times(\frac{\pi\times0.1^2}{4})}=22.28(m/sec)$$

실기에 자주 출제 ★★★

정답 72 ④ 73 ① 74 ①

75 공기정화장치의 전 · 후에서 정압감소가 발생하였다면, 다음 중 그 발생 원인으로 가장 관계가 먼 것은?

① 송풍기의 능력 저하
② 송풍기 점검뚜껑의 열림
③ 송풍기와 송풍관의 연결부위가 풀림
④ 공기정화장치의 입구주관 내에 분진 퇴적

송풍기의 정압이 감소되는 원인	① 송풍기의 능력저하 ② 송풍기와 덕트의 연결부위 풀림 ③ 송풍기 점검 뚜껑의 열림
송풍기의 정압이 증가되는 원인	① 공기정화장치에 분진 퇴적 ② 덕트계통의 분진 퇴적 ③ 후드와 덕트의 연결부위가 풀림 ④ 후드의 댐퍼 닫힘 ⑤ 공기정화장치의 분진 취출구 열림

필기에 자주 출제 ★

76 어느 유기용제의 증기압이 1.29mmHg일 때 1기압의 공기 중에서 도달할 수 있는 포화농도는 약 몇 ppm 정도인가?

① 1,000　　② 1,700
③ 2,800　　④ 3,600

* 포화농도

$$\text{포화농도} = \frac{\text{물질의 증기압(mmHg)}}{\text{대기압(760mmHg)}} \times 10^2(\%) = \frac{\text{물질의 증기압(mmHg)}}{\text{대기압(760mmHg)}} \times 10^6(\text{ppm})$$

$$\text{포화농도} = \frac{\text{물질의 증기압(mmHg)}}{\text{대기압(760mmHg)}} \times 10^6 = \frac{1.29}{760} \times 10^6 = 1697.37(\text{ppm})$$

실기까지 중요 ★★

77 다음 중 덕트 내의 마찰손실에 관한 설명으로 틀린 것은?

① 속도압에 비례한다.
② 덕트의 직경에 비례한다.
③ 덕트의 길이에 비례한다.
④ 덕트 내 유속의 제곱에 비례한다.

② 덕트의 직경에 반비례한다.

* 참고

$$\text{압력손실}(\triangle P) = F \times VP = \lambda \times \frac{L}{D} \times \frac{\gamma V^2}{2g}(\text{mmH}_2\text{O})$$

- λ : 관마찰계수(무차원)
- D : 덕트 직경(m)(원형관일 경우)
  (장방형 Duct일 경우 : 상당직경(등가직경)= $\frac{2ab}{a+b}$)
- L : 덕트 길이(m)
- γ : 비중(kg/m³)
- V : 공기속도(m/sec)
- g : 중력가속도(m/sec²)

필기에 자주 출제 ★

78 온도 55℃, 압력 710mmHg인 공기의 밀도 보정계수는 약 얼마인가?

① 0.747　　② 0.837
③ 0.974　　④ 0.995

$$\text{밀도보정계수} = \frac{(273+21)\times(710)}{(273+55)\times(760)} = 0.8374$$

* 참고

$$\text{밀도}(\rho) = \frac{\text{질량}}{\text{부피}}(\text{g/cm}^3, \text{kg/m}^3)$$

필기에 자주 출제 ★

정답 75 ④　76 ②　77 ②　78 ②

79 다음 중 국소배기시스템의 설치 시 고려사항으로 가장 적절하지 않은 것은?

① 가급적 원형 덕트를 사용한다.
② 후드는 덕트보다 두꺼운 재질을 선택한다.
③ 송풍기를 연결할 때에는 최소 덕트 직경의 2배 정도는 직선구간으로 하여야 한다.
④ 곡관의 곡률반경은 최소 덕트 직경의 1.5배 이상으로 하며, 주로 2배를 사용한다.

③ 송풍기를 연결할 때에는 최소 덕트 직경의 6배는 직선구간으로 한다.

필기에 자주 출제 ★

80 다음 중 송풍기를 선정하는 데 반드시 필요하지 않은 요소는?

① 송풍량　　② 소요동력
③ 송풍기 정압　　④ 송풍기 속도압

★ 송풍기 선정에 반드시 필요한 요소
① 송풍량
② 소요동력
③ 송풍기 정압

정답 79 ③ 80 ④

2015년 3월 8일

1회 과년도기출문제

제1과목 산업위생학 개론

01 육체적 작업능력(PWC)이 16Kcal/min인 근로자가 1일 8시간 동안 물체 운반작업을 하고 있다. 이 때의 작업 대사량은 7kcal/min일 때 이 사람이 쉬지 않고 계속 일을 할 수 있는 최대허용시간은 약 얼마인가? (단, $\log T_{end} = 3.720 - 0.1949 \cdot E$)

① 4분 ② 83분
③ 141분 ④ 227분

$\log T_{end} = 3.720 - 0.1949E$
$= 3.720 - 0.1949 \times 7 = 2.36$
$T_{end} = 10^{2.36} = 229.09$(분)

필기에 자주 출제★

02 Gordon은 재해원인 분석에 있어서의 역학적 기법의 유효성을 제창하였다. 재해와 상해발생에 관여하는 3가지 요인이 아닌 것은?

① 화학요인 ② 기계요인
③ 환경요인 ④ 개체요인

* 재해와 상해발생에 관여하는 3가지 요인(Gordon)
① 기계요인
② 개체 요인
③ 환경요인

03 한랭 환경에서 국소진동에 노출되는 경우 나타나는 현상으로 수지의 감각마비 등의 증상을 보이는 것은?

① Raynaud 증상
② heat exhaustion 증상
③ 참호족(trench foot)증상
④ heat stroke 증상

* 레이노현상(Raynaud 's phenonmenon)
한랭환경에서 국소진동에 노출되는 경우 말초혈관운동 장해로 인하여 수지가 창백해지고 손이 차며 통증이 오는 현상

필기에 자주 출제★

04 다음 중 국제노동기구(ILO)의 "산업보건의 목표"와 가장 관계가 적은 것은?

① 노동과 노동조건으로 일어날 수 있는 건강애로부터 근로자를 보호한다.
② 작업에 있어 근로자의 정신적 · 육체적 적응 특히, 채용시 적정 배치한다.
③ 근로자의 정신적 · 육체적 안녕상태를 최대한으로 유지 증진시킨다.
④ 근로자가 직업병으로 판단되었을 때 신속히 회복되도록 최대한으로 잘 치료한다.

* 국제노동기구(ILO)의 "산업보건의 목표"
① 작업조건이 근로자의 건강을 해치지 않도록 한다.
② 근로자의 건강에 영향을 미치는 유해인자에 폭로되지 않도록 한다.
③ 신체적, 정신적으로 적성에 맞는 작업환경에서 일하도록 배치한다.

정답 01 ④ 02 ① 03 ① 04 ④

④ 근로자의 육체적, 정신적, 사회적 건강상태를 최고 수준으로 유지, 증진한다.

필기에 자주 출제★

05 사람이 머리를 숙이지 않고 정상적으로 VDT작업을 할 때 모니터를 바라보는 작업자의 가장 적절한 시선 각도는?

① 수평선상으로부터 아래로 10 ~ 15°
② 수평선상으로부터 아래로 20 ~ 25°
③ 수평선상으로부터 위로 10 ~ 15°
④ 수평선상으로부터 위로 20 ~ 25°

① 작업자의 시선은 수평선상으로부터 아래로 10 ~ 15° 이내일 것
② 눈으로부터 화면까지의 시거리는 40cm 이상을 유지할 것

필기에 자주 출제★

06 다음 중 허리에 부담을 주어 요통을 유발할 수 있는 작업자세로서 가장 거리가 먼 것은?

① 큰 수레에서 물건을 꺼내기 위하여 과도하게 허리를 숙이는 작업 자세
② 높은 곳에 물건을 취급하기 위하여 어깨를 90도 이상 반복적으로 들리게 하는 작업 자세
③ 낮은 작업대로 인하여 반복적으로 숙이는 작업 자세
④ 측면으로 20도 이상 기우는 작업 자세

요통은 중량물 인양 및 옮기는 자세 등으로 허리를 비틀거나 구부리는 자세가 원인이 된다.

07 1833년 산업보건에 관한 법률로서 실제로 효과를 거둔 최초의 법안 "공장법"을 제정한 국가는?

① 미국 ② 영국
③ 프랑스 ④ 독일

* 공장법
영국에서 여성과 아동의 노동시간을 규제하는 것을 내용으로 제정한 법령

필기에 자주 출제★

08 작업환경측정 및 지정측정기간 평가 등에 관한 고시에 있어 정도관리의 구분에 해당하는 것은?

① 정기정도관리 ② 임시정도관리
③ 수시정도관리 ④ 자율정도관리

* 정도관리의 구분 및 실시시기

정기 정도관리	분석자의 분석능력을 평가하기 위해 실시하는 정도관리로서 연 1회 이상 실시한다.
특별 정도관리	다음 각 목의 어느 하나에 해당하는 경우 실시한다. • 작업환경측정기관으로 지정받고자 하는 경우 • 직전 정기정도관리에 불합격한 경우 • 대상기관이 부실측정과 관련한 민원을 야기하는 등 운영위원회에서 특별정도관리가 필요하다고 인정하는 경우

※ 관련 법령의 변경으로 문제를 수정하였습니다.

정답 05 ① 06 ② 07 ② 08 ①

09 다음 중 산업위생전문가로서의 책임에 대한 내용과 가장 거리가 먼 것은?

① 이해관계가 있는 상황에서는 개입하지 않는다.
② 전문분야로서의 산업위생을 학문적으로 발전시킨다.
③ 궁극적 책임은 기업주 또는 고객의 건강보호에 있다.
④ 과학적방법의 적용과 자료의 해석에서 객관성을 유지한다.

★ 산업위생전문가로서의 책임
① 성실성과 학문적 실력 면에서 최고 수준을 유지한다.
② 과학적 방법의 적용과 자료의 해석에서 객관성을 유지한다.
③ 전문 분야로서의 산업위생을 학문적으로 발전시킨다.
④ 근로자, 사회 및 전문 직종의 이익을 위해 과학적 지식을 공개하고 발표한다.
⑤ 기업체의 기밀은 누설하지 않는다.
⑥ 전문적 판단이 타협에 의하여 좌우될 수 있거나 이해관계가 있는 상황에는 개입하지 않는다.

실기에 자주 출제 ★★★

10 다음 중 산업피로를 예방하기 위한 방법으로 틀린 것은?

① 작업 과정에서 적절한 휴식시간을 삽입한다.
② 불필요한 동작을 피하고 에너지 소모를 줄인다.
③ 동적인 작업은 운동량이 많으므로 정적인 작업으로 전환한다.
④ 개인에 따른 작업 부하량을 조절한다.

③ 동적인 작업과 정적인 작업을 적절히 혼합하여 배치한다.(과격한 육체적 노동은 기계화하고, 과도한 정적인 작업은 적정한 동적인 작업으로 전환한다)

필기에 자주 출제 ★

11 다음 중 산업피로에 관한 설명으로 틀린 것은?

① 정신적, 육체적 노동 부하에 반응하는 생체의 태도라 할 수 있다.
② 피로는 가역적인 생체변화이다.
③ 정신적 피로와 신체적 피로는 일반적으로 구별하기 어렵다.
④ 피로의 정도는 객관적 판단이 용이하다.

④ 피로현상은 개인차가 심하므로 개체반응을 수치로 나타내기 어렵다.(객관적 판단이 어렵다)

필기에 자주 출제 ★

12 아연에 대한 인체실험 결과 안전흡수량이 체중 kg당 0.12mg이었다. 1일 8시간 작업에서의 노출기준은 약 얼마인가? (단, 근로자의 평균 체중은 70kg, 폐환기율은 1.2m³/hr으로 한다.)

① 1.8mg/m³ ② 1.5mg/m³
③ 1.2mg/m³ ④ 0.9mg/m³

체내흡수량(mg) = $C \times T \times V \times R$
• C : 공기 중 유해물질 농도(mg/m³)
• T : 노출시간(hr)
• V : 폐환기율(호흡률, m³/hr)
• R : 체내 잔유율(보통 1.0)

$$C = \frac{mg}{T \times V \times R} = \frac{8.4}{8 \times 1.2 \times 1.0} = 0.88(mg/m^3)$$

$$(\frac{0.12mg}{kg} \times 70kg = 8.4mg)$$

실기까지 중요 ★★

정답 09 ③ 10 ③ 11 ④ 12 ④

13 NIOSH lifting guide에서 모든 조건의 최적의 작업상태라고 할 때 권장되는 최대 무게(kg)는 얼마인가?

① 18　② 23
③ 30　④ 40

RWL(kg) = LC(23) × HM × VM × DM × AM × FM × CM

- 중량물 상수(23kg) : 최적의 환경에서 들기작업을 할 때의 최대 허용무게를 말함

필기에 자주 출제★

14 다음 중 산업안전보건법령상 보건관리자의 자격기준에 해당하지 않는 자는?

① "의료법"에 의한 의사
② "의료법"에 의한 간호사
③ "위생사에 관한 법률"에 의한 위생사
④ "고등교육법"에 의한 전문대학에서 산업보건 관련 학교를 졸업한 자

★보건관리자의 자격
① 「의료법」에 따른 의사
② 「의료법」에 따른 간호사
③ 산업보건지도사
④ 산업위생관리산업기사 또는 대기환경산업기사 이상의 자격을 취득한 사람
⑤ 인간공학기사 이상의 자격을 취득한 사람
⑥ 전문대학 이상의 학교에서 산업보건 또는 산업위생 분야의 학과를 졸업한 사람(법령에 따라 이와 같은 수준 이상의 학력이 있다고 인정되는 사람을 포함한다)

필기에 자주 출제★

15 다음 중 상대 에너지대사율(RMR)에 관한 설명으로 틀린 사항은?

① 연령은 고려하지 않는 지수이다.
② 작업대사량을 소요시간에 대한 가중평균으로 나타낸다.
③ $\frac{\text{작업 시 소비에너지 - 안정 시 소비에너지}}{\text{기초대사량}}$ 으로 산출한다.
④ RMR에 근거한 작업강도의 구분으로 경(經)작업은 0 ~ 1, 중(重)작업은 4 ~ 7, 격심(激甚)작업은 7 이상의 값을 나타낸다.

에너지대사율(RMR)은 연령을 고려한 지수이다.

필기에 자주 출제★

16 NIOSH에서는 권장무게한계(RWL)와 최대허용한계(MPL)에 따라 중량물 취급 작업을 분류하고, 각각의 대책을 권고하고 있는데 MPL을 초과하는 경우에 대한 대책으로 가장 적절한 것은?

① 문제있는 근로자를 적절한 근로자로 교대시킨다.
② 반드시 공학적 방법을 적용하여 중량물 취급 작업을 다시 설계한다.
③ 대부분의 정상근로자들에게 적정한 작업조건으로 현 수준을 유지한다.
④ 적절한 근로자의 선택과 적정배치 및 훈련, 그리고 작업방법의 개선이 필요하다.

MPL(최대허용기준)=3×AL(감시기준)

MPL을 초과하는 경우 공학적 방법을 적용하여 중량물 취급작업을 다시 설계해야 한다.

필기에 자주 출제★

정답　13 ②　14 ③　15 ①　16 ②

17 다음 중 화학물질의 노출기준에 대한 설명으로 옳은 것은?

① 노출기준은 변할 수 있다.
② 대기환경에서의 노출기준이 없는 화합물은 사업장 노출 기준을 적용한다.
③ 노출기준 이하의 노출에서는 모든 근로자에게 건강상의 영향이 나타나지 않는다.
④ 노출기준 이하에서는 직업병이 발생되지 않는 안전한 값이다.

② 노출기준은 대기오염평가 및 지표(관리)에 적용할 수 없다.
③, ④ 노출기준 이하의 작업환경에서도 직업성 질병에 이환되는 경우가 있으므로 노출기준은 직업병진단에 사용하거나 노출기준 이하의 작업환경이라는 이유만으로 직업성질병의 이환을 부정하는 근거 또는 반증자료로 사용하여서는 아니 된다.

필기에 자주 출제★

18 산업안전보건법에 따라 최근 1년간 작업공정에서 공정 설비의 작업방법의 변경, 설비의 이전, 사용 화학물질의 변경 등으로 작업환경측정결과에 영향을 주는 변화가 없는 경우로서 해당 유해인자에 대한 작업환경측정을 1년에 1회 이상으로 할 수 있는 것은?

① 작업장 또는 작업공정이 신규로 가동되는 경우
② 작업공정 내 소음의 작업환경측정 결과가 최근 2회 연속 90데시벨(dB) 미만인 경우
③ 작업공정 내 소음 외의 다른 모든 인자의 작업환경측정 결과가 최근 2회 노출기준 미만인 경우
④ 작업환경측정 대상 유해인자에 해당하는 화학적 인자의 측정치가 노출기준을 초과하는 경우

* 1년에 1회 이상 작업환경측정을 할 수 있는 경우
① 작업공정 내 소음의 작업환경측정 결과가 최근 2회 연속 85데시벨(dB) 미만인 경우
② 작업공정 내 소음 외의 다른 모든 인자의 작업환경측정 결과가 최근 2회 연속 노출기준 미만인 경우

실기까지 중요★★

19 금속작업 근로자에게 발생된 만성중독의 특징으로 코점막의 염증, 비중격천공 등의 증상을 일으키는 물질은?

① 납 ② 6가크롬
③ 수은 ④ 카드뮴

* 유해요인별 중독증세
① 수은중독 : 미나마타병
② 크롬중독 : 비중격천공증, 비강암, 폐암
③ 카드뮴중독 : 이타이이타이병
④ 납중독 : 조혈장해, 말초신경장해
⑤ 벤젠중독 : 빈혈, 백혈병, 조혈장해
⑥ 석면 : 악성중피종
⑦ 망간 : 파킨슨증후군, 신장염

필기에 자주 출제★

20 직장에서 당면문제를 진지한 태도로 해결하지 않고 현재보다 낮은 단계의 정신 상태로 되돌아 가려는 행동반응을 나타내는 부적응 현상을 무엇이라고 하는가?

① 작업도피(evasion) ② 체념(resignation)
③ 퇴행(degeneration) ④ 구실(pretext)

* 퇴행
현재보다 낮은 단계의 정신 상태로 되돌아 가려는 행동반응을 말한다.

정답 17 ① 18 ③ 19 ② 20 ③

제2과목 작업환경측정 및 평가

21 500ml 수용액 속에 4g의 NaOH가 함유되어 있는 용액의 PH는? (단, 완전해리 기준, Na 원자량 23)

① 13.0　　② 13.3
③ 13.6　　④ 13.8

1. NaOH 1mol $= \frac{40g}{1L} = \frac{20g}{500mL}$
   1mol : 20g = $x$mol : 4g
   $1 \times 4 = 20 \times x$
   $x = \frac{4}{20} = 0.2$mol
   (NaOH 분자량 = 23 + 16 + 1 = 40g)
2. NaOH → Na^{+} + OH^{-}
   1mol : 1mol : 1mol
   0.2mol : 0.2mol : 0.2mol
3. pH $= 14 - \log(\frac{1}{OH^{-}}) = 14 - \log(\frac{1}{0.2}) = 13.30$

*참고
1. pH $= \log(\frac{1}{H^{+}}) = \log(H^{+})$
2. pOH $= \log(\frac{1}{OH^{-}}) = \log(OH^{-})$
3. pH + pOH = 14

22 유도결합 플라스마 원자발광분석기를 이용하여 금속을 분석할 때 장 · 단점으로 옳지 않은 것은?

① 원자흡광광도계보다 더 좋거나 적어도 같은 정밀도를 갖는다.
② 검량선의 직선성 범위가 좁아 재현성이 우수하다.
③ 화학물질에 의한 방해로부터 거의 영향을 받지 않는다.
④ 원자들은 높은 온도에서 많은 복사선을 방출하므로 분광학적 방해 영향이 있을 수 있다.

② 검량선의 직선성 범위가 넓다.

필기에 자주 출제★

23 벤젠 100ml에 디티존 0.1g을 넣어 녹인 후 이 원액을 10배 희석시키면 디티존은 몇 μg/mℓ 용액이 되겠는가?

① 1μg/mℓ　　② 10μg/mℓ
③ 100μg/mℓ　　④ 1000μg/mℓ

1. 희석배수 $= \frac{\text{희석 후 부피}}{\text{희석 전 부피}}$
   희석 후 부피 = 희석배수 × 희석 전 부피
   = 10 × 100ml = 1000ml
2. $\frac{0.1 \times 10^{6}\mu g}{1000ml} = 100\mu g/ml$
   ($\mu g = 10^{-6}g$)

정답 21 ② 22 ② 23 ③

24 다음 물질 중 극성이 가장 강한 것은?

① 알데하이드류　② 케톤류
③ 에스테르류　④ 올레핀류

* 실리카겔의 친화력(극성이 강한 순서)
물 〉 알코올류 〉 알데하이드류 〉 케톤류 〉 에스테르류 〉 방향족탄화수소류 〉 올레핀류 〉 파라핀류

필기에 자주 출제 ★

25 작업환경측정 시 사용되는 흡착제에 관한 설명 중 옳지 않은 것은?

① 대게 극성오염물질에는 극성흡착제를, 비극성오염 물질에는 비극성 흡착제를 사용한다.
② 일반적으로 흡착관의 앞층은 100mg, 뒷층은 50mg으로 되어 있으나 오염물질에 따라 다른 크기의 것을 사용한다.
③ 채취효율을 높이기 위하여 흡착제에 시약을 처리하여 사용하기도 한다.
④ 활성탄은 불포화 탄소결합을 가진 분자를 선택적으로 흡착하는 능력이 있다.

④ 실리카 및 알루미나 흡착제는 불포화 탄소결합을 가진 분자를 선택적으로 흡착한다.

필기에 자주 출제 ★

26 옥외(태양광선이 내리쬐는 장소)에서 WBGT 측정시 사용되는 식은?

① WBGT(℃) = 0.7 × 자연습구온도 + 0.2 × 흑구온도 + 0.1 × 건구온도
② WBGT(℃) = 0.7 × 건구온도+0.2 × 자연습구온도 + 0.1 × 흑구온도
③ WBGT(℃) = 0.7 × 건구온도 + 0.2 × 흑구온도 + 0.1 × 자연습구온도
④ WBGT(℃) = 0.7 × 자연습구온도 + 0.2 × 건구온도 + 0.1 × 흑구온도

1. 옥외(태양광선이 내리쬐는 장소)
WBGT(℃) = 0.7 × 자연습구온도 + 0.2 × 흑구온도 + 0.1 × 건구온도
2. 옥내 또는 옥외(태양광선이 내리쬐지 않는 장소)
WBGT(℃) = 0.7 × 자연습구온도 + 0.3 × 흑구온도

실기에 자주 출제 ★★★

27 PVC 막여과지를 사용하여 채취하는 물질에 관한 내용과 가장 거리가 먼 것은?

① 유리규산을 채취하여 X-선 회절법으로 분석하는데 적절하다.
② 6가 크롬 그리고 아연산화물의 채취에 이용된다.
③ 압력에 강하여 석탄건류나 증류 등의 공정에서 발생하는 PAHs 채취에 이용된다.
④ 수분에 대한 영향이 크지 않기 때문에 공해성 먼지 등의 중량분석을 위한 측정에 이용된다

③ 다핵방향족탄화수소(PAHs) 등을 채취하는데 사용한다. → 은막 여과지

필기에 자주 출제 ★

정답 24 ① 25 ④ 26 ① 27 ③

28 검지관 사용의 장점이라 볼 수 없는 것은?

① 사용이 간편하다.
② 전문가가 아니더라도 어느 정도만 숙지하면 사용 할 수 있다.
③ 빠른 시간에 측정결과를 알 수 있어 주관적인 판독을 방지할 수 있다.
④ 맨홀 밀폐 공간에서의 산소부족 또는 폭발성 가스로 인한 안전이 문제가 될 때 유용하게 사용 될 수 있다.

③ 판독자에 따라 변이가 심하다. → 검지관의 단점

실기까지 중요 ★★

29 주물공장에서 근로자에게 노출되는 호흡성 먼지를 측정한 결과(mg/m^3)가 다음과 같았다면 기하평균농도(mg/m^3)는?

2.5, 2.1, 3.1, 5.2, 7.2

① 3.6 ② 3.8
③ 4.0 ④ 4.2

* 기하평균

1. $\log(GM) = \dfrac{\log X_1 + \log X_2 + \cdots + \log X_n}{N}$
2. $G.M = \sqrt[N]{X_1 \cdot X_2 \cdots X_n}$
   - X_n: 측정치
   - N: 측정치 개수

$G.M = \sqrt[5]{(2.5 \times 2.1 \times 3.1 \times 5.2 \times 7.2)} = 3.61$

실기까지 중요 ★★

30 PVC 필터를 이용하여 먼지 포집 시 필터무게는 채취 후 18.115mg이며 채취 전 무게는 14.316mg 이었다. 공기채취량이 400 ℓ 이라면 포집된 먼지의 농도는? (단, 공시료의 무게 차이는 없었던 것으로 가정한다.)

① $8.0mg/m^3$ ② $8.5mg/m^3$
③ $9.0mg/m^3$ ④ $9.5mg/m^3$

$\dfrac{mg}{m^3} = \dfrac{(18.115 - 14.316)mg}{400 \times 10^{-3} m^3} = 9.50(mg/m^3)$

$(L = 10^{-3} m^3)$

실기까지 중요 ★★

31 자연습구온도계를 이용한 습구온도 측정시간 기준으로 옳은 것은? (단, 고시 기준)

① 25분 이상 ② 15분 이상
③ 5분 이상 ④ 3분 이상

※ 관련규정의 변경으로 법규에서 삭제된 내용입니다.

정답 28 ③ 29 ① 30 ④ 31 ③

32 물질을 취급 또는 보관하는 동안에 이물(異物)이 들어가거나 내용물이 손실되지 않도록 보호하는 용기는?

① 밀봉용기
② 밀폐용기
③ 기밀용기
④ 폐쇄용기

① 밀폐용기(密閉容器) : 물질을 취급 또는 보관하는 동안에 이물(異物)이 들어가거나 내용물이 손실되지 않도록 보호하는 용기를 말한다.
② 기밀용기(機密容器) : 물질을 취급하거나 보관하는 동안에 외부로부터의 공기 또는 다른 기체가 침입하지 않도록 내용물을 보호하는 용기를 말한다.
③ 밀봉용기(密封容器) : 물질을 취급 또는 보관하는 동안에 기체 또는 미생물이 침입하지 않도록 내용물을 보호하는 용기를 말한다.
④ 차광용기(遮光容器) : 광선이 투과되지 않는 갈색용기 또는 투과하지 않도록 포장한 용기로서 취급 또는 보관하는 동안에 내용물의 광화학적 변화를 방지할 수 있는 용기를 말한다.

암기법

이물질 밀폐, 공기 기밀, 미생물 밀봉, 광선 차광

필기에 자주 출제 ★

33 소리의 음압수준이 80dB인 기계 2대와 85dB인 기계 1대가 동시에 가동되었을 때 전체 음압 수준은?

① 83dB　　② 85dB
③ 87dB　　④ 89dB

* 합성소음도

$$L(\text{dB}) = 10 \times \log(10^{\frac{L_1}{10}} + 10^{\frac{L_2}{10}} + \cdots + 10^{\frac{L_n}{10}})$$

- L : 합성소음도(dB)
- $L_1 \sim L_2$: 각각 소음원의 소음(dB)

$$L = 10 \times \log\left(10^{\frac{80}{10}} + 10^{\frac{80}{10}} + 10^{\frac{85}{10}}\right) = 87.13(\text{dB})$$

실기까지 중요 ★★

34 가스크로마토그래피를 구성하는 주요 요소와 가장 거리가 먼 것은?

① 단색화부　　② 검출기
③ 컬럼오븐　　④ 주입부

가스크로마토그래피는 주입부(injector), 컬럼(column)오븐 및 검출기(detector)의 3가지 주요 요소로 구성된다.

35 크로마토그래피의 분리관 성능을 표시하는 분해능을 높일 수 있는 조작으로 틀린 것은?

① 분리관의 길이를 길게 한다.
② 고정상의 양을 크게 한다.
③ 시료의 양을 적게 한다.
④ 고체 지지체의 입자크기를 작게 한다.

* 가스크로마토그래피(GC)분석에서 분해능(또는 분리도)을 높이기 위한 방법
① 시료의 양을 적게 한다.
② 고정상의 양을 적게 한다.
③ 고체 지지체의 입자 크기를 작게 한다.
④ 분리관(column)의 길이를 길게 한다.

정답 32 ② 33 ③ 34 ① 35 ②

36 공기채취기구의 보정을 위한 1차 표준기구에 해당되는 것은?

① 가스치환병　　② 건식가스미터
③ 열선기류계　　④ 습식테스트미터

1차 표준 기구	2차 표준기구
1. 비누거품미터 2. 폐활량계 3. 가스치환병 4. 유리피스톤미터 5. 흑연피스톤미터 6. 피토튜브(Pitot tube)	1. 로타미터 2. 습식테스트미터 (Wet-test-meter) 3. 건식가스미터 (Dry-gas-meter) 4. 오리피스미터 5. 열선기류계
암기법 1차비누로 폐활량 재고, 가스치환하여, 유리, 흑연 먹였더니 피토했다.	**암기법** 2 열로 걸어가는 습관 테스트하는 오리

실기에 자주 출제★★★

37 다음 유기용제 중 활성탄관을 사용하여 효과적으로 채취할 수 없는 시료는?

① 할로겐화 탄화수소류
② 니트로벤젠류
③ 케톤류
④ 알코올류

활성탄관	비극성 유기용제, 방향족 유기용제(방향족 탄화수소류), 할로겐화 지방족 유기용제(할로겐화 탄화수소류), 에스테르류, 알코올류 등의 포집에 사용된다. **암기법** 비극성인 알(알코올) 에(에스테르) 할로겐 탄(할로겐화 탄화수소) 지방(지방족 유기용제) 방유(방향족 유기용제)하니 활성(활성탄)됐다.
실리카겔관	극성의 유기용제, 산(무기산 : 불산, 염산), 방향족 아민류, 지방족 아민류, 아닐린, 아미노에탄올, 아마이드류, 니트로 벤젠류, 페놀류 등의 포집에 사용된다. **암기법** 극성(극성 유기용제)스런 산 아(아민, 아닐린, 아마이드)는 페(페놀)서 니트럭(니트로벤젠)에 실리까(실리카겔)?

필기에 자주 출제★

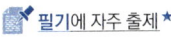

38 어떤 분석방법의 검출한계가 0.2mg일 때 정량한계로 가장 적절한 값은?

① 0.11mg　　② 0.33mg
③ 0.66mg　　④ 0.99mg

* 정량한계(LOQ : Limit of quantization)
- 정량분석 할 수 있는 가장 작은 양을 말한다.
- 정량한계 = 표준편차의 10배 또는 검출한계의 3배 또는 3.3배
- 정량한계 = 3.3 × 검출한계
  = 3.3 × 0.2 = 0.66mg

필기에 자주 출제★

정답 36 ① 37 ② 38 ③

39 석면의 농도를 표시하는 단위로 적절한 것은?

① 개/cm^3　② 개/m^3
③ mm/ℓ　④ cm/m^3

* 작업환경 측정의 단위 표시
① 석면 : 개/cm^3(세제곱센티미터 당 섬유개수)
② 가스, 증기, 분진, 흄, 미스트 : mg/m^3 또는 ppm
③ 고열(복사열 포함) : 습구 · 흑구온도지수를 구하여 ℃로 표시
④ 소음 : [dB(A)]

실기까지 중요 ★★

40 입자상 물질을 채취하기 위해 사용되는 직경분립충돌기(Cascade Impacter)에 비해 사이클론이 갖는 장점과 가장 거리가 먼 것은?

① 입자의 질량크기 분포를 얻을 수 있다.
② 매체의 코팅과 같은 별도의 특별한 처리가 필요 없다.
③ 호흡성 먼지에 대한 자료를 쉽게 얻을 수 있다.
④ 충돌기에 비해 사용이 간편하고 경제적이다.

사이클론의 장점	① 사용이 간편하고 경제적이다. ② 호흡성 먼지에 대한 자료를 쉽게 얻을 수 있다. ③ 시료의 되튐으로 인한 손실이 없다. ④ 매체의 코팅과 같은 별도의 특별한 처리가 필요 없다.
직경분립 충돌기의 장점	① 호흡기에 부분별로 침착된 입자크기의 자료를 추정할 수 있다. ② 흡입성, 흉곽성, 호흡성입자의 크기별 분포와농도를 계산할 수 있다. ③ 입자의 질량크기 분포를 얻을 수 있다.

실기까지 중요 ★★

제3과목 작업환경관리

41 소음성 난청의 초기 단계에서 청력손실이 현저하게 나타나는 주파수(Hz)는?

① 1,000　② 2,000
③ 4,000　④ 8,000

* C_5 – dip 현상
소음성 난청의 초기단계로서 4,000Hz 부근의 음에 대한 청력저하가 심하게 생기게 되는 현상을 말한다.

필기에 자주 출제 ★

42 전리방사선의 특성을 잘못 설명한 것은?

① X-선은 전자를 가속하는 장치로부터 얻어지는 인공적인 전자파이다.
② α-입자는 투과력은 약하나, 전리작용은 강하다.
③ β-입자는 α-입자에 비하여 무거워 충돌에 따른 영향이 크다.
④ 중성자는 α-입자, β-입자보다 투과력이 강하다.

③ β입자는 매우 가볍고(α입자 무게의 1/1,840) 광속에 가까운 속도로 움직이므로 물질의 원자나 원자핵과 충돌할 확률이 낮고 충돌 에너지가 작다.

* 참고
1. 인체의 투과력 순서
중성자 〉 X선 or γ 〉 β 〉 α
2. 전리작용(REB : 생물학적 효과) 순서
중성자 〉 α 〉 β 〉 X선 or γ

필기에 자주 출제 ★

정답 39 ① 40 ① 41 ③ 42 ③

43 다음 유해가스 중 단순 질식성 가스는?

① 메탄 ② 아황산가스
③ 시안화수소 ④ 황화수소

단순 질식제	① 생리적으로는 아무 작용도 하지 않으나 공기 중에 많이 존재하면 산소분압을 저하시켜 조직에 필요한 산소의 공급부족을 초래한다. ② 수소, 질소, 이산화탄소(CO_2), 헬륨, 메탄, 에탄, 프로판, 에틸렌, 아세틸렌 등
화학적 질식제	① 혈액 중의 혈색소와 결합하여 산소운반 능력을 방해하거나 조직이 산소를 받아들이는 능력을 잃게 하여 내질식을 일으킨다. ② 일산화탄소(CO), 황화수소(H_2S), 시안화수소(HCN), 아닐린

실기까지 중요 ★★

44 작업환경의 유해인자와 건강장해의 연결이 틀린 것은?

① 자외선 - 혈소판수 감소
② 고온 - 열사병
③ 기압 - 잠함병
④ 적외선 - 백내장

★ 자외선의 인체영향(생물학적 작용)
① 화학선 : 눈과 피부 등에 화학변화를 일으킴
② 광화학적 반응 : 산소분자를 해리하여 오존을 생성
③ 피부작용 : 피부암, 피부 홍반 형성 및 색소 침착, 피부 비후를 일으킴
④ 눈에 대한 영향 : 결막염, 백내장, 급성 각막염 발생시킴
⑤ 비타민 D 생성
⑥ 살균작용
⑦ 전신 건강장해

필기에 자주 출제 ★

45 청력보호구인 귀마개에 관한 내용으로 틀린 것은? (단, 귀덮개 비교 기준)

① 다른 보호구와 동시에 사용할 수 있다.
② 고온작업장에서 불편 없이 사용할 수 있다.
③ 착용 시간이 짧고 쉽다.
④ 더러운 손으로 만짐으로써 외청도를 오염시킬 수 있다.

★ 귀마개의 특징

장점	• 부피가 작아서 휴대하기 편하다. • 보안경과 안전모 사용에 구애받지 않는다. • 고온작업, 좁은 공간에서도 사용할 수 있다. • 가격이 저렴하다.
단점	• 귀에 질병이 있을 경우 착용이 불가능하다. • 제대로 착용하는데 시간이 걸리며 요령을 습득해야 한다. • 착용 여부 파악이 곤란하다. • 차음효과가 일반적으로 귀덮개보다 떨어지며 사람에 따라 차이가 있을 수 있다. • 귀마개 오염에 따른 감염 가능성이 있다. • 땀이 많이 날 때는 외이도에 염증유발 가능성 있다.

실기까지 중요 ★★

46 근로자가 귀덮개(NRR=31)를 착용하고 있는 경우 미국 OSHA의 방법으로 계산한다면 차음효과는?

① 5dB ② 8dB
③ 10dB ④ 12dB

차음효과 = (NRR − 7) × 0.5
• NRR : 차음평가수

차음효과 = (31 − 7) × 0.5 = 12(dB)

실기까지 중요 ★★

정답 43 ① 44 ① 45 ③ 46 ④

47 고압환경에 관한 설명으로 알맞지 않은 것은?

① 산소의 분압이 2기압이 넘으면 산소중독증세가 나타난다.
② 산소의 중독작용은 운동이나 이산화탄소의 존재로 악화된다.
③ 폐 내의 가스가 팽창하고 질소기포를 형성한다.
④ 공기 중의 질소가스는 3기압 하에서는 자극 작용을 4기압 이상에서는 마취 작용을 한다.

* 고압환경의 2차적 가압현상
① 질소의 마취작용 : 공기 중의 질소 가스는 4기압 이상에서 마취작용을 일으킨다.
② 산소중독 증세 : 산소분압이 2기압을 넘으면 산소중독 증세가 나타난다.
③ 이산화탄소의 작용 : 이산화탄소의 증가는 산소의 독성과 질소의 마취작용을 촉진시킨다.

실기까지 중요 ★★

48 마이크로파와 라디오와 방사선이 건강에 미치는 영향에 관한 설명으로 틀린 것은?

① 일반적으로 150MHz 이하의 마이크로파와 라디오파는 신체를 완전히 투과하며 흡수되어도 감지되지 않는다.
② 마이크로파의 열작용에 가장 영향을 많이 받는 기관은 생식기와 눈이다.
③ 500 ~ 1000MHZ의 마이크로파에 노출된 경우 눈 수정체의 아스코르브산액 함량 급증으로 백내장이 유발된다.
④ 마이크로파와 라디오파는 하전을 시키지는 못하지만 생체 분자의 진동과 회전을 시킬 수 있어 조직의 온도를 상승시키는 열작용에 의한 영향을 준다

* 마이크로파의 인체영향(생물학적 작용)

10,000MHz	피부에 온감각을 준다.
1,000~10,000MHz (파장 : 3~10cm)	백내장을 일으킨다.
150~1,200MHz	내장조직 손상을 일으킨다.
300~1,200MHz	중추신경(대뇌 측두엽 표면 부위)에 대한 작용이 민감하다.

필기에 자주 출제 ★

49 작업환경의관리원칙중 '대치' 에관한내용으로 틀린 것은?

① 세척작업에서 사염화탄소 대신 트리클로로에틸렌으로 전환
② 소음이 많이 발생하는 리벳팅 작업 대신 너트와 볼트 작업으로 전환
③ 제품의 표면 마감에 사용되는 저속, 왕복형 절삭기 대신 소형, 고속 회전식 그라인더로 대치
④ 조립공정에서 많이 사용하는 소음 발생이 큰 압축공기식 임팩트 렌치를 저소음 유압식 렌치로 대치

③ 제품의 표면 마감에 사용되는 고속 회전식 그라인더를 저속, 왕복형 절삭기로 대치

필기에 자주 출제 ★

정답 47 ③ 48 ③ 49 ③

50 더운 환경에서 심한 육체적인 작업을 하면서 땀을 많이 흘릴 때 많은 물을 마시지만 신체의 염분 손실을 충당하지 못할 때 발생하는 고열장해는?

① 열경련(Heat cramps)
② 열사병(Heat stroke)
③ 열실신(Heat syncope)
④ 열허탈(Heat collapse

* 열경련(heat cramp)
고온환경에서 심한 육체적인 노동을 할 때 체내 수분 및 혈중 염분농도 저하가 원인이 되어 발생한다.

* 참고
① 열사병 : 태양의 복사열에 직접 노출 시 뇌의 온도 상승으로 체온조절 중추기능 장해(중추신경 마비)를 일으켜서 체내에 열이 축적되어 발생한다.
② 열피로(heat exhaustion), 열탈진, 열피비 : 고온환경에서 장시간 힘든 노동을 할 때 과다 발한으로 인한 수분과 염분손실 및 탈수로 인한 혈장량이 감소되어 발생한다.
③ 열쇠약(heat prostration) : 고열작업장에서의 만성적인 건강장해로 전신권태, 위장장해, 불면, 빈혈 등의 증상이 발생한다.
④ 열성발진(heat rashes) : 가장 흔한 피부장해로서 땀띠라고도 한다.

실기까지 중요 ★★

51 적용 화학물질이 정제 벤드나이드겔, 염화비닐수지이며 분진, 전해약품제조, 원료취급작업에서 주로 사용되는 보호크림으로 가장 적절한 것은?

① 피막형크림 ② 차광크림
③ 소수성크림 ④ 친수성크림

* 피막형 피부보호제(피막형 크림)
분진, 유리섬유 등에 대한 장해 예방
① 분진, 전해약품 제조, 원료 취급 작업에서 주로 사용한다.
② 적용 화학물질 : 정제 벤드나이겔, 염화비닐 수지

필기에 자주 출제 ★

52 다음의 산소결핍에 관한 내용 중 틀린 것은?

① 산소결핍이란 공기 중 산소농도가 20% 미만을 말한다.
② 맨홀, 피트 및 물탱크 작업이 산소결핍 작업환경에 해당된다.
③ 생체 중에서 산소결핍에 대하여 가장 민감한 조직은 대뇌피질이다.
④ 일반적으로 공기의 산소분압의 저하는 바로 동맥혈의 산소분압 저하와 연결되어 뇌에 대한 산소 공급량의 감소를 초래한다.

① 산소결핍이란 공기 중 산소농도가 18% 미만인 상태를 말한다.

필기에 자주 출제 ★

정답 50 ① 51 ① 52 ①

53 방진재인 공기스프링에 관한 설명으로 옳지 않은 것은?

① 사용진폭의 범위가 넓어 별도의 댐퍼가 필요한 경우가 적다.
② 구조가 복잡하고 시설비가 많이 소요된다.
③ 자동제어가 가능하다.
④ 하중의 변화에 따라 고유진동수를 일정하게 유지할 수 있다.

*공기용수철(공기스프링)

장점	① 부하능력이 광범위하다. ② 설계시에 스프링의 높이, 내하력, 스프링 정수를 각각 독립적으로 광범위하게 설정할 수 있다. ③ 자동제어가 가능하다. ④ 하중의 변화에 따라 고유진동수를 일정하게 유지할 수 있다.
단점	① 사용진폭이 적은 것이 많으므로 별도의 damper가 필요한 경우가 많다. ② 구조가 복잡하고 시설비가 많이 소요된다. ③ 압축기 등 부대시설이 필요하다. ④ 공기 누출의 위험이 있다.

필기에 자주 출제 ★

54 귀덮개의 장점으로 틀린 것은?

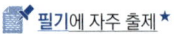

① 귀마개보다 차음효과가 일반적으로 크며 개인차가 작다.
② 크기를 다양화하여 차음효과를 높일 수 있다.
③ 근로자들이 착용하고 있는지를 쉽게 확인할 수 있다.
④ 귀에 이상이 있을 때에도 착용할 수 있다.

*귀덮개

장점	① 고음영역에서 차음효과가 탁월하다. ② 귀마개보다 차음효과가 일반적으로 크며 차음효과의 개인차가 적다. ③ 귀 안에 염증이 있어도 사용이 가능하다. ④ 착용이 쉽고 착용법이 틀리거나 분실할 염려가 적다. ⑤ 동일한 크기의 귀덮개를 대부분의 근로자가 사용할 수 있다. ⑥ 멀리서도 착용 유무를 확인할 수 있다.
단점	① 고온에서 사용 시에는 땀이 나서 불편하다. ② 보안경과 동시 착용 시에는 불편하며 차음효과가 감소한다. ③ 가격이 비싸고 운반과 보관이 쉽지 않다.

실기까지 중요 ★★

55 다음 중 자극성이며 물에 대한 용해도가 가장 높은 물질은?

① 암모니아 ② 염소
③ 포스겐 ④ 이산화탄소

상기도 점막 자극제	물에 잘 녹는 물질로 암모니아, 크롬산, 염화수소, 불화수소, 아황산가스 등이 있다.
상기도 점막 및 폐조직 자극제	물에 대한 용해도가 중등도인 물질로 염소, 브롬, 요오드, 플루오르, 염소산화물, 오존 등이 있다.
종말 기관지 및 폐포점막 자극제	물에 잘 녹지 않는 물질로 이산화질소, 3염화비소, 포스겐 등이 있다.

실기까지 중요 ★★

정답 53 ① 54 ② 55 ①

56 다음 중 전신진동 장해의 원인으로 가장 적절한 것은?

① 중장비 차량의 운전 ② 전기톱 작업
③ 착암기 작업 ④ 햄머 작업

* 전신진동
비행기와 선박, 트럭과 같은 교통차량, 트랙터 및 흙파는 기계와 같은 각종 영농기계에 탑승하였을 때 발생하는 진동을 '전신진동'이라고 한다.

57 빛과 밝기의 단위로 사용되는 측정량과 단위를 잘못 짝지은 것은?

① 조도 : 룩스(Lux) ② 광도 : 칸델라(cd)
③ 휘도 : 와트(W) ④ 광속 : 루멘(lm)

③ 휘도 : 램버트(Lambert)

58 무거운 저속연장 사용으로 발생하는 진동에 의한 손의 장해에 관한 내용으로 틀린 것은? (단, 가벼운 고속연장과 비교 기준)

① 동통은 통상적으로 주증상이 아니다.
② 뼈와 퇴행성 변화는 없다.
③ 손가락의 창백 현상이 특징적이다.
④ 부종이 때때로 발생할 수 있다.

② 뼈와 퇴행성 변화가 발생한다.

59 채광(자연조명)에 관한 내용으로 옳은 것은?

① 창의 면적은 벽 면적의 15 ~ 20%가 이상적이다.
② 창의 면적은 벽 면적의 20 ~ 35%가 이상적이다.
③ 창의 면적은 바닥 면적의 15 ~ 20%가 이상적이다.
④ 창의 면적은 바닥 면적의 20 ~ 35%가 이상적이다.

③ 창의 면적은 방바닥 면적의 15 ~ 20%(1/5 ~ 1/7)가 적당하다.

필기에 자주 출제 *

60 감압환경으로 인한 장해 중 만성장해로서 고압환경에 반복 노출된 때에 가장 일어나기 쉬운 속발증이며 질소 기포가 뼈의 소동맥을 막아서 일어나고 해당 부위에 경색이 일어나는 것은?

① 기흉 ② 비감염성 골괴사
③ 종격기종 ④ 혈관전색

* 비감염성 골괴사
감압환경으로 인한 만성장해로서 질소 기포가 뼈의 소동맥을 막아서 해당 부위에 경색이 일어나는 현상을 말한다.

정답 56 ① 57 ③ 58 ② 59 ③ 60 ②

제4과목 산업환기

61 유해가스 처리 제거기술 중 가스의 용해도와 관계가 가장 깊은 것은?

① 희석제거법 ② 흡착제거법
③ 연소제거법 ④ 흡수제거법

① 흡수제거법 : 가스상 오염물질을 흡수액에 용해시켜 제거하는 방법
② 흡착제거방법 : 유해가스가 다공성의 고체표면에 접촉하게 하여 부착, 제거하는 방법
③ 연소법 : 가연성가스, 악취 등을 연소시켜 제거하는 방법

필기에 자주 출제★

62 국소배기장치의 이송 덕트 설계에 있어서 분지관이 연결되는 주관 확대각의 범위로 가장 적절한 것은?

① 15° 이내 ② 30° 이내
③ 45° 이내 ④ 60° 이내

① 주덕트와 가지덕트의 접속은 30° 이내가 되도록 할 것
② 확대 또는 축소되는 덕트의 관은 경사각을 15° 이하로 하거나, 확대 또는 축소 전후의 덕트 지름 차이가 5배 이상 되도록 할 것

63 다음 중 국소배기시스템에 설치된 충만실(plenum chamber)에 있어 가장 우선적으로 높여야 하는 효율의 종류는?

① 정압효율 ② 집진효율
③ 정화효율 ④ 배기효율

슬로트형 후드에서 후드와 덕트사이에 충만실(Plenum Chamber)을 설치하면 후드로부터의 유입압력이 일정하게 되어 배기효율을 높일 수 있다.

64 플랜지가 붙은 일반적인 형태의 외부식후드(원형 또는 정사각형)가 공간에 위치하고 있다. 개구면의 단면적이 $0.5m^3$이고, 개구면으로 부터 50cm되는 거리에서의 제어 속도를 0.3m/s가 되도록 설계하려고 한다. 이 후드의 필요환기량은 약 얼마인가?

① $56.3m^3/min$ ② $40.5m^3/min$
③ $36.7m^3/min$ ④ $25.2m^3/min$

* 외부식 후드(자유공간에 위치한 플랜지가 부착된 원형, 장방형 후드)

$$Q = 60 \cdot 0.75 \cdot Vc(10X^2 + A)$$

- Q : 필요송풍량(m^3/min)
- Vc : 제어속도(m/sec)
- A : 개구면적(m^2)
- X : 후드중심선으로부터 발생원까지의 거리(m)

$Q = 60 \times 0.75 \times 0.3 \times (10 \times 0.5^2 + 0.5)$
$= 40.5(m^3/min)$

실기에 자주 출제★★★

정답 61 ④ 62 ① 63 ④ 64 ②

65 다음 중 후드의 종류에서 외부식 후드가 아닌 것은?

① 루바형 후드 ② 그리드형 후드
③ 캐노피형 후드 ④ 슬로트형 후드

③ 캐노피형 후드
→ 레시버식 후드(Receiver type)에 해당한다.

★ 참고
후드의 종류

포위식 (Enclosing type)	• 포위형 • 장갑부착상자형 • 드래프트 챔버형 • 건축 부스형 등
외부식 (Exterior type)	• 슬로트형 • 그리드형 • 푸쉬-풀형 등
레시버식 (Receiver type)	• 그라인더 카바형 • 캐노피형

66 다음 중 전압, 속도압, 정압에 대한 설명으로 틀린 것은?

① 속도압은 항상 양압이다.
② 정압은 속도압에 의존하여 발생한다.
③ 전압은 속도압과 정압을 합한 값이다.
④ 송풍기의 전 · 후 위치에 따라 덕트 내의 정압이 음(-)이나 양(+)으로 된다.

② 정압은 공기의 유동이 없을 때 발생하는 압력을 말하며, 속도압에 의존하여 발생하는 압력을 동압(속도압)이라 한다.

필기에 자주 출제★

67 다음 중 일반적으로 제어속도를 결정하는 인자와 가장 거리가 먼 것은?

① 작업장 내의 온도와 습도
② 후드에서 오염원까지의 거리
③ 오염물질의 종류 및 확산 상태
④ 후드의 모양과 작업장 내의 기류

★ 제어속도 결정시 고려사항(제어속도에 영향을 주는 인자)
① 후드의 모양
② 후드에서 오염원까지의 거리
③ 오염물질의 종류 및 확산상태
④ 오염물질의 비산방향 및 비산거리
⑤ 오염물질의 독성 정도
⑥ 작업장 내 방해기류

필기에 자주 출제★

68 작업장에서 전체환기장치를 설치하고자 하나. 다음 중 전체환기의 목적으로 볼 수 없는 것은?

① 화재나 폭발을 예방한다.
② 작업장의 온도와 습도를 조절한다.
③ 유해물질의 농도를 감소시켜 건강을 유지시킨다.
④ 유해물질을 발생원에서 직접 제거시켜 근로자의 노출농도를 감소시킨다.

★ 전체 환기의 목적
① 작업장 전체를 환기시키는 방식으로 공기를 희석하여 유해인자의 농도를 낮춘다.
② 유해물질의 농도를 감소시켜 건강을 유지 · 증진한다.
③ 화재나 폭발을 예방한다.
④ 실내의 온도와 습도를 조절한다.

필기에 자주 출제★

정답 65 ③ 66 ② 67 ① 68 ④

69 다음 중 전기집진기(ESP, electrostatic precipitator)의 장점이라고 볼 수 없는 것은?

① 보일러와 철강로 등에 설치할 수 있다.
② 좁은 공간에서도 설치가 가능한다.
③ 고온의 입자상 물질도 처리가 가능하다.
④ 넓은 범위의 입경과 분진의 농도에서 집진효율이 높다

② 설치비용이 많이 들며 설치공간이 커야한다.

필기에 자주 출제★

70 에너지 절약의 일환으로 실내 공기를 재순환시켜 외부 공기와 혼합하여 공급하는 경우가 많다. 재순환 공기 중 CO_2의 농도가 700ppm, 급기 중 CO_2 농도가 606ppm이었다면 급기 중 외부 공기 함량은 몇 %인가? (단, 외부 공기중 CO_2의 농도는 300ppm이다.)

① 25%　　② 43%
③ 50%　　④ 86%

*급기 중 외부공기 함량

$$\%Q_A = \frac{C_r - C_s}{C_r - C_0} \times 100$$

• C_r : 재순환 공기 중 이산화탄소 농도
• C_s : 급기중 이산화탄소 농도
• C_0 : 외부 공기 중 이산화탄소 농도(약 330ppm)

$$\%Q_A = \frac{700-606}{700-330} \times 100 = 25.41(\%)$$

실기까지 중요★★

71 총압력손실계산법 중 정압조절평형법의 단점에 해당하지 않는 것은?

① 설계시 잘못된 유량을 수정하기가 어렵다.
② 설계가 복잡하고 시간이 걸린다.
③ 최대저항경로의 선정이 잘못되었을 경우 설계시 발견이 어렵다.
④ 설계유량 산정이 잘못되었을 경우, 수정은 덕트 크기의 변경을 필요로 한다.

*정압조절평형법(유속조절평형법)

장점	① 침식, 부식, 분진 퇴적에 의한 덕트 폐쇄가 없다. ② 설계시 잘못 설계된 분지관 또는 저항이 가장 큰 분지관을 쉽게 발견할 수 있다.(최대 저항 경로 선정이 잘못되어도 설계 시 쉽게 발견할 수 있음) ③ 설계가 정확할 때에는 가장 효율적인 시설이다.
단점	① 설계시 잘못된 유량을 고치기 어렵다.(임의로 유량을 조절하기 어려움) ② 송풍량은 근로자나 운전자의 의도대로 쉽게 변경되지 않는다. ③ 설계유량 산정이 잘못될 경우 수정은 덕트의 크기 변경을 요한다. ④ 설계가 복잡하고 시간이 많이 걸린다. ⑤ 설치된 후의 개조 및 변경이나 확장에 대한 유연성이 낮다.

필기에 자주 출제★

정답 69 ② 70 ① 71 ③

72 다음 중 송풍기 상사법칙으로 옳은 것은?

① 풍량은 회전수비의 제곱에 비례한다.
② 축동력은 회전수비의 제곱에 비례한다.
③ 축동력은 임펠러의 직경비에 반비례한다.
④ 송풍기 정압은 회전수비의 제곱에 비례한다.

*송풍기 상사법칙

1. $Q_2 = Q_1 (\frac{D_2}{D_1})^3 (\frac{N_2}{N_1})$
   : 풍량은 송풍기의 회전수에 비례한다.
2. $P_2 = P_1 (\frac{D_2}{D_1})^2 (\frac{N_2}{N_1})^2 (\frac{\rho_2}{\rho_1})$
   : 풍압(정압)은 송풍기 회전수의 제곱에 비례한다.
3. $HP_2 = HP_1 (\frac{D_2}{D_1})^5 (\frac{N_2}{N_1})^3 (\frac{\rho_2}{\rho_1})$
   : 동력(축동력)은 송풍기 회전수의 세제곱에 비례한다.

실기까지 중요 ★★

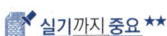

73 산업환기에서의 표준상태에서 수은의 증기압은 0.0035mmHg이다. 이 때 공기 중 수은 증기의 최고 농도는 약 몇 mg/m³인가? (단, 수은의 분자량은 200.59이다.)

① 24.88 ② 30.66
③ 38.33 ④ 44.22

1. 포화농도 $= \frac{\text{물질의 증기압(mmHg)}}{\text{대기압(760mmHg)}} \times 10^2(\%)$
   $\frac{\text{물질의 증기압(mmHg)}}{\text{대기압(760mmHg)}} \times 10^6(\text{ppm})$
2. $\text{mg/m}^3 = \frac{\text{ppm} \times \text{분자량}}{24.1(21℃, 1기압)}$

1. 포화농도 $= \frac{0.0035}{760} \times 10^6 = 4.6053(\text{ppm})$
2. $\text{mg/m}^3 = \frac{4.6053 \times 200.59}{24.1} = 38.33(\text{mg/m}^3)$

실기까지 중요 ★★

74 스프레이 도장, 용기 충진 등 발생기류가 높고, 유해물질이 활발하게 발생하는 장소의 제어속도로 가장 적절한 것은? (단, 미국정부산업위생전문가협의회(ACGIH)의 권고치를 기준으로 한다.)

① 1.3m/s ② 0.5m/s
③ 1.5m/s ④ 5.0m/s

*제어속도(ACGIH)

작업조건	작업공정사례	제어속도 (m/sec)
• 움직이지 않은 공기 중에서 속도없이 배출되는 작업조건 • 조용한 대기 중에 실제 거의 속도가 없는 상태로 발산하는 경우의 작업조건	• 액면에서 발생하는 가스나 증기 흄 • 탱크에서 증발, 탈지시설	0.25 ~0.5
• 비교적 조용한(약간의 공기 움직임) 대기 중에서 저속으로 비산하는 작업조건	• 용접, 도금 작업 • 스프레이도장	0.5 ~1.0
• 발생기류가 높고(빠른기동) 유해물질이 활발히 발생하는 작업조건	• 스프레이도장, 용기충전 • 컨베이어 적재 • 분쇄기	1.0 ~2.5
• 초고속기류(대단히 빠른 기동)가 있는 작업장소에 초고속으로 비산하는 경우	• 회전연삭작업 • 연마작업 • 블라스트 작업	2.5 ~10

실기까지 중요 ★★

정답 72 ④ 73 ③ 74 ③

75 다음 중 국소배기장치에 주로 사용하는 터보 송풍기에 관한 설명으로 틀린 것은?

① 송풍량이 증가해도 동력이 증가하지 않는다.
② 방사 날개형 송풍기나 전향 날개형 송풍기에 비해 효율이 좋다.
③ 직선 익근을 반경 방향으로 부착시킨 것으로 구조가 간단하고 보수가 용이하다.
④ 고농도 분진함유 공기를 이송시킬 경우, 회전날개 뒷면에 퇴적되어 효율이 떨어진다.

③ 구조가 가장 간단하고, 설치비용이 저렴하다.
→ 축류식 송풍기

필기에 자주 출제★

76 작업장의 크기가 세로 20m, 가로 30m, 높이 6m이고, 필요환기량이 120m³/min일 때 1시간당 공기교환횟수는 몇 회인가?

① 1회　　② 2회
③ 3회　　④ 4회

$$ACH = \frac{\text{실내 환기량}(Q)}{\text{실내 체적}(m^3)} \times 60$$

• $Q(m^3/hr)$

$$ACH = \frac{120}{20 \times 30 \times 6} \times 60 = 2(\text{회})$$

실기까지 중요★★

77 용융로 상부의 공기 용량은 200m³/min, 온도는 400℃ 1기압이다. 이것은 21℃, 1기압의 상태로 환산하면 공기의 용량은 약 몇 m³/min가 되겠는가?

① 82.6　　② 87.4
③ 93.4　　④ 116.6

* 온도 보정

$$200 \times \frac{(273+21)}{(273+400)} = 87.37(m^3/min)$$

필기에 자주 출제★

78 다음 중 실내의 중량 절대습도가 80kg/kg, 외부의 중량 절대습도가 60kg/kg, 실내의 수증기가 시간당 3kg씩 발생할 때 수분 제거를 위하여 중량단위로 필요한 환기량(m³/min)은 약 얼마인가? (단, 공기의 비중량은 $1.2kg_f/m^3$으로 한다.)

① 0.21　　② 4.17
③ 7.52　　④ 12.50

$$Q = \frac{W}{1.2 \times \Delta G} \times 100$$

• Q : 필요환기량(m³/h)
• W : 수증기 부하량(kg/h)
• ΔG : 작업장내 공기와 급기의 절대 습도 차(kg/kg)

$$Q = \frac{3}{1.2 \times (80-60)} \times 100 = 12.5(m^3/hr) \div 60 = 0.21(m^3/min)$$

필기에 자주 출제★

정답 75 ③ 76 ② 77 ② 78 ①

79 일반적으로 외부식 후드에 플랜지를 부착하면 약 어느 정도 효율이 증가될 수 있는가? (단, 플랜지의 크기는 개구면적의 제곱근 이상으로 한다.)

① 15%　　② 25%
③ 35%　　④ 45%

외부식 후드에 플랜지를 부착하면 송풍량을 약 25% 감소시킬 수 있다.

실기까지 중요 ★★

80 다음 중 일반적으로 사용되는 국소배기장치의 계통도를 바르게 나열한 것은?

① 후드 → 덕트 → 공기정화장치 → 송풍기
② 후드 → 공기정화장치 → 덕트 → 송풍기
③ 덕트 → 공기정화장치 → 송풍기 → 후드
④ 후드 → 덕트 → 송풍기 → 공기정화장치

* 국소배기장치의 계통도
후드 → 덕트 → 공기정화기 → 송풍기 → 배출구

암기법

후 덕한 공기를 송풍해서 배출

실기까지 중요 ★★

정답 79 ② 80 ①

2015년 5월 31일

2회 과년도기출문제

제1과목 산업위생학 개론

01 산업현장에서 근로자에게 일어나는 산업피로 현상은 외부적 요인과 신체적 요인 등 여러 인자들에 의해 복합적으로 발생되는데 다음 중 외부적 요인과 가장 관계가 적은 것은?

① 작업의 강도와 양의 적절성
② 작업시간과 작업자세의 적부
③ 작업의 숙련도 및 적응능력
④ 작업환경 조건

③ 작업의 숙련도 및 적응능력 → 신체적 요인

필기에 자주 출제 ★

02 작업환경측정 및 지정측정기관평가 등에 관한 고시에 있어 시료채취 근로자 수는 단위작업장소에서 최고 노출근로자 몇 명 이상에 대하여 동시에 측정하도록 되어 있는가?

① 2명　　② 3명
③ 5명　　④ 10명

* 시료채취 근로자수
① 단위작업 장소에서 최고 노출근로자 2명 이상에 대하여 동시에 개인 시료채취 방법으로 측정하되, 단위작업 장소에 근로자가 1명인 경우에는 그러하지 아니하며, 동일 작업근로자수가 10명을 초과하는 경우에는 매 5명당 1명 이상 추가하여 측정하여야 한다. 다만, 동일 작업근로자수가 100명을 초과하는 경우에는 최대 시료채취 근로자수를 20명으로 조정할 수 있다.
② 지역 시료채취 방법으로 측정을 하는 경우 단위작업장소 내에서 2개 이상의 지점에 대하여 동시에 측정하여야 한다. 다만, 단위작업 장소의 넓이가 50평방미터 이상인 경우에는 매 30평방미터마다 1개 지점 이상을 추가로 측정하여야 한다.

실기까지 중요 ★★

03 다음 중 직업병 예방대책과 가장 관계가 먼 것은?

① 개인보호구 지급
② 작업환경의 정리정돈
③ 근로자 후생 복지비 증액
④ 기업주에 대한 안전 · 보건교육 실시

* 직업병 예방대책
① 근로자의 보호구 착용
② 작업환경의 정리정돈
③ 작업장 환기 및 작업방법 개선
④ 작업시간의 단축
⑤ 기업주에 대한 안전 · 보건교육 실시

정답　01 ③　02 ①　03 ③

04 다음 중 중량물 취급 작업에 있어 미국산업 안전보건연구원(NIOSH)에서 제시한 감시 기준(Action Limit)의 계산에 적용되는 요인이 아닌 것은?

① 물체의 이동거리
② 대상 물체의 수평거리
③ 중량물 취급 작업의 빈도
④ 중량물 취급 작업자의 체중

$$AL(\text{kg}) = 40\left(\frac{15}{H}\right)(1 - 0.004\,|V - 75|)\left(0.7 + \frac{7.5}{D}\right)\left(1 - \frac{F}{F_{max}}\right)$$

- H : 대상물체의 수평거리
- V : 대상물체의 수직거리(바닥으로부터 물체 중심까지의 거리, 즉 들어올리기 전 물체의 위치)
- D : 대상물체의 이동거리
- F : 중량물 취급작업의 빈도

필기에 자주 출제★

05 16kcal/min에 대한 작업시간은 4분이고, 3kcal/min에 대한 작업시간은 480분일 때 육체적 작업능력(PWC)이 16kcal/min인 근로자에 대한 허용 작업시간(Tend, 분)과 작업대사량(E, kcal/min)의 관계식으로 옳은 것은?

① $\text{Log}\ T_{end} = 3.150 - 0.1949 \cdot E$
② $\text{Log}\ T_{end} = 3.720 - 0.1949 \cdot E$
③ $\text{Log}\ T_{end} = 3.150 - 0.1847 \cdot E$
④ $\text{Log}\ T_{end} = 3.720 - 0.1847 \cdot E$

★ 작업강도에 따른 허용작업시간

1. $\log T_{end} = 3.720 - 0.1949E$
2. $E = \dfrac{PWC}{3}$

- E : 작업대사량(kcal/min)
- T_{end} : 허용작업시간(min)

필기에 자주 출제★

06 다음 중 산업안전보건법령상 기관석면조사대상으로서 건축물이나 설비의 소유주 등이 고용노동부장관에게 등록한 자로 하여금 그 석면을 해체 · 제거하도록 하여야 하는 함유량과 면적 기준으로 틀린 것은?

① 석면이 1wt%를 초과하여 함유된 분무재 또는 내화피복재를 사용한 경우
② 파이프에 사용된 보온재에서 석면이 1wt%를 초과하여 함유되어 있고, 그 보온재 길이의 합이 25m 이상인 경우
③ 석면이 1wt%를 초과하여 함유된 개스킷의 면적의 합이 15m² 이상 또는 그 부피의 합이 1m³ 이상인 경우
④ 철거 · 해체하려는 벽체재료, 바닥재, 천장재 및 지붕재 등의 자재에 석면이 1wt%를 초과하여 함유되어 있고 그 자재의 면적의 합이 50m² 이상인 경우

★ 석면해체 · 제거업자를 통한 석면해체 · 제거 대상

① 철거 · 해체하려는 벽체재료, 바닥재, 천장재 및 지붕재 등의 자재에 석면이 중량비율 1퍼센트를 초과하여 함유되어 있고 그 자재의 면적의 합이 50제곱미터 이상인 경우
② 석면이 중량비율 1퍼센트를 초과하여 함유된 분무재 또는 내화피복재를 사용한 경우
③ 석면이 중량비율 1퍼센트를 초과하여 함유된 자재의 면적의 합이 15제곱미터 이상 또는 그 부피의 합이 1세제곱미터 이상인 경우
④ 파이프에 사용된 보온재에서 석면이 중량비율 1퍼센트를 초과하여 함유되어 있고 그 보온재 길이의 합이 80미터 이상인 경우

필기에 자주 출제★

정답 04 ④ 05 ② 06 ②

07 다음 중 산업위생관리의 목적 또는 업무와 가장 거리가 먼 것은?

① 직업성 질환의 확인 및 치료
② 작업환경 및 근로조건의 개선
③ 직업성질환 유소견자의 작업 전환
④ 산업재해의 예방과 작업능률의 향상

① 직업성 질환의 확인 및 치료 → 산업의학

필기에 자주 출제 ★

08 다음 중 생물학적 모니터링의 대상물질 및 대사산물의 연결이 틀린 것은?

① benzene : s-phenylmercapturic acid in urine
② carbon disulfide : t,t-muconic acid in blood
③ mercury : total inorganic mercury in blood
④ xylenes : methylhippuric aicd in urine

② carbon disulfide(이황화탄소) : 요중 TTCA, 요중 이황화탄소(TTCA in urine or carbon disulfide in urine)

* 참고
① 벤젠(benzene) : 요중 페놀 (s-phenylmercapturic acid in urine)
③ 수은(mercury) : 혈중 총 무기수은 (total inorganic mercury in blood)
④ 크실렌(xylenes) : 요중 메틸마뇨산 (methylhippuric aicd in urine)

09 척추의 디스크 중 물체를 들어 올릴 때나 뛸 때 발생하는 압력이 영향을 주어 추간판 탈출증이 주로 발생하는 요추부분은?

① L_3/S_1 discs ② L_4/S_1 discs
③ L_5/S_1 discs ④ L_6/S_1 discs

L_5/S_1 discs에서 추간판 탈출증이 주로 발생한다.

필기에 자주 출제 ★

10 다음 중 산업안전보건법령에서 정의한 강렬한 소음작업에 해당하는 작업은?

① 90dB 이상의 소음이 1일 4시간 이상 발생되는 작업
② 95dB 이상의 소음이 1일 2시간 이상 발생되는 작업
③ 100dB 이상의 소음이 1일 1시간 이상 발생되는 작업
④ 110dB 이상의 소음이 1일 30분 이상 발생되는 작업

* 강렬한 소음작업
① 하루 8시간동안 90dB 이상의 소음이 발생하는 작업
② 하루 4시간동안 95dB 이상의 소음이 발생하는 작업
③ 하루 2시간동안 100dB 이상의 소음이 발생하는 작업
④ 하루 1시간동안 105dB 이상의 소음이 발생하는 작업
⑤ 하루 30분동안 110dB 이상의 소음이 발생하는 작업
⑥ 하루 15분동안 115dB 이상의 소음이 발생하는 작업

필기에 자주 출제 ★

정답 07 ① 08 ② 09 ③ 10 ④

11 전자파방사선은 보통 전리방사선과 비전리방사선으로 구분한다. 다음 중 전리방사선에 해당되지 않는 것은?

① X선 ② γ선
③ 중성자 ④ 자외선

★ 전리방사선(이온화 방사선)의 종류
① 전자기 방사선(X-Ray, γ선)
② 입자 방사선(α, β입자, 중성자)

필기에 자주 출제★

12 다음 중 NIOSH의 들기지침에서 권고중량물 한계기준(RWL : Recommended Weight Limit)을 산정할 때 고려되는 인자가 아닌 것은?

① 수평계수 ② 수직계수
③ 작업강도계수 ④ 비대칭계수

RWL(kg) = LC(23) × HM × VM × DM × AM × FM × CM

- LC : 중량상수(Load Constant) – 23kg
- HM : 수평 계수(Horizontal Multiplier)
- VM : 수직 계수(Vertical Multiplier)
- DM : 거리 계수(Distance Multiplier)
- AM : 비대칭 계수(Asymmetric Multiplier)
- FM : 빈도 계수(Frequency Multiplier)
- CM : 커플링 계수(Coupling Multiplier)

필기에 자주 출제★

13 기초대사량이 1.5kcal/min이고, 작업대사량이 225kcal/h인 작업을 수행할 때, 이 작업의 실동률(%)은 얼마인가? (단, 사이또(齋藤)와 오지마(大島)의 경험식을 적용한다.)

① 61.5 ② 66.3
③ 72.5 ④ 77.5

실노동율(실동률)(%) = 85 – (5 × RMR)
- RMR : 에너지 대사율(작업대사율)

1. $RMR = \frac{\text{작업(노동)대사량}}{\text{기초대사량}} = \frac{225}{90} = 2.5$
(1.5kcal/min × 60min = 90kcal/hr)
2. 실동률(%) = 85–(5 × 2.5) = 72.5(%)

필기에 자주 출제★

14 다음 중 직업과 적성에 있어 생리적 적성검사에 해당하지 않는 것은?

① 감각기능검사 ② 심폐기능검사
③ 체력검사 ④ 지각동작검사

생리학적(생리적) 적성검사	심리학적 적성검사
• 감각기능검사 • 심폐기능검사 • 체력검사	• 지능검사 • 지각동작검사 • 인성검사 • 기능검사

필기에 자주 출제★

정답 11 ④ 12 ③ 13 ③ 14 ④

15 다음 설명에 해당하는 고열장해는?

> 고온환경에서 심한 육체적 노동을 할 때 잘 발생되며 그 기전은 지나친 발한에 의한 탈수와 염분 소실이다. 증상으로는 작업시 많이 사용한 수의근(voluntary muscle)의 유통성 경련이 오는 것이 특징적이며, 이에 앞서 현기증, 이명, 두통, 구역, 구토 등의 전구증상이 나타난다.

① 열경련(heat cramp)
② 열사병(heat stroke)
③ 열발진(heat rashes)
④ 열허탈(heat collapse)

* 열경련(heat cramp)
고온환경에서 심한 육체적인 노동을 할 때 혈중 염분농도 저하가 원인이 되어 발생한다.

* 참고
① 열사병(heat stroke) : 태양의 복사열에 직접 노출시 뇌의 온도 상승으로 체온조절 중추기능 장해(중추신경 마비)를 일으켜서 체내에 열이 축적되어 발생한다.
③ 열발진(heat rashes) : 가장 흔히 발생하는 피부장해로서 땀띠(plickly heat)라고도 한다.
④ 열허탈(heat collapse) : 고열환경에 노출시 혈관운동장해로 신체말단부에 혈액이 과다하게 저류되고 뇌의 혈액흐름이 좋지 못하여 대뇌피질의 혈류량 부족이 원인이 되어 발생한다.

실기까지 중요 ★★

16 미국산업위생학회(AIHA)에서 정한 산업위생의 정의를 가장 올바르게 설명한 것은?

① 근로자의 신체발육, 생명연장 및 육체적, 정신적 효율을 증진시키는 제반 역할이다.
② 일반대중의 육체적 건강과 쾌적한 환경을 조성하는 것을 목표로 하는 일이다.
③ 근로자의 육체적, 정신적 건강을 최고로 유지 증진시키고 작업조건에 의한 질병을 예방하는 일이다.
④ 근로자나 일반대중에게 질병, 건강장해, 불쾌감, 능률저하 등을 초래하는 작업환경 요인과 스트레스를 등을 예측, 인식, 평가하고 관리하는 과학과 기술이다.

* 미국산업위생학회(AIHA)의 산업위생의 정의
근로자나 일반 대중에게 질병, 건강장해와 안녕방해, 심각한 불쾌감 및 능률 저하 등을 초래하는 작업환경 요인과 스트레스를 예측, 측정, 평가, 관리하는 과학과 기술이다.

실기까지 중요 ★★

17 다음 중 주요 화학물질의 노출기준(TWA, ppm)이 가장 낮은 것은?

① 오존(O_3) ② 암모니아(NH_3)
③ 일산화탄소(CO) ④ 이산화탄소(CO_2)

① 오존(O_3) : 0.08ppm
② 암모니아(NH_3) : 25ppm
③ 일산화탄소(CO) : 30ppm
④ 이산화탄소(CO_2) : 5,000ppm

정답 15 ① 16 ④ 17 ①

18 다음 중 산업피로를 측정할 때 국소피로를 평가하는 객관적인 방법은?

① 심전도
② 근전도
③ 부정맥지수
④ 작업종료 후 회복시의 심박수

국소피로를 평가하는 객관적인 방법 → 근전도

★ 참고
국소피로의 평가
① 저주파수(0 ~ 40Hz)에서 힘의 증가
② 고주파수(40 ~ 200Hz)에서 힘의 감소
③ 평균주파수의 감소
④ 총 전압의 증가

필기에 자주 출제★

19 산업재해통계에 사용되는 연천인율에 대한 공식으로 옳은 것은?

① $\frac{\text{재해발생건수}}{\text{연근로시간수}} \times 10^6$

① $\frac{\text{연간재해자수}}{\text{평균근로자수}} \times 10^6$

③ $\frac{\text{연간재해자수}}{\text{평균근로자수}} \times 10^3$

④ $\frac{\text{재해발생건수}}{\text{연근로시간수}} \times 10^3$

- 연천인율 = $\frac{\text{연간재해자 수}}{\text{연평균 근로자 수}} \times 100$
- 연천인율 = 도수율 × 2.4

실기까지 중요★★

20 2004년도 우리나라에서 외국인 근로자들의 하지마비 사건발생으로 인하여 크게 사회문제가 있었던 물질은?

① 수은
② 이황화탄소
③ DMF
④ 노르말헥산

★ 2004년 노르말헥산 중독
노트북 컴퓨터의 부품 중 프레임을 생산하는 회사에서 태국노동자 8명이 노르말헥산을 이용해 부품의 얼룩 등 이물질을 제거하는 일을 하던 중 노르말헥산에 중독되어 팔다리가 마비되면서 걷지 못하는 '말초신경병증'을 진단 받았다.

제2과목 작업환경측정 및 평가

21 투과 퍼센트가 50%인 경우 흡광도는?

① 0.3
② 0.4
③ 0.5
④ 0.6

★ 흡광도(A)

$$A = \log\frac{1}{\text{투과율}}$$

$A = \log\frac{1}{0.5} = 0.30$

필기에 자주 출제★

정답 18 ② 19 ③ 20 ④ 21 ①

22 다음은 노출기준을 설정하기 위한 이론적 배경을 설명한 것이다. 가장 거리가 먼 것은?

① 사업장 역학조사 등으로 얻은 자료를 근거로 설정한다.
② 동물 실험을 한 결과를 근거로 설정한다.
③ 화학 구조상의 유사성과 연계하여 설정한다.
④ 물리적 안정성을 평가하여 설정한다

* 노출기준 설정의 이론적 배경, 설정근거
① 화학구조상의 유사성과 연계하여 설정
② 동물실험 자료를 근거로 설정
③ 인체실험 자료를 근거로 설정
④ 사업장 역학조사 자료를 근거로 설정

23 유도결합플라스마 원자발광분석기에 관한 설명으로 틀린 것은?

① 동시에 많은 금속을 분석할 수 있다.
② 원자들은 높은 온도에서 많은 복사선을 방출하므로 분광학적 방해영향이 있을 수 있다.
③ 검량선의 직선성 범위가 넓다.
④ 이온화에너지가 낮은 원소들은 검출한계가 낮다.

④ 이온화에너지가 낮은 원소들은 검출한계가 높으며 다른 금속의 이온화에 방해를 준다.

필기에 자주 출제 ★

24 공기 중 시료채취원리에서 반데르발스 힘과 관련 있는 것은?

① 미젯임핀저 ② PVC filter
③ 활성탄관 ④ 유리섬유여과지

활성탄관은 분자층으로 구성된 고체의 미세공 표면에서 기체의 분자 및 원자에 대한 강한 흡착력(반데르발스 힘)을 이용하여 오염된 기체를 제거하는 방법이다.

* 참고
반데르발스 힘
중성인 두 개의 분자 사이에서 서로 끌어당기는 힘으로 이온 결합이나 공유 결합 같은 힘보다 훨씬 약한 힘이다.

25 용광로가 있는 철강 주물공장의 옥내 습구흑구온도지수(WBGT)는? (단, 건구온도 : 32℃, 자연습구온도 : 30℃, 흑구 온도 : 34℃)

① 30.5℃ ② 31.2℃
③ 32.5℃ ④ 33.4℃

1. 옥외(태양광선이 내리쬐는 장소)
WBGT(℃) = 0.7 × 자연습구온도 + 0.2 × 흑구온도 + 0.1 × 건구온도
2. 옥내 또는 옥외(태양광선이 내리쬐지 않는 장소)
WBGT(℃) = 0.7 × 자연습구온도 + 0.3 × 흑구온도

WBGT(℃) = 0.7 × 30 + 0.3 × 34 = 31.2℃

실기에 자주 출제 ★★★

정답 22 ④ 23 ④ 24 ③ 25 ②

26 실리카겔 흡착관에 대한 설명으로 옳지 않는 것은?

① 실리카겔은 극성이 강하여 극성물질을 채취한 경우 물과 같은 일반 용매로는 탈착되기 어렵다.
② 추출용액이 화학분석이나 기기분석에 방해물질로 작용하는 경우가 많지 않다.
③ 유독한 이황화탄소를 탈착용매로 사용하지 않는다.
④ 활성탄으로 채취가 어려운 아닐린, 오르쏘-톨루이딘 등의 아민류 채취가 가능하다.

> ① 극성물질을 채취한 경우 물, 메탄올 등 다양한 용매로 쉽게 탈착된다.

필기에 자주 출제 ★

27 직독식기구인 검지관의 사용 시 장점으로 틀린 것은?

① 복잡한 분석이 필요 없고 사용이 간편하다.
② 빠른 시간에 측정결과를 알 수 있다.
③ 물질의 특이도(Specificity)가 높다.
④ 맨홀, 밀폐공간에서 유용하게 사용될 수 있다.

> ③ 특이도가 낮다.(다른 방해물질의 영향을 받기 쉬워 오차가 크다)

필기에 자주 출제 ★

28 정량한계(LOQ)에 관한 내용으로 옳은 것은?

① 표준편차의 3배　② 표준편차의 10배
③ 검출한계의 5개　④ 검출한계의 10배

> ★ 정량한계(LOQ : Limit of quantization)
> • 정량분석 할 수 있는 가장 작은 양을 말한다.
> • 정량한계 = 표준편차의 10배 또는 검출한계의 3배 또는 3.3배

필기에 자주 출제 ★

29 오염원에서 perchloroethylene 20%(TLV : 670mg/m^3), methylene chloride 30%(TLV : 720mg/m^3) 및 heptane 50%(TLV : 1,600 mg/m^3)의 중량비로 조성된 용제가 증발되어 작업환경을 오염시켰을 경우, 작업장 내 노출기준은?

① 973mg/m^3　② 1085mg/m^3
③ 1191mg/m^3　④ 1212mg/m^3

> ★ 액체 혼합물의 구성성분(%)을 알 때 혼합물의 허용농도(노출기준)
>
> 혼합물의 노출기준(mg/m^3)
> $$= \frac{1}{\frac{f_a}{TLV_a} + \frac{f_b}{TLV_b} + \cdots + \frac{f_n}{TLV_n}}$$
> • f_a, f_b, f_n : 액체 혼합물에서의 각 성분 무게(중량) 구성비(%)
> • TLV_a, TLV_b, TLV_n : 해당 물질의 노출기준(mg/m^3)
>
> $$\text{mg/m}^3 = \frac{1}{\frac{0.2}{670} + \frac{0.3}{720} + \frac{0.5}{1,600}} = 973.07(\text{mg/m}^3)$$

실기까지 중요 ★★

정답 26 ① 27 ③ 28 ② 29 ①

30 0.01N-NaOH 수용액 중의 $[H^+]$는 몇 mole/L인가?

① 1×10^{-2} ② 1×10^{-13}
③ 1×10^{-12} ④ 1×10^{-11}

1. $NaOH \rightarrow Na^+ + OH^-$
   NaOH는 OH^-가 1가의 이온이므로
   0.01N NaOH = 0.01M NaOH 가 된다.
2. $pOH = \log(\frac{1}{OH^-}) = \log(\frac{1}{0.01}) = 2$
   pH = 14 - (2) = 12
3. $[H^+] = 10^{-pH} = 10^{-12}$(mol/L)

31 다음 중 1차 표준장비에 포함되지 않는 것은?

① 폐활량계(Spirometer)
② 비누거품메타(Soap bubble meter)
③ 가스치환병(Mariotte Bottle)
④ 열선기류계(Thermo anemometer)

1차 표준 기구	2차 표준기구
1. 비누거품미터 2. 폐활량계 3. 가스치환병 4. 유리피스톤미터 5. 흑연피스톤미터 6. 피토튜브(Pitot tube)	1. 로타미터 2. 습식테스트미터 (Wet-test-meter) 3. 건식가스미터 (Dry-gas-meter) 4. 오리피스미터 5. 열선기류계
암기법 1차비누로 폐활량 재고, 가스치환하여, 유리, 흑연 먹였더니 피토했다.	암기법 2 열로 걸어가는 습관 테스트하는 오리

실기에 자주 출제★★★

32 공기 중에 부유하고 있는 분진을 충돌의 원리에 의해 입자크기별로 분리하여 측정할 수 있는 기기는?

① Low volume Sampler
② High volume Sampler
③ Personal Distribution
④ Cascade Impactor

* Cascade impactor(입경분립충돌기, 직경분립충돌기)
공기 중에 부유하고 있는 분진을 충돌의 원리에 의해 입자크기별로 분리하여 측정할 수 있다.

필기에 자주 출제★

33 작업환경에서 공기 중 오염물질 농도 표시인 mppcf에 대한 설명으로 틀린 것은?

① million particle per cubic feet를 의미한다.
② OSHA PEL 중 mica와 graphite는 mppcf로 표시한다.
③ 1 mppcf는 대략 35.31개/cm^3이다.
④ ACGIH TLVs의 mg/m^3과 mppcf 전환에서 14mppcf는 1mg/m^3이다.

* mppcf(million porticle per cubic feet)
① 단위 공기 중에 들어 있는 분자량(분진의 질이나 양과는 무관)
② 1mppcf = 35.31입자(개)/mL
   1mppcf = 35.31입자(개)/cm^3
③ OSHA 노출기준(PEL) 중 mica와 graphite는 mppcf로 표시한다.

정답 30 ③ 31 ④ 32 ④ 33 ④

34 먼지 시료채취에 사용되는 여과지에 대한 설명이 잘못된 것은?

① PTFE막여과지는 농약이나 알칼리성 먼지 채취에 적합하다.
② MCE막여과지는 산에 쉽게 용해된다.
③ 은막여과지는 코크스 제조공정에서 발생되는 코크스 오븐 배출물질 채취에 사용한다.
④ PVC막여과지는 수분에 대한 영향이 크므로 용해성 시료채취에 사용한다.

④ 수분의 영향이 크지 않아 공해성 먼지, 총 먼지 등의 중량분석을 위한 측정에 이용된다.

필기에 자주 출제★

35 1,000Hz 순음의 음의 세기레벨 40dB의 음의 크기로 정의 되는 것은?

① 1SIL ② 1NRN
③ 1phon ④ 1sone

⋆sone
① 감각적인 음의 크기를 나타낸다.
② 1Sone = 1,000Hz, 40dB 순음의 크기

필기에 자주 출제★

36 원자흡광광도계는 다음 중 어떤 종류의 물질 분석에 널리 적용되는가?

① 금속 ② 용매
③ 방향족 탄화수소 ④ 지방족 탄화수소

분석대상 원소에 특정파장의 빛을 투과시키면 원자가 흡수하는 빛의 세기를 측정하는 분석기기로서 금속 및 중금속의 분석 방법에 적용한다.

필기에 자주 출제★

37 작업환경의 고열 측정을 위한 자연습구온도계의 측정시간 기준으로 맞는 것은? (단, 고용노동부 고시 기준)

① 5분 이상 ② 10분 이상
③ 15분 이상 ④ 25분 이상

※ 관련 고시의 변경으로 삭제된 내용입니다.

⋆참고
고열의 측정방법
측정기를 설치한 후 충분히 안정화 시킨 상태에서 1일 작업시간 중 가장 높은 고열에 노출되는 1시간을 10분 간격으로 연속하여 측정한다.

38 유해물질의 농도가 1%였다면, 이 물질의 농도를 ppm으로 환산하면 얼마인가?

① 100 ② 1000
③ 10000 ④ 100000

$\% = \frac{1}{100}$, $ppm = \frac{1}{1,000,000}$
$\therefore \% = 10,000ppm$

필기에 자주 출제★

정답 34 ④ 35 ④ 36 ① 37 ① 38 ③

39 활성탄관을 연결한 저유량 공기 시료채취펌프를 이용하여 벤젠증기(MW = 78g/mol)를 0.112m³ 채취하였다. GC를 이용하여 분석한 결과 657μg의 벤젠이 검출되었다면 벤젠증기의 농도(ppm)는? (단, 온도 25℃ 압력 760mmHg)

① 0.90 ② 1.84
③ 2.94 ④ 3.78

1. $mg/m^3 = \frac{657 \times 10^{-3}mg}{0.112m^3} = 5.87(mg/m^3)$
($\mu g = 10^{-6}g$, $mg = 10^{-3}g$, $\therefore \mu g = 10^{-3}g$)
2. $mg/m^3 = \frac{ppm \times 분자량}{24.45}$
$ppm = \frac{mg/m^3 \times 24.45}{분자량} = \frac{5.87 \times 24.45}{78}$
$= 1.84(ppm)$

실기까지 중요 ★★

40 시료채취방법에서 지역시료(area monitoring) 포집의 장점과 거리가 먼 것은?

① 특정 공정의 농도분포의 변화 및 환기장치의 효율성 변화 등을 알 수 있다.
② 측정결과를 통해서 근로자에게 노출되는 유해인자의 배경농도와 시간별 변화 등을 평가할 수 있다.
③ 특정 공정의 계절별 농도변화 및 공정의 주기별 농도변화 등의 분석이 가능하다.
④ 근로자 개인시료의 채취를 대신할 수 있다.

④ 지역시료채취는 개인시료 채취를 대신할 수 없으며 근로자의 노출정도를 평가할 수 없다.

필기에 자주 출제 ★

제3과목 작업환경관리

41 일반적으로 더운 환경에서 고된 육체적인 작업을 하면서 땀을 많이 흘릴 때, 신체의 염분손실을 충당하지 못하여 발생하는 고열 장해는?

① 열발진 ② 열사병
③ 열실신 ④ 열경련

* 열경련(heat cramp)
고온환경에서 심한 육체적인 노동을 할 때 체내 수분 및 혈중 염분농도 저하가 원인이 되어 발생한다.

* 참고
① 열사병 : 태양의 복사열에 직접 노출 시 뇌의 온도 상승으로 체온조절 중추기능 장해(중추신경 마비)를 일으켜서 체내에 열이 축적되어 발생한다.
② 열피로(heat exhaustion), 열탈진, 열피비 : 고온환경에서 장시간 힘든 노동을 할 때 과다 발한으로 인한 수분과 염분손실 및 탈수로 인한 혈장량이 감소되어 발생한다.
③ 열쇠약(heat prostration) : 고열작업장에서의 만성적인 건강장해로 전신권태, 위장장해, 불면, 빈혈 등의 증상이 발생한다.
④ 열성발진(heat rashes) : 가장 흔한 피부장해로서 땀띠라고도 한다.

실기까지 중요 ★★

정답 39 ② 40 ④ 41 ④

42 방독마스크의 흡착제로 주로 사용되는 물질과 가장 거리가 먼 것은?

① 활성탄 ② 실리카겔
③ sodalime ④ 금속섬유

* 방독마스크 흡수제의 종류
① 활성탄
② 큐프라마이트
③ 호프칼라이트
④ 실리카겔
⑤ 소다라임
⑥ 알칼리제재
⑦ 카본

필기에 자주 출제 ★

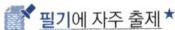

43 먼지와 흄의 차이를 정확히 설명한 것은?

① 먼지의 직경이 흄의 직경보다 크다.
② 일반적으로 먼지의 독성이 흄의 독성보다 강하다.
③ 먼지와 흄은 모두 고체물질의 충격이나 파쇄에 의하여 발생한다.
④ 먼지는 공기 중에서 쉽게 산화된다.

① 분진(먼지, dust)
- 고체덩어리가 분쇄, 연마, 마찰 등에 의하여 미립자 형태로 변환되어 공기 중에 부유되어 있거나 부유된 후 침강되어 있는 물질
- 대개 0.5μm 보다는 크며 흄의 직경보다 크다.

② 흄(fume)
- 금속이 용접이나 고열에 의하여 기화되어 공기 중으로 비산된 후 급속히 응축되어 생성된 고체 상태의 미립자를 말한다.

44 고열작업환경에서 발생되는 열경련의 주요 원인은?

① 고온 순화 미흡에 따른 혈액순환 저하
② 고열에 의한 순환기 부조화
③ 신체의 염분 손실
④ 뇌온도 및 체온 상승

* 열경련(heat cramp)
고온환경에서 심한 육체적인 노동을 할 때 체내 수분 및 혈중 염분농도 저하가 원인이 되어 발생한다.

실기까지 중요 ★★

45 다음은 분진작업장의 관리방법을 설명한 것이다. 틀린 것은?

① 습식으로 작업한다.
② 작업장의 바닥에 적절히 수분을 공급한다.
③ 샌드블래스팅(sand blasting) 작업 시에는 모래 대신 철을 사용한다.
④ 유리규산 함량이 높은 모래를 사용하여 마모를 최소화 한다.

④ 유리규산 함량이 낮은 모래를 사용한다.

정답 42 ④ 43 ① 44 ③ 45 ④

46 1촉광의 광원으로부터 한 단위입체각으로 나가는 광속의 단위는?

① Lumen　② Lux
③ Footcandle　④ Lambert

* 루멘(Lumen ; lm)
1촉광의 광원으로부터 한 단위입체각으로 나가는 광속의 단위

* 참고
① Lux : 1루멘의 빛이 $1m^2$의 평면상에 수직방향으로 비칠 때의 빛의 양을 말한다.(조도의 단위)
② fc(foot-candle) : 1루멘의 빛이 $1ft^2$의 평면상에 수직방향으로 비칠 때 그 평면의 빛의 양을 말한다.(조도의 단위)
③ 램버트(Lambert) : 평면 $1ft^2(1cm^2)$에서 1Lumen의 빛을 발하거나 반사시킬 때의 밝기(광속발산도의 단위)

필기에 자주 출제★

47 어떤 작업장의 음압수준이 100dB(A)이고 근로자가 NRR이 27인 귀마개를 착용하고 있다면 근로자의 실제 음압수준(dB(A))은?

① 83　② 85
③ 90　④ 93

차음효과 = $(NRR-7)\times 0.5$
• NRR : 차음평가수

• 차음효과 = $(27-7)\times 0.5 = 10$dB(A)
• 근로자가 노출되는 음압수준
= 100 − 10 = 90[dB(A)]

실기까지 중요★★

48 용접작업 시 발생하는 가스에 관한 설명으로 옳지 않은 것은?

① 강한 자외선에 의해 산소가 분해되면서 오존이 형성된다.
② 아크 전압이 낮은 경우 불완전 연소로 이황화탄소가 발생한다.
③ 이산화탄소 용접에서 이산화탄소가 일산화탄소로 환원된다.
④ 포스겐은 TCE로 세정된 철강재 용접 시에 발생한다.

② 아크 전압이 높을 경우 불완전 연소로 이황화탄소가 발생한다.

49 유해물질을 발산하는 공정에서 작업자가 수동작업을 하는 경우 해당공정에 가장 현실적인 작업환경관리 대책은?

① 밀폐　② 격리
③ 환기　④ 교육

유해물질을 발산하는 공정에서 수동작업일 경우 현실적으로 밀폐, 격리가 불가능한 경우가 많으므로 환기를 시키는 것이 가장 좋다.

정답 46 ① 47 ③ 48 ② 49 ③

50 작업장에서 사용물질의 독성이나 위험성을 줄이기 위하여 사용물질을 변경하는 경우로 가장 타당한 것은?

① 유기합성용매로 지방족화합물을 사용하던 것을 방향족화합물의 휘발유계 용매로 전환한다.
② 금속제품의 탈지에 계면활성제를 사용하던 것을 트리클로로에틸렌으로 전환한다.
③ 분체의 원료는 입자가 큰 것으로 전환한다.
④ 금속제품 도장용으로 수용성 도료를 유기용제로 전환한다.

> ① 유기합성용매로 방향족화합물을 사용하던 것을 지방족화합물로 전환한다.
> ② 금속제품의 탈지에 트리클로로에틸렌을 사용하던 것을 계면활성제로 전환한다.
> ④ 금속제품 도장용으로 유기용제를 수용성 도료로 전환한다.

필기에 자주 출제★

51 고압작업 시 사람에게 마취작용을 일으키는 가스는?

① 산소　② 수소
③ 질소　④ 헬륨

> ★고압환경의 2차적 가압현상
> ① 질소의 마취작용 : 공기 중의 질소 가스는 4기압 이상에서 마취작용을 일으킨다.
> ② 산소중독 증세 : 산소분압이 2기압을 넘으면 산소중독 증세가 나타난다.
> ③ 이산화탄소의 작용 : 이산화탄소의 증가는 산소의 독성과 질소의 마취작용을 촉진시킨다.

실기까지 중요★★

52 방독마스크 사용 시 유의사항으로 틀린 것은?

① 대상가스에 맞는 정화통을 사용할 것
② 유효시간이 불분명한 경우는 송기마스크나 자급식 호흡기를 사용할 것
③ 산소결핍 위험이 있는 경우는 송기마스크나 자급식 호흡기를 사용할 것
④ 사용 중에 조금이라도 가스냄새가 나는 경우는 송기마스크나 자급식 호흡기를 사용할 것

> ④ 사용 중 가스의 냄새가 나거나 숨쉬기가 답답하다고 느낄 때에는 즉시 작업을 중지하고 새로운 방독마스크의 흡수통을 교환하도록 한다.

53 진동방지대책 중 발생원 대책으로 가장 옳은 것은?

① 수진점 근방의 방진구
② 수진측의 탄성지지
③ 기초중량의 부가 및 경감
④ 거리감쇠

★진동방지 대책

발생원 대책	• 진동원 제거 • 동적 흡진(기진력 감쇠) • 기초중량의 부가 및 경감 • 방진재 사용하여 탄성지지 • 불평형력의 평형 유지
전파경로 대책	• 거리감쇠 • 수진점 근방에 방진구 설치
수진측 대책	• 수진측의 탄성지지 • 수진측의 강성변경 • 수진점의 기초중량 부가 및 경감 • 작업시간 단축 및 교대제 실시

필기에 자주 출제★

정답 50 ③ 51 ③ 52 ④ 53 ③

54 빛과 밝기의 단위 중 광도(luminous intensity)의 단위로 옳은 것은?

① 루멘 ② 칸델라
③ 룩스 ④ 푸트 램버트

> ① 루멘 : 광속의 단위
> ② 칸델라 : 광도의 단위
> ③ 룩스 : 조도의 단위
> ④ 푸트 램버트 : 광속발산도(휘도)의 단위

필기에 자주 출제★

55 고압환경에서 나타나는 질소의 마취작용에 관한 설명으로 옳지 않은 것은?

① 공기 중 질소 가스는 2기압 이상에서 마취작용을 나타낸다.
② 작업력 저하, 기분의 변화 및 정도를 달리하는 다행증이 일어난다.
③ 질소의 지방 용해도는 물에 대한 용해도 보다 5배 정도 높다.
④ 고압환경의 2차적인 가압현상(화학적 장해)이다.

> *고압환경의 2차적 가압현상
> ① 질소의 마취작용 : 공기 중의 질소 가스는 4기압 이상에서 마취작용을 일으킨다.
> ② 산소중독 증세 : 산소분압이 2기압을 넘으면 산소중독 증세가 나타난다.
> ③ 이산화탄소의 작용 : 이산화탄소의 증가는 산소의 독성과 질소의 마취작용을 촉진시킨다.

필기에 자주 출제★

56 공기공급식 호흡기보호구 중 자가공기 공급장치에 관한 설명으로 알맞지 않는 것은?

① 개방식 : 호기에서 나온 공기는 장치 밖으로 배출되며 사용시간은 30분에서 60분 정도이다.
② 개방식 : 소방관이 주로 사용하며 호흡용 공기는 압축공기를 사용한다.
③ 폐쇄식 : 산소발생장치에는 주로 H_2O_2를 사용한다.
④ 폐쇄식 : 개방식보다 가벼운 것이 장점이며 사용시간은 30분에서 4시간 정도이다.

> ③ 폐쇄식 : 산소발생장치에는 주로 KO_2를 사용한다.

57 어떤 음원의 PWL(power level)이 120dB이다. 이 음원에서 10m 떨어진 곳에서의 음의 세기레벨(sound intensity level)은? (단, 점음원이고 장해물이 없는 자유공간에서 구면상으로 전파한다고 가정한다.)

① 89dB ② 92dB
③ 95dB ④ 98dB

무지향성 점음원	① 자유공간(공중, 구면파)에 위치할 때 $SPL = PWL - 20\log r - 11(\text{dB})$ ② 반자유공간(바닥, 벽, 천장, 반구면파)에 위치할 때 $SPL = PWL - 20\log r - 8(\text{dB})$
무지향성 선음원	① 자유공간(공중, 구면파)에 위치할 때 $SPL = PWL - 10\log r - 8(\text{dB})$ ② 반자유공간(바닥, 벽, 천장, 반구면파)에 위치할 때 $SPL = PWL - 10\log r - 5(\text{dB})$

r : 소음원으로부터의 거리(m)

$$SPL = PWL - 20\log r - 11$$
$$= 120 - 20 \times \log 10 - 11 = 89(\text{dB})$$

실기까지 중요★★

정답 54 ② 55 ① 56 ③ 57 ①

58 총흡음량이 1000sabin인 작업장에 흡음시설을 강화하여 총흡음량이 4000sabin이 되었다. 소음감소(noise reduction)는 얼마가 되겠는가?

① 3dB ② 6dB
③ 9dB ④ 12dB

$$NR = 10 \times \log\left(\frac{A_2}{A_1}\right)$$

- NR : 감음량(dB)
- A_1 : 흡음처리 전 실내의 총 흡음력(sabin)
- A_2 : 흡음처리 후 실내의 총 흡음력(sabin)

$$NR = 10 \times \log\left(\frac{4,000}{1,000}\right) = 6.02(\text{dB})$$

실기까지 중요 ★★

59 ACGIH에 의한 발암물질의 구분 기준으로 Group A3에 해당되는 것은?

① 인체 발암성 확인물질
② 동물 발암성 확인물질, 인체 발암성 모름
③ 인체 발암성 미분류 물질
④ 인체 발암성 미의심 물질

* ACGIH의 발암성 물질 구분
① A1 : 인체발암성 확인물질
② A2 : 인체발암성 의심물질(추정물질)
③ A3 : 동물발암성 확인물질, 인체발암성 모름
④ A4 : 인체발암성 미분류물질(인체 발암가능성이 있으나 자료가 부족)
⑤ A5 : 인체발암성 미의심 물질

실기에 자주 출제 ★★★

60 저온환경이 인체에 미치는 영향으로 옳지 않는 것은?

① 식욕감소
② 혈압변화
③ 피부혈관의 수축
④ 근육긴장

① 저온(한랭환경)에서의 일차적인 생리적 변화
- 근육긴장의 증가 및 떨림(전율)
- 피부혈관 수축
- 말초혈관 수축
- 화학적 대사작용 증가(갑상선 호르몬 분비 증가)
- 체표면적의 감소

② 저온환경의 이차적인 생리적 반응
- 말초냉각 : 말초혈관의 수축으로 표면조직의 냉각이 진행된다.
- 식욕변화 : 저온에서는 근육활동, 조직대사의 증진으로 식욕이 항진된다.
- 혈압변화 : 피부혈관 수축으로 혈압은 일시적으로 상승한다.

필기에 자주 출제 ★

정답 58 ② 59 ② 60 ①

61 플랜지가 붙은 1/4 원주형 슬롯형 후드가 있다. 포착거리가 30cm이고, 포착속도가 1m/s일 때 필요송풍량(m^3/min)은 약 얼마인가? (단, 슬롯의 폭은 0.1m, 길이는 0.9m)

① 25.9　② 45.4
③ 66.4　④ 81.0

$$Q=60 \cdot C \cdot L \cdot Vc \cdot X$$

- Q : 필요송풍량(m^3/min)
- Vc : 제어속도(m/sec)
- L : slot 개구면의 길이(m)
- X : 포집점까지의 거리(m)
- C : 형상계수

(전원주 : 3.7, $\frac{3}{4}$ 원주 : 4.1,
$\frac{1}{2}$ 원주(플랜지부착과 동일) : 2.6, $\frac{1}{4}$ 원주 : 1.6)

$Q=60\times1.6\times0.9\times1\times0.3=25.92$($m^3$/min)

실기에 자주 출제 ★★★

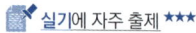

62 다음은 기류의 본질에 대한 내용이다. ㉠과 ㉡에 들어갈 내용이 알맞게 연결된 것은?

> 유체가 관내를 아주 느린 속도로 흐를 때는 소용돌이나 선회운동을 일으키지 않고 관 벽에 평행으로 유동한다. 이와 같은 흐름을 (㉠)(이)라 하여 속도가 빨라지면 관내흐름은 크고 작은 소용돌이가 혼합된 형태로 변하여 혼합상태로 흐른다. 이런 모양의 흐름은 (㉡)(이)라 한다.

① ㉠ 층류, ㉡ 난류
② ㉠ 난류, ㉡ 층류
③ ㉠ 유선운동, ㉡ 층류
④ ㉠ 층류, ㉡ 천이유동

① 층류 : 소용돌이나 선회운동을 일으키지 않고 관 벽에 평행으로 유동하는 흐름을 말한다.
② 난류 : 크고 작은 소용돌이가 혼합된 형태의 흐름을 말한다.

필기에 자주 출제 ★

63 다음 중 국소배기장치의 올바른 송풍기 선정과정과 가장 거리가 먼 것은?

① 송풍량과 송풍압력을 가급적 큰 용량으로 선정한다.
② 덕트계의 압력손실 계산결과에 의하여 배풍기 전후의 압력차를 구한다.
③ 특성선도를 사용하여 필요한 정압, 풍량을 얻기 위한 회전수, 축동력, 사용모터 등을 구한다.
④ 배풍기와 덕트의 설치 장소를 고려해서 회전방향, 토출방향을 결정한다.

① 국소배기장치 설계 시에 계산된 압력과 배기량을 만족시킬 수 있는 크기로 규격을 선정하여야 한다.

64 다음 중 전체환기가 필요한 경우로 가장 적합하지 않은 것은?

① 오염물질이 시간에 따라 균일하게 발생될 때
② 배출원이 고정되어 있을 때
③ 발생원이 다수 분산되어 있을 때
④ 유해물질이 허용농도 이하일 때

정답 61 ① 62 ① 63 ① 64 ②

국소환기 장치 설치가 필요한 경우	① 유해물질 발생량이 많은 경우 ② 유해물질 독성이 강한 경우(TLV가 낮을 때) ③ 유해물질 발생원과 작업위치가 근접해 있는 경우 ④ 높은 증기압의 유기용제 ⑤ 발생주기가 균일하지 않은 경우 ⑥ 발생원이 고정되어 있는 경우 ⑦ 법적의무 설치사항의 경우
전체환기 (희석환기)가 필요한 경우	① 유해물질의 독성이 비교적 낮은 경우 ② 동일한 작업장에 다수의 오염원이 분산되어 있는 경우 ③ 유해물질이 시간에 따라 균일하게 발생될 경우 ④ 유해물질의 발생량이 적은 경우 ⑤ 발생원이 이동하는 경우 ⑥ 오염원이 근무자가 근무하는 장소로부터 멀리 떨어져 있는 경우

실기에 자주 출제★★★

65 다음 중 덕트의 설치를 결정할 때 유의사항으로 적절하지 않은 것은?

① 청소구를 설치한다.
② 곡관의 수를 적게 한다.
③ 가급적 원형 덕트를 사용한다.
④ 가능한 한 곡관의 곡률 반경을 작게 한다.

④ 가능한 곡관의 곡률 반경을 크게 한다.(곡률반경은 최소 덕트직경의 1.5배 이상, 주로 2.0으로 한다.)

필기에 자주 출제★

66 다음 중 사이클론에서 절단입경(cut-size)의 의미로 옳은 것은?

① 95% 이상의 처리효율로 제거되는 입자의 입경
② 75%의 처리효율로 제거되는 입자의 입경
③ 50%의 처리효율로 제거되는 입자의 입경
④ 25%의 처리효율로 제거되는 입자의 입경

* 원심력 집진기(사이클론)의 절단입경(cut-size)
50% 처리효율로 제거되는 입자크기를 말한다.

67 톨루엔(MW=92)의 증기 발생량은 시간당 200g이다. 실내의 평균농도를 억제농도(100ppm, 377mg/m³)로 하기 위해 전체환기를 할 경우 필요환기량(m³/min)은 약 얼마인가? (단, 주위는 21℃, 1기압 상태이며, 안전계수는 1이라 가정한다.)

① 8.7 ② 13.2
③ 16.7 ④ 233

* 노출기준(TLV)에 따른 전체환기량

$$Q = \frac{24.1 \times kg/h \times K \times 10^6}{MW \times TLV}(m^3/hr) \div 60 = (m^3/min)$$

• K : 안전계수
• MW : 물질의 분자량
• kg/hr : 시간당 오염물질 발생량(l/hr×S(비중))
• TLV : 노출기준(ppm)
• 24.1 : 21℃, 1기압에서 공기의 비중 (25℃, 1기압일 경우 24.45)

$$Q = \frac{24.1 \times 0.2 \times 1 \times 10^6}{92 \times 100} = 523.91(m^3/hr) \div 60 = 8.73(m^3/min)$$

(증기 발생량이 시간당 200g → 200g/hr = 0.2kg/hr)

실기에 자주 출제★★★

정답 65 ④ 66 ③ 67 ①

68 후드에서의 유입손실이 전혀 없는 이상적인 후드의 유입계수는 얼마인가?

① 0 ② 0.5
③ 0.8 ④ 1.0

* 유입계수(Ce)
실제 후드 내로 유입되는 유량과 이론상 후드 내의 유입되는 유량의 비로서 Ce가 1에 가까울수록 압력손실이 작은 후드이다.

69 온도 120℃, 기압 650mmHg 상태에서 47 m^3/min의 기체가 관내를 흐르고 있다. 이 기체가 21℃, 1기압일 때 유량(m^3/min)은 약 얼마인가?

① 15.1 ② 28.4
③ 30.1 ④ 52.5

* 온도, 압력 보정

$$47 \times \frac{(273+21)\times 650}{(273+120)\times 760} = 30.07(m^3/min)$$

(1기압 = 760mmHg)

* 참고

$$\frac{P_1V_1}{T_1} = \frac{P_2V_2}{T_2}$$

$$T_1P_2V_2 = T_2P_1V_1$$

$$V_2 = V_1 \times \frac{T_2P_1}{T_1P_2}$$

실기까지 중요 ★★

70 다음 중 일반적으로 국소배기시설의 배열 순서로 옳은 것은?

① 후드 → 송풍기 → 배기구 → 공기정화장치 → 덕트
② 후드 → 덕트 → 송풍기 → 공기정화장치 → 배기구
③ 후드 → 공기정화장치 → 덕트 → 배기구 → 송풍기
④ 후드 → 덕트 → 공기정화장치 → 송풍기 → 배기구

* 국소배기시설의 구성
후드 → 덕트 → 공기정화기 → 송풍기 → 배출구

암기법
후 덕한 공기를 송풍하게 배출

실기까지 중요 ★★

71 분압이 1.5mmHg인 물질이 표준상태의 공기 중에서 도달할 수 있는 최고 농도(용량농도)는 약 얼마인가?

① 0.2% ② 1.1%
③ 2% ④ 11%

$100\% : 760 = X : 1.5$

$760 \times X = 100 \times 1.5$

$$X = \frac{100\times 1.5}{760} = 0.2(\%)$$

*표준상태 : 21℃, 1기압(760mmHg)

실기까지 중요 ★★

정답 68 ④ 69 ③ 70 ④ 71 ①

72 다음 중 송풍기 법칙에 관한 설명으로 옳은 것은?

① 풍량은 송풍기의 회전속도에 반비례한다.
② 풍량은 송풍기의 회전속도에 정비례한다.
③ 풍량은 송풍기의 회전속도의 제곱에 비례한다.
④ 풍량은 송풍기의 회전속도의 세제곱에 비례한다.

* 송풍기 상사법칙

1. $Q_2 = Q_1 (\frac{D_2}{D_1})^3 (\frac{N_2}{N_1})$
   : 풍량은 송풍기의 회전수에 비례한다.
2. $P_2 = P_1 (\frac{D_2}{D_1})^2 (\frac{N_2}{N_1})^2 (\frac{\rho_2}{\rho_1})$
   : 풍압(정압)은 송풍기 회전수의 제곱에 비례한다.
3. $HP_2 = HP_1 (\frac{D_2}{D_1})^5 (\frac{N_2}{N_1})^3 (\frac{\rho_2}{\rho_1})$
   : 동력(축동력)은 송풍기 회전수의 세제곱에 비례한다.

실기까지 중요 ★★

73 다음 설명에 해당하는 국소배기와 관련한 용어는?

- 후드 근처에서 발생되는 오염물질을 주변의 방해기류를 극복하고 후드 쪽으로 흡인하기 위한 유체의 속도를 말한다.
- 후드 앞 오염원에서의 기류로써 오염공기를 후드로 흡인하는데 필요하며 방해기류를 극복해야 한다.

① 슬롯속도　② 면속도
③ 제어속도　④ 플레넘속도

* 면속도(개구면속도)
후드 개구면에서 측정한 유체의 속도(후드 앞 오염원의 기류속도)를 말한다.

* 참고
제어속도
오염물질을 후드 안으로 흡인하기 위한(제어하기 위한) 속도를 말한다.

실기까지 중요 ★★

74 국소배치장치에서 송풍량이 30m³/min이고 덕트의 직경이 200mm이면 이때 덕트 내의 속도는 약 몇 m/s인가?

① 13　② 16
③ 19　④ 21

$$Q = 60 \times A \times V$$

- Q : 유체의 유량(m^3/min)
- A : 유체가 통과하는 단면적(m^2)
- V : 유체의 유속(m/sec)

$Q = 60 \times A \times V$

$$V = \frac{Q}{60 \times A} = \frac{Q}{60 \times \frac{\pi d^2}{4}} = \frac{30}{60 \times \frac{\pi \times 0.2^2}{4}}$$

$= 15.92$(m/sec)

실기까지 중요 ★★

75 다음 중 전기집진기의 장점이 아닌 것은?

① 습식으로 집진할 수 있다.
② 높은 포집효율을 나타낸다.
③ 가스상 오염물질을 제거할 수 있다.
④ 낮은 압력손실로 대량의 가스를 처리할 수 있다.

③ 고온의 입자상물질, 폭발성가스 처리는 가능하나, 가연성 입자의 처리는 곤란하다.

필기에 자주 출제 ★

정답　72 ②　73 ②　74 ②　75 ③

76 다음 중 덕트계에서 공기의 압력에 대한 설명으로 틀린 것은?

① 속도압은 공기가 이동하는 힘으로 항상 0 이상이다.
② 공기의 흐름은 압력차에 의해 이동하므로 송풍기 앞은 항상 음(-)의 값을 갖는다.
③ 정압은 잠재적인 에너지로 공기의 이동에 소요되어 유용한 일을 하므로 항상 양(+)의 값을 갖는다.
④ 국소배기장치의 배출구 압력은 항상 대기압보다 높아야 한다.

③ 정압은 공기의 유동이 없을 때 발생하는 압력이며, 공기가 이동하는 힘으로 생기는 압력은 속도압이 된다.

★ 참고
정압은 송풍기 앞에서는 음압, 송풍기 뒤에서는 양압이 된다.

필기에 자주 출제 ★

77 다음 중 일반적으로 국소배기장치가 설치된 현장으로 가장 적합한 상황에 해당하는 것은?

① 최종 배출구가 작업장 내에 있다.
② 사용하지 않는 후드는 댐퍼로 차단되어 있다.
③ 증기가 발생하는 도장 작업지점에는 여과식 공기정화장치가 설치되어 있다.
④ 여름철 작업장 내에서는 오염물질 발생장소를 향하여 대형 선풍기가 바람을 불어주고 있다.

① 오염된 공기를 포집하여 외부로 배출하는 통로인 최종 배출구는 작업장 외부에 있어야 한다.
③ 증기, 가스 등이 발생되는 작업에는 흡수법, 흡착법, 연소법을 이용한 공기정화장치를 설치하여야 한다.
④ 오염물질 발생장소를 피하여 선풍기가 바람을 불어주어야 한다.

필기에 자주 출제 ★

78 다음 중 작업장 내의 실내환기량을 평가하는 방법과 가장 거리가 먼 것은?

① 시간당 공기교환 횟수
② 이산화탄소 농도를 이용하는 방법
③ Tracer 가스를 이용하는 방법
④ 배기 중 내부공기의 수분함량 측정

★ 작업장 내의 실내환기량을 평가하는 방법
① 시간당 공기교환 횟수
② 이산화탄소 농도를 이용하는 방법
③ Tracer 가스를 이용하는 방법

정답 76 ③ 77 ② 78 ④

79 총압력손실계산방법 중 정압조절평형법에 대한 설명으로 틀린 것은?

① 설계가 정확할 때는 가장 효율적인 시설이 된다.
② 송풍량은 근로자나 운전자의 의도대로 쉽게 변경된다.
③ 유속의 범위가 적절히 선택되면 덕트의 폐쇄가 일어나지 않는다.
④ 설계가 어렵고, 시간이 많이 걸린다.

② 송풍량은 근로자나 운전자의 의도대로 쉽게 변경되지 않는다.

필기에 자주 출제★

80 다음 설명 중 ( ) 안에 들어갈 올바른 수치는?

슬롯 후드는 일반적으로 후드 개방 부분의 길이가 길고, 높이(혹은 폭)가 좁은 형태로 높이/길이의 비가 ( ) 이하인 경우를 말한다.

① 0.2 ② 0.5
③ 1.0 ④ 2.0

후드의 개구면이 좁고 길어서 폭 : 길이 비율이 0.2 이하인 것을 슬롯형이라 한다.

실기까지 중요★★

정답 79 ② 80 ①

2015년 8월 16일

3회 과년도기출문제

제1과목 산업위생학 개론

01 1900년대 초 진동공구에 의한 수지의 Raynaud 증상을 보고한 사람은?

① Rehn ② Raynaud
③ Loriga ④ Rudolf Virchow

* Loriga(1911년)
진동 공구에 의한 수지의 레이노드(Raynaud) 현상을 보고했다.

필기에 자주 출제 ★

02 다음 중 직업성 난청(영구성 청력 장해)에 대하여 가장 올바르게 설명한 것은?

① 고막 이상의 병변이 있다.
② 청력손실이 생기면 회복될 수 있다.
③ Corti기관에는 영향이 없고, 청신경에만 이상이 있다.
④ 전음계(傳音系)가 아니라 감음계(感音系)의 장해를 말한다.

* 영구성 청력손실(영구성 난청, 소음성 난청)
① 영구적으로 회복되지 않는 청력 손실을 말한다.
② 내이의 세포변성이 주요한 원인이다.
③ 전음계(외이 · 중이의 장애)가 아니라 감음계(내이 및 신경경로의 장해)의 장해를 말한다.

03 무게 8kg인 물건을 근로자가 들어 올리는 작업을 하려고 한다. 해당 작업조건의 권장무게한계(RWL)가 5kg이고, 이동거리가 20cm일 □에 들기지수(Lifting Index, LI)는 얼마인가? (단, 근로자는 10분에 2회씩 1일 8시간 작업한다.)

① 1.2 ② 1.6
③ 3.2 ④ 4.0

$$LI = \frac{\text{실제 작업 무게}(L)}{\text{권장무게한계}(RWL)}$$

$$LI = \frac{8}{5} = 1.6$$

필기에 자주 출제 ★

04 실내공기 오염물질 중 이산화탄소(CO_2)에 대한 설명과 가장 거리가 먼 것은?

① 일반적으로 실내오염의 주요지표로 사용된다.
② 쾌적한 사무실 공기를 유지하기 위해 이산화탄소는 1,000ppm 이하로 관리한다.
③ 물질의 연소과정에서 산소의 공급이 부족할 경우 불완전 연소에 의해 발생된다.
④ 이산화탄소의 증가는 산소의 부족을 초래하기 때문에 주요 실내오염물질의 하나로 다루어진다.

③ 물질의 연소과정에서 산소의 공급이 부족할 경우 불완전 연소에 의해 발생 → 일산화탄소(CO)

필기에 자주 출제 ★

정답 01 ③ 02 ④ 03 ② 04 ③

05 다음 중 인간공학적 방법에 의한 작업장 설계 시 정상작업영역의 범위로 가장 적절한 것은?

① 서 있는 자세에서 팔과 다리를 뻗어 닿는 범위
② 서 있는 자세에서 물건을 잡을 수 있는 최대 범위
③ 앉은 자세에서 위팔과 아래팔을 곧게 뻗쳐서 닿는 범위
④ 앉은 자세에서 위팔은 몸에 붙이고, 아래팔만 곧게 뻗어 닿는 범위

* 정상 작업역
① 상완을 자연스럽게 늘어뜨린 채 전완만으로 뻗어 파악 할 수 있는 구역(팔을 가볍게 몸체에 붙이고 팔꿈치를 구부린 상태에서 자유롭게 손이 닿는 영역)
② 움직이지 않고 전박(前膊)과 손으로 조작할 수 있는 범위

필기에 자주 출제 ★

06 산업안전보건법령상 건강진단 기관이 건강진단을 실시하였을 때에는 그 결과를 고용노동부장관이 정하는 건강진단개인표에 기록하고, 건강진단 실시일로 부터 며칠 이내에 근로자에게 송부하여야 하는가?

① 15일 ② 30일
③ 45일 ④ 60일

건강진단기관이 건강진단을 실시하였을 때에는 그 결과를 고용노동부장관이 정하는 건강진단개인표에 기록하고, 건강진단 실시일부터 30일 이내에 근로자에게 송부하여야 한다.

실기까지 중요 ★★

07 다음 중 바람직한 교대제 근무에 관한 내용으로 가장 거리가 먼 것은?

① 야간근무의 교대시간은 심야를 피해야 한다.
② 야간근무 종류 후 휴식은 48시간 이상으로 한다.
③ 교대 방식은 낮근무, 저녁근무, 밤근무 순으로 한다.
④ 야간근무는 신체의 적응을 위하여 최소 3일 이상 연속하여야 한다.

④ 야간근무의 연속일수는 2 ~ 3일로 한다.

필기에 자주 출제 ★

08 다음 중 피로의 증상으로 틀린 것은?

① 혈압은 초기에는 높아지나 피로가 진행되면 오히려 낮아진다.
② 소변의 양이 줄고, 소변 내의 단백질 또는 교질물질의 농도가 떨어진다.
③ 혈당치가 낮아지고 젖산과 탄산량이 증가하여 산혈증으로 된다.
④ 체온은 높아지나 피로정도가 심해지면 오히려 낮아진다.

② 소변양이 줄고 단백질 또는 교질물질의 배설량 증가한다.

필기에 자주 출제 ★

정답 05 ④ 06 ② 07 ④ 08 ②

09 다음 중 산업위생관리의 목적에 대한 설명과 가장 거리가 먼 것은?

① 작업자의 건강보호 및 생산성의 향상
② 작업환경 개선 및 직업병의 근원적 예방
③ 직업성 질병 및 재해성 질병의 판정과 보상
④ 작업환경 및 작업조건의 인간공학적 개선

★ 산업위생관리의 목적
① 작업환경개선 및 직업병의 근원적 예방
② 작업환경 및 작업조건의 인간공학적 개선
③ 작업자의 건강보호 및 생산성 향상
④ 근로자의 작업능률 향상

필기에 자주 출제★

10 다음 중 "심한 전신피로 상태"로 판단할 수 있는 경우는?

① $HR_{30\sim60}$이 100을 초과하고 $HR_{150\sim180}$과 $HR_{60\sim90}$ 차이가 15 미만인 경우
② $HR_{30\sim60}$이 110을 초과하고 $HR_{150\sim180}$과 $HR_{60\sim90}$ 차이가 10 미만인 경우
③ $HR_{30\sim60}$이 100을 초과하고 $HR_{150\sim180}$과 $HR_{60\sim90}$ 차이가 10 미만인 경우
④ $HR_{30\sim60}$이 120을 초과하고 $HR_{150\sim180}$과 $HR_{60\sim90}$ 차이가 15 미만인 경우

★ 전신피로의 평가

$HR_{30\sim60}$이 110를 초과하고 $HR_{60\sim90}$과 $HR_{150\sim180}$의 차이가 10 미만인 경우
- $HR_{30\sim60}$: 작업 종류 후 30~60초 사이의 평균 맥박수
- $HR_{60\sim90}$: 작업 종류 후 60~90초 사이의 평균 맥박수
- $HR_{150\sim180}$: 작업 종류 후 150~180초 사이의 평균 맥박수

필기에 자주 출제★

11 근육운동에 필요한 에너지는 혐기성 대사와 호기성 대사를 통해 생성된다. 다음 중 혐기성과 호기성 대사에 모두 에너지원으로 작용하는 것은?

① 지방(fat)
② 단백질(protein)
③ 포도당(glucose)
④ 아데노신삼인산(ATP)

혐기성 대사 (Anaerobic metabolism)	1. 근육에 저장된 화학적 에너지 2. 혐기성 대사 순서 ATP(아데노신 삼인산) → CP(크레아틴 인산) → Glycogen(글리코겐) or Glucose(포도당)
호기성 대사 (Aerobic metabolism)	1. 대사과정(구연산 회로)을 거쳐 생성된 에너지 2. 호기성 대사 과정 포도당 단백질 + 산소 → 에너지원 지방

필기에 자주 출제★

12 작업자가 유해물질에 어느 정도 노출되었는지를 파악하는 지표로서 작업자의 생체시료에서 대사산물 등을 측정하여 유해물질의 노출량을 추정하는 데 사용되는 것은?

① BEI ② TLV-TWA
③ TLV-S ④ Excursion limit

★ 생물학적 노출지수(BEI)
작업자의 생체시료에서 대사산물 등을 측정하여 유해물질의 노출량을 추정하는 데 사용한다.

실기까지 중요★★

정답 09 ③ 10 ② 11 ③ 12 ①

13 다음 중 근골격계 질환에 관한 설명으로 틀린 것은?

① 부자연스러운 자세를 피한다.
② 작업 시 과도한 힘을 주지 않는다.
③ 연속적이고 반복적인 동작일 경우 발생률이 높다.
④ 수공구의 손잡이와 같은 경우에는 접촉 면적을 최대한 적게 하여 예방한다.

④ 수공구의 손잡이는 접촉 면적을 최대한 크게 하여 예방한다.

필기에 자주 출제 ★

14 다음 중 국제노동기구(ILO)와 세계보건기구(WHO) 공동위원회에서 제시한 산업보건의 정의에 포함되지 않는 사항은?

① 근로자의 생산성을 향상시킨다.
② 건강에 유해한 취업을 방지한다.
③ 근로자의 건강을 고도로 유지 증진시킨다.
④ 근로자가 심리적으로 적합한 직무에 종사하게 한다.

★ 산업보건의 정의
① 노동조건으로 인한 건강장해로부터 근로자를 보호한다.
② 근로자들의 육체적, 정신적, 사회적 건강을 유지 증진한다.
③ 작업조건으로 인한 질병 예방 및 건강에 유해한 취업을 방지한다.
④ 근로자를 생리적, 심리적으로 적합한 작업환경에 배치한다.
⑤ 사람에 대한 작업의 적응과 그 작업에 대한 각자의 적응을 목표로 한다.

필기에 자주 출제 ★

15 다음 중 산업안전보건법령상 보건관리자의 직무에 해당하지 않는 것은? (단, 기타 작업관리 및 작업환경관리에 관한 사항은 제외한다.)

① 사업장 순회점검 · 지도 및 조치의 건의
② 위험성 평가에 관한 보좌 및 조언 · 지도
③ 물질안전보건자료의 게시 또는 비치에 관한 보좌 및 조언 · 지도
④ 산업안전보건관리비의 집행 감독 및 그 사용에 관한 수급인 간의 협의 · 조정

★ 보건관리자의 직무
① 산업안전보건위원회에서 심의 · 의결한 업무와 안전보건관리규정 및 취업규칙에서 정한 업무
② 안전인증대상 기계 · 기구등과 자율안전확인대상 기계 · 기구등 중 보건과 관련된 보호구(保護具) 구입 시 적격품 선정에 관한 보좌 및 조언 · 지도
③ 물질안전보건자료의 게시 또는 비치에 관한 보좌 및 조언 · 지도
④ 위험성평가에 관한 보좌 및 조언 · 지도
⑤ 산업보건의의 직무(보건관리자가 "의사"인 경우로 한정한다)
⑥ 해당 사업장 보건교육계획의 수립 및 보건교육 실시에 관한 보좌 및 조언 · 지도
⑦ 해당 사업장의 근로자를 보호하기 위한 다음 각 목의 조치에 해당하는 의료행위(보건관리자가 "의사", "간호사" 에 해당하는 경우로 한정한다)
- 자주 발생하는 가벼운 부상에 대한 치료
- 응급처치가 필요한 사람에 대한 처치
- 부상 · 질병의 악화를 방지하기 위한 처치
- 건강진단 결과 발견된 질병자의 요양 지도 및 관리
- 위 항목의 의료행위에 따르는 의약품의 투여

⑧ 작업장 내에서 사용되는 전체 환기장치 및 국소 배기장치 등에 관한 설비의 점검과 작업방법의 공학적 개선에 관한 보좌 및 조언 · 지도
⑨ 사업장 순회점검 · 지도 및 조치의 건의
⑩ 산업재해 발생의 원인 조사 · 분석 및 재발 방지를 위한 기술적 보좌 및 조언 · 지도
⑪ 산업재해에 관한 통계의 유지 · 관리 · 분석을 위한 보좌 및 조언 · 지도
⑫ 법 또는 법에 따른 명령으로 정한 보건에 관한 사항의 이행에 관한 보좌 및 조언 · 지도
⑬ 업무수행 내용의 기록 · 유지

정답 13 ④ 14 ① 15 ④

암기법

1. 보건교육계획 수립 및 실시
2. 위험성 평가
3. 물질안전보건자료
4. 보호구 구입 시 적격품 선정
5. 사업장 점검
6. 환기장치, 국소배기장치 점검
7. 재해 원인조사
8. 재해통계
9. 근로자 보호위한 의료행위
10. 취업규칙에서 정한 직무
11. 업무 기록

실기까지 중요 ★★

16 다음 중 산업위생통계에 있어 대푯값에 해당하지 않는 것은?

① 표준편차 ② 산술평균
③ 가중평균 ④ 중앙값

* 대표치
① 산술평균
② 가중평균
③ 기하평균
④ 중앙치(중앙값)
⑤ 최빈치(유행치)

필기에 자주 출제 ★

17 1일 10시간 작업할 때 전신 중독을 일으키는 methyl chloroform(노출기준 350ppm)의 노출기준을 얼마로 하여야 하는가? (단, Brief와 Scala의 보정 방법을 적용한다.)

① 200ppm ② 245ppm
③ 280ppm ④ 320ppm

* Brief와 Scala의 보정방법

1. $RF = \left(\frac{8}{H}\right) \times \frac{24-H}{16}$
2. [일주일 ; $RF = \left(\frac{40}{H}\right) \times \frac{168-H}{128}$]
3. 보정된 노출기준 = RF × 노출기준(허용농도)
 - H : 비정상적인 작업시간(노출시간/일) ; 노출시간/주
 - 16 : 휴식시간 의미(128 ; 일주일 휴식시간 의미)

$RF = \left(\frac{8}{10}\right) \times \left(\frac{24-10}{16}\right) = 0.7$

보정된 허용농도 = 0.7 × 350 = 245ppm

실기에 자주 출제 ★★★

18 다음 중 하인리히가 제시한 산업재해의 구성비율을 올바르게 나타낸 것은? (단, 순서는 "사망 또는 중상해 : 경상 : 무상해 사고" 이다.)

① 1 : 29 : 300 ② 1 : 30 : 330
③ 1 : 29 : 600 ④ 1 : 30 : 600

* 하인리히 사고빈도법칙(1 : 29 : 300의 법칙)
총 330건의 사고를 분석했을 때
① 중상 또는 사망 : 1건
② 경상해 : 29건
③ 무상해사고 : 300건이 발생함을 의미한다.

필기에 자주 출제 ★

정답 16 ① 17 ② 18 ①

19 다음 중 사업장에서 부적응의 결과로 나타나는 현상을 모두 나타낸 것은?

> ㉠ 생산성의 저하
> ㉡ 사고/재해의 증가
> ㉢ 신경증의 증가
> ㉣ 규율의 문란

① ㉠, ㉡, ㉢ ② ㉠, ㉢, ㉣
③ ㉡, ㉢, ㉣ ④ ㉠, ㉡, ㉢, ㉣

부적응 → 신경증의 증가, 규율 문란 → 생산성 저하, 사고/재해 증가

20 기초대사량이 75kcal/hr이고, 작업대사량이 225kcal/hr인 작업을 수행할 때, 작업의 실동률은 약 얼마인가? (단, 사이또와 오지마의 경험식을 적용한다.)

① 50% ② 60%
③ 70% ④ 80%

> 실노동율(실동률)(%) = 85 - (5 × RMR)
> • RMR : 에너지 대사율(작업대사율)

1. $RMR = \frac{작업(노동)대사량}{기초대사량} = \frac{225}{75} = 3$
2. 실동률 = 85 - (5 × RMR) = 85 - (5 × 3) = 70(%)

필기에 자주 출제★

제2과목 작업환경측정 및 평가

21 다음 중 실리카겔과의 친화력이 가장 큰 유기용제는?

① 방향족 탄화수소류 ② 케톤류
③ 에스테르류 ④ 파라핀류

* 실리카겔의 친화력(극성이 강한 순서)
물 〉 알코올류 〉 알데하이드류 〉 케톤류 〉 에스테르류 〉 방향족탄화수소류 〉 올레핀류 〉 파라핀류

암기법
실물 알콜 하드 KS 방탄 올핀 파핀

필기에 자주 출제★

22 작업환경 측정의 목표에 관한 설명 중 틀린 것은?

① 근로자의 유해인자 노출 파악
② 환기시설 성능평가
③ 정부 노출기준과 비교
④ 호흡용 보호구 지급 결정

* 작업환경 측정의 목표
① 근로자의 유해인자 노출파악
② 환기시설 성능 평가
③ 역학조사 시 근로자의 노출량 파악
④ 정부 노출기준과의 비교

필기에 자주 출제★

정답 19 ④ 20 ③ 21 ② 22 ④

23 검지관의 장점에 대한 설명으로 틀린 것은?

① 사용이 간편하다.
② 특이도가 높다.
③ 반응시간이 빠르다.
④ 숙련된 산업위생전문가가 아니더라도 어느 정도 숙지하면 사용할 수 있다.

② 특이도가 낮다.(다른 방해물질의 영향을 받기 쉬워 오차가 크다.)

실기까지 중요 ★★

24 시료 채취방법 중에서 개인시료 채취시의 채취 지점으로 가장 알맞은 것은? (단, 개인시료 채취기 이용)

① 근로자의 호흡위치(호흡기중심 반경 30cm인 반구)
② 근로자의 호흡위치(호흡기중심 반경 60cm인 반구)
③ 근로자의 호흡위치(1.2~1.5m 높이의 고정된 위치)
④ 근로자의 호흡위치(측정하고자 하는 고정된 위치)

* 개인시료 채취
개인시료 채취기를 이용하여 가스 · 증기, 흄, 미스트 등을 근로자 호흡위치(호흡기를 중심으로 반경 30cm인 반구)에서 채취한다.

실기까지 중요 ★★

25 ( )안에 옳은 내용은?

> 산업위생통계에서 측정방법의 정밀도는 동일집단에 속한 여러 개의 시료를 분석하여 평균치와 표준편차를 계산하고 표준편차를 평균치로 나눈 값 즉 ( )로 평가한다.

① 분산수　　② 기하평균치
③ 변이계수　　④ 표준오차

산업위생통계에서 측정방법의 정밀도는 변이계수로 나타낸다.

* 참고
변이계수

$$CV(\%) = \frac{표준편차}{산술평균} \times 100$$

필기에 자주 출제 ★

26 8시간 작업하는 근로자가 200ppm 농도에 1시간, 100ppm 농도에 2시간, 50ppm의 3시간 동안 TCE에 노출되었다. 이 근로자의 8시간 TWA 농도는?

① 35.7ppm　　② 68.7ppm
③ 91.7ppm　　④ 116.7ppm

* 시간가중 평균값

$$X_1 = \frac{C_1 \cdot T_1 + C_2 \cdot T_2 + \cdots + C_n \cdot T_n}{8}$$

- C : 유해인자의 측정치
  (단위 : ppm, mg/m³ 또는 개/cm³)
- T : 유해인자의 발생시간(단위 : 시간)

$$시간가중\ 평균\ 값(X_1) = \frac{200 \times 1 + 100 \times 2 + 50 \times 3}{8} = 68.75(ppm)$$

실기까지 중요 ★★

정답 23 ② 24 ① 25 ③ 26 ②

27 복사열 측정 시 사용하는 기기명은?

① Kata 온도계 ② 열선풍속계
③ 수은 온도계 ④ 흑구 온도계

⋆흑구 온도계
복사열의 측정에 사용한다.

28 어느 작업장의 벤젠농도를 5회 측정한 결과가 30, 33, 29, 27, 31 ppm이었다면 기하평균 농도(ppm) 는?

① 29.9 ② 30.5
③ 30.9 ④ 31.1

⋆기하평균

1. $\log(GM) = \frac{\log X_1 + \log X_2 + \cdots + \log X_n}{N}$
2. $G.M = \sqrt[N]{X_1 \cdot X_2 \cdots X_n}$
   - X_n: 측정치
   - N: 측정치 개수

$G.M = \sqrt[5]{(30\times33\times29\times27\times31)} = 29.93$

실기까지 중요 ★★

29 공기(10L)로부터 벤젠(분자량 = 78)을 고체흡착관에 채취하였다. 시료를 분석한 결과 벤젠의 양은 5mg 이고 탈착효율은 95%였다. 공기 중 벤젠 농도는? (단, 25℃, 1기압 기준)

① 약 105ppm ② 약 125ppm
③ 약 145ppm ④ 약 165ppm

1. $\frac{mg}{m^3} = \frac{5mg}{10\times10^{-3}m^3} = 500(mg/m^3)$
   $(L = 10^{-3}m^3)$

2. $mg/m^3 = \frac{ppm\times 분자량}{24.45}$
   $ppm = \frac{mg/m^3\times24.45}{분자량} = \frac{500\times24.45}{78}$
   $= 156.73(ppm)$

3. $탈착효율 = \frac{검출량}{주입량}$
   $주입량 = \frac{검출량}{탈착효율} = \frac{156.73}{0.95} = 164.98(ppm)$

실기에 자주 출제 ★★★

30 흡광광도법에서 세기 Io의 단색광이 시료액을 통과하여 그 광의 50%가 흡수 되었을 때 흡광도는?

① 0.6 ② 0.5
③ 0.4 ④ 0.3

⋆흡광도(A)

$A = \log\frac{1}{투과율}$

$A = \log\frac{1}{0.5} = 0.3$
(투과율 = 1 − 흡수율 = 1 − 0.5 = 0.5)

필기에 자주 출제 ★

31 불꽃방식의 원자흡광광도계의 일반적인 장단점으로 옳지 않은 것은?

① 가격이 흑연로장치에 비하여 저렴하다.
② 분석시간이 흑연로 장치에 비하여 길게 소요된다.
③ 시료량이 많이 소요되며 감도가 낮다.
④ 고체시료의 경우 전처리에 의하여 매트릭스를 제거하여야 한다

② 분석시간이 흑연로 장치에 비하여 적게 소요된다.

필기에 자주 출제 ★

정답 27 ④ 28 ① 29 ④ 30 ④ 31 ②

32 50% 헵탄, 30% 메틸렌클로라이드, 20% 퍼클로로 에틸렌의 중량비로 조성된 용제가 증발되어 작업환경을 오염시키고 있다. 순서에 따라 각각의 TLV는 1600mg/m³(1mg/m³ = 0.25ppm) 720mg/m³(1mg/m³ = 0.28ppm), 670mg/m³ (1mg/m³ = 0.15ppm)이다. 이 작업장의 혼합물의 허용농도(mg/m³)는? (단, 상가 작용 기준)

① 약633　② 약 743
③ 약 853　④ 약 973

★ 액체 혼합물의 구성성분(%)을 알 때 혼합물의 허용농도(노출기준)

$$\text{혼합물의 노출기준(mg/m}^3) = \frac{1}{\frac{f_a}{TLV_a} + \frac{f_b}{TLV_b} + \cdots + \frac{f_n}{TLV_n}}$$

- f_a, f_b, f_n : 액체 혼합물에서의 각 성분 무게(중량) 구성비(%)
- TLV_a, TLV_b, TLV_n : 해당 물질의 노출기준(mg/m³)

$$\text{mg/m}^3 = \frac{1}{\frac{0.5}{1,600} + \frac{0.3}{720} + \frac{0.2}{670}} = 973.07(\text{mg/m}^3)$$

실기까지 중요 ★★

33 토석, 암석 및 광물성 분진(석면분진제외) 중의 유리규산(SIO_2)함유율을 분석하는 방법?

① 불꽃광전자 검출기(FPD)법
② 계수법
③ X-선 회절 분석법
④ 위상차 현미경법

★ X-선 회절 분석법
토석, 암석 및 광물성 분진(석면분진제외) 중의 유리규산(SIO_2)의 함유율을 분석하는 데 사용한다.

34 다음은 작업장 소음 측정시간 및 횟수 기준에 관한 내용이다. (　)안에 내용으로 옳은 것은? (단, 고용노동부 고시 기준)

> 단위작업장소에서 소음수준은 규정된 측정위치 및 지점에서 1일 작업시간동안 6시간 이상 연속측정하거나 작업시간을 1시간 간격으로 나누어 6회 이상 측정하여야 한다. 다만, 소음의 발생특성이 연속음으로서 측정치가 변동이 없다고 자격자 또는 지정측정기관이 판단하는 경우에는 1시간 동안을 등 간격으로 나누어 (　) 측정할 수 있다.

① 2회 이상　② 3회 이상
③ 4회 이상　④ 5회 이상

단위작업 장소에서 소음수준은 규정된 측정위치 및 지점에서 1일 작업시간 동안 6시간 이상 연속 측정하거나 작업시간을 1시간 간격으로 나누어 6회 이상 측정하여야 한다. 다만, 소음의 발생특성이 연속음으로서 측정치가 변동이 없다고 자격자 또는 지정측정기관이 판단한 경우에는 1시간 동안을 등간격으로 나누어 3회 이상 측정할 수 있다

★ 참고
단위작업 장소에서의 소음발생시간이 6시간 이내인 경우나 소음발생원에서의 발생시간이 간헐적인 경우에는 발생시간동안 연속 측정하거나 등간격으로 나누어 4회 이상 측정하여야 한다.

실기에 자주 출제 ★★★

정답 32 ④ 33 ③ 34 ②

35 지역시료채취의 용어 정의로 가장 옳은 것은? (단, 고용노동부 고시 기준)

① 시료채취기를 이용하여 가스, 증기, 분진, 흄, 미스트 등을 근로자의 작업위치에서 호흡기 높이로 이동하여 채취하는 것을 말한다.
② 시료채취기를 이용하여 가스, 증기, 분진, 흄, 미스트 등을 근로자의 작업행동 범위에서 호흡기 높이로 이동하여 채취하는 것을 말한다.
③ 시료채취기를 이용하여 가스, 증기, 분진, 흄, 미스트 등을 근로자의 작업위치에서 호흡기 높이에 고정하여 채취하는 것을 말한다.
④ 시료채취기를 이용하여 가스, 증기, 분진, 흄, 미스트 등을 근로자의 작업행동 범위에서 호흡기 높이에 고정하여 채취하는 것을 말한다.

*지역시료채취
시료채취기를 이용하여 가스 · 증기 · 분진 · 흄(fume) · 미스트(mist) 등을 근로자의 작업행동 범위에서 호흡기 높이에 고정하여 채취하는 것을 말한다.

실기까지 중요 ★★

36 다음 중 표준기구에 관한 내용이다. ( ) 안에 옳은 내용은?

> 유량 및 용량 보정을 하는데 있어서 1차 표준기구란 물리적 차원인 공간의 부피를 직접 측정할 수 있는 표준기구를 의미하는데 정확도가 ( ) 이내이다.

① ±1% ② ±3%
③ ±5% ④ ±10%

*1차 표준기구
물리적 차원인 공간의 부피를 직접 측정할 수 있는 표준기준를 말하며 정확도가 ±1% 이내이다.

필기에 자주 출제★

37 작업환경측정 분석 시 발생하는 계통오차의 원인과 가장 거리가 먼 것은?

① 불안정한 기기반응
② 부적절한 표준액의 제조
③ 시약의 오염
④ 분석물질의 낮은 회수율

*계통오차의 원인
① 부적절한 표준액의 제조
② 시약의 오염
③ 분석물질의 낮은 회수율

*참고
계통오차
• 변이의 원인을 찾을 수 있는 오차이다.
• 크기와 부호를 추정할 수 있고 보정이 가능한 오차이다.

필기에 자주 출제★

38 TLV(Threshold Limit Values)는 ACGIH에서 권장하는 작업장의 노출농도 기준으로써 세계적으로 인정받고 있다. TLV에 관한 설명으로 틀린 것은?

① 대기오염의 평가 및 관리에 적용하지 않는다.
② 기존의 질병이나 육체적 조건을 판단하기 위한 척도로 사용될 수 없으며 안전과 위험농도를 구분하는 경계선이 아니다.
③ 근로자가 주기적으로 노출되는 경우 역 건강 효과가 있는 농도의 최대치로 정의된다.
④ 정상작업시간을 초과한 노출에 대한 독성평가에는 적용할 수 없다.

③ TLV는 화학물질의 허용농도를 뜻한다.

실기까지 중요 ★★

정답 35 ④ 36 ① 37 ① 38 ③

39 작업장 내에서 발생되는 분진, 흄의 농도측정에 대한 설명으로 틀린 것은?

① 토석, 암석 및 광물성분진(석면분진 제외)의 농도는 여과포집방법에 의한 중량분석방법으로 측정한다.
② 흄의 농도는 여과포집방법에 의한 중량분석방법으로 측정하다.
③ 호흡성분진은 분립장치를 이용한 여과포집방법으로 측정한다.
④ 면분진의 농도는 여과포집방법을 이용하여 시료공기를 채취하고 계수방법을 이용하여 측정한다.

⋆ 입자상 물질의 측정방법(고용노동부 고시 내용)
① 석면의 농도는 여과채취방법으로 측정하고 계수방법 또는 이와 동등 이상의 분석방법으로 분석할 것
② 광물성분진은 여과채취방법으로 측정하고 석영, 크리스토바라이트, 트리디마이트를 분석할 수 있는 적합한 방법으로 분석할 것(다만 규산염과 그 밖의 광물성분진은 중량분석방법으로 분석한다.)
③ 용접흄은 여과채취방법으로 측정하되 용접보안면을 착용한 경우에는 그 내부에서 시료를 채취하고 중량분석방법과 원자흡광광도계 또는 유도결합프라스마를 이용한 방법으로 분석할 것
④ 석면, 광물성분진 및 용접흄을 제외한 입자상 물질은 여과채취방법으로 측정한 후 중량분석방법이나 유해물질 종류에 따른 적합한 방법으로 분석할 것
⑤ 호흡성분진은 호흡성분진용 분립장치 또는 호흡성분진을 채취할 수 있는 기기를 이용한 여과채취방법으로 측정할 것
⑥ 흡입성분진은 흡입성분진용 분립장치 또는 흡입성분진을 채취할 수 있는 기기를 이용한 여과채취방법으로 측정할 것

필기에 자주 출제 ⋆

40 회수율 실험은 여과지를 이용하여 채취한 금속을 분석하는데 보정하는 실험이다. 다음 중 회수율을 구하는 식은?

① 회수율(%) = $\frac{\text{분석량}}{\text{첨가량}} \times 100$
② 회수율(%) = $\frac{\text{첨가량}}{\text{분석량}} \times 100$
③ 회수율(%) = $\frac{\text{분석량}}{1 - \text{첨가량}} \times 100$
④ 회수율(%) = $\frac{\text{첨가량}}{1 - \text{분석량}} \times 100$

회수율(RE, recovery efficiency) = $\frac{\text{검출량}}{\text{첨가량}}$

필기에 자주 출제 ⋆

제3과목 작업환경관리

41 유해한 작업환경에 대한 개선대책인 대치(substitution)의 내용과 가장 거리가 먼 것은?

① 공정의 변경 ② 시설의 변경
③ 작업자의 변경 ④ 물질이 변경

⋆ 대치(대체)
① 공정의 변경
② 시설의 변경
③ 유해물질의 변경

필기에 자주 출제 ⋆

정답 39 ④ 40 ① 41 ③

42 일반적으로 작업장 신축 시 창의 면적은 바닥면적의 어느 정도가 적당한가?

① 1/2 ~ 1/3　　② 1/3 ~ 1/4
③ 1/5 ~ 1/7　　④ 1/7 ~ 1/9

창의 면적은 방바닥 면적의 15 ~ 20%(1/5 ~ 1/7)가 적당하다.

필기에 자주 출제 ★

43 모 작업공정에서 발생되는 소음의 음압수준이 110dB(A)이고 근로자는 귀덮개(*NRR* =17)를 착용하고 있다면 근로자에게 실제 노출되는 음압수준은?

① 90dB(A)　　② 95dB(A)
③ 100dB(A)　　④ 105dB(A)

차음효과 = (*NRR* -7)×0.5

- *NRR* : 차음평가수

- 차음효과 = (17 - 7)×0.5 = 5(dB)
- 근로자가 노출되는 음압수준
  = 110 - 5 = 105(dB)(A)

실기까지 중요 ★★

44 공기 중에 발산된 분진입자는 중력에 의하여 침강하는데 stoke식이 많이 사용되고 있다. Stoke 종말침전속도 식으로 맞는 것은? (단, P_1 : 먼지밀도, P : 공기밀도, u : 공기의 동점성계수, r : 먼지직경, g : 중력가속도)

① $V= \dfrac{(P-P_1)ur^2}{18g}$　　② $V= \dfrac{(P_1-P)ur}{18g}$
③ $V= \dfrac{(P_1-P)gr^2}{18u}$　　④ $V= \dfrac{(P-P_1)gt}{18u}$

* 침강속도(stoke의 법칙)

$$V = \frac{gd_p^2(\rho_1 - \rho)}{18\mu}\text{(cm/sec)}$$

- d_p : 입자의 직경(cm)
- ρ_1 : 입자의 밀도(g/cm^3)
- ρ : 가스(공기)의 밀도(g/cm^3)
- g : 중력가속도(980cm/sec^2)
- μ : 점성계수(g/cm · sec)

실기까지 중요 ★★

45 방진마스크의 올바른 사용법이라 할 수 없는 것은?

① 보관은 전용의 보관상자에 넣거나 깨끗한 비닐봉지에 넣는다.
② 면체의 손질은 중성세제로 닦아 말리고 고무부분은 햇빛에 잘 말려 사용한다.
③ 필터의 수명은 환경상태나 보관정도에 따라 달라지나 통상 1개월 이내에 바꾸어 착용한다.
④ 필터에 부착된 분진은 세게 털지 말고 가볍게 털어 준다.

* 방진마스크 관리요령

① 면체의 손질은 중성세제로 닦아 말리고 고무부분은 자외선에 약하므로 그늘에 말려야 하며, 신나 등은 사용치 말아야 한다.
② 여과재의 이면이 더러워지면 필터를 교체하는 것이 가장 이상적이나 여유치 않을 경우 세게 털지 말고 가볍게 털어 주어 표면의 정전기력을 보호해주어야 한다.
③ 보관은 전용의 보관상자에 넣거나 깨끗한 비닐봉지 등을 이용하여 습기를 막아 주어야 한다.

정답　42 ③　43 ④　44 ③　45 ②

46 작업환경개선의 기본원칙 중 대치(substitution)의 관리 방법에 해당하지 않는 것은?

① 공정변경 ② 작업위치변경
③ 유해물질변경 ④ 시설변경

* 대치(대체)
① 공정의 변경
② 시설의 변경
③ 유해물질의 변경

필기에 자주 출제 ★

47 가로15m, 세로 25m, 높이 3m인 어느 작업장의 음의 잔향시간을 측정해 보니 0.238sec였다. 이 작업장의 총흡음력(sound absorption)을 51.6%로 증가시키면 잔향시간은 몇 sec가 되겠는가?

① 0.157 ② 0.183
③ 0.196 ④ 0.217

$$T = K\frac{V}{A} = \frac{0.161V}{A}$$

- T : 잔향시간(초)
- K : 비례상수(0.161)
- A : 실내의 총 흡음력
- V : 실의 용적(m^3)

1. $T = \frac{0.161V}{A}$

$T \times A = 0.161 \times V$

$A = \frac{0.161 \times V}{T} = \frac{0.161 \times (15 \times 25 \times 3)}{0.238}$

$= 761.03$

2. 흡음력을 51.6% 증가시키므로

$T = \frac{0.161 \times (15 \times 25 \times 3)}{761.03 + (761.03 \times 0.516)} = 0.157(sec)$

필기에 자주 출제 ★

48 작업장에서 발생된 분진에 대한 작업환경관리 대책과 가장 거리가 먼 것은?

① 국소배기 장치의 설치
② 발생원의 밀폐
③ 방독마스크의 지급 및 착용
④ 전체환기

③ 방진마스크의 지급 및 착용

필기에 자주 출제 ★

49 작업환경관리의 유해요인 중에서 물리학적 요인과 가장 거리가 먼 것은?

① 분진 ② 전리방사선
③ 기온 ④ 조명

① 분진 → 화학적 요인

50 전리방사선의 장애와 예방에 관한 설명으로 옳지 않은 것은?

① 방사선 노출수준은 거리에 반비례하여 증가하므로 발생원과의 거리를 관리하여야 한다.
② 방사선의 측정은 Geiger Muller counter 등을 사용하여 측정한다.
③ 개인 근로자의 피폭량은 pocket dosimeter, film badge등을 이용하여 측정한다.
④ 기준 초과의 가능성이 있는 경우에는 경보장치를 설치한다.

방사선 노출수준은 거리의 제곱에 비례하여 감소하므로 발생원과의 거리를 관리하여야 한다.

정답 46 ② 47 ① 48 ③ 49 ① 50 ①

51 열중증 질환 중 열피로에 대한 설명으로 가장 거리가 먼 것은?

① 혈 중 염소농도는 정상이다.
② 체온은 정상범위를 유지한다.
③ 말초혈관 확장에 따른 요구 증대만큼의 혈관운동 조절이나 심박출력의 증대가 없을 때 발생한다.
④ 탈수로 인하여 혈장량이 급격히 증가할 때 발생한다.

* 열피로(heat exhaustion), 열탈진, 열피비
고온환경에서 장시간 힘든 노동을 할 때 과다 발한으로 인한 수분과 염분손실 및 탈수로 인한 혈장량이 감소되어 발생한다.

필기에 자주 출제★

52 고압환경의 영향 중 2차적인 가압현상과 가장 거리가 먼 것은?

① 질소마취 ② 산소중독
③ 폐내 가스 팽창 ④ 이산화탄소 중독

* 고압환경의 2차적 가압현상
① 질소의 마취작용 : 공기 중의 질소 가스는 4기압 이상에서 마취작용을 일으킨다.
② 산소중독 증세 : 산소분압이 2기압을 넘으면 산소중독 증세가 나타난다.
③ 이산화탄소의 작용 : 이산화탄소의 증가는 산소의 독성과 질소의 마취작용을 촉진시킨다.

실기까지 중요★★

53 비중 5인 입자의 직경이 3μm인 먼지가 다른 방해기류가 없이 층류이동을 할 때 50cm의 침강 챔버에 가라앉는 시간을 이론적으로 계산하면 얼마가 되는가?

① 약3분 ② 약6분
③ 약12분 ④ 약24분

* Lippman식에 의한 침강속도
(입자크기가 1 ~ 50μm 경우 적용)

$$V(\text{cm/sec}) = 0.003 \times \rho \times d^2$$

- V : 침강속도(cm/sec)
- ρ : 입자 밀도(비중) (g/cm³)
- d : 입자직경(μm)

1. 침강속도 $V(\text{cm/sec}) = 0.003 \times 5 \times 3^2 = 0.135(\text{cm/sec})$
2. 침강속도가 0.135cm/sec
→ 1초당 0.135cm 침강
침강높이가 50cm이므로
$\frac{1}{60}$분 : 0.135cm = x분 : 50cm
$\frac{1}{60} \times 50 = 0.135 \times x$
$x = \frac{\frac{1}{60} \times 50}{0.135} = 6.17$(분)

실기까지 중요★★

정답 51 ④ 52 ③ 53 ②

54 다음 조건에서 방독마스크의 사용 가능 시간은?

- 공기 중의 사염화탄소의 농도는 0.2%
- 사용 정화통의 정화능력은 사염화탄소 0.7%에서 50분간 사용 가능

① 110분 ② 125분
③ 145분 ④ 175분

* 방독마스크의 유효시간

$$유효시간(파과시간) = \frac{시험가스농도 \times 표준유효시간}{작업장\ 공기\ 중\ 유해가스\ 농도}(분)$$

$$유효시간 = \frac{0.7 \times 50}{0.2} = 175(분)$$

필기에 자주 출제 ★

55 고열 장해인 열경련에 관한 설명으로 틀린 것은?

① 일반적으로 더운 환경에서 고된 육체적 작업을 하면서 땀으로 흘린 염분손실을 충당하지 못 할 때 발생하다.
② 염분을 공급할 때는 식염정제를 사용하여 빠른 공급이 될수 있도록 하여야 한다.
③ 열경련 환자는 혈중 염분의 농도가 낮기 때문에 염분관리가 중요하다.
④ 통증을 수반하는 경련은 주로 작업시 사용한 근육에서 흔히 발생한다.

② 일시에 염분농도가 높으면 흡수 저하가 일어나므로 식염정제를 공급해서는 안 되며 생리식염수 0.1%를 공급하여야 한다.

필기에 자주 출제 ★

56 사람이 느끼는 최소 진동역치는?

① 55±5dB ② 65±5dB
③ 75±5dB ④ 85±5dB

* 사람이 느끼는 최소 진동역치
55±5dB

필기에 자주 출제 ★

57 다음의 중금속 먼지 중 비중격 천공의 원인물질로 알려진 것은?

① 카드뮴 ② 수은
③ 크롬 ④ 니켈

* 6가크롬
비중격천공증, 비강암을 유발한다.

필기에 자주 출제 ★

58 도르노선(Dorno-ray)은 자외선의 대표적인 광선이다. 이 빛의 파장 범위로 가장 적절한 것은?

① 215 ~ 270nm ② 290 ~ 315nm
③ 2,150 ~ 2,800nm ④ 2,900 ~ 3,150nm

* 자외선의 종류

근자외선 (UV-A)	• 파장 : 315(300) ~ 400nm • 피부의 색소침착
도르노선 (UV-B)	• 파장 : 280(290) ~ 315(320)nm [2,800 ~ 3,150Å] • 소독작용, 비타민 D형성 등 인체에 유익한 영향(건강선, 생명선) • 홍반 각막염, 피부암 유발
UV-C	• 파장 : 100 ~ 280nm • 살균작용(살균효과가 있어 수술용 램프로 사용)

실기까지 중요 ★★

정답 54 ④ 55 ② 56 ① 57 ③ 58 ②

59 산소가 결핍된 장소에서 주로 사용하는 호흡용 보호구는?

① 방진마스크
② 일산화탄소용 방독마스크
③ 산성가스용 방독마스크
④ 호스마스크

* 산소결핍 장소에서 착용하여야 하는 호흡용보호구
① 송기마스크
  • 호스 마스크
  • 에어라인마스크
  • 복합식에어라인마스크
② 공기호흡기

필기에 자주 출제 ★

60 감압환경에서 감압에 따른 질소기포 형성량에 영향을 주는 요인과 가장 거리가 먼 것은?

① 감압속도
② 조직에 용해된 가스량
③ 혈류를 변화시키는 상태
④ 폐내 가스팽창

* 감압 시에 조직 내 질소기포 형성량에 영향을 주는 요인
① 조직에 용해된 가스량
② 혈류를 변화시키는 상태
③ 감압속도
④ 고기압의 노출정도

필기에 자주 출제 ★

제4과목 산업환기

61 다음 그림과 같이 단면적이 작은 쪽인 ㉠, 큰 쪽이 ㉡인 사각형 덕트의 확대관에 대한 압력손실을 구하는 방법으로 가장 적절한 것은? (단, 경사각은 $\theta_1 > \theta_2$이다.)

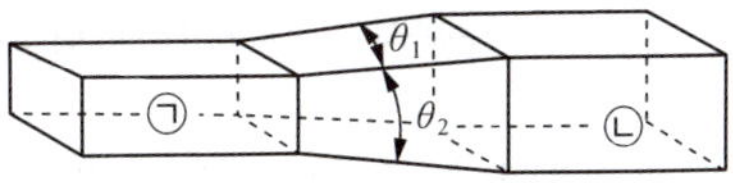

① θ_1의 각도를 경사각으로 한 단면적을 이용한다.
② θ_2의 각도를 경사각으로 한 단면적을 이용한다.
③ 두 각도의 평균값을 이용한 단면적을 이용한다.
④ 작은 쪽(㉠)과 큰 쪽(㉡)의 등가(상당) 직경을 이용한다.

④ 장방형 Duct일 경우 압력손실은 등가(상당)직경을 이용한다.

* 참고
상당직경(등가직경)
장방형관과 동일한 유체역학적인 특성을 갖는 원형관의 직경

필기에 자주 출제 ★

62 $1mmH_2O$를 환산한 값으로 틀린 것은?

① $1kgf/m^2$
② $0.98N/m^2$
③ $9.8Pa$
④ $0.0735mmHg$

$1mmH_2O = 1kg_f/m^2 = 9.8Pa$
$= 9.8N/m^2 = 0.0735mmHg$
$(Pa = 9.8N/m^2)$

정답 59 ④ 60 ④ 61 ④ 62 ②

63 다음 중 공기압력에 관한 설명으로 틀린 것은?

① 압력은 정압, 동압 및 전압 3가지로 구분된다.
② 전압은 단위 유체에 작용하는 정압과 동압의 총합이다.
③ 동압을 때로는 저항 압력 또는 마찰압력이라고도 한다.
④ 동압은 정지상태의 공기를 일정한 속도로 흐르도록 가속화시키는데 필요한 압력을 말한다.

③ 정압을 저항압력, 또는 마찰압력이라고 한다.

필기에 자주 출제★

64 공기정화장치의 입구와 출구의 정압이 동시에 감소되었다면 국소배기장치(설비)의 이상 원인으로 가장 적절한 것은?

① 제진장치 내의 분진 퇴적
② 분지관과 후드 사이의 분진퇴적
③ 분지관의 시험공과 후드 사이의 분진퇴적
④ 송풍기의 능력저하 또는 송풍기와 덕트의 연결부위 풀림

송풍기의 정압이 감소되는 원인	① 송풍기의 능력저하 ② 송풍기와 덕트의 연결부위 풀림 ③ 송풍기 점검 뚜껑의 열림
송풍기의 정압이 증가되는 원인	① 공기정화장치에 분진 퇴적 ② 덕트계통의 분진 퇴적 ③ 후드와 덕트의 연결부위가 풀림 ④ 후드의 댐퍼 닫힘 ⑤ 공기정화장치의 분진 취출구 열림

필기에 자주 출제★

65 원형 덕트의 송풍량이 24m³/min이고, 반송속도가 12m/s일때 필요한 덕트의 내경은 약 몇 m인가?

① 0.151　② 0.206
③ 0.303　④ 0.502

$$Q=60\times A\times V$$

- Q : 유체의 유량(m^3/min)
- A : 유체가 통과하는 단면적(m^2)
- V : 유체의 유속(m/sec)

1. $Q=60\times A\times V$

$$A=\frac{Q}{60\times V}=\frac{24}{60\times 12m/s}=0.0333(m^2)$$

2. $A=\frac{\pi\times d^2}{4}$

$$\pi\times d^2=4\times A$$

$$d^2=\frac{4\times A}{\pi}$$

$$d=\sqrt{\frac{4\times A}{\pi}}=\sqrt{\frac{4\times 0.0333}{\pi}}=0.206(m)$$

필기에 자주 출제★

정답 63 ③ 64 ④ 65 ②

66 다음 중 전체 환기시설의 설치조건으로 적절하지 않은 것은?

① 오염물질의 독성이 매우 강한 경우
② 동일한 작업장에 오염원이 분산되어 있는 경우
③ 오염물질의 발생량이 비교적 적은 경우
④ 오염물질의 증기나 가스인 경우

국소환기 장치 설치가 필요한 경우	① 유해물질 발생량이 많은 경우 ② 유해물질 독성이 강한 경우(TLV가 낮을 때) ③ 유해물질 발생원과 작업위치가 근접해 있는 경우 ④ 높은 증기압의 유기용제 ⑤ 발생주기가 균일하지 않은 경우 ⑥ 발생원이 고정되어 있는 경우 ⑦ 법적의무 설치사항의 경우
전체환기(희석환기)가 필요한 경우	① 유해물질의 독성이 비교적 낮은 경우 ② 동일한 작업장에 다수의 오염원이 분산되어 있는 경우 ③ 유해물질이 시간에 따라 균일하게 발생될 경우 ④ 유해물질의 발생량이 적은 경우 ⑤ 발생원이 이동하는 경우 ⑥ 오염원이 근무자가 근무하는 장소로부터 멀리 떨어져 있는 경우

실기에 자주 출제 ★★★

67 고농도의 분진이 발생되는 작업장에서는 후드로 유입된 공기가 공기정화장치로 유입되기 전에 입경과 비중이 큰 입자를 제거할 수 있도록 전처리 장치를 둔다. 전처리를 위한 집진기는 일반적으로 효율이 비교적 낮은 것을 사용하는데, 다음 중 전처리장치로 적합하지 않는 것은?

① 중력 집진기 ② 원심력 집진기
③ 관성력 집진기 ④ 여과 집진기

① 본 처리용 집진장치 : 세정식 집진장치(스크러버), 여과집진기(Bag filter), 전기집진기
② 전 처리용 집진장치 : 중력 집진장치, 관성력 집진장치, 원심력 집진장치

68 온도가 150℃, 기압이 710mmHg인 상태에서 100m³의 공기는 온도 21℃, 기압 760mmHg인 상태에서 약 몇 m³으로 변하는가?

① 65 ② 74
③ 134 ④ 154

* 온도, 압력 보정

$$100\times\frac{(273+21)\times(710)}{(273+150)\times(760)}=64.93(m^3)$$

* 참고

$$\frac{P_1V_1}{T_1}=\frac{P_2V_2}{T_2}$$
$$T_1P_2V_2=T_2P_1V_1$$
$$V_2=V_1\times\frac{T_2P_1}{T_1P_2}$$

실기까지 중요 ★★

정답 66 ① 67 ④ 68 ①

69 다음 중 일반적으로 송풍기의 소요동력(kW)을 구하고자 할 때 관여되는 주요 인자로 볼 수 없는 것은?

① 풍량　② 송풍기의 유효전압
③ 송풍기의 효율　④ 송풍기의 종류

*송풍기의 소요동력

$$HP(\text{kW}) = \frac{Q \times P}{6{,}120 \times \eta} \times K$$

- Q : 송풍량(m^3/min)
- P : 유효전압(풍압)(mmH_2O)
- η : 송풍기효율
- K : 안전여유

실기까지 중요 ★★

70 작업장의 크기가 12m×22m×45m 인 곳에서 톨루엔 농도가 400ppm이다. 이 작업장으로 600m^3/min의 공기가 유입되고 있다면 톨루엔 농도를 100ppm까지 낮추는데 필요한 환기시간은 약 얼마인가? (단, 공기와 톨루엔은 완전 혼합된다고 가정 한다.)

① 27.45분　② 31.44분
③ 35.45분　④ 39.44분

*유해물질을 나중농도(노출농도 이하)로 환기하는 데 소요되는 시간

$$t = -\frac{V}{Q'} \times \ln\left(\frac{C_2}{C_1}\right)(\text{min})$$

- V : 작업장의 기적(m^3)
- Q' : 환기량(m^3/min)
- C_1 : 유해물질 처음농도(ppm)
- C_2 : 유해물질 노출기준(ppm)

$$t = -\frac{(12 \times 22 \times 45)}{600} \times \ln\left(\frac{100}{400}\right) = 27.45(\text{min})$$

실기까지 중요 ★★

71 다음 중 송풍기에 관한 설명으로 틀린 것은?

① 평판송풍기는 타 송풍기에 비하여 효율이 낮아 미분탄, 톱밥 등을 비롯한 고농도 분진이나 마모성이 강한 분진의 이송용으로는 적당하지 않다.
② 원심송풍기로는 다익팬, 레이디얼팬, 터보팬 등이 해당된다.
③ 터보형 송풍기는 압력 변동이 있어서 풍량의 변화가 비교적 작다.
④ 다익형 송풍기는 구조상 고속회전이 어렵고, 큰 동력의 용도에서 적합하지 않다

*방사 날개형(평판형, 플레이트형) 송풍기
① 날개(깃)가 평판 모양으로 강도 높게 설계되어 있다.
② 깃의 구조가 분진을 자체를 정화할 수 있다.
③ 시멘트, 미분탄, 곡물, 모래 등의 고농도 분진함유 공기, 부식성이 강한 공기를 이송시키는 데 많이 이용된다.
④ 습식집진장치의 배기에 적합하며 소음은 중간 정도이다.

필기에 자주 출제 ★

정답 69 ④　70 ①　71 ①

72 접착제를 사용하는 A공정에서는 메틸에틸케톤(MEK)과 톨루엔이 발생, 공기 중으로 완전 혼합된다. 두 물질은 모두 마취작용을 하므로 상가효과가 있다고 판단되며, 각 물질의 사용 정보가 다음과 같을 때 필요환기량(m^3/min)은 약 얼마인가? (단, 주위는 25℃, 1기압 상태이다.)

MEK
- 안전계수 : 4 - 분자량 : 72.1
- 비중 : 0.805 - TLV : 200ppm
- 사용량 : 시간당 2L

톨루엔
- 안전계수 : 5 - 분자량 : 92.13
- 비중 : 0.866 - LTV : 50ppm
- 사용량 : 시간당 2L

① 182 ② 558
③ 765 ④ 946

★ 노출기준(TLV)에 따른 전체환기량

$$Q = \frac{24.1 \times kg/h \times K \times 10^6}{MW \times TLV}(m^3/hr) \div 60 = (m^3/min)$$

- K : 안전계수
- MW : 물질의 분자량
- kg/hr : 시간당 오염물질 발생량(l/hr×S(비중))
- TLV : 노출기준(ppm)
- 24.1 : 21℃, 1기압에서 공기의 비중 (25℃, 1기압일 경우 24.45)

1. MEK
$$Q = \frac{24.45 \times (2 \times 0.805) \times 4 \times 10^6}{72.1 \times 200} = 10{,}919.42(m^3/hr) \div 60 = 181.99(m^3/min)$$

2. 톨루엔
$$Q = \frac{24.45 \times (2 \times 0.866) \times 5 \times 10^6}{92.13 \times 50} = 45{,}964.83(m^3/hr) \div 60 = 766.08(m^3/min)$$

3. $181.99 + 766.08 = 948.07(m^3/min)$

실기에 자주 출제★★★

73 그림과 같이 Q_1과 Q_2에서 유입된 기류가 합류관인 Q_3로 흘러갈 때, Q_3의 유량(m^3/min)은 약 얼마인가? (단, 합류와 확대에 의한 압력손실은 무시한다.)

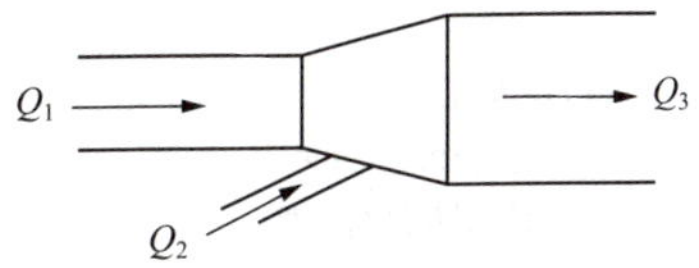

구분	직경(mm)	유속(m/s)
Q_1	200	10
Q_2	150	14
Q_3	350	-

① 33.7 ② 36.3
③ 38.5 ④ 40.2

$$Q = 60 \times A \times V$$

- Q : 유체의 유량(m^3/min)
- A : 유체가 통과하는 단면적(m^2)
- V : 유체의 유속(m/sec)

$$Q_1 = 60 \times A_1 \times V_1 = 60 \times \frac{\pi \times 0.2^2}{4} \times 10 = 18.85(m^3/min)$$

$$Q_2 = 60 \times A_2 \times V_2 = 60 \times \frac{\pi \times 0.15^2}{4} \times 14 = 14.84(m^3/min)$$

$$Q_3 = Q_1 + Q_2 = 18.85 + 14.84 = 33.69(m^3/min)$$

실기까지 중요★★

정답 72 ④ 73 ①

74 국소배기장치 검사에 공기의 유속을 측정할 수 있는 유속계 중 가장 많이 쓰이는 것은?

① 그네 날개형 ② 회전 날개형
③ 열선 날개형 ④ 연기 발생기

* 공기의 유속(기류) 측정기기
① 피토관(pitot tube)
② 회전 날개형 풍속계
(rotating vane anemometer)
③ 그네 날개형 풍속계
(swining vane anemometer ; 벨로미터)
④ 열선 풍속계(thermal anemometer) : 가장 많이 사용
⑤ 카타온도계(kata thermometer)
⑥ 풍향 풍속계
⑦ 풍차 풍속계

필기에 자주 출제★

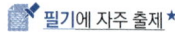

75 다음 중 필요환기량을 감소시키기 위한 후드의 선택 지침으로 적합하지 않는 것은?

① 가급적이면 공정을 많이 포위한다.
② 포집형 후드는 가급적 배출 오염원 가까이에 설치한다.
③ 후드 개구면의 속도는 빠를수록 효율적이다.
④ 후드 개구면에서 기류가 균일하게 분포되도록 설계한다.

* 후드선택 지침(필요 환기량을 감소시키기 위한 방법)
① 가급적 공정의 포위를 최대화한다.
② 포집형이나 레시버형 후드를 사용할 때에는 후드를 배출 오염원에 가깝게 설치한다.
③ 후드 개구면에서 기류가 균일하게 분포되도록 설계한다.
④ 오염물질 발생특성을 고려하여 설계한다.
⑤ 작업조건을 고려하여 적정하게 제어속도를 선정한다.
⑥ 공정에서 발생 또는 배출되는 오염물질의 절대량을 감소시킨다.

실기까지 중요★★

76 다음 중 제어속도에 관한 설명으로 옳은 것은?

① 제어속도가 높을수록 경제적이다.
② 제어속도를 증가시키기 위해서 송풍기 용량의 증가는 불가피하다.
③ 외부식 후드에서 후드와 작업지점과의 거리를 줄이면 제어속도가 증가한다.
④ 유해물질을 실내의 공기 중으로 분산시키지 않고 후드 내로 흡인하는데 필요한 최대기류속도를 말한다.

* 제어속도(포착속도)
① 오염물질을 후드 안쪽으로 흡인하기 위하여 필요한 최소풍속(모든 후드를 개방한 경우의 제어풍속)을 말한다.
② 외부식 후드에서 후드와 작업지점과의 거리를 줄이면 제어속도가 증가한다.

필기에 자주 출제★

77 후드의 유입손실계수가 0.8, 덕트 내의 공기흐름속도가 20m/s 일 때 후드의 유입압력손실은 약 몇 mmH_2O인가? (단, 공기의 비중량은 $1.2Kgf/m^3$이다.)

① 14 ② 6
③ 20 ④ 24

압력손실($\triangle P$) $= F_h \times VP$
$= (\frac{1}{Ce^2} - 1) \times \frac{\gamma V^2}{2g} (mmH_2O)$

- F_h : 압력손실계수
- Ce : 유입계수
- VP : 속도압(동압)(mmH_2O)
- r : 공기비중
- V : 유속(m/s)
- g : 중력가속도($9.8m/s^2$)

$$\triangle P = F_h \times VP = F_h \times \frac{\gamma V^2}{2g}$$
$$= 0.8 \times \frac{1.2 \times 20^2}{2 \times 9.8} = 19.59(mmH_2O)$$

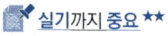

실기에 자주 출제★★★

정답 74 ③ 75 ③ 76 ③ 77 ③

78 전자부품을 납땜하는 공정에 외부식 국소배기 장치를 설치하려 한다. 후드의 규격은 가로 세로 각각 400mm 이고, 제어거리는 20cm, 제어속도는 0.5m/s, 반송속도를 1200m/min으로 하고자 할 때 필요소요풍량(m^3/min)은 약 얼마인가? (단, 플랜지는 없으며 공간에 설치한다.)

① 13.2 ② 15.6
③ 16.8 ④ 18.4

* 외부식 후드(자유공간 위치한 원형 및 장방형 후드, 플랜지 미 부착)

$Q = 60 \cdot Vc(10X^2 + A)$: Dalla valle식

- Q : 필요송풍량(m^3/min)
- Vc : 제어속도(m/sec)
- A : 개구면적(m^2)
- X : 후드중심선으로부터 발생원까지의 거리(m) (오염원과 후드간 거리가 덕트 직경의 1.5배 이내일 때만 유효)

$Q = 60 \times 0.5 \times [10 \times 0.2^2 + (0.4 \times 0.4)]$
$= 16.80(m^3/min)$

실기에 자주 출제 ★★★

79 90° 곡관의 곡률반경이 2.0일 때 압력손실 계수는 0.27이다. 속도압이 15mmH_2O일때 덕트 내 유속은 약 몇 m/s인가? (단, 표준상태이며, 공기의 밀도는 1.2kg/m^3이다.)

① 20.7 ② 15.7
③ 18.7 ④ 28.7

$$속도압(VP) = \frac{\gamma \times V^2}{2g}(mmH_2O)$$

- r : 비중(kg/m^3)
- V : 공기속도(m/sec)
- g : 중력가속도(m/sec^2)

$$VP = \frac{\gamma \times V^2}{2g}$$
$$\gamma \times V^2 = VP \times 2g$$
$$V^2 = \frac{VP \times 2g}{\gamma}$$
$$V = \sqrt{\frac{VP \times 2g}{\gamma}} = \sqrt{\frac{15 \times 2 \times 9.8}{1.2}} = 15.65(m/s)$$

실기까지 중요 ★★

80 복합환기시설의 합류점에서 각 분지관의 정압의 비가 5~20%일 때 정압평형이 유지되도록 하는 방법으로 가장 적절한 것은?

① 압력손실이 적은 분지관의 유량을 증가시킨다.
② 압력손실이 적은 분지관의 직경을 작게 한다.
③ 압력손실이 많은 분지관의 유량을 증가시킨다.
④ 압력손실이 많은 분지관의 직경을 작게 한다.

정압의 비가 5% 이상 20% 미만이므로 압력손실이 작은 분지관의 유량을 증가시킨다.

* 참고

합류점에서의 정압균형조절법

1. 낮은 정압과 높은 정압의 비가 20% 이상 ($\frac{높은 정압}{낮은 정압} \geq 1.2$)인 경우
   - 압력손실이 낮은 분지관(정압의 절대 값이 작은 분지관)을 재설계한다.
   - 덕트의 직경을 더 작은 것으로 줄여 정압을 높인다.
2. 낮은 정압과 높은 정압의 비가 5% 이상 20% 미만 ($0.5 \leq \frac{높은 정압}{낮은 정압} < 1.2$)인 경우
   - 압력손실이 낮은 분지관(정압의 절대 값이 작은 분지관)의 유량을 증가시킨다.
   - 저항이 작은 분지관을 재설계한다.
3. 낮은 정압과 높은 정압의 비가 5% 미만 ($\frac{높은 정압}{낮은 정압} < 0.5$)인 경우
   - 정압의 차가 크지 않으므로 특별한 조치를 필요로 하지 않는다.

정답 78 ③ 79 ② 80 ①

2016년 3월 6일

1회 과년도기출문제

제1과목 산업위생학 개론

01 규폐증은 공기 중 분진 내에 어느 물질이 함유되어 있을 때 발생하는가?

① 석면 ② 탄소가루
③ 크롬 ④ 유리규산

* 규폐증(silicosis)
이산화규소(SiO_2,유리규산,석영) 분진의 흡입으로 폐조직에 섬유화가 나타난다.

실기까지 중요 ★★

02 피로의 예방대책에 대한 설명으로 관계가 적은 것은?

① 작업환경을 정리 · 정돈한다.
② 불필요한 동작을 피하고 에너지 소모를 줄인다.
③ 너무 정적인 작업은 동적인 작업으로 전환한다.
④ 휴식은 한 번에 장시간을 휴식하는 것이 효과적이다.

④ 휴식은 여러 번 나누어 휴식하는 것이 장시간 휴식하는 것보다 효과적이다.

필기에 자주 출제 ★

03 작업에 기인한 피로현상을 나타낸 것으로 적합하지 않은 것은?

① 취업 후 6개월 이내의 이직은 노동 부담이 크므로서 오는 경우가 많다.
② 피로의 현상은 작업의 종류에 따라 차이가 있으며 개인적 차이는 작다.
③ 작업이 과중하면 피로의 원인이 되어 각종질병을 유발할 수 있다.
④ 사업장에서 발생되는 피로는 작업부하, 작업환경, 작업시간 등의 영향으로 발생할 수 있다.

② 피로의 현상은 작업의 종류에 따라 차이가 있으며 개인차가 심하므로 개체반응을 수치로 나타내기 어렵다.(객관적 판단이 어렵다)

필기에 자주 출제 ★

04 우리나라 산업안전보건법에 의하면 시료채취는 무엇을 기본으로 하는가?

① 지역시료채취 ② 개인시료채취
③ 동일시료채취 ④ 고체 흡착 시료채취

모든 측정은 개인시료 채취방법으로 하되, 개인시료 채취방법이 곤란한 경우에는 지역시료채취 방법으로 실시할 것

필기에 자주 출제 ★

정답 01 ④ 02 ④ 03 ② 04 ②

05 산업안전보건법 중 작업환경측정 대상 인자는 약 몇 종인가?

① 약 120종　② 약 192종
③ 약 460종　④ 약 690종

＊작업환경측정 대상 유해인자(192종)
① 화학적 인자
- 유기화합물(114종)
- 금속류(24종)
- 산 및 알칼리류(17종)
- 가스 상태 물질류(15종)
- 허가 대상 유해물질(12종)
- 금속가공유(Metal working fluids, 1종)

② 물리적 인자(2종)
③ 분진(7종)
④ 그 밖에 고용노동부장관이 정하여 고시하는 인체에 해로운 유해인자

※ 관련 법령의 변경으로 문제 일부를 수정하였습니다.

06 유해물질과 생물학적 노출지표로 이용되는 대사산물의 연결이 잘못된 것은?

① 벤젠 - 소변 중의 총페놀
② 톨루엔 - 소변 중의 o-크레졸
③ 크실렌 - 소변 중에 메틸마뇨산
④ 트리클로로에틸렌 - 소변 중의 트리클로로초산

화학물질	생물학적 노출지표물질 (체내대사산물)
톨루엔	혈액, 호기의 톨루엔, 소변 중 o-크레졸(오르소-크레졸)
벤젠	요중 페놀
크실렌	요중 메틸마뇨산
니트로벤젠	혈중 메타헤모글로빈
트리클로로에틸렌	요중 트리클로로초산
에틸벤젠	요중 만델린산

실기에 자주 출제★★★

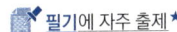

07 미국국립산업안전보건청(NIOSH)의 들기작업 기준(Lifting Guideline)의 평가요소와 거리가 먼 것은?

① 수평거리　② 수직거리
③ 휴식시간　④ 비대칭 각도

＊권장무게한계
(RWL : Recommended Weight Limit)

RWL(kg) = LC(23) × HM × VM × DM × AM × FM × CM
- LC : 중량상수(Load Constant) - 23kg
- HM : 수평 계수(Horizontal Multiplier)
- VM : 수직 계수(Vertical Multiplier)
- DM : 거리 계수(Distance Multiplier)
- AM : 비대칭 계수(Asymmetric Multiplier)
- FM : 빈도 계수(Frequency Multiplier)
- CM : 커플링 계수(Coupling Multiplier)

필기에 자주 출제★

08 신체적 결함과 부적합한 작업이 잘못 연결된 것은?

① 간기능 장애 - 화학 공업
② 편평족 - 앉아서 하는 작업
③ 심계항진 - 격심작업, 고소작업
④ 고혈압 - 이상기온, 이상기압에서의 작업

② 편평족 - 서서 하는 작업

필기에 자주 출제★

정답 05 ② 06 ② 07 ③ 08 ②

09 에너지 대사율(RMR : relative metabolic rate)에 대한 설명으로 틀린 것은?

① RMR = (작업시 에너지 대사량-안정 시 에너지 대사량)/기초대사량이다.
② RMR이 대략 4 ~ 7정도이면 중(重) 작업(동작, 속도가 큰 작업)에 속한다.
③ 총에너지 소모량은 기초 에너지대사량과 휴식 시 에너지대사량을 합한 것이다.
④ 작업 시 에너지 대사량은 휴식 후부터 작업 종료 시까지의 에너지 대사량을 나타낸다.

③ 총에너지 소모량은 기초 에너지대사량과 신체 활동 에너지대사량을 합한 것이다.

필기에 자주 출제★

10 근골격계 질환을 예방하기 위한 작업환경개선의 방법으로 인체측정치를 이용한 작업환경의 설계가 이루어질 때 가장 먼저 고려되어야 할 사항은?

① 조절가능 여부
② 최대치의 적용 여부
③ 최소치의 적용 여부
④ 평균치의 적용 여부

* 인체측정자료의 설계에 적용 순서
조절식 설계 → 극난치 설계(최대치, 최소치 설계) → 평균치 설계

필기에 자주 출제★

11 산업위생의 영역 중 기본과제로서 거리가 먼 것은?

① 작업장에서 생산성 향상에 관한 연구
② 노동력의 재생산과 사회경제적 조건에 관한 연구
③ 작업능력의 향상과 저하에 따른 작업조건 및 정신적 조건의 연구
④ 최적 작업환경 조성에 관한 연구 및 유해 작업환경에 의한 신체적 영향 연구

* 산업위생의 영역 중 기본과제
① 작업능력의 향상과 저하에 따른 작업조건 및 정신적 조건의 연구
② 최적 작업환경 조성에 관한 연구 및 유해 작업 환경에 의한 신체적 영향 연구
③ 노동력의 재생산과 사회, 경제적 조건에 관한 연구

필기에 자주 출제★

12 "모든 물질은 독성을 가지고 있으며, 중독을 유발하는 것은 용량(dose)에 의존한다." 고 말한 사람은?

① Galen ② Agricola
③ Hippocrates ④ Paracelsus

* Philippus Paracelsus
① 독성학의 아버지
② 모든 화학 물질은 독물이며 독물이 아닌 화학 물질은 없다.

필기에 자주 출제★

정답 09 ③ 10 ① 11 ① 12 ④

13 미국 산업위생학술원(Amerivan Academy of Industrial Hygiene)은 산업위생 분야에 종사하는 전문가들이 반드시 지켜야 할 윤리강령을 채택한다. 윤리강령에 대한 내용 중 틀린 것은?

① 궁극적 책임은 기업주와 고객보다 근로자의 건강 보호에 있다.
② 근로자, 사회 및 전문 직종의 이익을 위해 과학적 지식을 공개하고 발표한다.
③ 근로자의 건강 보호가 산업위생 전문가의 1차적인 책임이라는 것을 인식한다.
④ 기업주와 근로자간 이해관계가 있는 상황에서 적극적으로 개입하여 문제를 해결한다.

④ 전문적 판단이 타협에 의하여 좌우될 수 있거나 이해관계가 있는 상황에는 개입하지 않는다.

실기에 자주 출제 ★★★

14 작업강도는 작업대사율에 따라 5단계로 구분할 수 있다. 격심작업의 작업대사율은?

① 3 이상 ② 5 이상
③ 7 이상 ④ 9 이상

RMR	작업강도
0 ~ 1	경작업
1 ~ 2	중등작업
2 ~ 4	강작업
4 ~ 7	중작업
7 이상	격심작업

실기까지 중요 ★★

15 납이 인체에 미치는 영향과 거리가 먼 것은?

① 신경계통의 장해 ② 조혈기능에 장해
③ 간에 미치는 장해 ④ 신장에 미치는 장해

* 납중독의 증세
① 빈혈, 혈색소 저하 등 조혈기능장해
② 만성 신장기능 장해
③ 피로, 근육통, 말초신경 장해
④ 소화기 장해
⑤ 세포의 효소작용 방해

필기에 자주 출제 ★

16 톨루엔의 노출기준(TWA)이 50ppm일 때 1일 10시간 작업시의 보정된 노출기준은? (단, Brief와 Scal의 보정방법을 이용한다.)

① 35ppm ② 50ppm
③ 75ppm ④ 100ppm

* Brief와 Scala의 보정방법

1. $RF = \left(\frac{8}{H}\right) \times \frac{24-H}{16}$
2. [일주일 ; $RF = \left(\frac{40}{H}\right) \times \frac{168-H}{128}$]
3. 보정된 노출기준 = RF × 노출기준(허용농도)
   • H : 비정상적인 작업시간(노출시간/일)
   ; 노출시간/주
   • 16 : 휴식시간 의미(128 ; 일주일 휴식시간 의미)

1. $RF = \frac{8}{10} \times \frac{24-10}{16} = 0.7$
2. 보정된 노출기준 = 0.7 × 50 = 35ppm

실기에 자주 출제 ★★★

정답 13 ④ 14 ③ 15 ③ 16 ①

17 감압(decompression)에 따른 기포형성량과 관련된 요인이 아닌 것은?

① 감압속도
② 혈류의 변화
③ 대기의 상대습도
④ 조직에 용해된 가스량

* 감압 시에 조직 내 질소기포 형성량에 영향을 주는 요인
① 조직에 용해된 가스량
② 혈류를 변화시키는 상태
③ 감압속도

필기에 자주 출제 ★

18 어떤 근로자가 물체 운반작업을 하고 있다. 1일 8시간 작업에 적합한 작업대사량이 5.3kcal/분, 해당 작업의 작업대사량은 6kcal/분, 휴식 시의 대사량은 1.3kcal/분 이라면 Hertig의 식을 이용한 적절한 휴식시간 비율(%)은?

① 약 15% ② 약 20%
③ 약 25% ④ 약 30%

1. $T_{rest}(\%)=\left[\frac{E_{max}-E_{task}}{E_{rest}-E_{task}}\right]\times 100$
2. 작업시간 = 60분 − 휴식시간
- $T_{rest}(\%)$: 피로예방을 위한 적정 휴식시간 비(60분을 기준하여 산정)
- E_{max} : 1일 8시간 작업에 적합한 작업대사량 [육체적 작업능력(PWC)의 1/3]
- E_{rest} : 휴식 중 소모 대사량
- E_{task} : 해당 작업의 작업대사량

$$T_{rest}(\%)=\left[\frac{5.3-6}{1.3-6}\right]\times 100 = 14.89(\%)$$

실기까지 중요 ★★

19 200명의 근로자가 1주일에 40시간 연간 50주로 근무하는 사업장이 있다. 1년 동안 30건의 재해로 인하여 25명의 재해자가 발생하였다면 이 사업장의 도수율은?

① 15 ② 36
③ 62 ④ 75

* 도수율(빈도율 F.R)
100만 근로시간당 재해 발생 건수 비율

$$도수율(빈도율)=\frac{재해\ 건수}{연\ 근로\ 시간\ 수}\times 10^6$$

$$도수율(빈도율)=\frac{30}{200\times 40\times 50}\times 10^6 = 75$$

실기까지 중요 ★★

20 산업안전보건법상 사무실 실내공기 오염물질의 측정방법(사무실 공기관리 지침)으로 틀린 것은?

① 곰팡이 : PVC 필터에 의한 채취
② 이산화질소 : 고체흡착관에 의한 채취
③ 일산화탄소 : 전기화학검출기에 의한 채취
④ 이산화탄소 : 비분산적외선검출기에 의한 채취

오염물질	시료채취방법
미세먼지 (PM10)	PM10샘플러(sampler)를 장착한 고용량 시료채취기에 의한 채취
초미세먼지 (PM2.5)	PM2.5샘플러(sampler)를 장착한 고용량 시료채취기에 의한 채취
이산화탄소 (CO_2)	비분산적외선검출기에 의한 채취
일산화탄소 (CO)	비분산적외선검출기 또는 전기화학검출기에 의한 채취
이산화질소 (NO_2)	고체흡착관에 의한 시료채취
포름알데히드 (HCHO)	2,4-DNPH(2,4-Dinitrophenyl hydrazine)가 코팅된 실리카겔관(silicagel tube)이 장착된 시료채취기에 의한 채취

정답 17 ③ 18 ① 19 ④ 20 ①

오염물질	시료채취방법
총휘발성 유기화합물 (TVOC)	1. 고체흡착관 또는 2. 캐니스터(canister)로 채취
라돈 (Radon)	라돈연속검출기(자동형), 알파트랙(수동형), 충전막 전리함(수동형)측정 등
총부유세균	충돌법을 이용한 부유세균채취기 (bioair sampler)로 채취
곰팡이	충돌법을 이용한 부유진균채취기 (bioair sampler)로 채취

※ 관련 법령의 변경으로 문제 일부를 수정하였습니다.

암기법

일 비분산 전기 / 이 비분산 / 이질 고체흡착 / 휘유 캐니스터 · 고체흡착 / 포름알 실리카겔/미먼 PM10 시료채취 / 초먼 PM2.5 시료채취 / 라돈 라돈연속 알파충전 / 부유 부유세균 / 곰팡이 부유진균

실기까지 중요 ★★

제2과목 작업환경측정 및 평가

21 pH 2, pH 5인 두 수용액을 수산화나트륨으로 각각 중화시킬 때 중화제 NaOH의 투입량은 어떻게 되는가?

① pH 5인 경우 보다 pH 2가 3배 더 소모된다.
② pH 5인 경우 보다 pH 2가 9배 더 소모된다.
③ pH 5인 경우 보다 pH 2가 30배 더 소모된다.
④ pH 5인 경우 보다 pH 2가 1000배 더 소모된다.

1. pH 2 : $-\log(H^+) = 2$, $H^+ = 10^{-2}$
2. pH 5 : $-\log(H^+) = 5$, $H^+ = 10^{-5}$
3. pH 2의 수소이온(H^+)이 1,000배 더 많으므로 중화에 필요한 NaOH도 1,000배 더 필요하다.

* 참고
1. pH : 수소이온(H^+)의 농도지수
   $pH = -\log(H^+)$
2. pOH : 수산화이온(OH^-)의 농도지수
   $pOH = -\log(OH^-)$
3. 중성용액 : pH = pOH = 7

22 고유량 공기 채취펌프를 수동 무마찰 거품관으로 보정하였다. 비누 방울이 450cm³의 부피(V)까지 통화하는데 12.6초(T) 걸렸다면 유량(Q)은?

① 2.1L/min ② 3.2L/min
③ 7.8L/min ④ 32.3L/min

$$채취유량(L/min) = \frac{비누거품이\ 통과한\ 용량(L)}{비누거품이\ 통과한\ 시간(min)}$$

$$채취유량 = \frac{450 \times 10^{-3}(L)}{12.6 \times \frac{1}{60}(min)} = 2.14(L/min)$$

$cm^3 = (10^{-2}m)^3 = 10^{-6}m^3$
$m^3 = 1,000L$이므로
$10^{-6}m^3 = 10^{-6} \times 1,000L = 10^{-3}L$

필기에 자주 출제 ★

정답 21 ④ 22 ①

23 허용기준 대상 유해인자의 노출농도 측정 및 분석방법 중 온도표시에 관한 내용으로 틀린 것은? (단, 고용노동부 고시 기준)

① 미온은 30 ~ 40℃이다.
② 온수는 50 ~ 60℃를 말한다.
③ 냉수는 15℃ 이하를 말한다.
④ 찬 곳은 따로 규정이 없는 한 0 ~ 15℃의 곳을 말한다.

★ 온도 표시
① 온도의 표시는 셀시우스(Celcius) 법에 따라 아라비아 숫자의 오른쪽에 ℃를 붙인다. 절대온도는 ° K로 표시하고 절대온도 0° K는 -273℃로 한다.
② 상온은 15 ~ 25℃, 실온은 1 ~ 35℃, 미온은 30 ~ 40℃로 하고, 찬 곳은 따로 규정이 없는 한 0 ~ 15℃의 곳을 말한다.
③ 냉수(冷水)는 15℃ 이하, 온수(溫水)는 60~70℃, 열수(熱水)는 약 100℃를 말한다.

필기에 자주 출제 ★

24 황(S)과 인(P)을 포함한 화합물을 분석하는데 일반적으로 사용되는 가스크로마토그래피 검출기는?

① 불꽃이온화검출기(FID)
② 열전도검출기(TCD)
③ 불꽃광전자검출기(FPD)
④ 전자포획검출기(ECD)

★ 불꽃광전자검출기(FPD)
황(S)과 인(P)을 포함한 화합물을 분석한다.

필기에 자주 출제 ★

25 TCE(분자량 = 131.39)에 노출되는 근로자의 노출농도를 측정하고자 한다. 추정되는 농도는 25ppm이고, 분석 방법의 정량한계가 시료당 0.5mg일 때, 정량한계 이상의 시료량을 얻기 위해 채취하여야 하는 공기최소량은? (단, 25℃, 1기압 기준)

① 약 2.4L　　② 약 3.8L
③ 약 4.2L　　④ 약 5.3L

1. $mg/m^3 = \frac{ppm \times 분자량}{24.45} = \frac{25 \times 131.39}{24.45}$
$= 134.35(mg/m^3)$
2. $134.35mg/m^3 = \frac{0.5mg}{xm^3}$
$134.35 \times x = 0.5$
$\therefore x = \frac{0.5}{134.35} = 3.72 \times 10^{-3} m^3 \times 1,000$
$= 3.72L$
$(1m^3 = 1,000L)$

실기까지 중요 ★★

26 생물학적 노출지수에서 통계적으로 상관계수가 높게 나타날 수 있는 항목은?

① 공기 중 일산화탄소 농도와 혈중 무기수은의 양
② 공기 중 이산화탄소 농도와 혈중 이황화탄소의 양
③ 공기 중 벤젠농도와 요중 s-phenylmercapturic acid
④ 공기 중 분진 농도와 난청도

요중 s-phenylmercapturic acid(S-PMA)은 공기 중 벤젠에 대한 생물학적 지표물질 중 하나로 상관관계가 높게 나타날 수 있다.

정답 23 ② 24 ③ 25 ② 26 ③

* 참고
벤젠의 생물학적 노출지표물질
- 소변 중 페놀(S-PMA)
- 소변 중 t,t-뮤코닉산(t,t-Muconic acid)

27 유량, 측정시간, 회수율, 분석에 의한 오차가 각각 15, 3, 5, 9일 때 누적오차는?

① 18.4% ② 19.4%
③ 20.4% ④ 21.4%

누적오차(E_c) = $\sqrt{E_1^2 + E_2^2 + E_3^2 + \cdots + E_n^2}$
- E_c : 누적오차(%)
- $E_1, E_2, E_3 \sim E_n$: 각각 요소의 오차율(%)

$E_c = \sqrt{15^2 + 3^2 + 5^2 + 9^2} = 18.44(\%)$

실기까지 중요 ★★

28 개인시료채취기를 사용할 때 적용되는 근로자의 호흡위치의 정의로 가장 적정한 것은?

① 호흡기를 중심으로 직경 30cm인 반구
② 호흡기를 중심으로 반경 30cm인 반구
③ 호흡기를 중심으로 직경 45cm인 반구
④ 호흡기를 중심으로 반경 45cm인 반구

개인시료채취는 개인시료 채취기를 이용하여 가스·증기, 흄, 미스트 등을 근로자 호흡위치(호흡기를 중심으로 반경 30cm인 반구)에서 채취하는 것을 말한다.

실기까지 중요 ★★

29 수동식시료채취기 사용 시 결핍(starvation)현상을 방지하면서 시료를 채취하기 위한 작업장 내의 최소한의 기류속도는? (단, 면적 대 길이의 비가 큰 뱃지형 수동식시료채취기기준)

① 최소한 0.001 ~ 0.005m/sec
② 최소한 0.05 ~ 0.1m/sec
③ 최소한 1.0 ~ 5.0m/sec
④ 최소한 5.0 ~ 10.0m/sec

* 결핍(starvation)현상
① 수동식 시료채취기 사용 시 최소한의 기류가 있어야 하는데, 최소기류가 없을 경우 표면에서 오염물질이 제거되어 농도가 없어지거나 감소하는 현상을 말한다.
② 결핍현상을 방지하기 위하여 최소한의 기류속도 0.05 ~ 0.1m/sec를 유지하여야 한다.

30 일정한 물질에 대해 분석치가 참값에 얼마나 접근하였는가 하는 수치상의 표현은?

① 정확도 ② 분석도
③ 정밀도 ④ 대표도

* 정확도
분석치가 참값에 얼마나 접근하였는가 하는 수치상의 표현을 말한다.

* 참고
정밀도
일정한 물질에 대해 반복측정·분석을 했을 때 나타나는 자료 분석치의 변동크기가 얼마나 작은가 하는 수치상의 표현을 말한다.

필기에 자주 출제 ★

정답 27 ① 28 ② 29 ② 30 ①

31 음압이 100배 증가하면 음압 수준은 몇 dB 증가 하는가?

① 10dB ② 20dB
③ 30dB ④ 40dB

$$SPL = 20 \times \log\left(\frac{P}{P_o}\right)(dB)$$

- SPL : 음압수준(음압도, 음압레벨) (dB)
- P : 대상음의 음압(음압 실효치) (N/m^2)
- P_o : 기준음압 실효치 ($2\times10^{-5}N/m^2$, $2\times10^{-4}dyne/cm^2$)

$SPL = 20\times\log100 = 40(dB)$

실기까지 중요 ★★

32 옥외(태양광선이 내리쬐지 않는 장소)에서 습구흑구온도지수(WBGT)의 산출방법은? (단, NWB : 자연습구온도, DT : 건구온도, GT : 흑구온도)

① WBGT = 0.7NWB + 0.3GT
② WBGT = 0.7NWB + 0.3DT
③ WBGT = 0.7NWB + 0.2DT + 0.1GT
④ WBGT = 0.7NWB + 0.2GT + 0.1DT

1. 옥외(태양광선이 내리쬐는 장소)
 WBGT(℃) = 0.7×자연습구온도 + 0.2×흑구온도 + 0.1×건구온도
2. 옥내 또는 옥외(태양광선이 내리쬐지 않는 장소)
 WBGT(℃) = 0.7×자연습구온도 + 0.3×흑구온도

실기까지 중요 ★★

33 작업장 내 공기 중 아황산가스(SO_2)의 농도가 40ppm일 경우 이 물질의 농도는? (단, SO_2 분자량 = 64, 용적 백분율(%)로 표시)

① 4% ② 0.4%
③ 0.04% ④ 0.004%

1% = 10,000ppm이므로
1 : 10,000 = x : 40
10,000×x = 40
$\therefore x = \frac{40}{10,000} = 0.004(\%)$
$(\% = \frac{1}{100}, ppm = \frac{1}{1,000,000})$

필기에 자주 출제 ★

34 직경분립충돌기의 장 · 단점으로 가장 거리가 먼 것은?

① 호흡기의 부분별로 침착된 입자크기의 자료를 추정할 수 있다.
② 채취준비 시간이 짧고 시료의 채취가 쉽다.
③ 입자의 질량크기분포를 얻을 수 있다.
④ 되튐으로 인한 시료 손실이 일어날 수 있다.

장점	① 호흡기에 부분별로 침착된 입자크기의 자료를 추정할 수 있다. ② 흡입성, 흉곽성, 호흡성 입자의 크기별 분포와 농도를 계산할 수 있다. ③ 입자의 질량크기 분포를 얻을 수 있다.
단점	① 시료채취가 까다롭다.(경험이 있는 전문가가 철저한 준비를 통해 측정하여야 한다.) ② 시료 채취 준비시간이 길고 비용이 많이 든다. ③ 되튐으로 인한 시료의 손실이 있다. ④ 공기가 옆에서 유입되지 않도록 각 충돌기의 철저한 조립과 장착이 필요하다.

정답 31 ④ 32 ① 33 ④ 34 ②

암기법

- 충돌기로 충돌시켜 농도, 질량 크기별로 분류 가능
- 전문가가 시간과 돈 들여 까다롭게 채취해도 되틈 생김

실기까지 중요 ★★

35 미국에서 사용하는 먼지수를 나타내는 방법으로서 mppcf의 단위를 사용한다. 1mppcf는 mL당 대략 몇 개의 입자를 나타내는가?

① 20 ② 35
③ 50 ④ 75

1mppcf = 35.31입자(개)/cm^3 또는 35.31입자(개)/mL

필기에 자주 출제 ★

36 세기 Io의 단색광이 정색액을 통과하여 그 광의 70%가 흡수되었을 때의 흡광도는?

① 0.72 ② 0.62
③ 0.52 ④ 0.42

⋆ 흡광도(A)

$$A = \log \frac{1}{\text{투과율}}$$

$A = \log(\frac{1}{0.3}) = 0.52$

(투과율 = 1 - 흡수율 = 1 - 0.7 = 0.3)

필기에 자주 출제 ★

37 어떤 유해물질을 분석하는데 사용할 분석법의 검출한계는 5μg이다. 이 물질의 노출기준($0.5mg/m^3$)의 1/10에 해당되는 농도를 검출하기 위해서는 0.2L/분의 유량으로 몇 분을 채취해야 하는가?

① 5분 ② 50분
③ 500분 ④ 5000분

1. 노출기준($0.5mg/m^3$)의 1/10에 해당 되는 농도
→ $0.05mg/m^3$

2. $0.05\frac{mg}{m^3} = \frac{5\times10^{-3}mg}{\frac{0.2\times10^{-3}m^3}{min}\times x min}$

$0.05\times0.2\times10^{-3}\times x = 5\times10^{-3}$

$x = \frac{5\times10^{-3}}{0.05\times0.2\times10^{-3}} = 500(min)$

($\mu g = 10^{-3}mg$, $L = 10^{-3}m^3$)

실기까지 중요 ★★

38 여과포집에 적합한 여과재의 조건이 아닌 것은?

① 포집대상 입자의 입도분포에 대하여 포집효율이 높을 것
② 포집시의 흡입저항은 될 수 있는 대로 낮을 것
③ 접거나 구부리더라도 파손되지 않고 찢어지지 않을 것
④ 될 수 있는 대로 흡습률이 높을 것

④ 흡습률이 낮을 것

필기에 자주 출제 ★

정답 35 ② 36 ③ 37 ③ 38 ④

39 고열측정에 관한 기준으로 ( )에 알맞은 내용은? (단, 고용노동부 고시 기준)

측정은 단위작업장소에서 측정대상이 되는 근로자의 작업행동 범위에서 주 작업 위치의 바닥면으로부터 ( )의 위치에 할 것

① 50센티미터 이상, 120센티미터 이하
② 50센티미터 이상, 150센티미터 이하
③ 80센티미터 이상, 120센티미터 이하
④ 800센티미터 이상, 150센티미터 이하

* 고열의 측정
① 측정은 단위작업 장소에서 측정대상이 되는 근로자의 주 작업 위치에서 측정한다.
② 측정기의 위치는 바닥 면으로부터 50센티미터 이상, 150센티미터 이하의 위치에서 측정한다.

실기까지 중요 ★★

40 알고 있는 공기 중 농도를 만들기 위한 방법인 Dynamic Method에 관한 설명으로 가장 거리가 먼 것은?

① 일정한 용기에 원하는 농도의 가스상 물질을 집어넣어 알고 있는 농도를 제조한다.
② 다양한 농도 범위에서 제조 가능하다.
③ 지속적인 모니터링이 필요하다.
④ 다양한 실험을 할 수 있으며 가스, 증기, 에어로졸 실험도 가능하다.

* Dynamic Method
오염물질을 희석공기와 연속적으로 혼합하여 일정 농도를 유지하도록 만드는 방법으로 알고 있는 공기 중의 농도를 만드는 방법을 말한다.

필기에 자주 출제 ★

제3과목 작업환경관리

41 저온에 의해 일차적으로 나타나는 생리적 영향으로 가장 적절한 것은?

① 말초혈관 확장에 따른 표면조직 냉각
② 근육긴장의 증가
③ 식욕 변화
④ 혈압 변화

* 저온(한랭환경)에서의 일차적인 생리적 변화
① 근육긴장의 증가 및 떨림(전율)
② 피부혈관 수축
③ 말초혈관 수축
④ 화학적 대사작용 증가(갑상선 호르몬 분비 증가)
⑤ 체표면적의 감소

* 참고
저온환경의 이차적인 생리적 반응
① 말초냉각 : 말초혈관의 수축으로 표면조직의 냉각이 진행된다.
② 식욕변화 : 저온에서는 근육활동, 조직대사의 증진으로 식욕이 항진된다.
③ 혈압변화 : 피부혈관 수축으로 혈압은 일시적으로 상승한다.

필기에 자주 출제 ★

42 MUC(maximum use concentration)계산식으로 옳은 것은?

① MUC = TLV × PF ② MUC = TLV/PF
③ MUC = PF/TLV ④ MUC = TLV+PF

MUC(최대사용 농도) = TLV(노출기준) × PF(보호계수)

필기에 자주 출제 ★

정답 39 ② 40 ① 41 ② 42 ①

43 감압병(decompression sickness)예방을 위한 환경관리 및 보건관리 대책으로 바르지 못한 것은?

① 질소가스 대신 헬륨가스를 흡입시켜 작업하게 한다.
② 감압을 가능한 짧은 시간에 시행한다.
③ 비만자의 작업을 금지시킨다.
④ 감압이 완료되면 산소를 흡입시킨다.

② 급격한 감압 시에 혈액 속의 질소가 혈액과 조직에 기포를 형성하여(종격기종, 기흉) 혈액순환 장해와 조직 손상을 일으킨다.

필기에 자주 출제★

44 기후요소 중 감각온도(등감온도)와 직접 관계가 없는 것은?

① 기온 ② 기습
③ 기류 ④ 기압

★ 감각온도(실효온도, 유효온도)
온도, 습도 및 공기 유동(기류)이 인체에 미치는 열효과를 하나의 수치로 통합한 경험적 감각지수로 상대습도 100%일 때의 온도에서 느끼는 것과 동일한 온감(溫感)이다.

필기에 자주 출제★

45 저온환경에서 발생할 수 있는 건강장해에 관한 설명으로 가장 거리가 먼 것은?

① 전신체온강하는 장시간의 한랭 노출 시 체열의 손실로 말미암아 발생하는 급성중증장해이다.
② 제3도 동상은 수포와 함께 광범위한 삼출성 염증이 일어나는 경우를 말한다.
③ 피로가 극에 달하면 체열의 손실이 급속히 이루어져 전신의 냉각상태가 수반되게 된다.
④ 참호족은 지속적인 국소의 산소결핍 때문이며 저온으로 모세혈관 벽이 손상되는 것이다.

제1도 동상(발적)	가려우며 혈관확장으로 국소발적이 생긴다.
제2도 동상(수포형성과 염증)	수포와 함께 광범위한 삼출성 염증이 생긴다.
제3도 동상(조직괴사 및 괴저)	심부조직까지 동결되어 조직의 괴사인한 괴저가 발생한다.

필기에 자주 출제★

46 빛의 양의 단위인 루멘(Lumen)에 대한 설명으로 가장 정확한 것은?

① 1Lux의 광원으로부터 단위 입체각으로 나가는 광도의 단위이다.
② 1Lux의 광원으로부터 단위 입체각으로 나가는 휘도의 단위이다.
③ 1촉광의 광원으로부터 단위 입체각으로 나가는 조도의 단위이다.
④ 1촉광의 광원으로부터 단위 입체각으로 나가는 광속의 단위이다.

★ 루멘(Lumen; lm)
1촉광의 광원으로부터 한 단위입체각으로 나가는 광속의 단위

필기에 자주 출제★

정답 43 ② 44 ④ 45 ② 46 ④

47 방진대책 중 전파경로대책에 해당하는 것은?

① 수진점의 기초중량의 부가 및 경감
② 수진측의 탄성지지
③ 수진측의 강성변경
④ 수진점 근방의 방진구

*진동방지 대책

발생원 대책	• 진동원 제거 • 동적 흡진(기진력 감쇠) • 기초중량의 부가 및 경감 • 방진재 사용하여 탄성지지 • 불평형력의 평형 유지
전파경로 대책	• 거리감쇠 • 수진점 근방에 방진구 설치
수진측 대책	• 수진측의 탄성지지 • 수진측의 강성변경 • 수진점의 기초중량 부가 및 경감 • 작업시간 단축 및 교대제 실시

필기에 자주 출제★

48 진동에 관한 설명으로 틀린 것은?

① 진동의 주파수는 그 주기현상을 가르키는 것으로 단위는 Hz이다.
② 전신진동인 경우에는 8 ~ 1500Hz, 국소진동의 경우에는 2 ~ 100Hz의 것이 주로 문제가 된다.
③ 진동의 크기를 나타내는 데는 변위, 속도, 가속도가 사용된다.
④ 공명은 외부에서 발생한 진동에 맞추어 생체가 진동하는 성질을 가리키며 실제로는 진동이 증폭된다.

② 전신진동인 경우에는 2 ~ 100Hz, 국소진동의 경우에는 8 ~ 1,500Hz의 것이 주로 문제가 된다.

필기에 자주 출제★

49 방진마스크에 관한 설명으로 틀린 것은?

① 흡기저항 상승률은 낮은 것이 좋다.
② 필터 재질로는 활성탄과 실리카겔이 주로 사용된다.
③ 방진마스크의 종류는 격리식과 직결식, 면체여과식이 있다.
④ 비휘발성 입자에 대한 보호만 가능하며 가스 및 증기의 보호는 안 된다.

② 필터의 재질은 면, 모, 합성섬유, 유리섬유, 금속섬유 등이다.

*참고
방독마스크 흡수제의 종류
① 활성탄
② 큐프라마이트
③ 호프칼라이트
④ 실리카겔
⑤ 소다라임
⑥ 알칼리제재
⑦ 카본

필기에 자주 출제★

정답 47 ④ 48 ② 49 ②

50 방진재인 공기스프링에 관한 설명으로 가장 거리가 먼 것은?

① 부하능력이 광범위하다.
② 구조가 복잡하고 시설비가 많다.
③ 사용진폭이 적어 별도의 damper가 필요 없다.
④ 하중의 변화에 따라 고유진동수를 일정하게 운전할 수 있다.

★공기용수철(공기스프링)

장점	① 부하능력이 광범위하다. ② 설계시에 스프링의 높이, 내하력, 스프링 정수를 각각 독립적으로 광범위하게 설정할 수 있다. ③ 자동제어가 가능하다. ④ 하중의 변화에 따라 고유진동수를 일정하게 유지할 수 있다.
단점	① 사용진폭이 적은 것이 많으므로 별도의 damper가 필요한 경우가 많다. ② 구조가 복잡하고 시설비가 많이 소요된다. ③ 압축기 등 부대시설이 필요하다. ④ 공기 누출의 위험이 있다.

필기에 자주 출제★

51 출력 0.1W의 점음원으로부터 100m 떨어진 곳의 SPL은? (단, $SPL = PWL - 20\log r - 11$)

① 약 50dB ② 약 60dB
③ 약 70dB ④ 약 80dB

1. $PWL = 10 \times \log\left(\frac{W}{W_o}\right)$(dB)
   - PWL : 음향파워레벨(dB)
   - W : 대상음원의 음력(watt)
   - W_o : 기준음력(10^{-12}watt)
2. 무지향성 점음원, 자유공간(공중, 구면파)에 위치할 때
   $SPL = PWL - 20\log r - 11$(dB)

1. $PWL = 10 \times \log\left(\frac{0.1}{10^{-12}}\right) = 110$(dB)
2. $SPL = 110 - 20 \times \log 100 - 11 = 59$(dB)

실기까지 중요★★

52 기대되는 공기 중의 농도가 30ppm이고, 노출기준이 2ppm이면 적어도 호흡기 보호구의 할당보호계수(APF)는 최소 얼마 이상인 것을 선택해야 하는가?

① 0.07 ② 2.5
③ 15 ④ 60

$$할당보호계수 = \frac{발생농도}{노출기준}$$

$$할당보호계수 = \frac{방독마스크\ 바깥쪽\ 오염물질\ 농도(C_o)}{방독마스크\ 안쪽\ 오염물질\ 농도(C_i)}$$

$$할당보호계수 = \frac{30}{2} = 15$$

실기까지 중요★★

53 전자파 방사선은 보통 진동수나 파장에 따라 전리방사선과 비전리방사선으로 분류한다. 다음 중 전리방사선에 해당되는 것은?

① 자외선 ② 마이크로파
③ 라디오파 ④ X선

★전리방사선(이온화 방사선)의 종류
① 전자기 방사선(X-Ray, γ선)
② 입자 방사선(α, β입자, 중성자)

필기에 자주 출제★

정답 50 ③ 51 ② 52 ③ 53 ④

54 고압 환경에서 작업하는 사람에게 마취작용(다행증)을 일으키는 가스는?

① 이산화탄소 ② 수소
③ 질소 ④ 헬륨

* 고압환경의 2차적 가압현상
① 질소의 마취작용 : 공기 중의 질소 가스는 4기압 이상에서 마취작용을 일으킨다.
② 산소중독 증세 : 산소분압이 2기압을 넘으면 산소중독 증세가 나타난다.
③ 이산화탄소의 작용 : 이산화탄소의 증가는 산소의 독성과 질소의 마취작용을 촉진시킨다.

실기까지 중요 ★★

55 입자상물질의 크기를 측정하는 내용이다. ( ) 에 들어갈 내용이 순서대로 연결된 것은?

> 공기역학적 직경이란 대상먼지의 ( )와 같고, 밀도가 ( )이며, ( )인 먼지의 직경을 말한다.

① 침강속도, 1, 구형
② 침강속도, 2, 구형
③ 침강속도, 2, 사각형
④ 침강속도, 1, 사각형

* 공기역학적 직경(aero-dynamic diameter)
대상 입자와 침강속도가 같고 밀도가 $1g/cm^3$이며, 구형인 먼지의 직경으로 환산한 직경

실기에 자주 출제 ★★★

56 작업장에서 훈련된 착용자들이 적절히 밀착이 이루어진 호흡기 보호구를 착용하였을 때, 기대되는 최소보호정도치는?

① 정도보호계수 ② 할당보호계수
③ 밀착보호계수 ④ 작업보호계수

* 할당보호계수(APF; Assigend Protection Factor)
① 보호구 바깥쪽 공기 중 오염물질 농도와 보호구 안쪽 오염물질 농도의 비를 나타낸다.
② APF를 이용하여 보호구에 대한 최대사용농도를 구할 수 있다.
③ 적절히 밀착된 호흡기보호구를 훈련된 일련의 착용자들이 작업장에서 착용하였을 때 기대되는 최소 보호 정도치(착용자 보호정도)를 말한다.

* 참고

$$할당보호계수 = \frac{발생농도}{노출기준}$$

$$할당보호계수 = \frac{방독마스크\ 바깥쪽\ 오염물질\ 농도(C_o)}{방독마스크\ 안쪽\ 오염물질\ 농도(C_i)}$$

필기에 자주 출제 ★

57 방독마스크의 정화통의 성능을 시험할 때 사용하는 물질로 가장 알맞은 것은?

① 사염화탄소 ② 부탄올
③ 메탄올 ④ 이산화탄소

* 사염화탄소(CCl_4)
방독마스크 정화통의 성능 시험에 사용한다.

정답 54 ③ 55 ① 56 ② 57 ①

58 분진작업장의 작업환경 관리대책 중 분진발생 방지나 분진비산 억제대책으로 가장 적절한 것은?

① 작업의 강도를 경감시켜 작업자의 호흡량을 감소
② 작업자가 착용하는 방진마스크를 송기마스크로 교체
③ 광석 분쇄 · 연마 작업 시 물을 분사하면서 하는 방법으로 변경
④ 분진발생공정과 타공정을 교대로 근무하게 하여 노출시간 감소

분진발생 방지 및 분진비산 억제를 위하여 분진비산 작업에 물을 분사하면서 하는 방법(습식공법)을 채택한다.

59 국소배기시스템이 정상적으로 작동하는지 확인하기 위하여 덕트의 한 지점에서 정압(SP)을 측정한 결과 $10mmH_2O$였고 전압(TP)은 $35mmH_2O$였다. 원형덕트이고 내부 직경이 30cm일 때 송풍량은?

① $36m^3/min$　　② $56m^3/min$
③ $86m^3/min$　　④ $106m^3/min$

1. $Q = 60 \times A \times V$
   - Q : 유체의 유량(m^3/min)
   - A : 유체가 통과하는 단면적(m^2)
   - V : 유체의 유속(m/sec)
2. 전압(TP) = 동압(VP) + 정압(SP)
3. 동압$(VP) = \frac{\gamma V^2}{2g}(mmH_2O)$
   - r : 공기비중
   - V : 유속도(m/s)
   - g : 중력가속도($9.8m/s^2$)

1. $TP = VP + SP$
   $VP = TP - SP = 35 - 10 = 25(mmH_2O)$
2. $VP = \frac{\gamma \times V^2}{2g}$
   $\gamma \times V^2 = VP \times 2g$
   $V^2 = \frac{VP \times 2g}{\gamma}$
   $V = \sqrt{\frac{VP \times 2g}{\gamma}} = \sqrt{\frac{25 \times 2 \times 9.8}{1.2}}$
   $= 20.21(m/sec)$
3. $Q = 60 \times A \times V = 60 \times \frac{\pi d^2}{4} \times V$
   $= 60 \times \frac{\pi \times 0.3^2}{4} \times 20.21$
   $= 85.71(m^3/min)$

실기까지 중요 ★★

60 진폐증을 일으키는 분진 중에서 폐암을 유발시키는 분진은?

① 규산분진　　② 석면분진
③ 활석분진　　④ 규조토분진

석면분진은 석면폐증, 폐암, 악성중피종 등을 유발한다.

필기에 자주 출제 ★

정답 58 ③ 59 ③ 60 ②

61 점흡인의 경우 후드의 흡인에 있어 개구부로부터 거리가 멀어짐에 따라 속도는 급격히 감소하는데 이때 개구면의 직경만큼 떨어질 경우 후드 흡인기류의 속도는 약 어느 정도로 감소하겠는가?

① 1/10　　② 1/5
③ 1/4　　④ 1/2

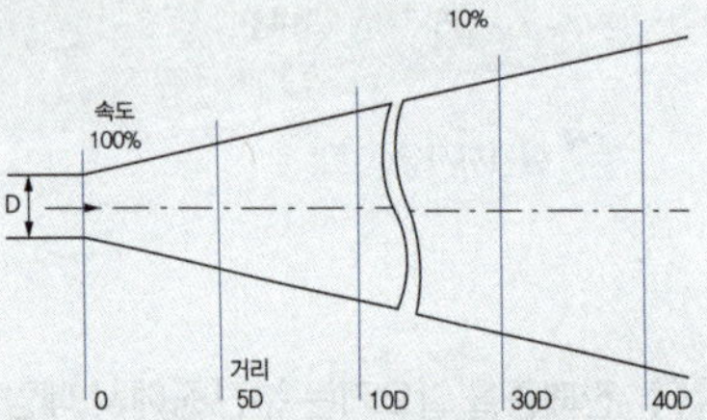

송풍기로 공기를 불어줄 때, 공기속도가 덕트 직경의 30배(30D) 지점에서 유속이 10%로 감소하나, 공기를 흡인할 때는 기류의 방향과 관계없이 덕트 직경과 같은 거리에서 10%로 감소한다

필기에 자주 출제★

62 입자의 직경이 1μm이고, 비중이 2.0인 입자의 침강속도는?

① 0.003 cm/s　　② 0.006 cm/s
③ 0.01 cm/s　　④ 0.03 cm/s

★침강속도

$$V(\text{cm/sec}) = 0.003 \times \rho \times d^2$$

- V : 침강속도(cm/sec)
- ρ : 입자 밀도(비중) (g/cm^3)
- d : 입자직경(μm)

$V = 0.003\rho d^2 = 0.003 \times 2 \times 1^2 = 0.006$(cm/sec)

실기에 자주 출제★★★

63 대기압이 760mmHg이고, 기온이 25℃에서 톨루엔의 증기압은 약 30mmHg이고, 이때 포화증기 농도는 약 몇 ppm인가?

① 10,000　　② 20,000
③ 30,000　　④ 40,000

$$\text{포화농도} = \frac{\text{물질의 증기압(mmHg)}}{\text{대기압(760mmHg)}} \times 10^2(\%)$$
$$= \frac{\text{물질의 증기압(mmHg)}}{\text{대기압(760mmHg)}} \times 10^6(\text{ppm})$$

$$\text{포화농도} = \frac{\text{물질의 증기압(mmHg)}}{\text{대기압(760mmHg)}} \times 10^6(\text{ppm})$$
$$= \frac{30}{760} \times 10^6 = 39473.68(\text{ppm})$$

실기까지 중요★★

64 분자량이 119.38, 비중이 1.49인 클로로포름 1L/hr을 사용하는 작업장에서 필요한 전체 환기량(m^3/min)은 약 얼마인가? (단, ACGIH의 방법을 적용하며, 여유계수는 6, 클로로포름의 노출기준[TWA]은 10ppm이다.)

① 2000　　② 2500
③ 3000　　④ 3500

★노출기준(TLV)에 따른 전체환기량

$$Q = \frac{24.1 \times \text{kg/h} \times K \times 10^6}{MW \times TLV}(\text{m}^3/\text{hr})$$
$$\div 60 = (\text{m}^3/\text{min})$$

- K : 안전계수
- MW : 물질의 분자량
- kg/hr : 시간당 오염물질 발생량(l/hr × S(비중))
- TLV : 노출기준(ppm)
- 24.1 : 21℃, 1기압에서 공기의 비중 (25℃, 1기압일 경우 24.45)

$$Q = \frac{24.1 \times (1 \times 1.49) \times 6 \times 10^6}{119.38 \times 10}$$
$$= 180477.47(\text{m}^3/\text{hr}) \div 60$$
$$= 3007.96(\text{m}^3/\text{min})$$

실기에 자주 출제★★★

정답 61 ① 62 ② 63 ④ 64 ③

65 그림과 같이 작업대 위에 용접 흄을 제거하기 위해 작업면 위에 플랜지가 붙은 외부식 후드를 설치했다. 개구면에서 포착점까지의 거리는 0.3m, 제어속도는 0.5m/s, 후드개구의 면적이 $0.6m^2$일 때 Della Valle 식을 이용한 필요 송풍량(m^3/min)은 약 얼마인가? (단, 후드개구의 높이/폭은 0.2보다 크다.)

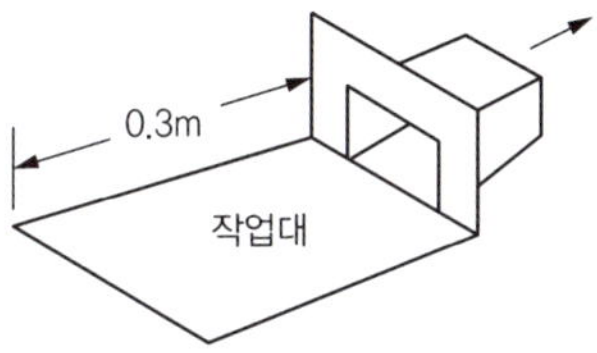

① 18　　② 23
③ 34　　④ 45

* 외부식 후드(작업대 위, 플랜지가 부착된 후드)

$$Q = 60 \cdot 0.5 \cdot Vc(10X^2 + A)$$

- Q : 필요송풍량(m^3/min)
- Vc : 제어속도(m/sec)
- A : 개구면적(m^2)
- X : 후드중심선으로부터 발생원까지의 거리(m) (오염원과 후드간 거리가 덕트 직경의 1.5배 이내일 때만 유효)

$Q = 60 \times 0.5 \times 0.5 \times (10 \times 0.3^2 + 0.6)$
$= 22.50(m^3/min)$

실기에 자주 출제 ★★★

66 발생원에서 비산되는 분진, 가스, 증기, 흄 등 후드로 흡인한 유해물질을 덕트 내에 퇴적되지 않게 집진장치까지 운반하는데 필요한 속도는?

① 반송속도　　② 제어속도
③ 비산속도　　④ 유입속도

* 반송속도
덕트를 통하여 이동하는 유해물질이 덕트 내에서 퇴적이 일어나지 않는 상태로 이동시키기 위하여 필요한 최소 속도를 말한다.(오염물질을 운반하는 속도)

실기까지 중요 ★★

67 국소배기장치의 설계 시 가장 먼저 결정하여야 하는 것은?

① 반송속도 결정
② 필요송풍량 결정
③ 후드의 형식 결정
④ 공기정화장치의 선정

* 국소배기장치의 설계순서
후드형식 선정 → 제어속도 결정 → 소요풍량 계산 → 반송속도 결정

암기법
형 제 소풍 단속(반송속도)

실기까지 중요 ★★

정답 65 ② 66 ① 67 ③

68 환기시설을 효율적으로 운영하기 위해서는 공기공급시스템이 필요한데 다음 중 필요한 이유로 틀린 것은?

① 작업장의 교차기류를 조성하기 위해서
② 국소배기장치를 적정하게 동작시키기 위해서
③ 근로자에게 영향을 미치는 냉각기류를 제거하기 위해서
④ 실외공기가 정화되지 않은 채 건물 내로 유입되는 것을 막기 위해서

* 공기공급시스템의 목적
① 국소배기장치를 적절하게 가동시키기 위하여
② 국소배기장치의 효율 유지를 위하여
③ 작업장 내의 안전사고 예방을 위하여
④ 연료를 절약하기 위하여(에너지 절약)
⑤ 작업장 내의 방해기류(교차기류) 생성 방지를 위하여
⑥ 외부공기가 정화되지 않은 채로 건물 내로 유입되는 것을 막기 위하여

실기까지 중요 ★★

69 국소배기장치의 설계 시 후드의 성능을 유지하기 위한 방법이 아닌 것은?

① 제어속도의 유지
② 송풍기 용량의 확보
③ 주위의 방해기류 제어
④ 후드의 개구면적 최대화

* 국소배기장치의 설계 시 후드의 성능을 유지하기 위한 방법
① 제어속도의 유지
② 송풍기 용량의 확보
③ 주위의 방해기류 제어

70 전체환기법을 적용하고자 할 때 갖추어야 할 조건과 거리가 먼 것은?

① 배출원이 이동성일 경우
② 유해물질의 배출량의 변화가 클 경우
③ 배출원에서 유해물질 발생량이 적을 경우
④ 동일 작업장에 배출원 다수가 분산되어 있는 경우

국소환기 장치 설치가 필요한 경우	① 유해물질 발생량이 많은 경우 ② 유해물질 독성이 강한 경우(TLV가 낮을 때) ③ 유해물질 발생원과 작업위치가 근접해 있는 경우 ④ 높은 증기압의 유기용제 ⑤ 발생주기가 균일하지 않은 경우 ⑥ 발생원이 고정되어 있는 경우 ⑦ 법적의무 설치사항의 경우
전체환기 (희석환기)가 필요한 경우	① 유해물질의 독성이 비교적 낮은 경우 ② 동일한 작업장에 다수의 오염원이 분산되어 있는 경우 ③ 유해물질이 시간에 따라 균일하게 발생될 경우 ④ 유해물질의 발생량이 적은 경우 ⑤ 발생원이 이동하는 경우 ⑥ 오염원이 근무자가 근무하는 장소로부터 멀리 떨어져 있는 경우

실기에 자주 출제 ★★★

정답 68 ① 69 ④ 70 ②

71 국소배기장치에서 포촉점의 오염물질을 이송하기 위한 제어속도를 가장 크게 해야 하는 것은?

① 통조림작업, 컨베이어의 낙하구
② 액면에서 발생하는 가스, 증기, 흄
③ 저속 컨베이어, 용접작업, 도금작업
④ 연마작업, 블라스트 분사작업, 암석연마 작업

* 제어속도

작업조건	작업공정사례	제어속도 (m/sec)
• 움직이지 않은 공기 중에서 속도없이 배출되는 작업조건 • 조용한 대기 중에 실제 거의 속도가 없는 상태로 발산하는 경우의 작업조건	• 액면에서 발생하는 가스나 증기 흄 • 탱크에서 증발, 탈지시설	0.25 ~0.5
• 비교적 조용한(약간의 공기 움직임) 대기 중에서 저속으로 비산하는 작업조건	• 용접, 도금 작업 • 스프레이도장	0.5 ~1.0
• 발생기류가 높고(빠른기동) 유해물질이 활발히 발생하는 작업조건	• 스프레이도장, 용기충전 • 컨베이어 적재 • 분쇄기	1.0 ~2.5
• 초고속기류(대단히 빠른 기동)가 있는 작업장소에 초고속으로 비산하는 경우	• 회전연삭작업 • 연마작업 • 블라스트 작업	2.5 ~10

실기까지 중요 ★★

72 0℃, 1기압에서 공기의 비중량은 1.293kgf/m³이다. 65℃의 공기가 송풍관 내를 15m/s의 유속으로 흐를 때 속도압은 약 몇 mmH_2O인가?

① 9　② 10
③ 12　④ 14

* 속도압(동압)

$$동압(VP) = \frac{\gamma \times V^2}{2g}(mmH_2O)$$

• r : 공기비중
• V : 유속(m/s)
• g : 중력가속도(9.8m/s²)

1. 공기 비중량의 온도보정

$$1.293 \times \frac{273+0}{273+65} = 1.044kg_f/m^3$$

2. $VP = \frac{1.044 \times 15^2}{2 \times 9.8} = 11.98(mmH_2O)$

실기까지 중요 ★★

73 송풍기의 상사법칙에 대한 설명으로 틀린 것은?

① 송풍량은 송풍기의 회전속도에 정비례한다.
② 송풍기 동력은 송풍기 회전속도의 세제곱에 비례한다.
③ 송풍기 풍압은 송풍기 회전속도의 제곱에 비례한다.
④ 송풍기 풍압은 송풍기 회전날개의 직경에 정비례한다.

1. $Q_2 = Q_1(\frac{D_2}{D_1})^3(\frac{N_2}{N_1})$
: 풍량은 송풍기 직경의 세제곱, 회전수에 비례한다.

2. $P_2 = P_1(\frac{D_2}{D_1})^2(\frac{N_2}{N_1})^2(\frac{\rho_2}{\rho_1})$
: 풍압(정압)은 송풍기 직경의 제곱, 회전수의 제곱에 비례한다.

3. $HP_2 = HP_1(\frac{D_2}{D_1})^5(\frac{N_2}{N_1})^3(\frac{\rho_2}{\rho_1})$
: 동력(축동력)은 송풍기 직경의 다섯제곱, 회전수의 세제곱에 비례한다.

실기까지 중요 ★★

정답 71 ④ 72 ③ 73 ④

74 맹독성 물질을 제어하는데 가장 적합한 후드의 형태는?

① 포위식　　② 외부식 측방형
③ 레시버식　　④ 외부식 슬롯형

맹독성 물질 → 포위식 후드

★ 참고

포위식 후드 (Enclosing type)	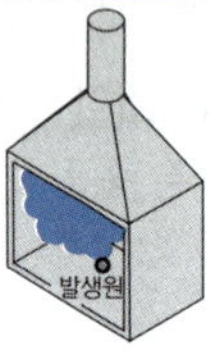	유해물질의 발생원을 전부 또는 부분적으로 포위하는 후드
외부식 후드 (Exterior type)		유해물질의 발생원을 포위하지 않고 발생원 가까운 위치에 설치하는 후드
레시버식 후드 (Receiver type)	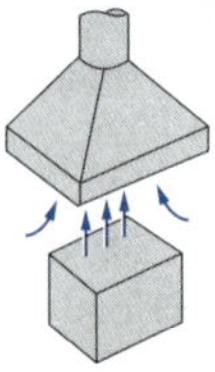	유해물질이 발생원에서 상승기류, 관성기류 등 일정 방향의 흐름을 가지고 발생할 때 설치하는 후드

필기에 자주 출제 ★

75 덕트 제작 및 설치에 대한 고려사항으로 적절하지 않은 것은?

① 가급적 원형덕트를 설치한다.
② 덕트 연결부위는 가급적 용접하는 것을 피한다.
③ 직경이 다른 덕트를 연결할 때에는 경사 30℃이내의 테이퍼를 부착한다.
④ 수분이 응축될 경우 덕트 내로 들어가지 않도록 경사나 배수구를 마련한다.

★ 덕트 설치의 주요원칙
① 밴드 수는 가능한 적게 한다.
② 구부러짐 전 · 후에는 청소구를 만든다.
③ 덕트는 가급적 짧게 배치한다.
④ 공기 흐름은 하향구배를 원칙으로 한다.
⑤ 가급적 원형 덕트를 사용, 사각 덕트 사용 시에는 정방형을 사용한다.
⑥ 직경이 다른 덕트 연결시에는 경사 30도 이내의 테이퍼 부착
⑦ 미스트나 수증기 등 응축이 일어날 수 있는 유해물질이 통과하는 덕트에는 덕트에 응축된 미스트나 응축수 등을 제거하기 위한 드레인밸브(Drain valve)를 설치하여야 한다.

필기에 자주 출제 ★

76 처리입경(㎛)이 가장 작은 집진장치는?

① 중력집진장치　　② 세정집진장치
③ 전기진집장치　　④ 원심력집진장치

★ 전기진집장치
0.01㎛정도의 미세분진까지 처리할 수 있다.

필기에 자주 출제 ★

정답 74 ① 75 ② 76 ③

77 여과집진장치의 장점으로 틀린 것은?

① 다양한 용량을 처리할 수 있다.
② 고온 및 부식성 물질의 포집이 가능하다.
③ 여러 가지 형태의 분진을 포집할 수 있다.
④ 가스의 양이나 밀도의 변화에 의해 영향을 받지 않는다.

> ② 건식공정으로 포집먼지의 처리가 쉽고, 고온 및 산 · 알칼리 등의 부식성물질의 경우 여과재의 수명이 단축된다.

필기에 자주 출제★

78 덕트의 직경은 10cm이고, 필요환기량이 20m³/min이라고 할 때 후드의 속도압은 약 몇 mmH_2O인가?

① 15.5　② 50.8
③ 80.9　④ 110.2

> 1. $Q = 60 \times A \times V$
>   - Q : 유체의 유량(m^3/min)
>   - A : 유체가 통과하는 단면적(m^2)
>   - V : 유체의 유속(m/sec)
> 2. 속도압(VP) $= \dfrac{\gamma \times V^2}{2g}$($mmH_2O$)
>   - r : 비중(kg/m^3)
>   - V : 공기속도(m/sec)
>   - g : 중력가속도(m/sec^2)
>
> $$VP = \frac{1.2 \times 42.44^2}{2 \times 9.8} = 110.27(mmH_2O)$$
>
> $$Q = 60 \times AV$$
>
> $$V = \frac{Q}{60 \times A} = \frac{Q}{60 \times \frac{\pi d^2}{4}} = \frac{20}{60 \times \frac{\pi \times 0.1^2}{4}}$$
>
> $= 42.44$(m/sec)

실기까지 중요★★

79 온도 3℃, 기압 705mmHg인 공기의 밀도보정계수는 약 얼마인가?

① 0.948　② 0.956
③ 0.965　④ 0.988

> $$\text{밀도보정계수} = \frac{(273 + t_1)(P_2)}{(273 + t_2)(P_1)}$$
>
> $$= \frac{(273 + 21) \times (705)}{(273 + 3) \times (760)} = 0.9881$$

필기에 자주 출제★

80 송풍기를 직렬로 연결하여 사용하는 경우로 적절한 것은?

① 24시간 생산체제로 운전할 때
② 1대의 대형 송풍기를 사용할 수 없어 분할이 필요한 경우
③ 송풍기 정압이 1대의 송풍기로 얻을 수 있는 정압보다 더 필요한 경우
④ 송풍기가 고장이 나더라도 어느 정도의 송풍량을 확보할 필요가 있는 경우

> ③ 1대의 송풍기로 얻을 수 있는 정압보다 정압이 더 필요한 경우는 송풍기를 직렬 연결한다.
> ①, ②, ④ 송풍기를 병렬연결해야 하는 경우

정답　77 ②　78 ④　79 ④　80 ③

2016년 5월 8일

2회 과년도기출문제

제1과목 산업위생학 개론

01 산업스트레스의 관리에 있어서 개인차원에서의 관리 방법으로 맞는 것은?

① 긴장 이완훈련
② 사회적 지원의 제공
③ 개인의 적응수준 제고
④ 조직구조와 기능의 변화

②, ③, ④ 조직적 관리방법

02 산업재해의 기본원인인 4M에 해당하지 않는 것은?

① Man ② Media
③ Management ④ Material

* 인간에러(휴먼 에러)의 배후요인(4M)
① Man(인간) : 본인외의 사람, 직장의 인간관계 등
② Machine(기계) : 기계, 장치 등의 물적 요인
③ Media(매체) : 작업정보, 작업방법 등
④ Management(관리) : 작업관리, 법규준수, 단속, 점검 등

필기에 자주 출제 ★

03 작업강도와 작업대사율의 연결이 적절한 것은?

① 경작업 : 0 ~ 4
② 중등작업 : 4 ~ 5
③ 중(重)작업 : 5 ~ 6
④ 격심한 작업 : 10 이상

RMR	작업강도
0 ~ 1	경작업
1 ~ 2	중등작업
2 ~ 4	강작업
4 ~ 7	중작업
7 이상	격심작업

실기까지 중요 ★★

04 소음의 정의를 설명한 것 중 맞는 것은?

① 불쾌하고 원하지 않는 소리
② 일정 범위의 강도를 갖는 소리
③ 주파수가 높고 규칙적으로 발생하는 소리
④ 주파수가 낮고 불규칙적으로 발생하는 소리

* 소음
원하지 않는 소리, 심리적으로 불쾌감을 주고 신체에 장해를 일으키는 소리를 말한다.

정답 01 ① 02 ④ 03 ③ 04 ①

05 질병 발생의 요인을 제거하면 질병 발생이 얼마나 감소될 것인가를 말해주는 위험도를 나타내는 것은?

① 기여위험도 ② 상대위험도
③ 절대위험도 ④ 비교위험도

* 기여위험도(귀속위험도)
① 유해요인에 노출될 때 얼마만큼의 환자수가 증가하였는가를 나타낸다.
② 질병발생의 요인을 제거하였을 때 질병발생이 얼마나 감소될 것인가를 나타낸다.

필기에 자주 출제★

06 산업위생의 역사적 인물과 업적을 잘못 연결한 것은?

① Galen - 광산에서의 산 증기 위험성 보고
② Robert Owen - 굴뚝청소부법의 제정에 기여
③ Alice Hamilton - 유해물질 노출과 질병의 관계를 확인
④ Sir George Baker - 사이다 공장에서 납에 의한 복통 발표

* Percivall Pott
"굴뚝 청소부법" 제정

필기에 자주 출제★

07 미국산업위생학술원(AAIH)은 산업위생분야에 종사하는 사람들이 지켜야 할 윤리강령을 채택하였다. 윤리강령의 주요사항과 거리가 먼 것은?

① 전문가로서의 책임
② 근로자에 대한 책임
③ 일반대중에 대한 책임
④ 환경관리에 대한 책임

* 산업위생전문가의 윤리강령
① 산업위생전문가로서의 책임
② 근로자에 대한 책임
③ 기업주와 고객에 대한 책임
④ 일반 대중에 대한 책임

실기에 자주 출제★★★

08 산업안전보건법령상 제조 등이 금지되는 유해물질에 해당하는 것은?

① 베릴륨
② 폴리클로리네이티드 터페닐
③ 염화비닐
④ 휘발성 콜타르피치

* 제조 등이 금지되는 유해물질
① β-나프틸아민[91-59-8]과 그 염 (β-Naphthylamine and its salts)
② 4-니트로디페닐[92-93-3]과 그 염 (4-Nitrodiphenyl and its salts)
③ 백연[1319-46-6]을 함유한 페인트(함유된 중량의 비율이 2퍼센트 이하인 것은 제외한다)
④ 벤젠[71-43-2]을 함유하는 고무풀(함유된 중량의 비율이 5퍼센트 이하인 것은 제외한다)
⑤ 석면(Asbestos; 1332-21-4 등)
⑥ 폴리클로리네이티드 터페닐(Polychlorinated terphenyls; 61788-33-8 등)

※ 관련 법령의 변경으로 문제 일부를 수정하였습니다.

필기에 자주 출제★

정답 05 ① 06 ② 07 ④ 08 ②

09 일반적으로 성인 남성근로자가 운동할 때의 산소소비량(oxygen uptake)은 약 얼마까지 증가하는가?

① 0.25L/min ② 2.5L/min
③ 5L/min ④ 10L/min

*산소 소비량
① 휴식 중 산소소비량 : 0.25L/min
② 운동 중 산소소비량(성인 남자 기준) : 5L/min
(산소 1L의 에너지 : 5kcal)

필기에 자주 출제★

10 권장무게한계가 3.1kg이고, 물체의 무게가 8kg일 때 중량물 취급지수는 약 얼마인가?

① 1.91 ② 2.12
③ 2.58 ④ 2.90

*들기 지수, 중량물 취급지수(LI : Lifting Index)

$$LI = \frac{\text{실제 작업 무게}(L)}{\text{권장무게한계}(RWL)}$$

$$LI = \frac{8}{3.1} = 2.58$$

필기에 자주 출제★

11 인체가 외부의 환경 및 자극에 대하여 적응하고 인간의 신체 상태를 일정하게 유지하려는 경향을 무엇이라 하는가?

① 반응(Reaction)
② 조화(Harmony)
③ 보상(Compensation)
④ 항상성(Homeostasis)

인체가 외부의 환경 및 자극에 대하여 적응하고 인간의 신체 상태를 일정하게 유지하려는 경향
→ 항상성

12 피로의 증상과 거리가 먼 것은?

① 소변의 양이 줄고 진한 갈색을 나타낸다.
② 맥박이 빨라지고 회복되기까지 시간이 걸린다.
③ 체온이 높아지나 피로정도가 심해지면 도리어 낮아진다.
④ 혈당치가 낮아지고 젖산과 탄산양이 감소한다.

④ 혈당치가 낮아지고 젖산과 탄산량이 증가하여 산혈증이 발생한다.

필기에 자주 출제★

13 산업위생활동의 기본 4요소와 거리가 먼 것은?

① 행정 ② 예측
③ 평가 ④ 관리

산업위생은 작업환경 요인과 스트레스를 예측, 측정, 평가, 관리하는 과학과 기술이다.

필기에 자주 출제★

정답 09 ③ 10 ③ 11 ④ 12 ④ 13 ①

14 산업피로를 예방하기 위한 개선대책으로 적당하지 않는 것은?

① 충분한 수면은 피로예방과 회복에 효과적이다.
② 작업속도를 빨리하여 되도록 작업시간을 단축시킨다.
③ 적절한 작업시간과 적절한 간격으로 휴식시간을 두어야 한다.
④ 과중한 육체적 노동은 기계화하여 육체적 부담을 줄이고, 너무 정적인 작업은 적정한 동적인 작업으로 전환한다.

② 작업속도를 빨리할수록 피로는 증가한다. 작업과정에 따라 적절한 휴식시간을 삽입하여야 한다.

필기에 자주 출제 ★

15 육체적 작업능력이 15kcal/min인 성인 남성 근로자가 1일 8시간 동안 물체를 운반하고 있다. 작업대사량이 6.5kcal/min, 휴식시의 대사량이 1.5kcal/min일 때 매시간별 휴식시간과 작업시간으로 가장 적합한 것은? (단, Hertig의 산시기을 적용한다.)

① 12분 휴식, 48분 작업
② 18분 휴식, 42분 작업
③ 24분 휴식, 36분 작업
④ 30분 휴식, 30분 작업

1. $T_{rest}(\%)=\left[\dfrac{E_{max}-E_{task}}{E_{rest}-E_{task}}\right]\times 100$
2. 작업시간 = 60분 − 휴식시간

- $T_{rest}(\%)$: 피로예방을 위한 적정 휴식시간 비 (60분을 기준하여 산정)
- E_{max} : 1일 8시간 작업에 적합한 작업대사량 [육체적 작업능력(PWC)의 1/3]
- E_{rest} : 휴식 중 소모 대사량
- E_{task} : 해당 작업의 작업대사량

1. $T_{rest}(\%)=\left[\dfrac{5-6.5}{1.5-6.5}\right]\times 100=30(\%)$

$\left(E_{max}=\dfrac{PWC}{3}=\dfrac{15}{3}=5\text{kcal/min}\right)$

2. 휴식시간 = 60 × 0.3 = 18(분)
3. 작업시간 = 60 − 18 = 42(분)

실기까지 중요 ★★

16 20℃, 1기압에서 MEK 50ppm은 약 몇 mg/m³인가? (단, MEK의 그램분자량 72.06이다.)

① 139.9　　② 149.9
③ 249.7　　④ 299.7

⋆ ppm과 mg/m³의 상호 농도변환

$$\text{노출기준}(mg/m^3)=\frac{\text{노출기준(ppm)}\times\text{그램분자량}}{24.45(25℃, 1\text{기압})}$$

1. 25℃, 1기압 기체 1몰의 부피 24.45L를 20℃, 1기압으로 온도보정

$24.45\times\dfrac{273+20}{273+25}=24.04(L)$

2. $mg/m^3=\dfrac{ppm\times\text{분자량}}{24.04}=\dfrac{50\times 72.06}{24.04}$
$=149.88(mg/m^3)$

⋆ 참고
부피의 온도, 압력보정

$$V_2=V_1\times\frac{T_2P_1}{T_1P_2}$$

- T_1 : 처음 온도(273 + ℃)
- T_2 : 나중 온도(273 + ℃)
- P_1 : 처음 압력
- P_2 : 나중 압력
- V_1 : 처음 부피(보정 전 부피)
- V_2 : 나중 부피(보정 후 부피)

실기에 자주 출제 ★★★

정답 14 ② 15 ② 16 ②

17 산소결핍장소에서의 관리 방법에 관한 내용으로 틀린 것은?

① 생체 중에서 산소결핍에 대하여 가장 민감한 조직은 뇌이다.
② 산소결핍이란 공기 중의 산소농도가 18% 미만인 상태를 말한다.
③ 산소결핍의 우려가 있는 경우에는 산소의 농도를 측정하는 사람을 지명하여 측정하도록 하여야 한다.
④ 맨홀 지하작업 등 산소결핍이 우려되는 장소에서는 근로자에게는 구명밧줄과 방독마스크를 착용하도록 하여야 한다

④ 맨홀 지하작업 등 산소결핍이 우려되는 장소에서는 근로자에게는 구명밧줄과 송기마스크를 착용하도록 하여야 한다.

필기에 자주 출제 ★

18 크레졸의 노출기준에는 시간가중평균노출기준(TWA)외에 '피부(Skin)' 표시가표시되어있다. 이 표시에 대한 설명으로 틀린 것은?

① 피부자극, 피부질환 및 감작 등과 관련이 깊다.
② 피부의 상처는 이러한 물질의 흡수에 큰 영향을 미친다.
③ 점막과 눈 그리고 경피로 흡수되어 전신 영향을 일으킬 수 있는 물질을 뜻한다.
④ 공기 중 노출농도의 측정과 함께 생물학적 지표가 되는 물질도 병행하여 측정한다.

① "Skin" 표시 물질은 점막과 눈 그리고 경피로 흡수되어 전신 영향을 일으킬 수 있는 물질을 말함(피부자극성을 뜻하는 것이 아님)

필기에 자주 출제 ★

19 산업안전보건법령상 사업주는 근골격계 부담작업에 근로자를 종사하도록 하는 경우에는 몇 년마다 유해요인조사를 실시하여야 하는가?

① 1년 ② 2년
③ 3년 ④ 5년

근로자가 근골격계부담작업을 하는 경우에 3년마다 다음 각 호의 사항에 대한 유해요인조사를 하여야 한다. 다만, 신설되는 사업장의 경우에는 신설일로 부터 1년 이내에 최초의 유해요인 조사를 하여야 한다.

실기까지 중요 ★★

20 직업병 발생요인 중 간접요인에 대한 설명과 거리가 먼 것은?

① 작업강도와 작업시간 모두 직업병 발생의 중요한 요인이다.
② 작업장의 환경은 직업병의 발생과 증세의 악화를 조장하는 원인이 될 수 있다.
③ 일반적으로 연소자의 직업병 발병률은 성인보다 낮게 나타나는 것으로 알려져 있다.
④ 작업의 종류가 같더라도 작업방법에 따라서 해당 직장에서 발생하는 질병의 종류와 발생빈도는 달라질 수 있디

③ 일반적으로 연소자의 직업병 발병률이 성인 보다 높게 나타나는 것으로 알려져 있다.

정답 17 ④ 18 ① 19 ③ 20 ③

21 납이 발생되는 공정에서 공기 중 납 농도를 측정하기 위해 공기시료를 $0.550m^3$ 채취하였고 이 시료를 10mL의 10% HNO_3에 용해시켰다. 원자흡광분석기를 이용하여 시료 중 납을 분석하여 검량선과 비교한 결과 시료 용액 중 납의 농도가 49㎍/mL로 나타났다면 채취한 시간 동안의 공기 중 납의 농도(mg/m^3)는?

① 0.29 ② 0.49
③ 0.69 ④ 0.89

$$mg/m^3 = \frac{\frac{49\mu g}{mL} \times 10mL}{0.550m^3} = 890.91\mu g/m^3$$
$$= 890.91 \times 10^{-3}(mg/m^3)$$
$$= 0.89(mg/m^3)$$
$(\mu g = 10^{-6}g = 10^{-3}mg)$

실기까지 중요 ★★

22 미국 ACGIH에서 정의한 흉곽성 입자상 물질의 평균 입경(㎛)은?

① 3 ② 4
③ 5 ④ 10

흡입성 분진	① 호흡기 어느 부위에 침착하더라도 독성을 유발하는 분진 ② 평균입경 : 100㎛ (입경범위 : 0~100㎛)
흉곽성 분진	① 기도나 하기도(가스교환 부위)에 침착하여 독성을 나타내는 물질 ② 평균입경 : 10㎛
호흡성 분진	① 가스교환 부위(폐포)에 침착하여 독성을 나타내는 물질 ② 평균입경 : 4㎛

실기에 자주 출제 ★★★

23 작업장의 작업환경 측정결과가 보기와 같았다면 이 작업장에 대한 평가로 가장 알맞은 것은? (단, 측정농도는 시간가중평균농도를 의미한다.)?

- 아세톤 : 400pm(TLV : 750ppm)
- 부틸아세타이트 : 150pm(TLV : 200ppm)
- 메틸에틸케콘 : 100pm(TLV : 200ppm)

① 각각의 측정결과가 TLV를 초과하지 않으므로 노출기준 농도를 초과하지 않는다.
② 각각의 측정결과가 노출기준 농도를 초과하지는 않지만 여러 가지 유해물질이 공존하고 있으므로 노출기준을 초과한다고 보아야 한다.
③ 평가는 $\frac{C_1}{T_1}+\frac{C_2}{T_2}+\cdots+\frac{C_n}{T_n}$ 으로 계산하여 계산치로 볼 때 노출기준 농도를 초과하고 있다.(C : 측정농도, T : TLV)
④ 혼합물의 측정결과는 $\frac{C_1T_1+C_2T_2+\cdots+C_nT_n}{8}$ 으로 평가하여 계산치를 볼 때 노출기준 농도를 초과하고 있다.(C : 측정농도, T : 측정시간)

1. 노출지수 $EI = \frac{C_1}{T_1}+\frac{C_2}{T_2}+\cdots+\frac{C_n}{T_n}$
 • C : 화학물질 각각의 측정치
 • T : 화학물질 각각의 노출기준
2. 판정 : EI 〉1 경우 노출기준을 초과함

1. $EI = \frac{400}{750}+\frac{150}{200}+\frac{100}{200} = 1.78$
2. 판정 : EI 〉1이므로 노출기준 초과

실기까지 중요 ★★

정답 21 ④ 22 ④ 23 ③

24 허용기준 대상 유해인자의 노출 농도 측정 및 분석을 위한 화학시험의 일반사항 중 용어에 관한 내용으로 틀린 것은? (단, 고용노동부 고시 기준)

① "회수율"이란 흡착제에 흡착된 성분을 추출과정을 거쳐 분석 시 실제 검출되는 비율을 말한다.
② "진공"이란 따로 규정이 없는 한 15mmHg 이하를 뜻한다.
③ 시험조작 중 "즉시"란 30초 이내에 표시된 조작을 하는 것을 말한다.
④ "약"이란 그 무게 또는 부피에 대하여 ±10% 이상의 차이가 있지 아니한 것을 말한다.

① "회수율" 이란 여과지에 채취된 성분을 추출과정을 거쳐 분석시 실제 검출되는 비율을 말한다.

필기에 자주 출제★

25 우리나라 작업장 내 공기 중의 석면섬유, 먼지, 입자상물질, 벤젠 그리고 방사성물질 등의 농도와 대기 중 이산화황 농도의 측정 결과를 분포화 시킬 때 볼 수 있는 산업위생 통계의 일반적인 분포는?

① 정규분포 ② 대수 정규분포
③ t-분포 ④ f-분포

* 대수 정규분포
석면섬유, 먼지, 입자상물질, 벤젠 그리고 방사성물질 등의 농도와 대기 중 이산화황 농도의 측정 결과를 분포화 시킬 때 사용하며 산업위생 통계의 일반적인 분포이다.

26 직접포집방법에 사용되는 시료채취백의 특징으로 가장 거리가 먼 것은?

① 가볍고 가격이 저렴할 뿐 아니라 깨질 염려가 없다.
② 개인시료 포집도 가능하다.
③ 연속시료채취가 가능하다.
④ 시료채취 후 장시간 보관이 가능하다.

④ 시료채취 후 단시간만 보관이 가능하다.

필기에 자주 출제★

27 크롬에 대한 흡광광도 분석법에 사용되는 발색액은?

① 디티존
② 디페닐카바지드
③ 알리자린콤플렉손
④ 디에틸디티오카바민산나트륨

* 디페닐카바지드
크롬의 흡광광도 분석법에 사용되는 발색액

정답 24 ① 25 ② 26 ④ 27 ②

28 공기 중 벤젠(분자량 = 78.1)을 활성탄관에 0.1L/분의 유량으로 2시간 동안 채취하여 분석한 결과 2.5mg이 나왔다. 공기 중 벤젠의 농도(ppm)은? (단, 공시료에서는 벤젠이 검출되지 않았으며 25℃, 1기압 기준)

① 약 65　　② 약 85
③ 약 115　　④ 약 135

1. $\frac{mg}{m^3} = \frac{2.5mg}{\frac{0.1 \times 10^{-3} m^3}{min} \times 2 \times 60 min}$
$= 208.33(mg/m^3)$
$(L = 10^{-3} m^3)$

2. $mg/m^3 = \frac{ppm \times 분자량}{24.45}$

$ppm = \frac{mg/m^3 \times 24.45}{분자량} = \frac{208.33 \times 24.45}{78.1}$
$= 65.22(ppm)$

실기에 자주 출제 ★★★

29 납 분석 시 구연산 및 시안염을 가하여 약알칼리성으로 조제한 납용액에 디페닐티오카아비죤을 가하면 납이온과의 반응에 의하여 생성되는 적색의 킬레이트 화합물을 유기용매로 추출해서 흡광도를 정량하는 분석법은?

① 디티죤분석법
② 폴라로그래프분석법
③ 현광광도분석법
④ 이온분석법

디티존($C_{13}H_{12}N_4S$)이 수용액 속에서 금속과 반응해서 생성한 착염을 유기 용제로 추출하여 아연, 카드뮴, 수은, 납 등의 금속 이온의 정량 분석을 실행하는 방법을 디티존법이라고 한다.

30 가스상 물질의 분석 및 평가를 위해 [알고 있는 공기 중 농도]를 만드는 방법인 Dynamic Method에 관한 설명으로 옳지 않은 것은?

① 매우 일정한 농도를 유지하기 용이하다.
② 지속적인 모니터링이 필요하다.
③ 만들기가 복잡하고 가격이 고가이다.
④ 소량의 누출이나 벽면에 의한 손실은 무시할 수 있다.

⋆ Dynamic method
① 알고 있는 공기 중의 농도를 만드는 방법을 말한다.(오염물질을 희석공기와 연속적으로 혼합하여 일정 농도를 유지하도록 만드는 방법)
② 농도변화를 줄 수 있고, 온습도 조절이 가능하다.
③ 다양한 농도범위에서 제조가 가능하다.
④ 만들기가 복잡하고 가격이 고가이다.
⑤ 소량의 누출이나 벽면에 의한 손실은 무시할 수 있다.
⑥ 다양한 실험을 할 수 있으며 가스, 증기, 에어로졸 실험도 가능하다.
⑦ 지속적인 모니터링이 필요하다.

필기에 자주 출제 ★

31 활성탄관에 비하여 실리카겔관(흡착)을 사용하여 채취하기 용이한 시료는?

① 알코올류　　② 방향족 탄화수소류
③ 나프타류　　④ 니트로벤젠류

실리카겔관	극성의 유기용제, 산(무기산 : 불산, 염산), 방향족 아민류, 지방족 아민류, 아닐린, 아미노에탄올, 아마이드류, 니트로벤젠류, 페놀류 등의 포집에 사용된다.
활성탄관	비극성 유기용제, 방향족 유기용제(방향족 탄화수소류), 할로겐화 지방족 유기용제(할로겐화 탄화수소류), 에스테르류, 알코올류 등의 포집에 사용된다.

필기에 자주 출제 ★

정답 28 ① 29 ① 30 ① 31 ④

32 입경이 14μm이고, 밀도가 1.5g/cm^{3}인 입자의 침강속도(cm/s)는?

① 0.55　　② 0.68
③ 0.72　　④ 0.88

* Lippman식에 의한 침강속도
(입자크기가 1 ~ 50μm 경우 적용)

$$V(\text{cm/sec}) = 0.003 \times \rho \times d^2$$

- V : 침강속도(cm/sec)
- ρ : 입자 밀도(비중) (g/cm^3)
- d : 입자직경(μm)

$V = 0.003 \times 1.5 \times 14^2 = 0.88$(cm/sec)

실기에 자주 출제 ★★★

33 음압도 측정 시 정상청력을 가진 사람이 1,000Hz에서 가청할 수 있는 최소 음압 실효치(N/m^2)는?

① 0.002　　② 0.0002
③ 0.00002　　④ 0.000002

* 정상청력을 가진 사람의 1,000Hz에서 최소 가청음압의 실효치
0.00002N/m^2

34 유기화합물을 운반기체와 함께 수소와 공기의 불꽃 속에 도입함으로써 생기는 이온의 증가를 이용한 검출기는?

① 열전도도형 검출기(TCD)
② 불꽃이온화형 검출기(FID)
③ 전자포획형 검출기(ECD)
④ 불꽃광전자형 검출기(FPD)

* 불꽃이온화형 검출기(FID)
유기화합물을 운반기체와 함께 수소와 공기의 불꽃 속에 도입함으로써 생기는 이온의 증가를 이용한 검출기

* 참고
불꽃이온화검출기(FID)
분리관에서 분리된 물질이 검출기 내부로 들어와 수소가스와 혼합되고 혼합된 기체는 공기가 통과하고 있는 젯(jet)으로 들어가서 젯 위에 형성된 2,100℃ 정도의 불꽃안에서 연소가 되면서 이온화가 이루어진다.

35 작업장 내의 조명상태를 조사하고자 할 때 측정해야 되는 기본 항목에 포함되지 않는 것은?

① 조명도　　② 흡광도
③ 휘도　　④ 반사율

* 작업장 내의 조명상태의 조사 항목
① 조명도(조도)
② 휘도(광속발산도)
③ 반사율
④ 광도

정답 32 ④　33 ③　34 ②　35 ②

36 유해화학물질 분석 시 침전법을 이용한 적정이 아닌 것은?

① Volhard법 ② Mohr법
③ Fajans법 ④ Stiehler법

* 침전적정법 : 침전반응을 이용한 적정법
① Volhard법(볼하드법)
② Mohr법(모아법)
③ Fajans법(파이얀스법)

* 참고
적정
시료용액 내에 존재하는 알고싶은 성분의 양을 이것과 반응하는데 필요한 시약의 부피를 측정하여 구하는 방법

37 측정기구의 보정을 위한 비누거품미터(Soap bubble meter)의 활용 시 두 눈금 통과 측정시간의 정확성 범위와 눈금도달 시간 측정 시 초시계의 측정 한계범위가 바르게 표기된 것은?

① 측정시간의 정확성 ±1초 이내, 초시계로 1초까지 측정한다.
② 측정시간의 정확성 ±2초 이내, 초시계로 0.1초까지 측정한다.
③ 측정시간의 정확성 ±1초 이내, 초시계로 0.01초까지 측정한다.
④ 측정시간의 정확성 ±1초 이내, 초시계로 0.1초까지 측정한다.

* 비누거품미터
측정시간의 정확성 ±1초 이내, 초시계로 0.1초까지 측정한다.

38 가스크로마토그래피의 분리관의 성능은 분해능과 효율로 표시할 수 있다. 분해능을 높이려는 조작으로 틀린 것은?

① 분리관의 길이를 길게 한다.
② 고정상의 양을 크게 한다.
③ 고체지지체의 입자 크기를 작게 한다.
④ 일반적으로 저온에서 좋은 분해능을 보이므로 온도를 낮춘다.

* 가스크로마토그래피(GC)분석에서 분해능(또는 분리도)을 높이기 위한 방법
① 시료의 양을 적게 한다.
② 고정상의 양을 적게 한다.
③ 고체 지지체의 입자 크기를 작게 한다.
④ 분리관(column)의 길이를 길게 한다.
⑤ 저온에서 좋은 분해능을 보이므로 온도를 낮춘다.

필기에 자주 출제★

39 실리카겔에 대한 친화력이 가장 큰 물질은?

① 케톤류 ② 올레핀류
③ 에스테르류 ④ 방향족탄화수소류

* 실리카겔의 친화력(극성이 강한 순서)
물 〉 알코올류 〉 알데하이드류 〉 케톤류 〉 에스테르류 〉 방향족탄화수소류 〉 올레핀류 〉 파라핀류

암기법
실물 알콜 하드 KS 방탄 올핀 파핀

필기에 자주 출제★

정답 36 ④ 37 ④ 38 ② 39 ①

40 고열 측정구분이 습구온도이고, 측정기기가 자연습구 온도계인 경우 측정시간 기준은? (단, 고용노동부 고시 기준)

① 5분 이상 ② 10분 이상
③ 15분 이상 ④ 25분 이상

※ 관련 고시의 변경으로 삭제된 내용입니다.

* 참고
고열의 측정방법
측정기를 설치한 후 충분히 안정화 시킨 상태에서 1일 작업시간 중 가장 높은 고열에 노출되는 1시간을 10분 간격으로 연속하여 측정한다.

제3과목 작업환경관리

41 먼지의 한쪽 끝 가장자리와 다른쪽 끝 가장자리 사이의 거리를 측정함으로써 입자상물질의 크기를 과대평가 할 가능성이 있는 직경은?

① Martin 직경
② Feret 직경
③ 등면적 직경
④ 공기역학적 직경

* 기하학적(물리적) 직경
① 마틴직경 : 입자의 면적을 2등분하는 선의 길이로 나타내는 직경
② 페렛직경 : 입자의 가장자리를 이등분한 직경 (먼지의 한쪽 끝 가장자리에서 다른 쪽 끝 가장자리 까지의 거리로 나타내는 직경)
③ 등면적직경 : 입자의 면적과 동일한 면적을 가진 원의 직경으로 환산한 직경

암기법
기하학적 이(2등분) 마, 페가(가장자리), 등면적 동원(동일한 면적의 원)

실기에 자주 출제 ★★★

42 공기 중에 트리클로로에틸렌(trichloroethylene)이 고농도로 존재하는 작업장에서 아크 용접을 실시하는 경우 트리클로로에틸렌이 어떠한 물질로 전환될 수 있는가?

① 사염화탄소 ② 벤젠
③ 이산화질소 ④ 포스겐

아크용접 시 발생되는 자외선은 트리클로로에틸렌을 독성이 강한 포스겐으로 전환시킬 수 있는 광화학적 작용을 한다.

43 B공장 집진기용 송풍기의 소음을 측정한 결과, 가동시는 90dB(A)였으나, 가동 중지상태에서는 85dB(A)였다. 이 송풍기의 실제 소음도는?

① 86.2dB(A) ② 87.1dB(A)
③ 88.3dB(A) ④ 89.4dB(A)

* 소음도 차이

$$L' = 10\log(10^{\frac{L_1}{10}} - 10^{\frac{L_2}{10}})\ (\text{단}, L_1 > L_2)$$

$$L' = 10 \times \log\left(10^{\frac{90}{10}} - 10^{\frac{85}{10}}\right) = 88.35\text{dB(A)}$$

필기에 자주 출제 ★

정답 40 ① 41 ② 42 ④ 43 ③

44 입자상 물질의 호흡기 내 침착기전에서 먼지의 운동속도가 낮은 미세기관지나 폐포에서는 어떠한 기전이 중요한 역할을 하는가?

① 충돌 ② 중력침강
③ 확산 ④ 간섭

★ 침전(중력침강)(sedimentation)
기관지 등 폐의 심층부에서는 공기흐름이 느려지며 이 때 입자는 중력에 의해 낙하하여 축적된다. (1 ~ 5μm 크기의 입자)

★ 참고
① 차단(interception) : 길이가 긴 입자가 호흡기계로 들어오면 그 입자의 가장자리가 기도의 표면을 스치게 됨으로써 침착되는 현상
② 충돌(관성충돌) : 공기흐름의 방향이 바뀌는 경우 입자의 관성 때문에 원래방향대로 이동하다가 흐름이 바뀌는 지점에서 부딪치며 충돌에 의해 침착된다.
③ 확산(diffusion) : 미세입자의 무질서한 운동(브라운 운동)에 의해 기체분자와 충돌하며 침착되는 현상(1μm 이하의 미세입자)

필기에 자주 출제★

45 질소의 마취작용에 관한 설명으로 옳지 않은 것은?

① 예방으로는 질소대신 마취현상이 적은 수소 또는 헬륨 같은 불활성 기체들로 대치한다.
② 대기압 조건으로 복귀 후에도 대뇌 장해 등 후유증이 발생된다.
③ 수심 90~120m에서 환청, 환시, 조울증, 기억력 감퇴 등이 나타난다.
④ 질소가스는 정상기압에서는 비활성이지만 4기압 이상에서는 마취작용을 나타낸다.

② 질소 마취증세는 후유증이나 별도의 치료가 필요하지 않으며 대기압 조건으로 복귀하면 사라진다.

필기에 자주 출제★

46 비전리 방사선인 극저주파 전자장에 관한 내용으로 옳지 않은 것은?

① 통상 1~300Hz의 주파수 범위를 극저주파 전자장이라 한다.
② 직업적으로 지하철 운전기사, 발전소 기사 등 고압 전선 가까이서 근무하는 근로자들의 노출이 크다.
③ 장기 노출시 피부장해와 안장해가 발생되는 것으로 알려져 있다.
④ 노출범위와 생물학적 영향면에서 가장 관심을 갖는 주파수 영역은 전력 공급계통의 교류와 관련되는 50 ~ 60Hz 범위이다.

③ 300MHz 이상의 강한 전자기장에 노출될 경우 체내 심부에서 발열작용을 일으켜 백내장, 생식유전의 이상, 내분비, 신경계에 대한 영향 등 급성 피해가 발생되는 것으로 알려져 있다.

정답 44 ② 45 ② 46 ③

47 감압병의 예방과 치료에 관한 설명으로 옳지 않은 것은?

① 특별히 잠수에 익숙한 사람을 제외하고는 1분에 10m 정도씩 잠수하는 것이 안전하다.
② 감압이 끝날 무렵 순수한 산소를 흡입시키면 예방적 효과가 있을 뿐 아니라 감압시간을 25% 가량 단축시킨다.
③ 감압병 증상이 발생하였을 때에는 환자를 바로 원래 고압환경에 복귀시키거나 인공적 고압실에 넣어 혈관 및 조직 속에 발생한 질소의 기포를 다시 용해시킨 다음 천천히 감압한다.
④ 헬륨은 질소보다 확산속도가 작고 체외로 배출되는 시간이 질소에 비하여 2배 가량이 길어 고압환경에서 작업할 때는 질소를 헬륨으로 대치한 공기를 호흡시킨다.

> ④ 헬륨은 질소보다 확산속도가 크며 체외로 배출되는 시간이 질소에 비하여 50% 정도 밖에 걸리지 않아 고압환경에서 작업하는 근로자에게 질소를 헬륨으로 대치한 공기를 호흡시킨다.

필기에 자주 출제 ★

48 유해화학물질이 체내로 침투되어 해독되는 경우 해독반응에 가장 중요한 작용을 하는 것은?

① 적혈구 ② 효소
③ 림프 ④ 백혈구

> 유해화학물질이 체내에서 해독(분해)되는 경우 중요한 작용을 하는 것은 효소이다.

필기에 자주 출제 ★

49 다음의 가동 중인 시설에 대한 작업환경대책 중 성격이 다른 것은?

① 작업시간 변경 ② 작업량 조절
③ 순환 배치 ④ 공정 변경

> ④ 공정 변경 → 작업환경대책 중 공학적 대책에 해당한다.

> ★참고
> 작업환경개선의 공학적인 대책(작업환경관리의 원칙)
> ① 대치(대체)
> • 공정의 변경
> • 유해물질 변경
> • 시설의 변경
> ② 격리(Isolation)
> • 저장물질의 격리
> • 시설의 격리
> • 공정의 격리
> • 작업자의 격리
> ③ 환기(Ventilation) : 국소환기, 전체환기

필기에 자주 출제 ★

50 자연조명을 하고자 하는 집에서 창의 면적은 바닥 면적의 몇 %로 만드는 것이 가장 이상적인가?

① 10 ~ 15% ② 15 ~ 20%
③ 20 ~ 25% ④ 25 ~ 30%

> 창의 면적은 방바닥 면적의 15 ~ 20%(1/5 ~ 1/7)가 적당하다.

필기에 자주 출제 ★

정답 47 ④ 48 ② 49 ④ 50 ②

51 인체에 대한 유해물질의 유해성을 좌우하는 인자가 아닌 것은 다음 중 어느 것인가?

① 노출 농도　② 작업 강도
③ 노출 시간　④ 조명의 강도

* 유해물질의 유해요인(인체에 미치는 유해성을 좌우하는 인자)
① 유해물질의 농도와 접촉시간
② 근로자의 감수성
③ 작업 강도 및 호흡량
④ 기상조건

필기에 자주 출제★

52 작업환경 개선의 기본대책 중 하나인 대치의 방법과 가장 거리가 먼 것은?

① 시설의 변경　② 공정의 변경
③ 물질의 변경　④ 위치의 변경

* 대치(대체)
① 공정의 변경
② 유해물질 변경
③ 시설의 변경

필기에 자주 출제★

53 피부 보호크림의 종류 중 광산류, 유기산, 염류 및 무기염류 취급작업 시 주로 사용하는 것은? (단, 적용 화학물질은 밀랍, 탈수라노린, 파라핀, 유동파라핀, 탄산마그네슘)

① 친수성크림　② 소수성크림
③ 차광크림　④ 피막형크림

* 소수성 피부보호제(소수성 크림)
① 적용 화학물질 : 밀랍, 탈수라노린, 파라핀, 유동파라핀, 탄산마그네슘
② 대상 작업장 : 광산류, 유기산, 염류 및 무기염류 취급 작업장

필기에 자주 출제★

54 출력 0.01watt의 점음원으로부터 100m 떨어진 곳의 SPL은? (단, 무지향성 음원, 자유공간의 경우)

① 49dB　② 53dB
③ 59dB　④ 63dB

1. $PWL = 10 \times \log\left(\frac{W}{W_o}\right)$(dB)
   - PWL : 음향파워레벨(dB)
   - W : 대상음원의 음력(watt)
   - W_o : 기준음력(10^{-12}watt)
2. 무지향성 점음원, 자유공간(공중, 구면파)에 위치할 때
   $SPL = PWL - 20\log r - 11$(dB)

1. $PWL = 10 \times \log\left(\frac{0.01}{10^{-12}}\right) = 100$(dB)
2. $SPL = 100 - 20 \times \log 100 - 11 = 49$(dB)

실기까지 중요★★

정답　51 ④　52 ④　53 ②　54 ①

55 비교적 높은 증기압(vapor pressure)과 낮은 허용기준치를 갖는 유기용제를 사용하는 작업장을 관리할 때 가장 효과적인 방법은?

① 전체 환기를 실시한다.
② 국소 배기를 실시한다.
③ Fan을 설치한다.
④ 칸막이를 설치한다.

높은 증기압(vapor pressure)과 낮은 허용기준치를 갖는 유기용제 사용하는 작업장 → 국소배기장치로 환기한다.

* 참고

국소환기 장치 설치가 필요한 경우	① 유해물질 발생량이 많은 경우 ② 유해물질 독성이 강한 경우(TLV가 낮을 때) ③ 유해물질 발생원과 작업위치가 근접해 있는 경우 ④ 높은 증기압의 유기용제 ⑤ 발생주기가 균일하지 않은 경우 ⑥ 발생원이 고정되어 있는 경우 ⑦ 법적의무 설치사항의 경우
전체환기(희석환기)가 필요한 경우	① 유해물질의 독성이 비교적 낮은 경우 ② 동일한 작업장에 다수의 오염원이 분산되어 있는 경우 ③ 유해물질이 시간에 따라 균일하게 발생될 경우 ④ 유해물질의 발생량이 적은 경우 ⑤ 발생원이 이동하는 경우 ⑥ 오염원이 근무자가 근무하는 장소로부터 멀리 떨어져 있는 경우

필기에 자주 출제 ★

56 산업위생의 관리적 측면에서 대치 방법인 공정 또는 시설의 변경 내용으로 옳지 않은 것은?

① 가연성 물질을 저장할 경우 유리병보다는 철제통을 사용
② 페인트 도장 시 분사 대신 담금 도장으로 변경
③ 금속제품 이송 시 롤러의 재질을 철제에서 고무나 플라스틱을 사용
④ 큰 날개 저속의 송풍기 대신 작은 날개 고속 회전하는 송풍기 사용

④ 작은 날개 고속 회전의 송풍기 대신 큰 날개 저속 회전하는 송풍기 사용

필기에 자주 출제 ★

57 작업장의 근로자가 NRR이 15인 귀마개를 착용하고 있다면 차음 효과(dB)는?

① 2 ② 4
③ 6 ④ 8

차음효과 = $(NRR - 7) \times 0.5$
• NRR : 차음평가수

차음효과 = $(15 - 7) \times 0.5 = 4$(dB)

실기까지 중요 ★★

정답 55 ② 56 ④ 57 ②

58 감압에 따른 기포형성량을 좌우하는 요인과 가장 거리가 먼 것은?

① 조직에 용해된 가스량
② 혈류를 변화시키는 상태
③ 감압 속도
④ 기포 순환 주기

* 감압 시에 조직 내 질소기포 형성량에 영향을 주는 요인
① 조직에 용해된 가스량
② 혈류를 변화시키는 상태
③ 감압속도
④ 고기압의 노출정도

필기에 자주 출제★

59 분진으로 인한 진폐증을 예방하기 위한 대책으로서 적합하지 않은 것은?

① 분진발생원이 비교적 많고 분진농도가 높은 경우에는 국소배기장치의 설치보다 우선적으로 방진마스크 작용을 고려한다.
② 2차 비산분진이 발생하지 않도록 작업장 바닥을 청결히 한다.
③ 분진발생원과 근로자를 분리하는 방법으로 원격조정장치 등을 사용할 수 있다.
④ 연마, 분쇄, 주물 작업시에는 습식으로 작업하여 부유분진을 감소시키도록 해야 한

① 분진발생원이 비교적 많고 분진농도가 높은 경우에는 국소배기장치의 설치를 우선적으로 고려한다.(보호구의 착용은 가장 소극적인 조치에 해당한다)

필기에 자주 출제★

60 적외선에 관한 설명으로 가장 거리가 먼 것은?

① 적외선은 대부분 화학작용을 수반하며 가시광선과 자외선 사이에 있다.
② 적외선에 강하게 노출되면 안검록염, 각막염, 홍채위축, 백내장 등 장애를 일으킬 수 있다.
③ 일명 열선이라고 하며 온도에 비례하여 적외선을 복사한다.
④ 적외선은 가시광선보다 긴 파장으로 가시광선과 가까운 쪽을 근적외선이라 한다.

① 자외선은 대부분 화학작용을 수반하며 가시광선과 적외선 사이에 있다.

* 참고
- 자외선(화학선) : 100 ~ 400nm
  (1,000 ~ 4,000Å)
- 적외선(열선) : 750 ~ 1,200nm
  (7,500 ~ 12,000Å)
- 가시광선 : 400 ~ 760nm
  (4,000 ~ 7,600Å)

필기에 자주 출제★

정답 58 ④ 59 ① 60 ①

61 원형이나 정사각형의 후드인 경우 필요 환기량은 Dalla Valle 공식($Q = V(10X^2 + A)$을 활용한다. 이 공식은 오염원에서 후드까지의 거리가 덕트직경의 몇 배 이내일 때만 유효한가?

① 1.5배 ② 2.5배
③ 3.5배 ④ 5.0배

★ 외부식 후드(자유공간 위치한 원형 및 장방형 후드, 플랜지 미 부착)의 환기량

$Q = 60 \cdot Vc(10X^2 + A)$: Dalla valle식
- Q : 필요송풍량(m^3/min)
- Vc : 제어속도(m/sec)
- A : 개구면적(m^2)
- X : 후드중심선으로부터 발생원까지의 거리(m) (오염원과 후드간 거리가 덕트 직경의 1.5배 이내일 때만 유효)

필기에 자주 출제 ★

62 푸쉬-풀(push-pull)후드에 관한 설명으로 맞는 것은?

① push공기의 속도는 빠를수록 좋다.
② 일반적으로 상방흡인형 외부식 후드에 사용된다.
③ 후드와 작업지점과의 거리가 가까운 경우에 주로 활용된다.
④ 후드로부터 멀리 떨어져서 발생하는 유해물질을 후드 가까이 가도록 밀어준다.

★ 푸쉬-풀(push-pull)형 후드
① 개방조 한 변에서 압축공기를 이용하여 오염물질이 발생하는 표면에 공기를 불어 반대쪽에 오염물질이 도달하게 한다.(공기를 불어주고 당겨주는 장치로 구성)
② 후드로부터 멀리 떨어져서 발생하는 유해물질을 후드 가까이 가도록 밀어준다.
③ 도금조와 같이 폭이 넓은 경우에 사용하면 포집효율을 증가시키면서 필요유량을 감소시킬 수 있다.

필기에 자주 출제 ★

63 일정 용적을 갖는 작업장 내에서 매시간 $M m^3$의 CO_2가 발생할 때 필요환기량(m^3/hr)공식으로 맞는 것은? (단, Cs는 작업환경 실내 CO_2기준농도(%), Co는 작업환경 실외 CO_2농도(%)를 나타낸다.)

① $\frac{M}{Cs - Co} \times 100$
② $\frac{Cs - Co}{M} \times 100$
③ $\frac{Cs}{Co} \times M \times 100$
④ $\frac{Co}{Cs} \times M \times 100$

★ 이산화탄소에 기인한 환기량

$$Q = \frac{G}{C - C_0} \times 100 (m^3/min)$$
- G : CO_2 발생률(m^3/min)
- C : 이산화탄소의 허용농도
- C_0 : 외부공기중 이산화탄소 농도(약 330ppm)

실기까지 중요 ★★

64 덕트에서 공기흐름의 평균 속도압은 16mmH_2O였다. 덕트에서의 반송속도(m/s)는 약 얼마인가? (단, 공기의 밀도는 1.21kg/m^3으로 한다.)

① 10 ② 16
③ 20 ④ 25

정답 61 ① 62 ④ 63 ① 64 ②

속도압$(VP)=\frac{\gamma\times V^2}{2g}(mmH_2O)$

- r : 공기비중
- V : 유속(m/s)
- g : 중력가속도($9.8m/s^2$)

속도압$(VP)=\frac{\gamma\times V^2}{2g}$

$$V^2=\frac{VP\times 2g}{\gamma}$$

$$V=\sqrt{\frac{VP\times 2g}{\gamma}}=\sqrt{\frac{16\times2\times9.8}{1.21}}=16.10(m/s)$$

실기까지 중요 ★★

65 송풍량이 증가해도 동력이 증가하지 않는 장점을 가지며 한계부하송풍기라고도 하는 송풍기는?

① 프로펠러형 송풍기 ② 후향 날개형 송풍기
③ 축류 날개형 송풍기 ④ 전향 날개형 송풍기

★ 후향 날개형 송풍기

① 회전날개(깃)가 회전방향 반대편으로 경사지게 설계되어 있다.
② 송풍량이 증가해도 동력이 증가하지 않는다. (동력이 최대 송풍량의 60 ~ 70%까지 증가하다가 감소)
③ 고농도 분진함유 공기를 이송시킬 경우 깃 뒷면에 분진이 퇴적되어 효율이 떨어진다.

필기에 자주 출제 ★

66 표준 상태에서 관내 속도압을 측정한 결과 $10mmH_2O$였다면 관내 유속은 약 얼마인가?

① 10.0m/sec ② 12.8m/sec
③ 18.1m/sec ④ 40.0m/sec

속도압$(VP)=\frac{\gamma\times V^2}{2g}(mmH_2O)$

- r : 공기비중
- V : 유속(m/s)
- g : 중력가속도($9.8m/s^2$)

속도압$(VP)=\frac{\gamma\times V^2}{2g}$

$$V^2=\frac{VP\times 2g}{\gamma}$$

$$V=\sqrt{\frac{VP\times 2g}{\gamma}}=\sqrt{\frac{10\times2\times9.8}{1.2}}=12.78(m/s)$$

실기까지 중요 ★★

67 플랜지가 부착된 슬롯형 후드의 필요송풍량은 플랜지가 없는 슬롯형 후드에 비하여 필요송풍량이 몇 % 가 감소되는가? (단, 기타 조건의 변화는 없다.)

① 15% ② 20%
③ 30% ④ 45%

후드형태	명칭	배풍량(m^3/min)
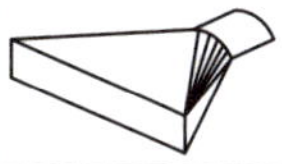	외부식 슬로트형	$Q=60\times3.7LVX$
	외부식 플렌지부착 슬로트형	$Q=60\times2.6LVX$

$3.7:100=2.6:x$

$3.7x=2.6\times100$

$$x=\frac{2.6\times100}{3.7}=70.27\%$$

→ 플렌지를 부착할 경우의 송풍량이 플렌지를 부착하지 않을 경우 송풍량의 70%이므로 송풍량이 30% 감소되는 효과가 있다.

★ 참고

외부식 후드에서 플랜지를 부착할 경우 송풍량을 25%를 감소시킬 수 있다.

정답 65 ② 66 ② 67 ③

68 유량이 600m³/min인 배기가스 중의 분진을 2m/min의 여과속도로 bag filter에서 처리하고자 할 때 필요한 여포집진기의 면적은 얼마인가?

① $100m^2$ ② $200m^2$
③ $300m^2$ ④ $400m^2$

⋆ 여과속도

$$U_f = \frac{Q}{A} \times 100 (cm/sec)$$

- Q : 총처리가스량(m^3/sec)
- A : 총여과면적(m^2) (여과포 1개 면적×여과포 개수)

$$U_f = \frac{Q}{A} \times 100$$

$$A = \frac{Q \times 100}{U_f} = \frac{10 \times 100}{3.33} = 300.30(cm^2)$$

$$\frac{600m^3}{min} = \frac{600m^3}{60sec} = 10m^3/s$$

$$\frac{2m}{min} = \frac{200cm}{60sec} = 3.33cm/s$$

필기에 자주 출제 ★

69 톨루엔(분자량 92)의 증기 발생량은 시간당 300g 이다. 실내의 평균 농도를 노출기준(55 ppm) 이하로 하려면 유효 환기량은 약 몇 m³/min인가? (단, 안전계수는 4이고, 공기의 온도는 21℃이다.)

① 83.83 ② 95.26
③ 104.78 ④ 5715.42

⋆ 노출기준(TLV)에 따른 전체환기량

$$Q = \frac{24.1 \times kg/h \times K \times 10^6}{MW \times TLV} (m^3/hr)$$

$$\div 60 = (m^3/min)$$

- K : 안전계수
- MW : 물질의 분자량
- kg/hr : 시간당 오염물질 발생량(l/hr×S(비중))
- TLV : 노출기준(ppm)
- 24.1 : 21℃, 1기압에서 공기의 비중 (25℃, 1기압일 경우 24.45)

$$Q = \frac{24.1 \times 0.3 \times 4 \times 10^6}{92 \times 55}$$

$$= 5715.42(m^3/hr) \div 60$$

$$= 95.26(m^3/min)$$

(시간당 300g = 300g/hr = 0.3kg/hr)

실기에 자주 출제 ★★★

70 덕트의 시작점에서 공기의 베나수축(vena contracta)이 일어난다. 베나수축이 일반적으로 붕괴되는 지점으로 맞는 것은?

① 덕트 직경의 약 2배쯤에서
② 덕트 직경의 약 3배쯤에서
③ 덕트 직경의 약 4배쯤에서
④ 덕트 직경의 약 5배쯤에서

⋆ 베나수축(vena contracta)

덕트의 시작점에서 덕트 직경의 약 2배정도 되는 지점에서 발생한다.

정답 68 ③ 69 ② 70 ①

★ 참고

베나 수축(Vena Contracta)

단면이 급격히 축소되는 오리피스 등에서 분출되는 제트류에서 유선의 급격한 굴곡으로 압력이 다른 분포를 이루며 단면이 최소가 되는 현상을 말한다.

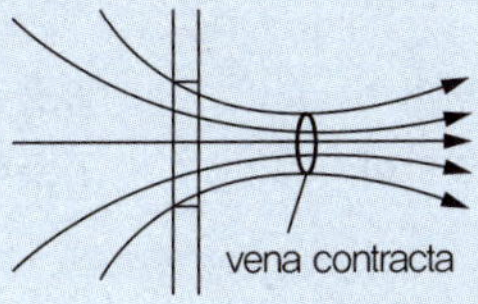

71 전체환기시설을 설치하기에 가장 적절한 곳은?

① 오염물질의 독성이 높은 경우
② 근로자가 오염원에서 가까운 경우
③ 오염물질이 한 곳에 모여 있는 경우
④ 오염물질이 시간에 따라 균일하게 발생하는 경우

국소환기 장치 설치가 필요한 경우	① 유해물질 발생량이 많은 경우 ② 유해물질 독성이 강한 경우(TLV가 낮을 때) ③ 유해물질 발생원과 작업위치가 근접해 있는 경우 ④ 높은 증기압의 유기용제 ⑤ 발생주기가 균일하지 않은 경우 ⑥ 발생원이 고정되어 있는 경우 ⑦ 법적의무 설치사항의 경우
전체환기(희석환기)가 필요한 경우	① 유해물질의 독성이 비교적 낮은 경우 ② 동일한 작업장에 다수의 오염원이 분산되어 있는 경우 ③ 유해물질이 시간에 따라 균일하게 발생될 경우 ④ 유해물질의 발생량이 적은 경우 ⑤ 발생원이 이동하는 경우 ⑥ 오염원이 근무자가 근무하는 장소로부터 멀리 떨어져 있는 경우

실기에 자주 출제 ★★★

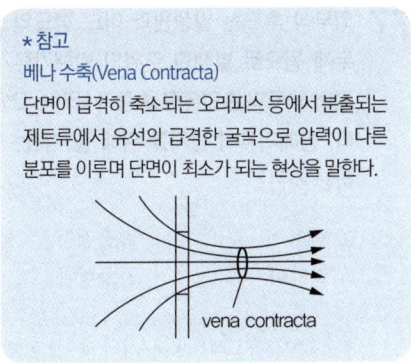

72 국소배기장치의 배기덕트 내 공기에 의한 마찰손실과 관련이 가장 적은 것은?

① 공기 속도　② 덕트직경
③ 덕트 길이　④ 공기조성

★ 덕트 내 공기에 의한 마찰손실에 영향을 주는 요소
① 덕트 직경
② 공기 점도
③ 덕트 면의 조도
④ 덕트 길이
⑤ 공기 속도

73 후드의 제어풍속을 측정하기에 가장 적합한 것은?

① 열선풍속계　② 피토관
③ 카타온도계　④ 마노미터

★ 송풍관 내의 풍속측정 계기
① 피토관
② 풍차풍속계
③ 열선식풍속계(후드의 제어풍속 측정에 가장 적합)
④ 그네 날개형 풍속계

필기에 자주 출제 ★

74 전기집진장치의 장점이 아닌 것은?

① 고온 가스의 처리가 가능하다.
② 압력손실이 낮고 대용량의 가스를 처리할 수 있다.
③ 설치면적이 적고, 기체상의 오염물질의 포집에 용이하다.
④ 0.01μm정도의 미세 입자의 포집이 가능하여 높은 집진효율을 얻을 수 있다.

③ 설치비용이 많이 들며 설치공간이 커야한다.

필기에 자주 출제 ★

정답 71 ④ 72 ④ 73 ① 74 ③

75 21℃, 1기압에서 벤젠 1.36L가 증발할 때 발생하는 증기의 용량은 약 몇 L 정도가 되겠는가? (단, 벤젠의 분자량은 78.11, 비중은 0.879이다.)

① 327.5　　② 342.7
③ 368.8　　④ 371.6

부피(L)= $\frac{(1360 \times 0.879)g \times 24.1L}{78.11g}$ = 368.84L
[L×비중=kg
∴ 1.36L×0.879=(1.36×0.879)kg
=(1360×0.879)g]

필기에 자주 출제★

76 온도 95℃, 압력 720mmHg에서 부피 180m³인 기체가 있다. 21℃, 1기압에서 이 기체의 부피는 약 얼마가 되겠는가?

① 125.6m³　　② 136.2m³
③ 151.4m³　　④ 220.3m³

* 온도, 압력 보정

$180 \times \frac{(273+21) \times 720}{(273+95) \times 760} = 136.24(m^3)$

* 참고

$\frac{P_1V_1}{T_1} = \frac{P_2V_2}{T_2}$

$T_1P_2V_2 = T_2P_1V_1$

$V_2 = V_1 \times \frac{T_2P_1}{T_1P_2}$

77 외부식 후드는 발생원과 어느 정도의 거리를 두게 됨으로 발생원 주위의 방해기류가 발생되어 후드의 흡인유량을 증가시키는 요인이 된다. 방해기류의 방지를 위해 설치하는 설비가 아닌 것은?

① 댐퍼　　② 플랜지
③ 칸막이　　④ 풍향관

* 외부식 후드에서 방해기류의 방지를 위해 설치하는 설비
① 칸막이
② 플랜지
③ 풍향관

필기에 자주 출제★

78 국소배기시스템 설치 시 고려사항으로 적절하지 않은 것은?

① 가급적 원형덕트를 사용한다.
② 후드는 덕트보다 두꺼운 재질을 선택한다.
③ 송풍기를 연결할 때에는 최소 덕트 반경의 6배 정도는 직선구간으로 하여야 한다.
④ 곡관의 곡률반경은 최소 덕트 직경의 1.5 이상으로 하며, 주로 2.0을 사용한다.

③ 송풍기를 연결할 때에는 최소 덕트 직경의 6배 정도는 직선구간으로 하여야 한다.

필기에 자주 출제★

정답 75 ③ 76 ② 77 ① 78 ③

79 장방형 송풍관의 압력손실을 계산하는 식은? (단, λ : 마찰손실계수, l : 송풍관의 길이, Pv : 속도압, a, b : 변의 길이이다.)

① $\triangle P = \lambda l(\frac{b^2}{4a^2})Pv$

② $\triangle P = \lambda l(\frac{a+b}{4ab})Pv$

③ $\triangle P = \lambda l(\frac{b^2}{2a^2})Pv$

④ $\triangle P = \lambda l(\frac{a+b}{2ab})Pv$

압력손실($\triangle P$) = $F \times VP$

$= \lambda \times \frac{L}{D} \times \frac{\gamma V^2}{2g}$ (mmH$_2$O)

F_h(압력손실계수) $= \lambda \times \frac{L}{D}$

- λ : 관마찰계수(무차원)
- D : 덕트 직경(m)(원형관일 경우)
  - * 장방형 Duct일 경우 :
  - 상당직경(등가직경)= $\frac{2ab}{a+b}$
- L : 덕트 길이(m)

압력손실($\triangle P$) $= \lambda \times \frac{L}{D} \times VP$

$= \lambda \times L \times \frac{1}{\frac{2ab}{a+b}} \times VP$

$= \lambda \times L \times \frac{a+b}{2ab} \times VP$

80 송풍기 성능곡선과 시스템 요구곡선이 만나는 송풍기 동작점은 현장의 상황에 따라 여러 형태로 변할 수 있다. 송풍기가 역회전하고 있거나 성능이 저하되어 회전수가 부족한 경우를 나타내는 그림은?

①
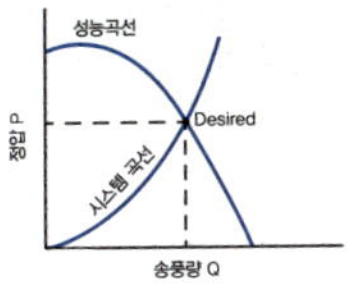

②
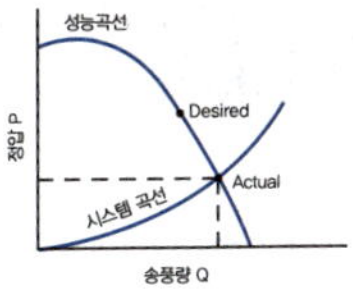

③
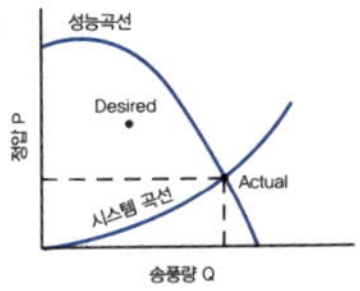

④
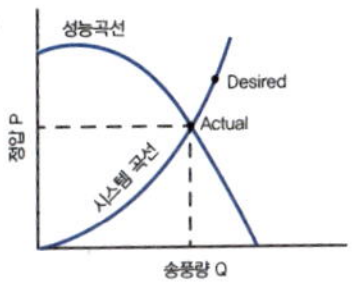

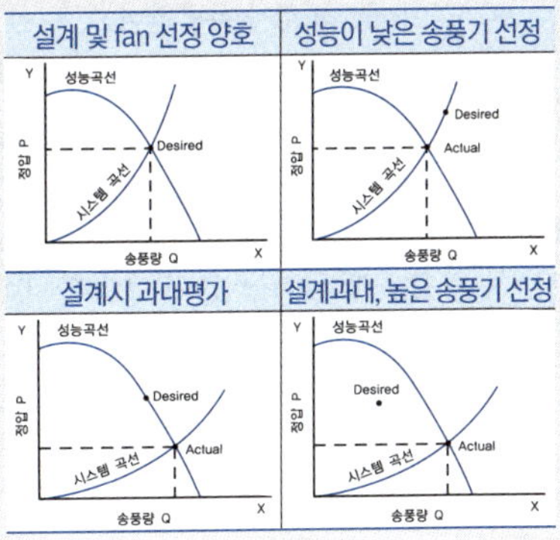

정답 79 ④ 80 ④

2016년 8월 21일

3회 과년도기출문제

제1과목 산업위생학 개론

01 국소피로와 관련된 설명 중 틀린 것은?

① 적정 작업시간은 작업강도와 대수적으로 비례한다.
② 국소피로를 초래하기까지의 작업시간은 작업강도에 의해 결정된다.
③ 대사산물의 근육 내 축적과 근육 내 에너지고갈이 국소피로를 유발한다.
④ 작업강도란 근로자가 가지고 있는 최대의 힘에 대한 작업이 요구하는 힘을 말한다.

작업강도가 높을수록 피로감이 빨리 오므로 강도가 강한 작업일수록 작업시간은 짧아져야 한다.

필기에 자주 출제★

02 정도관리의 목적은 오차를 찾아내고 그것을 제거 또는 예방하여 분석능력을 향상시키는데 있다. 여기서 오차(errer)에 대한 설명 중 틀린 것은?

① 오차란 참값과 측정치 간의 불일치 정도로 정의된다.
② 확률오차(random error)는 측정치의 정밀도로 정의된다.
③ 확률오차(random error)는 측정치의 변이가 불규칙적이어서 변이값을 예측할 수 없다.
④ 계통오차(systematic error)는 bias라고도 하며, 기준치와 측정 간에 일정한 차이가 있음을 나타내며 대부분의 경우 원인을 찾아 낼 수 없다.

* 계통오차
① 변이의 원인을 찾을 수 있는 오차이다.
② 크기와 부호를 추정할 수 있고 보정이 가능한 오차이다.
③ 계통오차가 작을 때는 측정 값이 정확하다고 할 수 있다.

정답 01 ① 02 ④

03 25℃, 1기압 상태에서 톨루엔(분자량 92) 100 ppm은 mg/m^3인가?

① 92 ② 188
③ 376 ④ 411

* ppm과 mg/m^3의 상호 농도변환

$$노출기준(mg/m^3) = \frac{노출기준(ppm) \times 그램분자량}{24.45(25℃, 1기압)}$$

$$mg/m^3 = \frac{100 \times 92}{24.45} = 376.28(mg/m^3)$$

실기까지 중요 ★★

04 산업안전보건법 시행규칙에 의거 근로를 금지하여야 하는 질병자에 해당되지 않는 것은?

① 정신분열증, 마비성 치매에 걸린 사람
② 전염의 우려가 있는 질병에 걸린 사람
③ 근골격계질환으로 감염의 우려가 있는 질병을 가진 사람
④ 심장, 신장, 폐 등의 질환이 있는 사람으로서 근로에 의하여 병세가 악화될 우려가 있는 사람

* 질병자의 근로금지
① 전염될 우려가 있는 질병에 걸린 사람. 다만, 전염을 예방하기 위한 조치를 한 경우는 제외한다.
② 조현병, 마비성 치매에 걸린 사람
③ 심장 · 신장 · 폐 등의 질환이 있는 사람으로서 근로에 의하여 병세가 악화될 우려가 있는 사람

05 작업의 종류에 따른 영양관리 방안으로 가장 적절하지 않은 것은?

① 중작업자에게는 단백질을 공급한다.
② 저온작업자에게는 지방질을 공급한다.
③ 근육작업자의 에너지 공급은 당질을 위주로 한다.
④ 저온작업자에게는 식수와 식염을 우선 공급한다.

④ 고열작업자에게는 식수와 식염을 우선 공급한다.

필기에 자주 출제 ★

06 미국산업위생학회(AIHA)에서 정한 산업위생의 정의를 맞게 설명한 것은?

① 모든 사람의 건강유지와 쾌적한 환경조성을 목표로 한다.
② 근로자의 생명연장 및 육체적, 정신적 능력을 증진시키기 위한 일련의 프로그램이다.
③ 근로자의 육체적, 정신적 건강을 최고로 유지 · 증진시킬 수 있도록 작업조건을 설정하는 기술이다.
④ 근로자에게 질병, 건강장애, 불쾌감 및 능률저하를 초래하는 작업환경 요인을 예측, 인식, 평가하고 관리하는 과학과 기술이다.

* 미국산업위생학회(AIHA)의 산업위생의 정의
근로자나 일반 대중에게 질병, 건강장애와 안녕방해, 심각한 불쾌감 및 능률 저하 등을 초래하는 작업환경 요인과 스트레스를 예측, 측정, 평가, 관리하는 과학과 기술이다.

실기까지 중요 ★★

정답 03 ③ 04 ③ 05 ④ 06 ④

07 다음의 중량물 들기 작업의 구분 동작을 순서대로 나열한 것은?

> ㉠ 발을 어깨너비 정도로 벌리고, 몸은 정확하게 균형을 유지한다.
> ㉡ 무릎을 굽힌다.
> ㉢ 중량물에 몸의 중심을 가깝게 한다.
> ㉣ 목과 등이 거의 일직선이 되도록 한다.
> ㉤ 가능하면 중량물을 양손으로 잡는다.
> ㉥ 등을 반듯이 유지하면서 무릎의 힘으로 일어난다.

① ㉠ → ㉡ → ㉢ → ㉣ → ㉤ → ㉥
② ㉠ → ㉢ → ㉡ → ㉣ → ㉤ → ㉥
③ ㉢ → ㉠ → ㉡ → ㉤ → ㉣ → ㉥
④ ㉢ → ㉠ → ㉡ → ㉣ → ㉤ → ㉥

* 들기작업의 동작 순서
중량물에 몸을 밀착 → 발을 어깨너비 정도로 벌리고, 몸은 균형을 유지 → 무릎을 굽힌다. → 중량물을 양손으로 잡는다. → 목과 등이 일직선이 되도록 한다. → 등을 펴고 무릎의 힘으로 일어난다.

08 산업피로를 측정할 □ 국소 근육 활동 피로를 측정하는 객관적인 방법은 무엇인가?

① EMG　② EEG
③ ECG　④ EOG

국소 근육 활동 피로를 측정하는 객관적인 방법
→ EMG(근전도)

필기에 자주 출제★

09 작업환경측정 및 지정측정기관 평가 등에 관한 고시에서 농도를 mg/m³으로 표시할 수 없는 것은?

① 가스　② 분진
③ 흄(fume)　④ 석면

① 화학적 인자의 가스, 증기, 분진, 흄(fume), 미스트(mist) 등의 농도 : ppm, mg /m^3
② 석면 : 개/cm^3

실기까지 중요★★

10 고열과 관련하여 인체에 영향을 주는 환경적 요인들을 온열인자(thermal factors)라고 한다. 다음 중 온열인자들로 묶여진 것은?

① 기온, 습도, 기류, 기압
② 기온, 습도, 기류, 복사열
③ 기온, 습도, 복사열, 전도
④ 기온, 습도, 기류, 공기밀도

* 온열요소(열교환에 영향을 미치는 요소)
① 기온(Air temperature) : 온도
② 기습 : 습도
③ 기류 : 풍속
④ 복사열

필기에 자주 출제★

정답 07 ③　08 ①　09 ④　10 ②

11 도수율에 대한 설명으로 틀린 것은?

① 근로손실일수를 알아야 한다.
② 재해발생 건수를 알아야 한다.
③ 연근로시간수를 계산해야 한다.
④ 산업재해의 발생빈도를 나타내는 단위이다.

⋆ 도수율(빈도율 F.R)
100만 근로시간당 재해 발생 건수 비율

$$도수율(빈도율) = \frac{재해\ 건수}{연\ 근로\ 시간\ 수} \times 10^6$$

실기까지 중요 ★★

12 미국산업위생학술원(AAIH)에서는 산업위생분야에 종사하는 사람들이 반드시 지켜야 할 윤리강령을 채택하였는데, 이에 해당하지 않은 것은?

① 전문가로서의 책임
② 근로자에 대한 책임
③ 검사기관으로서의 책임
④ 일반 대중에 대한 책임

⋆ 산업위생전문가의 윤리강령
① 산업위생전문가로서의 책임
② 근로자에 대한 책임
③ 기업주와 고객에 대한 책임
④ 일반 대중에 대한 책임

실기에 자주 출제 ★★★

13 직업성 경견완 증후군 발생과 연관되는 작업으로 가장 거리가 먼 것은?

① 키펀치 작업
② 전화교환 작업
③ 금전등록기의 계산 작업
④ 전기톱에 의한 벌목 작업

⋆ 직업성 경견완증후군의 원인이 되는 작업
① 키펀치 작업(컴퓨터 사무작업)
② 전화교환 작업
③ 금전등록기의 계산 작업

필기에 자주 출제 ★

14 1940년대일본에서 "이타이이타이병" 으로인하여 수많은 환자가 발생, 사망한 사례가 있었는데, 이는 어느 물질에 의한 것인가?

① 납 ② 크롬
③ 수은 ④ 카드뮴

⋆ 유해요인별 중독증세
① 수은중독 : 미나마타병
② 크롬중독 : 비중격천공증, 비강암, 폐암
③ 카드뮴중독 : 이타이이타이병
④ 납중독 : 조혈장해, 말초신경장해
⑤ 벤젠중독 : 빈혈, 백혈병, 조혈장해

필기에 자주 출제 ★

정답 11 ① 12 ③ 13 ④ 14 ④

15 어떤 작업에 있어 작업 시 소요된 열량이 3500 kcal로 파악되었다. 기초대사량이 1100kcal 이고, 안정 시 열량이 기초대사량의 1.2배인 경우 작업대사율(relative metabolic rate, RMR)은 약 얼마인가?

① 1.82 ② 1.98
③ 2.65 ④ 3.18

$$RMR = \frac{\text{작업(노동)대사량}}{\text{기초대사량}} = \frac{\text{작업 시의 소비 에너지} - \text{안정 시의 소비 에너지}}{\text{기초대사량}}$$

$$RMR = \frac{3,500-(1,100\times 1.2)}{1,100} = 1.98$$

실기까지 중요 ★★

16 교대근무제를 실시하려고 할 때 교대근무자의 건강관리 대책을 위한 조건 중 거리가 먼 것은?

① 수면 · 휴식 시설을 갖출 것
② 야근 작업 후의 휴식시간은 8시간으로 할 것
③ 야근 작업 시 작업량이 과중하지 않도록 할 것
④ 난방, 조명 등 환경조건을 적정하게 갖추도록 할 것

② 야근 후 다음 반으로 가는 간격은 최저 48시간 이상의 휴식시간을 갖도록 하여야 한다.

필기에 자주 출제 ★

17 산업 스트레스의 반응에 따른 행동적 결과와 가장 거리가 먼 것은?

① 흡연 ② 불면증
③ 행동의 격양 ④ 알코올 및 약물남용

*산업 스트레스의 반응에 따른 행동적 결과
① 흡연
② 결근
③ 행동의 격양
④ 카페인, 알코올 및 약물남용
⑤ 생산성 저하

18 일반적으로 근로자가 휴식 중일 때의 산소 소비량(oxygen uptake)은 대략 어느 정도인가?

① 0.25L/min ② 0.75L/min
③ 1.50L/min ④ 2.00L/min

*산소 소비량
① 휴식 중 산소소비량 : 0.25L/min
② 운동 중 산소소비량(성인 남자 기준) : 5L/min
(산소 1L의 에너지 : 5kcal)

필기에 자주 출제 ★

19 석재공장, 주물공장 등에서 발생하는 유리규산이 주원인이 되는 진폐의 종류는?

① 면폐증 ② 활석폐증
③ 규폐증 ④ 석면폐증

*규폐증(silicosis)
이산화규소(SiO_2, 유리규산, 석영) 분진 흡입으로 폐조직에 섬유화가 나타난다.

실기까지 중요 ★★

정답 15 ② 16 ② 17 ② 18 ① 19 ③

20 산업안전보건법상 최소 상시근로자 몇 인 이상의 사업장은 1인 이상의 보건관리자를 선임하여야 하는가?

① 10인 이상 ② 50인 이상
③ 100인 이상 ④ 300인 이상

상시근로자 50인 이상의 사업장부터 1인 이상의 보건관리자를 선임하여야 한다.(전담 보건관리자의 선임 : 300인 이상)

실기까지 중요 ★★

제2과목 작업환경측정 및 평가

21 다음 내용이 설명하는 법칙은?

일정한 부피조건에서 압력과 온도는 비례함

① 라울트의 법칙 ② 샤를의 법칙
③ 게이-루삭의 법칙 ④ 보일의 법칙

* 게이-루삭의 법칙
일정한 부피에서 압력과 온도는 비례한다.

* 참고
보일의 법칙
일정한 온도에서 부피와 압력은 반비례한다.
샤를의 법칙
일정한 압력에서 온도와 부피는 비례한다.

필기에 자주 출제 ★

22 에틸렌클리콜이 20℃, 1기압에서 증기압이 0.05mmHg이면 포화농도(ppm)는?

① 약 44 ② 약 66
③ 약 88 ④ 약 102

$$\text{포화농도} = \frac{\text{증기압}}{760} \times 10^6 = \frac{0.05}{760} \times 10^6$$
$$= 65.79(\text{ppm})$$

실기까지 중요 ★★

23 배경소음(Background Noise)을 가장 올바르게 설명한 것은?

① 관측하는 장소에 이어서의 종합된 소음을 말한다.
② 환경 소음 중 어느 특정 소음을 대상으로 할 경우 그 이외의 소음을 말한다.
③ 레벨변화가 적고 거의 일정하다고 볼 수 있는 소음을 말한다.
④ 소음원을 특정시킨 경우 그 음원에 의하여 발생한 소음을 말한다.

* 배경소음(Background Noise)
① 환경 소음 중 어느 특정 소음을 대상으로 할 경우 그 이외의 소음
② 시험 대상 기계 이외의 음원으로부터 나오는 소음

정답 20 ② 21 ③ 22 ② 23 ②

24 측정소음도가 68dB(A)이고 배경소음이 50dB(A)이었다면, 이 때의 대상소음도는?

① 50dB(A) ② 59dB(A)
③ 68dB(A) ④ 74dB(A)

> 음압레벨의 합(합성 소음도)
> $= 10 \times \log\left(10^{\frac{68}{10}} + 10^{\frac{50}{10}}\right) = 68.07(dB)$

실기까지 중요 ★★

25 다음 매체 중 흡착의 원리를 이용하여 시료를 채취하는 방법이 아닌 것은?

① 활성탄관 ② 실리카겔관
③ Molecular seive ④ PVC여과지

> ④ PVC여과지 : 입자상 물질을 필터(여과지)로 여과(걸러냄)하는 방법으로 시료를 채취한다.

필기에 자주 출제 ★

26 벤젠(C_6H_6)을 0.2L/min 유량으로 2시간 동안 채취하여 GC로 분석한 결과 10mg이었다. 공기 중 농도(ppm)는? (단, 25℃, 1기압 기준)

① 약 75 ② 약 96
③ 약 118 ④ 약 130

> 1. $\frac{mg}{m^3} = \frac{10mg}{\frac{0.2 \times 10^{-3}m^3}{min} \times 2 \times 60min}$
> $= 416.67(mg/m^3)$
> $(L = 10^{-3}m^3)$
>
> 2. $mg/m^3 = \frac{ppm \times 분자량}{24.45}$
> $ppm = \frac{mg/m^3 \times 24.45}{분자량} = \frac{416.67 \times 24.45}{78}$
> $= 130.61(ppm)$
> (벤젠의 분자량 = 12×6 + 1×6 = 78)

실기에 자주 출제 ★★★

27 허용농도에서 유해물질의 이름 앞에 C 표시가 있는데 이것의 의미는?

① 1일 8시간 평균농도
② 어떤 시점에서도 동 수치를 넘어서는 안 된다는 상한치
③ 1일 15분 평균농도
④ 피부로 흡수되어 정신적 영향을 줄 수 있는 농도

> ⋆ 최고노출기준(TLV-C)
> ① 근로자가 1일 작업시간동안 잠시라도 노출되어서는 아니 되는 기준
> ② 노출기준 앞에 "C"를 붙여 표시한다.

필기에 자주 출제 ★

28 고온작업장의 고온허용 기준인 습구흑구 온도지수(WBGT)의 옥내 허용기준 산출식은?

① WBGT(℃) = (0.7 × 흑구온도) + (0.3 × 자연습구온도)
② WBGT(℃) = (0.3 × 흑구온도) + (0.7 × 자연습구온도)
③ WBGT(℃) = (0.7 × 흑구온도) + (0.3 × 건구온도)
④ WBGT(℃) = (0.3 × 흑구온도) + (0.7 × 건구온도)

> 1. 옥외(태양광선이 내리쬐는 장소)
> WBGT(℃) = 0.7 × 자연습구온도 + 0.2 × 흑구온도 + 0.1 × 건구온도
> 2. 옥내 또는 옥외(태양광선이 내리쬐지 않는 장소)
> WBGT(℃) = 0.7 × 자연습구온도 + 0.3 × 흑구온도

실기에 자주 출제 ★★★

정답 24 ③ 25 ④ 26 ④ 27 ② 28 ②

29 분진에 대한 측정 방법으로 가장 거리가 먼 것은?

① 직독식(Digital)분진계법
② 중량 분석법
③ 차콜(charcoal)튜브(활성탄)법
④ 임핀저(impinger)법

③ 차콜(charcoal)튜브(활성탄)법 → 공기 중 가스상 물질의 고체포집법으로 이용된다.

30 한 작업장의 분진농도를 측정한 결과가 2.3, 2.2, 2.5, 5.2, 3.3mg/m³이었다. 이 작업장 분진농도의 기하평균 값(mg/m³)은?

① 약 3.43　　② 약 3.34
③ 약 3.13　　④ 약 2.93

$$G.M = \sqrt[N]{X_1 \cdot X_2 \cdots X_n}$$

- X_n: 측정치
- N: 측정치 개수

$G.M = \sqrt[5]{(2.3 \times 2.2 \times 2.5 \times 5.2 \times 3.3)} = 2.93$

실기까지 중요 ★★

31 다음의 2차 표준기구 중 주로 실험실에서 사용하는 것은?

① 로타미터　　② 습식테스트 미터
③ 건식가스 미터　　④ 열선기류계

*2차 표준기구의 종류

표준기구	일반사용범위	정확도	
로타미터 (Rotameter)	1mL/분 이하	±1% ~25%	현장
습식 테스트미터 (Wet-test-meter)	0.5L/분 ~230L/분	±0.5%	실험실
건식 가스미터 (Dry-gas-meter)	10L/분 ~150L/분	±1%	현장
오리피스미터 (Orifice meter)	직경에 따라 다양	±0.5%	현장, 실험실
열선기류계 (Thermo anemometer)	0.05m/초 ~40.6m/초	±0.1% ~0.2%	현장

32 시간가중평균 소음수준(dB(A))을 구하는 식으로 가장 적합한 것은? (단, D : 누적소음노출량(%))

① $16.91 \log(\frac{D}{100}) + 80$

② $16.61 \log(\frac{D}{100}) + 80$

③ $16.91 \log(\frac{D}{100}) + 90$

④ $16.61 \log(\frac{D}{100}) + 90$

$$TWA = 16.61 \times \log\left[\frac{D(\%)}{100}\right] + 90[dB(A)]$$

- TWA : 시간가중 평균 소음수준[dB(A)]
- D : 누적소음 폭로량(%)
- 100 : (12.5×T ; T=노출시간)

실기까지 중요 ★★

정답 29 ③ 30 ④ 31 ② 32 ④

33 작업환경측정에 사용되는 사이클론에 관한 내용으로 가장 거리가 먼 것은?

① 공기 중에 부유되어 있는 먼지 중에서 호흡성 입자상물질을 채취하고자 도안되었다.
② PVC 여과지가 있는 카세트 아래에 사이클론을 연결하고 펌프를 가동하여 시료를 채취한다.
③ 사이클론과 여과지 사이에 설치된 단계적 분리관으로 입자의 질량크기 분포를 얻을 수 있다.
④ 사이클론은 사용할 때마다 그 내부를 청소하고 검사해야 한다.

③ 입자의 질량크기 분포를 얻을 수 있다.
→ 직경분립충돌기

★참고
사이클론은 원심력을 이용하여 호흡성 입자상물질 측정한다.

필기에 자주 출제 ★

34 MCE 막 여과지에 관한 설명으로 틀린 것은?

① MCE 막 여과지의 원료인 셀룰로스는 수분을 흡수하지 않기 때문에 중량분석에 잘 적용된다.
② MCE 막 여과지는 산에 쉽게 용해된다.
③ 입자상 물질 중의 금속을 채취하여 원자흡광법으로 분석하는데 적정하다.
④ 시료가 여과지의 표면 또는 표면 가까운 곳에 침착되므로 석면 등 현미경분석을 위한 시료채취에 이용된다.

① MCE여과지의 원료인 셀룰로오스는 수분을 흡수하는 특성을 가지고 있다.(흡습성이 높아 오차를 유발할 수 있어 중량분석에 적합하지 못함)

필기에 자주 출제 ★

35 유해요인별 측정단위가 잘못 연결된 것은?

① 입자상 물질 : mg/m^3
② 소음 : dB(A)
③ 석면 : $\mu g/cc$
④ 가스상 물질 : ppm

③ 석면 : 개/cm^3(세제곱센티미터 당 섬유개수)

실기까지 중요 ★★

36 비누거품미터를 이용하여 시료채취 펌프의 유량을 보정하였다. 뷰렛의 용량이 1000mL이고 비누거품의 통과시간은 28초일 때 유량(L/min)은 약 얼마인가?

① 2.14 ② 2.34
③ 2.54 ④ 2.74

$$\text{채취유량(L/min)} = \frac{\text{비누거품이 통과한 용량(L)}}{\text{비누거품이 통과한 시간(min)}}$$

$$\text{채취유량(L/min)} = \frac{1{,}000 \times 10^{-3}(L)}{28 \times \frac{1}{60}(min)} = 2.14(L/min)$$

$$(mL = 10^{-3}\,L,\ 1\text{초} = \frac{1}{60}\text{분})$$

필기에 자주 출제 ★

정답 33 ③ 34 ① 35 ③ 36 ①

37 소음의 예방관리 대책으로 음의 잔향시간(Reverberation time method)을 이용하는 방법으로 총 흡음량은 120dB이며, 작업공간의 부피는 80m³일 때 이 작업공간에서 음의 잔향 시간(T)은 약 얼마인가?

① 0.24초　　② 0.67초
③ 1.5초　　④ 0.1초

* 잔향시간

$$T = K\frac{V}{A} = \frac{0.161V}{A}$$

- T : 잔향시간(초)
- K : 비례상수(0.161)
- A : 실내의 총 흡음력
- V : 실의 용적(m³)

$$T = 0.161 \times \frac{80}{120} = 0.107(\text{초})$$

필기에 자주 출제★

38 검지관 사용 시 단점이라 볼 수 없는 것은?

① 밀폐공간에서 산소부족 또는 폭발성 가스 측정에는 측정자 안전이 문제가 된다.
② 민감도 및 특이도가 낮다.
③ 각 오염물질에 맞는 검지관을 선정해야 하는 불편이 있다.
④ 색변화가 선명하지 않아 주관적으로 읽을 수 있어 판독자에 따라 변이가 심하다.

① 맨홀, 밀폐 공간에서의 산소가 부족하거나 폭발성 가스로 인하여 안전이 문제가 될 때 유용하게 사용될 수 있다.

실기까지 중요★★

39 작업장 내 유해물질 측정에 대한 기초적인 이론을 설명한 것으로 틀린 것은?

① 작업장 내 유해화학 물질의 농도는 일반적으로 25℃, 760mmHg의 조건하에서 기준농도로써 나타낸다.
② 가스 또는 증기의 ppm과 mg/m³간의 상호 농도 변환은 mg/m³ = ppm×(24.46/M)(M : 분자량)으로 계산한다.
③ 가스란 상온 상압 하에서 기체상으로 존재하는 것을 말하며 증기란 상온 상압하에서 액체 또는 고체인 물질이 증기압에 따라 휘발 또는 승화하여 기체로 되어 있는 것을 말한다.
④ 유해물질의 측정에는 공기 중에 존재하는 유해 물질의 농도를 그대로 측정하는 방법과 공기로부터 분리 농축하는 방법이 있다.

$$\text{mg/m}^3 = \frac{\text{ppm} \times \text{분자량}}{24.45}$$

필기에 자주 출제★

정답 37 ④ 38 ① 39 ②

40 소음측정을 위해 사용되는 지시소음계(Sound Level Meter)는 산업장에서의 소음노출의 정도를 판단하기 위하여 사용되는 기본계기이다. 지시소음계에 관한 설명으로 틀린 것은?

① 지시소음계는 마이크로폰, 증폭기 및 지시계 등으로 구성되어 있으며 소리의 세기 또는 에너지량을 음압수준으로 표시한다.
② 음량조절장치는 A특성, B특성, C특성을 나타내는 3가지의 주파수 보정회로로 되어 있다.
③ 보정회로를 붙인 이유는 주파수별로 음압수준에 대한 귀의 청각반응이 다르기 때문에 이를 보정하기 위함이다.
④ 대부분의 소음 에너지가 1000Hz 이하일 때에는 A, B, C의 각 특성치의 차이는 비슷하다.

④ A특성은 40phon, B특성은 70phon, C특성은 100phon의 특성치를 가진다.

필기에 자주 출제 ★

제3과목 작업환경관리

41 호흡용 보호구에 관한 설명으로 틀린 것은?

① 오염물질을 정화하는 방법에 따라 공기 정화식과 공기 공급식으로 구분된다.
② 흡기저항이 큰 호흡용 보호구는 분진 제거율이 높아 안전성이 확보된다.
③ 분진제거용 필터는 일반적으로 압축된 섬유상 물질을 사용한다.
④ 산소농도가 정상적이고 먼지만 존재하는 작업장에서는 방진마스크를 사용한다.

② 흡배기 저항이 큰 호흡용 보호구는 호흡에 방해를 초래하므로 흡배기 저항이 낮은 호흡용 보호구를 선택하여야 한다.

필기에 자주 출제 ★

42 방독마스크의 흡수제의 재질로 적당하지 않은 것은?

① fiber glass ② silicagel
③ activated carbon ④ sodalime

* 방독마스크 흡수제의 종류
① 활성탄
② 큐프라마이트
③ 호프칼라이트
④ 실리카겔
⑤ 소다라임
⑥ 알칼리제재
⑦ 카본

필기에 자주 출제 ★

43 아크 용접 작업을 하는 용접작업자의 근로자 건강보호를 위한 작업환경관리 방안으로 가장 거리가 먼 것은?

① 용접 흄 노출농도가 적절한지 살펴보고 특히 망간 등 중금속의 노출정도를 파악하는 것이 중요하다.
② 자외선의 노출여부 및 노출강도를 파악하고 적절한 보안경 착용여부를 점검한다.
③ 용접작업 주변에 TCE세척작업 등 TCE의 노출이 있는지 확인한다.
④ 전기용접기로 발생하는 전자파에 노출될 우려가 있으므로 전자파 노출정도를 측정하고 이를 관리한다.

④ 전기용접기에 의한 감전이 우려되므로 근로자가 절연용 보호구를 착용하고 작업할 수 있도록 관리가 필요하다.

정답 40 ④ 41 ② 42 ① 43 ④

44 피부에 직접 유해물질이 닿지 않도록 피부 보호용 크림이 사용되는데 사용물질에 따라 분류된다. 다음 피부 보호제 중 이에 해당되지 않은 것은?

① 지용성 물질에 대한 피부보호제
② 수용성 피부보호제
③ 광과민성 물질에 대한 비부보호제
④ 수막형성형 피부보호제

*피부보호용 도포제
① 피막형성형 피부보호제(피막형 크림) : 분진, 유리섬유 등에 대한 장해 예방
② 광과민성 물질차단 피부보호제 : 자외선 발생작업(자외선 예방)
③ 지용성 물질차단 피부보호제 : 지용성 물질 취급 작업(지용성 장해 예방)
④ 수용성 물질차단 피부보호제 : 수용성 물질 취급 작업(수용성 장해 예방)
⑤ 소수성 피부보호제(소수성 크림) : 밀랍, 탈수라노린, 파라핀, 유동파라핀, 탄산마그네슘에 대한 장해 예방
⑥ 차광성 물질차단 피부보호제 : 글리세린, 산화제이철 취급 작업

필기에 자주 출제★

45 산소결핍에 의해 가장 민감한 영향을 받는 신체부위는?

① 간장　② 대뇌
③ 심장　④ 폐

산소결핍에 가장 민감한 조직은 뇌(대뇌피질)이다.

필기에 자주 출제★

46 소음원으로부터의 거리와 음압수준은 역비례한다. 만일 거리가 2배 증가하면 음압수준은 약 몇 dB감소하는가? (단, 점음원 기준)

① 2dB　② 3dB
③ 6dB　④ 9dB

자유공간에서 점음원의 경우 거리가 두 배가 되면 소음은 6dB 감소한다.

47 상대적 독성(수치는 독성의 크기)이 2+2 → 4와 같은 결과를 나타내는 화학적인 상호작용은?

① 상승작용　② 상가작용
③ 길항작용　④ 동일작용

*상가작용
두 물질에 동시 노출될 경우의 독성은 단독물질 독성의 합과 같다.(2 + 3 = 5)

*참고
① 상승작용 : 두 물질에 동시 노출될 경우의 독성은 단독물질 독성의 합보다 크게 증가한다. (2 + 3 = 9)
② 가승작용 : 독성이 없던 물질을 독성이 있는 물질과 혼합하면 독성이 강해진다.(2 + 0 = 5)
③ 길항작용 : 두 물질이 서로의 작용을 방해하여 두 물질에 동시 노출될 경우의 독성은 단독물질의 독성보다 약해진다.(2 + 3 = 1)

실기까지 중요★★

정답 44 ④ 45 ② 46 ③ 47 ②

48 반복하여 쪼일 경우 피부가 건조해지고 갈색을 띠게 하며 주름살이 많이 생기도록 작용하며, 눈의 각막과 결막에 흡수되어 안질환을 일으키기도 하는 것은?

① 자외선 ② 적외선
③ 가시광선 ④ 레이저(Laser)

★ 자외선의 인체영향(생물학적 작용)
① 화학선 : 눈과 피부 등에 화학변화를 일으킴
② 광화학적 반응 : 산소분자를 해리하여 오존을 생성
③ 피부작용 : 피부암, 피부 홍반 형성 및 색소 침착, 피부 비후를 일으킴
④ 눈에 대한 영향 : 결막염, 백내장, 급성 각막염 발생시킴
⑤ 비타민 D 생성
⑥ 살균작용
⑦ 전신 건강장해

필기에 자주 출제★

49 입자상먼지는 크기에 따라 채취효율이 달라진다. 방진마스크의 여과효율을 검정할 때는 채취효율이 가장 낮은 크기의 먼지를 사용한다. 방진마스크의 여과효율을 검정할 때 국제적으로 사용하는 먼지의 크기(μm)는?

① 0.1 ② 0.3
③ 0.5 ④ 1.

방진마스크의 여과효율을 검정할 때 국제적으로 사용하는 먼지의 크기 → 0.3μm

50 소음 작업장에서 소음 예방을 위한 전파경로 대책으로 가장 거리가 먼 것은?

① 공장 건물 내벽의 흡음처리
② 지향성 변환
③ 소음기(消音器) 설치
④ 방음벽 설치

★ 방음대책의 방법
① 음원대책 : 발생원 제거, 소음기 설치, 방음 Box, 방진 등
② 전파경로대책 : 흡음 및 차음처리, 방음벽 설치, 거리감쇠, 지향성 변환 등
③ 수음대책 : 마스킹 효과, 귀마개 착용, 이중창 설치 등

필기에 자주 출제★

51 국소진동의 경우에 주로 문제가 되는 주파수 범위로 가장 알맞은 것은?

① 1 ~ 8Hz ② 8 ~ 1,500Hz
③ 1,500 ~ 4,000Hz ④ 4,000 ~ 6,000Hz

★ 인체에 영향을 주는 진동범위
① 전신진동 : 2 ~ 100Hz
② 국소진동 : 8 ~ 1,500Hz

필기에 자주 출제★

52 유해화학물질이 발산되는 사업장에서 근로자에게 가장 많이 침투되는 인체 침입 경로는?

① 호흡기 ② 소화기
③ 피부 ④ 점막

유해물질의 인체침입 경로 중 가장 영향이 큰 침입경로는 호흡기이다.

필기에 자주 출제★

정답 48 ① 49 ② 50 ③ 51 ② 52 ①

53 방진마스크의 선정기준으로 가장 거리가 먼 것은?

① 시야가 넓을 것 ② 무게가 가벼울 것
③ 흡기 저항이 클것 ④ 포집효율이 높을 것

⋆ 방진마스크의 선정조건(구비조건)
① 흡, 배기 저항이 낮을 것(흡, 배기 저항 상승률이 낮을 것)
② 포집효율이 높을 것
③ 시야가 확보될 것
④ 중량이 가벼울 것
⑤ 안면 밀착성이 좋을 것
⑥ 피부접촉부 고무질이 좋을 것

필기에 자주 출제★

54 밀폐공간에 근로자를 종사하도록 할 때, 사업주는 건강장해 예방을 위해 조치를 취해야 한다. 이때의 조치 사항으로 관계가 없는 것은?

① 작업 시작 전 적정한 공기 상태 여부의 확인을 위한 측정 · 평가
② 응급조치 등 안전보건 교육 및 훈련
③ 공기호흡기 또는 송기마스크 등의 착용 및 관리
④ 청력보호구의 착용 및 관리

사업주는 밀폐공간에 근로자를 종사하도록 하는 경우에 다음 각 호의 내용이 포함된 밀폐공간 보건작업 프로그램을 수립하여 시행하여야 한다.
① 작업 시작 전 공기 상태가 적정한지를 확인하기 위한 측정 · 평가
② 응급조치 등 안전보건 교육 및 훈련
③ 공기호흡기나 송기마스크 등의 착용과 관리
④ 그 밖에 밀폐공간 작업근로자의 건강장해 예방에 관한 사항

필기에 자주 출제★

55 분진발생 공정에 대한 대책의 일환으로 국소배기장치를 들 수 있다. 연마작업, 블라스트 작업과 같이 대단히 빠른 기동이 있는 작업장소에서 분진이 초고속으로 비산하는 경우 제어 풍속의 범위는?

① 0.25 ~ 0.5m/s ② 0.5 ~ 1.0m/s
③ 1.0 ~ 2.5m/s ④ 2.5 ~ 10.0m/s

작업조건	작업공정사례	제어속도 (m/sec)
• 움직이지 않은 공기 중에서 속도 없이 배출되는 작업조건 • 조용한 대기 중에 실제 거의 속도가 없는 상태로 발산하는 경우의 작업조건	• 액면에서 발생하는 가스나 증기 흄 • 탱크에서 증발, 탈지시설	0.25 ~ 0.5
• 비교적 조용한(약간의 공기 움직임) 대기 중에서 저속으로 비산하는 작업조건	• 용접, 도금 작업 • 스프레이도장	0.5 ~ 1.0
• 발생기류가 높고(빠른기동) 유해물질이 활발히 발생하는 작업조건	• 스프레이도장, 용기충전 • 컨베이어 적재 • 분쇄기	1.0 ~ 2.5
• 초고속기류(대단히 빠른 기동)가 있는 작업장소에 초고속으로 비산하는 경우	• 회전연삭작업 • 연마작업 • 블라스트 작업	2.5 ~ 10

실기까지 중요★★

56 전리방사선 작업장에서 피폭량을 적게 하는 방법과 관계가 없는 것은?

① 노출시간 ② 거리
③ 차폐 ④ 물질대치

⋆ 방사선 피폭의 방호 대책
(3대 기본 요소 : 거리, 시간, 차폐)
① 방사선을 차폐한다.
② 노출시간을 줄인다.
③ 가급적 거리를 멀게 한다

필기에 자주 출제★

정답 53 ③ 54 ④ 55 ④ 56 ④

57 보호구 밖의 농도가 300ppm이고 보호구 안의 농도가 12ppm이었을 때 보호계수(Protection factor, PF)값은?

① 200　　② 100
③ 50　　④ 25

$$\text{할당보호계수} = \frac{\text{발생농도}}{\text{노출기준}}$$

$$\text{할당보호계수} = \frac{\text{방독마스크 바깥쪽 오염물질 농도}(C_o)}{\text{방독마스크 안쪽 오염물질 농도}(C_i)}$$

$$\text{할당보호계수} = \frac{300}{12} = 25$$

실기까지 중요 ★★

58 촉광에 대한 설명으로 틀린 것은?

① 단위는 룩스(Lux)를 사용한다.
② 지름이 1인치되는 촛불이 수평 방향으로 비칠때 대략 1촉광의 빛을 낸다.
③ 빛의 광도를 나타내는 단위로 국제촉광을 사용한다.
④ 1촉광 = 4π 루멘의 관계가 성립한다.

① 촉광은 광도의 단위이다.

★ 참고
조도의 단위 = 룩스(Lux)

필기에 자주 출제 ★

59 공기 중 오염물질을 분류함에 있어 상온, 상압에서 액체 또는 고체(임계온도가 25℃ 이상) 물질이 증기압에 따라 휘발 또는 승화하여 기체상태로 된 것은?

① 흄　　② 증기
③ 미스트　　④ 더스트

상온, 상압에서 액체 또는 고체(임계온도가 25℃ 이상) 물질이 증기압에 따라 휘발 또는 승화하여 기체상태로 된 것 → 증기

필기에 자주 출제 ★

60 산소결핍 가능 작업장에 대한 보건 및 작업관리 대책으로 가장 거리가 먼 것은?

① 작업자의 건강진단
② 환기
③ 작업 전 산소농도 측정
④ 보호구 착용(공기호흡기, 호스마스크)

★ 산소결핍 위험 작업장의 작업관리대책
① 환기
② 작업 전 산소농도 측정
③ 보호구 착용(공기호흡기, 호스마스크)
④ 작업장소에 근로자를 입장시킬 때와 퇴장시킬 때마다 인원 점검
⑤ 관계근로자 외 출입금지 조치
⑥ 외부와의 연락설비 설치
⑦ 비상시 구출기구 비치

필기에 자주 출제 ★

정답 57 ④ 58 ① 59 ② 60 ①

61 push-pull형 환기장치에 관한 설명으로 틀린 것은?

① 도금조, 자동차 도장 공정에서 이용할 수 있다.
② 일반적인 국소배기장치 후드보다 동력비가 가장 많이 든다.
③ 한 쪽에서는 공기를 불어 주고(push)한쪽에서는 공기를 흡입(pull)하는 장치이다.
④ 공정상 포착거리가 길어서 단지 공기를 제어하는 일반적인 후드로는 효과가 낮을 때 이용하는 장치이다.

② 푸쉬풀 후드를 적용할 경우 일반 측방형 후드에 비해 포집효율을 증가시키면서 필요유량을 감소시킬 수 있으므로 동력비를 줄일 수 있다.

필기에 자주 출제★

62 국소배기장치에 대한 압력측정용 장비가 아닌 것은?

① 피토관
② U자 마노미터
③ smoke tube
④ 경사 마노미터

*국소배기장치의 압력측정 장비
① 피토관
② U자 마노미터
③ 경사 마노미터
④ 아네로이드 게이지
⑤ 마크네헬릭 게이지

*참고
연기발생기(smoke tube)를 사용하는 경우
① 오염물질의 확산이동 관찰
② 덕트 접속부 공기의 누출입 및 집진장치 배출부의 기류 유입 유무 판단
③ 후드로부터 오염물질의 이탈 요인 규명
④ 후드 성능에 미치는 난기류의 영향에 대한 평가

필기에 자주 출제★

63 총압력손실 계산방법 중 정압조절평형법의 장점이 아닌 것은?

① 향후 변경이나 확장에 대해 유연성이 크다.
② 설계가 확실할 때는 가장 효율적인 시설이 된다.
③ 설계 시 잘못 설계된 분지관을 쉽게 발견할 수 있다.
④ 예기치 않은 침식 및 부식이나 덕트 폐쇄가 일어나지 않는다.

장점	• 침식, 부식, 분진 퇴적에 의한 덕트 폐쇄가 없다. • 설계시 잘못 설계된 분지관 또는 저항이 가장 큰 분지관을 쉽게 발견할 수 있다. • 설계가 정확할 때에는 가장 효율적인 시설이다.
단점	• 설계시 잘못된 유량을 고치기 어렵다. • 송풍량은 근로자나 운전자의 의도대로 쉽게 변경되지 않는다. • 설계유량 산정이 잘못될 경우 수정은 덕트의 크기 변경을 요한다. • 설계가 복잡하고 시간이 많이 걸린다. • 설치된 후의 개조 및 변경이나 확장에 대한 유연성이 낮다. • 효율 개선 시 전체를 수정해야 한다. • 때에 따라 전체 필요한 최소유량 보다 더 초과될 수 있다.

필기에 자주 출제★

정답 61 ② 62 ③ 63 ①

64 사이클론의 집진율을 높이는 방법으로 분진박스나 호퍼부에서 처리가스의 일부를 흡인하여 사이클론 내의 난류 현상을 억제시킴으로써 집진된 먼지의 비산을 방지시키는 방법은 어떤 효과를 이용하는 것인가?

① 원심력 효과　② 중력침강 효과
③ 블로우다운 효과　④ 멀티사이클론 효과

* 블로다운(blow-down)
① 사이클론의 집진효율을 증대시키기 위한 방법
② 더스트 박스 및 호퍼부에서 처리가스의 5~10%를 흡인하여 난류현상의 억제 및 원심력을 증대시켜 집진효율을 증대시키는 운전방식을 말한다.

실기까지 중요 ★★

65 유기용제 작업장에 후드를 설치하고자 한다. 이 때 가장 효율이 좋은 후드는?

① 외부시 상방형　② 외부식 하방형
③ 외부식 측방형　④ 포위식 부스형

* 포위식 후드
① 발생원을 완전히 감싸는 형태로 유해물질을 외부로 나가지 못하게 한다.
② 고농도 분진의 비산, 유기용제, 맹독성물질 등을 취급하는 작업장에 적합하다.

포위식 후드 (Enclosing type)	외부식 후드 (Exterior type)

필기에 자주 출제 ★

66 기체의 비중은 공기무게에 대한 같은 부피의 기체 무게비이다. 이산화탄소의 기체비중은 약 얼마인가? (단, 1몰의 공기질량은 28.97g으로 한다.)

① 1.52　② 1.62
③ 1.72　④ 1.82

$$비중(S) = \frac{어떤\ 대상물질의\ 분자량}{표준물질(공기)의\ 분자량} = \frac{44}{28.97} = 1.52$$

[CO_2의 분자량=12+(16×2)=44g]

필기에 자주 출제 ★

67 관의 내경이 200mm인 직관에 55m³/min의 공기를 송풍할 때 관내 기류의 평균 유속(m/s)은 약 얼마인가?

① 19.5　② 26.5
③ 29.2　④ 47.5

$$Q = 60 \times A \times V$$

- Q : 유체의 유량(m^3/min)
- A : 유체가 통과하는 단면적(m^2)
- V : 유체의 유속(m/sec)

$Q = 60 \times A \times V$

$$V = \frac{Q}{60 \times A} = \frac{55}{60 \times 0.031416} = 29.18(m/sec)$$

$$\left[A = \frac{\pi d^2}{4} = \frac{\pi \times 0.2^2}{4} = 0.031416m^2 \right]$$

실기까지 중요 ★★

정답 64 ③ 65 ④ 66 ① 67 ③

68 760mmHg, 20℃의 표준공기를 대상으로 했을 때 동점성계수 $1.5\times10^{-5}m^2/sec$이고, 풍속의 4m/sec, 내경이 507mm인 경우 관내 기체의 Reynold수는 약 얼마인가?

① 1.4×10^5　② 2.7×10^6
③ 3.7×10^5　④ 3.7×10^6

★ 레이놀즈 수

$$Re = \frac{\rho V d}{\mu} = \frac{Vd}{\nu} = \frac{\text{관성력}}{\text{점성력}}$$

- Re : 레이놀즈 수(무차원)
- ρ : 유체밀도(kg/m³)
- d : 관경(m) (상당직경 $D = \frac{2ab}{a+b}$)
- V : 유체의 유속(m/sec)
- μ : 점성계수(kg/m · s(Poise))
- ν : 동점성계수(m²/sec)

$$Re = \frac{Vd}{\nu} = \frac{4\times0.507}{1.5\times10^{-5}} = 1.35\times10^5$$

(507mm = 0.507m)

실기까지 중요 ★★

69 일반적으로 덕트 내의 반송속도를 가장 크게 해야 하는 물질은?

① 증기　② 목재 분진
③ 고무분　④ 주조 분진

★ 반송속도(산업환기설비에 관한 기술지침)

유해물질 발생형태	유해 물질 종류	반송속도(m/sec)
증기 · 가스 · 연기	모든 증기, 가스 및 연기	5.0 ~ 10.0
흄	아연흄, 산화알미늄 흄, 용접흄 등	10.0 ~ 12.5
미세하고 가벼운 분진	미세한 면분진, 미세한 목분진, 종이분진 등	12.5 ~ 15.0
건조한 분진이나 분말	고무분진, 면분진, 가죽분진, 동물털 분진 등	15.0 ~ 20.0
일반 산업분진	그라인더 분진, 일반적인 금속분말분진, 모직물분진, 실리카분진, 주물분진, 석면분진 등	17.5 ~ 20.0
무거운 분진	젖은 톱밥분진, 입자가 혼입된 금속분진, 샌드블라스트분진, 주철보링분진, 납분진	20.0 ~ 22.5
무겁고 습한 분진	습한 시멘트분진, 작은 칩이 혼입된 납분진, 석면덩어리 등	22.5 이상

필기에 자주 출제 ★

70 A작업장에서는 1시간에 0.5L의 메틸에틸케톤(MEK)이 증발되고 있다. MEK의 TLV가 100ppm이라면 이 작업장 전체를 환기시키기 위한 필요환기량(m³/min)은 약 얼마인가? (단, 주위 온도는 25℃, 1기압 상태이며, MEK의 분자량은 72.1, 비중은 0.805, 안전계수는 3이다.)

① 17.06　② 34.12
③ 68.25　④ 83.56

★ 노출기준(TLV)에 따른 전체환기량

$$Q = \frac{24.1\times kg/h\times K\times10^6}{MW\times TLV}(m^3/hr) \div 60 = (m^3/min)$$

- K : 안전계수
- MW : 물질의 분자량
- kg/hr : 시간당 오염물질 발생량(l/hr × S(비중))
- TLV : 노출기준(ppm)
- 24.1 : 21℃, 1기압에서 공기의 비중 (25℃, 1기압일 경우 24.45)

$$Q = \frac{24.45\times(0.5\times0.805)\times3\times10^6}{72.1\times100} = 4094.78(m^3/hr) \div 60 = 68.25(m^3/min)$$

실기에 자주 출제 ★★★

정답 68 ① 69 ④ 70 ③

71 온도가 150℃, 압력 700mmHg 일 때 $200m^3$ 인 기체는 산업환기의 표준상태에서 약 얼마의 체적을 갖는가?

① $118.0m^3$ ② $128.0m^3$
③ $138.0m^3$ ④ $148.0m^3$

* 부피의 온도, 압력 보정
(산업환기 표준상태 : 21℃, 760mmHg)

$$200 \times \frac{(273+21)\times(700)}{(273+150)\times(760)} = 128.03(m^3)$$

$$\frac{P_1V_1}{T_1} = \frac{P_2V_2}{T_2}$$
$$T_1P_2V_2 = T_2P_1V_1$$
$$V_2 = V_1 \times \frac{T_2P_1}{T_1P_2}$$

실기까지 중요 ★★

72 전기집진장치의 장점이 아닌 것은?

① 가스상 오염물질의 처리가 용이하다.
② 고온의 분진함유 공기를 처리할 수 있다.
③ 넓은 범위의 입경과 분진농도에 집진효율이 높다.
④ 압력손실이 낮아 송풍기의 운전비용이 저렴하다.

① 분진포집에 적용되며 가스상의 오염물질 처리는 곤란하다.

* 참고
전기집진장치의 장점
① 광범위한 온도범위에서 적용이 가능하다.
② 고온의 입자상물질, 폭발성가스 처리는 가능하나, 가연성 입자의 처리는 곤란하다.
③ 고온 가스를 처리할 수 있어 보일러와 철강로 등에 설치할 수 있다.
④ 압력손실이 낮으므로 대용량의 처리가스가 가능하며, 송풍기의 운전 및 유지비용이 저렴하다.
⑤ 넓은 범위의 입경과 분진농도에 집진효율이 높다.
⑥ 습식으로 집진할 수 있다.
⑦ 0.01μm 정도의 미세 입자의 포집이 가능하여 높은 집진효율을 얻을 수 있다.(집진장치 중 가장 작은 입자를 처리할 수 있다)

필기에 자주 출제 ★

73 국소배기장치와 전체환기시설을 비교한 것으로 틀린 것은?

① 국소배기장치는 오염물질을 발생원에서 쉽게 포집하여 제거할 수 있다.
② 국소배기장치는 크기가 큰 침강성 먼지도 제거할 수 있으므로 청소비와 청소인력이 절약 된다.
③ 국소배기장치는 오염물질이 소량의 공기에 고농도로 포함되어 있으므로 필요송풍량을 줄일 수 있다.
④ 국소배기장치에서 배출되는 공기량이 많고, 동시에 보충되어야 할 급기량도 많으므로 전체환기보다 경제적이지 못하다.

④ 국소배기장치는 필요환기량이 적어 실내에서 배출되는 공기량이 적고, 따라서 보충되어야 할 급기량도 적어지므로 냉난방 비용면에서 전체 환기시설보다 경제적이다.

필기에 자주 출제 ★

정답 71 ② 72 ① 73 ④

74 주관에 15° 로 분지관이 연결되어 있고 주관과 분지관의 속도압이 모두 15mmH_2O일 때 주관과 분지관의 합류에 의한 압력손실은 몇 mmH_2O인가? (단, 원형 합류관의 압력손실계수는 다음 표를 참고한다.)

합류각	압력손실계수	
	주관	분지관
15°		0.09
20°		0.12
25°	0.2	0.15
30°		0.18
35°		0.21

① 3.75　② 4.35
③ 6.25　④ 8.75

*** 합류관의 압력손실**

압력손실($\triangle P$) $= \triangle P_1 + \triangle P_2$
$= (\xi_1 + VP_1) + (\xi_2 + VP_2)$

- $\triangle P_1$: 주관의 압력손실
- $\triangle P_2$: 분지관의 압력손실
- ξ : 압력손실계수
- VP : 속도압(동압)(mmH_2O)

합류관의 압력손실($\triangle P$) $= \triangle P_1 + \triangle P_2$
$= (0.2 \times 15) + (0.09 \times 15) = 4.35(mmH_2O)$

실기까지 중요 ★★

75 작업장의 크기가 세로 20m, 가로 10m, 높이 6m 이고, 필요환기량이 60m^3/min일 때 1시간당 공기교환횟수는 몇 회인가?

① 1회　② 2회
③ 3회　④ 4회

*** 시간당 공기교환 횟수(ACH)**

$$ACH = \frac{\text{실내 환기량}(Q)}{\text{실내 체적}(m^3)} \times 60$$

- $Q(m^3/hr)$

$$ACH = \frac{60}{20 \times 10 \times 6} \times 60 = 3(\text{회})$$

실기까지 중요 ★★

76 송풍기 벨트의 점검 사항으로 늘어짐 한계 표시를 맞게 한 것은?

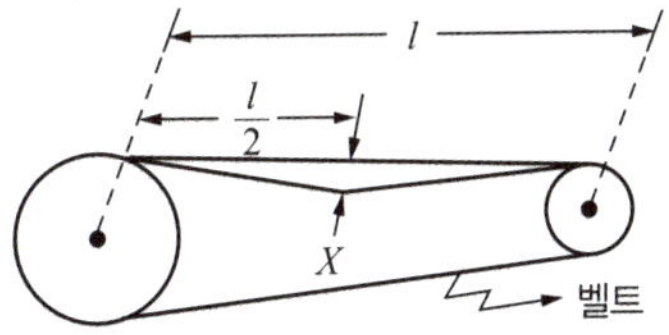

① $0.01L < X < 0.02L$
② $0.04L < X < 0.05L$
③ $0.07L < X < 0.08L$
④ $0.10L < X < 0.12L$

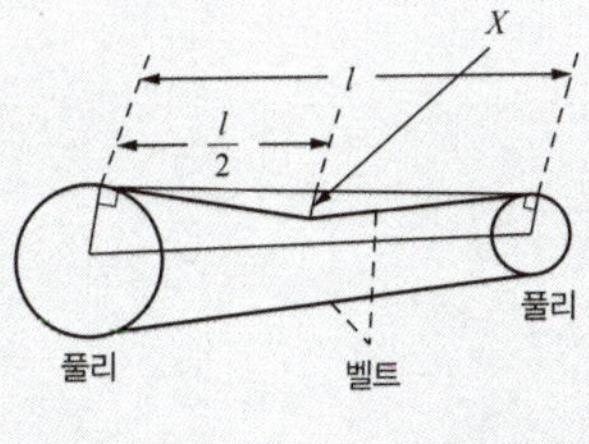

V-벨트는 송풍기를 정지시킨 상태에서 손으로 벨트의 중간 부분을 눌러서 처짐의 정도로 측정하여 $0.01L < x < 0.02L$의 조건을 만족하는지 여부를 확인한다

정답　74 ②　75 ③　76 ①

77 유입계수가 0.8이고 속도압이 $10mmH_2O$일 때 후드의 유입손실은 약 얼마인가?

① $4.2mmH_2O$ ② $5.6mmH_2O$
③ $6.2mmH_2O$ ④ $7.8mmH_2O$

> 압력손실$(\triangle P) = F_h \times VP = (\frac{1}{Ce^2} - 1) \times VP$
>
> • F_h : 압력손실계수$(= \frac{1}{Ce^2} - 1)$
> • VP : 속도압(mmH_2O)
> • Ce : 유입계수

$$\triangle P = F_h \times VP = (\frac{1}{Ce^2} - 1) \times VP$$

$$= (\frac{1}{0.8^2} - 1) \times 10 = 5.63(mmH_2O)$$

실기까지 중요 ★★

78 다음 그림의 송풍기 성능곡선에 대한 설명으로 맞는 것은?

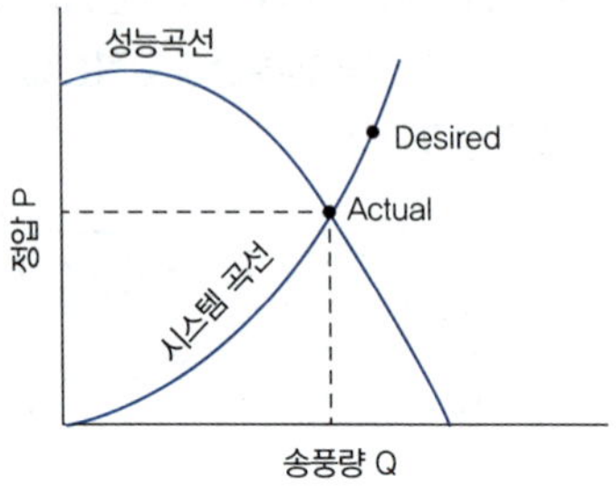

① 너무 큰 송풍기를 선정하고 시스템 압력손실도 과대평가된 경우이다.
② 시스템 곡선의 예측은 적절하나 성능이 약한 송풍기를 선정하여 송풍량이 적게 나오는 경우이다.
③ 설계단계에서 예측했던 시스템 요구곡선이 잘 맞고, 송풍기의 선정도 적절하여 원했던 송풍량이 나오는 경우이다.
④ 송풍기의 선정은 적절하나 시스템의 압력손실 예측이 과대평가되어 실제로는 압력손실이 작게 걸려 송풍량이 예상보다 많이 나오는 경우이다.

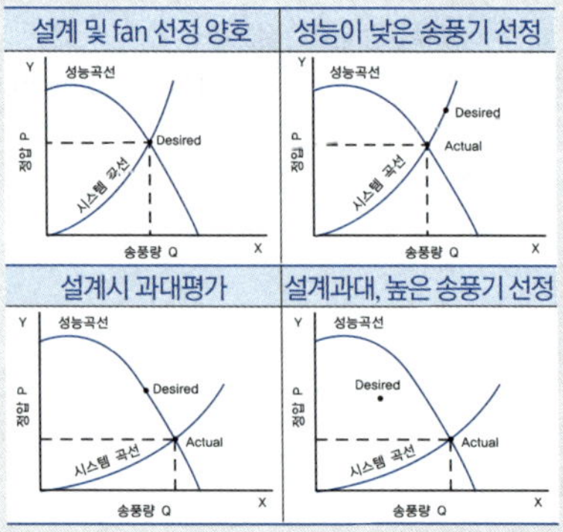

필기에 자주 출제 ★

정답 77 ② 78 ②

79 국소배기장치의 필요송풍량을 최소화하기 위해 취해진 조치로 잘못된 것은?

① 오염물질 발생원을 가능한 밀폐한다.
② 플랜지 등을 설치하여 후드 유입 기류를 조절한다.
③ 주위 방해기류를 최소화하여 후드의 기류형성이 쉽도록 한다.
④ 작업에 방해가 되지 않도록 후드와 오염물질 발생원 간의 거리를 멀게 한다.

④ 후드와 오염물질 발생원 간의 거리를 가깝게 한다.

필기에 자주 출제★

80 제어속도에 관한 설명으로 틀린 것은?

① 포집속도라고도 한다.
② 유해물질이 후드로 유입되는 최대 속도를 말한다.
③ 같은 유해인자라도 후드의 모양과 방향에 따라 달라진다.
④ 제어속도는 유해물질의 발생조건과 공기의 난기류 속도 등에 의해 결정된다.

② 오염물질을 후드 안쪽으로 흡인하기 위하여 필요한 최소풍속을 말한다.

필기에 자주 출제★

정답 79 ④ 80 ②

2017년 3월 5일

1회 과년도기출문제

제1과목 산업위생학 개론

01 국소피로를 평가하는 데는 근전도(electromyogram, EMG)가 가장 많이 이용되고 있다. 피로한 근육에서 측정된 EMG를 정상 근육에서 측정된 EMG와 비교할 때 차이가 있는데, 이 차이에 대한 설명으로 맞는 것은?

① 총 전압의 증가
② 평균 주파수의 증가
③ 0 ~ 200Hz 저주파수에서의 힘의 증가
④ 500 ~ 1000Hz 고주파수에서의 힘의 감소

> ① 저주파수(0 ~ 40Hz)에서 힘의 증가
> ② 고주파수(40 ~ 200Hz)에서 힘의 감소
> ③ 평균주파수의 감소
> ④ 총 전압의 증가

실기까지 중요 ★★

02 재해율의 종류 중 천인율에 관한 설명으로 틀린 것은?

① 천인율 = (재해자수/평균근로자수) × 1,000
② 근무시간이 다른 타 업종간의 비교가 용이하다.
③ 각 사업장 간의 재해상황을 비교하는 자료로 활용된다.
④ 1년 동안에 근로자 1,000명에 대하여 발생한 재해자 수는 연천인율이라 한다.

> ② 근무시간이 동일한 업종간의 1,000명 근로자 당 재해자수의 비교에 용이하다.

> * 참고
> 천인율
> ① 근로자 1,000 명중 재해자수 비율
> ② 천인율 = $\dfrac{\text{재해자 수}}{\text{평균 근로자 수}} \times 1{,}000$
> ③ 천인율 = 도수율 × 2.4

실기까지 중요 ★★

03 국제노동기구(ILO)는 산업보건사업의 권장조건으로써 3가지 기본목표를 제시하고 있다. 기본목표에 해당되지 않는 것은?

① 후진국 근로자의 작업조건을 선진국 수준으로 향상시키는데 기여
② 노동과 노동조건으로 일어날 수 있는 건강장해로부터 근로자 보호
③ 근로자의 정신적 · 육체적 안녕 상태를 최대한으로 유지 증진시키는데 기여
④ 작업에 있어서 근로자들의 정신적 · 육체적 적응, 특히 채용 시 적정배치에 기여

> * 국제노동기구(ILO)의 "산업보건의 3가지 기본목표"
> ① 노동과 노동조건으로 일어날 수 있는 건강장해로부터 근로자 보호
> ② 근로자의 정신적 · 육체적 안녕 상태를 최대한으로 유지 증진시키는데 기여
> ③ 작업에 있어서 근로자들의 정신적 · 육체적 적응, 특히 채용 시 적정배치에 기여

필기에 자주 출제 ★

정답 01 ① 02 ② 03 ①

04 산업안전보건법령상 보건에 관한 기술적인 사항에 관하여 사업주를 보좌하고 관리감독자에게 지도 · 조언을 할 수 있는 자는?

① 보건관리자
② 관리책임자
③ 관리감독책임자
④ 명예산업안전보건감독관

* 보건관리자
보건에 관한 기술적인 사항에 관하여 사업주를 보좌하고 관리감독자에게 지도 · 조언을 한다.

실기까지 중요 ★★

05 직업병과 관련 직종의 연결이 틀린 것은?

① 잠함병 - 제련공
② 면폐증 - 방직공
③ 백내장 - 초자공
④ 소음성난청 - 조선공

① 잠함병 – 잠수부

필기에 자주 출제 ★

06 인간-기계 시스템 설계 시 고려사항으로 틀린 것은?

① 기계시스템 설계시 동작 경제의 원칙에 만족되도록 고려하여야 한다.
② 최종적으로 완성된 시스템에 대해 부적합여부의 결정을 수행하여야 한다.
③ 대상 시스템이 배치될 환경조건이 인간의 한계치를 만족하는가의 여부를 조사한다.
④ 인간과 기계가 다 같이 복수인 경우, 배치에 따른 개별적 효과가 우선적으로 고려되어야 한다.

④ 인간과 기계가 다 같이 복수인 경우 인간의 특성을 우선적으로 고려하여 시스템을 설계하여야 한다.

필기에 자주 출제 ★

07 미국국립산업안전보건연구원(NIOSH)의 중량물 취급 작업에 대한 권고치 중 감시기준(AL)이 40kg일 때의 최대허용기준(MPL)은?

① 60kg ② 80kg
③ 120kg ④ 160kg

MPL(최대허용기준) = 3×AL(감시기준)

MPL = 3×40 = 120(kg)

실기까지 중요 ★★

정답 04 ① 05 ① 06 ④ 07 ③

08 유기용제의 생물학적 모니터링에서 유기용제의 소변 중 대사산물의 짝이 잘못 이루어진 것은?

① 톨루엔 : o-크레졸
② 스티렌 : 삼염화초산
③ 크실렌 : 메틸마뇨산
④ 노말헥산 : 2,5-헥사디온

② 스티렌 : 요중 만델린산

실기에 자주 출제 ★★★

09 일반적으로 근로자가 휴식 중일 때, 산소소비량(oxygen uptake)으로 가장 적절한 것은?

① 0.01L/min ② 0.25L/min
③ 1.5L/min ④ 3.0L/min

* 산소 소비량
① 휴식 중 산소소비량 : 0.25L/min
② 운동 중 산소소비량(성인 남자 기준) : 5L/min(산소 1L의 에너지 : 5kcal)

필기에 자주 출제 ★

10 산업안전보건법상에서 제조 등이 금지되는 유해물질에 해당하는 것은?

① 비소 ② 석면
③ 카드뮴 ④ 6가크롬

* 제조 등이 금지되는 유해물질
① β-나프틸아민[91-59-8]과 그 염 (β-Naphthylamine and its salts)
② 4-니트로디페닐[92-93-3]과 그 염 (4-Nitrodiphenyl and its salts)
③ 백연[1319-46-6]을 함유한 페인트(함유된 중량의 비율이 2퍼센트 이하인 것은 제외한다)
④ 벤젠[71-43-2]을 함유하는 고무풀(함유된 중량의 비율이 5퍼센트 이하인 것은 제외한다)
⑤ 석면(Asbestos; 1332-21-4 등)
⑥ 폴리클로리네이티드 터페닐(Polychlorinated terphenyls; 61788-33-8 등)
※ 관련 법령의 변경으로 문제 일부를 수정하였습니다.

필기에 자주 출제 ★

11 전신피로가 나타날 때 발생하는 생리학적 현상이 아닌 것은?

① 혈중 젖산 농도의 증가
② 혈중 포도당 농도의 저하
③ 산소 소비량의 지속적 증가
④ 근육 내 글리코겐 양의 감소

* 전신피로가 나타날 때 발생하는 생리학적 현상
① 산소공급 부족
② 혈중 포도당(글루코오스)농도 저하
③ 근육 내 글리코겐 양의 감소
④ 혈중 젖산농도의 증가
⑤ 작업강도의 증가

필기에 자주 출제 ★

정답 08 ② 09 ② 10 ② 11 ③

12 소음의 노출기준에 대한 설명으로 틀린 것은?

① 1일 8시간 작업에 대한 소음의 노출기준은 90dB(A) 이다.
② 최대 음압수준이 150dB(A)을 넘는 충격소음에 노출되어서는 안 된다.
③ 충격소음을 제외한 작업장에서의 소음은 115dB(A)을 초과해서는 안 된다.
④ 충격소음이란 최대음압수준이 120dB(A) 이상인 소음이 1초 이상의 간격으로 발생하는 것을 말한다.

최대 음압수준이 140dB(A)을 넘는 충격소음에 노출되어서는 안 된다.

* 참고
소음의 노출기준

1일 노출시간(hr)	소음수준[dB(A)]
8	90
4	95
2	100
1	105
1/2	110
1/4	115

실기까지 중요 ★★

13 직업성 피부장해를 예방하기 위한 방법 중 틀린 것은?

① 개인 방호
② 원료, 재료의 검토
③ 공정의 검토와 개선
④ 본인의 희망에 의한 배치

* 직업성 피부장해를 예방하기 위한 방법
① 사용물질 및 작업방법의 개선
② 작업환경 및 작업공정의 개선
③ 적절한 보호구의 사용
④ 교육을 통한 예방지도
⑤ 위생시설의 활용

14 개인 차원의 스트레스 관리에 대한 내용으로 가장 거리가 먼 것은?

① 건강 검사 ② 긴장 이완 훈련
③ 직무의 순환 ④ 운동과 취미생활

개인차원의 스트레스 관리	집단차원의 스트레스 관리
① 건강검사 ② 운동과 취미생활 ③ 긴장이완훈련	① 직무 재설계 ② 사회적 지원의 제공 ③ 개인의 적응수준 제고 ④ 작업순환

필기에 자주 출제 ★

15 단순 질식제가 아닌 것은?

① 수소가스 ② 헬륨가스
③ 질소가스 ④ 암모니아 가스

단순 질식제	① 생리적으로는 아무 작용도 하지 않으나 공기 중에 많이 존재하면 산소분압을 저하시켜 조직에 필요한 산소의 공급부족을 초래한다. ② 수소, 질소, 이산화탄소(CO_2), 헬륨, 메탄, 에탄, 프로판, 에틸렌, 아세틸렌 등
화학적 질식제	① 혈액 중의 혈색소와 결합하여 산소운반능력을 방해하거나 조직이 산소를 받아들이는 능력을 잃게 하여 내질식을 일으킨다. ② 일산화탄소(CO), 황화수소(H_2S), 시안화수소(HCN), 아닐린

실기까지 중요 ★★

정답 12 ② 13 ④ 14 ③ 15 ④

16 각 국가 및 기관에서 사용하는 노출기준의 용어가 틀린 것은?

① 미국 : PEL(Permissible Exposure Limits)
② 영국 : WEL(Workplace Exposure Limits)
③ 독일 : MAK(Maximum Concentration Values)
④ 스웨덴 : REL(Recommended Exposure)

④ 스웨덴 : OEL(Occupational Exposure Limit)

* 참고
미국 국립산업안전보건연구원(NIOSH) : REL 기준

실기까지 중요 ★★

17 작업대사율이 7에 해당하는 작업을 하는 근로자의 실동률은? (단, 사이또와 오시마의 식을 활용한다.)

① 30%　② 40%
③ 50%　④ 60%

실노동율(실동률)(%) = 85 − (5 × RMR)
• RMR : 에너지 대사율(작업대사율)

실동률 = 85 − (5 × 7) = 50(%)

실기까지 중요 ★★

18 근골격계의 질환의 특징을 설명한 것으로 틀린 것은?

① 생산 공정이 기계화, 자동화되어도 꾸준하게 증가하고 있다.
② 우리나라의 경우 산업재해는 50인 미만의 영세 중소기업에서 약 70% 정도를 차지한다.
③ 우리나라에서는 건설업에서 근골격계 질환 발생이 가장 많고 그 다음으로 제조업 순이었다.
④ 근골격계 질환을 최대한 줄이기 위하여 조기 발견, 작업환경 개선, 적절한 의학적 조치 등을 취하여야 한다.

③ 우리나라에서는 제조업에서 근골격계 질환 발생이 가장 많고 그 다음으로 서비스업, 건설업 순이었다.

19 산업안전보건법상 용어의 정의가 틀린 것은?

① 산소결핍이란 공기 중의 산소농도가 18% 미만인 상태를 말한다.
② 산소결핍증이란 산소가 결핍된 공기를 들이마심으로써 생기는 증상을 말한다.
③ 밀폐공간이란 산소결핍, 유해 가스로 인한 화재 · 폭발 등의 위험이 있는 장소로서 별도로 정한 장소를 말한다.
④ 적정공기란 산소농도의 범위가 18% 이상 23.5% 미만, 탄산 가스의 농도가 1.0% 미만, 황화수소의 농도가 100ppm 미만인 수준의 공기를 말한다.

* 작업장의 적정공기 수준
① 산소농도의 범위가 18% 이상 23.5% 미만
② 탄산가스의 농도가 1.5% 미만
③ 일산화탄소의 농도가 30ppm 미만
④ 황화수소의 농도가 10ppm 미만

실기까지 중요 ★★

정답 16 ④ 17 ③ 18 ③ 19 ④

20 육체적 작업능력이 16kcal/min인 근로자가 1일 8시간 동안 물체를 운반하고 있다. 이 때의 작업대사량이 7kcal/min라고 할 때 이 사람이 쉬지 않고 계속하여 일할 수 있는 최대 허용시간은 약 얼마인가? (단, 16kcal/min에 대한 작업시간은 4분이다.)

① 145분 ② 188분
③ 227분 ④ 245분

* 작업강도에 따른 허용작업시간

1. $\log T_{end} = 3.720 - 0.1949E$
2. $E = \dfrac{PWC}{3}$
- E : 작업대사량(kcal/min)
- T_{end} : 허용작업시간(min)

$\log T_{end} = 3.720 - 0.1949 \times 7 = 2.356$
$T_{end} = 10^{2.356} = 226.99$(분)

실기까지 중요 ★★

제2과목 작업환경측정 및 평가

21 가스상 물질의 포집을 위한 기체 혹은 액체치환병을 시료채취 전에 전동펌프 등을 이용한 채취대상 공기로 치환 시 채취효율에 대한 오차율이 0.03%일 때 가스시료 채취병의 공기치환 횟수는?

① 18회 ② 12회
③ 8회 ④ 5회

공기치환 횟수(N) = $\ln(\dfrac{100}{E})$
- E : 채취효율에 대한 오차율(%)

$N = \ln\dfrac{100}{0.03} = 8.11$(회)

22 습구흑구온도지수(WBGT)를 사용하여 옥외작업장의 고온 허용기준을 산출하는 공식은? (단, 태양광선이 내리쬐지 않는 장소)

① (0.7×자연습구온도)+(0.2×흑구온도) +(0.1×건구온도)
② (0.7×자연습구온도)+(0.2×건구온도) +(0.1×흑구온도)
③ (0.7×자연습구온도)+(0.3×흑구온도)
④ (0.7×자연습구온도)+(0.3×건구온도)

1. 옥외(태양광선이 내리쬐는 장소)
WBGT(℃) = 0.7×자연습구온도 + 0.2 ×흑구온도 + 0.1×건구온도
2. 옥내 또는 옥외(태양광선이 내리쬐지 않는 장소)
WBGT(℃) = 0.7×자연습구온도 + 0.3 ×흑구온도

실기에 자주 출제 ★★★

23 도장 작업장에서 작업 시 발생되는 유기용제를 측정하여 정량, 정성분석을 하고자 한다. 이 때 가장 적합한 분석기기는?

① 적외선 분광광도계
② 흡광광도계
③ 가스크로마토그래피
④ 원자흡광광도계

* 가스크로마토그래피
유기용제를 측정하여 정량, 정성분석하는 기기

* 참고
가스크로마토그래피는 기체시료 또는 기화한 액체나 고체시료를 운반가스로 고정상이 충진된 컬럼(또는 분리관)내부를 이동시키면서 시료의 각 성분을 분리·전개시켜 정성 및 정량하는 분석기기로서 허용기준 대상 유해인자 중 휘발성유기화합물의 분석 방법에 적용한다.

정답 20 ③ 21 ③ 22 ③ 23 ③

24 방사선 작업 시 작업자의 실질적인 방사선 노출량을 평가하기 위해 사용되는 것은?

① 필름뱃지(Film badge)
② Lux meter
③ 개인시료 포집장치
④ 상대농도 측정계

* 필름뱃지(Film badge)
방사선 노출량을 평가

* 참고
필름뱃지(Film badge)
방사선에 의한 필름의 감광현상을 이용하여 방사선량(방사선피폭량)을 결정한다.

필기에 자주 출제 ★

25 근로자가 순간적으로라도 유해물질에 초과되어서는 안 되는 농도를 표시해주는 허용기준의 종류는?

① TLV-TWA ② TLV-STEL
③ TLV-C ④ PEL

* 최고노출기준(TLV-C)
① 근로자가 1일 작업시간동안 잠시라도 노출되어서는 아니 되는 기준
② 노출기준 앞에 "C"를 붙여 표시한다.

실기까지 중요 ★★

26 기류를 측정하는 기기라 할 수 없는 것은?

① 아스만통풍건습계 ② Kata 온도계
③ 풍차풍속계 ④ 열선풍속계

* 공기의 유속(기류) 측정기기
① 피토관(pitot tube)
② 회전 날개형 풍속계
(rotating vane anemometer)
③ 그네 날개형 풍속계
(swining vane anemometer; 벨로미터)
④ 열선 풍속계(thermal anemometer)
⑤ 카타온도계(kata thermometer)
⑥ 풍향 풍속계
⑦ 풍차 풍속계

필기에 자주 출제 ★

27 검지관에 관한 설명으로 틀린 것은?

① 특이도가 높다.
② 비교적 고농도에만 적용이 가능하다.
③ 다른 방해물질의 영향을 받기 쉽다.
④ 한 검지관으로 단일 물질만을 측정할 수 있어 각 오염물질에 맞는 검지관을 선정해야 한다.

① 특이도가 낮다.(다른 방해물질의 영향을 받기 쉬워 오차가 크다.)

필기에 자주 출제 ★

정답 24 ① 25 ③ 26 ① 27 ①

28 2차 표준기구에 해당하는 것은?

① 가스 미터　　② Pitot 튜브
③ 습식 테스트 미터　　④ 폐활량계

1차 표준 기구	2차 표준기구
1. 비누거품미터 2. 폐활량계 3. 가스치환병 4. 유리피스톤미터 5. 흑연피스톤미터 6. 피토튜브(Pitot tube)	1. 로타미터 2. 습식테스트미터 (Wet-test-meter) 3. 건식가스미터 (Dry-gas-meter) 4. 오리피스미터 5. 열선기류계
암기법 1차비누로 폐활량 재고, 가스치환하여, 유리, 흑연 먹였더니 피토했다.	암기법 2 열로 걸어가는 습관 테스트하는 오리

실기에 자주 출제 ★★★

29 아세톤 2000ppb은 몇 mg/m³인가? (단, 아세톤 분자량 = 58, 작업장 25℃, 1기압)

① 3.7　　② 4.7
③ 5.7　　④ 6.7

$$mg/m^3 = \frac{ppm \times 분자량}{24.45} = \frac{2ppm \times 58}{24.45}$$
$$= 4.74(mg/m^3)$$
$(ppm = 10^{-6}, ppb = 10^{-9}, \therefore 1,000ppb = 1ppm)$

실기까지 중요 ★★

30 입자채취를 위한 사이클론과 충돌기를 비교한 내용으로 옳지 않은 것은?

① 충돌기에 비하여 사이클론은 시료의 되튐으로 인한 손실염려가 없다.
② 사이클론의 경우 채취효율을 높이기 위한 매체의 코팅이 필요하다.
③ 충돌기에 비하여 사이클론이 호흡성 먼지에 대한 자료를 쉽게 얻을 수 있다.
④ 사이클론이 충돌기에 비하여 사용이 간편하고 경제적이다.

* 사이클론의 장점
① 사용이 간편하고 경제적이다.
② 호흡성 먼지에 대한 자료를 쉽게 얻을 수 있다.
③ 시료의 되튐으로 인한 손실이 없다.
④ 매체의 코팅과 같은 별도의 특별한 처리가 필요 없다.

실기까지 중요 ★★

31 유량, 측정시간, 회수율에 의한 오차가 각각 5%, 3%, 5% 일 때 누적오차(%)는?

① 6.2　　② 7.7
③ 8.9　　④ 11.4

누적오차$(E_c) = \sqrt{E_1^2 + E_2^2 + E_3^2 + \cdots + E_n^2}$
- E_c : 누적오차(%)
- $E_1, E_2, E_3 \sim E_n$: 각각 요소의 오차율(%)

$E_c = \sqrt{5^2 + 3^2 + 5^2} = 7.68(\%)$

실기까지 중요 ★★

정답 28 ③ 29 ② 30 ② 31 ②

32 가스크로마토그래피에서 컬럼의 역할은?

① 전개가스의 예열
② 가스전개와 시료의 혼합
③ 용매 탈착과 시료의 혼합
④ 시료성분의 분배와 분리

* 가스크로마토그래피에서 컬럼의 역할
시료성분의 분배와 분리

33 석면의 공기 중 농도를 표현하는 표준 단위로 사용하는 것은?

① ppm　② $\mu m/m^3$
③ 개/cm^3　④ mg/m^3

* 작업환경 측정의 단위 표시
① 석면 : 개/cm^3(세제곱센티미터 당 섬유개수)
② 가스, 증기, 분진, 흄, 미스트 : mg/m^3 또는 ppm
③ 고열(복사열 포함) : 습구 · 흑구온도지수를 구하여 ℃로 표시
④ 소음 : [dB(A)]

실기까지 중요 ★★

34 가장 많이 사용되는 표준형의 활성탄관의 경우, 앞 층과 뒷 층에 들어 있는 활성탄의 양은? (단, 앞층 : 공기 입구 쪽)

① 앞층 : 50mg, 뒷층 : 100mg
② 앞층 : 100mg, 뒷층 : 50mg
③ 앞층 : 200mg, 뒷층 : 300mg
④ 앞층 : 300mg, 뒷층 : 200mg

* 활성탄관
유리관 안에 활성탄 100mg(앞 층 : 공기입구 쪽)과 50mg(뒷 층)을 두 개 층으로 충전하였다.

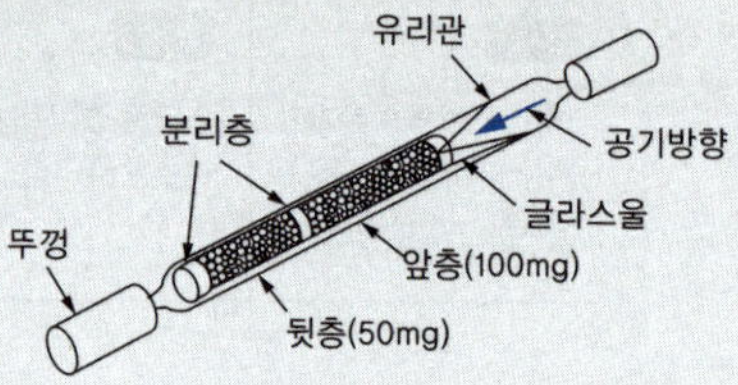

실기까지 중요 ★★

35 이온크로마토그래피(IC)로 분석하기에 적합한 물질은?

① 무기수은　② 크롬산
③ 사염화탄소　④ 에탄올

* 이온크로마토그래피(IC) 분석 성분
① 음이온 : 질산(NO_3^-)이온, 인산(HPO_4^{2-})이온, 황산(SO_4^{2-})이온, 크롬산(CrO_4^{2-})이온 등의 분석
② 양이온 : 리튬(Li^+)이온, 나트륨(Na^+)이온, 칼륨(K^+), 칼슘(Ca^{2+})등의 분석

정답 32 ④ 33 ③ 34 ② 35 ②

36 H_2SO_4(MW = 98) 4.9g이 100L의 수용액 속에 용해되어있을 때 이 용액의 pH는? (단, 황산은 100% 전리한다.)

① 4 ② 3
③ 2 ④ 1

1. $1\text{mol} = \frac{\text{몰질량(분자량)}}{1L}$

H_2SO_4 $1\text{mol} = \frac{98g}{1L} = \frac{9,800g}{100L}$

1mol : 9,800g = $x$mol : 4.9g

$1 \times 4.9 = 9,800 \times x$

$x = \frac{4.9}{9,800} = 0.0005\text{mol}$

2. $H_2SO_4 \rightarrow 2H^+ + SO_4^{2-}$

(1mol : 2mol : 1mol)

$H_2SO_4 : H^+$가 1 : 2로 반응하므로

H_2SO_4이 0.0005mol일 때

$H^+ = 2 \times 0.0005 = 0.001$mol이 된다.

3. $pH = \log(\frac{1}{H^+}) = \log(\frac{1}{0.001}) = 3$

※ 출제비중이 낮은 문제입니다.

37 1촉광의 광원으로부터 한 단위 입체각으로 나가는 광속의 단위는?

① Lumen ② Foot Candle
③ Lambert ④ Candle

*루멘(Lumen; lm)

1촉광의 광원으로부터 한 단위입체각으로 나가는 광속의 단위

필기에 자주 출제 ★

38 유사노출그룹(Similar Exposure Group : SEG)을 결정하는 목적과 가장 거리가 먼 것은?

① 시료 채취수를 경제적으로 결정하는데 있다.
② 시료 채취시간을 최대한 정확히 산출하는데 있다.
③ 역학 조사를 수행할 때 사건이 발생된 근로자가 속한 유사노출그룹의 노출농도를 근거로 노출 원인을 추정할 수 있다.
④ 모든 근로자의 노출 정도를 추정하고자 하는데 있다.

*동일노출그룹(유사노출그룹) 설정 목적

① 시료채취 수를 경제적으로 하기 위함이다.
② 모든 근로자의 노출 정도를 추정하고자 하는데 있다.
③ 해당근로자가 속한 동일노출그룹의 노출농도를 근거로 노출원인 및 농도를 추정할 수 있다.
④ 작업장에서 모니터링하고 관리해야 할 우선적인 그룹을 결정하기 위함이다.

실기까지 중요 ★★

39 총 먼지 채취 전 여과지의 질량은 15.51mg이고 2.0L/분으로 7시간 시료 채취 후 여과지의 질량은 19.95mg이었다. 이 때 공기 중 총 먼지농도(mg/m^3)는? (단, 기타 조건은 고려하지 않음)

① 5.17 ② 5.29
③ 5.62 ④ 5.93

$$\frac{mg}{m^3} = \frac{(19.95 - 15.51)mg}{\frac{2.0 \times 10^{-3}m^3}{min} \times (7 \times 60)min}$$

$= 5.29(mg/m^3)$

$(L = 10^{-3}m^3)$

실기까지 중요 ★★

정답 36 ② 37 ① 38 ② 39 ②

40 어떤 분석방법의 검출한계가 0.15mg일 때 정량한계로 가장 적합한 것은?

① 0.3mg ② 0.5mg
③ 0.9mg ④ 1.5mg

정량한계 = 검출한계 × 3 또는 3.3

정량한계 = 0.15 × 3.3 = 0.495(mg)

※관련 지침의 변경으로 문제 일부를 수정하였습니다.

실기까지 중요 ★★

제3과목 작업환경관리

41 전리 방사선은 생체에 대하여 파괴적으로 작용하므로 엄격한 허용기준이 제정되어 있다. 전리 방사선으로만 짝지어진 것은?

① α선, 중성자, X-선
② β선, 레이저, 자외선
③ α선, 라디오파, X-선
④ β선, 중성자, 극저주파

* 전리방사선(이온화 방사선)의 종류
① 전자기 방사선(X-Ray, γ선)
② 입자 방사선(α, β입자, 중성자)

필기에 자주 출제 ★

42 공학적 작업환경관리 대책 중 격리에 해당하지 않는 것은?

① 저장탱크들 사이에 도랑 설치
② 소음발생 작업장에 근로자용 부스 설치
③ 유해한 작업을 별도로 모아 일정한 시간에 처리
④ 페인트 분사공정을 함침 작업으로 실시

④ 페인트 분사공정을 함침 작업으로 실시
→ 작업환경관리 대책 중 "대체"에 해당한다.

* 참고
격리의 예

저장물질의 격리	• 인화성이 강한 물질 등 저장 시 저장탱크 사이에 도랑을 파고 제방을 만들어 격리한다.
시설의 격리	• 방사능물질의 경우 원격조정, 자동화 감시체제로 변경한다. • 시끄러운 기계류에 방음커버 등을 씌워 격리한다.
공정의 격리	• 자동차의 도장 공정, 전기도금 공정을 타공정과 격리한다.
작업자의 격리	• 위생보호구를 착용한다.

필기에 자주 출제 ★

정답 40 ② 41 ① 42 ④

43 방독마스크의 유해인자와 카트리지 색깔의 연결이 틀린 것은?

① 유기화합물 - 갈색
② 암모니아 - 녹색
③ 일산화탄소 - 청색
④ 아황산가스 - 노란색

* 방독마스크 정화통 외부 측면의 표시 색

종 류	표시 색
유기화합물용 정화통	갈 색
할로겐용 정화통	회 색
황화수소용 정화통	
시안화수소용 정화통	
아황산용 정화통	노란색
암모니아용 정화통	녹 색
복합용 및 겸용의 정화통	• 복합용의 경우 해당가스 모두 표시 (2층 분리) • 겸용의 경우 백색과 해당가스 모두 표시(2층 분리)

※ 관련 법규내용의 변경으로 문제 일부를 수정하였습니다.

44 출력이 0.01W인 기계에서 나오는 음향파워레벨(PWL, dB)은?

① 80 ② 90
③ 100 ④ 110

$$PWL = 10 \times \log\left(\frac{W}{W_o}\right)(\text{dB})$$

- PWL : 음향파워레벨(dB)
- W : 대상음원의 음력(watt)
- W_o : 기준음력(10^{-12}watt)

$$PWL = 10 \times \log\left(\frac{0.01}{10^{-12}}\right) = 100(\text{dB})$$

실기에 자주 출제 ★★★

45 고압환경에서 발생되는 2차적인 가압현상(화학적 장해)에 해당하지 않는 것은?

① 일산화탄소 중독 ② 질소마취
③ 이산화탄소 중독 ④ 산소 중독

* 고압환경의 2차적 가압현상
① 질소의 마취작용 : 공기 중의 질소 가스는 4기압 이상에서 마취작용을 일으킨다.
② 산소중독 증세 : 산소분압이 2기압을 넘으면 산소중독 증세가 나타난다.
③ 이산화탄소의 작용 : 이산화탄소의 증가는 산소의 독성과 질소의 마취작용을 촉진시킨다.

실기까지 중요 ★★

46 이상기압 환경에 관한 설명으로 적합하지 않은 것은?

① 지구표면에서의 공기의 압력은 평균 1Kg/cm^2이며 이를 1기압이라고 한다.
② 수면 하에서의 압력은 수심이 10m깊어질 때마다 1기압씩 증가한다.
③ 수심 20m에서의 절대압은 2기압이다.
④ 잠함작업이나 해저터널 굴진 작업은 고압환경에 해당된다.

- 수면 하에서의(절대)압력은 수심이 10m 깊어질 때마다 1기압씩 더해진다.
- 수심 20m에서의 압력 : 게이지압 2기압, 절대압 3기압

필기에 자주 출제 ★

정답 43 ③ 44 ③ 45 ① 46 ③

47 알데히드(지방족)를 다루는 작업장에서 사용하는 장갑의 재질로 가장 적절한 것은?

① 네오프렌 ② PVC
③ 니트릴 ④ 부틸

⋆ Butyl 고무
극성용제(알콜, 알데히드 등)에 사용된다.

필기에 자주 출제 ★

48 장기간 사용하지 않은 오래된 우물에 들어가서 작업하는 경우 작업자가 반드시 착용해야 할 개인보호구는?

① 입자용 방진마스크
② 유기가스용 방독마스크
③ 일산화탄소용 방독마스크
④ 송기형 호스마스크

우물 → 밀폐공간 → 산소결핍 우려 → 송기마스크 착용

필기에 자주 출제 ★

49 8시간 동안 어떤 근로자가 노출된 소음의 압력수준이 $10^{-2.8}$Watt이었다면, 노출수준(dB)은? (단, 기준음력 = 10^{-12}Watt)

① 90 ② 91
③ 92 ④ 93

$$PWL = 10 \times \log\left(\frac{W}{W_o}\right)(dB)$$

- PWL : 음향파워레벨(dB)
- W : 대상음원의 음력(watt)
- W_o : 기준음력(10^{-12}watt)

$$PWL = 10 \times \log\left(\frac{10^{-2.8}}{10^{-12}}\right) = 92(dB)$$

실기에 자주 출제 ★★★

50 밀폐공간 작업 시 작업의 부하인자에 대한 설명으로 잘못된 것은?

① 모든 옥외작업의 경우와 거의 같은 양상의 근력부하를 갖는다.
② 탱크바닥에 있는 슬러지 등으로부터 황화수소가 발생한다.
③ 철의 녹 사이에 황화물이 혼합되어 있으면 황산화물이 공기 중에서 산화되어 발열하면서 아황산가스가 발생할 수 있다.
④ 산소농도가 30% 이하(산업안전보건법 규정)가 되면 산소결핍증이 되기 쉽다.

⋆ 산소결핍
공기 중의 산소농도가 18% 미만인 상태

필기에 자주 출제 ★

정답 47 ④ 48 ④ 49 ③ 50 ④

51 다음의 성분과 용도를 가진 보호 크림은?

- 성분 : 정제 벤드나이드 겔, 염화비닐수지
- 용도 : 분진, 전해약품 제조, 원료취급 작업

① 피막형 크림 ② 차광 크림
③ 소수성 크림 ④ 친수성 크림

* 피막형 피부보호제(피막형 크림)
: 분진, 유리섬유 등에 대한 장해 예방
① 분진, 전해약품 제조, 원료 취급 작업에서 주로 사용한다.
② 적용 화학물질 : 정제 벤드나이겔, 염화비닐 수지

필기에 자주 출제★

52 자연조명에 관한 설명으로 틀린 것은?

① 천공광이란 태양광의 직사광을 말하며 1년을 통해 주광량의 50% 정도의 비율이다.
② 창의 면적은 바닥 면적의 15~20%가 이상적이다.
③ 지상에서의 태양조도는 약 100,000Lux 정도이다.
④ 실내의 일정 지점의 조도와 옥외의 조도와의 비율을 %로 표시한 것을 주광율이라고 한다.

* 천공광
대기 중에 산란 또는 구름에 확산 · 투과되거나 반사되어 지구에 도달하는 태양광을 말한다.

필기에 자주 출제★

53 물질안전보건자료(MSDS)를 작성해야 하는 건강장해 물질이 아닌 것은?

① 금수성 물질 ② 부식성 물질
③ 과민성 물질 ④ 변이원성 물질

* 물질안전보건자료(MSDS) 작성대상

물리적 위험성물질	건강장해 및 환경 유해성물질
• 폭발성 물질	• 급성 · 독성(경구, 경피, 흡입)
• 자기반응성 물질	• 피부 부식성 또는 자극성
• 유기과산화물	• 심한 눈 손상 또는 자극성
• 산화성 가스	• 호흡기 과민성
• 산화성 액체	• 피부 과민성
• 산화성 고체	• 발암성
• 인화성 가스	• 생식세포 변이원성
• 인화성 에어로졸	• 생식독성
• 인화성 액체	• 특정표적장기 독성-1회노출
• 인화성 고체	• 특정표적장기 독성-반복노출
• 자연발화성 액체	• 흡인 유해성
• 자연발화성 고체	• 환경 유해성
• 물반응성 물질(금수성물질)	
• 고압가스	
• 자기발열성 물질	
• 금속부식성 물질	

54 렌트겐(R) 단위(1R)의 정의로 옳은 것은?

① 2.58×10^{-4}/C/kg ② 4.58×10^{-4}/C/kg
③ 2.58×10^{4}/C/kg ④ 4.58×10^{4}/C/kg

* 1R(뢴트겐)
전리작용에 의하여 건조한 공기 1kg당 2.58×10^{-4} 쿨롱의 전기량을 만들어내는 γ선 혹은 엑스선의 세기를 말한다.
• 1R(뢴트겐) = 2.58×10^{-4}/C/kg

실기까지 중요★★

정답 51 ① 52 ① 53 ① 54 ①

55 청력보호구의 차음효과를 높이기 위한 내용으로 틀린 것은?

① 귀덮개 형식의 보호구는 머리카락이 길 때와 안경테가 굵거나 잘 부착되지 않을 때에는 사용하지 않는다.
② 청력보호구를 잘 고정시켜서 보호구 자체의 진동을 최소한으로 한다.
③ 청격보호구는 다기공의 재료로 만들어 흡음효과를 최대한 높이도록 한다.
④ 청력보호구는 머리의 모양이나 귓구멍에 잘 맞는 것을 사용한다.

③ 다기공(다공질)의 재료는 흡음재로 사용되므로 청력보호구의 차음효과를 높이기 위해서는 피하는 것이 좋다.

필기에 자주 출제★

56 수심 50m에서의 압력은 수면보다 얼마가 높겠는가?

① 약 $1kg/cm^2$ ② 약 $5kg/cm^2$
③ 약 $10kg/cm^2$ ④ 약 $50kg/cm^2$

- 수면 하에서의 압력은 수심이 10m 깊어질 때마다 1기압씩 더해진다.
- 수심 50m에서의 압력 : 게이지압 5기압, 절대압 6기압

★참고
1기압(atm) = 1.033227(kg/cm^2)

필기에 자주 출제★

57 동일한 작업장 내에서 서로 비슷한 인체부위에 영향을 주는 유독성 물질을 여러 가지 사용하는 경우에 인체에 미치는 작용으로 옳은 것은?

① 독립작용 ② 상가작용
③ 대사작용 ④ 길항작용

★상가작용
두 물질에 동시 노출될 경우의 독성은 단독물질 독성의 합과 같다.(2 + 3 = 5)

★참고
① 상승작용 : 두 물질에 동시 노출될 경우의 독성은 단독물질 독성의 합보다 크게 증가한다.(2 + 3 = 9)
② 가승작용 : 독성이 없던 물질을 독성이 있는 물질과 혼합하면 독성이 강해진다.(2 + 0 = 5)
③ 길항작용 : 두 물질이 서로의 작용을 방해하여 두 물질에 동시 노출될 경우의 독성은 단독물질의 독성보다 약해진다.(2 + 3 = 1)

필기에 자주 출제★

58 공기 중 입자상 물질은 여러 기전에 의해 여과지에 채취된다. 차단, 간섭 기전에 영향을 미치는 요소와 가장 거리가 먼 것은?

① 입자크기
② 입자밀도
③ 여과지의 공경(막여과지)
④ 여과지의 고형분(solidity)

★차단, 간섭 기전에 영향을 미치는 요소
① 입자크기
② 여과지의 공경(막여과지)
③ 여과지의 고형분(solidity)

정답 55 ③ 56 ② 57 ② 58 ②

59 연료, 합성고무 등의 원료로 사용되며 저농도로 장기간 폭로 시 혈액장해, 간장장해를 일으키고 재생불량성 빈혈, 백혈병을 일으키는 유해화학 물질은?

① 노르말핵산 ② 벤젠
③ 사염화탄소 ④ 알킬수은

> ⋆ 벤젠
> ① 연료, 합성고무 등의 원료로 사용된다.
> ② 벤젠은 저농도로 장기간 폭로 시 혈액장해, 간장장해를 일으키고 재생불량성 빈혈, 백혈병을 일으킨다.
> ③ 방향족 탄화수소 중 저 농도에 장기간 노출되어 만성중독을 일으키는 경우에는 벤젠의 위험도가 가장 크다.

실기까지 중요 ★★

60 한랭 환경에서 발생하는 제2도 동상의 증상은?

① 수포를 가진 광범위한 삼출성 염증이 일어난다.
② 따갑고 가려운 감각이 생긴다.
③ 심부조직까지 동결하며 조직의 괴사로 괴저가 일어난다.
④ 혈관이 확장하여 발적이 생긴다.

제1도 동상 (발적)	가려우며 혈관확장으로 국소발적이 생긴다.
제2도 동상 (수포형성과 염증)	수포와 함께 광범위한 삼출성 염증이 생긴다.
제3도 동상 (조직괴사 및 괴저)	심부조직까지 동결되어 조직의 괴사인한 괴저가 발생한다.

실기까지 중요 ★★

제4과목 산업환기

61 Della Valle가 유도한 공식으로 외부식 후드의 필요환기량을 산출할 때 가장 큰 영향을 주는 인자는?

① 후드 모양
② 후드의 재질
③ 후드의 개구면적
④ 후드로부터의 오염원 거리

> ⋆ 후드로부터 오염원의 거리
> 외부식 후드의 필요환기량을 산출할 때 가장 큰 영향을 주는 인자

필기에 자주 출제 ★

62 후드의 압력손실과 비례하는 것은?

① 정압 ② 대기압
③ 덕트의 직경 ④ 속도압

> 압력손실($\triangle P$) = $F_h \times VP$ (mmH_2O)
> • F_h : 압력손실계수
> • VP : 속도압(동압)(mmH_2O)

실기에 자주 출제 ★★★

정답 59 ② 60 ① 61 ④ 62 ④

63 전체환기에서 오염물질 사용량(L)에 대한 필요 환기량(m^3/L)을 산출하는 공식은? (단, SG : 비중, K : 안전계수, MW : 분자량, TLV : 노출기준이다.)

① $\dfrac{24.1 \times K \times 1{,}000{,}000}{MW \times TVL}$

② $\dfrac{387 \times K \times 1{,}000{,}000}{MW \times TVL}$

③ $\dfrac{24.1 \times \mathrm{SG} \times K \times 1{,}000{,}000}{MW \times TVL}$

④ $\dfrac{403 \times \mathrm{SG} \times K \times 1{,}000{,}000}{MW \times TVL}$

＊노출기준(TLV)에 따른 전체환기량

$$Q = \frac{24.1 \times \mathrm{kg/h} \times K \times 10^6}{MW \times TLV} (\mathrm{m^3/hr})$$

$$\div 60 = (\mathrm{m^3/min})$$

- K : 안전계수
- MW : 물질의 분자량
- kg/hr : 시간당 오염물질 발생량(l/hr×S(비중))
- TLV : 노출기준(ppm)
- 24.1 : 21℃, 1기압에서 공기의 비중 (25℃, 1기압일 경우 24.45)

실기에 자주 출제★★★

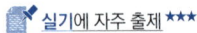

64 관성력 집진기에 관한 설명으로 틀린 것은?

① 집진 효율을 높이기 위해서는 충돌 후 집진기 후단의 출구기류 속도를 가능한 한 높여야 한다.

② 집진 효율을 높이기 위해서는 압력 손실이 증가하더라도 기류의 방향전환 횟수를 늘린다.

③ 관성력 집진기는 미세한 입자보다는 입경이 큰 입자를 제거하는 전처리용으로 많이 사용된다.

④ 집진 효율을 높이기 위해서는 충돌 전 처리 배기속도는 입자의 성상에 따라 적당히 빠르게 한다.

＊관성력 집진장치

① 충돌 전의 처리가스 속도를 적당히 빠르게 하면 미세입자를 포집할 수 있다.

② 처리 후의 출구가스 속도가 느릴수록 미세입자를 포집할 수 있다.

③ 기류의 방향전환 횟수가 많을수록 압력손실은 증가한다.

④ 기류의 방향전환각도가 클수록 압력손실이 적어져 제진효율이 높아진다.

정답 63 ③ 64 ①

65 작업장 공기를 전체환기로 하고자 할 때 조건으로 틀린 것은?

① 유해물질의 독성이 높은 경우
② 동일 작업장에 다수의 오염원이 분산되어 있는 경우
③ 배출원에서 유해물질이 시간에 따라 균일하게 발생하는 경우
④ 근로자의 근무 장소가 오염원에서 충분히 멀리 떨어져 있는 경우

국소환기 장치 설치가 필요한 경우	① 유해물질 발생량이 많은 경우 ② 유해물질 독성이 강한 경우(TLV가 낮을 때) ③ 유해물질 발생원과 작업위치가 근접해 있는 경우 ④ 높은 증기압의 유기용제 ⑤ 발생주기가 균일하지 않은 경우 ⑥ 발생원이 고정되어 있는 경우 ⑦ 법적의무 설치사항의 경우
전체환기 (희석환기)가 필요한 경우	① 유해물질의 독성이 비교적 낮은 경우 ② 동일한 작업장에 다수의 오염원이 분산되어 있는 경우 ③ 유해물질이 시간에 따라 균일하게 발생될 경우 ④ 유해물질의 발생량이 적은 경우 ⑤ 발생원이 이동하는 경우 ⑥ 오염원이 근무자가 근무하는 장소로부터 멀리 떨어져 있는 경우

실기까지 중요 ★★

66 직경 40cm인 덕트 내부를 유량 $120m^3/min$의 공기가 흐르고 있을 때, 덕트 내의 풍압은 약 몇 mmH_2O인가? (단, 덕트 내의 공기는 21℃, 1기압으로 가정한다.)

① 11.5 ② 15.5
③ 23.5 ④ 26.5

1. 속도압$(VP) = \frac{\gamma \times V^2}{2g}(mmH_2O)$
   - r : 비중(kg/m^3)
   - V : 공기속도(m/sec)
   - g : 중력가속도(m/sec^2)
2. $Q = 60 \times A \times V$
   - Q : 유체의 유량(m^3/min)
   - A : 유체가 통과하는 단면적(m^2)
   - V : 유체의 유속(m/sec)

$$VP = \frac{1.2 \times 15.92^2}{2 \times 9.8} = 15.52(mmH_2O)$$

$$Q = 60 \times A \times V$$

$$V = \frac{Q}{60 \times A} = \frac{Q}{60 \times \frac{\pi \times d^2}{4}} = \frac{120}{60 \times \frac{\pi \times 0.4^2}{4}}$$

$$= 15.92(m/sec)$$

실기에 자주 출제 ★★★

67 송풍량을 가장 적게 하여도 동일한 성능을 나타낼 수 있는 후드는?

① 플랜지가 붙고 공간에 있는 후드
② 플랜지가 없이 공간에 있는 후드
③ 플랜지가 붙고 테이블 면에 고정된 후드
④ 플랜지가 없이 테이블 면에 고정된 후드

① 플랜지를 부착할 경우 → 송풍량의 25% 절감
② 후드를 테이블 면에 고정할 경우 → 송풍량의 25% 절감
③ 플랜지를 부착, 후드를 테이블 면에 고정할 경우 → 송풍량의 50% 절감

실기까지 중요 ★★

정답 65 ① 66 ② 67 ③

68 덕트 내 유속에 관한 설명으로 맞는 것은?

① 덕트 내 압력 손실은 유속에 반비례 한다.
② 같은 송풍량인 경우 덕트의 직경이 클수록 유속은 커진다.
③ 같은 송풍량인 경우 덕트의 직경이 작을수록 유속은 작게 된다.
④ 주물사와 같은 단단한 입자상 물질의 유속을 너무 크게 하면 덕트 수명이 단축된다.

① 덕트 내 압력 손실은 유속의 제곱에 비례한다.
② 같은 송풍량인 경우 덕트의 직경이 클수록 유속은 작게 된다.
③ 같은 송풍량인 경우 덕트의 직경이 작을수록 유속은 크게 된다.

1. 압력손실($\triangle P$) $= F_h \times VP$

$$= \left(\frac{1}{Ce^2} - 1\right) \times \frac{\gamma V^2}{2g} (mmH_2O)$$

- F_h : 압력손실계수
- Ce : 유입계수
- VP : 속도압(동압)(mmH_2O)
- r : 공기비중
- V : 유속(m/s)
- g : 중력가속도($9.8m/s^2$)

2. $Q = 60 \times A \times V = 60 \times \frac{\pi \times d^2}{4} \times V$

- Q : 유체의 유량(m^3/min)
- A : 유체가 통과하는 단면적(m^2)
- V : 유체의 유속(m/sec)

필기에 자주 출제 ★

69 분진이 발생되는 공정에서 국소배기 시설의 계통도(배열순서)로 가장 일반적인 것은?

① 후드 → 공기정화장치 → 덕트 → 송풍기 → 배기구
② 후드 → 덕트 → 공기정화장치 → 송풍기 → 배기구
③ 후드 → 송풍기 → 공기정화장치 → 덕트 → 배기구
④ 후드 → 덕트 → 송풍기 → 공기정화장치 → 배기구

* 국소배기시설의 구성
후드 → 덕트 → 공기정화기 → 송풍기 → 배출구

암기법
후덕한 공기를 송풍하여 배출

실기까지 중요 ★★

70 대기의 이산화탄소 농도가 0.03%, 실내 이산화탄소의 농도가 0.3%일 때, 한사람의 시간당 이산화탄소 배출량이 21L라면, 1인 1시간당 필요환기량(m^3/hr · 인)은 약 얼마인가?

① 5.4　② 7.8
③ 9.2　④ 11.4

$$Q = \frac{G}{C - C_0} \times 100 (m^3/hr \cdot 인)$$

- G : CO_2 발생률(m^3/hr · 인)
- C : 실내 이산화탄소의 허용농도
- C_0 : 외부공기중 이산화탄소 농도

$$Q = \frac{21 \times 10^{-3} m^3/hr \cdot 인}{0.003 - 0.0003} = 7.78 (m^3/hr \cdot 인)$$

실기까지 중요 ★★

정답 68 ④ 69 ② 70 ②

71 국소배기장치 중 덕트의 관리방안으로 적합하지 않은 것은?

① 분진 등의 퇴적이 없어야 한다.
② 마모 또는 부식이 없어야 한다.
③ 덕트 내의 정압이 초기정압(ps)의 ±10% 이내이어야 한다.
④ 덕트 마모 방지를 위해 분진은 곡관에서 속도를 낮게 유지해야 한다.

④ 분진 퇴적 방지를 위하여 곡관에서의 속도를 높이는 것이 좋다.

필기에 자주 출제★

72 페인트 공장에 설치된 국소배기 장치의 풍량이 적정한지 타코메타를 이용하여 측정하고자 하였다. 설계 당시의 사양을 보니 풍량(Q)은 40m³/min, 회전수는 1,120rpm이었으나 실제 측정하였더니 회전수가 1,000rpm이었다. 실제 풍량은 약 얼마인가?

① 20.4m³/min ② 22.6m³/min
③ 26.3m³/min ④ 35.7m³/min

★송풍기 상사법칙

$$Q_2 = Q_1\left(\frac{D_2}{D_1}\right)^3\left(\frac{N_2}{N_1}\right)$$

- Q_1 : 회전 수 변경 전 풍량(m³/min)
- Q_2 : 회전 수 변경 후 풍량(m³/min)
- N_1 : 변경 전 회전수(rpm)
- N_2 : 변경 후 회전수(rpm)
- D_1 : 변경 전 직경(m)
- D_2 : 변경 후 직경(m)

$$Q_2 = Q_1 \times \left(\frac{N_2}{N_1}\right) = 40 \times \frac{1,000}{1,120} = 35.71(\mathrm{m^3/min})$$

실기에 자주 출제★★★

73 그림과 같이 노즐(Nozzle) 분사구 개구면의 유속을 100%라 하고 분사구 내경을 D라고 할 때 분사구 개구면의 유속이 10%로 감소되는 지점의 거리는?

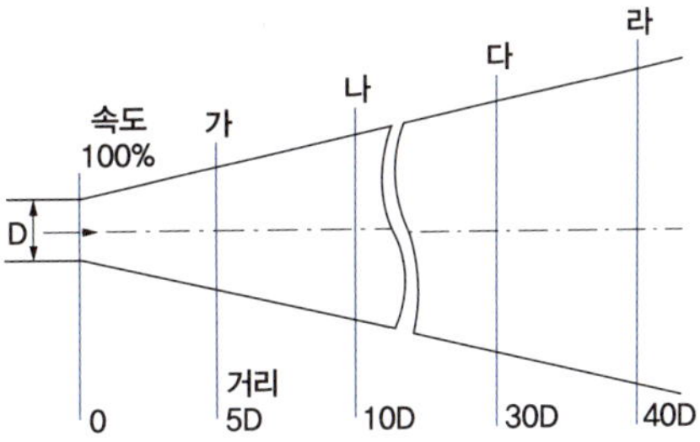

① 5D ② 10D
③ 30D ④ 40D

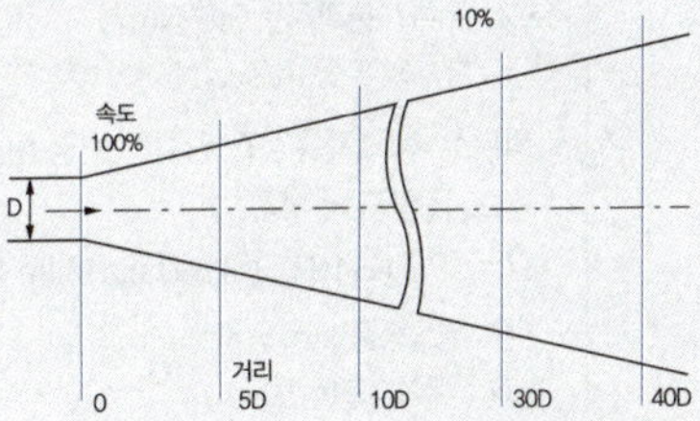

송풍기로 공기를 불어줄 때, 공기속도가 덕트 직경의 30배(30D) 지점에서 유속이 10%로 감소하나, 공기를 흡인할 때는 기류의 방향과 관계없이 덕트 직경과 같은 거리에서 10%로 감소한다

실기까지 중요★★

정답 71 ④ 72 ④ 73 ③

74 자유공간에 떠있는 직경 20cm인 원형개구 후드의 개구면으로부터 20cm 떨어진 곳의 입자를 흡인하려고 한다. 제어풍속을 0.8m/s으로 할 때 속도압(mmH_2O)은 약 얼마인가? (단, 기체의 조건은 21℃, 1기압 상태이다.)

① 7.4　　② 10.2
③ 12.5　　④ 15.6

1. 속도압(VP) $= \dfrac{\gamma \times V^2}{2g}$ (mmH_2O)
   - r : 비중(kg/m^3)
   - V : 공기속도(m/sec)
   - g : 중력가속도(m/sec^2)
2. $Q = 60 \times A \times V$
   - Q : 유체의 유량(m^3/min)
   - A : 유체가 통과하는 단면적(m^2)
   - V : 유체의 유속(m/sec)
3. 외부식 후드(자유공간 위치한 원형 및 장방형 후드, 플랜지 미 부착)
   $Q = 60 \cdot Vc(10X^2 + A)$: Dalla valle 식
   - Q : 필요송풍량(m^3/min)
   - Vc : 제어속도(m/sec)
   - A : 개구면적(m^2)
   - X : 후드중심선으로부터 발생원까지의 거리(m) (오염원과 후드간 거리가 덕트 직경의 1.5배 이내일 때만 유효)

$$VP = \frac{1.2 \times 10.99^2}{2 \times 9.8} = 7.39(m/min)$$

1. $Q = 60 \times A \times V$

$$V = \frac{Q}{60 \times A \times V} = \frac{Q}{60 \times \frac{\pi \times d^2}{4}}$$

$$= \frac{20.71}{60 \times \frac{\pi \times 0.2^2}{4}} = 10.99(m/sec)$$

2. 외부식 후드의 송풍량

$$Q = 60 \times 0.8 \times (10 \times 0.2^2 + \frac{\pi \times 0.2^2}{4})$$

$$= 20.71(m^3/min)$$

실기까지 중요 ★★

75 후드의 성능 불량 원인이 아닌 경우는?

① 제어속도가 너무 큰 경우
② 송풍기의 용량이 부족한 경우
③ 후드 주변에 심한 난기류가 형성된 경우
④ 송풍관 내부에 분진이 과다하게 축적되어 있는 경우

*후드의 성능 불량의 원인
① 송풍기의 용량이 부족한 경우
② 후드 주변에 심한 난기류가 형성된 경우
③ 송풍관 내부에 분진이 과다하게 축적되어 있는 경우

필기에 자주 출제 ★

76 0℃, 760mmHg인 작업장에 메탄올(CH_3OH)이 260mg/m^3 존재한다면, 이는 몇 ppm인가?

① 2.9ppm　　② 11.6ppm
③ 182ppm　　④ 260ppm

$$mg/m^3 = \frac{ppm \times 분자량}{22.4(0℃, 1기압)}$$

$$mg/m^3 = \frac{ppm \times 분자량}{22.4}$$

$$ppm \times 분자량 = mg/m^3 \times 22.4$$

$$ppm = \frac{mg/m^3 \times 22.4}{분자량} = \frac{260 \times 22.4}{32}$$

$$= 182(ppm)$$

(메탄올의 분자량 = 12 + (1 × 3) + 16 + 1 = 32g)

실기까지 중요 ★★

정답 74 ① 75 ① 76 ③

77 중력집진장치에서 집진효율을 향상시키는 방법으로 틀린 것은?

① 침강높이를 크게 한다.
② 수평 도달거리를 길게 한다.
③ 처리가스 배기속도를 작게 한다.
④ 침강실 내의 배기 기류를 균일하게 한다.

① 침강높이를 낮게 한다.

필기에 자주 출제★

78 고농도 오염물질을 취급할 경우 오염물질이 주변 지역으로 확산되는 것을 방지하기 위해서 실내압은 어떤 상태로 유지하는 것이 적정한가?

① 정압유지 ② 음압(-)유지
③ 동압유지 ④ 양압(+)유지

공기는 압력이 높은 곳에서 낮은 곳으로 이동하므로 실내를 음압으로 유지할 경우 실내의 오염물질이 주변으로 확산되지 않는다.

필기에 자주 출제★

79 정압과 속도압에 관한 설명으로 틀린 것은?

① 속도압은 언제나 (-)값이다.
② 정압과 속도압의 합이 전압이다.
③ 정압 < 대기압이면 (-)압력이다.
④ 정압 > 대기압이면 (+)압력이다.

속도압은 공기가 이동하는 힘으로 항상 0 이상(양압)이다.

필기에 자주 출제★

80 송풍기의 정압 효율이 좋은 것부터 맞게 나열한 것은?

① 방사형 〉 다익형 〉 터보형
② 터보형 〉 다익형 〉 방사형
③ 터보형 〉 방사형 〉 다익형
④ 방사형 〉 터보형 〉 다익형

★송풍기의 효율
터보송풍기 〉 평판(방사형)송풍기 〉 다익송풍기

필기에 자주 출제★

정답 77 ① 78 ② 79 ① 80 ③

2017년 5월 7일

2회 과년도기출문제

제1과목 산업위생학 개론

01 인간공학이 현대산업에서 중요시 되는 이유로 가장 적합하지 않은 것은?

① 인간존중 사상에서 볼 때 종전의 기계는 개선되어야 할 많은 문제점이 있음
② 생산경쟁이 격심해 짐에 따라 이 분야의 합리화를 통해 생산성을 증대시키고자 함
③ 근로자는 자동화된 생산과정 속에서 일하고 있으므로 기계와 인간과의 관계가 연구되어야 함
④ 자동화에 따른 근로자의 실직과 새로운 화학물질 사용으로 인한 직업병 예방이 필요함

* 인간공학이 현대산업에서 중요시 되는 이유
① 인간존중 사상에서 볼 때 종전의 기계는 개선되어야 할 많은 문제점이 있음
② 생산경쟁이 격심해 짐에 따라 이 분야의 합리화를 통해 생산성을 증대시키고자 함
③ 근로자는 자동화된 생산과정 속에서 일하고 있으므로 기계와 인간과의 관계가 연구되어야 함
④ 시스템이 복잡화, 대규모화되어 인간의 사소한 실수로 막대한 피해가 발생함

02 직업적 노출기준에 피부(skin) 표시가 첨부되는 물질이 있다. 피부표시를 첨부하는 경우가 아닌 것은?

① 옥탄올-물 분배계수가 낮은 물질인 경우
② 반복하여 피부에 도포했을 때 전신작용을 일으키는 물질인 경우
③ 손이나 팔에 의한 흡수가 몸 전체 흡수에 지대한 영향을 주는 물질인 경우
④ 동물의 급성중독 실험결과 피부흡수에 의한 치사량(LD_{50})이 비교적 낮은 물질인 경우

* 노출기준에 피부(Skin)표시를 하여야 하는 물질
① 손이나 팔에 의한 흡수가 몸 전체 흡수에 지대한 영향을 주는 물질
② 반복하여 피부에 도포했을 때 전신작용을 일으키는 물질
③ 급성동물실험 결과 피부 흡수에 의한 치사량이 비교적 낮은 물질
④ 옥탄올-물 분배계수가 높아 피부 흡수가 용이한 물질
⑤ 피부 흡수가 전신작용에 중요한 역할을 하는 물질

필기에 자주 출제★

정답 01 ④ 02 ①

03 산업피로를 측정할 때 전신피로를 측정하는 객관적인 방법은 무엇인가?

① 근력
② 근전도
③ 심전도
④ 작업종료 후 회복시의 심박수

★ 전신피로를 측정하는 객관적인 방법
작업종료 후 회복기의 심박수(heart rate)

★ 참고
근전도
국소피로를 평가하는 객관적인 방법

필기에 자주 출제★

04 현재 우리나라에서 산업위생과 관련 있는 정부 부처 및 단체, 연구소 등 관련 기관이 바르게 연결된 것은?

① 국민안전처 - 국립환경연구원
② 고용노동부 - 환경운동연합
③ 고용노동부 - 안전보건공단
④ 보건복지부 - 국립노동과학연구소

우리나라에서는 고용노동부와 안전보건공단에서 노무를 제공하는 자의 안전과 보건을 위한 산업위생 및 산업안전 분야의 업무를 담당하고 있다.

필기에 자주 출제★

05 작업강도가 높은 근로자의 근육에 호기적 산화로 연소를 도와주는 영양소는?

① 비타민 A　　② 비타민 B_1
③ 비타민 D　　④ 비타민 E

★ B_1(Thiamine)
작업강도가 높은 근로자의 근육에 호기적 산화로 연소를 도와주는 영양소(근육노동 시 특히 주의하여 보급해야 할 비타민)

필기에 자주 출제★

06 상시근로자수가 600명인 A사업장에서 연간 25건의 재해로 30명의 사상자가 발생하였다. 이 사업장의 도수율은 약 얼마인가? (단, 1일 9시간씩 1개월에 20일을 근무하였다.)

① 17.36　　② 19.29
③ 20.83　　④ 23.15

★ 도수율(빈도율 F.R)
100만 근로시간당 재해 발생 건수 비율

$$도수율(빈도율) = \frac{재해\ 건수}{연\ 근로\ 시간\ 수} \times 10^6$$

$$도수율 = \frac{25}{600 \times 9 \times 20 \times 12} \times 10^6 = 19.29$$

★ 참고
근로 총 시간 수
= 600명 × 하루 9시간 × 월 20일 × 년 12개월

실기에 자주 출제★★★

정답 03 ④ 04 ③ 05 ② 06 ②

07 자극취가 있는 무색의 수용성 가스로 건축물에 사용되는 단열재와 섬유 옷감에서 주로 발생되고, 눈과 코를 자극하며 동물실험결과 발암성이 있는 것으로 나타난 실내공기 오염물질은?

① 벤젠 ② 황산화물
③ 라돈 ④ 포름알데히드

* 포름알데히드
건축물에 사용되는 단열재와 섬유 옷감에서 주로 발생되고, 눈과 코를 자극하는 실내공기 오염물질

필기에 자주 출제 ★

08 직업성 질환에 관한 설명으로 틀린 것은?

① 재해성 질병과 직업병으로 분류할 수 있다.
② 장기적 경과를 가지므로 직업과의 인과관계를 명확하게 규명할 수 있다.
③ 직업상 업무로 인하여 1차적으로 발생하는 질병을 원발성 질환이라 한다.
④ 합병증은 원발성 질환에서 떨어진 다른 부위에 같은 원인에 의한 제2의 질환을 일으키는 경우를 의미한다.

② 직업성 질환과 일반 질환은 그 한계가 뚜렷하지 않아 직업과의 인과관계를 명확하게 규명하기 어렵다.(임상적, 병리적 소견이 일반질병과 구별하기 어렵다)

필기에 자주 출제 ★

09 유해물질의 허용농도의 종류 중 근로자가 1일 작업시간동안 잠시라도 노출되어서는 아니 되는 기준을 나타내는 것은?

① PEL ② TLV-TWA
③ TLV-C ④ TLV-STEL

* 최고노출기준(C)
근로자가 1일 작업시간동안 잠시라도 노출되어서는 아니 되는 기준

* 참고
① 시간가중평균노출기준(TWA) : 1일 8시간 작업을 기준으로 하여 유해인자의 측정치에 발생시간을 곱하여 8시간으로 나눈 값
② 단시간노출기준(STEL) : 15분간의 시간가중평균노출 값(근로자가 1회에 15분간 유해인자에 노출되는 경우의 기준)

실기까지 중요 ★★

10 산업안전보건법상 작업환경측정 대상 유해인자 중 물리적 인자에 해당하는 것은?

① 조도 ② 방사선
③ 소음 ④ 바이러스

* 작업환경측정 대상 유해인자 중 물리적 인자(2종)
① 8시간 시간가중평균 80dB 이상의 소음
② 고열

실기까지 중요 ★★

정답 07 ④ 08 ② 09 ③ 10 ③

11 산업안전보건법상 보건관리자의 업무에 해당하지 않는 것은?

① 위험성평가에 관한 보좌 및 조언 · 지도
② 작업의 중지 및 재개에 관한 보좌 및 조언 · 지도
③ 물질안전보건자료의 게시 또는 비치에 관한 보좌 및 조언 · 지도
④ 산업재해 발생의 원인 조사 · 분석 및 재발 방지를 위한 기술적 보좌 및 지도 · 조언

① 산업안전보건위원회에서 심의 · 의결한 업무와 안전보건관리규정 및 취업규칙에서 정한 업무
② 안전인증대상 기계 · 기구등과 자율안전확인대상 기계 · 기구등 중 보건과 관련된 보호구(保護具) 구입 시 적격품 선정에 관한 보좌 및 조언 · 지도
③ 물질안전보건자료의 게시 또는 비치에 관한 보좌 및 조언 · 지도
④ 위험성평가에 관한 보좌 및 조언 · 지도
⑤ 산업보건의의 직무(보건관리자가 "의사" 인 경우로 한정한다)
⑥ 해당 사업장 보건교육계획의 수립 및 보건교육 실시에 관한 보좌 및 조언 · 지도
⑦ 해당 사업장의 근로자를 보호하기 위한 다음 각 목의 조치에 해당하는 의료행위(보건관리자가 "의사", "간호사" 에해당하는경우로한정한다)
  가. 자주 발생하는 가벼운 부상에 대한 치료
  나. 응급처치가 필요한 사람에 대한 처치
  다. 부상 · 질병의 악화를 방지하기 위한 처치
  라. 건강진단 결과 발견된 질병자의 요양 지도 및 관리
  마. 가목부터 라목까지의 의료행위에 따르는 의약품의 투여
⑧ 작업장 내에서 사용되는 전체 환기장치 및 국소 배기장치 등에 관한 설비의 점검과 작업방법의 공학적 개선에 관한 보좌 및 조언 · 지도
⑩ 사업장 순회점검 · 지도 및 조치의 건의
⑪ 산업재해 발생의 원인 조사 · 분석 및 재발 방지를 위한 기술적 보좌 및 조언 · 지도
⑪ 산업재해에 관한 통계의 유지 · 관리 · 분석을 위한 보좌 및 조언 · 지도
⑫ 법 또는 법에 따른 명령으로 정한 보건에 관한 사항의 이행에 관한 보좌 및 조언 · 지도
⑬ 업무수행 내용의 기록 · 유지

실기에 자주 출제 ★★★

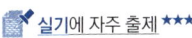

12 피로의 일반적인 정의와 거리가 가장 먼 것은?

① 작업능률이 떨어진다.
② "고단하다"는 주관적인 느낌이 있다.
③ 생체기능의 변화를 가져오는 현상이다.
④ 체내에서의 화학적 에너지가 증가한다.

④ 피로한 경우 체내에서의 화학적 에너지는 감소한다.

필기에 자주 출제 ★

13 미국산업위생학술원(AAIH)에서 채택한 산업위생전문가의 윤리강령에 포함되지 않는 것은?

① 국가에 대한 책임
② 전문가로서의 책임
③ 근로자에 대한 책임
④ 일반대중에 대한 책임

* 산업위생전문가의 윤리강령
① 산업위생전문가로서의 책임
② 근로자에 대한 책임
③ 기업주와 고객에 대한 책임
④ 일반 대중에 대한 책임

암기법
전문가의 윤리는 전문 근로자에게 고기(고객관 기업주) 대접(대중)

실기에 자주 출제 ★★★

정답 11 ② 12 ④ 13 ①

14 육체적 작업능력(PWC)이 16kcal/min인 근로자가 물체 운반작업을 하고 있다. 작업대사량은 7kcal/min, 휴식 시의 대사량이 2.0kcal/min일 때 휴식 및 작업시간을 가장 적절히 배분한 것은? (단, Hertig의 식을 이용하며, 1일 8시간 작업기준이다.)

① 매시간 약 5분 휴식하고, 55분 작업한다.
② 매시간 약 10분 휴식하고, 50분 작업한다.
③ 매시간 약 15분 휴식하고, 45분 작업한다.
④ 매시간 약 20분 휴식하고, 40분 작업한다.

⋆ 적정 휴식시간비(Hertig식)

1. $T_{rest}(\%)=\left[\dfrac{E_{max}-E_{task}}{E_{rest}-E_{task}}\right]\times 100$
2. 작업시간 = 60분 − 휴식시간

- $T_{rest}(\%)$: 피로예방을 위한 적정 휴식시간 비 (60분을 기준하여 산정)
- E_{max} : 1일 8시간 작업에 적합한 작업대사량 [육체적 작업능력(PWC)의 1/3]
- E_{rest} : 휴식 중 소모 대사량
- E_{task} : 해당 작업의 작업대사량

1. $T_{rest}(\%)=\left[\dfrac{5.33-7}{2.0-7}\right]\times 100=33.40(\%)$

$\left(E_{max}=\dfrac{PWC}{3}=\dfrac{16}{3}=5.33(\text{kcal/min})\right)$

2. 휴식시간 = 60 × 0.334 = 20(분)
3. 작업시간 = 60 − 20 = 40(분)

실기까지 중요 ★★

15 들어올리기 작업 중 적절하지 않은 자세는?

① 등을 굽히면서 다리를 편다.
② 가능한 짐은 양손으로 잡는다.
③ 무릎을 굽혀 물건을 들어올린다.
④ 목과 등은 거의 일직선이 되게 한다.

① 등과 허리를 곧게 펴고 무릎을 굽혀 들어올린다.

필기에 자주 출제 ★

16 어떤 작업의 강도를 알기 위하여 작업대사율(RMR)을 구하려고 한다. 작업 시 소요된 열량이 5,000kcal, 기초대사량이 1,200kcal, 안정 시 열량이 기초대사량의 1.2배인 경우 작업대사율은 약 얼마인가?

① 1　　② 2
③ 3　　④ 4

⋆ 에너지 대사율(RMR)

$\text{RMR}=\dfrac{\text{작업(노동)대사량}}{\text{기초대사량}}=\dfrac{\text{작업 시의 소비 에너지}-\text{안정 시의 소비 에너지}}{\text{기초대사량}}$

$\text{RMR}=\dfrac{5{,}000-(1{,}200\times 1.2)}{1{,}200}=2.97$

실기까지 중요 ★★

17 누적외상성질환의 발생을 촉진하는 것이 아닌 것은?

① 진동
② 간헐성
③ 큰 변화가 없는 연속동작
④ 섭씨 21도 이하에서 작업

⋆ 근골격계질환(누적외상성질환, CTDs)의 발생요인
① 반복적인 동작
② 부적절한 작업 자세
③ 무리한 힘의 사용
④ 날카로운 면과의 신체접촉
⑤ 진동 및 온도(저온)

필기에 자주 출제 ★

정답 14 ④ 15 ① 16 ③ 17 ②

18 산업스트레스의 발생요인으로 작용하는 집단 간의 갈등이 심한 경우 해결기법으로 가장 적절하지 않은 것은?

① 경쟁의 자극
② 문제의 공동해결법 토의
③ 집단 구성원간의 직무순환
④ 새로운 상위의 공동목표 설정

* 집단 간의 갈등이 심한 경우의 해결기법
① 공동경쟁상대의 설정
② 상위의 공동목표 설정
③ 문제의 공동해결법 토의
④ 집단구성원 간의 직무순환

필기에 자주 출제 ★

19 작업장에서의 소음수준 측정방법으로 틀린 것은?

① 소음계의 청감보정회로는 A특성으로 한다.
② 소음계 지시침의 동작은 빠른(fast) 상태로 한다.
③ 소음계의 지시치가 변동하지 않는 경우에는 해당 지시치를 그 측정점에서의 소음수준으로 한다.
④ 소음이 1초 이상의 간격을 유지하면서 최대음압수준이 120dB(A) 이상의 소음인 경우에는 소음수준에 따른 1분 동안의 발생횟수를 측정한다.

* 소음수준 측정방법
① 소음계의 청감보정회로는 A특성으로 할 것
② 소음측정은 다음과 같이 할 것
  • 소음계 지시침의 동작은 느린(Slow) 상태로 한다.
  • 소음계의 지시치가 변동하지 않는 경우에는 해당 지시치를 그 측정점에서의 소음수준으로 한다.
③ 누적소음노출량 측정기로 소음을 측정하는 경우에는 Criteria는 90dB, Exchange Rate는 5dB, Threshold는 80dB로 기기를 설정할 것
④ 소음이 1초 이상의 간격을 유지하면서 최대음압수준이 120dB(A) 이상의 소음인 경우에는 소음수준에 따른 1분 동안의 발생횟수를 측정할 것

실기까지 중요 ★★

20 산업위생의 정의에 대한 설명으로 틀린 것은?

① 직업병을 판정하는 분야도 포함된다.
② 작업환경관리는 산업위생의 중요한 분야이다.
③ 유해요인을 예측, 인지, 평가, 관리하는 학문이다.
④ 근로자와 일반 대중에 대한 건강장해를 예방한다.

① 직업병의 판정 → 산업의학

필기에 자주 출제 ★

제2과목 작업환경측정 및 평가

21 오염물질이 흡착관의 앞층에 포함된 다음 뒷층에 흡착되기 시작되어 기류를 따라 흡착관을 빠져나가는 현상은?

① 파과　　② 흡착
③ 흡수　　④ 탈착

* 파과
공기 중 오염물질이 시료채취매체에 포함되지 않고 빠져나가는 것으로 오염물질이 흡착관의 앞 층에 포함된 다음 뒷 층에 흡착되기 시작되어 기류를 따라 흡착관을 빠져나가는 현상을 말한다.

실기까지 중요 ★★

정답 18 ① 19 ② 20 ① 21 ①

22 다음 중 유해물질과 농도단위의 연결이 잘못된 것은?

① 흄 : ppm 또는 mg/m^3
② 석면 : ppm 또는 mg/m^3
③ 증기 : ppm 또는 mg/m^3
④ 습구흑구온도지수(WBGT) : ℃

★ 작업환경 측정의 단위 표시
① 석면 : 개/cm^3(세제곱센티미터 당 섬유개수)
② 가스, 증기, 분진, 흄, 미스트 : mg/m^3 또는 ppm
③ 고열(복사열 포함) : 습구 · 흑구온도지수를 구하여 ℃로 표시
④ 소음 : [dB(A)]

실기까지 중요 ★★

23 다음 중 분석과 관련된 용어에 대한 설명 또는 계산방법으로 틀린 것은?

① 검출한계는 어느 정해진 분석절차로 신뢰성 있게 분석할 수 있는 분석물질의 가장 낮은 농도나 양이다.
② 정량한계는 어느 주어진 분석 절차에 따라서 합리적인 신뢰성을 가지고 정량 · 분석할 수 있는 가장 작은 양의 농도나 양이다.
③ 회수율(%) = (분석량/첨가량) × 100
④ 탈착효율(%) = (첨가량/분석량) × 100

④ 탈착효율(%) = $\frac{\text{검출량}}{\text{주입량}} \times 100$

실기까지 중요 ★★

24 산에 쉽게 용해되므로 입자상물질 중의 금속을 채취하여 원자흡광법으로 분석하는데 적당하며, 석면의 현미경분석을 위한 시료채취에도 이용되는 막여과지는?

① MCE 여과지 ② PVC 여과지
③ 섬유상 여과지 ④ PTFE 여과지

★ MCE 막 여과지
① 산에 쉽게 용해되므로 입자상 물질 중의 금속을 채취하여 원자흡광광도법으로 분석하는데 적당하다.
② 유해물질이 여과지의 표면에 주로 침착되어 석면 등 현미경 분석을 위한 시료채취에 유리하다.

필기에 자주 출제 ★

25 기체크로마토그래피-질량분석기를 이용하여 물질분석을 할 때 사용하는 일반적인 이동상 가스는 무엇인가?

① 헬륨 ② 질소
③ 수소 ④ 아르곤

기체크로마토그래피-질량분석기로 분석시의 이동상 가스 → 헬륨

정답 22 ② 23 ④ 24 ① 25 ①

26 다음 중 고열측정을 위한 습구온도 측정시간기준으로 적절한 것은? (단, 고용노동부 고시를 기준으로 한다.)

① 흑구직경이 15cm일 경우 흑구온도는 5분 이상 기다린 후 측정한다.
② 흑구직경이 7.5cm일 경우 흑구온도는 5분 이상 기다린 후 측정한다.
③ 흑구직경이 15cm일 경우 흑구온도는 15분 이상 기다린 후 측정한다.
④ 흑구직경이 5cm일 경우 흑구온도는 25분 이상 기다린 후 측정한다.

※ 관련 고시의 변경으로 문제를 수정하였습니다.

*참고
기온과 가습은 기기의 안정을 고려하여 설치 후 5분 이상 기다린 다음 측정하고, 흑구온도는 흑구직경이 15cm일 경우에는 25분 이상, 흑구직경이 7.5cm 또는 5cm일 경우에는 5분 이상 기다린 후 측정을 실시한다.

실기까지 중요 ★★

27 우리나라 화학물질 및 물리적인자의 노출기준에 없는 유해인자는? (단, 고용노동부 고시를 기준으로 한다.)

① 석면 ② 소음
③ 진동 ④ 고온

*노출기준
① 석면 : 0.1개/cm^3
② 소음

1일 노출시간(hr)	소음수준[dB(A)]
8	90
4	95
2	100
1	105
1/2	110
1/4	115

③ 고온

작업휴식시간비 \ 작업강도	경작업	중등작업	중작업
계속 작업	30.0	26.7	25.0
매시간 75% 작업, 25% 휴식	30.6	28.0	25.9
매시간 50% 작업, 50% 휴식	31.4	29.4	27.9
매시간 25% 작업, 75% 휴식	32.2	31.1	30.0

필기에 자주 출제 ★

28 다음 중 산소농도 측정방법과 가장 거리가 먼 것은?

① 작업시간 동안 측정하여 시간가중평균치를 산출한다.
② 사용하기 전 측정기를 보정하고 성능을 확인한다.
③ 자동측정기 또는 검지기에 의한 검지관측정법 중 한 가지를 선택하여 측정한다.
④ 측정은 공기를 채취관으로 측정기까지 흡인하여 측정기 내에 부착된 센서로 산소농도를 검출하는 채취식과 센서를 측정지점에 투입하여 검출하는 확산식이 있다.

*산소 농도 측정법
자동측정기 또는 검지기에 의한 검지관 측정법 중 한가지 방법을 선택하여 작업시작 전에 산소농도를 측정하고 산소농도가 18% 미만인 경우 환기를 실시하여 산소 농도가 18% 이상이 되도록 한다.

정답 26 ② 27 ③ 28 ①

29 입자상 물질의 채취방법 중 직경분립충돌기의 장점과 가장 거리가 먼 것은?

① 입자의 크기분포를 얻을 수 있다.
② 준비시간이 간단하며 소요비용이 저렴하다.
③ 호흡기의 부분별로 침착된 입자크기의 자료를 추정할 수 있다.
④ 흡입성, 흉곽성, 호흡성입자의 크기별로 분포와 농도를 계산할 수 있다.

★ 직경분립충돌기

장점	① 호흡기에 부분별로 침착된 입자크기의 자료를 추정할 수 있다. ② 흡입성, 흉곽성, 호흡성 입자의 크기별 분포와 농도를 계산할 수 있다. ③ 입자의 질량크기 분포를 얻을 수 있다.
단점	① 시료채취가 까다롭다.(경험이 있는 전문가가 철저한 준비를 통해 측정하여야 한다.) ② 시료 채취 준비시간이 길고 비용이 많이 든다. ③ 되튐으로 인한 시료의 손실이 있다. ④ 공기가 옆에서 유입되지 않도록 각 충돌기의 철저한 조립과 장착이 필요하다.

실기까지 중요 ★★

30 순수한 물 1.0L는 몇 mole 인가?

① 35.6　② 45.6
③ 55.6　④ 65.6

1. 물의 밀도 $= \frac{1kg}{L} = \frac{1,000g}{mL}$

$1L = 1,000mL \times \frac{1,000g}{1,000mL} = 1,000g$

2. 물 1몰 $= \frac{18g}{1L}$

18g : 1몰 = 1,000g : x몰

$x \times 18 = 1,000$

$x = \frac{1,000}{18} = 55.56(mol)$

31 옥내 작업환경의 자연습구온도가 30℃, 흑구온도가 20℃, 건구 온도가 19℃일 때, 습구흑구온도 지수(WBGT)? (단, 고용노동부 고시를 기준으로 한다.)

① 23℃　② 25℃
③ 27℃　④ 29℃

1. 옥외(태양광선이 내리쬐는 장소)
WBGT(℃) = 0.7×자연습구온도 + 0.2×흑구온도 + 0.1×건구온도
2. 옥내 또는 옥외(태양광선이 내리쬐지 않는 장소)
WBGT(℃) = 0.7×자연습구온도 + 0.3×흑구온도

WBGT(℃) = 0.7×30 + 0.3×20 = 27℃

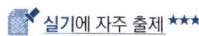

실기에 자주 출제 ★★★

32 다음 중 시료채취전략을 수립하기 위해 조사하여야 할 항목과 가장 거리가 먼 것은?

① 유해인자의 특성
② 근로자들의 작업특성
③ 국소배기장치의 특성
④ 작업장과 공정의 특성

★ 시료채취전략을 수립하기 위해 조사하여야 할 항목
① 유해인자의 특성
② 근로자들의 작업특성
③ 작업장과 공정의 특성

★ 참고
시료채취 시에는 예상되는 측정대상물질의 농도, 방해인자, 시료채취 시간 등을 종합적으로 고려하여야 한다.

정답 29 ② 30 ③ 31 ③ 32 ③

33 톨루엔을 활성탄관을 이용하여 0.2L/분으로 30분 동안 시료를 포집하여 분석한 결과 활성탄관의 앞 층에서 1.2mg, 뒷 층에서 0.1mg 씩 검출되었을 때, 공기 중 톨루엔의 농도는 약 몇 mg/m^3인가? (단, 파과, 공시료는 고려하지 않고, 탈착효율은 100%이다.)

① 113　② 138
③ 183　④ 217

$$\frac{mg}{m^3} = \frac{(1.2+0.1)mg}{\frac{0.2\times10^{-3}m^3}{min}\times30min} = 216.67(mg/m^3)$$

$(L = 10^{-3}m^3)$

실기까지 중요 ★★

34 일정한 물질에 대해 반복측정 및 분석을 했을 때 나타나는 자료 분석치의 변동크기가 얼마나 작은가 하는 수치상의 표현을 무엇이라 하는가?

① 정밀도　② 정확도
③ 정성도　④ 정량도

* 정밀도
일정한 물질에 대해 반복측정 · 분석을 했을 때 나타나는 자료 분석치의 변동크기가 얼마나 작은가 하는 수치상의 표현을 말한다.

실기까지 중요 ★★

35 음력이 1.0W인 작은 점음원으로부터 500m 떨어진 곳의 음압레벨은 약 몇 dB(A)인가? (단, 기준음력은 10^{-12}W이다.)

① 50　② 55
③ 60　④ 65

1. $PWL = 10\times\log\left(\frac{W}{W_o}\right)$(dB)
 - PWL : 음향파워레벨(dB)
 - W : 대상음원의 음력(watt)
 - W_o : 기준음력(10^{-12}watt)
2. 무지향성 점음원(자유공간에 위치할 때)
 $SPL = PWL - 20\log r - 11$(dB)

1. $PWL = 10\times\log\left(\frac{1}{10^{-12}}\right) = 120$(dB)
2. $SPL = 120 - 20\times\log500 - 11 = 55.02$(dB)

실기에 자주 출제 ★★★

36 1차 표준기구에 관한 설명으로 틀린 것은?

① 로터미터는 유량을 측정하는 1차 표준기구이다.
② Pitot 튜브는 기류를 측정하는 1차 표준기구이다.
③ 물리적 크기에 의해서 공간의 부피를 직접 측정할 수 있는 기구이다.
④ 펌프의 유량을 보정하는데 1차 표준으로 비누거품미터를 사용할 수 있다.

1차 표준 기구	2차 표준기구
1. 비누거품미터 2. 폐활량계 3. 가스치환병 4. 유리피스톤미터 5. 흑연피스톤미터 6. 피토튜브(Pitot tube)	1. 로타미터 2. 습식테스트미터 (Wet-test-meter) 3. 건식가스미터 (Dry-gas-meter) 4. 오리피스미터 5. 열선기류계
암기법 1차비누로 폐활량재고, 가스치환하여, 유리, 흑연 먹였더니 피토했다.	암기법 2 열로 걸어가는 습관 테스트하는 오리

실기에 자주 출제 ★★★

정답 33 ④ 34 ① 35 ② 36 ①

37 1L에 5mg을 함유하는 카드뮴 용액의 흡광도가 30%였다면, 투광도가 60%일 때 카드뮴 용액의 농도는 약 몇 mg/L인가?

① 2.121　　② 5.000
③ 7.161　　④ 10.000

*흡광도(A)

1. $A = \log\frac{1}{투과율} = k \times C$
   - k : 상수
   - C : 용액의 농도 (mg/L)
2. 투과율= 1 − 흡광도

1. 흡광도가 30%일 때의 k

$$\log\frac{1}{투과율} = k \times C$$

$$k = \frac{\log(\frac{1}{0.7})}{C} = \frac{\log(\frac{1}{0.7})}{5mg/L} = 0.031$$

(투과율 = 1− 흡광도 = 1− 0.3 = 0.7)

2. 투광도가 60%일 때의 농도

$$\log(\frac{1}{0.6}) = 0.031 \times C$$

$$C = \frac{\log(\frac{1}{0.6})}{0.031} = 7.16(mg/L)$$

38 여과에 의한 입자의 채취 중 공기의 흐름방향이 바뀔 때 입자상물질은 계속 같은 방향으로 유지하려는 원리는?

① 확산　　② 차단
③ 관성충돌　　④ 중력침강

*관성충돌

공기의 흐름방향이 바뀔 때 입자상물질은 계속 같은 방향으로 유지하려는 원리

필기에 자주 출제 ★

39 공기 흡입유량, 측정시간, 회수율 및 시료분석 등에 의한 오차가 각각 10%, 5%, 11%, 4%일 때의 누적오차는 약 몇 %인가?

① 16.2　　② 18.4
③ 20.2　　④ 22.4

누적오차(E_c) $= \sqrt{E_1^2 + E_2^2 + E_3^2 + \cdots + E_n^2}$

- E_c : 누적오차(%)
- $E_1, E_2, E_3 \sim E_n$: 각각 요소의 오차율(%)

$E_c = \sqrt{10^2 + 5^2 + 11^2 + 4^2} = 16.19$

40 다음 중 활성탄으로 시료채취 시 가장 많이 사용되는 탈착 용매는?

① 헥산　　② 에탄올
③ 이황화탄소　　④ 클로로포름

활성탄관의 탈착용매 : 이황화탄소

실기까지 중요 ★★

정답　37 ③　38 ③　39 ①　40 ③

41 다음 중 작업환경의 관리원칙으로 격리와 가장 거리가 먼 것은?

① 고열, 소음작업 근로자용 부스 설치
② 블라스팅 재료를 모래에서 철 구슬로 전환
③ 방사성 동위원소 취급 시 원격장치를 이용
④ 인화물질 저장탱크와 탱크 사이에 도랑, 제방 설치

② 블라스팅 재료를 모래에서 철 구슬로 전환
→ 작업환경관리대책 중 "대치(대체)"에 해당한다.

필기에 자주 출제★

42 암석을 채석하는 근로자들에게서 유리규산으로 인하여 발생되며, 증상으로는 발열, 호흡부전 등이 관찰되며 폐암, 결핵과 같은 질환에 이환될 가능성이 있는 것은?

① 면폐증 ② 규폐증
③ 석면폐증 ④ 용접폐증

★ 규폐증(silicosis)
① 이산화규소(SiO_2, 유리규산, 석영) 분진의 흡입으로 폐조직에 섬유화가 나타나는 진폐증을 말한다.
② 이집트의 미라에서도 발견되는 오랜 질병이며, 건축업, 도자기 작업장, 채석장, 석재공장 등의 작업장에서 근무하는 근로자에게 발생한다.

실기까지 중요★★

43 소음의 음압이 $20N/m^2$일 때 음압수준은 약 몇 dB(A)인가? (단, 기준음압은 $0.00002N/m^2$를 적용한다.)

① 80 ② 100
③ 120 ④ 140

$$SPL = 20 \times \log\left(\frac{P}{P_o}\right)(dB)$$

- SPL : 음압수준(음압도, 음압레벨) (dB)
- P : 대상음의 음압(음압 실효치) (N/m^2)
- P_o : 기준음압 실효치 ($2\times10^{-5}N/m^2$, $2\times10^{-4}dyne/cm^2$)

$$SPL = 20 \times \log\left(\frac{20}{0.00002}\right) = 120(dB)$$

실기에 자주 출제★★★

44 가로 15m, 세로 25m, 높이 3m인 작업장에 음의 잔향 시간을 측정해보니 0.238sec였을 때, 작업장의 총 흡음력을 30% 증가시키면 잔향시간은 약 몇 sec인가?

① 0.217 ② 0.196
③ 0.183 ④ 0.157

$$T = K\frac{V}{A} = \frac{0.161V}{A}$$

- T : 잔향시간(초)
- K : 비례상수(0.161)
- A : 실내의 총 흡음력(sabin)
- V : 실의 용적(m^3)

1. $T = \frac{0.161V}{A}$

$$A = \frac{0.161V}{T} = \frac{0.161\times(15\times25\times3)}{0.238}$$

$= 761.03(sabin)$

2. 흡음력을 30% 증가시켰을 때의 잔향시간

$$T = \frac{0.161\times(15\times25\times3)}{761.03\times1.3} = 0.183(sec)$$

필기에 자주 출제★

정답 41 ② 42 ② 43 ③ 44 ③

45 진동은 수직진동, 수평진동으로 나누어지는데 인간에게 민감하게 반응을 보이며 영향이 큰 진동수는 수직진동과 수평진동에서 각각 몇 Hz 인가?

① 수직진동 : 4.0 ~ 8.0, 수평진동 : 2.0 이하
② 수직진동 : 2.0 이하, 수평진동 : 4.0 ~ 8.0
③ 수직진동 : 8.0 ~ 10.0, 수평진동 : 4.0 이하
④ 수직진동 : 4.0 이하, 수평진동 : 8.0 ~ 10.0

* 전신진동이 인체의 영향을 미치는 주파수의 범위
① 수직방향 : 4 ~ 8Hz
② 수평방향 : 1 ~ 2Hz

필기에 자주 출제 ★

46 분진이 발생되는 사업장의 작업공정 개선 대책으로 틀린 것은?

① 생산공정을 자동화 또는 무인화
② 비산 방지를 위하여 공정을 습식화
③ 작업장 바닥은 물세척이 가능하게 처리
④ 분진에 의한 폭발은 없으므로 근로자들의 보건분야만 관리

④ 분진폭발을 일으키는 분진에 대한 폭발방지 대책을 강구하여야 한다.

47 다음 중 가압현상에 따른 결과와 가장 거리가 먼 것은?

① 질소 마취　　② 산소 중독
③ 질소 기포 형성　　④ 이산화탄소 중독

* 고압환경의 2차적 가압현상
① 질소의 마취작용 : 공기 중의 질소 가스는 4기압 이상에서 마취작용을 일으킨다.
② 산소중독 증세 : 산소분압이 2기압을 넘으면 산소중독 증세가 나타난다.
③ 이산화탄소의 작용 : 이산화탄소의 증가는 산소의 독성과 질소의 마취작용을 촉진시킨다.

실기까지 중요 ★★

48 다음 중 자외선에 관한 설명과 가장 거리가 먼 것은?

① 피부암을 유발한다.
② 구름이나 눈에 반사되며 대기오염의 지표이다.
③ 일명 열선이라 하며 화학적 작용은 크지 않다.
④ 눈에 대한 영향은 270nm에서 가장 크다.

• 자외선(화학선) : 100~400nm(1000~4000Å)
• 적외선(열선) : 750~1200nm(7500~12000Å)

* 참고
자외선의 눈에 대한 영향
① 240 ~ 310nm파장에서 결막염, 백내장을 일으킨다.
② 급성각막염 : 전기용접, 자외선 살균취급자 등에서 자외선에 의한 전광성 안염(전기성 암염)이 발생된다.

필기에 자주 출제 ★

정답　45 ①　46 ④　47 ③　48 ③

49 고열장해에 관한 설명 중 ( )안에 옳은 내용은?

( )은/는 고열작업장에 순화되지 못한 근로자가 고열작업을 수행할 경우 신체 말단부에 혈액이 과다하게 저류되어 뇌에 혈액흐름이 좋지 못하게 됨에 따라 뇌에 산소부족이 발생한다.

① 열 허탈 ② 열 경련
③ 열 소모 ④ 열 소진

* 열허탈(heat collapse), 열실신(heat synoope)
고열작업장에 순화되지 못한 작업자가 고열작업을 수행하는 경우에 혈액순환 장해로 인하여 신체 말단부에 혈액이 과다하게 저류되어 뇌의 혈액흐름이 좋지 못하여 대뇌피질의 혈류량이 부족(뇌의 산소부족)하여 발생한다.

* 참고
① 열경련(heat cramp) : 고온환경에서 심한 육체적인 노동을 할 때 체내 수분 및 혈중 염분농도 저하가 원인이 되어 발생한다.
② 열피로(heat exhaustion), 열탈진, 열피비 : 고온환경에서 장시간 힘든 노동을 할 때 과다 발한으로 인한 수분과 염분손실 및 탈수로 인한 혈장량이 감소되어 발생한다.
③ 열쇠약(heat prostration) : 고열작업장에서의 만성적인 건강장해로 전신권태, 위장장해, 불면, 빈혈 등의 증상이 발생한다.
④ 열성발진(heat rashes) : 가장 흔한 피부장해로서 땀띠라고도 한다.

실기까지 중요 ★★

50 공학적 작업환경대책의 대체 중 물질의 대체에 관한 내용으로 가장 거리가 먼 것은?

① 성냥 제조 시 황린 대신 적린을 사용하였다.
② 보온재로 석면을 대신하여 유리섬유나 암면을 사용하였다.
③ 야광시계의 자판에서 라듐을 대신하여 인을 사용하였다.
④ 유기용제 사용하는 세척공정을 스팀 세척이나, 비눗물을 사용하는 공정으로 대체하였다.

①, ②, ③ 물질의 대체
④ 공정의 대체

필기에 자주 출제★

51 귀마개에 NRR = 30이라고 적혀 있었다면 귀마개의 차음 효과는 약 몇 dB(A)인가? (단, 미국 OSHA의 산정기준에 따른다.)

① 11.5 ② 13.5
③ 15.0 ④ 23.0

$$차음효과 = (NRR - 7) \times 0.5$$

• NRR : 차음평가수

차음효과 = (30 − 7) × 0.5 = 11.5(dB)

실기까지 중요 ★★

52 다음 중 저산소 상태에서 발생할 수 있는 질병으로 가장 적절한 것은?

① Hypoxia ② Crowd poison
③ Oxygen poison ④ Caisson disease

* 저산소증(Hypoxia : 산소결핍증)
체내 조직의 산소가 결핍된 상태를 말한다.

필기에 자주 출제★

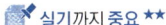

정답 49 ① 50 ④ 51 ① 52 ①

53 전리방사선의 단위로서 피조사체 1g에 대하여 100erg의 에너지가 흡수되는 것은?

① rad ② Ci
③ R ④ IR

* 1rad
피조사체 1g당 100erg의 에너지 흡수를 일으키는 방사선량

실기까지 중요 ★★

54 방독면의 정화통 능력이 사염화탄소 0.4%에 대해서 표준유효시간 100분인 경우, 사염화탄소의 농도가 0.1%인 환경에서 사용 가능한 시간은?

① 100분 ② 200분
③ 300분 ④ 400분

유효시간(파과시간)

$$= \frac{\text{시험가스농도} \times \text{표준유효시간}}{\text{작업장 공기 중 유해가스 농도}} \text{(분)}$$

$$\text{유효시간} = \frac{0.4 \times 100}{0.1} = 400\text{(분)}$$

실기까지 중요 ★★

55 분진의 입경을 측정하기 위하여 현미경 접안경에 Porton reticle을 삽입하여 분진을 측정한 결과 입자의 크기가 8로 적혀 있는 원의 크기와 비슷하였을 때, 분진의 입경은 약 몇 μm인가?

① 2 ② 4
③ 8 ④ 16

$$\text{분진입경} = \sqrt{2^n}$$

• n : 현미경으로 측정한 분진 입자의 크기

$$\text{분진입경} = \sqrt{2^8} = 16$$

56 다음 중 산소결핍에 관한 내용과 가장 거리가 먼 것은?

① 산소결핍이란 공기 중 산소농도가 21% 미만을 말한다.
② 생체 중에서 산소결핍에 대하여 가장 민감한 조직은 대뇌피질이다.
③ 산소결핍은 환기, 산소농도 측정, 보호구 착용을 통하여 피할 수 있다.
④ 일반적으로 공기의 산소분압의 저하는 바로 동맥혈의 산소분압 저하와 연결되어 뇌에 대한 산소 공급량의 감소를 초래한다.

① 산소결핍이란 공기 중 산소농도가 18% 미만인 상태를 말한다.

실기까지 중요 ★★

정답 53 ① 54 ④ 55 ④ 56 ①

57 다음 중 조도에 관한 설명과 가장 거리가 먼 것은?

① 1 Foot candle은 0.8Lux이다.
② 단위로는 룩스(Lux)를 사용한다.
③ 광원의 밝기는 거리의 2승에 역비례한다.
④ 단위 평면적에서 발산 또는 반사되는 광량 즉 눈으로 느끼는 광원 또는 반사체의 밝기를 말한다.

④ 단위 평면적에 입사하는 빛의 세기(광량)을 말한다.

*참고

$$조도(Lux)=\frac{광도}{(거리)^2}$$

필기에 자주 출제★

58 다음 중 금속에 장기간 노출되었을 때 발생할 수 있는 건강장해가 틀리게 연결된 것은?

① 납 - 빈혈
② 크롬 - 운동장해
③ 망간 - 보행장해
④ 수은 - 뇌신경세포 손상

*크롬
① 만성중독 : 피부증상(접촉성 피부염), 호흡기 증상(크롬 폐증), 폐암
② 급성중독 : 신장장해(신장장해로 과뇨증이 오며 더 진전되면 무뇨증을 일으켜 요독증으로 사망할 수 있다)
③ 6가크롬 : 비중격천공증, 비강암을 유발한다.

실기까지 중요★★

59 다음 중 수은의 중독에 따른 대책으로 가장 거리가 먼 것은?

① BAL를 투여한다.
② EDTA를 투여한다.
③ 우유와 계란의 흰자를 먹는다.
④ 만성 중독의 경우 수은취급을 즉시 중지한다.

*수은중독 치료
① 급성중독 : 우유와 계란흰자 먹인 후 세척(단백질과 해당 물질을 결합시켜 침전시킨다)
② 만성중독
- 수은취급을 즉시 중지하고 BAL을 투여(EDTA의 투여는 금지)
- N-acetyl-D-Penicillamine 투여

실기까지 중요★★

60 다음 중 작업환경 개선의 기본원칙과 가장 거리가 먼 것은?

① 교육 ② 환기
③ 휴식 ④ 공정변경

*작업환경개선의 기본원칙
① 대치(대체)
- 공정의 변경
- 유해물질 변경
- 시설의 변경
② 격리(Isolation)
- 저장물질의 격리
- 시설의 격리
- 공정의 격리
- 작업자의 격리
③ 환기
- 국소환기
- 전체환기
④ 교육

필기에 자주 출제★

정답 57 ④ 58 ② 59 ② 60 ③

61 속도압은 P_d, 비중량은 γ, 수두는 h, 중력가속도를 g라 할 때, 유체의 관내 속도를 구하는 식으로 맞는 것은?

① $\frac{\gamma \cdot h^2}{2 \cdot g}$
② $\sqrt{\frac{2 \cdot g \cdot P_d}{\gamma}}$
③ $\frac{\gamma \cdot P_d^2}{2 \cdot g}$
④ $\sqrt{\frac{4 \cdot g \cdot h}{\gamma}}$

속도압(VP) $= \frac{\gamma V^2}{2g}$ (mmH_2O)

- r : 공기비중
- V : 유속(m/s)
- g : 중력가속도(9.8m/s^2)

$$VP = \frac{\gamma V^2}{2g}$$
$$\gamma V^2 = VP \times 2g$$
$$V^2 = \frac{VP \times 2g}{\gamma}$$
$$V = \sqrt{\frac{VP \times 2g}{\gamma}}$$

실기까지 중요 ★★

62 국소배기장치의 설치 및 에너지 비용 절감을 위해 가장 우선적으로 검토하여야 할 것은?

① 재료비 절감을 위해 덕트 직경을 가능한 줄인다.
② 후드 개구면적을 가능한 넓혀서 개방형으로 설치한다.
③ 송풍기 운전비 절감을 위해 댐퍼로 배기 유량을 줄인다.
④ 후드를 오염물질 발생원에 최대한 근접시켜 필요송풍량을 줄인다.

* 국소배기장치의 설치 및 에너지 비용 절감을 위해 가장 우선적으로 검토하여야 할 것 : 후드를 오염물질 발생원에 최대한 근접시켜 필요송풍량을 줄인다.

필기에 자주 출제 ★

63 송풍기로 공기를 불어줄 때, 공기속도가 덕트 직경의 몇 배 정도 거리에서 1/10로 감소하는가?

① 10배　　② 20배
③ 30배　　④ 40배

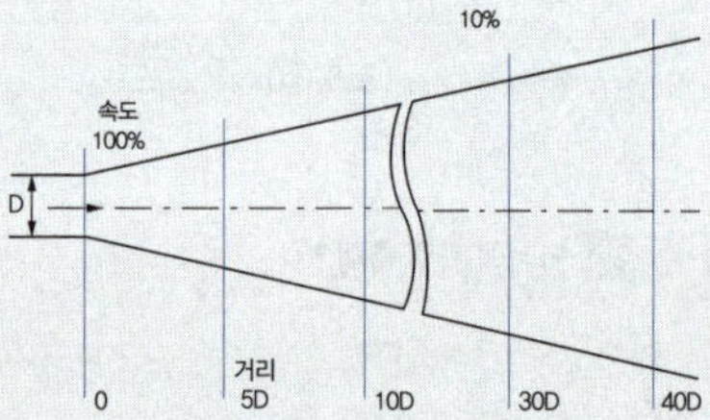

송풍기로 공기를 불어줄 때, 공기속도가 덕트 직경의 30배(30D) 지점에서 유속이 10%로 감소하나, 공기를 흡인할 때는 기류의 방향과 관계없이 덕트 직경과 같은 거리에서 10%로 감소한다

실기까지 중요 ★★

64 배출구의 배기시설에 대한 일반적인 설치 방법에 있어 "15-3-15규칙" 중 "3"이 의미하는 내용으로 맞는 것은?

① 외기풍속의 3배로
② 유입구로부터 3m 떨어지게
③ 배기속도는 3m/s가 되도록
④ 배기구의 높이는 지붕 꼭대기나 공기유입구보다 3m 이상 높게

정답 61 ② 62 ④ 63 ③ 64 ④

⋆ 배기규칙 (15-3-15규칙)
- 15 : 배기구와 공기를 유입하는 흡입구는 15m 이상 떨어지게 설치해야 한다.
- 3 : 배기구의 높이는 지붕 꼭대기나 공기유입구보다 3m 이상 높게 설치한다.
- 15 : 배출되는 공기는 재 유입되지 않도록 배출속도를 15m/sec 이상 유지한다.

⋆ 참고
배기구 설치기준(산업환기에 관한 기술지침)
옥외에 설치하는 배기구는 지붕으로부터 1.5 m 이상 높게 설치하고, 배출된 공기가 주변 지역에 영향을 미치지 않도록 상부 방향으로 10m/s 이상 속도로 배출하는 등 배출된 유해물질이 당해 작업장으로 재유입되거나 인근의 다른 작업장으로 확산되어 영향을 미치지 않는 구조로 하여야 한다

실기까지 중요 ★★

65 일반적인 국소배기장치의 순서로 가장 적절한 것은?

① 후드 - 덕트 - 공기정화장치 - 송풍기 - 배기구
② 후드 - 덕트 - 송풍기 - 공기정화장치 - 배기구
③ 후드 - 덕트 - 공기정화장치 - 배기구 - 송풍기
④ 후드 - 덕트 - 배기구 - 공기정화장치 - 송풍기

⋆ 국소배기장치의 구성
후드 → 덕트 → 공기정화기 → 송풍기 → 배출구

암기법
후덕한 공기를 송풍하여 배출

실기까지 중요 ★★

66 해발고도가 1220m인 곳에서 대기압이 656 mmHg이다. 이때 작업장에서 배출되는 공기의 온도가 200℃라면 이 공기의 밀도는 약 얼마인가? (단, 표준상태의 공기의 밀도는 1.203kg/m³이다.)

① 0.25kg/m³ ② 0.45kg/m³
③ 0.65kg/m³ ④ 0.85kg/m³

⋆ 밀도의 온도, 압력 보정

$$밀도보정계수 = \frac{(273+t_1)(P_2)}{(273+t_2)(P_1)}$$

$$1.203 \times \frac{(273+21)\times 656}{(273+200)\times 760} = 0.6454(kg/m^3)$$

실기까지 중요 ★★

67 송풍기의 상사법칙에 관한 설명으로 틀린 것은?

① 풍량은 송풍기 회전수와 정비례한다.
② 풍압은 회전차의 직경에 반비례한다.
③ 풍압은 송풍기 회전수의 제곱에 비례한다.
④ 동력은 송풍기 회전수의 세곱에 비례한다.

1. $Q_2 = Q_1 (\frac{D_2}{D_1})^3 (\frac{N_2}{N_1})$
 : 풍량은 송풍기 직경의 세제곱, 회전수에 비례한다.

2. $P_2 = P_1 (\frac{D_2}{D_1})^2 (\frac{N_2}{N_1})^2 (\frac{\rho_2}{\rho_1})$
 : 풍압(정압)은 송풍기 직경의 제곱, 회전수의 제곱에 비례한다.

3. $HP_2 = HP_1 (\frac{D_2}{D_1})^5 (\frac{N_2}{N_1})^3 (\frac{\rho_2}{\rho_1})$
 : 동력(축동력)은 송풍기 직경의 다섯제곱, 회전수의 세제곱에 비례한다.

실기에 자주 출제 ★★★

정답 65 ① 66 ③ 67 ②

68 신체의 열 생산과 주변 환경 사이의 열교환식(heat balance equation)과 관련이 없는 것은?

① 전도 ② 대류
③ 증발 ④ 복사

* 열평형 방정식(인체의 열교환)

S(열축적) = M(대사열) − E(증발) ± R(복사) ± C(대류) − W(한일)

실기까지 중요 ★★

69 제어속도(control velocity)에 대한 설명 중 틀린 것은?

① 먼지나 가스의 성상, 확산조건, 발생원 주변 기류 등에 따라서 크게 달라진다.
② 유해물질이 낮은 기류로 발생하는 도금 또는 용접 작업공정에서는 대략 0.5 ~ 1.0m/sec이다.
③ 제어풍속이라고도 하며 후드 앞 오염원에서의 기류로서 오염공기를 후드로 흡인하는데 필요하다.
④ 유해물질 발생이 자연적이고, 기류가 전혀 없는 탱크로부터 유기용제가 증발할 때는 1.6 ~ 2.1m/sec이다.

④ 유해물질 발생이 자연적이고, 기류가 전혀 없는 탱크로부터 유기용제가 증발할 때는 0.25 ~ 0.5m/sec이다.

* 참고
제어속도범위(ACGIH)

작업조건	작업공정사례	제어속도(m/sec)
• 움직이지 않은 공기 중에서 속도 없이 배출되는 작업조건 • 조용한 대기 중에 실제 거의 속도가 없는 상태로 발산하는 경우의 작업조건	• 액면에서 발생하는 가스나 증기 흄 • 탱크에서 증발, 탈지시설	0.25 ~ 0.5
• 비교적 조용한(약간의 공기 움직임) 대기 중에서 저속으로 비산하는 작업조건	• 용접, 도금 작업 • 스프레이도장	0.5 ~ 1.0
• 발생기류가 높고(빠른기동) 유해물질이 활발히 발생하는 작업조건	• 스프레이도장, 용기충전 • 컨베이어 적재 • 분쇄기	1.0 ~ 2.5
• 초고속기류(대단히 빠른 기동)가 있는 작업장소에 초고속으로 비산하는 경우	• 회전연삭작업 • 연마작업 • 블라스트 작업	2.5 ~ 10

실기까지 중요 ★★

70 집진장치의 선정 시 반드시 고려해야 할 사항으로 볼 수 없는 것은?

① 총 에너지 요구량
② 요구되는 집진효율
③ 오염물질의 회수효율
④ 오염물질의 함진농도와 입경

* 집진장치의 선정 시 반드시 고려해야 할 사항
① 총 에너지 요구량
② 요구되는 집진효율
③ 오염물질의 함진농도와 입경
④ 집진율, 유량 등

필기에 자주 출제 ★

정답 68 ① 69 ④ 70 ③

71 산업환기에 있어 압력에 대한 설명으로 틀린 것은?

① 전압은 정압과 동압의 곱이다.
② 정압은 속도압과 관계없이 독립적으로 발생한다.
③ 송풍기 위치와 상관없이 동압은 항상 양압이다.
④ 정압은 송풍기 앞에서는 음압, 송풍기 뒤에서는 양압이다.

① 전압은 정압과 동압의 합이다.

필기에 자주 출제 ★

72 후드에 플랜지(flange)를 부착하여 얻는 효과로 볼 수 없는 것은?

① 후드 전면의 포집 범위가 넓어진다.
② 후드 폭을 줄일 수 있어 제어속도가 감소한다.
③ 동일한 흡인속도를 얻는데 필요 송풍량이 감소한다.
④ 등속흡인곡선에서 덕트 직경만큼 떨어진 부위의 유속이 덕트 유속의 7.5%를 초과한다.

⋆ 후드에 플랜지(flange)를 부착하였을 때의 효과
① 후드 전면의 포집 범위가 넓어진다.
② 동일한 흡인속도를 얻는데 필요 송풍량이 감소한다.(필요송풍량 25% 감소)
③ 등속흡인곡선에서 덕트 직경만큼 떨어진 부위의 유속이 덕트 유속의 7.5%를 초과한다.

필기에 자주 출제 ★

73 압력손실계수 F, 속도압 P_{v1}이 각각 0.59, 10mmH_2O이고 유입 계수 Ce, 속도압 P_{v2}가 각각 0.92, 10mmH_2O인 후드 2개의 전체압력손실은 약 얼마인가?

① 5mmH_2O　② 8mmH_2O
③ 15mmH_2O　④ 20mmH_2O

압력손실($\triangle P$) $= F_h \times VP = (\frac{1}{Ce^2} - 1) \times VP$

- F_h : 압력손실계수$(= \frac{1}{Ce^2} - 1)$
- VP : 속도압(mmH_2O)
- Ce : 유입계수

1. 압력손실계수 F, 속도압 P_{v1}이 각각 0.59, 10mmH_2O인 후드의 압력손실
   $\triangle P = F_h \times VP = 0.59 \times 10 = 5.9mmH_2O$
2. 유입 계수 Ce, 속도압 P_{v2}가 각각 0.92, 10mmH_2O인 후드의 압력손실
   $\triangle P = (\frac{1}{Ce^2} - 1) \times VP = (\frac{1}{0.92^2} - 1) \times 10$
   $= 1.81$mmH_2O
3. 총 압력손실 = 5.9 + 1.81 = 7.71(mmH_2O)

실기까지 중요 ★★

정답　71 ①　72 ②　73 ②

74 세정집진장치 중 물을 가압 · 공급하여 함진배기를 세정하는 방법과 가장 거리가 먼 것은?

① 충진탑 ② 벤츄리 스크러버
③ 분무탑 ④ 임펠러형 스크러버

* 세정집진장치 중 가압수식 집진장치의 종류
① 벤츄리 스크러버(Venturi scrubber)
② 제트 스크러버(Jet scrubber)
③ 분무탑(Spray tower)
④ 사이클론 스크러버(Cyclone scrubber)
⑤ 충전탑(Packed tower)

* 참고
가압수식 집진장치
물을 가압 공급하여 함진 가스를 세정하는 방식을 말한다.

75 직경이 200mm인 직관을 통하여 100m³/min의 표준공기를 송풍할 때 10m 당 압력손실(mmH_2O)은 약 얼마인가? (단, 배기 덕트의 마찰손실계수는 0.005, 공기의 비중량은 1.2kg/m³이다.)

① 43 ② 48
③ 53 ④ 58

압력손실($\triangle P$) $= F \times VP$

$$= \lambda \times \frac{L}{D} \times \frac{\gamma V^2}{2g} (mmH_2O)$$

- F_h(압력손실계수) $= \lambda \times \frac{L}{D}$
- λ : 관마찰계수(무차원)
- D : 덕트 직경(m)(원형관일 경우)
  (장방형 덕트일 경우 :
  상당직경(등가직경)$= \frac{2ab}{a+b}$)
- L : 덕트 길이(m)

$$\triangle P = \lambda \times \frac{L}{D} \times \frac{\gamma V^2}{2g}$$

$$\triangle P = 0.005 \times \frac{10}{0.2} \times \frac{1.2 \times 53.05^2}{2 \times 9.8}$$

$$= 43.08(mmH_2O)$$

$$Q = 60 \times A \times V$$

$$V = \frac{Q}{60 \times A} = \frac{Q}{60 \times \frac{\pi \times d^2}{4}} = \frac{100}{60 \times \frac{\pi \times 0.2^2}{4}}$$

$$= 53.05(m/sec)$$

실기에 자주 출제 ★★★

76 온도 5℃, 압력 700mmHg인 공기의 밀도보정계수는 약 얼마인가?

① 0.988 ② 0.974
③ 0.961 ④ 0.954

$$\text{밀도보정계수} = \frac{(273+t_1)(P_2)}{(273+t_2)(P_1)}$$

$$= \frac{(273+21) \times (700)}{(273+5) \times (760)} = 0.9741$$

실기까지 중요 ★★

77 송풍기를 선정하는데 반드시 필요하지 않은 요소는?

① 송풍기정압 ② 송풍량
③ 송풍기속도압 ④ 소요동력

송풍기의 회전수, 송풍기 풍량, 송풍기 풍압, 송풍기 동력 등을 고려하여 송풍기를 선정하여야 한다.

필기에 자주 출제 ★

정답 74 ④ 75 ① 76 ② 77 ③

78 후드의 가로가 30cm, 높이 20cm인 직사각형 후드를 플랜지가 부착한 상태로 바닥에 부착하여 설치하고자 한다. 제어풍속이 미치는 최대 거리를 후드 개구면으로부터 약 20cm로 잡았을 때 필요한 환기량(m^3/min)은 약 얼마인가? (단, 제어풍속은 0.5m/s이다.)

① 6.9m^3/min ② 15.8m^3/min
③ 20.5m^3/min ④ 25.7m^3/min

* 외부식 후드(작업대 위, 플랜지가 부착된 후드)

$$Q = 60 \cdot 0.5 \cdot Vc(10X^2 + A)$$

- Q : 필요송풍량(m^3/min)
- Vc : 제어속도(m/sec)
- A : 개구면적(m^2)
- X : 후드중심선으로부터 발생원까지의 거리(m) (오염원과 후드간 거리가 덕트 직경의 1.5배 이내일 때만 유효)

$$Q = 60 \times 0.5 \times 0.5 \times (10 \times 0.2^2 + 0.06) = 6.9(m^3/min)$$

[$A = 0.3 \times 0.2 = 0.06(m^2)$]

실기에 자주 출제 ★★★

79 덕트의 설계에 관한 사항으로 적절하지 않은 것은?

① 사각형 덕트를 사용할 경우 가급적 정방형을 사용한다.
② 덕트의 직경, 단면 확대 또는 수축, 곡관수 및 모양 등을 고려해야 한다.
③ 사각형 덕트가 원형 덕트보다 덕트 내 유속 분포가 균일하므로 가급적 사각형 덕트를 사용한다.
④ 덕트가 여러 개인 경우 덕트의 직경을 조절하거나 송풍량을 조절하여 전체적으로 균형이 맞도록 설계한다.

③ 덕트는 가능한 한 원형관을 사용하여야 한다.

필기에 자주 출제 ★

80 작업장 내 열부하량이 15000kcal/h이며, 외기온도는 22℃, 작업장 내의 온도는 32℃이다. 이때 전체 환기를 위한 필요환기량은 얼마인가?

① 83m^3/h ② 833m^3/h
③ 4500m^3/h ④ 5000m^3/h

$$Q = \frac{H_s}{0.3\Delta t}(m^3/hr)$$

- Δt : 급배기(실내, 외)의 온도차(℃)
- H_s : 작업장내 열부하량(kcal/hr)
- 0.3 : 정압비열(kcal/m^3℃)

$$Q = \frac{15{,}000}{0.3 \times (32 - 22)} = 5{,}000(m^3/hr)$$

실기까지 중요 ★★

정답 78 ① 79 ③ 80 ④

2017년 8월 26일

3회 과년도기출문제

제1과목 산업위생학 개론

01 육체적 근육노동 시 특히 주의하여 보급해야 할 비타민의 종류는?

① 비타민 B_1　② 비타민 B_2
③ 비타민 B_6　④ 비타민 B_{12}

⋆ B_1(Thiamine)
작업강도가 높은 근로자의 근육에 호기적 산화로 연소를 도와주는 영양소(근육노동 시 특히 주의하여 보급해야 할 비타민)

필기에 자주 출제★

02 1,000Hz에서 음압수준(dB)을 기준으로 하여 등감곡선을 나타내는 단위를 무엇이라고 하는가?

① Hz　② sone
③ phon　④ cone

⋆ phon
① 1phon = 1,000Hz, 1dB 음의 크기
② 1,000Hz에서 음압수준(dB)을 기준으로 하여 등감곡선을 나타내는 단위

⋆ 참고
sone
① 감각적인 음의 크기를 나타낸다.
② 1Sone = 1,000Hz, 40dB 순음의 크기

필기에 자주 출제★

03 우리나라의 작업환경측정 대상 유해인자 중 소음의 측정방법에 대한 설명으로 틀린 것은?

① 소음계의 청감보정회로는 A특성으로 행해야 한다.
② 소음계 지시침의 동작은 빠른(Fast) 상태로 한다.
③ 소음계의 지시치가 변동하지 않는 경우에는 해당 지시치를 그 측정점에서의 소음수준으로 한다.
④ 소음이 1초 이상의 간격을 유지하면서 최대 음압수준이 120dB(A) 이상의 소음인 경우에는 소음수준에 따른 1분 동안의 발생횟수를 측정하여야 한다.

① 소음계의 청감보정회로는 A특성으로 할 것
② 소음측정은 다음과 같이 할 것
- 소음계 지시침의 동작은 느린(Slow) 상태로 한다.
- 소음계의 지시치가 변동하지 않는 경우에는 해당 지시치를 그 측정점에서의 소음수준으로 한다.

③ 누적소음노출량 측정기로 소음을 측정하는 경우에는 Criteria는 90dB, Exchange Rate는 5dB, Threshold는 80dB로 기기를 설정할 것
④ 소음이 1초 이상의 간격을 유지하면서 최대음압수준이 120dB(A) 이상의 소음인 경우에는 소음수준에 따른 1분 동안의 발생횟수를 측정할 것

필기에 자주 출제★

정답 01 ① 02 ③ 03 ②

04 노동의 적응과 장해에 대한 설명으로 틀린 것은?

① 환경에 대한 인체의 적응에는 한도가 있으며 이러한 한도를 허용기준 또는 노출기준이라 한다.

② 외부의 환경변화와 신체활동이 반복되거나 오래 계속되어 조절기능이 숙련된 상태를 순화라고 한다.

③ 작업에 따라서 신체 형태와 기능에 국소적 변화가 일어나는 경우가 있는데 이것을 직업성 변이라고 한다.

④ 인체에 어떠한 자극이건 간에 체내의 호르몬계를 중심으로 한 특유의 반응이 일어나는 것을 적응증상군(適應症狀群)이라 하며 이러한 상태를 스트레스라고 한다.

① 인체는 환경에서 오는 여러 자극(stress)에 대하여 적응하려는 반응을 일으킨다.

*참고
노출기준
근로자가 유해인자에 노출되는 경우 노출기준 이하 수준에서는 거의 모든 근로자에게 건강상 나쁜 영향을 미치지 아니하는 기준

필기에 자주 출제★

05 어떤 물질의 독성에 관한 인체실험 결과 안전흡수량이 체중(kg) 당 0.2mg 이었다. 체중이 70kg인 사람이 1일 8시간 작업 시 이 물질의 체내흡수를 안전흡수량 이하로 유지하려면 이 물질의 공기 중 농도를 얼마 이하로 규제하여야 하겠는가? (단, 작업 시 폐환기율은 1.25m³/hr, 체내 잔류율은 1.0이다.)

① 0.8mg/m³ ② 1.4mg/m³
③ 2.0mg/m³ ④ 2.6mg/m³

체내흡수량(mg) = $C \times T \times V \times R$

- 체내흡수량(SHD) : 안전계수와 체중을 고려한 것
- C : 공기 중 유해물질 농도(mg/m³)
- T : 노출시간(hr)
- V : 호흡률(폐환기율) (m³/hr)
- R : 체내 잔유율(보통 1.0)

$$C = \frac{mg}{T \times V \times R} = \frac{14}{8 \times 1.25 \times 1.0} = 1.4(mg/m^3)$$

$$(\frac{0.2mg}{kg} \times 70kg = 14mg)$$

실기까지 중요★★

06 특수 건강진단의 실시 주기로 잘못 연결된 것은?

① 벤젠 - 3개월
② 사염화탄소 - 6개월
③ 광물성 분진 - 24개월
④ N,N-디메틸포름아미드 - 6개월

*특수건강진단의 시기 및 주기

구분	대상 유해인자	시기 (배치 후 첫 번째 특수 건강진단)	주기
1	N,N-디메틸아세트아미드 디메틸포름아미드	1개월 이내	6개월
2	벤젠	2개월 이내	6개월
3	1,1,2,2-테트라클로로에탄 사염화탄소 아크릴로니트릴 염화비닐	3개월 이내	6개월
4	석면, 면 분진	12개월 이내	12개월
5	광물성 분진 목재 분진 소음 및 충격소음	12개월 이내	24개월
6	제1호부터 제5호까지의 대상 유해인자를 제외한 별표22의 모든 대상 유해인자	6개월 이내	12개월

실기까지 중요★★

정답 04 ① 05 ② 06 ①

07 산업피로의 예방과 대책으로 적절하지 않은 것은?

① 충분한 수면을 취한다.
② 작업환경을 정리정돈 한다.
③ 너무 정적인 작업은 동적인 작업으로 전환한다.
④ 휴식은 한 번에 장시간 동안 하는 것이 바람직하다.

> ④ 휴식은 여러 번 나누어 휴식하는 것이 장시간 휴식하는 것보다 효과적이다.

필기에 자주 출제 ★

08 세계 최초로 보고된 "직업성 암"에 관한 내용으로 틀린 것은?

① 보고된 병명은 진폐증이다.
② 18세기 영국에서 보고되었다.
③ Percivall Pott에 의하여 규명되었다.
④ 발병자는 어린이 굴뚝청소부로 원인물질은 검댕(soot)이었다.

> * Percivall Pott(18세기)
> ① 영국의 외과의사로 직업성 암(굴뚝청소부의 음낭암)을 최초로 보고함
> ② 암의 원인 물질은 "검댕"
> ③ "굴뚝 청소부법" 제정토록 함

실기까지 중요 ★★

09 작업장에 존재하는 유해인자와 직업성 질환의 연결이 잘못된 것은?

① 망간 - 신경염
② 분진 - 규폐증
③ 이상기압 - 잠함병
④ 6가 크롬 - 레이노씨병

> ④ 6가 크롬 - 비중격천공증, 비강암, 폐암

필기에 자주 출제 ★

10 산업보건의 기본적인 목표와 가장 관계가 깊은 것은?

① 질병의 진단 ② 질병의 치료
③ 질병의 예방 ④ 질병에 대한 보상

> * 산업보건의 기본적인 목표
> 질병의 예방

필기에 자주 출제 ★

11 산업위생의 정의와 가장 거리가 먼 단어는?

① 예측 ② 감사
③ 측정 ④ 관리

> * 미국산업위생학회(AIHA)의 산업위생의 정의
> 근로자나 일반 대중에게 질병, 건강장해와 안녕방해, 심각한 불쾌감 및 능률 저하 등을 초래하는 작업환경 요인과 스트레스를 예측, 측정, 평가, 관리하는 과학과 기술이다.

실기까지 중요 ★★

정답 07 ④ 08 ① 09 ④ 10 ③ 11 ②

12 중량물 취급에 있어서 미국 NIOSH에서 중량물 최대허용한계(MPL)를 설정할 때의 기준으로 틀린 것은?

① MPL에 해당하는 작업은 L5/S1 디스크에 6400N의 압력을 부하
② MPL에 해당하는 작업이 요구하는 에너지대사량은 5.0kcal/min를 초과
③ MPL을 초과하는 작업에서는 대부분의 근로자들에게 근육 · 골격 장해가 발생
④ 남성 근로자의 50% 미만과 여성 근로자의 10% 미만에서만 MPL수준의 작업수행이 가능

④ 남성 근로자의 25% 미만과 여성 근로자의 1% 미만에서만 MPL수준의 작업수행이 가능함

13 어떤 작업의 강도를 알기 위하여 작업 시 소요된 열량을 파악한 결과 3500kcal로 나타났다. 기초대사량이 1300kcal, 안정 시 열량이 기초대사량의 1.2배인 경우 작업대사율(RMR)은 약 얼마인가?

① 0.82　　② 1.22
③ 1.31　　④ 1.49

* 에너지 대사율(RMR)

$$RMR = \frac{\text{작업(노동)대사량}}{\text{기초대사량}} = \frac{\text{작업 시의 소비 에너지} - \text{안정 시의 소비 에너지}}{\text{기초대사량}}$$

$$RMR = \frac{3,500-(1,300\times1.2)}{1,300} = 1.49$$

실기까지 중요 ★★

14 젊은 근로자에 있어서 약한 손(오른손잡이 경우 왼손)의 힘은 평균 45kp(kilopond)라고 한다. 이런 근로자가 무게 20kg인 상자를 두 손으로 들어 올릴 경우 작업강도(% MS)는 약 얼마인가?

① 11.2%　　② 16.2%
③ 22.2%　　④ 26.2%

$$\text{작업강도(\%MS)} = \frac{RF}{MS}\times100$$

- RF : 작업 시 요구되는 힘(한 손에 요구되는 힘)
- MS : 근로자가 가지고 있는 약한 손의 최대 힘

$$\text{작업강도} = \frac{10}{45}\times100 = 22.22(\%)$$

(20kg을 두 손으로 들어 올림 → 한 손에 요구되는 힘 10kg)

실기까지 중요 ★★

15 실내 환경의 공기오염에 따른 건강 장해 용어와 관련이 없는 것은?

① 빌딩증후군(SBS)
② 새집증후군(SHS)
③ 복합 화학물질 과민증(MCS)
④ VDT 증후군(VDT Syndrome)

* VDT 증후군(VDT Syndrome)
컴퓨터 모니터 등 VDT를 보면서 장시간 작업을 할 경우 발생하는 안 증상과 근골격계 증상, 피부 증상, 정신신경계 증상 등을 말한다.

필기에 자주 출제 ★

정답 12 ④　13 ④　14 ③　15 ④

16 재해의 지표로 이용되는 지수의 산식이 틀린 것은?

① 재해율 = $\frac{\text{재해자수}}{\text{산재보험 적용 근로자수}} \times 100$

② 강도율 = $\frac{\text{총요양근로손실일수}}{\text{연근로시간수}} \times 1,000$

③ 도수율 = $\frac{\text{재해건수}}{\text{연근로시간수}} \times 10^6$

④ 연천인율 = $\frac{\text{연간재해자수}}{\text{연간평균근로자수}} \times 1,000$

⋆도수율(빈도율 F.R)
100만 근로시간당 재해 발생 건수 비율

도수율(빈도율) = $\frac{\text{재해 건수}}{\text{연 근로 시간 수}} \times 10^6$

실기에 자주 출제★★★

17 동작경제의 원칙에 해당하지 않는 것은?

① 작업비용 산정의 원칙
② 신체의 사용에 관한 원칙
③ 작업장의 배치에 관한 원칙
④ 공구 및 설비 디자인에 관한 원칙

⋆동작경제의 3원칙
① 신체의 사용에 관한 원칙
② 작업장의 배치에 관한 원칙
③ 공구 및 설비 디자인에 관한 원칙

필기에 자주 출제★

18 산업안전보건법의 궁극적 목적에 해당되지 않는 내용은?

① 산업재해를 예방
② 쾌적한 작업환경을 조성
③ 근로자의 재활을 통한 사업장 복귀
④ 근로자의 안전과 보건을 유지 · 증진

⋆산업안전보건법의 목적
산업 안전 및 보건에 관한 기준을 확립하고 그 책임의 소재를 명확하게 하여 산업재해를 예방하고 쾌적한 작업환경을 조성함으로써 노무를 제공하는 자의 안전 및 보건을 유지 · 증진함을 목적으로 한다.

필기에 자주 출제★

19 영상표시단말기(VDT) 취급근로자 작업관리에 관한 설명으로 틀린 것은?

① 작업 화면상의 시야는 수평선상으로부터 아래로 15도 이상 25도 이하에 오도록 한다.
② 작업장 주변 환경의 조도를 화면의 바탕 색상이 검정색 계통일 때 300럭스 이상 500럭스 이하를 유지한다.
③ 단색화면일 경우 색상은 일반적으로 어두운 배경에 밝은 황 · 녹색 또는 백색문자를 사용하고 적색 또는 청색의 문자는 가급적 사용하지 않는다.
④ 연속작업을 수행하는 근로자에 대해서는 영상표시단말기 작업 외의 작업을 중간에 넣거나 또는 다른 근로자와 교대로 실시하는 등 계속해서 영상표시단말기 작업을 수행하지 않도록 한다.

① 작업자의 시선은 수평선상으로부터 아래로 10~15° 이내일 것, 눈으로부터 화면까지의 시거리는 40cm 이상을 유지할 것

필기에 자주 출제★

정답 16 ③ 17 ① 18 ③ 19 ①

20 산업안전보건법령에서 정하는 특별관리물질이 아닌 것은?

① 납　② 톨루엔
③ 벤젠　④ 1-브로모프로판

* 특별관리대상물질
① 유기화합물(117종)
- 디니트로톨루엔 (Dinitrotoluene; 25321-14-6 등)
- N,N-디메틸아세트아미드 (N,N-Dimethylacetamide; 127-19-5)
- 디메틸포름아미드 (Dimethylformamide; 68-12-2)
- 1,2-디클로로에탄 (1,2-Dichloroethane; 107-06-2)
- 1,2-디클로로프로판 (1,2-Dichloropropane; 78-87-5)
- 2-메톡시에탄올 (2-Methoxyethanol; 109-86-4)
- 2-메톡시에틸 아세테이트 (2-Methoxyethyl acetate; 110-49-6)
- 벤젠(Benzene; 71-43-2)
- 1,3-부타디엔(1,3-Butadiene; 106-99-0)
- 1-브로모프로판 (1-Bromopropane; 106-94-5)
- 2-브로모프로판 (2-Bromopropane; 75-26-3)
- 사염화탄소(Carbon tetrachloride; 56-23-5)
- 스토다드 솔벤트(Stoddard solvent; 8052-41-3)(벤젠을 0.1% 이상 함유한 경우만 특별관리물질)
- 아크릴로니트릴(Acrylonitrile; 107-13-1)
- 아크릴아미드(Acrylamide; 79-06-1)
- 2-에톡시에탄올 (2-Ethoxyethanol; 110-80-5)
- 2-에톡시에틸 아세테이트 (2-Ethoxyethyl acetate; 111-15-9)
- 에틸렌이민(Ethyleneimine; 151-56-4)
- 2,3-에폭시-1-프로판올 (2,3-Epoxy-1-propanol; 556-52-5 등)
- 1,2-에폭시프로판 (1,2-Epoxypropane; 75-56-9 등)
- 에피클로로히드린 (Epichlorohydrin; 106-89-8 등)
- 트리클로로에틸렌 (Trichloroethylene; 79-01-6)
- 1,2,3-트리클로로프로판 (1,2,3-Trichloropropane; 96-18-4)
- 퍼클로로에틸렌 (Perchloroethylene; 127-18-4)
- 페놀(Phenol; 108-95-2)
- 포름알데히드(Formaldehyde; 50-00-0)
- 프로필렌이민(Propyleneimine; 75-55-8)
- 황산 디메틸(Dimethyl sulfate; 77-78-1)
- 히드라진[302-01-2] 및 그 수화물(Hydrazine and its hydrates)

② 금속류
- 납[7439-92-1] 및 그 무기화합물(Lead and its inorganic compounds)
- 니켈[7440-02-0] 및 그 무기화합물, 니켈 카르보닐(Nickel and its inorganic compounds, Nickel carbonyl)(불용성화합물만 특별관리물질)
- 수은[7439-97-6] 및 그 화합물(Mercury and its compounds)(특별관리물질. 다만, 아릴화합물 및 알킬화합물은 특별관리물질에서 제외한다)
- 안티몬[7440-36-0] 및 그 화합물(Antimony and its compounds)(삼산화안티몬만 특별관리물질)
- 카드뮴[7440-43-9] 및 그 화합물(Cadmium and its compounds)
- 크롬[7440-47-3] 및 그 화합물(Chromium and its compounds)(6가크롬 화합물만 특별관리물질)

③ 산 · 알칼리류(17종)
- 황산(Sulfuric acid; 7664-93-9)(pH 2.0 이하인 강산은 특별관리물질)

④ 가스 상태 물질류(15종)
- 산화에틸렌(Ethylene oxide; 75-21-8)

정답 20 ②

21 작업환경내의 소음을 측정하였더니 105dB(A)의 소음(허용노출시간 60분)이 20분, 110dB(A)의 소음(허용노출시간 30분)이 20분, 115dB(A)의 소음(허용노출시간 15분)이 10분 발생되었다. 이 때 소음 노출량은 약 몇 % 인가?

① 137 ② 147
③ 167 ④ 177

* 누적소음폭로량

$$D=\left(\frac{C_1}{T_1}+\frac{C_2}{T_2}+\cdots+\frac{C_n}{T_n}\right)\times 100(\%)$$

- D : 누적소음 폭로량(%)
- C : 각 소음에 노출되는 시간(min)
- T : 각 폭로허용시간(TLV)(min)

$$소음노출량=\left(\frac{20}{60}+\frac{20}{30}+\frac{10}{15}\right)\times 100 = 166.67(\%)$$

실기까지 중요 ★★

22 다음 중 가스크로마토그래피에서 인접한 두 피크를 다르다고 인식하는 능력을 의미하는 것은?

① 분해능 ② 분배계수
③ 분리관의 효율 ④ 상대머무름시간

* 분해능
가스크로마토그래피에서 인접한 두 피크를 다르다고 인식하는 능력

23 다음 내용은 고용노동부 작업환경 측정 고시의 일부분이다. ㉠에 들어갈 내용은?

"개인시료채취" 란개인시료채취기를이용하여 가스 · 증기 · 분진 · 흄(fume) · 미스트(mist) 등을 근로자의 호흡위치(㉠)에서 채취하는 것을 말한다.

① 호흡기를 중심으로 반경 10cm인 반구
② 호흡기를 중심으로 반경 30cm인 반구
③ 호흡기를 중심으로 반경 50cm인 반구
④ 호흡기를 중심으로 반경 100cm인 반구

* 개인시료채취
개인시료채취기를 이용하여 가스 · 증기 · 분진 · 흄(fume) · 미스트(mist) 등을 근로자의 호흡위치(호흡기를 중심으로 반경 30cm인 반구)에서 채취하는 것을 말한다.

실기까지 중요 ★★

24 직경분립충돌기와 비교하여 사이클론의 장점으로 틀린 것은?

① 사용이 간편하고 경제적이다.
② 입자의 질량크기별 분포를 얻을 수 있다.
③ 시료의 되튐 현상으로 인한 손실염려가 없다.
④ 매체의 코팅과 같은 별도의 특별한 처리가 필요 없다.

② 입자의 질량크기별 분포를 얻을 수 있다.
→ 직경분립충돌기의 장점

* 참고
사이클론의 장점
① 사용이 간편하고 경제적이다.
② 호흡성 먼지에 대한 자료를 쉽게 얻을 수 있다.
③ 시료의 되튐으로 인한 손실이 없다.
④ 매체의 코팅과 같은 별도의 특별한 처리가 필요 없다.

필기에 자주 출제 ★

정답 21 ③ 22 ① 23 ② 24 ②

25 유해물질 농도를 측정한 결과 벤젠 6ppm(노출기준 10ppm), 톨루엔 64ppm(노출기준 100ppm), n-헥산 12ppm(노출기준 50ppm)이었다면, 이들 물질의 복합 노출지수(Exposure Index)는? (단, 상가 작용을 한다고 가정한다.)

① 1.26 ② 1.48
③ 1.64 ④ 1.82

$$노출지수 = \frac{C_1}{T_1} + \frac{C_2}{T_2} + \cdots + \frac{C_n}{T_n}$$

- C : 화학물질 각각의 측정치
- T : 화학물질 각각의 노출기준

$$노출지수 = \frac{6}{10} + \frac{64}{100} + \frac{12}{50} = 1.48$$

실기까지 중요 ★★

26 측정 전 여과지의 무게는 0.40mg, 측정 후의 무게는 0.50mg이며, 공기채취유량을 2.0L/min으로 6시간 채취하였다면 먼지의 농도는 약 몇 mg/m³인가? (단, 공시료는 측정 전후의 무게 차이가 없다.)

① 0.139 ② 1.139
③ 2.139 ④ 3.139

$$\frac{mg}{m^3} = \frac{(0.50-0.40)mg}{\frac{2.0\times10^{-3}m^3}{min}\times(6\times60)min}$$
$$= 0.139(mg/m^3)$$
$$(L = 10^{-3}m^3)$$

실기까지 중요 ★★

27 알고 있는 공기 중 농도를 만드는 방법인 Dynamic Method에 관한 내용으로 옳지 않은 것은?

① 온습도 조절이 가능하다.
② 만들기 용이하고 가격이 저렴하다.
③ 다양한 농도 범위 제조가 가능하다.
④ 소량의 누출이나 벽면에 의한 손실을 무시할 수 있다.

② 만들기가 복잡하고 가격이 고가이다.

필기에 자주 출제 ★

28 다음 중 실내의 기류측정에 가장 적합한 온도계는?

① 건구온도계 ② 흑구온도계
③ 카타온도계 ④ 습구온도계

★ 카타온도계
실내의 기류측정에 가장 적합한 온도계

정답 25 ② 26 ① 27 ② 28 ③

29 근로자의 납 노출을 측정한 결과 8시간 TWA가 0.065mg/m³이었다. 미국 OSHA의 평가방법을 기준으로 신뢰하한 값(LCL)과 그에 따른 판정으로 적절한 것은? (단, 시료채취 분석오차는 0.132이고 허용기준은 0.05mg/m³이다.)

① LCL = 1.168, 허용기준 초과
② LCL = 0.911, 허용기준 미만
③ LCL = 0.983, 허용기준 초과가능
④ LCL = 0.584, 허용기준 미만

> 1. Y(표준화 값) = $\frac{\text{TWA 또는 STEL}}{\text{허용기준}}$
> 2. 95%의 신뢰도를 가진 하한치를 계산
>   • 하한치 = Y - 시료채취 분석오차
> 3. 허용기준 초과여부 판정
>   • 하한치 1 초과 : 허용기준 초과
>
> 1. Y(표준화 값) = $\frac{0.065}{0.05}$ = 1.3
> 2. 하한치 = 1.3 - 0.132 = 1.168
> 3. 하한치 〉 1이므로 허용기준을 초과함

실기까지 중요 ★★

30 다음 중 1차 표준기구와 가장 거리가 먼 것은?

① 폐활량계 ② 가스치환병
③ 건식가스 미터 ④ 유리 피스톤 미터

1차 표준 기구	2차 표준기구
1. 비누거품미터 2. 폐활량계 3. 가스치환병 4. 유리피스톤미터 5. 흑연피스톤미터 6. 피토튜브(Pitot tube)	1. 로타미터 2. 습식테스트미터 (Wet-test-meter) 3. 건식가스미터 (Dry-gas-meter) 4. 오리피스미터 5. 열선기류계
암기법 1차비누로 폐활량재고, 가스치환하여, 유리, 흑연 먹였더니 피토했다.	암기법 2 열로 걸어가는 습관 테스트하는 오리

실기에 자주 출제 ★★★

31 산업환경에서 고열의 노출을 제한하는데 가장 일반적으로 사용되는 지표는? (단, 고용노동부 고시를 기준으로 한다.)

① 수정감각온도 ② 습구흑구온도지수
③ 8시간 발한 예측치 ④ 건구온도, 흑구온도

> 고열은 습구흑구온도지수(WBGT)를 측정할 수 있는 기기 또는 이와 동등 이상의 성능을 가진 기기를 사용하여 측정한다.

실기까지 중요 ★★

32 다음 중 불꽃방식의 원자흡광광도계(AAS)의 장단점에 관한 설명으로 가장 거리가 먼 것은?

① 작업환경 중 유해금속 분석을 할 수 있다.
② 분석시간이 흑연로장치에 비하여 적게 소요된다.
③ 고체시료의 경우 전처리에 의하여 매트릭스를 제거해야 한다.
④ 적은 양의 시료를 가지고 동시에 많은 금속을 분석할 수 있다.

> ④ 적은 양의 시료를 가지고 동시에 많은 금속을 분석할 수 있다. → 원자 발광 분석법

33 아스만통풍건습계의 습구온도 측정시간 기준으로 옳은 것은? (단, 고용노동부 고시를 기준으로 한다.)

① 5분 이상 ② 10분 이상
③ 15분 이상 ④ 25분 이상

> ※ 관련 고시의 변경으로 고시에서 삭제된 내용입니다.

정답 29 ① 30 ③ 31 ② 32 ④ 33 ④

★ 참고
고열의 측정방법
측정기를 설치한 후 충분히 안정화 시킨 상태에서 1일 작업시간 중 가장 높은 고열에 노출되는 1시간을 10분 간격으로 연속하여 측정한다.

34 다음 중 석면의 농도를 표시하는 단위로 옳은 것은? (단, 고용노동부 고시를 기준으로 한다.)

① 개/cm^3 ② L/m^3
③ mm/ℓ ④ cm/m^3

★ 작업환경 측정의 단위 표시
① 석면 : 개/cm^3(세제곱센티미터 당 섬유개수)
② 가스, 증기, 분진, 흄, 미스트 : mg/m^3 또는 ppm
③ 고열(복사열 포함) : 습구 · 흑구온도지수를 구하여 ℃로 표시
④ 소음 : [dB(A)]

실기까지 중요 ★★

35 다음 중 가스크로마토그래프(GC)를 이용하여 유기용제를 분석할 때 가장 많이 사용하는 검출기는?

① 불꽃이온화검출기 ② 전자포획검출기
③ 불꽃광도검출기 ④ 열전도도검출기

★ 불꽃이온화검출기(FID)
유기용제, 다핵방향족탄화수소류, 할로겐탄화수소류, 알코올류, 방향족탄화수소류 등의 분석에 사용된다.

36 다음 중 작업환경측정방법에서 전 작업시간을 일정시간별로 나누어 여러 개의 시료를 채취하는 방법은?

① 단시간 시료채취
② 무작위 시료채취
③ 부분적 연속 시료채취
④ 전 작업시간 연속시료채취

전 작업시간을 일정시간별로 나누어 여러 개의 시료를 채취하는 방법 → 전 작업시간 연속시료채취

필기에 자주 출제 ★

37 다음 중 가스크로마토그래피에서 이동상으로 사용되는 운반기체의 설명과 가장 거리가 먼 것은?

① 운반기체는 주로 질소와 헬륨이 사용된다.
② 운반기체를 기기에 연결시킬 때 누출부위가 없어야 하고 불순물을 제거할 수 있는 트랩을 장치한다.
③ 운반기체의 선택은 분석기기 지침서나 NIOSH 공정시험법에서 추천하는 가스를 사용하는 것이 바람직하다.
④ 운반기체는 검출기 · 분리관 및 시료에 영향을 주지 않도록 불활성이고 수분이 5% 미만으로 함유되어 있어야 한다.

④ 운반기체는 충전물이나 시료에 대하여 불활성이고 사용하는 검출기의 작동에 적합하고 순도는 99.99% 이상이어야 한다.

정답 34 ① 35 ① 36 ④ 37 ④

38 시료채취방법에 따라 분류할 때, 활성탄관의 사용이 속하는 방법은?

① 직접포집법 ② 액체포집법
③ 여과포집법 ④ 고체포집법

* 고체포집법
활성탄관, 실리카겔관

필기에 자주 출제 ★

39 실리카겔관이 활성탄관에 비해 갖는 장점으로 옳지 않은 것은?

① 활성탄관에 비해서 수분을 잘 흡수한다.
② 유독한 이황화탄소를 탈착용매로 사용하지 않는다.
③ 극성물질을 채취한 경우 물, 메탄올 등 다양한 용매로 쉽게 탈착된다.
④ 추출액이 화학분석이나 기기분석에 방해물질로 작용하는 경우가 많지 않다.

* 실리카겔관의 장점
① 극성물질을 채취한 경우 물, 메탄올 등 다양한 용매로 쉽게 탈착된다.
② 추출액이 화학분석이나 기기분석에 방해물질로 작용하는 경우가 많지 않다.
③ 활성탄으로 채취가 어려운 아닐린, 오르쏘-톨루이딘 등의 아민류나 몇 몇 무기물질의 채취가 가능하다.
④ 매우 유독한 이황화탄소를 탈착 용매로 사용하지 않는다.

필기에 자주 출제 ★

40 원자흡광분석기에서 어떤 시료를 통과하여 나온 빛의 세기가 시료를 주입하지 않고 측정한 빛의 세기의 50%일 때 흡광도는 약 얼마인가?

① 0.1 ② 0.3
③ 0.5 ④ 0.7

* 흡광도(A)

$$A = \log \frac{1}{\text{투과율}}$$

$A = \log \frac{1}{0.5} = 0.3$
(시료를 통과하여 나온 빛의 세기 : 투과율)

실기까지 중요 ★★

제3과목 작업환경관리

41 다음 중 피부를 통하여 인체로 침입하는 대표적인 유해물질은?

① 라듐 ② 카드뮴
③ 무기수은 ④ 사염화탄소

* 사염화탄소(CCl_4)
① 피부를 통하여 인체에 흡수된다.
① 고농도로 폭로되면 중추신경계 장해 외에 간장이나 신장에 장해가 일어나 황달, 단백뇨, 혈뇨 등의 증상이 생긴다.
② 간에 대한 독성작용이 특히 심하여 중심소엽성 괴사를 일으킨다.

필기에 자주 출제 ★

정답 38 ④ 39 ① 40 ② 41 ④

42 다음 중 유해작업환경 개선 원칙 중 대체의 방법과 가장 거리가 먼 것은?

① 시설의 변경 ② 공정의 변경
③ 유해물질 변경 ④ 작업자의 변경

★ 작업환경대책 중 작업환경개선의 공학적인 대책
① 대치(대체)
- 공정의 변경
- 유해물질 변경
- 시설의 변경

② 격리(Isolation)
- 저장물질의 격리
- 시설의 격리
- 공정의 격리
- 작업자의 격리

③ 환기
- 국소환기
- 전체환기

필기에 자주 출제★

43 방진마스크의 여과효율을 검정할 때 일반적으로 사용하는 먼지는 약 몇 μm인가?

① 0.03 ② 0.3
③ 3 ④ 30

방진마스크의 여과효율을 검정할 때 국제적으로 사용하는 먼지의 크기 → 0.3(μm)

44 다음 중 열사병에 관한 설명과 가장 거리가 먼 것은?

① 신체내부의 체온조절계통이 기능을 잃어 발생한다.
② 일차적인 증상은 많은 땀의 발생으로 인한 탈수, 습하고 높은 피부온도 등이다.
③ 체열방산을 하지 못하여 체온이 41℃에서 43℃까지 상승할 수 있으며 혼수상태에 이를 수 있다.
④ 대사열의 증가는 작업부하와 작업환경에서 발생하는 열부하가 원인이 되어 발생하며 열사병을 일으키는 데 크게 관여하고 있다.

★ 열사병의 특징
① 중추신경계의 장해 : 신체내부의 체온조절계통이 기능을 잃어 발생한다.
② 전신적인 발한정지 : 피부는 땀이 나지 않아 건조하다.
③ 직장온도 상승(40℃ 이상의 직장온도) : 체열방산을 하지 못하여 체온이 41℃에서 43℃까지 상승할 수 있으며 혼수상태에 이를 수 있다.
④ 대사열의 증가는 작업부하와 작업환경에서 발생하는 열부하가 원인이 되어 발생하며 열사병을 일으키는 데 크게 관여하고 있다.

★ 참고
열사병
태양의 복사열에 직접 노출 시 뇌의 온도 상승으로 체온조절 중추기능 장해(중추신경 마비)를 일으켜서 체내에 열이 축적되어 발생한다.

필기에 자주 출제★

정답 42 ④ 43 ② 44 ②

45 소음원이 큰 작업장의 중앙 바닥에 놓여 있을 때 소음의 방향성(directivity)은?

① 1　　② 2
③ 3　　④ 4

음원이 자유공간에 떠 있는 경우(음의 전파가 완전 구체인 경우)	음원이 반 자유공간 또는 바닥 위에 있는 경우(음의 전파가 반구인 경우)
	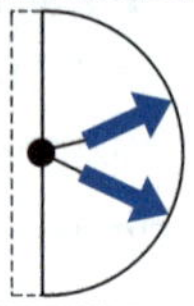
$Q=1$ $DI=10\times\log1=0$(dB)	$Q=2$ $DI=10\times\log2=3$(dB)
음원이 두면이 만나는 구석 또는 벽 근처 바닥에 있는 경우(음의 전파가 1/4 구체인 경우)	음원이 세면이 만나는 구석 또는 각진 모퉁이 바닥에 있는 경우(음의 전파가 1/8 구체인 경우)
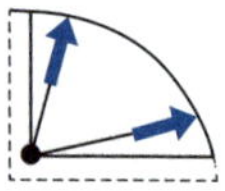	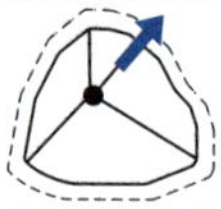
$Q=4$ $DI=10\times\log4=6$(dB)	$Q=8$ $DI=10\times\log8=9$(dB)

Q(지향계수) : 음의 방향성(지향성)을 나타내는 수치
DI(지향지수) : 임의의 음원의 지향성을 dB단위로 표현한 것

실기까지 중요 ★★

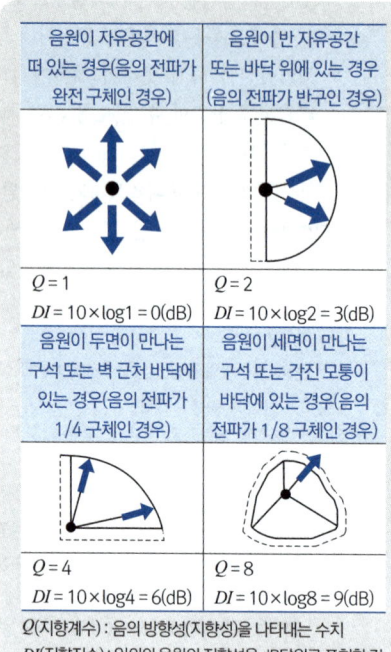

46 밀폐공간에서 산소결핍이 발생하는 원인 중 산소 소모 원인에 관련 된 내용으로 가장 거리가 먼 것은?

① 금속의 녹 생성과 같은 화학반응
② 제한된 공간 내에서 사람의 호흡
③ 용접, 절단, 불과 같은 연소반응
④ 저장탱크 파손과 같은 사고에 의한 누설

* 밀폐공간에서의 산소결핍 원인(소모원인)

연소, 화학반응, 사람의 호흡 등으로 산소가 소모된다.
① 용접, 절단, 불 등에 의한 연소
② 금속의 산화, 녹 등의 화학반응
③ 제한된 공간 내에서 사람의 호흡

47 다음 중 귀덮개의 장 · 단점으로 옳지 않은 것은?

① 귀마개보다 개인차가 크다.
② 고온의 작업장에서 불편하다.
③ 귀에 염증이 있어도 사용할 수 있다.
④ 귀덮개는 멀리서도 볼 수 있으므로 사용 여부를 확인하기 쉽다.

* 귀덮개의 장 · 단점

장점	① 고음영역에서 차음효과가 탁월하다. ② 귀마개보다 차음효과가 일반적으로 크며 차음효과의 개인차가 적다. ③ 귀 안에 염증이 있어도 사용이 가능하다. ④ 착용이 쉽고 착용법이 틀리거나 분실할 염려가 적다. ⑤ 동일한 크기의 귀덮개를 대부분의 근로자가 사용할 수 있다. ⑥ 멀리서도 착용 유무를 확인할 수 있다.
단점	① 고온에서 사용 시에는 땀이 나서 불편하다. ② 보안경과 동시 착용 시에는 불편하며 차음효과가 감소한다. ③ 가격이 비싸고 운반과 보관이 쉽지 않다.

실기까지 중요 ★★

정답 45 ② 46 ④ 47 ①

48 고압작업장에서 감압병을 예방하기 위해서 질소 대신에 무엇으로 대체된 가스를 흡입하도록 해야 하는가?

① 헬륨 ② 메탄
③ 아산화질소 ④ 일산화질소

헬륨은 질소보다 확산속도가 크며 체외로 배출되는 시간이 질소에 비하여 50% 정도 밖에 걸리지 않아 고압환경에서 작업하는 근로자에게 질소를 헬륨으로 대치한 공기를 호흡시킨다.

* 참고
감압병(decompression ; 잠함병, 케이슨병)
급격한 감압 시에 혈액 속의 질소가 혈액과 조직에 기포를 형성하여(종격기종, 기흉)을 혈액순환 장해와 조직 손상을 일으킨다.

실기까지 중요 ★★

49 고열장해 중 신체의 염분손실을 충당하지 못할 때 발생하며, 이 질환을 가진 사람은 혈중 염분의 농도가 매우 낮기 때문에 염분관리가 중요하다. 다음 중 이 장해는 무엇인가?

① 열발진 ② 열경련
③ 열허탈 ④ 열사병

* 열경련(heat cramp)
고온환경에서 심한 육체적인 노동을 할 때 체내 수분 및 혈중 염분농도 저하가 원인이 되어 발생한다.

* 참고
① 열사병 : 태양의 복사열에 직접 노출 시 뇌의 온도 상승으로 체온조절 중추기능 장해(중추신경 마비)를 일으켜서 체내에 열이 축적되어 발생한다.
② 열피로(heat exhaustion), 열탈진, 열피비 : 고온환경에서 장시간 힘든 노동을 할 때 과다 발한으로 인한 수분과 염분손실 및 탈수로 인한 혈장량이 감소되어 발생한다.
③ 열쇠약(heat prostration) : 고열작업장에서의 만성적인 건강장해로 전신권태, 위장장해, 불면, 빈혈 등의 증상이 발생한다.
④ 열성발진(heat rashes) : 가장 흔한 피부장해로서 땀띠라고도 한다.

실기까지 중요 ★★

50 다음 중 저산소증에 관한 설명으로 옳지 않은 것은?

① 산소결핍에 가장 민감한 조직은 뇌이며, 특히 대뇌 피질이다.
② 예방대책으로 환기, 산소농도측정, 보호구 착용 등이 있다.
③ 작업장 내 산소농도가 5%라면 혼수, 호흡감소 및 정지, 6~5분 후 심장이 정지한다.
④ 정상공기의 산소함유량은 21%정도이며 질소가 78%, 탄소가스가 1%정도를 차지하고 있다.

④ 정상공기의 산소함유량은 21% 정도이며 질소가 78%, 아르곤(Ar), 네온(Ne), 헬륨(He) 등 나머지 가스를 모두 합쳐 1% 정도 차지하고 있다.

필기에 자주 출제 ★

정답 48 ① 49 ② 50 ④

51 다음 중 저온에서 발생될 수 있는 장해와 가장 거리가 먼 것은?

① 폐수종 ② 참호족
③ 알러지 반응 ④ 상기도 손상

* 폐수종
저기압(저압환경)에서 발생한다.

* 참고
폐수종
① 진해성 기침과 호흡곤란이 나타나고 폐동맥 혈압이 상승하다 산소공급과 해면으로의 귀환으로 급속히 소실된다.
② 어른보다 순화적응속도가 느린 어린이에게 많이 발생한다.

필기에 자주 출제★

52 입경이 10μm이고 비중 1.2인 입자의 침강속도는 약 몇 cm/s 인가?

① 0.28 ② 0.32
③ 0.36 ④ 0.40

* Lippman식에 의한 침강속도
(입자크기가 1 ~ 50μm 경우 적용)

$$V(\text{cm/sec}) = 0.003 \times \rho \times d^2$$

- V : 침강속도(cm/sec)
- ρ : 입자 밀도(비중) (g/cm³)
- d : 입자직경(μm)

$V = 0.003 \times 1.2 \times 10^2 = 0.36$(cm/sec)

실기까지 중요★★

53 다음 입자상 물질 중 노출기준의 단위가 나머지와 다른 것은? (단, 고용노동부 고시를 기준으로 한다.)

① 석면 ② 증기
③ 흄 ④ 미스트

* 작업환경 측정의 단위 표시
① 석면 : 개/cm³(세제곱센티미터 당 섬유개수)
② 가스, 증기, 분진, 흄, 미스트 : mg/m³ 또는 ppm
③ 고열(복사열 포함) : 습구 · 흑구온도지수를 구하여 ℃로 표시
④ 소음 : [dB(A)]

실기까지 중요★★

54 다음 중 소음에 대한 설명과 가장 거리가 먼 것은?

① 소음성 난청은 특히 4000Hz에서 가장 현저한 청력손실이 일어난다.
② 1kHz의 순음과 같은 크기로 느끼는 각 주파수별 음압레벨을 연결한 선을 등청감곡선이라고 한다.
③ A 특성치와 C 특성치 간의 차이가 크면 저주파음이고, 차이가 작으면 고주파음이다.
④ 청감보정회로는 A, B, C 특성으로 구분하고, A 특성은 30폰, B특성은 70폰, C특성은 100폰의 음의 크기에 상응하도록 주파수에 따른 반응을 보정하여 각각 측정한 음압수준이다.

① A특성 : 40phon의 등청감곡선과 비슷하게 주파수에 따른 반응을 보정하여 측정한 음압수준
② B특성 : 70phon의 등청감곡선과 비슷하게 주파수에 따른 반응을 보정하여 측정한 음압수준
③ C특성 : 100phon의 등청감곡선과 비슷하게 주파수에 따른 반응을 보정하여 측정한 음압수준

필기에 자주 출제★

정답 51 ① 52 ③ 53 ① 54 ④

55 음의 실측치가 2.0N/m²일 때 음압수준(SPL)은 몇 dB인가? (단, 기준음압은 0.00002N/m²이다.)

① 1 ② 10
③ 100 ④ 1,000

$$SPL = 20 \times \log\left(\frac{P}{P_o}\right)(dB)$$

- SPL : 음압수준(음압도, 음압레벨) (dB)
- P : 대상음의 음압(음압 실효치) (N/m²)
- P_o : 기준음압 실효치 (2×10^{-5}N/m², 2×10^{-4}dyne/cm²)

$$SPL = 20 \times \log\left(\frac{2.0}{2\times10^{-5}}\right) = 100(dB)$$

실기에 자주 출제 ★★★

56 무거운 저속연장 사용으로 발생하는 진동에 의한 손의 장해에 관한 내용으로 틀린 것은? (단, 가벼운 고속연장과 비교 기준)

① 뼈의 퇴행성 변화는 없다.
② 부종이 때때로 발생할 수 있다.
③ 손가락의 창백 현상이 특징적이다.
④ 동통은 통상적으로 주증상이 아니다.

* 무거운 저속연장 사용으로 발생하는 진동에 의한 손의 장해
① 뼈의 퇴행성 변화가 발생한다.
② 부종이 때때로 발생할 수 있다.
③ 손가락의 창백 현상이 특징적이다.
④ 동통은 통상적으로 주증상이 아니다.

57 자외선에 대한 설명 중 옳지 않은 것은?

① 100 ~ 400nm의 파장 값을 갖는다.
② 400nm의 파장은 주로 피부암을 유발한다.
③ 구름이나 눈에 반사되며, 대기오염의 지표로도 사용된다.
④ 일명 화학선이라고 하며 광화학반응으로 단백질과 핵산분자의 파괴, 변성작용을 한다.

* 자외선의 피부작용
① 피부암 발생 : 280(290) ~ 315(320)nm의 파장에서 피부암이 발생할 수 있다.
② 피부 홍반 형성 및 색소 침착 : 200 ~ 290nm에서 홍반작용이 강하다.
③ 피부의 비후 : 자외선에 의해 진피 두께가 증가한다.

필기에 자주 출제 ★

58 다음 중금속 중 미나마타병과 관계가 깊은 것은?

① 납(Pb) ② 아연(ZN)
③ 수은(Hg) ④ 카드뮴(Cd)

유기수은(알킬수은) 중 메틸수은은 미나마타(minamata)병을 일으킨다.

실기까지 중요 ★★

정답 55 ③ 56 ① 57 ② 58 ③

59 작업환경관리 대책 중 대체의 내용으로 적절하지 못한 것은?

① TCE 대신에 계면활성제를 사용하여 금속을 세척한다.
② 금속 표면을 블라스트할 때 모래를 대신하여 철구슬을 사용한다.
③ 소음이 많이 발생하는 리벳팅 작업 대신 너트와 볼트작업으로 전환한다.
④ 세탁 시 화재 예방을 위하여 트리클로로에틸렌 대신 석유나프타를 사용한다.

> ④ 세탁 시 화재예방을 위하여 석유나프타 대신 퍼클로로에틸렌(트리-클로로에틸렌)을 사용한다.

필기에 자주 출제★

60 다음 중 분진작업장의 작업환경관리 대책과 가장 거리가 먼 것은?

① 습식작업 ② 발산원 밀폐
③ 방독마스크 착용 ④ 국소배기장치 설치

> ③ 분진작업장에서는 방진마스크를 착용하여야 한다.

필기에 자주 출제★

제4과목 산업환기

61 덕트 내에서 피토관으로 속도압을 측정하여 반송속도를 추정할 때, 반드시 필요한 자료가 아닌 것은?

① 횡단측정 지점에서의 덕트 면적
② 횡단지점에서 지점별로 측정된 속도압
③ 횡단측정 지점과 측정시간에서 공기의 온도
④ 횡단측정 지점에서의 공기 중 유해물질의 조성

> ⋆ 덕트 내의 반송속도를 추정할 때 필요한 자료
> ① 횡단측정 지점에서의 덕트 면적
> ② 횡단지점에서 지점별로 측정된 속도압
> ③ 횡단측정 지점과 측정시간에서 공기의 온도

62 덕트 설치 시 고려사항으로 적절하지 않은 것은?

① 가급적 원형 덕트를 사용하는 것이 좋다.
② 덕트 연결 부위는 용접하지 않는 것이 좋다.
③ 덕트와 송풍기 연결부위는 진동을 고려하여 유연한 재질로 한다.
④ 수분이 응축될 경우 덕트 내로 들어가지 않도록 하며 경사나 배수구를 마련한다.

> ⋆ 덕트 설치의 주요원칙
> ① 밴드 수는 가능한 적게 한다.
> ② 구부러짐 전 · 후에는 청소구를 만든다.
> ③ 덕트는 가급적 짧게 배치한다.
> ④ 공기 흐름은 하향구배를 원칙으로 한다.
> ⑤ 가급적 원형 덕트를 사용, 사각 덕트 사용 시에는 정방형을 사용한다.
> ⑥ 수분이 응축될 경우 덕트 내로 들어가지 않도록 하며 경사나 배수구를 마련한다.
> ⑦ 덕트와 송풍기 연결부위는 진동을 고려하여 유연한 재질로 한다.

필기에 자주 출제★

정답 59 ④ 60 ③ 61 ④ 62 ②

63 산업환기에 관한 일반적인 설명으로 틀린 것은?

① 산업환기에서 표준공기의 밀도는 1.203kg/m^3 정도이다.
② 일정량의 공기 부피는 절대온도에 반비례하여 증가한다.
③ 산업관리에서의 표준상태란 21℃, 760mmHg를 의미한다.
④ 산업환기장치 내의 유체는 별도의 언급이 없는 한 표준공기로 취급한다.

② 공기 부피는 절대온도에 비례하여 증가한다.

필기에 자주 출제 ★

64 오염물질을 후드로 유입하는데 필요한 기류의 속도는?

① 반송속도 ② 속도압
③ 제어속도 ④ 개구면속도

* 제어속도(포착속도)
① 오염물질을 후드 안쪽으로 흡인하기 위하여 필요한 최소풍속
② 발산되는 유해물질을 후드로 완전히 흡인하는데 필요한 기류속도

실기까지 중요 ★★

65 송풍량이 140m^3/min이고, 송풍기의 유효전압이 110mmH_2O이다. 이 때 송풍기 효율이 70%, 여유율을 1.2로 할 경우 송풍기의 소요동력은 약 얼마인가?

① 2.6kW ② 3.7kW
③ 4.3kW ④ 5.4kW

$$HP(\text{kW}) = \frac{Q \times P}{6,120 \times \eta} \times K$$

- Q : 송풍량(m^3/min)
- P : 유효전압(풍압)(mmH_2O)
- η : 송풍기효율
- K : 안전여유

$$HP(\text{kW}) = \frac{140 \times 110}{6,120 \times 0.7} \times 1.2 = 4.31(\text{kW})$$

실기에 자주 출제 ★★★

66 용해로에 레시버식 캐노피형 국소배기장치를 설치한다. 열상승기류량 Q_1은 30m^3/min, 누입한계유량비 K_L은 2.5라고 할 때 소요송풍량은? (단, 난기류가 없다고 가정한다.)

① 105m^3/min ② 125m^3/min
③ 225m^3/min ④ 285m^3/min

* 레시버식 캐노피형

$$Q_T = Q_1 + Q_2 = Q_1 \times (1 + \frac{Q_2}{Q_1}) = Q_1 \times (1 + K_L)$$

- Q_T : 필요송풍량(m^3/min)
- Q_1 : 열상승기류량(m^3/min)
- Q_2 : 유도기류량(m^3/min)
- m : 누출안전계수(난기류 없을 때 : 1)
- K_L : 누입한계유량비

$$Q_T = Q_1 \times (1 + K_L) = 30 \times (1 + 2.5) = 105(m^3/\text{min})$$

실기까지 중요 ★★

정답 63 ② 64 ③ 65 ③ 66 ①

67 자유 공간에 떠 있는 직경 20cm인 원형 개구 후드의 개구면으로부터 20cm 떨어진 곳의 입자를 흡인하려고 한다. 제어풍속을 0.8m/s로 할 때, 덕트에서의 속도(m/s)는 약 얼마인가?

① 7　　② 11
③ 15　　④ 18

1. $Q=60\times A\times V$
   - Q : 유체의 유량(m^3/min)
   - A : 유체가 통과하는 단면적(m^2)
   - V : 유체의 유속(m/sec)
2. 외부식 후드(자유공간, 플랜지 미 부착)
   $Q=60\cdot Vc(10X^2+A)$
   - Q : 필요송풍량(m^3/min)
   - Vc : 제어속도(m/sec)
   - A : 개구면적(m^2)
   - X : 후드중심선으로부터 발생원까지의 거리(m)

$Q=60\times A\times V$

$$V=\frac{Q}{60\times A}=\frac{Q}{60\times\frac{\pi d^2}{4}}=\frac{20.71}{60\times\frac{\pi\times0.2^2}{4}}$$

$=10.99$(m/sec)

$$\left[Q=60\times0.8\times(10\times0.2^2+\frac{\pi\times0.2^2}{4}) = 20.71(m^3/min)\right]$$

실기에 자주 출제 ★★★

68 후드의 압력손실계수(F_h)가 0.8이고, 속도압(VP)이 4.5mmH_2O라면, 이 때 후드의 정압(mmH_2O)은 얼마인가?

① 7.1　　② 8.1
③ 10.2　　④ 11.2

후드정압(SP_h) = $VP(1+F_h)$(mmH_2O)
- VP : 속도압(동압)(mmH_2O)
- F_h : 압력손실계수(= $\frac{1}{Ce^2}-1$)
- Ce :유입계수

$SP_h=4.5\times(1+0.8)=8.1$($mmH_2O$)

실기까지 중요 ★★

69 환기시스템에서 덕트의 마찰손실에 대한 설명으로 틀린 것은? (단, Darcy-Weisbach 방정식 기준이다.)

① 마찰손실은 덕트의 길이에 비례한다.
② 마찰손실은 덕트 직경에 반비례한다.
③ 마찰손실은 속도 제곱에 반비례한다.
④ 마찰손실은 Moody chart에서 구한 마찰계수를 적용하여 구한다.

③ 마찰손실은 속도 제곱에 비례한다.

★참고

압력손실($\triangle P$) = $F\times VP$

$$=\lambda\times\frac{L}{D}\times\frac{\gamma V^2}{2g}(mmH_2O)$$

- F_h(압력손실계수) = $\lambda\times\frac{L}{D}$
- λ : 관마찰계수(무차원)
- D : 덕트 직경(m)(원형관일 경우)
  (장방형 덕트일 경우 : 상당직경(등가직경)= $\frac{2ab}{a+b}$)
- L : 덕트 길이(m)

실기까지 중요 ★★

정답　67 ②　68 ②　69 ③

70 레이놀드(Reynolds)수를 구할 때 고려되어야 할 요소가 아닌 것은?

① 유입계수　　② 공기밀도
③ 공기속도　　④ 덕트의 직경

* 레이놀즈 수

$$Re = \frac{\rho V d}{\mu} = \frac{V d}{\nu} = \frac{\text{관성력}}{\text{점성력}}$$

- Re : 레이놀즈 수(무차원)
- ρ : 유체밀도(kg/m^3)
- d : 관경(m) (상당직경 $D = \frac{2ab}{a+b}$)
- V : 유체의 유속(m/sec)
- μ : 점성계수(kg/m · s(=10Poise))
- ν : 동점성계수(m^2/sec)

실기까지 중요 ★★

71 유해작용이 다르고, 서로 독립적인 영향을 나타내는 물질 3종류를 다루는 작업장에서 각 물질에 대한 필요 환기량을 계산한 결과 120m^3/min, 150m^3/min, 180m^3/min이었다. 이 작업장에서의 필요 환기량은 얼마인가?

① 120m^3/min　　② 150m^3/min
③ 180m^3/min　　④ 450m^3/min

각 물질이 서로 독립적인 영향을 나타낼 경우 필요환기량은 3물질의 필요환기량 중 가장 큰 값으로 한다.

실기까지 중요 ★★

72 분진을 제거하기 위해 사용되는 원심력 집진장치에 관한 설명으로 틀린 것은?

① 주로 원심력이 작용한다.
② 사이클론에는 접선 유입식과 축류 유입식이 있다.
③ 현장에서 전처리용 집진장치로 널리 이용된다.
④ 점성분진을 처리할 경우 내부에 분진이 퇴적되어 압력손실이 감소한다.

④ 점성분진을 처리할 경우 내부에 분진이 퇴적되어 압력손실이 증가한다.

필기에 자주 출제 ★

73 국소배기장치 설계 시 압력손실을 감소시킬 수 있는 방안과 가장 거리가 먼 것은?

① 가능하면 덕트 길이를 짧게 한다.
② 가능하면 후드를 오염원 가까운 곳에 설치한다.
③ 덕트 내면은 마찰계수가 적은 재료로 선정한다.
④ 덕트의 구부림은 최대로 하고, 구부림의 개소를 증가시킨다.

④ 덕트의 구부림은 최소로 하고, 구부림의 개소를 감소시킨다.

필기에 자주 출제 ★

정답　70 ①　71 ③　72 ④　73 ④

74 후드의 필요 환기량을 감소시키는 방법으로 적절하지 않은 것은?

① 작업장내 방해기류 영향을 최대화한다.
② 후드 개구면에서 기류가 균일하게 분포되도록 설계한다.
③ 포집형을 사용할 때에는 가급적 배출오염원에 가깝게 설치한다.
④ 공정에서의 발생 또는 배출되는 오염물질의 절대량을 감소시킨다.

★ 후드선택 지침(필요 환기량을 감소시키기 위한 방법)
① 가급적 공정의 포위를 최대화한다.
② 포집형이나 레시버형 후드를 사용할 때에는 후드를 배출 오염원에 가깝게 설치한다.
③ 주위 방해기류를 최소화하여 후드 개구면에서 기류가 균일하게 분포되도록 설계한다.
④ 오염물질 발생특성을 고려하여 설계한다.
⑤ 작업조건을 고려하여 적정하게 제어속도를 선정한다.
⑥ 공정에서 발생 또는 배출되는 오염물질의 절대량을 감소시킨다.
⑦ 플랜지 등을 설치하여 후드 유입 기류를 조절한다.

필기에 자주 출제★

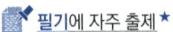

75 원심력 송풍기 중 터보형에 대한 설명으로 틀린 것은?

① 분진이 다량 함유된 공기를 이송할 때 효율이 높다.
② 정압효율이 다른 원심형 송풍기에 비해 비교적 좋다.
③ 송풍량이 증가해도 동력이 증가하지 않는 장점이 있다.
④ 후향 날개형(backward curved blade) 송풍기로서 팬의 날이 회전방향에 반대되는 쪽으로 기울어진 형태이다.

① 고농도 분진함유 공기를 이송시킬 경우 깃 뒷면에 분진이 퇴적되어 효율이 떨어진다.

암기법
날이 반대로 기울어진 터보형의 한계(한계부하형)는 깃 뒤에 분진 쌓여 집진 후(집진기후단)에 설치, 동풍(동력, 풍력)에 변화적고 효율좋다.

필기에 자주 출제★

76 전체환기의 직접적인 목적과 가장 거리가 먼 것은?

① 화재나 폭발을 예방한다.
② 온도와 습도를 조절한다.
③ 유해물질의 농도를 감소시킨다.
④ 발생원에서 오염물질을 제거할 수 있다.

★ 전체 환기의 목적
① 작업장 전체를 환기시키는 방식으로 공기를 희석하여 유해인자의 농도를 낮춘다.
② 유해물질의 농도를 감소시켜 건강을 유지 · 증진한다.
③ 화재나 폭발을 예방한다.
④ 실내의 온도와 습도를 조절한다.

필기에 자주 출제★

정답 74 ① 75 ① 76 ④

77 공기밀도에 관한 설명으로 틀린 것은?

① 공기 $1m^3$와 물 $1m^3$의 무게는 다르다.
② 온도가 상승하면 공기가 팽창하여 밀도가 작아진다.
③ 고공으로 올라갈수록 압력이 낮아져 공기는 팽창하고 밀도는 작아진다.
④ 다른 모든 조건이 일정할 경우 공기밀도는 절대온도에 비례하고 압력에 반비례한다.

④ 다른 모든 조건이 일정할 경우 공기밀도는 절대온도에 반비례하고 압력에 비례한다.

⋆ 참고

$$밀도(\rho)=\frac{질량}{부피}(g/cm^3, kg/m^3)$$

78 여과집진장치의 포집원리와 가장 거리가 먼 것은?

① 확산 ② 관성충돌
③ 원심력 ④ 직접차단

⋆ 여과 집진장치(백 필터)
함진가스를 여과재에 통과시켜 관성충돌, 직접 차단, 확산, 정전기력에 의하여 입자를 분리 포집하는 장치를 말한다.

필기에 자주 출제★

79 직경이 200mm인 관에 유량이 $100m^3/min$인 공기가 흐르고 있을 때, 공기의 속도는 약 얼마인가?

① 26m/s ② 53m/s
③ 75m/s ④ 92m/s

$$Q=60\times A\times V$$

- Q : 유체의 유량(m^3/min)
- A : 유체가 통과하는 단면적(m^2)
- V : 유체의 유속(m/sec)

$Q=60\times A\times V$

$$V=\frac{Q}{60\times A}=\frac{Q}{60\times\frac{\pi d^2}{4}}=\frac{100}{60\times\frac{\pi\times0.2^2}{4}}$$

$=53.05(m/sec)$

실기에 자주 출제★★★

80 국소배기장치의 압력 측정과 관련된 장비가 아닌 것은?

① 발연관 ② 마노미터
③ 피토관 ④ 드릴과 연성호스

⋆ 국소배기장치의 압력측정 장비
① 피토관
② U자 마노미터
③ 경사 마노미터
④ 아네로이드 게이지
⑤ 마크네헬릭 게이지

⋆ 참고
연기발생기(발연관)를 사용하는 경우
① 오염물질의 확산이동 관찰
② 덕트 접속부 공기의 누출입 및 집진장치 배출부의 기류 유입 유무 판단
③ 후드로부터 오염물질의 이탈 요인 규명
④ 후드 성능에 미치는 난기류의 영향에 대한 평가

필기에 자주 출제★

정답 77 ④ 78 ③ 79 ② 80 ①

2018년 3월 4일

1회 과년도기출문제

제1과목 산업위생학 개론

01 착암기 또는 해머(Hammer) 같은 공구를 장기간 사용한 근로자에게 가장 유발되기 쉬운 국소진동에 의한 신체 증상은?

① 피부암 ② 소화 장해
③ 불면증 ④ 레이노드씨 현상

* 레이노(Raynaud' s phenonmenon) 현상
한랭환경에서 국소진동에 노출 시 말초혈관운동장해로 인하여 수지가 창백해지고 손이 차며 통증이 오는 현상을 말한다.

필기에 자주 출제 ★

02 산업위생전문가의 윤리강령 중 전문가로서의 책임과 가장 거리가 먼 것은?

① 학문적으로 최고수준을 유지한다.
② 이해관계가 상반되는 상황에는 개입하지 않는다.
③ 위험요인과 예방조치에 관하여 근로자와 상담한다.
④ 과학적 방법을 적용하고 자료해석에서 객관성을 유지한다.

* 산업위생전문가로서의 책임
① 성실성과 학문적 실력 면에서 최고 수준을 유지한다.
② 과학적 방법의 적용과 자료의 해석에서 객관성을 유지한다.
③ 전문 분야로서의 산업위생을 학문적으로 발전시킨다.
④ 근로자, 사회 및 전문 직종의 이익을 위해 과학적 지식을 공개하고 발표한다.
⑤ 기업체의 기밀은 누설하지 않는다.
⑥ 전문적 판단이 타협에 의하여 좌우될 수 있거나 이해관계가 있는 상황에는 개입하지 않는다.

암기법
전문가는 / 실력최고 / 객관적 자료해석 / 학문발전 위해 / 지식 공개 발표 / 기밀누설 말고 / 개입하지 않는다.

실기에 자주 출제 ★★★

03 산업위생의 정의에 포함되지 않는 산업위생 전문가의 활동은?

① 지역 주민의 건강의식에 대하여 설문지로 조사한다.
② 지하상가 등에서 공기 시료 등을 채취하여 유해인자를 조사한다.
③ 지역주민의 혈액을 직접채취하고 생체시료 중의 중금속을 분석한다.
④ 특정 사업장에서 발생한 직업병의 사회적인 영향에 대하여 조사한다.

* 산업위생 전문가의 활동
① 지역 주민의 건강의식에 대하여 설문지로 조사한다.
② 지하상가 등에서 공기 시료 등을 채취하여 유해인자를 조사한다.
③ 특정 사업장에서 발생한 직업병의 사회적인 영향에 대하여 조사한다.

정답 01 ④ 02 ③ 03 ③

04 고온다습한 작업환경에서 격심한 육체적 노동을 하거나 옥외에서 태양의 복사열을 두부에 직접적으로 받는 경우 체온조절 기능의 이상으로 발생하는 증상은?

① 열경련(heat cramp)
② 열사병(heat stroke)
③ 열피비(heat exhaustion)
④ 열쇠약(heat prostration)

* 열사병(일사병)
태양의 복사열에 직접 노출 시 뇌의 온도 상승으로 체온조절 중추기능 장해(중추신경 마비)를 일으켜서 체내에 열이 축적되어 발생한다.

* 참고
① 열경련(heat cramp) : 고온환경에서 심한 육체적인 노동을 할 때 체내 수분 및 혈중 염분농도 저하가 원인이 되어 발생한다.
② 열피로(heat exhaustion), 열탈진, 열피비 : 고온환경에서 장시간 힘든 노동을 할 때 과다 발한으로 인한 수분과 염분손실 및 탈수로 인한 혈장량이 감소되어 발생한다.
③ 열쇠약(heat prostration) : 고열작업장에서의 만성적인 건강장해로 전신권태, 위장장해, 불면, 빈혈 등의 증상이 발생한다.

실기까지 중요 ★★

05 상온에서 음속은 약 344m/s이다. 주파수가 2kHz인 음의 파장은 얼마인가?

① 0.172m　② 1.72m
③ 17.2m　④ 172m

음속$(C) = f \times \lambda$

- C : 음속(m/sec)
- f : 주파수(1/sec = Hz)
- λ : 파장(m)

$C = f \times \lambda$

$$\lambda = \frac{C}{f} = \frac{344}{2,000} = 0.172(\text{m})$$

(kHz = 1,000Hz)

실기까지 중요 ★★

06 노출기준 선정의 근거자료로 가장 거리가 먼 것은?

① 동물실험 자료
② 인체실험 자료
③ 산업장 역학조사 자료
④ 화학적 성질의 안정성

* 노출기준 선정 근거자료
① 화학구조상의 유사성과 연계하여 설정
② 동물실험 자료를 근거로 설정
③ 인체실험 자료를 근거로 설정
④ 산업장 역학조사 자료를 근거로 설정

실기에 자주 출제 ★★★

정답 04 ② 05 ① 06 ④

07 작업대사율(RMR) = 7로 격심한 작업을 하는 근로자의 실동율(%)은? (단, 사이또와 오시마의 식을 이용한다.)

① 20 ② 30
③ 40 ④ 50

RMR	작업강도	실노동률(%)
0 ~ 1	경작업	80 이상
1 ~ 2	중등작업	80 ~ 76
2 ~ 4	강작업	76 ~ 67
4 ~ 7	중작업	67 ~ 50
7 이상	격심작업	50 이하

08 작업 자세는 피로 또는 작업능률과 관계가 깊다. 가장 바람직하지 않은 자세는?

① 작업 중 가능한 움직임을 고정한다.
② 작업대와 의자의 높이는 개인에게 적합하도록 조절한다.
③ 작업물체와 눈과의 거리는 약 30 ~ 40cm 정도 유지한다.
④ 작업에 주로 사용하는 팔의 높이는 심장 높이로 유지한다.

① 작업 중 움직임을 고정하지 않는 것이 좋다.

09 한랭 작업을 피해야 하는 대상자로 가장 거리가 먼 사람은?

① 심장질환자 ② 고혈압 환자
③ 위장장해자 ④ 내분비 장해자

* 한랭작업 종사의 제한
① 고혈압 및 심장혈관질환자
② 간장 및 위장기능 장해자
③ 위산과다증자 및 신장기능 이상자
④ 감기에 잘 걸리거나 한랭에 알레르기가 있는 자
⑤ 과거에 한랭장해 병력이 있는 자
⑥ 흡연 및 음주를 많이 하는 자

필기에 자주 출제 ★

10 미국산업위생전문가협의회(ACGIH)의 발암물질 구분 중 발암성 확인물질을 표시한 것은?

① A1 ② A2
③ A3 ④ A4

* ACGIH의 발암성 물질 구분
① A1 : 인간에게 발암성이 확인된 물질
② A2 : 인간에게 발암성이 추정되는 물질
③ A3 : 동물에게는 발암성이 확인되었으나 인간에게는 발암성이 알려지지 않은 물질
④ A4 : 인간에 대한 발암가능성이 있으나 자료가 부족한 물질(미분류)
⑤ A5 : 인간에 대한 발암 가능성이 의심되지 않는 물질(미의심)

암기법

미국(ACGIH)에서 인체확인 하니 발암의심(추정), 동물확인으론 인체 모름, 인체 가능성 자료 부족하면, 미의심

실기에 자주 출제 ★★★

정답 07 ④ 08 ① 09 ④ 10 ①

11 미국국립산업안전보건연구원(NIOSH)에서 정하고 있는 중량물 취급 작업기준이 아닌 것은?

① 감시시준(Action limit : AL)
② 허용기준(Threshold limit values : TLV)
③ 권고기준(Recommended weight limit : RWL)
④ 최대허용기준(Maximum permissible limit : MPL)

＊미국국립산업안전보건연구원(NIOSH)의 중량물 취급 작업기준
① 감시시준(Action limit : AL)
② 권고기준(Recommended weight limit : RWL)
③ 최대허용기준(Maximum permissible limit : MPL)

＊참고
1. 감시기준

$$AL(\text{kg}) = 40\left(\frac{15}{H}\right)(1-0.004\,|\,V-75\,|)\left(0.7+\frac{7.5}{D}\right)\left(1-\frac{F}{F_{max}}\right)$$

- H : 대상물체의 수평거리
- V : 대상물체의 수직거리(바닥으로부터 물체 중심까지의 거리, 즉 들어올리기 전 물체의 위치
- D : 대상물체의 이동거리
- F : 중량물 취급작업의 빈도

2. 최대허용기준(MPL)

MPL(최대허용기준) = 3×AL(감시기준)

3. 권장무게한계
(RWL : Recommended Weight Limit)

RWL(kg) = LC(23)×HM×VM×DM×AM×FM×CM

- LC : 중량상수(Load Constant) – 23kg
- HM : 수평 계수(Horizontal Multiplier)
- VM : 수직 계수(Vertical Multiplier)
- DM : 거리 계수(Distance Multiplier)
- AM : 비대칭 계수(Asymmetric Multiplier)
- FM : 빈도 계수(Frequency Multiplier)
- CM : 커플링 계수(Coupling Multiplier)

필기에 자주 출제★

12 근육운동에 필요한 에너지를 생성하는 방법에는 혐기성 대사와 호기성 대사가 있다. 혐기성 대사의 에너지원이 아닌 것은?

① 지방
② 크레아틴인산
③ 글리코겐
④ 아데노신삼인산(ATP)

혐기성 대사 (Anaerobic metabolism)	1. 근육에 저장된 화학적 에너지 2. 혐기성 대사 순서 ATP(아데노신 삼인산) → CP(크레아틴 인산) → Glycogen(글리코겐) or Glucose(포도당)
호기성 대사 (Aerobic metabolism)	1. 대사과정(구연산 회로)을 거쳐 생성된 에너지 2. 호기성 대사 과정 포도당 단백질 + 산소 → 에너지원 지방

실기까지 중요★★

정답 11 ② 12 ①

13 산업안전보건법상 신규화학물질의 유해성, 위험성 조사에서 제외되는 화학물질이 아닌 것은?

① 원소
② 방사성물질
③ 일반 소비자의 생활용이 아닌 인공적으로 합성된 화학물질
④ 고용노동부장관이 환경부장관과 협의하여 고시하는 화학물질 목록에 기록되어 있는 물질

* 유해성 · 위험성 조사 제외 화학물질
1. 원소
2. 천연으로 산출된 화학물질
3. 「건강기능식품에 관한 법률」에 따른 건강기능식품
4. 「군수품관리법」 및 「방위사업법」에 따른 군수품[「군수품관리법」 제3조에 따른 통상품(痛常品)은 제외한다]
5. 「농약관리법」에 따른 농약 및 원제
6. 「마약류 관리에 관한 법률」에 따른 마약류
7. 「비료관리법」에 따른 비료
8. 「사료관리법」에 따른 사료
9. 「생활화학제품 및 살생물제의 안전관리에 관한 법률」에 따른 살생물 물질 및 살생물 제품
10. 「식품위생법」에 따른 식품 및 식품첨가물
11. 「약사법」에 따른 의약품 및 의약외품(醫藥外品)
12. 「원자력안전법」에 따른 방사성물질
13. 「위생용품 관리법」에 따른 위생용품
14. 「의료기기법」에 따른 의료기기
15. 「총포 · 도검 · 화약류 등의 안전관리에 관한 법률」에 따른 화약류
16. 「화장품법」에 따른 화장품과 화장품에 사용하는 원료
17. 고용노동부장관이 명칭, 유해성 · 위험성, 근로자의 건강장해 예방을 위한 조치 사항 및 연간 제조량 · 수입량을 공표한 물질로서 공표된 연간 제조량 · 수입량 이하로 제조하거나 수입한 물질
18. 고용노동부장관이 환경부장관과 협의하여 고시하는 화학물질 목록에 기록되어 있는 물질

암기법

비료로 농 사지은 식품, 건강식품, 군수품, 위생용품에서 화약, 방사성물질 나와서 의료기기, 의약품, 마약, 화장품으로 치료했더니 천연 원소인 살생물의 위험조사 제외됐다.

실기까지 중요 ★★

14 피로한 근육에서 측정된 근전도(EMG)의 특성만을 맞게 나열한 것은?

① 저주파(0 ~ 40Hz)에서 힘의 감소, 총전압의 감소
② 저주파(0 ~ 40Hz)에서 힘의 증가, 평균주파수의 감소
③ 고주파(40 ~ 200Hz)에서 힘의 감소, 총전압의 감소
④ 고주파(40 ~ 200Hz)에서 힘의 증가, 평균주파수의 감소

* 국소피로의 평가(피로한 근육에서 측정된 현상)
① 저주파수(0 ~ 40Hz)에서 힘의 증가
② 고주파수(40 ~ 200Hz)에서 힘의 감소
③ 평균주파수의 감소
④ 총 전압의 증가

실기까지 중요 ★★

정답 13 ③ 14 ②

15 산업심리학(industrial psychology)의 주된 접근방법은 무엇인가?

① 인지적 접근방법 및 행동학적 접근방법
② 인지적 접근방법 및 생물학적 접근방법
③ 행동적 접근방법 및 정신분석적 접근방법
④ 생물학적 접근방법 및 정신분석적 접근방법

* 산업심리학(industrial psychology)의 주된 접근방법
인지적 접근방법 및 행동학적 접근방법

16 한국의 산업위생역사에 대한 역사의 연혁으로 틀린 것은?

① 산업보건연구원 개원 - 1992년
② 수은중독으로 문송면군의 사망 - 1988년
③ 한국산업위생학회 창립 - 1990년
④ 산업위생관련 자격제도 도입 - 1981년

④ 산업위생관련 자격제도 도입 - 1983년

필기에 자주 출제 ★

17 산업안전보건법령상 보관하여야 할 서류와 그 보존기간이 잘못 연결된 것은?

① 건강진단 결과를 증명하는 서류 : 5년간
② 보건관리 업무 수탁에 관한 서류 : 3년간
③ 작업환경측정 결과를 기록한 서류 : 3년간
④ 발암성 확인물질을 취급하는 근로자에 대한 건강진단 결과의 서류 : 30년간

작업환경측정 결과를 기록한 서류는 보존(전자적 방법으로 하는 보존을 포함한다)기간을 5년으로 한다. 다만, 고용노동부장관이 정하여 고시하는 물질(발암성 확인물질)에 대한 기록이 포함된 서류는 그 보존기간을 30년으로 한다.

필기에 자주 출제 ★

18 노출기준(TLV)의 적용에 관한 설명으로 적절하지 않은 것은?

① 대기오염 평가 및 관리에 적용할 수 없다.
② 반드시 산업위생 전문가에 의하여 적용되어야 한다.
③ 독성의 강도를 비교할 수 있는 지표로 사용된다.
④ 기존의 질병이나 육체적 조건을 판단하기 위한 척도로 사용될 수 없다.

③ 독성의 강도를 비교할 수 있는 지표는 아니다.

실기까지 중요 ★★

정답 15 ① 16 ④ 17 ③ 18 ③

19 자동차 부품을 생산하는 A공장에서 250명의 근로자가 1년 동안 작업하는 가운데 21건의 재해가 발생하였다면, 이 공장의 도수율은 약 얼마인가? (단, 1년에 300일, 1일에 8시간 근무하였다)

① 35 ② 36
③ 42 ④ 43

* 도수율(빈도율 F.R)
100만 근로시간당 재해 발생 건수 비율

$$도수율(빈도율) = \frac{재해\ 건수}{근로\ 총\ 시간\ 수} \times 10^6$$

$$도수율(빈도율) = \frac{21}{250 \times 8 \times 300} \times 10^6 = 35$$

실기에 자주 출제 ★★★

20 NOISH에서 권장하는 중량물 취급 작업시 감시기준(AL)이 20kg일 때, 최대허용기준(MPL)은 몇 kg인가?

① 25 ② 30
③ 40 ④ 60

MPL(최대허용기준) = 3 × AL(감시기준)

MPL = 3 × 20 = 60(kg)

실기까지 중요 ★★

제2과목 작업환경측정 및 평가

21 입자상물질의 크기를 표시하는 방법 중 어떤 입자가 동일한 종단침강속도를 가지며 밀도가 1g/cm³인 가상적인 구형 직경을 무엇이라고 하는가?

① 페렛직경 ② 마틴직경
③ 질량중위직경 ④ 공기역학적 직경

페렛직경	입자의 가장자리를 이등분한 직경
마틴직경	입자의 면적을 2등분하는 선의 길이로 나타내는 직경
질량중위직경	입자 크기별로 농도를 측정하여 50%의 누적분포에 해당하는 입자의 크기
공기역학적 직경	대상 먼지와 침강속도가 같고 밀도가 1g/cm³이며, 구형인 먼지의 직경으로 환산된 직경

암기법

기하학적 이(2등분) 마, 페가(가장자리), 등면적 동원(동일면적 원)

실기에 자주 출제 ★★★

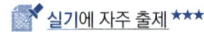

22 태양이 내리쬐지 않는 옥외 작업장에서 자연습구온도가 24℃이고 흑구온도가 26℃일 때, 작업환경의 습구흑구온도지수는?

① 21.6℃ ② 22.6℃
③ 23.6℃ ④ 24.6℃

1. 옥외(태양광선이 내리쬐는 장소)
WBGT(℃) = 0.7 × 자연습구온도 + 0.2 × 흑구온도 + 0.1 × 건구온도
2. 옥내 또는 옥외(태양광선이 내리쬐지 않는 장소)
WBGT(℃) = 0.7 × 자연습구온도 + 0.3 × 흑구온도

정답 19 ① 20 ④ 21 ④ 22 ④

WBGT(℃) = 0.7×자연습구온도 + 0.3×흑구온도
= 0.7×24 + 0.3×26 = 24.6℃

실기에 자주 출제 ★★★

23 다음 중 기체크로마토그래피에서 주입한 시료를 분리관을 거쳐 검출기까지 운반하는 가스에 대한 설명과 가장 거리가 먼 것은?

① 운반가스는 주로 질소, 헬륨이 사용된다.
② 운반가스는 활성이며, 순수하고 습기가 조금 있어야 한다.
③ 가스를 기기에 연결시킬 때 누출부위가 없어야 한다.
④ 운반가스의 순도는 99.99% 이상의 순도를 유지해야 한다.

② 운반기체는 충전물이나 시료에 대하여 불활성이고 사용하는 검출기의 작동에 적합하고 순도는 99.99% 이상이어야 한다.

24 주물공장에서 근로자에게 노출되는 호흡성 먼지를 측정한 결과(mg/m³)가 다음과 같았다면 기하평균농도(mg/m³)는?

2.5, 2.1, 3.1, 5.2, 7.2

① 3.6 ② 3.8
③ 4.0 ④ 4.2

★ 기하평균

$$G.M = \sqrt[N]{X_1 \cdot X_2 \cdots X_n}$$

- X_n: 측정치
- N: 측정치 개수

$G.M = \sqrt[5]{(2.5\times2.1\times3.1\times5.2\times7.2)} = 3.61$

실기까지 중요 ★★

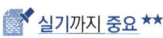

25 다음 중 불꽃방식의 원자흡광 분석장치의 일반적인 특징과 가장 거리가 먼 것은?

① 시료량이 많이 소요되며 감도가 낮다.
② 가격이 흑연로장치에 비하여 저렴하다.
③ 분석시간이 흑연로장치에 비하여 길게 소요된다.
④ 고체시료의 경우 전처리에 의하여 매트릭스를 제거하여야 한다.

③ 분석시간이 흑연로 장치에 비하여 적게 소요된다.

필기에 자주 출제 ★

26 원자흡광 분석장치에서 단색광이 미지 시료를 통과할 때, 최초광의 80%가 흡수되었다면 흡광도는 약 얼마인가?

① 0.7 ② 0.8
③ 0.9 ④ 1.0

★ 흡광도(A)

$$A = \log\frac{1}{\text{투과율}}$$

$A = \log(\frac{1}{0.2}) = 0.70$
(투과율 = 1 − 흡수율 = 1 − 0.8 = 0.2)

실기까지 중요 ★★

정답 23 ② 24 ① 25 ③ 26 ①

27 500ml 용량의 뷰렛을 이용한 비누거품미터의 거품 통과시간을 3번 측정한 결과, 각각 10.5초, 10초, 9.5초 일 때, 이 개인시료포집기의 포집유량은 약 몇 L/분인가? (단, 기타 조건은 고려하지 않는다.)

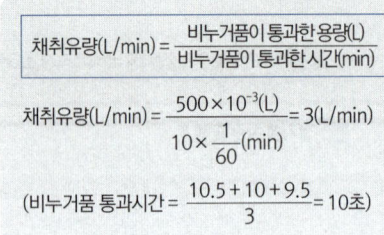

① 0.3 ② 3
③ 0.5 ④ 5

$$\text{채취유량(L/min)} = \frac{\text{비누거품이 통과한 용량(L)}}{\text{비누거품이 통과한 시간(min)}}$$

$$\text{채취유량(L/min)} = \frac{500 \times 10^{-3}(L)}{10 \times \frac{1}{60}(min)} = 3(L/min)$$

$$\left(\text{비누거품 통과시간} = \frac{10.5 + 10 + 9.5}{3} = 10\text{초}\right)$$

실기까지 중요 ★★

28 탈착용매로 사용되는 이황화탄소에 관한 설명으로 틀린 것은?

① 이황화탄소는 유해성이 강하다.
② 기체크로마토그래피에서 피크가 크게 나와 분석에 영향을 준다.
③ 주로 활성탄관으로 비극성유기용제를 채취하였을 때 탈착용매로 사용한다.
④ 상온에서 휘발성이 강하여 장시간 보관하면 휘발로 인해 분석농도가 정확하지 않다.

② 이황화탄소는 분석대상 물질에 대해 방해물질로 작용하지 않는다.(분석에 영향을 끼치지 않는다.)

필기에 자주 출제 ★

29 다음 중 극성이 가장 큰 물질은?

① 케톤류 ② 올레핀류
③ 에스테르류 ④ 알데하이드류

* 실리카겔의 친화력(극성이 강한 순서)
물 〉 알코올류 〉 알데하이드류 〉 케톤류 〉 에스테르류 〉 방향족탄화수소류 〉 올레핀류 〉 파라핀류

암기법
실물 알콜 하드 KS 방탄 올핀 파핀

실기까지 중요 ★★

30 다음 중 2차 표준기구와 가장 거리가 먼 것은?

① 폐활량계 ② 열선기류계
③ 오리피스 미터 ④ 습식테스트 미터

1차 표준 기구	2차 표준기구
1. 비누거품미터 2. 폐활량계 3. 가스치환병 4. 유리피스톤미터 5. 흑연피스톤미터 6. 피토튜브(Pitot tube)	1. 로타미터 2. 습식테스트미터 (Wet-test-meter) 3. 건식가스미터 (Dry-gas-meter) 4. 오리피스미터 5. 열선기류계
암기법 1차비누로 폐활량 재고, 가스치환하여, 유리, 흑연 먹였더니 피토했다.	**암기법** 2 열로 걸어가는 습관 테스트하는 오리

실기에 자주 출제 ★★★

31 다음 흡착제 중 가장 많이 사용하는 것은?

① 활성탄 ② 실리카겔
③ 알루미나 ④ 마그네시아

흡착제로 활성탄이 가장 많이 사용된다.

정답 27 ② 28 ② 29 ④ 30 ① 31 ①

32 다음 중 흡착제인 활성탄에 대한 설명과 가장 거리가 먼 것은?

① 비극성류 유기용제의 흡착에 효과적이다.
② 휘발성이 큰 저분자량의 탄화수소 화합물의 채취효율이 떨어진다.
③ 표면의 산화력이 작기 때문에 반응성이 큰 알데하이드의 포집에 효과적이다.
④ 케톤의 경우 활성탄 표면에서 물을 포함하는 반응에 의해 파괴되어 탈착률과 안정성에서 부적절하다.

③ 알데하이드류의 포집 → 실리카겔관

필기에 자주 출제 ★

33 작업환경 중 A가 30ppm, B가 20ppm, C가 25ppm 존재할 때, 작업환경 공기의 복합노출지수는? (단 A, B, C의 TLV는 각각 50, 25, 50 ppm이고, A, B, C는 상가작용을 일으킨다.)

① 1.3 ② 1.5
③ 1.7 ④ 1.9

1. 노출지수 $= \frac{C_1}{T_1} + \frac{C_2}{T_2} + \cdots + \frac{C_n}{T_n}$
- C : 화학물질 각각의 측정치
- T : 화학물질 각각의 노출기준

2. 판정 : 노출지수 〉1 경우 노출기준을 초과함

노출지수 $= \frac{30}{50} + \frac{20}{25} + \frac{25}{50} = 1.9$

실기까지 중요 ★★

34 유량, 측정시간, 회수율 및 분석 등에 의한 오차가 각각 15, 3, 9, 5% 일 때, 누적오차는 약 몇 %인가?

① 18.4 ② 20.3
③ 21.5 ④ 23.5

누적오차$(E_c) = \sqrt{E_1^2 + E_2^2 + E_3^2 + \cdots + E_n^2}$
- E_c : 누적오차(%)
- $E_1, E_2, E_3 \sim E_n$: 각각 요소의 오차율(%)

$E_c = \sqrt{15^2 + 3^2 + 9^2 + 5^2} = 18.44$

실기까지 중요 ★★

35 측정에서 사용되는 용어에 대한 설명이 틀린 것은? (단, 고용노동부의 고시를 기준으로 한다.)

① "검출한계"란 분석기기가 검출할 수 있는 가장 작은 양을 말한다.
② "정량한계"란 분석기기가 정성적으로 측정할 수 있는 가장 작은 양을 말한다.
③ "회수율"이란 여과지에 채취된 성분을 추출 과정을 거쳐 분석시 실제 검출되는 비율을 말한다.
④ "탈착효율"이란 흡착제에 흡착된 성분을 추출과정을 거쳐 분석시 실제 검출되는 비율을 말한다.

② "정량한계" 란 분석기기가 정량할 수 있는 가장 작은 양을 말한다.

실기까지 중요 ★★

정답 32 ③ 33 ④ 34 ① 35 ②

36 시료채취방법에서 지역시료(area sample) 포집의 장점과 거리가 먼 것은?

① 근로자 개인시료의 채취를 대신할 수 있다.
② 특정 공정의 농도분포 변화 및 환기장치의 효율성 변화 등을 알 수 있다.
③ 특정 공정의 계절별 농도변화 및 공정의 주기별 농도변화 등의 분석이 가능하다.
④ 측정결과를 통해서 근로자에게 노출되는 유해인자의 배경농도와 시간별 변화 등을 평가할 수 있다.

> ① 지역시료채취는 개인시료채취를 대신할 수 없으며 근로자의 노출정도를 평가할 수 없다.

필기에 자주 출제★

37 100ppm을 %로 환산하면 몇 %인가?

① 1%　② 0.1%
③ 0.01%　④ 0.001%

> 1% = 10,000ppm이므로
> $1 : 10{,}000 = x : 100$
> $10{,}000 \times x = 100$
> $x = \frac{100}{10{,}000} = 0.01\%$

필기에 자주 출제★

38 누적소음노출량 측정기를 사용하여 소음을 측정할 때, 우리나라 기준에 맞는 Criteria 및 Exchange Rate는? (단, 고용노동부 고시를 기준으로 한다.)

① Criteria : 80DB, Exchange Rate : 5dB
② Criteria : 80DB, Exchange Rate : 10dB
③ Criteria : 90DB, Exchange Rate : 5dB
④ Criteria : 90DB, Exchange Rate : 10dB

> 누적소음노출량 측정기로 소음을 측정하는 경우에는 Criteria는 90dB, Exchange Rate는 5dB, Threshold는 80dB로 기기를 설정할 것

실기까지 중요★★

39 PVC 필터를 이용하여 먼지 포집시 필터무게는 채취 후 18.115mg이며 채취 전 무게는 14.316mg이었다. 이 때 공기채취량이 400L이라면, 포집된 먼지의 농도는 약 몇 mg/m^3인가? (단, 공시료의 무게 차이는 없었던 것으로 가정한다)

① 8.5　② 9.5
③ 8000　④ 9500

> $\frac{mg}{m^3} = \frac{(18.115 - 14.316)mg}{(400 \times 10^{-3})m^3} = 9.50(mg/m^3)$
> $(L = 10^{-3}m^3)$

실기까지 중요★★

정답 36 ① 37 ③ 38 ③ 39 ②

40 소음 수준 측정 시 소음계의 청감보정회로는 어떻게 조정하여야 하는가? (단, 고용노동부 고시를 기준으로 한다.)

① A특성 ② C특성
③ S특성 ④ K특성

소음측정 시 소음계의 청감보정회로는 A특성으로 할 것

실기까지 중요 ★★

제3과목 작업환경관리

41 저온에 의한 생리반응 중 이차적인 생리적 반응으로 옳지 않은 것은?

① 혈압이 일시적으로 상승한다.
② 피부혈관의 수축으로 순환기능이 감소된다.
③ 말초혈관의 수축으로 표면조직의 냉각이 온다.
④ 근육활동이 감소하여 식욕이 떨어진다.

* 저온환경의 이차적인 생리적 반응
① 말초냉각 : 말초혈관의 수축으로 표면조직의 냉각이 진행된다.
② 식욕변화 : 저온에서는 근육활동, 조직대사의 증진으로 식욕이 항진된다.
③ 혈압변화 : 피부혈관 수축으로 혈압은 일시적으로 상승한다.
④ 순환기능 : 피부혈관의 수축으로 순환기능이 감소된다.

필기에 자주 출제 ★

42 입자상 물질의 종류 중 연마, 분쇄, 절삭 등의 작업공정에서 고형물질이 파쇄되어 발생되는 미세한 고체입자를 무엇이라 하는가?

① 흄(Fume) ② 먼지(Dust)
③ 미스트(Mist) ④ 연기(Smoke)

① 흄(Fume) : 금속의 증기가 공기 중에서 응고되어 만들어진 고체의 미립자
② 먼지(Dust) : 고체의 미립자가 공기 중에 부유하고 있는 것
③ 미스트(Mist) : 공기 중에 부유, 비산되는 액체 미립자
④ 연기(Smoke) : 유해물질이 연소 시에 불완전연소의 결과로 생기는 미립자

필기에 자주 출제 ★

43 다음 중 방사선에 감수성이 가장 낮은 인체조직은?

① 골수 ② 근육
③ 생식선 ④ 림프세포

* 전리방사선에 대한 인체 내의 감수성 순서
골수, 임파선, 흉선 및 림프조직(조혈기관), 눈의 수정체 〉 피부 등 상피세포 〉 혈관 등 내피세포 〉 결합조직, 지방조직 〉 뼈, 근육조직 〉 폐 등 내장기관 〉 신경조직

암기법
골인(임파선) 수 상 내 결지 뼈근육 폐내장 신경

실기까지 중요 ★★

정답 40 ① 41 ④ 42 ② 43 ②

44 작업공정에서 발생되는 소음의 음압수준이 90dB(A)이고 근로자는 귀덮개(NRR = 27)를 착용하고 있다면, 근로자에게 실제 노출되는 음압수준은 약 몇 dB(A)인가? (단, OSHA를 기준으로 한다.)

① 95 ② 90
③ 85 ④ 80

> 차음효과 = $(NRR - 7) \times 0.5$
> • NRR : 차음평가수
>
> • 차음효과 = (27 – 7)×0.5 = 10(dB)
> • 근로자가 노출되는 음압수준
> = 90 – 10 = 80(dB)(A)

실기까지 중요★★

45 다음 중 깊은 물에서 올라오거나 감압실 내에서 감압을 하는 도중에 발생하는 기포형성으로 인해 건강상 문제를 유발하는 가스의 종류는?

① 질소 ② 수소
③ 산소 ④ 이산화탄소

> ⋆ 감압병(decompression ; 잠함병, 케이슨병)
> 급격한 감압 시에 혈액 속의 질소가 혈액과 조직에 기포를 형성하여(종격기종, 기흉)을 혈액순환 장해와 조직 손상을 일으킨다.

실기까지 중요★★

46 소음방지를 위한 흡음재료의 선택 및 사용상 주의 사항으로 틀린 것은?

① 막진동이나 판진동형의 것은 도장 여부에 따라 흡음률의 차이가 크다.
② 실의 모서리나 가장자리 부분에 흡음제를 부착시키면 흡음효과가 좋아진다.
③ 다공질 재료는 산란되기 쉬우므로 표면을 얇은 직물로 피복하는 것이 바람직하다.
④ 흡음재료를 벽면에 부착할 때 한곳에 집중하는 것보다 전체 내벽에 분산하여 부착하는 것이 흡음력을 증가시킨다.

> ① 막진동이나 판진동형의 것은 도장을 하여도 흡음률에 차이가 없다.

47 다음 중 실내 오염원인 라돈에 관한 설명과 가장 거리가 먼 것은?

① 라돈 가스는 호흡하기 쉬운 방사선 물질이다.
② 라돈은 폐암의 발생률을 높이고 있는 것으로 보고되었다.
③ 라돈 가스는 공기보다 9배 무거워 지표에 가깝게 존재한다.
④ 핵폐기물장 주변 또는 핵발전소 부근에서 주로 방출되고 있다.

> ④ 라돈(Rn-222)은 지각중의 토양, 모래, 암석, 광물질 및 이들을 재료로 하는 건축자재 등에 미량으로 함유되어 있으며 건축자재로부터 방출되기도 하고, 토양으로부터 벽의 틈새 및 방바닥의 갈라진 부분, 하수도 등을 통해서 실내로 유입되기도 한다.

필기에 자주 출제★

정답 44 ④ 45 ① 46 ① 47 ④

48 다음 중 인체가 느낄 수 있는 최저한계 기류의 속도는 약 몇 m/sec인가?

① 0.5 ② 1
③ 5 ④ 10

① 불감기류(사람이 느끼지 못하는 기류) : 0.2 ~ 0.5m/sec
② 인체가 느낄 수 있는 최저한계 기류의 속도 : 0.5m/sec
③ 인체에 적당한 기류(온열요소) 속도범위 : 6 ~ 7m/min

49 방진마스크의 밀착성 시험 중 정량적인 방법에 관한 설명으로 옳은 것은?

① 간단하게 실험할 수 있다.
② 누설의 판정기준이 지극히 개인적이다.
③ 시험장치가 비교적 저가이며 측정조작이 쉽다.
④ 일반적으로 보호구의 안과 밖에서 농도의 차이나 압력의 차이로 밀착정도를 수적인 방법으로 나타낸다.

★ 정량 밀착도 검사(QNFT)
① 착용자의 감각과 무관하게 입자 계측기를 활용하여 안면 밀착부 주변의 새는 곳을 측정하고 데이터(밀착도 = Fit Factor)를 산출한 뒤, 기준과 비교하여 '합격/불합격'을 시험한다.
② 시험방법

시험물질	일반 대기 중 분진
사용 가능한 호흡용 보호구의 종류	고효율용 필터 혹은 P100 등급의 방진필터
측정방법	마스크 안쪽과 마스크 바깥쪽의 입자 농도를 측정한다.

50 다음 중 작업환경 개선대책 중 격리에 대한 설명과 가장 거리가 먼 것은?

① 작업자와 유해요인 사이에 물체에 의한 장벽을 이용한다.
② 작업자와 유해요인 사이에 명암에 의한 장벽을 이용한다.
③ 작업자와 유해요인 사이에 거리에 의한 장벽을 이용한다.
④ 작업자와 유해요인 사이에 시간에 의한 장벽을 이용한다.

★ 격리(Isolation)
작업자와 유해요인 사이에 물리적, 거리적, 시간적인 격리를 의미하며 쉽게 적용할 수 있고 효과도 좋다.

★ 참고
격리의 예

저장물질의 격리	• 인화성이 강한 물질 등 저장 시 저장탱크 사이에 도랑을 파고 제방을 만들어 격리한다.
시설의 격리	• 방사능물질의 경우 원격조정, 자동화 감시체제로 변경한다. • 시끄러운 기계류에 방음커버 등을 씌워 격리한다.
공정의 격리	• 자동차의 도장 공정, 전기도금 공정을 타공정과 격리한다.
작업자의 격리	• 위생보호구를 착용한다.

필기에 자주 출제★

정답 48 ① 49 ④ 50 ②

51 산소농도 단계별 증상 중 산소농도가 6 ~ 10%인 산소결핍 작업장에서의 증상으로 가장 적절한 것은?

① 순간적인 실신이나 혼수
② 계산착오, 두통, 메스꺼움
③ 귀울림, 맥박수 증가, 호흡수 증가
④ 의식 상실, 안면 창백, 전신 근육경련

*산소결핍에 따른 인체영향
① 산소농도 6% 이하 : 순간적인 실신이나 혼수, 6 ~ 8분 후 심장이 정지된다.
② 산소농도 6 ~ 10% : 의식상실, 안면 창백(청색증), 전신 근육경련, 중추신경계 장해 등의 증세
③ 산소농도 9 ~ 14% : 판단력 저하, 메스꺼움, 기억상실, 전신 탈진 등의 증세
④ 산소농도 12 ~ 16% : 호흡수 증가, 맥박수 증가, 두통, 귀울림, 정신집중 곤란 등의 증세

52 할당보호계수가 25인 반면형 호흡기보호구를 구리 흄이 존재하는 작업장에서 사용한다면 최대사용농도는 몇 mg/m^{3}인가? (단, 허용농도는 0.3mg/m^{3}이다.)

① 3.5 ② 5.5
③ 7.5 ④ 9.5

$$\text{할당보호계수} = \frac{\text{발생농도}}{\text{노출기준}}$$

$$\text{할당보호계수} = \frac{\text{방독마스크 바깥쪽 오염물질 농도}(C_o)}{\text{방독마스크 안쪽 오염물질 농도}(C_i)}$$

$$\text{할당보호계수} = \frac{\text{발생농도}}{\text{노출기준}}$$

발생농도(최대 사용농도)
= 할당보호계수×노출기준 = 25×0.3
= 7.5(mg/m^3)

실기까지 중요 ★★

53 다음 전리방사선의 종류 중 투과력이 가장 강한 것은?

① X-선 ② 중성자
③ 알파선 ④ 감마선

1. 인체의 투과력 순서
중성자 > X선 or γ > β > α
2. 전리작용(REB : 생물학적 효과) 순서
중성자 > α > β > X선 or γ

실기까지 중요 ★★

54 작업환경 중에서 발생되는 분진에 대한 방진대책을 수립하고자 한다. 다음 중 분진발생방지 대책으로 가장 적합한 방법은?

① 전체 환기
② 작업시간의 조정
③ 물 등에 의한 취급 물질의 습식화
④ 방진마스크나 송기마스크에 의한 흡입방지

분진발생 방지 및 분진비산 억제를 위하여 분진비산 작업에 물을 분사하면서 하는 방법(습식공법)을 채택한다.

정답 51 ④ 52 ③ 53 ② 54 ③

55 기계 A의 소음이 85dB(A), 기계 B의 소음이 84 dB(A)일 때, 총 음압수준은 약 몇 dB(A)인가?

① 84.7　　② 86.3
③ 87.5　　④ 90.4

* 합성소음도

$$L(\text{dB}) = 10 \times \log(10^{\frac{L_1}{10}} + 10^{\frac{L_2}{10}} + \cdots + 10^{\frac{L_n}{10}})$$

- L : 합성소음도(dB)
- $L_1 \sim L_2$: 각각 소음원의 소음(dB)

$$L = 10 \times \log\left(10^{\frac{84}{10}} + 10^{\frac{85}{10}}\right) = 87.5(\text{dB})$$

실기까지 중요 ★★

56 작업환경개선 대책 중 대체의 방법으로 옳지 않은 것은?

① 분체의 원료는 입자가 큰 것으로 바꾼다.
② 야광시계의 자판에서 라듐을 인으로 대체한다.
③ 금속제품 도장용으로 유기용제를 수용성 도료로 전환한다.
④ 아조염료의 합성에서 원료로 디클로로벤지딘을 사용하던 것을 방부기능의 벤지딘으로 바꾼다.

④ 아조염료의 합성에서 벤지딘 대신 디클로로벤지딘을 사용한다.

필기에 자주 출제 ★

57 음원에서 10m 떨어진 곳에서 음압수준이 89 dB(A)일 때, 음원에서 20m 떨어진 곳에서의 음압수준은 약 몇 dB(A)인가? (단, 점음원이고 장해물이 없는 자유공간에서 구면상으로 전파한다고 가정한다.)

① 77　　② 80
③ 83　　④ 86

무지향성 점음원	① 자유공간(공중, 구면파)에 위치할 때 $SPL = PWL - 20\log r - 11(\text{dB})$ ② 반자유공간(바닥, 벽, 천장, 반구면파)에 위치할 때 $SPL = PWL - 20\log r - 8(\text{dB})$
무지향성 선음원	① 자유공간(공중, 구면파)에 위치할 때 $SPL = PWL - 10\log r - 8(\text{dB})$ ② 반자유공간(바닥, 벽, 천장, 반구면파)에 위치할 때 $SPL = PWL - 10\log r - 5(\text{dB})$

r : 소음원으로부터의 거리(m)

1. 10m 떨어진 곳에서의 PWL
$SPL = PWL - 20 \times \log r - 11$
$PWL = SPL + 20 \times \log r + 11$
$= 89 + 20 \times \log 10 + 11 = 120(\text{dB})$
2. 20m 떨어진 곳에서의 음압수준
$SPL = 120 - 20 \times \log 20 - 11 = 82.98(\text{dB})$

실기까지 중요 ★★

58 체내로 흡입하게 되면 부식성이 강하여 점막 등에 침착되어 궤양을 유발하고 장기적으로 취급하면 비중격천공을 일으키는 물질은?

① 크롬　　② 수은
③ 아세톤　　④ 카드뮴

* 크롬(Cr)
① 만성중독 : 피부증상(접촉성 피부염), 호흡기 증상(크롬 폐증), 폐암
② 급성중독 : 신장장해(신장장해로 과뇨증이 오며 더 진전되면 무뇨증을 일으켜 요독증으로 사망할 수 있다)
③ 6가크롬 : 비중격천공증, 비강암을 유발한다.

실기까지 중요 ★★

정답 55 ③ 56 ④ 57 ③ 58 ①

59 비교원성 진폐증의 종류로 가장 알맞은 것은?

① 규폐증 ② 주석폐증
③ 석면폐증 ④ 탄광부 진폐증

무기성(광물성) 분진에 의한 진폐증	유기성 분진에 의한 진폐증
① 규폐증 ② 규조토폐증 ③ 탄소폐증 ④ 탄광부 진폐증 ⑤ 용접공폐증 ⑥ 석면폐증 ⑦ 베릴륨폐증 ⑧ 활석폐증 ⑨ 흑연폐증 ⑩ 주석폐증 ⑪ 칼륨폐증 ⑫ 바륨폐증 ⑬ 철폐증	① 농부폐증 ② 연초폐증 ③ 면폐증 ④ 설탕폐증 ⑤ 목재분진폐증 ⑥ 모발분진폐증 암기법 연초 핀 농부의 모발에서 설탕 나오면 면(면폐증) 목(목재분진폐증) 없다.

필기에 자주 출제 ★

60 다음 중 고압환경에서 인체작용인 2차적인 가압현상에 관한 설명과 가장 거리가 먼 것은?

① 산소의 분압이 2기압을 넘으면 산소중독증세가 나타난다.
② 이산화탄소는 산소의 독성과 질소의 마취작용을 증가시킨다.
③ 질소의 분압이 2기압을 넘으면 근육경련, 정신혼란과 같은 현상이 발생한다.
④ 4기압 이상에서 공기 중의 질소가스는 마취작용을 나타내며 작업력의 저하, 기분의 변환, 다행증을 일으킨다.

* 고압환경의 2차적 가압현상
① 질소의 마취작용 : 공기 중의 질소 가스는 4기압 이상에서 마취작용을 일으킨다.
② 산소중독 증세 : 산소분압이 2기압을 넘으면 산소중독 증세가 나타난다.
③ 이산화탄소의 작용 : 이산화탄소의 증가는 산소의 독성과 질소의 마취작용을 촉진시킨다.

실기까지 중요 ★★

제4과목 산업환기

61 전자부품을 납땜하는 공정에 외부식 국소배기장치를 설치하려고 한다. 후드의 규격은 400 mm×400mm, 제어거리(X)를 20cm, 제어속도(Vc)를 0.5m/sec로 하고자 할 때의 소요풍량(m^3/min)보다 후드에 플랜지를 부착하여 공간에 설치하면 소요풍량(m^3/min)은 얼마나 감소하는가?

① 1.2 ② 2.2
③ 3.2 ④ 4.2

1. 외부식 후드(자유공간 위치한 원형 및 장방형 후드, 플랜지 미 부착)
$Q = 60 \cdot Vc(10X^2 + A)$
2. 외부식 후드(자유공간, 플랜지가 부착된 원형, 장방형 후드)
$Q = 60 \cdot 0.75 \cdot Vc(10X^2 + A)$

1. $Q = 60 \times 0.5 \times [10 \times 0.2^2 + (0.4 \times 0.4)] = 16.8(m^3/min)$
2. $Q = 60 \times 0.75 \times 0.5 \times [10 \times 0.2^2 + (0.4 \times 0.4)] = 12.6(m^3/min)$
3. $16.8 - 12.6 = 4.2(m^3/min)$

실기까지 중요 ★★

62 전기집진기(ESP, electrostatic precipitator)의 장점이라고 볼 수 없는 것은?

① 좁은 공간에서도 설치가 가능하다.
② 보일러와 철강로 등에 설치할 수 있다.
③ 약 500℃ 전후 고온의 입자상 물질도 처리가 가능하다.
④ 넓은 범위의 입경과 분진의 농도에서 집진효율이 높다.

① 설치비용이 많이 들며 설치공간이 커야한다.

필기에 자주 출제 ★

정답 59 ② 60 ③ 61 ④ 62 ①

63 블로우다운(Blow down) 효과와 관련이 있는 공기정화장치는?

① 전기집진장치 ② 원심력집진장치
③ 중력집진장치 ④ 관성력집진장치

* 블로다운(blow-down)
① 사이클론(원심력집진장치)의 집진효율을 증대시키기 위한 방법
② 더스트 박스 및 호퍼부에서 처리가스의 5~10%를 흡인하여 난류현상의 억제 및 원심력을 증대시켜 집진효율을 증대시키는 운전방식을 말한다.

실기까지 중요 ★★

64 용융로 상부의 공기 용량은 $200m^3/min$, 온도는 400℃, 1기압이다. 이것을 21℃, 1기압의 상태로 환산하면 공기의 용량은 약 몇 m^3/min가 되겠는가?

① 82.6 ② 87.4
③ 93.4 ④ 116.6

* 온도보정

$$200 \times \frac{(273+21)}{(273+400)} = 87.37(m^3/min)$$

* 참고
보일-샤를의 법칙

$$\frac{P_1V_1}{T_1} = \frac{P_2V_2}{T_2}$$

$$T_1P_2V_2 = T_2P_1V_1$$

$$V_2 = V_1 \times \frac{T_2P_1}{T_1P_2}$$

실기까지 중요 ★★

65 작업공정에서는 이상이 없다고 가정할 때, 보기의 후드를 효율이 가장 우수한 것부터 나쁜 순으로 나열한 것은? (단, 제어속도는 1m/sec, 제어거리는 0.5m, 개구면적은 $2m^2$으로 동일하다.)

㉠ 포위식 후드
㉡ 테이블에 고정된 플랜지가 붙은 외부식 후드
㉢ 자유공간에 설치된 외부식 후드
㉣ 자유공간에 설치된 플랜지가 붙은 외부식 후드

① ㉠-㉢-㉡-㉣ ② ㉡-㉠-㉢-㉣
③ ㉠-㉡-㉣-㉢ ④ ㉡-㉠-㉣-㉢

1. 포위식 후드
$Q = 60 \cdot A \cdot Vc = 60 \times 2 \times 1 = 120(m^3/min)$
2. 테이블에 고정된 플랜지가 붙은 외부식 후드
$Q = 60 \cdot 0.5 \cdot Vc(10X^2 + A)$
$= 60 \times 0.5 \times 1 \times (10 \times 0.5^2 + 2)$
$= 135(m^3/min)$
3. 자유공간에 설치된 플랜지가 붙은 외부식 후드
$Q = 60 \cdot 0.75 \cdot Vc(10X^2 + A)$
$= 60 \times 0.75 \times 1 \times (10 \times 0.5^2 + 2)$
$= 202.5(m^3/min)$
4. 자유공간에 설치된 외부식 후드
$Q = 60 \cdot Vc(10X^2 + A)$
$= 60 \times 1 \times (10 \times 0.5^2 + 2)$
$= 270(m^3/min)$

실기까지 중요 ★★

정답 63 ② 64 ② 65 ③

66 국소배기장치의 기본 설계 시 가장 먼저 해야 하는 것은?

① 적정 제어풍속을 정한다.
② 후드의 형식을 선정한다.
③ 각각의 후드에 필요한 송풍량을 계산한다.
④ 배관계통을 검토하고 공기정화장치와 송풍기의 설치위치를 정한다.

> ＊국소배기장치의 설계순서
> 후드형식 선정 → 제어속도 결정 → 소요풍량 계산 → 반송속도 결정

실기까지 중요 ★★

67 정압, 속도압, 전압에 관한 설명 중 틀린 것은?

① 정압이 대기압 보다 높으면(+) 압력이다.
② 정압이 대기압 보다 낮으면(-) 압력이다.
③ 정압과 속도압의 합을 총압 또는 전압이라고 한다.
④ 공기흐름에 기인하는 속도압은 항상(-) 압력이다.

> ④ 속도압은 공기가 이동하는 힘으로 항상 0 이상(+) 이다.

필기에 자주 출제 ★

68 사무실 직원이 모두 퇴근한 직후인 오후 6시에 측정한 공기 중 CO_2 농도는 1200ppm, 그로부터 3시간 후 사무실이 빈 상태로 측정한 CO_2 농도는 400ppm이었다면, 이 사무실의 시간당 공기교환 횟수는? (단, 외부공기 중 CO_2 농도는 330ppm으로 가정한다.)

① 0.68　② 0.84
③ 0.93　④ 1.26

> ＊시간당 공기교환 횟수
>
> $$ACH = \frac{\ln(C_1 - C_0) - \ln(C_2 - C_1)}{\text{hr}}(\text{회})$$
>
> - C_1 : 처음 측정한 이산화탄소 농도
> - C_2 : 시간경과 후 측정한 이산화탄소 농도
> - C_0 : 외부공기중 이산화탄소 농도(약 330ppm)
>
> $$ACH = \frac{\ln(1,200 - 330) - \ln(400 - 330)}{3}$$
>
> $ACH = 0.84$(회)

실기까지 중요 ★★

69 국소배기장치의 압력손실이 증가되는 경우가 아닌 것은?

① 덕트를 길게 한다.
② 덕트의 직경을 줄인다,
③ 덕트를 급격하게 구부린다.
④ 곡관의 곡률반경을 크게 한다.

> ④ 곡관의 덕트직경(D)과 곡률반경(R)의 비(반경비(R/D))를 작게 할수록 압력손실이 증가한다.

필기에 자주 출제 ★

정답 66 ② 67 ④ 68 ② 69 ④

70 에너지 절약의 일환으로 실내 공기를 재순환시켜 외부 공기와 혼합하여 공급하는 경우가 많다. 재순환 공기 중 CO_2의 농도가 700ppm, 급기 중 CO_2의 농도가 600ppm 이었다면, 급기 중 외부공기의 함량은 몇 %인가 ? (단 외부공기 중 CO_2의 농도는 300ppm이다.)

① 25%　　② 43%
③ 50%　　④ 86%

★ 급기 중 외부공기 함량

$$\%Q_A = \frac{C_r - C_s}{C_r - C_0} \times 100$$

- C_r : 재순환 공기 중 이산화탄소 농도
- C_s : 급기중 이산화탄소 농도
- C_0 : 외부 공기 중 이산화탄소 농도(약 330ppm)

$$\%Q_A = \frac{700-600}{700-300} \times 100 = 25(\%)$$

실기까지 중요 ★★

71 전체환기 방식에 대한 설명 중 틀린 것은?

① 자연환기는 기계환기보다 보수가 용이하다.
② 효율적인 자연환기는 냉방비 절감효과가 있다.
③ 청정공기가 필요한 작업장은 실내압을 양압(+)으로 유지한다.
④ 오염이 높은 작업장은 실내압을 매우 높은 양압(+)으로 유지하여야 한다.

★ 환기방식의 결정

① 오염이 높은 작업장 : 주변에 오염물질의 확산을 방지하기 위하여 실내압을 음압(-)으로 유지하여야 한다.
② 청정공기를 필요로 하는 작업장(전자공업 등) : 오염물질이 포함된 외부공기가 유입되지 않도록 실내압을 양압(+)으로 유지하여야 한다.

필기에 자주 출제 ★

72 제어속도의 범위를 선택할 때 고려되는 사항으로 가장 거리가 먼 것은?

① 근로자 수
② 작업장 내 기류
③ 유해물질의 사용량
④ 유해물질의 독성

제어속도의 범위를 선택할 때에는 작업장 내 기류, 유해물질의 독성, 유해물질의 사용량 등을 고려하여야 한다.

★ 참고

제어속도범위(ACGIH)

작업조건	작업공정사례	제어속도 (m/sec)
• 움직이지않은공기중에서속도없이 배출되는 작업조건 • 조용한 대기 중에 실제 거의 속도가 없는 상태로 발산하는 경우의 작업조건	• 액면에서 발생하는 가스나 증기 흄 • 탱크에서 증발, 탈지시설	0.25 ~0.5
• 비교적 조용한(약간의 공기 움직임) 대기 중에서 저속으로 비산하는 작업조건	• 용접, 도금 작업 • 스프레이도장	0.5 ~1.0
• 발생기류가 높고(빠른기동) 유해물질이 활발히 발생하는 작업조건	• 스프레이도장, 용기충전 • 컨베이어 적재 • 분쇄기	1.0 ~2.5
• 초고속기류(대단히 빠른 기동)가 있는 작업장소에 초고속으로 비산하는 경우	• 회전연삭작업 • 연마작업 • 블라스트 작업	2.5 ~10

필기에 자주 출제 ★

정답 70 ① 71 ④ 72 ①

73 전자부품을 납땜하는 공정에 외부식 국소배기 장치를 설치하고자 한다. 후드의 규격은 400 mm×400mm, 반송속도를 1200m/min으로 하고자 할 때 덕트 내에서 속도압은 약 몇 mmH_2O인가? (단, 덕트 내의 온도는 21℃이며, 이 때 가스의 밀도는 $1.2kg/m^3$이다.)

① 24.5 ② 26.6
③ 27.4 ④ 28.5

$$VP = \frac{\gamma V^2}{2g}$$

- r : 공기비중
- V : 유속(m/s)
- g : 중력가속도($9.8m/s^2$)

$VP = \frac{1.2 \times 20^2}{2 \times 9.8} = 24.49(mmH_2O)$

$(1{,}200m/min = \frac{1{,}200m}{60sec} = 20m/sec)$

실기까지 중요 ★★

74 송풍기 상사법칙과 관련이 없는 것은?

① 송풍량 ② 축동력
③ 회전수 ④ 덕트의 길이

1. $Q_2 = Q_1(\frac{D_2}{D_1})^3(\frac{N_2}{N_1})$
 : 풍량은 송풍기 직경의 세제곱, 회전수에 비례한다.
2. $P_2 = P_1(\frac{D_2}{D_1})^2(\frac{N_2}{N_1})^2(\frac{\rho_2}{\rho_1})$
 : 풍압(정압)은 송풍기 직경의 제곱, 회전수의 제곱에 비례한다.
3. $HP_2 = HP_1(\frac{D_2}{D_1})^5(\frac{N_2}{N_1})^3(\frac{\rho_2}{\rho_1})$
 : 동력(축동력)은 송풍기 직경의 다섯제곱, 회전수의 세제곱에 비례한다.

실기까지 중요 ★★

75 국소배기시스템에 설치된 충만실(plenum chamber)에 있어 가장 우선적으로 높여야 하는 효율의 종류는?

① 정압효율 ② 집진효율
③ 배기효율 ④ 정화효율

슬로트형 후드에서 후드와 덕트사이에 충만실(Plenum Chamber)을 설치하면 후드로부터의 유입압력이 일정하게 되어 배기효율을 높일 수 있다.

실기까지 중요 ★★

76 그림과 같이 Q_1과 Q_2에서 유입된 기류가 합류관인 Q_3로 흘러갈 때, Q_3의 유량(m^3/mim)은 약 얼마인가? (단, 합류와 확대에 의한 압력손실은 무시한다.)

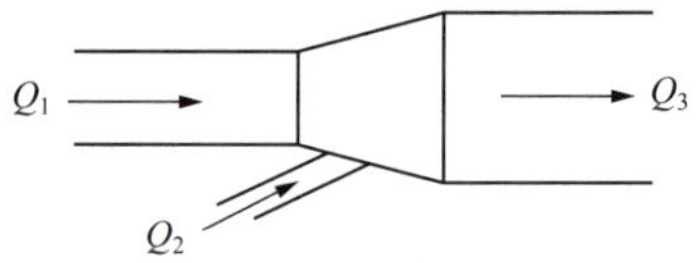

구분	직경(mm)	유속(m/s)
Q_1	200	10
Q_2	150	14
Q_3	350	-

① 33.7 ② 36.3
③ 38.5 ④ 40.2

$$Q = 60 \times A \times V$$

- Q : 유체의 유량(m^3/min)
- A : 유체가 통과하는 단면적(m^2)
- V : 유체의 유속(m/sec)

1. $Q_1 = 60 \times A_1 \times V_1 = 60 \times \frac{\pi \times 0.2^2}{4} \times 10$
 $= 18.85(m^3/min)$

정답 73 ① 74 ④ 75 ③ 76 ①

2. $Q_2 = 60 \times A_2 \times V_2 = 60 \times \frac{\pi \times 0.15^2}{4} \times 14$
$= 14.84(m^3/min)$
3. $Q_3 = 18.85 + 14.84 = 33.69(m^3/min)$

실기까지 중요 ★★

77 유입계수(Ce)가 0.6인 플랜지 부착 원형후드가 있다. 이 때 후드의 유입손실계수(F_h)는 얼마인가?

① 0.52 ② 0.98
③ 1.26 ④ 1.78

$$유입손실계수 = \frac{1}{Ce^2} - 1$$

• Ce : 유입계수

$F_h = \frac{1}{0.6^2} - 1 = 1.78$

실기까지 중요 ★★

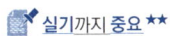

78 국소배기장치의 설계 시 송풍기의 동력을 결정할 때 가장 필요한 정보는?

① 송풍기 동압과 가격
② 송풍기 동압과 효율
③ 송풍기 전압과 크기
④ 송풍기 전압과 필요송풍량

송풍기에 필요한 소요동력은 필요 송풍량을 이송하기 위해 요구되는 송풍정압을 만들 수 있도록 송풍기 모터(Motor)가 해야 되는 일이기 때문에 송풍량과 송풍정압에 의해 결정된다.

79 건조 공기가 원형식 관내를 흐르고 있다. 속도압이 $6mmH_2O$이면 풍속은 얼마인가? (단, 건조공기의 비중량 $1.2kg_f/m^3$이며, 표준상태이다.)

① 5m/sec ② 10m/sec
③ 15m/sec ④ 20m/sec

$$속도압(VP) = \frac{\gamma \times V^2}{2g}(mmH_2O)$$

• r : 비중(kg/m^3)
• V : 공기속도(m/sec)
• g : 중력가속도(m/sec^2)

$VP = \frac{\gamma \times V^2}{2g}$

$\gamma \times V^2 = VP \times 2g$

$V^2 = \frac{VP \times 2g}{\gamma}$

$V = \sqrt{\frac{VP \times 2g}{\gamma}} = \sqrt{\frac{6 \times 2 \times 9.8}{1.2}} = 9.90(m/sec)$

실기까지 중요 ★★

80 사염화에틸렌 20,000ppm이 공기 중에 존재한다면 공기와 사염화에틸렌 혼합물의 유효비중(effective specific gravity)은 얼마인가? (단, 사염화에틸렌의 증기비중은 5.7이다.)

① 1.094 ② 1.823
③ 2.342 ④ 3.783

1. 작업환경 중의 사염화에틸렌이 20,000ppm = 2%이므로 공기는 98%가 된다.
2. 사염화에틸렌 2%(증기비중 5.7)
공기 98%(공기비중 1.0)이므로
유효비중 = 0.02 × 5.7 + 0.98 × 1 = 1.094

실기까지 중요 ★★

정답 77 ④ 78 ④ 79 ② 80 ①

2018년 4월 28일

2회 과년도기출문제

제1과목 산업위생학 개론

01 상시 근로자가 300명인 신발 제조업에서 산업안전보건법에 따라 선임하여야 하는 보건관리자에 관한 설명으로 맞는 것은?

① 선임하여야하는 보건관리자의 수는 1명이다.
② 보건관련 전공자 2명을 보건관리자로 선임하여야 한다.
③ 보건관리자의 자격을 가진 2명의 보건관리자를 선임하여야 하며, 그 중 1명은 의사나 간호사이어야 한다.
④ 보건관리자의 자격을 가진 3명의 보건관리자를 선임하여야 하며, 그 중 1명은 의사나 간호사이어야 한다.

위험성이 높은 제조업 1. 광업(광업 지원 서비스업은 제외) 2. 섬유제품 염색, 정리 및 마무리 가공업 3. 모피제품 제조업 4. 신발 및 신발부분품 제조업 5. 코크스, 연탄 및 석유정제품 제조업 6. 화학물질 및 화학제품 제조업; 의약품 제외 7. 고무 및 플라스틱제품 제조업 8. 비금속 광물제품 제조업 9. 1차 금속 제조업 10. 금속가공제품 제조업; 기계 및 가구 제외 등	• 상시근로자 50명 이상 500명 미만 : 1명 이상 • 상시근로자 500명 이상 2천명 미만 : 2명 이상 • 상시근로자 2천명 이상 : 2명 이상(의사 또는 간호사 중 1명 이상 포함)
그밖의 제조업	• 상시근로자 50명 이상 1천명 미만 : 1명 이상 • 상시근로자 1천명 이상 3천명 미만 : 2명 이상 • 상시근로자 3천명 미만 : 2명 이상
1. 농업, 임업 및 어업 2. 수도, 하수 및 폐기물 처리, 원료 재생업 3. 운수 및 창고업 4. 도매 및 소매업 5. 숙박 및 음식점업 6. 서적, 잡지 및 기타 인쇄물 출판업 7. 우편 및 통신업 8. 공공행정 9. 교육서비스업 중 초등 · 중등 · 고등 교육기관, 특수학교 · 외국인학교 및 대안학교 등	• 상시근로자 50명 이상 5천명 미만 : 1명 이상(다만, 사진 처리업은 상시근로자 100명 이상 5천명 미만) • 상시 근로자 5천명 이상 2명 이상 : 2명 이상(의사 또는 간호사 중 1명 이상 포함)
건설업	• 공사금액 800억원 이상(토목공사업 : 1천억 이상) 또는 상시 근로자 600명 이상 : 1명 이상 • 공사금액 800억원(토목공사업 : 1천억원)을 기준으로 1,400억원이 증가할 때마다 또는 상시 근로자 600명을 기준으로 600명이 추가될 때마다 1명씩 추가

실기까지 중요 ★★

02 산업피로의 예방과 회복 대책으로 틀린 것은?

① 작업환경을 정리 정돈 한다.
② 커피, 홍차 또는 엽차를 마신다.
③ 적절한 간격으로 휴식시간을 둔다.
④ 작업속도를 가능한 늦게 하여 정적작업이 되도록 한다.

④ 동적인 작업과 정적인 작업을 적절히 혼합하여 배치한다.(과격한 육체적 노동은 기계화하고, 과도한 정적인 작업은 적정한 동적인 작업으로 전환한다)

필기에 자주 출제 ★

정답 01 ① 02 ④

03 다음의 설명에서 (　　)안에 들어갈 용어로 맞는 것은?

> (　　)는 대류현상에 의해 발생하는 공기의 흐름을 뜻한다. 따뜻한 공기가 건물의 상층에서 새어나올 경우 실내공기는 하층에서 고층으로 이동하여 외부 공기는 건물 저층의 입구를 통해 안으로 들어오게 된다.
> 이 공기의 흐름은 계단 같은 수직 공간, 엘리베이터의 통로, 기타 다른 구멍을 통해 층 사이에 오염물질을 이동시킬 수 있다.

① 연돌효과(stack effect)
② 균형효과(balance effect)
③ 호손효과(hawthorne effect)
④ 공기연령효과(air-age effect)

* 연돌효과, 굴뚝효과(stack effect)
고층 건물 내에서 대류현상에 의한 공기의 흐름으로 따뜻한 공기가 상승하고 찬 공기가 밑에서부터 들어오는 것을 말한다. 연돌효과에 의한 공기의 흐름은 계단, 엘리베이터의 통로 등의 수직공간을 통하여 층 사이에 오염물질을 이동시키는 통로가 될 수 있다.

필기에 자주 출제 ★

04 직업성 질환을 인정할 때 고려해야 할 사항으로 틀린 것은?

① 업무상 재해라고 할 수 있는 사건의 유무
② 작업환경과 그 작업에 종사한 기간 또는 유해 작업의 정도
③ 같은 작업장에서 비슷한 증상을 나타내는 환자의 발생 유무
④ 의학상 특징적으로 나타나는 예상되는 임상검사 소견의 유무

① 업무수행 과정에서 유해요인을 취급하거나 이에 폭로된 경력 있을 것

필기에 자주 출제 ★

05 사업주는 사업장에 쓰이는 모든 대상 화학물질에 대한 물질안전보건자료를 취급 근로자가 쉽게 볼 수 있도록 비치 및 게시하여야 한다. 비치 및 게시를 하기 위한 장소로 잘못된 것은?

① 대상 화학물질 취급 작업 공정 내
② 사업장 내 근로자가 가장 보기 쉬운 장소
③ 안전사고 또는 직업병 발생우려가 있는 장소
④ 위급상황 시 보건관리자가 바로 활용할 수 있는 문서보관실

* 물질안전보건자료를 게시 또는 비치하여야 하는 장소
① 대상화학물질 취급 작업 공정 내
② 안전사고 또는 직업병 발생우려가 있는 장소
③ 사업장 내 근로자가 가장 보기 쉬운 장소

실기까지 중요 ★★

06 운반 작업을 하는 젊은 근로자의 약한 손(오른손잡이의 경우 왼 손)의 힘은 40kp이다. 이 근로자가 무게 10kg인 상자를 두 손으로 들어 올릴 경우 적정 작업시간은 약 몇 분인가? (단, 공식은 671,120×작업강도$^{-2.222}$를 적용한다.)

① 25분　　② 41분
③ 55분　　④ 122분

> 1. 적정작업시간(sec) = 671120 × %MS$^{-2.222}$
>   • %MS : 작업강도(근로자의 근력이 좌우함)
> 2. 작업강도(%MS) = $\frac{RF}{MS} \times 100$
>   • RF : 작업 시 요구되는 힘(한 손에 요구되는 힘)
>   • MS : 근로자가 가지고 있는 약한 손의 최대 힘

1. 작업강도 = $\frac{5}{40} \times 100 = 12.5(\%MS)$
2. 적정작업시간(sec) = 671,120 × %MS$^{-2.222}$
　= 671,120 × 12.5$^{-2.222}$
　= 2451.69(sec) ÷ 60
　= 40.86(분)

실기까지 중요 ★★

정답 03 ① 04 ① 05 ④ 06 ②

07 다음 약어의 용어들은 무엇을 평가하는데 사용되는가?

OWAS, RULA, REBA, SI

① 직무 스트레스 정도
② 근골격계 질환의 위험요인
③ 뇌심혈관계질환의 정략적 분석
④ 작업장 국소 및 전체환기효율 비교

★ 근골격계 질환의 유해요인 평가기법

평가도구명 (Analysis Tools)	평가되는 위해요인	관련된 신체부위
REBA (Rapid Entire Body Assessment)	반복성 힘, 불편한 자세	손목, 팔, 어깨, 목, 상체, 허리, 다리
OWAS (Ovaco Working Posture Analysing System)	자세, 힘, 노출시간	상체, 허리, 하체
JSI(작업 긴장도지수) (Job Strain index)	반복성 힘, 불편한 자세	손, 손목
RULA (Rapid Upper Limb Assessment)	반복성 힘, 불편한 자세	손목, 팔, 팔꿈치, 어깨, 목, 상체

필기에 자주 출제★

08 산업위생분야에 관련된 단체와 그 약자를 연결한 것으로 틀린 것은?

① 영국 산업위생학회 - BOHS
② 미국 산업위생학회 - ACGIH
③ 미국 직업안전위생관리국 - OSHA
④ 미국 국립산업안전보건연구원 - NIOSH

② 미국산업위생학회 : AIHA
(American Industrial Hygiene Association)

★ 참고
미국정부산업위생전문가협의회
ACGIH(American Conference of Governmental Industrial Hygienists)

실기까지 중요★★

09 인간공학에서 적용하는 정적치수(static dimensions)에 관한 설명으로 틀린 것은?

① 동적인 치수에 비하여 데이터가 적다.
② 일반적으로 표(table)의 형태로 제시된다.
③ 구조적 치수로 정적자세에서 움직이지 않는 피측정자를 인체 계측기로 측정한 것이다.
④ 골격 치수(팔꿈치와 손목 사이와 같은 관절 중심거리 등)와 외곽치수(머리둘레 등)로 구성된다.

① 동적인 치수에 비하여 데이터가 많다.

★ 참고
① 정적 인체계측(구조적 인체치수) : 정지 상태에서의 신체를 계측하는 방법으로 표준자세에서 움직이지 않는 피측정자를 인체측정기로 측정한 것이다.
② 동적 인체계측(기능적 인체치수) : 각 신체부위가 신체적 기능을 수행(특정 작업 수행)할 때, 독립적으로 움직이는 것이 아니라 조화를 이루어 움직이는 신체치수를 측정한 것이다.

정답 07 ② 08 ② 09 ①

10 산업안전보건법의 '사무실공기관리지침' 에서 오염물질로 관리기준이 설정되지 않은 것은?

① 총 부유세균　② CO(일산화탄소)
③ SO_2(이산화황)　④ CO_2(이산화탄소)

오염물질	관리기준
미세먼지(PM10)	100$\mu g/m^3$
초미세먼지(PM2.5)	50$\mu g/m^3$
이산화탄소(CO_2)	1,000ppm
일산화탄소(CO)	10ppm
이산화질소(NO_2)	0.1ppm
포름알데히드(HCHO)	100$\mu g/m^3$
총휘발성유기화합물(TVOC)	500$\mu g/m^3$
라돈(radon)	148Bq/m^3
총부유세균	800CFU/m^3
곰팡이	500CFU/m^3

실기에 자주 출제 ★★★

11 산업안전보건법령상 보건관리자의 자격과 선임제도에 대한 설명으로 틀린 것은?

① 상시 근로자가 100인 이상 사업장은 보건관리자의 자격기준에 해당하는 자 중 1인 이상을 보건관리자로 선임하여야한다.
② 보건관리대행은 보건관리자의 직무인 보건관리를 전문으로 행하는 외부기관에 위탁하여 수행하는 제도로 1990년부터 법적 근거를 갖고 시행되고 있다.
③ 작업환경 상에 유해요인이 상존하는 제조업은 근로자의 수가 2000명을 초과하는 경우에 「의료법」에 따른 의사 또는 간호사인 보건관리자 1인을 포함하는 2인의 보건관리자를 선임하여야한다.
④ 보건관리자의 자격기준은 의료법에 의한 의사 또는 간호사, 산업안전보건법에 의한 산업보건 지도사, 국가기술자격법에 의한 산업위생관리 산업기사 또는 환경관리산업기사(대기분야 한함) 등이다.

① 상시 근로자가 50인 이상 사업장은 보건관리자의 자격기준에 해당하는 자 중 1인 이상을 보건관리자로 선임하여야한다.

실기까지 중요 ★★

12 미국 국립산업안전보건연구원에서는 중량물 취급 작업에 대하여 감시기준(Actionlimit)과 최대허용기준(Maximum permissible limit)을 설정하여 권고하고 있다. 감시기준이 30kg 일 때 최대허용기준은 얼마인가?

① 45kg　② 60kg
③ 75kg　④ 90kg

MPL(최대허용기준) = 3 × AL(감시기준)

MPL = 3 × 30 = 90(kg)

실기까지 중요 ★★

13 인조견, 셀로판 등에 이용되고 실험실에서 추출용 등의 시약으로 쓰이고 장기간에 걸쳐 고농도로 폭로되면 기질적 뇌손상, 말초신경병, 신경행동학적 이상, 시각, 청각장해 등이 발생하는 유기용제는 어느 것인가?

① 벤젠　② 사염화탄소
③ 메타놀　④ 이황화탄소

⋆ 이황화탄소(CS_2)
① 인조견, 셀로판 생산에 사용되며 사염화탄소의 제조, 실험실에서 추출용 등의 시약으로 사용된다.
② 장기간 고농도에 폭로되면 신경행동학적 이상(중추신경계의 특징적인 독성작용), 말초신경장해(파킨슨 증후군), 기질적 뇌손상(급성 뇌병증), 시각, 청각장해 등을 유발한다.

필기에 자주 출제 ★

정답　10 ③　11 ①　12 ④　13 ④

14 화학물질이 2종 이상 혼재하는 경우, 다음 공식에 의하여 계산된 *EI*값이 1이 초과하지 아니하면 기준치를 초과하지 아니하는 것으로 인정할 때, 이 공식을 적용하기 위하여 각각의 물질 사이의 관계는 어떤 작용을 하여야 하는가? (단, *C*는 화학물질 각각의 측정치, *T*는 화학물질 각각의 노출기준을 의미한다.)

$$EI = \frac{C_1}{T_1} + \frac{C_2}{T_2} + \cdots + \frac{C_n}{T_n}$$

① 가승작용(potentiation)
② 상가작용(additive effect)
③ 상승작용(synergistic effect)
④ 길항작용(antagonistic effect)

각 유해인자의 노출기준은 해당 유해인자가 단독으로 존재하는 경우의 노출기준을 말하며, 2종 또는 그 이상의 유해인자가 혼재하는 경우에는 각 유해인자의 상가작용으로 유해성이 증가할 수 있으므로 산출하는 노출기준을 사용하여야 한다.

필기에 자주 출제★

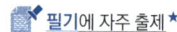

15 전신피로에 있어 생리학적 원인에 해당되지 않는 것은?

① 산소 공급부족
② 체내 젖산농도의 감소
③ 혈중 포도당 농도의 저하
④ 근육 내 글리코겐량의 감소

* 전신피로의 생리학적 원인
① 산소공급 부족
② 혈중 포도당(글루코오스)농도 저하
③ 근육 내 글리코겐 양의 감소
④ 혈중 젖산농도의 증가
⑤ 작업강도의 증가

필기에 자주 출제★

16 호기적 산화를 도와서 근육의 열량공급을 원활하게 해주기 때문에 근육노동에 있어서 특히 주의해서 보충해 주어야 하는 것은?

① 비타민 A　② 비타민 C
③ 비타민 B_1　④ 비타민 D_4

* 비타민 B_1
근육노동에 있어서 특히 주의해서 보충해 주어야 하는 비타민

필기에 자주 출제★

17 산업위생전문가가 지켜야 할 윤리강령 중 "기업주와 고객에 대한 책임"에 관한 내용에 해당하는 것은?

① 신뢰를 중요시하고, 결과와 권고사항을 정확히 보고한다.
② 산업위생전문가의 첫 번째 책임은 근로자의 건강을 보호하는 것임을 인식한다.
③ 건강에 유해한 요소들을 측정, 평가, 관리하는데 객관적인 태도를 유지한다.
④ 건강의 유해요인에 대한 정보와 필요한 예방대책에 대해 근로자들과 상담한다.

* 기업주와 고객에 대한 책임
① 결과 및 결론을 뒷받침할 수 있도록 정확한 기록을 유지하고 산업위생사업을 전문가답게 전문부서들을 운영 관리한다.
② 궁극적 책임은 기업주와 고객보다는 근로자의 건강보호에 있다.
③ 쾌적한 작업환경을 조성하기 위하여 책임 있게 행동한다.
④ 신뢰를 바탕으로 정직하게 권고하고 결과와 개선점 및 권고사항을 정확히 보고한다.

정답 14 ② 15 ② 16 ③ 17 ①

> **암기법**
> 고기(기업주와 고객) / 정확히 기록하는 전문부서 운영하여 / 궁극적으로 근로자 보호 / 책임있게 행동 / 정직하게 보고

실기에 자주 출제 ★★★

18 ILO와 WHO공동위원회의 산업보건에 대한 정의와 가장 관계가 적은 것은?

① 작업조건으로 인한 질병을 치료하는 학문과 기술
② 작업이 인간에게, 또 일하는 사람이 그 직무에 적합하도록 마련하는 것
③ 근로자를 생리적으로나 심리적으로 적합한 작업환경에 배치하여 일하도록 하는 것
④ 모든 직업에 종사하는 근로자들의 육체적, 정신적, 사회적 건강을 고도로 유지 증진시키는 것

> ① 작업조건으로 인한 건강장해로부터 근로자를 보호한다.

필기에 자주 출제 ★

19 스트레스(STRESS)는 외부의 스트레스 요인(stressor)에 의해 신체에 항상성이 파괴되면서 나타나는 반응이다. 다음의 설명 중 ( )에 해당하는 용어로 맞는 것은?

> 인간은 스트레스 상태가 되면 부신피질에서 ( )이라는 호르몬이 과잉분비되어 뇌의 활동 등을 저해하게 된다.

① 코티졸(cortisol)
② 도파민(dopamine)
③ 옥시토신(oxytocin)
④ 아드레날린(adrenalin)

> 인간은 스트레스 상태가 되면 부신피질에서 코티졸(cortisol)이라는 호르몬이 과잉 분비되어 뇌의 활동 등을 저해하게 된다.

20 작업에 소모된 열량이 4500kcal, 안정 시 열량이 1000kcal, 기초대사량이 1500kcal 일때, 실동률은 약 얼마인가? (단, 사이또(齋藤)와 오지마(大島)의 경험식을 적용한다.)

① 70.0%　　② 73.3%
③ 84.4%　　④ 85.0%

> 1. 실노동율(실동률)(%) = 85 − (5 × RMR)
>   • RMR : 에너지 대사율(작업대사율)
> 2. $\text{RMR} = \dfrac{\text{작업(노동)대사량}}{\text{기초대사량}} = \dfrac{\text{작업 시의 소비 에너지} - \text{안정 시의 소비 에너지}}{\text{기초대사량}}$
>
> 1. $\text{RMR} = \dfrac{4,500 - 1,000}{1,500} = 2.33$
> 2. 실동률 = 85 − (5 × 2.33) = 73.35(%)

실기까지 중요 ★★

정답 18 ① 19 ① 20 ②

제2과목 작업환경측정 및 평가

21 고체 포집법에 관한 설명으로 틀린 것은?

① 시료공기를 흡착력이 강한 고체의 작은 입자층을 통과시켜 포집하는 방법이다.
② 실리카겔은 산과 같은 극성물질의 포집에 사용되며 수분의 영향을 거의 받지 않으므로 널리 사용된다.
③ 시료의 채취는 사용하는 고체입자층의 포집효율을 고려하여 일정한 흡입유량으로 한다.
④ 포집된 유기물은 일반적으로 이황화탄소(CS_2)로 탈착하여 분석용 시료로 사용된다.

> ② 실리카겔은 산과 같은 극성물질의 포집에 사용되며, 흡수성이 강하여 습도가 높을수록 파과되기 쉽고 파과용량이 감소한다.

필기에 자주 출제 ★

22 일반적인 사람이 느끼는 최소 진동역치는 얼마인가?

① 55±5dB ② 70±5dB
③ 90±5dB ④ 105±5dB

> * 일반적인 사람의 최소 진동역치
> 55±5dB

23 입자상 물질의 측정 방법 중 용접흄 측정에 관한 설명으로 옳은 것은? (단, 고용노동부 고시를 기준으로 한다.)

① 용접흄은 여과채취방법으로 하되 용접 보안면을 착용한 경우에는 보안면 반경 15cm 이하의 거리에서 채취한다.
② 용접흄은 여과채취방법으로 하되 용접 보안면을 착용한 경우에는 보안면 반경 30cm 이하의 거리에서 채취한다.
③ 용접흄은 여과채취방법으로 하되 용접 보안면을 착용한 경우에는 그 내부에서 채취한다.
④ 용접흄은 여과채취방법으로 하되 용접 보안면을 착용한 경우는 용접 보안면 외부의 호흡기 위치에서 채취한다.

> 용접 흄은 여과채취방법으로 측정하되 용접보안면을 착용한 경우에는 그 내부에서 시료를 채취하고 중량분석방법과 원자흡광광도계 또는 유도결합프라스마를 이용한 방법으로 분석할 것

실기까지 중요 ★★

24 작업장 공기 중 사염화탄소(TLV = 10PPM)가 5PPM, 1,2-디클로로에탄(TLV = 50PPM)이 12 PPM, 1,2-디브로메탄(TLV = 20PPM)이 8PPM 일 때 노출지수는? (단, 상가작용 기준)

① 1.04 ② 1.14
③ 1.24 ④ 1.34

> 1. 노출지수 = $\frac{C_1}{T_1}+\frac{C_2}{T_2}+\cdots+\frac{C_n}{T_n}$
>   • C : 화학물질 각각의 측정치
>   • T : 화학물질 각각의 노출기준
> 2. 판정 : 노출지수 〉1 경우 노출기준을 초과함
>
> 노출지수 = $\frac{5}{10}+\frac{12}{50}+\frac{8}{20}=1.14$

실기까지 중요 ★★

정답 21 ② 22 ① 23 ③ 24 ②

25 다음 중 중금속을 신속하고 정확하게 측정할 수 있는 측정기기는?

① 광학현미경
② 원자흡광광도계
③ 가스크로마토그래피
④ 비분산적외선 가스분석계

* 원자흡광광도계
분석대상 원소에 특정파장의 빛을 투과시키면 원자가 흡수하는 빛의 세기를 측정하는 분석기기로서 금속 및 중금속의 분석 방법에 적용한다.

필기에 자주 출제 ★

26 Perchloroethylene 40%(TLV : 670mg/m³), Methylene chloride 40%(TLV : 720mg/m³), Heptane 20%(TLV : 1600mg/m³)의 중량비로 조성된 유기용매가 증발되어 작업장을 오염시키고 있다. 이들 혼합물의 허용농도는 약 몇 mg/m³인가?

① 910　　② 997
③ 876　　④ 780

* 액체 혼합물의 구성성분(%)을 알 때 혼합물의 허용농도(노출기준)

혼합물의 노출기준(mg/m³)

$$= \frac{1}{\frac{f_a}{TLV_a} + \frac{f_b}{TLV_b} + \cdots + \frac{f_n}{TLV_n}}$$

- f_a, f_b, f_n : 액체 혼합물에서의 각 성분 무게(중량) 구성비(%)
- TLV_a, TLV_b, TLV_n : 해당 물질의 노출기준(mg/m³)

$$mg/m^3 = \frac{1}{\frac{0.4}{670} + \frac{0.4}{720} + \frac{0.2}{1,600}}$$

$= 782.74(mg/m^3)$

실기까지 중요 ★★

27 흡광광도법에서 단색광이 시료액을 통과하여 그 광의 50%가 흡수되었을 때 흡광도는?

① 0.6　　② 0.5
③ 0.4　　④ 0.3

* 흡광도(A)

$$A = \log \frac{1}{\text{투과율}}$$

$A = \log(\frac{1}{0.5}) = 0.30$

(투과율 = 1 - 흡수율 = 1 - 0.5 = 0.5)

실기까지 중요 ★★

28 공기 중에 부유하고 있는 분진을 충돌 원리에 의해 입자크기별로 분리하여 측정할 수 있는 장비는?

① Cascade impactor
② personal distribution
③ low volume sampler
④ high volume sampler

* Cascade impactor(직경분립충돌기)
공기 중에 부유하고 있는 분진을 충돌의 원리에 의해 입자 크기별로 분리하여 측정할 수 있다.

필기에 자주 출제 ★

정답 25 ② 26 ④ 27 ④ 28 ①

29 인쇄 또는 도장 작업에서 사용하는 페인트, 신나 또는 유성 도료 등에 의해 발생되는 유해인자 중 유기용제를 포집하는 방법은?

① 활성탄법
② 여과 포집법
③ 직독식 분진측정계법
④ 증류수 흡수액 임핀저법

⋆ 활성탄관
비극성 유기용제, 방향족 유기용제(방향족 탄화수소류), 할로겐화 지방족 유기용제(할로겐화 탄화수소류), 에스테르류, 알코올류 등의 포집에 사용된다.

암기법
비극성인 알(알코올) 에(에스테르) 할로겐 탄(할로겐화 탄화수소) 지방(지방족 유기용제) 방유(방향족 유기용제)하니 활성(활성탄) 됐다.

실기까지 중요 ★★

30 다음 중 측정기 또는 분석기기의 미비로 기인되는 것으로 실험자가 주의하면 제거 또는 보정이 가능한 오차는?

① 우발적 오차 ② 무작위 오차
③ 계통적 오차 ④ 시간적 오차

⋆ 계통오차
① 변이의 원인을 찾을 수 있는 오차이다.
② 크기와 부호를 추정할 수 있고 보정이 가능한 오차이다.
③ 계통오차가 작을 때는 측정 값이 정확하다고 할 수 있다.

⋆ 참고
우발오차
한 가지 실험을 반복할 때 측정값의 변동으로 발생하는 오차

실기까지 중요 ★★

31 음압이 100배 증가하면 음압 수준은 몇 dB 증가하는가?

① 10 ② 20
③ 30 ④ 40

$$SPL = 20 \times \log\left(\frac{P}{P_o}\right)(\text{dB})$$

- SPL : 음압수준(음압도, 음압레벨) (dB)
- P : 대상음의 음압(음압 실효치) (N/m^2)
- P_o : 기준음압 실효치 ($2\times10^{-5}N/m^2$, $2\times10^{-4}dyne/cm^2$)

$SPL = 20\times\log(100) = 40(\text{dB})$

실기에 자주 출제 ★★★

32 채취한 금속 분석에서 오차를 최소화하기 위해 여과지에 금속을 10μg 첨가하고 원자흡광광도계로 분석하였더니 9.5μg이 검출되었다. 실험에 보정하기 위한 회수율은 몇 %인가?

① 80 ② 85
③ 90 ④ 95

$$\text{회수율}(\%) = \frac{\text{분석량}}{\text{첨가량}} \times 100$$

$\text{회수율}(\%) = \frac{9.5}{10} \times 100 = 95(\%)$

필기에 자주 출제 ★

정답 29 ① 30 ③ 31 ④ 32 ④

33 온도 27℃인 때의 체적이 1m³인 기체를 온도 127℃까지 상승시켰을 때의 체적은?

① 1.13m³　② 1.33m³
③ 1.47m³　④ 1.73m³

*보일-샤를의 법칙

$$\frac{P_1V_1}{T_1} = \frac{P_2V_2}{T_2}$$

- T_1 : 처음온도
- T_2 : 나중온도
- P_1 : 처음압력
- P_2 : 나중압력
- V_1 : 처음부피
- V_2 : 나중부피

$$\frac{P_1V_1}{T_1} = \frac{P_2V_2}{T_2}$$

$$T_1P_2V_2 = T_2P_1V_1$$

$$V_2 = V_1 \times \frac{T_2P_1}{T_1P_2} = 1 \times \frac{(273+127)}{(273+27)} = 1.33(\text{m}^3)$$

실기까지 중요 ★★

34 지역시료 채취방법과 비교한 개인시료 채취방법의 장점으로 옳은 것은?

① 오염물질의 방출원을 찾아내기 쉽다
② 작업자에게 노출되는 정도를 알 수 있다
③ 어떤 장소의 고정된 위치에서 시료를 채취하기 때문에 경제적이다
④ 특정 공정의 계절별 농도변화, 농도분포의 변화, 공의 주기별 농도 변화를 알 수 있다.

*개인시료채취
① 개인시료 채취기를 이용하여 가스 · 증기, 흄, 미스트 등을 근로자 호흡위치(호흡기를 중심으로 반경 30cm인 반구)에서 채취하는 것을 말한다.
② 작업자에게 노출되는 정도를 알 수 있다.

필기에 자주 출제 ★

35 다음 중 실리카겔에 대한 친화력이 가장 큰 물질은?

① 파라핀계　② 에스테르류
③ 알데하이드류　④ 올레핀류

*실리카겔의 친화력(극성이 강한 순서)
물 〉 알코올류 〉 알데하이드류 〉 케톤류 〉 에스테르류 〉 방향족탄화수소류 〉 올레핀류 〉 파라핀류

암기법
실물 알콜 하드 KS 방탄 올핀 파핀

실기까지 중요 ★★

36 다음 중 기류측정과 가장 거리가 먼 것은?

① 풍차풍속계　② 열선풍속계
③ 카타온도계　④ 아스만통풍건습계

*공기의 유속(기류) 측정기기
① 피토관(pitot tube)
② 회전 날개형 풍속계 (rotating vane anemometer)
③ 그네 날개형 풍속계 (swining vane anemometer ; 벨로미터)
④ 열선 풍속계(thermal anemometer)
⑤ 카타온도계(kata thermometer)
⑥ 풍향 풍속계
⑦ 풍차 풍속계

필기에 자주 출제 ★

정답　33 ②　34 ②　35 ③　36 ④

37 다음은 작업장 소음 측정시간 및 횟수 기준에 관한 내용이다. (   )안에 내용으로 옳은 것은? (단, 고용노동부 고시를 기준으로 한다.)

> 단위작업장소에서 소음수준은 규정된 측정위치 및 지점에서 1일 작업시간 동안 6시간 이상 연속측정하거나 작업시간을 1시간 간격으로 나누어 6회 이상 측정하여야 한다. 다만, 소음의 발생특성이 연속음으로서 측정치가 변동이 없다고 자격자 또는 지정측정기관이 판단하는 경우에는 1시간 동안을 등간격으로 나누어 (   ) 측정할 수 있다.

① 2회 이상　② 3회 이상
③ 4회 이상　④ 5회 이상

*소음 측정시간

① 단위작업 장소에서 소음수준은 규정된 측정위치 및 지점에서 1일 작업시간 동안 6시간 이상 연속 측정하거나 작업시간을 1시간 간격으로 나누어 6회 이상 측정하여야 한다. 다만, 소음의 발생특성이 연속음으로서 측정치가 변동이 없다고 자격자 또는 지정측정기관이 판단한 경우에는 1시간 동안을 등간격으로 나누어 3회 이상 측정할 수 있다.

② 단위작업 장소에서의 소음발생시간이 6시간 이내인 경우나 소음발생원에서의 발생시간이 간헐적인 경우에는 발생시간동안 연속 측정하거나 등간격으로 나누어 4회 이상 측정하여야 한다.

실기에 자주 출제 ★★★

38 흡착제 중 다공성 중합체에 관한 설명으로 틀린 것은?

① 활성탄보다 비표면적이 작다.
② 특별한 물질에 대한 선택성이 좋다.
③ 활성탄보다 흡착용량이 크며 반응성도 높다.
④ Tenax GC 열안정성이 높아 열탈착에 의한 분석이 가능하다.

③ 활성탄보다 비표면적이 작고, 반응할 수 있는 표면적도 작아 활성탄에 비해 흡착용량이 작다.

필기에 자주 출제 ★

39 2N-HCl 용액 100ML를 이용하여 0.5N 용액을 조제하려할 때 희석에 필요한 증류수의 양은?

① 100ML　② 200ML
③ 300ML　④ 400ML

1. $\text{HCl 1N} = \frac{\text{용질의 당량수(분자량)}}{\text{용액의 L수}} = \frac{36g}{1L}$

(HCl의 분자량 = 1 + 35 = 36g)

$\text{HCl 2N} = \frac{2\times36g}{1L} = \frac{72g}{1L}$

∴ 2N HCl 용액 1L 속에는 HCl이 72g 들어있다.
2N HCl 용액 100mL(0.1L) 속에는 HCl이 7.2g 들어있다.

2. 0.5N로 희석한 용액의 부피

$0.5N = \frac{0.5\times36g}{1L} = \frac{18g}{1L} = \frac{7.2g}{xL}$

$18g : 1L = 7.2g : xL$

$18\times x = 1\times7.2$

$x = \frac{1\times7.2}{18} = 0.4L = 400mL$

→ 용액의 전체 부피가 400mL이므로 증류수의 부피는 전체부피에서 2N-HCl의 부피 100mL를 빼주면 된다.

→ 증류수의 부피 = 400 − 100 = 300mL

정답 37 ② 38 ③ 39 ③

★ 참고
노르말 농도(N)
용액 1L 속에 포함된 용질의 g당량수
당량수(eq)
1몰의 전자, 수소이온(H+), 수산화이온(OH-)과 반응하거나 이를 생성하는 물질의 양(분자량)
※ 출제비중이 낮은 문제입니다.

40 다음 중 1PPM과 같은 것은?

① 0.01%　② 0.001%
③ 0.0001%　④ 0.00001%

1% = 10,000ppm이므로
1% : 10,000ppm = x% : 1ppm
10,000x = 1
$x = \frac{1}{10,000} = 0.0001\%$

필기에 자주 출제★

제3과목 작업환경관리

41 작업장 소음에 대한 차음효과는 벽체의 단위 표면적에 대하여 벽체의 무게를 2배로 할 때마다 몇 dB씩 증가하는가?

① 3　② 6
③ 9　④ 12

벽체 단위 표면적에 대하여 벽체무게가 2배 될 때마다 차음효과는 6dB씩 증가한다.

필기에 자주 출제★

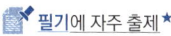

42 분진작업장의 작업환경 관리대책 중 분진발생 방지나 분진비산 억제대책으로 가장 적절한 것은?

① 작업의 강도를 경감시켜 작업자의 호흡량을 감소
② 작업자가 착용하는 방진마스크를 송기마스크로 교체
③ 광석 분쇄 · 연마 작업 시 물을 분사하면서 하는 방법으로 변경
④ 분진발생공정과 타공정을 교대로 근무하게 하여 노출시간 감소

분진발생 방지 및 분진비산 억제를 위하여 분진비산 작업에 물을 분사하면서 하는 방법(습식공법)을 채택한다.

필기에 자주 출제★

43 진동방지대책 중 발생원에 관한 대책으로 가장 옳은 것은?

① 거리감쇠를 크게 한다.
② 수진측에 탄성지지를 한다.
③ 수진점 근방에 방진구를 판다.
④ 기초중량을 부가 및 경감한다.

★ 진동방지 대책
① 발생원 대책
- 기초중량을 부가 및 경감한다.
- 진동원을 제거한다.
- 방진재를 이용하여 탄성지지한다.
② 전파경로 대책
- 거리감쇠를 크게 한다.
- 수진점 부근에 방진구를 설치하여 전파경로를 차단한다.
③ 수진측 대책
- 수진측에 탄성지지를 한다.
- 수진점의 기초중량을 부가 및 경감한다.
- 근로자 작업시간 단축 및 교대제를 실시한다.

필기에 자주 출제★

정답 40 ③ 41 ② 42 ③ 43 ④

44 폐에 깊숙이 들어갈 수 있는 먼지를 호흡성 섬유라 한다. 이 섬유의 길이와 길이 대 너비의 비로 가장 적절한 것은?

① 길이 1μm 이상, 길이 대 너비의 비 5 : 1
② 길이 3μm 이상, 길이 대 너비의 비 2 : 1
③ 길이 3μm 이상, 길이 대 너비의 비 5 : 1
④ 길이 5μm 이상, 길이 대 너비의 비 3 : 1

⋆호흡성 섬유
길이 5μm 이상, 길이 대 너비의 비 3 : 1

필기에 자주 출제 ★

45 다음 중 수은 작업장의 작업환경관리대책으로 가장 적합하지 못한 것은?

① 수은 주입과정을 자동화시킨다.
② 수거한 수은은 물과 함께 통에 보관한다.
③ 수은은 쉽게 증발하기 때문에 작업장의 온도를 80℃로 유지한다.
④ 독성이 적은 대체품을 연구한다

⋆수은중독의 예방대책
① 수은 주입과정을 밀폐공간 안에서 자동화한다.
② 작업장 내에서 음식물을 먹거나 흡연을 금지한다.
③ 작업장에 흘린 수은은 신체가 닿지 않는 방법으로 즉시 제거한다.
④ 독성이 적은 대체품을 연구한다.

46 상온, 상압에서 액체 또는 고체 물질이 증기압에 따라 휘발 또는 승화하여 기체로 되는 것은?

① 흄　　② 증기
③ 가스　　④ 미스트

⋆증기
상온, 상압에서 액체 또는 고체(임계온도가 25℃ 이상) 물질이 증기압에 따라 휘발 또는 승화하여 기체 상태로 된 것

필기에 자주 출제 ★

47 다음 중 투과력이 가장 강한 것은?

① X-선　　② 중성자
③ 감마선　　④ 알파선

1. 인체의 투과력 순서
중성자 〉X선 or γ 〉β 〉α
2. 전리작용(REB : 생물학적 효과) 순서
중성자 〉 α 〉β 〉X선 or γ

실기까지 중요 ★★

48 근로자가 귀덮개(NRR = 31)를 착용하고 있는 경우 미국 OSHA의 방법으로 계산한다면, 차음효과는 몇 dB인가?

① 5　　② 8
③ 10　　④ 12

$$차음효과 = (NRR - 7) \times 0.5$$
• *NRR* : 차음평가수

차음효과 = (31 − 7)×0.5 = 12(dB)

실기까지 중요 ★★

정답 44 ④ 45 ③ 46 ② 47 ② 48 ④

49 다음 중 채광에 관한 일반적인 설명으로 틀린 것은?

① 입사각은 28° 이하가 좋다.
② 실내 각점의 개각은 4 ~ 5°가 좋다.
③ 창의 면적은 바닥면적의 15 ~ 20%가 이상적이다.
④ 균일한 조명을 요하는 작업실은 동북 또는 북창이 좋다.

① 입사각은 28° 이상이 좋으며, 입사각이 클수록 실내는 밝다.

필기에 자주 출제★

50 다음 작업환경관리의 원칙 중 격리에 대한 내용과 가장 거리가 먼 것은?

① 도금조, 세척조, 분쇄기 등을 밀폐한다.
② 페인트 분무를 담그거나 전기 흡착식 방법으로 한다.
③ 소음이 발생하는 경우 방음과 흡음재를 보강한 상자로 밀폐한다.
④ 고압이나 고속회전이 필요한 기계인 경우 강력한 콘크리트 시설에 방호벽을 쌓고 원격조정한다.

② 페인트 분무를 담그거나 전기 흡착식 방법으로 한다. → 작업환경관리의 원칙 중 "대체"에 해당한다.

* 참고

저장물질의 격리	• 인화성이 강한 물질 등 저장 시 저장탱크 사이에 두랑을 파고 제방을 만들어 격리한다.
시설의 격리	• 방사능물질의 경우 원격조정, 자동화 감시체제로 변경한다. • 시끄러운 기계류에 방음커버 등을 씌워 격리한다.
공정의 격리	• 자동차의 도장 공정, 전기도금 공정을 타공정과 격리한다.
작업자의 격리	• 위생보호구를 착용한다.

필기에 자주 출제★

51 진동에 관한 설명으로 틀린 것은?

① 진동량은 변위, 속도, 가속도로 표현한다.
② 진동의 주파수는 그 주기현상을 가리키는 것으로 단위는 Hz이다.
③ 전신진동 노출 진동원은 주로 교통기관, 중장비차량, 큰 기계 등이다.
④ 전신진동인 경우에는 8 ~ 1,500Hz, 국소진동의 경우에는 2 ~ 100Hz의 것이 주로 문제가 된다.

* 인체에 영향을 주는 진동범위
① 전신진동 : 2 ~ 100Hz
② 국소진동 : 8 ~ 1,500Hz

필기에 자주 출제★

정답 49 ① 50 ② 51 ④

52 자외선은 살균작용, 각막염, 피부암 및 비타민 D 합성에 밀접한 관계가 있다. 이 자외선의 가장 대표적인 광선을 Dorno-Ray라 하는데 이 광선의 파장으로 가장 적절한 것은?

① 280 ~ 315 Å ② 390 ~ 515 Å
③ 2,800 ~ 3,150 Å ④ 3,900 ~ 5,700 Å

* 자외선의 종류

근자외선 (UV-A)	① 파장 : 315(300) ~ 400nm [3,150 ~ 4,000 Å] ② 피부의 색소침착
도르노선 (UV-B)	① 파장 : 280(290) ~ 315(320)nm [2,800 ~ 3,150 Å] ② 소독작용, 비타민 D형성 등 인체에 유익한 영향(건강선, 생명선) ③ 홍반 각막염, 피부암 유발
UV-C	① 파장 : 100 ~ 280nm [1,000 ~ 2,800 Å] ② 살균작용(살균효과가 있어 수술용 램프로 사용)

실기까지 중요 ★★

53 출력 0.1W의 점음원으로부터 100m 떨어진 곳의 SPL은? (단, $SPL = PWL - 20\log r - 11$)

① 약 50dB ② 약 60dB
③ 약 70dB ④ 약 80dB

1. $PWL = 10 \times \log\left(\frac{W}{W_o}\right)$(dB)
   - PWL : 음향파워레벨(dB)
   - W : 대상음원의 음력(watt)
   - W_o : 기준음력(10^{-12}watt)
2. 무지향성 점음원, 자유공간(공중, 구면파)에 위치할 때
   $SPL = PWL - 20\log r - 11$(dB)

1. $PWL = 10 \times \log\frac{0.1}{10^{-12}} = 110$(dB)
2. $SPL = PWL - 20\log r - 11$
   $= 110 - 20 \times \log 100 - 11 = 59$(dB)

실기에 자주 출제 ★★★

54 유해작업환경 개선 대책 중 대체에 해당되는 내용으로 옳지 않은 것은?

① 보온재로 유리섬유 대신 석면 사용
② 소음이 많이 발생하는 리벳팅 작업 대신 너트와 볼트작업으로 전환
③ 성냥제조 시 황린 대신 적린 사용
④ 작은 날개로 고속 회전시키는 송풍기를 큰 날개로 저속 회전시킴

① 단열재(보온재)로 석면을 사용하던 것을 유리섬유, 암면 또는 스트리폼 등을 사용한다.

필기에 자주 출제 ★

55 고기압 환경에서 발생할 수 있는 장해에 영향을 주는 화학물질과 가장 거리가 먼 것은?

① 산소 ② 질소
③ 아르곤 ④ 이산화탄소

* 고압환경의 2차적 가압현상
① 질소의 마취작용 : 공기 중의 질소 가스는 4기압 이상에서 마취작용을 일으킨다.
② 산소중독 증세 : 산소분압이 2기압을 넘으면 산소중독 증세가 나타난다.
③ 이산화탄소의 작용 : 이산화탄소의 증가는 산소의 독성과 질소의 마취작용을 촉진시킨다.

실기까지 중요 ★★

정답 52 ③ 53 ② 54 ① 55 ③

56 감압환경에서 감압에 따른 질소기포 형성량에 영향을 주는 요인과 가장 거리가 먼 것은?

① 감압속도
② 폐내 가스팽창
③ 조직에 용해된 가스량
④ 혈류를 변화시키는 상태

* 감압 시에 조직 내 질소기포 형성량에 영향을 주는 요인
① 조직에 용해된 가스량
② 혈류를 변화시키는 상태
③ 감압속도
④ 고기압의 노출정도

실기까지 중요 ★★

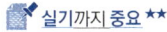

57 방진마스크의 종류가 아닌 것은?

① 특급 ② 0급
③ 1급 ④ 2급

* 방진마스크의 등급

등급	사용장소
특급	① 베릴륨등과 같이 독성이 강한 물질들을 함유한 분진 등 발생장소 ② 석면 취급장소
1급	① 특급마스크 착용장소를 제외한 분진 등 발생장소 ② 금속흄 등과 같이 열적으로 생기는 분진 등 발생장소 ③ 기계적으로 생기는 분진 등 발생장소(규소등과 같이 2급 방진마스크를 착용하여도 무방한 경우는 제외한다)
2급	① 특급 및 1급 마스크 착용장소를 제외한 분진 등 발생 장소
배기밸브가 없는 안면부여과식 마스크는 특급 및 1급 장소에 사용해서는 안 된다.	

실기까지 중요 ★★

58 방진마스크의 구비조건으로 틀린 것은?

① 흡기저항이 높을 것
② 배기저항이 낮을 것
③ 여과재 포집효율이 높을 것
④ 착용 시 시야 확보가 용이할 것

* 방진마스크의 선정조건(구비조건)
① 흡,배기 저항이 낮을 것(흡,배기 저항 상승률이 낮을 것)
② 포집효율이 높을 것
③ 시야가 확보될 것
④ 중량이 가벼울 것
⑤ 안면 밀착성이 좋을 것
⑥ 피부접촉부 고무질이 좋을 것

필기에 자주 출제 ★

59 다음 중 전리방사선이 아닌 것은?

① 알파선 ② 베타선
③ 중성자 ④ UV-선

* 전리방사선(이온화 방사선)의 종류
① 전자기 방사선(X-Ray, γ선)
② 입자 방사선(α, β입자, 중성자)

필기에 자주 출제 ★

정답 56 ② 57 ② 58 ① 59 ④

60 다음 중 대상먼지와 같은 침강속도를 가지며 밀도가 1인 가상적인 구형 입자상물질의 직경은?

① 마틴직경
② 등면적직경
③ 공기역학적직경
④ 공기기하학적직경

* 기하학적(물리적) 직경

마틴직경 (martin diameter)	① 입자의 면적을 2등분하는 선의 길이로 나타내는 직경 ② 과소 평가될 수 있다.
페렛직경 (feret diameter)	① 입자의 가장자리를 이등분한 직경(먼지의 한쪽 끝 가장자리에서 다른 쪽 끝 가장자리 까지의 거리로 나타내는 직경) ② 과대 평가될 가능성이 있다.
등면적직경 (projected area diameter)	① 입자의 면적과 동일한 면적을 가진 원의 직경으로 환산한 직경 ② 가장 정확한 직경이다.

암기법

기하학적 이(2등분) 마, 페가(가장자리), 등면적 동원(동일한 면적의 원)

실기에 자주 출제★★★

제4과목 산업환기

61 직경이 3㎛이고, 비중이 6.6인 흄(FUME)의 침강속도는 약 몇 cm/s인가?

① 0.01　② 0.12
③ 0.18　④ 0.26

* Lippman식에 의한 침강속도
(입자크기가 1 ~ 50㎛ 경우 적용)

$$V(\text{cm/sec}) = 0.003 \times \rho \times d^2$$

- V : 침강속도(cm/sec)
- ρ : 입자 밀도(비중)(g/cm³)
- d : 입자직경(㎛)

$V = 0.003\rho d^2 = 0.003 \times 6.6 \times 3^3 = 0.18$(cm/sec)

실기까지 중요★★

62 21℃, 1기압에서 벤젠 1.5L가 증발할 때, 발생하는 증기의 용량은 약 몇 L인가? (단, 벤젠의 분자량은 78.11, 비중은 0.879이다.)

① 305.1　② 406.8
③ 457.7　④ 542.2

$$\text{부피(L)} = \frac{(1{,}500 \times 0.879)\text{g} \times 24.1\text{L}}{78.11\text{g}} = 406.81\text{L}$$

[L × 비중 = kg,
∴ 1.5L × 0.879 = (1.5 × 0.879)kg
= (1,500g × 0.879)g]

63 다음 설명 중 (　)안의 내용으로 올바르게 나열한 것은?

> 공기속도는 송풍기로 공기를 불 때 덕트 직경의 30배 거리에서 (㉠)로 감소하나 공기를 흡인할 때는 기류의 방향과 관계없이 덕트 직경과 같은 거리에서 (㉡)로 감소한다.

① ㉠ 1/10, ㉡ 1/10
② ㉠ 1/10, ㉡ 1/30
③ ㉠ 1/30, ㉡ 1/30
④ ㉠ 1/30, ㉡ 1/10

정답 60 ③ 61 ③ 62 ② 63 ①

송풍기로 공기를 불어줄 때, 공기속도가 덕트 직경의 30배(30D) 지점에서 유속이 10%로 감소하나, 공기를 흡인할 때는 기류의 방향과 관계없이 덕트 직경과 같은 거리에서 10%로 감소한다.

실기까지 중요 ★★

64 작업환경 개선을 위한 전체 환기시설의 설치조건으로 적절하지 않는 것은?

① 유해물질 발생량이 많아야 한다.
② 유해물질 발생량이 비교적 균일해야 한다.
③ 독성이 낮은 유해물질을 사용하는 장소여야 한다.
④ 공기 중 유해물질의 농도가 허용농도 이하여야 한다.

국소환기 장치 설치가 필요한 경우	① 유해물질 발생량이 많은 경우 ② 유해물질 독성이 강한 경우(TLV가 낮을 때) ③ 유해물질 발생원과 작업위치가 근접해 있는 경우 ④ 높은 증기압의 유기용제 ⑤ 발생주기가 균일하지 않은 경우 ⑥ 발생원이 고정되어 있는 경우 ⑦ 법적의무 설치사항의 경우
전체환기 (희석환기)가 필요한 경우	① 유해물질의 독성이 비교적 낮은 경우 ② 동일한 작업장에 다수의 오염원이 분산되어 있는 경우 ③ 유해물질이 시간에 따라 균일하게 발생될 경우 ④ 유해물질의 발생량이 적은 경우 ⑤ 발생원이 이동하는 경우 ⑥ 오염원이 근무자가 근무하는 장소로부터 멀리 떨어져 있는 경우

실기까지 중요 ★★

65 화재 · 폭발방지를 위한 전체환기량 계산에 관한 설명으로 틀린 것은?

① 화재 · 폭발 농도 하한치를 활용한다.
② 온도에 따른 보정계수는 120℃ 이상의 온도에서는 0.3을 적용한다.
③ 공정의 온도가 높으면 실제 필요환기량은 표준환기량에 대해서 절대온도에 따라 재계산한다.
④ 안전계수가 4라는 의미는 화재 · 폭발이 일어날 수 있는 농도에 대해 25% 이하로 낮춘다는 의미이다.

② 온도에 따른 보정계수는 120℃ 미만에서는 1.0, 120℃ 이상에서는 0.7을 적용한다.

★참고

폭발방지 위한 환기량

$$Q = \frac{24.1 \times \text{kg/h} \times C \times 10^2}{MW \times LEL \times B} (\text{m}^3/\text{hr})$$

$$\div 60 = (\text{m}^3/\text{min})$$

- C : 안전계수(LEL의 25%로 유지할 경우 $C = 4$)
- MW : 물질의 분자량
- LEL : 폭발농도 하한치(%)
- B : 온도에 따른 보정상수(120℃ 미만 $B = 1.0$, 120℃ 이상 $B = 0.7$)
- kg/hr : 시간당 오염물질 발생량(l/hr×S(비중))

필기에 자주 출제 ★

정답 64 ① 65 ②

66 송풍기의 효율이 0.6이고, 송풍기의 유효전압이 $60mmH_2O$일 때, $30m^3/min$의 공기를 송풍하는데 필요한 동력(KW)은 약 얼마인가?

① 0.1 ② 0.3
③ 0.5 ④ 0.7

$$HP(\text{kW}) = \frac{Q \times P}{6{,}120 \times \eta} \times K$$

- Q : 송풍량(m^3/min)
- P : 유효전압(풍압)(mmH_2O)
- η : 송풍기효율
- K : 안전여유

$$HP(\text{kW}) = \frac{30 \times 60}{6{,}120 \times 0.6} = 0.49(\text{kW})$$

실기에 자주 출제★★★

67 국소배기장치가 효과적인 기능을 발휘하기 위해서는 후드를 통해 배출되는 것과 같은 양의 공기가 외부로부터 보충되어야 한다. 이것을 무엇이라 하는가?

① 테이크 오프(take off)
② 충만실(plenum chamber)
③ 메이크업 에어(make up air)
④ 인 앤 아웃 에어(in &out air)

국소배기장치가 효과적인 기능을 발휘하기 위해서는 후드를 통해 배출되는 것과 같은 양의 공기가 외부로부터 보충되어야 한다. 이것을 공기공급 시스템(make-up air)라고 한다.

실기까지 중요★★

68 국소배기장치의 덕트를 설계하여 설치하고자 한다. 덕트는 직경 200mm의 직관 및 곡관을 사용하도록 하였다. 이 때 마찰손실을 감소시키기 위하여 곡관부위의 새우등 곡관은 최소 몇 개 이상이 가장 적당한가?

① 2개 ② 3개
③ 4개 ④ 5개

⋆ 덕트의 접속
① 접속부의 내면은 돌기물이 없도록 할 것
② 곡관(Elbow)은 5개 이상의 새우등 곡관으로 연결하거나, 곡관의 중심선 곡률 반경이 덕트 지름의 2.5 배 내외가 되도록 할 것
③ 주덕트와 가지덕트의 접속은 30° 이내가 되도록 할 것
④ 확대 또는 축소되는 덕트의 관은 경사각을 15° 이하로 하거나, 확대 또는 축소 전후의 덕트 지름 차이가 5배 이상 되도록 할 것
⑤ 접속부는 덕트 소용돌이(Vortex)기류가 발생하지 않는 구조로 할 것
⑥ 가지덕트가 2개 이상인 경우 주덕트와의 접속은 각각 적절한 방향과 간격을 두고 접속하여 저항이 최소화되는 구조로 하고, 2개 이상의 가지덕트를 확대관 또는 축소관의 동일한 부위에 접속하지 않도록 할 것

실기까지 중요★★

69 전기집진장치에 관한 설명으로 틀린 것은?

① 운전 및 유지비가 저렴하다.
② 넓은 범위의 입경과 분진농도에 집진효율이 높다.
③ 기체상의 오염물질을 포집하는데 매우 유리하다.
④ 초기 설치비가 많이 들고, 넓은 설치공간이 요구된다.

③ 분진포집에 적용되며 가스상의 오염물질(기체상의 오염물질) 처리는 곤란하다.

필기에 자주 출제★

정답 66 ③ 67 ③ 68 ④ 69 ③

70 반경비가 2.0인 90° 원형곡관의 속도압은 20 mmH_2O 이고, 압력손실계수가 0.27이다. 이 곡관의 곡관각을 65° 로 변경하면, 압력손실은 얼마인가?

① $3.0mmH_2O$ ② $3.9mmH_2O$
③ $4.2mmH_2O$ ④ $5.4mmH_2O$

* 곡관의 압력손실

압력손실($\triangle P$) $= \left(\xi \times \frac{\theta}{90°}\right) \times VP(mmH_2O)$

- ξ : 압력손실계수
- θ : 곡관의 각도
- VP : 속도압(동압)(mmH_2O)

$\triangle P = \left(0.27 \times \frac{65°}{90°}\right) \times 20 = 3.9(mmH_2O)$

실기까지 중요 ★★

71 국소환기 시설의 일반적인 배열순서로 가장 적합한 것은?

① 덕트 - 후드 - 송풍기 - 공기정화기
② 후드 - 송풍기 - 공기정화기 - 덕트
③ 덕트 - 송풍기 - 공기정화기 - 후드
④ 후드 - 덕트 - 공기정화기 - 송풍기

* 국소배기시설의 구성
후드 → 덕트 → 공기정화기 → 송풍기 → 배출구

암기법

후덕한 공기를 송풍해서 배출

실기까지 중요 ★★

72 가스, 증기, 흄 및 극히 가벼운 물질의 반송속도(m/s)로 가장 적합한 것은?

① 5 ~ 10 ② 15 ~ 10
③ 223 ④ 23 이상

유해물질 발생형태	유해 물질 종류	반송속도 (m/sec)
증기 · 가스 · 연기	모든 증기, 가스 및 연기	5.0 ~ 10.0
흄	아연흄, 산화알미늄 흄, 용접흄 등	10.0 ~ 12.5
미세하고 가벼운 분진	미세한 면분진, 미세한 목분진, 종이분진 등	12.5 ~ 15.0
건조한 분진이나 분말	고무분진, 면분진, 가죽분진, 동물털 분진 등	15.0 ~ 20.0
일반 산업분진	그라인더 분진, 일반적인 금속분말 분진, 모직물분진, 실리카분진, 주물분진, 석면분진 등	17.5 ~ 20.0
무거운 분진	젖은 톱밥분진, 입자가 혼입된 금속분진, 샌드블라스트분진, 주철보링분진, 납분진	20.0 ~ 22.5
무겁고 습한 분진	습한 시멘트분진, 작은 칩이 혼입된 납분진, 석면덩어리 등	22.5 이상

실기까지 중요 ★★

정답 70 ② 71 ④ 72 ①

73 필요송풍량을 Q(m³/min), 후드의 단면적을 a(m²), 후드면과 대상물질 사이의 거리를 X(m) 그리고 제어속도를 Vc(m/s)라 했을 때, 관계식으로 맞는 것은? (단, 형식은 외부식이다.)

① $Q=\dfrac{60\times Vc\times X}{a}$

② $Q=\dfrac{60\times Vc\times a}{X}$

③ $Q=60\times X\times a\times Vc$

④ $Q=60\times Vc\times(10X^2+a)$

* 외부식 후드(자유공간, 플랜지 미 부착)

$Q=60\cdot Vc(10X^2+A)$: Dalla valle식

- Q : 필요송풍량(m³/min)
- Vc : 제어속도(m/sec)
- A : 개구면적(m²)
- X : 후드중심선으로부터 발생원까지의 거리(m) (오염원과 후드간 거리가 덕트 직경의 1.5배 이내일 때만 유효)

실기까지 중요 ★★

74 표준상태에서 동압(P_v)이 4mmH₂O라면, 관내 유속은? (단, 공기의 밀도량 1.21kg/S · m³이다.)

① 5.1m/sec ② 5.3m/sec
③ 5.5m/sec ④ 8.0m/sec

속도압(VP) $=\dfrac{\gamma\times V^2}{2g}$(mmH₂O)

- r : 비중(kg/m³)
- V : 공기속도(m/sec)
- g : 중력가속도(m/sec²)

$$VP=\frac{\gamma\times V^2}{2g}$$

$$\gamma\times V^2=VP\times 2g$$

$$V^2=\frac{VP\times 2g}{\gamma}$$

$$V=\sqrt{\frac{VP\times 2g}{\gamma}}=\sqrt{\frac{4\times 2\times 9.8}{1.21}}=8.05(\text{m/sec})$$

실기까지 중요 ★★

75 외부식 포집형 후드에 플랜지를 부착하면 부착하지 않은 것보다 약 몇 %정도의 필요송풍량을 줄일 수 있는가?

① 10% ② 25%
③ 50% ④ 75%

후드에 플랜지를 부착할 경우 필요송풍량의 25%를 감소시킬 수 있다.

실기까지 중요 ★★

76 다음의 내용과 가장 관련 있는 것은?

> 입자상 물질, 즉, 분진 미스트 또는 흄을 함유한 공기를 수평덕트에서 이송시킬 때 침강에 의해 덕트 하부에 퇴적되지 않게 하여야 하는 최소한의 유지조건

① 반송속도 ② 덕트 내 정압
③ 공기 팽창률 ④ 오염물질 제거율

* 반송속도

덕트를 통하여 이동하는 유해물질이 덕트 내에서 퇴적이 일어나지 않는 상태로 이동시키기 위하여 필요한 최소 속도를 말한다.(오염물질을 운반하는 속도)

실기까지 중요 ★★

정답 73 ④ 74 ④ 75 ② 76 ①

77 송풍기에 관한 설명으로 맞는 것은?

① 프로펠러 송풍기는 구조가 가장 간단하지만, 많은 양의 공기를 이송시키기 위해서는 그 만큼의 많은 비용이 소요된다.
② 저농도 분진함유공기나 금속성이 많이 함유된 공기를 이송시키는데 많이 이용되는 송풍기는 방사 날개형 송풍기(평판형 송풍기)이다.
③ 동일 송풍량을 발생시키기 위한 전향 날개형 송풍기의 임펠러 회전속도는 상대적으로 낮기 때문에 소음문제가 거의 발생하지 않는다.
④ 후향 날개형 송풍기는 회전날개가 회전방향 반대편으로 경사지게 설계되어 있어 충분한 압력을 발생시킬 수 있고, 전향 날개형 송풍기에 비해 효율이 떨어진다.

① 프로펠러 송풍기는 가볍고, 구조가 가장 간단하고, 설치비용이 저렴하다.
② 방사 날개형 송풍기(평판형 송풍기)는 시멘트, 미분탄, 곡물, 모래 등의 고농도 분진함유 공기, 부식성이 강한 공기를 이송시키는 데 많이 이용된다.
④ 후향 날개형 송풍기(터보형)는 회전날개가 회전방향 반대편으로 경사지게 설계되어 있어 충분한 압력을 발생시킬 수 있고, 송풍기 중 효율이 가장 좋다.

필기에 자주 출제 ★

78 유입계수가 0.6인 플랜지 부착 원형후드가 있다. 덕트의 직경은 10cm이고, 필요환기량이 $20m^3/min$라고 할 때, 후드정압(SP_h)은 약 몇 mmH_2O인가? (단, 공기밀도 $1.2kg/m^3$ 기준)

① -448.2　　② -306.4
③ -236.4　　④ -110.2

1. 후드정압$(SP_h) = VP(1+F_h)(mmH_2O)$
   - VP : 속도압(동압)(mmH_2O)
   - F_h : 압력손실계수$(=\frac{1}{Ce^2}-1)$
   - Ce : 유입계수
2. 동압$(VP) = \frac{\gamma \times V^2}{2g}(mmH_2O)$
3. $Q = A \times V$
   - Q : 유체의 유량(m^3/min)
   - A : 유체가 통과하는 단면적(m^2)
   - V : 유체의 유속(m/sec)

$$SP_h = VP(1+F_h) = \frac{\gamma V^2}{2g} \times (1 + \frac{1}{Ce^2} - 1)$$
$$= \frac{1.2 \times 42.44^2}{2 \times 9.8} \times \left[1 + (\frac{1}{0.6^2} - 1)\right]$$
$$= 306.32(mmH_2O)$$

정압$(SP_h) = -306.32(mmH_2O)$

$Q = AV$
$$V = \frac{Q}{A} = \frac{Q}{\frac{\pi \times d^2}{4}} = \frac{20}{\frac{\pi \times 0.1^2}{4}}$$
$= 2,546.48(m/min) \div 60$
$= 42.44(m/sec)$

★ 참고
정압 < 대기압($760mmH_2O$)이면 (-)압력,
정압 > 대기압이면 (+)압력이 된다.

실기까지 중요 ★★

정답 77 ③ 78 ②

79 공기정화장치 입구 및 출구의 정압이 동시에 감소되는 경우의 원인으로 맞는 것은?

① 송풍기의 능력 저하
② 분지관과 후드 사이의 분진 퇴적
③ 주관과 분지관 사이의 분진 퇴적
④ 공기정화장치 앞쪽 주관의 분진 퇴적

공기정화장치 입구 및 출구의 정압이 동시에 감소되는 경우의 원인 → 송풍기의 능력 저하

필기에 자주 출제 ★

80 후드직경(F_3), 열원과 후드까지의 거리(H), 열원의 폭(E)간의 관계를 가장 적절히 나타낸 식은? (단, 레시바식 캐노피 후드 기준이다.)

① $F_3 = E + 0.3H$ ② $F_3 = E + 0.5H$
③ $F_3 = E + 0.6H$ ④ $F_3 = E + 0.8H$

$$F_3 = E + 0.8H$$
$$\frac{H}{E} = 0.7$$

- F_3 : 후드직경
- E : 열원의 직경(사각형은 단변)
- H : 후드높이

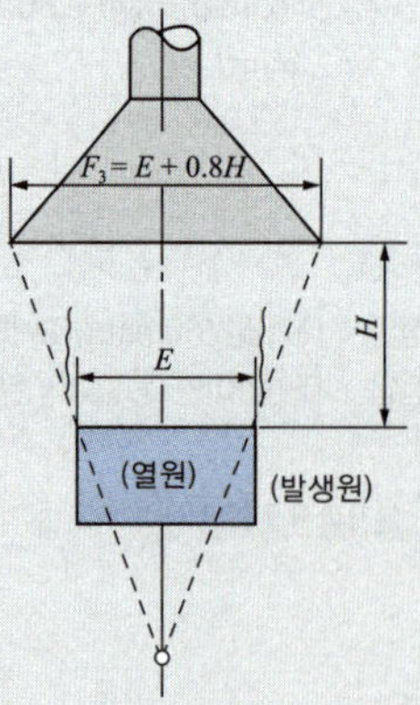

실기까지 중요 ★★

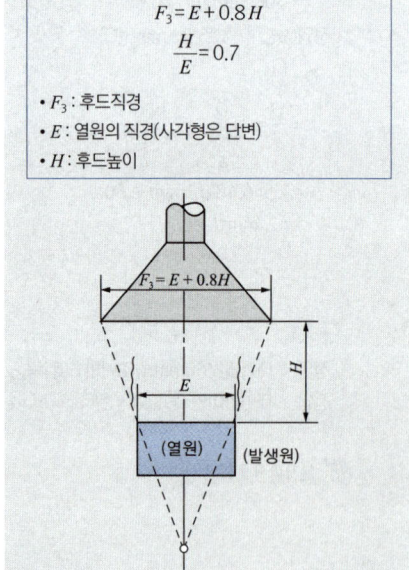

정답 79 ① 80 ④

2018년 8월 19일

3회 과년도기출문제

제1과목 산업위생학 개론

01 직업병의 예방대책에 관한 설명으로 가장 거리가 먼 것은?

① 유해요인을 적절하게 관리하여야 한다.
② 유해요인에 노출되고 있는 모든 근로자를 보호하여야 한다.
③ 건강장해에 대한 보건교육을 해당 근로자에게만 실시한다.
④ 근로자들이 업무를 수행하는데 불편함이나 스트레스가 없도록 하여야 하며, 새로운 유해요인이 발생되지 않아야 한다.

> ③ 기업주 및 근로자를 대상으로 건강장해에 대한 안전보건교육을 실시한다.

02 유해물질의 허용농도의 종류 중 근로자가 1일 작업시간 동안 잠시라도 노출되어서는 아니 되는 기준을 나타내는 것은?

① PEL　② TLV-TWA
③ TLV-C　④ TLV-STEL]

> ＊노출기준의 종류 및 정의
> ① 시간가중평균노출기준(TWA)
> • 1일 8시간 작업을 기준으로 하여 유해인자의 측정치에 발생시간을 곱하여 8시간으로 나눈 값
> • 1일 8시간 및 1주일 40시간 동안의 평균 농도로서, 모든 근로자가 나쁜 영향을 받지 않고 노출될 수 있는 농도이다.
> ② 단시간노출기준(STEL)
> • 15분간의 시간가중평균노출 값(근로자가 1회에 15분간 유해인자에 노출되는 경우의 기준)
> ③ 최고노출기준(C)
> • 근로자가 1일 작업시간동안 잠시라도 노출되어서는 아니 되는 기준

실기까지 중요 ★★

03 미국산업위생학술원에서 채택한 산업위생전문가 윤리강령의 내용과 거리가 먼 것은?

① 기업체의 비밀은 누설하지 않는다.
② 사업주와 일반 대중의 건강 보호가 1차적 책임이다.
③ 위험요소와 예방조치에 관하여 근로자와 상담한다.
④ 전문적 판단이 타협에 의해서 좌우될 수 있으나 이해관계가 있는 상황에서는 개입하지 않는다.

> ② 근로자의 건강보호가 산업위생전문가의 1차적 책임이라는 것을 인지한다. → 근로자에 대한 책임

실기에 자주 출제 ★★★

정답 01 ③ 02 ③ 03 ②

04 작업 자세는 에너지 소비량에 영향을 미친다. 바람직한 작업자세가 아닌 것은?

① 정적 작업을 피한다.
② 불안정한 자세를 피한다.
③ 작업물체와 몸과의 거리를 약 30cm 유지토록 한다.
④ 원활한 혈액의 순환을 위해 작업에 사용하는 신체부위를 심장높이보다 아래에 두도록 한다.

④ 원활한 혈액의 순환을 위해 작업에 사용하는 신체부위를 심장높이보다 약간 높게 한다.

05 야간교대 근무자의 건강관리 대책 상 필요한 조건 중 관계가 가장 작은 것은?

① 난방, 조명 등 환경조건을 갖출 것
② 작업량이 과중하지 않도록 할 것
③ 야근작업에 부적합한 자를 가려내는 검진을 할 것
④ 육체적으로나 정신적으로 생체의 부담도가 심하게 나타나는 순으로 저녁 근무, 밤 근무, 낮 근무 순서로 할 것

④ 교대방식은 낮 근무, 저녁 근무, 밤 근무 순으로 한다.(정교대가 좋다)

필기에 자주 출제 ★

06 재해율을 산정할 때 근로자가 사망한 경우의 근로손실 일수는 얼마로 하는가? (단, 국제노동기구의 기준에 따른다.)

① 3000일　② 4000일
③ 5500일　④ 7500일

신체장해등급	사망, 1,2,3급	4급	5급	6급
손실일수	7,500일	5,500일	4,000일	3,000일
신체장해등급	7급	8급	9급	10급
손실일수	2,200일	1,500일	1,000일	600일
신체장해등급	11급	12급	13급	14급
손실일수	400일	200일	100일	50일

실기까지 중요 ★★

07 Shimonson이 말하는 산업피로 현상이 아닌 것은?

① 활동자원의 소모
② 조절기능의 장해
③ 중간대사물질의 소모
④ 체내의 물리화학적 변화

* Shimonson의 산업피로현상
① 중간대사물질의 축적
② 활동자원의 소모
③ 체내의 물리화학적 변화
④ 조절기능의 장해

필기에 자주 출제 ★

정답 04 ④ 05 ④ 06 ④ 07 ③

08 우리나라 산업위생의 역사에 있어서 1981년에 일어난 일과 가장 관계가 깊은 것은?

① ILO 가입
② 근로기준법 제정
③ 산업안전보건법 공포
④ 한국산업위생학회 창립

① ILO 가입 - 1991년
② 근로기준법 제정 - 1953년
③ 한국산업위생학회 창립 - 1990년

필기에 자주 출제 ★

09 피로한 근육에서 측정된 근전도(EMG)의 특징으로 맞는 것은?

① 저주파수(0 ~ 40Hz) 힘의 증가, 총전압의 감소
② 고주파수(40 ~ 200Hz) 힘의 감소, 총전압의 증가
③ 저주파수(0 ~ 40Hz) 힘의 감소, 평균주파수의 증가
④ 고주파수(40 ~ 200Hz) 힘의 증가, 평균주파수의 증가

* 국소피로의 평가(피로한 근육에서 측정된 현상)
① 저주파수(0 ~ 40Hz)에서 힘의 증가
② 고주파수(40 ~ 200Hz)에서 힘의 감소
③ 평균주파수의 감소
④ 총 전압의 증가

실기까지 중요 ★★

10 실내공기질관리법령상 다중이용시설에 적용되는 실내공기질 권고기준 대상 항목이 아닌 것은?

① 석면
② 라돈
③ 이산화질소
④ 총휘발성유기화합물

* 실내공기질관리법령상 다중이용시설 실내공기질 권고기준

오염물질 항목 / 다중이용시설	이산화질소 (ppm)	라돈 (Bq/m³)	총휘발성유기화합물 (㎍/m³)	곰팡이 (CFU/m³)
가. 지하역사, 지하도상가, 철도역사의 대합실, 여객자동차터미널의 대합실, 항만시설 중 대합실, 공항시설 중 여객터미널, 도서관 · 박물관 및 미술관, 대규모점포, 장례식장, 영화상영관, 학원, 전시시설, 인터넷컴퓨터게임시설제공업의 영업시설, 목욕장업의 영업시설	0.1 이하	148 이하	500 이하	-
나. 의료기관, 어린이집, 노인요양시설, 산후조리원	0.05 이하		400 이하	500 이하
다. 실내주차장	0.30 이하		1,000 이하	-

정답 08 ③ 09 ② 10 ①

11 태양광선이 없는 옥내 작업장의 WBGT(℃)를 나타내는 공식은 무엇인가? (단, NWB는 자연습구온도, DT는 건구온도, GT는 흑구온도이다.)

① WGBT = 0.7NWB + 0.3GT
② WGBT = 0.7NWB + 0.3DT
③ WGBT = 0.7NWB + 0.2GT + 0.1DT
④ WGBT = 0.7NWB + 0.2DT + 0.1GT

* 습구흑구온도지수(WBGT)의 산출

1. 옥외(태양광선이 내리쬐는 장소)
WBGT(℃) = 0.7 × 자연습구온도 + 0.2 × 흑구온도 + 0.1 × 건구온도
2. 옥내 또는 옥외(태양광선이 내리쬐지 않는 장소)
WBGT(℃) = 0.7 × 자연습구온도 + 0.3 × 흑구온도

실기에 자주 출제 ★★★

12 산업위생에 대한 일반적인 사항의 설명 중 틀린 것은?

① 유독물질 발생으로 인한 중독증을 관리하는 것으로 제조업 근로자가 주 대상이다.
② 작업환경 요인과 스트레스에 대해 예측, 인식, 평가, 관리하는 과학과 기술이다.
③ 사업장의 노출정도에 따라 사업장에서 발생하는 유해인자에 대해 적절한 관리와 대책을 제시한다.
④ 산업위생전문가는 전문가로서의 책임, 근로자에 대한 책임, 기업주와 고객에 대한 책임, 일반 대중에 대한 책임 등의 윤리강령을 준수할 필요가 있다.

① 모든 직업에 종사하는 근로자의 직업병 예방 및 건강보호가 대상이 된다.

필기에 자주 출제 ★

13 작업환경측정 및 지정측정기관평가 등에 관한 고시에 있어 시료채취 근로자 수는 단위 작업장소에서 최고 노출근로자 몇 명 이상에 대하여 동시에 측정하도록 되어 있는가?

① 2명 ② 3명
③ 5명 ④ 10명

단위작업 장소에서 최고 노출근로자 2명 이상에 대하여 동시에 개인 시료채취 방법으로 측정하되, 단위작업 장소에 근로자가 1명인 경우에는 그러하지 아니하며, 동일 작업근로자수가 10명을 초과하는 경우에는 매 5명당 1명 이상 추가하여 측정하여야 한다. 다만, 동일 작업근로자수가 100명을 초과하는 경우에는 최대 시료채취 근로자수를 20명으로 조정할 수 있다.

실기에 자주 출제 ★★★

14 인체의 구조에서 앉을 때, 서 있을 때, 물체를 들어 올릴 때 및 뛸 때 발생하는 압력이 가장 많이 흡수되는 척추의 디스크는?

① L_5/S_1 ② L_3/S_2
③ L_2/S_1 ④ L_1/S_5

앉을 때, 서 있을 때, 물체를 들어 올릴 때, 뛸 때 발생하는 압력은 5번째 요추와 천골사이에 있는 디스크(L_5/S_1)에 대부분 흡수된다.

필기에 자주 출제 ★

정답 11 ① 12 ① 13 ① 14 ①

15 인간공학적 방법에 의한 작업장 설계 시 정상작업영역의 범위로 가장 적절한 것은?

① 물건을 잡을 수 있는 최대 영역
② 팔과 다리를 뻗어 파악할 수 있는 영역
③ 상완과 전완을 곧게 뻗어서 파악할 수 있는 영역
④ 상완을 자연스럽게 수직으로 늘어뜨린 상태에서 전완을 뻗어 파악할 수 있는 영역

⋆ 정상 작업역
① 상완을 자연스럽게 늘어뜨린 채 전완만으로 뻗어 파악 할 수 있는 구역(팔을 가볍게 몸체에 붙이고 팔꿈치를 구부린 상태에서 자유롭게 손이 닿는 영역)
② 움직이지 않고 전박(前膊)과 손으로 조작할 수 있는 범위

⋆ 참고
최대 작업역
① 전완과 상완을 곧게 펴서 파악할 수 있는 구역(양팔을 곧게 폈을 때 도달할 수 있는 최대영역)
② 움직이지 않고 상지(上肢)를 뻗쳐서 닿는 범위

실기까지 중요 ★★

16 산업안전보건법상 제조업에서 상시 근로자가 몇 명 이상인 경우 보건관리자를 선임하여야 하는가?

① 5명 ② 50명
③ 100명 ④ 300명

광업, 1차 금속 제조업 등 유해요인이 상존하는 제조업	① 상시 근로자 50명 이상 500명 미만 : 1명 이상 ② 상시 근로자 500명 이상 2,000명 미만 : 2명 이상 ③ 상시 근로자 2,000명 이상 : 2명 이상 (의사, 간호사 중 1명)
그 밖의 제조업	① 상시 근로자 50명 이상 1,000명 미만 : 1명 이상 ② 상시 근로자 1,000명 이상 3,000명 미만 : 2명 이상 ③ 상시 근로자 3,000명 이상 : 2명 이상 (의사, 간호사 중 1명)
농업, 임업 및 어업 도매 및 소매업, 공공행정 등 (제조업 외)	① 상시 근로자 50명 이상 5,000명 미만 : 1명 이상(사진처리업의 경우 상시 근로자 100명 이상 5,000명 미만 1명) ② 상시 근로자 5,000명 이상 : 2명 이상 (의사 1명 이상 포함)
건설업	공사금액 800억원 이상(토목공사업 1천억 이상) 또는 상시 근로자 600명 이상 : 1명 이상[공사금액 800억원(토목공사는 1,000억원)을 기준으로 1,400억원이 증가할 때마다 또는 상시 근로자 600명을 기준으로 600명이 추가될 때마다 1명씩 추가]

실기까지 중요 ★★

정답 15 ④ 16 ②

17 산업안전보건법령상 최근 1년간 작업공정에서 공정 설비의 변경, 작업방법의 변경, 설비의 이전, 사용 화학 물질의 변경 등으로 작업환경측정 결과에 영향을 주는 변화가 없는 경우로 해당 유해인자에 대한 작업환경 측정을 1년에 1회 이상으로 할 수 있는 경우는?

① 작업장 또는 작업공정이 신규로 가동되는 경우
② 작업공정 내 소음의 작업환경측정 결과가 최근 2회 연속 90데시벨(dB) 미만인 경우
③ 작업환경측정 대상 유해인자에 해당하는 화학적 인자의 측정치가 노출기준을 초과하는 경우
④ 작업공정 내 소음 외의 다른 모든 인자의 작업환경측정 결과가 최근 2회 연속 노출기준 미만인 경우

* 1년 1회 이상 작업환경측정을 할 수 있는 경우
① 작업공정 내 소음의 작업환경측정 결과가 최근 2회 연속 85데시벨(dB) 미만인 경우
② 작업공정 내 소음 외의 다른 모든 인자의 작업환경측정 결과가 최근 2회 연속 노출기준 미만인 경우

실기까지 중요 ★★

18 국소피로와 관련한 작업강도와 적정 작업시간의 관계를 설명한 것 중 틀린 것은?

① 힘의 단위는 kp(kilo pound)로 표시한다.
② 적정 작업시간은 작업강도와 대수적으로 비례한다.
③ 1kp(kilo pound)는 2.2pounds의 중력에 해당한다.
④ 작업강도가 10% 미만인 경우 국소피로는 오지 않는다.

② 작업강도가 강할수록 작업시간은 감소(반비례)되어야 한다.

필기에 자주 출제 ★

19 근골격계 질환을 예방하기 위한 조치로 적절한 것은?

① 손잡이에 완충물질을 사용하지 않는다.
② 작업의 방법이나 위치를 변화시키지 않는다.
③ 임팩트 렌치나 천공 해머를 사용하지 않는다.
④ 가능한 파워 그립보단 펀치 그립을 사용할 수 있도록 설계한다.

* 근골격계질환의 예방
① 손잡이에 완충물질을 사용한다.
② 작업의 방법이나 위치를 변화시키며 작업한다.
③ 임팩트 렌치나 천공 해머 등 진동공구는 장시간 사용하지 않는다.
④ 가능한 펀치 그립보단 파워 그립을 사용할 수 있도록 설계한다.(손잡이를 힘 있게 잡을 수 있도록 설계)

20 생리학적 적성검사 항목이 아닌 것은?

① 체력검사　② 지각동작검사
③ 감각지능검사　④ 심폐기능검사

생리학적 적성검사	심리학적 적성검사
① 감각기능검사 ② 심폐기능검사 ③ 체력검사	① 지능검사 ② 지각동작검사 ③ 인성검사 ④ 기능검사

필기에 자주 출제 ★

정답 17 ④ 18 ② 19 ③ 20 ②

제2과목 작업환경측정 및 평가

21 개인시료채취기를 사용할 때 적용되는 근로자의 호흡위치로 옳은 것은? (단, 고용노동부 고시를 기준으로 한다.)

① 호흡기를 중심으로 직경 30cm인 반구
② 호흡기를 중심으로 반경 30cm인 반구
③ 호흡기를 중심으로 직경 45cm인 반구
④ 호흡기를 중심으로 반경 45cm인 반구

* 개인시료채취
개인시료 채취기를 이용하여 가스 · 증기, 흄, 미스트 등을 근로자 호흡위치(호흡기를 중심으로 반경 30cm인 반구)에서 채취하는 것을 말한다.

실기까지 중요 ★★

22 작업환경측정 결과의 평가에서 작업시간 전체를 1개의 시료로 측정할 경우의 노출결과 구분이 바르게 표기된 것은?

① 하한치(LCL) > 1일 때 노출기준 미만
② 상한치(UCL) ≤ 1일 때 노출기준 초과
③ 하한치(LCL) ≤ 1, 상한치(UCL) < 1일 때, 노출기준 초과 가능
④ 하한치(LCL) > 1일 때 노출기준 초과

1. Y(표준화 값) = $\dfrac{\text{TWA 또는 STEL}}{\text{허용기준}}$
2. 95%의 신뢰도를 가진 하한치를 계산
   • 하한치 = Y − 시료채취 분석오차
3. 허용기준 초과여부 판정
   • 하한치 1 초과 : 허용기준 초과

실기까지 중요 ★★

23 수분에 대한 영향이 크지 않으므로 먼지의 중량분석에 적절하고, 특히 유리규산을 채취하여 X선 회절법으로 분석하는데 적합한 여과지는?

① MCE막 여과지 ② 유리섬유 여과지
③ PVC 여과지 ④ 은막 여과지

* PVC 막 여과지
① 수분의 영향이 크지 않아 공해성 먼지, 총 먼지 등의 중량분석을 위한 측정에 이용된다.
② 유리규산을 채취하여 X-선 회절법으로 분석하는데 적절하고 6가 크롬, 아연산화물의 채취에 이용된다

암기법
TV(PVC막여과지)에 "산아(산화아연) 6명(6가크롬) 먼저(먼지) 유괴(유리규산)"라고 나옴

실기까지 중요 ★★

24 증기상인 A물질 100ppm은 약 몇 mg/m³인가? (단, A물질의 분자량은 58이고, 25℃, 1기압을 기준으로 한다.

① 237 ② 287
③ 325 ④ 349

$$mg/m^3 = \frac{ppm \times 분자량}{24.45(25℃,\ 1기압)}$$

$$mg/m^3 = \frac{100 \times 58}{24.45} = 237.22(mg/m^3)$$

실기까지 중요 ★★

정답 21 ② 22 ④ 23 ③ 24 ①

25 어느 작업장의 벤젠농도(ppm)를 5회 측정한 결과가 각각 30, 33, 29, 27, 31일 때, 벤젠의 기하평균농도는 약 몇 ppm인가?

① 29.9 ② 30.5
③ 30.9 ④ 31.1

★ 기하평균

$$G.M = \sqrt[N]{X_1 \cdot X_2 \cdots X_n}$$

- X_n: 측정치
- N: 측정치 개수

$G.M = \sqrt[5]{(30\times33\times29\times27\times31)} = 29.93$

실기까지 중요 ★★

26 각각의 포집효율이 80%인 임핀저 2개를 직렬로 연결하여 시료를 채취하는 경우 최종 얻어지는 포집효율은?

① 90% ② 92%
③ 94% ④ 96%

★ 직렬연결시의 집진효율

$$\eta_r = 1 - (1 - \eta_c)^n$$

- η_c: 단위 집진효율(%)
- η: 집진장치 개수

$\eta_r = 1 - (1 - 0.8)^2 = 0.96(96\%)$

실기까지 중요 ★★

27 순간시료채취에서 가스나 증기상 물질을 직접 포집하는 방법이 아닌 것은?

① 주사기에 의한 포집
② 진공 플라스크에 의한 포집
③ 시료 채취 백에 의한 포집
④ 흡착제에 의한 포집

물질	채취법	사용도구
가스, 증기	액체포집	소형 흡수관, 소형 임핀저, 버블러
	고체포집	실리카겔관, 활성탄관
	직접포집	시료 채취 백, 주사기, 진공 플라스틱

필기에 자주 출제 ★

28 다음 중 충격소음에 대한 설명으로 가장 적절한 것은?

① 최대음압수준이 120dB(A) 이상의 소음이 1초 이상의 간격으로 발생하는 소음을 말한다.
② 최대음압수준이 140dB(A) 이상의 소음이 1초 이상의 간격으로 발생하는 소음을 말한다.
③ 최대음압수준이 120dB(A) 이상의 소음이 5초 이상의 간격으로 발생하는 소음을 말한다.
④ 최대음압수준이 140dB(A) 이상의 소음이 5초 이상의 간격으로 발생하는 소음을 말한다.

충격소음이라 함은 최대음압수준에 120dB(A) 이상인 소음이 1초 이상의 간격으로 발생하는 것을 말한다.

★ 참고
충격소음 노출기준

1일 노출회수	충격소음의 강도[dB(A)]
100	140
1,000	130
10,000	120

실기까지 중요 ★★

정답 25 ① 26 ④ 27 ④ 28 ①

29 유량, 측정시간, 회수율, 분석에 의한 오차(%)가 각각 15, 3, 5, 9일 때, 누적오차는?

① 18.4% ② 19.4%
③ 20.4% ④ 21.4%

> 누적오차(E_c) $= \sqrt{E_1^2 + E_2^2 + E_3^2 + \cdots + E_n^2}$
> • E_c : 누적오차(%)
> • $E_1, E_2, E_3 \sim E_n$: 각각 요소의 오차율(%)
>
> $E_c = \sqrt{15^2 + 3^2 + 9^2 + 5^2} = 18.44(\%)$

실기까지 중요 ★★

30 혼합 유기용제의 구성비(중량비)가 다음과 같을 때, 이 혼합물의 노출농도(TLV)는?

- 메틸클로로포름 30%(TLV : 1,900mg/m³)
- 헵탄 50%(TLV : 1,600mg/m³)
- 퍼클로로에틸렌 20%(TLV : 335mg/m³)

① 937mg/m³ ② 1087mg/m³
③ 1137mg/m³ ④ 12837mg/m³

> ★ 액체 혼합물의 구성성분(%)을 알 때 혼합물의 허용농도(노출기준)
>
> 혼합물의 노출기준(mg/m³)
> $$= \frac{1}{\frac{f_a}{TLV_a} + \frac{f_b}{TLV_b} + \cdots + \frac{f_n}{TLV_n}}$$
> • f_a, f_b, f_n : 액체 혼합물에서의 각 성분 무게(중량) 구성비(%)
> • TLV_a, TLV_b, TLV_n : 해당 물질의 노출기준(mg/m³)
>
> $$\text{mg/m}^3 = \frac{1}{\frac{0.3}{1,900} + \frac{0.5}{1,600} + \frac{0.2}{335}}$$
> $= 936.85(\text{mg/m}^3)$

실기까지 중요 ★★

31 여과지의 공극보다 작은 입자가 여과지에 채취되는 기전은 여과이론으로 설명할 수 있다. 다음 중 펌프를 이용하여 공기를 흡인하여 채취할 때 크게 작용하는 기전이 아닌 것은?

① 간섭 ② 중력침강
③ 관성충돌 ④ 확산

> ★ 공기채취기구(pump)의 채취 기전
> ① 간섭
> ② 관성충돌
> ③ 확산

필기에 자주 출제 ★

32 A 물건을 제작하는 공정에서 100% TCE를 사용하고 있다. 작업자의 잘못으로 TCE가 휘발되었다면 공기 중 TEC 포화농도는? (단, 0℃, 1기압에서 환기가 되지 않고, TCE의 증기압은 19mmHg이다.)

① 19000ppm ② 22000ppm
③ 25000ppm ④ 28000ppm

> 공기중포화농도(ppm)
> $$= \frac{\text{대상물질의 증기압(mmHg)}}{760\text{mmHg}} \times 10^6$$
>
> 포화농도 $= \frac{19}{760} \times 10^6 = 25,000(\text{ppm})$

필기에 자주 출제 ★

정답 29 ① 30 ① 31 ② 32 ③

33 정량한계에 관한 내용으로 옳은 것은? (단, 고용노동부 고시를 기준으로 한다.)

① 분석기기가 정량할 수 있는 가장 작은 오차를 말한다.
② 분석기기가 정량할 수 있는 가장 작은 양을 말한다.
③ 분석기기가 정량할 수 있는 가장 작은 정밀도를 말한다.
④ 분석기기가 정량할 수 있는 가장 작은 편차를 말한다

* 정량한계
분석기기가 정량할 수 있는 가장 작은 양을 말한다.

실기까지 중요 ★★

34 실리카겔관을 이용하여 포집한 물질을 분석할 때 보정해야 하는 실험은?

① 특이성 실험
② 산화율 실험
③ 탈착효율 실험
④ 물질의 농도범위 실험

* 탈착효율 실험
실리카겔관을 이용하여 포집한 물질을 분석할 때 보정해야 하는 실험

* 참고
탈착효율
흡착제에 흡착된 성분을 추출과정을 거쳐 분석시 실제 검출되는 비율을 말한다.

필기에 자주 출제 ★

35 펌프를 사용하여 유속 1.7L/min으로 8시간 동안 공기를 포집하였을 때, 펌프에 포집된 공기의 양은 약 몇 m^3인가?

① 0.82 ② 1.41
③ 1.70 ④ 2.14

$$\frac{1.7\times10^{-3}m^3}{min}\times(8\times60)min=0.82m^3$$

필기에 자주 출제 ★

36 작업환경측정 단위에 대한 설명으로 옳은 것은?

① 분진은 mL/m^3으로 표시한다.
② 석면의 표시단위는 ppm/m^3으로 표시한다.
③ 고열(복사열 포함)의 측정 단위는 습구 · 흑구온도지수(WBGT)를 구하여 섭씨온도(℃)로 표시한다.
④ 가스 및 증기의 노출기준 표시단위는 MPa/L로 표시한다.

* 작업환경 측정의 단위 표시
① 석면 : 개/cm^3(세제곱센티미터 당 섬유개수)
② 가스, 증기, 분진, 흄, 미스트 : mg/m^3 또는 ppm
③ 고열(복사열 포함) : 습구 · 흑구온도지수를 구하여 ℃로 표시
④ 소음 : [dB(A)]

실기까지 중요 ★★

정답 33 ② 34 ③ 35 ① 36 ③

37 용광로가 있는 철강 주물공장의 옥내 습구흑구 온도지수(WBGT)는? (단, 작업장 내 건구온도는 32℃이고, 자연습구온도는 30℃이며, 흑구온도는 34℃이다.)

① 30.5℃　② 31.2℃
③ 32.5℃　④ 33.4℃

1. 옥외(태양광선이 내리쬐는 장소)
   WBGT(℃) = 0.7 × 자연습구온도 + 0.2 × 흑구온도 + 0.1 × 건구온도
2. 옥내 또는 옥외(태양광선이 내리쬐지 않는 장소)
   WBGT(℃) = 0.7 × 자연습구온도 + 0.3 × 흑구온도

WBGT(℃) = 0.7 × 자연습구온도 + 0.3 × 흑구온도
= 0.7 × 30 + 0.3 × 34 = 31.20℃

실기에 자주 출제 ★★★

38 흡착제인 활성탄의 제한점에 관한 설명으로 옳지 않은 것은?

① 휘발성이 매우 큰 저분자량의 탄화수소 화합물의 채취효율이 떨어진다.
② 암모니아, 에틸렌, 염화수소와 같은 저비점 화합물에 효과가 적다.
③ 표면에 산화력이 없어 반응성이 작은 알데하이드 포집에 부적합하다.
④ 비교적 높은 습도는 활성탄의 흡착용량을 저하시킨다.

* 활성탄관의 제한점
① 휘발성이 매우 큰(증기압이 높다) 저분자량의 탄화수소 화합물의 채취효율이 떨어진다.
② 암모니아, 에틸렌, 염화수소, 포름알데히드와 같은 저비점 화합물에 효과가 적다.
③ 비교적 높은 습도는 활성탄의 흡착용량을 저하시킨다.(습기영향이 크다)
④ 케톤의 경우 활성탄 표면에서 물을 포함하는 반응에 의해 파괴되어 탈착률과 안정성에 부적절함

필기에 자주 출제 ★

39 직경이 5μm이고 비중이 1.2인 먼지입자의 침강속도는 약 몇 cm/sec인가?

① 0.01　② 0.03
③ 0.09　④ 0.3

* Lippman식에 의한 침강속도
  (입자크기가 1 ~ 50μm 경우 적용)

$$V(\text{cm/sec}) = 0.003 \times \rho \times d^2$$

- V : 침강속도(cm/sec)
- ρ : 입자 밀도(비중) (g/cm³)
- d : 입자직경(μm)

$V = 0.003 \times 1.2 \times 5^2 = 0.09$(cm/sec)

실기까지 중요 ★★

40 흡광도법에서 단색광이 시료액을 통과하여 그 광의 30%가 흡수되었을 때 흡광도는?

① 0.15　② 0.3
③ 0.45　④ 0.6

* 흡광도(A)

$$A = \log\frac{1}{\text{투과율}}$$

$A = \log(\frac{1}{0.7}) = 0.15$
(투과율 = 1 − 흡수율 = 1 − 0.3 = 0.7)

실기까지 중요 ★★

정답 37 ② 38 ③ 39 ③ 40 ①

제3과목 작업환경관리

41 소음과 관련된 내용으로 옳지 않은 것은?

① 음압 수준은 음압과 기준 음압의 비를 대수 값으로 변환하고 제곱하여 산출한다.
② 사람의 귀는 자극의 절대 물리량에 1차식으로 비례하여 반응한다.
③ 음의 강도는 단위시간당 단위 면적을 통과하는 음 에너지이다.
④ 음원에서 발생하는 에너지는 음력이다.

② 사람이 느끼는 감각의 양은 감각이 일어나게 한 외부 자극의 강도의 로그 값에 비례한다.(페흐너의 법칙(Fechner's Law))

42 적외선에 관한 설명으로 가장 거리가 먼 것은?

① 적외선은 대부분 화학작용을 수반하며 가시광선과 자외선 사이에 있다.
② 적외선에 강하게 노출되면 암검록염, 각막염, 홍채 위축, 백내장 등을 일으킬 수 있다.
③ 일명 열선이라고도 하며 온도에 비례하여 적외선을 복사한다.
④ 적외선 중 가시광선과 가까운 쪽을 근적외선이라 한다.

① 자외선은 대부분 화학작용을 수반하며 가시광선과 적외선 사이에 있다.

* 참고
① 자외선(화학선) : 100 ~ 400nm
(1,000 ~ 4,000 Å)
② 적외선(열선) : 750 ~ 1,200nm
(7,500~120,000 Å)

필기에 자주 출제 ★

43 일반적으로 더운 환경에서 고된 육체적인 작업을 하면서 땀을 많이 흘릴 때 신체의 염분 손실을 충당하지 못하여 발생하는 고열 장해는?

① 열발진　② 열사병
③ 열실신　④ 열경련

* 열경련(heat cramp)
고온환경에서 심한 육체적인 노동을 할 때 체내 수분 및 혈중 염분농도 저하가 원인이 되어 발생한다.

* 참고
① 열사병 : 태양의 복사열에 직접 노출 시 뇌의 온도 상승으로 체온조절 중추기능 장해(중추신경 마비)를 일으켜서 체내에 열이 축적되어 발생한다.
② 열피로(heat exhaustion), 열탈진, 열피비 : 고온환경에서 장시간 힘든 노동을 할 때 과다 발한으로 인한 수분과 염분손실 및 탈수로 인한 혈장량이 감소되어 발생한다.
③ 열쇠약(heat prostration) : 고열작업장에서의 만성적인 건강장해로 전신권태, 위장장해, 불면, 빈혈 등의 증상이 발생한다.
④ 열성발진(heat rashes) : 가장 흔한 피부장해로서 땀띠라고도 한다.

실기까지 중요 ★★

정답 41 ② 42 ① 43 ④

44 유해물질이 발생하는 공정에서 유해인자에 농도를 깨끗한 공기를 이용하여 그 유해물질을 관리하는 가장 적합한 작업환경관리 대책은?

① 밀폐　② 격리
③ 환기　④ 교육

깨끗한 공기를 이용하여 유해물질을 관리하는 방법 → 환기

* 참고
작업환경개선의 공학적인 대책(작업환경관리의 원칙)
① 대치(대체)
- 공정의 변경
- 유해물질 변경
- 시설의 변경
② 격리(Isolation)
- 저장물질의 격리
- 시설의 격리
- 공정의 격리
- 작업자의 격리
③ 환기
- 국소환기
- 전체환기

필기에 자주 출제 ★

45 잠수부가 해저 30m에서 작업을 할 때 인체가 받는 절대압은?

① 3기압　② 4기압
③ 5기압　④ 6기압

- 수면 하에서의(절대)압력은 수심이 10m 깊어질 때마다 1기압씩 더해진다.
- 수심 30m에서의 압력 : 게이지압 3기압, 절대압 4기압

필기에 자주 출제 ★

46 다음 중 납중독이 조혈 기능에 미치는 영향으로 옳은 것은?

① 혈색소량 증가
② 적혈구수 증가
③ 혈청 내 철 감소
④ 적혈구 내 프로토폴피린 증가

* 납의 체내 흡수시의 기타증상
① 혈색소 양 저하
② 망상적혈구(갓 생산된 적혈구, 미성숙 적혈구) 수의 증가
③ 적혈구의 호염기성 반점
④ 적혈구내 protoporphyrin 증가
⑤ 소변 중 코프로포르피린(coprophyrin) 증가
⑥ 소변 중 델타 아미노레블린산(ALA) 증가
⑦ 소변 중 δ-ALAD 활성치가 저하
⑧ 혈청 내 철 증가

필기에 자주 출제 ★

47 입자(비중5)의 직경이 3μm인 먼지가 다른 방해기류가 없이 층류 이동을 할 경우 50cm 높이의 챔버 상부에서 하부까지 침강할 때 필요한 시간은 약 몇 분인가?

① 3.1　② 6.2
③ 12.4　④ 24.8

* Lippman식에 의한 침강속도
(입자크기가 1 ~ 50μm 경우 적용)

$$V(\text{cm/sec}) = 0.003 \times \rho \times d^2$$

- V : 침강속도(cm/sec)
- ρ : 입자 밀도(비중) (g/cm^3)
- d : 입자직경(μm)

1. $V(\text{cm/sec}) = 0.003 \times 5 \times 3^2 = 0.135(\text{cm/sec})$
2. $0.135\text{cm} : \frac{1}{60}\text{분} = 50\text{cm} : x$

$$0.135x = \frac{1}{60} \times 50$$

$$x = \frac{\frac{1}{60} \times 50}{0.135} = 6.17(\text{분})$$

실기까지 중요 ★★

정답　44 ③　45 ②　46 ④　47 ②

48 밝기의 단위인 루멘(Lumen)에 대한 설명으로 가장 정확한 것은?

① 1Lux의 광원으로부터 단위 입사각으로 나가는 광도의 단위이다.
② 1Lux의 광원으로부터 단위 입사각으로 나가는 휘도의 단위이다.
③ 1촉광의 광원으로부터 단위 입사각으로 나가는 조도의 단위이다.
④ 1촉광의 광원으로부터 단위 입사각으로 나가는 광속의 단위이다.

* 루멘(Lumen; lm)
1촉광의 광원으로부터 한 단위입체각으로 나가는 광속의 단위

필기에 자주 출제★

49 적용 화학물질이 정제 벤드나이드겔, 염화비닐수지이며 분진, 전해약품제조, 원료취급작업에서 주로 사용되는 보호크림으로 가장 적절한 것은?

① 피막형 크림　　② 차광 크림
③ 소수성 크림　　④ 친수성 크림

* 피막형 피부보호제(피막형 크림) : 분진, 유리섬유 등에 대한 장해 예방
① 분진, 전해약품 제조, 원료 취급 작업에서 주로 사용한다.
② 적용 화학물질 : 정제 벤드나이겔, 염화비닐 수지

필기에 자주 출제★

50 음압이 $2N/m^2$일 때 음압수준은 몇 dB인가?

① 90　　② 95
③ 100　　④ 105

$$SPL = 20 \times \log\left(\frac{P}{P_o}\right)(dB)$$

- SPL : 음압수준(음압도, 음압레벨) (dB)
- P : 대상음의 음압(음압 실효치) (N/m^2)
- P_o : 기준음압 실효치 ($2 \times 10^{-5} N/m^2$, $2 \times 10^{-4} dyne/cm^2$)

$$SPL = 20 \times \log\left(\frac{2}{2 \times 10^{-5}}\right) = 100(dB)$$

실기에 자주 출제★★★

51 다음 중 작업과 보호구를 가장 적절하게 연결한 것은?

① 전기용접 - 차광안경
② 노면토석굴착 - 방독마스크
③ 도금공장 - 내열복
④ tank내 분무도장 - 방진마스크

② 노면토석굴착 – 방진마스크
③ 도금공장 – 불침투성 보호복(화학물질용 보호복)
④ tank내 분무도장 – 방독마스크

필기에 자주 출제★

52 보호장구의 재질별 효과적인 적용 물질로 옳은 것은?

① 면 - 비극성 용제
② Butyl 고무 - 비극성 용제
③ 천연고무(latex) - 극성 용제
④ Vitron - 극성 용제

정답 48 ④ 49 ① 50 ③ 51 ① 52 ③

① 면 – 고체상물질에 사용(용제에는 사용 못함)
② Butyl 고무 – 극성용제(알콜, 알데히드 등)에 사용
④ Vitron – 비극성용제에 사용

필기에 자주 출제★

53 작업장에서 발생된 분진에 대한 작업환경관리 대책과 가장 거리가 먼 것은?

① 국소배기장치의 설치
② 발생원의 밀폐
③ 방독마스크의 지급 및 착용
④ 전체환기

③ 방진마스크의 지급 및 착용

필기에 자주 출제★

54 일반적인 소음관리대책 중에서 소음원 대책에 해당하지 않는 것은?

① 차음, 흡음
② 보호구 착용
③ 소음원 밀폐와 격리
④ 공정의 변경

★방음대책의 방법
① 소음원대책 : 발생원 제거, 소음기 설치, 방음 Box, 방진 등
② 전파경로대책 : 흡음 및 차음처리, 방음벽 설치, 거리감쇠, 지향성 변환 등
③ 수음대책 : 마스킹 효과, 귀마개 착용, 이중창 설치 등

필기에 자주 출제★

55 고압환경에서 가압에 의해 발생하는 장해로 볼 수 없는 것은?

① 질소마취 작용 ② 산소중독 현상
③ 질소기포 형성 ④ 이산화탄소 중독

③ 질소기포 형성
→ 고압환경에서 감압시에 발생한다.

★참고
감압병(decompression ; 잠함병, 케이슨병)
급격한 감압 시에 혈액 속의 질소가 혈액과 조직에 기포를 형성하여(종격기종, 기흉)을 혈액순환 장해와 조직 손상을 일으킨다.

실기까지 중요★★

56 다음 중 피부노화와 피부암에 영향을 주는 비전리 방사선은?

① UV-A ② UV-B
③ UV-D ④ UV-F

★자외선의 종류

근자외선 (UV-A)	① 파장 : 315(300) ~ 400nm [3,150 ~ 4,000 Å] ② 피부의 색소침착
도르노선 (UV-B)	① 파장 : 280(290) ~ 315(320)nm [2,800 ~ 3,150 Å] ② 소독작용, 비타민 D형성 등 인체에 유익한 영향(건강선, 생명선) ③ 홍반 각막염, 피부암 유발
UV-C	① 파장 : 100 ~ 280nm [1,000 ~ 2,800 Å] ② 살균작용(살균효과가 있어 수술용 램프로 사용)

필기에 자주 출제★

정답 53 ③ 54 ② 55 ③ 56 ②

57 다음 중 입자상 물질의 크기 표시에 있어서 입자의 면적을 이등분하는 직경으로 과소평가의 위험성이 있는 것은?

① Martin 직경　　② Feret 직경
③ 공기역학적 직경　　④ 등면적 직경

* 기하학적(물리적) 직경

마틴직경 (martin diameter)	① 입자의 면적을 2등분하는 선의 길이로 나타내는 직경 ② 과소 평가될 수 있다.
페렛직경 (feret diameter)	① 입자의 가장자리를 이등분한 직경(먼지의 한쪽 끝 가장자리에서 다른 쪽 끝 가장자리 까지의 거리로 나타내는 직경) ② 과대 평가될 가능성이 있다.
등면적직경 (projected area diameter)	① 입자의 면적과 동일한 면적을 가진 원의 직경으로 환산한 직경 ② 가장 정확한 직경이다.

암기법

기하학적 이(2등분) 마, 페가(가장자리), 등면적 동원(동일면적의 원)

실기에 자주 출제 ★★★

58 다음 중 저온에 따른 일차적 생리적 영향은?

① 식욕변화　　② 혈압변화
③ 말초냉각　　④ 피부혈관 수축

* 저온(한랭환경)에서의 일차적인 생리적 변화
① 근육긴장의 증가 및 떨림(전율)
② 피부혈관 수축
③ 말초혈관 수축
④ 화학적 대사작용 증가(갑상선 호르몬 분비 증가)
⑤ 체표면적의 감소

* 참고
저온환경의 이차적인 생리적 반응
① 말초냉각 : 말초혈관의 수축으로 표면조직의 냉각이 진행된다.
② 식욕변화 : 저온에서는 근육활동, 조직대사의 증진으로 식욕이 항진된다.
③ 혈압변화 : 피부혈관 수축으로 혈압은 일시적으로 상승한다.
④ 순환기능 : 피부혈관의 수축으로 순환기능이 감소된다.

필기에 자주 출제 ★

59 다음 중 소음성 난청에 대한 설명으로 틀린 것은?

① 음압수준이 높을수록 유해하다.
② 저주파음이 고주파음보다 더욱 유해하다.
③ 간헐적 노출이 계속된 노출보다 덜 유해하다.
④ 심한 소음에 반복하여 노출되면 일시적 청력변화는 영구적 청력변화로 변한다.

* 소음성 난청(청력손실)에 영향을 미치는 요소
① 개인의 감수성 : 개인의 감수성에 따라 소음반응이 다양하다.
② 음의 강도 : 음압수준이 높을수록 유해하다.
③ 폭로시간(노출시간) : 계속적 노출이 간헐적 노출보다 더 유해하다.
④ 음의 물리적 특성
• 고주파음이 저주파음보다 더 유해하다.
• 충격음 및 연속음의 유해성이 더 크다.
⑤ 심한 소음에 반복하여 노출되면 일시적 청력변화는 영구적 청력변화로 변한다.
※ 문제 오류로 문제 일부를 수정하였습니다.

필기에 자주 출제 ★

정답　57 ①　58 ④　59 ②

60 흄(fume)에 대한 설명으로 알맞은 내용은?

① 기체상태로 있던 무기물질이 승화하거나, 화학적 변화를 일으켜 형성된 고형의 미립자
② 금속을 용융하는 경우 발생되는 증기가 공기에 의해 산화되어 만들어진 미세한 금속 산화물
③ 콜로이드보다 입자의 크기가 크고 단시간동안 공기 중에 부유할 수 있는 고체 입자
④ 액체물질이던 것이 미립자가 되어 공기 중에 분산된 입자

* 흄(fume)
금속의 증기가 공기 중에서 응고되어 화학변화(산화)를 일으켜 만들어진 고체의 미립자

필기에 자주 출제 ★

제4과목 산업환기

61 다음 그림과 같이 국소배기장치에서 공기정화기가 막혔을 경우 정압의 절대 값은 이전측정에 비해 어떻게 변하는가?

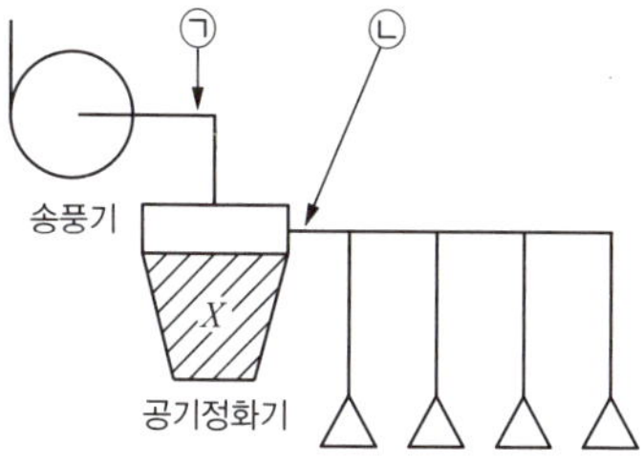

(공기정화장치가 막힘)

① ㉠ 감소, ㉡ 증가
② ㉠ 증가, ㉡ 감소
③ ㉠ 감소, ㉡ 감소
④ ㉠ 거의정상, ㉡ 증가

공기정화장치가 막혔을 경우 정압의 절대 값은 이전에 비해 감소한다.

* 참고

송풍기의 정압이 감소되는 원인	① 송풍기의 능력저하 ② 송풍기와 덕트의 연결부위 풀림 ③ 송풍기 점검 뚜껑의 열림
송풍기의 정압이 증가되는 원인	① 공기정화장치에 분진 퇴적 ② 덕트계통의 분진 퇴적 ③ 후드와 덕트의 연결부위가 풀림 ④ 후드의 댐퍼 닫힘 ⑤ 공기정화장치의 분진 취출구 열림

62 직경이 10cm인 원형 후드가 있다. 관내를 흐르는 유량이 0.1m³/sec라면 후드 입구에서 15cm떨어진 후드축선 상에서의 제어속도는? (단, Dalla Valle의 경험식을 이용한다.)

① 0.25m/sec ② 0.29m/sec
③ 0.35m/sec ④ 0.43m/sec

* 외부식 후드(자유공간, 플랜지 미 부착)

$Q = 60 \cdot Vc(10X^2 + A)$: Dalla valle식

- Q : 필요송풍량(m^3/min)
- Vc : 제어속도(m/sec)
- A : 개구면적(m^2)
- X : 후드중심선으로부터 발생원까지의 거리(m) (오염원과 후드간 거리가 덕트 직경의 1.5배 이내일 때만 유효)

$Q = Vc(10X^2 + A)$

$Vc = \frac{Q}{10X^2 + A} = \frac{0.1}{10 \times 0.15^2 + 0.0079}$
$= 0.43$(m/sec)

$\left[A = \frac{\pi d^2}{4} = \frac{\pi \times 0.1^2}{4} = 0.0079(m^2) \right]$

실기에 자주 출제 ★★★

정답 60 ② 61 ② 62 ④

63 두 개의 덕트가 합류될 때 정압(SP)에 따른 개선사항이 잘못된 것은?

① 0.95 ≤ (낮은 SP/높은 SP) : 차이를 무시
② 두 개의 덕트가 합류될 때 정압의 차이가 없는 것이 이상적
③ (낮은 SP/높은 SP) < 0.8 : 정압이 높은 덕트의 직경을 다시 설계
④ 0.8 ≤ (낮은 SP/높은 SP) < 0.95 : 정압이 낮은 덕트의 유량을 조정

★두 개의 덕트가 합류시 정압(*SP*) 개선사항

두 개의 덕트가 합류될 때 정압 차이가 없는 것이 이상적임

- $\frac{낮은\ SP}{높은\ SP}$ < 0.8 : 정압이 낮은 덕트 직경 재설계
- 0.8 ≤ $\frac{낮은\ SP}{높은\ SP}$ < 0.95 : 정압이 낮은 덕트의 유량 조정
- 0.95 ≤ $\frac{낮은\ SP}{높은\ SP}$: 차이를 무시

필기에 자주 출제★

64 자유공간에 떠 있는 직경 30cm인 원형개구 후드의 개구 면으로부터 30cm 떨어진 곳의 입자를 흡인하려고 한다. 제어풍속을 0.6m/s으로 할 때 후드정압 SP_h는 약 몇 mmH_2O인가? (단, 원형개구 후드의 유입손실계수 F_h는 0.93이다.)

① -14.0　② -12.0
③ -10.0　④ -8.0

1. 후드정압(SP_h) = $VP(1+F_h)$(mmH_2O)
   - VP : 속도압(동압)(mmH_2O)
   - F_h : 압력손실계수(=$\frac{1}{Ce^2}-1$)
   - Ce :유입계수
2. 외부식 후드(자유공간, 플랜지 미 부착)
   $Q = 60 \cdot Vc(10X^2 + A)$
   - Q : 필요송풍량(m^3/min)
   - Vc : 제어속도(m/sec)
   - A : 개구면적(m^2)
   - X: 후드중심선으로부터 발생원까지의 거리(m)

$$정압(SP_h) = VP(1+F_h) = \frac{\gamma \times V^2}{2g} \times (1+F_h)$$
$$= \frac{1.2 \times 8.21^2}{2 \times 9.8} \times (1+0.93)$$
$$= 7.96(mmH_2O)$$
$$정압(SP_h) = -7.96(mmH_2O)$$

1. $Q = Vc \times (10X^2 + A)$
   $= 0.6 \times (10 \times 0.3^2 + \frac{\pi \times 0.3^2}{4})$
   $= 0.58(m^3/sec)$
2. $Q = A \cdot V$,
   $V = \frac{Q}{A} = \frac{Q}{\frac{\pi \times d^2}{4}} = \frac{0.58}{\frac{\pi \times 0.3^2}{4}} = 8.21(m/sec)$

★참고

정압 < 대기압(760mmH_2O)이면 (-)압력,
정압 > 대기압이면 (+)압력이 된다.

실기까지 중요★★

정답 63 ③ 64 ④

65 다음 설명에 해당하는 국소배기와 관련한 용어는?

- 후드 근처에서 발생되는 오염물질을 주변의 방해기류를 극복하고 후드 쪽으로 흡인하기 위한 유체의 속도를 의미한다.
- 후드 앞 오염원에서의 기류로 오염공기를 후드로 흡인하는 데 필요하며 방해 기류를 극복해야 한다.

① 면속도　② 제어속도
③ 플레넘속도　④ 슬롯속도

* 제어속도(포착속도)
① 오염물질을 후드 안쪽으로 흡인하기 위하여 필요한 최소풍속(모든 후드를 개방한 경우의 제어풍속)
② 발산되는 유해물질을 후드로 완전히 흡인하는 데 필요한 기류속도

실기까지 중요 ★★

66 27℃, 1기압에서의 2L의 산소 기체를 327℃, 2기압으로 변화시키면 그 부피는 몇 L가 되겠는가?

① 0.5　② 1.0
③ 2.0　④ 4.0

* 부피의 온도, 압력 보정

$$V_2 = 2 \times \frac{(273+327)\times(1)}{(273+27)\times(2)} = 2.0(L)$$

* 참고
보일-샤를의 법칙

$$\frac{P_1V_1}{T_1} = \frac{P_2V_2}{T_2}$$

$$T_1P_2V_2 = T_2P_1V_1$$

$$V_2 = V_1 \times \frac{T_2P_1}{T_1P_2}$$

실기까지 중요 ★★

67 국소배기시스템 설치 시 고려사항으로 가장 적절하지 않은 것은?

① 가급적 원형 덕트를 사용한다.
② 후드는 덕트보다 두꺼운 재질을 선택한다.
③ 곡관의 곡률반경은 최소 덕트 직경의 1.5배 이상으로 하며, 주로 2배를 사용한다.
④ 송풍기를 연결할 때에는 최소 덕트 직경의 2배 정도는 직선구간으로 하여야 한다.

④ 송풍기를 연결할 때에는 최소 덕트 직경의 6배는 직선구간으로 한다.

실기까지 중요 ★★

68 다음 그림과 같은 단면적이 작은 쪽이 ㉠, 큰 쪽이 ㉡인 사각형 덕트의 확대관에 대한 압력손실을 구하는 방법으로 가장 적절한 것은? (단, 경사각은 $\theta_1 > \theta_2$이다.)

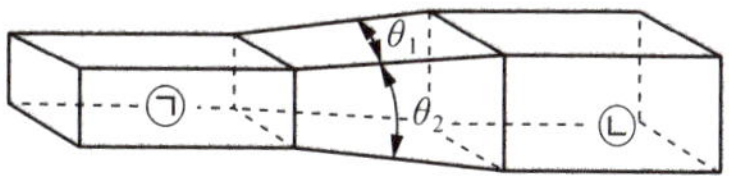

① θ_1의 각도를 경사각으로 한 단면적을 이용한다.
② θ_2의 각도를 경사각으로 한 단면적을 이용한다.
③ 두 각도의 평균값을 이용한 단면적을 이용한다.
④ 작은 쪽(㉠)과 큰 쪽(㉡)의 등가(상당) 직경을 이용한다.

장방형 Duct일 경우 등가(상당) 직경을 이용한다.

필기에 자주 출제 ★

정답 65 ② 66 ③ 67 ④ 68 ④

69 국소배기장치에 주로 사용하는 터보 송풍기에 관한 설명으로 틀린 것은?

① 송풍량이 증가해도 동력이 증가하지 않는다.
② 방사 날개형 송풍기나 전향 날개형 송풍기에 비해 효율이 좋다.
③ 직선익근을 반경 방향으로 부착시킨 것으로 구조가 간단하고 보수가 용이하다.
④ 고농도 분진함유 공기를 이송시킬 경우, 회전날개 뒷면에 퇴적되어 효율이 떨어진다.

③ 후향 날개형(터보형) 송풍기는 팬의 날이 회전방향에 반대되는 쪽으로 기울어진 형태이다.

암기법

날이 반대로 기울어진 터보형의 한계(한계부하형)는 깃 뒤에 분진 쌓여 집진 후(집진기 후단)에 설치, 동풍(동력, 풍력)에 변화적고 효율좋다.

필기에 자주 출제 ★

70 사이클론의 집진 효율을 향상시키기 위해 Blow down 방법을 이용할 때, 사이클론의 더스트 박스 또는 멀티 사이클론의 호퍼부에서 처리배기량의 몇 %를 흡입하는 것이 가장 이상적인가?

① 1 ~ 3% ② 5 ~ 10%
③ 15 ~ 20% ④ 25 ~ 30%

* 블로다운(blow-down)
① 사이클론의 집진효율을 증대시키기 위한 방법
② 더스트 박스 및 호퍼부에서 처리가스의 5~10%를 흡인하여 난류현상의 억제 및 원심력을 증대시켜 집진효율을 증대시키는 운전방식을 말한다.

실기까지 중요 ★★

71 유해 작업장의 분진이 바닥이나 천정에 쌓여서 2차 발진이 된다. 이것을 방지하기 위한 공학적 대책으로 오염농도를 희석시키는데 이 때 사용되는 주요 대책방법으로 가장 적절한 것은?

① 개인보호구 착용
② 칸막이 설치
③ 전체 환기시설 가동
④ 소음기 설치

오염농도를 희석 → 전체 환기장치 가동

필기에 자주 출제 ★

72 후드의 종류에서 외부식 후드가 아닌 것은?

① 루바형 후드
② 그리드형 후드
③ 슬로트형 후드
④ 드래프트 챔버형 후드

④ 드래프트 챔버형 후드 → 포위식 후드

* 참고
포위식(Enclosing type) 후드
유해물질의 발생원을 전부 또는 부분적으로 포위하는 후드

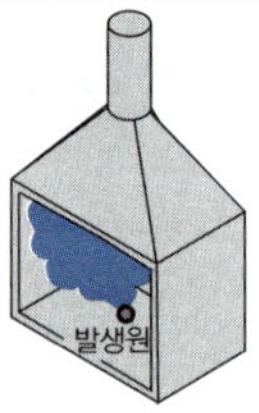

· 포위형
· 장갑부착상자형
· 드래프트 챔버형
· 건축부스형 등

필기에 자주 출제 ★

정답 69 ③ 70 ② 71 ③ 72 ④

73 전체 환기를 적용하기에 가장 적합하지 않은 곳은?

① 오염물질의 독성이 낮은 곳
② 오염물질의 발생원이 이동하는 곳
③ 오염물질 발생량이 많고 널리 퍼져 있는 곳
④ 작업공정상 국소배기장치의 설치가 불가능한 곳

국소환기 장치 설치가 필요한 경우	① 유해물질 발생량이 많은 경우 ② 유해물질 독성이 강한 경우(TLV가 낮을 때) ③ 유해물질 발생원과 작업위치가 근접해 있는 경우 ④ 높은 증기압의 유기용제 ⑤ 발생주기가 균일하지 않은 경우 ⑥ 발생원이 고정되어 있는 경우 ⑦ 법적의무 설치사항의 경우
전체환기(희석환기)가 필요한 경우	① 유해물질의 독성이 비교적 낮은 경우 ② 동일한 작업장에 다수의 오염원이 분산되어 있는 경우 ③ 유해물질이 시간에 따라 균일하게 발생될 경우 ④ 유해물질의 발생량이 적은 경우 ⑤ 발생원이 이동하는 경우 ⑥ 오염원이 근무자가 근무하는 장소로부터 멀리 떨어져 있는 경우

실기까지 중요 ★★

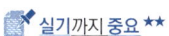

74 송풍기의 소요동력을 계산하는 데 필요한 인자로 볼 수 없는 것은?

① 송풍기의 효율 ② 풍량
③ 송풍기 날개 수 ④ 송풍기 전압

$$HP(\text{kW}) = \frac{Q \times P}{6{,}120 \times \eta} \times K$$

- Q : 송풍량(m^3/min)
- P : 유효전압(풍압)(mmH_2O)
- η : 송풍기효율
- K : 안전여유

실기까지 중요 ★★

75 피토튜브와 마노미터를 이용하여 측정된 덕트 내 동압이 $20mmH_2O$일 때, 공기의 속도는 약 몇 m/s인가? (단 덕트 내의 공기는 21℃, 1기압으로 가정한다.)

① 14 ② 18
③ 22 ④ 24

$$\text{속도압}(VP) = \frac{\gamma \times V^2}{2g}(mmH_2O)$$

- r : 비중(kg/m^3)
- V : 공기속도(m/sec)
- g : 중력가속도(m/sec^2)

$$VP = \frac{\gamma \times V^2}{2g}$$

$$\gamma \times V^2 = VP \times 2g$$

$$V^2 = \frac{VP \times 2g}{\gamma}$$

$$V = \sqrt{\frac{VP \times 2g}{\gamma}} = \sqrt{\frac{20 \times 2 \times 9.8}{1.2}} = 18.07(\text{m/sec})$$

(동압 = 속도압)

실기까지 중요 ★★

76 폭발방지를 위한 환기량은 해당 물질의 공기 중 농도를 어느 수준 이하로 감소시키는 것인가?

① 폭발농도 하한치 ② 노출기준 하한치
③ 노출기준 상한치 ④ 폭발농도 상한치

★ 폭발방지 위한 환기량

$$Q = \frac{24.1 \times \text{kg/h} \times C \times 10^2}{MW \times TLV \times B}(m^3/\text{hr})$$

$$\div 60 = (m^3/\text{min})$$

- C : 안전계수(LEL의 25%로 유지할 경우 $C = 4$)
- MW : 물질의 분자량
- LEL : 폭발농도 하한치(%)
- B : 온도에 따른 보정상수(120℃ 미만 $B = 1.0$, 120℃ 이상 $B = 0.7$)
- kg/hr : 시간당 오염물질 발생량(l/hr × S(비중))

필기에 자주 출제 ★

정답 73 ③ 74 ③ 75 ② 76 ①

77 분압이 1.5mmHg인 물질이 표준상태의 공기 중에서 도달할 수 있는 최고 농도(%)는 약 얼마인가?

① 0.2% ② 1.1%
③ 2.0% ④ 11.0%

$100\% : 760 = X : 1.5$
$760 \times X = 100 \times 1.5$
$X = \frac{100 \times 1.5}{760} = 0.2(\%)$
* 표준상태 : 21℃, 1기압(760mmHg)

필기에 자주 출제 ★

78 실내공기의 풍속을 측정하는 데 사용하는 기구는?

① 카타온도계 ② 유량계
③ 복사온도계 ④ 회전계

★ 카타온도계
실내공기의 풍속을 측정

필기에 자주 출제 ★

79 톨루엔은 0℃일 때의 증기압이 6.8mmHg이고, 25℃일 때는 증기압이 7.4mmHg이다. 기온이 0℃일 때와 25℃일 때의 포화농도 차이는 약 몇 ppm인가?

① 790 ② 810
③ 830 ④ 850

$$포화농도 = \frac{물질의\ 증기압(mmHg)}{대기압(760mmHg)} \times 10^2(\%)$$
$$= \frac{물질의\ 증기압(mmHg)}{대기압(760mmHg)} \times 10^6(ppm)$$

1. 0℃의 포화농도 $= \frac{6.8}{760} \times 10^6 = 8{,}947.37(ppm)$
2. 25℃의 포화농도 $= \frac{7.4}{760} \times 10^6 = 9{,}736.84(ppm)$
3. 포화농도의 차이 $= 9{,}736.84 - 8{,}947.37$
$= 789.47(ppm)$

실기까지 중요 ★★

80 국소환기 장치에서 플랜지(flange)가 벽, 바닥, 천장 등에 접하고 있는 경우 필요환기량은 약 몇 %가 절약되는가?

① 10 ② 25
③ 30 ④ 50

- 플랜지(flange)만 부착하는 경우
  → 필요환기량의 25% 감소
- 후드를 바닥 등에 설치하는 경우
  → 필요환기량의 25% 감소
- 플랜지(flange)를 부착, 후드를 바닥면에 설치하는 경우 → 필요환기량의 50% 감소

필기에 자주 출제 ★

정답 77 ① 78 ① 79 ① 80 ④

2019년 3월 3일

1회 과년도기출문제

제1과목 산업위생학 개론

01 국제노동기구(ILO) 협약에 제시된 산업보건관리업무와 가장 거리가 먼 것은?

① 산업보건교육, 훈련과 정보에 관한 협력
② 작업능률 향상과 생산성 제고에 관한 기획
③ 작업방법의 개선과 새로운 설비에 대한 건강상 계획의 참여
④ 직장에 있어서의 건강 유해요인에 대한 위험성의 확인과 평가

* 국제노동기구(ILO) 협약에 제시된 산업보건관리업무
① 산업보건교육, 훈련과 정보에 관한 협력
② 작업방법의 개선과 새로운 설비에 대한 건강상 계획의 참여
③ 직장에 있어서의 건강 유해요인에 대한 위험성의 확인과 평가

02 산업피로의 종류 중, 과로 상태가 축적되어 단기간의 휴식으로는 회복할 수 없는 병적인 상태로, 심하면 사망에까지 이를 수 있는 것은?

① 곤비 ② 피로
③ 과로 ④ 실신

* 피로의 3단계

1단계 보통피로	• 하룻밤 자고나면 완전히 회복된다.
2단계 과로	• 다음날까지도 피로 상태가 지속되며 단기간 휴식으로 회복될 수 있는 단계로 발병단계는 아니다.
3단계 곤비	• 과로의 축적으로 단기간 휴식을 통해서는 회복될 수 없는 발병단계 • 심한 노동 후의 피로현상으로 병적인 상태

실기까지 중요 ★★

03 VDT 작업자세로 틀린 것은?

① 팔꿈치의 내각은 90도 이상이어야 함
② 발의 위치는 앞꿈치만 닿을 수 있도록 함
③ 화면과 근로자의 눈과의 거리는 40cm 이상이 되게 함
④ 의자에 앉을 때는 의자 깊숙이 앉아 의자등받이에 등이 충분히 지지되어야 함

② 발바닥 전면이 바닥면에 닿는 자세를 기본으로 하되, 그러하지 못할 때에는 발 받침대(FOOT REST)를 조건에 맞는 높이와 각도로 설치할 것

필기에 자주 출제★

정답 01 ② 02 ① 03 ②

04 미국산업위생학회(AIHA)의 산업위생에 대한 정의로 가장 적합한 것은?

① 근로자나 일반대중의 육체적, 정신적, 사회적 건강을 고도로 유지 증진시키는 과학과 기술
② 작업조건으로 인하여 근로자에게 발생할 수 있는 질병을 근본적으로 예방하고 치료하는 학문과 기술
③ 근로자나 일반대중에게 육체적, 생리적, 심리적으로 최적의 환경을 제공하여 최고의 작업능률을 높이기 위한 과학과 기술
④ 근로자나 일반대중에게 질병, 건강장해와 안녕방해, 심각한 불쾌감 및 능률저하 등을 초래하는 작업환경 요인과 스트레스를 예측, 측정, 평가하고 관리하는 과학과 기술

* 미국산업위생학회(AIHA)의 산업위생의 정의
근로자나 일반 대중에게 질병, 건강장해와 안녕방해, 심각한 불쾌감 및 능률저하 등을 초래하는 작업환경 요인과 스트레스를 예측, 측정, 평가, 관리하는 과학과 기술이다.

실기까지 중요 ★★

05 NIOSH에서는 권장무게한계(RWL)와 최대허용한계(MPL)에 따라 중량물 취급 작업을 분류하고, 각각의 대책을 권고하고 있는데 MPL을 초과하는 경우에 대한 대책으로 가장 적절한 것은?

① 문제있는 근로자를 적절한 근로자로 교대시킨다.
② 반드시 공학적 방법을 적용하여 중량물 취급작업을 다시 설계한다.
③ 대부분의 정상근로자들에게 적절한 작업조건으로 현 수준을 유지한다.
④ 적절한 근로자의 선택과 적정배치 및 훈련, 그리고 작업방법의 개선이 필요하다.

MPL을 초과하는 경우 공학적 방법을 적용하여 중량물 취급작업을 다시 설계해야 한다.

필기에 자주 출제 ★

06 산업안전보건법령상 기관석면조사 대상으로서 건축물이나 설비의 소유주 등이 고용노동부장관에게 등록한 자로 하여금 그 석면을 해체 · 제거하도록 하여야 하는 함유량과 면적기준으로 틀린 것은?

① 석면이 1퍼센트(무게 퍼센트)를 초과하여 함유된 분무제 또는 내화피복재를 사용한 경우
② 파이프에 사용된 보온재에서 석면이 1퍼센트(무게 퍼센트)를 초과하여 함유되어 있고, 그 보온재 길이의 합이 25미터 이상인 경우
③ 석면이 1퍼센트(무게 퍼센트)를 초과하여 함유된 관련 규정에 해당하는 자재의 면적의 합이 15제곱미터 이상 또는 그 부피의 합이 1세제곱미터 이상인 경우
④ 철거 · 해체하려는 벽체재료, 바닥재, 천장재 및 지붕재 등의 자재에 석면이 1퍼센트(무게 퍼센트)를 초과하여 함유되어 있고 그 자재의 면적의 합이 50제곱미터 이상인 경우

* 석면해체 · 제거업자를 통한 석면해체 · 제거 대상
① 철거 · 해체하려는 벽체재료, 바닥재, 천장재 및 지붕재 등의 자재에 석면이 중량비율 1퍼센트를 초과하여 함유되어 있고 그 자재의 면적의 합이 50제곱미터 이상인 경우
② 석면이 중량비율 1퍼센트를 초과하여 함유된 분무재 또는 내화피복재를 사용한 경우
③ 석면이 중량비율 1퍼센트를 초과하여 함유된 자재의 면적의 합이 15제곱미터 이상 또는 그 부피의 합이 1세제곱미터 이상인 경우
④ 파이프에 사용된 보온재에서 석면이 중량비율 1퍼센트를 초과하여 함유되어 있고 그 보온재 길이의 합이 80미터 이상인 경우

필기에 자주 출제 ★

정답 04 ④ 05 ② 06 ②

07 화학물질의 분류 · 표시 및 물질안전보건자료에 관한 기준상 발암성 물질 구분에 있어 사람에게 충분한 발암성 증거가 있는 물질의 분류는?

① Ca ② A1
③ C1 ④ 1A

* 우리나라 노동부고시

1A	사람에게 충분한 발암성 증거가 있는 물질
1B	시험동물에서 발암성 증거가 충분히 있거나, 시험동물과 사람 모두에서 제한된 발암성 증거가 있는 물질
2	사람이나 동물에서 제한된 증거가 있지만, 구분1로 분류하기에는 증거가 충분하지 않은 물질

암기법

1A : 사람 충분한 발암
1B : 사람 · 동물 제한된 발암
2 : 사람 · 동물 제한된 증거

실기에 자주 출제★★★

08 다음의 설명과 관련이 있는 것은?

진동 작업에 따른 증상으로 손과 손가락의 혈관이 수축하며 혈행(血行)이 감소하여 손이나 손가락이 창백해지고 바늘로 찌르듯이 저리며 통증이 심하다. 또한 추운 곳에서 작업할 때 더욱 악화될 수 있다.

① Raynaud's syndrome
② Carpal tunnel syndrome
③ Thoracic outlet syndrome
④ Multiple chemical sensitivity

* 레이노(Raynaud' s phenonmenon) 현상
한랭환경에서 국소진동에 노출 시 말초혈관운동 장해로 인하여 수지가 창백해지고 손이 차며 통증이 오는 현상을 말한다.

필기에 자주 출제★

09 재해발생 이론 중, 하인리히의 도미노 이론에서 재해 예방을 위한 가장 효과적인 대책은?

① 사고 제거
② 인간결함 제거
③ 불안전한 상태 및 행동 제거
④ 유전적 요인과 사회환경 제거

* 하인리히의 도미노 이론
① 1단계 : 선천적 결함(사회, 환경, 유전적 결함)
② 2단계 : 개인적 결함
③ 3단계 : 불안전 행동(인적결함), 불안전한 상태(물적결함) (제거가능)
④ 4단계 : 사고
⑤ 5단계 : 재해(상해)

필기에 자주 출제★

10 생물학적 모니터링의 대상물질과 대사산물의 연결이 틀린 것은?

① 카드뮴 : 카드뮴(혈중)
② 수은 : 총 무기수은(혈중)
③ 크실렌 : 메틸마뇨산(소변중)
④ 이황화탄소 : 카르복시헤모글로빈(혈중)

④ 이황화탄소 : 요중 TTCA, 요중 이황화탄소

실기에 자주 출제★★★

정답 07 ④ 08 ① 09 ③ 10 ④

11 피로의 예방대책으로 가장 거리가 먼 것은?

① 작업환경은 항상 정리, 정돈한다.
② 작업시간 중 적당한 때에 체조를 한다.
③ 동적작업은 피하고 되도록 정적작업을 수행한다.
④ 불필요한 동작을 피하고 에너지 소모를 적게 한다.

> 동적인 작업과 정적인 작업을 적절히 혼합하여 배치한다.(과격한 육체적 노동은 기계화하고, 과도한 정적인 작업은 적정한 동적인 작업으로 전환한다)

필기에 자주 출제 ★

12 PWC가 16.5kcal/min 인 근로자가 1일 8시간 동안 물체를 운반하고 있다. 이때의 작업대사량은 10kcal/min 이고, 휴식 시의 대사량은 1.2kcal/min 이다. Hertig의 식을 이용했을 때 적절한 휴식시간 비율은 약 몇 % 인가?

① 41　② 46
③ 51　④ 56

> 1. $T_{rest}(\%)=\left[\frac{E_{max}-E_{task}}{E_{rest}-E_{task}}\right]\times 100$
> 2. 작업시간 = 60분 − 휴식시간
>
> - $T_{rest}(\%)$: 피로예방을 위한 적정 휴식시간 비 (60분을 기준하여 산정)
> - E_{max} : 1일 8시간 작업에 적합한 작업대사량 [육체적 작업능력(PWC)의 1/3]
> - E_{rest} : 휴식 중 소모 대사량
> - E_{task} : 해당 작업의 작업대사량
>
> $T_{rest}(\%)=\left[\frac{5.5-10}{1.2-10}\right]\times 100=51.14(\%)$
>
> $(E_{max}=\frac{PWC}{3}=\frac{16.5}{3}=5.5(\text{kcal/min})$

실기까지 중요 ★★

13 세계 최초의 직업성 암으로 보고된 음낭암의 원인물질로 규명된 것은?

① 납(lead)　② 황(sulfur)
③ 구리(copper)　④ 검댕(soot)

> * Percivall Pott(18세기)
> ① 영국의 외과의사로 직업성 암(굴뚝청소부의 음낭암)을 최초로 보고함
> ② 암의 원인 물질은 "검댕"
> ③ "굴뚝 청소부법" 제정토록 함

실기까지 중요 ★★

14 근육운동에 필요한 에너지는 혐기성 대사와 호기성 대사를 통해 생성된다. 혐기성과 호기성 대사에 모두 에너지원으로 작용하는 것은?

① 지방(fat)
② 단백질(protein)
③ 포도당(glucose)
④ 아데노신삼인산(ATP)

혐기성 대사 (Anaerobic metabolism)	1. 근육에 저장된 화학적 에너지 2. 혐기성 대사 순서 ATP(아데노신 삼인산) → CP(크레아틴 인산) → Glycogen(글리코겐) or Glucose(포도당)
호기성 대사 (Aerobic metabolism)	1. 대사과정(구연산 회로)을 거쳐 생성된 에너지 2. 호기성 대사 과정 포도당 단백질 + 산소 → 에너지원 지방

실기까지 중요 ★★

정답 11 ③ 12 ③ 13 ④ 14 ③

15 사무실 실내환경의 복사기, 전기기구, 전기집진기형 공기정화기에서 주로 발생되는 유해 공기오염물질은?

① O_3 ② CO_2
③ VOCs ④ HCHO

⋆오존(O_3)
복사기, 전기기구, 전기집진기형 공기정화기에서 주로 발생되는 유해 공기오염물질

필기에 자주 출제 ★

16 메틸에틸케톤(MEK) 50ppm(TLV 200ppm), 트리클로로에틸렌(TCE)25ppm(TLV50ppm), 크실렌(Xylene) 30ppm(TLV 100ppm)이 공기 중 혼합물로 존재할 경우 노출지수와 노출기준 초과여부로 맞는 것은? (단, 혼합물질은 상가작용을 한다.)

① 노출지수 0.5, 노출기준 미만
② 노출지수 0.5, 노출기준 초과
③ 노출지수 1.05, 노출기준 미만
④ 노출지수 1.05, 노출기준 초과

1. 노출지수

$$EI = \frac{C_1}{T_1} + \frac{C_2}{T_2} + \cdots + \frac{C_n}{T_n}$$

- C : 화학물질 각각의 측정치
- T : 화학물질 각각의 노출기준

2. 평가

- EI 〉 1 : 노출기준을 초과함
- EI 〈 1 : 노출기준을 초과하지 않음

1. $EI = \frac{50}{200} + \frac{25}{50} + \frac{30}{100} = 1.05$
2. EI 〉 1이므로 노출기준을 초과함

실기까지 중요 ★★

17 무게 10kg의 물건을 근로자가 들어 올리려고 한다. 해당 작업조건의 권고기준(RWL)이 5kg 이고 이동거리가 20cm일 때, 중량물 취급지수(LI)는 얼마인가? (단, 1분 2회씩 1일 8시간을 작업한다.)

① 1 ② 2
③ 3 ④ 4

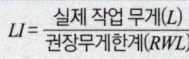

$$LI = \frac{\text{실제 작업 무게}(L)}{\text{권장무게한계}(RWL)}$$

$LI = \frac{10}{5} = 2$

실기까지 중요 ★★

18 작업대사율이 4인 경우 실동율은 약 몇 % 인가? (단, 사이또와 오시마식을 적용한다.)

① 25 ② 40
③ 65 ④ 85

실노동율(실동률)(%) = 85 − (5 × RMR)
- RMR : 에너지 대사율(작업대사율)

실동률 = 85 − (5 × 4) = 65(%)

실기까지 중요 ★★

정답 15 ① 16 ④ 17 ② 18 ③

19 산업피로의 발생요인 중 작업부하와 관련이 가장 적은 것은?

① 적응 조건 ② 작업 강도
③ 작업 자세 ④ 조작 방법

* 작업강도(작업부하)에 영향을 미치는 요소
① 작업 강도(에너지 소비량)
② 작업의 정밀도
③ 작업 자세
④ 작업 속도
⑤ 작업 시간
⑥ 조작 방법
⑦ 대인접촉 빈도 등

필기에 자주 출제★

20 상용 근로자 건강진단의 목적과 가장 거리가 먼 것은?

① 근로자가 가진 질병의 조기 발견
② 질병이환 근로자의 질병 치료 및 취업 제한
③ 근로자가 일에 부적합한 인적 특성을 지니고 있는지 여부 확인
④ 일이 근로자 자신과 직장동료의 건강에 불리한 영향을 미치고 있는지 여부의 발견

* 상용 근로자 건강진단의 목적
① 근로자가 가진 질병의 조기 발견
② 근로자가 일에 부적합한 인적 특성을 지니고 있는지 여부 확인
③ 일이 근로자 자신과 직장동료의 건강에 불리한 영향을 미치고 있는지 여부의 발견

필기에 자주 출제★

제2과목 작업환경측정 및 평가

21 다음 중 작업장 내 소음을 측정 시 소음계의 청감보정회로로 옳은 것은? (단, 고용노동부 고시를 기준으로 한다.)

① A특성 ② W특성
③ E특성 ④ S특성

소음측정 시 소음계의 청감보정회로는 A특성으로 할 것

실기까지 중요★★

22 가스 및 증기시료 채취 시 사용되는 고체흡착방식 중 활성탄에 관한 설명과 가장 거리가 먼 것은?

① 증기압이 낮고 반응성이 있는 물질의 분리에 사용된다.
② 제조과정 중 탄화과정은 약 600℃의 무산소 상태에서 이루어진다.
③ 포집한 시료는 이황화탄소로 탈착시켜 가스크로마토그래피로 미량 분석이 가능하다.
④ 사업장에서 작업 시 발생되는 유기용제를 포집하기 위해 가장 많이 사용된다.

① 증기압이 낮고 반응성이 있는 물질의 채취효율은 떨어진다.

* 참고
유기용제증기, 수은증기 등 무거운 증기는 잘 흡착하고 메탄, 일산화탄소 등은 흡착되지 않고 휘발성이 큰 저분자량의 탄화수소 화합물의 채취효율이 떨어진다.

필기에 자주 출제★

정답 19 ① 20 ② 21 ① 22 ①

23 작업장의 습도에 대한 설명으로 틀린 것은?

① 상대습도는 ppm으로 나타낸다.
② 온도변화에 따라 상대습도는 변한다.
③ 온도변화에 따라 포화수증기량은 변한다.
④ 공기 중 상대습도가 높으면 불쾌감을 느낀다.

① 상대습도는 %으로 나타낸다.

$$상대습도(\%) = \frac{현재\ 수증기압}{포화\ 수증기압} \times 100$$

필기에 자주 출제 ★

24 먼지 입경에 따른 여과 메커니즘 및 채취효율에 관한 설명과 가장 거리가 먼 것은?

① 약 0.3μm 인 입자가 가장 낮은 채취효율을 가진다.
② 0.1μm 미만인 입자는 주로 간섭에 의하여 채취된다.
③ 0.1μm ~ 0.5μm 입자는 주로 확산 및 간섭에 의하여 채취된다.
④ 입자크기는 먼지채취효율에 영향을 미치는 중요한 요소이다.

⋆ 입자크기별 여과기전
① 입경 0.1μm 미만 입자 : 확산
② 입경 0.1 ~ 0.5μm : 확산, 직접차단(간섭)
③ 입경 0.5μm 이상 : 관성충돌, 직접차단(간섭)
④ 가장 낮은 채집효율을 가지는 입경 : 0.3μm

필기에 자주 출제 ★

25 자동차 도장공정에서 노출되는 톨루엔의 측정결과 85ppm 이고, 1일 10시간 작업한다고 가정할 때, 고용노동부에서 규정한 보정노출기준(ppm)과 노출평가결과는? (단, 톨루엔의 8시간 노출기준은 100ppm 이라고 가정한다.)

① 보정 노출기준 : 30, 노출평가결과 : 미만
② 보정 노출기준 : 50, 노출평가결과 : 미만
③ 보정 노출기준 : 80, 노출평가결과 : 초과
④ 보정 노출기준 : 125, 노출평가결과 : 초과

$$보정노출기준(1일간\ 기준) = 8시간\ 노출기준 \times \frac{8}{h}$$

1. 보정노출기준 = $100 \times \frac{8}{10} = 80$(ppm)
2. 작업장의 노출농도 85ppm이 보정된 노출기준 80ppm을 초과하였으므로 노출기준 초과

실기까지 중요 ★★

26 가스상 물질의 시료 포집 시 사용하는 액체포집방법의 흡수효율을 높이기 위한 방법으로 옳지 않은 것은?

① 시료채취 속도를 높여 채취유량을 줄이는 방법
② 채취효율이 좋은 프리티드 버블러 등의 기구를 사용하는 방법
③ 흡수용액의 온도를 낮추어 오염물질의 휘발성을 제한하는 방법
④ 두 개 이상의 버블러를 연속적으로 연결하여 채취효율을 높이는 방법

① 시료채취 속도를 낮춘다.(체류시간을 길게 한다.)

필기에 자주 출제 ★

정답 23 ① 24 ② 25 ③ 26 ①

27 다음 중 직경분립충돌기의 특징과 가장 거리가 먼 것은?

① 입자의 질량크기 분포를 얻을 수 있다.
② 시료채취가 용이하고 비용이 저렴하다.
③ 흡입성, 흉곽성, 호흡성 입자의 크기별로 분포를 얻을 수 있다.
④ 호흡기에 부분별로 침착된 입자크기의 자료를 추정할 수 있다.

★ 직경분립충돌기

장점	① 호흡기에 부분별로 침착된 입자크기의 자료를 추정할 수 있다. ② 흡입성, 흉곽성, 호흡성 입자의 크기별 분포와 농도를 계산할 수 있다. ③ 입자의 질량크기 분포를 얻을 수 있다.
단점	① 시료채취가 까다롭다.(경험이 있는 전문가가 철저한 준비를 통해 측정하여야 한다.) ② 시료 채취준비시간이 길고 비용이 많이 든다. ③ 되튐으로 인한 시료의 손실이 있다. ④ 공기가 옆에서 유입되지 않도록 각 충돌기의 철저한 조립과 장착이 필요하다.

실기까지 중요 ★★

28 옥외 작업장(태양광선이 내리쬐는 장소)의 WBGT 지수 값은 얼마인가? (단, 자연습구온도 : 29℃, 건구온도 : 33℃, 흑구온도 : 36℃, 기류속도 : 1m/s이고 고용노동부 고시를 기준으로 한다.)

① 29.7℃　② 30.8℃
③ 31.6℃　④ 32.3℃

1. 옥외(태양광선이 내리쬐는 장소)
WBGT(℃) = 0.7×자연습구온도 + 0.2×흑구온도 + 0.1×건구온도
2. 옥내 또는 옥외(태양광선이 내리쬐지 않는 장소)
WBGT(℃) = 0.7×자연습구온도 + 0.3×흑구온도

WBGT(℃) = 0.7×자연습구온도 + 0.2×흑구온도 + 0.1×건구온도
= 0.7×29 + 0.2×36 + 0.1×33
= 30.8℃

실기에 자주 출제 ★★★

29 1,1,1-Trichloroethane 1750mg/m³을 ppm 단위로 환산한 것은? (단, 25℃, 1기압, 1,1,1-Trichloroethane의 분자량은 133 이다.)

① 약 227ppm　② 약 322ppm
③ 약 452ppm　④ 약 527ppm

$$mg/m^3 = \frac{ppm \times 분자량}{24.45(25℃, 1기압)}$$

$$ppm = \frac{mg/m^3 \times 24.45}{분자량} = \frac{1,750 \times 24.45}{133} = 321.71(ppm)$$

실기까지 중요 ★★

30 기체크로마토그래피와 고성능액체크로마토그래피의 비교로 옳지 않은 것은?

① 기체크로마토그래피는 분석시료의 휘발성을 이용한다.
② 고성능액체크로마토그래피는 분석시료의 용해성을 이용한다.
③ 기체크로마토그래피의 분리기전은 이온배제, 이온교환, 이온분배이다.
④ 기체크로마토그래피의 이동상은 기체이고 고성능액체크로마토그래피의 이동상은 액체이다.

★ 크로마토그래피의 분리 기전
① 이온교환(Ion-exchange)
② 분배(Partition)
③ 흡착(Adsorption)
④ 친화(Affinity)
⑤ 크기배제(Size-exclusion)

필기에 자주 출제 ★

정답 27 ② 28 ② 29 ② 30 ③

31 납 흄에 노출되고 있는 근로자의 납 노출농도를 측정한 결과 0.056mg/m³이었다. 미국 OSHA의 평가방법에 따라 이 근로자의 노출을 평가하면? (단, 시료채취 및 분석오차(SAE) = 0.082이고 납에 대한 허용기준은 0.05mg/m³이다.)

① 판정할 수 없음
② 허용기준을 초과함
③ 허용기준을 초과하지 않음
④ 허용기준을 초과할 가능성이 있음

1. Y(표준화 값) $= \dfrac{\text{TWA 또는 STEL}}{\text{허용기준}}$
2. 95%의 신뢰도를 가진 하한치를 계산
   - 하한치 = Y − 시료채취 분석오차
3. 허용기준 초과여부 판정
   - 하한치 1 초과 : 허용기준 초과

1. Y(표준화 값) $= \dfrac{0.056}{0.05} = 1.12$
2. 하한치 = 1.12 − 0.082 = 1.038
3. 하한치 > 1이므로 허용기준을 초과함

실기까지 중요 ★★

32 유사노출그룹을 가장 세분하게 분류할 때, 다음 중 분류 기준으로 가장 적합한 것은?

① 공정　　② 조직
③ 업무　　④ 작업범주

[조직 → 공정 → 작업범주 → 작업내용(유해인자) → 업무]별로 세분화 하여 분류한다.

필기에 자주 출제 ★

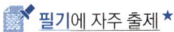

33 다음 중 일반적인 사람이 들을 수 있는 가청 주파수 범위로 가장 적절한 것은?

① 약 2 ~ 2,000Hz
② 약 20 ~ 20,000Hz
③ 약 200 ~ 200,000Hz
④ 약 2,000 ~ 2,000,000Hz

* 일반 사람이 들을 수 있는 가청 주파수 범위
20 ~ 20,000 Hz

필기에 자주 출제 ★

34 다음 입자상물질의 크기 표시 중 입자의 면적을 2등분하는 선의 길이로 과소평가의 위험이 있는 것은?

① 페렛 직경　　② 마틴 직경
③ 등면적 직경　　④ 공기역학적 직경

마틴직경	① 입자의 면적을 2등분하는 선의 길이로 나타내는 직경 ② 과소 평가될 수 있다.
페렛직경	① 입자의 가장자리를 이등분한 직경(먼지의 한쪽 끝 가장자리에서 다른 쪽 끝 가장자리 까지의 거리로 나타내는 직경) ② 과대 평가될 가능성이 있다.
등면적직경	① 입자의 면적과 동일한 면적을 가진 원의 직경으로 환산한 직경 ② 가장 정확한 직경이다.

암기법
기하학적 이(2등분) 마, 페가(가장자리), 등면적 동원(동일한 면적의 원)

실기에 자주 출제 ★★★

정답 31 ② 32 ③ 33 ② 34 ②

35 여과지에 금속농도 100mg을 첨가한 후 분석하여 검출된 양이 80mg이었다면 회수율 몇 %인가?

① 40　② 80
③ 125　④ 150

$$회수율(\%) = \frac{검출량}{첨가량} \times 100$$

$$회수율(\%) = \frac{80}{100} \times 100 = 80(\%)$$

필기에 자주 출제★

36 공기 중 석면시료분석에 가장 정확한 방법으로 석면의 감별 분석이 가능하며 위상차 현미경으로 볼 수 없는 매우 가는 섬유도 관찰이 가능하지만, 값이 비싸고 분석시간이 많이 소요되는 방법은?

① X선 회절법　② 편광현미경법
③ 전자현미경법　④ 직독식현미경법

★전자현미경
① 공기 중 석면시료 분석에 가장 정확한 방법이다.
② 석면의 성분 분석(감별분석)이 가능하다.
③ 위상차현미경으로 볼 수 없는 매우 가는 섬유도 관찰할 수 있다.
④ 분석시간이 길고 값이 비싸다.

필기에 자주 출제★

37 탈착효율 실험은 고체흡착관을 이용하여 채취한 유기용제의 분석에 관련된 실험이다. 이 실험의 목적과 가장 거리가 먼 것은?

① 탈착효율의 보정　② 시약의 오염 보정
③ 흡착관의 오염 보정　④ 여과지의 오염 보정

★탈착효율 실험의 목적
① 흡착관의 오염 보정
② 시약의 오염 보정
③ 분석대상 물질이 탈착 용매에 실제로 탈착되는 양을 파악하여 보정(탈착효율의 보정)

38 다음 중 활성탄관으로 포집한 시료를 열 탈착할 때의 특징으로 옳은 것은?

① 작업이 번잡하다.
② 탈착효율이 나쁘다.
③ 300℃ 이상 고온에서 사용 가능하다.
④ 한 번에 모든 시료가 주입되어 여분의 분석물질이 남지 않는다.

열탈착은 고온에서 흡착제에 흡착된 물질을 날려보내 탈착시키는 방법으로 탈착된 물질은 전체 양이 가스크로마토그래피에 주입되기 때문에 여분의 분석물질이 남지 않는다. 낮은 농도의 물질 분석이 가능하지만 단 한번 밖에 분석할 수 없다는 단점도 있다.

정답　35 ②　36 ③　37 ④　38 ④

39 다음 중 표준기구에 관한 설명으로 가장 거리가 먼 것은?

① 폐활량계는 1차 용량표준으로 자주 사용된다.
② 펌프의 유량을 보정하는데 1차 표준으로 비누거품 미터가 널리 사용된다.
③ 1차 표준기구는 물리적 차원인 공간의 부피를 직접 측정할 수 있는 기구를 말한다.
④ Wet-test meter(용량측정용)는 용량측정을 위한 1차 표준으로 2차 표준용량 보정에 사용된다.

④ Wet-test meter(용량측정용)는 용량측정을 위한 2차 표준기구로 1차 표준용량 보정에 사용된다.

* 참고

1차 표준 기구	2차 표준기구
1. 비누거품미터 2. 폐활량계 3. 가스치환병 4. 유리피스톤미터 5. 흑연피스톤미터 6. 피토튜브(Pitot tube)	1. 로타미터 2. 습식테스트미터 (Wet-test-meter) 3. 건식가스미터 (Dry-gas-meter) 4. 오리피스미터 5. 열선기류계
암기법 1차비누로 폐활량재고, 가스치환하여, 유리, 흑연 먹였더니 피토했다.	암기법 2 열로 걸어가는 습관 테스트하는 오리

실기에 자주 출제 ★★★

40 흡습성이 적고 가벼워 먼지의 중량분석, 유리규산채취, 6가 크롬 채취에 적용되는 여과지는?

① PVC 여과지
② 은막 여과지
③ 유리섬유 여과지
④ 셀루로오스에스테르 여과지

* PVC 막 여과지
① 수분의 영향이 크지 않아 공해성 먼지, 총 먼지 등의 중량분석을 위한 측정에 이용된다.(흡습성이 낮아 분진의 중량분석에 사용)
② 유리규산을 채취하여 X-선 회절법으로 분석하는데 적절하고 6가 크롬, 아연산화물의 채취에 이용된다.

암기법
TV(PVC막여과지)에 "산아(산화아연) 6명(6가크롬) 먼저(먼지) 유괴(유리규산)"라고 나옴

실기까지 중요 ★★

정답 39 ④ 40 ①

제3과목 작업환경관리

41 방진마스크의 여과효율을 검정할 때 사용하는 먼지의 크기는 몇 μm인가?

① 0.1 ② 0.3
③ 0.5 ④ 1.0

방진마스크의 여과효율을 검정할 때 국제적으로 사용하는 먼지의 크기 → 0.3μm

42 다음 중 입자상 물질에 속하지 않는 것은?

① 흄 ② 분진
③ 증기 ④ 미스트

증기 → 가스상 물질

필기에 자주 출제 ★

43 다음 중 적외선에 관한 설명과 가장 거리가 먼 것은?

① 가시광선보다 긴 파장으로 가시광선에 가까운 쪽을 근적외선, 먼 쪽을 원적외선이라고 부른다.
② 적외선은 일반적으로 화학작용을 수반하지 않는다.
③ 적외선에 강하게 노출되면 각막염, 백내장과 같은 장해를 일으킬 수 있다.
④ 적외선은 지속적 적외선, 맥동적 적외선으로 구분된다.

* 적외선의 분류
① 근적외선 : 750nm ~ 1400nm(0.75 ~ 1.4μm)
② 단적외선 : 1400nm ~ 3000nm(1.4 ~ 3.0μm)
③ 중적외선 : 3000nm ~ 8000mm(3.0 ~ 8.0μm)
④ 원적외선 : 8000nm ~ 15000mm(8.0 ~ 15μm)
⑤ 극원적외선(극적외선) : 150000nm 초과 (15μm보다 긴 파장)

필기에 자주 출제 ★

44 음압레벨이 80dB로 동일한 두 소음이 합쳐질 경우 총 음압레벨은 약 몇 dB 인가?

① 81 ② 83
③ 85 ④ 87

* 합성소음도

$$L(\text{dB}) = 10\times\log(10^{\frac{L_1}{10}} + 10^{\frac{L_2}{10}} + \cdots + 10^{\frac{L_n}{10}})$$

- L : 합성소음도(dB)
- $L_1 \sim L_2$: 각각 소음원의 소음(dB)

$$L = 10\times\log\left(10^{\frac{80}{10}} + 10^{\frac{80}{10}}\right) = 83.01\text{dB(A)}$$

실기까지 중요 ★★

정답 41 ② 42 ③ 43 ④ 44 ②

45 다음 중 감압병 예방을 위한 환경 관리 및 보건관리 대책과 가장 거리가 먼 것은?

① 질소가스 대신 헬륨가스를 흡입시켜 작업하게 한다.
② 감압을 가능한 한 짧은 시간에 시행한다.
③ 비만자의 작업을 금지시킨다.
④ 감압이 완료되면 산소를 흡입시킨다.

② 급격한 감압 시에는 혈액 속의 질소가 혈액과 조직에 기포를 형성하여 감압병을 일으킬 수 있다.

★참고
감압병의 예방 및 치료
① 고압환경에서의 작업시간을 제한(1일 6시간, 주 34시간)하고 고압실내의 작업에서는 탄산가스 분압이 증가하지 않도록 신선한 공기를 송기시킨다.
② 감압이 끝날 무렵에 순수한 산소를 흡입시키면 감압시간을 25% 가량 단축시킬 수 있다.
③ 헬륨은 질소보다 확산속도가 크며 체외로 배출되는 시간이 질소에 비하여 50% 정도 밖에 걸리지 않아 고압환경에서 작업하는 근로자에게 질소를 헬륨으로 대치한 공기를 호흡시킨다.
④ 특별히 잠수에 익숙한 사람을 제외하고는 10m/min속도 정도로 잠수하는 것이 안전하다.
⑤ 감압병이 발생하면 환자를 원래의 고압환경 상태로 바로 복귀시키거나, 인공 고압실에 넣어 혈관 및 조직 속에 발생한 질소의 기포를 용해시킨 후 서서히 감압한다.

필기에 자주 출제★

46 다음 중 한랭작업장에서 위생상 준수해야 할 사항과 가장 거리가 먼 것은?

① 건조한 양말의 착용
② 적절한 온열장치 이용
③ 팔다리 운동으로 혈액순환 촉진
④ 약간 작은 장갑과 방한화의 착용

④ 약간 작은 장갑과 방한화는 혈액순환을 방해하며 적합하지 못하다.

★참고
사업주는 한랭작업에 근로자를 종사하도록 하는 때에는 건강장해를 예방하기 위하여 다음 각 호의 기준에 따라 적절한 보호구와 작업복 등을 지급·관리하고 이를 근로자가 착용하도록 조치한다.
① 다량의 저온물체를 취급하거나 현저히 추운 장소에서 작업하는 근로자에게는 방한모, 방한화, 방한장갑 및 방한복을 개인전용의 것으로 지급한다.
② 기온이 4℃ 이하의 작업환경에서는 근로자가 적절한 보호복을 착용하도록 하며, 젖은 곳에서는 방수복을 착용하게 한다.
③ 신발은 고무인 바닥을 천으로 둘러싸고 가죽으로 덮은 부츠를 제공한다.
④ 머리를 통해 50% 의 열 소실이 있는 경우 털모자 또는 열선이 있는 안전모와 같은 머리 보호구를 제공한다.
⑤ 근로자로 하여금 지급한 보호구는 상시 점검하도록 하고 보호구에 이상이 있다고 판단한 경우 사업주는 이상 유무를 확인하여 이를 보수하거나 다른 것으로 교환하여 준다.

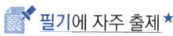

필기에 자주 출제★

정답 45 ② 46 ④

47 밀폐공간에서 작업할 때 관리방법으로 옳지 않은 것은?

① 비상 시 탈출할 수 있는 경로를 확인 후 작업을 시작한다.
② 작업장에 들어가기 전에 산소농도와 유해물질의 농도를 측정한다.
③ 환기량은 급기량이 배기량보다 약 10% 많게 한다.
④ 산소결핍 및 황화수소의 노출이 과도하게 우려되는 작업장에서는 방독마스크를 착용한다.

④ 산소결핍이 우려되는 작업장에서는 송기마스크를 착용하여야 한다.

필기에 자주 출제 ★

48 다음 중 비타민 D의 형성과 같이 생물학적 작용이 활발하게 일어나게 하는 Dorno선과 가장 관계있는 것은?

① UV-A ② UV-B
③ UV-C ④ UV-S

* 자외선의 종류

근자외선 (UV-A)	① 파장 : 315(300) ~ 400nm [3,150 ~ 4,000Å] ② 피부의 색소침착
도르노선 (UV-B)	① 파장 : 280(290) ~ 315(320)nm [2,800 ~ 3,150Å] ② 소독작용, 비타민 D형성 등 인체에 유익한 영향(건강선, 생명선) ③ 홍반 각막염, 피부암 유발
UV-C	① 파장 : 100 ~ 280nm [1,000 ~ 2,800Å] ② 살균작용(살균효과가 있어 수술용 램프로 사용)

실기까지 중요 ★★

49 1/1 옥타브밴드의 중심주파수가 500Hz일 때, 하한과 상한 주파수로 가장 적합한 것은? (단, 정비형 필터 기준으로 한다.)

① 354Hz, 707Hz ② 362Hz, 724Hz
③ 373Hz, 746Hz ④ 382Hz, 764Hz

* 1/1 옥타브 밴드 분석기

1. $\frac{f_U}{f_L}=2^{\frac{1}{1}}$, $f_u=2f_L$
2. 중심주파수(f_c) $=\sqrt{f_L \times f_U}=\sqrt{F_L \times 2f_L}=\sqrt{2}f_L$
 - f_L : 중심주파수보다 낮은 쪽 주파수
 - f_U : 중심주파수보다 높은 쪽 주파수
 - f_C : 중심주파수

1. 중심주파수(f_c) $=\sqrt{2}\times f_L$
 $f_L=\frac{f_c}{\sqrt{2}}=\frac{500}{\sqrt{2}}=353.55$(Hz)
2. 높은 쪽의 주파수(f_U)
 = 2×낮은 쪽의 주파수(f_L)
 = 2×353.55 = 707.1(Hz)

실기까지 중요 ★★

50 분진흡입에 따른 진폐증 분류 중 유기성 분진에 의한 진폐증은?

① 규폐증 ② 주석폐증
③ 농부폐증 ④ 탄소폐증

무기성(광물성) 분진에 의한 진폐증	유기성 분진에 의한 진폐증
① 규폐증 ② 규조토폐증 ③ 탄소폐증 ④ 탄광부 진폐증 ⑤ 용접공폐증 ⑥ 석면폐증 ⑦ 베릴륨폐증 ⑧ 활석폐증 ⑨ 흑연폐증 ⑩ 주석폐증 ⑪ 칼륨폐증 ⑫ 바륨폐증 ⑬ 철폐증	① 농부폐증 ② 연초폐증 ③ 면폐증 ④ 설탕폐증 ⑤ 목재분진폐증 ⑥ 모발분진폐증 **암기법** 연초 핀 농부의 모발에서 설탕 나오면 면(면폐증) 목(목재분진폐증) 없다.

필기에 자주 출제 ★

정답 47 ④ 48 ② 49 ① 50 ③

51 입자상 물질이 호흡기 내로 침착하는 작용기전이 아닌 것은?

① 침강 ② 확산
③ 회피 ④ 충돌

* 입자상 물질의 호흡기계 축적기전(호흡기 침착 매커니즘)
① 충돌(관성충돌)
② 침전(중력침강)(sedimentation)
③ 차단(interception)
④ 확산(diffusion)
⑤ 정전기침강

실기까지 중요 ★★

52 작업장에서 훈련된 착용자들이 적절히 밀착이 이루어진 호흡기 보호구를 착용하였을 때, 기대되는 최소 보호정도치는?

① 정도보호계수 ② 밀착보호계수
③ 할당보호계수 ④ 기밀보호계수

* 할당보호계수
(APF ; Assigend Protection Factor)
① 보호구 바깥쪽 공기 중 오염물질 농도와 보호구 안쪽 오염물질 농도의 비를 나타낸다.
② 적절히 밀착된 호흡기보호구를 훈련된 일련의 착용자들이 작업장에서 착용하였을 때 기대되는 최소 보호 정도치(착용자 보호정도)를 말한다.

필기에 자주 출제 ★

53 인공조명의 조명방법에 관한 설명으로 옳지 않은 것은?

① 간접조명은 강한 음영으로 분위기를 온화하게 만든다.
② 간접조명은 설비비가 많이 소요된다.
③ 직접조명은 조명효율이 크다.
④ 일반적으로 분류하는 인공적인 조명방법은 직접조명, 간접조명, 반간접조명 등으로 구분할 수 있다.

① 강한 음영을 만든다. → 직접조명의 단점

* 참고
직접조명의 장 · 단점

장점	① 조명률이 크므로 소비전력은 간접조명의 1/2~1/3 이다. ② 설비비가 저렴하며 설계가 단순하다. ③ 효율이 좋다. ④ 조명기구의 점검, 보수가 용이하다. ⑤ 천장면의 색조에 영향을 받지 않는다.
단점	① 눈이 부시다. ② 빛이 반사되어 물체를 식별하기가 어렵다. ③ 균일한 조도를 얻기 어렵다. ④ 강한 음영을 만든다.

간접조명의 장 · 단점

장점	① 눈부심이 적고 피조면의 조도가 균일하다 ② 그림자가 부드럽다. ③ 등기구의 사용을 최소화하여 조명효과를 얻을 수 있다.
단점	① 밝지 않다. ② 천장 색에 따라 조명 빛깔이 변한다. ③ 효율성이 떨어진다. ④ 설비비가 많이 들고 보수가 쉽지 않다.

필기에 자주 출제 ★

정답 51 ③ 52 ③ 53 ①

54 다음 중 음압레벨(L_p)을 구하는 식은? (단, P : 측정되는 음압, P_0 : 기준음압)

① $Lp = 10\log_{10}\frac{P_0}{P}$　　② $Lp = 10\log_{10}\frac{P}{P_0}$

③ $Lp = 20\log_{10}\frac{P_0}{P}$　　④ $Lp = 20\log_{10}\frac{P}{P_0}$

$$SPL = 20\times\log\left(\frac{P}{P_o}\right)(\text{dB})$$

- SPL : 음압수준(음압도, 음압레벨) (dB)
- P : 대상음의 음압(음압 실효치) (N/m^2)
- P_o : 기준음압 실효치 ($2\times10^{-5}N/m^2$, $2\times10^{-4}dyne/cm^2$)

실기까지 중요 ★★

55 다음 그림에서 음원의 방향성(directivity)은?

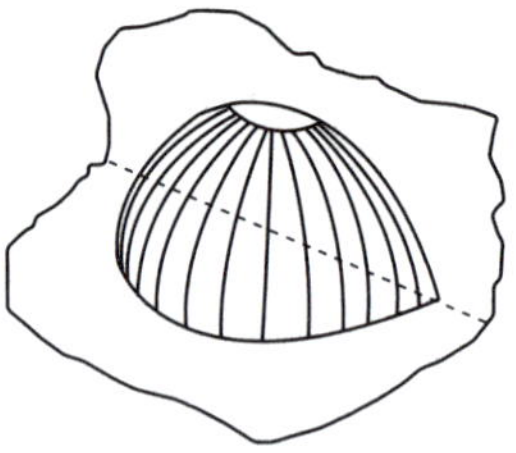

① 1　　② 2

③ 3　　④ 4

음원이 자유공간에 떠 있는 경우(음의 전파가 완전 구체인 경우)	음원이 반 자유공간 또는 바닥 위에 있는 경우(음의 전파가 반구인 경우)
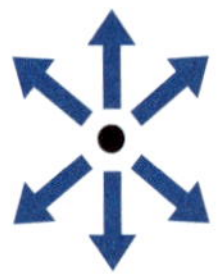	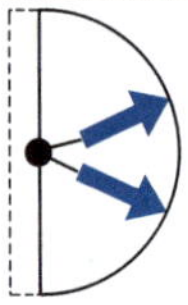
$Q=1$ $DI=10\times\log1=0$(dB)	$Q=2$ $DI=10\times\log2=3$(dB)

음원이 두면이 만나는 구석 또는 벽 근처 바닥에 있는 경우(음의 전파가 1/4 구체인 경우)	음원이 세면이 만나는 구석 또는 각진 모퉁이 바닥에 있는 경우(음의 전파가 1/8 구체인 경우)
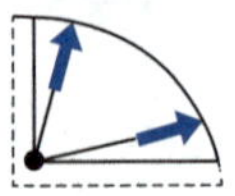	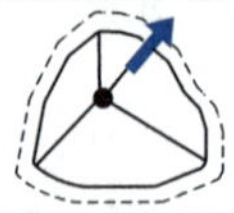
$Q=4$ $DI=10\times\log4=6$(dB)	$Q=8$ $DI=10\times\log8=9$(dB)

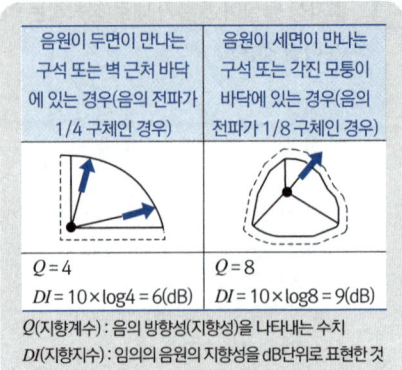

Q(지향계수) : 음의 방향성(지향성)을 나타내는 수치
DI(지향지수) : 임의의 음원의 지향성을 dB단위로 표현한 것

실기까지 중요 ★★

56 다음 중 방진마스크의 종류가 아닌 것은?

① 0급　　② 1급

③ 2급　　④ 특급

★ 방진마스크의 등급

등급	사용장소
특급	① 베릴륨등과 같이 독성이 강한 물질들을 함유한 분진 등 발생장소 ② 석면 취급장소
1급	① 특급마스크 착용장소를 제외한 분진 등 발생장소 ② 금속흄 등과 같이 열적으로 생기는 분진등 발생장소 ③ 기계적으로 생기는 분진 등 발생장소(규소등과 같이 2급 방진마스크를 착용하여도 무방한 경우는 제외한다)
2급	① 특급 및 1급 마스크 착용장소를 제외한 분진 등 발생 장소
배기밸브가 없는 안면부여과식 마스크는 특급 및 1급 장소에 사용해서는 안 된다.	

실기까지 중요 ★★

정답 54 ④ 55 ④ 56 ①

57 다음 중 작업과 관련 위생 보호구가 올바르게 짝지어진 것은?

① 전기 용접 작업 - 차광안경
② 분무 도장작업 - 방진 마스크
③ 갱내의 토석 굴착 작업 - 방독 마스크
④ 철판 절단을 위한 프레스 작업 - 고무제 보호의

② 분무 도장작업 - 방독 마스크
③ 갱내의 토석 굴착 작업 - 방진 마스크
④ 철판 절단을 위한 프레스 작업 - 방진마스크, 보안경

58 다음 중 먼지 시료를 채취하는 여과지 선정의 고려사항과 가장 거리가 먼 것은?

① 여과지 무게　② 흡습성
③ 기계적인 강도　④ 채취효율

* 여과지(여과재) 선정 시 고려사항
① 채취효율 : 포집효율(채취효율)이 높을 것
② 압력손실 : 포집시의 흡인저항(흡입저항)은 낮을 것(압력손실이 적을 것)
③ 기계적인 강도 : 접거나 구부리더라도 파손되지 않고 찢어지지 않을 것
④ 흡습성 : 흡습률이 낮을 것

필기에 자주 출제 ★

59 이상기압에 관한 설명으로 옳지 않은 것은?

① 수면 하에서의 압력은 수심이 10m가 깊어질 때마다 약 1기압씩 높아진다.
② 공기 중의 질소 가스는 2기압 이상에서 마취 증세가 나타난다.
③ 고공성 폐수종은 어른보다 어린이에게 많이 일어난다.
④ 급격한 감압 조건에서는 혈액과 조직에 용해되어 있던 질소가 기포를 형성하는 현상이 일어난다.

② 공기 중의 질소 가스는 4기압 이상에서 마취 증세가 나타난다.

* 참고
고압환경의 2차적 가압현상
① 질소의 마취작용 : 공기 중의 질소 가스는 4기압 이상에서 마취작용을 일으킨다.
② 산소중독 증세 : 산소분압이 2기압을 넘으면 산소중독 증세가 나타난다.
③ 이산화탄소의 작용 : 이산화탄소의 증가는 산소의 독성과 질소의 마취작용을 촉진시킨다.

실기까지 중요 ★★

60 다음 중 저온환경에서 발생할 수 있는 건강장해는?

① 감압증　② 산식증
③ 고산병　④ 참호족

* 한랭환경에 의한 건강장해
① 전신체온강화(저체온증) : 장시간의 한랭 노출과 체열상실에 따라 발생하는 급성 중증장해
② 동상 : 조직의 동결을 말하며, 피부의 이론상 동결온도는 약 -1℃정도이다.
③ 참호족(참수족) : 한랭환경에 장기간 노출됨과 동시에 발이 지속적으로 습기나 물에 잠길 경우 발생한다.

필기에 자주 출제 ★

정답 57 ① 58 ① 59 ② 60 ④

61 자유공간에 떠 있는 직경 20cm 인 원형개구후드의 개구면으로부터 20cm 떨어진 곳의 입자를 흡인하려고 한다. 제어풍속을 0.8 m/s로 할 때 필요환기량은 약 몇 m^3/min 인가?

① 5.8 ② 10.5
③ 20.7 ④ 30.4

* 외부식 후드(자유공간, 플랜지 미부착)

$Q = 60 \cdot Vc(10X^2 + A)$: Dallavalle식

- Q : 필요송풍량(m^3/min)
- Vc : 제어속도(m/sec)
- A : 개구면적(m^2)
- X : 후드중심선으로 부터 발생원까지의 거리(m) (오염원과 후드 간 거리가 덕트 직경의 1.5배 이내일 때만 유효)

$$Q = 60 \times Vc(10X^2 + A)$$
$$= 60 \times 0.8 \times (10 \times 0.2^2 + 0.0314)$$
$$= 20.71(m^3/min)$$

$$\left[A = \frac{\pi d^2}{4} = \frac{\pi \times 0.2^2}{4} = 0.0314(m^2) \right]$$

실기에 자주 출제 ★★★

62 산업환기 시스템에 대한 설명으로 틀린 것은?

① 원형덕트를 우선시 한다.
② 합류점에서 정압이 큰 쪽이 공기흐름을 지배하므로 지배정압(SP governing)이라 한다.
③ 댐퍼를 이용한 균형방법은 주로 시설 설치 전에 댐퍼를 가지덕트에 설치하여 유량을 조절하게 된다.
④ 후드 정압은 정지상태의 공기를 가속시키는데 필요한 에너지(속도압)와 난류손실의 합으로 표현된다.

③ 댐퍼를 이용한 균형방법은 주로 시설 설치 후에 댐퍼를 가지덕트에 설치하여 유량을 조절하게 된다.

* 참고

저항조절평형법(댐퍼조절평형법, 덕트균형유지법)
① 덕트에 댐퍼를 부착하여 압력을 조정하여 평형을 유지하는 방법
② 오염물질 배출원이 많아 여러 개의 가지덕트를 주덕트에 연결할 필요가 있는 경우(분지관의 수가 많고 덕트의 압력손실이 클 때) 사용한다.

필기에 자주 출제 ★

63 다음 중 원심력을 이용한 공기정화장치에 해당하는 것은?

① 백필터(bag filter)
② 스크러버(scrubber)
③ 사이클론(cyclone)
④ 충진탑(packed tower)

* 원심력 집진장치(사이클론)

함진가스에 선회류를 일으키는 원심력을 이용하여 분진을 분리, 포집한다.

필기에 자주 출제 ★

정답 61 ③ 62 ③ 63 ③

64 전체환기시설의 설치조건으로 가장 거리가 먼 것은?

① 오염물질이 증기나 가스인 경우
② 오염물질의 발생량이 비교적 적은 경우
③ 오염물질의 노출기준 값이 매우 작은 경우
④ 동일한 작업장에 오염원이 분산되어 있는 경우

국소환기 장치 설치가 필요한 경우	① 유해물질 발생량이 많은 경우 ② 유해물질 독성이 강한 경우(TLV가 낮을 때) ③ 유해물질 발생원과 작업위치가 근접해 있는 경우 ④ 높은 증기압의 유기용제 ⑤ 발생주기가 균일하지 않은 경우 ⑥ 발생원이 고정되어 있는 경우 ⑦ 법적의무 설치사항의 경우
전체환기 (희석환기)가 필요한 경우	① 유해물질의 독성이 비교적 낮은 경우 ② 동일한 작업장에 다수의 오염원이 분산되어 있는 경우 ③ 유해물질이 시간에 따라 균일하게 발생될 경우 ④ 유해물질의 발생량이 적은 경우 ⑤ 발생원이 이동하는 경우 ⑥ 오염원이 근무자가 근무하는 장소로부터 멀리 떨어져 있는 경우

실기까지 중요 ★★

65 다음의 내용에서 ㉠, ㉡에 해당하는 숫자로 맞는 것은?

> 산업환기 시스템에서 공기유량(m^3/sec)이 일정할 때, 덕트 직경을 3배로 하면 유속은 (㉠)로, 직경은 그대로 하고, 유속을 1/4로 하면 압력손실은 (㉡)로 변한다.

① ㉠ 1/3, ㉡ 1/8　② ㉠ 1/12, ㉡ 1/6
③ ㉠ 1/6, ㉡ 1/12　④ ㉠ 1/9, ㉡ 1/16

1. $Q = A \times V = \frac{\pi \times d^2}{4} \times V$
   - Q : 유체의 유량(m^3/min)
   - A : 유체가 통과하는 단면적(m^2)
   - V : 유체의 유속(m/sec)
2. 압력손실($\triangle P$) $= F \times VP$
   $= \lambda \times \frac{L}{D} \times \frac{\gamma V^2}{2g}$($mmH_2O$)
   - F_h(압력손실계수) $= \lambda \times \frac{L}{D}$
   - λ : 관마찰계수(무차원)
   - D : 덕트 직경(m)(원형관일 경우)
     (장방형 덕트일 경우 : 상당직경(등가직경)$= \frac{2ab}{a+b}$)
   - L : 덕트 길이(m)

1. 덕트 직경을 3배로 할 경우
   - $Q = A \times V = \frac{\pi \times d^2}{4} \times V$

   $V = \frac{Q}{\frac{\pi \times d^2}{4}} = \frac{4Q}{\pi \times d^2}$ 에서

   $V = \frac{1}{d^2}$의 관계이므로

   직경을 3배로 할 경우

   $V = \frac{1}{(3d)^2} = \frac{1}{9d^2}$

   ∴ 직경을 3배로 하면 속도는 $\frac{1}{9}$로 변화한다.
2. 유속을 1/4로 할 경우

   $\triangle P = F \times \frac{\gamma V^2}{2g}$에서

   $\triangle P$와 V^2은 비례관계이므로

   ∴ V를 $\frac{1}{4}$로 하면 $\triangle P$는 $(\frac{1}{4})^2 = \frac{1}{16}$로 변화한다.

필기에 자주 출제 ★

정답 64 ③ 65 ④

66 후드에서의 유입손실이 전혀 없는 이상적인 후드의 유입계수는 얼마인가?

① 0 ② 0.5
③ 0.8 ④ 1.0

> 유입손실이 전혀 없는 이상적인 후드의 유입계수 → 1.0

67 작업장 내의 열부하량이 200,000kcal/h 이며, 외부의 기온은 25℃ 이고, 작업장 내의 기온은 35℃ 이다. 이러한 작업장의 전체환기를 위한 필요환기량(m^3/min)은 약 얼마인가?

① 1100 ② 1600
③ 2100 ④ 2600

> $$Q=\frac{H_s}{0.3\triangle t}(m^3/hr)$$
> • $\triangle t$: 급배기(실내, 외)의 온도차(℃)
> • H_s : 작업장내 열부하량(kcal/hr)
> • 0.3 : 정압비열(kcal/m^3℃)
>
> $$Q=\frac{200{,}000}{0.3\times(35-25)}=66{,}666.67(m^3/hr)\div 60$$
> $$=1{,}111.11(m^3/min)$$

실기까지 중요 ★★

68 유해가스의 처리방법 중 연소를 통한 처리방법에 대한 설명이 아닌 것은?

① 처리경비가 저렴하다.
② 제거효율이 매우 높다.
③ 저농도 유해물질에도 적합하다.
④ 배기가스의 온도를 높여야 한다.

> ④ 연소법은 가연성가스, 악취 등을 연소시켜 제거하는 방법을 말한다.

69 급기구와 배기구의 직경을 d라고 할 때, 급기구와 배기구로부터 각각 일정거리에서의 유속이 최초 속도의 10%가 되는 거리는 얼마인가?

① 급기구 : 1d, 배기구 : 30d
② 급기구 : 2d, 배기구 : 10d
③ 급기구 : 10d, 배기구 : 2d
④ 급기구 : 30d, 배기구 : 1d

> 송풍기로 공기를 불어줄 때(배기구), 공기속도가 덕트 직경의 30배(30D) 지점에서 유속이 10%로 감소하나, 공기를 흡인할 때(흡기구)는 기류의 방향과 관계없이 덕트 직경과 같은 거리에서 10%로 감소한다.

실기까지 중요 ★★

정답 66 ④ 67 ① 68 ④ 69 ①

70 보기를 이용하여 일반적인 국소배기장치의 설계순서를 가장 적절하게 나열한 것은?

> ㉠ 반송속도의 결정
> ㉡ 제어속도의 결정
> ㉢ 송풍기의 선정
> ㉣ 후드 크기의 결정
> ㉤ 덕트 직경의 산출
> ㉥ 필요송풍량의 계산

① ㉥ → ㉡ → ㉢ → ㉣ → ㉤ → ㉠
② ㉥ → ㉢ → ㉡ → ㉠ → ㉣ → ㉤
③ ㉢ → ㉡ → ㉣ → ㉠ → ㉥ → ㉤
④ ㉡ → ㉥ → ㉠ → ㉤ → ㉣ → ㉢

★ 국소배기장치의 설계순서
후드형식 선정 → 제어속도 결정 → 소요풍량 계산 → 반송속도 결정 → 덕트 직경 산출 → 후드 크기 결정 → 송풍기 선정

실기까지 중요 ★★

71 국소배기장치의 투자비용과 전력소모비를 적게 하기 위하여 최우선으로 고려하여야 할 사항은?

① 제어속도를 최대한 증가시킨다.
② 덕트의 직경을 최대한 크게 한다.
③ 후드의 필요 송풍량을 최소화 한다.
④ 배기량을 많게 하기 위해 발생원과 후드 사이의 거리를 가능한 한 멀게 한다.

★ 국소배기장치의 투자비용과 전력소모비를 적게 하기 위하여 최우선으로 고려하여야 할 사항
→ 후드의 필요 송풍량을 최소화한다.

필기에 자주 출제 ★

72 작업장의 크기가 세로 20m, 가로 30m, 높이 6m이고, 필요환기량이 120m³/min 일 때, 1시간당 공기교환 횟수는 몇 회인가?

① 1　　② 2
③ 3　　④ 4

★ 시간당 공기교환 횟수(ACH)

$$ACH = \frac{\text{실내 환기량}(Q)}{\text{실내 체적}(m^3)}$$

• $Q(m^3/hr)$

$$ACH = \frac{120}{20 \times 30 \times 6} \times 60 = 2(\text{회})$$

실기까지 중요 ★★

73 자연환기방식에 의한 전체환기의 효율은 주로 무엇에 의해 결정되는가?

① 풍압과 실내 · 외 온도차이
② 대기압과 오염물질의 농도
③ 오염물질의 농도와 실내 · 외 습도 차이
④ 작업자 수와 작업장 내부 시설의 위치

★ 전체환기의 효율
풍압과 실내 · 외 온도 차이에 의해 결정된다.

필기에 자주 출제 ★

정답　70 ④　71 ③　72 ②　73 ①

74 전압, 속도압, 정압에 대한 설명으로 틀린 것은?

① 속도압은 항상 양압이다.
② 정압은 속도압에 의존하여 발생한다.
③ 전압은 속도압과 정압을 합한 값이다.
④ 송풍기의 전 · 후 위치에 따라 덕트 내의 정압이 음(-)이나 양(+)으로 된다.

② 정압은 공기의 유동이 없을 때 발생하는 압력을 말하며, 속도압은 공기흐름 방향의 속도에 의해 생기는 압력이다.

필기에 자주 출제★

75 어느 공기정화장치의 압력손실이 300mmH_2O, 처리가스량이 1000m^3/min, 송풍기의 효율이 80%이다. 이 장치의 소요 동력은 약 몇 kW인가?

① 56.9 ② 61.3
③ 72.5 ④ 80.6

$$HP(\text{kW}) = \frac{Q \times P}{6,120 \times \eta} \times K$$

- Q : 송풍량(m^3/min)
- P : 유효전압(풍압)(mmH_2O)
- η : 송풍기효율
- K : 안전여유

$$HP(\text{kW}) = \frac{1,000 \times 300}{6,120 \times 0.8} = 61.27(\text{kW})$$

실기에 자주 출제★★★

76 80℃에서 공기의 부피가 5m^3일 때, 21℃에서 이 공기의 부피는 약 몇 m^3인가? (단, 공기의 밀도는 1.2kg/m^3이고, 기압의 변동은 없다.)

① 4.2 ② 4.8
③ 5.2 ④ 5.6

*부피의 온도보정

$$V_2 = V_1 \times \frac{T_2 P_1}{T_1 P_2}$$

$$V_2 = 5 \times \frac{273+21}{273+80} = 4.16(m^3)$$

*참고
보일-샤를의 법칙

$$\frac{P_1 V_1}{T_1} = \frac{P_2 V_2}{T_2}$$

$$T_1 P_2 V_2 = T_2 P_1 V_1$$

$$V_2 = V_1 \times \frac{T_2 P_1}{T_1 P_2}$$

실기까지 중요★★

77 송풍기의 바로 앞부분(up stream)까지의 정압이 −200mmH_2O, 뒷부분(down stream)에서의 정압이 10mmH_2O이다. 송풍기의 바로 앞부분과 뒷부분에서의 속도압이 모두 8mmH_2O일 때 송풍기 정압(mmH_2O)은 얼마인가?

① 182 ② 190
③ 202 ④ 218

*송풍기 정압(FSP)

송풍기 전압(FTP)과 속도압(VP_{out})의 차

$$\begin{aligned} FSP &= FTP - VP_{out} \\ &= (SP_{out} - SP_{in}) + (VP_{out} - VP_{in}) - VP_{out} \\ &= (SP_{out} - SP_{in}) - VP_{in} \\ &= (SP_{out} - TP_{in}) \end{aligned}$$

$$\begin{aligned} FSP &= (SP_{out} - SP_{in}) - VP_{in} \\ &= [10 - (-200)] - 8 = 202(\text{mm}H_2O) \end{aligned}$$

실기까지 중요★★

정답 74 ② 75 ② 76 ① 77 ③

78 제어속도에 관한 설명으로 옳은 것은?

① 제어속도가 높을수록 경제적이다.
② 제어속도를 증가시키기 위해서 송풍기 용량의 증가는 불가피하다.
③ 외부식 후드에서 후드와 작업지점과의 거리를 줄이면 제어속도가 증가한다.
④ 유해물질을 실내의 공기 중으로 분산시키지 않고 후드 내로 흡인하는데 필요한 최대기류속도를 의미한다.

① 제어속도가 낮을수록 경제적이다.
② 제어속도를 증가시키기 위해서 후드와 작업지점과의 거리를 줄여야 한다.
④ 유해물질을 실내의 공기 중으로 분산시키지 않고 후드 내로 흡인하는데 필요한 최소기류 속도를 의미한다.

필기에 자주 출제 ★

* 참고

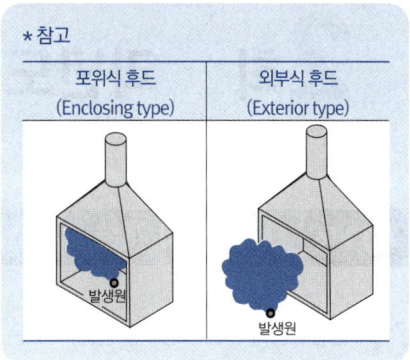

포위식 후드 (Enclosing type)	외부식 후드 (Exterior type)
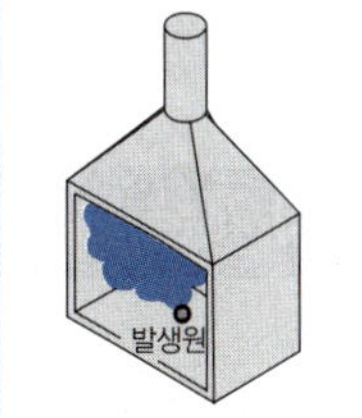	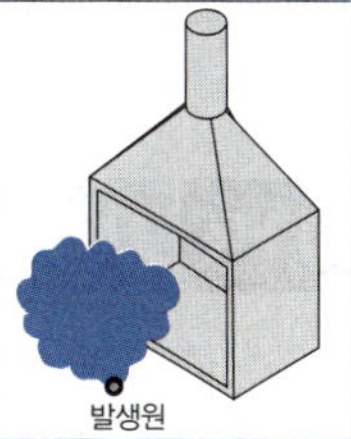

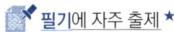

79 후드의 형태 중 포위식이 외부식에 비하여 효과적인 이유로 볼 수 없는 것은?

① 제어풍량이 적기 때문이다.
② 유해물질이 포위되기 때문이다.
③ 플랜지가 부착되어 있기 때문이다.
④ 영향을 미치는 외부기류를 사방면에서 차단하기 때문이다.

③ 플랜지는 외부식 후드에서 방해기류의 방지를 위해 설치하는 설비이다.

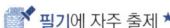

필기에 자주 출제 ★

80 사염화에틸렌 10,000ppm 이 공기 중에 존재한다면 공기와 사염화에틸렌 혼합물의 유효비중은 얼마인가? (단, 사염화에틸렌의 증기비중은 5.7로 한다.)

① 1.0047　　② 1.047
③ 1.47　　④ 10.47

1. 작업환경 중의 사염화에틸렌이 10,000ppm = 1%이므로 공기는 99%가 된다.
2. 사염화에틸렌 1%(증기비중 5.7), 공기 99%(공기비중 1.0)이므로
유효비중 = 0.01 × 5.7 + 0.99 × 1 = 1.047

실기까지 중요 ★★

정답 78 ③ 79 ③ 80 ②

2019년 4월 27일

2회 과년도기출문제

제1과목 산업위생학 개론

01 산업위생과 관련된 정보를 얻을 수 있는 기관으로 관계가 가장 적은 것은?

① EPA ② AIHA
③ OSHA ④ ACGIH

② AIHA : 미국산업위생학회
③ OSHA : 미국산업안전보건청
④ ACGIH : 미국정부산업위생전문가협의회

* 참고
EPA(Environmental Protection Agency)
마국환경보건청

필기에 자주 출제 ★

02 ACGIH TLV의 적용상 주의사항으로 맞는 것은?

① TLV는 독성의 강도를 비교할 수 있는 지표가 된다.
② 반드시 산업위생전문가에 의하여 적용되어야 한다.
③ TLV는 안전농도와 위험농도를 정확히 구분하는 경계선이 된다.
④ 기존의 질병이나 육체적 조건을 판단하기 위한 척도로 사용될 수 있다.

① TLV는 독성의 강도를 비교할 수 있는 지표는 아니다.
③ TLV는 안전농도와 위험농도를 정확히 구분하는 경계선이 아니다.
④ 기존의 질병이나 육체적 조건을 판단하기 위한 척도로 사용될 수 없다.

실기까지 중요 ★★

03 VDT 증후군에 해당하지 않는 질병은?

① 안면피부염
② 눈 질환
③ 감광성 간질
④ 전리방사선 질환

* VDT증후군
영상표시단말기(VDT)를 오랜 기간 취급하는 작업자에게 발생하는 근골격계질환, 안정피로 등의 안장해, 정전기 등에 의한 피부발진, 정신적 스트레스, 전자기파와 관련된 건강장해 등을 모두 합하여 부르는 용어이다.

필기에 자주 출제 ★

04 피로의 예방대책과 가장 거리가 먼 것은?

① 개인별 작업량을 조절한다.
② 작업환경을 정비, 정돈한다.
③ 동적작업을 정적작업으로 바꾼다.
④ 작업과정에 적절한 간격으로 휴식시간을 둔다.

정답 01 ① 02 ② 03 ④ 04 ③

③ 동적인 작업과 정적인 작업을 적절히 혼합하여 배치한다.(과격한 육체적 노동은 기계화하고, 과도한 정적인 작업은 적정한 동적인 작업으로 전환한다)

필기에 자주 출제★

05 작업환경측정 및 지정측정기관 평가 등에 관한 고시에 있어 정도관리의 실시시기 및 구분에 관한 설명으로 틀린 것은?

① 정기정도관리는 매년 분기별로 각 1회 실시한다.
② 작업환경측정기관으로 지정받고자 하는 경우 특별정도관리를 실시한다.
③ 정기정도관리의 세부실시계획은 실무위원회가 정하는 바에 따른다.
④ 정기·특별정도관리 결과 부적합 평가를 받은 기관은 최초 도래하는 해당 정도관리를 다시 받아야 한다.

* 정도관리의 구분 및 실시시기

정기 정도관리	분석자의 분석능력을 평가하기 위해 실시하는 정도관리로서 연 1회 이상 실시한다.
특별 정도관리	다음 각 목의 어느 하나에 해당하는 경우 실시한다. ① 작업환경측정기관으로 지정받고자 하는 경우 ② 직전 정기정도관리에 불합격한 경우 ③ 대상기관이 부실측정과 관련한 민원을 야기하는 등 운영위원회에서 특별정도관리가 필요하다고 인정하는 경우

필기에 자주 출제★

06 실내 환경의 빌딩 관련 질환에 관한 설명으로 틀린 것은?

① 레지오넬라 질환은 주요 호흡기 질병의 원인균 중 하나로서 1년까지도 물속에서 생존하는 균으로 알려져 있다.
② 과민성 폐렴은 고농도의 알레르기 유발물질에 직접 노출되거나 저농도에 지속적으로 노출될 때 발생한다.
③ SBS(Sick Building Syndrome)는 점유자 등이 건물에서 보내는 시간과 관계하여 특별한 증상 없이 건강과 편안함에 영향을 받는 것을 의미한다.
④ BRI(Building Related Illness)는 건물 공기에 대한 노출로 인해 야기된 질병을 지칭하는 것으로, 증상의 진단이 불가능하며 직접적인 원인을 알 수 없는 질병을 뜻한다.

* BRI(Building Related Illness)
빌딩으로 둘러싸인 밀폐된 공간에서 오염된 공기로 인하여 두통, 피부발진, 눈, 코 등의 점막자극증상, 호흡기 장애 등의 증상을 일으키는 것을 뜻한다.

필기에 자주 출제★

07 원인별로 분류한 직업병과 직종이 잘못 연결된 것은?

① 규폐증 - 채석광, 채광부
② 구내염, 피부염 - 제강공
③ 소화기질병 - 시계공, 정밀기계공
④ 탄저병, 파상풍 - 피혁제조, 축산, 제분

① 잠수부 - 잠함병
② 도료공 - 빈혈
③ 전기용접공 - 백내장
④ 제강공 - 구내염, 피부염
⑤ 채석광, 채광부 - 규폐증
⑥ 피혁제조, 축산, 제분 - 탄저병, 파상풍

필기에 자주 출제★

정답 05 ① 06 ④ 07 ③

08 피로측정 분류법과 측정대상 항목이 올바르게 연결된 것은?

① 자율신경검사 - 시각, 청각, 촉각
② 운동기능검사 - GSR, 연속반응시간
③ 순환기능검사 - 심박수, 혈압, 혈류량
④ 심적기능검사 - 호흡기 중의 산소농도

① 자율신경검사 - 피부반응 검사, 뇌전도
② 운동기능검사 - 근전도, 산소소비량
④ 심적기능검사 - 연속반응시간, 집중력

필기에 자주 출제 ★

09 1일 12시간 톨루엔(TLV 50ppm)을 취급할 때 노출기준을 Brief & Scala의 방법으로 보정하면 얼마가 되는가?

① 15ppm　② 25ppm
③ 50ppm　④ 100ppm

* Brief와 Scala의 보정방법

1. $RF = \left(\frac{8}{H}\right) \times \frac{24-H}{16}$
2. [일주일 ; $RF = \left(\frac{40}{H}\right) \times \frac{168-H}{128}$]
3. 보정된 노출기준 = RF × 노출기준(허용농도)
- H : 비정상적인 작업시간(노출시간/일) ; 노출시간/주
- 16 : 휴식시간 의미(128 ; 일주일 휴식시간 의미)

1. $RF = \frac{8}{12} \times \frac{24-12}{16} = 0.5$
2. 보정된 허용농도 = 0.5 × 50 = 25(ppm)

실기까지 중요 ★★

10 심한 근육노동을 하는 근로자에게 충분히 공급되어야 할 비타민은?

① 비타민 A　② 비타민 B_1
③ 비타민 C　④ 비타민 B_2

* 비타민 B_1
심한 근육노동을 하는 근로자에게 충분히 공급되어야 할 비타민

필기에 자주 출제 ★

11 교대근무제를 실시하려고 할 때, 교대제 관리 원칙으로 틀린 것은?

① 야근은 2 ~ 3일 이상 연속하지 않을 것
② 근무시간의 간격은 24시간 이상으로 할 것
③ 야근 시 가면이 필요하며 이를 제도화 할 것
④ 각 반의 근로시간은 8시간을 기준으로 할 것

② 야근 후 다음 반으로 가는 간격은 최저 48시간 이상의 휴식시간을 갖도록 하여야 한다.

필기에 자주 출제 ★

12 일본에서 발생한 중금속 중독사건으로, 이른바 이타이이타이(itai-itai)병의 원인물질에 해당하는 것은?

① 크롬(Cr)　② 납(Pb)
③ 수은(Hg)　④ 카드뮴(Cd)

* 유해요인별 중독증세
① 수은중독 : 미나마타병
② 크롬중독 : 비중격천공증, 비강암, 폐암
③ 카드뮴중독 : 이타이이타이병
④ 납중독 : 조혈장해, 말초신경장해
⑤ 벤젠중독 : 빈혈, 백혈병, 조혈장해
⑥ 석면 : 악성중피종

실기까지 중요 ★★

정답　08 ③　09 ②　10 ②　11 ②　12 ④

13 직업과 적성에 있어 생리적 적성검사에 해당하지 않은 것은?

① 체력검사 ② 지각동작검사
③ 감각기능검사 ④ 심폐기능검사

생리학적 적성검사	심리학적 적성검사
① 감각기능검사 ② 심폐기능검사 ③ 체력검사	① 지능검사 ② 지각동작검사 ③ 인성검사 ④ 기능검사

필기에 자주 출제 ★

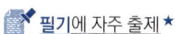

14 기초대사량이 1.5kcal/min이고, 작업대사량이 225kcal/hr인 사람이 작업을 수행할 때, 작업의 실동률(%)은 얼마인가? (단, 사이또와 오지마의 경험식을 적용한다.)

① 61.5 ② 66.3
③ 72.5 ④ 77.5

1. $RMR = \dfrac{\text{작업(노동)대사량}}{\text{기초대사량}} = \dfrac{\text{작업 시의 소비 에너지} - \text{안정 시의 소비 에너지}}{\text{기초대사량}}$
2. 실노동율(실동률)(%) = 85 − (5 × RMR)

1. $RMR = \dfrac{225}{90} = 2.5$
 (1.5kcal/min × 60 = 90kcal/hr)
2. 실노동율(실동률) = 85 − (5 × 2.5) = 72.5(%)

실기까지 중요 ★★

15 피로를 일으키는 인자에 있어 외적 요인에 해당하는 것은?

① 작업 환경 ② 적응 능력
③ 영양 상태 ④ 숙련 정도

① 작업 환경 → 외적 요인
② 적응 능력, 영양 상태, 숙련 정도 → 내적 요인

필기에 자주 출제 ★

16 석면에 대한 설명으로 틀린 것은?

① 우리나라 석면의 노출기준은 0.5개/cc이다
② 석면관련 질병으로는 석면폐, 악성중피종, 폐암 등이 있다.
③ 석면 함유 물질이란 순수한 석면만으로 제조되거나 석면에 다른 섬유물질이나 비섬유질이 혼합된 물질을 의미한다.
④ 건축물에 사용되는 석면 대체품은 유리면, 암면 등 인조광물섬유 보온재와 석고보드, 세라믹 섬유 등의 규산칼슘 보온재가 있다.

① 우리나라 석면의 노출기준은 0.1개/cm^3이다.

필기에 자주 출제 ★

정답 13 ② 14 ③ 15 ① 16 ①

17 사고(事故)와 재해(災害)에 대한 설명 중 틀린 것은?

① 재해란 일반적으로 사고의 결과로 일어난, 인명이나 재산상의 손실을 가져올 수 있는 계획되지 않거나 예상하지 못한 사건을 의미한다.

② 재해는 인명의 상해를 수반하는 경우가 대부분인데 이 경우를 상해라 하고, 인명 상해나 물적 손실 등 일체의 피해가 없는 사고를 아차사고(near accident)라고 한다.

③ 버드의 법칙은 1 : 10 : 30 : 600이라는 비율을 도출하여 하인리히의 법칙과 다른 면을 보여주고 있다 차이점이라면 30건의 물적 손해만 생긴 소위 무상해 사고를 별도로 구분한 것이다.

④ 하인리히 법칙은 한 사람의 중상자가 발생하였다고 하면 같은 원인으로 30명의 경상자가 생겼을 것이고 같은 성질의 사고가 있었으나 부상을 입지 않은 무상해자가 생겼다고 할 때 330번은 무상해, 30번은 경상, 1번의 사망이라는 비율로 된다는 것이다.

* 하인리히 사고빈도법칙(1 : 29 : 300의 법칙)
총 330건의 사고를 분석했을 때
① 중상 또는 사망 : 1건
② 경상해 : 29건
③ 무상해사고 : 300건이 발생함을 의미한다.

필기에 자주 출제 ★

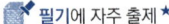

18 산업안전보건법령에서 정의한 강렬한 소음작업에 해당하는 작업은?

① 90dB 이상의 소음이 1일 4시간 이상 발생되는 작업

② 95dB 이상의 소음이 1일 2시간 이상 발생되는 작업

③ 100dB 이상의 소음이 1일 1시간 이상 발생되는 작업

④ 110dB 이상의 소음이 1일 30분 이상 발생되는 작업

* 강렬한 소음작업
① 하루 8시간동안 90dB 이상의 소음이 발생하는 작업
② 하루 4시간동안 95dB 이상의 소음이 발생하는 작업
③ 하루 2시간동안 100dB 이상의 소음이 발생하는 작업
④ 하루 1시간동안 105dB 이상의 소음이 발생하는 작업
⑤ 하루 30분동안 110dB 이상의 소음이 발생하는 작업
⑥ 하루 15분동안 115dB 이상의 소음이 발생하는 작업

실기까지 중요 ★★

정답 17 ④ 18 ④

19 미국 NIOSH에서 제안된 인양작업(lofting)의 감시기준(AL)에 대한 설정기준의 내용으로 틀린 것은?

① 남자의 99%, 여자의 75%가 작업가능하다.
② 작업강도, 즉 에너지 소비량이 3.5kcal/min 이다.
③ 5번 요추와 1번 천추에 미치는 압력이 3400N의 부하이다.
④ AL을 초과하면 대부분의 근로자들에게 근육 및 골격장해가 발생한다.

④ MPL(최대허용기준)을 초과하는 작업에서는 대부분의 근로자들에게 근육 · 골격 장해가 발생한다.

필기에 자주 출제 ★

20 산업안전보건법령상 보건관리자의 자격 기준에 해당하지 않는 자는?

①「의료법」에 의한 의사
②「의료법」에 의한 간호사
③「위생사에 관한 법률」에 의한 위생사
④「고등교육법」에 의한 전문대학에서 산업보건 관련학과를 졸업한 사람

* 보건관리자의 자격
① 「의료법」 에 따른 의사
② 「의료법」 에 따른 간호사
③ 산업보건지도사
④ 산업위생관리산업기사 또는 대기환경산업기사 이상의 자격을 취득한 사람
⑤ 인간공학기사 이상의 자격을 취득한 사람
⑥ 전문대학 이상의 학교에서 산업보건 또는 산업위생 분야의 학과를 졸업한 사람(법령에 따라 이와 같은 수준 이상의 학력이 있다고 인정되는 사람을 포함한다)

실기까지 중요 ★★

제2과목 작업환경측정 및 평가

21 공기 중에 톨루엔(TLV = 100ppm)이 50ppm, 크실렌(TLV = 100ppm)이 80ppm, 아세톤(TLV = 750ppm)이 1000ppm으로 측정되었다면, 이 작업 환경의 노출지수 및 노출기준 초과여부는? (단, 상가작용을 한다고 가정한다.)

① 노출지수 : 2.63, 초과함
② 노출지수 : 2.05, 초과함
③ 노출지수 : 2.63, 초과하지 않음
④ 노출지수 : 2.83, 초과하지 않음

1. 노출지수 = $\frac{C_1}{T_1}+\frac{C_2}{T_2}+\cdots+\frac{C_n}{T_n}$
   - C : 화학물질 각각의 측정치
   - T : 화학물질 각각의 노출기준
2. 판정 : 노출지수 〉1 경우 노출기준을 초과함

1. 노출지수 = $\frac{50}{100}+\frac{80}{100}+\frac{1,000}{750}=2.63$
2. 판정 : 노출지수 〉1이므로 노출기준을 초과함

실기까지 중요 ★★

22 다음 중(　)안에 들어갈 내용으로 옳은 것은?

산업위생통계에서 측정방법의 정밀도는 동일집단에 속한 여러 개의 시료를 분석하여 평균치와 표준편차를 계산하고 표준편차를 평균치로 나눈 값 즉, (　)로 평가한다.

① 분산수　　② 기하평균치
③ 변이계수　　④ 표준오차

산업위생통계에서 측정방법의 정밀도는 변이계수로 나타낸다.

$$CV(\%)=\frac{표준편차}{산술평균}\times 100$$

실기까지 중요 ★★

정답 19 ④ 20 ③ 21 ① 22 ③

23 통계자료 표에서 M과 SD는 무엇을 의미하는가?

① 평균치와 표준편차
② 평균치와 표준오차
③ 최빈치와 표준편차
④ 중앙치와 표준오차

1. 산술평균(M)
노출 대수정규분포에서 평균 노출을 가장 잘 나타내는 대푯값을 말한다.

$$M=\frac{X_1+X_2+X_3+\cdots+X_n}{N}$$

- M : 산술평균
- X_n : 측정치
- N : 측정치 개수

2. 표준편차(SD)
표준편차가 클수록 평균에서 떨어진 값이 많이 있음을 나타낸다.

1. $SD=\sqrt{\frac{\sum_{i=1}^{N}(X_i-\overline{X})^2}{N-1}}$
- SD : 표준편차
- X_i : 측정치
- $\overline{X}$: 측정치의 산술평균치
- N: 측정치의 수

2. 측정횟수 N이 클 경우
$$SD=\sqrt{\frac{\sum_{i=1}^{N}(X_i-\overline{X})^2}{N}}$$

24 어느 작업환경의 소음을 측정하여 보니 허용기준 4시간인 95dB(A)의 소음이 210분 발생되고 있었고, 허용기준 8시간인 90dB(A)의 소음이 270분 발생되고 있었을 때, 노출지수는 약 얼마인가? (단. 상가효과를 고려한다.)

① 1.14 ② 1.24
③ 1.34 ④ 1.44

$$\text{노출지수}=\frac{C_1}{T_1}+\frac{C_2}{T_2}+\cdots+\frac{C_n}{T_n}$$

- C : 화학물질 각각의 측정치
- T : 화학물질 각각의 노출기준

$$\text{노출지수}=\frac{210\text{min}}{4\times60\text{min}}+\frac{270\text{min}}{8\times60\text{min}}=1.44$$

실기까지 중요 ★★

25 흡광광도법으로 시료용액의 흡광도를 측정한 결과 흡광도가 검량선의 영역 밖이었다. 시료용액을 2배로 희석하여 흡광도를 측정한 결과 흡광도가 0.4였을 때, 이 시료용액의 농도는?

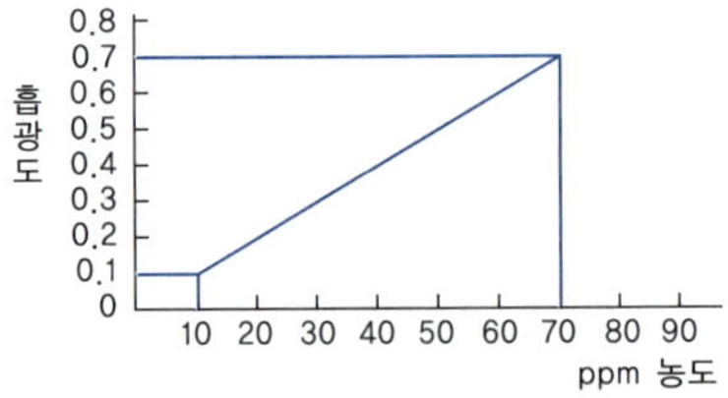

① 20ppm ② 40ppm
③ 80ppm ④ 160ppm

1. 그래프에 의하여
흡광도 0.1 → 농도 10ppm
흡광도 0.7 → 농도 70ppm
∴ 흡광도 0.4 → 농도 40ppm
2. 시료용액을 2배로 희석하였으므로 농도에 희석배수를 곱해준다.
40ppm × 2 = 80ppm

정답 23 ① 24 ④ 25 ③

26 충격소음에 대한 설명으로 옳은 것은? (단, 고용노동부 고시를 기준으로 한다.)

① 최대음압수준에 130dB(A) 이상인 소음이 1초 이상의 간격으로 발생하는 것
② 최대음압수준에 130dB(A) 이상인 소음이 10초 이상의 간격으로 발생하는 것
③ 최대음압수준에 120dB(A) 이상인 소음이 1초 이상의 간격으로 발생하는 것
④ 최대음압수준에 120dB(A) 이상인 소음이 10초 이상의 간격으로 발생하는 것

충격소음이라 함은 최대음압수준에 120dB(A) 이상인 소음이 1초 이상의 간격으로 발생하는 것을 말한다.

*참고
충격소음 노출기준

1일 노출회수	충격소음의 강도[dB(A)]
100	140
1,000	130
10,000	120

실기까지 중요 ★★

27 다음 중 석면에 관한 설명으로 틀린 것은?

① 석면의 종류에는 백석면, 갈석면, 청석면 등이 있다.
② 시료 채취에는 셀룰로오즈 에스테르 막 여과지를 사용한다.
③ 시료 채취 시 유량보정은 시료채취 전·후에 실시한다.
④ 석면분진의 농도는 여과포집법에 의한 중량분석방법으로 측정한다.

④ 석면의 농도는 여과채취방법으로 측정하고 계수방법 또는 이와 동등 이상의 분석방법으로 분석할 것

*참고
석면
광물성분진 및 용접 흄을 제외한 입자상 물질은 여과채취방법으로 측정한 후 중량분석방법이나 유해물질 종류에 따른 적합한 방법으로 분석할 것

필기에 자주 출제★

28 태양광선이 내리쬐지 않는 옥외작업장에서 자연습구온도 20℃, 건구온도 25℃, 흑구온도가 20℃일 때, 습구흑구온도지수(WBGT)는?

① 20℃ ② 20.5℃
③ 22.5℃ ④ 23℃

1. 옥외(태양광선이 내리쬐는 장소)
WBGT(℃) = 0.7×자연습구온도 + 0.2×흑구온도 + 0.1×건구온도
2. 옥내 또는 옥외(태양광선이 내리쬐지 않는 장소)
WBGT(℃) = 0.7×자연습구온도 + 0.3×흑구온도

WBGT(℃) = 0.7×자연습구온도 + 0.3×흑구온도
= 0.7×20 + 0.3×20 = 20℃

실기에 자주 출제★★★

정답 26 ③ 27 ④ 28 ①

29 소음측정에 관한 설명으로 틀린 것은? (단, 고용노동부 고시를 기준으로 한다.)

① 소음수준을 측정할 때에는 측정대상이 되는 근로자의 주 작업행동 범위의 작업 근로자 귀 높이에 설치하여야 한다.
② 단위작업장소에서의 소음발생시간이 6시간 이내인 경우에는 발생시간을 등간격으로 나누어 2회 이상 측정하여야 한다.
③ 누적소음노출량 측정기로 소음을 측정하는 경우에는 Criteria는 90dB, Exchange Rate는 5dB, Threshold는 80dB로 기기를 설정해야 한다.
④ 소음이 1초 이상인 간격을 유지하면서 최대 음압수준이 120dB(A) 이상의 소음인 경우에는 소음수준에 따른 1분 동안의 발생횟수를 측정하여야 한다.

② 단위작업 장소에서의 소음발생시간이 6시간 이내인 경우나 소음발생원에서의 발생시간이 간헐적인 경우에는 발생시간동안 연속 측정하거나 등간격으로 나누어 4회 이상 측정하여야 한다.

*참고
소음의 측정시간
단위작업 장소에서 소음수준은 규정된 측정위치 및 지점에서 1일 작업시간 동안 6시간 이상 연속 측정하거나 작업시간을 1시간 간격으로 나누어 6회 이상 측정하여야 한다. 다만, 소음의 발생특성이 연속음으로서 측정치가 변동이 없다고 자격자 또는 지정측정기관이 판단한 경우에는 1시간 동안을 등간격으로 나누어 3회 이상 측정할 수 있다

실기에 자주 출제 ★★★

30 유해화학물질 분석 시 침전법을 이용한 적정이 아닌 것은?

① Volhard법 ② Mohr법
③ Fajans법 ④ Stiehler법

*침전적정법
침전반응을 이용한 적정법
① Volhard법(볼하드법)
② Mohr법(모아법)
③ Fajans법(파이얀스법)

*참고
적정
시료용액 내에 존재하는 알고싶은 성분의 양을 이것과 반응하는데 필요한 시약의 부피를 측정하여 구하는 방법

31 작업환경 중 유해금속을 분석할 때 사용되는 불꽃방식 원자흡광광도계에 관한 설명으로 틀린 것은?

① 가격이 흑연로장치에 비하여 저렴하다.
② 분석시간이 흑연로장치에 비하여 적게 소요된다.
③ 감도가 높아 혈액이나 소변시료에서의 유해금속 분석에 많이 이용된다.
④ 고체시료의 경우 전처리에 의하여 매트릭스를 제거해야 한다.

③ 시료량이 많이 소요되며 감도가 낮다.

필기에 자주 출제 ★

정답 29 ② 30 ④ 31 ③

32 다음 중 시료채취방법 중에서 개인시료 채취 시 채취지점으로 옳은 것은? (단, 고용노동부 고시를 기준으로 한다.)

① 근로자의 호흡위치(호흡기를 중심으로 반경 30cm인 반구)
② 근로자의 호흡위치(호흡기를 중심으로 반경 60cm인 반구)
③ 근로자의 호흡위치(바닥면을 기준으로 1.2 ~ 1.5m 높이의 고정된 위치)
④ 근로자의 호흡위치(바닥면을 기준으로 0.9 ~ 1.2m 높이의 고정된 위치)

* 개인시료채취
개인시료채취기를 이용하여 가스 · 증기 · 분진 · 흄(fume) · 미스트(mist) 등을 근로자의 호흡위치(호흡기를 중심으로 반경 30cm인 반구)에서 채취하는 것을 말한다.

실기까지 중요 ★★

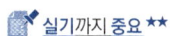

33 물질 Y가 20℃, 1기압에서 증기압이 0.05 mmHg이면, 물질 Y의 공기 중의 포화농도는 약 몇 ppm인가?

① 44　　② 66
③ 88　　④ 102

$$\text{공기중포화농도(ppm)} = \frac{\text{대상물질의 증기압(mmHg)}}{760\text{mmHg}} \times 10^6$$

$$\text{ppm} = \frac{0.05}{760} \times 10^6 = 65.79(\text{ppm})$$

실기까지 중요 ★★

34 다음 중 온도표시에 관한 내용으로 틀린 것은? (단, 고용노동부 고시를 기준으로 한다.)

① 미온은 30 ~ 40℃를 말한다.
② 온수는 40 ~ 50℃를 말한다.
③ 냉수는 15℃ 이하를 말한다.
④ 찬 곳은 따로 규정이 없는 한 0 ~ 15℃의 곳을 말한다.

- 상온은 15 ~ 25℃, 실온은 1 ~ 35℃, 미온은 30 ~ 40℃로 하고, 찬 곳은 따로 규정이 없는 한 0 ~ 15℃의 곳을 말한다.
- 냉수(冷水)는 15℃ 이하, 온수(溫水)는 60 ~ 70℃, 열수(熱水)는 약 100℃를 말한다.

필기에 자주 출제 ★

35 유량 및 용량을 보정하는 데 사용되는 1차 표준 장비는?

① 오리피스미터　　② 로타미터
③ 열선기류계　　④ 가스치환병

1차 표준 기구	2차 표준기구
1. 비누거품미터 2. 폐활량계 3. 가스치환병 4. 유리피스톤미터 5. 흑연피스톤미터 6. 피토튜브(Pitot tube)	1. 로타미터 2. 습식테스트미터 (Wet-test-meter) 3. 건식가스미터 (Dry-gas-meter) 4. 오리피스미터 5. 열선기류계
암기법 1차비누로 폐활량 재고, 가스치환하여, 유리, 흑연 먹였더니 피토했다.	암기법 2 열로 걸어가는 습관 테스트하는 오리

실기에 자주 출제 ★★★

정답 32 ① 33 ② 34 ② 35 ④

36 공기 중 석면 농도의 단위로 옳은 것은?

① 개/cm^3　② ppm
③ mg/m^3　④ g/m^2

*작업환경 측정의 단위 표시
① 석면 : 개/cm^3(세제곱센티미터 당 섬유개수)
② 가스, 증기, 분진, 흄, 미스트 : mg/m^3 또는 ppm
③ 고열(복사열 포함) : 습구 · 흑구온도지수를 구하여 ℃로 표시
④ 소음 : [dB(A)]

실기까지 중요 ★★

37 100g의 물에 40g의 용질 A을 첨가하여 혼합물을 만들었을 때, 혼합물 중 용질 A의 중량%(wt%)는 약 얼마인가? (단, 용질 A가 충분히 용해한다고 가정한다.)

① 28.6wt%　② 32.7wt%
③ 34.5wt%　④ 40.0wt%

$$\text{용질의 질량(wt\%)} = \frac{\text{용질의 질량}}{\text{용매의 질량} + \text{용질의질량}} \times 100$$

$$\text{wt\%} = \frac{40}{100+40} \times 100 = 28.57(\text{wt\%})$$

38 회수율 실험은 여과지를 이용하여 채취한 금속을 분석한 것을 보정하는 실험이다. 다음 중 회수율을 구하는 식은?

① $\text{회수율(\%)} = \frac{\text{분석량}}{\text{첨가량}} \times 100$

② $\text{회수율(\%)} = \frac{\text{첨가량}}{\text{분석량}} \times 100$

③ $\text{회수율(\%)} = \frac{\text{분석량}}{1 - \text{첨가량}} \times 100$

④ $\text{회수율(\%)} = \frac{\text{첨가량}}{1 - \text{분석량}} \times 100$

$$\text{회수율(\%)} = \frac{\text{검출량}}{\text{첨가량}} \times 100$$

필기에 자주 출제 ★

39 입자의 가장자리를 이등분하는 직경으로 과대평가의 위험성이 있는 입자상 물질의 직경은?

① 마틴직경　② 페렛직경
③ 등거리직경　④ 등면적직경

마틴직경 (martin diameter)	① 입자의 면적을 2등분하는 선의 길이로 나타내는 직경 ② 과소 평가될 수 있다.
페렛직경 (feret diameter)	① 입자의 가장자리를 이등분한 직경(먼지의 한쪽 끝 가장자리에서 다른 쪽 끝 가장자리 까지의 거리로 나타내는 직경) ② 과대 평가될 가능성이 있다.
등면적직경 (projected area diameter)	① 입자의 면적과 동일한 면적을 가진 원의 직경으로 환산한 직경 ② 가장 정확한 직경이다.

암기법

기하학적 이(2등분) 마, 페가(가장자리), 등면적 동원(동일한 면적의 원)

실기에 자주 출제 ★★★

정답 36 ① 37 ① 38 ① 39 ②

40 다음 중 PVC 막여과지를 사용하여 채취하는 물질에 관한 내용과 가장 거리가 먼 것은?

① 유리규산을 채취하여 C-선 회절법으로 분석하는 데 적절하다.
② 6가 크롬, 아연산화물의 채취에 이용된다.
③ 압력에 강하여 석탄건류나 증류 등의 공정에서 발생하는 PAHs 채취에 이용된다.
④ 수분에 대한 영향이 크지 않기 때문에 공해성 먼지 등의 중량분석을 위한 측정에 이용된다.

③ 압력에 강하여 석탄건류나 증류 등의 고열공정에서 발생되는 다핵방향족탄화수소(PAHs)를 채취하는데 이용된다. → PTFE 막 여과지

*참고
PTFE 막 여과지
① 열, 화학물질, 압력 등에 강한 특성을 가지고 있다.
② 농약, 알카리성 먼지, 콜타르피치 등을 채취하며 1μm, 2μm, 3μm의 구멍크기를 가지고 있다.

암기법

TV(PVC막여과지)에 "산아(산화아연) 6명(6가크롬) 먼저(먼지) 유괴(유리규산)"라고 나옴

실기까지 중요 ★★

제3과목 작업환경관리

41 출력 0.01W의 점음원으로부터 100m 떨어진 곳의 음압수준은? (단, 무지향성 음원, 자유공간의 경우)

① 49dB ② 53dB
③ 59dB ④ 63dB

1. $PWL = 10 \times \log\left(\frac{W}{W_o}\right)$(dB)
   - PWL : 음향파워레벨(dB)
   - W : 대상음원의 음력(watt)
   - W_o : 기준음력(10^{-12}watt)
2. 무지향성 점음원, 자유공간(공중, 구면파)에 위치할 때
   $SPL = PWL - 20\log r - 11$(dB)

1. $PWL = 10 \times \log\frac{0.01}{10^{-12}} = 100$(dB)
2. $SPL = PWL - 20\log r - 11$
   $= 100 - 20 \times \log 100 - 11 = 49$(dB)

실기에 자주 출제 ★★★

정답 40 ③ 41 ①

42 공기 중에 발산된 분진입자는 중력에 의하여 침강하는데 스토크스식이 많이 사용되고 있다. 침강속도는 식으로 맞는 것은? (단, V : 침강속도, ρ_1 : 먼지밀도, ρ : 공기밀도, μ : 공기의 점성, d : 먼지직경, g : 중력가속도)

① $V=\frac{2(\rho-\rho_1)\mu d^2}{9g}$ ② $V=\frac{2(\rho_1-\rho)\mu d}{9g}$

③ $V=\frac{(\rho_1-\rho)gd^2}{18\mu}$ ④ $V=\frac{(\rho-\rho_1)gd}{18\mu}$

★ 침강속도(stoke의 법칙)

$$V=\frac{gd^2(\rho_1-\rho)}{18\mu}(\text{cm/sec})$$

- d_p : 입자의 직경(cm)
- ρ_1 : 입자의 밀도(g/cm³)
- ρ : 가스(공기)의 밀도(g/cm³)
- g : 중력가속도(980cm/sec²)
- μ : 점성계수(g/cm · sec)

실기까지 중요 ★★

43 진폐증을 일으키는 분진 중에서 폐암과 가장 관련이 많은 것은?

① 규산분진 ② 석면분진
③ 활석분진 ④ 규조토분진

★ 석면폐증(Asbestosis)
① 석면을 취급하는 작업자에게 발생되는 진폐증을 말한다.
② 폐암, 악성중피종, 늑막암 등을 일으킨다.

필기에 자주 출제 ★

44 다음 중 방진재료와 가장 거리가 먼 것은?

① 방진고무 ② 코르크
③ 강화된 유리섬유 ④ 펠트

★ 방진재료
① 금속스프링
② 방진고무
③ 코르크
④ 펠트(felt)
⑤ 공기용수철(공기스프링)

필기에 자주 출제 ★

45 다음 중 먼지가 발생하는 작업장에서 가장 완벽한 대책은?

① 근로자가 방진 마스크를 착용한다.
② 발생된 먼지를 습식법으로 제어한다.
③ 전체환기를 실시한다.
④ 발생원을 완전히 밀폐한다.

- 발생원을 완전히 밀폐한다.
  → 가장 적극적인 대책
- 근로자가 방진 마스크를 착용한다.
  → 가장 소극적인 대책

필기에 자주 출제 ★

46 기압에 관한 설명으로 틀린 것은?

① 1기압은 수은주로 760mmHg에 해당한다.
② 수면 하에서의 압력은 수심이 10m 깊어질 때마다 1기압씩 증가한다.
③ 수심 20m에서의 절대압은 2기압이다.
④ 잠함작업이나 해저터널 굴진작업 내 압력은 대기압보다 높다.

정답 42 ③ 43 ② 44 ③ 45 ④ 46 ③

- 수면 하에서의 압력은 수심이 10m 깊어질 때마다 1기압씩 더해진다.
- 수심 20m에서의 압력 : 게이지압 2기압, 절대압 3기압

필기에 자주 출제 ★

47 고압환경에서 작업하는 사람에게 마취작용(다행증)을 일으키는 가스는?

① 이산화탄소　② 질소
③ 수소　④ 헬륨

* 고압환경의 2차적 가압현상
① 질소의 마취작용 : 공기 중의 질소 가스는 4기압 이상에서 마취작용을 일으킨다.
② 산소중독 증세 : 산소분압이 2기압을 넘으면 산소중독 증세가 나타난다.
③ 이산화탄소의 작용 : 이산화탄소의 증가는 산소의 독성과 질소의 마취작용을 촉진시킨다.

실기까지 중요 ★★

48 유기용제를 사용하는 도장작업의 관리 방법에 관한 설명으로 옳지 않은 것은?

① 흡연 및 화기사용을 금지시킨다.
② 작업장의 바닥을 청결하게 유지한다.
③ 보호장갑은 유기용제에 대한 흡수성이 우수한 것을 사용한다.
④ 옥외에서 스프레이 도장작업 시 유해가스용 방독마스크를 착용한다.

③ 보호장갑은 유기용제에 대한 흡수를 막아주는 불침투성이 우수한 것을 사용한다.

49 다음 중 유해한 작업환경에 대한 개선대책인 대치의 내용과 가장 거리가 먼 것은?

① 공정의 변경　② 작업자의 변경
③ 시설의 변경　④ 물질의 변경

* 작업환경개선의 공학적인 대책(작업환경관리의 원칙)
① 대치(대체)
  - 공정의 변경
  - 유해물질 변경
  - 시설의 변경
② 격리(Isolation)
  - 저장물질의 격리
  - 시설의 격리
  - 공정의 격리
  - 작업자의 격리
③ 환기
  - 국소환기
  - 전체환기

필기에 자주 출제 ★

50 1촉광의 광원으로부터 단위 입체각으로 나가는 광속의 단위는?

① Lumen　② Foot-candle
③ Lux　④ Lambert

① 루멘(Lumen; lm) : 1촉광의 광원으로부터 한 단위입체각으로 나가는 광속의 단위
② fc(foot-candle) : 1루멘의 빛이 $1ft^2$의 평면상에 수직방향으로 비칠 때 그 평면의 빛의 양을 나타내는 조도의 단위(1lumen/ft^2)
③ lux(meter-candle) : 1루멘의 빛이 $1m^2$의 평면상에 수직방향으로 비칠 때의 빛의 양을 나타내는 조도의 단위(1lumen/m^2)
④ 램버트(Lambert) : 평면 $1ft^2$($1cm^2$)에서 1Lumen의 빛을 발하거나 반사시킬 때의 밝기 (1Lambert = 3.18candle/m^2)

필기에 자주 출제 ★

정답 47 ② 48 ③ 49 ② 50 ①

51 청력 보호를 위한 귀마개의 감음효과는 주로 어느 주파수 영역에서 가장 크게 나타나는가?

① 회화 음역 주파수 영역
② 가청주파수 영역
③ 저주파수 영역
④ 고주파수 영역

귀마개는 고주파수 영역의 감음효과가 크다.

⋆참고
귀마개(Ear plug)

종류	등급	기호	성능
귀마개	1종	EP-1	저음부터 고음까지 차음하는 것
	2종	EP-2	주로 고음을 차음하여 회화음 영역인 저음은 차음하지 않는 것
귀덮개		EM	

필기에 자주 출제★

52 피부 보호장구의 재질과 적용 화학물질로 올바르게 연결되지 않은 것은?

① Neoprene 고무 - 비극성 용제
② Nitrile 고무 - 비극성 용제
③ Butyl - 비극성 용제
④ Polyvinyl Chloride - 수용성 용액

③ Butyl – 극성용제에 사용

필기에 자주 출제★

53 공기 중 입자상 물질은 여러 기전에 의해 여과지에 채취된다. 차단, 간섭 기전에 영향을 미치는 요소와 가장 거리가 먼 것은?

① 입자크기 ② 입자밀도
③ 여과지의 공경 ④ 여과지의 고형분

⋆차단, 간섭 기전에 영향을 미치는 요소
① 입자크기
② 여과지의 공경(막여과지)
③ 여과지의 고형분(solidity)

필기에 자주 출제★

54 일반적으로 사람이 느끼는 최소 진동역치는?

① 25±5dB ② 35±5dB
③ 45±5dB ④ 55±5dB

⋆사람이 느끼는 최소 진동역치
55±5dB

필기에 자주 출제★

55 다음 중 산소 결핍의 위험이 적은 작업 장소는?

① 전기 용접 작업을 하는 작업장
② 장기간 미사용한 우물의 내부
③ 장시간 밀폐된 화학물질의 저장 탱크
④ 화학물질 저장을 위한 지하실

우물, 장시간 밀폐된 장소, 지하실, 저장탱크 → 밀폐공간 → 산소결핍에 의한 질식 위험

필기에 자주 출제★

정답 51 ④ 52 ③ 53 ② 54 ④ 55 ①

56 저온환경에서 발생할 수 있는 건강장해에 관한 설명으로 틀린 것은?

① 전신 체온강하는 장시간의 한랭 노출 시 체열의 손실로 인해 발생하는 급성 중증장해이다.
② 제3도 동상은 수포와 함께 광범위한 삼출성 염증이 일어나는 경우를 말한다.
③ 피로가 극에 달하면 체열의 손실이 급속히 이루어져 전신의 냉각상태가 수반된다.
④ 참호족은 지속적인 국소의 산소결핍 때문이며 저온으로 모세혈관 벽이 손상되는 것이다.

제1도 동상 (발적)	가려우며 혈관확장으로 국소발적이 생긴다.
제2도 동상 (수포형성과 염증)	수포와 함께 광범위한 삼출성 염증이 생긴다.
제3도 동상 (조직괴사 및 괴저)	심부조직까지 동결되어 조직의 괴사로 인한 괴저가 발생한다.

필기에 자주 출제 ★

57 저온환경이 인체에 미치는 영향으로 옳지 않은 것은?

① 식욕감소　② 혈압변화
③ 피부혈관의 수축　④ 근육긴장

★ 저온환경의 이차적인 생리적 반응
① 말초냉각 : 말초혈관의 수축으로 표면조직의 냉각이 진행된다.
② 식욕변화 : 저온에서는 근육활동, 조직대사의 증진으로 식욕이 항진된다.
③ 혈압변화 : 피부혈관 수축으로 혈압은 일시적으로 상승한다.
④ 순환기능 : 피부혈관의 수축으로 순환기능이 감소된다.

★ 참고
저온(한랭환경)에서의 일차적인 생리적 변화
① 근육긴장의 증가 및 떨림(전율)
② 피부혈관 수축
③ 말초혈관 수축
④ 화학적 대사작용 증가(갑상선 호르몬 분비 증가)
⑤ 체표면적의 감소

필기에 자주 출제 ★

58 다음 중 영상표시단말기(VDT)로 작업하는 사업장의 환경관리에 대한 설명과 가장 거리가 먼 것은?

① 작업 중 시야에 들어오는 화면, 키보드, 서류 등의 주요 표면 밝기는 차이를 두어 입체감이 있도록 한다.
② 실내조명은 화면과 명암의 대조가 심하지 않고 동시에 눈부시지 않도록 하여야 한다.
③ 정전기 방지는 접지를 이용하거나 알콜 등으로 화면을 세척한다.
④ 작업장 주변 환경의 조도는 화면의 바닥색상이 검정색일 때에는 300 ~ 500Lux를 유지하면 좋다.

① 화면을 바라보는 시간이 많은 작업일수록 화면 밝기와 작업대 주변 밝기의 차를 줄이도록 하고, 작업 중 시야에 들어오는 화면 · 키보드 · 서류 등의 주요 표면 밝기를 가능한 한 같도록 유지하여야 한다.

필기에 자주 출제 ★

정답　56 ②　57 ①　58 ①

59 다음 중 밀폐공간 작업에서 사용하는 호흡보호구로 가장 적절한 것은?

① 방진마스크 ② 송기마스크
③ 방독마스크 ④ 반면형마스크

밀폐공간 → 산소결핍에 의한 질식 위험 → 송기마스크 착용

필기에 자주 출제★

60 밀폐공간 작업 시 작업의 부하인자에 대한 설명으로 틀린 것은?

① 모든 옥외작업의 경우와 거의 같은 양상의 근력부하를 갖는다.
② 탱크바닥에 있는 슬러지 등으로부터 황화수소가 발생한다.
③ 철의 녹 사이에 황화물이 혼합되어 있으면 아황산가스가 발생할 수 있다.
④ 산소농도가 25% 이하가 되면 산소결핍증이 되기 쉽다.

④ 산소농도가 18% 미만이 되면 산소결핍증이 되기 쉽다.

필기에 자주 출제★

제4과목 산업환기

61 아세톤이 공기 중에 10,000ppm으로 존재한다. 아세톤 증기비중이 2.0이라면, 이 때 혼합물의 유효비중은?

① 0.98 ② 1.01
③ 1.04 ④ 1.07

1. 공기 중의 아세톤이 10,000ppm = 1%이므로 공기는 99%가 된다.
2. 아세톤 1%(증기비중 2.0), 공기 99%(공기비중 1.0)이므로 유효비중 = 0.01 × 2.0 + 0.99 × 1 = 1.01

실기까지 중요★★

62 터보팬형 송풍기의 특징을 설명한 것으로 틀린 것은?

① 소음은 비교적 낮으나 구조가 가장 크다.
② 통상적으로 최고속도가 높으므로 효율이 높다.
③ 규정풍량 이외에서는 효율이 갑자기 떨어지는 단점이 있다.
④ 소요정압이 떨어져도 동력은 크게 상승하지 않으므로 시설저항 및 운전상태가 변하여도 과부하가 걸리지 않는다.

③ 송풍량이 증가해도 동력이 증가하지 않는다.

★참고
고농도 분진함유 공기를 이송시킬 경우 깃 뒷면에 분진이 퇴적되어 효율이 떨어진다.

암기법
날이 반대로 기울어진 터보형의 한계(한계부하형)는 깃 뒤에 분진 쌓여 집진 후(집진기후단)에 설치, 동풍(동력, 풍력)에 변화적고 효율좋다.

필기에 자주 출제★

정답 59 ② 60 ④ 61 ② 62 ③

63 국소배기장치에서 송풍량 30m³/min이고, 덕트의 직경이 200mm이면, 이 때 덕트 내의 속도는 약 몇 m/s인가? (단, 원형덕트인 경우이다.)

① 13　② 16
③ 19　④ 21

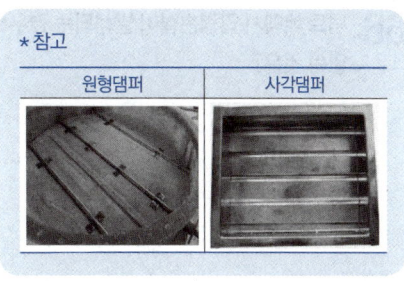

$$Q = 60 \times A \times V$$

- Q : 유체의 유량(m^3/min)
- A : 유체가 통과하는 단면적(m^2)
- V : 유체의 유속(m/sec)

$Q = 60 \times A \times V$

$$V = \frac{Q}{60 \times A} = \frac{Q}{60 \times \frac{\pi d^2}{4}} = \frac{30}{60 \times \frac{\pi \times 0.2^2}{4}}$$

= 15.92(m/sec)

실기까지 중요 ★★

64 국소배기장치에서 후드를 추가로 설치해도 쉽게 정압 조절이 가능하고, 사용하지 않는 후드를 막아 다른 곳에 필요한 정압을 보낼 수 있어 현장에서 가장 편리하게 사용할 수 있는 압력 균형방법은?

① 댐퍼 조절법　② 회전수 변화
③ 압력 조절법　④ 안내익 조절법

*저항조절평형법(댐퍼조절평형법)
① 덕트에 댐퍼를 부착하여 압력을 조정하여 평형을 유지하는 방법
② 사용하지 않는 덕트를 댐퍼로 막아 다른 곳에 필요한 정압을 보낼 수 있어 압력 균형방법으로 현장에서 가장 편리하게 사용할 수 있다.

필기에 자주 출제 ★

*참고

원형댐퍼	사각댐퍼
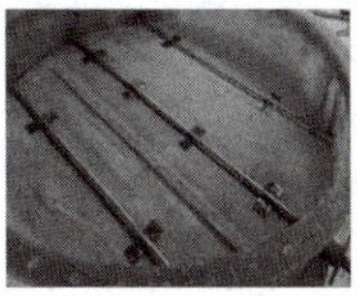	

65 일반적으로 국소배기장치를 가동할 경우에 가장 적합한 상황에 해당하는 것은?

① 최종 배출구가 작업장 내에 있다.
② 사용하지 않는 후드는 댐퍼로 차단되어 있다.
③ 증기가 발생하는 도장 작업지점에는 여과식 공기정화장치가 설치되어 있다.
④ 여름철 작업장 내에서는 오염물질 발생장소를 향하여 대형 선풍기가 바람을 불어주고 있다.

① 오염된 공기를 포집하여 외부로 배출하는 통로인 최종 배출구는 작업장 외부에 있어야 한다.
③ 증기, 가스 등이 발생되는 작업에는 흡수법, 흡착법, 연소법을 이용한 공기정화장치를 설치하여야 한다.
④ 오염물질 발생장소를 피하여 선풍기가 바람을 불어주어야 한다.

필기에 자주 출제 ★

정답 63 ② 64 ① 65 ②

66 덕트 내에서 압력손실이 발생되는 경우로 볼 수 없는 것은?

① 정압이 높은 경우
② 덕트 내부면과 마찰
③ 가지 덕트 단면적이 변화
④ 곡관이나 관의 확대에 의한 공기의 속도변화

> * 덕트 내에서 압력손실이 발생되는 원인
> ① 덕트 내부면과의 마찰
> ② 가지 덕트 단면적의 변화
> ③ 곡관이나 관의 확대에 따른 공기속도 변화

필기에 자주 출제 ★

67 접착제를 사용하는 A공정에서는 메틸에틸케톤(MEK)과 톨루엔이 발생, 공기 중으로 완전 혼합된다. 두 물질은 모두 마취작용을 하므로 상가효과가 있다고 판단되며, 각 물질의 사용 정보가 다음과 같을 때 필요환기량(m^3/min)은 약 얼마인가? (단, 주위는 25℃, 1기압 상태이다.)

MEK	
- 안전계수 : 4	- 분자량 : 72.1
- 비중 : 0.805	- TLV : 200ppm
- 사용량 : 시간당 2L	
톨루엔	
- 안전계수 : 5	- 분자량 : 92.13
- 비중 : 0.866	- LTV : 50ppm
- 사용량 : 시간당 2L	

① 182　② 558
③ 765　④ 946

> * 노출기준(TLV)에 따른 전체환기량
>
> $$Q=\frac{24.1\times kg/h\times K\times 10^6}{MW\times TLV}(m^3/hr)\div 60=(m^3/min)$$
>
> • K : 안전계수
> • MW : 물질의 분자량
> • kg/hr : 시간당 오염물질 발생량(l/hr×S(비중))
> • TLV : 노출기준(ppm)
> • 24.1 : 21℃, 1기압에서 공기의 비중 (25℃, 1기압일 경우 24.45)
>
> 1. MEK
> $$Q=\frac{24.45\times(2\times0.805)\times4\times10^6}{72.1\times200}$$
> $=10,919.42(m^3/hr)\div 60$
> $=181.99(m^3/min)$
>
> 2. 톨루엔
> $$Q=\frac{24.45\times(2\times0.866)\times5\times10^6}{92.13\times50}$$
> $=45,964.83(m^3/hr)\div 60$
> $=766.08(m^3/min)$
>
> 3. $181.99+766.08=948.07(m^3/min)$

실기에 자주 출제 ★★★

68 국소배기장치를 유지 · 관리하기 위한 필수 측정기와 관련이 없는 것은?

① 절연저항계　② 열선풍속계
③ 스모크테스터　④ 고도측정계

> * 국소배기장치를 유지 · 관리하기 위한 필수 측정기
> ① 발연관(연기발생기 ; smoke tester)
> ② 청음기 또는 청음봉
> ③ 절연저항계
> ④ 표면온도계 및 초자온도계
> ⑤ 줄자
> ⑥ 열선풍속계

실기까지 중요 ★★

정답 66 ① 67 ④ 68 ④

69 그림과 같은 송풍기 성능곡선에 대한 설명으로 맞는 것은?

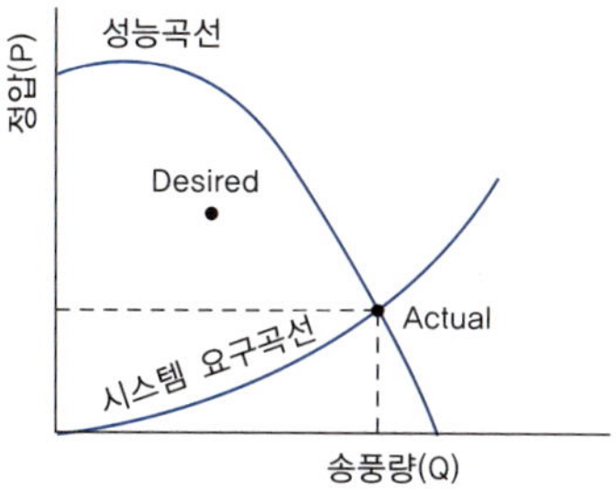

① 송풍기의 선정이 적절하여 원했던 송풍량이 나오는 경우이다.
② 성능이 약한 송풍기를 선정하여 송풍량이 작게 나오는 경우이다.
③ 너무 큰 송풍기를 선정하고, 시스템 압력손실도 과대평가된 경우이다.
④ 송풍기의 선정은 적절하나 시스템의 압력손실이 과대평가되어 송풍량이 예상보다 더 많이 나오는 경우이다.

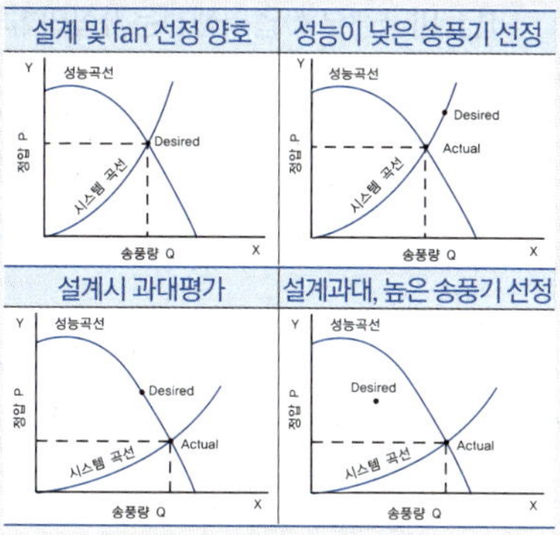

70 직경이 38cm, 유효높이 5m인 원통형 백필터를 사용하여 0.5m³/s의 함진가스를 처리할 때, 여과속도(cm/s)는 약 얼마인가?

① 6.4 ② 7.4
③ 8.4 ④ 9.4

★ 여과속도

$$U_f = \frac{Q}{A} \times 100(\text{cm/sec})$$

- Q : 총처리가스량(m^3/sec)
- A : 총여과면적(m^2) (여과포 1개 면적×여과포 개수)

$$U_f = \frac{Q}{A} \times 100 = \frac{0.5}{\pi \times D \times L} \times 100$$

$$= \frac{0.5}{\pi \times 0.38 \times 5} \times 100 = 8.38(\text{cm/sec})$$

($A = \pi$×직경×높이)

71 전체환기가 필요한 경우가 아닌 것은?

① 배출원이 고정되어 있을 때
② 유해물질이 허용농도 이하일 때
③ 발생원이 다수 분산되어 있을 때
④ 오염물질이 시간에 따라 균일하게 발생될 때

국소환기 장치 설치가 필요한 경우	① 유해물질 발생량이 많은 경우 ② 유해물질 독성이 강한 경우(TLV가 낮을 때) ③ 유해물질 발생원과 작업위치가 근접해 있는 경우 ④ 높은 증기압의 유기용제 ⑤ 발생주기가 균일하지 않은 경우 ⑥ 발생원이 고정되어 있는 경우 ⑦ 법적의무 설치사항의 경우
전체환기(희석환기)가 필요한 경우	① 유해물질의 독성이 비교적 낮은 경우 ② 동일한 작업장에 다수의 오염원이 분산되어 있는 경우 ③ 유해물질이 시간에 따라 균일하게 발생될 경우 ④ 유해물질의 발생량이 적은 경우 ⑤ 발생원이 이동하는 경우 ⑥ 오염원이 근무자가 근무하는 장소로부터 멀리 떨어져 있는 경우

실기까지 중요 ★★

정답 69 ③ 70 ③ 71 ①

72 24시간 가동되는 작업장에서 환기하여야 할 작업장 실내의 체적은 3000m^3이다. 환기시설에 의해 공급되는 공기의 유량이 4000m^3/hr일 때, 이 작업장에서의 시간당 환기횟수는 얼마인가?

① 1.2회 ② 1.3회
③ 1.4회 ④ 1.5회

★시간당 공기교환 횟수(*ACH*)

$$ACH = \frac{\text{실내 환기량}(Q)}{\text{실내 체적}(m^3)}$$

• $Q(m^3/hr)$

$$ACH = \frac{4,000}{3,000} = 1.33(\text{회})$$

실기까지 중요 ★★

73 산업환기에서 의미하는 표준공기에 대한 설명으로 맞는 것은?

① 표준공기는 0℃, 1기압(760mmHg)인 상태이다.
② 표준공기는 21℃, 1기압(760mmHg)인 상태이다.
③ 표준공기는 25℃, 1기압(760mmHg)인 상태이다.
④ 표준공기는 32℃, 1기압(760mmHg)인 상태이다.

★산업환기의 표준공기 상태
21℃, 1기압(760mmHg)인 상태

필기에 자주 출제★

74 표준공기 21℃(비중량 r = 1.2kg/m^3)에서 800 m/min의 유속으로 흐르는 공기의 속도압은 몇 mmH_2O인가?

① 10.9 ② 24.6
③ 35.6 ④ 53.2

$$\text{속도압}(VP) = \frac{\gamma \times V^2}{2g}(mmH_2O)$$

• γ : 비중(kg/m^3)
• V : 공기속도(m/sec)
• g : 중력가속도(m/sec^2)

$$VP = \frac{1.2 \times (800/60)^2}{2 \times 9.8} = 10.88(mmH_2O)$$

실기까지 중요 ★★

75 탱크에서 증발, 탈지와 같이 기류의 이동이 없는 공기 중에서 속도 없이 배출되는 작업조건인 경우 제어속도의 범위로 가장 적절한 것은? (단, 미국정부 산업위생전문가협의회의 권고기준이다.)

① 0.10 ~ 0.15m/s ② 0.15 ~ 0.25m/s
③ 0.25 ~ 0.50m/s ④ 0.50 ~ 1.00m/s

★제어속도범위(ACGIH)

작업조건	작업공정사례	제어속도(m/sec)
• 움직이지 않은 공기 중에서 속도 없이 배출되는 작업조건 • 조용한 대기 중에 실제 거의 속도가 없는 상태로 발산하는 경우의 작업조건	• 액면에서 발생하는 가스나 증기 흄 • 탱크에서 증발, 탈지시설	0.25 ~ 0.5
• 비교적 조용한(약간의 공기 움직임) 대기 중에서 저속으로 비산하는 작업조건	• 용접, 도금 작업 • 스프레이도장	0.5 ~ 1.0
• 발생기류가 높고(빠른기동) 유해물질이 활발히 발생하는 작업조건	• 스프레이도장, 용기충전 • 컨베이어 적재 • 분쇄기	1.0 ~ 2.5

정답 72 ② 73 ② 74 ① 75 ③

작업조건	작업공정사례	제어속도 (m/sec)
• 초고속기류(대단히 빠른 기동)가 있는 작업장소에 초고속으로 비산하는 경우	• 회전연삭작업 • 연마작업 • 블라스트 작업	2.5 ~10

실기까지 중요 ★★

76 SF_6가스를 이용하여 주택의 침투(자연환기)를 측정하려고 한다. 시간(t) = 0분일 때, SF_6농도는 40$\mu g/m^3$이고, 시간(t) = 30분일 때, 7$\mu g/m^3$였다. 주택의 체적이 1500m^3이라면, 이 주택의 침투(또는 자연환기)량은 몇 m^3/hr인가? (단, 기계환기는 전혀 없고, 중간과정의 결과는 소수점 셋째자리에서 반올림하여 구한다.)

① 5130 ② 5235
③ 5335 ④ 5735

t시간 후의 농도(C)

$$C_2 = C_1 \times e^{-\frac{Q}{V}t}$$

- C_1 : 처음농도(mg/m^3)
- C_2 : 나중농도(mg/m^3)
- Q : 환기량(m^3/min)
- V : 체적(m^3)
- t : 시간(min)

$$7 = 40 \times e^{-\frac{Q}{1,500} \times 30}$$

$$e^{-\frac{Q}{1,500} \times 30} = \frac{7}{40}$$

$$-\frac{Q}{1,500} \times 30 = \ln\left(\frac{7}{40}\right)$$

$$Q = \frac{-1,500 \times \ln\left(\frac{7}{40}\right)}{30} = 87.15(m^3/min) \times 60$$

$$= 5,229(m^3/hr)$$

77 전자부품을 납땜하는 공정에 외부식 국소배기장치를 설치하고자 한다. 후드의 규격은 가로·세로 각각 400mm이고, 제어거리를 20cm, 제어속도는 0.5m/s, 반송속도를 1200m/min으로 하고자 할 때 필요 소요풍량(m^3/min)은? (단, 플랜지는 없으며, 자유공간에 설치한다.)

① 13.2 ② 15.6
③ 16.8 ④ 18.4

* 외부식 후드(자유공간, 플랜지 미 부착)

$Q = 60 \cdot Vc(10X^2 + A)$: Dalla valle식

- Q : 필요송풍량(m^3/min)
- Vc : 제어속도(m/sec)
- A : 개구면적(m^2)
- X : 후드중심선으로부터 발생원까지의 거리(m)

$Q = 60 \times 0.5 \times [10 \times 0.2^2 + (0.4 \times 0.4)]$
$= 16.80(m^3/min)$

실기에 자주 출제★★★

78 전기집진기의 장점이 아닌 것은?

① 운전 및 유지비가 비싸다.
② 넓은 범위의 입경과 분진농도에 집진효율이 높다.
③ 압력손실이 낮으므로 송풍기의 가동비용이 저렴하다.
④ 고온가스를 처리할 수 있어 보일러와 철강로 등에 설치할 수 있다.

① 운전 및 유지비용이 저렴하다.

필기에 자주 출제★

정답 76 ② 77 ③ 78 ①

79 덕트의 설치를 결정할 때 유의사항으로 적절하지 않은 것은?

① 청소구를 설치한다.
② 곡관의 수를 적게 한다.
③ 가급적 원형 덕트를 사용한다.
④ 가능한 곡관의 곡률 반경을 작게 한다.

> ④ 곡률반경은 최소 덕트직경의 1.5배 이상, 주로 2.0으로 한다.

필기에 자주 출제 ★

80 푸쉬-풀(push-pull) 후드에서 효율적인 조(tank)의 길이로 맞는 것은?

① 1.0 ~ 2.2m ② 1.2 ~ 2.4m
③ 1.4 ~ 2.6m ④ 1.5 ~ 3.0m

> * 푸쉬-풀(push-pull) 형 후드의 효율적인 조(tank)의 길이
> 1.2 ~ 2.4m

정답 79 ④ 80 ②

3회 과년도기출문제

제1과목 산업위생학 개론

01 산업안전보건법령상 바람직한 VDT(Video Display Terminal) 작업자세로 틀린 것은?

① 무릎의 내각(KNEE ANGLE)은 120° 전후가 되도록 한다.
② 아래팔은 손등과 일직선을 유지하여 손목이 꺾이지 않도록 한다.
③ 눈으로부터 화면까지의 시거리는 40cm 이상을 유지한다.
④ 작업자의 시선은 수평선상으로부터 아래로 10° ~ 15° 이내로 한다.

① 무릎의 내각(KNEE ANGLE)은 90° 전후가 되도록 하되, 의자의 앉는 면의 앞부분과 영상표시단말기 취급근로자의 종아리 사이에는 손가락을 밀어 넣을 정도의 틈새가 있도록 하여 종아리와 대퇴부에 무리한 압력이 가해지지 않도록 할 것

필기에 자주 출제★

02 산업안전보건법령상 보건관리자의 업무에 해당하지 않는 것은?

① 물질안전보건자료의 작성
② 산업재해 발생의 원인 조사 · 분석 및 재발 방지를 위한 기술적 보좌 및 조언 · 지도
③ 산업안전보건위원회에서 심의 · 의결한 업무와 안전보건관리규정 및 취업규칙에서 정한 업무
④ 안전인증대상 기계 · 기구 등과 자율안전확인대상 기계 · 기구 등 중 보건과 관련된 보호구 구입 시 적격품 선정에 관한 보좌 및 조언 · 지도

★보건관리자의 직무

① 산업안전보건위원회 또는 노사협의체에서 심의 · 의결한 업무와 안전보건관리규정 및 취업규칙에서 정한 업무
② 안전인증대상 기계 · 기구등과 자율안전확인대상 기계 · 기구등 중 보건과 관련된 보호구(保護具) 구입 시 적격품 선정에 관한 보좌 및 조언 · 지도
③ 물질안전보건자료의 게시 또는 비치에 관한 보좌 및 조언 · 지도
④ 위험성평가에 관한 보좌 및 조언 · 지도
⑤ 산업보건의의 직무(보건관리자가 의사인 경우로 한정한다)
⑥ 해당 사업장 보건교육계획의 수립 및 보건교육 실시에 관한 보좌 및 조언 · 지도
⑦ 해당 사업장의 근로자를 보호하기 위한 다음 각 목의 조치에 해당하는 의료행위(보건관리자가 의사 및 간호사에 해당하는 경우로 한정한다)
  가. 외상 등 흔히 볼 수 있는 환자의 치료
  나. 응급처치가 필요한 사람에 대한 처치
  다. 부상 · 질병의 악화를 방지하기 위한 처치
  라. 건강진단 결과 발견된 질병자의 요양 지도 및 관리
  마. 가목부터 라목까지의 의료행위에 따르는 의약품의 투여
⑧ 작업장 내에서 사용되는 전체 환기장치 및 국소 배기장치 등에 관한 설비의 점검과 작업방법의 공학적 개선에 관한 보좌 및 조언 · 지도
⑨ 사업장 순회점검 · 지도 및 조치의 건의
⑩ 산업재해 발생의 원인 조사 · 분석 및 재발 방지를 위한 기술적 보좌 및 조언 · 지도
⑪ 산업재해에 관한 통계의 유지 · 관리 · 분석을 위한 보좌 및 조언 · 지도
⑫ 법 또는 법에 따른 명령으로 정한 보건에 관한 사항의 이행에 관한 보좌 및 조언 · 지도
⑬ 업무수행 내용의 기록 · 유지
⑭ 그 밖에 작업관리 및 작업환경관리에 관한 사항

정답 01 ① 02 ①

암기법

1. 보건교육계획 수립 및 실시
2. 위험성평가
3. 물질안전보건자료
4. 보호구 구입시 적격품 선정
5. 사업장 점검
6. 환기장치.국소배기장치 점검
7. 재해 원인조사
8. 재해통계
9. 근로자 보호위한 의료행위
10. 취업규칙에서 정한 직무
11. 업무 기록

실기에 자주 출제 ★★★

03 400명의 근로자가 1일 8시간, 연간 300일을 근무하는 사업장이 있다. 1년 동안 30건의 재해가 발생하였다면 도수율은?

① 26.26　② 28.75
③ 31.25　④ 33.75

⋆ 도수율(빈도율 F.R)
100만 근로시간당 재해 발생 건수 비율

$$\text{도수율(빈도율)} = \frac{\text{재해 건수}}{\text{근로 총 시간 수}} \times 10^6$$

$$\text{도수율(빈도율)} = \frac{30}{400 \times 8 \times 300} \times 10^6 = 31.25$$

실기에 자주 출제 ★★★

04 공장의 기계 시설을 인간공학적으로 검토할 때, 준비단계에서 검토할 내용으로 적절한 것은?

① 공장설계에 있어서의 기능적 특성, 제한점을 고려한다.
② 인간-기계 관계의 구성인자 특성을 명확히 알아낸다.
③ 각 작업을 수행하는데 필요한 직종간의 연결성을 고려한다.
④ 인간-기계 관계 전반에 걸친 상황을 실험적으로 검토한다.

⋆ 인간공학 활용 3단계

1단계 준비단계	① 인간과 기계 관계의 구성인자 특성을 명확히 알아낸다. ② 인간과 기계가 맡은 역할과 인간과 기계 관계가 어떠한 상태에서 조작될 것인지 명확히 알아낸다.
2단계 선택 단계	① 각 작업을 수행하는데 필요한 직종간의 연결성을 고려한다. ② 공장설계에 있어서의 기능적 특성, 제한점을 고려한다.
3단계 검토 단계	① 인간-기계 관계 전반에 걸친 상황을 실험적으로 검토한다. ② 인간공학적으로 인간과 기계 관계의 비합리적인 면을 수정 · 보완한다.

05 산업안전보건법령상 작업환경측정에서 소음수준의 측정단위로 옳은 것은?

① phon　② dB(A)
③ dB(B)　④ dB(C)

소음수준의 측정단위 : dB(A)

필기에 자주 출제 ★

정답 03 ③ 04 ② 05 ②

06 산업안전보건법령상 쾌적한 사무실 공기를 유지하기 위해 관리해야 할 사무실 오염물질에 해당하지 않는 것은?

① 흄 ② 이산화질소
③ 포름알데히드 ④ 총휘발성유기화합물

오염물질	관리기준
미세먼지(PM10)	100$\mu g/m^3$
초미세먼지(PM2.5)	50$\mu g/m^3$
이산화탄소(CO_2)	1,000ppm
일산화탄소(CO)	10ppm
이산화질소(NO_2)	0.1ppm
포름알데히드(HCHO)	100$\mu g/m^3$
총휘발성유기화합물(TVOC)	500$\mu g/m^3$
라돈(radon)	148Bq/m^3
총부유세균	800CFU/m^3
곰팡이	500CFU/m^3

암기법

이질 0.1, 일탄 10 / 초먼 50, 포름알 · 미먼 100 / 라돈 148, 휘유, 곰팡이 500 / 부유 800, 이탄 1,000

실기에 자주 출제★★★

07 피로의 예방대책으로 적절하지 않은 것은?

① 적당한 작업속도를 유지한다.
② 불필요한 동작을 피하도록 한다.
③ 너무 정적인 작업은 동적인 작업으로 바꾸도록 한다.
④ 카페인이 적당히 들어 있는 커피, 홍차 및 엽차를 마신다.

* 산업피로의 예방대책 및 회복대책

① 불필요한 동작을 피하고 에너지 소모를 적게 한다.
② 작업과정에 따라 적절한 휴식시간을 삽입한다.
③ 작업시간 전후에 간단한 체조를 한다.
④ 동적인 작업과 정적인 작업을 적절히 혼합하여 배치한다.(과격한 육체적 노동은 기계화하고, 과도한 정적인 작업은 적정한 동적인 작업으로 전환한다.)
⑤ 휴식은 여러 번 나누어 휴식하는 것이 장시간 휴식하는 것보다 효과적이다.
⑥ 작업의 숙련도를 높인다.
⑦ 작업환경을 정리 · 정돈한다.
⑧ 커피, 홍차, 엽차 및 비타민 B1은 피로회복에 도움이 되므로 공급한다.(산업 피로의 회복대책)
⑨ 신체 리듬의 적응을 위하여 야간 야근근무의 연속일수는 2 ~ 3일로 한다.

08 기초대사량이 75kcal/h이고, 작업대사량이 4kcal/min인 작업을 계속하여 수행하고자 할 때, 아래 식을 참고하면 계속작업한계시간은? (단, T_{end}는 계속작업한계시간, RMR은 작업대사율을 의미한다.)

$$\log T_{end} = 3.724 - 3.25 \times \log \text{RMR}$$

① 1.5시간 ② 2시간
③ 2.5시간 ④ 3시간

1. $\text{RMR} = \frac{\text{작업대사량}}{\text{기초대사량}} = \frac{240}{75} = 3.2$
(4kcal/min×60 = 240kcal/hr)
2. $\log T_{end} = 3.724 - 3.25 \times \log 3.2 = 2.08$
$T_{end} = 10^{2.08} = 120.23(\text{min}) \div 60 = 2(\text{hr})$

필기에 자주 출제★

정답 06 ① 07 ④ 08 ②

09 NIOSH에서 정한 중량물 취급작업 권고치(action limit. AL)에 영향을 가장 많이 주는 요인은 무엇인가?

① 빈도 ② 수평거리
③ 수직거리 ④ 이동거리

$$AL(\text{kg}) = 40\left(\frac{15}{H}\right)(1 - 0.004\,|\,V - 75\,|)\left(0.7 + \frac{7.5}{D}\right)\left(1 - \frac{F}{F_{max}}\right)$$

- H : 대상물체의 수평거리
- V : 대상물체의 수직거리(바닥으로부터 물체 중심까지의 거리, 즉 들어올리기 전 물체의 위치)
- D : 대상물체의 이동거리
- F : 중량물 취급작업의 빈도

필기에 자주 출제 ★

10 물질에 관한 생물학적 노출지수(BEIs)를 측정하려 할 때, 반감기가 5시간을 넘어서 주중(週中)에 축적될 수 있는 물질로 주말작업 종료 시에 시료 채취하는 것은?

① 이황화탄소 ② 자일렌(크실렌)
③ 일산화탄소 ④ 트리클로로에틸렌

화학물질	생물학적 노출지표물질(체내대사산물)	시료채취 시기
이황화탄소	요중 TTCA, 요중 이황화탄소	당일 작업종료 2시간 전부터 작업종료 사이에 채취
일산화탄소	호기중 일산화탄소, 혈중 카르복시헤모글로빈	작업종료 시
크실렌	요중 메틸마뇨산	작업종료 시
트리클로로에틸렌	요중 트리클로로초산(삼염화초산)	주말작업 종료시

실기에 자주 출제 ★★★

11 외부환경의 변화에 신체반응의 항상성이 작용하는 현상의 명칭으로 적합한 것은?

① 신체의 변성현상
② 신체의 회복현상
③ 신체의 이상현상
④ 신체의 순응현상

외부환경의 변화에 신체반응의 항상성이 작용하는 현상 → 신체의 순응현상

12 산업안전보건법령상의 충격소음 노출기준에서 충격소음의 강도가 140 dB(A)일 때 1일 노출회수는?

① 10 ② 100
③ 1000 ④ 10000

★충격소음의 노출기준

1일 노출회수	충격소음의 강도[dB(A)]
100	140
1,000	130
10,000	120

실기까지 중요 ★★

정답 09 ① 10 ④ 11 ④ 12 ②

13 어떤 작업의 강도를 알기 위해서 작업대사율(RMR)을 구하려고 한다. 작업 시 소요된 열량이 5,000kcal, 기초대사량이 1,200kcal, 안정 시 열량이 기초대사량의 1.2배인 경우 작업대사율은 약 얼마인가?

① 1　　② 2
③ 3　　④ 4

$$\text{RMR} = \frac{\text{작업(노동)대사량}}{\text{기초대사량}}$$
$$= \frac{\text{작업 시의 소비 에너지} - \text{안정 시의 소비 에너지}}{\text{기초대사량}}$$

$$\text{RMR} = \frac{5{,}000 - (1{,}200 \times 1.2)}{1{,}200} = 2.97$$

실기까지 중요 ★★

14 직업성 피부질환과 원인이 되는 화학적 요인의 연결로 옳지 않은 것은?

① 색소 감소 - 모노벤질 에테르
② 색소 증가 - 콜타르
③ 색소 감소 - 하이드로퀴논
④ 색소 증가 - 3차 부틸 페놀

④ 색소 감소 - 3차 부틸 페놀

15 국제노동기구(ILO)와 세계보건기구(WHO) 공동위원회에서 정한 산업보건의 정의에 포함된 내용으로 적합하지 않은 것은?

① 근로자의 건강 진단 및 산업재해 예방
② 근로자들의 육체적, 정신적, 사회적 건강을 유지 · 증진
③ 근로자를 생리적, 심리적으로 적합한 작업환경에 배치
④ 작업조건으로 인한 질병예방 및 건강에 유해한 취업방지

★산업보건의 정의
① 작업조건으로 인한 건강장해로부터 근로자를 보호한다.
② 모든 직업에 종사하는 근로자들의 육체적, 정신적, 사회적 건강을 유지 증진한다.
③ 작업조건으로 인한 질병 예방 및 건강에 유해한 취업을 방지한다.
④ 근로자를 생리적, 심리적으로 적합한 작업환경에 배치한다.
⑤ 작업이 인간에게, 또 일하는 사람이 그 직무에 적합하도록 마련하는 것(사람에 대한 작업의 적응과 그 작업에 대한 각자의 적응을 목표로 한다.)

필기에 자주 출제 ★

정답　13 ③　14 ④　15 ①

16 산업안전보건법령상 보건관리자의 자격에 해당되지 않는 것은?

① 「의료법」에 따른 의사
② 「의료법」에 따른 간호사
③ 「산업안전보건법」에 따른 산업안전지도사
④ 「고등교육법」에 따른 전문대학에서 산업위생 분야의 학과를 졸업한 사람

* 보건관리자의 자격
① 「의료법」에 따른 의사
② 「의료법」에 따른 간호사
③ 산업보건지도사
④ 산업위생관리산업기사 또는 대기환경산업기사 이상의 자격을 취득한 사람
⑤ 인간공학기사 이상의 자격을 취득한 사람
⑥ 전문대학 이상의 학교에서 산업보건 또는 산업위생 분야의 학과를 졸업한 사람(법령에 따라 이와 같은 수준 이상의 학력이 있다고 인정되는 사람을 포함한다)

실기까지 중요 ★★

17 사업장에서 부적응의 결과로 나타나는 현상을 모두 고른 것은?

㉠ 생산성의 저하
㉡ 사고/재해의 증가
㉢ 신경증의 증가
㉣ 규율의 문란

① ㉠, ㉡, ㉢ ② ㉠, ㉢, ㉣
③ ㉡, ㉢, ㉣ ④ ㉠, ㉡, ㉢, ㉣

부적응 → 신경증의 증가, 규율의 문란 → 생산성 저하, 사고/재해의 증가

18 미국산업위생학술원(AIHA)에서 채택한 산업위생전문가가 지켜야 할 윤리강령의 구성이 아닌 것은?

① 국가에 대한 책임
② 전문가로서의 책임
③ 근로자에 대한 책임
④ 기업주와 고객에 대한 책임

* 산업위생전문가의 윤리강령
① 산업위생전문가로서의 책임
② 근로자에 대한 책임
③ 기업주와 고객에 대한 책임
④ 일반 대중에 대한 책임

암기법

전문가의 윤리는 전문 근로자에게 고기(기업주와 고객) 대접(일반대중)

실기에 자주 출제 ★★★

19 그리스의 히포크라테스에 의하여 역사상 최초로 기록된 직업병은?

① 납중독 ② 음낭암
③ 진폐증 ④ 수은중독

* Hippocrates(B.C 4세기)
광산의 납중독 기술(최초의 직업병 : 납중독)

실기까지 중요 ★★

정답 16 ③ 17 ④ 18 ① 19 ①

20 피로에 관한 설명으로 옳지 않은 것은?

① 정신피로나 신체피로가 각각 단독으로 나타나는 경우가 매우 희박하다.
② 정신피로는 주로 말초신경계의 피로를, 근육피로는 중추신경계의 피로를 의미한다.
③ 과로는 하룻밤 잠을 잘 자고 난 다음날 까지도 피로상태가 계속되는 것을 의미한다.
④ 피로는 질병이 아니며 원래 가역적인 생체 반응이고 건강장해에 대한 경고적 반응이다.

② 정신피로는 주로 중추신경계의 피로를, 근육피로는 말초신경계의 피로를 의미한다.

필기에 자주 출제★

제2과목 작업환경측정 및 평가

21 유사노출그룹을 분류하는 단계가 바르게 표시된 것은?

① 조직 → 공정 → 작업범주 → 유해인자
② 조직 → 작업범주 → 공정 → 유해인자
③ 조직 → 유해인자 → 공정 → 작업범주
④ 조직 → 작업범주 → 유해인자 → 공정

조직 → 공정 → 작업범주 → 작업내용(유해인자) → 업무별로 세분하여 분류한다.

필기에 자주 출제★

22 펌프의 유량을 보정하는데 1차 표준으로서 가장 널리 사용하는 기기는?

① 오리피스미터 ② 비누거품미터
③ 건식가스미터 ④ 로타미터

1차 표준 기구	2차 표준기구
1. 비누거품미터 2. 폐활량계 3. 가스치환병 4. 유리피스톤미터 5. 흑연피스톤미터 6. 피토튜브(Pitot tube)	1. 로타미터 2. 습식테스트미터 (Wet-test-meter) 3. 건식가스미터 (Dry-gas-meter) 4. 오리피스미터 5. 열선기류계
암기법 1차비누로 폐활량재고, 가스치환하여, 유리, 흑연 먹였더니 피토했다.	암기법 2 열로 걸어가는 습관 테스트하는 오리

실기에 자주 출제★★★

23 입자상 물질을 채취하기 위해 사용되는 직경분립충돌기에 비해 사이클론이 갖는 장점과 가장 거리가 먼 것은?

① 입자의 질량크기분포를 얻을 수 있다.
② 매체의 코팅과 같은 별도의 특별한 처리가 필요 없다.
③ 호흡성 먼지에 대한 자료를 쉽게 얻을 수 있다.
④ 충돌기에 비해 사용이 간편하고 경제적이다.

① 입자의 질량크기분포를 얻을 수 있다.
→ 직경분립충돌기

★참고
사이클론의 장점
① 사용이 간편하고 경제적이다.
② 호흡성 먼지에 대한 자료를 쉽게 얻을 수 있다.
③ 시료의 되튐으로 인한 손실이 없다.
④ 매체의 코팅과 같은 별도의 특별한 처리가 필요 없다.

실기까지 중요★★

정답 20 ② 21 ① 22 ② 23 ①

24 태양광선이 내리쬐지 않는 옥내의 습구흑구온도지수(WBGT)의 계산식은?

① WBGT = (0.7×흑구온도) + (0.3×자연습구온도)
② WBGT = (0.3×흑구온도) + (0.7×자연습구온도)
③ WBGT = (0.7×흑구온도) + (0.3×건구온도)
④ WBGT = (0.3×흑구온도) + (0.7×건구온도)

1. 옥외(태양광선이 내리쬐는 장소)
WBGT(℃) = 0.7×자연습구온도 + 0.2×흑구온도 + 0.1×건구온도
2. 옥내 또는 옥외(태양광선이 내리쬐지 않는 장소)
WBGT(℃) = 0.7×자연습구온도 + 0.3×흑구온도

실기에 자주 출제★★★

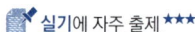

25 납과 그 화합물을 여과지로 채취한 후 농도를 분석할 수 있는 기기는?

① 원자흡광분석기
② 이온크로마토그래프
③ 광학현미경
④ 액체크로마토그래프

*원자흡광분석기
시험 용액중의 납 등 금속 원소의 농도를 측정한다.

필기에 자주 출제★

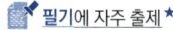

26 흑연로 장치가 부착된 원자흡광광도계로 카드뮴을 측정 시 Black 시료를 10번 분석한 결과 표준편차가 0.03μg/L 였다. 이 분석법의 검출한계는 약 몇 μg/L 인가?

① 0.01 ② 0.03
③ 0.09 ④ 0.15

검출한계 = 3.143×표준편차

검출한계 = 3.143×0.03 = 0.094(μg/L)

*참고
검출한계
분석기기가 검출할 수 있는 가장 작은 양을 말한다.

필기에 자주 출제★

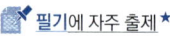

27 석면의 공기 중 농도를 표현하는 표준단위로 사용하는 것은? (단, 고용노동부 고시를 기준으로 한다.)

① ppm ② 개/cm^3
③ $\mu m/m^3$ ④ mg/m^3

*작업환경 측정의 단위 표시
① 석면 : 개/cm^3(세제곱센티미터 당 섬유개수)
② 가스, 증기, 분진, 흄, 미스트 : mg/m^3 또는 ppm
③ 고열(복사열 포함) : 습구 · 흑구온도지수를 구하여 ℃로 표시
④ 소음 : [dB(A)]

실기까지 중요★★

정답 24 ② 25 ① 26 ③ 27 ②

28 가스교환 부위에 침착할 때 독성을 일으킬 수 있는 물질로서 평균 입경이 4μm인 입자상 물질은? (단, ACGIH 기준)

① 흡입성 입자상 물질
② 흉곽성 입자상 물질
③ 복합성 입자상 물질
④ 호흡성 입자상 물질

흡입성 분진	① 호흡기 어느 부위에 침착하더라도 독성을 유발하는 분진 ② 평균입경 : 100μm (입경범위 : 0 ~ 100μm)
흉곽성 분진	① 기도나 하기도(가스교환 부위)에 침착하여 독성을 나타내는 물질 ② 평균입경 : 10μm
호흡성 분진	① 가스교환 부위(폐포)에 침착하여 독성을 나타내는 물질 ② 평균입경 : 4μm

실기에 자주 출제 ★★★

29 가스크로마토그래프 내에서 운반기체가 흐르는 순서로 맞는 것은?

① 분리관 → 시료주입구 → 기록계 → 검출기
② 분리관 → 검출기 → 시료주입구 → 기록계
③ 시료주입구 → 분리관 → 기록계 → 검출기
④ 시료주입구 → 분리관 → 검출기 → 기록계

* 가스크로마토그래프 내에서 운반기체가 흐르는 순서
시료주입구 → 분리관 → 검출기 → 기록계

30 액체포집법과 관련 있는 것은?

① 실리카겔관 ② 필터
③ 활성탄관 ④ 임핀져

* 액체포집법
임핀저, 버블러를 이용한다.

필기에 자주 출제 ★

31 작업환경 측정결과가 다음과 같을 때, 노출지수는? (단, 상가작용 한다고 가정한다.)

- 아세톤 : 400ppm(TLV : 750ppm)
- 부틸아세테이트 : 150ppm (TLV : 200ppm)
- 메틸에틸케톤 : 100ppm (TLV : 200ppm)

① 11.5 ② 5.56
③ 1.78 ④ 0.78

$$노출지수 = \frac{C_1}{T_1} + \frac{C_2}{T_2} + \cdots + \frac{C_n}{T_n}$$

- C : 화학물질 각각의 측정치
- T : 화학물질 각각의 노출기준

$$노출지수 = \frac{400}{750} + \frac{150}{200} + \frac{100}{200} = 1.78$$

실기까지 중요 ★★

정답 28 ④ 29 ④ 30 ④ 31 ③

32 강렬한 소음에 노출되는 6시간 동안 측정한 누적소음노출량이 110% 이었을 때, 근로자는 평균적으로 몇 dB의 소음수준에 노출된 것인가?

① 90.8 ② 91.8
③ 92.8 ④ 93.8

$$TWA = 16.61 \times \log\left[\frac{D(\%)}{100}\right] + 90[dB(A)]$$

- TWA : 시간가중 평균 소음수준[dB(A)]
- D : 누적소음 폭로량(%)
- 100 : (12.5×T ; T=노출시간)

$$TWA = 16.61 \times \log\left[\frac{110}{12.5 \times 6}\right] + 90 = 92.76[dB(A)]$$

실기까지 중요 ★★

33 작업장의 일산화탄소 농도가 14.9ppm이라면, 이 공기 1m³ 중에 일산화탄소는 약 몇 mg인가? (단, 0℃, 1기압 상태이다.)

① 10.8 ② 12.5
③ 15.3 ④ 18.6

$$mg/m^3 = \frac{ppm \times 분자량}{22.4(0℃,\ 1기압)}$$

$$mg/m^3 = \frac{14.9 \times 28}{22.4} = 18.63(mg/m^3)$$

(CO의 분자량 = 12 + 16 = 28g)

실기까지 중요 ★★

34 MCE 막여과지에 관한 설명으로 틀린 것은?

① MCE 막여과지는 수분을 흡수하지 않기 때문에 중량분석에 잘 적용된다.
② MCE 막여과지는 산에 쉽게 용해된다.
③ 입자상 물질 중의 금속을 채취하여 원자흡광법으로 분석하는데 적절하다.
④ 시료가 여과지의 표면 또는 표면 가까운 곳에 침착되므로 석면의 현미경분석을 위한 시료채취에 이용된다.

① MCE여과지의 원료인 셀룰로오스는 수분을 흡수하는 특성을 가지고 있다.(흡습성이 높아 오차를 유발할 수 있어 중량분석에 적합하지 못함)

필기에 자주 출제 ★

35 하루 11시간 일할 때, 톨루엔(TLV : 100 ppm)의 노출기준을 Brief와 Scala의 보정 방법을 이용하여 보정하면 얼마인가? (단, 1일 노출시간을 기준으로 할 때, TLV 보정계수 = 8/H×(24−H)/16이다.)

① 0.38ppm ② 38ppm
③ 59ppm ④ 169ppm

* Brief와 Scala의 보정방법

1. $RF = \left(\frac{8}{H}\right) \times \frac{24-H}{16}$
2. 보정된 노출기준 = RF×노출기준(허용농도)

1. $RF = \left(\frac{8}{11}\right) \times \frac{24-11}{16} = 0.59$
2. 보정된 노출기준 = 0.59×100 = 59(ppm)

실기까지 중요 ★★

정답 32 ③ 33 ④ 34 ① 35 ③

36 부피비로 0.001%는 몇 ppm 인가?

① 10
② 100
③ 1000
④ 10000

1% = 10,000ppm이므로
1% : 10,000ppm = 0.001% : $x$ppm
x = 10,000×0.001 = 10(ppm)

⋆ 참고
% = 10^{-2}, ppm = 10^{-6}

필기에 자주 출제 ★

37 배경소음(Background Noise)을 가장 올바르게 설명한 것은?

① 관측하는 장소에 있어서의 종합된 소음을 말한다.
② 환경 소음 중 어느 특정 소음을 대상으로 할 경우 그 이외의 소음을 말한다.
③ 레벨변화가 적고 거의 일정하다고 볼 수 있는 소음을 말한다.
④ 소음원을 특정시킨 경우 그 음원에 의하여 발생한 소음을 말한다.

⋆ 배경소음(Background Noise)
① 환경 소음 중 어느 특정 소음을 대상으로 할 경우 그 이외의 소음
② 시험 대상 기계 이외의 음원으로부터 나오는 소음

38 가스상 물질을 검지관방식으로 측정하는 내용의 일부이다. ( ) 안에 들어갈 내용으로 옳은 것은? (단, 고용노동부 고시를 기준으로 한다.)

검지관방식으로 측정하는 경우에는 1일 작업시간 동안 1시간 간격으로 (㉠)회 이상 측정하되 측정시간마다 (㉡)회 이상 반복 측정하여 평균값을 산출하여야 한다.

① ㉠ 6, ㉡ 2
② ㉠ 4, ㉡ 1
③ ㉠ 10, ㉡ 2
④ ㉠ 12, ㉡ 1

검지관방식으로 측정하는 경우에는 1일 작업시간 동안 1시간 간격으로 6회 이상 측정하되 측정시간마다 2회 이상 반복 측정하여 평균값을 산출하여야 한다. 다만, 가스상 물질의 발생시간이 6시간 이내일 때에는 작업시간 동안 1시간 간격으로 나누어 측정하여야 한다.

실기까지 중요 ★★

39 벤젠 100mL에 디티존 0.1g을 넣어 녹인 용액을 10배 희석시키면 디티존의 농도는 약 몇 μg/mL 인가?

① 1
② 10
③ 100
④ 1000

1. $\frac{0.1 \times 1,000,000\mu g}{100mL} = 1,000(\mu g/mL)$
(g = $10^6\mu g$)
2. 10배 희석하였으므로
$1,000 \times \frac{1}{10} = 100(\mu g/mL)$

정답 36 ① 37 ② 38 ① 39 ③

40 고열의 측정방법에 대한 내용이 다음과 같을 때, ( ) 안에 들어갈 내용으로 옳은 것은? (단, 고용노동부 고시를 기준으로 한다.)

> 측정기기를 설치한 후 일정 시간 안정화 시킨 후 측정을 실시하고, 고열작업에 대해 측정하고자 할 경우에는 1일 작업시간 중 최대로 높은 고열에 노출되고 있는 ( ) 간격으로 연속하여 측정한다.

① 5분을 1분 ② 10분을 1분
③ 1시간을 10분 ④ 8시간을 1시간

> 측정기를 설치한 후 충분히 안정화 시킨 상태에서 1일 작업시간 중 가장 높은 고열에 노출되는 1시간을 10분 간격으로 연속하여 측정한다.

실기까지 중요 ★★

제3과목 작업환경관리

41 고압에 의한 장해를 방지하기 위하여 인공적으로 만든 호흡용 혼합가스인 헬륨-산소혼합가스에 관한 설명으로 옳지 않은 것은?

① 질소 대신에 헬륨을 사용한 가스이다.
② 헬륨의 분자량이 작아서 호흡저항이 적다.
③ 고압에서 마취작용이 강하여 심해 잠수에는 사용하기 어렵다.
④ 헬륨은 체외로 배출되는 시간이 질소에 비하여 50% 정도 밖에 걸리지 않는다.

> ③ 헬륨은 고압 하에서 마취작용이 약하여 심해 잠수와 같은 고압환경에서 작업하는 근로자에게 질소를 헬륨으로 대치한 공기를 호흡시킨다.

필기에 자주 출제 ★

42 다음 중 아크 용접에서 용접 흄 발생량을 증가시키는 경우와 가장 거리가 먼 것은?

① 아크 길이가 긴 경우
② 아크 전압이 낮은 경우
③ 봉 극성이 (-)극성인 경우
④ 토치의 경사각도가 큰 경우

> ② 아크전압이 높은 경우 흄 발생이 증가한다.

43 다음 중 작업장에서 사용물질의 독성이나 위험성을 줄이기 위하여 사용물질을 변경하는 경우로 가장 적절한 것은?

① 분체의 원료는 입자가 큰 것으로 전환한다.
② 금속제품 도장용으로 수용성 도료를 유기용제로 전환한다.
③ 아조 염료 합성원료로 디클로로벤지딘을 벤지딘으로 전환한다.
④ 금속제품의 탈지에 계면활성제를 사용하던 것을 트리클로로에틸렌으로 전환한다.

> ② 금속제품 도장용으로 유기용제를 수용성 도료로 전환한다.
> ③ 아조 염료 합성원료로 벤지딘을 디클로로벤지딘으로 전환한다.
> ④ 금속제품의 탈지에 트리클로로에틸렌을 사용하던 것을 계면활성제로 전환한다.

필기에 자주 출제 ★

정답 40 ③ 41 ③ 42 ② 43 ①

44 다음 중 환경개선에 관한 내용과 가장 거리가 먼 것은?

① 분진작업에는 습식 방법의 고려가 필요하다.
② 제진장치의 선정에 있어서는 함유분진의 입경 분포를 고려한다.
③ 유기용제를 사용하는 경우에는 되도록 휘발성이 적은 물질로 대체한다.
④ 전체 환기장치의 경우 공기의 입구와 출구를 근접한 위치에 설치하여 환기효과를 증대한다.

④ 강제환기의 경우 오염물질 배출구는 가능한 한 오염원으로부터 가까운 곳에 설치하여 '점 환기'의 효과를 얻는다.

필기에 자주 출제★

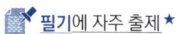

45 물질안전보건자료(MSDS)에 적어야 하는 사항이 아닌 것은?

① 작업환경측정방법
② 대상화학물질의 명칭
③ 안전 · 보건상의 취급주의 사항
④ 건강 유해성 및 물리적 위험성

* 물질안전보건자료에 적어야 하는 사항
① 제품명
② 물질안전보건자료 대상물질을 구성하는 화학물질 중 유해인자의 분류기준에 해당하는 화학물질의 명칭 및 함유량
③ 안전 및 보건상의 취급 주의 사항
④ 건강 및 환경에 대한 유해성, 물리적 위험성
⑤ 물리 · 화학적 특성 등 고용노동부령으로 정하는 사항
- 물리 · 화학적 특성
- 독성에 관한 정보
- 폭발 · 화재 시의 대처방법
- 응급조치 요령
- 그 밖에 고용노동부장관이 정하는 사항

* 참고
물질안전보건자료의 작성항목
(Data Sheet 16가지 항목)
1.화학제품과 회사에 관한 정보
2. 유해 · 위험성
3.구성성분의 명칭 및 함유량
4. 응급조치요령
5. 폭발 · 화재시 대처방법
6. 누출사고시 대처방법
7. 취급 및 저장방법
8. 노출방지 및 개인보호구
9. 물리화학적 특성
10. 안정성 및 반응성
11. 독성에 관한 정보
12. 환경에 미치는 영향
13. 폐기 시 주의사항
14. 운송에 필요한 정보
15. 법적규제 현황
16. 기타 참고사항

46 고온작업환경에서 열중증의 예방대책으로 가장 잘 짝지어진 것은?

㉠ 열원의 차폐
㉡ 근로시간 및 작업강도의 조절
㉢ 보호구의 착용
㉣ 수분 및 염분의 공급

① ㉠, ㉡　　② ㉡, ㉢
③ ㉠, ㉡, ㉢　　④ ㉠, ㉡, ㉢, ㉣

* 고온작업장의 열중증 예방대책
① 열원의 차폐
② 근로시간 및 작업강도의 조절
③ 수분 및 염분의 보충
④ 근로자 보호구의 착용

필기에 자주 출제★

정답 44 ④ 45 ① 46 ④

47 출력이 0.005W 인 음원의 음력수준은 약 몇 dB 인가?

① 83　　② 93
③ 97　　④ 100

$$PWL = 10 \times \log\left(\frac{W}{W_o}\right)(dB)$$

- PWL : 음향파워레벨(dB)
- W : 대상음원의 음력(watt)
- W_o : 기준음력(10^{-12}watt)

$$PWL = 10 \times \log\left(\frac{0.005}{10^{-12}}\right) = 96.99(dB)$$

실기에 자주 출제 ★★★

48 온도 표시에 관한 내용으로 틀린 것은? (단, 고용노동부 고시를 기준으로 한다.)

① 실온은 15 ~ 20℃를 말한다.
② 미온은 30 ~ 40℃를 말한다.
③ 상온은 15 ~ 25℃를 말한다.
④ 찬 곳은 따로 규정이 없는 한 0 ~ 15℃의 곳을 말한다.

*온도 표시
① 온도의 표시는 셀시우스(Celcius) 법에 따라 아라비아 숫자의 오른쪽에 ℃를 붙인다. 절대온도는 ° K로 표시하고 절대온도 0° K는 -273℃로 한다.
② 상온은 15 ~ 25℃, 실온은 1 ~ 35℃, 미온은 30~40℃로 하고, 찬 곳은 따로 규정이 없는 한 0 ~ 15℃의 곳을 말한다.
③ 냉수(冷水)는 15℃ 이하, 온수(溫水)는 60 ~ 70℃, 열수(熱水)는 약 100℃를 말한다.

필기에 자주 출제 ★

49 다음 중 전리방사선의 장해와 예방에 관한 설명과 가장 거리가 먼 것은?

① 작업절차 등을 고려하여 방사선에 노출되는 시간을 짧게 한다.
② 방사선의 종류, 에너지에 따라 적절한 차폐 대책을 수립한다.
③ 방사선원을 납, 철, 콘크리트 등으로 차폐하여 작업장의 방사선량률을 저하시킨다.
④ 방사선 노출 수준은 거리에 반비례하여 증가하므로 발생원과의 거리를 관리하여야 한다.

④ 방사선 노출 수준은 거리의 제곱에 비례하여 감소하므로 발생원과의 거리를 관리하여야 한다.

50 다음 중 산소가 결핍된 장소에서 사용할 보호구로 가장 적절한 것은?

① 방진마스크
② 에어라인 마스크
③ 산성가스용 방독마스크
④ 일산화탄소용 방독마스크

*산소 결핍장소에서 착용하여야 하는 보호구
① 송기마스크
- 호스마스크
- 에어라인 마스크
- 복합식 에어라인마스크

② 공기호흡기

필기에 자주 출제 ★

정답　47 ③　48 ①　49 ④　50 ②

51 다음 중 분진작업장의 관리방법에 대한 설명과 가장 거리가 먼 것은?

① 습식으로 작업한다.
② 작업장의 바닥에 적절히 수분을 공급한다.
③ 샌드블라스팅 작업 시에는 모래 대신 철을 사용한다.
④ 유리규산 함량이 높은 모래를 사용하여 마모를 최소화한다.

④ 유리규산 함량이 낮은 모래를 사용한다.

52 다음 중 방독마스크의 흡착제로 주로 사용되는 물질과 가장 거리가 먼 것은?

① 활성탄	② 금속섬유
③ 실리카겔	④ 소다라임

* 방독마스크 흡수제의 종류
① 활성탄
② 큐프라마이트
③ 호프칼라이트
④ 실리카겔
⑤ 소다라임
⑥ 알칼리제재
⑦ 카본

필기에 자주 출제 ★

53 고압환경에 관한 설명으로 옳지 않은 것은?

① 산소의 분압이 2기압이 넘으면 산소중독증세가 나타난다.
② 폐 내의 가스가 팽창하고 질소기포를 형성한다.
③ 공기 중의 질소는 4기압 이상에서 마취작용을 나타낸다.
④ 산소의 중독작용은 운동이나 이산화탄소의 존재로 보다 악화된다.

* 고압환경의 생체영향
① 1차적 가압현상 : 생체와 환경 사이의 압력(기압)차이로 인하여 울혈, 부종, 출혈, 동통이 생기며 기압 증가에 따라 부비강, 치아의 압박 장해 등을 일으킨다.
② 고압환경의 2차적 가압현상
  • 질소의 마취작용 : 공기 중의 질소 가스는 4기압 이상에서 마취작용을 일으킨다.
  • 산소중독 증세 : 산소분압이 2기압을 넘으면 산소중독 증세가 나타난다.
  • 이산화탄소의 작용 : 이산화탄소의 증가는 산소의 독성과 질소의 마취작용을 촉진시킨다.

실기까지 중요 ★★

정답 51 ④ 52 ② 53 ②

54 점음원에서 발생되는 소음이 10m 떨어진 곳에서 음압 레벨이 100dB일 때, 이 음원에서 30m 떨어진 곳의 음압 레벨은 약 몇 dB 인가? (단, 점음원이 장해물이 없는 자유공간에서 구면상으로 전파한다고 가정한다.)

① 72.3dB ② 88.1dB
③ 90.5dB ④ 92.3dB

1. $PWL = 10 \times \log\left(\frac{W}{W_o}\right)$(dB)
   - PWL : 음향파워레벨(dB)
   - W : 대상음원의 음력(watt)
   - W_o : 기준음력(10^{-12}watt)
2. 무지향성 점음원, 자유공간(공중, 구면파)에 위치할 때
   $SPL = PWL - 20\log r - 11$(dB)

1. 10m 떨어진 곳에서의 PWL
   $SPL = PWL - 20\log r - 11$
   $PWL = SPL + 20 \times \log r + 11$
   $= 100 + 20 \times \log 10 + 11 = 131$(dB)
2. 30m 떨어진 곳에서의 음압수준
   $SPL = 131 - 20 \times \log 30 - 11 = 90.46$(dB)

실기에 자주 출제 ★★★

55 다음 중 자외선에 관한 설명으로 가장 거리가 먼 것은?

① 자외선의 파장은 가시광선보다 작다.
② 자외선에 노출 되어 피부암이 발생할 수 있다.
③ 구름이나 눈에 반사되지 않아 대기오염의 지표로도 사용된다.
④ 일명 화학선이라고 하며 광화학반응으로 단백질과 핵산분자의 파괴, 변성작용을 한다.

③ 구름이나 눈에 반사되며, 대기오염의 지표로도 사용된다.

필기에 자주 출제 ★

★참고
자외선의 종류

근자외선 (UV-A)	① 파장 : 315(300) ~ 400nm [3,150 ~ 4,000Å] ② 피부의 색소침착
도르노선 (UV-B)	① 파장 : 280(290) ~ 315(320)nm [2,800 ~ 3,150Å] ② 소독작용, 비타민 D형성 등 인체에 유익한 영향(건강선, 생명선) ③ 홍반 각막염, 피부암 유발
UV-C	① 파장 : 100 ~ 280nm [1,000 ~ 2,800Å] ② 살균작용(살균효과가 있어 수술용 램프로 사용)

56 벽돌 제조, 도자기 제조 과정 등에서 발생하고, 폐암, 결핵과 같은 질환을 유발하는 진폐증은?

① 규폐증 ② 면폐증
③ 석면폐증 ④ 용접폐증

★규폐증(silicosis)
① 이산화규소(SiO_2, 유리규산, 석영) 분진의 흡입으로 폐조직에 섬유화가 나타나는 진폐증을 말한다.
② 이집트의 미라에서도 발견되는 오랜 질병이며, 건축업, 도자기 작업장, 채석장, 석재공장 등의 작업장에서 근무하는 근로자에게 발생한다.
③ 합병증으로 폐암, 폐결핵(규폐결핵증)을 일으키며 폐하엽 부위에 많이 생긴다.

필기에 자주 출제 ★

정답 54 ③ 55 ③ 56 ①

57 수심 20m인 곳에서 작업하는 잠수부에서 작용하는 절대압은?

① 1기압 ② 2기압
③ 3기압 ④ 4기압

- 수면 하에서의 압력은 수심이 10m 깊어질 때마다 1기압씩 더해진다.
- 수심 20m에서의 압력 : 게이지압 2기압, 절대압 3기압

필기에 자주 출제★

58 전리 방사선 중 입자방사선이 아닌 것은?

① α(알파)입자 ② β(베타)입자
③ γ(감마)입자 ④ 중성자

*전리방사선(이온화 방사선)의 종류
① 전자기 방사선(X-Ray, γ선)
② 입자 방사선(α, β입자, 중성자)

필기에 자주 출제★

59 재질이 일정하지 않고 균일하지 않아 정확한 설계가 곤란하며 처짐을 크게 할 수 없어 진동방지보다는 고체음의 전파방지에 유익한 방진재료는?

① 코르크 ② 방진고무
③ 공기용수철 ④ 금속코일용수철

*코르크
① 재질이 일정하지 않고 균일하지 않아 정확한 설계가 어렵다.
② 고유진동수가 10Hz 안팎으로 처짐을 크게 할 수 없어 진동방지보다는 고체음의 전파방지에 사용된다.

필기에 자주 출제★

60 소음노출량계로 측정한 노출량이 200%일 경우 8시간 시간가중평균(TWA)은 약 몇 dB인가? (단, 우리나라 소음의 노출기준을 적용한다.)

① 80dB ② 90dB
③ 95dB ④ 100dB

$$TWA = 16.61 \times \log\left[\frac{D(\%)}{100}\right] + 90[dB(A)]$$

- TWA : 시간가중 평균 소음수준[dB(A)]
- D : 누적소음 폭로량(%)
- 100 : (12.5×T ; T=노출시간)

$$TWA = 16.61 \times \log\left[\frac{200}{12.5 \times 8}\right] + 90 = 95[dB(A)]$$

실기까지 중요★★

제4과목 산업환기

61 후드의 선정원칙으로 틀린 것은?

① 필요환기량을 최대한으로 한다.
② 추천된 설계사양을 사용해야 한다.
③ 작업자의 호흡영역을 보호해야 한다.
④ 작업자가 사용하기 편리하도록 한다.

*후드의 선정요령
① 필요 환기량을 최소화 할 것
② 작업자의 호흡영역을 보호할 것
③ 추천된 설계사양을 사용할 것
④ 작업자가 사용하기 편리하도록 만들 것
⑤ 후드 설계시 일반적인 오류를 범하지 말 것

필기에 자주 출제★

정답 57 ③ 58 ③ 59 ① 60 ③ 61 ①

62 국소배기장치의 원형덕트의 직경은 0.173m이고, 직선 길이는 15m, 속도압은 20mmH_2O, 관마찰계수가 0.016일 때, 덕트의 압력손실(mmH_2O)은 약 얼마인가?

① 12 ② 20
③ 26 ④ 28

> 압력손실($\triangle P$) = $F \times VP$
>
> $= \lambda \times \frac{L}{D} \times \frac{\gamma V^2}{2g}$(mm$H_2O$)
>
> 1. F_h(압력손실계수) = $\lambda \times \frac{L}{D}$
>   - λ : 관마찰계수(무차원)
>   - D : 덕트 직경(m)(원형관일 경우)
>   (장방형 덕트일 경우 : 상당직경(등가직경)=$\frac{2ab}{a+b}$)
>   - L : 덕트 길이(m)
> 2. 속도압(VP) = $\frac{\gamma V^2}{2g}$
>   - r : 공기비중
>   - V: 유속(m/s)
>   - g : 중력가속도(9.8m/s^2)
>
> $\triangle P = \lambda \times \frac{L}{D} \times VP = 0.016 \times \frac{15}{0.173} \times 20$
> $= 27.75$(mmH_2O)

실기에 자주 출제 ★★★

63 다음은 덕트 내 기류에 대한 내용이다. ㉠과 ㉡에 들어갈 내용으로 맞는 것은?

> 유체가 관내를 아주 느린 속도로 흐를 때는 소용돌이나 선회운동을 일으키지 않고 관벽에 평행으로 유동한다. 이와 같은 흐름을 (㉠)(이)라 하며 속도가 빨라지면 관내흐름은 크고 작은 소용돌이가 혼합된 형태로 변하여 혼합 상태로 흐른다. 이런 모양의 흐름을 (㉡)(이)라 한다.

① ㉠ 난류, ㉡ 층류
② ㉠ 층류, ㉡ 난류
③ ㉠ 유선운동, ㉡ 층류
④ ㉠ 층류, ㉡ 천이유동

> - 유체가 관내를 아주 느린 속도로 흐를 때는 소용돌이나 선회운동을 일으키지 않고 관 벽에 평행으로 유동한다. 이와 같은 흐름을 층류라고 한다.
> - 유체의 속도가 빨라지면 관내흐름은 크고 작은 소용돌이가 혼합된 형태로 변하며 혼합상태로 흐른다. 이런 모양의 흐름을 난류라 한다.

필기에 자주 출제 ★

64 작업장 내의 실내환기량을 평가하는 방법과 거리가 먼 것은?

① 시간당 공기교환 횟수
② Tracer 가스를 이용하는 방법
③ 이산화탄소 농도를 이용하는 방법
④ 배기 중 내부공기의 수분함량 측정

> * 작업장 내의 실내환기량을 평가하는 방법
> ① 시간당 공기교환 횟수
> ② 이산화탄소 농도를 이용하는 방법
> ③ Tracer 가스를 이용하는 방법

정답 62 ④ 63 ② 64 ④

65 주형을 부수고 모래를 터는 장소에서 포위식 후드를 설치하는 경우의 최소 제어풍속으로 맞는 것은?

① 0.5m/s ② 0.7m/s
③ 1.0m/s ④ 1.2m/s

분진 작업 장소	제어 풍속(m/sec)			
	포위식 후드의 경우	외부식 후드의 경우		
		측방 흡인형	하방 흡인형	상방 흡입형
암석등 탄소원료 또는 알루미늄박을 체로 거르는 장소	0.7	-	-	-
주물모래를 재생하는 장소	0.7	-	-	-
주형을 부수고 모래를 터는 장소	0.7	1.3	1.3	-
그 밖의 분진작업장소	0.7	1.0	1.0	1.2

필기에 자주 출제★

66 각형 직관에서 장변이 0.3m, 단변이 0.2m 일 때, 상당직경(equivalent diameter)은 약 몇 m 인가?

① 0.24 ② 0.34
③ 0.44 ④ 0.54

$$상당직경(등가직경) = \frac{2ab}{a+b} = \frac{2\times0.3\times0.2}{0.3+0.2} = 0.24(m)$$

실기까지 중요★★

67 송풍기에 관한 설명으로 틀린 것은?

① 원심력 송풍기로는 다익팬, 레이디얼팬, 터보팬 등이 해당된다.
② 터보형 송풍기는 압력 변동이 있어도 풍량의 변화가 비교적 작다.
③ 다익형 송풍기는 구조상 고속회전이 어렵고, 큰 동력의 용도에는 적합하지 않다.
④ 평판형 송풍기는 타 송풍기에 비하여 효율이 낮아 미분탄, 톱밥 등을 비롯한 고농도 분진이나 마모성이 강한 분진의 이송용으로는 적당하지 않다.

④ 평판형 송풍기는 시멘트, 미분탄, 곡물, 모래 등의 고농도 분진함유 공기, 부식성이 강한 공기를 이송시키는 데 많이 이용된다.

필기에 자주 출제★

68 송풍기의 동작점(point of poeration)에 대한 설명으로 옳은 것은?

① 송풍기의 정압과 송풍기의 전압이 만나는 점
② 송풍기의 성능곡선과 시스템 요구곡선이 만나는 점
③ 급기 및 배기에 따른 음압과 양압이 송풍기에 영향을 주는 점
④ 송풍량이 Q일 때 시스템의 압력손실을 나타낸 곡선

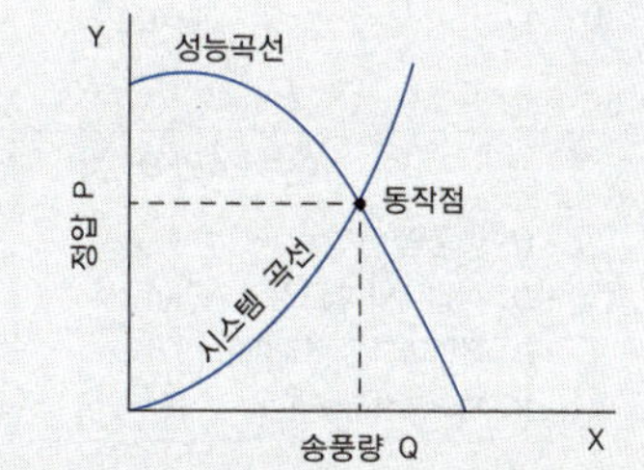

실기까지 중요★★

정답 65 ② 66 ① 67 ④ 68 ②

69 150℃, 720mmHg에서 100m³인 공기는 21℃, 1기압에서는 약 얼마의 부피로 변하는가?

① 47.8m³　　② 57.2m³
③ 65.8m³　　④ 77.2m³

⋆ 부피의 온도, 압력 보정

$$V_2 = 100 \times \frac{(273+21)\times 720}{(273+150)\times 760} = 65.85(m^3)$$

⋆ 참고
보일-샤를의 법칙

$$\frac{P_1V_1}{T_1} = \frac{P_2V_2}{T_2}$$

$$T_1P_2V_2 = T_2P_1V_1$$

$$V_2 = V_1 \times \frac{T_2P_1}{T_1P_2}$$

70 다음의 조건에서 캐노피(canopy) 후드의 필요 환기량(m³/s)은?

- 장변 : 2m
- 단변 : 1.5m
- 개구면과 배출원과의 높이 : 0.6m
- 제어속도 : 0.25m/s
- 고열배출원이 아니며, 사방이 노출된 상태

① 1.47　　② 2.47
③ 3.47　　④ 4.47

$$Q = 1.4PVD$$

- Q : 배풍량(m³/sec)
- D : 작업대와 후드간의 거리(m)
- P : 작업대의 주변길이(m)
- V : 제어풍속(m/s)

$$Q = 1.4\times(2+2+1.5+1.5)\times 0.25\times 0.6 = 1.47(m^3/s)$$

실기까지 중요 ★★

71 일반적으로 사용하고 있는 흡착탑 점검을 위하여 압력계를 이용하여 흡착탑 차압을 측정하고자 한다. 차압의 측정범위와 측정방법으로 가장 적절한 것은?

① 차압계 정압측정범위 : 50mmH$_2$O

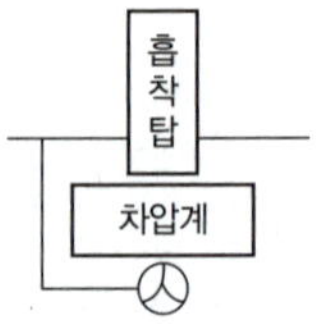

② 차압계 정압측정범위 : 50mmH$_2$O

③ 차압계 정압측정범위 : 500mmH$_2$O

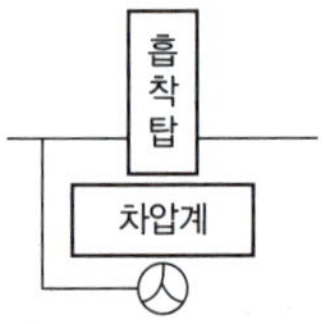

④ 차압계 정압측정범위 : 500mmH$_2$O

⋆ 차압의 측정방법과 측정범위

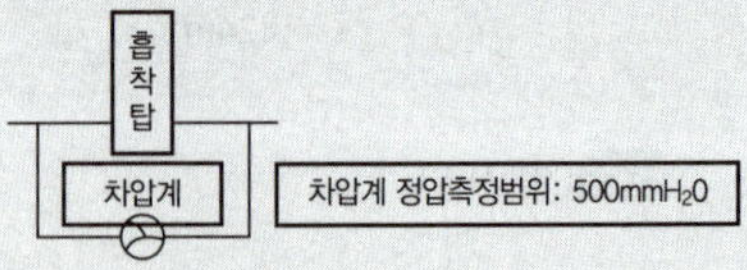

정답 69 ③ 70 ① 71 ④

72 직경 150mm인 덕트 내 정압은 $-64.5mmH_2O$ 이고, 전압은 $-31.5mmH_2O$ 이다. 이 때 덕트 내의 공기속도(m/s)는 약 얼마인가?

① 23.23 ② 32.09
③ 32.47 ④ 39.61

1. 전압(TP) = 동압(VP) + 정압(SP)
2. 속도압(VP) = $\frac{\gamma V^2}{2g}$
- r : 비중(kg/m³)
- V : 공기속도(m/sec)
- g : 중력가속도(m/sec²)

1. 전압 = 정압 + 동압
동압(속도압) = 전압 − 정압
= −31.5−(−64.5)
= 33(mmH₂O)

2. $VP = \frac{\gamma \times V^2}{2g}$

$\gamma \times V^2 = VP \times 2g$

$V^2 = \frac{VP \times 2g}{\gamma}$

$V = \sqrt{\frac{VP \times 2g}{\gamma}} = \sqrt{\frac{33 \times 2 \times 9.8}{1.2}}$
= 23.22(m/sec)

실기까지 중요 ★★

73 용접용 후드의 정압이 처음에는 $18mmH_2O$ 이었고, 이때의 유량은 50m³/min 이었다. 최근에 조사해본 결과 정압이 $14mmH_2O$ 이었다면, 최근의 유량(m³/min) 은?

① 44.10 ② 46.10
③ 48.10 ④ 50.10

$$\frac{Q}{Q_0} = \frac{\sqrt{SP}}{\sqrt{SP_0}}$$
- Q_0 : 처음 측정한 환기량(m³/min)
- Q : 나중 측정한 환기량(m³/min)
- SP_0 : 처음 측정한 후드의 정압(mmH_2O)
- SP : 나중 측정한 후드의 정압(mmH_2O)

$Q = Q_0 \times \frac{\sqrt{SP}}{\sqrt{SP_0}} = 50 \times \frac{\sqrt{14}}{\sqrt{18}} = 44.10(m^3/min)$

74 작업장 내에서는 톨루엔(분자량 92, TLV 50 ppm)이 시간당 300g 씩 증발되고 있다. 이 작업장에 전체 환기 장치를 설치할 경우 필요환기량은 약 얼마인가? (단, 주위는 21℃, 1기압이고, 여유계수는 5로 하며, 비중 0.87 톨루엔은 모두 공기와 완전 혼합된 것으로 한다.)

① 110.98m³/min ② 130.98m³/min
③ 4382.60m³/min ④ 7858.70m³/min

★ 노출기준(TLV)에 따른 전체환기량

$$Q = \frac{24.1 \times kg/h \times K \times 10^6}{MW \times TLV}(m^3/hr)$$
$\div 60 = (m^3/min)$
- K : 안전계수
- MW : 물질의 분자량
- kg/hr : 시간당 오염물질 발생량(l/hr×S(비중))
- TLV : 노출기준(ppm)
- 24.1 : 21℃, 1기압에서 공기의 비중 (25℃, 1기압일 경우 24.45)

$$Q = \frac{24.1 \times 0.3 \times 5 \times 10^6}{92 \times 50}$$
= 7,858.70(m³/hr)÷ 60 = 130.98(m³/min)

실기에 자주 출제 ★★★

정답 72 ① 73 ① 74 ②

75 일반적으로 후드에서 정압과 속도압을 동시에 측정하고자 할 때 측정공의 위치는 후드 또는 덕트의 연결부로부터 얼마정도 떨어져 있는 것이 가장 적절한가?

① 후드 길이의 1 ~ 2배 지점
② 후드 길이의 3 ~ 4배 지점
③ 덕트 직경의 1 ~ 2배 지점
④ 덕트 직경의 4 ~ 6배 지점

후드에서 정압과 속도압을 동시에 측정하고자 할 때 측정공의 위치는 후드 또는 덕트의 연결부로부터 덕트 직경의 4 ~ 6배 떨어진 지점에서 측정한다.

실기까지 중요 ★★

76 다음 설명에 해당하는 집진장치로 맞는 것은?

- 고온 가스의 처리가 가능하다.
- 가연성 입자의 처리가 곤란하다.
- 넓은 범위의 입경과 분진농도에 집진효율이 높다.
- 초기 설치비가 많이 들고, 넓은 설치공간이 요구된다.

① 여과집진장치 ② 벤츄리스크러버
③ 전기집진장치 ④ 원심력집진장치

★ 전기집진장치

장점	① 광범위한 온도범위에서 적용이 가능하다. ② 고온의 입자상물질, 폭발성가스 처리는 가능하나, 가연성 입자의 처리는 곤란하다. ③ 고온 가스를 처리할 수 있어 보일러와 철강로 등에 설치할 수 있다. ④ 압력손실이 낮으므로 대용량의 가스 처리가 가능하며, 송풍기의 운전 및 유지비용이 저렴하다. ⑤ 넓은 범위의 입경과 분진농도에 집진효율이 높다. ⑥ 0.01μm 정도의 미세 입자의 포집이 가능하여 높은 집진효율을 얻을 수 있다.(집진장치 중 가장 작은 입자를 처리할 수 있다)
단점	① 초기 설치비용이 많이 들며 설치공간이 커야 한다. ② 분진포집에 적용되며 가스상의 오염물질(기체상의 오염물질) 처리는 곤란하다. ③ 전압의 변화와 같은 조건의 변동에 적응이 곤란하다.

필기에 자주 출제 ★

77 환기와 관련한 식으로 옳지 않은 것은? (단, 관련 기호는 표를 참고하시오.)

기호	설명	기호	설명
Q	유량	SPh	후드정압
A	단면적	TP	전압
V	유속	VP	동압
D	직경	SP	정압
Ce	유입계수		

① $Q = AV$ ② $A = \frac{\pi D^2}{4}$
③ $VP = TP + SP$ ④ $Ce = \sqrt{\frac{VP}{SP_h}}$

③ 전압(TP) = 동압(VP) + 정압(SP)

실기에 자주 출제 ★★★

정답 75 ④ 76 ③ 77 ③

78 포위식 후드의 장점이 아닌 것은?

① 작업장의 완전한 오염방지가 가능
② 난기류 등의 영향을 거의 받지 않음
③ 다른 종류의 후드보다 작업방해가 적음
④ 최소의 환기량으로 유해물질의 제거 가능

* 포위식 후드의 특징
① 발생원을 완전히 감싸는 형태로 유해물질을 외부로 나가지 못하게 한다.(작업장의 완전한 오염방지가 가능)
② 외부기류(난기류)의 영향을 받지 않아 효율이 높다.
③ 필요환기량을 최소한으로 줄일 수 있어 경제적이며 효율적이다.
④ 고농도 분진의 비산, 유기용제, 맹독성물질 등을 취급하는 작업장에 적합하다.

필기에 자주 출제 ★

79 전체 환기시설을 설치하기 위한 조건으로 적절하지 않은 것은?

① 유해물질의 발생량이 많다.
② 독성이 낮은 유해물질을 사용하고 있다.
③ 공기 중 유해물질의 농도가 허용농도 이하로 낮다.
④ 근로자의 작업위치가 유해물질 발생원으로부터 멀리 떨어져 있다.

국소환기 장치 설치가 필요한 경우	① 유해물질 발생량이 많은 경우 ② 유해물질 독성이 강한 경우(TLV가 낮을 때) ③ 유해물질 발생원과 작업위치가 근접해 있는 경우 ④ 높은 증기압의 유기용제 ⑤ 발생주기가 균일하지 않은 경우 ⑥ 발생원이 고정되어 있는 경우 ⑦ 법적의무 설치사항의 경우

전체환기(희석환기)가 필요한 경우	① 유해물질의 독성이 비교적 낮은 경우 ② 동일한 작업장에 다수의 오염원이 분산되어 있는 경우 ③ 유해물질이 시간에 따라 균일하게 발생될 경우 ④ 유해물질의 발생량이 적은 경우 ⑤ 발생원이 이동하는 경우 ⑥ 오염원이 근무자가 근무하는 장소로부터 멀리 떨어져 있는 경우

실기까지 중요 ★★

80 후드의 유입계수가 0.75이고, 관내 기류속도가 25m/s일 때, 후드의 압력 손실은 약 몇 mmH_2O인가? (단, 표준상태에서의 공기의 밀도는 1.20 kg/m^3으로 한다.)

① 22 ② 25
③ 30 ④ 31

1. 압력손실($\triangle P$) $= F_h \times VP = (\frac{1}{Ce^2} - 1) \times VP$

• F_h : 압력손실계수($= \frac{1}{Ce^2} - 1$)
• VP : 속도압(mmH_2O)
• Ce : 유입계수

2. $VP = \frac{\gamma V^2}{2g}$

• r : 공기비중
• V : 유속(m/s)
• g : 중력가속도($9.8m/s^2$)

$$\triangle P = F_h \times VP = (\frac{1}{Ce^2} - 1) \times \frac{\gamma V^2}{2g}$$
$$= (\frac{1}{0.75^2} - 1) \times \frac{1.20 \times 25^2}{2 \times 9.8} = 29.76(mmH_2O)$$

실기에 자주 출제 ★★★

정답 78 ③ 79 ① 80 ③

2020년 6월 6일

1·2회 과년도기출문제

제1과목 산업위생학 개론

01 정교한 작업을 위한 작업대 높이의 개선 방법으로 가장 적절한 것은?

① 팔꿈치 높이를 기준으로 한다.
② 팔꿈치 높이보다 5cm 정도 낮게 한다.
③ 팔꿈치 높이보다 10cm 정도 낮게 한다.
④ 팔꿈치 높이보다 5 ~ 10cm 정도 높게 한다.

* 입식 작업대 높이
① 경(經)작업 시 작업대의 높이는 팔꿈치 높이보다 5 ~ 10cm 정도 낮은 것이 적당하다.
② 중(重) 작업 시 작업대의 높이는 팔꿈치 높이보다 10 ~ 20cm 정도 낮은 것이 적당하다.
③ 정밀작업 시 작업대의 높이는 팔꿈치 높이보다 5 ~ 10cm 정도 높은 것이 적당하다.

필기에 자주 출제★

02 상시근로자가 100명인 A사업장의 지난 1년간 재해통계를 조사한 결과 도수율이 4이고, 강도율이 1이었다. 이 사업장의 지난해 재해발생건수는 총 몇 건이었는가? (단, 근로자는 1일 10시간씩 연간 250일을 근무하였다.)

① 1　② 4
③ 10　④ 250

$$\text{도수율(빈도율)} = \frac{\text{재해 건수}}{\text{근로 총 시간 수}} \times 10^6$$

$$\text{재해건수} \times 10^6 = \text{도수율} \times \text{근로총시간수}$$

$$\text{재해건수} = \frac{\text{도수율} \times \text{근로총시간수}}{10^6}$$

$$= \frac{4 \times (100 \times 10 \times 250)}{10^6} = 1(\text{건})$$

실기에 자주 출제★★★

03 피로를 가장 적게 하고 생산량을 최고로 증대시킬 수 있는 경제적인 작업속도를 무엇이라고 하는가?

① 부상속도　② 지적속도
③ 허용속도　④ 발한속도

* 지적속도
피로를 가장 적게 하고 생산량을 최고로 증대시킬 수 있는 경제적인 작업속도

필기에 자주 출제★

정답 01 ④ 02 ① 03 ②

04 산업안전보건법령상 역학조사의 대상으로 볼 수 없는 것은?

① 건강진단의 실시결과 근로자 또는 근로자의 가족이 역학조사를 요청하는 경우
② 근로복지공단이 고용노동부장관이 정하는 바에 따라 업무상 질병 여부의 결정을 위하여 역학조사를 요청하는 경우
③ 건강진단의 실시 결과만으로 직업성 질환에 걸렸는지를 판단하기 곤란한 근로자의 질병에 대하여 건강진단기관의 의사가 역학조사를 요청하는 경우
④ 직업성 질환에 걸렸는지 여부로 사회적 물의를 일으킨 질병에 대하여 작업장 내 유해요인과의 연관성 규명이 필요한 경우로 지방고용노동관서의 장이 요청하는 경우

* 역학조사의 대상
① 작업환경측정 또는 건강진단의 실시 결과만으로 직업성 질환에 걸렸는지를 판단하기 곤란한 근로자의 질병에 대하여 사업주 · 근로자대표 · 보건관리자(보건관리전문기관을 포함한다) 또는 건강진단기관의 의사가 역학조사를 요청하는 경우
② 「산업재해보상보험법」에 따른 근로복지공단이 고용노동부장관이 정하는 바에 따라 업무상 질병 여부의 결정을 위하여 역학조사를 요청하는 경우
③ 공단이 직업성 질환의 예방을 위하여 필요하다고 판단하여 역학조사평가위원회의 심의를 거친 경우
④ 그 밖에 직업성 질환에 걸렸는지 여부로 사회적 물의를 일으킨 질병에 대하여 작업장 내 유해요인과의 연관성 규명이 필요한 경우 등으로서 지방고용노동관서의 장이 요청하는 경우

필기에 자주 출제 ★

05 직업병이 발생된 원진레이온에서 원인이 되었던 물질은?

① 납 ② 수은
③ 이황화탄소 ④ 사염화탄소

* 원진레이온의 이황화탄소 중독
(1989 ~ 90년 우리나라 대표적 직업병)
레이온(인조견사) 합성에 사용하는 이황화탄소 중독으로 사망, 정신 이상, 뇌경색, 협심증 등을 유발하였다.

실기까지 중요 ★★

06 산업안전보건법령상 보건관리자의 업무에 해당하지 않는 것은?

① 사업장 순회점검, 지도 및 조치 건의
② 위험성평가에 관한 보좌 및 지도 · 조언
③ 물질안전보건자료의 게시 또는 비치에 관한 보좌 및 지도 · 조언
④ 산업안전보건관리비의 집행 감독 및 그 사용에 관한 수급인 간의 협의 · 조정

* 보건관리자의 직무
① 산업안전보건위원회 또는 노사협의체에서 심의 · 의결한 업무와 안전보건관리규정 및 취업규칙에서 정한 업무
② 안전인증대상기계 등과 자율안전확인대상기계 등 중 보건과 관련된 보호구(保護具) 구입 시 적격품 선정에 관한 보좌 및 지도 · 조언
③ 위험성평가에 관한 보좌 및 지도 · 조언
④ 물질안전보건자료의 게시 또는 비치에 관한 보좌 및 지도 · 조언
⑤ 산업보건의의 직무(보건관리자가 별표 6 제2호에 해당하는 사람인 경우로 한정한다)
⑥ 해당 사업장 보건교육계획의 수립 및 보건교육 실시에 관한 보좌 및 지도 · 조언
⑦ 해당 사업장의 근로자를 보호하기 위한 다음 각 목의 조치에 해당하는 의료행위(보건관리자가 간호사에 해당하는 경우로 한정한다)
　가. 자주 발생하는 가벼운 부상에 대한 치료

정답 04 ① 05 ③ 06 ④

나. 응급처치가 필요한 사람에 대한 처치
다. 부상 · 질병의 악화를 방지하기 위한 처치
라. 건강진단 결과 발견된 질병자의 요양 지도 및 관리
마. 가목부터 라목까지의 의료행위에 따르는 의약품의 투여

⑧ 작업장 내에서 사용되는 전체 환기장치 및 국소 배기장치 등에 관한 설비의 점검과 작업방법의 공학적 개선에 관한 보좌 및 지도 · 조언
⑨ 사업장 순회점검, 지도 및 조치 건의
⑩ 산업재해 발생의 원인 조사 · 분석 및 재발 방지를 위한 기술적 보좌 및 지도 · 조언
⑪ 산업재해에 관한 통계의 유지 · 관리 · 분석을 위한 보좌 및 지도 · 조언
⑫ 법 또는 법에 따른 명령으로 정한 보건에 관한 사항의 이행에 관한 보좌 및 지도 · 조언
⑬ 업무 수행 내용의 기록 · 유지
⑭ 그 밖에 보건과 관련된 작업관리 및 작업환경관리에 관한사항으로서 고용노동부장관이 정하는 사항

실기까지 중요 ★★

07 누적외상성질환의 발생과 가장 관련이 적은 것은?

① 18℃ 이하에서 하역 작업
② 진동이 수반되는 곳에서의 조립 작업
③ 나무망치를 이용한 간헐성 분해 작업
④ 큰 변화가 없는 동일한 연속동작의 운반 작업

* 근골격계질환(누적외상성질환, CTDs)의 발생요인
① 반복적인 동작
② 부적절한 작업 자세
③ 무리한 힘의 사용
④ 날카로운 면과의 신체접촉
⑤ 진동 및 온도(저온)

필기에 자주 출제 ★

08 만성중독 시 나타나는 특징으로 코점막의 염증, 비중격천공 등의 증상이 나타나는 대표적인 물질은?

① 납 ② 크롬
③ 망간 ④ 니켈

① 납중독 : 조혈장해, 말초신경장해
② 크롬중독 : 비중격천공증, 비강암, 폐암
③ 망간 : 파킨슨증후군, 신장염, 신경염

실기까지 중요 ★★

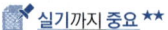

09 직업병을 일으키는 물리적인 원인에 해당되지 않는 것은?

① 온도 ② 유해광선
③ 유기용제 ④ 이상기압

③ 유기용제 → 화학적 원인

10 산업안전보건법령에 의한 「화학물질 및 물리적 인자의 노출기준」에서 정한 노출기준 표시단위로 옳지 않은 것은?

① 증기 : ppm ② 고온 : WBGT(℃)
③ 분진 : mg/m^3 ④ 석면분진 : 개수/m^3

* 노출기준 단위
① 화학적 인자의 가스, 증기, 분진, 흄(fume), 미스트(mist) 등의 농도는 피피엠(ppm) 또는 세제곱미터 당 밀리그램(mg/m^3)으로 표시한다. 다만, 석면의 농도 표시는 세제곱센티미터 당 섬유개수(개/cm^3)로 표시한다.
② 소음수준의 측정단위는 데시벨[dB(A)]로 표시한다.
③ 고열(복사열 포함)의 측정단위는 습구 · 흑구 온도지수(WBGT)를 구하여 섭씨온도(℃)로 표시한다.

실기까지 중요 ★★

정답 07 ③ 08 ② 09 ③ 10 ④

11 다음 적성검사 중 심리학적 검사에 해당되지 않는 것은?

① 지능검사　　② 인성검사
③ 감각기능검사　　④ 지각동작검사

생리학적 적성검사	① 감각기능검사 ② 심폐기능검사 ③ 체력검사
심리학적 적성검사	① 지능검사 : 언어, 기억, 추리에 대한 검사 ② 지각동작검사 : 수족협조, 운동속도, 형태지각검사 ③ 인성검사 : 성격, 태도, 정신상태 검사 ④ 기능검사 : 직무에 관한 기본지식과 숙련도, 사고력 등의 검사

필기에 자주 출제 ★

12 피로 측정 및 판정에서 가장 중요하며 객관적인 자료에 해당하는 것은?

① 개인적 느낌　　② 생체기능의 변화
③ 작업능률 저하　　④ 작업자세의 변화

피로측정 및 판정에 있어 가장 중요한 것은 생체기능의 변화로 객관적으로 측정할 수 있다.

필기에 자주 출제 ★

13 작업자가 유해물질에 어느 정도 노출되었는지를 파악하는 지표로서 작업자의 생체시료에서 대사산물 등을 측정하여 유해물질의 노출량을 추정하는데 사용되는 것은?

① BEI　　② TLV-TWA
③ TLV-S　　④ Excursion limit

* 생물학적 노출지수(BEI)

작업자의 생체시료에서 대사산물 등을 측정하여 유해물질의 노출량을 추정하는데 사용된다.

실기까지 중요 ★★

14 산업안전보건법령에 의한 「화학물질의 분류·표시및물질안전보건자료에관한기준」에서 정하는 경고표지의 색상으로 옳은 것은?

① 경고표지 전체의 바탕은 흰색으로, 글씨와 테두리는 검정색으로 하여야 한다.
② 경고표지 전체의 바탕은 흰색으로, 글씨와 테두리는 붉은색으로 하여야 한다.
③ 경고표지 전체의 바탕은 노란색으로, 글씨와 테두리는 검정색으로 하여야 한다.
④ 경고표지 전체의 바탕은 노란색으로, 글씨와 테두리는 붉은색으로 하여야 한다.

경고표지전체의 바탕은 흰색으로, 글씨와 테두리는 검정색으로 하여야 한다.

필기에 자주 출제 ★

정답 11 ③ 12 ② 13 ① 14 ①

15 육체적 작업능력(PWC)이 16kcal/min인 근로자가 물체운반 작업을 하고 있다. 작업대사량은 7kcal/min, 휴식 시의 대사량이 2kcal/min일 때 휴식 및 작업시간을 가장 적절히 배분한 것은? (단, Hertig의 식을 이용하며, 1일 8시간 작업기준이다.)

① 매시간 약 5분 휴식하고, 55분 작업한다.
② 매시간 약 10분 휴식하고, 50분 작업한다.
③ 매시간 약 15분 휴식하고, 45분 작업한다.
④ 매시간 약 20분 휴식하고, 40분 작업한다.

⋆ 피로예방을 위한 적정 휴식시간비(Hertig식)

1. $T_{rest}(\%)=\left[\frac{E_{max}-E_{task}}{E_{rest}-E_{task}}\right]\times 100$
2. 작업시간 = 60분 − 휴식시간
- $T_{rest}(\%)$: 피로예방을 위한 적정 휴식시간 비 (60분을 기준하여 산정)
- E_{max} : 1일 8시간 작업에 적합한 작업대사량 [육체적 작업능력(PWC)의 1/3]
- E_{rest} : 휴식 중 소모 대사량
- E_{task} : 해당 작업의 작업대사량

1. $T_{rest}(\%)=\left[\frac{5.33-7}{2-7}\right]\times 100=33.40(\%)$

$(E_{max}=\frac{PWC}{3}=\frac{16}{3}=5.33(\text{kcal/min})$

2. 휴식시간 = 60 × 0.334 = 20.04(분)
3. 작업시간 = 60 − 20.04 = 39.96(분)

실기까지 중요 ★★

16 미국의 ACGIH, AIHA, ABIH 등에서 채택한 산업위생에 종사하는 사람들이 반드시 지켜야 할 윤리강령 중 전문가로서의 책임에 해당하지 않는 것은?

① 전문 분야로서의 산업위생을 학문적으로 발전시킨다.
② 과학적 방법을 적용하고 자료해석에 객관성을 유지한다.
③ 근로자, 사회 및 전문분야의 이익을 위해 과학적 지식을 공개한다.
④ 위험요인의 측정, 평가 및 관리에 있어서 외부의 압력에 굴하지 않고 중립적 태도를 취한다.

산업위생 전문가로서의 책임	① 학문적 실력 면에서 최고 수준 유지 ② 자료의 해석에서 객관성을 유지 ③ 산업위생을 학문적으로 발전시킨다. ④ 과학적 지식을 공개하고 발표 ⑤ 기업체의 기밀은 누설하지 않는다. ⑥ 이해관계가 있는 상황에는 개입하지 않는다.
근로자에 대한 책임	① 근로자의 건강보호가 산업위생전문가의 1차적 책임 ② 위험 요인의 측정, 평가 및 관리에 있어서 중립적 태도 ③ 위험요소와 예방조치에 대해 근로자와 상담
기업주와 고객에 대한 책임	① 정확한 기록을 유지하고 산업위생 전문부서들을 운영 관리 ② 궁극적 책임은 근로자의 건강보호 ③ 책임 있게 행동 ④ 정직하게 권고, 권고사항을 정확히 보고
일반 대중에 대한 책임	① 일반 대중에 관한 사항 정직하게 발표 ② 전문적인 견해를 발표

실기에 자주 출제 ★★★

정답 15 ④ 16 ④

17 NIOSH의 들기 작업 권장무게한계(RWL)에서 중량물상수와 수평위치 값의 기준으로 옳은 것은?

① 중량물상수 : 18kg, 수평위치값 : 20cm
② 중량물상수 : 20kg, 수평위치값 : 23cm
③ 중량물상수 : 23kg, 수평위치값 : 25cm
④ 중량물상수 : 25kg, 수평위치값 : 30cm

RWL(kg) = LC(23) × HM × VM × DM × AM × FM × CM

- LC : 중량상수(Load Constant) – 23kg
- HM : 수평 계수(Horizontal Multiplier)
- VM : 수직 계수(Vertical Multiplier)
- DM : 거리 계수(Distance Multiplier)
- AM : 비대칭 계수(Asymmetric Multiplier)
- FM : 빈도 계수(Frequency Multiplier)
- CM : 커플링 계수(Coupling Multiplier)

① 중량물 상수(23kg) : 최적의 환경에서 들기작업을 할 때의 최대 허용무게를 말함
② 수평위치(H : Horizontal Location)
- 두 발 안쪽 복사뼈 사이의 중점에서 손까지의 수평거리(cm)
- 몸의 수직선상의 중심에서 물체를 잡는 손의 중앙까지의 수평거리(H, cm)를 측정하여 25/H로 구한다.

18 산업위생의 기본적인 과제와 가장 거리가 먼 것은?

① 작업환경에 의한 신체적 영향과 최적 환경의 연구
② 작업능력의 신장과 저하에 따르는 정신적 조건의 연구
③ 작업능력의 신장과 저하에 따르는 작업조건의 연구
④ 신기술 개발에 따른 새로운 질병의 치료에 관한 연구

* 산업위생의 영역 중 기본과제
① 작업능력의 향상과 저하에 따른 작업조건 및 정신적 조건의 연구
② 최적 작업환경 조성에 관한 연구 및 유해 작업환경에 의한 신체적 영향 연구
③ 노동력의 재생산과 사회, 경제적 조건에 관한 연구

필기에 자주 출제 ★

19 작업에 소요된 열량이 400kcal/시간인 작업의 작업대사율(RMR)은 약 얼마인가? (단, 작업자의 기초대사량은 60kcal/시간이며, 안정 시 열량은 기초대사량의 1.2배이다.)

① 2.8　　② 3.4
③ 4.5　　④ 5.5

$$RMR = \frac{\text{작업(노동)대사량}}{\text{기초대사량}} = \frac{\text{작업 시의 소비 에너지} - \text{안정 시의 소비 에너지}}{\text{기초대사량}}$$

$$RMR = \frac{400-(60\times1.2)}{60} = 5.47$$

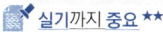

실기까지 중요 ★★

정답 17 ③ 18 ④ 19 ④

20 혐기성 대사에서 혐기성 반응에 의해 에너지를 생산하지 않는 것은?

① 지방
② 포도당
③ 크레아틴인산(CP)
④ 아데노신삼인산(ATP)

혐기성 대사 (Anaerobic metabolism)	1. 근육에 저장된 화학적 에너지 2. 혐기성 대사 순서 ATP(아데노신 삼인산) → CP(크레아틴 인산) → Glycogen(글리코겐) or Glucose(포도당)
호기성 대사 (Aerobic metabolism)	1. 대사과정(구연산 회로)을 거쳐 생성된 에너지 2. 호기성 대사 과정 포도당 단백질 + 산소 → 에너지원 지방

실기까지 중요 ★★

제2과목 작업환경측정 및 평가

21 산에 쉽게 용해되므로 입자상 물질 중의 금속을 채취하여 원자흡광법으로 분석하는데 적당하며, 석면의 현미경 분석을 위한 시료채취에도 이용되는 여과지는?

① PVC막 여과지 ② 섬유상 여과지
③ PTFE막 여과지 ④ MCE막 여과지

* MCE 막 여과지
(Mixed cellulose ester membrane filter)
① 산에 쉽게 용해되므로 입자상 물질 중의 금속을 채취하여 원자흡광광도법으로 분석하는 데 적당하다.
② 유해물질이 여과지의 표면에 주로 침착되어 석면 등 현미경 분석을 위한 시료채취에 유리하다.
③ MCE여과지의 원료인 셀룰로오스는 수분을 흡수하는 특성을 가지고 있다. (흡습성이 높아 오차를 유발할 수 있어 중량분석에 적합하지 못함)
④ 중금속, 석면, 살충제, 산 · 알칼리미스트, 불소화합물 및 기타 무기물질 채취에 이용된다.

암기법

MC(MCE막여과지) 중(중금속)석(석면)은 산에 약하고 수분 흡수하여 중량분석 못함

정답 20 ① 21 ④

22 다음 중 검지관 측정법의 장 · 단점으로 틀린 것은?

① 숙련된 산업위생전문가가 아니더라도 어느 정도만 숙지하면 사용할 수 있다.
② 다른 방해물질의 영향을 받기 쉬워 오차가 크다.
③ 근로자에게 노출된 TWA를 측정하는데 유리하다.
④ 밀폐공간에서 산소부족 또는 폭발성 가스로 인한 안전이 문제가 될 때 유용하게 사용될 수 있다.

★ 검지관의 장 · 단점

장점	① 사용이 간편하다. ② 반응시간이 빨라서 빠른 시간에 측정결과를 알 수 있다.(빠른 측정이 요구될 때 사용) ③ 숙련된 산업위생전문가가 아니더라도 어느 정도만 숙지하면 사용 할 수 있다. ④ 맨홀, 밀폐 공간에서의 산소가 부족하거나 폭발성 가스로 인하여 안전이 문제가 될 때 유용하게 사용될 수 있다.
단점	① 민감도가 낮으며 비교적 고농도에 적용이 가능하다. ② 특이도가 낮다.(다른 방해물질의 영향을 받기 쉬워 오차가 크다.) ③ 단시간 측정만 가능하다. ④ 미리 측정 대상물질의 동정이 되어 있어야 측정이 가능하다. ⑤ 색이 시간에 따라 변화하므로 제조자가 정한 시간에 읽어야 한다. ⑥ 한 검지관으로 단일 물질만을 측정할 수 있어 각 오염물질에 맞는 검지관을 선정해야 한다. ⑦ 색변화가 선명하지 않아 주관적으로 읽을 수 있어 판독자에 따라 변이가 심하다.

실기까지 중요 ★★

23 포스겐($COCl_2$) 가스 농도가 120μg/m^{3}이었을 때, ppm으로 환산하면 약 몇 ppm인가? (단, $COCl_2$의 분자량은 99이고, 25℃, 1기압을 기준으로 한다.)

① 0.03　　② 0.2
③ 2.6　　④ 29

$$\text{mg/m}^3 = \frac{\text{ppm} \times \text{분자량}}{24.45(25℃,\ 1기압기준)}$$

$$\text{ppm} \times \text{분자량} = \text{mg/m}^3 \times 24.45$$

$$\text{ppm} = \frac{\text{mg/m}^3 \times 24.45}{\text{분자량}} = \frac{(120 \times 10^{-3}) \times 24.45}{99}$$

$$= 0.03(\text{ppm})$$

(μg $= 10^{-3}$mg)

실기까지 중요 ★★

24 코크스 제조공정에서 발생되는 코크스오븐 배출물질을 채취하는 데 많이 이용되는 여과지는?

① PVC막 여과지　　② 은막 여과지
③ MCE막 여과지　　④ 유리섬유 여과지

★ 은막 여과지(Silver membrane filter)
① 금속은을 소결하여 만든 것으로 열적, 화학적 안정성이 있다.
② 코크스 제조공정에서 발생되는 코크스 오븐 배출물질 또는 다핵방향족탄화수소(PAHs) 등을 채취하는데 사용한다.
③ 결합제나 섬유가 포함되어 있지 않다.

암기법
금속은(은막 여과지) 소결하여 다 탄(다핵방향족탄화수소) 코크스오븐 채취

실기까지 중요 ★★

정답　22 ③　23 ①　24 ②

25 원자흡광분석기에서 빛이 어떤 시료 용액을 통과할 때 그 빛의 85%가 흡수될 경우의 흡광도는?

① 0.64 ② 0.76
③ 0.82 ④ 0.91

* 흡광도(A)

$$A = \log \frac{1}{\text{투과율}}$$

$A = \log(\frac{1}{0.15}) = 0.82$
(투과율 = 1 - 흡수율 = 1 - 0.85 = 0.15)

실기까지 중요 ★★

26 고유량 공기 채취 펌프를 수동 무마찰 거품관으로 보정하였다. 비눗방울이 300cm³의 부피까지 통과하는 데 12.5초 걸렸다면 유량(L/min)은?

① 1.4 ② 2.4
③ 2.8 ④ 3.8

$$\text{L/min} = \frac{(300 \times 10^{-3})\text{L}}{(12.5 \div 60)\text{min}} = 1.44(\text{L/min})$$

$(1\text{cm}^3 = 10^{-3}\text{L}, 1\text{sec} = \frac{1}{60}\text{min})$

필기에 자주 출제 ★

27 사업장에서 70dB과 80dB의 소음이 발생되는 장비가 각각 설치되어 있을 때, 장비 2대가 동시에 가동할 때 발생되는 소음은 몇 dB인가?

① 75.0 ② 80.4
③ 82.4 ④ 86.6

* 합성소음도

$$L(\text{dB}) = 10 \times \log(10^{\frac{L_1}{10}} + 10^{\frac{L_2}{10}} + \cdots + 10^{\frac{L_n}{10}})$$

- L : 합성소음도(dB)
- $L_1 \sim L_2$: 각각 소음원의 소음(dB)

$$L = 10 \times \log\left(10^{\frac{70}{10}} + 10^{\frac{80}{10}}\right) = 80.41\text{dB(A)}$$

실기까지 중요 ★★

28 일정한 부피조건에서 가스의 압력과 온도가 비례한다는 것과 관계있는 것은?

① 게이-루삭의 법칙 ② 라울의 법칙
③ 보일의 법칙 ④ 하인리히의 법칙

* 게이-뤼삭의 법칙
일정한 부피조건에서 압력과 온도가 비례

암기법
일부 이삭(게이뤼삭)은 온압에 비례

필기에 자주 출제 ★

정답 25 ③ 26 ① 27 ② 28 ①

29 소음의 음압수준(L_p)를 구하는 식은? (단, P : 음압, P_0 : 기준 음압)

① $L_P = 10\log(\frac{P}{P_0})$
② $L_P = 20\log P + \log P_0$
③ $L_P = \log\frac{P}{P_0} + 20$
④ $L_P = 20\log(\frac{P}{P_0})$

$$SPL = 20 \times \log\left(\frac{P}{P_o}\right)(\text{dB})$$

- SPL : 음압수준(음압도, 음압레벨) (dB)
- P : 대상음의 음압(음압 실효치) (N/m^2)
- P_o : 기준음압 실효치 (2×10^{-5}N/m^2, 2×10^{-4}dyne/cm^2)

실기까지 중요 ★★

30 주물공장 내에서 비산되는 먼지를 측정하기 위해서 High volume air sampler을 사용하였을 때, 분당 3L로 60분간 포집한 결과 여과지의 무게가 2.46mg이면, 주물공장 내 먼지 농도는 약 몇 mg/m^{3}인가? (단, 포집 전의 여과지의 무게는 1.66mg이다.)

① 2.44　② 3.54
③ 4.44　④ 5.54

$$\text{mg/m}^3 = \frac{(2.46-1.66)\text{mg}}{\frac{3\times10^{-3}\text{m}^3}{\text{min}}\times 60\text{min}} = 4.44(\text{mg/m}^3)$$

($L = 10^{-3}$m^3)

실기까지 중요 ★★

31 가스크로마토그래피-질량분석기(GC-MS)를 이용하여 물질분석을 할 때 사용하는 일반적인 이동상 가스는 무엇인가?

① 헬륨　② 질소
③ 수소　④ 아르곤

운반기체는 화학적으로 비활성가스인 헬륨, 질소, 수소를 주로 사용한다.(일반적인 이동상 가스 : 헬륨)

32 다음 중 고분자화합물질의 분석에 적합하며 이동상으로 액체를 사용하는 분석기기는?

① GC　② XRD
③ ICP　④ HPLC

* 고성능액체크로마토그래피(HPLC)
끓는점이 높아 가스크로마토그래피를 적용하기 곤란한 고분자화합물이나 열에 불안정한 물질, 극성이 강한 물질들을 고정상과 액체이동상 사이의 물리화학적 반응성의 차이(용해성의 차이)를 이용하여 서로 분리하는 분석기기

정답　29 ④　30 ③　31 ①　32 ④

33 가스상 물질을 채취하는 흡착제로서 활성탄 대비 실리카겔이 갖는 장점이 아닌 것은?

① 극성물질을 채취한 경우 물, 메탄올 등 다양한 용매로 쉽게 탈착된다.
② 비교적 고온에서도 흡착이 가능하다.
③ 추출액이 화학분석이나 기기분석에 방해물질로 작용하는 경우가 많지 않다.
④ 활성탄으로 채취가 어려운 아닐린과 같은 아민류나 몇 몇 무기물질의 채취도 가능하다.

* 실리카겔관의 장 · 단점

장점	① 극성물질을 채취한 경우 물, 메탄올 등 다양한 용매로 쉽게 탈착된다. ② 추출액이 화학분석이나 기기분석에 방해물질로 작용하는 경우가 많지 않다. ③ 활성탄으로 채취가 어려운 아닐린, 오르쏘-톨루이딘 등의 아민류나 몇몇 무기물질의 채취가 가능하다. ④ 매우 유독한 이황화탄소를 탈착 용매로 사용하지 않는다.
단점	① 수분을 잘 흡수(친수성)하여 습도의 증가에 따라 흡착용량이 감소된다.

실기까지 중요 ★★

34 부탄올 흡수액을 이용하여 시료를 채취한 후 분석된 양이 75μg이며, 공시료에 분석된 평균양은 0.5μg, 공기채취량은 10L일 때, 부탄의 농도는 약 몇 mg/m³인가? (단, 탈착효율은 100%이다.)

① 7.45 ② 9.1
③ 11.4 ④ 14.8

$$mg/m^3 = \frac{(75-0.5)\times10^{-3}mg}{(10\times10^{-3})m^3} = 7.45(mg/m^3)$$

($\mu g = 10^{-3}mg,\ L = 10^{-3}m^3$)

실기까지 중요 ★★

35 음력이 1.0W인 작은 점음원으로부터 500m 떨어진 곳의 음압레벨은 약 몇 dB(A)인가? (단, 기준음력은 10^{-12}W이다.)

① 50 ② 55
③ 60 ④ 65

1. $PWL = 10\times\log\left(\frac{W}{W_o}\right)$(dB)
   - PWL : 음향파워레벨(dB)
   - W : 대상음원의 음력(watt)
   - W_o : 기준음력(10^{-12}watt)
2. $SPL = PWL - 20\log r - 11$(dB)
   - r : 소음원으로 부터의 거리(m)

1. $PWL = 10\times\log\left(\frac{1.0}{10^{-12}}\right) = 120$(dB)
2. $SPL = 120 - 20\times\log500 - 11 = 55.02$(dB)

실기에 자주 출제 ★★★

36 가스크로마토그래피(GC)에서 이황화탄소, 니트로메탄을 분석할 때 주로 사용하는 검출기는?

① 불꽃이온화검출기(FID)
② 열전도도검출기(TCD)
③ 전자포획검출기(ECD)
④ 불꽃광전자검출기(FPD)

* 불꽃광전자검출기(FPD)
① 황이나 인을 포함한 화합물이 불꽃에서 연소될 때 특정파장의 빛을 발산하는 원리를 이용한다.
② 황이나 인을 포함한 화합물에 대해 높은 선택성을 나타낸다.
③ 이황화탄소, 메르캅탄류, 니트로메탄을 분석할 때 주로 사용된다.

정답 33 ② 34 ① 35 ② 36 ④

37 다음 중 1차 표준기구가 아닌 것은?

① 가스치환병　② 건식가스 미터
③ 폐활량계　④ 비누거품미터

1차 표준 기구	2차 표준기구
1. 비누거품미터	1. 로타미터
2. 폐활량계	2. 습식테스트미터 (Wet-test-meter)
3. 가스치환병	3. 건식가스미터 (Dry-gas-meter)
4. 유리피스톤미터	4. 오리피스미터
5. 흑연피스톤미터	5. 열선기류계
6. 피토튜브(Pitot tube)	
암기법 1차비누로 폐활량 재고, 가스치환하여, 유리, 흑연 먹였더니 피토했다.	암기법 2 열로 걸어가는 습관 테스트하는 오리

실기에 자주 출제 ★★★

38 하루 8시간 작업하는 근로자가 200ppm 농도에서 1시간, 100ppm 농도에서 2시간, 50 ppm에 3시간 동안 TCE에 노출되었을 때, 이 근로자가 노출된 8시간 동안 TWA 농도는?

① 약 35.8ppm　② 약 68.8ppm
③ 약 91.8ppm　④ 약 116.8ppm

＊시간가중평균값 농도(TWA농도)

$$X_1 = \frac{C_1 \cdot T_1 + C_2 \cdot T_2 + \cdots + C_n \cdot T_n}{8}$$

- C : 유해인자의 측정치 (단위 : ppm, mg/m^3 또는 개/cm^3)
- T : 유해인자의 발생시간(단위 : 시간)

$$TWA\text{농도} = \frac{200 \times 1 + 100 \times 2 + 50 \times 3}{8} = 68.75(\text{ppm})$$

실기까지 중요 ★★

39 누적소음노출량 측정기로 소음을 측정하는 경우 소음계의 Exchange rate 설정 기준은? (단, 고용노동부 고시를 기준으로 한다.)

① 1dB　② 3dB
③ 5dB　④ 10dB

누적소음노출량 측정기로 소음을 측정하는 경우에는 Criteria는 90dB, Exchange Rate는 5dB, Threshold는 80dB로 기기를 설정할 것

실기까지 중요 ★★

40 공기 중 석면 농도를 허용기준과 비교할 때 가장 일반적으로 사용되는 석면 측정방법은?

① 광학 현미경법　② 전자 현미경법
③ 위상차 현미경법　④ 직독식 현미경법

＊위상차현미경
① 공기 중 석면을 막여과지에 채취한 후 전처리하여 분석하는 방법
② 다른 방법에 비하여 간편하나 석면의 감별에 어려움이 있다.
③ 석면 측정에 가장 많이 사용된다.

＊참고
편광현미경
① 석면을 감별 분석할 수 있다.
② 석면광물의 빛의 편광성을 이용한다.

필기에 자주 출제 ★

정답 37 ② 38 ② 39 ③ 40 ③

41 주물사업장에서 습구흑구온도를 측정한 결과 자연습구온도 40℃, 흑구온도 42℃, 건구온도 41℃로 확인되었다면 습구흑구온도지수는? (단, 옥외(태양광선이 내리쬐지 않는 장소)를 기준으로 한다.)

① 41.5℃ ② 40.6℃
③ 40.0℃ ④ 39.6℃

* 습구흑구온도지수(WBGT)의 산출

1. 옥외(태양광선이 내리쬐는 장소)
 WBGT(℃) = 0.7×자연습구온도 + 0.2×흑구온도 + 0.1×건구온도
2. 옥내 또는 옥외(태양광선이 내리쬐지 않는 장소)
 WBGT(℃) = 0.7×자연습구온도 + 0.3×흑구온도

WBGT(℃) = 0.7×자연습구온도 + 0.3×흑구온도
= 0.7×40 + 0.3×42 = 40.6(℃)

실기에 자주 출제 ★★★

42 비중격 천공의 원인물질로 알려진 중금속은?

① 카드뮴(Cd) ② 수은(Hg)
③ 크롬(Cr) ④ 니켈(Ni)

* 크롬의 중독증세

급성중독 증세	• 신장장해(신장장해로 과뇨증이 오며 더 진전되면 무뇨증을 일으켜 요독증으로 사망할 수 있다)
만성중독 증세	• 피부증상(접촉성 피부염) • 호흡기 증상(크롬 폐증) • 폐암 • 6가크롬 : 비중격천공증, 비강암을 유발한다.

실기까지 중요 ★★

43 염료, 합성고무 등의 원료로 사용되며 저농도로 장기간 폭로 시 혈액장해, 간장장해를 일으키고 재생불량성 빈혈, 백혈병까지 발병할 수 있는 물질은?

① 노르말헥산 ② 벤젠
③ 사염화탄소 ④ 알킬수은

* 벤젠

① 방향족 탄화수소 중 저농도에 장기간 노출(만성 중독) 시에 독성이 가장 강하다.
② 골수 및 조혈장해(재생불량성 빈혈증)를 유발한다.
③ 벤젠은 저농도로 장기간 폭로 시 혈액장해, 간장장해, 재생불량성 빈혈, 백혈병을 일으킨다.
④ 연료, 합성고무 등의 원료로 사용된다.
⑤ 벤젠은 주로 페놀로 대사되며 페놀은 벤젠의 생물학적 노출지표로 이용된다.

필기에 자주 출제 ★

44 분진이 발생되는 사업장의 작업공정개선 대책으로 틀린 것은?

① 생산공정을 자동화 또는 무인화
② 비산 방지를 위하여 공정을 습식화
③ 작업장 바닥을 물세척이 가능하게 처리
④ 분진에 의한 폭발은 없으므로 근로자의 보건 분야 집중 관리

④ 가연성 분진은 분진폭발을 일으킬 수 있으므로 폭발방지 대책 강구

정답 41 ② 42 ③ 43 ② 44 ④

45 공기 중 트리클로로에틸렌이 고농도로 존재하는 작업장에서 아크 용접을 실시하는 경우 트리클로로에틸렌은 어떠한 물질로 전환될 수 있는가?

① 사염화탄소 ② 벤젠
③ 이산화질소 ④ 포스겐

트리클로로에틸렌이 고농도로 존재하는 작업장에서 아크 용접을 하는 경우 트리클로로에틸렌은 포스겐으로 전환된다.

46 인공조명을 선정 및 설치할 때, 고려사항으로 틀린 것은?

① 폭발과 발화성이 없을 것
② 균등한 조도를 유지할 것
③ 유해가스를 발생하지 않을 것
④ 광원은 우하방에 위치할 것

④ 광원은 좌상방에 위치할 것

필기에 자주 출제★

47 전신진동의 주파수 범위로 가장 적절한 것은?

① 1 ~ 100Hz ② 100 ~ 250Hz
③ 250 ~ 1,000Hz ④ 1,000 ~ 4,000Hz

* 인체에 영향을 주는 진동범위
① 전신진동 : 2 ~ 100Hz
② 국소진동 : 8 ~ 1,500Hz

필기에 자주 출제★

48 소음에 대한 차음을 위해 사용하는 귀덮개와 귀마개를 비교 설명한 내용으로 옳지 않은 것은?

① 귀덮개는 한가지의 크기로 여러 사람에게 적용 가능하다.
② 귀덮개는 고온다습한 작업장에서 착용하기 어렵다.
③ 귀덮개는 귀마개보다 작업자가 착용하고 있는지 여부를 체크하기 쉽다.
④ 귀덮개는 귀마개보다 개인차가 크다.

④ 귀덮개는 귀마개보다 개인차가 작다.

* 참고
귀덮개의 장 · 단점

장점	① 고음영역에서 차음효과가 탁월하다. ② 귀마개보다 차음효과가 일반적으로 크며 차음효과의 개인차가 적다. ③ 귀 안에 염증이 있어도 사용이 가능하다. ④ 착용이 쉽고 착용법이 틀리거나 분실할 염려가 적다. ⑤ 동일한 크기의 귀덮개를 대부분의 근로자가 사용할 수 있다. ⑥ 멀리서도 착용 유무를 확인할 수 있다.
단점	① 고온에서 사용 시에는 땀이 나서 불편하다. ② 보안경과 동시 착용 시에는 불편하며 차음효과가 감소한다. ③ 가격이 비싸고 운반과 보관이 쉽지 않다. ④ 오래 사용하여 귀걸이의 탄력성이 줄었을 때나 귀걸이가 휘었을 때는 차음효과가 떨어진다.

실기까지 중요★★

정답 45 ④ 46 ④ 47 ① 48 ④

49 공기 중 유해물질의 농도표시를 할 때 ppm 단위를 사용하지 않는 물질은? (단, 고용노동부 고시를 기준으로 한다.)

① 석면 ② 증기
③ 가스 ④ 분진

화학적 인자의 가스, 증기, 분진, 흄(fume), 미스트(mist) 등의 농도는 피피엠(ppm) 또는 세제곱미터당 밀리그램(mg/m^3)으로 표시한다. 다만, 석면의 농도 표시는 세제곱센티미터당 섬유개수(개/cm^3)로 표시한다.

실기까지 중요 ★★

50 밀폐공간에서 작업할 때의 관리대책으로 틀린 것은?

① 작업지휘자를 선임하여 작업을 지휘한다.
② 환기는 급기량보다 배기량이 많도록 조절한다.
③ 작업 전에 산소 농도가 18% 이상이 되는지 확인한다.
④ 작업 전에 폭발성 가스농도는 폭발하한농도의 10% 이하가 되는지 확인한다.

② 환기는 급기량이 배기량보다 약 10% 많게 한다.

51 고압환경의 영향 중 2차적인 가압현상과 가장 거리가 먼 것은?

① 질소 마취 ② 산소 중독
③ 폐 내 가스 팽창 ④ 이산화탄소 중독

* 고압환경의 2차적 가압현상
① 질소의 마취작용 : 공기 중의 질소 가스는 4기압 이상에서 마취작용을 일으킨다.
② 산소중독 증세 : 산소분압이 2기압을 넘으면 산소중독 증세가 나타난다.
③ 이산화탄소의 작용 : 이산화탄소의 증가는 산소의 독성과 질소의 마취작용을 촉진시킨다.

실기까지 중요 ★★

52 고압환경에서 나타나는 질소의 마취작용에 관한 설명으로 옳지 않은 것은?

① 공기 중 질소 가스는 4기압 이상에서 마취작용을 나타낸다.
② 작업력 저하, 기분의 변화 및 정도를 달리하는 다행증이 일어난다.
③ 질소의 물에 대한 용해도는 지방에 대한 용해도 보다 5배 정도 높다.
④ 고압환경의 화학적 장해이다.

③ 질소는 물보다 지방에 5배 더 많이 용해된다.

필기에 자주 출제 ★

정답 49 ① 50 ② 51 ③ 52 ③

53 유해화학물질에 대한 발생원 대책으로 원재료의 대체방법이 다음과 같을 때, 옳은 것만으로 짝지어진 것은?

> ㉠ 아조 염료 합성 – 벤지딘을 디클로로벤지딘으로 교체
> ㉡ 성냥 제조 – 백린(황린)을 적린으로 교체
> ㉢ 샌드블라스팅 – 모래를 철구슬로 교체
> ㉣ 야광시계의 자판 – 인을 라듐으로 교체

① ㉠, ㉡, ㉢ ② ㉠, ㉢, ㉣
③ ㉡, ㉢, ㉣ ④ ㉠, ㉡, ㉢, ㉣

㉣ 야광시계의 자판을 라듐 대신 인으로 교체한다.

필기에 자주 출제 ★

54 방독마스크 흡수제의 재질로 적당하지 않은 것은?

① fiber glass ② silicagel
③ activated carbon ④ sodalime

★ 방독마스크 흡수제의 종류
① 활성탄
② 큐프라마이트
③ 호프칼라이트
④ 실리카겔
⑤ 소다라임
⑥ 알칼리제재
⑦ 카본

필기에 자주 출제 ★

55 방독마스크의 정화통 능력이 사염화탄소 0.4%에 대해서 표준유효시간 100분인 경우, 사염화탄소의 농도가 0.15%인 환경에서 사용 가능한 시간은?

① 약 267분 ② 약 200분
③ 약 100분 ④ 약 67분

★ 방독마스크 정화통의 유효시간 계산

$$\text{유효시간(파과시간)} = \frac{\text{시험가스농도} \times \text{표준유효시간}}{\text{작업장 공기중 유해가스 농도}}(\text{분})$$

$$\text{유효시간} = \frac{0.4 \times 100}{0.15} = 266.67(\text{분})$$

필기에 자주 출제 ★

56 가로 15m, 세로 25m, 높이 3m인 작업장에서 음의 잔향 시간을 측정해보니 0.238초였을 때, 작업장의 총 흡음력을 30% 증가시키면 변경된 잔향시간은 약 몇 초인가?

① 0.217 ② 0.196
③ 0.183 ④ 0.157

★ 잔향시간

$$T = K\frac{V}{A} = \frac{0.161V}{A} = \frac{0.161V}{S\overline{\alpha}}$$

- T : 잔향시간(초)
- K : 비례상수(0.161)
- A : 실내의 총 흡음력(sabin)
- V : 실의 용적(m^3)
- S : 실내의 전 표면적(m^2)
- $\overline{\alpha}$: 평균 흡음률

1. $T = \frac{0.161V}{A}$

$$A = \frac{0.161V}{T} = \frac{0.161 \times (15 \times 25 \times 3)}{0.238} = 761.03(\text{sabin})$$

2. 흡음력을 30% 증가시켰을 때의 잔향시간

$$T = \frac{0.161 \times (15 \times 25 \times 3)}{761.03 \times 1.3} = 0.183(\text{sec})$$

실기까지 중요 ★★

정답 53 ① 54 ① 55 ① 56 ③

57 방독마스크의 방독 물질별 정화통 외부 측면의 표시색 연결이 틀린 것은?

① 유기화합물용 정화통 - 갈색
② 암모니아용 정화통 - 녹색
③ 할로겐용 정화통 - 파란색
④ 아황산용 정화통 - 노란색

* 방독마스크 정화통 외부 측면의 표시 색

종류	표시 색
유기화합물용 정화통	갈색
할로겐용 정화통 황화수소용 정화통 시안화수소용 정화통	회색
아황산용 정화통	노란색
암모니아용 정화통	녹색
복합용 및 겸용의 정화통	• 복합용의 경우 : 해당가스 모두 표시(2층 분리) • 겸용의 경우 : 백색과 해당 가스 모두 표시(2층 분리)

필기에 자주 출제★

58 전리방사선에 속하는 것은?

① 가시광선　　② X선
③ 적외선　　④ 라디오파

* 전리방사선(이온화 방사선)의 종류
① 전자기 방사선(X-Ray, γ선)
② 입자 방사선(α, β입자, 중성자)

필기에 자주 출제★

59 차음평가수(NRR)가 27인 귀마개를 착용하고 있을 때, 차음 효과는 몇 dB인가? (단, 미국산업안전보건청(OSHA)를 기준으로 한다.)

① 5　　② 10
③ 20　　④ 27

$$\text{차음효과} = (NRR - 7) \times 0.5$$

• NRR : 차음평가수

차음효과 = (27 − 7)×0.5 = 10(dB)

실기까지 중요★★

60 다음 작업 중 적외선에 가장 많이 노출 될 수 있는 작업에 해당되는 것은?

① 보석 세공 작업　　② 초자 제조 작업
③ 수산 양식 작업　　④ X선 촬영 작업

적외선은 제강, 용접, 야금공정, 초자 제조 공정, 레이저, 가열램프 작업 등에서 노출될 수 있다.

필기에 자주 출제★

정답 57 ③ 58 ② 59 ② 60 ②

61 환기장치에서 관경이 350mm인 직관을 통하여 풍량 100m³/min의 표준공기를 송풍할 때 관내 평균풍속은 약 몇 m/sec인가?

① 17　　② 32
③ 42　　④ 52

$$Q = 60 \times A \times V$$

- Q : 유체의 유량(m³/min)
- A : 유체가 통과하는 단면적(m²)
- V : 유체의 유속(m/sec)

$Q = 60 \times A \times V$

$$V = \frac{Q}{60 \times A} = \frac{100}{60 \times 0.096} = 17.36(\text{m/sec})$$

$$\left[A = \frac{\pi d^2}{4} = \frac{\pi \times 0.35^2}{4} = 0.096\text{m}^2 \right]$$

실기에 자주 출제 ★★★

62 A사업장에서 적용중인 후드의 유입계수가 0.8이라면, 유입손실계수는 약 얼마인가?

① 0.56　　② 0.73
③ 0.83　　④ 0.93

$$F_h = \frac{1}{Ce^2} - 1$$

- Ce : 유입계수

$$F_h = \frac{1}{0.8^2} - 1 = 0.56$$

실기에 자주 출제 ★★★

63 일반적으로 제어속도를 결정하는 인자와 가장 거리가 먼 것은?

① 작업장 내의 온도와 습도
② 후드에서 오염원까지의 거리
③ 오염물질의 종류 및 확산 상태
④ 후드의 모양과 작업장 내의 기류

* 제어속도 결정시 고려사항(제어속도에 영향을 주는 인자)

① 후드의 모양
② 후드에서 오염원까지의 거리
③ 오염물질(유해물질)의 종류 및 확산상태
④ 오염물질(유해물질)의 비산방향 및 비산거리
⑤ 오염물질(유해물질)의 사용량 및 독성 정도
⑥ 작업장 내 방해기류

필기에 자주 출제 ★

64 실내의 중량 절대습도가 80kg/kg, 외부의 중량 절대습도가 60kg/kg, 실내의 수증기가 시간당 3kg씩 발생할 때 수분 제거를 위하여 중량단위로 필요한 환기량(m³/min)은 약 얼마인가? (단, 공기의 비중량은 1.2kgf/m³으로 한다.)

① 0.21　　② 4.17
③ 7.52　　④ 12.50

$$Q = \frac{W}{1.2 \times \Delta G} \times 100$$

- Q : 필요환기량(m³/h)
- W : 수증기 부하량(kg/h)
- ΔG : 작업장내 공기와 급기의 절대 습도 차(kg/kg)

$$Q = \frac{3}{1.2 \times (80 - 60)} \times 100 = 12.5(\text{m}^3/\text{hr}) \div 60$$
$$= 0.21(\text{m}^3/\text{min})$$

실기까지 중요 ★★

정답 61 ① 62 ① 63 ① 64 ①

65 다음 중 송풍기의 정압효율이 가장 우수한 형식은?

① 평판형　　② 터보형
③ 축류형　　④ 다익형

★송풍기의 효율
터보송풍기 > 평판(방사형)송풍기 > 다익송풍기

실기까지 중요 ★★

66 플랜지가 붙은 슬롯 후드가 있다. 제어거리가 30cm, 제어속도가 1m/s일 때, 필요송풍량(m^3/min)은 약 얼마인가? (단, 슬롯의 길이는 10cm이다.)

① 2.88　　② 4.68
③ 8.64　　④ 12.64

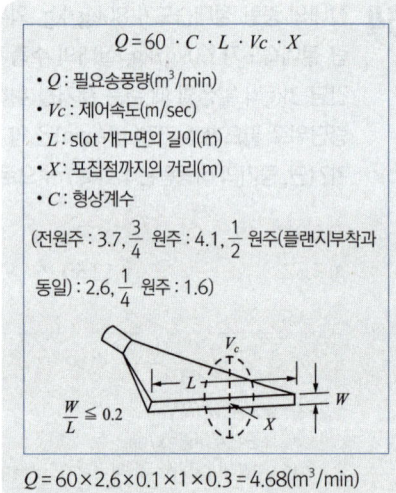

$$Q = 60 \cdot C \cdot L \cdot Vc \cdot X$$

- Q : 필요송풍량(m^3/min)
- Vc : 제어속도(m/sec)
- L : slot 개구면의 길이(m)
- X : 포집점까지의 거리(m)
- C : 형상계수

(전원주 : 3.7, $\frac{3}{4}$ 원주 : 4.1, $\frac{1}{2}$ 원주(플랜지부착과 동일) : 2.6, $\frac{1}{4}$ 원주 : 1.6)

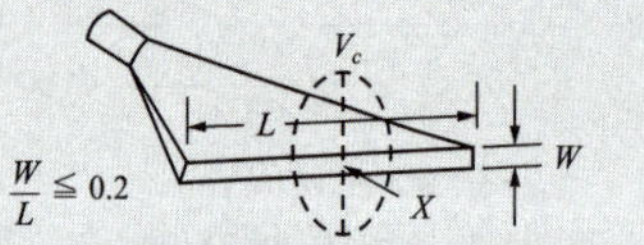

$Q = 60 \times 2.6 \times 0.1 \times 1 \times 0.3 = 4.68(m^3/min)$

실기까지 중요 ★★

67 전압, 정압, 속도압에 관한 설명으로 옳지 않은 것은?

① 속도압과 정압을 합한 값을 전압이라 한다.
② 속도압은 공기가 정지할 때 항상 발생한다.
③ 정압은 사방으로 동일하게 미치는 압력으로 공기를 압축 또는 팽창시키며, 공기흐름에 대한 저항을 나타내는 압력으로 이용된다.
④ 속도압이란 정지상태의 공기를 일정한 속도로 흐르도록 가속화시키는데 필요한 압력을 의미하며, 공기의 운동에너지에 비례한다.

정압	• 공기의 유동이 없을 때 발생하는 압력, 덕트 내의 공기가 주위에 미치는 압력 • 모든 방향에서 같은 크기를 나타내는 압력으로 정지하고 있는 유체뿐만 아니라 운동하고 있는 유체 중에도 존재한다.
동압 (속도압)	• 공기의 흐름이 있을 때 발생하는 압력, 공기 흐름 방향의 속도에 의해 생기는 압력 • 속도압은 공기가 이동하는 힘으로 항상 양압(0 이상의 압력)이다.(공기의 운동에너지에 비례한다.)

필기에 자주 출제 ★

68 외부식 후드의 흡인기능의 불량 원인과 거리가 먼 것은?

① 송풍기의 용량이 부족한 경우
② 제어속도가 필요속도보다 큰 경우
③ 후드 입구에 심한 난기류가 형성된 경우
④ 송풍관과 덕트 연결부에 공기누설량이 큰 경우

② 제어속도가 필요속도보다 작은 경우

정답　65 ②　66 ②　67 ②　68 ②

69 입자상 물질의 원심력을 집진장치에 주로 이용하는 공기정화장치는?

① 침강실
② 벤츄리스크러버
③ 사이클론
④ 백(bag) 필터

* 원심력 집진장치(사이클론)
함진가스에 선회류를 일으키는 원심력을 이용하여 분진을 분리, 포집한다.

실기까지 중요 ★★

70 전체환기시설의 설치 전제조건과 가장 거리가 먼 것은?

① 오염물질의 발생량이 적은 경우
② 오염물질의 독성이 비교적 낮은 경우
③ 오염물질이 시간에 따라 균일하게 발생하는 경우
④ 동일작업장소에 배출원이 한 곳에 집중되어 있는 경우

④ 배출원이 한 곳에 집중되어 있는 경우
→ 국소환기

* 참고

국소환기 장치 설치가 필요한 경우	① 유해물질 발생량이 많은 경우 ② 유해물질 독성이 강한 경우(TLV가 낮을 때) ③ 유해물질 발생원과 작업위치가 근접해 있는 경우 ④ 높은 증기압의 유기용제 ⑤ 발생주기가 균일하지 않은 경우 ⑥ 발생원이 고정되어 있는 경우 ⑦ 법적의무 설치사항 경우
전체환기(희석환기)가 필요한 경우	① 유해물질의 독성이 비교적 낮은 경우 ② 동일한 작업장에 다수의 오염원이 분산되어 있는 경우 ③ 유해물질이 시간에 따라 균일하게 발생될 경우 ④ 유해물질의 발생량이 적은 경우 ⑤ 발생원이 이동하는 경우 ⑥ 오염원이 근무자가 근무하는 장소로부터 멀리 떨어져 있는 경우

실기까지 중요 ★★

71 1기압, 0℃에서 공기의 비중량이 1.293kgf/m³일 경우, 동일 기압에서 23℃일 때, 공기의 비중량은 약 얼마인가?

① 0.950kgf/m³
② 1.015kgf/m³
③ 1.193kgf/m³
④ 1.205kgf/m³

* 온도보정

$$1.293 \times \frac{273+0}{273+23} = 1.193(\mathrm{kgf/m^3})$$

실기까지 중요 ★★

72 공기정화장치의 입구와 출구의 정압이 동시에 감소되었다면, 국소배기장치(설비)의 이상원인으로 가장 적합한 것은?

① 제진장치 내의 분진퇴적
② 분지관과 후드 사이의 분진퇴적
③ 분지관의 시험공과 후드 사이의 분진퇴적
④ 송풍기의 능력저하 또는 송풍기와 덕트의 연결부위 풀림

* 공기정화장치 입구 및 출구의 정압이 동시에 감소되는 원인
송풍기의 능력 저하 또는 송풍기와 덕트의 연결부위 풀림

정답 69 ③ 70 ④ 71 ③ 72 ④

73 송풍관 내에서 기류의 압력손실 원인과 관계가 가장 적은 것은?

① 기체의 속도　② 송풍관의 형상
③ 분진의 크기　④ 송풍관의 직경

> *송풍관 내에서 기류의 압력손실 원인
> ① 기체의 속도
> ② 송풍관의 형상
> ③ 송풍관의 직경

74 후드를 선정 및 설계할 때 고려해야 할 사항으로 옳지 않은 것은?

① 가급적이면 공정을 많이 포위한다.
② 가급적 후드를 배출 오염원에 가깝게 설치한다.
③ 후드 개구면에서 기류가 균일하게 분포되도록 설계한다.
④ 공정에서 발생, 배출되는 오염물질의 절대량은 최소발생량을 기준으로 한다.

> *후드선택 지침(필요 환기량을 감소시키기 위한 방법)
> ① 가급적 공정의 포위를 최대화한다.
> ② 포집형이나 레시버형 후드를 사용할 때에는 후드를 배출 오염원에 가깝게 설치한다.
> ③ 주위 방해기류를 최소화하여 후드 개구면에서 기류가 균일하게 분포되도록 설계한다.
> ④ 오염물질 발생특성을 고려하여 설계한다.
> ⑤ 작업조건을 고려하여 적정하게 제어속도를 선정한다.
> ⑥ 공정에서 발생 또는 배출되는 오염물질의 절대량을 감소시킨다.
> ⑦ 플랜지 등을 설치하여 후드 유입 기류를 조절한다.

필기에 자주 출제★

75 push-pull형 환기장치에 관한 설명으로 옳지 않은 것은?

① 도금조, 자동차도장 공정에서 이용할 수 있다.
② 일반적인 국소배기장치 후드보다 동력비가 많이 든다.
③ 한 쪽에서는 공기를 불어 주고(push) 한쪽에서는 공기를 흡인(pull)하는 장치이다.
④ 공정상 포착거리가 길어서 단지 공기를 제어하는 일반적인 후드로는 효과가 낮을 때 이용하는 장치이다.

> ② push-pull형은 포집효율을 증가시키면서 필요유량을 감소시켜 일반적인 국소배기장치 후드보다 동력비가 적게 든다.

필기에 자주 출제★

76 자동차 공업사에서 톨루엔이 분당 8g 증발되고 있다. 톨루엔의 MW는 92이고, 노출기준은 50ppm이다. 톨루엔의 공기 중 농도를 노출기준 이하로 유지하고자 한다면 이를 위해서 공급해 주어야 할 전체환기량(m^3/min)은? (단, 혼합물을 위한 여유계수(K)는 5이다.)

① 120　② 180
③ 210　④ 240

$$Q = \frac{24.1 \times kg/h \times K \times 10^6}{MW \times TLV}(m^3/hr)$$
$$\div 60 = (m^3/min)$$

- K : 안전계수
- MW : 물질의 분자량
- kg/hr : 시간당 오염물질 발생량(l/hr × S(비중))
- TLV : 노출기준(ppm)
- 24.1 : 21℃, 1기압에서 공기의 비중 (25℃, 1기압일 경우 24.45)

$$Q = \frac{24.1 \times 0.008 \times 5 \times 10^6}{92 \times 50} = 209.57(m^3/min)$$
(8g = 0.008kg)

실기에 자주 출제★★★

정답 73 ③ 74 ④ 75 ② 76 ③

77 작업장의 크기가 12m×22m×45m인 곳에서의 톨루엔 농도가 400ppm이다. 이 작업장으로 600m³/min의 공기가 유입되고 있다면 톨루엔 농도를 100ppm까지 낮추는데 필요한 환기 시간은 약 얼마인가? (단, 공기와 톨루엔은 완전혼합 된다고 가정한다.)

① 27.45분　　② 31.44분
③ 35.45분　　④ 39.44분

* 유해물질을 나중농도(노출농도 이하)로 환기하는 데 소요되는 시간

$$t=-\frac{V}{Q'}\times\ln\left(\frac{C_2}{C_1}\right)(\text{min})$$

- V : 작업장의 기적(m^3)
- Q' : 환기량(m^3/min)
- C_1 : 유해물질 처음농도(ppm)
- C_2 : 유해물질 노출기준(ppm)

$$t=-\frac{(12\times22\times45)}{600}\times\ln\left(\frac{100}{400}\right)=27.45(\text{min})$$

실기까지 중요 ★★

78 직경이 2μm, 비중이 6.6인 산화철 흄(fume)의 침강속도는 약 얼마인가?

① 0.08m/min　　② 0.08cm/s
③ 0.8m/min　　④ 0.8cm/s

* Lippman식에 의한 침강속도 (입자크기가 1 ~ 50μm 경우 적용)

$$V(\text{cm/sec})=0.003\times\rho\times d^2$$

- V : 침강속도(cm/sec)
- ρ : 입자 밀도(비중) (g/cm³)
- d : 입자직경(μm)

$V=0.003\times6.6\times2^2=0.08$(cm/sec)

실기까지 중요 ★★

79 국소배기설비 점검 시 반드시 갖추어야 할 필수 장비로 볼 수 없는 것은?

① 청음기　　② 연기발생기
③ 테스트 해머　　④ 절연저항계

* 국소배기장치 성능시험 시 필수장비

① 발연관(연기발생기 ; smoke tester)
② 청음기 또는 청음봉
③ 절연저항계
④ 표면온도계 및 초자온도계
⑤ 줄자
⑥ 열선풍속계(선택장비)

실기까지 중요 ★★

정답 77 ① 78 ② 79 ③

80 송풍기의 상사법칙에서 회전수(N)와 송풍량(Q), 소요동력(L), 정압(P)과의 관계를 올바르게 나타낸 것은?

① $\frac{Q_1}{Q_2} = (\frac{N_1}{N_2})^2$　　② $\frac{Q_1}{Q_2} = (\frac{N_1}{N_2})^3$

③ $\frac{P_1}{P_2} = (\frac{N_1}{N_2})^2$　　④ $\frac{L_1}{L_2} = (\frac{Q_1}{Q_2})^2$

1. $\frac{Q_2}{Q_1} = \frac{N_2}{N_1}$, $\frac{Q_2}{Q_1} = (\frac{D_2}{D_1})^3$

   $\rightarrow Q_2 = Q_1(\frac{D_2}{D_1})^3(\frac{N_2}{N_1})$

2. $\frac{P_2}{P_1} = (\frac{D_2}{D_1})^2$, $\frac{P_2}{P_1} = (\frac{N_2}{N_1})^2$, $\frac{P_2}{P_1} = \frac{\rho_2}{\rho_1}$

   $\rightarrow P_2 = P_1(\frac{D_2}{D_1})^2(\frac{N_2}{N_1})^2(\frac{\rho_2}{\rho_1})$

3. $\frac{HP_2}{HP_1} = (\frac{N_2}{N_1})^3$, $\frac{HP_2}{HP_1} = (\frac{D_2}{D_1})^5$, $\frac{HP_2}{HP_1} = \frac{\rho_2}{\rho_1}$

   $\rightarrow HP_2 = HP_1(\frac{D_2}{D_1})^5(\frac{N_2}{N_1})^3(\frac{\rho_2}{\rho_1})$

- Q_1 : 회전 수 변경 전 풍량(m^3/min)
- Q_2 : 회전 수 변경 후 풍량(m^3/min)
- N_1 : 변경 전 회전수(rpm)
- N_2 : 변경 후 회전수(rpm)
- P_1 : 변경 전 풍압(mmH_2O)
- P_2 : 변경 후 풍압(mmH_2O)
- HP_1 : 변경 전 동력(kW)
- HP_2 : 변경 후 동력(kW)
- D_1 : 변경 전 직경(m)
- D_2 : 변경 후 직경(m)
- ρ_1 : 변경 전 효율
- ρ_2 : 변경 후 효율

실기까지 중요 ★★

정답 80 ③

2020년 8월 22일

3회 과년도기출문제

제1과목 산업위생학 개론

01 산업위생활동 범위인 예측, 인식(인지), 평가, 관리 중 인식(인지)(recognition)에 대한 설명으로 옳지 않은 것은?

① 상황이 존재(설치)하는 상태에서 유해인자에 대한 문제점을 찾아내는 것이다.
② 현장조사로 정량적인 유해인자의 양을 측정하는 것으로 시료의 채취와 분석이다.
③ 인식단계에서의 이러한 활동들은 사업장의 특성, 근로자의 작업특성, 유해인자의 특성에 근거한다.
④ 건강에 장해를 줄 수 있는 물리적, 화학적, 생물학적, 인간공학적 유해인자 목록을 작성하고, 작업내용을 검토하고, 설치된 각종 대책과 관련된 조치들을 조사하는 활동이다.

② 현장조사로 정량적인 유해인자의 양을 측정하는 것으로 시료의 채취와 분석이다.
→ "측정" 에 대한 설명에 해당한다.

* 참고
인지(recognition)
① 현존 상황에서 존재 또는 잠재하고 있는 유해인자(물리, 화학, 생물, 인간공학, 공기역학적 인자)의 파악한다.
② 유해인자의 특성을 파악하는 것으로 위험평가(Risk Assessment)가 이루어져야 한다.

필기에 자주 출제★

02 NIOSH의 중량물 취급기준을 적용할 수 있는 작업상황이 아닌 것은?

① 작업장 내의 온도가 적절해야 한다.
② 물체를 잡을 때 불편함이 없어야 한다.
③ 빠른 속도로 두 손으로 들어 올리는 작업이라야 한다.
④ 물체의 폭이 75cm이하로서 두 손을 적당히 벌리고 작업할 수 있어야 한다.

③ 보통속도로 반드시 두 손으로 들어 올리는 작업이어야 한다. 한 손으로 들어 올리는 작업은 해당되지 않는다.

필기에 자주 출제★

정답 01 ② 02 ③

03 근골격계질환을 예방하기 위한 작업환경개선의 방법으로 인체측정치를 이용한 작업환경의 설계가 이루어질 때, 다음 중 가장 먼저 고려되어야 할 사항은?

① 조절가능 여부
② 최대치의 적용 여부
③ 최소치의 적용 여부
④ 평균치의 적용 여부

* 조절가능 여부(조절식 설계)
인체측정치를 이용한 작업환경의 설계가 이루어질 때 다음 중 가장 먼저 고려되어야 한다.

* 참고
인체계측자료의 응용 3원칙
① 최대치수와 최소치수 설계(극단치 설계) : 최대 치수 또는 최소 치수를 기준으로 하여 설계한다.
② 조절(조정)범위(조절식 설계) : 체격이 다른 여러 사람에 맞도록 설계한다.
③ 평균치를 기준으로 한 설계

필기에 자주 출제 ★

04 작업대사율(RMR)이 10인 작업을 하는 근로자의 계속작업 한계시간은 약 몇 분인가?

① 0.5분 ② 1.5분
③ 3.0분 ④ 4.5분

* 계속작업 한계시간(CWT)

$$\log(CWT) = 3.724 - 3.25\log(RMR)$$

- RMR : 에너지 대사율
- CWT : 계속작업 한계시간(분)

$\log(CWT) = 3.724 - 3.25 \times \log(10) = 0.474$
$CWT = 10^{0.474} = 2.98$(분)

실기까지 중요 ★★

05 다음 피로의 종류 중 다음날까지 피로상태가 계속 유지되는 것은?

① 과로 ② 전신피로
③ 피로 ④ 국소피로

* 피로의 3단계

1단계 보통피로	• 하룻밤 자고나면 완전히 회복된다.
2단계 과로	• 다음날까지도 피로 상태가 지속되며 단기간 휴식으로 회복될 수 있는 단계로 발병단계는 아니다.
3단계 곤비	• 과로의 축적으로 단기간 휴식을 통해서는 회복될 수 없는 발병단계 • 심한 노동 후의 피로현상으로 병적인 상태

실기까지 중요 ★★

06 접착제 등의 원료로 사용되며 피부나 호흡기에 자극을 주어 새집증후군의 주요한 원인으로 지목되고 있는 실내공기 중 오염물질은?

① 라돈 ② 이산화질소
③ 오존 ④ 포름알데히드

* 포름알데히드
① 물에 잘 녹으며 37% 이상의 포름알데히드 수용액이 포르말린으로 살균제 · 방부제로 이용된다.
② 자극성 강한 냄새를 가지는 가연성 무색 기체로 인화점이 낮아 폭발 위험성이 있다.
③ 페놀수지의 원료로서 자극취가 있는 무색의 수용성 가스로 건축물에 사용되는 각종 합판, 칩보드, 가구, 단열재와 섬유 옷감에서 주로 발생되고, 눈과 코, 목을 자극하며 동물실험결과 발암성이 있는 것으로 나타났다.
④ 접착제 등의 원료로 사용되며 피부나 호흡기에 자극을 주어 새집증후군의 주요한 원인으로 지목되고 있다.

필기에 자주 출제 ★

정답 03 ① 04 ③ 05 ① 06 ④

07 근로자가 휴식 중일 때의 산소소비량(oxy-genuptake)이 약 0.25L/min일 경우 운동 중일 때의 산소소비량은 약 얼마까지 증가하는가? (단, 일반적인 성인 남성의 경우이며, 산소 공급이 충분하다고 가정한다.)

① 2.0L/min ② 5.0L/min
③ 9.5L/min ④ 15.0L/min

⋆ 산소 소비량
① 휴식 중 산소소비량 : 0.25L/min
② 운동 중 산소소비량(성인 남자 기준) : 5L/min

필기에 자주 출제 ★

08 산업안전보건법령상 건강진단기관이 건강진단을 실시하였을 때에는 그 결과를 고용 노동부장관이 정하는 건강진단 개인표에 기록하고, 건강진단을 실시한 날로부터 며칠 이내에 근로자에게 송부하여야 하는가?

① 15일 ② 30일
③ 45일 ④ 60일

건강진단기관이 건강진단을 실시하였을 때에는 그 결과를 고용노동부장관이 정하는 건강진단 개인표에 기록하고, 건강진단 실시일 부터 30일 이내에 근로자에게 송부하여야 한다.

⋆ 참고
① 건강진단기관은 건강진단을 실시한 결과 질병 유소견자가 발견된 경우에는 건강진단을 실시한 날부터 30일 이내에 해당 근로자에게 의학적 소견 및 사후관리에 필요한 사항과 업무수행의 적합성 여부를 설명하여야 한다.
② 건강진단기관은 건강진단을 실시한 날부터 30일 이내에 건강진단 결과표를 사업주에게 송부하여야 한다.
③ 특수건강진단기관은 근로자에 대한 특수건강진단 · 수시건강진단 또는 임시건강진단을 실시한 경우에는 건강진단을 실시한 날부터 30일 이내에 건강진단 결과표를 지방고용노동관서의 장에게 제출하여야 한다.

실기까지 중요 ★★

09 산업안전보건법령상 사무실 공기관리 지침 중 오염물질 관리기준이 설정되지 않은 것은?

① 이산화황 ② 총부유세균
③ 일산화탄소 ④ 이산화탄소

⋆ 사무실 공기관리지침의 오염물질 관리기준

오염물질	관리기준
미세먼지(PM10)	100μg/m³
초미세먼지(PM2.5)	50μg/m³
이산화탄소(CO_2)	1,000ppm
일산화탄소(CO)	10ppm
이산화질소(NO_2)	0.1ppm
포름알데히드(HCHO)	100μg/m³
총휘발성유기화합물(TVOC)	500μg/m³
라돈(radon)	148Bq/m³
총부유세균	800CFU/m³
곰팡이	500CFU/m³

암기법
이질 0.1, 일탄 10 / 초먼 50, 포름알 · 미먼 100 / 라돈 148, 휘유, 곰팡이 500 / 부유 800, 이탄 1000 (부유 CFU/m³, 초먼.미먼 · 포름알 · 휘유 μg/m³, 나머지 ppm)

실기에 자주 출제 ★★★

정답 07 ② 08 ② 09 ①

10 일하는 데 가장 적합한 환경을 지적환경(optimum working environment)이라고 한다. 이러한 지적환경을 평가하는 방법과 거리가 먼 것은?

① 신체적(physical) 방법
② 생산적(productive) 방법
③ 생리적(physiological) 방법
④ 정신적(psychological) 방법

* 지적환경의 평가방법
① 생산적(productive) 방법
② 생리적(physiological) 방법
③ 정신적(psychological) 방법

11 미국산업위생학술원(AAIH)은 산업위생 전문가들이 지켜야 할 윤리 강령을 채택하고 있다. 윤리강령의 4개 분류에 속하지 않는 것은?

① 전문가로서의 책임
② 근로자에 대한 책임
③ 기업주와 고객에 대한 책임
④ 정부와 공직사회에 대한 책임

* 산업위생 전문가의 윤리강령(미국산업위생학술원 : AAIH)
① 산업위생 전문가로서의 책임
② 근로자에 대한 책임
③ 기업주와 고객에 대한 책임
④ 일반 대중에 대한 책임

암기법

전문가의 윤리는 전문(전문) 근로자(근로자)에게 고기(기업주와 고객) 대접(대중)

실기에 자주 출제 ★★★

12 다음 영양소와 그 영양소의 결핍으로 인한 주된 증상의 연결로 옳지 않은 것은?

① 비타민 A - 야맹증
② 비타민 B_1 - 구루병
③ 비타민 B_2 - 구강염, 구순염
④ 비타민 K - 혈액 응고작용 지연

② 비타민 B_1 : 각기병

13 산업안전보건법령상 석면해체작업장의 석면농도측정 방법으로 옳지 않은 것은? (단, 작업장은 실내이며, 석면해제 · 제거 작업이 모두 완료되어 작업장의 밀폐시설 등이 정상적으로 가동되는 상태이다.)

① 밀폐막이 손상되지 않고 외부로부터 작업장이 차폐되어 있음을 확인해야 한다.
② 작업이 완료되면 작업장 바닥이 젖어 있거나 물이 고여 있지 않음을 확인해야 한다.
③ 작업장 내 침전된 분진이 비산(非散)될 경우 근로자에게 영향을 미치므로 비산이 되기 전 즉시 시료를 채취한다.
④ 시료채취 펌프를 이용하여 멤브레인 여과지(Mixed Cellulose Ester membrane filter)로 공기 중 입자상 물질을 여과 채취한다.

* 석면농도의 측정방법
① 석면해체 · 제거작업장 내의 작업이 완료된 상태를 확인한 후 공기가 건조한 상태에서 측정할 것
② 작업장 내에 침전된 분진을 흩날린 후 측정할 것
③ 시료채취기를 작업이 이루어진 장소에 고정하여 공기 중 입자상 물질을 채취하는 지역시료채취방법으로 측정할 것

정답 10 ① 11 ④ 12 ② 13 ③

14 재해율 통계방법 중 강도율을 나타낸 것은?

① $\frac{\text{연간 총 재해자수}}{\text{연 평균 근로자 수}} \times 1,000$

② $\frac{\text{연간 총 재해자수}}{\text{연 평균 근로자 수}} \times 1,000$

③ $\frac{\text{연간 총 근로손실일수}}{\text{연 총 근로시간수}} \times 1,000$

④ $\frac{\text{연간 총 근로손실일수}}{\text{연 총 근로시간수}} \times 1,000,000$

* 강도율(S.R)
1,000 근로시간당 근로손실일수 비율을 말한다.

$$\text{강도율} = \frac{\text{근로손실일수}}{\text{근로 총 시간수}} \times 1,000$$

$$\left(\text{근로손실일수} = \text{휴업일수, 요양일수, 입원일수} \times \frac{300(\text{실제근로일수})}{365}\right)$$

실기에 자주 출제★★★

15 작업강도와 관련된 내용으로 옳지 않은 것은?

① 실동률은 95 - 5×RMR로 구할 수 있다.
② 일반적으로 열량 소비량을 기준으로 평가한다.
③ 작업대사율(RMR)은 작업대사량을 기초대사량으로 나눈 값이다.
④ 작업대사율(RMR)은 작업강도를 에너지소비량으로 나타낸 하나의 지표이지 작업강도를 정확하게 나타냈다고는 할 수 없다.

실노동률(실동률)(%) = 85 - (5×RMR)
• RMR : 에너지 대사율(작업대사율)

필기에 자주 출제★

16 한국의 산업위생역사 중 연도와 활동이 잘못 연결된 것은?

① 1958년 - 석탄공사 장성병원 중앙실험실 설치
② 1962년 - 가톨릭 산업의학 연구소 설립
③ 1989년 - 작업환경측정 정도관리제도 도입
④ 1990년 - 한국산업위생학회 창립

③ 1992년 - 작업환경 측정기관에 대한 정도관리 규정 제정

필기에 자주 출제★

17 규폐증은 공기 중 분진에 어느 물질이 함유되어 있을 때 주로 발생하는가?

① 석면 ② 목재
③ 크롬 ④ 유리규산

* 규폐증(silicosis)
이산화규소(SiO_2, 유리규산, 석영) 분진의 흡입으로 폐조직에 섬유화가 나타나는 진폐증을 말한다.

실기에 자주 출제★★★

정답 14 ③ 15 ① 16 ③ 17 ④

18 근로자에 있어서 약한 손(오른손잡이의 경우 왼손)의 힘은 평균 40kp(kilopond)라고 한다. 이러한 근로자가 무게 10kg인 상자를 두 손으로 들어 올릴 경우의 작업강도(%MS)는?

① 12.5 ② 25
③ 40 ④ 80

$$작업강도(\%MS) = \frac{RF}{MS} \times 100$$

- RF : 작업 시 요구되는 힘(한 손에 요구되는 힘)
- MS : 근로자가 가지고 있는 약한 손의 최대 힘

$$작업강도 = \frac{5}{40} \times 100 = 12.5(\%)$$

(10kg을 두 손으로 들어 올림 → 한 손에 요구되는 힘은 5kg)

실기까지 중요 ★★

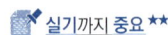

19 산업안전보건법령상 작업환경측정 시 측정의 기본 시료채취방법은?

① 개인 시료채취 ② 지역 시료채취
③ 직독식 시료채취 ④ 고체 흡착 시료채취

작업환경측정에서는 개인시료 채취를 원칙으로 하며 개인시료 채취가 곤란한 경우 지역시료를 채취를 할 수 있다.

실기까지 중요 ★★

20 methyl chloroform(TLV = 350ppm)을 1일 12시간 작업할 때 노출기준을 Brief & Scala 방법으로 보정하면 몇 ppm으로 하여야 하는가?

① 150 ② 175
③ 200 ④ 250

* Brief와 Scala의 보정방법

1. $RF = \left(\frac{8}{H}\right) \times \frac{24-H}{16}$
2. [일주일 ; $RF = \left(\frac{40}{H}\right) \times \frac{168-H}{128}$]
3. 보정된 노출기준 = RF × 노출기준(허용농도)

- H : 비정상적인 작업시간(노출시간/일)
  : 노출시간/주
- 16 : 휴식시간 의미(128 ; 일주일 휴식시간 의미)

1. $RF = \frac{8}{12} \times \frac{24-12}{16} = 0.5$
2. 보정된 노출기준 = 0.5 × 350 = 175(ppm)

실기에 자주 출제 ★★★

제2과목 작업환경측정 및 평가

21 소음계의 성능에 관한 설명으로 틀린 것은?

① 측정가능 주파수 범위는 31.5Hz ~ 8kHz 이상이어야 한다.
② 지시계기의 눈금오차는 0.5dB 이내이어야 한다.
③ 측정가능 소음도 범위는 10 ~ 150dB 이상이어야 한다.
④ 자동차 소음측정에 사용되는 것의 측정가능 소음도 범위는 45 ~ 130dB 이상이어야 한다.

③ 측정가능 소음도 범위는 35 ~ 130dB 이상이어야 한다. 다만, 자동차 소음측정에 사용되는 것은 45 ~ 130dB 이상으로 한다.

정답 18 ① 19 ① 20 ② 21 ③

22 직접포집방법에 사용되는 시료채취백의 특징과 거리가 먼 것은?

① 가볍고 가격이 저렴할 뿐 아니라 깨질 염려가 없다.
② 개인시료 포집도 가능하다.
③ 연속시료채취가 가능하다.
④ 시료채취 후 장시간 보관이 가능하다.

④ 시료채취 후 단시간만 보관이 가능하다.

필기에 자주 출제 ★

23 근로자가 노출되는 소음의 주파수 특성을 파악하여 공학적인 소음관리대책을 세우고자 할 때 적용하는 소음계로 가장 적당한 것은?

① 보통소음계
② 적분형 소음계
③ 누적소음폭로량 측정계
④ 옥타브밴드분석 소음계

소음의 주파수 특성을 파악하여 공학적인 소음관리대책을 세우고자 할 때에는 옥타브밴드분석 소음계를 사용한다.

* 참고
개인의 소음 노출량을 측정하는 기기로는 누적소음노출량측정기(noise dose meter)를 사용한다.

24 다음 내용은 고용노동부 작업환경 측정 고시의 일부분이다. ㉠에 들어갈 내용은?

> "개인시료채취" 란개인시료채취기를이용하여 가스 · 증기 · 분진 · 흄(fume) · 미스트(mist) 등을 근로자의 호흡위치(㉠)에서 채취하는 것을 말한다.

① 호흡기를 중심으로 반경 10cm인 반구
② 호흡기를 중심으로 반경 30cm인 반구
③ 호흡기를 중심으로 반경 50cm인 반구
④ 호흡기를 중심으로 반경 100cm인 반구

* 개인시료채취
개인시료채취기를 이용하여 가스 · 증기 · 분진 · 흄(fume) · 미스트(mist) 등을 근로자의 호흡위치(호흡기를 중심으로 반경 30cm인 반구)에서 채취하는 것을 말한다.

실기까지 중요 ★★

25 시료 전처리인 회화(ashing)에 대한 설명 중 틀린 것은?

① 회화용액에 주로 사용되는 것은 염산과 질산이다.
② 회화 시 실험용기에 의한 영향은 거의 없으므로 일반 유리제품을 사용한다.
③ 분석하고자 하는 금속을 제외한 나머지의 기질과 산을 제거하는 과정을 회화라 한다.
④ 시료가 다성분일 경우에는 여러 종류의 산을 혼합하여 사용한다.

* 전처리 기기
① 가열판(Hot plate) : 가열판은 국가검정을 필한 것으로서 200℃ 이상으로 가열할 수 있는 것을 사용하여야 한다.
② 마이크로웨이브(Microwave) 회화기 : 온도와 압력의 조절이 가능하도록 설계되어야 하며, 베셀(Vessel : 용기)은 내산성 재료로 만들어져야 한다.

정답 22 ④ 23 ④ 24 ② 25 ②

26 하루 중 80dB(A)의 소음이 발생되는 장소에서 1/3근무하고 70dB(A)의 소음이 발생하는 장소에서 2/3 근무한다고 할 때, 이 근로자의 평균소음 피폭량dB(A)은?

① 80 ② 78
③ 76 ④ 74

* 등가소음도(Leq)
임의의 측정시간 동안 발생한 변동소음의 총에너지를 같은 시간 내의 정상소음의 에너지로 등가하여 얻어진 소음도

$$Leq = 10\times\log\left(\frac{1}{100}\times\Sigma P_i\times 10^{\frac{L_i}{10}}\right)$$

- Leq : 등가소음레벨[dB(A)]
- P_i : 측정 전체시간 대비 i번째 소음측정시간의 백분율
- L_i : 각 소음레벨의 측정치[dB(A)]

등가소음도

$$= 10\times\log\left(\frac{1}{100}\times\Sigma P_i\times 10^{\frac{L_i}{10}}\right)$$

$$= 10\times\log\left[\frac{1}{100}\times\left(\frac{1}{3}\times100\times10^{\frac{80}{10}}\right)+\left(\frac{2}{3}\times100\times10^{\frac{70}{10}}\right)\right]$$

$= 76.02$(dB)

* 참고

1. 누적소음폭로량 : 단위작업장소에서 소음의 강도가 불규칙적으로 변동하는 소음 등을 누적소음노출량 측정기로 측정하여 평가

$$D(\%) = \left(\frac{C_1}{T_1}+\frac{C_2}{T_2}+\cdots+\frac{C_n}{T_n}\right)\times100$$

- D : 누적소음 폭로량
- C : 각각의 소음도에 노출되는 시간(hr)
- T : 각각의 소음도에 노출될 수 있는 허용노출 시간(hr)

2. $TWA = 16.61\times\log\left(\frac{D(\%)}{12.5\times t}\right)+90$

- TWA : 시간가중 평균 소음수준[dB(A)]
- D : 누적소음 폭로량(%)
- t : 소음에 노출된 시간

1. $D(\%) = \left(\frac{8\times\frac{1}{3}}{32}+\frac{8\times\frac{2}{3}}{128}\right)\times100 = 12.5(\%)$

2. $TWA = 16.61\times\log\left(\frac{12.5}{12.5\times8}\right)+90$
$= 74.99$(dB)

27 아세톤, 부틸아세테이트, 메틸에틸케톤 1 : 2 : 1 혼합물의 허용농도(ppm)는? (단, 아세톤, 부틸아세테이트, 메틸에틸케톤의 TLV값은 750, 200, 200ppm이다.)

① 약 225 ② 약 235
③ 약 245 ④ 약 255

$$\text{혼합물의 노출기준} = \frac{1}{\frac{f_a}{TLV_a}+\frac{f_b}{TLV_b}+\cdots+\frac{f_n}{TLV_n}}$$

- f_a, f_b, f_n : 액체 혼합물에서의 각 성분 무게(중량) 구성비(%)
- TLV_a, TLV_b, TLV_n : 해당 물질의 노출기준 (mg/m³ 또는 ppm)

1. 구성비 1 : 2 : 1에서

$1 : \frac{1}{4}\times100 = 25(\%)$

$2 : \frac{2}{4}\times100 = 50(\%)$

2. 혼합물의 노출기준 $= \frac{1}{\frac{0.25}{750}+\frac{0.5}{200}+\frac{0.25}{200}}$
$= 244.90$(ppm)

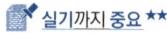

실기까지 중요 ★★

정답 26 ③ 27 ③

28 임핀저(impinger)를 이용하여 채취할 수 있는 물질이 아닌 것은?

① 각종 금속류의 먼지
② 이소시아네이트(isocyanates)류
③ 톨루엔 디아민(toluene diamine)
④ 활성탄관이나 실리카겔로 흡착이 되지 않는 증기, 가스와 산

* 임핀저(impinger)
가스 및 증기상 물질의 측정에 사용된다.

* 참고
금속 등 입자상 물질의 채취에는 카세트, 입경분립충돌기, 사이클론, 여과지 등이 사용된다.

29 가스상 유해물질을 검지관 방식으로 측정하는 경우 측정 시간 간격과 측정 횟수로 옳은 것은? (단, 고용노동부 고시를 기준으로 한다.)

① 측정지점에서 1일 작업시간 동안 1시간 간격으로 3회 이상 측정하여야 한다.
② 측정지점에서 1일 작업시간 동안 1시간 간격으로 4회 이상 측정하여야 한다.
③ 측정지점에서 1일 작업시간 동안 1시간 간격으로 6회 이상 측정하여야 한다.
④ 측정지점에서 1일 작업시간 동안 1시간 간격으로 8회 이상 측정하여야 한다.

검지관방식으로 측정하는 경우에는 1일 작업시간 동안 1시간 간격으로 6회 이상 측정하되 측정시간마다 2회 이상 반복 측정하여 평균값을 산출하여야 한다. 다만, 가스상 물질의 발생시간이 6시간 이내일 때에는 작업시간 동안 1시간 간격으로 나누어 측정하여야 한다.

실기까지 중요 ★★

30 20mL의 1% sodium bisulfite(아황산수소나트륨)를 담은 임핀저를 이용하여 포름알데히드가 함유된 공기 $0.4m^3$을 채취하여 비색법으로 분석하였다. 검량선과 비교한 결과 시료 용액 중 포름알데히드 농도는 40μg/mL이었다. 공기 중 포름알데히드 농도(ppm)는? (단, 25℃, 1기압기준이며, 포름알데히드의 분자량은 30g/mol이다.)

① 0.8 ② 1.6
③ 3.2 ④ 6.4

1. $mg/m^3 = V(mL) \times \dfrac{mg/mL}{\text{공기의 부피}(m^3)}$

$= 20mL \times \dfrac{\dfrac{40\times10^{-3}mg}{mL}}{0.4m^3} = 2(mg/m^3)$

2. $mg/m^3 = \dfrac{ppm \times \text{분자량}}{24.45}$

$ppm = \dfrac{mg/m^3 \times 24.45}{\text{분자량}} = \dfrac{2\times24.45}{30}$

$= 1.63(ppm)$

정답 28 ① 29 ③ 30 ②

31 공기 중 입자상 물질의 여과에 의한 채취원리가 아닌 것은?

① 직접차단(Direct interception)
② 관성충돌(Inertial impaction)
③ 확산(Diffusion)
④ 흡착(Adsorption)

* 여과포집에 기여하는 6가지 기전
① 직접차단(간섭 : interception)
② 관성충돌(intertial impaction)
③ 확산(diffusion)
④ 중력침강(gravitional settling)
⑤ 정전기 침강(electrostatic settling)
⑥ 체질(sieving)

실기까지 중요 ★★

32 유량, 측정시간, 회수율 및 분석 등에 의한 오차가 각각 15, 3, 9, 5%일 때, 누적오차(%)는?

① 18.4　② 20.3
③ 21.5　④ 23.5

누적오차(E_c) $= \sqrt{E_1^2 + E_2^2 + E_3^2 + \cdots + E_n^2}$

- E_c : 누적오차(%)
- $E_1, E_2, E_3 \sim E_n$: 각각 요소의 오차율(%)

$E_c = \sqrt{15^2 + 3^2 + 9^2 + 5^2} = 18.4(\%)$

실기까지 중요 ★★

33 여과지의 종류 중 MCE membrane Filter에 관한 내용으로 틀린 것은?

① 셀룰로오스부터 PVC, PTFE까지 다양한 원료로 제조된다.
② 시료가 여과지의 표면 또는 표면 가까운 데에 침착되므로 석면, 유리섬유 등 현미경 분석을 위한 시료채취에 이용된다.
③ 입자상 물질에 대한 중량분석에 많이 사용된다.
④ 입자상 물질 중의 금속을 채취하여 원자흡광광도법으로 분석하는데 적정하다.

* MCE 막 여과지
(Mixed cellulose ester membrane filter)
① 산에 쉽게 용해되므로 입자상 물질 중의 금속을 채취하여 원자흡광광도법으로 분석하는 데 적당하다.
② 유해물질이 여과지의 표면에 주로 침착되어 석면 등 현미경 분석을 위한 시료채취에 유리하다.
③ MCE여과지의 원료인 셀룰로오스는 수분을 흡수하는 특성을 가지고 있다.(흡습성이 높아 오차를 유발할 수 있어 중량분석에 적합하지 못함)
④ 중금속, 석면, 살충제, 산 · 알칼리미스트, 불소화합물 및 기타 무기물질 채취에 이용된다.

암기법
MC(MCE막여과지) 중(중금속)석(석면)은 산에 약하고 수분 흡수하여 중량분석 못함

필기에 자주 출제 ★

정답 31 ④　32 ①　33 ③

34 활성탄에 흡착된 증기(유기용제-방향족탄화수소)를 탈착시키는데 일반적으로 사용되는 용매는?

① chloroform ② methyl chloroform
③ H_2O ④ CS_2

활성탄의 탈착용매로 이황화탄소(CS_2)를 사용한다.

실기까지 중요 ★★

35 검지관의 장점에 대한 설명으로 틀린 것은?

① 사용이 간편하다.
② 특이도가 높다.
③ 반응시간이 빠르다.
④ 산업보건전문가가 아니더라도 어느 정도 숙지하면 사용할 수 있다.

* 검지관의 장 · 단점

장점	① 사용이 간편하다. ② 반응시간이 빨라서 빠른 시간에 측정결과를 알 수 있다.(빠른 측정이 요구될 때 사용) ③ 숙련된 산업위생전문가가 아니더라도 어느 정도만 숙지하면 사용 할 수 있다. ④ 맨홀, 밀폐 공간에서의 산소가 부족하거나 폭발성 가스로 인하여 안전이 문제가 될 때 유용하게 사용될 수 있다.
단점	① 민감도가 낮으며 비교적 고농도에 적용이 가능하다. ② 특이도가 낮다.(다른 방해물질의 영향을 받기 쉬워 오차가 크다.) ③ 단시간 측정만 가능하다. ④ 미리 측정 대상물질의 동정이 되어 있어야 측정이 가능하다. ⑤ 색이 시간에 따라 변화하므로 제조자가 정한 시간에 읽어야 한다. ⑥ 한 검지관으로 단일 물질만을 측정할 수 있어 각 오염물질에 맞는 검지관을 선정해야 한다. ⑦ 색변화가 선명하지 않아 주관적으로 읽을 수 있어 판독자에 따라 변이가 심하다.

실기까지 중요 ★★

36 다음 중 개인용 방사선 측정기로 의료용 진단에서 가장 널리 사용되고 있는 측정기는?

① X-선 필름
② Lux meter
③ 개인시료 포집장치
④ 상대농도 측정계

* X-선 필름
의료용 진단에서 가장 널리 사용되는 개인용 방사선 측정기

37 가스크로마토그래피(GC) 분리관의 성능은 분해능과 효율로 표시할 수 있다. 분해능을 높이려는 조작으로 틀린 것은?

① 분리관의 길이를 길게 한다.
② 이론층 해당높이를 최대로 하는 속도로 운반가스의 유속을 결정한다.
③ 고체지지체의 입자 크기를 작게 한다.
④ 일반적으로 저온에서 좋은 분해능을 보이므로 온도를 낮춘다.

* 크로마토그래피의 분해능을 높일 수 있는 조작
① 분리관의 길이를 길게 한다.
② 시료의 양을 적게 한다.
③ 고체지지체의 입자크기를 작게 한다.
④ 저온에서 좋은 분해능을 보이므로 온도를 낮춘다.

정답 34 ④ 35 ② 36 ① 37 ②

38 검출한계(LOD)에 관한 내용으로 옳은 것은?

① 표준편차의 3배에 해당
② 표준편차의 5배에 해당
③ 표준편차의 10배에 해당
④ 표준편차의 20배에 해당

검출한계 = 3.143×표준편차

*참고
- 정량한계 = 검출한계×3 또는 3.3
- 정량한계 = 표준편차×10

실기까지 중요 ★★

39 분석기기마다 바탕선량(background)과 구별하여 분석될 수 있는 가장 적은 분석물질의 양을 무엇이라 하는가?

① 검출한계(Limit of detection : LOD)
② 정량한계(Limit of quantization : LOQ)
③ 특이성(Specificity)
④ 검량선(Calibration graph)

*검출한계
분석기기가 검출할 수 있는 가장 작은 양을 말한다.

*참고
정량한계
분석기기가 정량할 수 있는 가장 작은 양을 말한다.

실기까지 중요 ★★

40 미국산업위생전문가협의회(ACGIH)에서 정의한 흉곽성 입자상 물질의 평균 입경(μm)은?

① 3　　② 4
③ 5　　④ 10

*ACGIH의 입자상 물질의 분류
① 흡입성 분진
(IPM : Inspirable Particulates Mass)
- 호흡기 어느 부위에 침착하더라도 독성을 나타내는 분진
- 평균입경 : 100μm(입경범위 : 0~100μm)

② 흉곽성 분진
(TPM : Thoracic Particulates Mass)
- 기관지, 세기관지 등 하기도 및 가스교환부위(폐포)에 침착되어 독성을 나타내는 물질
- 평균 입경 : 10μm

③ 호흡성 분진
(RPM : Respirable Particulates Mass)
- 가스교환 부위(폐포)에 침착하여 독성을 나타내는 물질
- 평균 입경 : 4μm(공기 역학적 직경이 10μm 미만)

실기까지 중요 ★★

정답 38 ① 39 ① 40 ④

제3과목 **작업환경관리**

41 음압레벨이 80dB인 소음과 40dB인 소음과의 음압 차이는?

① 2배 ② 20배
③ 40배 ④ 100배

$$SPL = 20 \times \log\left(\frac{P}{P_o}\right)(dB)$$

- SPL : 음압수준(음압도, 음압레벨) (dB)
- P : 대상음의 음압(음압 실효치) (N/m^2)
- P_o : 기준음압 실효치 (2×10^{-5}N/m^2, 2×10^{-4}dyne/cm^2)

1. $80 = 20 \times \log\left(\frac{P}{2\times10^{-5}}\right)$

$\log\left(\frac{P}{2\times10^{-5}}\right) = \frac{80}{20} = 4$

$\left(\frac{P}{2\times10^{-5}}\right) = 10^4$

$P = 2\times10^{-5}\times10^4 = 0.2(N/m^2)$

2. $40 = 20 \times \log\left(\frac{P}{2\times10^{-5}}\right)$

$\log\left(\frac{P}{2\times10^{-5}}\right) = \frac{40}{20} = 2$

$\left(\frac{P}{2\times10^{-5}}\right) = 10^2$

$P = 2\times10^{-5}\times10^2 = 2\times10^{-3}(N/m^2)$

3. $\frac{0.2}{2\times10^{-3}} = 100$(배)

실기까지 중요 ★★

42 자외선이 피부에 작용하는 설명으로 틀린 것은?

① 1,000 ~ 2,800Å의 자외선에 노출 시 홍반현상 및 즉시 색소침착 발생
② 2,800 ~ 3,200Å의 자외선에 노출 시 피부암 발생 가능
③ 자외선 조사량이 너무 많을 경우 모세혈관 벽의 투과성 증가
④ 자외선에 노출 시 표피의 두께 증가

① 피부 홍반형성 및 색소 침착 : 200 ~ 290nm (2,000 ~ 2,900Å)에서 홍반작용이 강하다.

필기에 자주 출제★

43 소음방지 대책으로 가장 효과적인 방법은?

① 소음원의 제거 및 억제
② 음향재료에 의한 흡음
③ 장해물에 의한 차음
④ 소음기 이용

★소음방지 대책

음원(소음발생원) 대책 : 가장 적극적인 대책	① 발생원 제거 ② 소음기 설치 ③ 소음 발생기구에 방진고무 설치 ④ 방음커버 설치 ⑤ 흡음덕트 설치
전파경로대책	① 흡음 및 차음처리 ② 방음벽 설치 ③ 거리감쇠 ④ 지향성 변환(음원방향 변경) 등
수음대책 : 가장 소극적인 대책	① 마스킹 효과 ② 귀마개 착용 ③ 이중창 설치 등

필기에 자주 출제★

정답 41 ④ 42 ① 43 ①

44 작업 중 잠시라도 초과되어서는 안 되는 농도를 나타낸 단위는?

① TLV ② TLV-TWA
③ TLV-C ④ TLV-STEL

*노출기준의 종류 및 정의
① 시간가중평균노출기준(TWA) : 1일 8시간 및 1주일 40시간 동안의 평균 농도로서, 모든 근로자가 나쁜 영향을 받지 않고 노출될 수 있는 농도이다.
② 단시간노출기준(STEL) : 15분간의 시간가중평균노출 값(근로자가 1회에 15분간 유해인자에 노출되는 경우의 기준)을 말한다.
③ 최고노출기준(C) : 근로자가 1일 작업시간동안 잠시라도 노출되어서는 아니 되는 기준을 말한다.

실기까지 중요 ★★

45 보호구 밖의 농도가 300ppm이고 보호구 안의 농도가 12ppm이었을 때 보호계수(Protection factor, PF)는?

① 200 ② 100
③ 50 ④ 25

$$할당보호계수(APF) = \frac{발생농도(최대사용농도 : MUC)}{노출기준(TLV)}$$

$$할당보호계수 = \frac{방독마스크\ 바깥쪽\ 오염물질\ 농도(C_o)}{방독마스크\ 안쪽\ 오염물질\ 농도(C_i)}$$

$$할당보호계수 = \frac{300}{12} = 25$$

실기까지 중요 ★★

46 작업장의 조명관리에 관한 설명으로 옳지 않은 것은?

① 간접조명은 음영과 현휘로 인한 입체감과 조명효율이 높은 것이 장점이다.
② 반간접조명은 간접과 직접조명을 절충한 방법이다.
③ 직접조명은 작업면의 빛의 대부분이 광원 및 반사용 삿갓에서 직접 온다.
④ 직접조명은 기구의 구조에 따라 눈을 부시게 하거나 균일한 조도를 얻기 힘들다.

① 간접조명은 눈부심이 적고 피조면의 조도가 균일하나 조명 효율이 떨어진다.

*참고
현휘(glare)
빛이 반사되어 눈부심 현상을 발생시키는 것(시지각을 방해)을 말한다.

필기에 자주 출제 ★

47 정화능력이 사염화탄소의 농도 0.7%에서 50분인 방독마스크를 사염화탄소의 농도가 0.2%인 작업장에서 사용할 때 방독마스크의 사용 가능한 시간(분)은?

① 110 ② 125
③ 145 ④ 175

*방독마스크 정화통의 유효시간

$$유효시간(파과시간) = \frac{시험가스농도 \times 표준유효시간}{작업장\ 공기중\ 유해가스\ 농도}(분)$$

$$유효시간 = \frac{0.7 \times 50}{0.2} = 175(분)$$

실기까지 중요 ★★

정답 44 ③ 45 ④ 46 ① 47 ④

48 음원에서 10m 떨어진 곳에서 음압수준이 89 dB(A)일 때, 음원에서 20m 떨어진 곳에서의 음압수준(dB(A))은? (단, 점음원이고 장해물이 없는 자유공간에서 구면상으로 전파한다고 가정한다.)

① 77 ② 80
③ 83 ④ 86

* 무지향성 점음원

1. 자유공간(공중, 구면파)에 위치할 때
$SPL = PWL - 20\log r - 11(dB)$
2. 반자유공간(바닥, 벽, 천장, 반구면파)에 위치할 때
$SPL = PWL - 20\log r - 8(dB)$
• r : 소음원으로 부터의 거리(m)

1. 10m 떨어진 곳에서의 PWL
$SPL = PWL - 20\log r - 11$
$PWL = SPL + 20 \times \log r + 11$
$= 89 + 20 \times \log 10 + 11 = 120(dB)$
2. 20m 떨어진 곳에서의 음압수준
$SPL = 120 - 20 \times \log 20 - 11 = 82.98(dB)$

실기까지 중요 ★★

49 수은 작업장의 작업환경관리대책으로 가장 적합하지 않은 것은?

① 수은 주입과정을 자동화시킨다.
② 수거한 수은은 물과 함께 통에 보관한다.
③ 수은은 쉽게 증발하기 때문에 작업장의 온도를 80℃로 유지한다.
④ 독성이 적은 대체품을 연구한다.

③ 수은은 실온에서도 증발하므로 작업장의 온도를 높지 않게 유지하고 밀폐장치 안에서 취급한다.

50 금속에 장기간 노출되었을 때 발생할 수 있는 건강장해가 틀리게 연결된 것은?

① 납 - 빈혈
② 크롬 - 운동장해
③ 망간 - 보행장해
④ 수은 - 뇌신경세포 손상

* 크롬의 중독증세

급성중독 증세	• 신장장애(신장장해로 과뇨증이 오며 더 진전되면 무뇨증을 일으켜 요독증으로 사망할 수 있다)
만성중독 증세	• 피부증상(접촉성 피부염) • 호흡기 증상(크롬 폐증) • 폐암 • 6가크롬 : 비중격천공증, 비강암을 유발한다.

실기까지 중요 ★★

51 태양복사광선의 파장범위에 따른 구분으로 옳은 것은?

① 300nm - 적외선 ② 600nm - 자외선
③ 700nm - 가시광선 ④ 900nm - Dorno선

① 적외선(열선) : 750 ~ 1,200nm
(7,500 ~ 12,000Å)
② 자외선(화학선) : 100 ~ 400nm
(1,000 ~ 4,000Å)
③ 가시광선 : 400 ~ 760nm(4,000 ~ 7,600Å)
④ 자외선 중 도르노선 : 280(290) ~ 315(320)nm
[2,800 ~ 3,150Å]

필기에 자주 출제 ★

정답 48 ③ 49 ③ 50 ② 51 ③

52 장기간 사용하지 않은 오래된 우물에 들어가서 작업하는 경우 작업자가 반드시 착용해야 할 개인보호구는?

① 입자용 방진마스크
② 유기가스용 방독마스크
③ 일산화탄소용 방독마스크
④ 송기형 호스마스크

장기간 사용하지 않은 오래된 우물 → 밀폐공간으로 산소결핍이 우려된다. → 송기마스크 착용

＊참고
산소 결핍장소에서 착용하여야 하는 보호구
① 송기마스크
- 호스마스크
- 에어라인 마스크
- 복합식 에어라인마스크

② 공기호흡기

필기에 자주 출제★

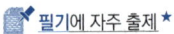

53 자연채광에 관한 설명으로 틀린 것은?

① 창의 방향은 많은 채광을 요구하는 경우는 남향이 좋다.
② 균일한 조명을 요하는 작업실은 북창이 좋다.
③ 창의 면적은 벽면적의 15~20%가 이상적이다.
④ 실내각점의 개각은 4~5°, 입사각은 28°이상이 좋다.

③ 창의 면적은 방바닥 면적의 15~20%(1/5~1/7)가 적당하다.

필기에 자주 출제★

54 공기역학적 직경의 의미로 옳은 것은?

① 먼지의 면적을 2등분하는 선의 길이
② 먼지와 침강속도가 같고, 밀도가 1이며, 구형인 먼지의 직경
③ 먼지의 한쪽 끝 가장자리에서 다른 쪽 끝 가장자리까지의 거리
④ 먼지의 면적과 동일한 면적을 가지는 구형의 직경

＊가상직경

공기역학적 직경	대상 먼지와 침강속도가 같고 밀도가 $1g/cm^3$이며, 구형인 먼지의 직경으로 환산된 직경
질량중위직경	입자 크기별로 농도를 측정하여 50%의 누적분포에 해당하는 입자의 크기를 말한다.

＊참고
기하학적(물리적) 직경

마틴직경	입자의 면적을 2등분하는 선의 길이로 나타내는 직경
페렛직경	입자의 가장자리를 이등분한 직경 (먼지의 한쪽 끝 가장자리에서 다른 쪽 끝 가장자리 까지의 거리로 나타내는 직경)
등면적직경	입자의 면적과 동일한 면적을 가진 원의 직경으로 환산한 직경

실기에 자주 출제★★★

정답 52 ④ 53 ③ 54 ②

55 안전보건규칙상 적정공기의 물질별 농도범위로 틀린 것은?

① 산소 - 18%이상, 23.5% 미만
② 탄산가스 - 2.0% 미만
③ 일산화탄소 - 30ppm 미만
④ 황화수소 - 10ppm 미만

⋆ 작업장의 적정공기 수준
① 산소농도의 범위가 18% 이상 23.5% 미만
② 탄산가스의 농도가 1.5% 미만
③ 일산화탄소의 농도가 30ppm 미만
④ 황화수소의 농도가 10ppm 미만

실기까지 중요 ★★

56 다음 중 작업에 기인하여 전신진동을 받을 수 있는 작업자로 가장 올바른 것은?

① 병타 작업자 ② 착암 작업자
③ 해머 작업자 ④ 교통기관 승무원

비행기와 선박, 트럭과 같은 교통차량, 트랙터 및 흙 파는 기계와 같은 각종 영농기계에 탑승하였을 때 발생하는 진동 등이 전신진동에 해당된다.

⋆ 참고
착암기, 분쇄기(그라인더), 연마기 등 진동공구 작업 등에서 국소진동이 발생한다.

57 유해화학물질이 체내로 침투되어 해독되는 경우 해독반응에 가장 중요한 작용을 하는 것은?

① 적혈구 ② 효소
③ 림프 ④ 백혈구

유해화학물질이 체내에서 해독(분해)되는 경우 중요한 작용을 하는 것은 효소이다.

필기에 자주 출제 ★

58 감압병 예방 및 치료에 관한 설명으로 옳지 않은 것은?

① 감압병의 증상이 발생하였을 경우 환자를 원래의 고압환경으로 복귀시킨다.
② 고압 환경에서 작업할 때에는 질소를 아르곤으로 대치한 공기를 호흡시키는 것이 좋다.
③ 잠수 및 감압방법에 익숙한 사람을 제외하고는 1분에 10m 정도씩 잠수하는 것이 좋다.
④ 감압이 끝날 무렵에 순수한 산소를 흡입시키면 예방적 효과와 감압시간을 단축시킬 수 있다.

② 고압환경에서 작업하는 근로자에게 질소를 헬륨으로 대치한 공기를 호흡시켜 감압병을 예방한다.

실기까지 중요 ★★

정답 55 ② 56 ④ 57 ② 58 ②

59 고압환경에서 발생할 수 있는 장해에 영향을 주는 화학물질과 가장 거리가 먼 것은?

① 산소 ② 질소
③ 아르곤 ④ 이산화탄소

* 고압환경의 2차적 가압현상
① 질소의 마취작용 : 공기 중의 질소 가스는 4기압 이상에서 마취작용을 일으킨다.
② 산소중독 증세 : 산소분압이 2기압을 넘으면 산소중독 증세가 나타난다.
③ 이산화탄소의 작용 : 이산화탄소의 증가는 산소의 독성과 질소의 마취작용을 촉진시킨다.

실기까지 중요 ★★

60 방진 마스크의 필터에 사용되는 재질과 가장 거리가 먼 것은?

① 활성탄 ② 합성섬유
③ 면 ④ 유리섬유

방진마스크 필터의 재질은 면, 모, 합성섬유, 유리섬유, 금속섬유 등이다.

필기에 자주 출제 ★

제4과목 산업환기

61 일반적으로 외부식 후드에 플랜지를 부착하면 약 어느 정도 효율이 증가될 수 있는가? (단, 플랜지의 크기는 개구면적의 제곱근 이상으로 한다.)

① 15% ② 25%
③ 35% ④ 45%

- 외부식 후드에 플랜지를 부착하면 송풍량을 25% 감소시킬 수 있다.
- 플랜지 부착 + 후드를 작업대에 부착하면 송풍량을 50% 감소시킬 수 있다.

필기에 자주 출제 ★

62 후드의 형식 분류 중 포위식 후드에 해당하는 것은?

① 슬롯형 ② 캐노피형
③ 건축 부스형 ④ 그리드형

* 후드의 형식 및 종류

포위식 (Enclosing type)	오염물질 발생원이 후드 안에 있는 경우	• 포위형 • 장갑부착상자형 • 드래프트 챔버형 • 건축 부스형 등
외부식 (Exterior type)	발생원과 후드가 일정 거리 떨어져 있는 경우	• 슬로트형 • 그리드형 • 푸쉬-풀형 등
레시버식 (Receiver type)		• 그라인더 카바형 • 캐노피형

필기에 자주 출제 ★

정답 59 ③ 60 ① 61 ② 62 ③

63 덕트 제작 및 설치에 대한 고려사항으로 옳지 않은 것은?

① 가급적 원형 덕트를 설치한다.
② 덕트 연결부위는 가급적 용접하는 것을 피한다.
③ 직경이 다른 덕트를 연결할 때에는 경사 30° 이내의 테이퍼를 부착한다.
④ 수분이 응축될 경우 덕트 내로 들어가지 않도록 경사나 배수구를 마련한다.

* 덕트 설치의 주요원칙
① 밴드 수는 가능한 적게 한다.
② 구부러짐 전 · 후에는 청소구를 만든다.
③ 덕트는 가급적 짧게 배치한다.
④ 공기 흐름은 하향구배를 원칙으로 한다.
⑤ 가급적 원형 덕트를 사용, 사각 덕트 사용 시에는 정방형을 사용한다.
⑥ 수분이 응축될 경우 덕트 내로 들어가지 않도록 하며 경사나 배수구를 마련한다.
⑦ 덕트와 송풍기 연결부위는 진동을 고려하여 유연한 재질로 한다.
⑧ 후드는 덕트보다 두꺼운 재질을 선택한다.
⑨ 직경이 다른 덕트 연결 시에는 경사 30도 이내의 테이퍼를 부착한다.
⑩ 송풍기를 연결할 때에는 최소 덕트 직경의 6배는 직선구간으로 한다.
⑪ 곡관은 직관보다 0.76mm 정도 두꺼운 재질을 선택한다.
⑫ 가능한 한 곡관의 곡률반경을 크게 한다.(곡률반경은 최소 덕트직경의 1.5배 이상, 주로 2.0으로 한다.)

필기에 자주 출제★

64 환기 시스템 자체 검사 시에 필요한 측정기로서 공기의 유속 측정과 관련이 없는 장비는?

① 피토관 ② 열선 풍속계
③ 스모크 테스터 ④ 흑구건구온도계

* 공기의 유속(기류) 측정기기
① 피토관(pitot tube)
② 회전 날개형 풍속계 (rotating vane anemometer)
③ 그네 날개형 풍속계 (swining vane anemometer ; 벨로미터)
④ 열선 풍속계(thermal anemometer) : 가장 많이 사용
⑤ 카타온도계(kata thermometer)
⑥ 풍향 풍속계
⑦ 풍차 풍속계

필기에 자주 출제★

정답 63 ② 64 ④

65 그림과 같이 작업대 위의 용접 흄을 제거하기 위해 작업면 위에 플랜지가 붙은 외부식 후드를 설치했다. 개구면에서 포착점까지의 거리는 0.3m, 제어속도는 0.5m/s, 후드개구의 면적이 $0.6m^2$일 때 Della Valle식을 이용한 필요 송풍량(m^3/min)은 약 얼마인가? (단, 후드개구의 폭/높이는 0.2보다 크다.)

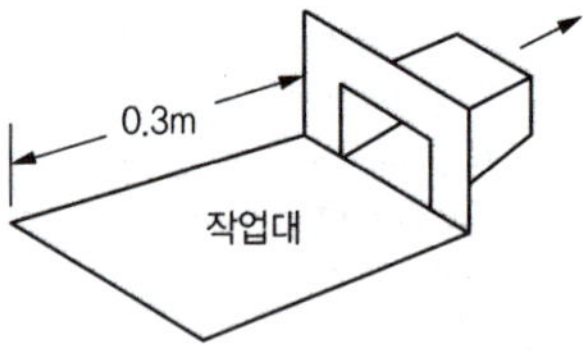

① 18 ② 23
③ 32 ④ 45

★ 외부식 후드(작업대 위, 플랜지가 부착된 후드)의 송풍량

$$Q = 60 \times 0.5 \times Vc(10X^2 + A)$$

- Q : 필요송풍량(m^3/min)
- Vc : 제어속도(m/sec)
- A : 개구면적(m^2)
- X : 후드중심선으로부터 발생원까지의 거리(m) (오염원과 후드간 거리가 덕트 직경의 1.5배 이내일 때만 유효)

$Q = 60 \times 0.5 \times 0.5 \times (10 \times 0.3^2 + 0.6)$
$= 22.5(m^3/min)$

실기에 자주 출제 ★★★

66 0℃, 1기압에서 공기의 비중량은 $1.293kgf/m^3$이다. 65℃의 공기가 송풍관 내를 15m/s의 유속으로 흐를 때, 속도압은 약 몇 mmH_2O인가?

① 20 ② 16
③ 12 ④ 18

$$속도압(VP) = \frac{\gamma V^2}{2g}(mmH_2O)$$

- r : 공기비중
- V : 유속(m/s)
- g : 중력가속도($9.8m/s^2$)

1. 0℃, 1기압에서의 공기비중량 $1.293kg_f/m^3$을 65℃ 온도보정

$1.293 \times \frac{273+0}{273+65} = 1.044(kg_f/m^3)$

2. $VP = \frac{1.044 \times 15^2}{2 \times 9.8} = 11.98(mmH_2O)$

실기까지 중요 ★★

67 메틸에틸케톤이 5L/h로 발산되는 작업장에 대해 전체환기를 시키고자 할 경우 필요 환기량(m^3/min)은?(단, 메틸에틸케톤 분자량은 72.06, 비중은 0.805, 21℃, 1기압 기준, 안전계수는 2, TLV는 200ppm이다.)

① 224 ② 244
③ 264 ④ 284

$$Q = \frac{24.1 \times kg/h \times K \times 10^6}{MW \times TLV}(m^3/hr)$$
$$\div 60 = (m^3/min)$$

- K : 안전계수
- MW : 물질의 분자량
- kg/hr : 시간당 오염물질 발생량(l/hr × S(비중))
- TLV : 노출기준(ppm)
- 24.1 : 21℃, 1기압에서 공기의 비중 (25℃, 1기압일 경우 24.45)

$Q = \frac{24.1 \times (5 \times 0.805) \times 2 \times 10^6}{72.06 \times 200}$
$= 13461.35(m^3/hr) \div 60$
$= 224.36(m^3/min)$
(L/hr × 비중 = kg/hr)

정답 65 ② 66 ③ 67 ①

68 20℃, 1기압에서의 유체의 점성계수는 1.8×10^{-5}kg/sec · m이고, 공기밀도는 1.2kg/m³, 유속은 1.0m/sec이며, 덕트 직경이 0.5m일 경우의 레이놀즈수는?

① 1.27×10^5　② 1.79×10^5
③ 2.78×10^4　④ 3.33×104

★ 레이놀즈 수(*Re*)의 계산

$$Re=\frac{\rho Vd}{\mu}=\frac{Vd}{\nu}=\frac{\text{관성력}}{\text{점성력}}$$

- *Re* : 레이놀즈 수(무차원)
- ρ : 유체밀도(kg/m³)
- d : 관경(m) (상당직경 $D=\frac{2ab}{a+b}$)
- V : 유체의 유속(m/sec)
- μ : 점성계수(kg/m · s(Poise))
- ν : 동점성계수(m²/sec)

$$Re=\frac{\rho Vd}{\mu}=\frac{1.2\times1.0\times0.5}{1.8\times10^{-5}}=3.33\times10^4$$

실기에 자주 출제★★★

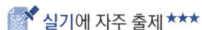

69 다음 중 전체 환기 방식을 적용하기에 적절하지 못한 것은?

① 목재분진　② 톨루엔 증기
③ 이산화탄소　④ 아세톤 증기

이산화탄소, 총휘발성유기화합물(톨루엔, 아세톤 등), 일산화탄소, 오존 등은 실내 공기오염물질로 전체 환기를 통하여 희석 또는 제거할 수 있다.

70 산업안전보건법령에서 규정한 관리대상 유해물질 관련 물질의 상태 및 국소배기장치 후드의 형식에 따른 제어풍속으로 옳지 않은 것은?

① 외부식 상방흡인형(가스상) : 1.0m/s
② 외부식 측방흡인형(가스상) : 0.5m/s
③ 외부식 상방흡인형(입자상) : 1.0m/s
④ 외부식 측방흡인형(입자상) : 1.0m/s

★ 관리대상 유해물질의 제어풍속

물질의 상태	후드 형식	제어풍속(m/sec)
가스상태	포위식 포위형	0.4
	외부식 측방흡인형	0.5
	외부식 하방흡인형	0.5
	외부식 상방흡인형	1.0
입자상태	포위식 포위형	0.7
	외부식 측방흡인형	1.0
	외부식 하방흡인형	1.0
	외부식 상방흡인형	1.2

필기에 자주 출제★

71 송풍기 설계 시 주의사항으로 옳지 않은 것은?

① 송풍관의 중량을 송풍기에 가중시키지 않는다.
② 송풍기의 덕트 연결부위는 송풍기와 덕트가 같이 진동할 수 있도록 직접 연결한다.
③ 배기가스의 입자의 종류와 농도 등을 고려하여 송풍기의 형식과 내마모 구조를 고려한다.
④ 송풍량과 송풍압력을 만족시켜 예상되는 풍량의 변동 범위 내에서 과부하하지 않고 운전이 되도록 한다.

② 덕트와 송풍기 연결부위는 진동을 고려하여 유연한 재질로 연결한다.

정답 68 ④ 69 ① 70 ③ 71 ②

72 흡인유량을 320m³/min에서 200m³/min으로 감소시킬 경우 소요 동력은 몇 %감소하는가?

① 14.4　　② 18.4
③ 20.4　　④ 24.4

★송풍기의 상사법칙

1. $Q_2 = Q_1(\frac{D_2}{D_1})^3(\frac{N_2}{N_1})$

2. $P_2 = P_1(\frac{D_2}{D_1})^2(\frac{N_2}{N_1})^2(\frac{\rho_2}{\rho_1})$

3. $HP_2 = HP_1(\frac{D_2}{D_1})^5(\frac{N_2}{N_1})^3(\frac{\rho_2}{\rho_1})$

- Q_1 : 회전 수 변경 전 풍량(m^3/min)
- Q_2 : 회전 수 변경 후 풍량(m^3/min)
- N_1 : 변경 전 회전수(rpm)
- N_2 : 변경 후 회전수(rpm)
- P_1 : 변경 전 풍압(mmH_2O)
- P_2 : 변경 후 풍압(mmH_2O)
- HP_1 : 변경 전 동력(kW)
- HP_2 : 변경 후 동력(kW)
- D_1 : 변경 전 직경(m)
- D_2 : 변경 후 직경(m)
- ρ_1 : 변경 전 효율
- ρ_2 : 변경 후 효율

- $Q_2 = Q_1(\frac{D_2}{D_1})^3(\frac{N_2}{N_1}) \rightarrow \frac{Q_2}{Q_1} = \frac{N_2}{N_1}$
- $HP_2 = HP_1(\frac{D_2}{D_1})^5(\frac{N_2}{N_1})^3(\frac{\rho_2}{\rho_1}) \rightarrow \frac{HP_2}{HP_1} = (\frac{N_2}{N_1})^3$

  $\therefore \frac{HP_2}{HP_1} = (\frac{Q_2}{Q_1})^3$
- $\frac{HP_2}{HP_1} = (\frac{200}{320})^3 = 0.2441 \times 100 = 24.41(\%)$

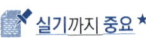

실기까지 중요 ★★

73 압력에 관한 설명으로 옳지 않은 것은?

① 정압이 대기압보다 작은 경우도 있다.
② 정압과 속도압의 합은 전압이라고 한다.
③ 속도압은 공기흐름으로 인하여(-)압력이 발생한다.
④ 정압은 속도압과 관계없이 독립적으로 발생한다.

③ 속도압은 공기가 이동하는 힘으로 항상 양압(0 이상의 압력)이다.(공기의 운동에너지에 비례한다.)

필기에 자주 출제 ★

74 습한 날 분진, 철 분진, 주물사, 요업재료 등과 같이 일반적으로 무겁고 습한 분진의 반응속도(m/s)로 옳은 것은?

① 5 ~ 10　　② 15
③ 20　　④ 25 이상

유해물질 발생형태	유해 물질 종류	반송속도 (m/sec)
증기 · 가스 · 연기	모든 증기, 가스 및 연기	5.0 ~ 10.0
흄	아연흄, 산화알미늄 흄, 용접흄 등	10.0 ~ 12.5
미세하고 가벼운 분진	미세한 면분진, 미세한 목분진, 종이분진 등	12.5 ~ 15.0
건조한 분진이나 분말	고무분진, 면분진, 가죽분진, 동물털 분진 등	15.0 ~ 20.0
일반 산업분진	그라인더 분진, 일반적인 금속분말분진, 모직물분진, 실리카분진, 주물분진, 석면분진 등	17.5 ~ 20.0
무거운 분진	젖은 톱밥분진, 입자가 혼입된 금속분진, 샌드블라스트분진, 주철보링분진, 납분진	20.0 ~ 22.5
무겁고 습한 분진	습한 시멘트분진, 작은 칩이 혼입된 납분진, 석면덩어리 등	22.5 이상

실기에 자주 출제 ★★★

정답 72 ④ 73 ③ 74 ④

75 대기압이 760mmHg이고, 기온이 25℃에서 톨루엔의 증기압은 약 30mmHg이다. 이때 포화증기 농도는 약 몇 ppm인가?

① 10000 ② 20000
③ 30000 ④ 40000

$$포화농도 = \frac{물질의\ 증기압(mmHg)}{대기압(760mmHg)} \times 10^2(\%)$$
$$= \frac{물질의\ 증기압(mmHg)}{대기압(760mmHg)} \times 10^6(ppm)$$

$$포화농도 = \frac{물질의\ 증기압(mmHg)}{대기압(760mmHg)} \times 10^6$$
$$= \frac{30}{760} \times 10^6 = 39473.68(ppm)$$

실기까지 중요 ★★

76 흡착법에서 사용하는 흡착제 중 일반적으로 사용되고 있으며, 비극성의 유기용제를 제거하는 데 유용한 것은?

① 활성탄 ② 실리카겔
③ 활성알루미나 ④ 합성제올라이트

활성탄은 비극성 유기용제, 방향족 유기용제(방향족 탄화수소류), 할로겐화 지방족 유기용제(할로겐화 탄화수소류), 에스테르류, 알코올류 등의 포집에 사용된다.

암기법

비극성인 알(알코올)에(에스테르) 할로겐 탄(할로겐화탄화수소)지방(지방족유기용제) 방유(방향족 유기용제)하니 활성(활성탄)됐다.

실기까지 중요 ★★

77 국소배기장치의 배기덕트 내 공기에 의한 마찰손실과 관련이 없는 것은?

① 공기조성 ② 공기속도
③ 덕트 직경 ④ 덕트 길이

★ 덕트 내 공기에 의한 마찰손실에 영향을 주는 요소
① 덕트 직경
② 공기점도
③ 덕트 면의 조도
④ 덕트 길이
⑤ 공기속도

필기에 자주 출제 ★

78 국소배기 장치의 설계 시 후드의 성능을 유지하기 위한 방법이 아닌 것은?

① 제어속도를 유지한다.
② 주위의 방해기류를 제어한다.
③ 후드의 개구면적을 최소화한다.
④ 가급적 배출오염원과 멀리 설치한다.

④ 가급적 배출오염원과 가깝게 설치한다.

필기에 자주 출제 ★

정답 75 ④ 76 ① 77 ① 78 ④

79 스크러버(scrubber)라고도 불리며 분진 및 가스함유 공기를 물과 접촉시킴으로써 오염물질을 제거하는 방법의 공기정화장치는?

① 세정 집진장치　② 전기 집진장치
③ 여포 집진장치　④ 원심력 집진장치

* 세정식 집진장치(스크러버)
액체를 분사시켜 분진을 수반하는 유해가스를 세정하여 입자의 부착 또는 응집을 일으켜 입자를 분리 포집하는 장치

80 환기시설을 효율적으로 운영하기 위해서는 공기공급 시스템이 필요한데 그 이유로 적절하지 않은 것은?

① 연료를 절약하기 위해서
② 작업장의 교차기류를 활용하기 위해서
③ 근로자에게 영향을 미치는 냉각기류를 제거하기 위해서
④ 실외공기가 정화되지 않은 채 건물 내로 유입되는 것을 막기 위해서

* 공기공급시스템의 목적
① 국소배기장치를 적절하게 가동시키기 위하여
② 국소배기장치의 효율 유지를 위하여
③ 작업장 내의 안전사고 예방을 위하여
④ 연료를 절약하기 위하여(에너지 절약)
⑤ 작업장 내의 방해기류(교차기류) 생성 방지를 위하여
⑥ 외부공기가 정화되지 않은 채로 건물 내로 유입되는 것을 막기 위하여

실기까지 중요 ★★

정답 79 ① 80 ②

06

모의고사

1회 모의고사

수험자번호		총 문제수	80문제	예상점수	
수험자명		시험시간	2시간	실제점수	

제1과목 산업위생학 개론

01 산업안전보건법령상 보건관리자의 업무에 해당하지 않는 것은?

① 물질안전보건자료의 작성
② 산업재해 발생의 원인 조사 · 분석 및 재발 방지를 위한 기술적 보좌 및 조언 · 지도
③ 산업안전보건위원회에서 심의 · 의결한 업무와 안전보건관리규정 및 취업규칙에서 정한 업무
④ 안전인증대상 기계 · 기구 등과 자율안전확인대상 기계 · 기구 등 중 보건과 관련된 보호구 구입 시 적격품 선정에 관한 보좌 및 조언 · 지도

02 산업안전보건법령에 의한 「화학물질 및 물리적 인자의 노출기준」에서 정한 노출기준 표시단위로 옳지 않은 것은?

① 증기 : ppm　② 고온 : WBGT(℃)
③ 분진 : mg/m^3　④ 석면분진 : 개수$/m^3$

03 산업위생의 기본적인 과제와 가장 거리가 먼 것은?

① 작업환경에 의한 신체적 영향과 최적 환경의 연구
② 작업능력의 신장과 저하에 따르는 정신적 조건의 연구
③ 작업능력의 신장과 저하에 따르는 작업조건의 연구
④ 신기술 개발에 따른 새로운 질병의 치료에 관한 연구

04 산업안전보건법령상 사무실 공기관리 지침 중 오염물질 관리기준이 설정되지 않은 것은?

① 이산화황　② 총부유세균
③ 일산화탄소　④ 이산화탄소

05 근로자에 있어서 약한 손(오른손잡이의 경우 왼손)의 힘은 평균 40kp(kilopond)라고 한다. 이러한 근로자가 무게 10kg인 상자를 두 손으로 들어 올릴 경우의 작업강도(%MS)는?

① 12.5　② 25
③ 40　④ 80

06 1일 12시간 톨루엔(TLV 50ppm)을 취급할 때 노출기준을 Brief & Scala의 방법으로 보정하면 얼마가 되는가?

① 15ppm ② 25ppm
③ 50ppm ④ 100ppm

07 일본에서 발생한 중금속 중독사건으로, 이른바 이타이이타이(itai-itai)병의 원인물질에 해당하는 것은?

① 크롬(Cr) ② 납(Pb)
③ 수은(Hg) ④ 카드뮴(Cd)

08 NIOSH에서는 권장무게한계(RWL)와 최대허용한계(MPL)에 따라 중량물 취급 작업을 분류하고, 각각의 대책을 권고하고 있는데 MPL을 초과하는 경우에 대한 대책으로 가장 적절한 것은?

① 문제있는 근로자를 적절한 근로자로 교대시킨다.
② 반드시 공학적 방법을 적용하여 중량물 취급 작업을 다시 설계한다.
③ 대부분의 정상근로자들에게 적절한 작업조건으로 현 수준을 유지한다.
④ 적절한 근로자의 선택과 적정배치 및 훈련, 그리고 작업방법의 개선이 필요하다.

09 산업피로의 발생요인 중 작업부하와 관련이 가장 적은 것은?

① 적응 조건 ② 작업 강도
③ 작업 자세 ④ 조작 방법

10 세계 최초의 직업성 암으로 보고된 음낭암의 원인물질로 규명된 것은?

① 납(lead) ② 황(sulfur)
③ 구리(copper) ④ 검댕(soot)

11 야간교대 근무자의 건강관리 대책 상 필요한 조건 중 관계가 가장 작은 것은?

① 난방, 조명 등 환경조건을 갖출 것
② 작업량이 과중하지 않도록 할 것
③ 야근작업에 부적합한 자를 가려내는 검진을 할 것
④ 육체적으로나 정신적으로 생체의 부담도가 심하게 나타나는 순으로 저녁 근무, 밤 근무, 낮 근무 순서로 할 것

12 피로한 근육에서 측정된 근전도(EMG)의 특징으로 맞는 것은?

① 저주파수(0 ~ 40Hz) 힘의 증가, 총전압의 감소
② 고주파수(40 ~ 200Hz) 힘의 감소, 총전압의 증가
③ 저주파수(0 ~ 40Hz) 힘의 감소, 평균주파수의 증가
④ 고주파수(40 ~ 200Hz) 힘의 증가, 평균주파수의 증가

13 생리학적 적성검사 항목이 아닌 것은?

① 체력검사 ② 지각동작검사
③ 감각지능검사 ④ 심폐기능검사

14 상시 근로자가 300명인 신발 제조업에서 산업안전보건법에 따라 선임하여야 하는 보건관리자에 관한 설명으로 맞는 것은?

① 선임하여야하는 보건관리자의 수는 1명이다.
② 보건관련 전공자 2명을 보건관리자로 선임하여야 한다.
③ 보건관리자의 자격을 가진 2명의 보건관리자를 선임하여야 하며, 그 중 1명은 의사나 간호사이어야 한다.
④ 보건관리자의 자격을 가진 3명의 보건관리자를 선임하여야 하며, 그 중 1명은 의사나 간호사이어야 한다.

15 다음의 설명에서 ( )안에 들어갈 용어로 맞는 것은?

> ( )는 대류현상에 의해 발생하는 공기의 흐름을 뜻한다. 따뜻한 공기가 건물의 상층에서 새어나올 경우 실내공기는 하층에서 고층으로 이동하여 외부 공기는 건물 저층의 입구를 통해 안으로 들어오게 된다.
> 이 ( )의 공기의 흐름은 계단 같은 수직공간, 엘리베이터의 통로, 기타 다른 구멍을 통해 층 사이에 오염물질을 이동시킬 수 있다.

① 연돌효과(stack effect)
② 균형효과(balance effect)
③ 호손효과(hawthorne effect)
④ 공기연령효과(air-age effect)

16 자동차 부품을 생산하는 A공장에서 250명의 근로자가 1년 동안 작업하는 가운데 21건의 재해가 발생하였다면, 이 공장의 도수율은 약 얼마인가? (단 1년에 300일, 1일에 8시간 근무하였다)

① 35 ② 36
③ 42 ④ 43

17 NIOSH에서 권장하는 중량물 취급 작업시 감시기준(AL)이 20kg일 때, 최대허용기준(MPL)은 몇 kg인가?

① 25 ② 30
③ 40 ④ 60

18 육체적 근육노동 시 특히 주의하여 보급해야 할 비타민의 종류는?

① 비타민 B1 ② 비타민 B2
③ 비타민 B6 ④ 비타민 B12

19 어떤 작업의 강도를 알기 위하여 작업 시 소요된 열량을 파악한 결과 3500kcal로 나타났다. 기초대사량이 1300kcal, 안정 시 열량이 기초대사량의 1.2배인 경우 작업대사율(RMR)은 약 얼마인가?

① 0.82 ② 1.22
③ 1.31 ④ 1.49

20 다음 중 실내공기 오염물질의 지표물질로서 가장 많이 이용되는 것은?

① 부유분진
② 이산화탄소
③ 일산화탄소
④ 휘발성 유기화합물

제2과목 작업위생측정 및 평가

21 유도결합 플라스마 원자발광분석기를 이용하여 금속을 분석할 때 장·단점으로 옳지 않은 것은?

① 원자흡광광도계보다 더 좋거나 적어도 같은 정밀도를 갖는다.
② 검량선의 직선성 범위가 좁아 재현성이 우수하다.
③ 화학물질에 의한 방해로부터 거의 영향을 받지 않는다.
④ 원자들은 높은 온도에서 많은 복사선을 방출하므로 분광학적 방해 영향이 있을 수 있다.

22 다음 물질 중 극성이 가장 강한 것은?

① 알데하이드류 ② 케톤류
③ 에스테르류 ④ 올레핀류

23 주물공장에서 근로자에게 노출되는 호흡성 먼지를 측정한 결과(mg/m^3)가 다음과 같았다면 기하평균농도(mg/m^3)는?

2.5, 2.1, 3.1, 5.2, 7.2

① 3.6 ② 3.8
③ 4.0 ④ 4.2

24 오염원에서 perchloroethylene 20%(TLV : $670mg/m^3$), methylene chloride 30%(TLV : $720mg/m^3$) 및 heptane 50% (TLV : 1,600 mg/m^3)의 중량비로 조성된 용제가 증발되어 작업환경을 오염시켰을 경우, 작업장 내 노출기준은?

① $973mg/m^3$ ② $1,085mg/m^3$
③ $1,191mg/m^3$ ④ $1,212mg/m^3$

25 먼지 시료채취에 사용되는 여과지에 대한 설명이 잘못된 것은?

① PTFE막여과지는 농약이나 알칼리성 먼지 채취에 적합하다.
② MCE막여과지는 산에 쉽게 용해된다.
③ 은막여과지는 코크스 제조공정에서 발생되는 코크스 오븐 배출물질 채취에 사용한다.
④ PVC막여과지는 수분에 대한 영향이 크므로 용해성 시료채취에 사용한다.

26 작업환경에서 공기 중 오염물질 농도 표시인 mppcf에 대한 설명으로 틀린 것은?

① million particle per cubic feet를 의미한다.
② OSHA PEL 중 mica와 graphite는 mppcf로 표시한다.
③ 1 mppcf는 대략 35.31개/cm^3 이다.
④ ACGIH TLVs의 mg/m^3과 mppcf 전환에서 14mppcf는 1mg/m^3이다.

27 활성탄관을 연결한 저유량 공기 시료채취 펌프를 이용하여 벤젠증기(MW : 78g/mol)를 0.112m^3 채취하였다. GC를 이용하여 분석한 결과 657μg의 벤젠이 검출되었다면 벤젠증기의 농도(ppm)는? (단, 온도 25℃ 압력 760mmHg)

① 0.90 ② 1.84
③ 2.94 ④ 3.78

28 토석, 암석 및 광물성 분진(석면분진 제외) 중의 유리규산(SIO_2) 함유율을 분석하는 방법은?

① 불꽃광전자 검출기 (FPD)법
② 계수법
③ X-선 회절 분석법
④ 위상차 현미경법

29 작업장의 습도에 대한 설명으로 틀린 것은?

① 상대습도는 ppm으로 나타낸다.
② 온도변화에 따라 상대습도는 변한다.
③ 온도변화에 따라 포화수증기량은 변한다.
④ 공기 중 상대습도가 높으면 불쾌감을 느낀다.

30 복사열 측정 시 사용하는 기기명은?

① Kata 온도계 ② 열선풍속계
③ 수은 온도계 ④ 흑구 온도계

31 고유량 공기 채취펌프를 수동 무마찰 거품관으로 보정하였다. 비누 방울이 450cm^3의 부피(V)까지 통과하는데 12.6초(T) 걸렸다면 유량(Q)은?

① 2.1L/min ② 3.2L/min
③ 7.8L/min ④ 32.3L/min

32 직경분립충돌기의 장 · 단점으로 가장 거리가 먼 것은?

① 호흡기의 부분별로 침착된 입자크기의 자료를 추정할 수 있다.
② 채취준비 시간이 짧고 시료의 채취가 쉽다.
③ 입자의 질량크기 분포를 얻을 수 있다.
④ 되튐으로 인한 시료 손실이 일어날 수 있다.

33 고열측정에 관한 기준으로 ( )에 알맞은 내용은? (단, 고용노동부 고시 기준)

측정은 단위작업장소에서 측정대상이 되는 근로자의 작업행동 범위에서 주 작업 위치의 바닥면으로부터의 ( )의 위치에 할 것

① 50센티미터 이상, 120센티미터 이하
② 50센티미터 이상, 150센티미터 이하
③ 80센티미터 이상, 120센티미터 이하
④ 800센티미터 이상, 150센티미터 이하

34 유기화합물을 운반기체와 함께 수소와 공기의 불꽃 속에 도입함으로써 생기는 이온의 증가를 이용한 검출기는?

① 열전도도형 검출기(TCD)
② 불꽃이온화형 검출기(FID)
③ 전자포획형 검출기(ECD)
④ 불꽃광전자형 검출기(FPD)

35 활성탄관에 비하여 실리카겔관(흡착)을 사용하여 채취하기 용이한 시료는?

① 알코올류 ② 방향족 탄화수소류
③ 나프타류 ④ 니트로벤젠류

36 미국 ACGIH에서 정의한 흉곽성 입자상 물질의 평균 입경(μm)은?

① 3 ② 4
③ 5 ④ 10

37 에틸렌글리콜이 20℃, 1기압에서 증기압이 0.05mmHg이면 포화농도(ppm)는?

① 약 44 ② 약 66
③ 약 88 ④ 약 102

38 MCE 막 여과지에 관한 설명으로 틀린 것은?

① MCE 막 여과지의 원료인 셀룰로스는 수분을 흡수하지 않기 때문에 중량분석에 잘 적용된다.
② MCE 막 여과지는 산에 쉽게 용해된다.
③ 입자상 물질 중의 금속을 채취하여 원자흡광법으로 분석하는데 적정하다.
④ 시료가 여과지의 표면 또는 표면 가까운 곳에 침착되므로 석면 등 현미경분석을 위한 시료채취에 이용된다.

39 소음측정을 위해 사용되는 지시소음계(Sound Level Meter)는 산업장에서의 소음노출의 정도를 판단하기 위하여 사용되는 기본계기이다. 지시소음계에 관한 설명으로 틀린 것은?

① 지시소음계는 마이크로폰, 증폭기 및 지시계 등으로 구성되어 있으며 소리의 세기 또는 에너지량을 음압수준으로 표시한다.
② 음량조절장치는 A특성, B특성, C특성을 나타내는 3가지의 주파수 보정회로로 되어 있다.
③ 보정회로를 붙인 이유는 주파수별로 음압수준에 대한 귀의 청각반응이 다르기 때문에 이를 보정하기 위함이다.
④ 대부분의 소음 에너지가 1,000Hz 이하일 때에는 A, B, C의 각 특성치의 차이는 비슷하다.

40 근로자가 순간적으로라도 유해물질에 초과되어서는 안 되는 농도를 표시해주는 허용기준의 종류는?

① TLV-TWA ② TLV-STEL
③ TLV-C ④ PEL

제3과목 작업환경관리대책

41 고압환경에서 발생할 수 있는 장해에 영향을 주는 화학물질과 가장 거리가 먼 것은?

① 산소 ② 질소
③ 아르곤 ④ 이산화탄소

42 자외선이 피부에 작용하는 설명으로 틀린 것은?

① 1,000 ~ 2,800Å의 자외선에 노출 시 홍반현상 및 즉시 색소침착 발생
② 2,800 ~ 3,200Å의 자외선에 노출 시 피부암 발생 가능
③ 자외선 조사량이 너무 많을 경우 모세혈관 벽의 투과성 증가
④ 자외선에 노출 시 표피의 두께 증가

43 보호구 밖의 농도가 300ppm이고 보호구 안의 농도가 12ppm이었을 때 보호계수(Protection factor, PF)는?

① 200 ② 100
③ 50 ④ 25

44 분진이 발생되는 사업장의 작업공정개선 대책으로 틀린 것은?

① 생산공정을 자동화 또는 무인화
② 비산 방지를 위하여 공정을 습식화
③ 작업장 바닥을 물세척이 가능하게 처리
④ 분진에 의한 폭발은 없으므로 근로자의 보건 분야 집중 관리

45 비중격 천공의 원인물질로 알려진 중금속은?

① 카드뮴(Cd) ② 수은(Hg)
③ 크롬(Cr) ④ 니켈(Ni)

46 전신진동의 주파수 범위로 가장 적절한 것은?

① 1 ~ 100Hz ② 100 ~ 250Hz
③ 250 ~ 1,000Hz ④ 1,000 ~ 4,000Hz

47 다음 중 작업장에서 사용물질의 독성이나 위험성을 줄이기 위하여 사용물질을 변경하는 경우로 가장 적절한 것은?

① 분체의 원료는 입자가 큰 것으로 전환한다.
② 금속제품 도장용으로 수용성 도료를 유기용제로 전환한다.
③ 아조 염료 합성원료로 디클로로벤지딘을 벤지딘으로 전환한다.
④ 금속제품의 탈지에 계면활성제를 사용하던 것을 트리클로로에틸렌으로 전환한다.

48 출력이 0.005W인 음원의 음력수준은 약 몇 dB인가?

① 83 ② 93
③ 97 ④ 100

49 다음 중 산소가 결핍된 장소에서 사용할 보호구로 가장 적절한 것은?

① 방진마스크
② 에어라인 마스크
③ 산성가스용 방독마스크
④ 일산화탄소용 방독마스크

50 진폐증을 일으키는 분진 중에서 폐암과 가장 관련이 많은 것은?

① 규산분진 ② 석면분진
③ 활석분진 ④ 규조토분진

51 1촉광의 광원으로부터 단위 입체각으로 나가는 광속의 단위는?

① Lumen ② Foot-candle
③ Lux ④ Lambert

52 저온환경이 인체에 미치는 영향으로 옳지 않은 것은?

① 식욕감소 ② 혈압변화
③ 피부혈관의 수축 ④ 근육긴장

53 작업장에서 훈련된 착용자들이 적절히 밀착이 이루어진 호흡기 보호구를 착용하였을 때, 기대되는 최소 보호정도치는?

① 정도보호계수 ② 밀착보호계수
③ 할당보호계수 ④ 기밀보호계수

54 다음 중 투과력이 가장 강한 것은?

① X-선 ② 중성자
③ 감마선 ④ 알파선

55 다음 중 입자상 물질에 속하지 않는 것은?

① 흄 ② 분진
③ 증기 ④ 미스트

56 일반적인 소음관리대책 중에서 소음원 대책에 해당하지 않는 것은?

① 차음, 흡음
② 보호구 착용
③ 소음원 밀폐와 격리
④ 공정의 변경

57 자외선은 살균작용, 각막염, 피부암 및 비타민 D 합성에 밀접한 관계가 있다. 이 자외선의 가장 대표적인 광선을 Dorno-Ray라 하는데 이 광선의 파장으로 가장 적절한 것은?

① 280 ~ 315 Å ② 390 ~ 515 Å
③ 2,800 ~ 3,150 Å ④ 3,900 ~ 5,700 Å

58 유해작업환경 개선 대책 중 대체에 해당되는 내용으로 옳지 않은 것은?

① 보온재로 유리섬유 대신 석면 사용
② 소음이 많이 발생하는 리벳팅 작업 대신 너트와 볼트작업으로 전환
③ 성냥제조 시 황린 대신 적린 사용
④ 작은 날개로 고속 회전시키는 송풍기를 큰 날개로 저속 회전시킴

59 다음 중 채광에 관한 일반적인 설명으로 틀린 것은?

① 입사각은 28° 이하가 좋다.
② 실내 각점의 개각은 4 ~ 5°가 좋다.
③ 창의 면적은 바닥면적의 15 ~ 20%가 이상적이다.
④ 균일한 조명을 요하는 작업실은 동북 또는 북창이 좋다.

60 폐에 깊숙이 들어갈 수 있는 먼지를 호흡성 섬유라 한다. 이 섬유의 길이와 길이 대 너비의 비로 가장 적절한 것은?

① 길이 1μg 이상, 길이 대 너비의 비 5 : 1
② 길이 3μg 이상, 길이 대 너비의 비 2 : 1
③ 길이 3μg 이상, 길이 대 너비의 비 5 : 1
④ 길이 5μg 이상, 길이 대 너비의 비 3 : 1

제4과목 물리적 유해인자관리

61 작업장 실내의 체적은 1,800m^3이다. 환기량을 10m^3/min라고 하면, 시간당 환기횟수는 약 얼마가 되겠는가?

① 5회 ② 3회
③ 1회 ④ 0.3회

62 테이블에 플랜지가 붙은 1/4 원주형 슬롯 후드가 있다. 제어거리가 30cm, 제어속도가 1m/sec일 때, 필요송풍량(m^3/min)은 약 얼마인가? (단, 슬롯의 폭은 5cm, 길이는 10cm이다.)

① 2.88 ② 4.68
③ 8.64 ④ 12.64

63 다음 중 오염물질이 일정한 방향으로 배출되는 연삭기공정에서 일반적으로 사용되는 후드로 가장 적절한 것은?

① 포위식 후드 ② 포집형 후드
③ 캐노피 후드 ④ 레시버형 후드

64 다음 중 원심력(사이클론)집진장치의 장점이 아닌 것은?

① 점성 분진에 특히 효과적인 제거능력을 가지고 있다.
② 직렬 또는 병렬로 연결하면 사용 폭을 보다 넓힐 수 있다.
③ 비교적 적은 비용으로 큰 입자를 효과적으로 제거할 수 있다.
④ 고온가스, 고농도가스 처리도 가능하며, 설치장소에 구애를 받지 않는다.

65 송풍기에 걸리는 전압이 200mmH_2O, 배풍량이 250m^3/min, 송풍기의 효율이 70%이다. 여유율을 20%로 하였을 때 송풍기에 필요한 동력은 약 얼마인가?

① 6.8kW ② 9.8kW
③ 11.7kW ④ 14.1kW

66 다음 중 덕트 설치 시의 주요 원칙으로 틀린 것은?

① 가능한 한 후드의 가까운 곳에 설치한다.
② 곡관의 수는 가능한 한 적게 하도록 한다.
③ 공기는 항상 위로 흐르도록 상향구배로 한다.
④ 덕트는 가능한 한 짧게 배치하도록 한다.

67 국소배기장치가 효과적인 기능을 발휘하기 위해서는 후드를 통해 배출되는 것과 같은 양의 공기가 외부로부터 보충되어야 한다. 이것을 무엇이라 하는가?

① 테이크 오프(take off)
② 충만실(plenum chamber)
③ 메이크업 에어(make up air)
④ 인 앤 아웃 에어(in & out air)

68 A 사업장에서 적용 중인 후드의 유입계수가 0.8이라면 유입손실계수는 약 얼마인가?

① 0.56 ② 0.73
③ 0.83 ④ 0.93

69 신체의 열 생산과 주변 환경 사이의 열교환식(heat balance equation)과 관련이 없는 것은?

① 대류 ② 증발
③ 복사 ④ 전도

70 일반적으로 국소배기장치의 기본설계를 위한 다음 과정 중 가장 먼저 실시하여야 하는 것은?

① 제어속도 결정
② 반송속도 결정
③ 후드의 크기 결정
④ 배관의 배치와 설치장소 결정

71 직경 40cm인 덕트 내부를 유량 $120m^3/min$의 공기가 흐르고 있을 때, 덕트 내의 풍압은 약 몇 mmH_2O인가? (단, 덕트 내의 공기는 21℃, 1기압으로 가정한다.)

① 11.5 ② 15.5
③ 23.5 ④ 26.5

72 후드의 성능 불량 원인이 아닌 경우는?

① 제어속도가 너무 큰 경우
② 송풍기의 용량이 부족한 경우
③ 후드 주변에 심한 난기류가 형성된 경우
④ 송풍관 내부에 분진이 과다하게 축적되어 있는 경우

73 고농도 오염물질을 취급할 경우 오염물질이 주변 지역으로 확산되는 것을 방지하기 위해서 실내압은 어떤 상태로 유지하는 것이 적정한가?

① 정압유지 ② 음압(-)유지
③ 동압유지 ④ 양압(+)유지

74 송풍기로 공기를 불어줄 때, 공기속도가 덕트 직경의 몇 배 정도 거리에서 1/10로 감소하는가?

① 10배 ② 20배
③ 30배 ④ 40배

75 해발고도가 1220m인 곳에서 대기압이 656 mmHg이다. 이때 작업장에서 배출되는 공기의 온도가 200℃라면 이 공기의 밀도는 약 얼마인가? (단, 표준상태의 공기의 밀도는 $1.203kg/m^3$이다.)

① $0.25kg/m^3$ ② $0.45kg/m^3$
③ $0.65kg/m^3$ ④ $0.85kg/m^3$

76 국소배기설비 점검 시 반드시 갖추어야 할 필수 장비로 볼 수 없는 것은?

① 청음기 ② 연기발생기
③ 테스트 해머 ④ 절연저항계

77 다음 중 송풍기의 정압효율이 가장 우수한 형식은?

① 평판형 ② 터보형
③ 축류형 ④ 다익형

78 80℃에서 공기의 부피가 $5m^3$일 때, 21℃에서 이 공기의 부피는 약 몇 m^3인가? (단, 공기의 밀도는 $1.2kg/m^3$이고, 기압의 변동은 없다.)

① 4.2 ② 4.8
③ 5.2 ④ 5.6

79 사염화에틸렌 10000ppm이 공기 중에 존재한다면 공기와 사염화에틸렌 혼합물의 유효비중은 얼마인가? (단, 사염화에틸렌의 증기비중은 5.7로 한다.)

① 1.0047 ② 1.047
③ 1.47 ④ 10.47

80 전기집진장치에 관한 설명으로 틀린 것은?

① 운전 및 유지비가 저렴하다.
② 넓은 범위의 입경과 분진농도에 집진효율이 높다.
③ 기체상의 오염물질을 포집하는데 매우 유리하다.
④ 초기 설치비가 많이 들고, 넓은 설치공간이 요구된다.

1회 모의고사 정답 및 해설

01 ①	02 ④	03 ④	04 ①	05 ①	06 ②	07 ④	08 ②	09 ①	10 ④
11 ④	12 ②	13 ②	14 ①	15 ①	16 ①	17 ④	18 ①	19 ④	20 ②
21 ②	22 ①	23 ①	24 ①	25 ④	26 ④	27 ②	28 ③	29 ①	30 ④
31 ①	32 ②	33 ②	34 ②	35 ④	36 ④	37 ②	38 ①	39 ④	40 ③
41 ③	42 ①	43 ④	44 ④	45 ③	46 ①	47 ①	48 ③	49 ②	50 ②
51 ①	52 ①	53 ③	54 ②	55 ③	56 ②	57 ③	58 ①	59 ①	60 ④
61 ④	62 ①	63 ④	64 ①	65 ④	66 ③	67 ③	68 ①	69 ④	70 ①
71 ②	72 ①	73 ②	74 ③	75 ③	76 ③	77 ②	78 ①	79 ②	80 ③

01

* 보건관리자의 직무

① 산업안전보건위원회에서 심의 · 의결한 업무와 안전보건관리규정 및 취업규칙에서 정한 업무
② 안전인증대상 기계 · 기구등과 자율안전확인대상 기계 · 기구등 중 보건과 관련된 보호구(保護具) 구입 시 적격품 선정에 관한 보좌 및 조언 · 지도
③ 물질안전보건자료의 게시 또는 비치에 관한 보좌 및 조언 · 지도
④ 위험성평가에 관한 보좌 및 조언 · 지도
⑤ 산업보건의의 직무(보건관리자가 의사인 경우로 한정한다)
⑥ 해당 사업장 보건교육계획의 수립 및 보건교육 실시에 관한 보좌 및 조언 · 지도
⑦ 해당 사업장의 근로자를 보호하기 위한 다음 각 목의 조치에 해당하는 의료행위(보건관리자가 의사 및 간호사에 해당하는 경우로 한정한다)
　가. 외상 등 흔히 볼 수 있는 환자의 치료
　나. 응급처치가 필요한 사람에 대한 처치
　다. 부상 · 질병의 악화를 방지하기 위한 처치
　라. 건강진단 결과 발견된 질병자의 요양 지도 및 관리
　마. 가목부터 라목까지의 의료행위에 따르는 의약품의 투여
⑧ 작업장 내에서 사용되는 전체 환기장치 및 국소배기장치 등에 관한 설비의 점검과 작업방법의 공학적 개선에 관한 보좌 및 조언 · 지도
⑨ 사업장 순회점검 · 지도 및 조치의 건의
⑩ 산업재해 발생의 원인 조사 · 분석 및 재발 방지를 위한 기술적 보좌 및 조언 · 지도
⑪ 산업재해에 관한 통계의 유지 · 관리 · 분석을 위한 보좌 및 조언 · 지도
⑫ 법 또는 법에 따른 명령으로 정한 보건에 관한 사항의 이행에 관한 보좌 및 조언 · 지도
⑬ 업무수행 내용의 기록 · 유지
⑭ 그 밖에 작업관리 및 작업환경관리에 관한 사항

암기법

1. 보건교육계획 수립 및 실시
2. 위험성평가
3. 물질안전보건자료
4. 보호구 구입시 적격품 선정
5. 사업장 점검
6. 환기장치 · 국소배기장치 점검
7. 재해 원인조사
8. 재해통계
9. 근로자 보호위한 의료행위
10. 취업규칙에서 정한 직무
11. 업무 기록

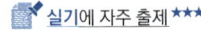

실기에 자주 출제★★★

02

* 노출기준 단위

① 화학적 인자의 가스, 증기, 분진, 흄(fume), 미스트(mist) 등의 농도는 피피엠(ppm) 또는 세제곱미터 당 밀리그램(mg/m^3)으로 표시한다. 다만, 석면의 농도 표시는 세제곱센티미터 당 섬유개수(개/cm^3)로 표시한다.

② 소음수준의 측정단위는 데시벨[dB(A)]로 표시한다.

③ 고열(복사열 포함)의 측정단위는 습구 · 흑구 온도지수(WBGT)를 구하여 섭씨온도(℃)로 표시한다.

실기까지 중요 ★★

03

* 산업위생의 영역 중 기본과제

① 작업능력의 향상과 저하에 따른 작업조건 및 정신적 조건의 연구

② 최적 작업환경 조성에 관한 연구 및 유해 작업환경에 의한 신체적 영향 연구

③ 노동력의 재생산과 사회, 경제적 조건에 관한 연구

필기에 자주 출제 ★

04

* 사무실 공기관리지침의 오염물질 관리기준

오염물질	관리기준
미세먼지(PM10)	100㎍/m^3
초미세먼지(PM2.5)	50㎍/m^3
이산화탄소(CO_2)	1,000ppm
일산화탄소(CO)	10ppm
이산화질소(NO_2)	0.1ppm
포름알데히드(HCHO)	100㎍/m^3
총휘발성유기화합물(TVOC)	500㎍/m^3
라돈(radon)	148Bq/m^3
총부유세균	800CFU/m^3
곰팡이	500CFU/m^3

암기법

이질 0.1, 일탄 10 / 초먼 50, 포름알 · 미먼 100 / 라돈 148, 휘유, 곰팡이 500 / 부유 800, 이탄 1,000
(부유 CFUm^3/, 초먼 · 미먼 · 포름알 · 휘유 ㎍/m^3, 나머지 ppm)

실기에 자주 출제 ★★★

05

$$작업강도(\%MS) = \frac{RF}{MS} \times 100$$

- RF : 작업 시 요구되는 힘(한손에 요구되는 힘)
- MS : 근로자가 가지고 있는 약한 손의 최대 힘

$$작업강도(\%MS) = \frac{5}{40} \times 100 = 12.5(\%)$$

* 10kg을 두 손으로 들어 올림
→ 한 손에 요구되는 힘은 5kg

실기까지 중요 ★★

06

* Brief와 Scala의 보정방법

1. $RF = \left(\frac{8}{H}\right) \times \frac{24-H}{16}$
2. [일주일 ; $RF = \left(\frac{40}{H}\right) \times \frac{168-H}{128}$]
3. 보정된 노출기준 = RF × 노출기준(허용농도)

- H : 비정상적인 작업시간(노출시간/일)
  ; 노출시간/주
- 16 : 휴식시간 의미(128 ; 일주일 휴식시간 의미)

1. $RF = \frac{8}{12} \times \frac{24-12}{16} = 0.5$
2. 보정된 허용농도 = 0.5 × 50 = 25(ppm)

실기까지 중요 ★★

07

* 유해요인별 중독증세

① 수은중독 : 미나마타병
② 크롬중독 : 비중격천공증, 비강암, 폐암
③ 카드뮴중독 : 이타이이타이병
④ 납중독 : 조혈장해, 말초신경장해
⑤ 벤젠중독 : 빈혈, 백혈병, 조혈장해
⑥ 석면 : 악성중피종

필기에 자주 출제 ★

08

MPL을 초과하는 경우 공학적 방법을 적용하여 중량물 취급작업을 다시 설계해야 한다.

09

* 작업강도(작업부하)에 영향을 미치는 요소
① 작업 강도(에너지 소비량)
② 작업의 정밀도
③ 작업 자세
④ 작업 속도
⑤ 작업 시간
⑥ 조작 방법
⑦ 대인접촉 빈도 등

필기에 자주 출제 ★

10

* Percivall Pott(18세기)
① 영국의 외과의사로 직업성 암(굴뚝청소부의 음낭암)을 최초로 보고함
② 암의 원인 물질은 "검댕"
③ "굴뚝 청소부법" 제정토록 함

실기까지 중요 ★★

11

④ 교대방식은 낮 근무, 저녁 근무, 밤 근무 순으로 한다.(정교대가 좋다)

필기에 자주 출제 ★

12

* 국소피로의 평가(피로한 근육에서 측정된 현상)
① 저주파수(0 ~ 40Hz)에서 힘의 증가
② 고주파수(40 ~ 200Hz)에서 힘의 감소
③ 평균주파수의 감소
④ 총 전압의 증가

실기까지 중요 ★★

13

생리학적 적성검사	심리학적 적성검사
① 감각기능검사 ② 심폐기능검사 ③ 체력검사	① 지능검사 ② 지각동작검사 ③ 인성검사 ④ 기능검사

필기에 자주 출제 ★

14

위험성이 높은 제조업 1. 광업(광업 지원 서비스업은 제외) 2. 섬유제품 염색, 정리 및 마무리 가공업 3. 모피제품 제조업 4. 신발 및 신발부분품 제조업 5. 코크스, 연탄 및 석유정제품 제조업 6. 화학물질 및 화학제품 제조업; 의약품 제외 7. 고무 및 플라스틱제품 제조업 8. 비금속 광물제품 제조업 9. 1차 금속 제조업 10. 금속가공제품 제조업; 기계 및 가구 제외 등	• 상시근로자 50명 이상 500명 미만 : 1명 이상 • 상시근로자 500명 이상 2천명 미만 : 2명 이상 • 상시근로자 2천명 이상 : 2명 이상(의사 또는 간호사 중 1명 이상 포함)
그밖의 제조업	• 상시근로자 50명 이상 1천명 미만 : 1명 이상 • 상시근로자 1천명 이상 3천명 미만 : 2명 이상 • 상시근로자 3천명 미만 : 2명 이상
1. 농업, 임업 및 어업 2. 수도, 하수 및 폐기물 처리, 원료 재생업 3. 운수 및 창고업 4. 도매 및 소매업 5. 숙박 및 음식점업 6. 서적, 잡지 및 기타 인쇄물 출판업 7. 우편 및 통신업 8. 공공행정 9. 교육서비스업 중 초등 · 중등 · 고등 교육기관, 특수학교 · 외국인학교 및 대안학교 등	• 상시근로자 50명 이상 5천명 미만 : 1명 이상(다만, 사진 처리업은 상시근로자 100명 이상 5천명 미만) • 상시 근로자 5천명 이상 2명 이상 : 2명 이상(의사 또는 간호사 중 1명 이상 포함)
건설업	• 공사금액 800억원 이상(토목공사업 : 1천억 이상) 또는 상시 근로자 600명 이상 : 1명 이상 • 공사금액 800억원(토목공사업 : 1천억원)을 기준으로 1,400억원이 증가할 때마다 또는 상시 근로자 600명을 기준으로 600명이 추가될 때마다 1명씩 추가

실기에 자주 출제 ★★★

15

⋆ 연돌효과, 굴뚝효과(stack effect)
고층 건물 내에서 대류현상에 의한 공기의 흐름으로 따뜻한 공기가 상승하고 찬 공기가 밑에서부터 들어오는 것을 말한다. 연돌효과에 의한 공기의 흐름은 계단, 엘리베이터의 통로 등의 수직공간을 통하여 층 사이에 오염물질을 이동시키는 통로가 될 수 있다.

필기에 자주 출제 ★

16

⋆ 도수율(빈도율 F.R)

100만 근로시간당 재해 발생 건수 비율

$$도수율(빈도율) = \frac{재해\ 건수}{연\ 근로\ 시간\ 수} \times 10^6$$

$$도수율 = \frac{21}{250 \times 8 \times 300} \times 10^6 = 35$$

실기에 자주 출제 ★★★

17

MPL(최대허용기준) = 3×AL(감시기준)

MPL = 3×20 = 60(kg)

실기까지 중요 ★★

18

⋆ B1(Thiamine)
작업강도가 높은 근로자의 근육에 호기적 산화로 연소를 도와주는 영양소(근육노동 시 특히 주의하여 보급해야 할 비타민)

필기에 자주 출제 ★

19

⋆ 에너지 대사율(RMR)

$$RMR = \frac{작업(노동)대사량}{기초대사량} = \frac{작업\ 시의\ 소비\ 에너지 - 안정\ 시의\ 소비\ 에너지}{기초대사량}$$

$$RMR = \frac{3{,}500 - (1{,}300 \times 1.2)}{1{,}300} = 1.49$$

실기까지 중요 ★★

20

⋆ 이산화탄소(CO_2)
① 실내의 공기질을 관리하는 근거로서 사용된다.
② 그 자체는 건강에 큰 영향을 주는 물질이 아니며, 측정하기 어려운 다른 실내오염물질에 대한 지표물질로 사용된다.

21

② 검량선의 직선성 범위가 넓다.

필기에 자주 출제 ★

22

⋆ 실리카겔의 친화력(극성이 강한 순서)
물 〉 알코올류 〉 알데하이드류 〉 케톤류 〉 에스테르류 〉 방향족탄화수소류 〉 올레핀류 〉 파라핀류

실기까지 중요 ★★

23

⋆ 기하평균

1. $\log(GM) = \frac{\log X_1 + \log X_2 + \cdots + \log X_n}{N}$
2. $G.M = \sqrt[N]{X_1 \cdot X_2 \cdots X_n}$
   - X_n : 측정치
   - N : 측정치 개수

$G.M = \sqrt[5]{(2.5 \times 2.1 \times 3.1 \times 5.2 \times 7.2)} = 3.61$

실기까지 중요 ★★

24

⋆ 액체 혼합물의 구성성분(%)을 알 때 혼합물의 허용농도(노출기준)

$$\text{혼합물의 노출기준}(mg/m^3) = \frac{1}{\frac{f_a}{TLV_a}+\frac{f_b}{TLV_b}+\cdots+\frac{f_n}{TLV_n}}$$

- f_a, f_b, f_n : 액체 혼합물에서의 각 성분 무게(중량) 구성비(%)
- TLV_a, TLV_b, TLV_n : 해당 물질의 노출기준(mg/m^3)

$$mg/m^3 = \frac{1}{\frac{0.2}{670}+\frac{0.3}{720}+\frac{0.5}{1,600}} = 973.07(mg/m^3)$$

실기까지 중요 ★★

25

④ 수분의 영향이 크지 않아 공해성 먼지, 총 먼지 등의 중량분석을 위한 측정에 이용된다.

필기에 자주 출제 ★

26

⋆ mppcf(million porticle per cubic feet)

① 단위 공기 중에 들어 있는 분자량(분진의 질이나 양과는 무관)

② 1mppcf = 35.31입자(개)/mL
　 1mppcf = 35.31입자(개)/cm^3

③ OSHA 노출기준(PEL) 중 mica와 graphite는 mppcf로 표시한다.

필기에 자주 출제 ★

27

1. $mg/m^3 = \frac{657\times10^{-3}mg}{0.112m^3} = 5.87(mg/m^3)$

　($\mu g = 10^{-6}g$, $mg = 10^{-3}g$, $\therefore \mu g = 10^{-3}mg$)

2. $mg/m^3 = \frac{ppm\times\text{분자량}}{24.45}$

$$ppm = \frac{mg/m^3\times24.45}{\text{분자량}} = \frac{5.87\times24.45}{78} = 1.84(ppm)$$

실기까지 중요 ★★

28

⋆ X-선 회절 분석법

토석, 암석 및 광물성 분진(석면분진 제외) 중의 유리규산(SIO_2) 함유율을 분석

필기에 자주 출제 ★

29

$$\text{상대습도}(\%) = \frac{\text{현재 수증기압}}{\text{포화 수증기압}}\times100$$

30

복사열의 측정 → 흑구 온도계

필기에 자주 출제 ★

31

$$\text{채취유량}(L/min) = \frac{\text{비누거품이 통과한 용량}}{\text{비누거품이 통과한 시간}}$$

$$\text{채취유량} = \frac{450\times10^{-3}(L)}{12.6\times\frac{1}{60}(min)} = 32.14(L/min)$$

$cm^3 = (10^{-2}m)^3 = 10^{-6}m^3$
$m^3 = 1,000L$이므로
$10^{-6}m^3 = 10^{-6}\times1,000 = 10^{-3}L$

실기까지 중요 ★★

32

장점	① 호흡기에 부분별로 침착된 입자크기의 자료를 추정할 수 있다. ② 흡입성, 흉곽성, 호흡성 입자의 크기별 분포와 농도를 계산할 수 있다. ③ 입자의 질량크기 분포를 얻을 수 있다.
단점	① 시료채취가 까다롭다.(경험이 있는 전문가가 철저한 준비를 통해 측정하여야 한다.) ② 시료 채취 준비시간이 길고 비용이 많이 든다. ③ 되튐으로 인한 시료의 손실이 있다. ④ 공기가 옆에서 유입되지 않도록 각 충돌기의 철저한 조립과 장착이 필요하다.

실기까지 중요 ★★

33

* 고열의 측정
① 측정은 단위작업 장소에서 측정대상이 되는 근로자의 주 작업 위치에서 측정한다.
② 측정기의 위치는 바닥 면으로부터 50센티미터 이상, 150센티미터 이하의 위치에서 측정한다.

실기에 자주 출제 ★★★

34

* 불꽃이온화형 검출기(FID)
유기화합물을 운반기체와 함께 수소와 공기의 불꽃 속에 도입함으로써 생기는 이온의 증가를 이용한 검출기

* 참고
불꽃이온화검출기(FID)
분리관에서 분리된 물질이 검출기 내부로 들어와 수소가스와 혼합되고 혼합된 기체는 공기가 통과하고 있는 젯(jet)으로 들어가서 젯 위에 형성된 2,100℃ 정도의 불꽃 안에서 연소가 되면서 이온화가 이루어진다.

35

실리카겔관	극성의 유기용제, 산(무기산: 불산, 염산), 방향족 아민류, 지방족 아민류, 아닐린, 아미노에탄올, 아마이드류, 니트로벤젠류, 페놀류 등의 포집에 사용된다. **암기법** 극성(극성 유기용제)스런 산(산)아(아민, 아닐린, 아마이드)는 페(페놀)서 니트럭(니트로벤젠)에 실리까(실리카겔관)?
활성탄관	비극성 유기용제, 방향족 유기용제(방향족 탄화수소류), 할로겐화 지방족 유기용제(할로겐화 탄화수소류), 에스테르류, 알코올류 등의 포집에 사용된다. **암기법** 비극성인 알(알코올)에(에스테르) 할로겐 탄(할로겐화탄화수소)지방(지방족유기용제) 방유(방향족 유기용제)하니 활성(활성탄)됐다.

실기까지 중요 ★★

36

흡입성 분진	① 호흡기 어느 부위에 침착하더라도 독성을 유발하는 분진 ② 평균입경 : 100μm (입경범위 : 0 ~ 100 μm)
흉곽성 분진	① 기도나 하기도(가스교환 부위)에 침착하여 독성을 나타내는 물질 ② 평균입경 : 10μm
호흡성 분진	① 가스교환 부위(폐포)에 침착하여 독성을 나타내는 물질 ② 평균입경 : 4μm

실기까지 중요 ★★

37

$$\text{포화농도(ppm)} = \frac{\text{증기압}}{760} \times 10^6 = \frac{0.05}{760} \times 10^6$$
$$= 65.79(\text{ppm})$$

실기까지 중요 ★★

38

① MCE여과지의 원료인 셀룰로오스는 수분을 흡수하는 특성을 가지고 있다.

필기에 자주 출제 ★

39

④ A특성은 40phon, B특성은 70phon, C특성은 100phon의 특성치를 가진다.

필기에 자주 출제 ★

40

* 최고노출기준(TLV-C)
① 근로자가 1일 작업시간동안 잠시라도 노출되어서는 아니 되는 기준
② 노출기준 앞에 "C"를 붙여 표시한다.

실기까지 중요 ★★

41

* 고압환경의 2차적 가압현상
① 질소의 마취작용 : 공기 중의 질소 가스는 4기압 이상에서 마취작용을 일으킨다.
② 산소중독 증세 : 산소분압이 2기압을 넘으면 산소중독 증세가 나타난다.
③ 이산화탄소의 작용 : 이산화탄소의 증가는 산소의 독성과 질소의 마취작용을 촉진시킨다.

실기까지 중요 ★★

42

① 피부 홍반형성 및 색소 침착 : 200~290nm(2,000~2,900Å)에서 홍반작용이 강하다.

필기에 자주 출제 ★

43

$$할당보호계수(APF) = \frac{발생농도(최대사용농도 : MUC)}{노출기준(TLV)}$$

$$할당보호계수 = \frac{방독마스크\ 바깥쪽\ 오염물질\ 농도(C_o)}{방독마스크\ 안쪽\ 오염물질\ 농도(C_i)}$$

$$할당보호계수 = \frac{300}{12} = 25$$

실기까지 중요 ★★

44

④ 가연성 분진은 분진폭발을 일으킬 수 있으므로 폭발방지 대책 강구

45

* 크롬의 중독증세

급성중독 증세	• 신장장해(신장장해로 과뇨증이 오며 더 진전되면 무뇨증을 일으켜 요독증으로 사망할 수 있다)
만성중독 증세	• 피부증상(접촉성 피부염) • 호흡기 증상(크롬 폐증) • 폐암 • 6가크롬 : 비중격천공증, 비강암을 유발한다.

실기까지 중요 ★★

46

* 인체에 영향을 주는 진동범위
① 전신진동 : 2 ~ 100Hz
② 국소진동 : 8 ~ 1,500Hz

필기에 자주 출제 ★

47

② 금속제품 도장용으로 유기용제를 수용성 도료로 전환한다.
③ 아조 염료 합성원료로 벤지딘을 디클로로벤지딘으로 전환한다.
④ 금속제품의 탈지에 트리클로로에틸렌을 사용하던 것을 계면활성제로 전환한다.

필기에 자주 출제 ★

48

$$PWL = 10 \times \log\left(\frac{0.005}{10^{-12}}\right) = 96.99(dB)$$

실기까지 중요 ★★

49

* 산소 결핍장소에서 착용하여야 하는 보호구
① 송기마스크
• 호스마스크
• 에어라인 마스크
• 복합식 에어라인 마스크
② 공기호흡기

필기에 자주 출제 ★

50

* 석면폐증(Asbestosis)
① 석면을 취급하는 작업자에게 발생되는 진폐증을 말한다.
② 폐암, 악성중피종, 늑막암 등을 일으킨다.

필기에 자주 출제 ★

51

① 루멘(Lumen; lm) : 1촉광의 광원으로부터 한 단위입체각으로 나가는 광속의 단위
② fc(foot-candle) : 1루멘의 빛이 $1ft^2$의 평면상에 수직방향으로 비칠 때 그 평면의 빛의 양을 나타내는 조도의 단위($1lumen/ft^2$)
③ lux(meter-candle) : 1루멘의 빛이 $1m^2$의 평면상에 수직방향으로 비칠 때의 빛의 양을 나타내는 조도의 단위($1lumen/m^2$)
④ 램버트(Lambert) : 평면 $1ft^2(1cm^2)$에서 1Lumen의 빛을 발하거나 반사시킬 때의 밝기 ($1Lambert = 3.18candle/m^2$)

필기에 자주 출제★

52

* 저온환경의 이차적인 생리적 반응
① 말초냉각 : 말초혈관의 수축으로 표면조직의 냉각이 진행된다.
② 식욕변화 : 저온에서는 근육활동, 조직대사의 증진으로 식욕이 항진된다.
③ 혈압변화 : 피부혈관 수축으로 혈압은 일시적으로 상승한다.
④ 순환기능 : 피부혈관의 수축으로 순환기능이 감소된다.

* 참고
저온(한랭환경)에서의 일차적인 생리적 변화
① 근육긴장의 증가 및 떨림(전율)
② 피부혈관 수축
③ 말초혈관 수축
④ 화학적 대사작용 증가(갑상선 호르몬 분비 증가)
⑤ 체표면적의 감소

필기에 자주 출제★

53

* 할당보호계수 (APF ; Assigend Protection Factor)
① 보호구 바깥쪽 공기 중 오염물질 농도와 보호구 안쪽 오염물질 농도의 비를 나타낸다.
② 적절히 밀착된 호흡기보호구를 훈련된 일련의 착용자들이 작업장에서 착용하였을 때 기대되는 최소 보호 정도치(착용자 보호정도)를 말한다.

필기에 자주 출제★

54

1. 인체의 투과력 순서
중성자 〉X선 or γ 〉β 〉α
2. 전리작용(REB : 생물학적 효과) 순서
중성자 〉 α 〉β 〉X선 or γ

실기까지 중요★★

55

증기 → 가스상 물질

필기에 자주 출제★

56

* 방음 대책의 방법
① 소음원 대책 : 발생원 제거, 소음기 설치, 방음 Box, 방진 등
② 전파경로 대책 : 흡음 및 차음처리, 방음벽 설치, 거리감쇠, 지향성 변환 등
③ 수음 대책 : 마스킹 효과, 귀마개 착용, 이중창 설치 등

필기에 자주 출제★

57

* 자외선의 종류

근자외선 (UV-A)	① 파장 : 315(300) ~ 400nm ② 피부의 색소침착
도르노선 (UV-B)	① 파장 : 280(290) ~ 315(320)nm [2,800 ~ 3,150Å] ② 소독작용, 비타민 D형성 등 인체에 유익한 영향(건강선, 생명선) ③ 홍반 각막염, 피부암 유발
UV-C	① 파장 : 100 ~ 280nm ② 살균작용(살균효과가 있어 수술용 램프로 사용)

실기까지 중요★★

58

① 단열재(보온재)로 석면을 사용하던 것을 유리섬유, 암면 또는 스트리폼 등을 사용한다.

필기에 자주 출제★

59

① 입사각은 28° 이상이 좋으며, 입사각이 클수록 실내는 밝다.

필기에 자주 출제 ★

60

⋆ 호흡성 섬유

길이 5μg 이상, 길이 대 너비의 비 3 : 1

61

$$ACH = \frac{\text{실내 환기량}(Q)}{\text{실내 체적}(m^3)} \times 60$$

• Q(m^3/hr)

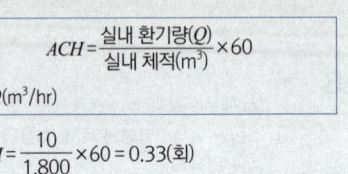

$$ACH = \frac{10}{1,800} \times 60 = 0.33(\text{회})$$

실기까지 중요 ★★

62

⋆ 외부식 슬롯형 후드

$$Q = 60 \cdot C \cdot L \cdot Vc \cdot X$$

• Q : 필요송풍량(m^3/min)
• Vc : 제어속도(m/sec)
• L : slot 개구면의 길이(m)
• X : 포집점까지의 거리(m)
• C : 형상계수
(전원주 : 3.7, $\frac{3}{4}$ 원주 : 4.1, $\frac{1}{2}$ 원주(플랜지부착과 동일) : 2.6, $\frac{1}{4}$ 원주 : 1.6)

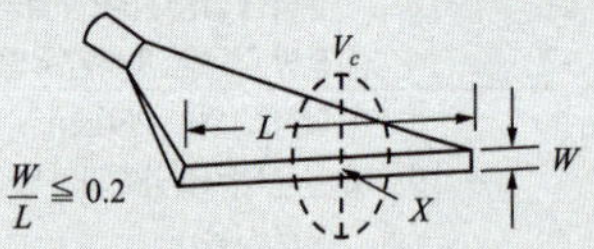

$$Q = 60 \times 1.6 \times 0.1 \times 1 \times 0.3 = 2.88(m^3/min)$$

⋆ 참고

외부식 슬로트형

후드형태	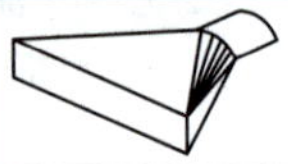
개구면의 세로/가로 비율((W/L)	0.2 이하
배풍량(m^3/min)	$Q = 60 \times 3.7LVX$

외부식 플렌지부착 슬로트형

후드형태	
개구면의 세로/가로 비율((W/L)	0.2 이하
배풍량(m^3/min)	$Q = 60 \times 2.6LVX$

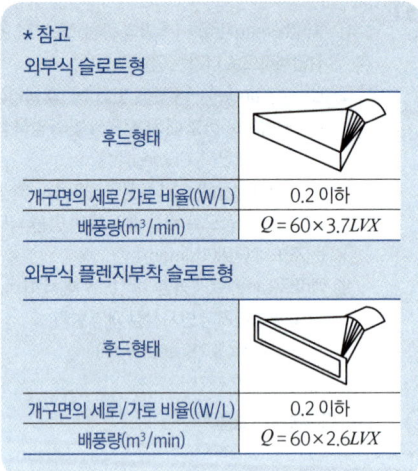

실기에 자주 출제 ★★★

63

⋆ 레시버형(리시버형) 후드

오염물질이 일정한 방향으로 배출되는 연삭기 공정에 사용된다.

⋆ 참고

리시버식 후드의 종류

캐노피형 후드		• 열상승기류가 있는 경우 사용 • 용해로, 열처리로, 배소로 등의 가열로에서 가장 많이 사용
커버형 후드	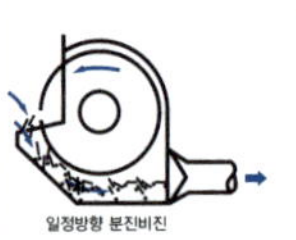	• 유해물질이 일정한 방향으로 비산하는 경우 • 연마작업 등에 사용
원형 후드		• 연마작업 등에 사용

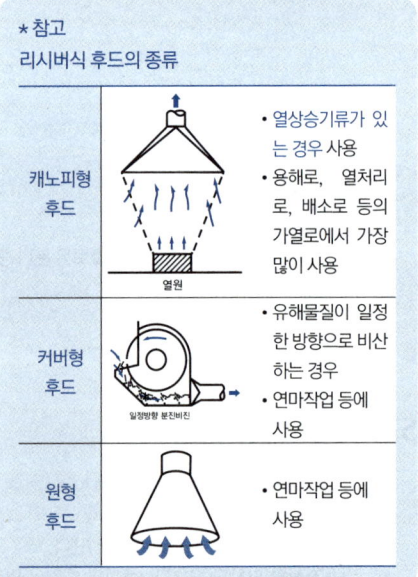

필기에 자주 출제 ★

64

* 원심력(사이클론) 집진장치

① 함진가스에 선회류를 일으키는 원심력을 이용하여 분진을 분리, 포집한다.
② 사이클론에는 접선 유입식과 축류 유입식이 있다.
③ 가동부분이 적고 구조가 간단하여 설치비 및 유지, 보수비용이 저렴하다.
④ 비교적 적은 비용으로 집진이 가능하다.
⑤ 현장에서 전처리용 집진장치로 널리 이용된다.
⑥ 고온에서 운전이 가능하다.
⑦ 직렬 또는 병렬로 연결하여 사용이 가능하다.
⑧ 미세한 먼지가 재 비산되기도 한다.

필기에 자주 출제 ★

65

* 송풍기 소요동력의 계산

$$HP(\text{kW}) = \frac{Q \times P}{6{,}120 \times \eta} \times K$$

- Q : 송풍량(m^3/min)
- P : 유효전압(풍압)(mmH_2O)
- η : 송풍기효율
- K : 안전여유

$$HP(\text{kW}) = \frac{250 \times 200}{6{,}120 \times 0.7} \times 1.2 = 14.01(\text{kW})$$

실기에 자주 출제 ★★★

66

③ 공기 흐름은 하향구배를 원칙으로 한다.

필기에 자주 출제 ★

67

* 공기공급시스템(make-up air)

국소배기장치가 효과적인 기능을 발휘하기 위해서는 후드를 통해 배출되는 것과 같은 양의 공기가 외부로부터 보충되어야 한다. 이것을 공기공급시스템(make-up air)라고 한다.

필기에 자주 출제 ★

68

$$\text{유입손실계수} = \frac{1}{Ce^2} - 1$$

- Ce : 유입계수

$$F_h = \frac{1}{0.8^2} - 1 = 0.56$$

실기까지 중요 ★★

69

* 열평형 방정식(인체의 열교환)

$$S(\text{열 축적}) = M(\text{대사 열}) - E(\text{증발}) \pm R(\text{복사}) \pm C(\text{대류}) - W(\text{한 일})$$

- S : 열 이득 및 열손실량이며, 열평형 상태에서는 0이다.

실기까지 중요 ★★

70

* 국소배기장치의 설계순서

후드형식 선정 → 제어속도 결정 → 소요풍량 계산 → 반송속도 결정

실기까지 중요 ★★

71

1. 속도압(VP) = $\frac{\gamma \times V^2}{2g}$($mmH_2O$)
   - r : 비중(kg/m^3)
   - V : 공기속도(m/sec)
   - g : 중력가속도(m/sec^2)
2. $Q = A \times V$
   - Q : 유체의 유량(m^3/min)
   - A : 유체가 통과하는 단면적(m^2)
   - V : 유체의 유속(m/sec)

$$VP = \frac{1.2 \times 15.92^2}{2 \times 9.8} = 15.52(mmH_2O)$$

$$Q = AV$$

$$V = \frac{Q}{A} = \frac{Q}{\frac{\pi \times d^2}{4}} = \frac{120}{\frac{\pi \times 0.4^2}{4}}$$

$$= 954.93(\text{m/min}) \div 60 = 15.92(\text{m/sec})$$

실기에 자주 출제 ★★★

72

* 후드의 성능 불량의 원인
① 송풍기의 용량이 부족한 경우
② 후드 주변에 심한 난기류가 형성된 경우
③ 송풍관 내부에 분진이 과다하게 축적되어 있는 경우

필기에 자주 출제 ★

73

공기는 압력이 높은 곳에서 낮은 곳으로 이동하므로 실내를 음압으로 유지할 경우 실내의 오염물질이 주변으로 확산되지 않는다.

필기에 자주 출제 ★

74

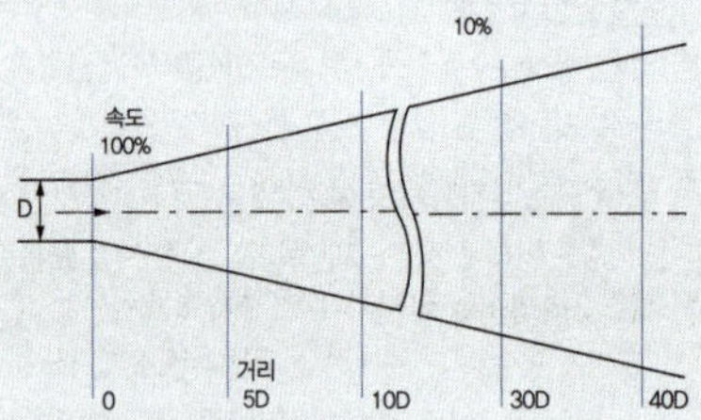

송풍기로 공기를 불어줄 때, 공기속도가 덕트 직경의 30배(30D) 지점에서 유속이 10%로 감소하나, 공기를 흡인할 때는 기류의 방향과 관계없이 덕트 직경과 같은 거리에서 10%로 감소한다

필기에 자주 출제 ★

75

* 밀도의 온도, 압력 보정

$$1.203\times\frac{(273+21)\times656}{(273+200)\times760}=0.6454(\text{kg/m}^3)$$

76

* 국소배기장치 성능시험 시 필수장비
① 발연관(연기발생기 ; smoke tester)
② 청음기 또는 청음봉
③ 절연저항계
④ 표면온도계 및 초자온도계
⑤ 줄자
⑥ 열선풍속계(선택장비)

실기까지 중요 ★★

77

* 송풍기의 효율
터보송풍기 > 평판(방사형)송풍기 > 다익송풍기

실기까지 중요 ★★

78

* 부피의 온도보정

$$5\times\frac{273+21}{273+80}=4.16(\text{m}^3)$$

실기까지 중요 ★★

79

1. 작업환경 중의 사염화에틸렌이 10,000ppm = 1%이므로 공기는 99%가 된다.
2. 사염화에틸렌 1%(증기비중 5.7), 공기 99%(공기비중 1.0)이므로
유효비중 = 0.01 × 5.7 + 0.99 × 1 = 1.047

실기까지 중요 ★★

80

③ 분진포집에 적용되며 가스상의 오염물질(기체상의 오염물질) 처리는 곤란하다.

필기에 자주 출제 ★

2회 모의고사

수험자번호		총 문제수	80문제	예상점수	
수험자명		시험시간	2시간	실제점수	

제1과목 산업위생학 개론

01 재해발생 이론 중, 하인리히의 도미노 이론에서 재해 예방을 위한 가장 효과적인 대책은?

① 사고 제거
② 인간결함 제거
③ 불안전한 상태 및 행동 제거
④ 유전적 요인과 사회환경 제거

02 육체적 작업능력이 16kcal/min인 근로자가 1일 8시간 동안 물체를 운반하고 있다. 이 때의 작업대사량이 7kcal/min라고 할 때 이 사람이 쉬지 않고 계속하여 일할 수 있는 최대 허용시간은 약 얼마인가? (단, 16kcal/min에 대한 작업시간은 4분이다.)

① 145분　② 188분
③ 227분　④ 245분

03 미국산업위생학회(AIHA)에서 정한 산업위생의 정의를 맞게 설명한 것은?

① 모든 사람의 건강유지와 쾌적한 환경조성을 목표로 한다.
② 근로자의 생명연장 및 육체적, 정신적 능력을 증진시키기 위한 일련의 프로그램이다.
③ 근로자의 육체적, 정신적 건강을 최고로 유지·증진시킬 수 있도록 작업조건을 설정하는 기술이다.
④ 근로자에게 질병, 건강장애, 불쾌감 및 능률저하를 초래하는 작업환경 요인을 예측, 인식, 평가하고 관리하는 과학과 기술이다.

04 25℃, 1기압 상태에서 톨루엔(분자량 92) 100ppm은 mg/m³인가?

① 92　② 188
③ 376　④ 411

05 미국산업위생학술원(AAIH)에서는 산업위생분야에 종사하는 사람들이 반드시 지켜야 할 윤리강령을 채택하였는데, 이에 해당하지 않은 것은?

① 전문가로서의 책임
② 근로자에 대한 책임
③ 검사기관으로서의 책임
④ 일반 대중에 대한 책임

06 산업위생의 역사적 인물과 업적을 잘못 연결한 것은?

① Galen - 광산에서의 산 증기 위험성 보고
② Robert Owen - 굴뚝청소부법의 제정에 기여
③ Alice Hamilton - 유해물질 노출과 질병의 관계를 확인
④ Sir George Baker - 사이다 공장에서 납에 의한 복통 발표

07 일반적으로 성인 남성근로자가 운동할 때의 산소소비량(oxygen uptake)은 약 얼마까지 증가하는가?

① 0.25L/min　　② 2.5L/min
③ 5L/min　　④ 10L/min

08 작업에 기인한 피로현상을 나타낸 것으로 적합하지 않은 것은?

① 취업 후 6개월 이내의 이직은 노동 부담이 크므로서 오는 경우가 많다.
② 피로의 현상은 작업의 종류에 따라 차이가 있으며 개인적 차이는 작다.
③ 작업이 과중하면 피로의 원인이 되어 각종질병을 유발할 수 있다.
④ 사업장에서 발생되는 피로는 작업부하, 작업환경, 작업시간 등의 영향으로 발생할 수 있다.

09 미국국립산업안전보건청(NIOSH)의 들기작업기준(Lifting Guideline)의 평가요소와 거리가 먼 것은?

① 수평거리　　② 수직거리
③ 휴식시간　　④ 비대칭 각도

10 육체적 작업능력(PWC)이 16kcal/min인 근로자가 물체운반작업을 하고 있다. 작업대사량은 7kcal/min, 휴식 시의 대사량이 2.0kcal/min일 때 휴식 및 작업시간을 가장 적절히 배분한 것은? (단, Hertig의 식을 이용하며, 1일 8시간 작업기준이다.)

① 매시간 약 5분 휴식하고, 55분 작업한다.
② 매시간 약 10분 휴식하고, 50분 작업한다.
③ 매시간 약 15분 휴식하고, 45분 작업한다.
④ 매시간 약 20분 휴식하고, 40분 작업한다.

11 산업안전보건법령상 건강진단 기관이 건강진단을 실시하였을 때에는 그 결과를 고용노동부 장관이 정하는 건강진단개인표에 기록하고, 건강진단 실시일로 부터 며칠 이내에 근로자에게 송부하여야 하는가?

① 15일 ② 30일
③ 45일 ④ 60일

12 무게 8kg 물건을 근로자가 들어 올리는 작업을 하려고 한다. 해당 작업조건의 권장무게 한계(RWL)가 5kg이고, 이동거리가 20cm일 때에 들기지수(Lifting Index, LI)는 얼마인가? (단, 근로자는 10분 2회씩 1일 8시간 작업한다.)

① 1.2 ② 1.6
③ 3.2 ④ 4.0

13 다음 중 "심한 전신피로 상태"로 판단할 수 있는 경우는?

① HR_{30-60}이 100을 초과하고 $HR_{150-180}$과 HR_{30-90} 차이가 15 미만인 경우
② HR_{30-60}이 110을 초과하고 $HR_{150-180}$과 HR_{30-90} 차이가 10 미만인 경우
③ HR_{30-60}이 100을 초과하고 $HR_{150-180}$과 HR_{30-90} 차이가 10 미만인 경우
④ HR_{30-60}이 120을 초과하고 $HR_{150-180}$과 HR_{30-90} 차이가 15 미만인 경우

14 다음 중 생물학적 원인에 의한 직업성 질환을 유발하는 직종으로 볼 수 없는 것은?

① 제지 제조 ② 농부
③ 수의사 ④ 피혁 제조

15 작업강도와 관련된 내용으로 옳지 않은 것은?

① 실동률은 95 - 5×RMR로 구할 수 있다.
② 일반적으로 열량 소비량을 기준으로 평가한다.
③ 작업대사율(RMR)은 작업대사량을 기초대사량으로 나눈 값이다.
④ 작업대사율(RMR)은 작업강도를 에너지소비량으로 나타낸 하나의 지표이지 작업강도를 정확하게 나타냈다고는 할 수 없다.

16 2004년도 우리나라에서 외국인 근로자들의 하지마비 사건 발생으로 인하여 크게 사회문제가 있었던 물질은?

① 수은
② 이황화탄소
③ DMF
④ 노르말헥산

17 다음 중 산업안전보건법령상 기관석면조사 대상으로서 건축물이나 설비의 소유주 등이 고용노동부장관에게 등록한 자로 하여금 그 석면을 해체 · 제거하도록 하여야 하는 함유량과 면적 기준으로 틀린 것은?

① 석면이 1wt%를 초과하여 함유된 분무재 또는 내화피복재를 사용한 경우
② 파이프에 사용된 보온재에서 석면이 1wt%를 초과하여 함유되어 있고, 그 보온재 길이의 합이 25m 이상인 경우
③ 석면이 1wt%를 초과하여 함유된 개스킷의 면적의 합이 $15m^2$ 이상 또는 그 부피의 합이 $1m^3$ 이상인 경우
④ 철거 · 해체하려는 벽체재료, 바닥재, 천장재 및 지붕재 등의 자재에 석면이 1wt%를 초과하여 함유되어 있고 그 자재의 면적의 합이 $50m^2$ 이상인 경우

18 금속작업 근로자에게 발생된 만성중독의 특징으로 코점막의 염증, 비중격천공 등의 증상을 일으키는 물질은?

① 납 ② 6가 크롬
③ 수은 ④ 카드뮴

19 공장의 기계 시설을 인간공학적으로 검토할 때, 준비단계에서 검토할 내용으로 적절한 것은?

① 공장설계에 있어서의 기능적 특성, 제한점을 고려한다.
② 인간-기계 관계의 구성인자 특성을 명확히 알아낸다.
③ 각 작업을 수행하는데 필요한 직종간의 연결성을 고려한다.
④ 인간-기계 관계 전반에 걸친 상황을 실험적으로 검토한다.

20 태양광선이 없는 옥내 작업장의 WBGT(℃)를 나타내는 공식은 무엇인가? (단, NWB는 자연습구온도, DB는 건구온도, GT는 흑구온도이다.)

① WGBT = 0.7NWB + 0.3GT
② WGBT = 0.7NWB + 0.3DB
③ WGBT = 0.7NWB + 0.2GT + 0.1DB
④ WGBT = 0.7NWB + 0.2DB + 0.1GT

제2과목 작업위생측정 및 평가

21 임핀저(impinger)를 이용하여 채취할 수 있는 물질이 아닌 것은?

① 각종 금속류의 먼지
② 이소시아네이트(isocyanates)류
③ 톨루엔 디아민(toluene diamine)
④ 활성탄관이나 실리카겔로 흡착이 되지 않는 증기, 가스와 산

22 납 흄에 노출되고 있는 근로자의 납 노출농도를 측정한 결과 $0.056mg/m^3$이었다. 미국 OSHA의 평가방법에 따라 이 근로자의 노출을 평가하면? (단, 시료채취 및 분석오차(SAE) = 0.082이고 납에 대한 허용기준은 $0.05mg/m^3$이다.)

① 판정할 수 없음
② 허용기준을 초과함
③ 허용기준을 초과하지 않음
④ 허용기준을 초과할 가능성이 있음

23 다음 중 1차 표준기구가 아닌 것은?

① 가스치환병　② 건식가스미터
③ 폐활량계　④ 비누거품미터

24 하루 8시간 작업하는 근로자가 200ppm 농도에서 1시간, 100ppm 농도에서 2시간, 50ppm에 3시간 동안 TCE에 노출되었을 때, 이 근로자의 8시간 동안의 TWA 농도는?

① 약 35.8ppm　② 약 68.8ppm
③ 약 91.8ppm　④ 약 116.8ppm

25 납과 그 화합물을 여과지로 채취한 후 농도를 분석할 수 있는 기기는?

① 원자흡광분석기
② 이온크로마토그래피
③ 광학현미경
④ 액체크로마토그래피

26 가스상 물질을 검지관방식으로 측정하는 내용의 일부이다. (　) 안에 들어갈 내용으로 옳은 것은? (단, 고용노동부 고시를 기준으로 한다.)

> 검지관방식으로 측정하는 경우에는 1일 작업시간 동안 1시간 간격으로 (㉠)회 이상 측정하되 측정시간마다(㉡)회이상 반복 측정하여 평균값을 산출하여야 한다.

① ㉠ 6, ㉡ 2　② ㉠ 4, ㉡ 1
③ ㉠ 10, ㉡ 2　④ ㉠ 12, ㉡ 1

27 다음 중 (　) 안에 들어갈 내용으로 옳은 것은?

> 산업위생통계에서 측정방법의 정밀도는 동일집단에 속한 여러 개의 시료를 분석하여 평균치와 표준편차를 계산하고 표준편차를 평균치로 나눈 값 즉, (　)로 평가한다.

① 분산수　② 기하평균치
③ 변이계수　④ 표준오차

28 흡광도법에서 단색광이 시료액을 통과하여 그 광의 30%가 흡수되었을 때 흡광도는?

① 0.15　② 0.3
③ 0.45　④ 0.6

29 유해화학물질 분석 시 침전법을 이용한 적정이 아닌 것은?

① Volhard법　② Mohr법
③ Fajans법　④ Stiehler법

30 다음 중 작업장 내 소음을 측정 시 소음계의 청감보정회로로 옳은 것은? (단, 고용노동부 고시를 기준으로 한다.)

① A특성 ② W특성
③ E특성 ④ S특성

31 먼지 입경에 따른 여과 메커니즘 및 채취효율에 관한 설명과 가장 거리가 먼 것은?

① 약 0.3μm인 입자가 가장 낮은 채취효율을 가진다.
② 0.1μm 미만인 입자는 주로 간섭에 의하여 채취된다.
③ 0.1μm ~ 0.5μm 입자는 주로 확산 및 간섭에 의하여 채취된다.
④ 입자크기는 먼지 채취효율에 영향을 미치는 중요한 요소이다.

32 1,1,1-Trichloroethane 1750mg/m^3을 ppm 단위로 환산한 것은? (단, 25℃, 1기압, 1,1,1-Trichloroethane의 분자량은 133이다.)

① 약 227ppm ② 약 322ppm
③ 약 452ppm ④ 약 527ppm

33 개인시료채취기를 사용할 때 적용되는 근로자의 호흡위치로 옳은 것은? (단, 고용노동부 고시를 기준으로 한다.)

① 호흡기를 중심으로 직경 30cm인 반구
② 호흡기를 중심으로 반경 30cm인 반구
③ 호흡기를 중심으로 직경 45cm인 반구
④ 호흡기를 중심으로 반경 45cm인 반구

34 순간시료채취에서 가스나 증기상 물질을 직접 포집하는 방법이 아닌 것은?

① 주사기에 의한 포집
② 진공 플라스크에 의한 포집
③ 시료 채취 백에 의한 포집
④ 흡착제에 의한 포집

35 정량한계에 관한 내용으로 옳은 것은? (단, 고용노동부 고시를 기준으로 한다.)

① 분석기기가 정량할 수 있는 가장 작은 오차를 말한다.
② 분석기기가 정량할 수 있는 가장 작은 양을 말한다.
③ 분석기기가 정량할 수 있는 가장 작은 정밀도를 말한다.
④ 분석기기가 정량할 수 있는 가장 작은 편차를 말한다.

36 다음 중 1 PPM과 같은 것은?

① 0.01% ② 0.001%
③ 0.0001% ④ 0.00001%

37 입자상 물질의 측정 방법 중 용접흄 측정에 관한 설명으로 옳은 것은? (단, 고용노동부 고시를 기준으로 한다.)

① 용접흄은 여과채취방법으로 하되 용접 보안면을 착용한 경우에는 보안면 반경 15cm 이하의 거리에서 채취한다.
② 용접흄은 여과채취방법으로 하되 용접 보안면을 착용한 경우에는 보안면 반경 30cm 이하의 거리에서 채취한다.
③ 용접흄은 여과채취방법으로 하되 용접 보안면을 착용한 경우에는 그 내부에서 채취한다.
④ 용접흄은 여과채취방법으로 하되 용접 보안면을 착용한 경우는 용접 보안면 외부의 호흡기 위치에서 채취한다.

38 PVC 필터를 이용하여 먼지 포집시 필터무게는 채취 후 18.115mg이며 채취 전 무게는 14.316mg이었다. 이 때 공기채취량이 400L 이라면, 포집된 먼지의 농도는 약 몇 mg/m^3인가? (단, 공시료의 무게 차이는 없었던 것으로 가정한다)

① 8.5　② 9.5
③ 8,000　④ 9,500

39 다음 중 기체크로마토그래피에서 주입한 시료를 분리관을 거쳐 검출기까지 운반하는 가스에 대한 설명과 가장 거리가 먼 것은?

① 운반가스는 주로 질소, 헬륨이 사용된다.
② 운반가스는 활성이며, 순수하고 습기가 조금 있어야 한다.
③ 가스를 기기에 연결시킬 때 누출부위가 없어야 한다.
④ 운반가스의 순도는 99.99% 이상의 순도를 유지해야 한다.

40 입자상물질의 크기를 표시하는 방법 중 어떤 입자가 동일한 종단침강속도를 가지며 밀도가 $1g/cm^3$인 가상적인 구형 직경을 무엇이라고 하는가?

① 페렛직경　② 마틴직경
③ 질량중위직경　④ 공기역학적 직경

제3과목 작업환경관리대책

41 피조사체에 1g에 대하여 100erg의 방사선에너지가 흡수되는 선량단위의 약자를 나타낸 것은?

① R　② Ci
③ rem　④ rad

42 진동에 의한 국소장해인 레이노씨 현상에 관한 설명과 가장 거리가 먼 것은?

① 압축공기를 이용한 진동공구를 사용하는 근로자들의 손가락에서 발생한다.
② 진동공구의 진동수가 4 ~ 12Hz 범위에서 발생되며 심한 경우 오한과 혈당치 변화가 초래된다.
③ 손가락에 있는 말초혈관운동의 장해로 인해 손가락이 창백해지고 동통을 느낀다.
④ 추위에 폭로되면 증상이 악화되며 dead finger 또는 white finger라고 부른다.

43 할당보호계수(APF)가 25인 반면형 호흡기 보호구를 구리흄(노출기준(허용농도) 0.3mg/m³)이 존재하는 작업장에서 사용한다면 최대사용농도(MUC, mg/m³)는?

① 3.5 ② 5.5
③ 7.5 ④ 9.5

44 입경이 10μm이고 비중 1.2인 입자의 침강속도(cm/sec)는?

① 0.28 ② 0.32
③ 0.36 ④ 0.40

45 방진재료인 금속스프링에 관한 설명으로 옳지 않은 것은?

① 최대변위가 허용된다.
② 저주파 차진에 좋다.
③ 감쇠가 거의 없다.
④ 공진 시 전달률이 작다.

46 비전리방사선인 극저주파 전자장에 관한 내용으로 옳지 않은 것은?

① 통상 1 ~ 300Hz의 주파수범위를 극저주파 전자장이라 한다.
② 직업적으로 지하철 운전기사, 발전소 기사 등 고압전선 가까이서 근무하는 근로자들의 노출이 크다.
③ 장기노출 시 피부장해와 안장해가 발생되는 것으로 알려져 있다.
④ 노출범위와 생물학적 영향 면에서 가장 관심을 갖는 주파수영역은 전력공급계통의 교류와 관련되는 50 ~ 60Hz 범위이다.

47 어떤 작업장의 음압수준이 100dB(A)이고 근로자가 NRR이 27인 귀마개를 착용하고 있다면 근로자의 실제 음압수준[dB(A)]은?

① 83 ② 85
③ 90 ④ 93

48 한랭환경에서 발생하는 제2도 동상의 증상으로 가장 적절한 것은?

① 수포를 가진 광범위한 삼출성 염증이 일어난다.
② 따갑고 가려운 감각이 생긴다.
③ 심부조직까지 동결하며 조직의 괴사와 괴저가 일어난다.
④ 혈관이 확장하여 발적이 생긴다.

49 귀덮개의 장 · 단점으로 가장 거리가 먼 것은?

① 귀덮개의 크기를 여러 가지로 할 필요가 없다.
② 귀마개보다 차음효과가 일반적으로 크다.
③ 잘못 착용하여 차음효과의 개인차가 크게 되는 경우가 많다.
④ 오래 사용하여 귀걸이의 탄력성이 줄었을 때나 귀걸이가 휘었을 때는 차음효과가 떨어진다.

50 출력 0.1W의 점음원으로부터 100m 떨어진 곳의 SPL은? (단, $SPL = PWL - 20\log r - 11$)

① 약 50dB ② 약 60dB
③ 약 70dB ④ 약 80dB

51 이상기압 환경에 관한 설명 중 적합하지 않은 것은?

① 지구표면에서 공기의 압력은 평균 $1kg/cm^2$이며 이를 1기압이라고 한다.
② 수면 하에서 압력은 수심이 10m 깊어질 때마다 1기압씩 더 걸린다.
③ 수심 20m에서의 절대압은 2기압이다.
④ 잠함작업이나 해저터널 굴진작업은 고압환경에 해당된다.

52 방사선량 중 흡수선량에 관한 설명과 가장 거리가 먼 것은?

① 공기가 방사선에 의해 이온화되는 것에 기초를 둠
② 모든 종류의 이온화 방사선에 의한 외부노출, 내부노출 등 모든 경우에 적용함
③ 관용단위는 rad(피조사체 1g에 대하여 100 erg의 에너지가 흡수되는 것)임
④ 조직(또는 물질)의 단위질량당 흡수된 에너지임

53 다음 [조건]에서 방독마스크의 사용가능 시간은?

> [조건]
> - 공기 중의 사염화탄소 농도는 0.2%
> - 사용 정화통의 정화능력이 사염화탄소 0.7%에서 50분간 사용 가능

① 110분 ② 125분
③ 145분 ④ 175분

54 B 공장 집진기용 송풍기의 소음을 측정한 결과, 가동 시는 90dB(A)이었으나, 가동 중지상태에서는 85dB(A)이었다. 이 송풍기의 실제 소음도는?

① 86.2dB(A) ② 87.1dB(A)
③ 88.3dB(A) ④ 89.4dB(A)

55 레이저광선에 의해 주로 장해를 받는 신체부위는?

① 생식기관 ② 조혈기관
③ 중추신경계 ④ 피부 및 눈

56 음압이 $2N/m^2$일 때 음압수준(dB)은?

① 90 ② 95
③ 100 ④ 105

57 열실신(heat syncope)에 관한 설명으로 틀린 것은?

① 열허탈증 또는 운동에 의한 열피비라고도 한다.
② 중근작업을 적어도 2시간 이상 하였을 때 발생한다.
③ 시원한 그늘에서 휴식시키고 염분과 수분을 경구로 보충한다.
④ 심한 경우 중추신경장해로 혼수상태에 이르게 된다.

58 고온순화 기전과 가장 거리가 먼 것은?

① 체온조절기전의 항진
② 더위에 대한 내성 증가
③ 열생산 감소
④ 열방산 능력 감소

59 방진마스크의 구비조건으로 틀린 것은?

① 흡기저항이 높을 것
② 배기저항이 낮을 것
③ 여과재 포집효율이 높을 것
④ 착용 시 시야 확보가 용이 할 것

60 감압에 따른 기포형성량을 좌우하는 '조직에 용해된 가스량'을 결정하는 요인과 거리가 먼 것은?

① 고기압의 노출정도
② 고기압의 노출시간
③ 체내 지방량
④ 감압속도

제4과목 물리적 유해인자관리

61 가스, 증기, 흄 및 극히 가벼운 물질의 반송속도(m/s)로 가장 적합한 것은?

① 5 ~ 10 ② 15 ~ 10
③ 20 ~ 23 ④ 23 이상

62 송풍기에 관한 설명으로 맞는 것은?

① 프로펠러형 송풍기는 구조가 가장 간단하지만, 많은 양의 공기를 이송시키기 위해서는 그 만큼의 많은 비용이 소요된다.
② 저농도 분진함유 공기나 금속성이 많이 함유된 공기를 이송시키는데 많이 이용되는 송풍기는 방사 날개형 송풍기(평판형 송풍기)이다.
③ 동일 송풍량을 발생시키기 위한 전향 날개형 송풍기의 임펠러 회전속도는 상대적으로 낮기 때문에 소음문제가 거의 발생하지 않는다.
④ 후향 날개형 송풍기는 회전날개가 회전방향 반대편으로 경사지게 설계되어 있어 충분한 압력을 발생시킬 수 있고, 전향 날개형 송풍기에 비해 효율이 떨어진다.

63 유입계수가 0.6인 플랜지 부착 원형후드가 있다. 덕트의 직경은 10cm이고, 필요환기량이 $20m^3/min$라고 할 때, 후드정압(SPh)은 약 몇 mmH_2O인가? (단, 공기밀도 $1.2kg/m^3$ 기준)

① -448.2 ② -306.4
③ -236.4 ④ -110.2

64 그림과 같이 Q_1과 Q_2에서 유입된 기류가 합류관인 Q_3로 흘러갈 때, Q_3의 유량(m^3/mim)은 약 얼마인가? (단, 합류와 확대에 의한 압력손실은 무시한다.)

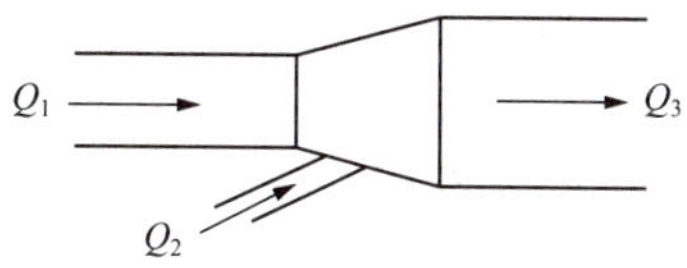

구분	직경(mm)	유속(m/s)
Q_1	200	10
Q_2	150	14
Q_3	350	-

① 33.7 ② 36.3
③ 38.5 ④ 40.2

65 전체환기 방식에 대한 설명 중 틀린 것은?

① 자연환기는 기계환기보다 보수가 용이하다.
② 효율적인 자연환기는 냉방비 절감효과가 있다.
③ 청정공기가 필요한 작업장은 실내압을 양압(+)으로 유지한다.
④ 오염이 높은 작업장은 실내압을 매우 높은 양압(+)으로 유지하여야 한다.

66 국소배기장치의 설계 시 송풍기의 동력을 결정할 때 가장 필요한 정보는?

① 송풍기 동압과 가격
② 송풍기 동압과 효율
③ 송풍기 전압과 크기
④ 송풍기 전압과 필요송풍량

67 덕트 내에서 피토관으로 속도압을 측정하여 반송속도를 추정할 때, 반드시 필요한 자료가 아닌 것은?

① 횡단측정 지점에서의 덕트 면적
② 횡단지점에서 지점별로 측정된 속도압
③ 횡단측정 지점과 측정시간에서 공기의 온도
④ 횡단측정 지점에서의 공기 중 유해물질의 조성

68 오염물질을 후드로 유입하는데 필요한 기류의 속도는?

① 반송속도 ② 속도압
③ 제어속도 ④ 개구면속도

69 복합 환기시설의 합류점에서 각 분지관의 정압차가 5 ~ 20%일 때 정압평형이 유지되도록 하는 방법으로 가장 적절한 것은?

① 압력손실이 적은 분지관의 유량을 증가시킨다.
② 압력손실이 적은 분지관의 직경을 작게 한다.
③ 압력손실이 많은 분지관의 유량을 증가시킨다.
④ 압력손실이 많은 분지관의 직경을 작게 한다.

70 다음 중 자연환기에 관한 설명으로 틀린 것은?

① 기계환기에 비해 소음이 적다.
② 외부의 대기조건에 상관없이 일정 수준의 환기효과를 유지할 수 있다.
③ 실내외 온도차가 높을수록 환기효율은 증가한다.
④ 건물이 높을수록 환기효율이 증가한다.

71 후드의 열상승기류량이 10m³/min이고, 유도기류량이 15m³/min일 때 누입한계유량비(K_L)는 얼마인가? (단, 기타 조건은 무시한다.)

① 0.67 ② 1.5
③ 2.0 ④ 2.5

72 다음 중 공기를 후드로 끌어당기고(흡입기류) 불어주고(취출기류)하는 과정에서의 공기의 이동특성에 대한 설명으로 틀린 것은?

① 흡입기류는 취출기류에 비해서 거리에 따른 감소속도가 적다.
② 흡입기류는 취출기류에 비해서 거리에 따른 감소속도가 크다.
③ 흡입기류가 취출기류에 비해서 거리에 따른 감소속도가 크므로 후드는 가능하면 오염원에 가까이 설치해야 한다.
④ 후드의 포착거리가 일정거리 이상일 경우 푸시-풀(push-pull)형 환기장치가 필요하다.

73 다음 중 덕트에서의 배풍량을 측정하기 위해 사용하는 기구가 아닌 것은?

① 피토관 ② 열선풍속계
③ 마노미터 ④ 스모크테스터

74 자유공간에 떠 있는 직경 20cm인 원형 개구 후드의 개구면으로부터 20cm 떨어진 곳의 입자를 흡인하려고 한다. 제어풍속을 0.8m/sec로 할 때 속도압(mmH_2O)은 약 얼마인가?

① 7.4 ② 10.2
③ 12.5 ④ 15.6

75 다음 중 전체환기의 적용대상 작업장으로 가장 적절하지 않은 것은?

① 유해물질의 독성이 작을 때
② 유해물질의 배출량이 대체로 일정할 때
③ 유해물질의 배출원이 소수지역에 집중되어 있을 때
④ 근로자와 유해물질의 배출원이 충분히 멀리 있을 때

76 다음 중 축류 송풍기 중 프로펠러 송풍기에 관한 설명으로 틀린 것은?

① 구조가 간단하고 값이 저렴하다.
② 많은 양의 공기를 값싸게 이송시킬 수 있다.
③ 압력손실이 비교적 큰 곳에서도 송풍량의 변화가 적은 장점이 있다.
④ 국소배기용보다는 압력손실이 비교적 작은 전체환기용으로 사용해야 한다.

77 1시간 동안 균일하게 유해물질(A) 0.95L가 공기 중으로 증발되는 작업장에서 A 물질의 농도를 공기 중 노출기준($TLV-TWA=100$ppm)의 50%로 유지하기 위한 전체환기의 필요환기량은 약 얼마인가? (단, 21℃, 1기압, A 물질의 비중은 0.866, 분자량은 92.13, 안전계수는 5로 하며, ACGIH의 공식을 활용한다.)

① 164m³/min　　② 259m³/min
③ 359m³/min　　④ 459m³/min

78 다음 중 분진을 제거하기 위해 사용되는 사이클론에 관한 설명으로 틀린 것은?

① 주로 원심력이 작용한다.
② 관내경이 작을수록 효율이 좋다.
③ 성능에 큰 영향을 미치는 것은 사이클론의 직경이다.
④ 유입구의 공기속도가 빠를수록 분진제거효율은 나빠진다.

79 각형 직관에서 장변 0.3m, 단변 0.2m일 때 상당직경(equivalent diameter)은 약 몇 m인가?

① 0.24　　② 0.34
③ 0.44　　④ 0.54

80 작업장 내의 열부하량이 200,000kcal/hr이며, 외부의 기온은 25℃이고, 작업장 내의 기온은 35℃이다. 이러한 작업장의 전체환기 필요환기량(m^3/min)은 약 얼마인가?

① 1,100　　② 1,600
③ 2,100　　④ 2,600

2회 모의고사 정답 및 해설

01 ③	02 ③	03 ④	04 ③	05 ③	06 ②	07 ③	08 ②	09 ③	10 ④
11 ②	12 ②	13 ②	14 ①	15 ①	16 ④	17 ②	18 ②	19 ②	20 ①
21 ①	22 ②	23 ②	24 ②	25 ①	26 ①	27 ③	28 ①	29 ④	30 ①
31 ②	32 ②	33 ②	34 ④	35 ②	36 ③	37 ③	38 ②	39 ②	40 ④
41 ④	42 ②	43 ③	44 ③	45 ④	46 ③	47 ③	48 ①	49 ③	50 ②
51 ③	52 ①	53 ④	54 ③	55 ④	56 ③	57 ④	58 ④	59 ①	60 ④
61 ①	62 ③	63 ②	64 ①	65 ④	66 ④	67 ④	68 ③	69 ①	70 ②
71 ②	72 ①	73 ④	74 ①	75 ③	76 ③	77 ③	78 ④	79 ①	80 ①

01

* 하인리히의 도미노 이론

① 1단계 : 선천적 결함(사회, 환경, 유전적 결함)

② 2단계 : 개인적 결함

③ 3단계 : 불안전 행동(인적결함), 불안전한 상태(물적결함) (제거가능)

④ 4단계 : 사고

⑤ 5단계 : 재해(상해)

실기까지 중요 ★★

02

* 작업강도에 따른 허용작업시간

1. $\log T_{end} = 3.720 - 0.1949E$
2. $E = \frac{PWC}{3}$
   - E : 작업대사량(kcal/min)
   - T_{end} : 허용작업시간(min)

$\log T_{end} = 3.720 - 0.1949 \times 7 = 2.3557$

$T_{end} = 10^{2.3557} = 226.8$(분)

실기까지 중요 ★★

03

* 미국산업위생학회(AIHA)의 산업위생의 정의

근로자나 일반 대중에게 질병, 건강장애와 안녕방해, 심각한 불쾌감 및 능률저하 등을 초래하는 작업 환경 요인과 스트레스를 예측, 측정, 평가, 관리하는 과학과 기술이다.

실기까지 중요 ★★

04

* ppm과 mg/m³의 상호 농도변환

$$노출기준(mg/m^3) = \frac{노출기준(ppm) \times 그램분자량}{24.45(25℃, 1기압)}$$

$$mg/m^3 = \frac{100 \times 92}{24.45} = 376.28(mg/m^3)$$

실기에 자주 출제 ★★★

05

* 산업위생전문가의 윤리강령

① 산업위생전문가로서의 책임

② 근로자에 대한 책임

③ 기업주와 고객에 대한 책임

④ 일반 대중에 대한 책임

실기에 자주 출제 ★★★

06

* Percivall Pott

"굴뚝 청소부법" 제정

필기에 자주 출제 ★

07

* 산소 소비량
① 휴식 중 산소소비량 : 0.25L/min
② 운동 중 산소소비량(성인 남자 기준) : 5L/min
(산소 1L의 에너지 : 5kcal)

필기에 자주 출제 ★

08

② 피로의 현상은 작업의 종류에 따라 차이가 있으며 개인차가 심하므로 개체반응을 수치로 나타내기 어렵다.(객관적 판단이 어렵다)

필기에 자주 출제 ★

09

* 권장무게한계

RWL(kg) = LC(23) × HM × VM × DM × AM × FM × CM

- LC : 중량상수(Load Constant) – 23kg
- HM : 수평 계수(Horizontal Multiplier)
- VM : 수직 계수(Vertical Multiplier)
- DM : 거리 계수(Distance Multiplier)
- AM : 비대칭 계수(Asymmetric Multiplier)
- FM : 빈도 계수(Frequency Multiplier)
- CM : 커플링 계수(Coupling Multiplier)

필기에 자주 출제 ★

10

* 적정 휴식시간비(Hertig식)

1. $T_{rest}(\%) = \left[\dfrac{E_{max} - E_{task}}{E_{rest} - E_{task}}\right] \times 100$
2. 작업시간 = 60분 – 휴식시간

- $T_{rest}(\%)$: 피로예방을 위한 적정 휴식시간 비 (60분을 기준하여 산정)
- E_{max} : 1일 8시간 작업에 적합한 작업대사량 [육체적 작업능력(PWC)의 1/3]
- E_{rest} : 휴식 중 소모 대사량
- E_{task} : 해당 작업의 작업대사량

1. $T_{rest}(\%) = \left[\dfrac{5.33 - 7}{2 - 7}\right] \times 100 = 33.40(\%)$

($E_{max} = \dfrac{PWC}{3} = \dfrac{16}{3} = 5.33$(kcal/min))

2. 휴식시간 = 60 × 0.334 = 20(분)
3. 작업시간 = 60 – 20 = 40(분)

실기까지 중요 ★★

11

건강진단기관이 건강진단을 실시하였을 때에는 그 결과를 고용노동부장관이 정하는 건강진단 개인표에 기록하고, 건강진단 실시일로 부터 30일 이내에 근로자에게 송부하여야 한다.

12

$$LI = \frac{\text{실제 작업 무게}(L)}{\text{권장무게한계}(RWL)}$$

$LI = \dfrac{8}{5} = 1.6$

실기까지 중요 ★★

13

* 전신피로의 평가

$HR_{30\sim60}$이 110를 초과하고 $HR_{60\sim90}$과 $HR_{150\sim180}$의 차이가 10 미만인 경우

- $HR_{30\sim60}$: 작업 종료 후 30~60초 사이의 평균 맥박수
- $HR_{60\sim90}$: 작업 종료 후 60~90초 사이의 평균 맥박수
- $HR_{150\sim180}$: 작업 종료 후 150~180초 사이의 평균 맥박수

실기까지 중요 ★★

14

① 제지 제조 → 화학적 원인에 의한 직업성 질환을 유발하는 직종

★ 참고
직업성 질병
업무수행 과정에서 물리적 인자, 화학물질, 분진, 병원체, 신체에 부담을 주는 업무 등 근로자의 건강에 장해를 일으킬 수 있는 요인을 취급하거나 그에 노출되어 발생한 질병

15

실노동률(실동률)(%) = 85 − (5 × RMR)

• RMR : 에너지 대사율(작업대사율)

필기에 자주 출제★

16

★ 2004년 노르말헥산 중독
노트북 컴퓨터의 부품 중 프레임을 생산하는 회사에서 태국노동자 8명이 노르말헥산을 이용해 부품의 얼룩 등 이물질을 제거하는 일을 하던 중 노르말헥산에 중독되어 팔다리가 마비되면서 걷지 못하는 '말초신경병증'을 진단 받았다.

필기에 자주 출제★

17

★ 석면해체 · 제거업자를 통한 석면해체 · 제거 대상
① 철거 · 해체하려는 벽체재료, 바닥재, 천장재 및 지붕재 등의 자재에 석면이 중량비율 1퍼센트를 초과하여 함유되어 있고 그 자재의 면적의 합이 50제곱미터 이상인 경우
② 석면이 중량비율 1퍼센트를 초과하여 함유된 분무재 또는 내화피복재를 사용한 경우
③ 석면이 중량비율 1퍼센트를 초과하여 함유된 자재의 면적의 합이 15제곱미터 이상 또는 그 부피의 합이 1세제곱미터 이상인 경우
④ 파이프에 사용된 보온재에서 석면이 중량비율 1퍼센트를 초과하여 함유되어 있고 그 보온재 길이의 합이 80미터 이상인 경우

필기에 자주 출제★

18

★ 유해요인별 중독증세
① 수은중독 : 미나마타병
② 크롬중독 : 비중격천공증, 비강암, 폐암
③ 카드뮴중독 : 이타이이타이병
④ 납중독 : 조혈장해, 말초신경장해
⑤ 벤젠중독 : 빈혈, 백혈병, 조혈장해
⑥ 석면 : 악성중피종
⑦ 망간 : 파킨슨증후군, 신장염

필기에 자주 출제★

19

★ 인간공학 활용 3단계

1단계 준비단계	① 인간과 기계 관계의 구성인자 특성을 명확히 알아낸다. ② 인간과 기계가 맡은 역할과 인간과 기계 관계가 어떠한 상태에서 조작될 것인지 명확히 알아낸다.
2단계 선택 단계	① 각 작업을 수행하는데 필요한 직종간의 연결성을 고려한다. ② 공장설계에 있어서의 기능적 특성, 제한점을 고려한다.
3단계 검토 단계	① 인간-기계 관계 전반에 걸친 상황을 실험적으로 검토한다. ② 인간공학적으로 인간과 기계 관계의 비합리적인 면을 수정 · 보완한다.

20

★ 습구흑구온도지수(WBGT)의 산출

1. 옥외(태양광선이 내리쬐는 장소)
   WBGT(℃) = 0.7 × 자연습구온도 + 0.2 × 흑구온도 + 0.1 × 건구온도
2. 옥내 또는 옥외(태양광선이 내리쬐지 않는 장소)
   WBGT(℃) = 0.7 × 자연습구온도 + 0.3 × 흑구온도

실기에 자주 출제★★★

21

* 임핀저(impinger)

가스 및 증기상 물질의 측정에 사용된다.

* 참고

금속 등 입자상 물질의 채취에는 카세트, 입경분립 충돌기, 사이클론, 여과지 등이 사용된다.

필기에 자주 출제 ★

22

1. Y(표준화 값) = $\frac{TWA \text{ 또는 } STEL}{\text{허용기준}}$
2. 95%의 신뢰도를 가진 하한치를 계산
   하한치 = Y - 시료채취 분석오차
3. 허용기준 초과여부 판정
   - 하한치 〉1일 때 허용기준을 초과

1. Y(표준화 값) = $\frac{0.056}{0.05} = 1.12$
2. 95%의 신뢰도를 가진 하한치를 계산
   하한치 = 1.12 - 0.082 = 1.038
3. 허용기준 초과여부 판정
   - 하한치 〉1이므로 허용기준을 초과

필기에 자주 출제 ★

23

1차 표준 기구	2차 표준기구
1. 비누거품미터 2. 폐활량계 3. 가스치환병 4. 유리피스톤미터 5. 흑연피스톤미터 6. 피토튜브(Pitot tube)	1. 로타미터 2. 습식테스트미터(Wet-test-meter) 3. 건식가스미터(Dry-gas-meter) 4. 오리피스미터 5. 열선기류계
암기법 1차비누로 폐활량 재고, 가스치환하여, 유리, 흑연 먹였더니 피토했다.	암기법 2 열로 걸어가는 습관 테스트하는 오리

실기에 자주 출제 ★★★

24

* 시간가중평균값 농도(TWA농도)

$$X_1 = \frac{C_1 \cdot T_1 + C_2 \cdot T_2 + \cdots + C_n \cdot T_n}{8}$$

- C : 유해인자의 측정농도
  (단위 : ppm, mg/m^3 또는 개/cm^3)
- T : 유해인자의 발생시간(단위 : 시간)

$$TWA\text{농도} = \frac{200\times1+100\times2+50\times3}{8} = 68.75(\text{ppm})$$

실기까지 중요 ★★

25

원자흡광분석기는 시험 용액 중의 납 등 금속 원소의 농도를 측정한다.

필기에 자주 출제 ★

26

검지관방식으로 측정하는 경우에는 1일 작업시간 동안 1시간 간격으로 6회 이상 측정하되 측정시간마다 2회 이상 반복 측정하여 평균값을 산출하여야 한다. 다만, 가스상 물질의 발생시간이 6시간 이내일 때에는 작업시간 동안 1시간 간격으로 나누어 측정하여야 한다.

실기에 자주 출제 ★★★

27

산업위생통계에서 측정방법의 정밀도는 변이계수로 나타낸다.

$$CV(\%) = \frac{\text{표준편차}}{\text{산술평균}} \times 100$$

실기까지 중요 ★★

28

⋆ 흡광도(A)

$$A = \log \frac{1}{투과율}$$

$A = \log(\frac{1}{0.7}) = 0.15$

(투과율 = 1 - 흡수율 = 1 - 0.3 = 0.7)

29

⋆ 침전적정법

침전반응을 이용한 적정법

① Volhard법(볼하드법)

② Mohr법(모아법)

③ Fajans법(파이얀스법)

⋆ 참고

적정

시료용액 내에 존재하는 알고싶은 성분의 양을 이것과 반응하는데 필요한 시약의 부피를 측정하여 구하는 방법

30

소음측정 시 소음계의 청감보정회로는 A특성으로 할 것

실기까지 중요 ★★

31

⋆ 입자크기별 여과기전

① 입경 0.1μm 미만 입자 : 확산

② 입경 0.1 ~ 0.5μm : 확산, 직접차단(간섭)

③ 입경 0.5μm 이상 : 관성충돌, 직접차단(간섭)

④ 가장 낮은 채집효율을 가지는 입경 : 0.3μm

실기까지 중요 ★★

32

$$mg/m^3 = \frac{ppm \times 분자량}{24.45(25℃, 1기압)}$$

$ppm = \frac{mg/m^3 \times 24.45}{분자량} = \frac{1,750 \times 24.45}{133}$

$= 321.71(ppm)$

실기까지 중요 ★★

33

⋆ 개인시료채취

개인시료 채취기를 이용하여 가스 · 증기, 흄, 미스트 등을 근로자 호흡위치(호흡기를 중심으로 반경 30cm인 반구)에서 채취하는 것을 말한다.

실기에 자주 출제 ★★★

34

물질	채취법	사용도구
가스, 증기	액체포집	소형 흡수관, 소형 임핀저, 버블러
	고체포집	실리카겔관, 활성탄관
	직접포집	시료 채취 백, 주사기, 진공 플라스틱

필기에 자주 출제 ★

35

⋆ 정량한계

분석기기가 정량할 수 있는 가장 작은 양을 말한다.

실기까지 중요 ★★

36

1% = 10,000ppm이므로

1% : 10,000ppm = x% : 1ppm

10,000x = 1

$x = \frac{1}{10,000} = 0.0001\%$

필기에 자주 출제 ★

37

용접흄은 여과채취방법으로 측정하되 용접 보안면을 착용한 경우에는 그 내부에서 시료를 채취하고 중량분석방법과 원자흡광광도계 또는 유도결합프라스마를 이용한 방법으로 분석할 것

실기에 자주 출제★★★

38

$$\frac{mg}{m^3} = \frac{(18.115 - 14.316)mg}{(400 \times 10^{-3})m^3} = 9.50(mg/m^3)$$

$(L = 10^{-3}m^3)$

실기까지 중요 ★★

39

② 운반기체는 충전물이나 시료에 대하여 불활성이고 사용하는 검출기의 작동에 적합하고 순도는 99.99% 이상이어야 한다.

40

페렛직경	입자의 가장자리를 이등분한 직경
마틴직경	입자의 면적을 2등분하는 선의 길이로 나타내는 직경
질량중위직경	입자 크기별로 농도를 측정하여 50%의 누적분포에 해당하는 입자의 크기
공기역학적 직경	대상 먼지와 침강속도가 같고 밀도가 $1g/cm^3$이며, 구형인 먼지의 직경으로 환산된 직경

실기에 자주 출제★★★

41

* 흡수선량의 단위

① 래드(Rad)

- 1rad : 피조사체 1g당 100erg의 에너지 흡수를 일으키는 방사선량을 말한다.

② Gy(Gray)

- 1Gy = 100rad = 1J/kg

필기에 자주 출제★

42

* 레이노(Raynaud's phenonmenon) 현상

국소진동으로 인하여 말초혈관운동 장해가 발생하여 수지가 창백해지고 손이 차며 통증이 오는 현상으로 추운 환경에서 더 잘 발생한다.

필기에 자주 출제★

43

$$할당보호계수 = \frac{발생농도}{노출기준}$$

$$할당보호계수 = \frac{방독마스크\ 바깥쪽\ 오염물질\ 농도(C_o)}{방독마스크\ 안쪽\ 오염물질\ 농도(C_i)}$$

$$할당보호계수 = \frac{발생농도}{노출기준}$$

발생농도 = 할당보호계수 × 노출기준

$= 25 \times 0.3 = 7.5(mg/m^3)$

실기까지 중요 ★★

44

* Lippman식에 의한 침강속도

(입자크기가 1 ~ 50μm 경우 적용)

$$V(cm/sec) = 0.003 \times \rho \times d^2$$

- V : 침강속도(cm/sec)
- ρ : 입자 밀도(비중) (g/cm^3)
- d : 입자직경(μm)

$V = 0.003 \times 1.2 \times 10^2 = 0.36(cm/sec)$

실기까지 중요 ★★

45

* 금속스프링

① 공진 시에 전달률이 매우 좋다.

② 환경요소에 대한 저항이 크다.

③ 저주파 차진에 좋으며 감쇠가 거의 없다.

④ 다양한 형상으로 제작이 가능하며 내구성이 좋다.

⑤ 최대변위가 허용된다.

필기에 자주 출제★

46

③ 장기노출 시 두통, 불면증 등의 신경장해와 순환 기장해가 발생되는 것으로 알려져 있다.

47

차음효과 = $(NRR-7)\times 0.5$

• NRR : 차음평가수

차음효과 = $(27-7)\times 0.5 = 10$(dB)

근로자가 노출되는 음압수준 = 100 − 10 = 90(dB)(A)

실기까지 중요 ★★

48

제1도 동상 (발적)	가려우며 혈관확장으로 국소발적이 생긴다.
제2도 동상 (수포형성과 염증)	수포와 함께 광범위한 삼출성 염증이 생긴다.
제3도 동상 (조직괴사 및 괴저)	심부조직까지 동결되어 조직의 괴사로 인한 괴저가 발생한다.

실기까지 중요 ★★

49

⋆ 귀덮개의 장 · 단점

장점	① 고음영역에서 차음효과가 탁월하다. ② 귀마개보다 차음효과가 일반적으로 크며 차음효과의 개인차가 적다. ③ 귀 안에 염증이 있어도 사용이 가능하다. ④ 착용이 쉽고 착용법이 틀리거나 분실할 염려가 적다. ⑤ 동일한 크기의 귀덮개를 대부분의 근로자가 사용할 수 있다. ⑥ 멀리서도 착용 유무를 확인할 수 있다.
단점	① 고온에서 사용 시에는 땀이 나서 불편하다. ② 보안경과 동시 착용 시에는 불편하며 차음효과가 감소한다. ③ 가격이 비싸고 운반과 보관이 쉽지 않다. ④ 오래 사용하여 귀걸이의 탄력성이 줄었을 때나 귀걸이가 휘었을 때는 차음효과가 떨어진다.

실기까지 중요 ★★

50

1. $PWL = 10\times\log\left(\frac{W}{W_o}\right)$(dB)
   - PWL : 음향파워레벨(dB)
   - W : 대상음원의 음력(watt)
   - W_o : 기준음력(10^{-12}watt)
2. 무지향성 점음원, 자유공간(공중, 구면파)에 위치할 때
   $SPL = PWL - 20\log r - 11$(dB)

1. $PWL = 10\times\log\left(\frac{0.1}{10^{-12}}\right) = 110$(dB)
2. $SPL = 110 - 20\times\log 100 - 11 = 59$(dB)

실기에 자주 출제 ★★★

51

수면 하에서의 압력은 수심이 10m 깊어질 때마다 1기압씩 더해진다.

예) • 수심 10m에서의 압력 : 게이지압 1기압, 절대압 2기압

• 수심 20m에서의 압력 : 게이지압(작용압) 2기압, 절대압 3기압

필기에 자주 출제 ★

52

⋆ 흡수선량

방사선에 피폭되는 물질의 단위 질량당 인체에 흡수된 방사선 에너지량(방사선량)을 말한다.

⋆ 참고

흡수선량의 단위

① 래드(Rad)

• 1rad : 피조사체 1g당 100erg의 에너지 흡수를 일으키는 방사선량을 말한다.

② Gy(Gray)

• 1Gy = 100rad = 1J/kg

필기에 자주 출제 ★

53

유효시간(파과시간)

$$= \frac{\text{시험가스농도} \times \text{표준유효시간}}{\text{작업장 공기중 유해가스 농도}}(\text{분})$$

$$\text{유효시간} = \frac{0.7 \times 50}{0.2} = 175(\text{분})$$

실기까지 중요 ★★

54

* 소음도 차이

$$L'(\text{dB}) = 10 \times \log(10^{\frac{L_1}{10}} - 10^{\frac{L_2}{10}})$$

(단, $L_1 > L_2$)

$$L' = 10 \times \log\left(10^{\frac{90}{10}} - 10^{\frac{85}{10}}\right) = 88.35\text{dB(A)}$$

실기까지 중요 ★★

55

레이저광선에 가장 민감한 인체기관은 눈이며 각막염, 백내장, 망막염 등을 일으킨다.

필기에 자주 출제 ★

56

$$SPL = 20 \times \log\left(\frac{P}{P_o}\right)(\text{dB})$$

- SPL : 음압수준(음압도, 음압레벨) (dB)
- P : 대상음의 음압(음압 실효치) (N/m^2)
- P_o : 기준음압 실효치
  (2×10^{-5}N/m^2, 2×10^{-4}dyne/cm^2)

$$SPL = 20 \times \log\left(\frac{2}{2 \times 10^{-5}}\right) = 100(\text{dB})$$

실기에 자주 출제 ★★★

57

* 열허탈(heat collapse), 열실신(heat synoope)

① 고열작업장에 순화되지 못한 작업자가 고열작업을 수행하는 경우에 혈액순환 장해로 인하여 뇌의 혈액흐름이 좋지 못하여 대뇌피질의 혈류량이 부족(뇌의 산소 부족)하여 발생한다.

② 저혈압, 뇌의 산소부족으로 실신, 현기증을 느낀다.

③ 시원한 그늘에서 휴식시키고 염분과 수분을 경구로 보충한다.

필기에 자주 출제 ★

58

④ 열방산 능력 증가

필기에 자주 출제 ★

59

* 방진마스크의 선정조건(구비조건)

① 흡, 배기 저항이 낮을 것 (흡, 배기 저항 상승률이 낮을 것)

② 포집효율이 높을 것

③ 시야가 확보될 것

④ 중량이 가벼울 것

⑤ 안면 밀착성이 좋을 것

⑥ 피부접촉부 고무질이 좋을 것

필기에 자주 출제 ★

60

* 조직에 용해된 가스량을 결정하는 요인

① 고기압의 노출정도

② 고기압의 노출시간

③ 체내 지방량

* 참고

감압 시에 조직 내 질소기포 형성량에 영향을 주는 요인

① 조직에 용해된 가스량

② 혈류를 변화시키는 상태

③ 감압속도

④ 고기압의 노출정도

필기에 자주 출제 ★

61

*반송속도

유해물질 발생형태	유해 물질 종류	반송속도 (m/sec)
증기 · 가스 · 연기	모든 증기, 가스 및 연기	5.0 ~ 10.0
흄	아연흄, 산화알미늄 흄, 용접흄 등	10.0 ~ 12.5
미세하고 가벼운 분진	미세한 면분진, 미세한 목분진, 종이분진 등	12.5 ~ 15.0
건조한 분진이나 분말	고무분진, 면분진, 가죽분진, 동물털 분진 등	15.0 ~ 20.0
일반 산업분진	그라인더 분진, 일반적인 금속분말 분진, 모직물분진, 실리카분진, 주물분진, 석면분진 등	17.5 ~ 20.0
무거운 분진	젖은 톱밥분진, 입자가 혼입된 금속분진, 샌드블라스트분진, 주철보링분진, 납분진	20.0 ~ 22.5
무겁고 습한 분진	습한 시멘트분진, 작은 칩이 혼입된 납분진, 석면덩어리 등	22.5 이상

실기까지 중요★★

62

① 프로펠러 송풍기는 가볍고, 구조가 가장 간단하고, 설치비용이 저렴하다.
② 방사 날개형 송풍기(평판형 송풍기)는 시멘트, 미분탄, 곡물, 모래 등의 고농도 분진함유 공기, 부식성이 강한 공기를 이송시키는 데 많이 이용된다.
④ 후향 날개형 송풍기(터보형)는 회전날개가 회전방향 반대편으로 경사지게 설계되어 있어 충분한 압력을 발생시킬 수 있고, 송풍기 중 효율이 가장 좋다.

필기에 자주 출제★

63

1. 후드정압(SP_h) = $VP(1+F_h)$(mmH_2O)
   - VP : 속도압(동압)(mmH_2O)
   - F_h : 압력손실계수(=$\frac{1}{Ce^2}-1$)
   - Ce :유입계수
2. 동압(VP) = $\frac{\gamma \times V^2}{2g}$($mmH_2O$)
3. $Q = A \times V$
   - Q : 유체의 유량(m^3/min)
   - A : 유체가 통과하는 단면적(m^2)
   - V : 유체의 유속(m/sec)

$$SP_h = VP(1+F_h) = \frac{\gamma V^2}{2g} \times (1 + \frac{1}{Ce^2} - 1)$$
$$= \frac{1.2 \times 42.44^2}{2 \times 9.8} \times \left[1 + (\frac{1}{0.6^2} - 1)\right]$$
$$= 306.32(mmH_2O)$$

정압(SP_h) = −306.32(mmH_2O)

$$Q = AV$$
$$V = \frac{Q}{A} = \frac{Q}{\frac{\pi \times d^2}{4}} = \frac{20}{\frac{\pi \times 0.1^2}{4}}$$
$$= 2{,}546.48(m/min) \div 60$$
$$= 42.44(m/sec)$$

*참고
정압 < 대기압(760mmH_2O)이면 (−)압력, 정압 > 대기압이면 (+)압력이 된다

필기에 자주 출제★

64

$$Q = 60 \times A \times V$$

- Q : 유체의 유량(m^3/min)
- A : 유체가 통과하는 단면적(m^2)
- V : 유체의 유속(m/sec)

1. $Q_1 = 60 \times A_1 \times V_1 = 60 \times \frac{\pi \times 0.2^2}{4} \times 10$
   $= 18.85(m^3/min)$
1. $Q_2 = 60 \times A_2 \times V_2 = 60 \times \frac{\pi \times 0.15^2}{4} \times 14$
   $= 14.84(m^3/min)$
3. $Q_3 = 18.85 + 14.84 = 33.69(m^3/min)$

실기에 자주 출제★★★

65

⋆환기방식의 결정

① 오염이 높은 작업장 : 주변에 오염물질의 확산을 방지하기 위하여 실내압을 음압(-)으로 유지하여야 한다.

② 청정공기를 필요로 하는 작업장(전자공업 등) : 오염물질이 포함된 외부공기가 유입되지 않도록 실내압을 양압(+)으로 유지하여야 한다.

필기에 자주 출제★

66

송풍기에 필요한 소요동력은 필요 송풍량을 이송하기 위해 요구되는 송풍정압을 만들 수 있도록 송풍기 모터(Motor)가 해야 되는 일이기 때문에 송풍량과 송풍정압에 의해 결정된다.

필기에 자주 출제★

67

⋆덕트 내의 반송속도를 추정할 때 필요한 자료

① 횡단측정 지점에서의 덕트 면적

② 횡단지점에서 지점별로 측정된 속도압

③ 횡단측정 지점과 측정시간에서 공기의 온도

68

⋆제어속도(포착속도)

① 오염물질을 후드 안쪽으로 흡인하기 위하여 필요한 최소풍속

② 발산되는 유해물질을 후드로 완전히 흡인하는데 필요한 기류속도

실기까지 중요★★

69

⋆합류점에서의 정압균형조절법

정압의 절대 값이 큰 정압을 SP_g, 작은 값을 SP_o라고 하였을 때 이 둘의 비 $\frac{SP_g}{SP_o}$를 구한다.

① $\frac{SP_g}{SP_o}$가 1.2 또는 1.2보다 큰 경우

- 압력손실이 작은 분지관(정압의 절대 값이 작은 분지관)의 직경을 더 작은 것으로 줄인다.

② $\frac{SP_g}{SP_o}$가 1.2보다 작은경우

- 압력손실이 작은 분지관(정압의 절대 값이 작은 분지관)의 유량을 증가시킨다.

70

⋆자연환기

① 기계환기에 비해 소음 · 진동이 적다.

② 운전에 따른 에너지 비용이 없다.

③ 냉방비 절감효과를 가진다.

④ 계절, 온도 압력 등의 기상조건, 작업장 내부조건 등에 따라 환기량 변화가 크다.

⑤ 실내외 온도차가 높을수록 환기효율은 증가한다.

⑥ 건물이 높을수록 환기효율이 증가한다.

⑦ 환기량 예측 자료를 구하기 어렵다.

필기에 자주 출제★

71

⋆리시버식 캐노피형 후드

난기류가 없는 경우

$$Q_T = Q_1 + Q_2 = Q_1 \times (1+\frac{Q_2}{Q_1}) = Q_1 \times (1+K_L)$$

- Q_T : 필요송풍량(m³/min)
- Q_1 : 열상승기류량(m³/min)
- Q_2 : 유도기류량(m³/min)
- m : 누출안전계수(난기류 없을 때 : 1)
- K_L : 누입한계유량비

$$Q_1 + Q_2 = Q_1 \times (1+K_L)$$

$$1 + K_L = \frac{Q_1 + Q_2}{Q_1}$$

$$K_L = \frac{Q_1 + Q_2}{Q_1} - 1 = \frac{10+15}{10} - 1 = 1.5$$

실기까지 중요★★

72

후드의 유입속도는 개구부에서 덕트의 직경거리 이상 벗어나면 급격히 감소한다.

73

* 덕트의 배풍량 측정기기
① 피토관
② 열선풍속계
③ 마노미터

필기에 자주 출제 ★

74

1. $Q = 60 \cdot Vc(10X^2 + A)$: Dallavalle식
   - Q : 필요송풍량(m^3/min)
   - Vc : 제어속도(m/sec)
   - A : 개구면적(m^2)
   - X : 후드중심선으로부터 발생원까지의 거리(m)
2. $Q = 60 \times A \times V$
   - Q : 유체의 유량(m^3/min)
   - A : 유체가 통과하는 단면적(m^2)
   - V : 유체의 유속(m/sec)
3. 속도압(VP) $= \frac{\gamma \times V^2}{2g}$($mmH_2O$)
   - r : 비중(kg/m^3)
   - V : 공기속도(m/sec)
   - g : 중력가속도(m/sec^2)

1. $Q = 60 \times 0.8 \times (10 \times 0.2^2 + \frac{\pi \times 0.2^2}{4})$
   $= 20.71$(m^3/min)
2. $Q = 60 \times A \times V$
   $V = \frac{Q}{60 \times A} = \frac{20.71}{60 \times \frac{\pi \times 0.2^2}{4}} = 10.99$(m/sec)
3. $VP = \frac{1.2 \times 10.99^2}{2 \times 9.8} = 7.39$($mmH_2O$)

실기에 자주 출제 ★★★

75

국소환기 장치 설치가 필요한 경우	① 유해물질 발생량이 많은 경우 ② 유해물질 독성이 강한 경우(TLV가 낮을 때) ③ 유해물질 발생원과 작업위치가 근접해 있는 경우 ④ 높은 증기압의 유기용제 ⑤ 발생주기가 균일하지 않은 경우 ⑥ 발생원이 고정되어 있는 경우 ⑦ 법적의무 설치사항의 경우
전체환기 (희석환기)가 필요한 경우	① 유해물질의 독성이 비교적 낮은 경우 ② 동일한 작업장에 다수의 오염원이 분산되어 있는 경우 ③ 유해물질이 시간에 따라 균일하게 발생될 경우 ④ 유해물질의 발생량이 적은 경우 ⑤ 발생원이 이동하는 경우 ⑥ 오염원이 근무자가 근무하는 장소로부터 멀리 떨어져 있는 경우

실기까지 중요 ★★

76

* 프로펠러형 송풍기
① 전향날개형 송풍기와 유사한 특징을 가진다.
② 전동기와 직결할 수 있고, 축 방향 흐름이기 때문에 관로 도중에 설치할 수 있다.
③ 원통형으로 되어 있다.
④ 가볍고, 구조가 가장 간단하고, 설치비용이 저렴하다.
⑤ 많은 양의 공기를 값싸게 이송시킬 수 있다.
⑥ 국소배기용보다는 압력손실이 비교적 작은 전체환기량으로 사용해야 한다.
⑦ 최대 송풍량의 70% 이하가 되도록 압력손실이 걸릴 경우 서징 현상으로 인한 소음, 진동이 발생한다.

필기에 자주 출제 ★

77

★노출기준(TLV)에 따른 전체환기량

$$Q = \frac{24.1 \times kg/h \times K \times 10^6}{MW \times TLV}(m^3/hr)$$

$$\div 60 = (m^3/min)$$

- K : 안전계수
- MW : 물질의 분자량
- kg/hr : 시간당 오염물질 발생량(l/hr×S(비중))
- TLV : 노출기준(ppm)
- 24.1 : 21℃, 1기압에서 공기의 비중 (25℃, 1기압일 경우 24.45)

$$Q = \frac{24.1 \times (0.95 \times 0.866) \times 5 \times 10^6}{92.13 \times 50}$$

$= 21520.75(m^3/hr) \div 60$

$= 358.68(m^3/min)$

실기에 자주 출제 ★★★

78

★사이클론

원심력을 이용하여 분진을 분리, 포집한다.

① 사이클론 원통의 길이가 길어지면 선회류수가 증가하여 집진율이 증가한다.

② 원심력과 중력을 동시에 이용하기 때문에 입자 입경과 밀도가 클수록 집진율이 증가한다.(입자의 크기가 크고 모양이 구체에 가까울수록 집진효율이 증가한다)

③ 사이클론 원통의 직경이 클수록 집진율이 감소한다.(성능에 큰 영향을 미치는 것은 사이클론의 직경이다.)

④ 유입구의 공기속도가 빠를수록 분진제거효율은 좋아진다.

79

★폭 a, 길이 b인 각 관(장방형 관)의 등가직경(상당직경)

$$D = \frac{2ab}{a+b}$$

$$D = \frac{2 \times 0.3 \times 0.2}{0.3 + 0.2} = 0.24$$

실기까지 중요 ★★

80

★발열시 필요환기량

$$Q = \frac{H_s}{0.3\triangle t}(m^3/hr)$$

- $\triangle t$: 급배기(실내, 외)의 온도차(℃)
- H_s : 작업장내 열부하량(kcal/hr)
- 0.3 : 정압비열(kcal/m^3℃)

$$Q = \frac{200,000}{0.3 \times (35 - 25)} = 66,666.67(m^3/hr) \div 60$$

$= 1,111.11(m^3/min)$

실기까지 중요 ★★

3회 모의고사

수험자번호		총 문제수	80문제	예상점수	
수험자명		시험시간	2시간	실제점수	

제1과목 산업위생학 개론

01 다음 중 산업피로의 증상으로 옳은 것은?

① 체온조절의 장해가 나타나며, 에너지소모량이 증가한다.
② 호흡이 얕고 빨라지며, 근육 내 글리코겐이 증가하게 된다.
③ 혈액 중의 젖산과 탄산량이 감소하여 산혈증을 일으킨다.
④ 소변의 양과 뇨 내 단백질이나 기타 교질 영양물질의 배설량이 줄어든다.

02 작업대사율(RMR)이 4인 작업을 하는 근로자의 실동률은 얼마인가? (단, 사이토와 오시마 식을 적용한다.)

① 55%　② 65%
③ 75%　④ 85%

03 다음 중 산업위생의 정의에서 제시되는 주요 활동 4가지를 올바르게 나열한 것은?

① 예측, 인지, 평가, 치료
② 예측, 인지, 평가, 관리
③ 예측, 책임, 평가, 관리
④ 예측, 평가, 책임, 치료

04 다음 중 영상표시단말기(VDT) 작업자의 건강장애를 예방하기 위한 방법으로 적절하지 않은 것은?

① 서류받침대는 화면과 같은 높이로 맞추어 작업한다.
② 작업자의 발바닥 전면이 바닥면에 닿는 자세를 취하도록 한다.
③ 위 팔(upper arm)은 자연스럽게 늘어뜨리고, 팔꿈치 내각의 90° 이상으로 한다.
④ 작업자의 시선은 수평선상으로 10~15° 위를 바라보도록 한다.

05 1700년대 "직업인의 질병"을 발간하였으며 직업병의 원인을 작업장에서 사용하는 유해물질과 근로자들의 불안전한 작업자세나 동작으로 크게 두 가지로 구분한 인물은?

① Hippocrates
② Georgius Agricola
③ Percivall Pott
④ Bernardino Ramazzini

06 다음 중 산업위생과 관련된 정보를 얻을 수 있는 기관으로 관계가 가장 적은 것은?

① EPA ② AIHA
③ ACGIH ④ OSHA

07 우리나라의 산업위생 역사를 볼 때 1990년대 초반 각종 직업성 질환의 등장은 사회적으로 커다란 반향을 일으켰다. 인조견사를 만드는 데 쓰는 물질로서 특히 중추신경조직에 심각한 영향을 주므로 많은 직업병 환자를 양산하게 되었던 이 물질은 무엇인가?

① 벤젠 ② 톨루엔
③ 이황화탄소 ④ 노말헥산

08 400명의 근로자가 1일 8시간, 연간 300일을 근무하는 사업장이 있다. 1년 동안 30건의 재해가 발생하였다면 도수율은 얼마인가?

① 26.26 ② 28.75
③ 31.25 ④ 33.75

09 다음 중 ACGIH TLV의 적용상 주의사항으로 옳은 것은?

① 반드시 산업위생전문가에 의하여 적용되어야 한다.
② TLV는 안전농도와 위험농도를 정확히 구분하는 경계선이 된다.
③ TLV는 독성의 강도를 비교할 수 있는 지표가 된다.
④ 기존의 질병이나 육체적 조건을 판단하기 위한 척도로 사용될 수 있다.

10 다음 중 작업의 종류에 따른 영양관리방안으로 가장 적절하지 않은 것은?

① 근육작업자의 에너지 공급은 당질을 위주로 한다.
② 저온작업자에게는 식수와 식염을 우선 공급한다.
③ 중작업자에게는 단백질을 공급한다.
④ 저온작업자에게는 지방질을 공급한다.

11 다음 약어의 용어들은 무엇을 평가하는 데 사용되는가?

OWAS, RULA, REBA, SI

① 작업장 국소 및 전체 환기효율 비교
② 직무스트레스 정도
③ 누적외상성 질환의 위험요인
④ 작업강도의 정량적 분석

12 다음 중 작업대사율(RMR)에 관한 공식으로 틀린 것은?

① $\frac{\text{작업대사량}}{\text{기초대사량}}$

② $\frac{\text{작업대사량} - \text{기초대사량}}{\text{기초대사량}}$

③ $\frac{\text{작업 시 소모열량} - \text{안정 시 열량}}{\text{기초대사량}}$

④ $\frac{\text{작업 시 산소소비량} - \text{안정 시 산소소비량}}{\text{기초대사량 시 산소소비량}}$

13 무게 10kg의 물건을 근로자가 들어 올리려고 한다. 해당 작업조건의 권고기준(RWL)이 5kg이고, 이동거리가 20cm일 때 중량물 취급지수(LI)는 얼마인가? (단, 1분 2회씩 1일 8시간을 작업한다.)

① 1 ② 2
③ 3 ④ 4

14 다음 중 피로를 일으키는 인자에 있어 외적요인에 해당하는 것은?

① 적응능력 ② 영양상태
③ 숙련정도 ④ 작업환경

15 근육운동에 필요한 에너지는 혐기성 대사와 호기성 대사를 통해 생성된다. 혐기성과 호기성 대사에 모두 에너지원으로 작용하는 것은?

① 지방(fat)
② 단백질(protein)
③ 포도당(glucose)
④ 아데노신삼인산(ATP)

16 TLV가 20ppm인 styrene를 사용하는 작업장의 근로자가 1일 11시간 작업했을 때, OSHA 보정방법으로 보정한 허용기준은 약 얼마인가?

① 11.8ppm ② 13.8ppm
③ 14.6ppm ④ 16.6ppm

17 다음 중 중량물 취급에 있어서 미국 NIOSH에서 중량물 최대허용한계(MPL)를 설정할 때의 기준으로 틀린 것은?

① MPL에 해당하는 작업은 L_5/S_1 디스크에 6,400N의 압력을 부하
② MPL에 해당하는 작업이 요구하는 에너지대사량은 5.0kcal/min를 초과
③ MPL을 초과하는 작업에서는 대부분의 근로자들에게 근육 · 골격 장해가 발생
④ 남성 근로자의 50% 미만과 여성 근로자의 10% 미만에서만 MPL 수준의 작업수행이 가능

18 다음 중 산업피로를 측정할 때 국소피로를 평가하는 객관적인 방법은?

① 심전도
② 근전도
③ 부정맥지수
④ 작업종료 후 회복 시의 심박수

19 다음 중 중량물 취급 작업에 있어 미국산업 안전보건연구원(NIOSH)에서 제시한 감시 기준(Action Limit)의 계산에 적용되는 요인이 아닌 것은?

① 물체의 이동거리
② 대상 물체의 수평거리
③ 중량물 취급 작업의 빈도
④ 중량물 취급 작업자의 체중

20 산업안전보건법에서 정하고 있는 신규 화학물질의 유해성 · 위험성 조사에서 제외되는 화학물질이 아닌 것은?

① 원소
② 방사성 물질
③ 일반 소비자의 생활용이 아닌 인공적으로 합성된 화학물질
④ 고용노동부장관이 환경부장관과 협의하여 고시하는 화학물질 목록에 기록되어 있는 물질

제2과목 작업위생측정 및 평가

21 공기흡입유량, 측정시간, 회수율 및 시료분석 등에 의한 오차가 각각 10%, 5%, 11% 및 4%일 때의 누적오차는?

① 11.8%　② 18.4%
③ 16.2%　④ 22.6%

22 흡착제 중 실리카겔이 활성탄에 비해 갖는 장 · 단점으로 옳지 않은 것은?

① 활성탄에 비해 수분을 잘 흡수하여 습도에 민감하다.
② 매우 유독한 이황화탄소를 탈착용매로 사용하지 않는다.
③ 활성탄에 비해 아닐린, 오르토-톨루이딘 등 아민류의 채취가 어렵다.
④ 추출액이 화학분석이나 기기분석에 방해물질로 작용하는 경우가 많지 않다.

23 포름알데히드(CH_2O) 15g은 몇 mmole인가?

① 0.5　② 15
③ 200　④ 500

24 흡착제인 활성탄의 제한점에 관한 설명으로 옳지 않은 것은?

① 휘발성이 매우 큰 저분자량의 탄화수소 화합물의 채취효율이 떨어진다.
② 암모니아, 에틸렌, 염화수소와 같은 저비점 화합물에 효과가 적다.
③ 표면에 산화력이 없어 반응성이 작은 알데하이드 포집에 부적합하다.
④ 비교적 높은 습도는 활성탄의 흡착용량을 저하시킨다.

25 다음 중 1차 표준기구에 해당되는 것은?

① spirometer
② thermo-anemometer
③ rotameter
④ wet-test meter

26 지역시료 채취방법과 비교한 개인시료 채취방법의 장점으로 옳은 것은?

① 오염물질의 방출원을 찾아내기 쉽다.
② 작업자에게 노출되는 정도를 알 수 있다.
③ 어떤 장소의 고정된 위치에서 시료를 채취하기 때문에 경제적이다.
④ 특정 공정의 계절별 농도변화, 농도분포의 변화, 공정의 주기별 농도 변화를 알 수 있다.

27 가스상 물질의 시료포집 시 사용하는 액체포집방법의 흡수효율을 높이기 위한 방법으로 옳지 않은 것은?

① 흡수용액의 온도를 낮추어 오염물질의 휘발성을 제한하는 방법
② 두 개 이상의 버블러를 연속적으로 연결하여 채취효율을 높이는 방법
③ 시료채취 속도를 높여 채취유량을 줄이는 방법
④ 채취효율이 좋은 프리티드버블러 등의 기구를 사용하는 방법

28 물질을 취급 또는 보관하는 동안에 기체 또는 미생물이 침입하지 않도록 내용물을 보호하는 용기는? (단, 고용노동부 고시 기준)

① 밀폐용기 ② 밀봉용기
③ 기밀용기 ④ 차광용기

29 검출한계와 정령한계에 관한 내용으로 옳지 않은 것은?

① 검출한계는 분석기기가 검출할 수 있는 가장 낮은 양
② 검출한계는 표준편차의 10배에 해당
③ 정량한계는 검출한계의 3 또는 3.3배로 정의
④ 정량한계는 분석기기가 검출할 수 있는, 신뢰성을 가질 수 있는 양

30 누적소음노출량 측정기로 소음을 측정하는 경우 소음계의 exchange rate 설정기준은? (단, 고용노동부 고시 기준)

① 1dB ② 3dB
③ 5dB ④ 10dB

31 0.001%는 몇 ppb인가?

① 100 ② 1,000
③ 10,000 ④ 100,000

32 입자상 물질 중의 금속을 채취하는 데 사용되는 MCE막 여과지에 관한 설명으로 틀린 것은?

① 산에 쉽게 용해된다.
② 석면, 유리섬유 등 현미경 분석을 위한 시료 채취에도 이용된다.
③ 시료가 여과지의 표면 또는 표면 가까운 데 침착된다.
④ 흡습성이 낮아 중량분석에 적합하다.

33 가스상 또는 증기상 물질의 채취에 이용되는 흡착제 중의 하나인 다공성 중합체에 포함되지 않는 것은?

① Tenax GC ② XAD관
③ chromosorb ④ zeolite

34 주물공장 내에서 비산되는 먼지를 측정하기 위해서 high volume air sampler를 사용하였다. 분당 3L로 60분간 포집하여 여과지를 건조시킨 후, 측량한 결과 2.46mg이었다. 주물공장 내 먼지 농도는? (단, 포집 전 여과지의 무게는 1.66mg, 공실험은 고려하지 않는다.)

① $2.44mg/m^3$ ② $3.54mg/m^3$
③ $4.44mg/m^3$ ④ $5.54mg/m^3$

35 활성탄으로 시료채취 시 가장 많이 사용되는 탈착용매는?

① 에탄올 ② 이황화탄소
③ 헥산 ④ 클로로포름

36 직접포집방법에 사용되는 시료채취백에 대한 설명으로 옳은 것은?

① 시료채취백의 재질은 투과성이 커야 한다.
② 정확성과 정밀성이 매우 높은 방법이다.
③ 이전 시료채취로 인한 잔류효과가 적어야 한다.
④ 누출검사가 필요 없다.

37 석면의 측정방법 중 X선 회절법에 관한 설명으로 틀린 것은?

① 값이 비싸고 조작이 복잡하다.
② 1차 분석에 사용하며, 2차 분석에는 적용하기 어렵다.
③ 석면 포함 물질을 은막 여과지에 놓고 X선을 조사한다.
④ 고형시료 중 크리소타일 분석에 사용한다.

38 바이오에어로졸을 시료 채취하여 2개의 배양접시에 배지를 사용하여 세균을 배양하였다. 시료채취 전의 유량은 24.6L/min였으며, 시료채취 후의 유량은 27.6L/min였다. 시료채취가 11분(T, min) 동안 시행되었다면 시료채취에 사용된 공기의 부피는?

① 276L ② 287L
③ 293L ④ 298L

39 공기 중에 부유하고 있는 분진을 충돌 원리에 의해 입자크기별로 분리하여 측정할 수 있는 장비는?

① Cascade impactor
② personal distribution
③ low volume sampler
④ high volume sampler

40 유사노출그룹(SEG ; Similar Exposure Group)을 설정하는 목적과 가장 거리가 먼 것은?

① 시료채취수를 경제적으로 결정하는 데 있다.
② 시료채취시간을 최대한 정확히 산출하는 데 있다.
③ 역학조사를 수행할 때 사건이 발생된 근로자가 속한 유사노출그룹의 노출정도를 근거로 노출원인을 추정할 수 있다.
④ 모든 근로자의 노출정도를 추정하고자 하는 데 있다.

제3과목 작업환경관리대책

41 마이크로파가 건강에 미치는 영향에 관한 설명으로 옳지 않은 것은?

① 마이크로파의 생물학적 작용은 파장 뿐만 아니라 출력, 노출시간, 노출된 조직에 따라서 다르다.
② 신체조직에 따른 투과력은 파장에 따라서 다르다.
③ 생화학적 변화로는 콜린에스테라제의 활성치가 증가한다.
④ 혈압은 노출 초기에 상승하다가 곧 억제효과를 내어 저혈압을 초래한다.

42 소음원이 바닥 위(반자유공간)에 있을 때 지향계수(Q)는?

① 1 ② 2
③ 3 ④ 4

43 비전리방사선에 속하는 방사선은?

① X선 ② β선
③ 중성자 ④ 마이크로파

44 방독마스크의 정화통의 성능을 시험할 때 사용하는 물질로 가장 알맞은 것은?

① 사염화탄소 ② 부탄올
③ 메탄올 ④ 이산화탄소

45 출력 0.1W의 점음원으로부터 100m 떨어진 곳의 SPL은? (단, $SPL = PWL - 20\log r - 11$)

① 약 50dB ② 약 60dB
③ 약 70dB ④ 약 80dB

46 방진마스크에 관한 설명으로 틀린 것은?

① 흡기저항 상승률은 낮은 것이 좋다.
② 필터 재질로는 활성탄과 실리카겔이 주로 사용된다.
③ 방진마스크의 종류는 격리식과 직결식, 면체여과식이 있다.
④ 비휘발성 입자에 대한 보호만 가능하며 가스 및 증기의 보호는 안 된다.

47 자연조명을 하고자 하는 집에서 창의 면적은 바닥 면적의 몇 %로 만드는 것이 가장 이상적인가?

① 10 ~ 15%　　② 15 ~ 20%
③ 20 ~ 25%　　④ 25 ~ 30%

48 감압병의 예방과 치료에 관한 설명으로 옳지 않은 것은?

① 특별히 잠수에 익숙한 사람을 제외하고는 1분에 10m 정도씩 잠수하는 것이 안전하다.
② 감압이 끝날 무렵 순수한 산소를 흡입시키면 예방적 효과가 있을 뿐 아니라 감압시간을 25% 가량 단축시킨다.
③ 감압병 증상이 발생하였을 때에는 환자를 바로 원래 고압환경에 복귀시키거나 인공적 고압실에 넣어 혈관 및 조직 속에 발생한 질소의 기포를 다시 용해시킨 다음 천천히 감압한다.
④ 헬륨은 질소보다 확산속도가 작고 체외로 배출되는 시간이 질소에 비하여 2배 가량이 길어 고압환경에서 작업할 때는 질소를 헬륨으로 대치한 공기를 호흡시킨다.

49 다음 중 방사선에 감수성이 가장 낮은 인체조직은?

① 골수　　② 근육
③ 생식선　　④ 림프세포

50 호흡용 보호구에 관한 설명으로 틀린 것은?

① 오염물질을 정화하는 방법에 따라 공기 정화식과 공기 공급식으로 구분된다.
② 흡기저항이 큰 호흡용 보호구는 분진 제거율이 높아 안전성이 확보된다.
③ 분진제거용 필터는 일반적으로 압축된 섬유상 물질을 사용한다.
④ 산소농도가 정상적이고 먼지만 존재하는 작업장에서는 방진마스크를 사용한다.

51 8시간 동안 어떤 근로자가 노출된 소음의 압력수준이 $10^{-2.8}$Watt이었다면, 노출수준(dB)은? (단, 기준음력 = 10^{-12}Watt)

① 90　　② 91
③ 92　　④ 93

52 동일한 작업장 내에서 서로 비슷한 인체부위에 영향을 주는 유독성 물질을 여러 가지 사용하는 경우에 인체에 미치는 작용으로 옳은 것은?

① 독립작용　　② 상가작용
③ 대사작용　　④ 길항작용

53 소음성 난청의 초기 단계에서 청력손실이 현저하게 나타나는 주파수(Hz)는?

① 1,000　　② 2,000
③ 4,000　　④ 8,000

54 다음 유해가스 중 단순 질식성 가스는?

① 메탄 ② 아황산가스
③ 시안화수소 ④ 황화수소

55 작업환경의관리원칙중 '대치' 에관한내용으로 틀린 것은?

① 세척작업에서 사염화탄소 대신 트리클로로에틸렌으로 전환
② 소음이 많이 발생하는 리벳팅 작업 대신 너트와 볼트 작업으로 전환
③ 제품의 표면 마감에 사용되는 저속, 왕복형 절삭기 대신 소형, 고속 회전식 그라인더로 대치
④ 조립공정에서 많이 사용하는 소음 발생이 큰 압축공기식 임팩트 렌치를 저소음 유압식 렌치로 대치

56 일반적으로 더운 환경에서 고된 육체적인 작업을 하면서 땀을 많이 흘릴 때, 신체의 염분손실을 충당하지 못하여 발생하는 고열 장해는?

① 열발진 ② 열사병
③ 열실신 ④ 열경련

57 1촉광의 광원으로부터 한 단위입체각으로 나가는 광속의 단위는?

① Lumen ② Lux
③ Footcandle ④ Lambert

58 총흡음량이 1000sabin인 작업장에 흡음시설을 강화하여 총흡음량이 4000sabin이 되었다. 소음감소(noise reduction)는 얼마가 되겠는가?

① 3dB ② 6dB
③ 9dB ④ 12dB

59 다음 중 저온에서 발생될 수 있는 장해와 가장 거리가 먼 것은?

① 폐수종 ② 참호족
③ 알러지 반응 ④ 상기도 손상

60 전리 방사선은 생체에 대하여 파괴적으로 작용하므로 엄격한 허용기준이 제정되어 있다. 전리 방사선으로만 짝지어진 것은?

① α선, 중성자, x-선
② β선, 레이저, 자외선
③ α선, 라디오파, x-선
④ β선, 중성자, 극저주파

제4과목 물리적 유해인자관리

61 산업안전보건법령에서 규정한 관리대상 유해물질 관련 물질의 상태 및 국소배기장치 후드의 형식에 따른 제어풍속으로 틀린 것은?

① 외부식 측방 흡인형(가스상) : 0.5m/sec
② 외부식 측방 흡인형(입자상) : 1.0m/sec
③ 외부식 상방 흡인형(가스상) : 1.0m/sec
④ 외부식 상방 흡인형(입자상) : 1.0m/sec

62 다음 중 국소배기에서 덕트의 반송속도에 대한 설명으로 틀린 것은?

① 분진의 경우 반송속도가 낮으면 덕트 내에 분진이 퇴적될 우려가 있다.
② 가스상 물질의 반송속도는 분진의 반송속도보다 늦다.
③ 덕트의 반송속도는 송풍기 용량에 맞춰 가능한 높게 설정한다.
④ 같은 공정에서 발생되는 분진이라도 수분이 있는 것은 반송속도를 높여야 한다.

63 다음 중 전압, 정압, 속도압에 관한 설명으로 틀린 것은?

① 속도압과 정압을 합한 값을 전압이라 한다.
② 속도압은 공기가 정지할 때 항상 발생한다.
③ 속도압이란 정지상태의 공기를 일정한 속도로 흐르도록 가속화시키는 데 필요한 압력을 말하며, 공기의 운동에너지에 비례한다.
④ 정압은 사방으로 동일하게 미치는 압력으로 공기를 압축 또는 팽창시키며, 공기흐름에 대한 저항을 나타내는 압력으로 이용된다.

64 에너지 절약의 일환으로 실내 공기를 재순환시켜 외부 공기와 혼합하여 공급하는 경우가 많다. 재순환 공기 중 CO_2의 농도가 700ppm, 급기 중 CO_2의 농도가 600ppm 이었다면, 급기 중 외부공기의 함량은 몇 %인가 ? (단 외부공기 중 CO_2의 농도는 300ppm이다.)

① 25% ② 43%
③ 50% ④ 86%

65 일반적으로 외부식 후드에 플랜지를 부착하면 약 어느 정도 효율이 증가될 수 있는가? (단, 플랜지의 크기는 개구면적의 제곱근 이상으로 한다.)

① 15% ② 25%
③ 35% ④ 45%

66 산업환기에서의 표준상태에서 수은의 증기압은 0.0035mmHg이다. 이 때 공기 중 수은 증기의 최고 농도는 약 몇 mg/m^3인가? (단, 수은의 분자량은 200.59이다.)

① 24.88 ② 30.66
③ 38.33 ④ 44.22

67 총 압력손실 계산법 중 정압조절평형법의 단점에 해당하지 않는 것은?

① 설계 시 잘못된 유량을 수정하기가 어렵다.
② 설계가 복잡하고 시간이 걸린다.
③ 최대저항경로의 선정이 잘못되었을 경우 설계 시 발견이 어렵다.
④ 설계유량 산정이 잘못되었을 경우, 수정은 덕트 크기의 변경을 필요로 한다.

68 유해가스 처리 제거기술 중 가스의 용해도와 관계가 가장 깊은 것은?

① 희석제거법 ② 흡착제거법
③ 연소제거법 ④ 흡수제거법

69 다음 설명에 해당하는 국소배기와 관련한 용어는?

- 후드 근처에서 발생되는 오염물질을 주변의 방해기류를 극복하고 후드 쪽으로 흡인하기 위한 유체의 속도를 말한다. - 후드 앞 오염원에서의 기류로써 오염공기를 후드로 흡인하는데 필요하며 방해기류를 극복해야 한다.

① 슬롯속도 ② 면속도
③ 제어속도 ④ 플레넘속도

70 국소배기장치에서 송풍량이 30m^3/min이고 덕트의 직경이 200mm이면 이때 덕트 내의 속도는 약 몇 m/s인가?

① 13 ② 16
③ 19 ④ 21

71 다음 설명 중 ( ) 안에 들어갈 올바른 수치는?

슬롯 후드는 일반적으로 후드 개방 부분의 길이가 길고, 높이(혹은 폭)가 좁은 형태로 높이/길이의 비가 ( ) 이하인 경우를 말한다.

① 0.2 ② 0.5
③ 1.0 ④ 2.0

72 전자부품을 납땜하는 공정에 외부식 국소배기 장치를 설치하려 한다. 후드의 규격은 가로 세로 각각 400mm 이고, 제어거리는 20cm, 제어속도는 0.5m/s, 반송속도를 1200m/min으로 하고자 할 때 필요소요풍량(m^3/min)은 약 얼마인가? (단, 플랜지는 없으며 공간에 설치한다.)

① 13.2 ② 15.6
③ 16.8 ④ 18.4

73 90° 곡관의 곡률반경이 2.0일 때 압력손실 계수는 0.27이다. 속도압이 15mmH_2O일때 덕트 내 유속은 약 몇 m/s인가? (단, 표준상태이며, 공기의 밀도는 1.2kg/m^3이다.)

① 20.7 ② 15.7
③ 18.7 ④ 28.7

74 송풍기의 상사법칙에 대한 설명으로 틀린 것은?

① 송풍량은 송풍기의 회전속도에 정비례한다.
② 송풍기 동력은 송풍기 회전속도의 세제곱에 비례한다.
③ 송풍기 풍압은 송풍기 회전속도의 제곱에 비례한다.
④ 송풍기 풍압은 송풍기 회전날개의 직경에 정비례한다.

75 일정 용적을 갖는 작업장 내에서 매시간 Mm^3의 CO_2가 발생할 때 필요환기량(m^3/hr)의 공식으로 맞는 것은? (단, Cs는 작업환경 실내 CO_2기준농도(%), Co는 작업환경 실외 CO_2농도(%)를 나타낸다.)

① $\frac{M}{Cs - Co} \times 100$ ② $\frac{M}{Cs - Co} \times 100$
③ $\frac{Cs}{Co} \times M \times 100$ ④ $\frac{Co}{Cs} \times M \times 100$

76 760mmHg, 20℃의 표준공기를 대상으로 했을 때 동점성계수가 $1.5 \times 10^{-5} m^2/sec$이고, 풍속이 4m/sec, 내경이 507mm인 경우 관내 기체의 Reynold수는 약 얼마인가?

① 1.4×10^5 ② 2.7×10^6
③ 3.7×10^5 ④ 3.7×10^6

77 유입계수가 0.8이고 속도압이 $10mmH_2O$일 때 후드의 유입손실은 약 얼마인가?

① $4.2mmH_2O$ ② $5.6mmH_2O$
③ $6.2mmH_2O$ ④ $7.8mmH_2O$

78 스크러버(scrubber)라고도 불리며 분진 및 가스함유 공기를 물과 접촉시킴으로써 오염물질을 제거하는 방법의 공기정화장치는?

① 세정 집진장치 ② 전기 집진장치
③ 여포 집진장치 ④ 원심력 집진장치

79 작업장의 크기가 12m×22m×45m인 곳에서의 톨루엔 농도가 400ppm이다. 이 작업장으로 $600m^3/min$의 공기가 유입되고 있다면 톨루엔 농도를 100ppm까지 낮추는데 필요한 환기 시간은 약 얼마인가? (단, 공기와 톨루엔은 완전혼합 된다고 가정한다.)

① 27.45분 ② 31.44분
③ 35.45분 ④ 39.44분

80 다음의 조건에서 캐노피(canopy) 후드의 필요 환기량(m^3/s)은?

- 장변 : 2m
- 단변 : 1.5m
- 개구면과 배출원과의 높이 : 0.6m
- 제어속도 : 0.25m/s
- 고열배출원이 아니며, 사방이 노출된 상태

① 1.47 ② 2.47
③ 3.47 ④ 4.47

3회 모의고사 정답 및 해설

01 ①	02 ②	03 ②	04 ④	05 ④	06 ①	07 ③	08 ③	09 ①	10 ②
11 ③	12 ②	13 ②	14 ④	15 ③	16 ③	17 ④	18 ②	19 ④	20 ③
21 ③	22 ③	23 ④	24 ③	25 ①	26 ②	27 ③	28 ②	29 ②	30 ③
31 ③	32 ④	33 ④	34 ③	35 ②	36 ③	37 ②	38 ②	39 ①	40 ②
41 ③	42 ②	43 ④	44 ①	45 ②	46 ②	47 ②	48 ④	49 ②	50 ②
51 ③	52 ②	53 ③	54 ①	55 ③	56 ④	57 ①	58 ②	59 ①	60 ①
61 ④	62 ③	63 ②	64 ①	65 ②	66 ③	67 ③	68 ④	69 ②	70 ②
71 ①	72 ③	73 ②	74 ④	75 ①	76 ①	77 ②	78 ①	79 ①	80 ①

01

* 피로의 증상

① 순환기능 : 맥박이 빨라지고 회복 시 까지 시간이 걸린다.

② 혈압 : 혈압은 초기에는 높아지나 피로가 진행되면서 낮아진다.

③ 호흡기능 : 호흡이 얕고 빨라지며 체온이 상승하여 호흡중추를 흥분시키고 혈액 중 이산화탄소량의 증가로 심할 때는 호흡곤란을 일으킨다.

④ 신경기능 : 지각기능이 둔해지고, 반사기능이 낮아지며 판단력 저하, 권태감, 졸음이 발생한다.

⑤ 혈액 : 혈당치가 낮아지고 젖산과 탄산량이 증가하여 산혈증이 발생한다.

⑥ 소변 : 소변양이 줄고 단백질 또는 교질물질의 배설량이 증가한다.

⑦ 체온 : 체온이 높아지나 피로정도가 심해지면 낮아진다.(체온조절장해, 에너지 소모량 증가)

필기에 자주 출제★

02

실노동율(실동률)(%) = 85 − (5 × RMR)

• RMR : 에너지 대사율(작업대사율)

실동률 = 85 − (5 × 4) = 65(%)

실기까지 중요★★

03

* 산업위생의 주요 활동

예측 → (인지) → 측정 → 평가 → 관리

실기까지 중요★★

04

④ 시선은 화면상단과 눈높이가 일치할 정도로 하고 작업 화면상의 시야는 수평선상으로부터 아래로 10도 이상 15도 이하에 오도록 하며 화면과 근로자의 눈과의 거리(시거리: Eye-Screen Distance)는 40센티미터 이상을 확보할 것

필기에 자주 출제★

05

* Bernardino Ramazzini(1633 ~ 1714년)

① 산업보건의 시조, 산업의학의 아버지

② 저서 "직업인의 질병(De Morbis Artificum Diatriba)"에서 수공업자의 질병을 집대성함

③ Ramazzini가 주장한 직업병의 원인

• 근로자들의 과격한 동작 및 불안전한 작업자세

• 작업장에서 사용하는 유해물질

필기에 자주 출제★

06

② AIHA: 미국산업위생학회
③ ACGIH: 미국정부산업위생전문가협의회
④ OSHA: 미국산업안전보건청

* 참고
EPA(Environmental Protection Agency)
미국 환경 보호국

실기까지 중요 ★★

07

* 원진레이온의 이황화탄소 중독
(1989~90년 우리나라 대표적 직업병)
레이온(인조견사) 합성에 사용하는 이황화탄소 중독으로 사망, 정신이상, 뇌경색, 협심증 등을 유발하였다.

필기에 자주 출제 ★

08

$$\text{도수율(빈도율)} = \frac{\text{재해 건수}}{\text{근로 총 시간 수}} \times 10^6$$

$$\text{도수율(빈도율)} = \frac{30}{400 \times 8 \times 300} \times 10^6 = 31.25$$

실기에 자주 출제 ★★★

09

* ACGIH(미국정부산업위생전문가 협의회)의 허용농도(TLV) 적용상 주의 사항
① 대기오염평가 및 지표(관리)에 적용할 수 없다.
② 24시간 노출 또는 정상 작업시간을 초과한 노출에 대한 독성 평가에는 적용할 수 없다.
③ 기존의 질병이나 신체적 조건을 판단(증명 또는 반응자료)하기 위한 척도로 사용될 수 없다.
④ 작업조건이 다른 나라에서 ACGIH-TLV를 그대로 사용할 수 없다.
⑤ 안전농도와 위험농도를 정확히 구분하는 경계선이 아니다.
⑥ 독성의 강도를 비교할 수 있는 지표는 아니다.
⑦ 반드시 산업보건(위생) 전문가에 의하여 설명(해석), 적용되어야 한다.
⑧ 피부로 흡수되는 양은 고려하지 않은 기준이다.
⑨ 산업장의 유해조건을 평가하기 위한 지침이며 건강장해를 예방하기 위한 지침이다.

실기까지 중요 ★★

10

* 작업의 종류에 따른 영양관리 방안
① 고열작업자에게는 식수와 식염을 우선 공급한다.
② 저온작업자에게는 지방질을 공급한다.
③ 근육작업자의 에너지 공급은 당질 위주로 한다.
④ 중(重)작업자에게는 단백질을 공급한다.

필기에 자주 출제 ★

11

* OWAS, RULA, REBA, SI
근골격계 질환(누적외상성 질환)의 유해요인 평가기법

필기에 자주 출제 ★

12

$$\text{RMR} = \frac{\text{작업(노동)대사량}}{\text{기초대사량}} = \frac{\text{작업 시의 소비 에너지} - \text{안정 시의 소비 에너지}}{\text{기초대사량}}$$

실기까지 중요 ★★

13

$$LI = \frac{\text{실제 작업 무게}(L)}{\text{권장무게한계}(RWL)}$$

$$LI = \frac{10}{5} = 2$$

실기까지 중요 ★★

14

①, ②, ③ 내적요인
④ 외적요인

15

혐기성 대사 (Anaerobic metabolism)	1. 근육에 저장된 화학적 에너지 2. 혐기성 대사 순서 ATP(아데노신 삼인산) → CP(크레아틴 인산) → Glycogen(글리코겐) or Glucose(포도당)
호기성 대사 (Aerobic metabolism)	1. 대사과정(구연산 회로)을 거쳐 생성된 에너지 2. 호기성 대사 과정 포도당 단백질 + 산소 → 에너지원 지 방

16

* OSHA의 보정방법

1. 급성중독을 일으키는 물질

$$\text{보정된 노출기준} = \text{8시간 노출기준} \times \frac{\text{8시간}}{\text{노출시간/일}}$$

2. 만성중독을 일으키는 물질

$$\text{보정된 노출기준} = \text{8시간 노출기준} \times \frac{\text{40시간}}{\text{노출시간/일}}$$

$$\text{보정된 노출기준} = \text{8시간 노출기준} \times \frac{\text{8시간}}{\text{노출시간/일}}$$

$$= 20 \times \frac{8}{11} = 14.55(\text{ppm})$$

실기까지 중요 ★★

17

* NIOSH 들기작업 지침의 최대허용기준(MPL)의 설정기준

① MPL을 초과하는 작업에서는 대부분의 근로자들에게 근육 · 골격 장해가 발생한다.
② MPL에 해당되는 작업에서 디스크에 L_5/S_1 디스크에 640Kg(6400N) 정도의 압력이 초과되어 대부분의 근로자에게 장해가 나타난다.(대부분의 근로자들이 압력에 견딜지 못함)
③ L_5/S_1 디스크에서 추간판 탈출증이 주로 발생한다.
④ MPL에 해당하는 작업이 요구하는 에너지대사량은 5.0kcal/min를 초과한다.
⑤ 남성 근로자의 25%미만과 여성 근로자의 1% 미만에서만 MPL수준의 작업수행이 가능하다.
⑥ MPL을 초과하는 경우 공학적 방법을 적용하여 중량물 취급작업을 다시 설계해야 한다.

18

국소피로를 평가하는 객관적인 방법으로 근전도(EMG)를 가장 많이 이용한다.

* 참고

국소피로의 평가(피로한 근육에서 측정된 현상)
① 저주파수(0 ~ 40Hz)에서 힘의 증가
② 고주파수(40 ~ 200Hz)에서 힘의 감소
③ 평균주파수의 감소
④ 총 전압의 증가

필기에 자주 출제 ★

19

$$AL(\text{kg}) = 40\left(\frac{15}{H}\right)(1 - 0.004\,|V - 75|)\left(0.7 + \frac{7.5}{D}\right)\left(1 - \frac{F}{F_{max}}\right)$$

- H : 대상물체의 수평거리
- V : 대상물체의 수직거리(바닥으로부터 물체 중심까지의 거리, 즉 들어올리기 전 물체의 위치
- D : 대상물체의 이동거리
- F : 중량물 취급작업의 빈도

필기에 자주 출제 ★

20

⋆ 유해성 · 위험성 조사 제외 화학물질

1. 원소
2. 천연으로 산출된 화학물질
3. 「건강기능식품에 관한 법률」에 따른 건강기능식품
4. 「군수품관리법」 및 「방위사업법」에 따른 군수품 [「군수품관리법」 제3조에 따른 통상품(痛常品)은 제외한다]
5. 「농약관리법」에 따른 농약 및 원제
6. 「마약류 관리에 관한 법률」에 따른 마약류
7. 「비료관리법」에 따른 비료
8. 「사료관리법」에 따른 사료
9. 「생활화학제품 및 살생물제의 안전관리에 관한 법률」에 따른 살생물 물질 및 살생물 제품
10. 「식품위생법」에 따른 식품 및 식품첨가물
11. 「약사법」에 따른 의약품 및 의약외품(醫藥外品)
12. 「원자력안전법」에 따른 방사성물질
13. 「위생용품 관리법」에 따른 위생용품
14. 「의료기기법」에 따른 의료기기
15. 「총포 · 도검 · 화약류 등의 안전관리에 관한 법률」에 따른 화약류
16. 「화장품법」에 따른 화장품과 화장품에 사용하는 원료
17. 고용노동부장관이 명칭, 유해성 · 위험성, 근로자의 건강장해 예방을 위한 조치 사항 및 연간 제조량 · 수입량을 공표한 물질로서 공표된 연간 제조량 · 수입량 이하로 제조하거나 수입한 물질
18. 고용노동부장관이 환경부장관과 협의하여 고시하는 화학물질 목록에 기록되어 있는 물질

암기법

비료로 농 사지은 식품, 건강식품, 군수품, 위생용품에서 화약, 방사성물질 나와서 의료기기, 의약품, 마약, 화장품으로 치료했더니 천연 원소인 살생물의 위험조사 제외됐다.

실기까지 중요 ★★

21

$$\text{누적오차}(E_c) = \sqrt{E_1^2 + E_2^2 + E_3^2 + \cdots + E_n^2}$$

- E_c : 누적오차(%)
- $E_1, E_2, E_3 \sim E_n$: 각각 요소의 오차율(%)

$$E_c = \sqrt{10^2 + 5^2 + 11^2 + 4^2} = 16.19(\%)$$

실기까지 중요 ★★

22

⋆ 실리카겔관의 장 · 단점

장점	① 극성물질을 채취한 경우 물, 메탄올 등 다양한 용매로 쉽게 탈착된다. ② 추출액이 화학분석이나 기기분석에 방해물질로 작용하는 경우가 많지 않다. ③ 활성탄으로 채취가 어려운 아닐린, 오르쏘-톨루이딘 등의 아민류나 몇몇 무기물질의 채취가 가능하다. ④ 매우 유독한 이황화탄소를 탈착 용매로 사용하지 않는다.
단점	① 수분을 잘 흡수(친수성)하여 습도의 증가에 따라 흡착용량이 감소된다.

필기에 자주 출제 ★

23

1. 포름알데히드의 분자량
$= 12 + (1 \times 2) + 16 = 30(g)$
2. 1몰 : 30g = x몰 : 15g
$30 \times x = 15$
$\therefore x = \frac{15}{30} = 0.5(\text{몰}) \times 1{,}000 = 500(\text{mmol})$

* 몰농도 = 용액 1l 속에 녹아있는 용질의 양

* $\text{mmol} = \frac{1}{1{,}000}\text{mol}$

24

⋆ 활성탄관의 제한점

① 휘발성이 매우 큰(증기압이 높다) 저분자량의 탄화수소 화합물의 채취효율이 떨어진다.
② 암모니아, 에틸렌, 염화수소, 포름알데히드와 같은 저비점 화합물에 효과가 적다.
③ 비교적 높은 습도는 활성탄의 흡착용량을 저하시킨다.(습기영향이 크다)
④ 케톤의 경우 활성탄 표면에서 물을 포함하는 반응에 의해 파괴되어 탈착률과 안정성에 부적절함

필기에 자주 출제 ★

25

1차 표준 기구	① 비누거품미터(Soap bubble meter) ② 폐활량계(Spirometer) ③ 가스치환병(Mariotte bottle) ④ 유리피스톤미터(Glass piston meter) ⑤ 흑연피스톤미터(Frictionless meter) ⑥ 피토튜브(Pitot tube) 암기법 1차 비누로 폐활량 재고, 가스치환하여, 유리, 흑연 먹였더니 피토했다.
2차 표준 기구	① 로타미터(Rotameter) ② 습식테스트미터(Wet-test-meter) ③ 건식가스미터(Dry-gas-meter) ④ 오리피스미터(Orifice meter) ⑤ 열선기류계(Thermo anemometer) 암기법 2 열로 걸어가는 습관 테스트하는 오리

실기에 자주 출제 ★★★

26

* 개인시료채취

① 개인시료 채취기를 이용하여 가스 · 증기, 흄, 미스트 등을 근로자 호흡위치(호흡기를 중심으로 반경 30cm인 반구)에서 채취하는 것을 말한다.

② 작업자에게 노출되는 정도를 알 수 있다.

필기에 자주 출제 ★

27

* 흡수액의 흡수효율을 높이기 위한 방법

① 가는 구멍이 많은 프리티드버블러 등 채취효율이 좋은 기구를 사용한다.(기포와 액체의 접촉면적을 크게 한다.)

② 시료채취 속도를 낮춘다.(체류시간을 길게 한다.)

③ 용액의 온도를 낮추어 휘발성을 제한시킨다.(증기압을 감소시킨다.)

④ 두 개 이상의 버블러를 연속적으로(직렬) 연결한다.

⑤ 흡수액의 양을 늘린다.

⑥ 액체의 교반을 강하게 한다.

필기에 자주 출제 ★

28

① 밀폐용기(密閉容器)란 물질을 취급 또는 보관하는 동안에 이물(異物)이 들어가거나 내용물이 손실되지 않도록 보호하는 용기를 말한다.

② 기밀용기(機密容器)란 물질을 취급하거나 보관하는 동안에 외부로부터의 공기 또는 다른 기체가 침입하지 않도록 내용물을 보호하는 용기를 말한다.

③ 밀봉용기(密封容器)란 물질을 취급 또는 보관하는 동안에 기체 또는 미생물이 침입하지 않도록 내용물을 보호하는 용기를 말한다.

④ 차광용기(遮光容器)란 광선이 투과되지 않는 갈색용기 또는 투과하지 않도록 포장한 용기로서 취급 또는 보관하는 동안에 내용물의 광화학적 변화를 방지할 수 있는 용기를 말한다.

필기에 자주 출제 ★

29

② 검출한계 = 3.143 × 표준편차

필기에 자주 출제 ★

30

누적소음노출량 측정기로 소음을 측정하는 경우에는 Criteria는 90dB, Exchange Rate는 5dB, Threshold는 80dB로 기기를 설정할 것

실기까지 중요 ★★

31

$0.001\% = 0.00001 (= 10^{-5})$

$ppb = 10^{-9}$

$\therefore\ 0.001\% = 10{,}000(ppb)$

* 참고

ppb(parts per billion) : 10^{-9}

32

* MCE 막 여과지
(Mixed cellulose ester membrane filter)

① 산에 쉽게 용해되므로 입자상 물질 중의 금속을 채취하여 원자흡광광도법으로 분석하는 데 적당하다.
② 유해물질이 여과지의 표면에 주로 침착되어 석면 등 현미경 분석을 위한 시료채취에 유리하다.
③ MCE여과지의 원료인 셀룰로오스는 수분을 흡수하는 특성을 가지고 있다.(흡습성이 높아 오차를 유발할 수 있어 중량분석에 적합하지 못함)
④ 중금속, 석면, 살충제, 산 · 알칼리미스트, 불소화합물 및 기타 무기물질 채취에 이용된다.

암기법

MC(MCE막여과지) 중(중금속)석(석면)은 산에 약하고 수분 흡수하여 중량분석 못함

필기에 자주 출제 ★

33

* 다공성중합체의 종류

- Tenax 관(Tenax GC)
- XAD관
- Chromsorb
- Porapak
- amberlite

* 참고
다공성중합체(Porous Polymer)

① 스티렌, 에틸비닐벤젠 혹은 디비닐벤젠 중 하나와 극성을 띤 비닐화합물과의 공중합체이다.
② 활성탄보다 비표면적이 작고, 반응할 수 있는 표면적도 작다.(반응성이 작다.)
③ 특별한 물질에 대한 선택성이 좋다.(특수한 물질 채취에 유용하다.)

34

$$mg/m^3 = \frac{(2.46-1.66)mg}{\frac{3\times10^{-3}m^3}{min}\times 60min} = 4.44(mg/m^3)$$

$(L = 10^{-3}m^3)$

실기에 자주 출제 ★★★

35

활성탄의 탈착용매 → 이황화탄소

실기까지 중요 ★★

36

* 시료채취백

① 시료채취 전에 백의 내부를 불활성 가스로 몇 번 치환하여 내부 오염물질을 제거한다.
② 백의 재질과 오염물질 간에 반응성이 없어야 한다.
③ 백의 재질은 오염물질에 대한 투과성이 낮아야 한다.
④ 분석할 때까지 오염물질이 안정하여야 한다.
⑤ 백의 연결부위에 그리스 등을 사용하지 않는다.
⑥ 누출검사가 필요하며, 이전 시료채취로 인한 잔류효과가 적어야 한다.

필기에 자주 출제 ★

37

* X-선 회절법

① 값이 비싸고 조작이 복잡하다.
② 고형시료 중 크리소타일 분석에 사용한다.
③ 토석, 암석 및 광물성 분진(석면분진 제외) 중의 유리규산(SIO_2)함유율 분석에 사용한다.
④ 석면 포함 물질을 은막 여과지에 놓고 X선을 조사한다.

필기에 자주 출제 ★

38

$$\frac{27.6+24.6}{2}=26.1(\text{L/min})$$

$$\frac{26.1\text{L}}{\text{min}}\times 11\text{min}=287.10(\text{L})$$

실기까지 중요★★

39

★ Cascade impactor(직경분립충돌기)

공기 중에 부유하고 있는 분진을 충돌의 원리에 의해 입자크기별로 분리하여 측정할 수 있다.

필기에 자주 출제★

40

★ 동일노출그룹(유사노출그룹) 설정 목적

① 시료채취 수를 경제적으로 하기 위함이다.

② 모든 근로자를 유사한 노출그룹별로 구분하고 그룹별로 대표적인 근로자를 선택하여 측정하면 측정하지 않은 근로자의 노출농도까지도 추정할 수 있다.(모든 근로자의 노출 정도를 추정하고자 하는데 있다.)

③ 해당 근로자가 속한 동일노출그룹의 노출농도를 근거로 노출원인 및 농도를 추정할 수 있다.

④ 작업장에서 모니터링하고 관리해야 할 우선적인 그룹을 결정하기 위함이다.

실기까지 중요★★

41

③ 생화학적 변화로는 콜린에스테라제의 활성치가 저하된다.

42

음원이 자유공간에 떠 있는 경우(음의 전파가 완전 구체인 경우)	음원이 반 자유공간 또는 바닥 위에 있는 경우(음의 전파가 반구인 경우)
	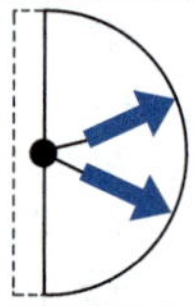
$Q=1$ $DI=10\times\log 1=0$(dB)	$Q=2$ $DI=10\times\log 2=3$(dB)
음원이 두면이 만나는 구석 또는 벽 근처 바닥에 있는 경우(음의 전파가 1/4 구체인 경우)	음원이 세면이 만나는 구석 또는 각진 모퉁이 바닥에 있는 경우(음의 전파가 1/8 구체인 경우)
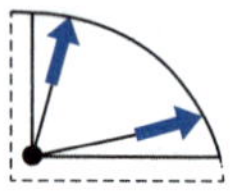	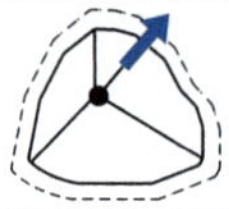
$Q=4$ $DI=10\times\log 4=6$(dB)	$Q=8$ $DI=10\times\log 8=9$(dB)

Q(지향계수) : 음의 방향성(지향성)을 나타내는 수치

DI(지향지수) : 임의의 음원의 지향성을 dB단위로 표현한 것

실기까지 중요★★

43

★ 비전리방사선의 종류 및 파장

① 자외선(화학선) : 100~400nm (1,000~4,000Å)

② 적외선(열선) : 750~1,200nm (7,500~12,000Å)

③ 마이크로파 : 1~300cm

④ 가시광선 : 400~760nm(4,000~7,600Å)

필기에 자주 출제★

44

★ 사염화탄소(CCl_4)

방독마스크 정화통의 성능 시험에 사용하는 물질

필기에 자주 출제★

45

1. $PWL = 10 \times \log\left(\frac{W}{W_o}\right)$(dB)
   - PWL : 음향파워레벨(dB)
   - W : 대상음원의 음력(watt)
   - W_o : 기준음력(10^{-12}watt)
2. 무지향성 점음원, 자유공간(공중, 구면파)에 위치할 때
   $SPL = PWL - 20\log r - 11$(dB)

1. $PWL = 10 \times \log\frac{0.1}{10^{-12}} = 110$(dB)
2. $SPL = PWL - 20\log r - 11$
   $= 110 - 20 \times \log 100 - 11 = 59$(dB)

실기에 자주 출제 ★★★

46

② 필터의 재질은 면, 모, 합성섬유, 유리섬유, 금속섬유 등이다.

★참고
방독마스크 흡수제의 종류
① 활성탄
② 큐프라마이트
③ 호프칼라이트
④ 실리카겔
⑤ 소다라임
⑥ 알칼리제재
⑦ 카본

필기에 자주 출제 ★

47

창의 면적은 방바닥 면적의 15 ~ 20%(1/5 ~ 1/7)가 적당하다.

필기에 자주 출제 ★

48

④ 헬륨은 질소보다 확산속도가 크며 체외로 배출되는 시간이 질소에 비하여 50% 정도 밖에 걸리지 않아 고압환경에서 작업하는 근로자에게 질소를 헬륨으로 대치한 공기를 호흡시킨다.

필기에 자주 출제 ★

49

★전리방사선에 대한 인체 내의 감수성 순서
골수, 임파선, 흉선 및 림프조직(조혈기관), 눈의 수정체 〉 피부 등 상피세포 〉 혈관 등 내피세포 〉 결합조직, 지방조직 〉 뼈, 근육조직 〉 폐 등 내장기관 〉 신경조직

실기까지 중요 ★★

50

② 흡배기 저항이 큰 호흡용 보호구는 호흡에 방해를 초래하므로 흡배기 저항이 낮은 호흡용 보호구를 선택하여야 한다.

필기에 자주 출제 ★

51

$$PWL = 10 \times \log\left(\frac{W}{W_o}\right)\text{(dB)}$$

- PWL : 음향파워레벨(dB)
- W : 대상음원의 음력(watt)
- W_o : 기준음력(10^{-12}watt)

$PWL = 10 \times \log\left(\frac{10^{-2.8}}{10^{-12}}\right) = 92$(dB)

실기에 자주 출제 ★★★

52

⋆ 상가작용
두 물질에 동시 노출될 경우의 독성은 단독물질 독성의 합과 같다.(2 + 3 = 5)

⋆ 참고
① 상승작용 : 두 물질에 동시 노출될 경우의 독성은 단독물질 독성의 합보다 크게 증가한다.(2 + 3 = 9)
② 가승작용 : 독성이 없던 물질을 독성이 있는 물질과 혼합하면 독성이 강해진다.(2 + 0 = 5)
③ 길항작용 : 두 물질이 서로의 작용을 방해하여 두 물질에 동시 노출될 경우의 독성은 단독물질의 독성보다 약해진다.(2 + 3 = 1)

실기에 자주 출제 ★★★

53

⋆ C_5 − dip 현상
소음성 난청의 초기단계로서 4,000Hz 부근의 음에 대한 청력저하가 심하게 생기게 되는 현상을 말한다.

실기에 자주 출제 ★★★

54

단순 질식제	① 생리적으로는 아무 작용도 하지 않으나 공기 중에 많이 존재하여 산소분압을 저하시켜 조직에 필요한 산소의 공급부족을 초래한다. ② 수소, 이산화탄소(CO_2), 질소, 헬륨, 메탄, 에탄, 프로판, 에틸렌, 아세틸렌 등
화학적 질식제	① 혈액 중의 혈색소와 결합하여 산소운반 능력을 방해하거나 조직이 산소를 받아들이는 능력을 잃게 하여 내질식을 일으킨다. ② 일산화탄소(CO), 황화수소(H_2S), 시안화수소(HCN), 아닐린

실기까지 중요 ★★

55

③ 제품의 표면 마감에 사용되는 고속 회전식 그라인더를 저속, 왕복형 절삭기로 대치

실기에 자주 출제 ★★★

56

⋆ 열경련(heat cramp)
고온환경에서 심한 육체적인 노동을 할 때 체내 수분 및 혈중 염분농도 저하가 원인이 되어 발생한다.

⋆ 참고
① 열사병 : 태양의 복사열에 직접 노출 시 뇌의 온도 상승으로 체온조절 중추기능 장해(중추신경 마비)를 일으켜서 체내에 열이 축적되어 발생한다.
② 열피로(heat exhaustion), 열탈진, 열피비 : 고온환경에서 장시간 힘든 노동을 할 때 과다 발한으로 인한 수분과 염분손실 및 탈수로 인한 혈장량이 감소되어 발생한다.
③ 열쇠약(heat prostration) : 고열작업장에서의 만성적인 건강장해로 전신권태, 위장장해, 불면, 빈혈 등의 증상이 발생한다.
④ 열성발진(heat rashes) : 가장 흔한 피부장해로서 땀띠라고도 한다.

필기에 자주 출제 ★

57

⋆ 루멘(Lumen; lm)
1촉광의 광원으로부터 한 단위입체각으로 나가는 광속의 단위

⋆ 참고
① Lux : 1루멘의 빛이 $1m^2$의 평면상에 수직방향으로 비칠 때의 빛의 양을 말한다.(조도의 단위)
② fc(foot-candle) : 1루멘의 빛이 $1ft^2$의 평면상에 수직방향으로 비칠 때 그 평면의 빛의 양을 말한다.(조도의 단위)
③ 램버트(Lambert) : 평면 $1ft^2(1cm^2)$에서 1Lumen의 빛을 발하거나 반사시킬 때의 밝기(광속발산도의 단위)

필기에 자주 출제 ★

58

$$NR = 10\log\left(\frac{A_1}{A_2}\right)$$

- NR : 감음량(dB)
- A_1 : 흡음처리 전 실내의 총 흡음력(sabin)
- A_2 : 흡음처리 후 실내의 총 흡음력(sabin)

$$NR = 10 \times \log\left(\frac{4,000}{1,000}\right) = 6.02(\text{dB})$$

실기까지 중요 ★★

59

* 폐수종
저기압(저압환경)에서 발생한다.

* 참고
폐수종
① 진행성 기침과 호흡곤란이 나타나고 폐동맥 혈압이 상승하다 산소공급과 해면으로의 귀환으로 급속히 소실된다.
② 어른보다 순화적응속도가 느린 어린이에게 많이 발생한다.

필기에 자주 출제 ★

60

* 전리방사선(이온화 방사선)의 종류
① 전자기 방사선(X-Ray, γ선)
② 입자 방사선(α, β입자, 중성자)

필기에 자주 출제 ★

61

* 관리대상 유해물질

물질의 상태	후드 형식	제어풍속(m/sec)
가스상태	포위식 포위형	0.4
	외부식 측방흡인형	0.5
	외부식 하방흡인형	0.5
	외부식 상방흡인형	1.0
입자상태	포위식 포위형	0.7
	외부식 측방흡인형	1.0
	외부식 하방흡인형	1.0
	외부식 상방흡인형	1.2

62

③ 덕트의 반송속도는 송풍기 용량에 맞춰 가능한 낮게 설정한다.

필기에 자주 출제 ★

63

정압(SP : Static Pressure)	• 공기의 유동이 없을 때 발생하는 압력(덕트의 한쪽을 막고 한쪽에서 송풍기로 공기를 압입할 때 측정하는 압력으로 이때 덕트 내부에는 공기 움직임이 없다) • 모든 방향에서 같은 크기를 나타내는 압력으로, 정지하고 있는 유체뿐만 아니라 운동하고 있는 유체 중에도 존재한다. • 대기압보다 낮을 때는 음압(정압 < 대기압이면 (−)압력), 대기압보다 높을 때는 양압(정압 > 대기압이면 (+)압력)이 된다.
동압(속도압, VP : Velocity Pressure)	• 바람의 속도에 의해서 생기는 압력이다. • 속도압은 공기가 이동하는 힘으로 항상 양압(0 이상의 압력)이다.(공기의 운동에너지에 비례한다.)
전압(TP : total pressure)	• 전압 = 동압(VP) + 정압(SP)

필기에 자주 출제 ★

64

* 급기 중 외부공기 함량

$$\%Q_A = \frac{C_r - C_s}{C_r - C_0} \times 100$$

- C_r : 재순환 공기 중 이산화탄소 농도
- C_s : 급기중 이산화탄소 농도
- C_0 : 외부 공기 중 이산화탄소 농도(약 330ppm)

$$\%Q_A = \frac{700 - 600}{700 - 300} \times 100 = 25(\%)$$

65

외부식 후드에 플랜지를 부착하면 송풍량을 약 25% 감소시킬 수 있다.

필기에 자주 출제★

66

1. 포화농도 $= \frac{\text{물질의 증기압(mmHg)}}{\text{대기압(760mmHg)}} \times 10^2(\%)$
$= \frac{\text{물질의 증기압(mmHg)}}{\text{대기압(760mmHg)}} \times 10^6(\text{ppm})$
2. $\text{mg/m}^3 = \frac{\text{ppm} \times \text{분자량}}{24.1(21℃, 1\text{기압})}$

1. 포화농도 $= \frac{0.0035}{760} \times 10^6 = 4.6053(\text{ppm})$

2. $\text{mg/m}^3 = \frac{4.6053 \times 200.59}{24.1} = 38.88(\text{mg/m}^3)$

실기까지 중요★★

67

* 정압조절평형법(유속조절평형법)

장점	① 침식, 부식, 분진 퇴적에 의한 덕트 폐쇄가 없다. ② 설계시 잘못 설계된 분지관 또는 저항이 가장 큰 분지관을 쉽게 발견할 수 있다.(최대 저항 경로 선정이 잘못되어도 설계 시 쉽게 발견할 수 있음) ③ 설계가 정확할 때에는 가장 효율적인 시설이다.
단점	① 설계시 잘못된 유량을 고치기 어렵다.(임의로 유량을 조절하기 어려움) ② 송풍량은 근로자나 운전자의 의도대로 쉽게 변경되지 않는다. ③ 설계유량 산정이 잘못될 경우 수정은 덕트의 크기 변경을 요한다. ④ 설계가 복잡하고 시간이 많이 걸린다. ⑤ 설치된 후의 개조 및 변경이나 확장에 대한 유연성이 낮다.

필기에 자주 출제★

68

① 흡수제거법 : 가스상 오염물질을 흡수액에 용해시켜 제거하는 방법
② 흡착제거법 : 유해가스가 다공성의 고체표면에 접촉하게 하여 부착, 제거하는 방법
③ 연소법 : 가연성가스, 악취 등을 연소시켜 제거하는 방법

69

* 면속도(개구면속도)
후드 개구면에서 측정한 유체의 속도(후드 앞 오염원의 기류속도)

* 참고
제어속도
오염물질을 후드 안으로 흡인하기 위한(제어하기 위한) 속도

필기에 자주 출제★

70

$$Q = 60 \times A \times V$$

- Q : 유체의 유량(m^3/min)
- A : 유체가 통과하는 단면적(m^2)
- V : 유체의 유속(m/sec)

$Q = 60 \times A \times V$

$$V = \frac{Q}{60 \times A} = \frac{Q}{60 \times \frac{\pi \times d^2}{4}} = \frac{30}{60 \times \frac{\pi \times 0.2^2}{4}}$$

$= 15.92(\text{m/sec})$

실기에 자주 출제★★★

71

후드의 개구면이 좁고 길어서 폭 : 길이 비율이 0.2 이하인 것을 슬롯형이라 한다.

실기까지 중요★★

72

* 외부식 후드(자유공간 위치한 원형 및 장방형 후드, 플랜지 미 부착)

$$Q = 60 \cdot Vc(10X^2 + A) : \text{Dalla valle식}$$

- Q : 필요송풍량(m^3/min)
- Vc : 제어속도(m/sec)
- A : 개구면적(m^2)
- X : 후드중심선으로부터 발생원까지의 거리(m) (오염원과 후드간 거리가 덕트 직경의 1.5배 이내일 때만 유효)

$$Q = 60 \times 0.5 \times [10 \times 0.2^2 + (0.4 \times 0.4)] = 16.80(m^3/min)$$

실기에 자주 출제 ★★★

73

$$\text{속도압}(VP) = \frac{\gamma \times V^2}{2g}(mmH_2O)$$

- r : 비중(kg/m^3)
- V : 공기속도(m/sec)
- g : 중력가속도(m/sec^2)

$$VP = \frac{\gamma \times V^2}{2g}$$

$$\gamma \times V^2 = VP \times 2g$$

$$V^2 = \frac{VP \times 2g}{\gamma}$$

$$V = \sqrt{\frac{VP \times 2g}{\gamma}} = \sqrt{\frac{15 \times 2 \times 9.8}{1.2}} = 15.65(m/sec)$$

실기에 자주 출제 ★★★

74

1. $Q_2 = Q_1 (\frac{D_2}{D_1})^3 (\frac{N_2}{N_1})$

   : 풍량은 송풍기 직경의 세제곱, 회전수에 비례한다.

2. $P_2 = P_1 (\frac{D_2}{D_1})^2 (\frac{N_2}{N_1})^2 (\frac{\rho_2}{\rho_1})$

   : 풍압(정압)은 송풍기 직경의 제곱, 회전수의 제곱에 비례한다.

3. $HP_2 = HP_1 (\frac{D_2}{D_1})^5 (\frac{N_2}{N_1})^3 (\frac{\rho_2}{\rho_1})$

   : 동력(축동력)은 송풍기 직경의 다섯제곱, 회전수의 세제곱에 비례한다.

실기까지 중요 ★★

75

* 이산화탄소에 기인한 환기량

$$Q = \frac{G}{C - C_0} \times 100(m^3/min)$$

- G : CO_2 발생률(m^3/min)
- C : 이산화탄소의 허용농도
- C_0 : 외부공기중 이산화탄소 농도(약 330ppm)

실기까지 중요 ★★

76

* 레이놀즈 수

$$Re = \frac{\rho V d}{\mu} = \frac{Vd}{\nu} = \frac{\text{관성력}}{\text{점성력}}$$

- Re : 레이놀즈 수(무차원)
- ρ : 유체밀도(kg/m^3)
- d : 관경(m) (상당직경 $D = \frac{2ab}{a+b}$)
- V : 유체의 유속(m/sec)
- μ : 점성계수(kg/m · s(= 10Poise))
- ν : 동점성계수(m^2/sec)

$$Re = \frac{Vd}{\nu} = \frac{4 \times 0.507}{1.5 \times 10^{-5}} = 1.35 \times 10^5$$

실기에 자주 출제 ★★★

77

$$\text{압력손실}(\triangle P) = F_h \times VP = (\frac{1}{Ce^2} - 1) \times VP$$

- F_h : 압력손실계수($= \frac{1}{Ce^2} - 1$)
- VP : 속도압(mmH_2O)
- Ce : 유입계수

$$\triangle P = F_h \times VP = (\frac{1}{Ce^2} - 1) \times VP = (\frac{1}{0.92^2} - 1) \times 10$$

$$= (\frac{1}{0.8^2} - 1) \times 10$$

$$= 5.63mmH_2O$$

실기까지 중요 ★★

78

★ 세정식 집진장치(스크러버)

액체를 분사시켜 분진을 수반하는 유해가스를 세정하여 입자의 부착 또는 응집을 일으켜 입자를 분리 포집하는 장치

필기에 자주 출제 ★

79

★ 유해물질을 나중농도(노출농도 이하)로 환기하는 데 소요되는 시간

$$t = -\frac{V}{Q'} \times \ln\left(\frac{C_2}{C_1}\right)(\text{min})$$

- V : 작업장의 기적(m^3)
- Q' : 환기량(m^3/min)
- C_1 : 유해물질 처음농도(ppm)
- C_2 : 유해물질 노출기준(ppm)

$$t = -\frac{(12\times22\times45)}{600} \times \ln\left(\frac{100}{400}\right) = 27.45(\text{min})$$

실기까지 중요 ★★

80

$$Q = 1.4PVD$$

- Q : 배풍량(m^3/sec)
- D : 작업대와 후드간의 거리(m)
- P : 작업대의 주변길이(m)
- V : 제어풍속(m/s)

$$Q = 1.4\times(2+2+1.5+1.5)\times0.25\times0.6$$
$$= 1.47(m^3/s)$$

실기까지 중요 ★★

MEMO

MEMO

산업위생관리산업기사 과년도

초 판 인 쇄 | 2022년 2월 10일
초 판 발 행 | 2022년 2월 22일
개정 1판 발행 | 2023년 1월 10일
개정 2판 발행 | 2024년 1월 10일

지 은 이 | 최윤정
발 행 인 | 조규백
발 행 처 | 도서출판 구민사
(07293) 서울특별시 영등포구 문래북로 116, 604호(문래동3가 46, 트리플렉스)
전 화 | (02) 701-7421
팩 스 | (02) 3273-9642
홈페이지 | www.kuhminsa.co.kr

신고번호 | 제 2012-000055호 (1980년 2월4일)
I S B N | 979-11-6875-315-0 13500

정 가 | 33,000원